Gesamtverzeichnis des deutschsprachigen Schrifttums (GV) 1700 – 1910

Bearbeitet unter der Leitung von
Hilmar Schmuck und Willi Gorzny
Bibliographische und redaktionelle Beratung:
Hans Popst und Rainer Schöller

62

Him - Hofe

K · G · Saur München · New York · London · Paris 1982

CIP-Kurztitelaufnahme der Deutschen Bibliothek

Gesamtverzeichnis des deutschsprachigen Schrifttums :
(GV). – München, New York, London, Paris : Saur.
Bd. 1 – 6 bearb. unter d. Leitung von Peter Geils
u. Willi Gorzny.
ISBN 3-598-30000-X

1700 – 1910 / bearb. unter d. Leitung von Hilmar
Schmuck u. Willi Gorzny. Bibliograph. u. red.
Beratung: Hans Popst u. Rainer Schöller

NE: Schmuck, Hilmar [Bearb.]

62. Him - Hofe. - 1982.

Techn. Realisierung und Druck: Norbert Gärtner, Mainz-Kastel
Binden: Karl Schaumann, Darmstadt
Printed in the Federal Republic of Germany
ISBN 3-598-30000-X (Gesamtwerk)

Himalaja-Gebirge, das, in Bissahir, Gherwal u. Kemaun, vom Südrande des Plateaus von Mittel-Thibet bis zum Tieflande von Hindostan. Mit besond. Rücksicht auf Karl Ritter's allgemeine Erdkunde, 2s Buch, entworfen u. bearb. von J. L. Grimm, herausg. von C. Ritter u. F. A. O'Etzel. Roy.-Fol. Berlin 833. Geograph. Verlags-Comtoir. n. 13 ℛ

Himbeck, Oberbau u. Gleisverbindungen, s.: Blum, A.

Himbeck, A., u. O. Bandekow, wie baut u. betreibt man Kleinbahnen? Auf Veranlassg. des königl. preuss. Ministers der öffentl. Arbeiten verf. (V, 84 S. m. 2 Fig.) gr. 8. München 906. R. Oldenbourg. n. 2.—

Himbergen [Schlagwort]

Himbergen, s.: Preussen, Messtischblätter.

Himberger, Jos., im Kuchlzimmer od.: Herrisch u. bäurisch, s.a. Schul- u. Vereinsbühne, christl. Nr. 4.

(F) Himberger, J., Im Kuchlzimmer oder: Herrisch und bäurisch. Schwank in 2 Aufzügen. [Christl. Schul- und Vereinsbühne. Nr. 4.] 16°. (31 S.) Wien: Hölder 1902. K —.36

(F) Himberger, J., Im Kuchlzimmer oder herrisch und bäurisch. Schwank in 2 Aufzügen. 3. Aufl. [Christliche Schul- und Vereinsbühne. 4 Bd.] 8°. (31 S.) K —.30
Linz: Kath. Pressverein 1909.

Himburg, Wilhelm, prakt. Arzt: Über die Behandlung der Placenta praevia. Greifswald 1908: Abel. 29 S. 8°
Greifswald, Med. Diss. v. 15. Dez. 1908, Ref. Henkel
[Geb. 17. Juni 78 Reinkenhagen; Wohnort: Lautenburg; Staatsangeh.: Preußen; Vorbildung: Gymn. Anklam Reife O. 97; Studium: Greifswald 3, Marburg 3, Greifswald 6 S.; Coll. 9. Dez. 08; Approb. 15. Juli 04.] [U 09. 1490

Himer, Johannes

Joannes Himer. Theses logicae discursivae, quas propugnabit ingenuus ac eruditus Joannes Himer, Bigensis, logices auditor. Oppugnabunt ornatus ac eruditus Andreas Saala, Bruchsaliensis, metaphysices, physices ac ethices auditor et ingenui ac eruditi Ignatius Klein, Ettlinganus, Josephus Jäger, Auensis, logici.
Badenae in aula principalis Athenaei die 21. Martii anno MDCCLX. horis ante et post meridiem consuetis.
Rastadii typis Caroli Antonii Schell, typogr. aul. 4°. 4 S Rastatt, P 1760

Himer, Kurt

Geschichte der Hamburg-Amerika-Linie mit besonderer Berücksichtigung der Zeit von 1886—1905. Von K[urt] Himer. — Berlin: Eckstein [aufgestempelt:] Hamburg: Weitbrecht & Marissal (1905). 45 S. quer-8°

Die Hamburg-Amerika-Linie im sechsten Jahrzehnt ihrer Entwicklung 1897–1907. (Zum 60. Geburtstage d. Gesellsch. von Kurt Himer, Hamburg.) (Berlin: Eckstein 1907.) (153 S.) 8° [07. 8559 B

Himer, Kurt, die Hamburg-Amerika Linie im 6. Jahrzehnt ihrer Entwicklung 1897—1907. Zum 60. Geburtstage der Gesellschaft Hamburg 27. V. 1907. (153 S. m. eingeklebten Abbild.) gr. 8. Berlin (907). (Hamburg, Weitbrecht & Marissal.) 10.—

— Schiffahrt, die uns angeht. Skizzen v. der Hamburg-Amerika Linie. Buchschmuck v. Alfr. Ehlers. (III, 122 S. m. 10 Vollbildern.) kl. 8. Ebd. (907). Kart. 2.50

Himerius

Himerii declamationes, s. Philostratorum opera.

Himerius Sophista. Quae reperiri potuerunt: Videlicet Eclogae . . . et declamationes . . . Gottingae 1790. H: *Wernsdorff, Johann Christian.* (Hoff) (BrMm)

Himerii Sophistae eclogae et declamationes, gr. et lat. illustr. G. Wernsdorf. 8 maj. Gotting. 790. Vandenhöck u. R. 3 ℛ 4 ℊ

— oratio graece et lat. ed. Harles. 8. Erl. Walther. 785.

— orat. qua laud. urb. constantinop. et Iuliani August. celebrant. e recensione et cum comment. G. Wernsdorf edid. et praefat. est T. C. Harles. 8. Erl. Breuning. 785.

— oratio qua laudes urbis Constantinop. et Juliani Augusti celebrant. e recens. et cum comment. G. Wernsdorf, gr. et lat. edid. et praef. est G. C. Harles. 8. Erlang. 785. (Heyder). 6 ℊ

Himesch, Johann (Corona [= Kronstadt] Transylvanus), De restitutione in integrum contra praescriptionem ex capite ignorantiae non competente. Diss. jur. Präs. Johann Wunderlich. Jena (Schill) Sept. 1754. 30 S. (7.—) 15222
Widm. v.: Jo. August Hellfeld, Präs., Johann Nicolaus Sibeth (Lübeck; dtsch.), Johann Freundt (Siebenbürgen; dtsch.), Jacob Gotthard Kleinkauf (Cronst./Siebenbürgen; dtsch.), Andr. Stock (Hermannstadt/Siebenbürg.), Peter Weber (Rosen=Au/Siebenbürgen; dtsch.).

† Himfy (Alex. Kisfaludi), auserlesene Liebeslieder übers. v. Joh. Grafen Mailáth. (Mit d. magyar. Original z. Seite.) 16. (7 B.) Pesth 829, [Heckenast.]

—— dass. 2. Aufl. [Ohne Originaltext. (?)] 16. (4 B.) Ebds. 831.

Himfy's auserlesene Liebeslieder, (v. Alex. Kisfaludi), übersezt v. J. Grafen Mailáth. (Mit d. magyarischen Original zur Seite.) 16. Pesth 829. Wigand. 18 ℊ 2e Aufl. 18. Ebd. 831. 6 ℊ

Himioben, Heinr., Ehre sei Gott in der Höhe. Gebet- u. Erbauungsbuch für Katholiken. Illustr. Prachtausg. gr. 12. (VIII u. 400 S. m. 7 Holzstichtaf. u. 11 Vignetten u. Initialen in Holzschn.) Mainz 848, Kunze. n. 1 ℛ 24 ℊ — Ausg. Nr. 2 m. den Holzstichtaf. in Bronzedr. u. d. Vignetten u. Initialen in Bunt- u. Golddr. n. 3½ ℛ

Himioben, Heinr., die Idee d. kathol. Priesterthums. Entwickelt in Exercitienreden an Kleriker. 8. (20½ B.) Mainz 840, Kirchheim, Schott u. Thielmann.

Himioben, Hnr., s. Klee, H., Grundriß d. kathol. Religion.

Himioben, Heinr., die Schönheit der katholischen Kirche, s.: Rippel, Gregor.

– s. Sonntags-Blätter, katholische.

Himly, Dr. Carl, weil. Prof. u. Hofrath in Göttingen. Nekrolog. gr. 8. Hannover 838, Helwingsche Hofbuchh.

Offenes Antwortschreiben an Herrn Dr. Claussen in Itzehoe v. Prof. Himly. (Neustadt.) o. J. 8° [Kopft.]
Angeb. an: Das Asyl Hornheim . . . v. P. Jessen. Kiel. 1862. 8°

Himly, Aug., de sancti romani imperii nationis germanicae indole atque juribus per medii aevi praesertim tempora. 8maj. (83 S.) Parisiis 849, Didot fratres. *

Himly, August Friedrich Karl

Himly, über die Erhaltungs-Salze im allgemeinen und die des Dr. Oppermann im besonderen in socialökonomischer Beziehung. Vortrag, gehalten in dem naturwissenschaftl. Vereine zu Kiel am 7. Mai 1883. gr. 8. (12 S.) Kiel 883, (Universitäts-Buchhandlung.)

Himly, C., s.a. H i m l y , K.

Himly, C., mit kurzen Bemerkungen begleitete Aufzählung einiger in dem chemischen Universitäts-Laboratorio Nr. 1 zu Kiel vorgenommenen wichtigeren chemischen Untersuchungen u. Arbeiten. [Aus: „Chronik der Universität Kiel vom Jahre 1876".] gr. 4. (19 S.) Kiel 877. (v. Maack.) n. 1. —

Himly, C., mit kurzen Bemerkungen begleitete Aufzählung einiger in dem chemischen Universitäts-Laboratorio Nr. 1 zu Kiel vorgenommenen wichtigeren chemischen Untersuchungen und Arbeiten. gr. 4. (19 S.) Kiel 879, (v. Maack's Buchh.)
Aus: Chronik der Universität Kiel vom J. 1876, besonders abgedruckt.

— neue **Methode**, die Schmelzpunkte der Metalle, sowie auch anderer, die Wärme schlecht leitender Stoffe mit Genauigkeit zu bestimmen. Vortrag in dem naturwissenschaftlichen Vereine für Schleswig-Holstein am 6. März 1876. [Aus: „Schriften des naturw. Ver. f. Schlesw.-Holst."] gr. 8. (9 S. m. 1 Steintaf.) Ebend. 876. n. — 60

Himly, Clara, s. H i m l y , Klara

Himly, Ernst August Wilhelm

Himly, E. A. W., Beiträge z. Anatomie u. Physiologie. 1. Lfg. — A. u. d. T.: Darstellung d. Dualismus am normalen u. abnormen menschl. Körper, od. physiolog. Erörterung seiner Zusammensetz. aus zwei Hälften, u. der auf mangelnder Vereinigung derselben beruhenden Missgeburten. M. 4 Kpfr.- u. 2 Stnt. Nebst e. schemat. Taf. gr. 4. (28½ B.) Hannover 829, Helwing.

—— dass. 2. Lfg. — A. u. d. T.: Geschichte d. Foetus im Foetu. M. 5 Stnt. (qu. gr. Fol.) u. 1 Kpfrt. gr. 4. (18 B.) Hannover 831, Helwing.

Ernst August Wilhelm Himly

Ernestus Augustus Guilielmus Himly: Commentatio de cachexiis et cacochymiis. Gottingae 1823: Dieterich. IV, 100 S. 8°

Göttingen, Med.Preisschr.v.4.Juni 1823

Himly, Ernst Aug. Wilh., Einleitung in d. Physiologie des Menschen. gr. 8. (7¾ B.) Göttingen 835, Dieterichsche Bh. *

Himly, Er. Aug. Wlh., Einleitung in die Physiologie des Menschen. gr. 8. Göttingen 836. Dieterich. [illegible]

Himly, E. A. W., s. Himly, K., die Krankheiten u. Mißbildungen des menschl. Auges.

Himly, E. A. W., s. Tilt, Ch., das Boot und die Karavane.

Himly, Fr., s. Leben e. guten Mannes.

Himly, Frider. Car., de Caoutchouk ejusque destillationis siccae Productis et ex his de Caoutchino novo corpore ex hydrogenio et carboneo composito. 8maj. (7¾ B. u. 1 Stnt.) Gottingae 835, libr. Dieterich.

Himly, Gustav

Himly, G., s. Dance u. Arnott, üb. Venenentzündung.

—— **Darstellung d. Grippe v. J. 1782** rc. s.a. Darstellung.

Himly, G., Darstellung der Grippe (Influenza) [illegible] Symptome u. Behandlung. Aus d. Engl. übers. [illegible] 8. Hannover 831. Helwing. ⅛ Rthl

Himly, G., Gesundheits-Blätter, s. Gesundheits-Blätter.

Himly, Gust., über Venenentzündung, s. Dance.

Himly, G., die Wundercuren in Goslar. Beleuchtet. 1. 8. (29 S.) Hannover 852, Helwingsche Hofbuchh.

Himly, Joh. Fr. Wilhelm

— Beitrag zur nähern Einverständigkeit üb. die Pestalozzische Methode. 8. Berl. 804. Haude u. Sp. 3 gr.

Johann Friedrich Wilhelm Himly

Erörterung des Gall'schen Versuchs einer fortgesetzten Gehrinlehre, nach seinem psychologischen Gehalte von Joh[ann] Friedr[ich] Wilh[elm] Himly. Halle: Verl. der Neuen Societäts-Buch- u. Kunsthandlung 1806. VI, 141 S. 8°

— Erörterung d. neuern Lage der Pestalozzischen Methode überhaupt, u. d. in denselben sich entwickelnden Planes rc. gr. 8. Berl. 810. (Dümmler). 16 gr.

Himly, Jh. Fr. Wlh., († d. 4. Oct. 1831.) Erörterung des Gallischen Versuchs e. fortgesetzten Gehirnlehre. gr. 8. (Rudolst.) 807. Hof-, Buch- u. Kunsthandl. 18 gr.

— Gall u. Lavater, Beitrag z. vergleichenden Würdigung d. alten u. neuen Physiognomik. 8. Berl. 808. (Brandenburg). 16 gr. Hbg. Pr. 8 gr.

(Whd.) **Huber**: *Gall's* Lehre u. d. Gesetz d. Gewohnheit. *Basel*, Flick. 808. 8° 8 gr

— pädagogische Mittheilungen; e. Zeitschrift. 2 Stücke. gr. 8. Berl. 809. (Dümmler). (à 8 gr) 16 gr

Himly, J. F. W., Pädagogische Mittheilungen, eine Zeitschr. 1s u. 2s Stck. gr. 8. Berl. Hitzig. (18 gr.) Rthlr.

— üb. die Pestalozzische Unterrichtsmethode. 8. Ebend. 803.

— von d. Verdunkelung des Erziehungs-Ganzen. gr. 8. Berl. 814. (Wagner in Neust. a. d. O.) 4 gr

— Versuch e. Einleit. in die Grundsätze des Pestalozzischen Elementar-Unterrichts; nebst e. Anh. üb. die Olivierische Lese- u. Rechtschreibungs-Methode. 8. Berl. 803. Hitzig. (Dümmler). 14 gr

Himly (geh. Kriegsrath zu Berlin), Was hat zu aller Zeit als geleistete Erziehung gegolten? und wie möchte ein jeder erzogen seyn? Neustadt a. d. Orla (Johann Karl Gottfried Wagner) 1813. 22 S. (6.30) 15223

Himly, K.

Himly, C., Die amtliche Beschreibung von Schöng-King. [SA. und A. a. Kettler's Zeitschr. f. wissenschaftl. Geogr. Band II—IV.] o. O. 1881—1884. Ff935. F.

Himly, K., Einiges uber Schiffsnamen. (Aus der Zeitschrift für Volker-Psychologie und Sprach-Wissenschaft. 1880.) Berlin.
(Der Aufsatz erortert den Ursprung alterer Schiffsnamen, vorzugsweise slawischer.)

Himly, K. Einiges über das Si Yü Shui Tao Ki (Aufzeichnungen über die Wasserläufe der Westmarken. 1880?

Himly, K., Einiges über das „Si Yu Shui Tao Ki": Aufzeichnungen über die Wasserläufe der Westmarken, Turkistan und die Dsungarei. Berlin.

Himly, K., Ueber zwei chinesische Kartenwerke. Berlin.

Himly, K., Eine Münze von der Malaiischen Halbinsel. (Aus der Zeitschrift der deutschen Morgenländischen Gesellsch. Bd. XXXII. Leipzig.

Himly, K. [illegible] die einsilbigen Sprachen des südöstlichen Asiens. (SA. aus Internationale Zeitschrift für allgemeine Sprachwissenschaft. I. Band, Leipzig 1884 [illegible]

Tien hia šui-lok-lu-c'ing-sin-pien. Himly, K., Anzeige von Thien-hia [illegible] lu tsheng sin pien. SA. a. Kettler's Zeitschr. f. wissenschaftl. Geogr., Bd. [illegible] H. 3 [illegible]

Himly, K., Thien-hia sue lulu tshong sin pien. „Die Halteplätze bei Wasser- und Landreisen durch die ganze Welt. Neues Werk." 2 Hefte. Chinesisches Reisehandbuch (Lahr 1880.)

Himly, Karl

Karl Himly
1772-1837

Karl Himly, Abhandlung über den Brand der weichen und harten Theile nebst einigen Grundzügen der medicinischen Theorie. Göttingen: Dieterich 1800. XXXI, 128 S. 8°

Himly, Karl, Abhandl. über Wirkung der Krankheitsreize an d. menschl. Körper. gr. 8. Braunschw. 795. Thomas. (Rauck in Leipz.) 4 gr.

— ophthalmolog. Beobachtt. oder Beiträge zur Kenntniß u. Behandl. der Augen. 1s Stck. 8. Bremen 801. Fr. Wilmanns in Frankf. a. M. 14 gr.

Karl Himly
1772 - 1837

[Ophthalmologische Beobachtungen und Untersuchungen, Ausz. Franz.:] De la Paralysie de l'iris, par une application locale de la jusquiame et son utilité dans le traitement de plusieurs maladies des yeux. Par K[arl] Himly. Trad. par Emile Auguste Ehlers. 2. éd. Altona: Hammerich in Comm. 1803. 30 S. 8°

— s. Bibliothek der prakt. Heilkunde.

— Bibliothek für Ophthalmologie, Kenntniß u. Behandlg der Sinne überhaupt in ihrem gesunden u. kranken Zustande. 1r Bd., 1s u. 2s Stck. 8. Hannov. 816 u. 19. Hahn. 1 ℛ 12 gr.

Himly, Karl (Hrsg.):

s.a.: Bibliothek, Ophthalmologische. Bd 1-2/1, 3/2. Braunschweig, Jena: 1802-06.

JB 6.123

Himly, Karl, und J. Ad. Schmidt, ophthalmologische Bibliothek. 1r Bd. 1s u. 2s Hft. 8. Braunschw. 802. (Leibrock.) 1/2 ℛ

— u. Jh. Ad. Schmidt, ophthalmolog. Bibliothek. I. 1s Stück. 8. Braunschw. 803. (Hahn in Hannov.) 1 ℛ I. 2s bis III. 1s — 3s Stück. 8. Jena 803 — 7. Frommann. 5 ℛ 14 gr.

⊙ Offener Brief an Wilhelm Becker, Pastor an St. Nicolai in Kiel, v. (Carl) Himly. (Kiel. 1883.) 4°

Himly, Karl, Einleit. in die Augenheilkunde, besond. Abdruck 3er Abhandll. aus d. opthalmolog. Bibliothek. III. 2s Stück. 8. Jena 806. Frommann. 10 gr.

— Einleit. zur Augenheilkunde für seine Vorlesungen geschrieben. Mit 1 Kpf. gr. 8. Götting. 820. 2e Aufl. . . . 3e Aufl. 830. Deuerlich. 14 gr.

Himly, Karl, Einleitung z. Augenheilkunde, f. seine Vorlesungen geschrieben. 3., veränd. u. verm. Aufl. M. 1 Kpfr. gr. 8. (6 B.) Göttingen 830, Deuerlich.

Himly, Karl: Commentatio mortis historiam, causas et signa sistens. In certamine litterario civium Academiae Georgiae Augustae... 1794 praemio...iudicio ordinis medici ornata. 76 S., gbd.

Gottingae: typ.Dieterich (1794)

JB 1.256

— comment. mortis historiam, causas et signa sistens. 4 maj. Götting. 795. Dieterich. 7 gr.

— de hydatide hum. c. tab. aen. 8. maj. Gött. Vandenhöck. 805.

— üb. d. Impfen d. Kuhblattern, s. Chr. Rud. W. Wiedemann.

— s. Journal der prakt. Heilkunde.

Himly, Karl, die Krankeiten u. Missbildungen des menschl. Auges u. deren Heilung. Nach den hinterlassenen Papieren desselben hrsg. u. m. Zusätzen versehen v. E. A. W. Himly. (9 Lfgn.) 2 Bde. 4. (141¾ B.) Nordhausen 843. [Berlin, Aug. Hirschwald, Verl.] à Lfg. * 1 Thlr. Hrbgs. Pr. *

— dass. 4.—9. (Schluß-) Liefg. Mit 5 Steintaf. 4. Berlin 843, A. Hirschwald. 5½ ℛ — compl. 8½ ℛ

— Lehrbuch d. prakt. Heilkunde. 1r Thl., enth. allgem. Nosologie, Heilmittellehre u. Therapie. 8. Götting. 807. 2e Aufl. 816.

— Carl (Prorector) cum senatu anniversaria inaugurationis sacra LXXVII simulque successorem in magistratu academico Jo. Tobiam Mayer. — Magna imperia bonis literis infesta. Götting. (Heinrich Dieterich) Sept. 1814. 6 S. (4.—) 15224

Karl Himly
1772 - 1837

Observationes quaedam circa epidemiam huius anni dysentericam. Gottingae (1794:) Barmeier. 55 S. 8°

Göttingen, Med. Diss. v. 6. Sept. 1794

HIMLY, KARL, De la paralyse de l'Iris par une application locale de la jusquiame. Trad. par EMIL AUG. EHLERS. 2. éd. Altona. 1803.

— commentatio de perforatione membranae tympani. 4. Götting. 808. Dieterich. 4 gr.

Himly, Karl (Hrsg.u.Comm.):

s.: Roose, Theodor Georg August: Taschenbuch für gerichtliche Ärzte und Wundärzte bei gesetzmässigen Leichenöffnungen. 4.verbess.Aufl. Frankfurt am Main: 1811

JB 5.269

Himly, Carl, Schach- und Kurierspiel. Ströbeck und Morgenland. [SA. aus der Halberstädter Zeitung und Intelligenzblatt.] Halberstadt [1885].

Karl Himly
1772 - 1837

De Scirrho mammae ejusque curatione. [Resp.:] Henricus Fridericus Hinze. Gottingae (1830:) Huth. 30 S. 8°

Göttingen, Med. Diss. v. 10. Aug. 1830

(Himly, Karl): Allgemeiner Teil der Lehre von den Krankheiten, den Heilmitteln und dem Heilverfahren. 532 S., gbd.

Göttingen: 1823

JB 2.451

Karl Himly
1772-1837

Verfassung der öffentlichen medizinisch-chirurgischen Klinik zu Göttingen nebst e. Einleitung über klinische Anstalten überhaupt. Von K[arl] Himly. Göttingen: Schröder 1803. 38 S. 8°

— Verfassung der öffentl. medicin.-chirurg. Klinik zu Göttingen. gr.8. Götting. 808. Dieterich. 4 gr

Karl Himly
1772-1837

Über einige wahre und scheinbare Verschiedenheiten des ältern und neuern Heilverfahrens. ...von K[arl] Himly. Braunschweig: Culemann 1801. 24 S. 8°

— Progr. üb. e. wahre u. scheinbare Verschiedenheiten d. ältern u. neuern Heilverfahrens. gr.8. Jena. (Braunschw.) 802. Culemann. 3 gr

— s. J. Ware, chirurg. Beobacht.

— über Wirk. d. Krankheitreize, a. dem menschl. Körper. gr. 8. Braunschw. Thomas. 795.

— — dasselbe. 8. Götting. Deuerlich. 804.

Karl Himly
1772-1837

Ueber das Zusammenkugeln des Igels. Eine anatomische Untersuchung von Karl Himly. Braunschweig: Reichard 1801. VIII,36 S. 4°

— üb. das Zusammenkugeln des Igels. Mit 3 Kpf. 4. Braunschw. 801. (Vogler in Potsd.) 1 rl

Himly, Klara

Himly, Clara, s. L. E. *Landon* the Improvisatrice.

Himly, Klara, die Sängerin, s. Landon, L. E.

Himly, M. K., de la paralysie de l'iris etc., trad. pr. E. A. Ehlers. gr.8. Altona 805. Hammerich. 8 gr

Himmel, der. Zwölf Lehren mit ebenso vielen Bildern (in Stahlst.). Mit französ. und deutschem Text. 32. (34 S.) Luzern 866, Gebr. Räber. geb. **

Himmel, der, auf Erden; od. das Continentalsystem; ein polit. Lustspiel. 8. Frankf. u. Leipz. 814.

—— der, auf Erden. Andachtsbuch im Geiste der heil. Kirche. Aus dem Missale und Brevier zusammengestellt vom Verf. der „Zelle in der Welt.“ 16. (XXXI und 504 S. mit 1 Stahlst.) Regensburg 865, Bößenecker.

— u. **Erde.** Illustr. naturwissenschaftl. Monatsschrift. Hrsg. von der Gesellschaft Urania. Red.: M. Wilh. Meyer. 1.—3. Jahrg. Octbr. 1888—Septbr. 1891. à 12 Hfte. Lex.-8. (à Hft. ca. 54 S.) Berlin, Herm. Paetel, Sep.-Cto. à Jahrg. n. 14. 40; einzelne Hfte. à n. 1. 60

Himmel u. **Erde.** Illustr. naturwissenschaftl. Monatsschrift. Hrsg. v. der Gesellschaft Urania. Red.: M. Wilh. Meyer. 4.—7. Jahrg. Octbr. 1891—Septbr. 1895. à 12 Hfte. (à ca. 3½ Bog.) Lex.-8. Berlin, H. Paetel, Sep.-Cto. à Jahrg. n. 14. 40. (Der kplte. Jahrg. geb. in Leinw. n.n. 16. 60; in Halbfrz. n.n. 17. —)

Himmel u. **Erde.** Illustr. naturwissenschaftl. Monatsschrift. Hrsg. v. d. Gesellschaft Urania. Red.: M. Wilh. Meyer. 8. u. 9. Jahrg. Oktbr. 1895—Septbr. 1897. à 12 Hfte. (à ca. 3 Bog.) Lex.-8. Berlin, H. Paetel, Sep.-Cto. à Jahrg. n. 14. 40; einz. Hfte. n. 1. 20 (D. kplte. Jahrg. geb. in Leinw. n.n. 16. 60; in Halbfrz. n.n. 17. —)

— dasselbe. Red.: P. Schwahn. 10. u. 11. Jahrg. Oktbr. 1897—Septbr. 1899. à 12 Hfte. (à ca. 3 Bog. m. Taf.) Lex.-8. Ebd. à Jahrg. n. 14. 40; einz. Hfte. n. 1. 20 (Der kplte. Jahrg. geb. in Leinw. n.n. 16. 60; in Halbfrz. n.n. 17. —)

— u. **Erde.** Illustr. naturwissenschaftl. Monatsschrift. Hrsg. v. der Gesellschaft Urania. Red.: P. Schwahn. 12.—15. Jahrg. Oktbr. 1899—Septbr. 1903. à 12 Hfte. Lex.-8. (à Jahrg. XIV, 576 S. m. 12 Taf.) Berlin, H. Paetel, Sep.-Cto. à Jahrg. n. 14. 40; geb. in Leinw. n. 16. 60; in Halbfrz. n. 17. —

— u. **Erde.** Illustrierte naturwissenschaftl. Monatsschrift. Hrsg. von der Gesellschaft „Urania". Red.: P. Schwahn. 16.—19. Jahrg. Oktbr. 1903—Septbr. 1907. à 12 Hefte. (à ca. 48 S. m. Abbildgn. u. Taf.) Lex.-8. Berlin, H. Paetel. à Jhrg. n. 14. 40; geb. in Leinw. n.n. 16. 60; in Halbfrz. n.n. 17. —

— u. **Erde.** Illustrierte naturwissenschaftl. Monatsschrift. Hrsg. v. der Gesellschaft „Urania". Red.: P. Schwahn. 20.—23. Jahrg. Oktbr. 1907—Septbr. 1911. à 12 Hefte. (à ca. 48 S.) Lex. 8. Leipzig, B. G. Teubner. à Jahrg. 14. 40
Der 20. Jahrg. erschien noch in Berlin.

Himmel und Erde

— — Unser Wissen v. der Sternenwelt u. dem Erdball. Hrsg. unter Mitwirkg. v. Fachgenossen v. J. Plaßmann u. J. Pohle, Kreichgauer u. L. Waagen. Mit 1215 Textabbildgn. u. 123 Taf.-Bildern u. Beilagen (zum Tl. in Farbendr.). 2 Bde. Lex. 8. München (908. 09). Allgem. Verlags-Gesellschaft. Geb. in Leinw. à 18.—; in Halbfrz. à 19.—; auch in 30 Lfgn. à 1.—
I. Der Sternenhimmel. Die Beweggn. u. die Eigenschaften der Himmelskörper. Hrsg. unter Mitwirkg. v. Fachgenossen. Von J. Plaßmann u. J. Pohle. Mit 500 Textabbildgn., 67 Taf.-Bildern u. Beilagen. (VIII, 608 S. m. 2 Bl. Erläutergn.)
II. Unsere Erde. Der Werdegang des Erdballs u. seiner Lebewelt, seine Beschaffenheit u. seine Hüllen. Gemeinverständlich dargestellt von L. Waagen unter Mitwirkg. v. J. van Bebber u. Kreichgauer. Mit 715 Textabbildgn., 56 Taf.-Bildern, Beilagen u. Karten. (VIII, 695 S.)

Himmel, der, auf Erden, u. herzliche Worte beim Anblick seines nahen Grabes, gerichtet an Alle, die selig zu werden wünschen. 8. Bresl. 792. J. F. Korn. 8 gr

Himmel, die, erzählen die Ehre Gottes, und die Veste verkündigt seine Hände Werk. Vier Erdkugeln mit Blumen und Kreuz. Chromolithogr. 16. Leipzig 883, (Baldamus.)

Himmel, der gestirnte. Eine Beschreibg. d. Sternenhimmels, sowie der Vorgänge im Himmelsraume. Zugleich e. Anleitg. zum Gebrauche d. drehbaren Sternkarte. 16. (22 S.) Ravensburg 890. Dorn. n. — 20

Himmel, der gestirnte. Eine Beschreibg. des Sternenhimmels, sowie der Vorgänge im Himmelsraume. Zugleich e. Anleitg. zum Gebrauche v. Maier's drehbaren Sternkarte. (6. [Umschlag-]Aufl.) 12. (22 S.) Ravensburg (901). O. Maier. n. — 20

Himmel, der gestirnte. Eine Beschreibg. des Sternhimmels sowie der Vorgänge im Himmelsraume. Zugleich e. Anleitg. zum Gebrauche v. Maier's drehbaren Sternkarten. (24 S. m. Abbildgn.) gr. 16. Ravensburg (904). O. Maier. n. — 20

Himmel

und Hölle. Eine Studie. Berlin 863. Herbig. gr. 8. (VIII, 374 S.) n. 2 ℛ

Himmel contra Hölle oder die Chamäleonsbrüder. Ein Pariser Sittengemälde vom Verf. der Pariser Dramen. 3 Bde. Berlin 863. Verlags-Comptoir. (Dominé.) gr. 8. (935 S.) 1 ℛ 15 ngr.

Himmel od. Hölle; was wählst du? 8. (4 S.) Basel 872. Spittler. — 75

Himmel, Mein. Ein Gedicht. Berlin 1785. (II, 9515. Dort zu streichen: »und meine Hölle«.) Siehe unten VII, 5293. (DARP)

Himmel, Mein, und meine Hölle. Berlin 1785. V: *Vulpius, Chn Aug.* (MGT)

Himmel, der neue. Glaubensbekenntniß eines Demokraten. (Gedicht.) 1. Aufl. 8. (8 S.) 1849. und 2. Aufl. Lex.-8. (10 S.) Hamburg 850, Volksbuchhandlung in St. Pauli.

— der, der Seeligen. Eine Phantasie für Freunde der Religion. 12. Berl. 814. Flittner. 2 ℊ

Im siebenten **Himmel** und anderswo. Die besten Couplet-Schlager von Brettl u. Cabaretl. Berlin: Kleines Witzblatt [um 1904]. (63 S.) 8° = **Witzblatt-Bilderbuch.** Bd 5. [c4. 9380

Himmel, der, der Sozialdemokratie in Traum u. Wirklichkeit. Von Rhenanus. 8. (78 S.) Stuttgart 893. Levy & Müller. n. — 75

Himmel, Der, auf der Welt, oder Die Bestrebung nach der Liebe Gottes, u. nach der Liebe des Nächsten. Klgft.. Kleinmayer. 1781. 100 S.

— der, auf der Welt, od. Bestreben mit d. Liebe Gottes u. d. Nächsten. 4. Klagenf. 782. (Kummer in Leipz.) 16 ℊ

— der, mit seinen Wundern u. der Kalender mit sr. Deutung, s.a. Reisen d. Menschen auf Erden &c.

Himmel, Der, mit seinen Wundern und der Kalender mit seiner Deutung ... Halle 1811. V: *Hempel, Friedr. Wilh.* (MGT)

Himmel, der, mit seinen Wundern u. d. Kalender mit s. Deutung, nebst e. gedrängten Beschreibung ländlicher Beschäftig. u. städtischer Vergnüg. durch alle Monate d. Jahres. Mit 13 illum. K. u. 2 Himmels-Charten, v. Verfass. des Vater Hellmuth, des Menschen von Anbeginn &c. 8. Halle. (Berl. Waisenhausbuchh.) 812.

— der, mit seinen Wundererscheinungen s.a. Em. Swedenborg.

Himmel, Der, mit seinen Wundererscheinungen und die Hölle. Tübingen 1830. V: *Swedenborg, Emanuel.* (EB)

Himmel, der, mit seinen Wundererscheinungen u. d. Hölle. Vernommenes u. Geschautes. (Zu d. neuen Kirche d. Herrn.) gr. 8. (35¼ B.) Tübingen 830, Zu-Guttenberg. 2 Thlr., fein Pap.
Vgl. Kirche.

Himmel, der, unser Ziel. Fromme Erwäggn. der ewigen Wahrheiten. Von Stella Veritas. (34 S.) 11,6×7,6 cm. Saarlouis 908. F. Stein Nachf. — 15

Himmel, Carl Friedrich, s. Himmel, Karl Friedrich

Himmel, E., Chronik der k. k. Staatsoberrealschule in Troppau von 1857—1887, m. e. Vorgeschichte derselben von 1777—1857. Nach den Programmen dieser Schule dargestellt. gr. 8. (II, 101 S. m. 1 Tab.) Troppau 887. Zenker. n. 2. —

Himmel, Eduard, Chronik d. k. k. Staats-Oberrealschule in Troppau von 1857—1887. Mit einer Vorgeschichte derselben von 1777 bis 1857. 8°. (101 S. mit einer tabellarischen Uebersicht.) Troppau, Zenker. fl. 1.—. 1887.

Himmel, Erhard Wilhelm (Jena), De ganerbinatibus von Gan=Erbschafften. Diss. jur. Präs. Nicolaus Christoph Lyncker. Jena (Bauhofer) Aug. 1689. 39 S. (7.20) 15225
Widm. v.: Peter Müller. — Betr. u. a. Familie v. Buseck (Buseckerthal/Hess.).

— — Dasselbe. Jena (Jo. Bernh. Heller) 1733. 48 S. (7.—) 15226

Himmel, Ernst, Braunschweig. Die rechtliche Stellung des Handlungsagenten. *Braunschweig 1903: A. Limbach.* (61 S.) 8° Leipzig, Jur. Diss. v. 1903

Himmel, Friedrich Heinrich

Himmel, Fr. H., (†...) kurze Biographie u. ästhetische Darstell. seiner Werke; Bildungsbuch f. junge Tonkünstler. Seitenstück zu Joseph Haiden. 8. Erf., Müller; (a. Weygand in Lpz.) 6 ℊ

Himmel, F. H., Fanchon, s.: Mode's G., Operntextbibliothek.

Gesellschafts-Lied. Von August Friedr. Ferd. v. Kotzebue. Comp. v. Himmel. Breslau o. J. Grass, Barth & Co. 1 Bl. 8°. [Kopftit.]
„Es kann ja nicht immer so bleiben“ ...

Maurer-Lied zur Ehre des Königs Friedrich Wilhelm III. am 21sten Jan. 1798 gesungen. [Gedichtet von Herklots, in Musik gesetzt von Friedr. Heinr. Himmel.] Berlin [1798]: Starck. 2 Bl. quer 8° [Umschlagtit.]
(Beil. zu: Die gute Sache der Frmrei in ihrer Würde dargest. 1798.)
Text abgedr. in: Die gute Sache usw. 1798 S. 49--52.
Mit Noten: „Einen seltnen König preise, . . .“

— Sammlung neuer deutscher Kriegslieder, mit Begleitung des Pianoforte. 4. Bresl. 814. Max u. Comp. 18 ℊ

Himmel, Heinr. v., Freundesworte e. alten Soldaten an die heurigen Rekruten. (16 S.) 9×15 cm. Brixen (908). Buchh. d. Verlagsanstalt Tyrolia. nn — 15

Himmel, H., eine Orient-Reise. 2. Aufl. 8. (VIII, 327 S.) Wien 887. Verl. d. „St. Norbertus“-Druckerei. n. 1. —

-- dasselbe, s.a. Woerl's Reise-Bibliothek.

Himmel, Heinr. v., eine Orient-Reise. 4. verm. Aufl. 12. (XX, 667 S. m. Bildnis.) Stuttgart 901. [J. Roth.] München, Allg. Verlags-Gesellschaft. n. 3.20; geb. n. 4.20

Himmel, Heinrich: Das Soldatenmaterial in der Bukowina. Czernowitz 1888.

Himmel, Joh., Schule der Schwimmkunst, s.a. Braumüller's militär. Taschenbücher.

Himmel, Joh, Oberschwimmlehrer an der k. und k. Militär-Schwimmanstalt in Wien etc. Schule der Schwimmkunst. Leitfaden für Einzel- und Massen-Unterricht, besonders an Militär-Schwimmschulen, sowie des Kunstschwimmens auf Grundlage eigener Methode und mit Anwendung des Schwimmkugel-Apparates (Patent Himmel). Für Lehrer und Lernende. Empfohlen für die k. und k. österreichische Armee mit Reichs-Kriegs-Ministerial-Erlass, Abth. 5, Nr. 1985, vom 3. Juni 1884. Mit 109 Fig. im Texte. (Aus:) „Braumüllers militärische Taschenbücher“ 4. Bd. kl. 8. Wien u. Leipzig 1895.

Himmel, Julius [approb. Arzt aus Dittmerau, Ober-Schlesien]: Ueber Eventration. Aus d. k. chirurg. Poliklinik zu München . . . München, Druck v. M. Ernst (vorm. G. Pollner), 1886; 34 S. 8°.
München, Med. Fak., Inaug.-Diss. v. 1886

Himmel, Karl Friedrich

Himmel, Carl Friedr., Denk-Schrift f. d. Staaten d. Kontinents v. Europa wegen Einführ. e. außerordentl. Zahlmittels, zunächst f. Preußen u. Deutschland bestimmt. 8. (2¾ B.) Anclam 839, (Dietze.) •

Himmel, Paul

Himmel, P., bautechnische Physik, s.a.: Unterricht, der an Baugewerkschulen. 23.

Himmel, Paul: Bautechnische Physik. Leitfaden f. d. Unterr. an Baugewerkschulen u. verwandten techn. Lehranst. von Prof. P[aul] Himmel, Stettin. Mit zahlr. Fig. Leipzig & Berlin: B. G. Teubner 1908. (VI, 246 S.) 8°
= Unterricht, Der, an Baugewerkschulen. 23.

Himmel, Paul, a. Bauerwitz ⟨in Schlesien⟩: Untersuchungen über die Entwickelung und den Stand der Betriebsverhältnisse eines schlesischen Rittergutes. Kiel 1908: Schmidt & Klaunig. (152 S.) 8°
Bonn, Phil. Fak., Ref. Aereboe, Diss. v. 1. Juli 1908
[Geb. 16. Sept. 80 Bauerwitz; Wohnort: Insterburg; Staatsangeh.: Preußen; Vorbildung: Gymn. Beuthen Reife O. 01; Studium: Halle, Landw. Hochsch. Berlin, Univ. Bonn, Breslau; Rig. 26. Febr. 08.]

Himmelan; Erinnerungen an unsere liebe Mutter. Zürich 1887. V: *Pestalozzi, Ludwig.* (Cat. der Stadtbibl. Zürich. Zürich 1864—97.)

Himmelan! Biblische Texte m. geistl. Liedern f. jeden Tag im Monat. 12. (32 S. m. z. Tl. farb. Illustr.) München 888. Stroefer. geb. n. 1. 30

Himmelan. 80 Lieder m. Melodien zur Erweckg. u. Erbauug. 12. (IV, 112 S.) Basel 891. Jaeger & Kober. n. — 50

Himmelan. 80 Lieder mit Melodieen zur Erweckung und Erbauung. In-12°. IV, 111 S. Basel, C. F. Spittler. 1891. — 60; cart. — 80

Himmelan. 80 Lieder m. Melodieen z. Erweckg. u. Erbaug. 3. Aufl. 12. (IV, 111 S.) Basel 897. Kober. n. — 50; geb. in Halbleinw. n. 65

Himmelan. Wegweiser f. die evang. Christenheit. Unter Mitwirkg v. Ernst Breest u. Jul. Kurth u. noch 28 Geistlichen hrsg. v. Herm. L. Strack. (XII S. u. 622 Sp. m. 32 Taf.) gr. 4. Berlin 903. Leipzig, Deutsche Bibelgesellschaft. Geb. in Leinw. 10. 60; m. Goldschn. 12. —

Himmelbauer, Dr. Alfred, Chemie und Mineralogie für di. IV. Klasse der Gymnasien und Realgymnasien. Wien 1910. F. Tempsky Geb. K 1.80.

— Zur Kenntnis der Skapolithgruppe. (65 S. m. 8 Fig.) gr. 8. Wien 910. A. Hölder. 2. 25
Sonderabdruck aus: „Sitzungsber. d. k. Akad. d. Wiss.“

Himmelbauer, Alfr., üb. Lievrit u. die Datolithgruppe. (5. Mitteilg. über die Darstellung der Kieselsäuren) (12 S.) gr. 8. Wien 906. (A. Hölder.) n. — 40
Sonderabdruck aus: „Sitzungsber. d. k. Akad. d. Wiss.“

Himmelbauer, Alfr., Mineralogie. Für die 7. Klasse der Realgymnasien. (116 S. m. 175 Abbild.) 8. Wien 910. F. Tempsky. Geb. in Leinw. 2. —

Himmelbauer, A.: Mineralogie u. Geologie f. die 5. Klasse der Gymnasien, s. Abel, Othenio

— Untersuchungen an Apophyllit u. den Mineralen d. Glimmerzeolithgruppe, s.: Cornu, F.

Himmelbauer, Frz., zu den hl. drei Brunnen. Geschichten. 8. (131 S.) Linz 902. Wien, Oesterreich. Verlagsanstalt. n. 2. —; geb. n. 3. --

Himmelbauer, Frz., Gedichte. (95 S.) kl. 8. München 906. G. Müller. n. 1. 50

Himmelbauer, Frz., im Stammhaus. Erzählungen. (VII, 232 S.) kl. 8. München 911. G. Müller. 3.50; geb. n 4. 50

HIMMELBAUER, Franz
(F) Waldsegen. Prosadichtungen von Franz Himmelbauer. Linz. Wien. Leipzig. 1900. Oesterr. Verlagsanstalt. Gr.-8°. 118 S. K 2.40, geb. K 3.—

Himmelbaur, J., Führer an der k. k. Universität zu Wien. Unter Zugrundelegg. v. „Hermann's Taschenbuch des Studienwesens an den Wiener Hochschulen" hrsg. 16. (84 S.) Wien 893. Halm & Goldmann. Kart. n. — 80

Himmelbauer, Mich., theoretisch-praktische Anleitung zum Gebrauche der Satzkürzungen in der Praxis oder sogenannten Kammerschrift nach Gabelsberger's System, verbunden mit Lese- und Schreibübungen für Schulen und zum Selbstunterrichte. gr. 8. (III, 111 S., wovon 55 lithogr.) Linz 869, (Haslinger.) *

Himmelbauer, Richard [diplom. techn. Chemiker aus Wien]: Beiträge zur Kenntniss der Pyrazolonderivate ... Leipzig, J. A. Barth, 1896; 43 S. 8.
Rostock, Phil. Fak., Inaug.-Diss. v. [4. Aug.] 1896

Himmelbauer, Roman G.

— s: Correspondenz-Blatt f. d. kathol. Clerus Oesterreichs.

Himmelbauer, Roman G., s.: Kalender, Fromme's f. d. kathol. Clerus Oesterreich-Ungarns.

Himmelbauer, Wolfgang

– Die Mikropylenverschlüsse der Gymnospermen m. besond. Berücksicht. desjenigen v. Larix decidua Mill. (22 S. m. 2 Fig. u. 2 Taf.) gr. 8. Ebd. 908. 1. 60
2 Sonderabdrucke a.: „Sitzungsber. d. k. Akad. d. Wiss."

Himmelbaur, Wolfg., eine blütenmorphologische u. embryologische Studie üb. Datisca cannabina L. Mit Subvention aus der Erbschaft Treitl. (23 S. m. 4 Fig. u. 1 Doppeltaf.) gr. 8. Wien 909. A. Hölder. 1. 25

Himmelblau, Hannis, Junge, Junge! Plattdeutsche Witze. 1. u. 2. Bdchn. (40 u. 38 S.) kl. 8. Hamburg 909. 10. H. Bandholdt. à — 50

Himmelein, s.: Realienbuch f. Mittelschulen ꝛc.

Himmelein, Th., Rechenaufgaben, — Rechenbuch, } s.: Schönmann, H.

Himmelfahrt, Heinrich Heines.

Eine Geisterstimme. Trier 1857. V: *Haliberg, Emilie Emma von.* (ADB) (GGr) (Kn) (Meyer, Fr., H. Heine-Bibliothek. Leipzig 1905, S. 100.)

Die Himmelfahrt des Sehers Jesaias ... in deutscher Uebertr. hrsg. von Richard Clemens. — Stuttgart: Scheible 1850. 80 S. (Die Offenbarungen der Propheten Henoch, Esra und Jesaia im Jahrhundert des Heils. 3.) 1:Bl 8037–3. 10.
7.7261

Himmelfahrt, die, des Mose, hrsg. v. Carl Clemen, s.a. **Texte, kleine, f. theologische Vorlesungen, 10.**

Die Himmelfahrt des Mose. Hrsg. von Carl Clemen. Bonn: Marcus & Weber 1904. 16 S. (Kleine Texte für theologische Vorlesungen und Übungen. 10.)
1:Bd 6995–10. 12: Th. U. 369 t–10. 5. 6. 8. 11.
7.9784

Himmel- und Höllenfahrt, Tantalus des Weisen.

Eine höchst tragische Geschichte ... Schöningen [1809]. V: *Anschell, Voss (Wilhelm).* (MGT)

Himmelfahrt und Vision, die, des Propheten Jesaia aus dem Aethiop. und Latein. ins Deutsche übers. und mit einem Commentar und einer allgem. Einleitung versehen von H. Jolowicz. Ein Quellen-Beitrag zur Kenntniß des Urchristenthums. Leipzig 854. Fr. Fleischer. gr. 8. (VIII, 94 S.) 18 ngr.

Himmelfahrtstage, die, oder die Ahnende, von Wilhelmine v. Gersdorf. 3 Theile. 8. Meißen, Gödsche. 818.

Himmelfarb, Gregor: Über stereoisomere Verbindungen aus der Gruppe des Diphenylpropylens. Rostock 1908: Boldt. 50 S. 8°
Rostock, Phil. Diss. v. 3. Dez. 1908, Ref. Stoermer
[Geb. 25. Nov. 75 Melitopol; Wohnort: Rostock; Staatsangeh.: Rußland; Vorbildung: Gymn. Charkow Reife 93; Studium: Berlin 2, Bonn 2, Rostock 12 S.; Rig. 20. Nov. 08.] [U 09. 3750

Himmelhaus, Damasc. (u. Jos. Schmitz), sittlich-reine Auswahl aus d. bisher erschienenen Schriften zur Bildung d. Verstandes u. Herzens, e. allgem. Lesebuch, besond. f. die Jugend, vorzügl. die studirende. Von e. Gesellschaft. 2 Bde. 8. (Bielefeld) 799, 800.

**Himmelheber, H.* Entwicklung der Hamburgischen Feuerkassengesetzgebung. Merseburg 1900.

Himmelheber, Kurt, a. Karlsruhe i. B.: Ein Fall von hochgradiger penisscrotaler Hypospadie, linksseitigem Kryptorchismus mit Verkümmerung des Penis (Pseudohermaphroditismus masculinus externus). Heidelberg 1906: J. Hörning. (24 S.) 8°
Heidelberg, Med. Fak., Ref. v. Rosthorn, Diss. v. 1906
[Geb. 3. Aug. 81 Karlsruhe; Wohnort: Heidelberg; Staatsangeh.: Baden; Vorbildung: Großh. Gymn. Karlsruhe Reife Juli 00; Studium: Heidelberg 9, München 1 S.; Coll. 19. Jan. 06; Approb. 22. Nov. 06.]

Himmelmann, Alfred, a. Cassel: Zur Kenntnis der olefinischen Terpenkörper. Citralreihe und Citronellalreihe. Kiel 1908: Lüdtke & Martens. (46 S.) 8°
Kiel, Phil. Fak., Ref. Harries, Diss. v. 12. August 1908
[Geb. 6. Nov. 82 Cassel; Wohnort: Cassel; Staatsangeh.: Preußen; Vorbildung: Realgymn. Cassel Reife O. 03; Studium: Marburg 2, Kiel 8 S.; Rig. 4. Juli 08.]

Himmelmann, Luise, Fritz Döltner u. sein gutes Recht, s.: Vergißmeinnicht-Erzählungen.

Ehre Vater und Mutter. Erzählung von Luise **Himmelmann.** *Berlin: Schriftenvertriebsanst. 1900.* (15 S.) 8° [F.]
— **Kleinkindergarten.** No 45. [01. 11636

Fifi. Erzählung von Luise **Himmelmann.** *Berlin: Schriftenvertriebsanst. 1900.* (16 S.) 8° [F.]
— **Kleinkindergarten.** No 43. [01. 11634

– Ules Geheimnis, s.a. Kleinkindergarten.

Ules Geheimnis. Von Luise Himmelmann. Berlin: Schriftenvertriebsanst. 1899. (16 S.) 8° [F.]
— **Kleinkindergarten.** No 37. [05. 6087

— mit Gott! Eine Gabe f. den Lebensweg. (14 S.) kl. 8. Lemgo (906). O. Mai. n. — 20

— der Herr hilft immer. Auf einmal war ich drüben, s.a. Waldesrauschen — Waldesfrieden. 17.

Der Herr hilft immer. Erzählung von Louise **Himmelmann.** *(Kassel [1903]: E. Röttger.)* (15 S.) 8° [F.]
— **Waldesrauschen – Waldesfrieden.** H. 17. [03. 9338

— der Herr ist treu!, s.: Vergißmeinnicht-Erzählungen.

— s.: Kleinkindergarten.

— eine liebe Last, s.: Rosen-Knospen. Nr. 16.

— eine schwarze Lilie, s.a. Tannenzweige. 19. Hft.

Eine **schwarze** Lilie. Eine Erzählung von Luise Himmelmann. Mit Bild. *Barmen: Wupperthaler Traktat-Ges.* *[1903]*. (28 S.) 8° [F.]
— **Tannenzweige**. H. 19, (1.) [04. 1583

Eine schwarze Lilie, (Erzählung von Luise **Himmelmann**), u. andere Erzählungen. Mit Bildern. Barmen: Wuppertaler Traktat-Gesellsch. [1903]. (78 S.) 8° [F.]
— **Christblumen.** Bdch. 14. [06. 6468

— Lilie, Stern u. Kreuz. Ein Lebensbild. (16 S.) 12. Striegau 903. Th. Urban. n. — 15

Himmelmann, Louise, der alte Lorenz u. sein Sohn. Weihnachtserzählung. (32 S.) kl. 8. Neumünster (909). Vereinsbuchh. G. Ihloff & Co. — 20

— der alte Lorenz u. sein Sohn u. andere Weihnachtsgeschichten, s.a. Im Weihnachts-Glanz. 1. Hft.

Der alte Lorenz und sein Sohn und andere Weihnachtsgeschichten von Luise **Himmelmann**. Barmen: E. Müller [1903]. (48 S.) 8° [F.]
— **Weihnachts-Glanz**, Im. H. 1. [08. 5238

— die Schneeglöckchen, } s.: Kinderfreund, der.
— ein Segenswunsch, }

— s.: Sonnenstrahlen.

Himmelmann, Luise: Sonnenstrahlen, s.a. Kleinkindergarten.

Sonnenstrahlen. Von Luise **Himmelmann**. Berlin: Schriftenvertriebsanst. 1899. (16 S.) 8° [F.]
— **Kleinkindergarten.** No 38. [05. 6088

Mariannes Traum. Erzählung von Luise **Himmelmann**. *Berlin: Schriftenvertriebsanst.* *1900*. (16 S.) 8° [F.]
— **Kleinkindergarten.** No 46. [06. 11637

Himmelmann, Luise, Dolly Forsters Weihnachtskind, s.: Rosen-Knospen. Nr. 12.

Wie ein Büblein das Lesen lernte. Erzählung von Luise **Himmelmann**. *Berlin: Schriftenvertriebsanst. 1900.* (16 S.) 8° [F.]
— **Kleinkindergarten.** No 44. [06. 11635

— wo die Schneeglöckchen wachsen s.a. Aus lichten Höhen. Nr. 14.

Wo die Schneeglöckchen wachsen. Erzählung von Luise **Himmelmann**. L[engerich i. W.]: B[ischof] & K[lein 1903]. (16 S.) 8° [Umschlagt. F.]
— **Höhen**, Aus lichten. No 14. [04. 3990

Himmelpfort [Schlagwort]

Himmelpfort, s.: Geologische Karten. Karte (Preuss.) — Mark. — Wanderkarten.

Himmelpforten [Schlagwort]

Himmelpforten, s.: Geologische Karten. Karte (Preuss.).

Himmelpforten, s.: Preussen. Messtischblätter.

HIMMELREICH, Kammerrath, oder Brautstand und Ehestandsgeschichte eines schönen Mannes. Seitenst. zu Familiengeschichten von A. Lafontaine. (Nicht von Letzterem.) Leipzig u. Breslau, bei Ernst Wilh. Buchheister, o. J. (1800). 12°.
Tit. m. Vign. u. 288 SS. Pikant u. rar! ($3^1/_2$ Mk. Kühl, Berlin, c. 1883; jetzt theurer!)

Himmelreich, das, unter den Kindern, od. 25 Erzählungen von einer Kindererweckung in Pommern. 12. (4 B.) Düsselthal 843, Rettungs-Anstalt. (Leipzig, Barth.)

Himmelreich, das, unter Kindern. 25 Erzählungen von einer großen Erweckung an einer Erziehungs-Anstalt in Deutschland. gr. 16. (92 S.) Cincinnati 849. (Bremen, Heyse.) *

Himmelreich, A. On Milton's Dramatic Poems. Weimar, R. I. O., 1884. 17 S. 4. Progr.

Himmelreich, Alfred, Medizinalprakt.: Ueber primäres Nieren-Carcinom. München 1908: Wolf. 38 S. 8°
München, Med. Diss. v. 12. Juni 1909, Ref. v. Bollinger
[Geb. 2. März 83 Meiningen; Wohnort: Meiningen; Staatsangeh.: Sachsen-Meiningen; Vorbildung: Realgymn. Meiningen Reife O. 03; Studium: Jena 5, München 5 S.; Coll. 12. Juni 09; Approb. 31. Mai 09.] [U 09 3338

Himmelreich, F. H., Greifensteiner Chronik. Ein Beitrag zur Geschichte des Solmser Landes. 8. (108 S. m. 1 Taf.) Wetzlar 894. Schnitzler. n. 1. —

Geschichte des Fürstenhauses Solms-Braunfels. Ein Beitrag z. Heimatskunde von F. H. Himmelreich, Pfarrer. *Wetzlar: Schnitzler 1898.* (63 S.) 8° [F.] [01. 6805 B

Himmelreich, F. H., Ovamboland, s.a. Missions-Traktate, rheinische. Nr. 95 u. 96.

Ovamboland. Von F. H. Himmelreich, Pfarrer. H. 1. 2. *Barmen: Missionshaus 1900.* 2 Bde 8° [F.]
1. Land, Leute, Heidentum d. Ovambo. 2. Gesch. d. Mission unter d. Ovambo.
— **Missions-Traktate**, Rheinische. No 95. 96. [01. 3710 B

Himmelreich, Heinrich Wilhelm Theodor, s. Himmelreich, Theodor

Himmelreich, Otto, approb. Arzt aus Braunfels: Die durch Lues und Gonorrhoe hervorgerufenen Gelenkerkrankungen und ihre Differentialdiagnose. *München 1901: C. Wolf & Sohn.* (32 S.) 8°
München, Med. Diss. v. 1901

Himmelreich's, P., u. M. Friedwald's, des Löwentödters, elbingisch-preussische Geschichten, s.: Geschichtschreiber, die preussischen, des XVI. u. XVII. Jahrh.

Himmelreich, (Henr. Guil.) Theod. (geb. Bochum 27. 9. 1829): De cholera epidemica. Berolini (1855). (29 S.) 8°
Berlin, Med. Diss. v. 2. Jan. 1855

Himmelreich, Xaver [cand. med. aus Gelsenkirchen]: Ein primäres Drüsencarcinom des harten Gaumens. Beitrag z. Casuistik d. Carcinome d. Oberkiefers ... Würzburg, P. Scheiner's Buchdr., 1892; 34 S. 8.
Würzburg, Med. Fak., Inaug.-Diss. v. 1892

Himmels-Atlas in 20 Blättern, nach d. grossen Bodenschen Sternkarten gez. v. Chr. Gtl. Riedig. qu. 16. (1/2 B. Text.) Leipzig (832), (Müller.)

Himmelsatlas, Neuester, zum Gebrauch für Schulen ... nach Flamsteed, Fortin, de la Laude und v. Zach. Weimar 1799. V: *Goldbach, Christian Frdr.* (Ky)

Himmelsatlas, neuester, z. Gebrauch f. Schulen etc., nach Flamsteed, Fortin, de la Lande u. v. Zach, (v. C. F. Goldbach). Roy.-4. Weim. 799. Geograph. Inst. 5 ℛ 12 gr. Schweiz. P. 6 ℛ

Himmelsbahn, die. Eine doppelte Reihe dreitägiger Exercitien nebst einer tägl. Gewissensforschung für Welt- und Ordensleute. Von einem Priester der Diöc. Regensburg. Regensburg 856. Manz. 24. (315 S.) 7 1/2 ngr.

Himmelsbahn, seraphische. Ein Gebetbuch für Alle, u. insbesondere für Mitglieder des dritten Ordens des heiligen Franziskus. Mit 1 Stahlst. Innsbruck 863. F. Rauch. 16. (VIII. 335 S.) 12 ngr.

Himmelsbegebenheiten, Merkwürdige. Nürnberg 1736. V: *Adelbulner, Michael.* (BB) (MI.)

Himmels-Bilder! oder vollständ. Gebet- und Erbauungsbuch mit vorzügl. Verehrung des leidenden und sakramentalen Antlitzes Jesu Christi. In sich schließend: Morgen-, Abend-, Ablaß-, Aufopferungs-, 4 Meß-, Beicht- und Kommunion-Gebete, nebst verschiedenen Andachten und Beherzigungen für alle Zeiten des Jahres. 12. (556 S. mit 1 Bild.) München 888, J. Pfeiffer. *ℳ 1.20.; geb. * 2 —

Himmels-Bilder! od. vollständ. Gebet- u. Erbauungsbuch m. vorzügl. Verehrg. des leid. u. sakramentalen Antlitzes Jesu Christi. In sich schließ.: Morgen-, Abend-, Ablaß-, Aufopferungs-, 4 Meß-, Beicht- u. Kommunion-Gebete, nebst verschiedenen Andachten u. Beherziggn. f. alle Zeiten des Jahres. 2. Aufl. 12. (556 S. m. 1 Bild.) München 892. J. Pfeiffer. Geb. in Leinw. n. 2. —

Himmels-Bilder! od. Vollst. Gebet- u. Erbauungsbuch m. vorzügl. Verehrg. d. leid. u. sakramentalen Antlitzes Jesu Christi. In sich schließ.: Morgen-, Abend-, Ablaß-, Aufopferungs-, 4 Meß-, Beicht- u. Kommunion-Gebete, nebst verschied. Andachten u. Beherziggn. f. alle Zeiten d. Jahres. 3. Aufl. 12. (556 S. m. 1 Bild.) München 897. J. Pfeiffer. Geb. in Leinw. n. 2. —; in Ldr. n. 2. 50; m. Goldschn. n. 3. —

Himmelsblumen. Neue Erzählungen für Jung u. Alt. Nr. 1—10. gr. 8. Konstanz, C. Hirsch. à — 15; je 5 Nrn. in 1 Leinw.-Bd. (151 u. 152 S.) à 1. 20

1. Rudi. Eine Erzählg. Von Ad. Gründler. (31 S.) 897.
2. Zwei Glückstage. Erzählg. Von M. Rüdiger. (32 S.) 897.
3. Das schönste Kind. Erzählg. f. Jung u. Alt. Von B. Merkator. (32 S.) 897.
4. Einer Mutter lieber Sohn. Von C. Winter (M. Rickmeyer). (32 S.) 897.
5. Christelchen. Eine wahre Geschichte. Von Lina Walther. (32 S.) 897.
6. Schmiedhansel. Eine Erzählg. — Der Ehrenbrief. Eine Erzählg. Von Frida v. Kronoff. (32 S.) 898.
7. Aennchens Ring. Eine Erzählg. f. Jung u. Alt. (32 S.) 898.
8. Pauli's Aufgaben. Erzählg. Von Marie Liebrecht. (32 S.) 898.
9. Drei Tage aus Gellerts Leben. Von W. O. v. Horn. (32 S.) 898.
10. Reich. E. Geschichte, d. auf d. Kirchhof anfängt u. im Schoße Gottes aufhört. Von Adele Gründler. (32 S.) 898.

Himmelsblumen. Neue Erzählgn. f. Jung u. Alt. Nr. 11—30. gr. 8. (à 32 S. m. Abb.) Konstanz, C. Hirsch. à — 15; je 5 Nrn. in 1 Leinw.-Bd. 1. 20

11. Eine Rose unter Dornen. Erzählung. Von Maria Liebrecht. 899.
12. Drei Margareten. Eine Erzählg. Von Ada Linden. 899.
13. Stephanie. Eine Erzählg. von M. v. P. 899.
14. Der alte Leberecht. Eine Erzählg. Von Frida v. Kronoff. 899.
15. Aus dem Hasenwinkel. Vergangenheitsbilder aus der alten Grafsch. Barby. Von Adele Gründler. 899.
16. „Um den Abend wird es licht“. Eine Erzählg. Von G. Wuoken. (900.)
17. Sein gutes Recht. Eine Erzählg. Von Frida v. Kronoff. (900.)
18. Durch ihr Kind. Eine Erzählg. Von A. Linden. (900.)
19. Die Zwillinge. Eine Erzählg. Von G. H. v. Schubert. (900.)
20. Lilien. Eine Erzählg. Von Adele Gründler. (900.)
21. Hosianna. Eine Weihnachtsgeschichte. Von Louise Leueste. (901.)
22. Am Dornenhag. Eine Erzählg. Von Frida v. Kronoff. (901.)
23. Treibenmeisters Klärchen. Von Ada Linden. (901.)
24. Benvenuta. Erzählg. von M. v. P. (901.)
25. Der Friedli vom Guggithal. Von Adele Gründler. (901.)
26. Am Scheidewege. Erzählungen. — Der Sieg der Mutterliebe. Erzählg. Von Käthe Dorn. (902.)
27. Wie unser Freund die Heimat fand. Von A. Linden. (902.)
28. Einer traute ihm. Erzählg. Von M. v. Vanlya. (902.)
29. Glückshert u. Segenshand. Eine Erzählg. Von Frida v. Kronoff. (902.)
30. „Mein' Schwester, das Marienchen“. Von Adele Gründler. (902.)

Himmelsblumen. Neue Erzählgn. f. Jung u. Alt. Nr. 31—50. (à 32 S m. Abbildgn.) 8. Konstanz, C. Hirsch. à n. — 15; je 5 Nrn. in 1 Leinw.-Bd. (Bd. 7—10.) à n. 1. 20

Anita. Von J. N. (905.) (Nr. 42.)
Asmus, Marie, Ernas Lebensschule. (906.) (Nr. 47.)
Bayer, Ottilie, Mutter Dreer, die Küsterin. Erzählung. (903.) (Nr. 33.)
— wie lieblich sind deine Wohnungen, Herr Zebaoth! Erzählg. (906.) (Nr. 46.)
— Magdalena. Eine Erzählg. aus der Reformationszeit. (903.) (Nr. 32.)
— in der Trübsal bewährt. Erzählg. f. Jung u. Alt. (904.) (Nr. 37.)
Dorn, Käthe, das Friedensenglein. Erzählung. (903.) (Nr. 31.)
— ein Glaubensschwur unter deutschen Eichen. Erzählg. (905.) (Nr. 41.)
Etmer, Adelh., Treue um Treue. Eine Erzählung aus dem Leben. (905.) (Nr. 44.)
Gottes Führungen. Von E. v. W. (905.) (Nr. 45.)
Karina, A., Robert. Erzählung. (906.) (Nr. 48.)
Keller, Sophie v., es ist in keinem Andern Heil. Erzählung. (903.) (Nr. 35.)
Kronoff, Frida v., Gotteswunder. Eine Erzählung. (904.) (Nr. 36.)
Liebrecht, Maria, Pfarrminchen. Eine Erzählg. (904.) (Nr. 39.)
Nickel, J., der Lindenhof. Erzählung. (906.) (Nr. 50.)
Vanlya, M. v., der Drache vor der goldenen Leiter. Erzählg. f. Alt u. Jung. (905.) (Nr. 43.)
Pilger, C., Daheim. Eine Erzählung. (904.) (Nr. 38.)
— die Verwaltersbuben. Erzählung. (903.) (Nr. 34.)
Stückelberger, M., durch Kampf zum Sieg. Erzählung. (906.) (Nr. 49.)
Werner, C., Gottes u. nicht der Menschen Rat. Eine Erzählg. f. Jung u. Alt. (904.) (Nr. 40.)

Himmelsblumen. Neue Erzählgn. f. Jung u. Alt. Nr. 51—70. (à ca. 32 S. m. Abbild.) 8. Konstanz (907—10). Christl. Buch- u. Kunstverlag C. Hirsch. à p — 15; in Leinw.-Bde. (11—14. Bd. 156, 152, 163 u. 160 S.) à 1. 20

Himmelsblumen, gottgeweihte. Ein Andachtsbuch f. fromme Christen jeden Standes. Mit (lith.) Bildern. 4. verm. u. verb. Aufl. 32. (480 S.) Einsiedeln 874. Eberle, Kälin & Comp. — 63

Himmelsblüten am Lebenswege. (Ziehkästchen.) 16. (100 Bl.) Witten 893. (F. Fries & Co.) — 80

Himmelsblüten a. Lebenswege. (Ziehkästchen.) 16. (100 Bl.) Witten 897. Buchh. d. Stadtmission. In Karton n. — 80

Himmelsblüthen. Gebetbuch f. kathol. Christen, vorzüglich f. fromme Verehrer der sel. Jungfrau Maria. 32. (400 S. m. 2 Chromolith.) Einsiedeln 874. Benziger. — 60

Himmelsblüthen. Gebetbuch für katholische Christen, vorzüglich für fromme Verehrer der sel. Jungfrau Maria. Ausg. Nr. 1. 32. (400 S. mit 2 Chromolith.) Einsiedeln 878. Benziger. — 50; Feine Ausg. Nr. 2. (384 S. m. eingedr. Holzschn. u. 2 Stahlst.) 879. 1. 10

Himmelsblüthen. Geberbuch f. kath. Christen, vorzügl. f. fromme Verehrer d. seligsten Jungfrau Maria. *Einsiedeln, Köln: Benziger & Co. [um 1902]. (400 S.) 8°*

Himmelsbote, der kleine. Erzählung aus dem Volksleben v. C. N. Aus dem Schwed. ins Deutsche übertr. v. F. E. 16. (46 S.) Stuttgart 892. Buchh. der Evang. Gesellschaft. Kart. n. — 30

Himmelsboten. Worte des Glaubens in Spruch u. Lied. kl. 4. (32 S. m. farb. Abbildgn.) Leipzig 890. Meissner & Buch. geb. m. Goldschn. n. 4. —

Himmelsbrief, neuer, od.: Sendschreiben des ersten Demokraten Jesus Christus an seine Brüder auf Erden, geschrieben im J. der Schmach 1850. (Gedicht.) Lex. 8. (9 S.) Hamburg 850, Volksbuchh. in St. Pauli. n. 2 ngr

Himmelsbrief (sogen. Passauer Schutzbrief), nebst kräft. Segensgebet u. kurzem Bericht v. d. großen Kraft dieses Segens. Fol. (4 S. in 2farb. Druck.) Leipzig (894). H. Bennewitz. — 20

Himmels-Brod. Auserlesene Gebete aus den Schriften der Heiligen der katholischen Kirche. Münster 863. Aschendorff. 32. (384 S. u. 1 Stahlst.) 7½ ngr

Himmelsbrod, geistliches. Ein katholisches Gebetbuch für Kinder. 16. (128 S.) Gratz. Sirolla. 1861. 12 kr.

Himmelsbrod f. kindliche Herzen. Ein kathol. Gebetbüchlein, besonders der Jugend gewidmet. 32. (256 S. m. 2 Steintaf.) Einsiedeln 875. Eberle, Kälin & Co. — 30

—— für Pilgrime nach dem himmlischen Kanaan von einem Mitpilger. 16. (192 S.) Cincinnati 862. (Philadelphia, Schäfer und Koradi.) geb. *

Himmelsbrot, geistliches. Ein katholisches Gebetbuch für Kinder. Graz 861. (Wießner.) 32. (128 S. u. 1 Stahlst.) 2½ ngr.

Himmelsburg, die, oder neuer Schlüssel z. Unsterblichkeit. 8. Leipz. 797. Kleefeld. (Andrä). 1 ₰ (Auch u. d. T.: Unterhaltungen eines Kosmopoliten über Transorganisation.)

Himmelschlüssel, s. Himmelsschlüssel

Himmelserb, Georg: Ein Blick hinter die Kulissen der Socialitären Bewegung. Offener Brief an Herrn Dr. Eugen Dühring in Neuendorf bei Potsdam nebst Anlage v. –. (Berlin: Gedr. b. C. Regenhardt 1898.) (30 S., 1 Bl.) 1 Bd 8°

Himmelsfreude. Gebetbuch f. kathol. Christen m. besond. Berücksicht. der im Elsaß gebräuchl. Gebete u. Andachten. (XII, 416 S. m. 1 Farbdr.) 16. Freiburg i/B. 906. Herder. n. — 80; geb. in Leinw. n. 1. 20; m. Goldschn. n. 1. 35

Himmelsgarten, der. Christliche Feierstunden f. alle Anbeter des Herrn in Geist u. Wahrheit. 32. (XVI u. 352 S. m. 1 Stahlst.) Grimma 851, Verlags-Comptoir. n. 18 ngr

Himmels-Globus in 6 Blättern, mit beigedrucktem Text. gr. 8. Magdeb. 822, Rubach.

Himmelsglobus. 6 Zoll im Durchmesser. Auf lackirtem Gestelle mit Meridian. Weimar 843, Geogr. Institut. n. 6 ₰

Himmelsglobus v. Böhm Querf. Selbstverlag. Prag. (J. Farsky.) 1860.

Himmelsglöcklein. Katholisches Gebetbüchlein für die liebe Jugend. 2., verb. Aufl. 64. (143 S.) Dülmen 879. Laumann. geb. n. — 25

Himmelsglöcklein. Katholisches Gebetbüchlein f. die liebe Jugend. 2., verb. Aufl. 32. (143 S. m. Holzschn.) Dülmen 884. Laumann. geb. n. — 25

Himmelsglöcklein. Kathol. Gebetbüchlein f. die liebe Jugend. 6. Aufl. 16. (143 S. m. Titelbild.) Dülmen (899). A. Laumann. Kart. n. — 20

Himmelsharfe. Ein Gebet- und Andachtsbuch für gebildete Katholiken. Augsburg 1841. H: *Russwurm*, *Hnr.* (Ky)

Himmelsharfe. Ein Gebet- u. Andachtsb. f. gebild. Katholiken. (Aus d. Nachlasse e. frommen Verewigten. Durchgesehen, theilweise umgearb. u. mit Zusätzen verm. hrsg. v. Heinr. Rußwurm.) gr. 12. (13⅔ B. u. 2 Stahlst.) Augsburg 841, Kollmann'sche Buchh. ¾ Thlr., Vlnp. m. 3 Stahlst.

Himmelshausen, Aetherius v. Vivat mathematica, Epos in 10 Gesängen. Im Triumphe der Reimkunst. Mit Zeichnungen von Friedrich Kaskeline. 8°. (36 S.) Wien, Engel. fl. —.50. 1886.

Himmels-Kalender, katholischer, auf das J. 1867, worinen die Himmelszeichen des Thierkreises zum Nutz und Frommen von Jung und Alt in gemüthl., leicht verständl. Sprache erklärt sind. Nebst einigen Heilmitteln, Anekdoten und anderen nützl. Dingen von Ferd. Janner. 4. (40 S.) Regensburg 866, Pustet. *

Himmels-Karte nach dem Französ. der unter Aufsicht des Astronomen Bouvard durch Chr. Dien verfaßten Uranographie. 2 sauber lith. Blätter in Imp.-Fol. Nebst erklärender Anweisung hierzu von K. Dien. Aus d. Französ. übers. v. Dr. K. Schmidt. 2 Bogen in gr. 8., 1 Tabelle in Fol. u. 1 Steindruck. Karlsr. 831. Velten. 3 ₰ 12 ⁄⁄

Himmelskarte, photographische, s.a. Publikationen des astrophysikalischen Observatoriums zu Potsdam.

Photographische **Himmelskarte**. Zone + 31° bis + 40° Declination. Catalog. Bd 1. (Hrsg.: H[ermann] C[arl] Vogel.) Potsdam; Leipzig: W. Engelmann in Comm. 1899. 4°
(Publicationen d. astrophysikal. Observatoriums zu Potsdam.) 107. 19463

Himmelskarte, photographische, red. v. J. Scheiner, s.: Publikationen des astrophysikalischen Observatoriums zu Potsdam.

Himmelskarte, photographische, Ergänzungen v. A. Biehl, s.: Publikationen des astrophysikal. Observatoriums zu Potsdam.

— dasselbe, Katalog, bearb. v. J. Scheiner, s.: Publikationen des astrophysikal. Observatorium zu Potsdam.

Himmelskarte in 12 Theilen auf 2 Blättern zum Aufziehen auf einen Globus von 1 Zoll Durchmesser. Steindr. 1855.

Himmelskarten [Schlagwort]

Himmelskarten. Argelander, W. A., Atlas des nördlichen gestirnten Himmels, f. den Anfang des J. 1855. Unter Mitwirkg. v. E. Schönfeld u. A. Krueger nach der in den J. 1852—1862 auf der königl. Universitäts-Sternwarte zu Bonn durchgeführten Durchmusterung des nördl. Himmels entworfen u. im Namen der Sternwarte hrsg. 2. bericht. Aufl., hrsg. von F. Küstner. 40 Blatt à 45,5 × 65,5 cm. Photolith. Nebst Text. gr. Fol. (X S.) Bonn 899. A. Marcus u. E. Weber. n. 120.—

— Bortfeldt, J., Stern-Karten f. Seeleute u. Reisende, sowie alle Freunde des Sternenhimmels. 43 × 67 cm. Farbdr. Nebst Text. 12. (3 S.) Bremerhaven 899. L. v. Vangerow. n. 1. —

Himmelskarten. Bortfeldt, Jul., Sternkarten nebst Sternfinder f. Seeleute u. Reisende, sowie alle Freunde des Sternenhimmels. 2. Aufl. (4 S. m. 2 farb. Taf.) 8. Bremen (906). L. v. Vangerow. 1. 50

Himmelskarten. Coordes, G., Wandatlas der Sternkunde. Bl. 1—5. à 45,5 × 61 cm. Lith. Cassel (891). Leipzig, R. Hornig. à n. 1. —
1. Grosser Bär. — 2. Orion. — 3. Grosser Löwe. 4. 5. Drache u. kleiner Bär.

Himmelskarten. Gewecke, Herm., neue Karte des Sternhimmels m. abnehmbarem Horizont. 2. verb. Aufl. 50,5 × 50,5 cm. Mit Text auf der Rückseite. Berlin (905). D. Reimer. Auf Pappe m. Gradmesser n. 2. 50

— Gewecke, Herm., neue Karte des Sternhimmels m. abnehmbarem Horizont. 3. Aufl. 50,5 × 50,5 cm. Mit Text auf der Rückseite. Berlin (908). D. Reimer. Auf Pappe, kreisförmig, m. Gradmesser 3. 50

— Grossmann, 4 Sternkarten. Zum Gebrauch in d. trop. Gebieten f. geograph. Ortsbestimmgn. u. die Schule. 3 Blatt à 36 × 38 cm. 1 Blatt 27,5 × 27,5 cm. Mit Vorwort u. Anleitg. gr. 8. (4 S.) Berlin 896. D. Reimer. n. 4. —

— Hagen, I. G., S. I., Atlas stellarum variabilium. (In 5 Serien.) Series I—III. gr. 4. Berlin, F. L. Dames. In Leinw.-Mappe Subskr.-Pr. n.n. 127. —; Einzelpr. n.n. 152. 40

I. Complectens stellas variabiles intra limites declinationis — 25° et 0°, quarum lux minima est infra magnitudinem 10M, composita a. H., et typis descripta subsidiis Cl. Dominae Catharinae W. Bruce. (44 Taf. m. 44 Bl. Erklärgn. u. V S. Text.) 899. n.n. 44. — bezw. n.n. 52. 80

II. Complectens stellas variabiles intra limites declinationis 0° et + 25°, quarum lux minima est infra magnitudinem 10M, composita a. H., et typis descripta subsidiis Cl. Dominae Catharinae W. Bruce. (46 Taf. m. 46 Bl. Erklärgn. u. V S. Text.) 899. n.n. 46. — bezw. n.n. 55. 20

III. Complectens stellas variabiles intra limites declinationis + 25° et + 90°, quarum lux minima est infra magnitudinem 10M, composita a H., et typis descripta subsidiis Cl. Dominae Catharinae W. Bruce. (37 Taf. m. 37 Bl. Erklärgn. u. V S. Text.) 900. n.n. 37. — bezw. n.n. 44. 40

Himmelskarten. Hagen, Joh. G., S. J., Atlas stellarum variabilium. Series V, totius caeli stellas variabiles complectens, quarum lux minima est supra magnitudinem 7M, composita a H., et typis descripta subsidiis Cl. Dominae Catharinae W. Bruce. (21 Taf. m. 51 S. Erklärgn. u. VIII S. Text.) 4. Berlin 906. F. L. Dames. In Mappe Subskr.-Pr. n.n. 31. —; Einzelpr. n.n. 37. 20 (I—III u. V.: n.n. 158. — ; bezw. n.n. 189. 60)
Ser. IV. ist noch nicht erschienen.

— Hagen, I. G., S. I., Atlas stellarum variabilium. Series IV et VI. 31×25,5 cm. Steglitz-Berlin, F. L. Dames. In je 2 Mappen nn 192. —

IV. Eas stellas variabiles complectens, quarum et declinationes et magnitudines intra limites chartarum Bonnensium continentur, composita a. H., et typis descripta subsidiis Cl. Dominae Catharinae W. Bruce. Text u. Atlas. (VII S. u. 101 Bl. u. S. Text u. 100 Taf.) 907. In 2 Mappen. Subskr.-Pr. nn 100. —; Einzelpr. nn 125. —

VI. Eas supplens stellas variabiles quae ad series I., II., III. accesserunt. Text u. Atlas. (V S. u. 63 Bl. Text u. 63 Taf.) 908. In 2 Mappen nn 92. —
I—III u. V Ebd. nn 158. —

Himmelskarten. Karte, bewegliche, des Sternhimmels. (Von J. Messer.) Kreis-Durchm. 40 cm. Farbendr. St. Petersburg 894. (C. Ricker.) Auf Pappe. n. 5. —

Himmelskarten. Klein, H. J., Stern-Atlas f. Freunde der Himmelsbeobachtung. Enth.: Sämmtliche Sterne 1—6,5. Grösse zwischen dem Nordpol u. 34. Grad südlicher Deklination, alle Nebelflecken u. Sternhaufen, welche in Ferngläsern mittlerer Grösse sichtbar sind, sowie Specialkarten besonders interessanter Stern-Objecte. Mit ausführl. erläut. Text. 18 Karten u. 10 B. Text. Fol. (VIII, 71 S.) Leipzig, E. H. Mayer. geb. n. 16. —

— Klippel, Alw., der nördliche Sternhimmel. Farbendr. 118×99 cm. 2 Blatt. Frankfurt a/M. 891. Deutsche Lehrmittel-Anstalt F. H. Klodt. Auf Leinw. m. Stäben. n. 8. 25

— Krieger, Joh. Nep., Mond-Atlas, entworfen nach d. Beobachtgn. an der Pia-Sternwarte in Triest. I. Bd. Mit 28 Taf. u. Ansicht der Sternwarte. gr. 4. (20 S. Text m. 28 Blatt Pausen.) Triest 898. (Leipzig, E. H. Mayer.) Kart. n. 12. —

— Lohrmann, Wilh. Ghelf., Mondkarte in 25 Sectionen u. 2 Erläuterungstaf. (in Kpfrst.) m. Erläutergn. u. selenograph. Ortsbestimmgn. unter Mitwirkg. v. F. W. Opelt u. M. Opelt hrsg. v. J. F. Jul. Schmidt. Neue wohlf. (Titel-)Ausg., m. e. Vorworte v. H. Ebert. gr. 4. (VIII, 50 u. 4 S.) Leipzig 892. J. A. Barth. In Mappe. n. 25. —

— Lóskay, Nik., Sonnen- u. Sternenlauf an jedem Orte der Erde. Hrsg. vom ungar. geograph. Institut, A. G., Budapest. (Mit Text auf der Rückseite.) Kreisförmig auf Pappe zum drehen. 26×26 cm. Budapest (903). (Leipzig, Leipziger Lehrmittel-Anstalt.) n.n. 1. 25; m. Sternenhimmel f. Mittel-Europa auf der Rückseite n.n. 1. 75

— Maier's drehbare Sternkarte. Mit Text auf der Rückseite. (Kleine Ausg.) (1 Bl.) 4. Ravensburg (903). O. Maier. n. — 50; Salonausg. m. Golddr. n. — 60; erhöhter Preis — 75

Himmelskarten. Mang's, Adf., drehbare Sternkarte m. Sonnen-, Mond- u. Planetenlauf. Nach method. Grundsätzen konstruiert. 30,5×31 cm. Nebst Anleitg. (23 S. m. 1 Taf.) 8. Stuttgart 908. (Leipzig, K. F. Koehler, Barsort. 2.75; Anleitung allein 1. —

— Mechsner, Rud., Karte d. in Deutschland sichtbaren Sternenhimmels. Für junge Freunde der Natur, insbesondere f. Schüler u. den Schulgebrauch entworfen. 35,5×35,5 cm. Farbendr. Mit Text. gr. 8. (IV, 14 S.) Berlin 893. D. Reimer. n. — 50

— Messer, Jac., Stern-Atlas f. Himmelsbeobachtungen. Darstellung aller bis zum 35. Grade südl. Declination m. blossen Augen sichtbaren Sterne u. Kennzeichng. d. veränderlichen, Doppelsterne, Sternhaufen u. Nebelflecke, welche m. freien Augen od. m. gewöhnl. Fernröhren zu beobachten sind. Eine grosse Uebersichtskarte u. 26 Specialkarten m. 12 B. erläut. Text u. 37 Abbildgn. Entworfen, gezeichnet u. m. Text versehen. qu. 4. (IV, 176 Sp.) St. Petersburg 888. Ricker. geb. n. 10. —; in 8. geb. n. 10. —

— Messer, Jac., Stern-Atlas f. Himmelsbeobachtungen. 2 Übersichtskarten des nördl. u. südl. Himmels und 26 Sezialkarten aller m. freien Augen sichtbaren Sterne u. Kennzeichnung der Veränderlichen, Doppelsterne, Sternhaufen u. Nebelflecke. Mit 244 S. erläut. Text u. 45 Abbildgn. Entworfen, gezeichnet u. beschrieben. 2. verb. u. ergänzte Aufl. 4. (XVIII, 244 S.) St. Petersburg 902. K. L. Ricker. Geb. in Leinw., in 4 od. gr. 8. n. 10. —

— Náběle k, Fr., Wandkarte des nördl. Sternhimmels. (Bis zum 40° nördl. Declination, Stellung der Sterne um d. J. 1900.) 6 Blatt à ca. 81×68 cm. Farbdr. Wien (900). G. Freytag & Berndt. n. 15. —; auf Leinw. m. Stäben n. 23. —

— Osenberg, Ewald, Münchener Transparent-Karte vom nördlichen Sternhimmel, geprüft v. Karl Oertel. 2. verb. Aufl. 70×83 cm. München (904). Münchener Lehrmittelhandlung. Auf Pappe m. Leinw.-Rand u. Oesen n.n. 6. 50

— Plassmann, Jos., vademecum astronomi. Vollständige Sternkarte f. das nördliche u. mittlere Europa, nebst vier stummen Karten zum Einzeichnen von Meteorbahnen, Planetenörtern u. Kometen, e. ausführlichen Erklärg. der Karten, Anleitg. zum Beobachten u. Übersicht der Himmelserscheingn., welche vom 1. Oktober 1889 bis zum 1. Januar 1892 m. freiem Auge zu beobachten sind. Für gebildete Naturfreunde zusammengestellt. Fol. (51 S. Text in 8.) Paderborn 889. F. Schöningh. n. 3. —

— Rohrbach, Carl, Sternkarten in gnomonischer Projection zum Einzeichnen v. Meteorbahnen, Nordlichtstrahlen, Cometenschweifen, leuchtenden Wolken, Zodiakallicht u. anderen Himmelserscheinungen, zugleich als Repetitionsatlas f. das Studium der Sternbilder. Hrsg. v. der Vereinigg. v. Freunden der Astronomie u. kosm. Physik. Atlas. qu. gr. 4. (12 Bl. m. 1 Bl. Text.) Berlin 895. (F. Dümmler's Verl.) n 1. —

— — dasselbe. Die 12 Sectionen in Blöcken v. je 10 Bl. 4. Ebd. à n. 1. —
1. Cygnus. — 2. Ursa major. — 3. Perseus. — 4. Serpens. — 5. Cancer. — 6. Pisces. — 7. Aquila. — 8. Corvus. — 9. Eridanus. — 10. Norma. — 11. Argo navis. — 12. Phoenix.

— Rohrbach, Carl, Sternkarten in gnomonischer Projection zum Einzeichnen v. Meteorbahnen, Nordlichtstrahlen, Cometenschweifen, leuchtenden Wolken, Zodiakallicht u. anderen Himmelserscheinungen, zugleich als Repetitionsatlas f. das Studium der Sternbilder, entworfen u. bearb. ursprünglich f. die Vereinigg. v. Freunden der Astronomie u. kosm. Physik. 3. verm. Aufl. (12 Taf. m. IV S. Text.) 27×28 cm. Gotha (907). (E. F. Thienemann.) 1. 40

— Schönfeld, Ed., Bonner Sternkarten. 2. Serie. Atlas der Himmelszone zwischen 1° u. 23° südlicher Declination f. den Anfang d. J. 1855. Als Fortsetzg. d. Bonner Atlas d. nördl. gestirnten Himmels in d. J. 1876 bis 1885 auf der königl. Sternwarte zu Bonn bearb. 4 Lfgn. Fol. (24 lith. Karten m. 2 Bl. Text.) Bonn 886. 887. A. Marcus. à Lfg. n. 12. —

— Schulz, Leop., Sternkarte des nördlichen Himmels, f. Schulen, Bildungsanstalten u. alle jene Personen, die sich nach e. Karte am Himmel zurechtfinden wollen. Auf Anregg. u. nach Entwurf des Sch. Mit Text an den Seiten u. auf der Rückseite. 40,5×50,5 cm. Graz 906. (P. Cieslar.) n. — 50

— Schulz, Leop., Sternkarte des nördlichen Himmels. Auf Anregg. u. nach Entwurf des Sch. Text. (4 S.) 33,5×20,5 cm. Graz (907). (P. Cieslar.) nn - 10
(Karte m. Text: nn — 60)

Himmelskarten. Schurig, Rich., die grosse Sonnenfinsternis am Morgen d. 19. Aug. 1887. Chromolith. Karte eines Theiles d. Deutschen Reiches m. eingedr. Erklärgn. u. Tabellen. Imp.-Fol. Leipzig-Neustadt 887. (Leipzig, K. F. Pfau.) n. — 40

— Schurig, Rich., Tabulae caelestes continentes omnes stellas caeli borealis nec non australis nudis oculis conspicuas. — Himmels-Atlas, enth. alle m. blossen Augen sichtbaren Sterne beider Hemisphaeren. In 2. neubearb. u. ergänzter Aufl. hrsg. v. P. Götz. (9 farb. Taf. m. IV S. Text.) 32×22 cm. Leipzig (909). E. Gaebler. Kart. 3. —

— Schweiger-Lerchenfeld, Amand Frhr. v., Atlas der Himmelskunde auf Grundlage der Ergebn. der coelestischen Photographie. 62 Kartenblätter (m. 187 Einzeldarstellgn.) u. 67 Folio-Bogen Text m. 540 Abb. Mit bes. Unterstützg. L. Weinek's u. anderer hervorrag. Astronomen, sowie seitens zahlreicher optisch-mechan. Werkstätten. Fol. (VI, 260 S. m. 14 Taf.) Wien 897. 98. A. Hartleben. Geb. in Leinw. n. 40. —
Erschien auch in 30 Lfgn. à 1. —.

— Sternenhimmel f. Mittel-Europa. Hrsg. v. ungar. geograph. Institut, A. G., Budapest. (Mit Text auf der Rückseite.) Kreisförmig auf Pappe, zum drehen. 26×26 cm. Budapest (903). (Leipzig, Leipziger Lehrmittel-Anstalt.) n.n. 1. 25; mit Lóskay, Sonnen- u. Sternenlauf auf der Rückseite n.n. 1. 75

— Sternkarte

— — drehbare. Der Sternhimmel zu jeder Stunde d. Jahres. Ausg. f. Mitteleuropa. 8. Aufl. Chromolith. 4. Ebd. 890. n. 1. 35; transparent n. 1. 60; m. Beleuchtungsapparat n. 1. 85; als Lichtschirm zum Anhängen n. 1. 75; m. Lichtschirmständer n. 5. —

— — dasselbe. Wandausg. 4. Ravensburg 890. Dorn. Auf Pappe. n. — 50; Taschenausg. n. — 50; Text dazu: Der gestirnte Himmel. 16. (22 S.) n. — 20

— Sternkarte, drehbare. Der Sternhimmel zu jeder Stunde des Jahres. Ausg. f. Mitteleuropa. 12. Aufl. Farbendr. 4. Frankfurt a/M. 894. Deutsche Lehrmittelanstalt, F. H. Klodt. n. 1. 25; transparent n. 1. 60; m. Beleuchtungsapparat n. 1. 85; als Lichtschirm zum Anhängen n. 1. 75; m. Lichtschirmständer n. 5. —

— — drehbare. (8. Aufl.) 17,5×17,5 cm. Lith. Mit Text auf der Rückseite. Ravensburg 895. O. Maier. Auf Pappe n. — 50; in Rahmen n.n. 1. 10

— Sternkarte, drehbare. Der Sternhimmel zu jeder Stunde des Jahres. Ausg. f. Mitteleuropa. Hrsg. v. A. Klippel. 16. Aufl. Farbdr. 4. Mit 1 Bl. Text. Frankfurt a/M. 898. Deutsche Lehrmittelanst. n. 1. 25; transparent n. 1. 60; m. Beleuchtungsapparat n. 1. 85; als Lichtschirm zum Anhängen n. 1. 75; m. Lichtschirmständer n. 5. —

— Sternkarte, drehbare. Text dazu, s. Neusalz, Rich. Alwin, kleine Himmelskunde.

— Sternkarte, drehbare. Der Sternenhimmel zu jeder Stunde des Jahres. Ausg. f. Mitteleuropa. Hrsg. von A. Klippel. 21. Aufl. Farbdr. 4. Mit 1 Bl. Text. Frankfurt a/M. 902. Deutsche Lehrmittelanstalt. n. 1. 25; transparent n. 1. 60; m. Beleuchtungsapparat n. 1. 85; als Lichtschirm zum Anhängen n. 1. 75; m. Lichtschirmständer n. 5. —

— Sternkarte, drehbare. Der Sternenhimmel zu jeder Stunde des Jahres. Ausgabe für Mitteleuropa. Hrsg. v. A. Klippel. 25. Aufl. Farbdr. Mit 1 Bl. Text. Lex.-8. Frankfurt a/M. (906). Deutsche Lehrmittelanstalt. n. 1. 25; transparent 1. 60; m. Beleuchtungsapparat n. 1. 85; als Lichtschirm zum Anhängen n. 1. 75; m. Lichtschirmständer n. 5. —

— Sternkarte, drehbare. Der Sternenhimmel zu jed. Stunde des Jahres. Ausgabe f. Mitteleuropa. Hrsg. v. A. Klippel. 30. Aufl. Farbdr. Mit 1 Bl. Text (auf der Rückseite). Lex. 8. Frankfurt a/M. (910). Deutsche Lehrmittelanstalt. 1.25; transparent 1. 60; m. Beleuchtungsapparat 1.85; als Lichtschirm zum Aufhängen 1.75; m. Lichtschirmständer 5. —

— Sternkarte, drehbare, d. nördlichen Sternhimmels. Grosse Ausg. Farbendr. Imp.-Fol. Nebst kleiner Orientirungskarte. 4. Frankfurt a/M. 890. Deutsche Lehrmittelanstalt. Auf Pappe. n. 15. —

— Straube, Jul., Schulwandkarte d. nördlichen Sternhimmels. 4 Blatt à 63×62,5 cm. Farbendr. Berlin 893. J. Straube. n. 4. —; auf Leinw. m. Stäben n.n. 7. 50

— Weber, W., Sternkarte m. drehbarem Horizont. Kreisrund. Durchm.: 42 cm. (2. Aufl.) Rosslau a/E. 887. (Leipzig, Hinrichs' Sort.) Auf Pappe gezogen. n.n. 6. —; unaufgezogen n. — 50

— Weber, W., Sternkarte m. drehbarem Horizont. Kreisrund. Durchm.: 42 cm. (2. Aufl.) Ausg. ohne Messingstab. Rosslau a/E. 887. (Leipzig, J. C. Hinrichs' Sort.) Auf Pappe. n. 4. —

— — dasselbe. Neue Ausg. Durchm.: 42 cm. Farbendr. Ebd. 895. n.n. 5. —

— Wilsdorf, E. M., Sternkarte f. d. Unterricht in d. Himmelskunde. Mit Erläuterg. 2. Aufl. 17,5 × 22 cm. Photolith. Mit Text am Fusse. Chemnitz 896. M. Bülz. n. — 20

— Wolf's, J., 3 Wandtafeln zur Himmelskunde. à 56,5 × 89 cm. Farbendr. Stuttgart 896. A. Lung. à n. 1. 50; auf Leinw. m. Stäben à n. 3. 20

Himmelsklänge. Vollständiges Andachtsbuch ausgewählter Gebete f. kathol. Christen. 32. (VIII, 296 S. m. Stahlst.) Dülmen 889. Laumann. geb. — 60

Himmelsklänge. Vollst. Andachtsbuch ausgew. Gebete f. kath. Christen. 3. Aufl. Dülmen: A. Laumann 1900. (320 S.) 8° [F.]

Himmelsklänge. Vollst. Andachtsbuch ausgew. Gebete f. kath. Christen. 4. Aufl. Dülmen: A. Laumann 1903. (320 S.) 8° [F.]

Himmelsklänge. Vollständiges Andachtsbuch ausgewählter Gebete für kathol. Christen. 5. Aufl. (368 S. m. farb. Titel u. 1 Stahlst.) 16. Dülmen 905. A. Laumann. Geb. in Leinw. n. — 60

— dasselbe. Vollständiges Gebetbüchlein f. kathol. Christen jeden Standes. Von e. Priester des Bist. Trier. (288 S. m. 1 Farbdr.) 16. Einsiedeln (903). Eberle, Kälin & Co. Geb. in Leinw. n.n. — 44; m. Goldschn. n.n. — 64; in Ldr. m. Goldschn. nn. 1. 20

Himmelsklänge. Vollständ. Andachtsbuch ausgew. Gebete f. kath. Christen. 6. Aufl. Dülmen: A. Laumann 1905. (368 S.) 8° [F.]

Himmelsklänge. Vollständiges Andachtsbuch ausgewählter Gebete f. kathol. Christen. 7. Aufl. (368 S. m. farb. Titel u. Titelbild.) 11,5×7,5 cm. Dülmen 908. A. Laumann. Geb. in Leinw. — 60

Himmelskron eines wahren Christen, enth. Morgen-, Meß-, Beicht- ꝛc. Gebete, dann täglich gute Meinung, wie auch Tagzeiten von der göttl. Vorsichtigkeit, der unbefleckten Empfängniß Mariä, der heil. Mutter Anna ꝛc., auch auf die höchsten Festtage des Jahres viele Gebete, Litaneien und der Kreuzweg Jesu Christi. Neueste stark verm. Ausg. 12. (504 S. mit 1 Stahlst.) Passau 867, Teiters.

A. M. Himmels-Laute. Eine Sammlung der in den katholischen Kirchen Tyrnau's üblichen Gesänge von A. M. Tyrnau 1863. Verleger Josef Pokorny. Druck v. Alois Schreiber. 80 S. - 150 mm

- Dass. Tyrnau 1863: Horovitz. (1), 109 (3) S. - 150 mm

Himmelsleiter. 12. Sulzbach, Seidel.

Himmelsleiter; enth. Morgen-, Abend-, Meß-, Beicht- u. Communiongebete. (Auch u. d. T.: Himmelsweg.) 12. Sulzb. 803. v. Seidel. 6 gl

Himmelsleiter. Den christkatholischen Kindern gewidmet von einem Priester der Diözese Großwardein. Großwardein, 1855. Druck von Alois Tichy. (63 S. 16.)

*Himmelsleiter, ein Gebetbuch für katholische Christen. Villach, Hoffmann, (vor 1858).

Himmelsleiter. Gebethbüchlein für Kinder. Gesammelt aus gutgeheißenen Schriften. 8. Aufl. Mit 1 Stahlst. Innsbruck 859. C. Rauch. 16. (111 S.) 3 ngr.

Himmelsleiter, Die, oder Angelika's Fabelbuch. Neu-Ruppin 1860. V: *Recke-Volmerstein, Adalbert Graf von der.* (Ky)

— die, oder Angelika's Fabelbuch. (Von v. d. Recke-Volmerstein.) Mit 16 (lith.) Bildern in Buntdruck. Neu-Ruppin 860. Bergemann. 16. (110 S.) 12 ngr.

Himmels-Leiter, wahrer Christen, insonderheit eines gottseligen Simeons und Hannä geistliche, oder geistreiches Hand- und Gebet-Buch für alte Leute; darinnen sowohl Morgen- und Abend- als besonders Sonn- und Festtägliche ꝛc. Gebeter; nebst angehängter Historia des Passions. Von einem Liebhaber Jesu aus geistreichen Schriften zusammengetragen und mit einer Vorrede hrsg. 12. (XII und 360 S. mit 1 Holzschnt.) Reutlingen 857, Rupp und Baur.

— wahrer Christen, insonderheit, eines gottseligen Simeons und Hannä geistliche, oder geistreiches Hand- u. Gebet-Buch für alte Leute; darinnen sowohl Morgen- u. Abend- als besonders sonn- u. festtägliche ꝛc. Gebeter; nebst angehängter Historia der Passions. Von einem Liebhaber Jesu aus geistreichen Schriften zusammengetragen, u. mit einer Vorrede. Stereot.-Ausgabe. Reutlingen 863. Rupp & Baur. 12. (XII, 360 S.) n. 8 ngr.

Himmels-Leiter, wahrer Christen, insonderheit eines gottseligen Simeons und Hannä geistliche, oder geistreiches Hand- und Gebet-Buch für alte Leute; darinnen sowohl Morgen- und Abend- als besond. sonn- und festtägl. Gebeter ꝛc. Ster.-Ausg. 12. (XII und 360 S.) Reutlingen 865, Rupp.

— — Nebst angehängter Historia der Passion. Von e. Liebhaber Jesu aus geistreichen Schriften zusammengetragen u. mit e. Vorrede herausg. Ster.-Ausg. Ebend. 868. 12. (XII, 360 S. mit 1 Holzschntaf.) 9 ngr.

Himmels-Leiter wahrer Christen insonderheit e. gottseligen Simeons u. Hannä geistliche, od. geistreiches Hand- u. Gebet-Buch f. alte Leute; darinnen sowohl Morgen- u. Abend- als besonders sonn- u. festtägl., auch Beicht-, Communion-, Standes- und Berufs-, andern Zeiten, Noth-, Krankheits- u. Todes-Fällen dienl. Gebeten. Nebst angehängter Historia der Passion. Von e. Liebhaber Jesu aus geistreichen Schriften zusammengetragen u. m. e. Vorrede, auch gar deutlich u. m. großem Druck hrsg. Ster.-Ausg. 8. (XII, 360 S. m. Holzschn.) Reutlingen 873. Baur. — 9

Himmelsleiter, Die, des Gebetes. Betrachtungs- und Gebetbuch für gottliebende Christen . . . a. d. Franz. . . . Salzburg 1890. V: *Schepers, G.* (Ky)

Himmelsleiter, die, des Gebetes. Betrachtungs- u. Gebetbuch f. gottliebende Christen, besonders f. die Mitglieder des 3. Ordens. (Von G. Schepers.) Autoris. Übersetzg. aus dem Franz. „Allons au ciel“ v. e. Ordenspriester. 16. (VIII, 702 S.) Salzburg 890. Pustet. n. 1. 20

Himmels-Leiter, geistliche, wahrer Christen, insonderheit, eines gottseligen Simeons und Hanna, oder geistreiches Hand- und Gebet-Buch für alte Leute, darinnen sowohl Morgen- und Abend- als besonders Sonn- und Festtägliche, auch Beicht-, Communion ꝛc. Gebeter; nebst angehängter Historia des Passions. Von einem Liebhaber Jesu aus geistreichen Schriften zusammengetragen ꝛc. Reutlingen 857. Rupp u. Baur. 12. (XII, 360 S. u. 1 Holzschn.) 6 ngr.

— geistliche, in Kernsprüchen d. heil. Schrift. 8. Basel 791. Flick. (Neukirch). 6 gl.

Himmelsleiter, kleine. Gebetbüchlein für Schulkinder vom 3. Schuljahr bis zur Vorbereitung auf die 1. heil. Kommunion. 16. (64 S.) Donauwörth 880. Buchhandlung des katholischen Erziehungs-Vereins. n. — 20

— kleine. Gebetbüchlein f. Schulkinder, vom 3. Schuljahr bis zur Vorbereitg. auf die 1. hl. Kommunion. 3. Aufl. 64. (128 S. m. Abbildgn.) Donauwörth 889. Auer. geb. n. — 25

Himmelsleiter, kleine. Gebetbüchlein f. Schulkinder v. 3. Schulj. bis z. Vorbereitg. auf d. erste hl. Kommunion. 6. Aufl. 16. (128 S. m. 1 Farbdr.) Donauwörth 898. L. Auer. Geb. in Leinw. — 30

Himmelsleiter, kleine. Gebetbüchlein f. Schulkinder vom 3. Schulj. bis zur Vorbereitg. auf die erste hl. Kommunion. 7. Aufl. 16. (128 S. m. 1 Farbdr.) Donauwörth 899. L. Auer. Geb. in Leinw. — 30

Himmelsleiter, kleine. Gebetbüchlein für Schulkinder vom 3. Schuljahr bis zur Vorbereitg. auf die erste hl. Kommunion. 11. Aufl. (86 S. m. farb. Titelbild.) 16. Donauwörth (904). L. Auer. Geb. in Leinw. n. — 30

Himmelsleiter, kleine. Gebetbüchlein f. Schulkinder vom 3. Schuljahr bis zur Vorbereitg. auf die erste hl. Kommunion. 13. Aufl. (86 S. m. 1 Farbdr.) 11,7×7,7 cm. Donauwörth (909). L. Auer. Geb. in Leinw. — 30

Das Himmels Manna : 1875 → Quakertown, PA

Himmels Manna für Jung und Alt : Jahrgang 1 → , Jan. 1876 →

Monthly. English edition entitled: The Manna [1879 – 1908]. Title varies slightly: Das Himmels Manna; Das Himmels-Manna. Die Allgemeine Conferenz der Mennoniten von Nord-Amerika. Place of publication varies: Milford Square, Jan. 1876 – June 1881?; Quakertown, Pa., July? 1881 – Dec.? 1906; Scottdale, Pa., Jan.? 1907 – ?. Large quarto, each issue 4 pages. Circulation: ca. 2000. Edited by John G. Stauffer, Jan. 1876 – ?; by M. S. Steiner. Published by Mennonite Board of Missions and Charities.
Milford Square, PA

Himmelspforte, die, Gebeth- u. Betrachtungs-Büchlein f. Katholiken, welche recht bethen, ernstl. Buße thun, u. einstens glückselig werden wollen. Zum Seelenheile aller Christen hrsg. v. e. Missionär d. Gesellschaft Jesu. 1., u. 2. u. 3., verb. u. verm. Aufl. 831, 33, 34. à 7 Gr., u. 4. A. (à 11 B. u. Titlkpfr.) 12. Augsburg 835. (Regensburg, Manz.)

Himmels-Pforte, die, Gebet- und Betrachtungs-Büchlein für Katholiken, welche recht beten, ernstlich Buße thun u. einstens glücklich werden wollen. Herausg. von e. Missionär der Gesellschaft Jesu. 2e Aufl. Mit Titelkpfr. 12. Augsburg 833. L. Doll'sche Buchh. (Landshut, Krüll.) 7 gl — 3e Aufl. 12. Ebd. 834. (Ebd.) 7 gl — 4e verb, u. verm. Aufl. gr. 12. Ebd. 835. (Ebd., Manz; Wien, Mechitaristen-Congreg.-Buchh.) 1/4 thl — 5e Aufl. ... — 6e verb. u. verm. Aufl. 12. Ebd. 837. (Regensburg u. Landshut, Manz.) 7 gl — 8e Aufl. Mit Titelkpfr. 12. Ebd. 839. (Ebd., Manz.) 7 gl, Druckvelinp. 5/12 thl (Ist auch unter d. Titel: Geistl. Schatzkammer ausgegeben.)

Himmelspforte, die, Gebet- u. Betrachtungs-Büchlein f. Katholiken, welche recht beten, ernstl. Buße thun, u. einstens glückselig werden wollen. Zum Seelenheile aller Christen hrsg. v. e. Missionär der Gesellschaft Jesu. 8—11., verb. u. verm. Aufl. 12. (à 11 B. u. Titlkpfr.) Augsburg 837—41. (Regensburg, Manz.) à

Himmelspforte, die. Ein Gebet- und Andachtsbuch für fromme Katholiken. Hauptsächlich aus dem Italien. übertr. und mit verschiedenen Zusätzen von L. M. Mit 1 Stahlst. Meißen 856. Goedsche. 8. (2 Bl., 298 S.) 12 ngr.; Velinp. mit 6 Stahlst. 22½ ngr.

Himmelspforte. Ein vollständ. Gebetbuch für andächtige kathol. Christen. Von einem Priester der Diözese Brixen. 12. (247 S. mit 1 Stahlst.) Innsbruck 861, C. Rauch's Buchh.

Himmelspforte, die, oder des Christen Morgen- und Abendsegen-Buch auf alle Tage in der Woche. 32. (128 S.) Mügeln 865. (Leipzig, Senf.)

Himmels-Pforte, die. Ein christkathol. Gebet- und Erbauungsbuch für alle Stände, auf alle Zeiten und Lebensverhältnisse. Nach den Werken des gelehrten P. Mislej. Aus dem Italien. sorgfältig in's Deutsche übertragen. gr. 16. (V und 488 S. mit 5 Stahlst.) Wien 866, Mechitaristen-Congregations-Buchh.

—— die goldene. Ein vollständ. Andachtsbuch für kathol. Christen zur Erweckung der Frömmigkeit. 12. (480 S. mit 5 Stahlst.) Neuhaus 866, Landfraß und Sohn.

Himmelspilger, der, od. auserles. Andachtsübungen u. Litaneien f. kathol. Christen überh. u. f. fromme u. andächt. Wallfahrter insbesondere. Nebst e. Anh. v. Gebeten zur Ehre d. heil. Leonhardus. 12. (10 B. u. 1 Holzschn.) Augsburg 839. (Regensburg, Manz.) Thlr.

Himmelspilger, Der kleine. Gebetbuch für Knaben. Augsburg 1806. V: *Stipperger*, *Roland*. (schmal)

Himmelspilgerin, Die fromme. Gebetbuch für Jungfrauen ... 2. Aufl. Augsb. 1821. V: *Stipperger*, *Roland*. (schmal)

Himmels-Pilgerin, die fromme, e. Gebetbuch f. (kathol.) Jungfrauen v. noch zartem Alter. 8. Augsb. ... 2e Aufl. 822. Wolff. 16 gl.

Die heiligen sieben Himmelsriegel. (Fig.: *Kruzifixus mit Zierleiste*, 84 × 71) Buchdruckerei von Fr. Wentzel in Weissenburg.
o. J. (1864), 8 S., 14 × 9 cm.
Arch. Bas-Rhin, Strasbourg E. 11

(*Ü.-Titel:*) Die heiligen sieben Himmelsriegel, welche ein frommer Einsiedler von seinem Schutz-Engel bekommen hat. (Fig.: *Christus und Apostel*, 78 × 53) Mit Bewilligung der hohen Geistlichkeit in Cöln zum Drucke befördert erstmals im Jahr 1757.
Kol.: Cöln, J. Hammer's Erben.
o. J., 8 S., 17 × 11 cm.
Diöz.-B. Rottenburg.
Richard Weiß: Volkskunde der Schweiz, Erlenbach-Zürich 1946. Abb. 276. Ganzer Text bei F. Tetzner: Werdauer Altertümer, in: Mitteilungen des Vereins für Sächs. Volkskunde II/12, 1902, S. 362–363. Vgl. hier Nr. 908: *Ein unvergleichliches schönes Gebet*. – Schenda VoB S. 415–416. – Spamer: *Geistliche Hausmagd* S. 5, 6, 161, 163, 165, 219–220.

Himmelsriegel, die 7 heiligen, welche e. frommer Einsiedler v. seinem Schutz-Engel bekommen hat; sowie Gruß u. Segen im Namen unseres Herrn! Nebst Haus-Segen. 8. (8 S.) Leipzig 891. Bautzen, O. Vieweg. — 15

Die SIEBEN heiligen Himmels-Riegel welche ein frommer Einsiedler von seinem heiligen Schutzengel bekommen, nebst unserer lieben Frau Traum. Brassó (Kronstadt) 1902: Johann Gött Sohn. 16 S. - 8°
- Dass. Arad 1923: Réthy Nachfolger. 8 S. - 210 mm

Himmels-Rose, die goldene, die dich froh, glücklich u. selig macht. 2. Aufl. 8. (40 S. m. 1 Holzschn.-Taf.) Emden 891. Gerhard. — 20

Himmelsrosen, die. Eine Galerie der Heiligen der röm.-kathol. Kirche mit deren Leben und Wirken, nebst jedesmal. Schlußgebete. Hrsg. von einem kathol. Christen. In 12 Bdn. oder 61 Lfgn. mit 366 (lithogr.) Bildern nach Orig.-Zeichnungen von Adam Brenner. 1. Bd. Jänner. 1. Lfg. gr. 8. (VI und S. 1—48. mit 7 Stnt.) Wien 848, (Gerold, Verlag.) *

Himmelsschlüssel

Himmels-Schlüssel. Ein längst beliebtes Gebetbuch zum allgemeinen Gebrauche. (Mit Titelbild.) gr. 12. Einsiedeln 839. (Regensburg, Manz.) n. 5/12 ₰, Velinp. n. 7/12 ₰

Himmelsschlüssel. Gebet- und Erbauungsbuch. Gr. Druck. 18. Aufl. 8. (400 S. mit 2 Bildern.) Einsiedeln 869, Gebr. Benziger.

CHRISTLICHER Himmelschlüssel, darinnen schöne und kräftige Morgen-, Abend-, Meß-, Vesper-, Beicht- und Communiongebete, wie auch der heilige Kreuzweg nebst Litaneien enthalten sind. Vermehrt mit vielen neuen und schönen Meßgebeten. Budapest 1885: Druck u. Verlag Col. Rózsa u. Frau (vorm. A. Bucsánszky). - 150 mm
- Dass. Pest o. J.: A. Bucsánszky. Mehrere unveränderte Auflagen. 533 S. - 12°
- Dass. Budapest 1895. Verlag Col. Rózsa u. Frau (vorm. A. Bucsánszky). V, 533, 4 S. 4 t. - 160 mm
- Dass. Budapest 1902: Verlag Col. Rózsa u. Frau. 4, 533, 3 S. - 8°

Maria Zeller Himmelschlüssel, neu bearbeiteter, goldener. Ein geistliches Erbauungsbuch, darin schöne, nützliche und anmuthige Morgen- Abend- Meß- Beicht- und Kommuniongebete ꝛc., dann etliche Tagzeiten und Gebete auf alle hohen Feste des ganzen Jahres ꝛc. zu finden sind. 12. (408 S.) Gratz, Druck, A. Leykams Erben, Verl. Joh. Bapt. Laufenstein im M. Zell 1853.

Himmelschlüssel, neu bearbeiteter, goldener Maria-Zeller —. Ein geistliches Erbauungsbuch, darin schöne, nützliche und anmuthige Morgen-, Abend-, Meß-, Beicht- und Kommuniongebete, wie auch zu dem hochwürdigen Sakramente des Altars und der heiligen Dreifaltigkeit zu Christo und den bitteren Leiden, zu der Mutter Gottes und den Heiligen für Lebende und Abgestorbene, dann etliche Tagzeiten und Gebete auf alle hohen Feste des ganzen Jahres, sammt schönen Litaneien, allen Kirchenliedern, nebst Vesper und Kern aller Gebete zu finden sind. Gratz. 1855. Druck von A. Leykam's Erben. Maria-Zell, bei Johann Baptist Laufenstein, katholischen Buchverleger und Eigenthümer. (408 S. 8.)

Himmelschlüssel, neu bearbeiteter, goldener Maria-Zeller —. Ein geistliches Erbauungsbuch, darin schöne, nützliche und anmuthige Morgen-, Abend-, Meß-, Beicht- und Kommuniongebete zu finden sind. Mit Erlaubniß der geistlichen und weltlichen Obrigkeit. Maria-Zell, 1856. Druck und Papier von A. Leykams Erben in Gratz. (408 S. 8.)

—— neu bearbeiteter goldener Maria-Zeller, zur Pforte der ewigen Seligkeit. (Im großen Druck.) kl. 8. (360 S.) Maria-Zell, Suppan. 34 kr.
1861.

Himmelsschlüssel, goldener — oder vollständiges Gebetbuch, worin Morgen- Abend- Meß- Vesper- Beicht- und Kommunion-Gebete ꝛc. enthalten sind. Neueste, mit einer Kreuzwegandacht in Bildern versehene Auflage: zum Gebrauche für Christen beiderlei Geschlechtes. 8. (752 S. 8 Bl.) Neuhaus, Druck und Verl. Alois J. Landfraß, 1853.

Himmelsschlüssel, goldener, oder: vollständiges Gebetbuch, worin Morgen-, Abend-, Meß- ꝛc. Gebete, wie auch Gebete zum hochwürd. Sakramente ꝛc. enthalten sind. Neueste, gänzlich umgearb. und verb., mit einer Kreuzwegandacht in Bildern verseh. Aufl. Zum Gebrauche für Christen beiderlei Geschlechts. 8. (768 S. mit eingedr. Holzschn.) Neuhaus 859, Landfraß und Sohn. * -

— goldener, oder vollständiges Gebetbuch zum Gebrauche für Christen beiderlei Geschlechtes, worin Morgen-, Abend-, Meß-, Vesper ꝛc.- Gebete ꝛc. enthalten sind. Ebend. 860. 8. (512 S.) n. 16 ngr.

Himmelsschlüssel, goldener. Ein vollständ. Gebet- u Andachtsbuch f. fromme Katholiken, welche im christl Frieden leben u. einst selig sterben wollen. Mit Bilder (1 Stahlst. u. 1 Chromolith.) 16. (480 S.) Einsiedel 874. Eberle, Kälin & Co. geb. m. Goldschn. u. Schließ n.n. 2. 5

Himmelsschlüssel, Goldener, Gebetbüchlein für katholische. Brixen 1891. V: *Höllwarth, Johann.* (Mitth. der Verlagsbuchh.)

Himmelsschlüssel, goldener. Gebetbüchlein f. kathol. Christen, insbesondere f. die Jugend, bearb. v. e. Priester der Diöcese Brixen. 24. (208 S. m. 1 Titelbild.) Brixen 892. Buchh. d. kath.-polit. Preßvereins. n. — 40; geb. in Leinw. m. Metallschn. n.n. — 76; u. Mittelst. n.n. — 80; in Halbldr. m. Metallschn. n.n. — 90

Himmel-Schlüssel, großer goldener — oder: sehr kräftiges, nützliches und trostreiches Gebetbuch zur Erlösung der lieben Seelen des Fegfeuers. Darinnen zuvörderst allerhand kräftige Morgens- und Abends-, Meß- und Vesper, Beicht- und Kommuniongebeter (!) ꝛc. enthalten seynd (!). Zum besondern Gebrauch des andächtigen Weiber-Geschlechts, in diesem Druck mit vielen neuen in keinen Gebetbüchern begriffenen Gebetern (!) vermehrt durch P. Martin von Cochem, Kapuziner-Orden. Pesth, 1855. Druck und Verlag des Alois Bucsánszky. (8 Bl. 712 S. 8.) Mit einem Titelbild.

Himmelsschlüssel, Grosser goldener Maria-Zeller, zur Pforte der ewigen Seligkeit. Neu bearbeitet. Budapest 1835. V: *Albach, J. Stanislaus.* (Kussell XII, 1, 289)

GV62
2

Himmelsschlüssel, großer vollständiger geistlicher — oder: Goldene Pforte zur ewigen Seligkeit. Ein trostreiches Gebetbuch in 16 Haupttheilen. Mit kleinerm Druck. Worin Morgen-, Abend-, Meß-, Vesper-, Beicht- und Kommuniongebete rc. rc. enthalten sind. Neueste, nach dem Geiste der katholischen Kirche umgearbeitete und verbesserte, mit einer Kreuzwegandacht versehene Auflage. Zum Gebrauche für Christen beiderlei Geschlechtes. Maria-Zell, 1857. Gratz. Druck und Papier von A. Leykams Erben. (640 S. 8.)

— der kleine; ein Gebetbuch, worin alle gewöhnlichen Andachten zu Gott, zu Maria, zu den lieben Heiligen, u. für die Kranken u. Verstorbenen enthalten sind. Verfasset v. einem Kapitular des Stifts Einsiedeln. (Mit 1 Steindr.) 8. M. Einsiedeln 829. N. Aufl. 832. (Augsb., Kollmann); (a. Orell in Zürich). 9 K

Der KLEINE Himmelschlüssel. Gebetbuch zur Erbauung für katholische Christen. Pesth 1853. - 12°
- Dass. 4. Aufl. Pesth o. J. - 12°

Himmel-Schlüssel, der kleine, darinnen überaus nützl. Morgen- Abend- Meß- Beicht- und Kommuniongebete, die sieben Bußpsalmen und viele Litaneyen rc., begriffen sind. Neue Ausg. 24. (287 S. mit 1 Holzschn.) Sulzbach 856, v. Seidel'sche Buchh. *

KLEINER Himmelschlüssel, bestehend in sehr auserlesenen und kräftigen Morgen-, auch Abend-, Meß-, Beicht- und Kommunion-Gebethen, sammt Tagzeiten und Litaney zu unserer lieben Frau, und mehrere Gebether zu Heiligen Gottes. Pesth 1843: Trattner-Károlyi. 192 S. - 100 mm

— kleiner, oder Andachtsübungen für kathol. Christen auf alle Zeiten u. Feste d. Kirchenjahres. 3. Aufl. 12. (Mit 1 Lith.) Einsiedeln 844, Gebr. Benziger. $8^3/_4$ ngl — Velinp. mit Titel in Farbendruck $^5/_{12}$ ß — Velinp. mit 8 Kupf. $^1/_2$ ß

Himmelsschlüssel, kleiner, ein kathol. Gebet- u. Erbauungsbuch m. verschied. in unserer Zeit beliebten Andachten auf die Feste des Herrn u. seiner Heiligen, vielen Litaneien, u. einer Sammlung von Ablaßgebeten. Von e. Priester. 12. (14 B. u. 1 Stahlst.) Straubing 846, Schorner'sche Buchh. 10 Ngr.; weiß Pap. Thlr. —

Himmelsschlüssel, kleiner, oder Andachtsübungen für kathol. Christen auf alle Zeiten und Feste des Kirchenjahres, nebst kurzen Belehrungen über die Heiligung des tägl. Lebens, über die heil. Messe, Beicht und Kommunion, sowie über die Bedeutung der kirchl. Festtage. 10. Aufl. gr. 18. (360 S. und 2 Stnt.) 1847. und 11. Aufl. 12. (396 S. mit 1 Stnt. und lithogr. Titel in Golddr.) Einsiedeln 851, Gebr. Benziger. Vlnp. mit 8 Stnt. und lithochrom. Titel.

Himmelsschlüssel, Kleiner — oder Sammlung auserlesener Gebete, worin besonders schöne Morgen-, Abend-, Meß-, Beicht- und Kommunion-Gebete, nebst Litaneien zu finden sind. Deßgleichen vom Leiden Christ, Officium zu unserer lieben Frau rc. rc. 16 (282 S und 3 Blätter.) Pesth. Druck und Verlag von Trattner-Károlyi. 1854.

Himmelschlüssel, Kleiner, oder tägliches Handbüchlein, in welchem Morgen-, Abend-, Meß-, Beicht- und Kommuniongebete, die Litanei zu unserer lieben Frau und allen Heiligen, wie auch alle Kirchengesänge des ganzen Jahres hindurch enthalten sind. Pesth. 1855. Druck und Verlag von Alois Bucsánszky. (160 S. 32.)

Himmel-Schlüssel, Kleiner — enthaltend: Morgen-, Abend-, Meß-, Beicht- und Kommunion-Gebete; wie auch der heil. Kreuz-Weg nebst Litaneien und Kirchenliedern. Pesth. Druck und Verlag des Alois Bucsánszy. Mit Holzschnitten. (213 S. 16.) 1856.

Himmelsschlüssel, kleiner — bestehend in Morgen-, Abend-, Meß-, Beicht-, Kommuniongebeten und in Litaneien. Zum Gebrauche für Junge und Alte, Geistliche und Weltliche. Maria-Zell. Druck von Alois Landfraß in Neuhaus, 1857. Im Verlage und allein zu haben bei Ludwig Emler, vormals Josef Baumgartner. (189 S. 16.)

KLEINER Himmelschlüssel. Gebetbuch. Pesth 1859 - 12°
- Vgl. Kleiner Himmel-Schlüssel. J. 1843. T. 1669. J. 1847. T. 1731.

- Dass. Pesth 1862. Verlag Alois Bucsánszky. 221, 4 S. 27 t. - 120 mm

—— kleiner, im mittleren Drucke. Enth. eine Auswahl andächt. Morgen-, Abend-, Meß-, Beicht- und Kommuniongebete rc. Neue, gänzlich umgeänd. und mit einer Kreuzweg-Andacht verm. Aufl. gr. 16. (348 S.) Neuhaus 861, Landfraß und Sohn. *
Erschien auch mit dem Titel: Baumgarten, neubepflanzter.

KLEINER Himmel-Schlüssel oder Sammlung auserlesener Gebethe, worin besonders schöne Morgen-, Abend-, Mess-, Beicht- und Communion-Gebethe nebst Litaneien zu finden sind. Desgleichen vom Leiden Christi, Offizium zu unserer lieben Frau und verschiedenen Heiligen Gottes in allerlei Anliegen. Mit 6 Bildern. Pesth 1869: Alois Bucsánszky. 252, 4 S. - 145 mm
- Dass. mit anderem Text. Preßburg o. J.: Alois Bucsánszky. 221, 3 S. - 160 mm
- Dass. mit abweichendem Text. Pest o. J.: Alois Bucsánszky. 252, 4 S. - 160 mm
- Dass. Budapest 1887.
- Vgl. Kleiner Himmel-Schlüssel. J. 1843. T. 1669. J. 1855. T. 1958

—— kleiner. Ein Gebet- und Erbauungsbuch für Katholiken zur würdigen Feier des häusl. und öffentl. Gottesdienstes. Neue verb. und verm. Aufl. 16. (384 S. mit Bildern in eingedr. Holzschn. und 2 Stahlst.) Einsiedeln 872, Gebr. Benziger.

Himmelsschlüssel, Kleiner. Ein Gebet- u. Erbauungsbuch f. Katholiken z. würdigen Feier d. häusl. u. öffentl. Gottesdienstes. 34. Aufl. Einsiedeln, Köln: Benziger & Co. [um 1902]. (384 S.)8°

Maria Zeller Himmelschlüssel, kleiner neu bearbeiteter goldener, zur Pforte der ewigen Seligkeit. Worin besonders kräftige, heilsame und trostreiche Andachtsübungen, Gebete und Litaneien rc., vermehrt mit einem h. Kreuzweg sammt Kreuzgang, Kern aller Gebete und Beichtspiegel. 4. Auflage. 12. (384 S.) Maria Zell, Druck, E. Tanzer, Verl. Lud. Emler 1853.

Himmelsschlüssel, Kleiner geistlicher —, oder christkatholisches Baumgärtel, auf die Morgens- und Abendszeit, bei der heiligen Messe, wie sie der Priester betet. Mit auserlesenen Gebeten zur Beicht und würdigen Empfangung des h. Abendmahles, sammt den Tagzeiten von der unbefleckten Empfängniß Mariä und der lauretanischen Litanei, Kreuzwegandacht und Liedern. Gratz. Druck von A. Leykam's Erben. Maria-Zell. Johann Laufenstein. (210 S. 3 Blätt. 32.) geh. 1855.

Himmelsschlüssel, kleiner geistlicher — oder christkatholisches Baumgärtel u. s. w. Maria-Zell, 1857. Druck von Alois Landfraß in Neuhaus. (210 S. 3 Bl. kl. 8.)

Himmelsschlüssel, kleiner geistlicher, oder christkatholisches Baumgärtel, auf die Morgens- und Abendszeit, bei der heiligen Messe, wie sie der Priester betet. Mit auserlesenen Gebeten zur Beicht u. würdigen Empfangung des heiligen Abendmahles rc. Maria-Zell 860. (Graz, Wiesner.) 16. (215 S.) 6 ngr.

Himmel-Schlüssel, kleiner goldener Maria-Zeller — bestehend in Morgen-, Abend-, Meß-, Beicht- und Kommuniongebeten, in Andachtsübungen, Litaneien und Psalmen, wie auch zu Ehren Mariä und aller Heiligen, nebst öffentlichen Kirchengesängen und einem heiligen Kreuzwege vermehrt. Zum Gebrauche für Junge und Alte, Geistliche und Weltliche, Gesunde, Kranke und Sterbende, wie auch zum Nutzen der armen Seelen im Fegfeuer. Maria-Zell. Aus der C. Tanzer'schen Buchdruckerei. (256 S. 16) 1856.

Himmelschlüssel, kleiner goldener Maria-Zeller — bestehend in Morgen-, Abend-, Meß-, Beicht- und Kommunion-Gebeten, in Andachtsübungen, Litaneien und Psalmen u. s. w. Maria-Zell, 1857. Im Verlage und allein zu haben bei Cäcilia Ender. Gratz, Dr. von C. Tanzer. (288 S. 8.)

-- Marianischer, s.a. Baumgarten, Marianischer.

—— marianischer, oder vollständiges, sehr nützliches, christkathol. Gebetbuch, enth. die kräftigsten und anmuthigsten Morgen-, Abend-, Meß-, Vesper-, Beicht- und Communiongebete, wie auch zum heil. Sakramente, zu Jesus Christus, dem bittern Leiden, zu Maria der Mutter Gottes und den Heiligen rc. 8. (XII und 468 S. mit 1 Stahlst.) Würzburg 850, Etlinger'sche Vrlgsh. —

Feine Ausg. mit 3 Stahlst.

Himmelsschlüssel, d. mittlere, im mittl. Druck, darin überaus kräftige u. andächtige Gebete enthalten sind. gr. 8. Prag 827. (Central-Compt in Leipz.)

Himmelsschlüssel, d. mittlere, im mittl. Druck, darin überaus kräftige u. andächtige Gebete enthalten sind. gr. 8. Prag 828. (Fr. Fleischer in Leipz.) 8 gr.

MITTLERER Himmel-Schlüssel, darinnen schöne und kräftige Morgen-, Abend-, Meß-, Vesper-, Beicht- und Communiongebeter. . . . dann Litaneyen nebst den Tagzeiten zu der göttlichen Vorsichtigkeit und denen Meßgesängen enthalten sind. Pesth (1820): Hollmann. 283 (4) S. - 150 mm
- Dass. Pest 1860. Gedr. bei Alois Bucsánszky. Im groben Druck. 285, 3 S. - 12°
- Dass. Pest o. J. Gedr. bei Alois Bucsánszky. Neue Ausg. 285, 3 S. - 12°

MITTLERER Himmelsschlüssel. Ein sehr nützliches und trostreiches Gebethbuch für geistliche und weltliche Personen, für schwangere und säugende Weiber. Enthaltend: Morgen-, Abend-, Meß-, Vesper-, Beichts- und Kommuniongebethe; wie auch Gebethe zum hochwürdigen Sakrament des Altars u.s.w. Eisenstadt (1832): Anton Wiederkomm. (18) 425 (5) S. 1 t. - 170 mm
- Dass. Eisenstadt (1818): Anton Wiederkomm. 376, 8 S. - 180 mm
- Vgl. Mittlerer Himmels-Schlüssel. J. 1820. T. 1319.

MITTLERER Himmel-Schlüssel, darinnen schöne und kräftige Morgen-, Abend-, Meß-, Vesper-, Beicht- und Communiongebeter; wie auch der heil. Kreuz-Weg, nebst Litaneyen und Kirchen-Gesängen enthalten sind. Ofen 1835: Gyurián u. Bagó. 283 (5) S. - 150 mm
- Dass. Pesth 1854. 285 S. - 24°
- Dass. Pesth 1862: Al. Bucsánszky. 3, 285, 3 S. - 160 mm
- Dass. Budapest 1890: Col. Rózsa u. Frau (vorm. A. Bucsánszky). 284 S. - 150 mm

Himmels-Schlüssel, mittlerer —. Ein sehr nüzliches und trostreiches Gebetbuch für geistliche und weltliche Personen, für schwangere und säugende Weiber, dann Christen beiderlei Geschlechts. Enthaltend: Morgen-, Abend-, Meß-, Vesper- rc. Kommuniongebete; wie auch Gebete zum hochwürdigsten Sakramente des Altars — — rc. 8. (XII, 426 S. 3 Blätter.) Neuhaus. Druck und Verlag von Alois Joseph Landfraß. 1853.

Himmels-Schlüssel, mittlerer —. Ein sehr nützliches und trostreiches Gebetbuch für geistliche und weltliche Personen, für schwangere und säugende Weiber, dann Christen beiderlei Geschlechtes. Enthaltend: Morgen-, Abend-, Meß-, Vesper-, Beicht- und Kommuniongebete; wie auch Gebete zum hochwürdigsten Sakramente des Altars, rc. Neuhaus, 1856. Druck und Verlag von Alois Josef Landfraß. (426 S. 4 Bl. 8. Mit einem Titelbild.)

MITTLERER Himmel-Schlüssel. Maria-Radna 1883. Verlag von Josef Kremmer's Witwe, Buchbinderei. XVI, 436 S. - 175 mm
- Dass. Maria-Radna 1884: Kremmer (Buchbinder). - 175 mm
- Vgl. Martin von Cochem: Der mittlere goldene Himmel-Schlüssel. J. 1820. T. 1318. Mittlerer Himmelschlüssel. J. 1820. T. 1319 u. J. 1835. T. 1546.

MITTLERER Himmel-Schlüssel. Ein sehr nützliches und trostreiches Gebetbuch für Christen beiderlei Geschlechtes. Enthaltend: Morgen-, Abend-, Meß-, Vesper-, Beicht- und Kommunion-Gebete. Maria-Radna 1893. Verlag v. Josef Kremmer's Witwe Buchbinderei u. Franz Kremmer, Buchbinder, Hatzfeld. Druck v. A. Landfraß in Neuhaus. 444 S. - 175 mm
- Dass. Magyaróvár (Ungarisch-Altenburg) o. J.
- Dass. Hatzfeld 1900. Verlag v. Franz Kremmer, Buchbinder. Druck v. Koloman Rózsa u. Frau. 446,6 S. - 175 mm

MITTLERER Himmelschlüssel oder Sammlung auserlesener Gebete, worin besonders schöne Morgen-, Abend-, Meß-, Beicht- und Communion-Gebete nebst Litaneien zu finden sind. Budapest 1896. Druck u. Verlag v. Col. Rózsa u. Frau (vormals A. Bucsánszky). 256 S. - 130 mm
- Dass. Budapest 1899. Verlag Col. Rózsa u. Frau (vorm. A. Bucsánszky). 252, 4 S. - 130 mm
- Dass. Budapest 1900: Rózsa.
- Dass. Budapest 1902: Rózsa.
- Dass. Budapest 1903: Rózsa.

MITTLERER goldener Himmel-Schlüssel im groben Druck. Aus dem großen Himmel-Schlüssel gezogen und neu verbessert in diese bequeme Form gebracht. Zum sonderlichen Gebrauch des andächtigen Weiber-Geschlechts. Pest o. J.: Trattner. 446 S. - 8°

Himmelsschlüsselchen. Eine Jugendgeschichte von M. K. 8. (280 S.) Bielefeld 882. Velhagen & Klasing. geb. n. 5. 60

Himmelsschlüsselchen. Eine Jugendgeschichte von M. K. (280 S.) 1882; 2.—4. unveränd. Aufl. 8. (III, 280 S.) Bielefeld 883,84, Velhagen und Klasing. geb. 4

Himmelsspeise. Gegeben d. lieben Kindern in kurzen Aussprüchen uns. Herrn Jesu Christi. 8. Nürnberg 835, Raw'sche Bh.

Dr. Alexander Himmelstern. Die Kämpfe Heinrichs des Löwen in den Jahren 1178 bis 1181. 23 S. Durlach, P 1884

HIMMELSSTOSS, Lr.: Vers. e. Entwickel. d. Begriffs n. d. rechtl. Verhältnisse d. Regalität in Deutschl., m. e. Progr. (N. Thdd.) GÖNNER's üb. d. rechtl. Princip der deutschen Territorialverfassung. *Landshut*, Krüll. 804. 8. (10 Gr.)

Himmelsstraß, die, d. i. vollständiges römischkathol. Gebetbuch. 2. Ausg. aus Catholicum Romanum. 16. (XXIV, 471 S. mit vielen Bildern und Rahmen. Augsburg 886, Litterar. Institut von Dr. M. Huttler. *M 8.—.; geb. * 10 —

Himmelsstrasse, Allerheiligsten Herzens Jesu Sichere, Nach dem Beyspiel Heiligsten Herzens Mariä, zur Nachfolge und Betrachtung . . . Augsburg 1767. V: *Bonschab, Ignaz.* (Jes)

Himmels-Straße, geistreiche aber schmerzhafte, in Betrachtung und Verehrung der sieben Schmerzen Mariens. Anhang enthaltend: Meß-, Beicht- u. Kommuniongebete. Verfaßt durch einen norbertinischen Diener Mariens. Neu bearb. Saulgau 861. (Tuttlingen, Kling.) 32. (254 S. u. 1 Stahlst.). n. 10 ngr.

Himmelsstraße, schmale, od. tröstr. Glaubensandacht d. heil. Kreuzweges. gr. 12. (1½ B.) Landshut 833. [Regensburg, Manz.]

Die **Himmelsstürmer** oder Die St. Georgsbrüder. Berlin: Schindler 1858. 206 S. 8°

(F) **Himmelstein**, F. H., Schutzgeists Walten. [Christliche Schul- und Vereinsbühne. Bd. 87.] 8°. (20 S.) K —.30
Linz: Kath. Presseverein 1909.

Himmelstein, Frz. Xav., Aehrenlese aus den Schriften d. heiligen Väter u. Kirchenlehrer zum Gebrauche f. Prediger u. Katecheten gesammelt. gr. 8. (662 S.) Regensburg 876. Manz. 6. [illegible]

— moral. Briefe. 8. Bresl. 764. J. F. Korn. 10 ℊℊ

— das Buch der Weisheit. Bilder und Gleichnisse zum Gebrauche für Katecheten und Prediger, und zur Belehrung und Erbauung jedes Gläubigen gesammelt. gr. 16. (IV, 294 S.) Würzburg 877, Bucher. 1 80

Himmelstein, F. X., ein Buch der Weisheit. Bilder u. Gleichnisse zum Gebrauche für Katecheten u. Prediger, u. zur Belehrung u. Erbauung jedes Gläubigen gesammelt. 3 Thle. 12. (IV, 309; IV, 318 u. X, 307 S.) Würzburg 880. 81. Bucher. à 1. 80
1. 2. Aufl.

Himmelstein, Frz. Xav., Bußpredigten. Regensburg 853. Manz. gr. 8. (367 S.) 1 ℛ. 7½ ngr.

Himmelstein, Fr. Xav., Bußpredigten. 2. verm. Aufl. Regensburg 869. Manz. gr. 8. (377 S.) 1 ℛ 7½ ngr.

Himmelstein, F. X., Christen-Rache. Jugendschauspiel in 5 Akten. (Schauspiele f. die Jugend.) Neueste Aufl. gr. 16. (43 S.) Würzburg (902). F. X. Bucher. — 30

— die hl. Christnacht. Weihnachtsspiel in 3 Akten. (Schauspiele f. die Jugend.) Neueste Aufl. gr. 16. (19 S.) Ebd. (902). n. — 25

— neues Epistel- u. Evangelien-Buch für das ganze Kirchenjahr. gr. 8. (IV, 373 S.) Ebend. 881. n. 1. 40

— Erzählungen. 8. Bresl. 762. J. F. Korn. 4 ℊℊ

— historische Erzählungen. Würzburg 869. Kellner. 8. (VII, 232 S.) n. 16 ngr.

— der Extrazug. Lustspiel in 4 Akten. (Schauspiele f. die Jugend.) Neueste Aufl. gr. 16. (32 S.) Ebd. (902). n. — 25

— Fasten- und Festpredigten nebst einigen Gelegenheitsreden. gr. 8. (408 S.) Regensburg 875, Manz. 3 75

— der Friede sei mit euch! Katholisches Gebet- u. Andachtsbuch. Mit 4 Stahlst. Ebend. 869. gr. 16. (XII, 411 S.) 18 ngr.

— die Früchte des Kreuzes. Predigten für die heilige Fastenzeit. Nebst einem Anhange von Gelegenheits-Predigten. Regensburg 856. Manz. gr. 8. (357 S.) 1 ℛ. 7½ ngr.

— das Gebet des Herrn. Aus den Schriften der heiligen Väter u. erleuchteter Lehrer erklärt. 16. (97 S.) Ebend. 880. n. — 60

— die fünf Gebote der heil. Kirche u. die fünf Akte der wahren Buße. Zwölf Fastenpredigten. gr. 12. Würzburg 842. Stahel'sche B. 7/12 ℛ — 2. Aufl. gr. 12. Ebend. 843. 7/12 ℛ

— dass. 2. Thl. u. d. T.: Predigten auf die Festtage des Herrn bei verschied. Feierlichkeiten. gr. 12. Ebend. 845. 7/12 ℛ

— Geschichte d. Stiftung des heil. Grabes. 8. Bresl. 782. Bernoulli. 4 ℊℊ

Himmelstein, Fr. X., der fränkische Geschichtsfreund. Zur belehrenden Unterhaltung f. christl. Familien. 1 u. 2. Bdchn. 8. (1: 200 S. m. eingedr. Holzschn. 2: 208 S.) Würzburg 852, Kellner. (à n. ¼ ℛ) n. ½ ℛ

— das geheiligte Gewerbe. Lebensbilder von Heiligen aus dem Gewerbestande. gr. 16. (VIII, 136 S.) Donauwörth 876, Buchh. des kathol. Erziehungsvereins. — 80

— ein hartes Herz. Jugendschauspiel in 5 Akten. (Schauspiele f. die Jugend.) Neueste Aufl. gr. 16. (32 S.) Ebd. (902). n. — 25

Himmelstein, Frz. Xav., Jubiläums- oder Andachts-Büchlein für das von Sr. Heiligkeit Papst Leo XIII. am 22. Dezbr. 1885 verliehene, mit dem 19. März 1886 beginnende und am 31. Dezbr. ds. Js. schließende Jubiläum. 12. (48 S.) Würzburg 886, Bucher. * — 20

— Jugendschriften. 1—10. Bdchn. gr. 16. Ebend. 879. 80. à n. 1. —
1—6. Schauspiele zur belehrenden Unterhaltung für die Jugend. 6 Bdchn. (IV, 150; IV, 147; IV, 151; IV, 153, 167 u. 188 S.)
7. Aus dem Leben u. für das Leben. Aus dem Tagebuche eines Seelsorgers mitgetheilt. (163 S.)
8. Blumen aus dem Gottesgarten. Religiöse Gedichte. (156 S.)
9. 10. Historische Erzählungen. 2 Bdchn. (146 u. 174 S.)

Himmelstein, Frz. Xav., Jugendschriften. 11—18. (Schluß-)Bdchen. 12. Würzburg 884—86. Bucher. n. 7. 40
11. Ein Bilderbuch f. Jung u. Alt. Gesammelt v. F. X. H. (VIII, 206 S.) n. 1. —. — 12. Lebensbilder. (VI, 221 S.) n. 1. —. — 13. Sittenspiegel. Lehrreiche Begebenheiten. (VI, 240 S.) n. — 80. — 14. Convertiten-Bilder aus unserem Jahrhundert. Der reiferen Jugend vorgeführt. (X, 179 S.) n. 1. —. — 15. Wegweiser u. Warnungstafeln an der Lebensstraße. Lehrreiche Begebenheiten. (VI, 239 S.) n. 1. —. — 16. Lebende Bilder. (S. 239.) n. 1. — 17. Leuchtkugeln. Lehrreiche Erzählgn., gesammelt v. F. X. H. (VI, 235 S.) n. — 80. — 18. Schaumünzen. Lehrreiche Erzählgn., gesammelt v. F. X. H. (VI, 238 S.) n. — 80

Himmelstein, F. X., Jugendschriften. 19. u. 20. (Schluß-) Bdchn. 12. Würzburg, Bucher. à n. — 80; geb. à n. 1. —
19. Licht u. Schatten. Lehrreiche Erzählgn., gesammelt v. F. X. H. (VIII, 262 S.) 887.
20. Weckstimmen. Lehrreiche Erzählgn., gesammelt von F. X. H. (VI, 264 S.) 888.

— das Kiliansheiligthum. Geschichte der Reliquien der heil. Martyrer und Apostel des Frankenlandes Kilian, Colonat und Totnan. Ein Jubiläumsandenken. 8. (VIII, 102 S. mit 1 Lichtdr.) Ebendas. 885. * 1 —

Himmelstein, F. X., Convertiten-Bilder. Neueste Aufl. (VIII, 179 S.) 12. Würzburg 903. F. X. Bucher. Geb. n. 1. —

— das wahre Leben Jesu. Nach den Berichten u. mit den eigenen Worten der vier heil. Evangelisten zur Betrachtung für die einzelnen Tage der heil. Charwoche u. die Osterzeit dargestellt. Würzburg 866. Stahel'sche Buchh. gr. 8. (V, 190 S.) 21 ngr.

— die letzten Lebenstage Jesu und seine Erscheinungen nach der Auferstehung. Nach den Berichten der vier heil. Evangelisten zur Betrachtung für die einzelnen Tage der heil. Charwoche und die Osterzeit dargestellt. 8. (V und 117 S. mit 1 Stahlst.) Würzburg 865, Stahel'sche Buchh.

—— das Leiden Jesu Christi, nach den Weissagungen des alten Bundes und den Berichten der heil. Evangelien erzählt und in Betrachtungen erwogen. 12. (IV, 219 S.) Ebendas. 887. * 1 —

— Leitsterne. Lehrreiche Erzählgn. Neue, verb. u. illustr. Aufl., besorgt v. C. Ommerborn. 12. (IV, 272 S.) Ebd. (902). Geb. n. 1. —

— Leuchtkugeln. Lehrreiche Erzählgn. Neueste illustr. Aufl., besorgt v. C. Ommerborn. 12. (IV, 256 S.) Ebd. (902). Kart. n. 1. —

—— die lauretanische Litanei aus Schrift und Tradition erklärt. 8. (198 S. mit 1 Stahlst.) Ebendas. 876. * 1 —

—— Maria-Legenden. 2 Bdchn. gr. 16. Ebendas. 878. [1. Bdchn. (II, 167 S.) * 80 Pf.; 2. Bdchn. (IV, 155 S.) * ℳ 1.] 1 80

—— Maria-Legenden. 3. und 4. (Schluß-)Bdchn. 12. Ebendas. [3. Bdchn. (IV, 159 S.) 881. * 80 Pf.; 4. Bdchn. (IV, 219 S.) 882. * ℳ 1.] *

— Maria-Legenden. Mariensterne. Gesammelt u. hrsg. 2. verb. Aufl. 12. (IV, 167 S.) Ebd. (901). n. — 75; geb. in Leinw. n. 1. —

— Marien-Sagen. (Marien-Legenden.) 2., verb. Aufl. 12. (IV, 154 S.) Ebd. (902). Geb. n. 1. —

—— Predigten. (2. Thl.) Predigten auf die Festtage des Herrn u. bei verschied. Feierlichkeiten. gr. 12. (9 B.) Ebds. 845.
Bildet den 2. Thl. zu dessen die 5 Gebote ꝛc.

— Predigten. 3. Thl. A. u. d. T.: Predigten auf die Sonntage u. Feste der Heiligen. 1. Bd. Die Advent- u. Epiphanie-Sonntage nebst den einschlägigen Heiligenfesten. gr. 12. (X u. 222 S.) Würzburg 847, Stahel. 7/12 ℛ

Himmelstein, Frz. Xav., Predigten. 3. Thl. A. u. d. T.: Predigten auf die Sonntage und Feste der Heiligen. 1. Bd. Die Advent- und Epiphanie-Sonntage nebst den einschlägigen Heiligen. gr. 12. (X und 222 S.) Würzburg 848, Stahel'sche Buchh.

— Predigten u. Gelegenheitsreden, gr. 8. Berl. 796. Pauli. 6 K

—— Predigten auf alle Sonn- und Festtage des ganzen Jahres. 1—4. Bd. gr. 8. Regensburg, Manz. à Bd. 1 Thlr. 3¾ Ngr.
Auch unter den Titeln:
Bd. 1. Predigten für die heil. Fasten- und Osterzeit. (312 S.) 850.
„ 2. Predigten für die heil. Pfingstzeit. 1. Hälfte. (VI und 323 S.) 851.
„ 3. Predigten für die heil. Pfingstzeit. 2. Hälfte. (318 S.) 851.
„ 4. Predigten für die heil. Advent- und Epiphaniezeit. (321 S.) 852.

—— Predigten auf alle Sonn- und Festtage des ganzen Jahres. 4 Bde. 2., verm. Aufl. gr. 8. Regensburg 863—66, Manz. à Bd. 1 Thlr. 3¾ Ngr.
Inhalt:
Bd. 1. Predigten für die heil. Fasten- und Osterzeit. (350 S.)
„ 2. Predigten für die heil. Pfingstzeit. 1. Hälfte. (333 S.)
„ 3. —— dass. — 2. Hälfte. (334 S.)
„ 4. Predigten für die heil. Advent- und Epiphaniezeit. (336 S.)

Himmelstein, Frz. Xav., das wahre Princip d. Erziehung, d. Gesch. d. Menschengeschlechtes entnommen u. dargestellt. gr. 8. (3¾ B.) Würzburg 840, (Stahel'sche Buchh.) *

— Rede bei der Trauerfeierlichkeit wegen des Hinscheidens Ihrer Majestät der allerdurchl. Königin Therese von Bayern, gehalten am 6. Novbr. 1854 zu Würzburg. Würzburg 854. Stahel. 8. (15 S.) n. 2 ngr

— Reihenfolge der Bischöfe von Würzburg. Eine Festgabe, zur Feier des eilfhundertjähr. Jubiläums dem christl. Frankenlande geweiht. Bevorwortet von Sr. bischöfl. Gnaden, dem hochwürdigsten Bischofe Geo. Anton. gr. 8. Würzburg 843. (Stahel'sche Buchh.) n. ⅓ ℛ

— Reihenfolge der Bischöfe von Würzburg. Bevorwortet von dem hochsel. Bischofe Georg Anton. 2., verb. u. vervollständ. Aufl. 12. (X, 274 S.) Würzburg 881. Bucher. n. 1. 40

— s. Religions- u. Kirchenfreund.

— die Ruhe in Gott. Ein katholisches Gebetbuch. Mit 4 Stahlst. 855. (XXXI, 816 S.) — 2., verm. Aufl. (Ausg. in grobem Druck.) Würzburg 856. Stahel. 32. (XXXI, 832 S.) n. 22 ngr

Himmelstein, Fr. X., die Ruhe in Gott. Ein kathol. Gebetbuch. 5. Aufl. (Ausg. Nr. II. Kleiner Druck.) 32. (575 S. mit 4 Stahlst. und vielen eingedr. Holzschn.) Würzburg 857, Stahel'sche Buchh. *
In 10 verschied. Einbänden von * 1 Thlr. 10 Ngr. bis

Himmelstein, Frz. Xav., die Ruhe in Gott. Ein katholisches Gebetbuch. 9. Aufl. Ausgabe Nr. 1. Großer Druck. Mit 4 Stahlst. u. vielen Holzschn. Würzburg 862. Stahel. 32. (XXXI, 832 S.) n. 22 ngr

10. Aufl. Ausg. Nr. 2. Kleiner Druck. Mit 4 Stahlst. u. vielen Holzschn. Ebend. 864. 32. (575 S.) n. 22 ngr

Himmelstein, Frz. Xav. Der St. Chilians-Dom in Würzburg. Festgabe zum 1200jähr. Jubiläum d. Martertodes der hl. Frankenapostel. 8. (IV, 187 S. m. 1 Ansicht u. 1 Grundriß.) Würzb. 889, Bucher. * 1 40

— Schauspiele f. die Jugend. 27 Nrn. Neueste Aufl. kl. 8. Ebd. n. 7. 25
Bedientenstreiche. Lustspiel in 3 Akten. (43 S.) (903.) n. — 30
Das Bild der hl. Jungfrau. Jugendschauspiel in 3 Akten. (26 S.) (903.) n. — 25
Die gefundene Brieftasche. Schauspiel in 3 Akten f. die reifere Jugend. (31 S.) (906.) (Nr. 16.) n. — 25
Daniel in der Löwengrube. Dramatisiert in 3 Akten f. die Jugend. (21 S.) (906.) (Nr. 12.) n. — 25
Die junge Diebin. Jugendschauspiel in 4 Akten. (S. 81—107.) (903.) n. — 25
Die hl. Elisabeth. Jugendschauspiel in 5 Akten. (30 S.) (903.) n. — 25
Der stumme Fritz. Märchen in 3 Akten. (28 S.) (906.) (Nr. 13.) n. — 25
Der Fuchs ist gefangen! Jugendschauspiel in 2 Akten. (S. 55—79.) (903.) n. — 25
Geschwisterliebe. Jugendschauspiel in 1 Vorspiel u. 5 Akten. (56 S.) (903.) n. — 40
Der Grafensohn. Jugendschauspiel in 3 Akten. (Umarbeitung des Singspiels „Der arme Heinrich" v. F. Bonn.) (44 S.) (903.) n. — 30
Die Indianerin. Schauspiel f. die Jugend in 6 Akten. (46 S.) (905.) n. — 30
Joseph in Aegypten. Jugendschauspiel in 8 Akten. (35 S.) (903.) n. — 30
Der Kinderraub. Ein Jugendschauspiel in 6 Akten. (40 S.) (906.) (Nr. 20.) n. — 30
Das Maifest. Ein Kinderspiel. (S. 109—132 m. 1 Taf.) (903.) n. — 25
Moses im Binsenkörblein. Jugendschauspiel in 5 Akten. (18 S.) (906.) (Nr. 17.) n. — 25
Der Namenstag der Großmama. Ein Kinderspiel in 2 Akten. (16 S.) (906.) (Nr. 21.) n. — 25
Die Parabel vom unbarmherzigen Knechte. (Matthäus 18, 23—35.) Jugendschauspiel in 3 Akten. (15 S.) (903.) n. — 25
Das Rattengift od. Stoffels Lehrjahre. Ein Schwank. (8 S.) (903.) n. — 25
St. Johannes u. der Räuber. Jugendschauspiel in 4 Akten. (19 S.) (903). n. — 25
Die Schatzgräber. Lustspiel in 3 Akten. (36 S.) (906.) (Nr. 18.) n. — 30
Der Schutzgeist. Jugendschauspiel in 4 Akten. (S. 25—54.) (903.) n. — 25
Der verlorene Sohn. Jugendschauspiel in 4 Akten. (23 S.) (903.) n. — 25
Tobias. Ein bibl. Familiengemälde in 6 Akten. (24 S.) (906.) (Nr. 15.) n. — 25
Ein Theekränzchen. Eine Photographie. (S. 133—150.) (903.) n. — 25
Der Trotzkopf. Ein Familienbild in 4 Akten. (32 S.) (903.) n. — 30
Ein salomonischer Urteilsspruch. Nach e. morgenländ. Anekdote. Reimspiel in 1 Aufzuge. (10 S.) (906.) (Nr. 22.) n. — 25
Die heimliche Wohltäterin. Jugendschauspiel in 3 Akten. (Umarbeitung der „Sparkassa" im Münchener Jugendfreund, Jahrg. 1861.) (32 S.) (906.) (Nr. 19.) n. — 25

— Schauspiele zur belehrenden Unterhaltung der Jugen 1—5. Bdchn. gr. 16. (149, 149, 152- 168 u. 180 S. 4 Stahlst. u. 1 Steintaf.) Ebend. 871—75. à n. —

Himmelstein, F. X., Schauspiele zur belehrenden Unterhaltung der Jugend. 1. Bdchn. 2. Aufl. gr. 16. (III, 150 S. m. Stahlst.-Bildnis.) Würzburg (902). F. X. Bucher. Geb. n. 1. —

—— das deutsche Schulwesen im Königreich Bayern. Auf Grund der bestehenden Verordnungen systematisch dargestellt. Lex.-8. (VIII und 332 S.) Würzburg 859, Stahel'sche Buchh. *

—— die Stickerinnen. Jugendschauspiel in 5 Akten. (Schauspiele f. die Jugend.) Neueste Aufl. gr. 16. (24 S.) Ebd. (902). n. — 25

—— Synodicon Herbipolense. Geschichte und Statuten der im Bisthum Würzburg gehaltenen Concilien und Dioecesansynoden. Lex.-8. (VIII und 502 S. mit 1 Tab. in Fol.) Würzburg 855, Stahel'sche Buchh. *

Himmelstein, Fr. X., der Tageslauf gottlieb. Seelen, s.: Bona, Johs.

—— Vademecum für Prediger. Aussprüche bewährter Geistesmänner über das Predigtamt. 16. (IV, 104 S.) Ebendas. 883.

— moral. u. satyrische Versuche. 8. Bresl. 762. J. F. Korn. 4 ℛ

—— Vorbereitungsunterricht zum würdigen Empfang der heiligen Sakramente der Buße, des Altars und der Firmung. gr. 8. (IV, 287 S.) Regensburg 869, Manz.

—— Worte, am Grabe des hochw. Herrn Dr. Geo. Jos. Saffenreuter gesprochen. gr. 8. (13 S.) Würzburg 869, Kellner. *

— die Zigeunerin. Jugendschauspiel in 4 Akten. (Schauspiele f. die Jugend.) Neueste Aufl. gr. 16. (32 S.) Ebd. (902). n. — 25

Himmelstern, Alex., eine angebliche u. eine wirkliche Chronik von Orvieto. gr. 8. (48 S.) Strassburg 882. Trübner. 1. —

Himmelstern, Alex Die Kämpfe Heinrichs des Löwen in den Jahren 1178—1181. 23 S. Progr. *Durlach* 1884.

Himmels-Thau. Vollständiges Gebet- u. Erbauungsbuch f. kathol. Christen. 32. (VIII, 528 S.) Dülmen 889. Laumann. 1. 20; geb. n. 1. 50

Himmelsthau. Vollständiges Gebet- u. Erbauungsbuch f. kathol. Christen. 16. (VII, VII, 512 S. m. farb. Titel u. 1 Stahlst.) Dülmen 894. A. Laumann. 1. 20

v. Himmelstiern, (R. J. L. S.), s. Samson.

Himmelstoss, F., Rechtspraktikant Josef Justinianus Bergfritz. Ein Teil-Lebensbild. 8. (III, 112 S.) Neuburg 899. Griessmayer. 1. 50

Himmelstoß, F., General-Register, s.: Sammlung von Entscheidungen des königl. Oberlandesgerichts München in Gegenständen des Strafrechts u. Strafprozesses.

Himmelstoss, Lorenz

Himmelstoss, Lr.: „Versuch einer Entwickelung des Begriffs und der rechtlichen Verhältnisse der Regalität in Deutschland, mit einem Programm (N. Thadd.) Gönners über das rechtliche Princip der deutschen Territorialverfassung", Landshut 1804 (Krüll).

Himmelstoß, Max Jos., s.: Diensthandbuch f. das bayer. Zoll- u. Steuerpersonal.

— s.: Personalstatus der k. b. Zoll- u. Steuerverwaltung usw.

Himmelstoß, Michael: Die Vogelwelt von Dillingen. T. 1. Dillingen 1905: J. Keller. (48 S.) 8°
Dillingen, k. human. G P 1905*

Himmelstoss, Michael, Prof.: Die Vogelwelt von Dillingen. T. 2. Dillingen 1906: J. Keller. (S. 51—102, 1 Bl.) 8°
¶ (Forts. d. P-Beil. 1905.)
Dillingen, k. G P 1906*

Himmelstrand, Einar, Sonette an Irma. (61 S.) 8. Berlin-Charlottenburg 910. L. Brauner. 1. 50

Himmelstrank, der, od. die bisher völlig unbekannte, von dem weltberühmten Paracelsus dem Grafen v. Howersdorff mitgetheilte Anweisung, wie man das von jenem erfundene ächte Lebenselixir, genannt der Himmelstrank, zur Erlangung eines gesunden hundertjähr. Alters, bereitet etc. [Separat-Abdr. aus dem Werke: „Der Haus-Doktor."] 8. (14 S.) München 850, Fleischmann. n. 4 ngr

Himmelstrost im Erdenleid. Offenbarung Johannis 21, 2—4. 2., verm. u. illustr. Aufl. 16. (95 S. m. 4 Taf.) Neukirchen b. Mörs 890. Buchhandlg. des Erziehungsvereins. cart. n. — 80; m. Goldschn. n. 1. —

Himmelstrost im Erdenleid. Offenbarung Johannis 21, 2—4. 3., verm. u. illustr. Aufl. m. Vorwort von F. v. Bodelschwingh. 16. (95 S. m. 7 Taf.) Neukirchen b/Mörs 891. Buchhandlg. d. Erziehungsvereins. Kart. n. — 80; m. Goldschn. n. 1. —

Himmelstrost im Erdenleid. Offenbarg. Johannis 21, 2—4. 5, verm. u. illustr. Aufl. M. Vorwort von F. v. Bodelschwingh. 12. (105 S. m. 5 Taf) Neukirchen b/Mörs 895. Buchh. d. Erziehungsvereins. Kart. n. 1. —

[F.] Himmelstrost im Erdenleid ... 6. unveränd. Aufl. M. Vorw. d. Herrn D. F[riedr. Frh.] v. Bodelschwingh in Bielefeld ... *Neukirchen b. Moers: Buchh. d. Erziehgsver. 1897.* (XII, 105 S., 1 Bildert., 7 Taf.) 1 B·18.
97. 1457

Himmelstulipan. Ein christkathol. Gebetbuch f. Sonn-, Feier- u. Werkeltage, auserles. Andachten enth. N. Aufl., mit 1 Titelkpf. 8. Einsiedeln 830. (Orell in Zürich). 9 ℛ

Himmelstulipan. Ein kathol. Gebetbuch, mit auserles. Andachten für Werktage, Sonn- u. Feiertage. 8. Einsiedeln 841, Gebr. Benziger. 11 ngr Velinp. 13 3/4 ngr Velinp. mit 8 Kupfertaf. 1/2 ß

Himmels-Wache, die, oder Moltke im Elysium. Ein Festspiel zur 90jähr. Wiegenfeier des Kgl. Preuß. Generalfeldmarschalls, Ritter d. schwarzen Adler-Ordens u. s. w. Helmut Carl Bernh. Grafen Moltke, am 26. Okt. 1890. Vom patriot. Dichter in Leipzig. gr. 8. (16 S.) Leipzig 890. Fock. n. — 80

Himmels-Weg ... O. O. 1706.
V: *Scharff, Gottfried Balthasar.* (Myl)

Himmels=Weg, der erfreuliche und zur ewigen Seligkeit führende — für gutgesinnte Christen. Enthaltend: Morgen=, Meß=, Beicht= und Kommunionsgebete u. s. w., nebst andern in verschiedenen Zeiten und Umständen, sammt den gewöhnlichen Gesängen und nachmittägigen gottesdienstlichen Gebeten. 8. (144 S.) Leitomischl, Druck und Ver. Ant. Augusta 1853.

Himmelsweg, Der erfreuliche und zur Seligkeit führende — für gutgesinnte Christen. Enthaltend: Morgen=, Abend=, Meß=, Beicht= rc. Gebete, nebst anderen in verschiedenen Zeiten und Umständen sammt den gewöhnlichen Gesängen und Kreuzweg=Andacht. 8. (142 S. und 1 Blatt.) Neuhaus. Druck und Verlag von Alois Joseph Landfraß 1853.

Himmelsweg — der erfreuliche . . . für gutgesinnte Christen. (Gebetbuch.) Neuhaus, 1857. Dr. und Verlag von Alois Landfraß. (142 S. 6 Bl. 8. Mit einem Titelbilde.)

Himmelsweg, der erfreuliche und zur ewigen Seligkeit führende, für gut gesinnte Christen. Enth.: Morgen=, Abend=, Meß= rc. Gebete rc. 12. (180 S. mit 1 Stahlst.) Neuhaus 866, Landfraß und Sohn. *

Ausg. in größerer Schrift. *

Himmelsweg, der ersehnte, zur Seligkeit führende, für gutgesinnte Christen u. alle, welche um d. Führung ihres Schutzengels bitten. 8. Glatz 841, Pompejus. 1/8 ℛ︀

Himmelswander, X., über Vollziehung der peinlichen Strafen. gr. 8. Landsh. 803. N. Aufl. 806. (Storno). 6 gr.

Himmelszeichen

Zweytes merkwürdiges Himmelszeichen, welches in Rußland, wie auch in Petersburg, 23. May 1788 vier Stunden lang am Firmamente Vormitternacht ist gesehen worden. Gleichz. Flugblatt. Darstellung der drei Himmelszeichen: einer Taube mit einem grünen Zweig im Schnabel, eines Jesuitenkopfes mit dem Ordenszeichen und einer Hand mit einer Wage. Anon. Kupfer, altkoloriert (12,7:17 cm). Darunter Erklärung und Auslegung in Typendruck. Prag, den 6. Aug. 1788. Fol. 45.—

Himmelwärts. Ein Erinnerungsblatt. (Dichtung.) 1897. V: *Vollmöller, Dora.* (Hdschr. Widmung; hdschr. Mitth. von Erich Mennbier, Wien.)

Himmelwärts! Ein Strauss geistlicher Gedichte . . . Dülmen 1897. V: *Steinhausen, Hnr.* (Ky)

Himmelwärts! Ein Strauß geistl. Gedichte im Anschl. an d. Kirchenjahr. (Von Steinhausen.) 8. (111 S.) Dülmen 897. (Laumann.) Geb. in Leinw. in Goldschn. n. 2. 50

Himmer, Alois, approb. Arzt aus Erkheim: Ueber einen Fall von Dystrophia musculorum progressiva. *München 1901: M. Ernst.* (19 S.) 8°
München, Med. Diss. v. 1901

Himmer, Clemens Wenzel, s. Himmer, Klemens Wenzel

Astronomische Geographie. — Von Joh. B. Himmer, G. P. 1883, Kaiserslautern, ibid. - S. 3—40⁸.
Progr. Kaiserslautern, K. Gymn.

Himmer, Klemens Wenzel

Himmer, Clemens Wenceslaus (Koblenz a. Rh.). De morbo nigro. Diss. med.-chir. Präs. Adam Michael Birkholz. Lpz. (Gottfried Bruder) 19. VII. 1811. 23 S. (6.20) 15227
Gew.: Johann Gottlieb Daehne (Leipzig).

Himmer, C(lemens) W(enzel): Über die Verschleimung als Ursache vieler Krankheiten, durch Krankheitsgeschichten erläutert. (Nebst einer Abhandlung als Einleitung über die eigentliche Bedeutung, den Umfang und die Bedingungen der sogenannten gastrischen Methode von Friedrich Ludwig Kreysig. 73 S.) 236 S., gbd.

Dresden: Hilscher 1828

JB 2.071

Himmer, C. W., über d. Verschleimung; e. theoret.=prakt. Abhandl. f. Aerzte u. Nichtärzte. Nebst e. Einleit. üb. d. eigentl. Bedeutung, d. Umfang u. d. Bedingungen d. sogen. gastr. Methode v. Friedr. Ludw. Kreisig. 1. Aufl. Dresden 828., u. 2. Ausg. (Neuer Tit.) (à 20⅓ B.) 8. Braunschweig 834, G. C. E. Meyer. à
Die 1. Aufl. weicht im Nachsatze des Titels („eine theoret.=prakt. Abhandl." rc.) von d. 2. etwas ab.

Eine accurate Charte von der **Elbe-Strohm** sampt der Keyserlichen Reichs Freistadt Hamburg und dessen zugehörigen Landern. Invent. v. **J. Himmerich.** (1 : 152000.) Amsterdam o. J. Kupferstich, kol. 1 quer geteiltes Bl. Fol., 52,2/59 cm.

Himmerius, s. Himerius

Himmerlich, Fr. Wlh., Beurtheilung des protestant. Gottesdienstes. 8. Berl. 803, Franke. 8 gr. (a. Barth in Lpz.) Schrbp. 9 gr.

Himmerlich, F. W., Beurtheil. des protest. Gottesdienstes. 8. Berlin, Franke. 804. Rthlr.

Himmerlich, F. W., Denk=, Sprech= und Sprachübungen, angestellt in der Dorfschule zu Golzow, und zum Nutzen anderer Dorfschulen herausgegeben. 8. Berlin, Gädicke. 817.

— Erzählungen u. Gespräche f. Soldatenkinder. 8. Berl., Rauck. 6 gr.

— Lehrbuch üb. die kindl. Dankbarkeit, z. Gebrauch f. Schulen. 8. Berl. 807. Gädicke. 2 gr.

— Lesebuch üb. die kindl. Dankbarkeit. 8. Berl. 807. Gädicke. 8 gr.

— über die Tapferkeit, od. vom Muthe u. Soldatenstande, besond. in moral. Hinsicht. 8. Berl. 803. Rauck. 1 ℛ︀

— üb. die Tapferkeit. 8. Berl. Gädicke. 803—809.

Himml Franz: Über das sogenannte „Fürstenbuch von Österreich und Steier" des Jansen Enenkel. 18. Arnau 05.
Progr.

Himmler, Gebhard: Zur Sprache des Ägidius Albertinus. Beiträge zur Geschichte d. Münchener Literatur- u. Druck-sprache am Beginne d. 17. Jhs. T. 1. Nebst einem bibliogr.-kritischen Anh. *München 1902: H. Kutzner.* (48 S.) 8° [J.]
München, k. Wilhelms-G, P 1902*

Himmler, Gebhard: Zur Sprache des Ägidius Albertinus. Beiträge zur Geschichte d. Münchener Literatur- u. Druck-sprache am Beginne d. 17. Jhs. T. 1. Nebst einem bibliogr.-kritischen Anh. *München 1902: H. Kutzner.* (48 S.) 8° [J.]
München, k. Wilhelms-G, P 1902*

Himmler, Gebhard, Prof.: Zur Sprache des Ägidius Albertinus. Beiträge z. Geschichte d. Münchener Literatur- u. Drucksprache am Beginne d. 17. Jhs. T. 2. *Passau 1903: Ablassmayer & Penninger.* (50 S.) 8° [F.] ¶[Forts. d. P-Beil. München 1902.]
Passau, k. humanist. G, P 1903⁴

Himmler, Th., üb. Baumwoll-Streichgarn-Spinnerei, umfassend Baumwoll- u. Baumwollabfall-Spinnerei, System zwei- u. dreicylindrig. Winke zur Erzeugung e. guten, runden Fadens bei entsprech. Produktion. Mit 23 in den Text gedr. Holzschn. 8. (89 S.) Reichenberg 888. Fritsche. n. 3. 50

Himpe, Th., Leitfaden für den Unterricht im geometrischen Zeichnen. Mit 12 (lith.) Taf. Abbildgn. (in qu. Fol.) Berlin 855. Decker. gr. 8. (VIII, 116 S.) 1 Rthlr.

Himpe, Th., Leitfaden für den Unterricht im geometrischen Zeichnen. 2. Aufl. Bearb. von F. Müller. Mit 14 (lith.) Taf. Abbildgn. (in 4.) Berlin 864. v. Decker. gr. 8. (XII, 132 S.) 1 Rthlr. 15 ngr.

Himpe, Th., Signaturen zum Planzeichnen, mit Benutzung der neusten Bestimmungen des königl. preuss. Generalstabes zusammengestellt. 1 Stnt. in Fol. Berlin 851, (Schneider und Comp.) *

— Signaturen zum Planzeichnen mit Benutzung der neuesten Bestimmungen des Königl. Preuss. Generalstabes zusammengestellt. (Neue Ausg.) Berlin 854. Mittler's Sorthdlg. (1 lith. Taf. in Fol.) n. 10 ngr.

Himpel, Felix von

Himpel, F., die Unsterblichkeitslehre des alten Testamentes. 1. Abth. Ehingen 857. (Tübingen, Fues' Sorthdlg.) 4. (32 S.) 10 ngr.

Himpel, Hugo, aus Pfalzburg (Lothr.): Ueber die Gruppe der 120 Collineationen, durch die ein räumliches Fünfeck in sich selbst übergeht. *Straßburg i. E. 1903: C. & J. Goeller.* (40 S.) 8°
Straßburg, Math.-naturw. Diss. v. 1902

Himpel, Johann Stephan

Himpel, J. St., Excursions-Flora für Lothringen. 8. (VIII, 222 S.) Metz 888. Even. n. 2. 75

Himpel, J. St., Flora v. Elsass-Lothringen. Analytische Tabellen zum leichten u. sicheren Bestimmen der in Elsass-Lothringen einheim. u. häufiger kultivierten Gefässpflanzen, namentlich zum Gebrauch auf Excursionen. 8. (IV, 325 S.) Metz 892. Deutsche Buchh. n. 3. 50; geb. n. 4. 25

Himpel, J. St., Flora v. Elsass-Lothringen. Analytische Tabellen zum leichten u. sicheren Bestimmen der in Elsass-Lothringen einheim. u. häufiger kultivierten Gefässpflanzen, namentlich zum Gebrauch auf Exkursionen. 2. Aufl. 8. (327 S.) Strassburg (902). F. Bull. Geb. in Leinw. n. 3. 40

'**Himpel,** J[ohann] St[ephan]: Die Flora der Umgebung von Metz. ([Umschlagt.:] Die Gefässpflanzen ...) *Metz 1898: P. Even.* (IV, 96 S.) 8°
Metz, OR, MP 1898 (551)

Himpel, J. St., d. Flora d. Umgebung v. Metz. 8. (IV, 96 S.) Metz 898. (G. Scriba.) n. 1. —

Himsl, Frz., die wichtigsten Arbeiten im Obstgarten. (42 S. m. Abb.) 8. Linz 909. Oberösterreich. Buchdr.- u. Verlagsgesellschaft. 1. —

Himstedt, August, s. Himstedt, Georg August

Himstedt, Franz (Bearb.), s. Bäderbuch, Deutsches.

Himstedt, F., e. Bestimmung d. Ohm. [Aus: „Berichte d. naturforsch. Gesellsch. zu Freiburg i/B."] gr. 8. (29 S. m. Illustr.) Freiburg i/Br. 886. Mohr. n. 1. 60

— u. G. Meyer, über die Bildung v. Helium aus der Radiumemanation. (8 S.) gr. 8. Ebd. (904.) 1. —
2 Sonderabdrucke aus: „Berichte der naturforsch. Gesellsch. zu Freiburg i. B."

Himstedt, F., Elektronen u. die Konstitution der Materie. Zwei Vorträge, geh. in der naturforsch. Gesellschaft zu Freiburg i. B. (48 S. m. 8 Abbildgn.) gr. 8. Freiburg i/B. 909. Speyer & Kaerner. 1. 50

Himstedt, F., über die radioaktive Emanation der Wasser- u. Oelquellen. (9 S.) gr. 8. Freiburg i./B. (904). (Tübingen, J. C. B. Mohr.) n. 2. 50
Sonderabdruck aus: „Berichte der naturforsch. Gesellsch. zu Freiburg i. B."

— Radioaktivität u. die Konstitution der Materie. Eine academ. Rede. (31 S.) gr. 8. Freiburg i/B. 906. Speyer & Kaerner. n. — 90

Himstedt, Frz., üb. die Schwingungen e. Magnet unter dem Einflusse e. Kupferkugel. Inaugural-Dissertation. gr. 8. (43 S.) Göttingen 875. (Vandenhoeck & Ruprecht's Verl.) n. —

— quantitative Versuche über den Rowlandeffekt. (22 S. m. 1 Fig.) gr. 8. Freiburg (904). (Tübingen, J. C. B. Mohr.) n. 1. —

Himstedt, F., Drei Weltkarten zur Veranschaulichung der Linien gleicher magnetischer Variation, Inklination und Horizontal-Intensität, herausgegeben von der D. Seewarte. (Göttingische gelehrte Anzeig., 1880, St. 39.) Göttingen.

Himstedt, Franz, Dr., gegenwärtiger Prorektor: Die elektromagnetische Wirkung der elektrischen Konvektion. Freiburg i. B. 1906: H. M. Poppen & Sohn. (36 S., 2 Taf.) 4°
Freiburg i. B., Progr. zum Geburtstag des Großherzogs 1906

Himstedt, *Georg August* Über diejenigen ebenen Kurven, welche der Polargleichung $r = a . \sin \lambda \Theta$ entsprechen. 4 (9 S., 1 Taf.).
Progr. Prg. *Löbau Westpr.* 1888 (34).

Himstedt, A., über Lissajous sche Curven. Inaugural-Dissertation. gr. 8. (31 S. mit 3 Fig.) Freiburg i. Br. 884. (Göttingen, Vandenhoeck und Ruprecht's Verlag.)

Himstedt, A. [Dr.]: Über Singularitäten algebraischer Kurven. Löbau Wpr., Druck v. M. Hoffmann, 1891; 24 S., 2 Taf. 8°
Löbau Wpr., k. PG, OP 1891 (34)

Himstedt, A[ugust], Prof. Dr.: Über cartesische Ovale. Nordhausen 1906: Paalzow, Witt & C. (27 S., 1 Taf.) 8°
Nordhausen, k. RG P 1906 (319)

Himstedt, H., s. Forschungen, zivilprozessrechtliche.

Himstedt, Heinr., die neuen Rechtsgedanken im Zeugenbeweis des oberitalien. Stadtrechtprozesses des 13. u. 14. Jahrh., s.a. Forschungen, zivilprozessrechtliche. 5. Heft.

Himstedt, Heinrich: Die neuen Rechtsgedanken im Zeugenbeweis des oberitalienischen Stadtrechtprozesses des 13. und 14. Jahrhunderts. Berlin & Leipzig: Rothschild 1909. 150 S. 8° ¶ (Ersch. auch als: Zivilprozeßrechtl. Forschungen. H. 5. 1910.)

Freiburg i. B., Rechts- u. staatsw. Diss. v. 1910, Ref. Schmidt

[Geb. 20. Febr. 84 Freiburg i. B.; Wohnort: Freiburg; Staatsangeh.: Baden; Vorbildung: Gymn. Freiburg Reife Juli 02; Studium: Freiburg i. B. 6, Leipzig 2 S.; Rig. 25. Jan. 09.] [U 10. 938

Hin und Zurück. Aus den Papieren eines Arztes. Von dem Verf. von »Schild und Pfeil . . . 2. Aufl. Halle a. S. 1902. V: *Abbot, Caroline L.* (Berl)

Hin u. Zurück. Aus den Papieren e. Arztes. Von d. Verf. v. „Schild u. Pfeil", „Blicke in Herz u. Welt" ꝛc. (C. Abbot.) 2. Aufl. 8. (V, 330 S.) Halle 902. C. E. Müller. n. 4. —; geb. n.n. 5. —
1. Aufl. (V, 323 S.) Ebd. 900. n. 4.—; geb. n.n. 5.—.

Hin u. Zurück. Aus den Papieren e. Arztes. Von d. Verf. v. „Schild u. Pfeil". — „Blicke in Herz u. Welt" ꝛc. (C. Abbot). 3.—7. Aufl. (V, 330 S.) 8. Halle 904—907. C. E. Müller. n. 4.—; geb. in Leinw. n. 5.—

Hin u. zurück. Aus den Papieren e. Arztes. Von d. Verf. v. „Schild u. Pfeil", „Blicke in Herz u. Welt" ꝛc. 8. u. 9. Aufl. (V, 330 S.) 8. Halle 908. 09. R. Mühlmann's Verl. 4.—; geb. 5. —

Hinauf, s.: Mondenschein u. Sonnenglanz.

Hinauf die Herzen! Erzählungen f. d. christl. Haus. Nr. 1—8. (à 64 S.) gr. 8. Lengerich, Bischof & Klein. Kart. à —40
1. Siehe, ich will dich m. Meinen Augen leiten. (902.) — 2. So ihr Mich von ganzem Herzen suchet, will Ich Mich finden lassen. (902.) — 3. Durch Nacht zum Licht. (903.) — 4. Dem Aufrichtigen läß es Gott gelingen. (903.) — 5. Laß meinen Mund deines Ruhms u. deines Preises voll sein täglich. (904.) — 6. Wer Gott vertraut, hat wohl gebaut, im Himmel u. auf Erden. (904.) — 7. Es ist e. köstlich Ding, daß das Herz fest werde. (905.) — 8. Name, der, des Herrn ist e. festes Schloß. (905.)

Hinaus! Eine Sammlg. v. Marsch-Liedern ꝛc. 61. (62 S.) Berlin 895. W. Möller. In Leinw. kart. n. —30

Hinaus in die Ferne und andere Geschichtchen von F. F. *Witten a. d. R.: Stadtmission [1909].* (15 S.) 8° [F.]
— Blütenzweige. No 7. [09. 1098

Hinaus mit den Schulbrüdern! Wien 1861. V: *Wiesinger, Albert.* (EB)

Hinaus mit den Schulbrüdern!! Ein Wort an den Gemeinderath der Stadt Wien, von Einem, der kein Gemeinderath und kein Schulbruder ist. Wien 861. (Selch.) gr. 8. (98 S.) n. 4 ngr.

Hinays Johann: Die ethischen Grundlagen der Pädagogik Pestalozzi in ihrer Entwicklung dargestellt.
H. 1910 PN 2972 Diss. Wien, Univ. 149

Hinblick über Ungarns Vergangenheit, Gegenwart u. Zukunft. Von J. v. O. gr. 8. (54 S.) Budapest 874. (Tettey & Co.) n. 1. —

Hinchcliff, Joseph Henry, aus Skelmanthorpe (Engl.): Die täglichen **Schwankungen** im Gehalte der Kuhmilch an den einzelnen Bestandteilen im Verlaufe der Laktation. Mit 8 Taf. *Langensalza [1904]: H. Beyer & Söhne.* (109 S.) 8°
Leipzig, Phil. Diss. v. 1904

Hinck, Heinr., der Liebe Lenker. Ein lustig Spiel in 1 Aufzug. (XI, 50 S.) 8. Dresden 908. E. Pierson. 1. —

Hinck, Marie, Kinder-Lust u. -Leben. Kleine Erzählgn. f. Kinder v. 6—10 Jahren. 8. (III, 74 S.) Berlin 888. Walther & Apolant, Verl. geb. n. 1. —

Hinck, Marie, die Rosenhütte. Eine Erzählg. (Für das Alter v. 9—13 Jahren.) Mit 59 Abbildgn. v. Arnold. Hoberg. 8. (III, 180 S.) Leipzig 892. Geibel & Brockhaus. Geb. in Leinw. n. 4. —

—— Im Waldhof. Eine Erzählg. f. junge Mädchen im Alter von 8 bis 12 Jahren. 8. (216 S.) Berl. 889, Walther. geb. * 3 —

— Walpurga u. ihre Freunde. Eine Erzählg. Illustriert v. Fel. Schmidt. 8. (III, 183 S.) Ebd. 893. Geb. in Leinw. n. 4. —

Hincke

— s. auch Hinke.

Hincke, Aug., alphabet., im Königreiche Sachsen gültige Sportel- u. Stempeltaxe. Für Gerichtsbehörden, Ephoren, Advokaten, Notarien, Gerichtsärzte ꝛc. herausg. u. mit Auszügen aus dem Sportelregulative vom 3. Dec. 1837, so wie mit Erläuterungen und Entscheidungen hoher Behörden versehen. gr. 8. Leipzig 840. Tauchnitz jun. $^{7}/_{12}$ ₰

Hincke, Aug., alphabetische Sportel- u. Stempeltaxe für das Königreich Sachsen, nebst einem Anhange, die allgemeine Sporteltaxe für das Ober-Appellationsgericht, die Bezirksappellationsgerichte u. einige andere Mittelbehörden enthalt. 2. unter Berücksichtigung des neuen Münzfußes u. der deßhalb ergang. Verordnungen ausgearb. Aufl. (3 Lfg.) gr. 8. Leipzig 841, Tauchnitz jun. $^{3}/_{4}$ ₰

Hincke, A., alphabetische Sportel- und Stempeltaxe für das Königreich Sachsen. Für Gerichts- und Verwaltungsbehörden, Ephoren, Advocaten, Notarien, Gerichtsärzte ꝛc. mit Auszügen aus dem Sportelregulative vom 3. Decbr. 1827, sowie mit Erläuterungen und Entscheidungen höher Behörden versehen, nebst einem Anhange, die allgemeine Sporteltaxe für das Ober-Appellationsgericht, die Bezirksappellationsgerichte und einige andere Mittelbehörden enthaltend. 3., verm. u. verb. Aufl. herausg. von Arno Liebster. Leipzig 854. B. Tauchnitz. Lex.-8. (IV, 188 S.) n. 28 ngr.

— 140 Uebungen im Briefschreiben. 8. Meiße 836. Hennings. n. $^{1}/_{3}$ ₰, s. auch Hand- u. Taschen-Bibliothek, pädagog., II. Abthl. 156 Bdchn.

Hincke, Carl Friedrich, s. H i n c k e , Karl Friedrich

H i n c k e , J. Appréciation des tragédies romaines de Corneille. Lübben, R., 1870. 12 S. 4. Progr.

Hincke, Jacobus Friedericus Georgius Iulius: De modo curvarum ovalium earumque aequatione construendo.
Halle-Wittenberg, Phil. Diss. v. 18. Juni 1836
Geb. [Quedlinburg 27. 11. 1810]
Hallische gekrönte philos. Preisschrift v. 1835. — Ms. fehlt.

Hincke, Julius

Hincke, J. Beweis der Möglichkeit und Nothwendigkeit des Studiums der Mathematik für Schüler der Gymn. 22 S. . . . .
Progr. Nordhausen 1840

Hincke Erstes Buch der Stereometrie. 32 S. u. Figurent. .
Halberstadt, Progr. 1846

Hincke: Arithmetische Formenlehre. 19 S. – Halberstadt, Progr. 1859.

Hincke, Jul., Lehrbuch der arithmetischen Formenlehre, eine Vorbereitung des arithmetischen Unterrichtes. gr. 4. (18 S.) Halberstadt 859, (Frantz.) *

Hincke, Jul., Lehrbuch d. geometr. Formenlehre I. Thl.: Planimetr. Formenlehre. Eine Vorbereitung auf d. wissenschaftl. Studium d. Mathematik f. Schüler d. Gymnasien u. höh. Bürgerschulen u. e. Handb. f. Lehrer. gr. 8. (14 B. u. 9 Figtaf.) Nordhausen 811, Köhne.

Hincke, Jul., Lehrbuch der elementaren Mathematik für höhere Lehranstalten. 3 Bde. Quedlinburg 853. Basse. gr. 8. Jeder Bd. n. 25 ngr.
1. Bd.: Das erste Buch der Arithmetik: Die sieben Grundoperationen. Das erste Buch der Geometrie: Die construirende Planimetrie. (XIV, 242 S. m. Holzschn. im Text.)
2. Bd. Enthltd.: Das 2. Buch der Arithmetik: Das Zusammenfassen der sieben Grundoperationen in den Reihen und Kettenbrüchen. Das 2. Buch der Geometrie: Die construirende Stereometrie. (VII, 264 S.)
3. Bd.: Das 3. Buch der Arithmetik: Die Bestimmungsgleichungen. Das 4. Buch der Arithmetik: Die Combinatorik. Das 3. Buch der Geometrie: Die Algebraisch-rechnende Geometrie. Das 4. Buch der Geometrie: Die Analytisch-rechnende Geometrie. (VIII, 242 S. m. Holzschn. im Text.)

— Leitfaden der geometrischen Formenlehre. 1. Thl.: Planimetrische Formenlehre. Für Schüler d. Gymnasien u. höheren Bürgerschulen. Mit 9 Figurentaf. gr. 8. Ebend. 841. 1/4 ℛ︁ß

— dass. 2. Thl. Stereometrische Formenlehre. Für Schüler der Gymnasien u. höheren Bürgerschulen. Mit 6 Figurentaf. gr. 8. Halberstadt 846, Frantz. n. 12 ngl

Hincke, Karl Friedrich

Hincke, Carl Friedrich (Koeltzov/Meckl.), Descriptionem structurae oculi humani tabulis aeneis anatomicis a perill. Lodero editis acommodatam. Diss. med.-anatom. Jena (Prager & Co.) 1. IX. 1799. 30 S. (6.40) 15228
Gew.: Georg v. Behr (Lutzow, Koltzow).

Hincke, P. A. W. v. Beschreibung der Affäre bei Halle, zwischen den Franzosen und einem preuß. Reserve-Korps, den 17. Okt. 1806. Mit Beil. u. 1 Pl. Leipzig 1808. 46 S.

Hinckel, Christian Gottfried (Marienberg/Misn.), De jure de non evocando electorum principum et statuum imp. aliorumque immediatorum et mediatorum. Exercit. jurid. Präs. Dietrich Hermann Kemmerich. Wittbg. (Johann Andreas Roeber) 9. I. 1726. 64 S. (7.—) 15229

Hinckel, Julius, a. Wetzlar, Referendar am kgl. Amtsgericht zu Wetzlar: Güter- u. erbrechtliche Folgen der vor dem 1. Januar 1900 im Amtsgerichtsbezirk Wetzlar geschlossenen Ehen für die Ehegatten. Borna-Leipzig 1907: R. Noske. (VI, 58 S.) 8° [ℌ.]
Erlangen, Jur. Fak., Ref. Sehling, Diss. v. 21. Juni 1907
[Geb. 10. Juli 79 Wetzlar; Wohnort: Wetzlar; Staatsangeh.: Preußen; Vorbildung: Gymn. Wetzlar Reife O. 99; Studium: Gießen 2, Heidelberg 2, Marburg 2 S.; Rig. 20. Dez. 06.]

Hinckel, Julius: Das Steinkohlengebirge und der Kohlenbergbau der bayerischen Rheinpfalz. Von –. Mit Ill. o.O. 1902. 20 S. 8°

(v. Hinckeldey): Die Rechte d. Todttheilung in ihrer Wirkung auf d. jüngsthin erledigte Herzogthum Nieder-Baiern in einem Sendschreiben eines deutschen Rechtsgelehrten an seinen Freund entworfen sub dato den 16. März 1778. *Frankf.* 778. Zweites u. drittes Sendschreiben 1779. Viertes 1780. 4.

Hinckeldey, Ge. Wilhelm (Nördlingen/Schwaben), De peregrinationibus Romanorum academicis diatribe. Präs. M. Ge. Nicolaus Kriegk. Jena (Heinrich Beyer) 16. VII. 1704. 72 S. (8.—) 15230

Hinckeldeyn, Anna, auf deutschen Pfaden. Dichtung. 8. (48 S.) Dresden 897. E. Pierson. n. — 75; geb n. 1. 75

Hinckeldeyn, K., s.: Neubauten in Nordamerika.

— d. Nothwendigkeit weiträum. Bebauung bei Stadterweiterg., s.: Adickes.

Hinckeldeyn, K., Deutschlands Stellung in den baulichen Bestrebungen der Gegenwart. Vortrag. [Aus: „Centralbl. d. Bauverwaltung".] gr. 8. (15 S.) Berlin 889. Ernst & Korn. n. — 60

Hinckelman, s. Hinckelmann

Hinckelmann, Abrah., Betracht. v. d. Reinigung d. Blutes Christi. 8. Hamb. Brand, 750.

Hinckelmann, Fab., Medulla celebriorum controversiarum fidei inter catholicos, Lutherum, Calvinum, Graecos et Hebraeos. Ingolstadt 1717, 8°. Landshut: Krüll

Hinckes, Auguste: Theses theologicae de Spe, Charitate et Religione, quas in Auditorio majore Vici-Tetradiani Treviris die 18 Julii 1766 horis consuetis defendet ornatissimus ac pereruditus dominus D. Augustinus Hinckes, Arlunensis. S. Scripturae, ac SS. Theologiae auditor. Opponent ante et post meridiem ornatissimi et pereruditi domini . . . S. Scripturae, ac Ss. Theologiae auditores. Augustae Trevirorum [1766]. 8 S. 4°

Hyncky, E., d. adelige Bürger, s.a. Esser's, J., Sammlg. leicht aufführbarer Theaterstücke.

[F.] Der adelige Bürger. Lustsp. in 3 Akten. Nach [Jean Bapt. Poquelin de] Molières 'Bourgeois Gentilhomme' f. kath. Ver. bearb. v. E. Hincky. *Paderborn: J. Esser 1896.* (46 S.) 1 Bd 8.
— Sammlung, J. Esser's, leicht aufführb. Theaterstücke. H. 40. [94. 941]

Hinčmar, die Braunkohle und der Torf, eine brennende europäische Lebensfrage. Wie lange noch soll das immense Kapital der Braunkohle und des Torfes so wenig benützt in der Erde liegen und vom lebendigen Verkehr ausgeschlossen bleiben? Beantwortet durch die faktischen Ergebnisse der hochwichtigen, nur in Oesterreich patentirten Erfindung des Herrn Apothekers und Chemikers Carl Josef Procke sen. zu Cöln, aus der Braunkohle die Lignitine, aus dem Torfe die Cialine auf eine leichte wohlfeile Art, an Flammbarkeit und Hitze dem trockenen Holze gleich etc., zu bereiten. 8. (38 S.) Wien 868, Hölder. *

Hincmarus, de ordine palatii, s.a. Fontes iuris germanici antiqui.

Hincmarus. De ordine palatii. Ed. Victor Krause. *Hannoverae & Lipsiae: Hahn 1894.* (31 S.) 1 Bd 8.
(Fontes iuris Germanici antiqui in usum schol. ex Monumentis Germ. . . . editi.)
[94. 9040

Hind, C. Lewis, Turner, s.a. Meisterbilder in Farben.

Turner. Von C. Lewis Hind. Übers. von Alice Fliegel. Ill. durch 8 Repred. Berlin: Harmonie [1910]. 95 S. 8°
(Meisterbilder in Farben.) [illegible]

Hind, J. Russel, die Kometen. Eine gemeinfaßl. Beschreibung dieser Körper nebst einer kurzen Uebersicht der neueren Entdeckungen und einer Tafel der Kometenbahnen. In deutscher Bearbeitung mit zahlreichen Anmerkungen und Zusätzen von J. H. Mädler. 8. (XIV und 218 S.) Leipzig 854, Baumgärtners Buchh.

Hindberg, F. G. A., die Berufsthätigkeit des Gefängnißgeistlichen. Ein Handbuch namentlich mit Rücksicht auf die verschied. Seelenzustände der Verbrecher. Deutsche Ausg. gr. 8. (X und 290 S.) Leipzig 866, Fritsch. *

Hindelang [Schlagwort]

Hindelang, s.: Sonthofen.

Hindelang [Verfasser]

Hindelang, Frz. Jos., Auflösungen der Denk- u. Ziff. Rechnungs-Beispiele, nach dem metr. Systeme stufenw. geordnet u. zu Haus-Aufgaben od. stillen Beschäftiggn. f. die Hände der Schüler bearb. 2. Bdchn. Beispiele f. die Schüler der mittlern Klasse. 16. (30 S.) Kempten 872. Kösel. n. — 20

— u. Ph. Fäustle, Denk- u. Zifferrechnungs-Beispiele, stufenweise geordnet u. zu Hausaufgaben oder stillen Beschäftigungen für die Hände der Schüler bearb. 1. Bdchn.: Beispiele f. d. Schüler der untern Klasse. 3. Bdchn.: Beispiele f. die Schüler der oberen Klasse. 2. verb. Aufl. gr. 12. Ebend. 841. à Bdchn. 1/8 ℛ︀

— u. Ph. Fäustle, Denk- u. Ziffer-Rechnungs-Beispiele, stufenweise geordnet u. zu Hausaufgaben od. stillen Beschäftigungen f. die Hände der Schüler bearb. 1. Bdchn.: Beispiele f. die Schüler der untern Klasse. 3. Aufl. 12. (VI u. 118 S.) Ebd. 850. — 2. Bdchn.: Beispiele f. die Schüler der mittlern Klasse. 4. unveränd. Aufl. 12. (100 S.) Ebd. 851. — 3. Bdchn.: Beispiele f. Schüler der obern Klasse. 3. verm. Aufl. 12. (108 S.) Ebd. 849. (à 1/8 ℛ︀) 3/8 ℛ︀

—— und Ph. Fäustle, Denk- und Zifferrechnungs-Beispiele, stufenweise geordnet und zu Hausaufgaben oder stillen Beschäftigungen für die Hände der Schüler bearb. 2. Bdchn.: Beispiele für die Schüler der mittlern Klasse. 4., unveränd. Aufl. 12. (100 S.) Kempten 851, Kösel'sche Buchh.
1. und 3. Bdchn. (3. Aufl.) Ebendas. 1849—50. 7½ Ngr.

— und Ph. Fäustle, Denk- und Ziffer-Rechnungs-Beispiele, stufenweis geordnet und zu Haus-Aufgaben oder stillen Beschäftigungen für die Hände der Schüler bearb. 2. Bdchn. Beispiele für die Schüler der mittlern Klasse. 5. unveränd. Aufl. Kempten 858. Kösel. 12. (100 S.) 4 ngr

Hindelang, F. J., und Ph. Fäustle, Denk- und Ziffer-Rechnungs-Beispiele, stufenweise geordnet, und zu Haus-Aufgaben oder stillen Beschäftigungen für die Hände der Schüler bearb. 1. Bdchn. Beispiele für die Schüler der untern Klasse. 4. Aufl. 8. (VI und 118 S.) Kempten 866, Kösel'sche Buchh. *

Hindelang, Frz. Jos., Denk- und Ziffer-Rechnungs-Beispiele, nach dem metr. Systeme stufenweis geordnet und zu Haus-Aufgaben oder stillen Beschäftigungen für die Hände der Schüler bearb. 2. Bdchn.: Beispiele für die Schüler der mittlern Klasse. 6. sehr veränd. Aufl. 16. (IV, 92 S.) Kempten 870, Kösel'sche Buchh.
Auflösungen dazu. (30 S.) 872. *
1. Bdchn. Ebendas. 1866. * 40 Pf.

Hindelang, Fr. J., verb. mit Rücksicht auf die Lautirmethode bearb. Fibel für Vorbereitungsschüler. 1. Aufl. 836. — 2. Aufl. 837. — 3. Aufl. 838. — 4. Aufl. gr. 18. Kempten 839, Kösel. 1/12 ℛ︀

Hindelang, Fr. Jos., verbesserte, mit Rücksicht auf die Lautirmethode bearb. Fibel f. Vorbereitungsschüler. 14. m. einer Vorrede verm. Aufl. 18. (VI u. 102 S.) Kempten 840, Kösel. 1/12 ℛ︀ — 15. m. einer Vorrede verm. Aufl. 18. (118 S.) Ebd. 851. — 17. m. einer Vorrede verm. Aufl. 18. (VI u. 102 S.) Ebd. 852. 2 ngr

Hindelang, Fr. Jos., verbesserte, mit Rücksicht auf die Lautirmethode bearb., Fibel für Vorbereitungsschüler. 14. Aufl. (VI und 102 S.) 1850. 2½ Ngr. und 15., mit einer Vorrede verm. Aufl. 18. (118 S.) Kempten 851, Kösel'sche Buchh.

Hindelang, Fr. Jos., verbesserte, mit Rücksicht auf die Lautirmethode bearb. Fibel für Vorbereitungsschüler. 17., mit einer Vorrede verm. Aufl. 18. (VI und 102 S.) Kempten 852, Kösel'sche Buchh.

Hindelang, Fr. Jos., verbesserte, mit Rücksicht auf die Lautirmethode bearbeitete, Fibel für Vorbereitungsschüler. 18., mit e. Vorrede verm. Aufl. Kempten 853. Kösel. 18. (VI, 102 S.) 2 ngr

— verbesserte, mit Rücksicht auf die Lautirmethode bearb. Fibel für Vorbereitungsschüler. 2 Thle. 28., mit e. Vorrede verm. Aufl. Ebend. 868. 8. (V, 102 S.) Jeder Theil 1 ngr
Der 2. Thl. erscheint a. u. d. T.: Biblische Erzählungen.

Hindelang, Franz Josef, prakt. Arzt: Ein Fall von Compressionsmyelitis infolge eines periostalen Sarcoms der Wirbelsäule. München 1904: Kastner & Callwey. (34 S.) 8°
München, Med. Fak., Ref. v. Bauer, Diss. v. 15. Dez. 1904
[Geb. 2. Apr. 78 Regensburg; Wohnort: München; Staatsangeh.: Bayern; Vorbildung: Luitpoldgymn. München Reife Juli 98; Studium: München 10 S.; Coll. 18. Jan. 04; Approb. 25. Juni 03.]

Hindelang, Fr. Jos., kurze Geschichte des bayerischen Volkes für Schullehrlinge, Gewerbs- und Sonntagsschulen. 8. (VIII und 140 S. mit 4 S. lithogr. Notenbeilage.) Augsburg 857, Kollmann'sche Buchh.

—— Schreib-Lese-Fibel mit Schrift- und Druckbuchstaben und den nothwendigsten Vorübungen zum Schreiben. 2. Aufl. 8. (48 S.) Kempten 849, Kösel'sche Buchh.

—— Schreib-Lese-Fibel mit Schrift- und Denkbuchstaben und den nothwendigsten Vorübungen zum Schreiben. 3. Aufl. 18. (48 S.) Kempten 851, Kösel'sche Buchh. *

—— Schreib-Lese-Fibel mit Schrift- und Druckbuchstaben und den nothwendigsten Vorübungen zum Schreiben. 8. Aufl. 8. (32 S.) Ebendas. 869.

Hindelang, Hans: Die neuzeitliche Entwicklung der Fruchtbarkeitsverhältnisse, insbesondere in Bayern, mit Untersuchung der statistisch kontrollierbaren Einflüsse auf die Gestaltung und die Wandlungen der Fruchtbarkeit. München: [Lindauer] 1909. VIII, 154 S. 4° (8°) ¶ (Gekr. Preisschr. Ersch. u. d. T.: Die ehel. u. unehel. Fruchtbarkeit m. bes. Berücks. Bayerns, als: Beiträge z. Statistik d. Kgr. Bayern. H. 71.)
München, Staatswirtsch. Diss. v. 29. Juli 1908, Ref. v. Mayr
[Geb. 28. Dez. 83 Peiting; Wohnort: München; Staatsangeh.: Bayern; Vorbildung: Luitpold-Gymn. München Reife Juli 04; Studium: Jura München 8 S.; Rig. 29. Juli 08.] [U 09. 3263

Hinden, Fritz. Die Aluminium-Industrie. Separat-Abdruck aus dem Schweizerischen Handelsamtsblatt, Bern, [Jahrg. 23, № 359,] 9. September 1905. [II + 3 S.] 8. Bern, H. Jent, 1905.

Hinden, Fritz. Das Aufschliessen von Silikaten mittels Flusssäure und Salzsäure. ⟨Mitteilung aus dem chemischen Laboratorium des Mineralogisch-Geologischen Institutes der Universität Basel.⟩ (Separatabdruck [aus:] Zeitschrift für analytische Chemie. Jahrg. 45, [1906,] Heft 5 u. 6.) III S. + S. 332—342. 8. (Wiesbaden, Verlag C. W. Kreidel.)

Hinden, Fritz: Über m-Chloranilinsulfosäuren. Basel 1898. 32 S. 8°.
Bern. Phil. Diss. 1898/99.

Hinden, Heinrich: Über deformierte Wechselströme mit besonderer Berücksichtigung eisengeschlossener Apparate. 1903. IV, 54 S. 8° ¶ Auch bei Enke in Stuttgart u. als: Sammlung elektrotechn. Vorträge. Bd 4, H. 11/12.
Darmstadt, Dr.-Ing.-Diss. v. 29. 9. 1903

Hinden, Heinr., über deformierte Wechselströme mit besond. Berücksicht. eisengeschlossener Apparate. Mit 16 Abbildgn. u. 3 Taf. im Text. — Marx, Erich, Ueber wahre u. scheinbare Abweichungen vom Ohmschen Gesetz. Mit 3 Abbildgn. (68 S.) gr. 8. Stuttgart 903. F. Enke. n. 2. 40
Sonderabdruck aus: „Sammlg. elektrotechn. Vortr."

Hindenberg, A., Die Einrichtung des staatlichen Schleppbetriebes für das Kanalnetz Rhein—Hannover. Vortrag. Minden i. W., 1905. 16 S. [Hd 1879

Hindenberg, C. W. Metrische Uebersetzung der 3. Elegie des 1. Buches der Klagen des Ovid, nebst einem Vorwort. 8 S. . . . . . .
Progr. Heiligenstadt 1826

Hindenberg, G. F., s. Hindenberg, Gottlieb Joachim

Hindenberg, Gottlieb Joachim

Hindenberg, Gli. Joach., († d. 6. Sept. 1803.) die Affen, eine allegor. Urkunde. 8. Bresl. 762, J. F. Korn. 2 ℛ

— Betrachtt. über die Ursachen des Verfalls d. christl. Religion. 8. Berl. 758.

— moral. Briefe. 8. Ebend. 764.

— Erzählungen. 8. Ebend. 762.

Hindenberg, G. F., Geschichte d. Stift. d. Heil. Grab. 8. Berl. Bernoulli. 782.

— Predigten u. Gelegenheitsreden. gr. 8. Berlin, Pauli. 795.

— mor. u. satyr. Versuche. 8. Ebend. 762.

Hindenberg, Walter, a. Berlin: Ueber ein dyspygisches Becken beim Neugeborenen mit Spina fissa. Straßburg i. E. 1906: C. Müh. (26 S.) 8°
Straßburg, Med. Fak., Ref. Fehling, Diss. v. 23. April 1906
[Geb. 1. Okt. 79 Berlin; Wohnort: Neustrelitz; Staatsangeh.: Preußen; Vorbildung: Gymn. Wittstock Reife O. 01; Studium: Straßburg 1, Berlin 2, Straßburg 2, Berlin 2, Straßburg 2 S.; Coll. 7. März 06; Approb. 3. Febr. 06.]

Hindenburg [Schlagwort]

Hindenburg, s.: Geologische Karten (Preussen).

Hindenburg [Verfasser]

Hindenburg, s.a. Beneckendorff von Hindenburg

Hindenburg, Frhr. v., s.: Torburg, Frdr.

Hindenburg, Carl, s. Hindenburg, Karl

Hindenburg, Carl Friedrich, s. Hindenburg, Karl Friedrich

— **Ernst Eduard** (Leipzig), De excusationibus tutorum et curatorum voluntariis ex jure Romano hodie quoque in Germaniae civitatibus aliqua ex parte usitatis. Diss. jur. Lpz. (Staritz) 16. X. 1838. 40 S. (6.50) 15240
Gew.: Chr. Fr. Schreckenberger.

Hindenburg, Ern. Ed., de excusationibus tutorum et curatorum voluntariis ex jure Romano hodie quoque in Germaniae civitatibus aliqua ex parte usitatis. Dissert. inaug. 4maj. (5 B.) Lipsiae 838, (T. O. Weigel.) •

Hindenburg, Ern. Ed., s. Mackeldeius, Ferdinand: Systema iuris Romani hodie usitati.

Hindenburg, J., die Erdrinde. Ein Leitfaden f. d. Unterricht in der Geognosie. Mit 46 Abbildgn. u. 1 geognost. Karte von Deutschland. gr. 8. (69 S.) Breslau 887 F. Hirt. n. 1. - ; geb. n.n. 1. 30

Hindenburg, Karl

Hindenburg, Carl: Der Radler-Club 'Wilde Ente' oder Der Berufsfahrer als Heirathskandidat. Radfahrerlustsp. in 1 Aufz. *Magdeburg 1896.*
in: **Hindenburg, C.:** Fest-Album f. Radfahrer. 5. Aufl. [96. 914]

Hindenburg, C., Fest-Album für Radfahrer. gr. 8. (VI, 170 S.) Magdeburg 887. (Leipzig, L. Weber [Sport-Verlag].) geb. n. 5. —

— dasselbe. 3. Aufl. gr. 8. (VIII, 216 S.) Ebd. 889. geb. n.n. 4. —

Hindenburg, Carl, Fest-Album f. Radfahrer. 4. Aufl. gr. 8. (VII, 311 S. m. Abbildgn. u. Bildnis.) Magdeburg 892. (Mühlhausen i/Th., G. Danner.) Geb. in Leinw. n. 5. —

Hindenburg, Carl, Fest-Album f. Radfahrer. 5. Aufl. gr. 8. (X, 311, 101, 14 u. 37 S. m. Abb., 1 Plan u. 1 Bildnis.) Magdeburg 896. (Mühlhausen i/Th, G. Danner.) Geb. in Leinw. n. 6. —

Hindenburg's Festalbum f. Radfahrer. 6. Aufl. Neubearb. u. hrsg. v. Karl Biesendahl. (XV, 287 S.) 8. Mühlhausen i/Th. (904). G. Danner. 5. —; geb. in Leinw. 6. —

Hindenburg, Carl: Kneipp'sche Kur und Radlertour oder Ein neuer Apostel d. Radfahrsports. *Magdeburg 1894.*
in: **Hindenburg, C.:** Fest-Album f. Radfahrer. 5. Aufl. [96. 914]

Hindenburg, Karl Friedrich

— über combinator. Analysis u. derivat. Calcul. gr. 8. Leipz. 803. Schwickert. 2 ℛß

— animadv., quib. Xenophontis memorab. Socratis illustr. 8 maj. Leipz. 760. W. Vogel. 8 ℛ

— animadv., quib. Xenophontis memorab. Socratis illustr. gr. 8. Lips. W. Vogel. 769.

— — De antlia Baaderiana hydrostatico-pneumatica. Lpz. 14. III. 1787. 16 S. u. 1 Tfl. Abbild. (Thoenert sc.) (4.80) 15234

Karl Friedrich Hindenburg

Carol[us] Frider[icus]Hindenburg: De Antlia Baaderiana hydrostatico-pneumatica praefatus. (Leipzig 1787: Breitkopf.) XVI S. 8°

Leipzig, Univ.-Schr.v.14.März 1787

— Archiv d. reinen u. angew. Mathem. 1s–11s Heft. m. K. gr. 8. Lpz. Kühn. 794—801. (à 12 gr.)

— s. Beantwort. d. Fr.: ob d. 19te Jahrh. rc.

— Beschreib. einiger neuen Arten, nach e. bek. Gesetze fortgeh. Zahlen durch bloßes Abzählen zu finden, u. 5 Beyl. m. K. gr. 8. Ebend. 776.

— — Calorem et phlogiston non esse materias absolute leves. Lpz. (Klaubarth) 11. IX. 1790. 20 S. (4.50) 15235

— calor et phlogiston non sunt materies absolute leves. 4. Lips. Böttger. 794.

— — Formulae comparandis gradibus thermometricis idoneae proponuntur. Lpz. (Klaubarth) 20. IV. 1791. 12 S. (4.20) 15236

— formulae comparandis gradibus thermometricis idoneae. 4. ibid. 791.

— — Functionum polynomiorum evolutionem per series adhibito calculo derivationum nuperrime invento ad substitutiones in substitutiones operosas deducere et in combinatorias tandem quibus nullo modo carere potest operationes et involutiones facillimas desinere. Lpz. (Klaubarth) 1801. 24 S. (5.—) 15239

Hindenburg, Karl Friedrich (Präs.), s. Hausmann, Friedrich Karl: Antliae novae hydraulico-pneumaticae Mechanismus ...

— s. J. F. Hennert, mathemat. Abhandl.

— infinitinomii dignitatum exponentis indeterminati historia, leges etc. 4. Gütting. 778. Dieterich. 12 K

* Infinitinomii Dignitatum exponentis interminati Historia Leges ac Formulae editio pluribus locis aucta et passim emendata, accessit Methodus Potentiarum problematis solvendis quamplurimis accommodata et serierum ab evolutione factorum quotcunque oriundarum Genesis auctore *Carolo Friderico Hindenburg.* Gottingae, Imp. Joann. Christ. Dietrich. 4. 180 S. und XXII. S. Vorrede m. 10 combinat. Tafeln.
1779.

— s. J. H. Lambert, Grundzüge.

* Infinitinomii Dignitatum indeterminatorum Leges ac Formulae (auctore *Hindenburg*) Gottingae, Litteris Joh. Christ. Dietrich. 4. 44 S.
(Dem Hrn. von Schönberg am 5 März zugeeignet.)
1778.

— polynom. Lehrsatz, s.a. Lehrsatz.

Hindenburg, C. F.: Der polynomische Lehrsatz nebst verwandten Sätzen. Neu bearbeitet von Tetens, Klügel, Kramp, Pfaff und Hindenburg. Leipzig 1796.

— s.a. Lehrsatz d. wicht. Theorem. d. g. Analysis.

——— Der polynomische Lehrsatz, das wichtigste Theorem der ganzen Analysis. Leipzig 1796. 8. (Bildet den 2. Band der Sammlung combinatorisch-analytischer Abhandlungen.)

— s. J. F. Kempe, Erläuterungen.

* Novi Systematis Permutationum, Combinationum ac Variationum primas lineas et Logisticae Serierum formulis analytico - combinatoriis per tabulas exhibendae conspectum proponit simulque ad audiendam d. 21 April. h. l. q. c. Orationem qua munus Professoris Philosophiae Publici extraordinarii adibit humanissime invitat *Carolus Fridericus Hindenburg.* Lips. ex officina Breitkopfia. gr. 4. 32 S.
1781.

Nacher ist diese Schrift vermehrt herausgekommen: Novi Systematis Permutationum, Combinationum ac Variationum primae lineae et Logisticae serierum formulis analytico-combinatoriis per tabulas exhibendae conspectus et specimina auctore *Carolo Friderico Hindenburg*, Phil. Doct. et in Universit. Lips. Prof. Publ. Extraordinario reg. societ. Scient. Gotting. a commerc. litterarum Elector. Mogunt. Acad. Scient. util. et societ. Jablonov. sodali. Lipsiae apud S. L. Crusium. g. 4. 83 S.

— novi systematis permutationum etc. primae lineae. 4. Leipz. 781. W. Vogel. 12 K id. lib., duplo auctior editus, additis tabular. specim. 4. ibid. 781.

— s. Magazin, Leipz., d. Mathematik.

— antliae novae hydraul. - pneumaticae mechanism. et descriptio. c. tab. aen. 4. Lips. Müller. 787.

Karl Friedrich Hindenburg

Car[olus] Frider[icus] Hindenburg: Antliae novae hydraulico-pneumaticae Mechanismus et descriptio. [Resp.:] Frider[icus] Carolus Hausmannus [Hausmann]. Lipsiae (1787): Saalbach. XXX S. 3°

Leipzig, Phil.Disp.v.10.März 1787

— — u. Christian Gotthold Feller (Loebau/Laus.), Methodus nova et facilis serierum infinitarum exhibendi dignitates exponentis indeterminati. Commentat. analytica. Lpz. (Langenheim) 10. VI. 1778. 28 S. (6.50) 15233

* *Carolus Fridericus Hindenburg* ordinis Philosoph. h. t. Procancellarius Candidatis summorum ampliss. ordinis honorum diem petitionis indicit simulque proponit problema solutum maxime universale ad serierum reversionem formulis localibus et combinatorio - analyticis absolvendam paralipomenon. Lipsiae ex officina Klaubarthia. 4. 24 S.
1793.

— problema solut. maxime univers. ad serierum reversionem formulis localib. etc. absolvendam paralipomenon. 8. Lips. Böttger. 794.

— s. C. F. Rüdiger, Specimen.

Hindenburg, Karl Fr., († d. 17. März 1808.) Samml. combinator.-analyt. Abhandll. 2 Thle. gr. 8. Leipz. 796, 800. Gr. Fleischer. 3 ℛ (1r Thl. Auch u. d. T.: Lehrsatz der polynom., d. wicht. Theorem d. g. Analysis ꝛc. 1 ℛ 8 gr)

— über d. Schachspieler d. H. v. Kempelen, nebst 1 Abbild. u. Beschreib. sr. Schachmaschine. gr. 8. Leipz. 784. (Joachim). 8 gr

— üb. d. Schachspieler d. H. v. Kempeln ꝛc. gr. 8. Leipz. Müller. 784.

Specimen analyticum de lineis curvis secundi ordinis, in dilucidationem analyseos finitor. Kaestnerianae, auct. *Chr. Frid. Rüdigero* c. praef. *Car. Frid. Hindeburgii* Prof. Lips. Lipsiae apud Müller. 4. (16 gr.) Die Vorrede 48 Seit. die Schrift 74 S. 4 Kupfert.
1784.

Hindenburg, Carl Friedrich (Dresden), Specimen animadversionum philologico-criticarum in Musaeum praemittit, simulque summos in philos. honores viris Georgio Theoderico et Francisco Gottholdo Hartvicis (Groshartmannsdorff. Misn.) suo aliorumque amicorum nomine gratul. Lpz. (Langenheim) März 1763. 40 S. (6.80) 15232

* Orationes in memoriam *Henricianam Ridelianam* et *Seyfertianam* d. 21 Martii 1795. in auditorio philosophor. hora 9. habendas indicit *Carolus Fridericus Hindenburg* ordinis philosoph. Ex-Decanus. Terminorum ab infinitinomii dignitatibus Coefficientes Moivraeanos sequi ordinem Lexicographicum ostenditur. Lipsiae, ex officina Klaubarthia. 4. 14 S.
1795.

Hindenburg, *Paul Georg* [cand. med. aus Magdeburg]: Aus d. Greifswalder chirurg. Klinik. Über einen Fall von Pustula maligna ... Greifswald, Druck v. J. Abel, 1893; 28 S. 8.
Greifswald, Med. Fak., Inaug.-Diss. v. 20. Dez. 1893

Hindenburg, Walther [aus Bärwalde in d. Neumark]: '(Aus d. medicin. Klinik zu Jena.)' Zur Kenntnis der Organveränderungen bei Leukämie ... Jena, Frommannsche Hof-Buchdr., 1894; 56 S. 8.
Jena, Med. Fak., Inaug.-Diss. v. [10. Aug.] 1894

Hindenburg, Walther, zur Kenntnis der Organveränderungen bei Leukämie. Diss. gr. 8. (56 S.) Jena 894. (H. Pohle.) n. 1. 20

Hindenlang, F., Worte üb. Hebel. Den Karlsruher Hebelfreunden gewidmet. (35 S. m. Bildnis.) 8. Karlsruhe 910. J. J. Reiff. — 30

Hindenlang, Fr., Ein' feste Burg ist unser Gott! Geschichte d. Konstanzer Reformation. gr. 8. (VIII, 126 S.) Emmendingen (897). Druck- u. Verlagsgesellschaft vorm. Dölter. n. 1. 60

Hindenlang, Ludw., sprachliche Untersuchungen zu Theophrasts botanischen Schriften, s. a. Dissertationes philologicae Argentoratenses selectae. XIV. 2.

Hindenlang, Ludwig: Sprachliche Untersuchungen zu Theophrasts botanischen Schriften. Strassburg: Trübner 1909. 79 S. 8° ¶(Ersch. vollst. in: Dissertationes philol. Argentoratenses selectae. Vol. 14, 2.)
Straßburg, Phil. Diss. v. 1. Aug. 1905, Ref. Keil
[Geb. 17. Jan. 83 Landau, Pfalz; Wohnort: Eschwege; Staatsangeh.: Bayern; Vorbildung: Gymn. Landau; Studium: Tübingen, Berlin, Straßburg.] [U 09. 3833

Hindenlang, Ludwig: Sprachliche Untersuchungen zu Theophrasts botanischen Schriften. Von –. Strassburg: Trübner 1910. 200 S. 8°
[Ersch. auch als Inaug.-Diss. Strassburg 1910.]
(Dissertationes philologicae Argentoratenses selectae. Vol. 14, f. 2.)

Hinderer, Anna, Erinnerungen an sie, s.: Jahre, 17, im Yoruba-Land.

HINDERER: Zusammenstellung der in Württemberg geltenden die Fischerei betreffenden gesetzlichen Bestimmungen. - Stuttgart 1906. 108 S.

Hinderer, A., s.: Ammerarün-Kalender.

— s.: Jungfrauen-Kalender, evangelischer.

— s.: Soldatenfreund, deutscher.

Hinderer, August

— Was zur Tat wurde. Bilder aus der inneren Mission in Württemberg. Unter Mitarbeit v. zahlreichen Fachleuten u. Kennern der einzelnen Gebiete hrsg. (256 S. m. Abbildgn.) gr. 8. Stuttgart 909. Verlag der ev. Gesellschaft. Geb. in Leinw. 3. 20

Was zur Tat wurde. Bilder aus d. inneren Mission in Württemberg. Unter Mitarb. von zahlr. Fachleuten u. Kennern d. einzelnen Gebiete hrsg. von A[ugust] Hinderer, Pfarrer. Stuttgart: Evang. Gesellschaft (1910). 256 S. 8° [10. 9641

(Hinderer G. C.): Anweisung z. Kenntnis u. Heilung d. innern Pferdekrankheiten, v. einem Schüler d. ehem. Oberhofrossarztes J. A. Kersting. Marb. 1786. 228 S.

Hinderer, Georg Konrad [Übers.], s. Borsieri, Giovanni Battista: Anleitung zur Kenntnis u. Heilung der fieberischen Ausschlagskrankheiten

Hinderer, Georg Conrad (Giessen)
Dissertatio inauguralis physico-medica de Geranio Robertiano.
Giessae [20.] Oct. 1774: Joh. Jac. Braun. 20 S. 4°
ad summos in medicina honores legitime obtinendos.

Hinderer, Georg Konrad [Hrsg.], s. Neubauer, Joh. Er.: Opera anatom. collecta.

Hinderer, Rud., alte schweizer Bauweise. (36 Taf. m. 3 S. Text.) 83,5×26 cm. Frankfurt a/M. 907. H. Keller. In Mappe 20. —

Hinderer, Rud., bergische Schieferhäuser, entstanden um die Wende des 18. Jahrh. 1. u. 2. Abtlg. (à 30 Taf. m. V u. VI S. Text.) 4. Frankfurt a/M. 906. 907. H. Keller. In Mappe à n. 15. —

Hinderfeld, Eberhard [cand. med. aus Oberruhr (Rheinland)]: **Über Mastitis** .... Würzburg, Anton Boegler'sche Buchdr., 1888; 35 S. 8°
Würzburg, Med. Fak., Inaug. Diss. v. 1888

Hinderling, H., über die Kunst u. über die Zeichenschulen in Italien u. Frankreich. Progr. (86 S. m. Abbildgn.) gr. 4. Basel 908. B. Wepf & Co. n. 2. —

Hindermann, Adele, Bühnenvölkchen. Erzählg. 2. Aufl. 8. (280 S.) Stuttgart 900. Deutsche Verlags-Anstalt. n. 3. —; geb. n.n. 4. —

— des Lebens Bürde u. andere Novellen. 8. (III, 252 S.) Minden (901). J. C. C. Bruns. n. 3. —; geb. n. 4. —

— das Denkmal Kaiser Wilhelms des Großen auf dem Wittekindsberge. 8. (13 S. m. 1 Abbildg.) Minden (897). M. Volkening. — 30

Hindermann, Adele: Das Denkmal Kaiser Wilhelms des Grossen auf dem Wittekindsberge. Mit e. Abb. d. Denkmals. Von --. Minden i.W.: M. Volkening [1900]. (13 S.) 8⁰ [F.]

Hindermann, Adele, Frau contra Frau. (Frauenfrage u. Damenfrage. Mangel an Achtg. vor d. Arbeit. Frau contra Frau.) 8. (24 S.) Leipzig 896. Freund & Wittig. n. — 50

Hindermann, Adele (Frau Adele Rassow), glücksflüchtig, s.a. Kürschner's Bücherschatz.

Glücksflüchtig. Roman von Adele **Hindermann**. Mit Ill. von W. Roegge. Berlin, Leipzig: H. Hillger [1907]. (111 S.) 8° [F.]
— **Bücherschatz**, Kürschners. No 557. (07. 15573

Hindermann, Emil, von Basel: Zur Kenntnis des β-Phenylhydroxylamins. Basel R. G. Zbinden Dr. 1897. 123 S. 8°.
Zürich, Phil. Diss. [v. 23. Sept. 1897].

Hindermann, Phil. Humor u. Ernst. Gedichte. 4. Bd. Mit Portrait und kurzem Lebensabriss des Verfassers. In-8⁰, VIII u. 166 S. Basel, Felix Schneider. 1887. 2 —

Hindernisse

— üb. die, u. Beförderungsmittel d. moral. Wirkung der Religion, s.a. Schwab,

— üb. die, u. Beförderungsmittel der moral. Wirkung der Religion. 8. Freyb. Craz u. G. 789.

Hindernisse, wod. Christ. v. d. Buße abgeh. werden. 4. Schneb. Fuldc. 762.

Hindernisse, Die drei, unseres Glückes. Tetschen 1871. V: *Kotz, Wilhelm Freiherr von.* (EB)

Hindernisse, die drei, unsers Glückes. gr. 8. (59 S.) Tetschen 871. (Prag, Steinhauser.) n. — 90

Hindernisse des Fortschrittes der Volkswirthschaft in Galizien. (Von St. L. Glaz.) 8. (21 S.) Lemberg 863, (Wild.) *

Hindernisse d. friedlichen Germanisirung od. häßliche Zöpfe der Ecclesia alsatica, angenagelt v. X. Y. Z. 8. (64 S.) Leipzig 887. O. Wigand. n. 1. —

Hindernisse, Offenbahre, der wahren und gründlichen Gelehrsamkeit in allen Wissenschaften ... 1720. V: *Ludwig, Johann Michael.* (Adel)

— üb. die, bey Uebung des Studirenden aus d. unt. in die höh. Klassen, eine Rede, gehalten v. Schmidt. 8. München, Lentner. 803.

Hindernisse, über einige, welche den Erfolg der Erziehung rc. 8. Berlin. Haude u. Spener. 806.

Hindernisse, welche einer gewünschten Schul-Verbesserung für Hamburg vorzüglich entgegen wirken dürften. [Hamb.] 1800. V: *Janssen, Johann Ant. Rud.* (schr)

— welche einer gewünschten Schulverbesserung f. Hamb. vorzüglich entgegen wirken rc. gr. 8. Hamb. Kratsch. 800.

— üb. die, wod. d. kathol. Dorfschulmeister in Schlesien außer Stand gesetzt wurden, das zu seyn, was sie seyn sollten rc. 8. Bresl. Barth. 802.

Hinderniss-Sport-Album, deutsch. Hrsg.: Frz. Kühn. (11 Taf. in Photozinkotypie.) Berlin 895. (W. H. Kühl.) In Leinw.-Mappe n.n. 4. —

Hindersin, Friedr. v., Gedichte. 1. Bd. Geschrieben in den J. 1878 bis 1885. 8. (IV, 84 S.) Leipzig 886, (C. G. Naumann.) *

Hindersin, Frdr. v., neuer Glaube. Kulturhistorische Novellen. (V, 273 S.) 8. Dresden 906. C. Reißner. n. 3. —; geb. n. 4. —

Hindersin, Frdr., die Heiligen der Freiheit. Roman. (227 S.) 8. Dresden 907. C. Reißner. 3.—; geb. 4. —

— Henriette v. England. Roman aus der Zeit Ludwig XIV. (119 S.) 8. Leipzig (904). C. G. Naumann. n. 2. —

— Die Lehre vom All. Philosophisch-religiöse Betrachtgn. (127 S.) gr. 8. Leipzig (910.) O. Wigand. 3. —

— Napoleon. Roman. (IV, 351 S.) 8. Dresden 909. C. Reißner. 4.—; geb. 5. —

— Schauspiele. 1. u. 2. Bd. 8. Ebend. 886. à n. 1. —
1. Heinrich der Vierte. Schauspiel in 5 Aufzügen. (83 S.) — 2. Nero. Schauspiel in 5 Aufzügen. (94 S.)

Hindersin, Frdr., Schauspiele. 3.—6. Bd. 8. Leipzig, (C. G. Naumann). à n. 1. —
3. Kaiser Otto III. Schauspiel in 5 Aufzügen. Musik von Ferd. Langer. (107 S.) 887.
4. Jesus von Nazareth. Schauspiel in 5 Aufzügen. (110 S.) 887.
5. Alexander. Schauspiel in 5 Aufzügen. (102 S.) 890.
6. Julius Cäsar. Schauspiel in 5 Aufzügen. (101 S.) 890.

Hindersin, Frdr. v., Schauspiele. 7. Bd. Luther. Schauspiel in 5 Aufzügen. 8. (92 S.) Leipzig 892. C. G. Naumann. n. 1. — (1—7.: n. 7. —)

Hindersin, Frdr. v., Schauspiele. 8. Bd. Wuotans Ende. Schausp. in 5 Aufzgn. 8. (88 S.) Leipzig 898. C. G. Naumann. n. 1. —

Hindersin, Friedrich v.: Die Spieler des Grafen Lester. Roman von –. Dresden: Reissner 1909. 242 S. 8⁰

Hindert der kath. Glaube den Wohlstand? Paderborn, Bonif.-Druckerei, 1881, kl. 8°, 10 Pf. (Bonif.-Broich. Jahrg. 12, Heft 12.)

Hindes, J., sprechende Bilder aus dem Reiche der Tonkunst. (X, 49 S.) 8. Dresden (910). E. Pierson. 1.—; geb. n 2. —

— Torquato Tasso u. die beiden Leonoren. Ein Liederkranz. (IV, 53 S.) 8. Ebd. (907). 1.50; geb. n 2. 50

Hindes, J., Wehmutslieder über die verirrte Menschenseele u. Aphorismen. (XII, 163 S.) 8. Dresden 904. E. Pierson. n. 2. 50; geb. n. 3. 50

— **Wehmutslieder** üb. die verirrte Menschenseele. Aphorismen u. Bruchstücke aus dem Standpunkte ästhet. Fassg. II. Buch. (XIII, 88 S.) 8. Ebd. (907). 2.—; geb. n 3. —

Hindeschmidt, A., s. **La Mennais,** Angelegenheiten Roms.

Hindess, Theophil

Hindess, Th., üb. Zusammensetzung u. Entstehung der Harnsteine. Inaug.-Diss. gr. 8. (58 S. m. 2 Steintaf.) Dorpat 886. (Karow.) n. 1. 50

Hindhede, M., eine Reform unserer Ernährung! Lebe gesund! Lebe kräftig! Lebe billig! Autoris. Übersetzg. nach der 3. Aufl. des dän. Originals v. Gust. Bargum. (232 S. m. Bildnis.) gr. 8. Kopenhagen 908. Tillge's Boghandel. 3.75; geb. 5. 25

Hindin, Früh-gejagte Hold-seelige, Oder Glaubiger Seelen inbrünstig Verlangen . . . O. O. u. J. V: *Manger, Joh. Hnr.* (Linde, Nassauer Drucke. Wiesbaden 1882.)

Hindoglu, Artin, Dictionnaire abrégé Français-Turc. gr. in-8. (32 B.) Vienne 831, Beck.

Hindoglu, Artin, خزينهٔ لغات ou **Dictionnaire** turc-français. gr. in-8. (33 B.) Viennae 838, Beck. •

— مجموعهٔ لغات od. **Sammlung** der z. Sprechen nöthigsten Wörter u. Redensarten d. türk., neugriech. u. deutschen Sprache. 16. (18 B. u. lith. Ttl.) Wien 840, (Beck's Univ.-Buchh.) •

— هذا كتاب صرف ولغات تركي — Theoret.-prakt. Türkische Sprachlehre f. Deutsche. Mit e. Auswahl d. nothwend. Gespräche, Leseübungen u. e. deutsch-türk. u. türk.-deutschen Wörterbuch, nebst d. alphabet. geordn. Verzeichn. d. Aussprache mit latein. Buchstaben, f. jene, die Türkisch nicht lesen können, od. es nicht lernen wollen. gr. 4. (23¼ B.) Wien 829, (Beck.)

— türkische **Vorschriften,** nebst zwölferlei Schriftgattungen d. Türken. (4 Bl.) qu. gr. 4. Wien 838, Beck's Univ.-Buchh. •

Hindorf, Bruno I., Erzbischof von Köln. Ruhrort. 4. *21 p.* 1867. Schul-/Univ.-Schrift

Hindorf, A., die Ost-See. Malerische Stätten aus ihrem Küstengebiet. Nach der Natur aufgenommen u. auf Stein gezeichnet nebst erläut. Text. In Aquarell-Tondr. ausgeführt von R. Steinbock. 1. Lfg. qu. gr. Fol. (4 Bl.) Berlin 878. A. Duncker. 9. —

Hindorf, Alfr., die Gefechtsausbildung der Kompagnie in Aufgaben, s.a. **Handbibliothek des Offiziers.**

Die Gefechtsausbildung der Kompagnie in Aufgaben. Von Alfred **Hindorf,** Hptm. Auf Grund d. Deckblätter 1909 z. Exerzier-Reglement f. d. Infanterie u. der Schießvorschrift f. d. Infanterie vom 21. Okt. 1909 neu bearb. Ausg. Mit 1 Meßtischbl. u. Skizzen. Berlin: Mittler 1910. VI, 148 S. 8°
(Handbibliothek d. Offiziers. Bd 17.) [10. 6930

Hindorf, C., Rede bei der Fahnenweihe der Bürgerwehr von Ober-Farnstädt gehalten am 17. Septbr. 1848. 8. (8 S.) Eisleben 848, (Reichardt.) •

Hindorf, Clara, s. Hindorf, Klara

Hindorf, Henricus Iulius: *Quomodo iudicia synodica mores apud Germanos saeculo decimo emendaverint. 40 S. 4° (2°)
Halle-Wittenberg, Phil. Diss. v. 6. Aug. 1857
Geb. Ober-Farnstedt (Kr. Querfurt) 17. 12. 1834. V.
Verf. erlebte die Diplomerneuerung 1907 als Realgymnasialprofessor in Duisburg-Ruhrort, vgl. Anh. Nr. 638.

Hindorf, Klara

Hindorf, Clara, vier Orig.-Skizzen zu e. Papierkorb, s.: Vorlagen f. Brandmalerei.

Hindorf, Rich., d. tropische Agrikultur, s.: Semler, Heinr.

Hindorf, Richard [aus Ruhrort]: Ueber den Einfluss des Chlormagnesiums und des Chlorcalciums auf die Keimung und erste Entwickelung einiger der wichtigsten Kulturpflanzen. . . . Halle, *Druck v. Johannes Pässler i. Dresden.* 1886; 32 S. 4°.
Halle, Phil. Fak., Inaug. Diss. v. 21. Jul. 1886.

Hindorf, R., über den Einfluß des Chlormagnesiums u. Chlorcalciums auf die Keimung rc., s.a. **Berichte** aus d. physiolog. Laboratorium u. d. Versuchsanstalt d. landwirthschaftl. Instituts der Univ. Halle.

Hindorf, Richard, über den Einfluss des Chlormagnesiums und des Chlorcalciums auf die Keimung und erste Entwickelung einiger der wichtigsten Kulturpflanzen. Diss. Halle 1886. 4°. 32 S.
Sonder-Abdruck aus: Berichte aus dem physiologischen Laboratorium und der Versuchsanstalt des landwirthschaftlichen Instituts der Universität Halle. 6. Heft. Dresden 1886, G. Schönfelds Verlag.

Hindorf, Rich., Leitfaden zur Erlernung der malayischen Umgangssprache [Küstenmalayisch]. 8. (72 S.) Berlin 890. C. Heymann's Verl. cart. n.n. 2. —

— **Leitfaden** z. Erlerng. d. malayischen Umgangssprachen (Küstenmalayisch). 2., erweit. u. verb. Aufl. 8. (VIII, 95 S.) Berlin 898. C. Heymann's Verl. Geb. n. 2. —

— Leitfaden zur Erlernung der malayischen Umgangssprache (Küstenmalayisch). 3., erw. u. verb. Aufl. (VIII, 96 S.) 8. Berlin 904. C. Heymann. Kart. n. 2. —

— der landwirtschaftl. **Werth** u. d. Besiedelungsfähigkeit **Deutsch-Südwestafrikas.** [Aus: „Denkschriften, betr. d. deutschen Schutzgebiete".] Fol. (88 S.) Berlin 895. E. S. Mittler & Sohn. n. 1. 80

— der landwirthschaftliche Werth u. die Besiedelungsfähigkeit Deutsch-Südwestafrikas. 3., unveränd. Aufl. Fol. (88 S.) Berlin 902. E. S. Mittler & Sohn. n. 2. —

Hindostan [Schlagwort]

Hindostan — Neueste Karte von — Bengalen etc. Mit der Anzeige der Strassen, Paesse und genauester Eintheilung der britischen Besitzungen in Ostindien. Verfasst von Herrn Jacob Rennell, Ingenieur-Major. Neu herausgegeben von Herrn P. A. Schraembl 1788. 1 : 2,600,000. 4 Bl.

Hindostan — Vorder-Indien, oder — oder auch Ostindien diesseits des Ganges nach J. Rennell von Friedr. Gottl. Canzler, d. Phil. Dr. zu Göttingen. Nürnberg 1798 bei den Homann. Erben, ausgefertigt aber 1804. 1: 6,000,000. 1 Bl.

Hindrichs, E., Friedrich Wilhelm Dörpfeld. Sein Leben u. Wirken u. seine Schriften. gr. 8. (128 S. m. Bildnis.) Gütersloh 894. C. Bertelsmann. n. 1.40

Hindrichs, E., Friedrich Wilhelm Dörpfeld. 2., erweit. Aufl. Mit 4 Porträts. (152 S.) gr. 8. Gütersloh 906. C. Bertelsmann. n. 2.—; geb. n. 2.50

Hindrichs, Gustav: Über einige Chrom- und Mangan-Legierungen. Hamburg & Leipzig: Voss 1908. 40 S. 8° ¶ (Aus: Zeitschrift f. anorgan. Chemie. Bd 59, H. 4.)
Göttingen, Phil. Diss. v. 15. Sept. 1908, Ref. Tammann
[Geb. 1. Jan. 86 Remscheid; Wohnort: Remscheid; Staatsangeh.: Preußen; Vorbildung: Realgymn. Remscheid Reife O. 04; Studium: Heidelberg 2, Aachen Techn. Hochsch. 2, Göttingen 5 S.; Rig. 7. Aug. 08.] [U 09. 1359

Hindrichs, Otto, Hermann. Ein Schauspiel in 5 Aufzügen. (III, 123 S.) 8. Dresden (906). E. Pierson. n. 2.—

Hindrichs, Otto Heinrich, aus Köln: Ueber **Messungen** u. Gesetzmäßigkeiten in der vierten Kohlebande. *Bonn 1904: E. Eisele.* (48 S.) 8°
Bonn, Phil. Diss. v. 2. März 1904

Hindrichson, Geo., Brockes u. d. Amt Ritzebüttel 1735—1741. I. u. II. Progr. gr. 4. Cuxhaven. (Hamburg, Herold.) à n. 2.—
I. (23 S. m. 2 Skizzen.) 897. — II. (19 S. m. 1 Plan.) 898.

Hindrichson, Geo., Brockes u. das Amt Ritzebüttel. 1735—1741. III. Progr. gr. 4. (19 S. m. 1 Taf.) Cuxhaven 899. (Hamburg, Herold.) n.n. 1.50
I u. II. Ebd. 897. 898. à n. 2.—.

Hindrichson, Georg, Prof.: Henrich Stanges Einkunftsregister des Hauses Ritzebüttel aus dem Jahre 1577. Cuxhaven 1907: G. Rauschenplat & S. (50 S.) 8°
Cuxhaven, h. Staats-S G i. E. u. R OP 1907 (912)

Hindrichson, Georg: Zur geographischen Lage des älteren Hamburg. Hamburg, gedr. bei Lütcke & Wulff, 1889; 1 Bl., 11 S. 4°
Hamburg, neue HE, OP 1889 (693)

Hindrichson, G., zur geographischen Lage d. älteren Hamburg. gr. 4. (11 S.) Hamburg 889. (Herold's Verl.) n. 1.25

Hindrichson, [Georg]: [Kurzer Lebensabriß des Amtsrichters Dr. Adolph Reinecke, des Stifters der Reinecke-Sammlung der Anstalt.] S. 4 der Schuln. 4. Höhere Staatsschule *Cuxhaven* 1902 (813). Progr.

Hindrichson, [Georg]: [Lebensgang des am 6. August 1901 verstorbenen Amtsrichters Dr. Adolph Reinecke, des Stifters der Dr. Reinecke-Sammlung der Anstalt.] *Cuxhaven 1902: G. Rauschenplat & Sohn.* (S. 3—4.) 4°
Cuxhaven, h. Staats-S, P 1902 (813)

Hindrichson, Geo., s.: Rohde, Joh. Diedr., Lebenserinnerungen.

— s.: Stange's, Henrich, Einkunftsregister des Hauses Ritzebüttel aus dem J. 1577.

— Zahlen zur deutschen Geschichte. 8. (16 S.) [Itzehoe 889, Nusser's Sort.] Hamb., Karstens. cart. — 30

Hindrichson, Johann Georg Gerhard, s. Hindrichson, Georg

Hindu, drei, auf der Suche nach e. Heiland, s.: Missionstraktate. kleine.

Hindu Gesetzbuch, oder Menus Verordnungen nach Cullucas Erläuterung, aus d. Sanskritsprache ins Engl. übers. v. Will. Jones; verdeutscht, mit Anmerkk. u. e. Glossar versehen v. J. C. Hüttner. gr. 8. Weim. 797. Ind.-Compt. 2 ℛ 8 gr

Hindus, die, und der Aberglaube, s. Wochenbände.

HINEINGESCHAUT! Ein schönes Bilderbuch für unsere Lieblinge. [Stuttgart?, c. 1900]. Titel und 8 Tafeln mit bunten Bildern auf starkem Karton (Tiere, Pflanzen, Gebrauchsgegenstände). Quer-8°. Or.Halbleinen. 9.—

Hinemaar, Dr. Die Braunkohle und der Torf eine brennende europäische Lebensfrage. Wie lange noch soll das immense Kapital der Braunkohle und des Torfes so wenig benützt in der Erde liegen und vom lebendigen Verkehr ausgeschlossen bleiben. Beantwortet durch die factischen Ergebnisse der hochwichtigen, nur in Oesterreich patentirten Erfindung des Herrn Apothekers und Chemikers C. ... Broecke senior zu Köln, aus der Braunkohle das Lignitine, aus dem Torfe die Cialine auf eine ... Art an Flammbarkeit und Hitze dem trockenen Holze gleich ... zu bereiten. 1868. kl. 8. (78 S.) Wien, Beck'sche Univ.-Buchh. A. Hölder. [illegible]

Hineraský, Carl Thdr., neue vereinfachte Buchführung f. Detail-Geschäfte. Nach erprobtem leicht übersichtl. System bei genüg. Kontrolle. gr. 8. (74 S.) Neuwied 893. Heuser's Verl. n. 1.—

Hines, F., s.: Lechler, C., die Himmel erzählen die Ehre Gottes 2c.

Hinfälligkeit, Die, des obergerichtlichen Urtheils in Sachen Huber c. Stift. 11. Juli 1850, auf Grundlage damaliger Acten. Zürich 1866. V: *Hotz, Johann Heinrich.* (Cl.Zür Forts. II)

Hingabe an Gott! Gebet- u. Andachtsbuch f. kathol. Christen. In größerem Druck f. schwache Augen. 16. (XVI, 304 S. m. farb. Titel u. 1 Stahlst.) Dülmen 893. A. Laumann. Geb. in Leinw. n. — 75

Hingabe an Gott! Gebet- u. Andachtsbuch f. kathol. Christen. 3. u. 4. Aufl. 16. (à XVI, 304 S. m. farb. Titel u. 1 Stahlst.) Dülmen 897. A. Laumann. Geb. in Leinw. n. — 75

Hingabe an Gott! Gebet- u. Andachtsbuch f. kath. Christen. 5. Aufl. Dülmen: A. Laufmann 1907. (XVI, 400 S.) 8° [F.]

Hingabe, kindliche, an Jesus. Vollständiges Gebetbüchlein, besonders f. jüngere Leute. 16. (384 S. m. 2 Steintaf.) Einsiedeln 874. Eberle, Kälin & Co. — 75

Hingang, Spangenbergs, zu seinem Oberhirten Christo. Zittau 1792. V: *May, Christian Gottlieb.* (Ky) (Ol.) (MGT)

Hingberg, H. K. vam, ut auler un neier Tieb. Erzählungen in niederdeutscher Mundart. 3 Bde. 8. Leipzig 872, Baensch. [Zander.] (*ℳ 9.)

Inhalt:
Bd. 1. Meister Beekwahter. (161 S.)
" 2. De lesde Bruhlew in Ewwekowwe. — Die Opgeregdeu. (167 S.)
" 3. Die hermetische Gesellschaft. (243 S.)

Hingenau, Otto v., Beiträge zur staatswissenschaftl. Behandlung der Montan-Industrie. 1. Thl.: Bergwirthschaftslehre. gr. 12. (86 S.) Brünn 849, (Winiker's Buchh.) Thlr.

Hingenau, O. Frhr. v., Das allgemeine Berggesetz für die Preußischen Staaten vom 24. Juni 1865. Mit vergleichenden Beziehungen auf das Österreichische allgemeine Berggesetz vom 23. Mai 1854 besprochen. Wien, 1866. 46 S.

Hingenau, Otto Frhr. v., Berg- und Hütten-Kalender, s. Berg- und Hütten-Kalender.

Hingenau, Otto Frhr. v., das Bessemern in Oesterreich. Eine Zusammenstellung der in der österreich. Zeitschrift für Berg- und Hüttenwesen vom J. 1856 bis zum Mai des J. 1865 erschien. wichtigeren Abhandlungen und Berichte über das Bessemer'sche Eisen- und Stahlfabrikations-Verfahren. Mit geschichtl. Vorbemerkungen. gr. 8. (III und 104 S.) Wien 865, Manz' Verlag.

—— Betrachtungen über Bergwerks-Abgaben. 8. (28 S.) Wien 860, F. Manz.
Aus: Oesterreichische Zeitschrift für Berg- und Hüttenwesen, Juniheft 1860, besonders abgedruckt.

Hingenau, Otto v., die Braunkohlenlager des Hausruck-Gebirges in Ober-Oesterreich. Aus wissenschaftlichen Berichten, eigenen Beobachtungen und aktenmäßigen Quellen zusammengestellt u. öffentlich vorgetragen in den Sitzungen der k. k. geolog. Reichsanstalt. Wien 856. (Manz u. Co.) gr. 8. (32 S. u. 1 lith. Taf.) n. 8 ngr.

—— die Braunkohlenlager des Hausruckgebirges in Oberösterreich und die wolfsegg-traunthaler Kohlenwerks- und Eisenbahn-Gesellschaft. Zur Feier der Eröffnung der Kaiserin Elisabethbahn und der damit zusammenfallenden Säcularfeier des ersten Kohlenfundes in Hausruck beschrieben und hrsg. Lex.-8. (22 S. mit 1 lithogr. Karte.) Wien 860, F. Manz.

— Handbuch der Bergrechtskunde zum Gebrauche f. die Vorlesungen an der k. k. Universität zu Wien u. zum Selbststudium f. prakt. Juristen, Bergwerksbesitzer u. Bergbeamte. Mit eingedr. Holzschn. 1—3. Lfg. gr. 8. (S. 1—288.) Wien 852, Manz. (à 16 ngr) 1 thl 18 ngr

— Handbuch der Bergrechtskunde. Zum Gebrauche für die Vorlesungen an der k. k. Universität zu Wien u. zum Selbststudium für praktische Juristen, Bergwerksbesitzer und Bergbeamte. Mit eingedr. Holzschn. 4—7. (letzte) Liefg. Wien 854, 55. Manz. gr. 8. (XII, S. 289—664.) Jede Liefg. 16 ngr.

von **Hingenau**, Otto Freiherr: Joseph Ritter von Hauer († 2. Februar 1863). Biographische Skizze. ([S.-A.] K. Wiener Zeitung vom 8. Februar 1863.) Wien 1863. 12 S. 8°.

Hingenau, Otto Frhr. v., üb. die Nothwendigkeit e. Revision d. allgemeinen österreichischen Berggesetzes vom 23. Mai 1854 m. Rücksicht auf die Hilfsmittel zur Vorbereitg. u. Durchführg. derselben. gr. 8. (111 S.) Wien 872. Manz. n. 2. —

Hingenau, Freih. v. Die geologische Reichsanstalt in Wien. Zur allgemeinen Würdigung dargestellt. Brünn, 1850. 8.

— Zur österreichischen Studienfrage. Eine kritische Beleuchtung der Druckschrift: „Ueber den Zustand der österreich. Universitäten, mit besonderer Beziehung auf die Wiener Hochschule, von Dr. G. E. Haas". Wien 853. Gerold. gr. 8. (2 Bl., 35 S.) n. 8 ngr.

—— Uebersicht der geologischen Verhältnisse von Mähren und österreich. Schlesien. Im Auftrage der Direktion des m. schl. Werner-Vereines aus den bisher bekannten Arbeiten zusammengestellt. gr. 8. (VIII und 83 S. mit 1 in Farbendr. ausgeführten Uebersichtskarte in Fol.) Wien 852, (Gerold's Sohn.) *

Hingenau, O. Freih. v. Geologische Uebersichtskarte von Mähren und österr. Schlesien. (Aus dessen Uebersicht der geol. Verhältnisse von Mähren.) Wien. 1852. Fol.

Hingenau, Otto [Red.], s. Z e i t s c h r i f t , Österreichische, für Berg- und Hüttenwesen

Hingerl, M., Pflanzen- u. Blumenschmuck d. Altar u. Kirche, s.: Kolb, Max.

Hingmann, H. Fr., Gebt unserm Gott die Ehre! Predigt gehalten am Friedensfeste, am 11. Novbr. 1866. Berlin 866. E. Beck. gr. 8. (18 S.) n. 2 ngr.

Hingmann, H. Fr., Predigt über Johannes 8, V. 12 gehalten bei dem Jahresfeste des christlichen Männer-Kranken-Vereins am 8. Septbr. 1862. Berlin, (Beck.) 8. (16 S.) n. 2 ngr.

— Predigt über Lucä 12, 36—38 gehalten bei dem Jahresfeste des christlichen Männer-Kranken-Vereins in der Parochialkirche am 12. Septbr. 1864. Berlin 1864. (Beck.) gr. 8. (16 S.) n. 2 ngr.

—— Predigten aus den Jahren 1862, 1863 und 1864. gr. 8. (VIII und 248 S.) Berlin 865, (Beck.) *

—— 2 Predigten in der gegenwärtigen Kriegszeit 1866 (am 27. Juni Bettag und am 8. Juli Dankfeier) gehalten. gr. 8. (31 S.) Berlin 866, (Beck.) * *

—— die 7 Sendschreiben in der Offenbarung St. Johannis erläutert. 8. (98 S.) Berlin 867, (Beck.) cart. *

Hingmann, H. Fr., Weihnachtsgabe, bestehend in 7 Predigten. gr. 8. (108 S.) Berlin 872. (Beck.) n. 1. —

Hingsamer, Emmeran, aus Passau, Assistenzarzt im Krankenhaus r. I., München: Einige seltenere Fälle von Herzaneurysma. *München 1900: Kastner & Lossen.* (17 S.) 8°
München, Med. Diss. v. 1901

Hingst, C. W., s. H i n g s t , Karl Wilhelm

Hingst, Carl Wilhelm, s. H i n g s t , Karl Wilhelm

Hingst, Georg, appr. Arzt a. Halle, Volontär-Assistent am Kgl. Pathologischen Institut zu München: Beitrag zur Statistik der Nieren-Tuberkulose bei Männern. München 1905: Kastner & Callwey. (47 S.) 8°
München, Med. Fak., Ref. v. Bollinger, Diss. v. 8. Juni 1905
[Geb. 12. Juni 80 Halle a. S.; Wohnort: München; Staatsangeh.: Preußen; Vorbildung: Stadtgymn. Halle Reife M. 99; Studium: Kiel 2, München 8 S.; Coll. 8. Juni 05; Approb. 12. Juli 04.]

Hingst, Karl Wlh., s. Beschreibung, histor.-geogr.-statist., des K. Sächs. Amtsbezirks Leisnig-Döbeln.

(Hingst, C. W.,) Beschreibung von Leisnig-Döbeln, s. Beschreibung.

Hingst, C. W.: Chronik von Döbeln . . . , s. Biltz, H. W.

Hingst, C. W., Geschichtliches üb. die Kirchfahrt Zschaitz. [Ephorie Leisnig.] 8. (42 S.) Döbeln 885. Schmidt. n. — 50

Hingst, Carl Wilh., allgemeine sächsische Landeskunde oder geographisch-statistisch-historische Beschreibung der sämmtl. sächs. Länder. Königreich Sachsen, Großherzogth. Sachsen-Weimar-Eisenach, Herzogth. Sachsen-Meiningen-Hildburghausen, Herzogth. Sachsen-Coburg-Gotha, Herzogth. Sachsen-Altenburg. 1. Lfg. gr. 8. (S. 1—48.) Elsterberg 856(57,) (Diezel.)

Hingst, C. W., Umschau im Vaterlande. Das Wichtigste aus der Landes- und Ortsbeschreibung des Königreichs Sachsen für Schule und Haus. Döbeln 859. (Leipzig, H. Fritzsche.) gr. 8. (IV, 198 S.) 15 ngr.

Hingst, C. W., deutsche Vaterlandskunde, das ist: populaire, geograph.-statist. Beschreib. aller Länder deutscher Zunge, f. Volksschulen wie f. d. deutschen Bürger- u. Bauernstand. 8. (15 B.) Grimma 835, Verlags-Comptoir. *

Hingst, C. W., Döbelns Vorzeit, s. Chronik von Döbeln.

Hingst, C. W., sächsischer Zeitspiegel. Das Wichtigste aus der Staats- und Culturgeschichte des Königr. Sachsen für Schule und Haus bearb. 8. (VIII und 304 S.) Döbeln 862, (Schmidt.)

Hingst, Konrad, approb. Arzt: Aus d. pathol. Institute zu Kiel. Ein Fall von alleiniger Transposition von Magen und Darmkanal nebst Anomalien des Herzens. *Kiel 1901: H. Fiencke.* (15 S.) 8°
Kiel, Med. Diss. v. [18. Apr.] 1901

Hingst, Richard: Die Sprache John Lydgate's aus seinen Reimen. Greifswald 1908: Adler. 67 S. 8°
Greifswald, Phil. Diss. v. 25. Sept. 1908, Ref. Konrath
[Geb. 3. Mai 82 Lanz b. Wittenberge; Wohnort: Wittenberge; Staatsangeh.: Preußen; Vorbildung: Oberrealsch. Halberstadt Reife O. 04, Lateinprüfung Kgl. Prüfungskomm. Magdeburg Okt. 06; Studium: Göttingen 2, Heidelberg 1, Berlin 2, Göttingen 1, Greifswald 3 S.; Rig. 5. Juni 08.] [U 09. 1529

Hingst, S. J., Commentatio de bonorum possessione. Praemio aureo ornata. gr. 8. (XII und 240 S.) Amsterdam 858, J. Müller. *

Hingst, Theodorus, Zschochaviensis: De spondeis et anapaestis in antepaenultimo pede versuum generis duplicis latinorum. *Lipsiae 1901: F. Mitzlaff Rudolphopol.* (105 S.) 8°
Leipzig, Phil. Diss. v. 1901

Hingst, W., s. Hingst, Karl Wilhelm

Hingstedt, Chr. Er.

Hingstedt, C. E.: „Die neuern practischen Fortschritte im doppelten kaufmännischen Buchhalten; mit Inbegriff der von dem hamburgischen Buchhalter D. Richter gefundenen glücklichen Verbesserung des Journals", Hamburg 1804 (Kratzsch). — Vorh.: Com. Bibl. Hamburg.

Hingstedt, Chr. Er., d. neuern Fortschritte in d. doppelten kaufmänn. Buchhalten, mit Inbegriff der von d. Hamburg. Buchhalter gefund. glückl. Verbesser. d. Journals etc. gr. 4. Hamb. 804. Kratsch. 2 ℔

Hingstedt, C. E.: „Kaufmännisches Memorial für den Unterricht im doppelten Buchhalten. Nach des jüngeren J. H. Decker Grundlage zur Erlernung des einfachen und doppelten Buchhaltens", Hamburg 1819 (Herold jun.). — Vorh.: Com. Bibl. Hamburg.

Hink, Peter, od.: Wie ein Lahmer z. Himmelreich tüchtig wurde, übers. v. Emmy v. Feilitzsch, s. a. Jugendheim. 28.

Peter Hink oder: wie e. Lahmer z. Himmelreich tüchtig wurde. Autor. Übers. von Emmy v. Feilitzsch. *Cassel: J. G. Oncken 1901.* (50 S.) 8° [F.]
[Sondert.:] Gregor mit d. Leierkasten. Autor. Übers. von Anna Steen.
= Jugendheim. 28. [02. 64) 4

Hink, Aug., Befruchtung u. Vererbung. Natürliche u. künstl. Zuchtwahl in ihrer Bedeutung f. die heut. Tierzucht. Eine krit. Untersuchung auf Grund der neuesten Forschungen. (123 S. m. 5 Abbildgn.) 8. Freiburg i/B. 905. P. Waetzel. n. 2. —

(B) Hink, Aug., Befruchtung u. Vererbung. 905. (KVL 33.) Jetzt: Stuttgart, E. Ulmer.

Hink, Aug., Belehrung üb. die Gründung u. Verwaltung v. Ortsviehversicherungsanstalten auf der Grundlage d. Gesetzes vom 26. Juni 1890. Zugleich e. Handbüchlein f. die Mitglieder v. Viehversicherungsanstalten. Im Anh. das Gesetz vom 26. Juni 1890 u. die Vollzugsverordng. vom 5. Dezbr. 1891. 1. u. 2. Aufl. gr. 8. (IV, 33 S.) Lörrach 891. 892. C. R. Gutsch. n. — 30

— Die erworbenen Eigenschaften u. das Vererbungsproblem. Eine züchtungsbiolog. u. naturphilosoph. Studie. (32 S.) 8. Hannover 908. M. & H. Schaper. 1. —

Hink, Aug., die Kennzeichen der f. die badischen Züchter empfehlenswerten Nutzgeflügelrassen, nebst e. Belehrung üb. deren Verwertung. Im Auftrag des Verbands bad. Geflügelzuchtvereine bearb. 8. (15 S.) Karlsruhe 903. G. Braun'sche Hofbuchdr. n. — 20

— die genossenschaftliche Rinderzucht im Großherzogt. Baden. Mit 9 Portr. u. 14 Abbildgn. gr. 8. (37 S.) Leipzig 902. R. C. Schmidt & Co. n. — 80

(B) — Genossenschaftl. Rinderzucht. 902. (KVL 31.) Jetzt: Hannover, M. & H. Schaper.

— einträgliche Rindviehzucht nebst e. Belehrung über Währschaftsrecht u. Gewährsfehler, Seuchen u. andere Krankheiten. Nach seinen Vorträgen bearb. Mit 6 Tierbildern u. 9 Abbildgn. im Text. (VIII, 189 S.) gr. 8. Ebd. 905. Geb. in Leinw. n. 3. 80

— Einträgliche Rindviehzucht nebst e. Belehrung üb. Währschaftsrecht u. Gewährsfehler, Seuchen u. andere Krankheiten. Nach seinen Vorträgen bearb. Mit 6 Tierbildern u. 9 Abbildgn. im Text. 2., verm. u. verb. Aufl. (VIII, 198 S.) gr. 8. Freiburg i/B. 906. [P. Waetzel]. Stuttgart, E. Ulmer. Geb. in Leinw. 3. 80

Hink, Aug., Seuchen und Seuchenpolizei. Währschaftsgesetzgebung und Gewährsfehler. Mit einem Anhang, enthaltend: das Reichsseuchengesetz vom 23. Juni 1880, die Artikel 1641 bis 1649 des französ. Zivilrechts und das bad. Währschaftsgesetz. Für Landwirte, landwirthschaftl. Schulen, Tierärzte und Beamte bearb. gr. 8. (IV, 132 S.) Bremen 881, Heinsius.

— Fortschrittliche Tierzucht. Allgemeine u. besondere Züchtungskunde umfassend Pferd, Rind, Schaf, Ziege, Schwein, Kaninchen u. Geflügel. Für Landwirte, landwirtschaftl. Schulen, Studierende, Tierzuchtbeamte u. alle Freunde der Tierzucht verf. (VII, 153 S.) 8. Stuttgart 910. E. Ulmer. Geb. in Leinw. 2. 50

— Wirtschaftsbuch f. die Nutzgeflügelzucht. 4., verm. u. verb. Aufl. (35 S.) Lex. 8. Freiburg i/B. 910. [P. Waetzel]. Stuttgart, E. Ulmer. — 50

— Die Zucht e. edlen Pferdes im Großherzogt. Baden insbesondere in Mittelbaden. (23 S. m. 2 Abbildgn.) 8. Hannover 909. M. & H. Schaper. — 30

Hink, Bhrd. Hnr., († d. 8. Sept. 1790.) über d. Gebrauch histor. Beispiele bei d. Moral. 8. Hamb. 778. Bohn. 7 gl

Hink, J. A., Ueber Arsenik in oryktognostischer, chemischer, pharmacologischer und medicinisch-gerichtlicher Hinsicht. 8. Wien, Heubner. 820.

Hink, J. A., über Arsenik in oryktognostischer, chemischer, pharmakolog. u. medicin.-gerichtl. Hinsicht. 8. Wien 821. Heubner. 16 gl

Hinke

— s. auch Hincke.

Hinke, Alfr. v., einige Aufgaben aus d. Traindienste. gr. 8. (106 S.) Wien 898. (L. W. Seidel & Sohn.) n.n. 3.—

Hinke, Aug., aus Nacht zum Licht, oder: Johann und der Dorfschulze. Ein Volksbuch, d. i. ein Buch für alle Stände, enthalt. eine Geschichte in 3 Abthlgn. 8. (200 S.) Striegau 851, Hoffmann.

Hinke, A., über die Entwickelung des preuß. Schulwesens, s. Schulbote, der Schlesische, 13. u. 14. Bdchn.

Hinke, A., Geschichte des preußischen Königspaares Friedrich Wilhelm III. und Luise, für das Volk und seine Jugend bearb. Berlin 862. Remak. 8. (VI, 154 S.) n. 12 ngr.

—— Katechismus f. Schulvorsteher in den Städten u. auf dem Lande. gr. 4. (6 B.) Striegau 846, Hoffmann. *

Hinke, Aug., Leitfaden f. d. Unterr. in schriftl. Aufsätzen, auf d. Sprachwerk d. D. (Wilh.) Harnisch gegründet, u. z. Gebr. f. Volksschullehrer zusammengestellt. 3. (letzt.) Hft. Die Mittheilungen, nebst e. nöth. Schlussworte u. e. Anh. z. 1. u. 2. Hfte. 8. (9 B.) Halle 827, Anton.
1. u. 2. Hft. Ebendas. 1826, 27 10 Gr.

Hinke, Aug., 140 Uebungen im Briefschreiben ꝛc., s. Hand- u. Taschenbibliothek, pädagog., II. Abthl.
Vgl. Hincke.

—— Volksschulbuch oder Lese- und Realbuch für Deutschlands Volksschulen. 2., verb. und verm. Aufl. gr. 8. (XVI und 544 S.) Striegau 847, Hoffmann. *

— s. Volks-Schulzeitung, Schlesische.

Hinke, Aug., Zusammenstellung des in dem 1., 2., 3. Theile und in dem Auszuge des Münsterberger Volksschulbuches enthaltenen Vaterlands- und Natur-kundlichen. Striegau 860. Hoffmann. 8. (20 S.) 3 ngr.

Hinke, Ernst, Hand-Fibel. Erstes Uebungsbuch zur leichten Erlernung des Lesens, für zahlreiche Schülerklassen und mit steter Rücksicht auf chorweises Ueben entworfen. 1. Aufl. 1848. und 2. Aufl. 8. (128 S.) Striegau 851, Hoffmann. **

Hinke, Ernst, Hand-Fibel. Erstes Uebungsbuch zur leichten Erlernung des Lesens, für zahlreiche Schülerklassen u. mit steter Rücksicht auf chorweises Ueben entworfen. 3. Aufl. 854. (132 S.) 3 ngr. — 4. verm. Aufl. Striegau 857. Hoffmann. 8. (136 S., wovon 2 lith.) 3¼ ngr.; geb. 4¾ ngr.

Hinke, Ernst, Hand-Fibel. Erstes Uebungsbuch zur leichten Erlernung des Lesens, für zahlreiche Schülerklassen und mit steter Rücksicht auf chorweises Ueben entworfen. 7. Aufl. 8. (136 und 16 lithogr. S.) Striegau 865, Hoffmann. *
geb. *

Hinke, Ernst, Hand-Fibel. Erstes Uebungsbuch zur leichten Erlernung des Lesens, für zahlreiche Schülerklassen und mit steter Rücksicht auf chorweises Ueben entworfen. 9. Aufl. 8. (136 und 16 lithogr. S.) Striegau 872, Hoffmann. * 35 Pf.; geb. *

Hinke, Ernst, Hand-Fibel. Erstes Uebungsbuch zur leichten Erlerng. d. Lesens, f. zahlreiche Schülerklassen u. m. steter Rücksicht auf chorweises Ueben entworfen. 10. Aufl. 8. (136 u. 16 lith. S.) Striegau 876. Hoffmann. n. — 35; geb. n. — 50

Hinke, E., Handfibel. Erstes Übungsbuch zur leichten Erlernung d. Lesens f. zahlreiche Schülerklassen. Ausg. A mit Schreibschrift. 15. Aufl. 8. (140 S. m. Abbildgn.) Striegau 886. Hoffmann. — 50; geb. n. — 60; Ausg. B ohne Schreibschrift. 15. Aufl. (140 S.) n. — 40; geb. n.n. — 50

—— dass. — Ausg. B. ohne Schreibschrift. 15. Aufl. (140 S.) Ebendas. 886. * 40 Pf.; geb. **

Hinke, Ernst, Handfibel. 1. Übungsbuch zur leichten Erlerng. d. Lesens f. zahlreiche Schülerklassen. Neu durchgesehen u. verb. durch Max Hübner. 20. Aufl. 8. (140 u. IV S. m. Bildern.) Striegau 898. A. Hoffmann, Verl. Geb. n. — 60;
1. Tl. (S. 1—60) allein n. — 30

Hinke, O. Praktische Elementarschule für Oboe. Elementary school for the oboe. Leipzig.

Hinke, Hans: Auslese und Anpassung der Arbeiter im Buchdruckgewerbe mit besonderer Rücksichtnahme auf die Setzmaschine. (Leipzig: Duncker & Humblot 1910.) 63 S. 8°
Berlin, Phil. Diss. v. 1. Aug. 1910, Ref. Sering
[Geb. 10. Juni 79 Bielitz, Öst. Schlesien; Wohnort: Berlin; Staatsangeh.: Preußen; Vorbildung: Gymn. Ohlau Reife M. 06; Studium: Berlin 8 S.; Rig. 2. Juni 10.] [U 10. 174

Hinke, H., Auslese u. Anpassung der Arbeiterschaft in der Elektroindustrie, Buchdruckerei usw., s.: Schriften d. Vereins f. Sozialpolitik. Nr. 134.

v. Hinke, P. A. W., Beschreib. d. Affaire bei Halle zwischen d. Franzosen u. einem Preuß. Reservecorps d. 17n Octbr. 1806, nebst 1 Plan von Halle u. 3 Beilagen. gr. 8. Leipz. 808. Graffé. (Wienbrack). 1 ₰ 8 gl

Hinke, Wm. J., a new boundary stone of Nebuchadrezzar I. from Nippur, s.: Expedition, the Babylonian, of the University of Pennsylvania. IV.

Hinkebein, s.a. Teufel.

Hinkebein, Teufel Asmodi, und sein Befreyer in England; nach dem Englischen. Berlin 1793. V: *Mylius, Wilhelm Christhelf Siegmund.* (MGT)

Hinkel, Frau, und ihre Kinder, oder die Geschichte der acht klugen Hähne. 3. Aufl. Mit 8 (lith. u. color.) Abbildgn. von Hosemann. Berlin (854.) Hasselberg. 16. (46 S.) n. 10 ngr.

Hinkel, C., erste Saitenklänge. 8. Leipzig, Franz. 816.

Hinkel, E. Ph: Katalog über Fantasie-Metallwaaren. Offenbach a. M. 1901

Hinkel, Joach., tägliche Andachten üb. das Evangelium St. Matthäi. Für Haus u. Schule. Mit e. Anh.: Andachten zu besonderen Gelegenheiten. gr. 8. (VI, 432 S.) Braunschweig 893. H. Wollermann. 2. 50; geb. in Leinw. n. 3. —; in Halbfrz. m. Goldschn. 4. 50

Hinkel, Joach., die kirchliche Erziehung im Konfirmanden-Unterricht. Kurze Winke f. die Praxis des Konfirmanden-Unterrichts. (24 S.) 8. Braunschweig 904. H. Wollermann. n. — 30

Hinkel, Joach., Trautenstein im Harz. Geschichte des Ortes u. Führer durch seine Umgebg. gr. 16. (51 S. m. Abbildgn. u. 1 Bildnis.) Trautenstein bei Tanne (Harz) (901). Harzklub-Zweigverein. n.n. — 30

Hinkel, K., s. Commersbuch, Leipziger

Hinkel, K., erste Saitenklänge. 8. Leipz. 810. (Teubner). 16 gr.

Hinkel, Carl, die speculat. Analysis d. Begriffs „Geist" mit Darlegung d. Differenzpunktes zwischen d. Hegel'schen u. Neu-Schelling'schen Standpunkte einerseits u. dem absoluten Standpunkte Webers andrerseits. 8. (11¾ B.) Rinteln 840, [Bösendahl.]

Hinkel, Karl, allgemeine Aesthetik für gebildete Leser. gr. 8. (316 S.) Pforzheim 847, Flammer & Hoffmann. (Stuttgart, Scheitlin.) 1⅔ ₰

Hinkel, Carl, Leitfaden bei dem Unterricht in der deutschen Grammatik. 8. Rinteln 841, liter.-artist. Verlags-Institut. (C. Bösendahl.) n. ⅔ ₰

Hinkel, Karl Ant. Friedr., die Bekehrung der Welt zu Jesus Christus u. das christl. Missionswerk. Ein Beitrag zur Apostolik u. Apologetik d. Christenthums, nach den Worten d. heil. Schrift u. den Zeugnissen der Reichsgeschichte. 2 Hefte. gr. 8. (10 u. 14⅛ B.) Berlin 843, 45. (J. A. Wohlgemuth, Verl.) *

Hinkel, Carl Ant. Friedr., Dr. Martin Luther's kleiner Katechismus, wortgetreu erklärt und vollständig ausgelegt auf Grund der heil. Schrift. Ein Lehrbuch zum Gebrauch für evangel. Prediger und Schullehrer. 1. und 2. Bdchn. über das erste und zweite Hauptstück. gr. 8. (IV und 274 S.) Liebenwerda 853, Conrad.

—— dass. — 3. Bdchn. über die drei letzten Hauptstücke. gr. 8. (139 S.) Ebds. 853.

Hinkel, Philipp, Handbuch der Erdkunde für Volks-, Bürger- u. Mittelschulen. Auf Grund des neuen Frankfurter Lehrplanes f. Volksschulen m. besond. Berücksicht. der kulturellen Geographie Deutschlands nach Landschaftsgebieten bearb. I. Tl. Deutschland, Oesterreich-Ungarn u. die Schweiz (Mittel-Europa). (X, 198 S.) gr. 8. Frankfurt a/M. (904). Kesselring. n. 2. —; geb. in Leinw. n.n. 2. 30

— Heimatkunde der Prov. Hessen-Nassau nach natürl. Landschaftsgebieten, m. 8 Skizzen, 15 Bildern u. 1 Karte v. Hessen-Nassau. Karte gezeichnet v. B. Wollweber. (VI, 95 S.) 8. Ebd. (905). Kart. n.n. — 80

Hinkel, Wilhelm, Assist. an d. Dr. Rückert'schen Augenklinik zu Zittau: Aus d. Universitäts-Augenklinik in Rostock (Prof. Dr. Axenfeld) u. d. Dr. Rückert'schen Augenklinik in Zittau. Ueber das Pseudo-Graefe'sche Symptom im Anschluß an Lähmungen der Augenmuskeln. *Freiburg i. B.: Speyer & Kaerner 1902.* (48 S.) 8°
Rostock, Med. Diss. v. [20 Okt.] 1902

Hinkende, der. Kalender f. Stadt u. Land. 27. Jahrg. 1907. (32, 48, 16 u. 56 S. m. Abbildgn.) 8. Weißensee, E. Bartels. — 50

Hinkende, der. Kalender f. Stadt u. Land. (Illustrierter Volkskalender.) 31. Jahrg. 1911. (96 u. 64 S. m. Abb.) kl. 8. Weißensee, E. Bartels. — 50

Hinker, Hans [pr. Arzt zu Rotthalmünster]: Ein Fall von multiplen cavernösen Angiomen am rechten Vorderarm und an der rechten Hand ... München, Buchdr. Kastner & Lossen, 1896; 23 S. 8.
München, Med. Fak., Inaug.-Diss. v. 1896

Hinkert, F. W., Handbuch der Pomologie. 3 Bde. ... München 846. (Prag, Mayregg.) 3½ ₰

Hinkert, F. W., systemat.-geordn. Handbuch d. Pomologie, mit Inbegriff der in d. kgl. bayer. Central-Obstbaumschule zu Weyhenstephan bei Freising aufgestellten u. cultivirten Kern- u. Steinobstsorten, u. besond. Berücksichtig. sowohl d. Bodens u. Klima's, als d. Anwend. u. Nutzbarkeit; nebst e. Einleit. üb. Behandlung u. Pflege d. Obstbäume. 3 Bde. gr. 8. München 836, [Kgl. Hofbuchhandl. v. Bayer.]
Bd. 1. Aepfel. (3 Lfgn.) (24 B.)
„ 2. Birne. (2 Lfgn.) (15 B.)
„ 3. Steinobst. Mit e. Anh., die Quitten, Mispeln, Cornelkirschen u. d. sämmtl. Schalen- u. Beerenobst behandelnd. (16¼ B.)

Hinkert, W., gründl. Unterr. in d. pract. Obstbaumzucht, mit besond. Rücksicht auf d. klimat. u. topograph. Verhältn. d. Königr. Bayern. Eine gekr. Preisschrift. 1., u. 2., verb. Aufl. m. 4 lith. Taf. (Fol.) (7 B. u. 3 B. Tab. 4.) 8. München 828, 30. (Regensburg, Manz; Landshut, Thomann.) à

Hinko von Waldstein mit der eisernen Tasche; eine Geistergeschichte ... Wolfenbüttel 1794—97. V: *Hollmann Elisabeth, geb. Werner.* (Ky) (MGT)

Hinkoff, Theophan. Der Unterschied von Aktiengesellschaft und eingetragener Genossenschaft nach der neusten Gesetzgebung von Bulgarien, Deutschland, Oesterreich, Russland und der Schweiz. Diss. Jur. Bern. 151 S. 8. Grosshöchstetten, C. Rhyn & Sohn, 1901.

Hinlein, Erwin: Ein Beitrag zur Frage der Erwärmung der elektrischen Maschinen. 1909. 73 S. 4° ¶ Auch in: Mitteilungen über Forschungsarbeiten auf d. Gebiete d. Ingenieurwesens. H. 98/99. 1911; Ausz. in: Zeitschrift d. Vereines deutscher Ingenieure. Bd 55. 1911, Halbj. 1.
München, Dr.-Ing.-Diss. v. 4. 8. 1909

Hinneberg, O., s.: Literaturzeitung, deutsche.

Hinneberg, Paul: Die philosophischen Grundlagen der Geschichtswissenschaft.... (Aus: Histor. Zeitschr. N. F. Bd. XXVII.) Halle, 1889; 1 Bl. + S. 18–47 + 1 Bl. 8°
Halle, Phil. Fak., Inaug.-Diss. v. [16. Okt.] 1889

Hinneberg, Paul, s.: Kultur, die, der Gegenwart.

Hinneberg, Paul, s.: Litteraturzeitung, deutsche.

— s.: Wochenschrift, internationale, f. Wissenschaft, Kunst u. Technik.

Hinneburg, A. W., allgem. Schul-Choralbuch, od. 80 d. gangbarsten Choräle f. Schulen, ein-, zwei- u. dreistimmig bearb. qu. gr. 4. (7¼ B.) Jüterbog 836, Colditz.

Hinnen, J., s. Richon, Ch., analyt. u. synthet. Grammatik.

Hinnen, Sohn, S., die Weinverbesserung, enthalt. die Mittel, den Wein zu verbessern, vor Krankheiten zu bewahren u. sie zu heilen. 8. Aarau 843, v. Thun; Christen. ¼ ₰

Hinnenthal, H., Eisenbahnfahrzeuge, s.a. Sammlung Göschen.

Hinnenthal, H.: Eisenbahnfahrzeuge. Von –. Mit Abb. u. Taf. 1.2. Leipzig: Göschen 1910. 8°
1. Die Lokomotiven. 2. Die Eisenbahnwagen u. Bremsen. Mit Anh.: Die Eisenbahnfahrzeuge im Betrieb.
(Sammlung Göschen. 107. 108.)

Hinner Alois: Geschichte des Landsberger Bundes. II. 1907 PN 2286 Diss. Wien, Univ. 966

HINNER, Henricus: Epistolarum ad Ephesios et Colossenses doctrina de persona Salvatoris et de opere eius salvifico systematice proponatur. — (1906) 5, 108 Bl. 4° (Handschr.) Diss. 851
Diss. Wien, Univ.

Hinner, Leop., Wandelbilder aus der Geschichte Wiener-Neustadts. Zum 700jähr. Gründungsfeste der „Allezeit Getreuen" zusammengestellt. 8. (VII, 83 S.) Wr.-Neustadt 892. C. Blumrich. n. 1. —; geb. in Leinw. n. 1. 30

Hinnerk, Otto [Pseud.], s. Hinrichsen, Otto [wirkl. Name]

Hinnerwisch's, C., Adreß-Buch f. den Stadtkreis Hagen i/W. 1904 nebst neuestem Uebersichtsplan. Nach amtl. Quellen u. Orig.-Aufnahmen zusammengestellt. 13. Aufl. (LXXI, 428 u. 84 S.) gr. 8. Hagen, O. Hammerschmidt).
Geb. n n. 6. —

Hinnerwisch's, C., Adreß-Buch f. den Stadt- u. Landkreis Hagen i. W. 1907 nebst neuestem Uebersichtsplan. Nach amtl. Quellen u. Orig.-Aufnahmen zusammengestellt. 16. Aufl. (LXVI, 456; V, 234 u. IV, 127 S.) gr. 8. Hagen, (O. Hammerschmidt). Geb. nn 6. —

Hinneschiedt, Dominik: Die Politik König Wenzels gegenüber Fürsten und Städten im Südwesten des Reiches. 1. Tl. Von seiner Wahl bis z. Vertrag zu Heidelberg '(1384)' ... (= Progr. d. Realgymn. Darmstadt 1891. — Th. 2 erscheint u. d. T.: König Wenzel, Kurfürst Ruprecht I. u. d. Städtekampf in Südwestdeutschl., v. 1387 — 1389.) [o. O.], *1896;* 1 Bl., 32 S., 1 Bl. 4.
München, Phil. Fak., Inaug.-Diss. v. 1896

Hinneschiedt, Dominik, die Politik König Wenzels gegenüber Fürsten u. Städten im Südwesten d. Reiches. 1. Tl. Von seiner Wahl bis zum Vertrag zu Heidelberg [1384]. gr. 4. (32 S.) Darmstadt 891. (Leipzig, G. Fock.) n. 1. 20

H[innig], F W . Die Grosse Woche in der Geschichte der Menschheit. Aus dem Englischen. VIII + 125 S. 8. Genf, Atar S. A., 1908. ([geb. fr.] 3. 50) N 7295

Hinniger, Willy, aus Köckenitzsch, S.-M.: Über einige Spaltungen des α, γ-Dibenzoyl-β-phenylglutarsäure diäthylesters und die Darstellung des α, γ-Acetyl-benzoyl-β-phenylglutarsäurediäthylesters und über das Verhalten beider Ester gegen Hydrazine. *Leipzig 1901: Metzger & Wittig.* (39 S.) 8°
Leipzig, Phil. Diss. v. [16. Jan.] 1902

Hinnius, Anna [wirkl. Name], s.a. Norden, A. [Pseud.]

Hinnius, Anna: Schloss Geisberg. Roman v. A. Norden '(A[nna] Hinnius)' . . . Berlin: O. Janke (1897). (2 Bl., 359 S.) 1 Bd 8°

Hinnius, Anna: Vorurteile! Roman von A. Norden. ⟨[Anna] Hinnius.⟩ T. 1. 2 (in 1 Bde). Berlin: O. Janke (1899). 8°

Hinnius, Anna: Schlagende Wetter. Erzählung aus Mainzer alten Tagen von A. Norden ⟨A[nna] Hinnius⟩. T. 1. 2 (in 1 Bde). Berlin: O. Janke (1901). 8°

Hinnius-Norden, Anna, s. Hinnius, Anna

Hinnius-Norden, Frau Anna, s.: Norden, A.

HINO, Nobuji (Hira): Carcinoma penis.- München: Kastner & Callwey 1909. 52 S.
4.4.1911 - Chr 1910/11,261 U 11.5642
Diss. Ingolst.-Landsh.-Mchn.

Hinrichs, d. auf vollstreckbaren Titeln beruh. hypothekar. Eintraggn. u. Vorzugsrechte d. Personalgläubiger. Berlin 883.

Hinrichs u. E. Hübner, Epigraphik, s.: Handbuch der klassischen Altertumswissenschaft. 1. Bd.

Hinrichs (I.), s. Handbuch der klassischen Altertumswissenschaft.

Hinrichs, Aug, Fest-Spiel f. Turner. 2. Tauf. (29 S.) 8. Oldenburg (906). E. Bültmann. — 50; erh. Pr. n. 1. —

— to'r Schummertied. Leeder un Döntjes. Buchschmuck v. A. Diers. (79 S. m. Abbildgn.) 8. Ebd. (906). n. 1. 50

Hinrichs, August: To'r Schummertied. Leeder un Döntjes von –. Buchschmuck von A. Diers. Oldenburg i. Gr.: E. Bültmann [1907]. (79 S.) 8°

Hinrichs, Bruno, a. Rostock: Le Mystère de Saint Remi. Manuskript der Arsenalbibliothek zu Paris 3364, nach Quellen, Inhalt und Metrum untersucht. Greifswald 1907: H. Adler. (70 S.) 8°
Greifswald, Phil. Fak., Ref. Stengel, Diss. v. 1. Sept. 1907
[Geb. 3. Okt. 83 Rostock; Wohnort: Ribnitz; Staatsangeh.: Preußen; Vorbildung: Gymn. Stettin Reife O. 03; Studium: Rostock 1, Berlin 2, Greifswald 5 S.; Rig. 4. Mai 07.]

Hinrichs, Eduard Philipp

Hinrichs, Ed. Phil., Leitfaden f. d. Unterr. in d. allgem. Geschichte. 1. Bdchn.. Gesch. d. Alterthums. gr. 12. (5½ B.) Hamburg 851, Hoffmann u. Campe.

Hinrichs, (Ed. Ph.,) de Theramenis Critiae et Thrasybuli virorum tempore belli Peloponnesiaca inter graecos illustr., rebus et ingenio Comment. 4. Hamb. 820, (Hofmann u. C.)

Hinrichs, Eduardus Philippus. Als die Inaug.-Schrift vertretend wurde angenommen des Verf. Druckschrift: De Theramenis, Critiae et Thrasybuli, virorum tempore belli Pelopponnesiaci inter Graecos illustrium, rebus & ingenio Commentatiuncula. Hamburgi: Meißner 1820. 68 S. 4°
[Halle-Wittenberg, Phil. Diss. v. 7. April 1824]
Geb. [Hamburg 7. 7. 1799]

Hinrichs, F. C., Karte von Niederdeutschland. In 20 Blättern. Leipzig, Hinrichs. 1813. gr. Fol.

Hinrichs, F. H. W., s. Hinrichs, Hermann Friedrich Wilhelm

Hinrichs, Franz [pr. Arzt aus Berka a. Ilm (Grossh. Weimar)]: Beitrag zur Lehre von den Erkrankungen des Pancreas. . . . Berlin, Buchdr. v. Gustav Schade (Otto Francke) (1889): 31 + 1 S. 8°
Berlin, Med. Fak., Inaug.-Diss. v. 18. Mai 1889

Hinrichs, Friedrich

Hinrichs, F., neues praktisches Handbuch für Brennerei- und Brauerei-Besitzer, Destillateure, Essig- und Liqueur-Fabrikanten, sowie für jeden Geschäftsmann. Enthaltend: die Anweisungen zur Bereitung der wichtigsten Produkte der Brennerei, Brauerei, Destillation etc. Mit Berücksicht. neuer, ganz besonders ergiebiger Vortheile. Kurz und bündig dargestellt. 2. und 3., verm. Aufl. gr. 8. (IV und 39 S. mit 1 Holzschnt.) Berlin 850, Grieben.

Hinrichs, F., neues praktisches Handbuch für Brennerei- und Brauerei-Besitzer, Destillateure, Essig- und Liqueur-Fabrikanten, sowie für jeden Geschäftsmann. Enthltd.: die Anweisungen zur Bereitung der wichtigsten Produkte der Brennerei, Brauerei, Destillation rc. Mit Berücksichtigung neuer, ganz besonders ergiebiger Vortheile. Kurz und bündig dargestellt. 4. (Titel-)Aufl. Mit 1 Zeichnung (Holzschn. im Text.) Berlin (850.) 855. Stage. (Schlingmann.) 1 Bl., 39 S.) 15 ngr.

Hinrichs, F., das preußische Hypothekenrecht, s.: Hypothekenrecht, deutsches.

Hinrichs, F., Studien aus dem Gebiete des preußischen Hypothekenrechts. 1. Heft: Die auf vollstreckbaren Titeln beruhenden hypothekar. Eintragungen und Vorzugsrechte der Personalgläubiger. gr. 8. (V, 99 S.) Berlin 883, Guttentag.

Hinrichs, F. (H.), Richard Wagner und die neuere Musik, s. Wagner, Richard.

Hinrichs, G., Helena-Kassandra u. Skamander-Xanthos z. Onomatologie. S.-A. O. J. '41 8. 1.25

Hinrichs, G. C., Karte von Oberdeutschland. In 12 Blättern. Leipzig, Hinrichs, 1812. Fol. (2½ Rt.)

Hinrichs, Geo., Bökelnborg. Leeder u. Vertelln in dithmarscher Mundart. (VIII, 400 S.) 8. Eutin 910. E. Ivens. 4.—; geb. 5. —

Hinrichs, Geo., Meerumslungen. Gedichte in sin leef Modersprak. 8. (VIII, 238 S.) Itzehoe 880. Nusser. n. 2. 40

Hinrichs, Gust., über den Bau des Quarzes. Lex.-8. (6 S.) Wien 870, (Gerold's Sohn.) *
Aus: Sitzungsberichte der k. Akademie der Wissenschaften, besonders abgedruckt.

Hinrichs, Gust., the elements of physical science, demonstrated by the student's own experiments a. observations. In 3 vols. Vol. I. et II. gr. 8. Davenport 870. 71. Leipzig, Brockhaus' Sort. n. 16. 50
I. The elements of physic. With a (lith.) plate (in gr. 4.) (VII, 176 S.) n. 8. 50
II. The elements of chemistry a. mineralogy. With 2 (lith.) plates (in 4.), a. journal of experiments. (V, 170 S.) n. 8. —

Hinrichs, Gust., de homericae elocutionis vestigiis aeolicis. gr. 8. (176 S.) Jena 875. E. Frommann. n 3. —

Hinrichs, Gustav Der Erdmagnetismus als Folge der Bewegung der Erde im Aether. Mathem. Ergänzung. Kopenhagen 1860.

-- the principles of pure chrystallography; a lecture-guide. gr. 8. (IV, 44 S.) Ebend. 871. n n. 2. 60

Programme der Atommechanik oder die Chemie eine Mechanik der Panatome. Iowa City, 1867. 4to.

—— the School Laboratory of physical science. Vol. I and II. 1871 and 1872. gr. 8. Iowa City. (Leipzig, Brockhaus' Sortiment und Antiquarium.) [Vol. I. 4 Nrn. (115 S. mit 5 lithogr. Taf.); Vol. II. 2 Nrn. (à 16 S. und Suppl.: Biographical Sketch of Wilh. v. Haidinger. 16 S. mit lithogr. Portr.)] à Jahrg. *

Hinrichs, Gust., Hr. Dr. Karl Sittl und die homerischen Aolismen. gr. 8. (97 S.) Berlin 881, Weidmann'sche Buchh.

Hinrichs, Gust., zur Statistik der Krystall-Symmetrie. [Aus d. Sitzungsber. d. k. Akad. d. Wiss.] Lex.-8. (17 S.) Wien 870. (Gerold's Sohn.) — 30

Hinrichs, Gust., die electromagnetische Telegraphie sammt den nöthigen Kenntnissen aus der Physik, leichtfaßlich-wissenschaftlich dargestellt. Mit 1 (lith.) Telegraphen-Karte von Mittel-Europa (in 4.) und vielen Figuren (auf 1 lith. Taf. in 4.). Hamburg 856. Perthes-Besser u. Mauke. gr. 8. (VII, 69 S.) n. 15 ngr.

Hinrichs, Gustav Detlef

Hinrichs, Gustavus, die Amana-Meteoriten, s.a. Vorträge u. Abhandlungen, hrsg. v. der Zeitschrift „Das Weltall“. 15. Heft.

Die Amana-Meteoriten gesammelt, untersucht u. verteilt von Dr. Gustavus D[etlef] Hinrichs, Prof. Mit 6 Taf. Treptow-Berlin: Treptow-Sternwarte 1906. 19 S. 4° [10. 16633

The Amana Meteorites of February 12, 1875. By Gustavus Detlef Hinrichs, Prof., St. Louis Univ. With 16 pl. (Advance Ed. of the plates.) St. Louis, Mo., U. S.: C. G. Hinrichs; New York & Leipzig: Lemcke & Buechner 1905. (16 Bl.) 8° [06. 10789

Sechs Beiträge zur Dynamik des chemischen Moleküls. Von Dr. Gustavus [Detlef] Hinrichs, (St. Louis). Eingesandt April 1872 u. April 1873. *Leipzig: G. Fock 1892.* (VII, 24 S.) 8° [01. 8004

Hinrichs, Heinrich: Die Datirung in der Geschichtsschreibung des 11. Jahrhunderts. Ein Beitrag z. Chronologie d. Mittelalters. Innsbruck 1907: Wagner. (127 S.) 8° ¶ (Aus: Mitteilungen d. Instituts f. österr. Geschichtsforschung Erg.-Bd 7.)
Greifswald, Phil. Fak., Ref. Bernheim, Diss. v. 15. Nov. 1907
[Geb. 12. Mai 80 Bürgerfeld-Oldenburg; Wohnort: Osnabrück; Staatsangeb.: Preußen; Vorbildung: Gymn. Osnabrück Reife O. 02; Studium: Münster 4, Greifswald 5 S.; Rig. 25. Juli 06.]

Hinrichs, Hermann Friedrich Wilhelm

—— Schillers Dichtungen nach ihren histor. Beziehungen u. nach ihrem inneren Zusammenhange. 1. u. 2. Thl. gr. 8. Leipzig, Hinrichssche Buchh.
Thl. 1. Lyrischer Theil. (21 B.) 837. 1 Thlr. 18 Gr.
" 2. Dramat. Theil. 2 Abthln. [1. (20¼ B.) 838. 1 Thlr. 16 Gr., 2. (20 B.) 839. 1 Thlr. 10 Gr.] 3 Thlr. 2 Gr.

Hinrichs, H. F. W., Ferienschriften. Pfingsten 844. Die preuß. Petitionsfrage nach provinzialständischem u. constitutionell. Gesichtspunkte. gr. 8. (6 B.) Halle 844, Schwetschke u. Sohn. *

– Ferienschriften

—— Ostern 845. Die deutsche Verfassungsfrage. Darstellung u. Kritik der Carlsbader Verhandlungen über die Interpretation des Art. 13 der Bundesacte. gr. 8. (5⅝ B.) Ebds. 845.*

Hinrichs, (F. H. W.), König Friedrich Wilhelm IV. Ein Wort an meine deutschen Mitbürger. gr. 8. (16 S.) Halle 848. [Braunschweig,] Schwetschke und Sohn.

Hinrichs, Herm. Friedr. W., die Genesis d. Wissens. 1. metaphys. Thl. gr. 8. (12 B.) Heidelberg 835, J. C. B. Mohr. Thlr.

Hinrichs, H. F. W.: „Geschichte des Natur- und Völkerrechts“, a. u. d. T.: „Geschichte der Rechts- und Staatsprincipien seit der Reformation bis auf die Gegenwart in historisch-philosophischer Entwickelung“, 3 Teile, Leipzig 1848 bs 1852. — Vorh.: Bibl. des Kammergerichts Berlin — Ja. 120.

—— Geschichte der Rechts- und Staatsprincipien seit der Reformation bis auf die Gegenwart in histor.-philosoph. Entwickelung. 1—3. Bd. A. u. d. T.: Geschichte des Natur- und Völkerrechts. gr. 8. Leipzig, G. Mayer. [1. (XII und 274 S.) 848., 2. (XVI und 304 S.) 850., 3. (XXIV und 376 S.) 852. à Bd. 1 Thlr. 15 Ngr.]

Hinrichs, (H. Fr. W.) Grundlinien d. Philosophie u. Logik, als Versuch einer wissenschaftl. Umgestaltung ihrer bisherig. Principien. Zum Gebrauch bei akadem. Vorlesungen. 8. Halle 826, Fr. Ruff.

— die Philosophie der Logik, zum Gebrauche bei academ. Vorlesungen. 8. Halle 826, jetzt Lippert. 1⅙ Rt.

Hinrichs, H. Fr. W., die Könige. Entwickelungsgeschichte des Königthums von den ältesten Zeiten bis auf die Gegenwart. 2. (Titel-)Aufl. (Unveränd. Abdruck.) Leipzig (852.) 853. Gostenoble. gr. 8. (XVI, 468 S.) n. 2 ℛ. 10 ngr.

— das Leben in der Natur. Bildungs- und Entwickelungsstufen desselben in Pflanze, Thier und Mensch. Naturhistorisch-philosophisch dargestellt. Halle 854. Schmidt. 8. (XV, 271 S.) n. 24 ngr.

— **Her. Fried. Wilh.,** De refutatione ex principiis instituenda et theses adjectas. Diss. philos. Breslau (Grass, Barth & Co.) 24. IV. 1824. 16 Seiten. (6.—) 15244

Hın. F. W. **Hinrichs**: d. Religion im innern Verhältn. z. Wissensch.; nebst Darstell. u. Beurtheil. der v. Jacobi, Kant, Fichte u. Schelling gem. Versuche, dies. wissensch. zu erfassen u. nach ihrem Hauptinh. zu entwickeln; m. e. Vorw. v. G. W. F. **Hegel.** *Heidelb.*, Groos. 822. gr8° 1 ß 12 gl

— Trier-Ronge-Schneidemühl in staats- u. bundesrechtl. Hinsicht. Ein fliegendes Blatt zu Neujahr 1845. 5. Aufl. gr. 8. (1½ B.). Halle, Schwetschke u. Sohn. *

— Trutz-Rom-u.-Jesuiten. Ein Gedenkblatt f. römisch- u. deutsch-kathol. Christen. gr. 8. (6 B.) Halle 845, Schwetschke u. Sohn. *

— der oldenburg. Verfassungsstreit nach gedruckten u. ungedruckten Quellen. Ein Beitrag zur Erörterung d. deutschen Verfassungswesens seit dem Befreiungskriege bis auf unsere Tage. gr. 8. (8½ B.) Sudenburg-Magdeburg 846. [Schönebeck, Koch.] *

— **Verfassungswesen des Großherzogthums Oldenburg. Besonders abgedruckt aus den Jeverländischen Nachrichten.) gr. 8. Jever 846. (Bremen, Kaiser.) n. 6 ngl**

— Verfassungswesen des Großherzogthums Oldenburg. gr. 8. (24 S.) Jever 848. (Bremen, Kaiser.) *
Aus: Nachrichten, jeverländische, Jahrg. 1845, besonders abgedruckt.

— **ästhet. Vorlesungen üb. Goethe's Faust. 8. Halle 825. (Berlin, Laue.)**

— politische Vorlesungen. Unser Zeitalter u. wie es geworden, nach seinen politischen, kirchl. u. wissenschaftl. Zuständen, mit besond. Bezuge auf Deutschland u. namentl. Preußen. In öffentl. Vorträgen an der Universität zu Halle dargestellt. 2 Bde. gr. 8. (52½ B.) Halle 843. (Schwetschke u. Sohn.) *

— **d. Wesen d. antiken Tragödien, in ästhet. Vorlesungen durchgeführt an d. beiden Oedipus d. Sophocles ꝛc. gr. 8. Halle 827, Fr. Ruff.**

Hinrichs, Hugo, kurzgefaßtes Lehr- u. Uebungsbuch der englischen Sprache, s.: **Görlich,** Ewald.

Hinrichs, J. von

v. Hinrichs, ..., Anleitung zum Felddienst für d. Landwehr, 8. Leipz. 81.. 2e unveränd. A. 814. Rein. 8 gl

Hinrichs, J., Bilder aus der Kirchengeschichte, f. evangel. Präparanden-Anstalten, Mittelschulen u. verwandte Anstalten dargestellt. (IV, 96 S.) gr. 8. Harburg 904. G. Elkan. n. — 80

Hinrichs, J., s.: **Geschichte,** biblische, f. Schule u. Haus.

Hinrichs, v. d. Theorie d. Patrouillirens, mit 6 Holzschn. gr. 8. Berl. Braun.

— **Theorie des Patrouillirens. Mit 6 Holzschnitten. 2te Aufl. gr. 8. Berl. Achenwall u. Comp. 814.**

— Theorie des Patrouillirens. Mit 6 Holzschnitten. gr. 8. Berl. 810. 2e A. 814. (Brockhaus in Leipz.) Mit Jahrz. 1816. 10 gl

Hinrichs, J. C.

Hinrichs' Bücher-Catalog 1851—1865. Bearb. v. Adph. Büchting u. Ed. Baldamus. 2 Bde. 4. (1. Bd. 487 u. 2. Bd. 519 S.) Leipzig 874. Hinrichs' Verl. n. 52. —; In e. Bd. geb. n. 58. 50

Hinrichs' fünfjähriger Bücher-Catolog. Verzeichniss der in der 2. Hälfte des 19. Jahrh. im deutschen Buchhandel erschien. Bücher und Landkarten. 3. Bd.: 1861—65. Bearb. von Adph. Büchting und Gust. Herre. 4. (420 S.) Leipzig 866, Hinrichs' Verlag. *
S.a.: **Kirchhoff's, A.,** Bücher-Catalog.

— fünfjähriger Bücher-Catalog. Verzeichniss der in der zweiten Hälfte d. 19. Jahrh. im deutschen Buchhandel erschienenen Bücher u. Landkarten. 4. Bd. 1866—1870. Bearb. v. Adph. Büchting. hoch 4. (442 S.) Leipzig 871. Hinrichs' Verl. n. 18. —

— dasselbe. 5. Bd. 1871—1875. Bearb. v. Rich. Haupt. hoch 4. (590 S.) Ebend. 876. n. 27. —; geb. n. 29. —

Hinrichs' fünfjähriger Bücher-Catalog. Verzeichniss der in der 2. Hälfte des 19. Jahrhunderts im deutschen Buchhandel erschienenen Bücher u. Landkarten. 6. Bd. 1876—1880. Bearb. von Rich. Haupt. hoch 4. (744 S.) Leipzig 881. Hinrichs' Verl. n. 33. —; geb. n. 35. —

Hinrichs' fünfjähriger Bücher-Catalog. Verzeichniss der in der 2. Hälfte d. 19. Jahrh. im deutschen Buchhandel erschienenen Bücher u. Landkarten. 7. Bd. 1881—1885. Bearb. v. Rich. Haupt. Lex.-8. (908 S.) Leipzig 886. Hinrichs' Verl. n. 40. —; geb. n. 43. —

Hinrichs' fünfjähriger Bücher-Catalog. Verzeichniss der im deutschen Buchhandel erschienenen Bücher, Zeitschriften, Landkarten etc. 8. Bd. 1886—1890, bearb. v. Rich. Haupt u. Heinr. Weise. Mit ausführl. Sachregister. 2 Tle. in 33 Lfgn. Lex.-8. Lpz. 892, Hinrichs' Verlag. à Lfg. * 2 —; * 66 — geb. ** 69 —; in 2 Bde. geb. ** 69 50
1. Text des Kataloges. (VII, 1040 S.)
2. Sachregister. (III, 274 S.) [Auch apart, * 17 50; geb. ** 19 —.]

Hinrichs, J. C.; Entsteh., Fortg. u. Besch. d. Russ. Jagdmusik. m. K. gr. 4. Petersburg (Gerstenberg in Hildesh. in) 796.

Hinrichs' Fünfjahrs-Katalog d. im deutschen Buchhandel erschien. Bücher, Zeitschriften, Landkarten etc. Titelverzeichnis u. Sachreg. 9. Bd. 1891—1895. Bearb. v. Heinr. Weise. 4. (1482 u. Sachreg. III, 248 S.) Leipzig 896. J. C. Hinrichs' Verl. n. 100. —; in 2 Halbfrzbdn. n.n. 105. —; Register allein n. 28. —; geb. n.n. 30. —
Erschien auch in 42 Lfgn. à n. 2. 40.

Hinrichs' Fünfjahrs-Katalog d. im deutschen Buchhandel erschienenen Bücher, Zeitschriften, Landkarten etc. Titelverzeichnis u. Sachregister. 10. Bd. 1896—1900. Bearb. v. Heinr. Weise. 4. (Titelverzeichnis 1505 S. u. Register III, 544 S.) Leipzig 901. J. C. Hinrichs' Verl. n. 100. —; in 2 Bde. geb. n.n. 105. —; Verlagsändergn. u. Voranzeigen hieraus allein. (45 S.) Geb. n. 4. —
Erschien auch in 42 Lfgn. à n. 2. 40.

Hinrichs' Fünfjahrs-Katalog der im deutschen Buchhandel erschienenen Bücher, Zeitschriften, Landkarten usw. Titelverzeichnis u. Sachregister. 11. Bd. 1901—1905. Bearb. v. Heinr. Weise. 1. Tl. Titelverzeichnis. Mit Anh. v. Voranzeigen v. Neuigkeiten, Verlags- u. Preisänderungen. 2. Tl. Sachregister. Zusammengestellt u. überarb. von Adf. Schäfer. Nebst Nachträgen u. Berichtigungen zum Titelverzeichnis. (II, 1720 u. II, 646 S.) Lex.-8. Leipzig 906. J. C. Hinrichs' Verl. n. 116. —; in 3 Halbfrzbdn. n n. 122. 50

Hinrichs' Halbjahrskatalog, s.a. Verzeichnis der im deutschen Buchhandel neu erschienenen u. neu aufgelegten Bücher, Landkarten, Zeitschriften ꝛc.

Hinrichs, J. K., Halbjahrs-Katalog der im deutschen Buchhandel erschienenen Bücher, Zeitschriften, Landkarten usw. Mit Registern nach Stichworten und Wissenschaften, Voranzeigen von Neuigkeiten, Verlags- und Preisänderungen. Bd 196—219 (1896—1907). Leipzig, 1896—1908.

Hinrichs' Halbjahrs-Katalog d. im deutschen Buchhandel erschienenen Bücher, Zeitschriften, Landkarten etc. Mit Registern nach Stichworten u. Wissenschaften, Voranzeigen von Neuigkeiten, Verlags- u. Preisändergn. 206.—208. Fortsetzg. 1901. 1. u. 2. Halbj. u. 1902 1. Halbj. à 2 Tle. 4. Leipzig, J. C. Hinrichs' Verl. à n. 7. 50; in 2 Bde. geb., Text in Halbfrz., Register in Leinw. à n.n. 9. —

1901. I. (422 u. 156 S.) — 1901. II. (430 u. 168 S.)
1902. I. (448 u. 170 S.)
Vergl.: Verzeichnis der im deutschen Buchhandel neu erschienenen u. neu aufgelegten Bücher etc.

Hinrichs' Halbjahrs-Katalog d. im deutschen Buchhandel erschienenen Bücher, Zeitschriften, Landkarten usw. Mit Registern nach Stichworten u. Wissenschaften, Voranzeigen v. Neuigkeiten, Verlags- u. Preisänderungen. 209.—216. Fortsetzung. 1902. 2. Halbj. 1903 —1905. 1. u. 2. Halbj. u. 1906 1. Halbj. à 2 Tle. Lex.-8. Leipzig, J. C. Hinrichs' Verl. n.n. 64. 20; à Halbj. in 2 Bde. geb., Text in Halbfrz., Register in Leinw. n.n. 76. 30

1902.	II.	(448 u. 180 S.) 903.	n.n. 7. 50; geb. n.n. 9. —
1903.	I.	(472 u. 178 S.) 903.	n. 8. —; geb. n.n. 9. 50
	II.	(451 u. 178 S.) 904.	n. 7. 50; geb. n.n. 9. —
1904.	I.	(495 u. 181 S.) 904.	n. 8. —; geb. n.n. 9. 50
	II.	(463 u. 183 S.) 905.	n. 7. 50; geb. n.n. 9. —
1905.	I.	(496 u. 178 S.) 905.	n. 8. 70; geb. n.n. 10. 20
	II.	(490 u. 179 S.) 906.	n. 8. 50; geb. n.n. 10. —
1906.	I.	(486 u. 158 S.) 906.	n. 8. 50; geb. n.n. 10. 10

Hinrichs' Halbjahrs-Katalog der im deutschen Buchhandel erschienenen Bücher, Zeitschriften, Landkarten usw. Mit Registern n. Stichworten u. Wissenschaften, Voranzeigen v. Neuigkeiten, Verlags- u. Preisändergn. 217.—224. Fortsetzg. 1906. 2. Halbj. 1907—1909 I. u. II. Halbj. u. 1910 I. Halbj. à 2 Tle. Lex. 8. Leipzig, J. C. Hinrichs' Verl. 74.65; in 2 Bde. geb., Text in Halbfrz., Register in Lw. 87. 45

1906.	II.	(495 u. 175 S.) 907.	8.70; geb. 10. 30
1907.	I.	(523 u. 175 S.) 907.	9.—; geb. 10. 60
1907.	II.	(532 u. 183 S.) 908.	9.30; geb. 10. 90
1908.	I.	(530 u. 181 S.) 908.	9.30; geb. 10. 90
1908.	II.	(516 u. 195 S.) 909.	9.30; geb. 10. 90
1909.	I.	(540 u. 191 S.) 909.	9.30; geb. 10. 90
1909.	II.	(545 u. 193 S.) 910.	9.75; geb. 11. 35
1910.	I.	(559 u. 190 S.) 910.	10.—; geb. 11. 60

— Katalog 1906—1909 der im deutschen Buchhandel erschienenen Bücher, Zeitschriften, Landkarten usw. Titelverzeichnis u. Sachregister, der ganzen Reihe 12. Bd. (In ca. 38 Lfgn.) 1.—13. Lfg. (Titelverz. S. 1—624.) Lex. 8. Ebd. 910. à Lfg. 2. 40

— fünfjähriger Katalog. Verzeichnis der im deutschen Buchhandel erschienenen Bücher, Zeitschriften, Landkarten etc. 8. Bd. 1886—1890. Bearb. v. Rich. Haupt u. Heinr. Weise. Mit e. ausführl. Sachregister. 33 Lfgn. 4. (VII, 1040 S. u. Sachregister III, 274 S.) Leipzig 891. 892. J. C. Hinrichs' Verl. à n. 2. -- (kplt: n. 66. —; geb. n.n. 69. —; in 2 Bde. n.n. 69. 50; Sachregister allein n.n. 17. 50; geb. n.n. 19. —)

Hinrichs' Repertorium über die nach den halbjährlichen Verzeichnissen 1871—1875 erschienenen Bücher, Landkarten ꝛc., bearb. von Ed. Baldamus. Mit einem Sach-Register. 8. (XIX, 692 S.) Leipzig 877, Hinrichs'sche Buchh. * ℳ 16.; geb. * 17 50
vgl.: Büchting's Repertorium.

— Repertorium über die nach den halbjährlichen Verzeichnissen 1876—1880 erschienenen Bücher, Landkarten ꝛc., bearb. von Ed. Baldamus. Mit einem Sach-Register. 8. (XVII, 854 S.) Ebendas. 882. ℳ 20.; geb.

— Repertorium üb. die nach den halbjährlichen Verzeichnissen 1881—1885 erschienenen Bücher, Landkarten ꝛc., bearb. v. Ed. Baldamus. Mit e. Sach-Register. 8. (XVII, 969 S.) Ebend. 886. n. 24. —; geb. n.n. 25. 50

Verlagskatalog der J. C. Hinrichs'schen Buchhandlung 1845–1904 nebst den noch vorhandenen älteren Werken u. e. kurzen Geschichte d. Firma. Leipzig: J. C. Hinrichs 1905. (VIII, 172 S.) 8° les. geb. 10

Hinrichs, J. C., s.a : Verzeichniß der Bücher, Landcharten ꝛc.

Hinrichs, J. C., Verzeichniß aller Bücher, Landkarten ꝛc., welche vom Jan. 1833 bis Ende Dec. 1840 neu erschienen und neu aufgelegt sind. Mit Angabe der Bogenzahl, Verleger u. Preise ꝛc. Fortgesetzt von Th. Pt. Thun. 8. Leipzig 833 — 840, Hinrichs. $7^1/_2$ ℳ

Hinrichs, J. C., Verzeichniß der Bücher, Landcharten ꝛc., welche neu erschienen oder neu aufgelegt worden sind, mit Angabe der Bogenzahl, der Verleger, Preise ꝛc. Fortges. von J. Pt. Thun. Jahrg. 1841, 1842. Dann fortges. von e. A. Jahrg. 1843—46. 8. Leipz., Hinrichs'sche B. à Jahrg. 1 ℳ

Hinrichs, J. C: Verzeichnis der Bücher, Landkarten usw., welche neu erschienen und neu aufgelegt worden sind. [Halbjahresbde]. Forts. 106—205. 1851 —1900

Seit 1901: Hinrichs' Halbjahrs-Katalog der im deutschen Buchhandel erschienenen Bücher, Zeitschriften, Landkarten usw. Forts. 206—235. 1901—1915

Seit 1916: Halbjahrsverzeichnis der im deutschen Buchhandel erschienenen Bücher, Zeitschriften und Landkarten. Bearb. von der Bibliographischen Abteilung des Börsenvereins der Deutschen Buchhändler zu Leipzig. Forts. 236. 1916 ff. Leipzig

Hinrichs, J. C., Verzeichniß neuer Bücher ꝛc., s.a. Verzeichniß.

Hinrichs, J. C., Verzeichniß neuer Bücher. 8. Leipzig, 2te Aufl. 8. Altona, Hammerich. 814.

Hinrichs, J. C., Verzeichniß neuer Bücher, nebst einem wissenschaftl. Repertorium. Jahrgang 1811 bis 1821. Jeder Jahrg. in 2 Hälft. 8. Leipzig, Hinrichs. à Jahrg. 12 Gr.

—— s. Verzeichniß der neu erschienenen und neu aufgelegten Bücher ꝛc.

Hinrichs, J. J. Halbjähriges alphabetisches Verzeichniss der Bücher, Landkarten etc, welche vom Januar bis Juni und vom Juli bis December neu erschienen oder neu aufgelegt worden sind. Mit Angabe der Seitenzahl, der Verleger, der Preise, literarischen Nachweisungen und einer wissenschaftlichen Uebersicht. Nebst einem Anhang: Die bedeutendsten Erscheinungen des niederländischen Buchhandels Leipzig. (Nur die neuesten, das allgem. Bücher-Lexikon von Heinsius ergänzenden Jahrgänge in Aufbewahrung.) 8.

Hinrichs, J. C., vollst. alphabet. Verzeichniß aller Bücher, welche seit 1797 wirklich erschienen sind, nebst Verleger, Preißen ꝛc. 26 Hefte. 8. Lpz. Hinrichs. 798 — 810.
(wird fortgesetzt und erscheint 2 mal des Jahrs, im Juli 6 gr. im Decbr. 4 gr.)

Hinrichs, J. C., (†...) vollständ. alphabet. Verzeichniß aller Bücher, welche 1797 bis Ende 1832 wirklich erschienen sind, nebst Verleger, Preißen ꝛc. Fortges. von Mehrern, zuletzt v. Th. Pt. Thun. (Erscheinen alle Jahre 2 Hefte). 8. Leipz. 798—833. Hinrichs.

Hinrichs, J. K., Wöchentliches Verzeichnis der erschienenen und der vorbereiteten Neuigkeiten des deutschen Buchhandels. Nach den Wissenschaften geordnet. Nebst 12 Monatsregistern. Jg. 58—67 (1899—1908). Leipzig, 1899 —1908.

Hinrichs, Johann, appr. Arzt: Aus d. psychiatr. u. Nervenklinik zu Kiel. Über Noktambulismus. Kiel 1910: Gutenberg-Dr. 14 S. 8°
Kiel, Med. Diss. v. 12. Jan. 1910, Ref. Siemerling
[Geb. 1. Okt. 80 Hesel, Ostfriesland; Wohnort: Förste; Staatsangeh.: Preußen; Vorbildung: Gymn. Norden Reife O. 00; Studium: Göttingen 2, München 4, Kiel 2, Berlin 4 S.; Coll. 17. Dez. 09; Approb. 15. März 07.] [U 10. 2444

Hinrichs, Jh. Chr., Entstehung, Fortgang u. jetzige Beschaffenheit d. Russ. Jagdmusik. Mit 1 Kpf. u. 3 Notentabell. gr. 4. Petersb. 796. (Gerstenberg in Hildesh.) 1 ₰ 3 gr

Hinrichs, Joh. Peter

Hinrichs, J. P., an die guten Brüder d. L. z. r. Adler, über maurerischen Despotismnus. 8. Hamburg, Herold. 818.

Hinrichs, Joh. Peter: An die guten Brůder der e. L[oge] z[um] r[oten] Adler [in Hamburg], ůber den an mir durch Exclusion ausgeůbten maurerischen Despotismus. Als Antwort auf die mir darůber gewordene Anzeige. Von J[oh.] P[eter] **Hinrichs.** Zur Průfung fůr freye Maurer und fůr die, welche es nicht sind. Hamburg, im July 1818. [Hamburg]: Selbstverl., Hässler in Comm. [1818]. VI, 7—16 S. 8° [Umschlagtit.]

— meine maurerische Laufbahn, aus dem Grabe eines symbolisch getödteten Freimaurers, nach gewaltsamer Zerstörung seines symbol. Körpers ꝛc. 8. Hamb. 819. (Herold). 15 gr

Meine maurerische **Laufbahn,** oder: Stimme aus dem Grabe eines symbolisch getődteten Freymaurers nach gewaltsamer Zerstőrung seines symbolischen Kőrpers, zum warnenden Nutzen seiner noch symbolisch lebenden Brůder, in die aus Licht und Finsterniss gebaute Welt hineingerufen, von J[oh.] P[eter] **Hinrichs.** Zur Erl. der im July 1818 erschienenen Schrift: An die guten Brůder, der L. z. r. Adler, ůber maurerischen Deſpotismus. Hamburg: Selbstverl. 1819. XVI,202 S. 8°
Kl. 2988.

Hinrichs, Johannes: Aufgaben aus der analytischen Geometrie für die Prima. Neustrelitz 1908: Bohl. 55 S. 8°
Neustrelitz, großh. G Carolinum P 1908 (869) [S 08. 190

Hinrichs, Johannes [ord. Lehrer am Gymn. Carolinum in Neustrelitz]: Beiträge zu der Bewegung eines materiellen Punktes auf der Oberfläche eines gleichseitigen — ein- oder zweischaligen — Rotations-Hyperboloids unter der Einwirkung einer Centralkraft ... Marburg, Univ.-Buchdr. '(R. Friedrich)', 1895; 56 S., 1 Bl., 3 Taf. 8.
Marburg, Phil. Fak., Inaug.-Diss. v. [6. Sept.] 1895

Hinrichs, Ioannes: De operariorum cantilenis Graecis. Darmstadiae 1908: Winter. 57 S. 8°
Gießen, Phil. Diss. v. 3. Sept. 1908, Ref. Wünsch
[Geb. 27. Jan. 82 Hess. Lichtenau; Wohnort: Darmstadt; Staatsangeh.: Hessen; Vorbildung: Gymn. Büdingen Reife O. 01; Studium: München 2, Bonn 1, Kiel 2, Gießen 4 S.; Rig. 23. Febr. 07.] [U 09. 1311

Heimatgeschichtliche Bilder für Ostfrieslands Volk und seine Schule v. Jul. Hinrichs. Leer. 1910. 8°

Hinrichs, Matthias Theodor, s. H i n r i c h s , Theodor

Hinrichs P.: Grossbäuerliche Geest- u. Fettweidenwirtschaften in Ditmarschen. Diss. 1911. Jena. 80 S. 4°.

Hinrichs, Theodor

Hinrichs, *Matthias* Theodor [app. Arzt aus Tetenbüll, Kr. Eiderstedt '(Schleswig-Holst.)']: Aus d. chirurg. Poliklinik zu Kiel. Über die Erfolge der Behandlung des Klumpfusses ... Kiel, Druck v. Schmidt & Klaunig, 1896; 25 S., 1 Bl. 8.
Kiel, Med. Fak., Inaug.-Diss. v. [6. Jan.] 1897

Hinrichs, Walter Theodor

Hinrichs, Walth. Th., Carl Gotthard Langhans, e. schlesischer Baumeister 1733—1808, s.a. Studien zur deutschen Kunstgeschichte.

Hinrichs, WaltherTh[eodor]: Carl Gotthard Langhans, ein schlesischer Baumeister, 1733—1808. Strassburg: Heitz 1909. VI, 88 S., 32 Taf. 8° ¶ Auch als: Studien zur deutschen Kunstgeschichte. H. 116.
Hannover, Dr.-Ing.-Diss. v. 25. 1. 1909

Hinrichs, Wilhelm

Hinrichs, W., Ausführung und Unterhaltung der eisernen Brücken, s. Handbuch der Ingenieurwissenschaften.

Hinrichs, W., eiserne Brückenpfeiler usw., s.: Mantel, G.

Hinrichs, W., s.: Handbuch der Ingenieurwissenschaften, II. Bd., 5. Abtlg.

Hinrichs, W., der eiserne Ueberbau der Warthe-Brücke bei Posen, s.: Meyer, G.

Hinrichs, Willy, appr. Arzt a. Ratzeburg: Behinderung der Atmung und der Nahrungsaufnahme durch eine zu große Thymus bei einem 10 Wochen alten Kinde; Operation Heilung. Leipzig 1907: B. Georgi. (41 S.) 8°
Leipzig, Med. Fak., Ref. Hoffmann, Diss. v. 9. Okt. 1907
[Geb. 14. Mai 82 Ratzeburg; Wohnort: Berlin; Staatsangeh.: Preußen; Vorbildung: Lauenburgische Gelehrtensch. Ratzeburg Reife O. 01; Studium: Göttingen 1, Leipzig 3, München 2, Leipzig 3 S.; Coll. 23. Okt. 07; Approb. 22. Okt. 06.]

Hinrichs, Willy: Beitrag zur Theorie der natürlichen Blende optischer Instrumente. Berlin: Ebering 1910. 129 S. 8°
Rostock, Phil. Diss. v. 8. Febr. 1910, Ref. Weber
[Geb. 26. Aug. 84 Berlin; Wohnort: Wilmersdorf-Berlin; Staatsangeh.: Preußen; Vorbildung: Friedrichs-Werdersche Oberrealsch. Berlin Reife O. 05; Studium: Berlin 9 S.; Rig. 3. Febr. 10.] [U 10. 3954

Hinrichsen, Adolf

Hinrichsen, A., s.: Denker, deutsche, und ihre Geistesschöpfungen.

— das literarische Deutschland. Mit e. Einleitung von C. Beyer. 4 Lfgn. gr. 8. (XXII, 725 S.) Berlin 887. Verlag des „Literarischen Deutschlands". à n. 3. — (cplt. geb.: n. 12. —)

— dasselbe. 2. Aufl. (In 12 Lfgn.) 1. Lfg. Lex.-8. (XXVIII S. u. 72 Sp.) Ebd. 890. n. 1. 50

Hinrichsen, Adf., das literarische Deutschland. Mit e. Einleitg. v. C. Beyer. 2., verm. u. verb. Aufl. 12 Lfgn. Lex.-8. (XXVI, 1471 Sp.) Berlin 891. Norddeutscher Verlag. à n.n. 1. 50 (kplt.: n.n. 18. —; geb. n.n. 20. —)

Hinrichsen, Adf., Er hat Glück. Novelle. 16. (71 S.) Güstrow 884, Kitzing. geb. mit Goldschn.

— Erin. Ein Kranz irischer Dichtungen, umschlungen mit Thomas Moore'schen Liedern. 1. und 2. Aufl. 16. (68 S.) Ebendas. 884. geb. mit Goldschn.

— de Evers. 8. (214 S.) Berlin u. Rostock 886. Verlag der Albumstiftung (C. Hinstorff's Verl.). n. 3. —; Einbd. n.n. 1. —

— de Evers. 2. Aufl. 8. (214 S.) Rostock 887. Danzig, C. Hinstorff's Verl. n. 3. —

Hinrichsen, Adf. Vide: Für edle Frauen.

— wohre Geschichten. 8. (97 S.) Ludwigslust 883, Hinstorff'sche Hofbuchh.

Im Reich der Lüfte Deutschland voran! Populäre Zeitschrift f. Luftschiffahrt. Hrsg von Adolf Hinrichsen. Ausg. A. [Jg. 1.] Berlin: Pilger 1908. 4° (11. 6399 11

— Künstler-Liebe und Leben. 1. und 2. (Titel-)Aufl. 8. (201 S.) Berlin 885,86, Friedrich Nachf. *M 3.—.; geb. *

— twei Leiwsgeschichten. 8. (172 S.) Ebendas. 883.

Hinrichsen, Frau Alwina, s.: Rex, Ina.

Hinrichsen, C. [Pseud.], s. Manicus, Klaus

Hinrichsen, Carsten, s. Hinrichsen, Karsten

Hinrichsen, F. Willy

— u. K. Memmler, der Kautschuk u. seine Prüfung. (X, 263 S. m. 64 Abb.) gr. 8 Leipzig 910. S. Hirzel. 8.—; geb. 9. —

Hinrichsen, F. Willy, über den gegenwärtigen Stand der Valenzlehre. gr. 8. (III, 94 S.) Stuttgart 902. F. Enke. n. 2. 40
Sonderabdruck a. „Sammlg. chem. u. chem.-techn. Vorträge".

Hinrichsen, F. Willy, die Untersuchung v. Eisengallustinten, s.a. Analyse, die chemische. 6. Bd.

Hinrichsen, F. Willy: Die Untersuchung von Eisengallustinten. Von Prof. Dr. –. Mit 7 Abb. u. 33 Tab. Stuttgart: Enke 1909. 140 S. 8°
(Die chemische Analyse. Bd 6.)

— Vorlesungen üb. chemische Atomistik. Mit 7 Abb. im Text u. auf 1 Taf. (VIII, 198 S.) 8. Leipzig 908. B. G. Teubner. Geb. in Leinw. 7. —

Hinrichsen, Felix, Referendar: Der rechtliche Charakter und die Ausübung der Wahl zwischen dem Rechte auf Wandelung und dem Rechte auf Minderung bei dem Kaufvertrage insbesondere im Verhältnisse zum Wahlrecht des Schuldners bei der alternativen Schuld nach Bürgerlichem Gesetzbuch. Lübeck 1904: Werner & Hörnig. (85 S.) 8° [J.]
Rostock, Jur. Fak., Ref. Bernhöft, Diss. v. 5. Nov. 1904
[Geb. 10. Sept. 78 Lübeck; Wohnort: Lübeck; Staatsangeh.: Lübeck; Vorbildung: Katharineum Lübeck Reife O. 00; Studium: München 3, Berlin 1, Kiel 3 S.; Rig. 27. Juli 04.]

Hinrichsen, H., katechetischer Elementarunterr. in d. deutsch. Sprachlehre u. in schriftl. Gedank. u. Ausdrucke; zunächst zu e. prakt. Methodenbuche f. angeh. Volksschullehrer etc. bestimmt. Hinrichs. 811—15. (der Jahrg. 12 gr.)

Hinrichsen, H., katechet. Elementarunterricht in d. deutschen Sprache. 2te Aufl. 8. 814. Hat jetzt Hammerich in Altona

Hinrichsen, Hans, allgem. method. Lehrbuch für Volksschulen. 1r Bd. 1e Abtheil. A. u. d. T.: method. Leitfaden u. Unterricht in d. deutsch. Sprachlehre. 8. Schlesw. 802. Röhß, Christiani u. K. 16 ßl 2e Aufl. unter d. T.: katechetischer Elementarunterricht in d. deutschen Sprachlehre u. in schriftl. Gedanken u. Ausdrücken; zunächst zu e. prakt. Methodenbuche für angehende Volksschullehrer etc. bestimmt. gr. 8. Ebd. 814. Hammerich in Altona. 1 ℳ 12 ßl

— Leitfaden d. Unterricht in der deutschen Sprachlehre. 8. Ebend. 802.

— katech. Unterricht im Kopfrechnen. 8. Schlesw. 799. Röhß, Christiani u. K. 12 ßl

— Versuch e. sokrat. Unterrichts in d. deutschen Sprachlehre u. im schriftl. Gedanken-Ausdruck. 2 Thle. in 3 Abtheill. 8. Schlesw. 800 u. 4. 2e Aufl. 8. Altona 814. Hammerich. 1 ℳ 12 ßl

Hinrichsen, Heinrich Adolph (Tondern/Schleswig), Proposita ex arte poetica. Präs. Paul Christian Henrici, ab argumentis Friedrich Christian Hirschfeld (Altona) et Matthias Valentiner (Flensburg). Altona (Burmester) 24. III. 1755. 12 S. (6.—) 15245

— — Quaestio an et qua ratione matrimonium coactum secundum jus naturae possit esse licitum, cui notiones metaphysicae de coactione praemittuntur. Diss. philos. Präs. M. Justus Christian Hennings. Jena (Marggraf) 21. VIII. 1756. 26 S. (7.—) 15246
Gew. (v. Präs.): Joachim Georg Darjes. — Widm. (a. d. Respond.) v.: Jo. Ern. Imman. Walch, M. Nicol. David Brieglieb.

HINRICHSEN, Karl (Husum): Statistische und kasuistische Mittheilungen über croupöse Pneumonie und Pleuritis. (Titel nach der Urkunde)
27.7.1896 - Urk; Chr 1896/97,18
Diss. Ingolst.-Landsh.-München.

Hinrichsen, Karsten

Hinrichsen, C[arsten]: Klagen der Freundschaft. [Trauergedicht auf Gottfried **Bielefeld**, † 1767.] — Flensburg 1767: Seringhausen. 2 Bl. 4°

Die Schleswiger Domschule im 19. Jahrh. v. Lorenz **Hinrichsen.** Schleswig. 4°
1. Die Schleswiger Domschule in den ersten Jahrzehnten des 19. Jahrh. 1902.
2. Die Domschule unter G. Fr. Schumachers Rektorat ⟨1820—35⟩. 1903.
A. Der Zustand der Schule bis zur Einführung des neuen Regulativs ⟨1820—26⟩.
B. Die Entwicklung der Schule von der Einführung des neuen Regulativs bis zu Schumachers Rücktritt ⟨1826—35⟩.
3. Olshausens Rektorat und die Vakanzverwaltung durch Lübker ⟨1835—37⟩. 1907.
4. Jungclaussens Rektorat ⟨1837—55⟩. 1909.
A. Der Zustand der Schule bis zur Jubiläumsfeier ⟨Nov. 1842⟩.
B. Der Ausbau der Schule zu einem Gymnasium ⟨1842—48⟩.
C. Höhen und Tiefen ⟨1848—1851⟩:
1. Die Vollendung der Schulorganisation durch das Regulativ für die schlesw.-holst. Gelehrtenschulen vom 28. Jan. 1848.
2. Die Kriegsjahre und der Zusammenbruch der Anstalt.

Gymn.-Progr.

Hinrichsen, Lor[enz]: Die Schleswiger **Domschule** im neunzehnten Jahrhundert. (Umschlagt.: Geschichte der ...) 1. Die Schlesw. Domschule in d. ersten Jahrzehnten d. 19. Jhs. *Schleswig 1902: J. Bergas.* (36 S.) 4°
Schleswig, k. Dom-S ⟨G m. R u. VS⟩, OP 1902 (317)

Hinrichsen, Lor[enz]: Die Schleswiger **Domschule** im neunzehnten Jahrhundert (a. d. Umschl.: Geschichte der ...). 2. Die Domschule unter G. Fr. Schumachers Rektorat ⟨1820—1835⟩. A. Der Zustand der Schule bis z. Einführung d. neuen Regulativs ⟨1820—1826⟩. *Schleswig 1903: ⟨J. Bergas⟩.* (27 S.) 4° ¶[Forts. d. P-Beil. 1902.]
Schleswig, k. Dom-S ⟨G m. R u. VS⟩, OP 1903 (332)

Hinrichsen, Lor[enz], Prof.: Die Schleswiger Domschule im 19. Jahrhundert. T. 3. Schleswig 1907: Buchdr. d. Provinzial-Taubstummenanstalt. (42 S.) 4° [Forts. d. P-Beil. 1902. 03.]
Schleswig, Dom-S OP 1907 (352)

Hinrichsen, Lorenz: Die Schleswiger Domschule im neunzehnten Jahrhundert. T. 4. Schleswig 1909: Bergas 36 S. 4° ¶[Forts. d. P-Beil. 1902. 03. 07.]
Schleswig, k. Dom-S, G m. R u. VS OP 1909 (385) [S 09. 19...

Hinrichsen, Lorenz: [Überblick über Wirken und Wesen des am 3. November 1909 verstorbenen Direktors Wolff.] S. 8—10. 4.
Kgl. Domschule (Gymn. mit Realschule u. Vorschule)
Progr. *Schleswig* 1910 (391).

Mittheilungen für die Bordesholmer Kirchspiels- und Hauschronik, von dem derzeitigen Prediger Matthias Hansen **Hinrichsen.** Geschrieben im August 1869. Schleswig. 1869. 8°.

Hinrichsen, Mor., tabellarische **Berechnung** enth. den **Betrag e. Meter in Reichsgeld nach dem Preise e. Yard in Pence, m. ⅛ d steigend von 1 Penny bis 48⅞ Pence. gr. 16. (6 S.) Hamburg 875. Boysen.** n. — 60

Hinrichsen, Mor., tabellarische Berechnung, enthaltend: **den Betrag eines Meter in Reichsgeld nach dem Preise eines Yard in Pence, mit ⅛ d steigend von 1 Penny bis 48⅞ Pence, nebst Umrechnungstabelle Yards zu Meter.** 2. Aufl. gr. 16. (8 S.) Hamburg 884, Boysen. *

Hinrichsen, Mor., tabellarische Berechnung, enth.: den Betrag e. **Meter** in Reichsgeld nach dem Preise e. Yard in **Pence** m. 1/8 d steigend von 1 Penny bis 48 7/8 Pence, nebst Umrechnungstabelle Yards zu Meter. 3. Aufl. gr. 16. (8 S.) Hamburg 892. C. Boysen. n. — 60

Hinrichsen, Mor., tabellar. Berechnung enth.: den Betrag e. Meter in Reichsgeld nach d. Preise e. Yard in Pence, m. ⅛ d steig. von 1 Penny bis 48⅞ Pence, nebst Umrechnungstabelle Yards zu Meter. 4. Aufl. gr. 16. (8 S.) Hamburg 897. C. Boysen. n. — 60

Hinrichsen, Mor., **tabellarische Berechnung,** enth.: den **Betrag e. Meters in Reichsgeld nach dem Preise e. Yard in Pence,** m. ⅛ d **steigend von 1 Penny bis 48⅞ Pence, nebst Umrechnungstabelle Yards zu Meter.** 8. Aufl. (8 S.) kl. 8. Hamburg 909. C. Boysen. — 50

Hinrichsen, Mor., das Buch der Rechenkunst. Praktische Anweisung sich in kurzer Zeit gründliche Kenntnisse im Rechnen und im kaufmänn. Fache zu verschaffen. Für Erwachsene jeden Standes und für höhere Bürgerschulen, nach einer neuen, leichtfaßl. Methode. 1. Aufl. 1850. und 2., unveränd. (Titel-) Aufl. 12. (VIII und 288 S.) Hamburg 852, Schuberth und Comp.
Vgl.: Omnibus für Wissenschaft.

Hinrichsen, Mor., das Buch der Rechenkunst. Praktische Anweisung sich in kurzer Zeit gründliche Kenntnisse im Rechnen und im kaufmännischen Fache zu verschaffen. Für Erwachsene jeden Standes u. für höhere Bürgerschulen. 3. (Titel-) Aufl. Hamburg (850.) 855. (Leipzig,) Schuberth u. Co. 12. (XII, 286 S.) 22½ ngr.

Hinrichsen, M., den Ein- u. Verkäufer engl. Manufakturwaaren en gros et en detail, **enthaltend: Waaren-, Calculations-, Geldcours- u. Ellenmaaß-Tabellen.** (Ohne Druck- u. Rechnungsfehler.) **br. 12. Hamb. 830.** (Schwerin, Kürschner). (Berl. 832, Plahn). 1 ₰ 12 ß
s.a. Preis-Courant &c.

Hinrichsen, Mor., der Ein- u. Verkäufer engl. Manufactur-Waaren en gros et en detail, enthalt.: Waaren-Calculations-Geldcours- u. Ellenmaaß-Tabn. breit 12. (9 B.) Hamburg 830. (Berlin, Plahn.)

—— Facitbuch dazu. 12. (1⅚ B.) Ebds. 843. *

—— der vollständ. Hamburger Geldcours. In genau ausgerechn. Tabn. Enthalt.: Dän. u. Holst. gr. Cour. Hamb. Cour., N ⅔ für voll, Conventionsmünze od. Sächs. Cour. Schlesw. Holst. Species, Ducaten à 6 Mrk., Ducaten al Marco, Louis- u. Friedrichsd'or. Ausserdem, dass, alle Münzsorten d. Geld-Courses f. jede belieb. Summe von u. zu Banco nach jedem vorkomm. Course berechnet, sind auch zugleich vorben. Münzsorten geg. einander reducirt. (2 Abthln.) 18. (324 S.) Hamburg 833, Hoffmann u. Campe.

Hinrichsen, Mor., Lehrbuch d. kaufmänn. Rechnens, s. Melbola, X.

—— der **Manufacturist auf Reisen und auf dem Lager oder Hülfsbuch beim Ein- und Verkauf der Manufacturwaaren für Reisende, Lager-Commis, Detaillisten etc.** 16. **(XII und 148 S.) Hamburg 849, Berendsohn.** *

Hinrichsen, M.: „Multiplications-Tabelle der Zinszahlen bei Disconto und Contocorrenten von der geringsten bis zur höchsten Summe zu allen Münzen der Welt" (auch mit französischem und englischem Titel), Hamburg 1862. — Vorh.: Com. Bibl. Hamburg.

—— **Rechenheft für die vierte Klasse. Enth.: Die 4 Species in unbenannten und benannten Zahlen, in Brüchen und Decimalbrüchen. 8. (VIII und 62 S.) Hamburg 848, Berendsohn.** *

—— Facit hierzu. Nebst Anleitung diesen Unterricht nach einer einfachen und kurzen Methode zu ertheilen, für Lehrer allein bestimmt. 8. (XXVII und 28 S.) Hamburg 848. Berendsohn. *

—— Rechnenheft f. die 2. Klasse, enthalt. die hamburg. Localrechnungen. gr. 12. (3½ B.) Hamburg 843, Berendsohn. Thlr. *

—— dass. (Zum Aufkleben nur auf einer Seite bedruckt.) 12. (7 B.) Ebds. 843. *

— Facitbuch dazu. 12. Ebend. 843. n. ¼ ℳ

— Rechenkunst, siehe: Omnibus für Wissenschaft u. Bildung.

— Reductions-Tabellen der bisherigen Ellenmaaße zu dem Metermaaße, nebst Preisberechngn. derselben, zum speciellen Gebrauche f. Manufacturwaarenhändler. 16. (54 S.) Ebend. 872. n. — 75

— Reductions-Tabellen. Courant zu Reichsmünze, Ellen zu Meter. [Nach amtl. Bekanntmachg.] 16. (4 S.) Ebend. 875 — 10

—— der Schnell-Rechner für Courant und N⅔ zu Banco und Banco zu Courant und N⅔ von 5000 ℔ bis 1 ß zu jedem Course. In genau ausgerechneten Tabellen. 12. (50 S.) Hamburg 847, G. W. Niemeyer.

— Silber-Arbitrage-Tabelle zwischen Deutschland u. England. 2. Aufl. Fol. Hamburg 873. Rudolphi. n. 1. 80

Hinrichsen, M.: „Taschenbuch der neuen Cours-Berechnung in Frankfurt a. Main", Frankfurt a. M. 1843. — Vorh.: Com. Bibl. Hamburg.

— die Uebergangsperiode v. dem alten zu dem neuen Münz-, Maaß- u. Gewichtssystem in genau berechneten Vergleichungstabellen 2. Aufl. 16. (VI, 13 S.) Hamburg 872. Boysen. — 45

— Vergleichungs-Tabellen der bisherigen m. den neuen Maaßen u. Gewichten zum besond. Gebrauch f. Hamburgs Frauen. 16. (54 S.) Hamburg 872. Boysen. n. — 75

Hinrichsen, Mor., der deutsche Volksrechner, e. bequemes Hülfsbuch bei dem Ein- u. Verkauf jeder Waare in deutscher Reichsmünze. 2. Aufl. gr. 16. (VI, 90 S.) Hamburg 875. O. Meissner. n. 1. 20

— scandinavische Währung zu deutscher Reichsmünze u. umgekehrt. gr. 8. (2 S. auf Carton.) Ebend. 875. — 30

Hinrichsen, Mor., der vollständ. hamburger Wechselcours, in genau ausgerechneten Tabellen. 8 Hfte. 12. Hamburg 844, 45. à Hft. 7½ Ngr.

Hft. 1, 2. Paris, Bordeaux u. Genua, od. Francs oder Lire zu Banco u. Banco zu Francs oder Lire. — London, od. Lstrl. zu Banco u. Banco zu Lstrl. (3½ B.)

Hinrichsen, Mor., der vollständ. hamburger Wechselcours, etc. 8 Hfte.

Bd. 3—5. Frankfurt a. M. — Petersburg. — Amsterdam u. Antwerpen. (5¼ B.)
- 6—8. Berlin, Breslau u. Leipzig. — Madrid, Cadix u. Bilbao. — Augsburg, Wien, Prag u. Triest. (4¾ B.)

—— der bequeme Wechselrechner üb. preuss. Cour. zu hamb. Banco u. hamb. Banco zu preuss. Cour.; nebst Reductionstabellen d. guten Groschen zu Silbergroschen, Gulden im 24½-fl-Fuss zu Pr. Cour. u. e. Coursvergleichungstab. zwischen preuss. Cour. u. dän. gr. Cour. ¼ kl. Fol. (84 Seit.) Hamburg 841, Hoffmann u. Campe.

Hinrichsen, Dr. **Otto**, II. Arzt an der psychiatrischen Klinik zu Basel: Beitrag zur Kenntnis des epileptischen Irreseins. Berlin, Georg Reimer, [1910]. II, 84 S. 8°. S.-A. aus der Allgemeinen Zeitschrift für Psychiatrie. Bd. 68.

Basel. Med. Hab.-Schr. 1910/11.

Hinrichsen, Otto [med. pract. aus Rostock]: Statistischer Beitrag zur Frage nach der Häufigkeit der einfachen acuten Manie im Verhältniss zu den periodischen Formen derselben. Berlin 1897. 22 S. 8°. (S. A. aus „Zeitschrift f. Psychiatrie", Bd. 54.)

Zürich. Med. Diss. 1897/98.

Hinnerk, Otto, Graf Ehrenfried. Lustspiel in 5 Akten. 8. (122 S.) Aarau 902. H. R. Sauerländer & Co. n. 1.50

Hinnerk, Otto. Graf Ehrenfried. Lustspiel in vier Aufzügen. [2., vollständig umgearbeitete Ausgabe.] 213 S. 8. München, Gebr. Haertl, (1906).

Hinnerk, Otto. Graf Ehrenfried. Lustspiel in 4 Akten. 155 S. 8. Berlin, Concordia Deutsche Verlags-Anstalt Hermann Ehbock, [1910]. [M. 2. 50]

Hinnerk, Otto, Gedichte. (78 S.) kl. 8. Zürich 906. A. Bopp. n. 1. 50; geb. n. 2. 50

— Kläre. Trauerspiel in 4 Akten. (76 S.) 8. Bonn 905. C. Georgi. n. 1. 20

Hinnerk, Otto. Pastor Kraske. Drama in vier Akten. IV + 162 S. 8. Bonn, Carl Georgi, 1902. [M. 1. 50]

Verf. (O' H' = *Autorname*) *lebt seit Jahren in der Schweiz* (*d. Z. in Wil*).

Hinrichsen, Otto, närrische Welt. Komödie in 3 Akten. 12. (136 S.) Zürich 898. E. Speidel. n. 1. 50

Hinnerk, Otto: Närrische Welt. Komödie in 3 Akten von — Bonn: C. Georgi 1899. (95 S.) 8°

Hinnerk, Otto. Närrische Welt. Komödie in drei Akten. 100 S. 8. [M. 2. 50, geb. 3. 50]

Ausg. A: Berlin, Concordia Deutsche Verlagsanstalt Hermann Ehbock, 1908.
Ausg. B: Berlin-Westend, Erich Reiss, 1909.

(Moderne Bühne. Eine Sammlung dramatischer Werke. *Ausg. A:* Hrg. von Erich Reiss.)

Hinnerk, Otto (Otto Hinrichsen), närrische Welt. Komödie in 3 Akten. (Moderne Bühne. Eine Sammlg. dramat. Werke.) (99 S.) 8. Berlin-Westend 909. Berlin, E. Reiss. 2.50; geb. n 3. 50

— Gretchens Zukunft. Komödie in 5 Akten. 8. (126 S.) Bonn 899. (C. Georgi). n. 1.50

Hinrichsen, Richard, appr. Arzt a. Rostock: Aus der chirurgischen Abteilung der Kreiskrankenhäuser des Kreises Teltow zu Britz und Gr.-Lichterfelde. Chefarzt Prof. Dr. Riese. Bericht über 34 operativ behandelte Fälle von gutartigen Magenerkrankungen. Rostock 1907: Adlers Erben. (73 S.) 8°

Rostock, Med. Fak., Ref. Müller, Diss. v. 31. Juli 1907

[Geb. 10. Nov. 76 Rostock; Wohnort: Rostock; Staatsangeh.: Mecklenburg; Vorbildung: Gymn. Doberan Reife M. 98; Studium: Berlin 4, Freiburg i. B. 1, München 1, Rostock 7 S.; Coll. 25. Jan 06; Approb. 12. Sept. 06.]

Hinrichsen, Richard [Referendar zu Hamburg]: Die Legitimation durch nachfolgende Ehe im internationalen Privatrecht m. bes. Rücks. auf d. heutige gemeine röm. Recht ... Göttingen, Druck d. Univ.-Buchdr. v. W. F. Kästner, 1894; VI, 65 S. 8.

Göttingen, Jur. Fak., Inaug.-Diss. v. [28. Juli] 1894

Hinrichsen, W., Führer durch Paris u. Umgegend. 2. Ausg. Mit e. Plan v. Paris u. e. Anzahl nach der Natur aufgenommener Textbilder. gr. 16. (158 S.) Paris 890. Hinrichsen. n. 1. 50; geb. n. 2. --

Hinrichsen, W., Führer durch Paris u. Umgegend. 3. Ausg. Mit 1 farb. Plan v. Paris u. e. Anzahl nach der Natur aufgenommener Textbilder. 16. (158 S.) Paris 891. W. Hinrichsen. n. 1. 50; geb. in Leinw. n. 2. —

— Führer durch Paris u. die Welt-Ausstellung 1889. 16. (171 S. m. 1 Karte, Plänen u. Textbildern.) Ebd. 889. n. 1. 20; geb. n. 1. 50

Hinrichsen, W., s.: **Hoff, J. H. van't,** Untersuchungen üb. die Bildungsverhältnisse der oceanischen Salzablagerungen.

Hinrichsen, Walther [aus Kiel]: Aus d. chem. Intsitut [sic!] d. Univ. Kiel. Ueber m-Xylobenzylamin. ... Kiel, Druck v. Schmidt & Klaunig, 1889; 32 S. + 2 Bl. 8°

Kiel, Phil. Fak., Inaug.-Diss. v. 18. März 1889

Hinrichsen, Willy, aus Berlin: I. Ueber Condensationen aromatischer Dibromide durch metallisches Natrium. II. Derivate des o-Jodphenetols. *Berlin 1899: M. Lichtwitz.* (49 S.) 8°

Heidelberg, Naturw.-math. Diss. v. [10. Mai] 1899

Hinrichtung des Herzogs von Armognak oder d. Regierung d. Vater- u. Brudermörders. Mit 1 Kpf. 8. Bresl., Buchheister. 4 K

— über die, d. Herzogs von Enghien von d. Herzog v. Rovigo, nach d. 14ten Aufl. a. d. Französ. übers. u. verm. mit 11 d. Tod d. Herzogs v. Enghien betreffend. Aktenstücken u. d. Erklärung d. Generals Hullin über denselben Gegenstand. gr. 8. Leipz. Zirges. 12 K

Hinrichtung, über die, des Herzogs von Enghien. Von d. Herzog von Rovigo. Nach der vierten Aufl. aus d. Franz. übersetzt. gr. 8. Leipzig 824, (jetzt Melzer). $^1/_2$ rℓ

Hinrichtung, Die, des »Judenheiligen« Gotthold Ephraim Lessing durch Dr. Eduard [Eugen] Dühring in Berlin. Ein Echo aus dem Bregenzer Schriftstellerwinkel ... Bregenz a. Bodensee 1881. V: *Stein, Oswald.* (LESS 137)

Hinrichtung, die, des „Judenheiligen" Gotthold Ephraim Lessing durch Dr. Ed. Dühring in Berlin. Ein Echo aus dem Bregenzer Schriftstellerwinkel. gr. 8. (15 S.) Bregenz 881. Wagner. n. — 50

Oeffentl. Hinrichtung des Raubmörders *Sebast. Zink* von Oberthalheim (Kgr. Wurtemb.), 43 J. alt; wegen *Raubmords* zu Rastatt d. 6. Juli 1838 enthauptet. — Kurze Biogr. O. O. u. J. (1838). 4°. Cart. 2 Bll. Mit lithogr. Titel-Portr.

Hinrichtung ¦ des Raubmörders ¦ Joh. Aug. Ludw. Pirent, ¦ mit der Guillotine. ¦ (Fig.: Hinrichtung, 68 × 79) Hamburg. Druck und Verlag von J. Kahlbrock Wwe., o. J. (1860), 4 Bl. n.n., 168 × 104.
Dt. Vl.-Arch. Freiburg V 1. 1135/1.

Hinrichtung ¦ des ¦ Raub- und Doppelmörders Wilhelm Timm, ¦ mit der Guillotine. ¦ am 10. April 1856, Morgens 6 Uhr. ¦ (Fig.: *Hinrichtung*) ¦ Hamburg. ¦ Druck und Verlag von J. Kahlbrock Wwe.
4 Bl. n.n., 168 × 104.
Dt. Vl.-Arch. Freiburg V 1. 1135/1.

Hinrichtungen, Die, Karls I, Königs von England, und der Maria, Königin von Schottland ... Wolfenb. u. Braunschweig 1793. V: *Bräss, Hermann Werner Dieterich.* (KY) (ML) (MGT)

Hinrichtungen, die, Karls I., Königs v. England u. d. Maria, Königin von Schottland (v. H. W. D. Bräß.) 8. Wolfenb. u. Braunschw. 793.

— s. auch Erzähl. d. Verhörs ꝛc.

HINSBERG, Heinrich von (München): De variolis. (Titel nach der Urkunde)
7.12.1848 - Urk; F 67
Diss. Ingolst.-Landsh.-Mchn.

v. Hinsberg, Jos., Armin d. Cheruskerfürst, ein Gedicht in 14 Gesängen. 8. Münch. 814. J. Lindauer. 10 K

Hinsberg, Jos. v., Armin d. Cheruskerfürst, ein Gedicht in 14 Gesängen. 8. (7 B.) München 834, Lindauer.

—— Bemerkungen üb. d. Entwurf d. Prozeßordn. in bürgerl. Rechtsstreitigkeiten f. Bayern, von 1825. gr. 8. (10 B.) München 827, Lentner.

— Bemerkk. über d. Entwurf d. Proceßordnung in bürgerl. Rechtsstreitigkeiten für Baiern von 1825. gr. 8. Münch. 827. Lindauer. 12 K Ein Nachtrag hierzu ist: über d. revidirten Entwurf d. Proceßordnung ꝛc. für Baiern. gr. 8. Münch. 828. J. Lindauer. 8 K

— über den revidirten Entwurf e. Strafgesetzbuchs für d. Königr. Baiern v. J. 1827, mit Rücksicht auf eine zu entwerf. Proceßordn. in Strafsachen. gr. 8. Münch. 831. J. Lindauer. 14 K

— Erinnerungen über d. beiden Entwürfe eines Gesetzbuches für das Verfahren in Strafsachen u. eines Strafgesetzbuches für das Königreich Baiern vom Jahr 1831. gr. 8. Münch. 832. J. Lindauer. 10 K

— Erinnerungen gegen d. von d. zweiten Kammer d. Landstände vorgeschlagenen Erhöhung d. Revisionssumme. gr. 8. Münch. ... Fleischmann. 2 K

Hinsberg, Josef von

— das Lied d. Nibelungen umgebildet, s.a. Nibelungen.

— das Lied d. Niebelungen umgebildet, m. K. gr. 8. 8. Ebend. 814.

v. Hinsberg, Jos., s. Nibelungenlied, das.

— d. Völkerschlacht bei Leipzig. 8. Fürth 814. Korn. 2 gr.

HINSBERG, OSCAR. Ueber Oxalsäurederivate des Metanitroparatoluidins und des Metaparadiamidotoluols. (Tübingen) Barmen, 189?.

Hinsberg, Victor, Dr.: Ueber Labyrintheiterungen. Eine klinische Studie. Mit 1 Taf. u. 2 Textfig. *Wiesbaden: J. F. Bergmann 1901.* (91 S.) 8°
Breslau, Med. Hab.-Schr. v. 31. Okt. 1901
(Nicht für den Austausch)

Hinsberg, Victor [aus Barmen]: 30 Untersuchungen über den Bakteriengehalt des Scheidensekretes bei Schwangeren ... München, Buchdr. Kastner & Lossen, 1896; 50 S. 8.
München, Med. Fak., Inaug.-Diss. v. 1896

Hinsberg, Vict., s.: Verhandlungen der deutschen otologischen Gesellschaft.

Hinsch, s. Campo Pedrillo.

Verein für öffentliche Gesundheitspflege in Hamburg. — HINSCH, Leichenbeerdigung oder Leichenverbrennung? Ein Vortrag gehalten im Verein für allgemeine Gesundheitspflege in Hamburg am 19. März 1883. Separatabdruck aus dem Centralblatt für allgemeine Gesundheitspflege. Hamburg. 1883. Johannes Kriebel. 8°.

Hinsch, Alfred [aus Bromberg (Posen)]: Zur Casuistik des Leber-Carcinoms ... Greifswald, Druck v. J. Abel, 1896; 46 S. 8.
Greifswald, Med. Fak., Inaug.-Diss. v. 23. Okt. 1896

HINSCH, CHR., Der geistliche Gnaden-Himmel aller gläubigen Kinder Gottes hier auff Erden in ordentlichen Wochen-Predigten betrachtet. Ploen. 1709. (M. Titelbill.). — Lübeck und Lpz. (Ploen). 1710. (M. Titelbill.). (U. B.).

Hinsch, Emil, Kammergerichtsreferendar: Das Verhältnis des Irrtums zur Wandelung, Minderung und zum Schadenersatz wegen Nichterfüllung beim Kauf und den entsprechenden Rechtsbehelfen bei der Miete. (Tondern 1908: J. H. N Thamssen.) (VIII, 54 S.) 8°
Heidelberg, Jur. Fak., Ref. Endemann, Diss. v. 1908
[Geb. 17. Mai 83 Kummerse; Wohnort: Schöneberg; Staatsangeh.: Preußen; Vorbildung: Katharineum Lübeck Reife O. 04; Studium: Marburg 1, Berlin 5 S.; Rig. 13. Nov 07.]

H. HINSCH, Ueber gesundheitsgemässe Kleidung. Vortrag gehalten in öffentlicher Versammlung des Vereins für Gesundheitspflege in Hamburg. Hamburg. Druck von Ca Reese. 8°.

Die Geburth der Minerva. Bey der Feyrung des glücklichen Geburths-Tages. Der Frau Louysen. Regierenden Königin zu Dennemarck, Norwegen, etc. etc. Auff dem Hamburgischen Schau-Platz In einem Sing-Spiele vorgestellet [v. Hinrich Hinsch od. Hintz]. (Komponiert v. [Reinhard] Keiser.) Hamburg. 1703. 4° k.

Hinsche, A., praktischer Lehrgang für den Unterricht in der Orthographie, Grammatik u. im Stil. Ein Beispiel-, Merk- u. Übungsbuch für deutsche Volks- u. Bürgerschulen. 4 Hfte. Mit neuer Orthogr. 8. Leipzig 881. Peter. cart. n.n. 1. 10
1. 3. verb. Aufl. (46 S.) n.n. — 25. — 2. 2. verb. Aufl. (39 S.) n.n. — 25. — 3. 4. 2. verb. Aufl. (54 u. 56 S.) à n. — 30

Hinsche, A., praktischer Lehrgang f. den Unterricht in der Orthographie, Grammatik u. im Stil. Ein Beispiel-, Merk- u. Übungsbuch f. deutsche Volks- u. Bürgerschulen. 4 Hfte. 8. Leipzig, C. Peter. n.n. 1. 10
1. 4., verb. Aufl. (46 S.) 890. n.n. — 25. — 2. 4., verb. Aufl. (39 S.) 890. n.n. — 25. — 3. 3., verb. Aufl. (54 S.) 891. n. — 30. — 4. 4., verb. Aufl. (56 S.) 894. n. — 30.

Hinsche, A., praktischer Lehrgang f. den Unterricht in der deutschen Orthographie u. Grammatik. Ein Beispiel-, Merk- u. Uebungsbuch f. Schüler deutscher Stadt- u. Landschulen. 1—3. Hft. 8. Halle 873—75. Herrmann. n.n. — 95
1. Hft. 2. u. 3. Schuljahr. (40 S.) n.n. — 25
2. Hft. 4., 5. u. 6. Schuljahr. (68 S.) n. — 40
3. Hft. 7. u. 8. Schulj. (40 S.) n. — 30

— Leitfaden zur Geschichte d. deutschen Vaterlands m. besond. Berücksicht. der Cultur-Entwickelg. d. deutschen Volkes. 8. (IV, 72 S.) Ebend. 872. n. — 40

— Lern- und Lehrstoff für den Religions-Unterricht. 4. verb. und verm. Aufl. 8. (77 S.) Wittenberg 883, Herrosé Verlag.
1.—3. Aufl. erschienen im Selbstverlage des Verfassers.

— die Orthographie in der Volksschule, od. wie ist in der Volksschule der Unterricht in der Orthographie anzulegen u zu betreiben, damit die Schüler in der Oberklasse zur Sicherheit in derselben gelangen? 8. (22 S.) Leipzig 874. Wölfert. n. — 40

— der Religionsunterricht in der Volksschule, nebst 4 tabellar. Uebersichten (in Fol. und qu. Fol.) des gesammten Religions-Unterrichtsstoffes einer 4klass. Bürgerschule und einer Zusammenstellung der Choralmelodien der 80 Kirchenlieder der Schul-Regulative mit den verwandten Paralleltonarten und andern abweich. Melodienbezeichnungen. gr. 8. (IV, 35 S.) Halle 870, Herrmann.

Hinsche, N. D. (Hrsg.), s. Blätter, Nordalbingische.

Hinsche, N. Dn., s. 1) Musenalmanach. 2) Ruinen u. Blüthen. 3) Winfried.

Hinschenfelde [Schlagwort]

Hinschenfelde, s.: Hamburg.

Hinschius, Franz: Über Sectio caesarea conservativa bei engem Becken. (Aus der Königl. Frauenklinik zu Berlin.) *Berlin 1898: M. Oldenbourg.* (34 S.) 8°
Berlin, Med. Diss. v. 28. Jan. 1898

Hinschius, Franc. Car. Paul.: De jure patronatus regio. Berolini (1855). (79 S.) 8°
Berlin, Jur. Diss. v. 10. Febr. 1855

Hinschius, Franz Sales August

Hinschius, Frz. (Hrsg.), s. Anwalts-Zeitung, Preußische.

Hinschius, Frz. Sales Aug., Entscheidungen d. k. geheim. Ober-Tribunals, s. Entscheidungen.

—— juristische Wochenschrift, s. Wochenschrift.

Hinschius, Franz Sales August [Hrsg.], s. Zeitschrift für Gesetzgebung und Rechtspflege in Preussen

Hinschius, Paul

—— s. Abhandlungen, juristische.

Hinschius, P. (Hrsg.), s. Anwalts-Zeitung, Preußische.

Hinschius, Paul: Beiträge zur Lehre von der Eidesdelation mit besonderer Rücksicht auf das kanonische Recht. Berlin: Nicolai 1860. (vi, 122 S.) 8° [F.]
Berlin, Jur. Fak., Hab.-Schr. v. Dez. 1859

Allgemeine Darstellung der Verhältnisse von Staat und Kirche. Von **Paul Hinschius.** Freiburg i. B. und Tübingen. 1883. Siehe in: Handbuch des Oeffentlichen Rechts. Hrgg. v. H. Marquardsen. Bd. 1. Halbbd. 1. 8° m.

Hinschius, [Paul], Die Disciplin über die Privatdozenten an den preussischen Universitäten. (Berlin 1893.) 8°.

Hinschius: Entwurf eines Gesetzes f. Dtld. z. Schutze d. Eigenthums an Werken d. Wissensch. u. Kunst geg. Nachdruck ..., s. Heydemann, Ludwig Eduard.

—— s. Zum Entwurf e. deutschen bürgerl. Gesetzbuches.

Hinschius, Paul, zur Erinnerung an Aemilius Ludwig Richter. gr. 8. (45 S.) Weimar 865, Böhlau.
Aus: Zeitschrift für Rechtsgeschichte, besonders abgedruckt.

Hinschius, Paul, s.: **Festgaben f. Aug. Wilh. Heffter.**

Hinschius, Paul: Zur Geschichte der Inkorporation u. des Patronatsrechtes. Berlin 1873.

— das preußische Gesetz üb. die Beurkundung d. Personenstandes u. die Form der Eheschließung vom 9. März 1874 m. Kommentar in Anmerkgn. hrsg. gr. 8. (VI, 155 S.) Berlin 874. Guttentag. geb. n. 2. 40

Hinschius, Paul, das preußische Kirchengesetz vom 14. Juli 1880, nebst den Gesetzen vom 7. Juni 1876 u. 13. Febr. 1878, hrsg. m. Kommentar. Nachtragsheft zu den Kommentaren der preußischen Kirchengesetze der Jahre 1873, 1874 u. 1875. gr. 8. (IV, 56 S.) Berlin 881. Guttentag. n. 1. 60

Hinschius, Paul, das preußische Kirchengesetz betr. Abänderungen der kirchenpolitischen Gesetze vom 21. Mai 1886, erläutert. gr. 8. (XI, 115 S.) Berlin 886. Guttentag. n. 3. —

—— dass. — Nachtragsheft zu der Ausgabe des preuß. Kirchengesetzes vom 21. Mai 1886. gr. 8. (VII, 37 S.) Ebendas. 887. *

Hinschius, P., das preußische Kirchengesetz betr. Abändergn. der kirchenpolitischen Gesetze v. 29. Apr. 1887, erläutert. Nachtragsheft zu der Ausgabe des preußischen Kirchengesetzes vom 21. Mai 1886. gr. 8. (VII, 37 S.) Berlin 887. Guttentag. n. — 50

— die preußischen Kirchengesetze d. J. 1873. Hrsg. m. Einleitg. u. Kommentar. 1. u. 2. Lfg. gr. 8. (XLVIII, 212 S.) Ebend. 873. 74. n. 5. 50

— dasselbe der J. 1874 u. 1875 nebst dem Reichsgesetze vom 4. Mai 1874 hrsg. m. Einleitg. u. Kommentar. gr. 8. (XXVIII, 230 S.) Ebend. 875. n. 5. —

— die preußischen Kirchengesetze betr. Abänderungen der kirchenpolitischen Gesetze vom 21. Mai 1886 und 29. April 1887, erläutert. gr. 8. (XI, 115 u. VII, 37 S.) Ebd. 887. n. 3. —

—— das Kirchenrecht der Katholiken und Protestanten in Deutschland. 1. Bd. in 2 Hälften und 2. Bd. 1. Hälfte: System des kathol. Kirchenrechts mit besond. Rücksicht auf Deutschland. Lex.-8. (1. Bd. IV, 639 S.; 2. Bd. 1. Hälfte. S. 1—328.) Berlin 869—71, Guttentag. à Hälfte *M. 8. *

Hinschius, Paul, das Kirchenrecht der Katholiken und Protestanten in Deutschland. 2. Bd. 2. Hälfte und 3. Bd. 1. Hälfte. A. u. d. T.: System des katholischen Kirchenrechts mit besonderer Rücksicht auf Deutschland. Lex.-8. Berlin, Guttentag. [2. Bd. 2. Hälfte. (X, S. 329—714.) 878. *M. 11.; 3. Bd. 1. Hälfte. (VIII, S. 1—325.) 879. *M. 10.] * 21 —
1. Bd. und 2. Bd. 1. Hälfte. Ebendas. 1869—71. *M. 24.

—— das Kirchenrecht der Katholiken und Protestanten in Deutschland. 3. Bd. 2. Hälfte, 1. und 2. Abthl. Lex.-8. Ebendas. [1. Abthl. (S. 325—668.) 882. *M. 10.; 2. Abthl. (VIII, S. 669—853.) 883. *M. 6.] *
1., 2. und 3. Bd. 1. Hälfte. Ebendas. 1869—79. *M. 45.

—— das Kirchenrecht der Katholiken und Protestanten in Deutschland. 4. Bd. 1. Abthl., und 2. Abthl. in 2 Heften. A. u. d. T.: System des kathol. Kirchenrechts mit besond. Rücksicht auf Deutschland. Lex.-8. Ebendas. [1. Abthl. (VII, S. 1—490.) 886. *M. 15.—; 2. Abthl. 1. Heft. (S. 491—690.) 887. *M. 6.50.; 2. Heft. (X, S. 691—925.) 888. *M. 8.50.] *
1.—3. Bd. 1. Hälfte, und 2. Hälfte in 2 Abthlgn. Ebendas. 1869—83. *M. 61. —.

Hinschius, Paul, das Kirchenrecht der Katholiken u. Protestanten in Deutschland. 5. Bd. 1. Abth. System d. kathol. Kirchenrechts m. besond. Rücksicht auf Deutschland. (Fortsetzung.) Lex.-8. (VIII, 492 S.) Berlin 893. J. Guttentag. n. 15. — (I—V, 1.: n. 107. —)

Hinschius, Paul, d. Kirchenrecht d. Katholiken u. Protestanten in Deutschland. 5. Bd. 2. Abth. Lex.-8. Berlin, J. Guttentag. n. 30. — (I.—VI., 1. n. 136. —)
5. II. System d. kathol. Kirchenrechts m. bes. Rücksicht auf Deutschland. (Fortsetzg.) (XII u. S. 493—978.) 895. n. 16. — (5. Bd. kplt.: n. 31. —)
6. 1. dasselbe. (Fortsetzg.) (VIII, 425 S.) 897. n. 14. —

—— die evangelische Landeskirche in Preußen und die Einverleibung der neuen Provinzen. gr. 8. (III und 80 S.) Berlin 867, Guttentag. *

— die Orden u. Kongregationen der katholischen Kirche in Preussen. Ihre Verbreitg., ihre Organisation u. ihre Zwecke. Unter Benutzg. amtl. Materialien. gr. 8. (121 S.) Ebend. 874. n. 3. —

Hinschius, Paul, das landesherrliche Patronatrecht gegenüber der katholischen Kirche. Berlin 856. Nicolai'sche Verlhdlg. gr. 8. (4 Bl., 88 S.) 15 ngr.

Hinschius, Paul: Ueber die juristische Persönlichkeit der Synodal-Kassen in der evangelischen Landeskirche der älteren preußischen Provinzen. Berlin 1885.

— das Reichsgesetz üb. die Beurkundung d. Personenstandes u. die Eheschließung vom 6. Febr. 1875. Mit Kommentar in Anmerkgn. hrsg. 8. (VIII, 240 S.) Ebend. 875. n. 3. —

— dasselbe. Mit Kommentar in Anmerkgn. sowie sämmtl. f. das Reich u. die einzelnen Bundesstaaten ergangenen Ausführungsbestimmgn. 2. verm. Aufl. gr. 8. (XII, 495 S.) Ebend. 876. n. 7. —

— das Reichsgesetz üb. die Beurkundung d. Personenstandes u. die Eheschließung vom 6. Febr. 1875. Mit Kommentar in Anmerkgn., sowie sämmtl. f. das Reich u. die einzelnen Bundesstaaten ergangenen Ausführungsbestimmungen. 3., verm. Aufl. gr. 8. (XII, 498 S.) Ebd. 890. n. 10. —; geb. n.n. 12. —

Hinschius, Paul, das Reichsgesetz üb. die Beurkundung des Personenstandes u. die Eheschließung vom 6. II. 1875. Mit Kommentar in Anmerkgn. u. e. Abdr. der grundleg. Ausführungsbestimmungen des Reichs u. der Bundesstaaten. Begründet v. H. 4. neubearb. Aufl., behandelnd das Personenstandsgesetz in seiner gegenwärt. Gestalt in Verbindg. m. e. Erläuterg. der §§ 1303—1322 d. Bürgerlichen Gesetzbuchs, hrsg. v. Wilh. Boschan. (XXX, 654 S.) gr. 8. Berlin 909. J. Guttentag. 12.—; geb. in imit. Halbfrz. n 13. 50

Svarez, der Schöpfer des preussischen Landrechts und der Entwurf eines bürgerlichen Gesetzbuches für das deutsche Reich. Rede bei der Uebernahme des Rectorats der K. Friedrich-Wilhelms-Universität zu Berlin gehalten am 15. Oct. 1889 von Paul **Hinschius**. Berlin, Buchdr. d. K. Akad. d. Wiss (G. Vogt), 1889; 19 S. 4°

— — Staat und Kirche, s.a. Handbuch des öffentlichen Rechts in Monographien.

— — dasselbe, s.a. Gareis, C., allgemeines Staatsrecht.

— Staat u. Kirche. [Aus: „Marquardsen's Handbuch d. öffentl. Rechts"] Lex.-8. (IV u. S. 189—374.) Freiburg i/Br. 883. J. C. B. Mohr. n. 5. —

— die Stellung der deutschen Staatsregierungen gegenüber den Beschlüssen d. vatican. Koncils. Lex.-8. (III, 96 S.) Ebend. 871. n. 1. 50

— **die päpstliche Unfehlbarkeit u. das vatikanische Koncil.** Vortrag, geh. am 11. Febr. 1871. gr. 8. (29 S.) Kiel 871. Universitäts-Buchh. n. — 40

Hinschius, Paul [Hrsg.], s. Zeitschrift für Gesetzgebung und Rechtspflege in Preussen

— s.: Zum Entwurf e. deutschen bürgerlichen Gesetzbuches.

Hinsdale, Ellen *Carinda* [aus Ann Arbor, Michigan]: Ueber die Wiedergabe des lateinischen Futurums bei den althochdeutschen Uebersetzern des 8.—10. Jahrhunderts ... Göttingen, Druck d. Dieterichschen Univ.-Buchdr., 1897; 40 S. 8.
Göttingen, Phil. Fak., Inaug.-Diss. v. [4. März] 1897

Hinsel, (Henr.) Franz (geb. Orsoy 11. 9. 1827): De hepatitidis chronicae exitibus. Berolini (1852). (31 S.) 8°
Berlin, Med. Diss. v. 11. Okt. 1852

Hinsel, Heinrich (Byfang-Kupferdreh/Rheinprov.), Resectio humeri bei veralteter Luxation. Diss. med.-chir. Bln. (Gust. Schade [O. Francke]) 4. IV. 1891. 32 S. mit Biogr. (5.—) 15247
Oppon.: Gensen, Maschke, Illiger.

Hinsel, Heinrich Franz, s. Hinsel, Franz

Hinselmann, Hans: Aus d. Univ.-Frauen-Klinik in Kiel. Beitrag zur Kenntnis der bösartigen pigmentierten Geschwülste der Vulva. Stuttgart 1908: Union. 19 S. 8°
¶(Aus: Zeitschr. f. Geburtshülfe u. Gynäkol. Bd 62.)
Kiel, Med. Diss. v. 13. Mai 1909, Ref. Pfannenstiel
[Geb. 16. Aug. 84 Neumünster; Wohnort: Neumünster; Staatsangeh.: Preußen; Vorbildung: Gymn. Hagen i. W. Reife M. 03; Studium: Heidelberg 2, Kiel 8 S; Coll. 9. Sept 08; Approb. 30. April 09.] [U 09. 2265

Hinsen, Adolf. Ueber Ammoniumphosphorvanadinmolybtate (*d. i.* – molybdate). Diss. Phil. Bern. [Mit 6 Tabellen.] 40 S. 8. Bonn, Jean Trapp, 1904.

Hinsen, Fr., die neuen Wege im Turnunterrichte. Im Auftrage der kgl. Regierg. zu Trier dargestellt. (16 S.) 8. Köln (908). M. Du Mont-Schauberg. — 50

Hinsen, Johannes [pr. Arzt aus Köln am Rhein]. Die chronische katarrhalische Erkrankung der Rachenschleimhaut ... *Bonn*, Kölner Verl.-Anst. u. Druckerei, A. G. (1889): 46 S. [2 Bl.] 8°
Bonn, Med. Fak., Inaug.-Diss. v. 27. Jul. 1889

Hinsicht, ernste, a. s. Vaterland, bey Annäherung des Friedens, v. e. Deutschen ed. s.a. C. A. W. Zimmermann.

Hinsicht, Ernste, auf sein Vaterland bei Annäherung des Friedens von einem biedern Deutschen. Leipzig 1795. V: *Zimmermann, Eberhard August Wilhelm von.* (ADB)

Hinsicht, ernste, auf sein Vaterland, bei Annäherung d. Friedens; von e. Deutschen. Herausg. v. E. A. W. v. Zimmermann. 8. Leipz. 795. Kühn. 16 ℳ

Hinsiechen, Deutsches. (Geschrieben in Südtirol.) Aus: „Neuer Preussischer Zeitung" Nr. 371, 373, 375, 377. Fol. Berlin 1891.

Hinsiechen, das, des deutschen Protestantismus, s.a. Compaß für das kathol. Volk.

Das Hinsiechen des deutschen Protestantismus durch politische u. kirchlich-liberale Einflüsse. Dargelegt von einem oldenburgischen Protestanten (Joh. Hoffmann). Würzburg, Woerl, 1877, 8°, 40 Pf.

Selbst-Unterricht für praktische Landwirte. Zugleich Lehrbuch für landwirtschaftl. Winterschulen u. Unterrichtskurse. Von **B. Hinsken**, Dir. d. landw. Winterschule in Velen i. W. Coesfeld: J. Fleissig (1897). (197 S.) 8° [F.] [ca. 1909

Wie schafft sich der Landwirt aus Heide- u. Moorboden fruchtbares Kulturland? oder d. Kultivierung d. Heiden u. Moore nebst Anleit. z. richtigen Pflege, Düngung u. Bewässerung d. Wiesen. Von **B. Hinsken**, Dir. in Velen. *Coesfeld (1900): J. Fleissig.* (65 S.) 8° [F.] [ca. 3356

Hinsmann, Frdr., und Dank f. seine Gnade ... Offiziers-Tragödie in 4 Aufzügen. (Wahrheit u. Dichtg.) (167 S.) 8. München (Feilitzschstr. 1) (906). Verlag „Die Bühne". (Nur direkt.) n. 2. 50

— **waltende Hände. Schauspiel in 5 Aufzügen. (III, 112 S.) 8. Dresden 904. E. Pierson.** n. 1. 50

— was du ererbt . . . Schauspiel in 5 Aufzügen. (III, 166 S.) kl. 8. Ebd. (906). n. 2. —; bessere Ausg. n. 2.50

Hinssen, L., Andenken an die erste heilige Communion. Gebet- u. Belehrungsbuch f. Erstcommunikanten u. marian. Sodalen. 2. verm. Aufl. 16. (XVI, 453 S. m. 1 Chromolith. u. 1 Stahlst.) Freiburg i/Br. 875. Herder. 1. 30; feine Ausg. 1. 80

Hinssen, L., Andenken an die erste heil. Communion. Gebet- und Belehrungsbuch für Erstcommunikanten und marian. Sodalen. 3. Aufl. (Feine Ausg.) 16. (XXIV, 422 S. mit Farbentitel und 2 Stahlst.) Freiburg i. Br. 883, Herder'sche Verlagsh.
Gewöhnl. Ausg. mit 1 Stahlst.

Hinstorff, Karl August

Hinstorff, C[arl] A., Dr.: Die Archives littéraires de l'Europe und ihre Stellung zur deutschen Literatur. Frankfurt a. M. 1907: E. Grieser. (63 S.) 8°
Frankfurt a. M., Elisabethen-S OP 1907 [88]

Hinstorff, Karl August [Hrsg.], s. Reuter, Fritz: Ut mine Festungstid

Hinstorff, Carl August: Kulturgeschichtliches im „Roman de l'Escoufle" und im „Roman de la Rose ou de Guillaume de Dole". E. Beitr. z. Erklärg d. beiden Romane ... Darmstadt, G. Otto's Hof-Buchdr., 1896; VI S., 1 Bl., 68 S., 2 Bl. 8.
Heidelberg, Phil. Fak., Inaug.-Diss. v. [6. Mai] 1896

— Lehrbuch der englischen Sprache, s.: Cliffe, Arth.

Hinstorff's Geschäfts-Taschenbuch für Nord- und Mittel-Deutschland auf die J. 1882—1885. gr. 16. (à Jahrg. ca. 170 S.) Wismar, Hinstorff'sche Hofbuchh.
geb. à Jahrg. in Leinw.
geb. in Ldr. *

Hinstorff's Geschäfts-Taschenbuch auf die J. 1886—1889. 5.—8. Jahrg. 16. (à Jahrg. ca. 200 S. mit je 1 chromolithogr. Eisenbahnkarte.) Wismar, Hinstorff'sche Hofbuchh.
geb. in Leinw. à Jahrg. *
geb. in Leder à Jahrg. *

Hinstorff's Geschäfts-Taschenbuch auf d. J. 1890—1893. 12. (à Jahrg. VIII S., Schreibkal., ca. 70 S.) Wismar, Hinstorff's Verlag.
à Jahrg. geb. in Leinw. 1 —; in Ldr. 1 50

Hinstorff's Geschäfts-Taschenbuch auf das J. 1891. 12. (VIII S., Schreibkalender u. 72 S.) Wismar 890. Hinstorff's Verl. geb. in Leinw. n. 1. —; in Ldr. n. 1. 50

Hinstorff's Geschäfts-Taschenbuch auf das J. 1895. 12. (VIII S., Schreibkalender u. 71 S. m. farb. Karte.) Wismar, Hinstorff's Verl. Geb. in Leinw. n. 1. —; in Ldr. n. 1. 50

Hinstorff's Geschäfts-Taschenbuch auf d. J. 1898. 34. Jahrg. 12. (IX S., Schreibkal. u. 72 S. m. 1 farb. Karte.) Wismar, Hinstorff's Verl. Geb. in Leinw. n. 1. —; in Ldr. n. 1. 50

Hinstorff's Geschäfts-Taschenbuch auf d. J. 1903. 39. Jahrg. 12. (IX S., Schreibkalender u. 72 S.) Wismar, Hinstorff's Verl. Geb. in Leinw. n. 1. —; in Ldr. n. 1. 50

Hinstorff's, Geschäfts-Taschenbuch auf d. J. 1907. 43. Jahrg. (IX S., Schreibkalender u. 56 S.) kl. 8. Wismar, Hinstorff's Verl. Geb. in Leinw. n. 1. —; in Ldr. n. 1. 50

Hinstorff's Geschäfts-Taschenbuch auf d. J. 1908. 44. Jahrg. (XII S., Schreibkalender u. 56 S.) kl. 8. Wismar, Hinstorff's Verl. Geb. in Leinw. 1.—; in Ldr. 1. 50
Erscheint nicht mehr.

Hintanhaltung, die, der Trunksucht u. der Gesetzentwurf v. 1887. Besprochen üb. Veranlassg. d. österreich. Vereines gegen Trunksucht von e. Mitgliede desselben. gr. 8. (24 S.) Wien 888. Manz. n. — 60

Hintanhaltung, die, der Verbreitung ansteckender Krankheiten durch die Schulen. Verordnung des k. k. Statthalters in Steiermark vom 11. IV. 1905. (Landesgesetz- u. Verordnungsblatt f. das Herzogt. Steiermark 1905, XVI. Stück, Nr. 62.) (23 S.) 8. Graz 905. Leykam n. — 12

— der Weiterverbreitung ansteckender Krankheiten durch die Schulen. Verordnung d. k. k. Landesschulrathes in Kärnten vom 22. Febr. 1888. Z. 405 [Landesgesetzbl. Nr. 8]. — Auszieh-Ordnung in Klagenfurt. [Redactionelle Beilage d. kärntner. Gemeindeblattes.] gr. 8. (4 S.) Klagenfurt 888. (v. Kleinmayr.) n.n. — 6

Hinter dem Gitter d. Tiergartens. qu. 4. (14 S. m. zum Tl. farb. Abbildgn.) Stuttg. 892, G. Weise. * — 80

Hinter den Coulissen. Historisch-politische Bilder aus der Neuzeit. 1. Thl. Vom Oktbr. 1847—Mai 1848. Genf 859. (Zürich, Schabelitz.) 16. (IV, 139 S.) n. 12 ngr.

Hinter den Kulissen der russischen Geheimpolizei. Von A. B. Nebst dem Tagebuch e. Lockspitzels, Brief. v. Spionen u. Geheiminstruktionen. (In russ. Sprache.) (347 S.) 8. Berlin 910. H. Caspari. 7. 50

Hinter den Kulissen des Hochschulstreits. Darstellg. u. Kritik. Von einem 70. Semester (Johs. Penzler). 2. [Titel-]Aufl. v.: Der Hochschulstreit. Akademische Freiheit u. konfessionelle Verbindgn. (IV, 199 S.) 8. Leipzig [905] (906). H. A. L. Degener. n. 2. —

Hinter d. Kulissen d. Tausch-Prozesses. Enthüllgn. v. e. aktenkund. Politiker. 6. Aufl. 8. (77 S.) Zürich 897. C. Schmidt. n. 1. 20

— den Kulissen der Weltstadt. Ein Künstleralbum m. üb. 100 (zum Tl. farb.) Bildern v. Heilemann, Gestwicki, Finetti, Galanis, Stern, Zille. (Künstlerhefte der Lustigen Blätter I—VII.) (134 S.) 34×26 cm. Berlin (909). Verlag der Lust. Blätter. Geb. 4. —

Hinter der Mauer. Beiträge zur Schulreform m. besond. Berücksicht. des Gymnasialunterrichts. Ein Buch f. Verzieher u. Verbildete. gr. 8. (92 S.) Marburg 899. N. G. Elwert's Verl. n. 1. 50

Hinter den Mauern einer kantonalen Strafanstalt. Mitteilungen eines Aufsehers an einen nahen Verwandten. [St. Fiden 1906.] V: *Rüdlinger, Heinrich.* (BBullschw 6, 1906)

— den Mauern e. kantonalen Strafanstalt. Mitteilungen e. Aufsehers an einen nahen Verwandten. 2.—5. Tauf. (48 S. m. 4 Abbildgn.) 8. St. Fiden (906). (St. Gallen, F. B. Müller.) n. — 80

— der Nebelwand, s.: Christblumen. 13. Bdchn.

Hinter dem Schleier! Ein Schrei der Not aus d. mohammedan. Frauenwelt. Zusammengestellt v. Elisab. Franke. (40 S. m. 1 Abb.) 8. Frankfurt 908. Verlag Orient. — 30

— Schloß u. Riegel. Eine unmoral. Erzählg., nicht von Schuld u. Sühne, sondern v. Verbrechen u. Strafe. (180 S.) 8. München (910). A. Langen. 2.50; geb. n 4. —

(F) Hinter, H., Entwürfe zu Betrachtungen für achttägige geistliche Übungen. 2. Aufl. Gr.-8°. (221 S.) K 1.70 Innsbruck: Rauch 1910.

Hinterbärnbad im Kaiser-Gebirge. Ein Geleit- u. Erinnerungs-Büchlein f. Kaisergebirgs-Freunde, hrsg. v. der Sektion Kufstein des d. & oe. Alpenvereins. (Von Rob Krieger.) Mit 7 Bildern, Karten-Skizze, Führer- u. Träger-Tarif. (23 S.) 8. Kufstein (904). E. Lippott n. — 16

Hinterberg, allgem. u. eigene Winter- u. Sommerlust ꝛc. 8. Lpz. 749.

Hinterberg, Karl Ferdinand

Hinterberg, K. Ferd., prakt. Erinnerungen versch. gerichtl. Verfahr. u. Rechtsführ. 2 Thle. Fol. Wien. Ghelen. 781.

HINTERBERGER A. Apologie des Adels, gesungen von einer bürgerlichen Muse und dem Freunde der Wahrheit gewidmet. Von –. Schrockenfuchs, Graz 1794. 1 vol. 32 S.

Hinterberger, Alex, zur Frage des Unterrichtes in Hygiene an Mittelschulen. (23 S.) 8. Wien 906 W Braumüller. n. — 70

— ist unser Gymnasium e. zweckmässige Institution zu nennen? 1. u. 2. Taus. (III, 116 S.) 8. Ebd. 905 906. n. 1. 50

Hinterberger, Alex., Weiteres zur Frage der Erziehung an Mittelschulen, besonders zur Frage der Einheitsmittelschule. (V, 50 S.) gr. 8. Wien 907. W. Braumüller. 1. —
Sonderabdruck aus: „Die Schul-Reform".

Hinterberger, Franz

— Handbuch der Pastoraltheologie. 4 Bde. 8. Linz 828. Haslinger. 3 ₰ 8 gr

Hinterberger, Frz., Handbuch d. Pastoral-Theologie. 4 Bde. 2., verm. Ausg. gr. 8. (71 B.) Linz 836, Haslinger.

Hinterberger, Frz., Homilien üb. d. sonn- u. festtägl. Evangelien d. kathol. Kirchenjahres. 2 Thle. gr. 8. (44 B.) Linz 833, Haslinger.

— Homilien über d. in den sonntäglichen Pericopen übergangenen Stellen der Evangelien, an die sonntäglichen Pericopen angeschlossen. 2 Thle. gr. 8. Linz 836. Haslinger. 2 1/3 ₰

—— Reden üb. d. sonn- u. festtägl. Evangelien. Vorgetragen bei d. akadem. Gottesdienste am k. k. Lyceum in Linz. 1. u. 2. Hälfte. gr. 8. (30 3/4 B.) Linz 830, Haslinger.

— welches sind d. Forderungen unserer Zeit an d. Seelsorger? Inauguralrede 1825 gehalten. 4. Linz, Haslinger. 3 gr

Hinterberger, Frdr., kurze Anleitung zur qualitativen chemischen Analyse anorganischer Substanzen. gr. 8. (30 S.) Wien 852. (Braumüller.) n. 8 ngr

Hinterberger, Friedr., kurze Anleitung zur qualitativen chemischen Analyse anorganischer Substanzen. gr. 8. (30 S.) Wien 852, (Gerold's Sohn.) *

— und Edm. Schreinzer, kurze Anleitung zur qualitativen und quantitativen chemischen Analise. I. Abth.: Qualitative Analise. 2. verb. etc. Aufl. Wien 856. Braumüller. gr. 8. (2 Bl., 86 S.) n. 16 ngr

—— und Edm. Schreinzer, kurze Anleitung zur qualitativen und quantitativen chemischen Analise. 2. Abthl.: Quantitative Analise. (Arithmetischer Theil von Frz. Ševčik.) gr. 8. (III und 96 S.) Wien 860, Braumüller's Verlags-Conto. *

Hinterberger: Behandl. d. Lehre über d. chem. Aequivalente. 9 S.– Wien OR.Sch., Progr. 1861.

—— Beitrag zur Kenntniss der Quecksilber-Verbindungen der Alkaloide. gr. 8. (17 S.) Wien 852, (Gerold's Sohn.) *
Aus: Sitzungsberichte der k. Akademie der Wissenschaften J. 1851, besonders abgedruckt.

Hinterberger: Beitrag zur Naturgeschichte der Hühner. 8 S.– Wien OR.Sch., Progr. 1866.

Hinterberger, Fr.: Beiträge zur chem.Technik. Zs. 9 S.– Wien OR.Sch. Progr. 1861,62,65.

Hinterberger: Bereitung des Zwetschkenbranntweines, Kirschengeistes u. Cognac. 2 S.– Wien OR.Sch., Progr. 1866.

Hinterberger: Bier- und Weinanalysen. 3 S. – Wien OR.Sch., Progr. 1853.

Hinterberger: Einiges über Seide und Seidenzucht. 4 S. –Wien OR. Sch., Progr. 1853

— Über die Einwirkung der Wurtzschen flüchtigen Basen auf Senföl. S. 9. 20 . ngr
Separatabdruck

Hinterberger, Frdr., üb. das Excretin. [Aus „Sitzungsber. d. k. Akad. d. Wiss."] Lex.-8. (4 S.) Wien 873. (Gerold's Sohn.) — 15

Hinterberger & Schmued: Geschichte d. wissenschaftlichen Theiles d. Chemie in Verbindung mit allg. Geschichte. 11 S.– Wien OR.Sch., Progr. 1866.

Hinterberger: Das chem.Laboratorium u. die aus demselben im Studienjahre 1851-52 hervorgegangenen Arbeiten. 22 S.– Wien OR.Sch., Progr. 1852.

—— Lehrbuch der Chemie für Realschulen. 1. Aufl. 1852., 2. Aufl. 1854. und 4., verb. Aufl. gr. 8. (VI und 232 S. mit 49 eingedr. Holzschn.) Wien 856(57,) Braumüller. *

— Lehrbuch der Chemie f. Realschulen, sowie zum Selbstunterrichte. Mit zahlreichen in den Text eingedr. Holzschn. 2. Thl.: Organische Chemie. gr. 8. (VI u. 162 S.) Ebd. 852. n. 2/3 ₰

— Lehrbuch der technischen Chemie für Ober-Realschulen. 1. Thl. Für die erste Klasse. Mit 68 in den Text eingedr. Holzschn. Wien 855. Braumüller. gr. 8. (2 Bl., 188 S.) n. 1 ₰. 6 ngr

— — 2. Thl. Für die zweite Klasse. Mit 26 in den Text eingedr. Holzschn. Wien 855. Braumüller. gr. 8. (1 Bl., S. 189—370.) n. 28 ngr

— — 3. Thl. Für die 3. Classe. Mit 31 in den Text eingedr. Holzschn. Wien 857. Braumüller. gr. 8. (1 Bl., S. 373—649.) n. 1 ₰. 10 ngr

— Lehrbuch der technischen Chemie für Ober-Realschulen. 1. Thl. für die 1. Klasse. 3. verb. Aufl. gr. 8. (III, 176 S. mit 55 in den Text eingedr. Holzschn.) Ebendas. 868. *

— Lehrbuch der technischen Chemie für Ober-Realschulen. 1. Thl. für die erste Klasse. Mit 55 in den Text eingedr. Holzschn. 3. verb. Aufl. Ebend. 869. gr. 8. (III, 176 S.) n. 1 ₰ 6 ngr.

Hinterberger, Friedr., Lehrbuch der technischen Chemie für Ober-Realschulen. 3. Thl. für die 3. Klasse. 2. verb. Aufl. gr. 8. (186 S. mit 31 in den Text eingedr. Holzschn.) Wien 869, Braumüller. *

2. Thl. 2. Aufl. Ebendas. 1864. *ℳ 2,80.

Hinterberger, Friedr., Lehrbuch der Chemie für Unter-Realschulen und Gewerbe-Schulen, sowie zum Selbst-Unterrichte für Mediziner, Pharmazeuten und Techniker. 6., nach der Typen-Theorie umgearb. Aufl. Lex.-8. (III und 360 S. mit 47 im Text eingedr. Holzschn.) Wien 859, Braumüller's Verlags-Conto. *

Hinterberger, Friedr., Lehrbuch der Chemie für Unter-Realschulen, Real-Gymnasien u. Gewerbe-Schulen, sowie zum Selbst-Unterrichte für Mediciner, Pharmazeuten u. Techniker. 10. Aufl. Mit 10 in den Text eingedr. Holzschn. Wien 868. Braumüller. gr. 8. (III, 215 S.) n. 1 ₰ 10 ngr.

— Lehrbuch der Chemie für Unter-Realschulen, Real-Gymnasien und Gewerbe-Schulen, sowie zum Selbst-Unterrichte für Mediciner, Pharmazeuten und Techniker. 10. Aufl. (III, 215 S. mit 10 in den Text eingedr. Holzschn.) 1868. *ℳ 4.; 11. Aufl. (III, 170 S.) 1871, und 12. Aufl. gr. 8. (160 S.) Wien 874, Braumüller. *

— und A. Bauer, Lehrbuch der chemischen Technik, s. Bauer, A.

Hinterberger: Über die Materialien, welche man zum Anstellen von Kollegien – Versuchen gebraucht. 12 S. – Wien OR.Sch., Progr. 1858.

Hinterberger, Fr.: Chemische Notizen. 6 S. – Wien OR.Sch., Progr. 1854.

Hinterberger Dr. F.: Das Trinkwasser der Auslaufbrunnen am Schottenfelde im Schulj. 187³/₄. 4°. Wien R. VII. 74. Progr.

Hinterberger: Über pneumatische Wannen. 3 S. – Wien OR.Sch., Progr. 1858.

Hinterberger, Hugo, Formenwelt aus dem Naturreiche, s.: Gerlach, Mart.

Hinterberger, Hugo, s.: Jahresbericht des Privat-Laboratoriums (1. Spezialatelier f. wissenschaftl. Photographie) Hugo Hinterberger.

Hinterberger, Hugo, Jahresbericht über die Tätigkeit des photographischen Privat-Laboratoriums im Jahre 1903 — Über moderne illustrative Ausstattung wissenschaftl. Werke. (16 S. m. 11 Abbildgn. u. 2 Lichtdr.-Taf.) gr. 4. Wien 904. (J. Šafář.) n. 1.—

Hinterberger, Jos., Abhandlung üb. d. Entzündung d. Rückenmarkes, u. Beiträge zur Erforschung d. Cholera morbus. Gestützt auf viele Beobachtn. v. Entzündung d. Rückenmarkes, d. grossen Gefässe, d. Herzens, u. d. verborg. u. verlarvten Entzündungen in d. Brust- u. Bauchhöhle. gr. 8. (17 B.) Linz 831, Fink u. Sohn. Thlr.

— Beobachtungen üb. d. Scharlach mit Entzündung d. Rückenmarkes, d. Herzens, d. Aorta, d. Hohlader ꝛc. gr. 8. (4¾ B.) Linz 833, (Eurich u. Sohn.)

Hinterberger, Karl Ferdinand, s. Hinterberg

Hinterberger, Maria Anna, die deutsche Köchin. Ein Kochbuch für bürgerl. kleine und große Herrschaftsküchen. Eine gründl. und verständl. Anweisung zur Bereitung der Speisen. Zum Gebrauch für junge Hausfrauen und Köchinnen verfaßt von einer Köchin ꝛc. 8. (VIII und 387 S.) Magdeburg 851, Heinrichshofen'sche Buchh.

Hinterberger, Rud., die Thermal- und Schlammbäder in Topusko und der Natron-Säuerling in Lasinja. 8. (VIII und 228 S. mit 2 Tab. in Fol., 1 xylograf. Ansicht und 1 lithogr. Plane in 4.) Wien 864, Braumüller. *

Hinterbliebenen, die, d. Enthaupteten, od. im Hause der Gottlosen ist der Fluch d. Herrn; aber die Wohngn. der Gerechten werden gesegnet. Der reiferen Jugend u. dem Volke gewidmet. 3. verb. Aufl. Mit e. Stahlst. gr. 8. (171 S.) Regensburg 874. Volks- u. Jugendschriften-Verl. 1. 20

Hinterbrühl, Gemeinde.
Mödling [1891]. V: *Rückeshäuser, Heinrich & Moriz Rückeshäuser.* (EB)

Hinterding, Ludw., auf rother Erde! Gedichte. 12. (VII, 126 S.) Dortmund 881. Dreist. n. 1. 25; geb. n. 2. 25

Hinteregger, F., Studien über Caffeïn u. Theobromin, s.: Maly, R.

HINTERHÄUSER, Johann Baptist (Treuchtlingen): Christus, die Fundamentalidee des alten und neuen Testamentes.- Eichstätt: Brönner 1836. XV,110 S.
7.8.1833 - Urk (Titel: Idea Messiae est idea fundamentalis veteris et novi testamenti.); F 43
Diss. Ingolst.-Landsh.-Mchn.

Hinterhemsdorf [Schlagwort]

Hinterhermsdorf, s.: Sachsen, Karte.

Hinterhermsdorf, s.: Sachsen. Messtischblätter.

Hinterhermsdorf-Daubitz, s.: Geolog. Karten (Sachsen).

Hinterhuber, Anton

De rebus quibusdam, ex immutata scholarum conditione profectis, brevis commentatio. Scrips. A. Hinterhuber. P. — 1831. Landishuti, ex off. Jos. Thomann. — S. 3–22 in 8.
Progr. Landshut

Hinterhuber, Jul., u. Frz. Pichlmayr, Flora des Herzogth. Salzburg u. d. angrenzenden Ländertheile. Der 2., gänzlich umgearb. Aufl. neue [Titel-]Ausg. 12. (II, 313 S.) Salzburg [879.] 899. H. Dieter. n. 1. 60

Hinterhuber, Jul., u. M. Frz. Pichlmayr, Prodromus einer Flora des Herzogth. Salzburg u. der angrenzenden Ländertheile. Mit besond. Uebersicht der Specialflora der einzelnen Gaue. 2., gänzlich umgearb. Aufl. 8. (IV, 313 S.) Salzburg 879. Dieter. n. 3. 20

1. Aufl., s. Hinterhuber, Rud.

Hinterhuber, Rud., aus den Bergen. Geschichten, Sagen und Wanderbilder. gr. 16. (X und 195 S.) Wien 864, Gorischek's Universitäts-Buchh.

Hinterhuber, Rud., der Gebirgsfreund. Ausflüge auf die Alpen u. Hochalpen Salzburgs. Ein Wegweiser ꝛc. Aus eig. Erfahrung geschöpft. 16. (VIII u. 88 S. mit 1 lith. Ansicht in qu. 4.) Salzburg 848, Mayr. 6 ngr.

Hinterhuber, Rud., Mondsee und seine Umgebungen. 16. (IV, 92 S. mit 1 Tab. in qu. 4.) Wien 869, Müller.

Hinterhuber, Rud., und Jul. Hinterhuber, Prodromus einer Flora des Kronlandes Salzburg und dessen angränz. Ländertheilen, als: Berchtesgaden, des k. k. Salzkammergutes nebst Mondsee etc. mit besond. Uebersicht der Specialfloren der einzelnen Gauen. gr. 16. (IX und 414 S.) Salzburg 851, [Oberer's seel. Witwe.] *

2. Aufl., s. Hinterberger, Julius

Hinter-Indien [Schlagwort]

Hinter-Indien, s.a. Hand- u. Reisekarten. 54.

Hinter-Indien. Sohr-Berghaus' Hand-Karte v. Hinter-Indien u. den ostindischen Inseln. 1:18,000,000. 8. Aufl. Neu bericht. Ausg. 84×42 cm. Farbendr. Glogau 893. C. Flemming. — 50

Hinterlach, Ernst. Ueber Einwirkung der Semicarbazides auf ungesättigte e, β Ketone & Ester. Diss. Phil. Basel. 64 S. 8. Berlin, Otto Drewitz, 1907.

Hinterlader: Der Hinterlader
① Humoristisch-satyrische St. Galler-Blätter (Juli 1869—März 1871) ⑤ Juli 1869—Mai 1875 (11 »Flugblätter«) ⑥ 2° ⑦ Monatsblatt (Juli 1869—März 1870), nachher unregelmäßig ⑧ St. Gallen: Verlag von Philipp Weihrauch ⑪ humoristisches Blatt mit freisinniger Tendenz ⑭ Be: L.

Hinterlader, taktische Form oder Handlung? Von einem Verstorbenen. gr. 8. (46 S.) Berlin 868, F. Schneider. [Weber.]

Hinterländer: Der Hinterländer (Lu)
④ Der Volksfreund (Lu I) ⑤ 5. 3. 1851—26. 6. 1858 ⑥ 4° ⑦ Wochenblatt (1851—1856), wöchentlich 2X (1857, 1. Halbjahr), Wochenblatt (1857, 2. Halbjahr bis 26. 6. 1858) ⑧ Willisau: Conrad Kneubühler (1822—1910) ⑩ Conrad Kneubühler ⑪ freisinnig ⑬ BGSZ: 290. 707. 1028. 1032 Willisauer Volksblatt 1951, Nr. 94, Beilage ⑭ Lu: Z.

Hinterländer-Bote
⑬ Unter diesem Titel wollte Buchdrucker Adolf Kuhn in Willisau 1887 ein Wochenblatt gründen, nannte seine Zeitung dann aber »Willisauer-Bote«.

Hinterland, Technologie od. Gewerbkunde, enth. 240 Künstler, Fabrikanten u. Manufakturisten, welche sich m. Zubereitung u. Verarbeit. d. Thiere, thierischen Theile, Produkte u. Artefakten beschäftigen; nebst e. Material- u. Waarenkunde. München, Giel.

Hinterlassenschaft, die, des Grafen v. H. für seine Töchter. 8. Wien 790. Wucherer. 5 K

Hinterlechner, Fulgentius

—— der Christ im Sterbebette. Ernste Betrachtungen für Priester und Volk in Kirche und Haus in Fastenpredigten, gehalten in der Stadtpfarrkirche zu Radstadt. 2. verb. Aufl. 8. (130 S.) Ebendas. 884.

Hinterlechner, Fulgentius, Christus am Kreuze und der Christ im Sterbebette. Ernste Betrachtungen für Priester und Volk in Kirche und Haus in Fastenpredigten, gehalten in der Stadtpfarrkirche zu Radstadt. gr. 8. (94 S.) Salzburg 883, Mittermüller. *

Hinterlechner, Fulgentius, Handbuch für die Mitglieder des III. Ordens des heil. Vaters Franziskus m. besond. Rücksicht auf den Lungau Salzburgs. Für Priester u. Laien in Stadt u. Land kurz zusammengefaßt. 8. (IV, 194 S.) Salzburg 880. (Mittermüller.) geb. n. — 88

—— serafisches Handbuch für die Mitglieder des III. Ordens des heil. Vaters Franziskus v. Assisi. Für Priester und Laien in Stadt und Land kurz zusammengefaßt. 2. neu bearb. und verm. Aufl. 16. (XV, 466 S.) Ebendas. 882. geb. *

—— dass. — Für Priester und Volk in Stadt und Land kurz zusammengefaßt. 3. verb. und verm. Aufl. 16. (VII, 496 S. mit 1 Stahlst.) Ebendas. 883. * geb. *

—— dass. — 4.—6. Aufl. (XVI, 526 S. mit 1 Stahlst.) 1884; 7. Aufl. 16. (VIII, 526 S. mit 1 Stahlst.) Ebendas. 884. geb. *

—— dass. — 13.—24. verm. und verb. Aufl. 16. (694 S. mit 1 Stahlst.) Ebendas. 886—88. *
geb. in Leinw. *M 1.60.; in Leder **
geb. mit Goldschn. **

—— dass. — Ausg. mit großem Druck. 12. (766 S. mit 1 Stahlst.) Ebendas. 887. geb. in Leinw. *
geb. in Leder **

Hinterlechner, F., seraphisches Handbuch f. die Mitglieder d. III. Ordens d. hl. Vaters Franziskus. 22., verb. Aufl. 16. (694 S. m. 1 Stahlst.) Salzburg 887. Mittermüller. geb. in Leinw. n. 1. 60; in Ldr. n.n. 2. 20; m. Goldschn. n.n. 3. 60

— dasselbe. Ausg. m. großem Druck. 12. (766 S. m. 1 Stahlst.) Ebd. 887. geb. in Leinw. n. 1. 80; in Ldr. n.n. 2. 40

Hinterlechner, Fulgentius, O. Cap., seraphisches Handbuch f. die Mitglieder des III. Ordens des hl. Vaters Franciscus. 29. Aufl. 16. (762 S. m. 1 Farbendr.) Salzburg 895. M. Mittermüller. Geb. in Leinw. n. 1. 60

— dasselbe. 2. Aufl. m. grossem Druck. gr. 16. (835 S. m. 1 Farbendr.) Ebd. (894). Geb. in Leinw. n. 2. —

— der Kampf um die Seele. Ernste Betrachtgn. f. das christl. Volk in Fastenpredigten, geh. in der Stadtpfarrkirche zu Radstadt. 8. (120 S.) Ebend. 886. n. — 70

Hinterlechner, Fulgent., O. Cap., s.: Monat, der, des hl. Franziskus v. Assisi.

— Unterrichtsbüchlein üb. die apostolischen Ablässe, welche auf Kronen, Rosenkränze, Kreuze, Crucifixe, kleine Statuen u. Medaillen verliehen werden. 16. (72 S.) Innsbruck 887. Vereins-Buchhandlg. & Buchdruckerei. n. — 32

— Vergißmeinnicht-Blümlein aus dem Tugendgarten des hl. Felix v. Cantalizio, Laienbruders aus dem Kapuzinerorden. Allen Christgläubigen, besonders den Terziaren des hl. Franziskus zur Betrachtg. u. Erinnerg. an das Triduum der 3. Centenarfeier seines Todestages dargereicht. 12. (37 S.) Salzburg 887. Kathol. Vereinsbuchh. n. — 15

— Vergißmeinnicht-Blümlein aus dem Tugendgarten des heil. Felix von Cantalizio, Laienbruders aus dem Kapuziner-Orden. 12. (35 S.) Salzburg 887. Mittermüller. n. — 16

—— der seraphische Weltorden in seinen Verpflichtungen und Segnungen. Auszug aus dem approbirten seraph. Handbuche für die Mitglieder des III. Ordens des heil. Vaters Franziskus v. Assisi. Für Priester und Volk in Stadt und Land bearb. 1.—4. Aufl. 16. (30 S.) Ebendas. 883,84. cart. *

—— der seraphische Weltorden in seinen Verpflichtungen und Segnungen. Auszug aus dem seraph. Handbuche für die Mitglieder des III. Ordens des heil. Vaters Franziskus. 5. Aufl. 16. (36 S. mit 1 Stahlst.) Ebendas. 886. *

— der seraph. Weltorden des hl. Vaters Franziskus v. Assisi. 6. Aufl. 16. (36 S. m. 1 Farbendr.) Ebd. 893. n. — 16

Hinterlechner, Mart., P. Markus v. Aviano aus dem Kapuziner-Orden, e. Muster heiliger Treue im Leben u. Wirken f. Gott, Kaiser u. Vaterland. 8. (VI, 108 S. m. Bildniß.) Salzburg 890. Mittermüller. n. — 80

— seraphische Weckstimmen für die Mitglieder des III. Ordens d. hl. Vaters Franziskus u. f. Alle, die es werden wollen. Eine Denkschrift zur 50jähr. Jubelfeier Sr. Heil. Papst Leo XIII. 16. (133 S. m. 1 Bild.) Passau 888. Abt. n. — 50; geb. n. — 80

Hinterlegungsordnung vom 14./III. 79.

Mit Erläuterungen von:

Hölinghaus. Berlin 879.	1 50	**Ruderff.** Düsseldorf 880.	
Kunze. Berlin 880.	3 60	**Spiess.** Berlin 890.	
Maassen. Köln 879.	2 —		

Die **Hintorlogungsordnung** vom 14. März 1879 in d. Fassung d. Preuss. Ausführungsgesetzes zum BGB. vom 20. Sept. 1899 nebst Ausf.Bestimmungen. Text-Ausg. mit Anm. u. Sachreg. ... von Dr. Georg Bartels, Reg.Ass. *Berlin: J. Guttentag 1900.* (VI, 137 S.) 8° [F.]
— **Sammlung, Guttentag'sche,** Preussischer Gesetze. No 24. [01. 404

Die **Hinterlegungs-Ordnung** vom 14. März 1879 mit d. Abänderungen durch d. Ausführungsgesetz z. BGB. v. 20. Sept. 1899 u. den erlassenen Verfügungen nebst Erl. von Erich Aron, Landger.R. *Hannover: Helwing 1900.* (VII, 165 S.) 8° [F.] [00. 3069 7

Die **Hinterlegungsordnung** in d. Fassung d. preuß. Ausführungsgesetzes z. BGB. nebst Ausführungsbestimmungen. Text-Ausg. mit Anm. u. Sachreg. unter Benutzung amtl. Erlasse u. Entscheidungen d. Finanzminist. von Dr. Georg Bartels, Reg.R. 2. Aufl. Berlin: J. Guttentag 1908. (155 S.) 8° [F.]
— **Sammlung.** Guttentag'sche, Preußischer Gesetze. No 24. [08. 17284

Hinterlegungsordnung, preußische, nebst Gesetz, betr. das Staatsschuldbuch. Hrsg. von der Redaktion des Reichs-Gesetzbuches. gr. 8. (IV, 16 S.) [Berlin 886.] Hamburg, Bruer und Comp. geb. * — 60

Hinterleitner, G. A. Eine ernsthafte Kriegsgeschichte in Versen. Pottsville, Pa.: Hender, 1871. GSP

Hinterleitner, G. A., eine wahrhaftige Kriegs-Geschichte, so sich zugetragen hat Anno 1870—71. 16. (24 S.) Pottsville 871. (Philadelphia, Schäfer & Koradi.) n. — 80

Hintermann, Robert

Hintermann, der innere **Dienst** e. Infanteriebataillons während der Divisionsmanöver. gr. 16. (IV, 74 S.) Aarau 890. Sauerländer. n. — 60

Hintermann, zusammengewürfelte Gedanken üb. die Erziehung zur Disziplin. Vortrag, geh. in der Offiziersgesellschaft Luzern am 22. II. 1901. gr. 8. (22 S.) Aarau (901). Müller & Trüb. n. — 64

Hintermann, Rob., das Gefecht v. Neuenegg am 5. III. 1798. Vortrag, geh. im Winter 1908/09 in d. Offiziersgesellschaften Luzern, Freiamt, Aarau, Basel u. Zug. (44 S. m. 2 Taf. u. 2 Karten.) gr. 8. Frauenfeld (910). Huber & Co. 1. —
Sonderabdr. aus: „Schweiz. Monatsschrift f. Offiziere aller Waffen".

Hintermann, Rob., der Kampf der Nidwaldner am 9. IX. 1798. Eine Studie über den Gebirgskrieg. (36 S. m. 1 Karte.) gr. 8. Frauenfeld 904. Huber & Co. n. — 80
Sonderabdruck aus: „Schweizer. Monatsschrift f. Offiziere aller Waffen".

(Hintermann, [Robert].) Lehren aus den Regiments-Wiederholungskursen von 1904. (Referat gehalten in der Offiziersgesellschaft Luzern am 22. Dez. 1905.) 29 S. 8. Luzern, H. Keller, 1906.

— le **service** intérieur d'un bataillon d'infanterie pendant les manoeuvres de division. Traduit de l'allemand avec autorisation de l'auteur. 16. (IV, 75 S.) Ebd. 890. n. — 80

Hintermann, [Robert]. Unterrichts-Methode an unsern Volksschulen. Referat des Hrn. Oberst H', gehalten in der Sitzung der Kultur-Gesellschaft Aarau vom 25. Februar 1894. Separat-Abdruck aus dem «Luzerner Tagblatt» vom 10., 12. und 13. Januar. 24 S. 8. Luzern, H. Keller, 1904.

Hintermänner, die, der Socialdemokratie. Von e. Eingeweihten. gr. 8. (142 S.) Berlin 890. Conitzer. n. 1. —

Hintermayer, Franz Xaver, Medizinalprakt.: Aus d. St. Georgi-Ritter-Ordenskrankenh. zu Nymphenburg. Ein Fall von Luxatio claviculae supraspinata. München 1909: Wolf. 17 S. 8°
München, Med. Diss. v. 13. Jan. 1910, Ref. v. Angerer
[Geb. 27. Juni 84 Achdorf b. Landshut; Wohnort: München; Staatsangeh.: Bayern; Vorbildung: Theresien-Gymn. München Reife Juli 03; Studium: München 10 S.; Coll. 13. Jan. 10; Approb. 3. Dez. 09.] [U 10. 3516

Hintermeister, D., Adreßbuch der Stadt und des Kantons St. Gallen, s. Adreßbuch.

Hintermeister, D., Adreßbuch der Stadt u. des Kantons Schaffhausen, nebst Beifügung angrenz. schweizer. u. bad. Ortschaften. Oerlikon bei Zürich 865. (Schaffhausen, Brodtmann'sche Buchh.) Lex.-8. (VIII, 110 S.) 1 ℳ

— **Prozent-Wurzel** aus 1 bis 20,000 Reichsgulden Capital zu 1%, als schnellste u. sicherste Zinsenberechnung auf alle Tage des Jahres, mit Zeitberechnungstafel u. Erläuterung zur sofort. Umwandlung auf jeden belieb. höhern oder tiefern Zinsfuss. Stuttgart 866. Schober. gr. 8. (III, 64 S.) n. 18 ngr.

Hintermeister, D., Prozent-Wurzel aus 1—20,000 Stücken Capital zu gebrauchen f. deutsche Reichsmark, neue oesterr. Gulden, Franken, holländ. Gulden, Rubel etc. zu 1%, als schnellste u. sicherste Zinsenberechng. auf alle Tage d. Jahres m. Zeitberechnungstaf. u. Erläuterg. zur sofort. Umwandlg. auf jeden belieb. höheren od. tiefern Zinsfuss. Ausgabe: das Jahr zu 365 Tagen gerechnet. 3. Aufl. gr. 8. (68 S.) Stuttgart 873. Schober. 1. 35

— dasselbe. Ausgabe: das Jahr zu 360 Tagen gerechnet. gr. 8. (66 S.) Ebend. 873. 1. 35

Hintermeister, D., Tables de rentes d'un principal de franc 1 jusqu'à francs 20,000, pour tous les 365 jours de l'année aux interêts de 3, 3½, 4, 4¼, 4½ et de 5%. II. édit. Zürich, J. H. Locher. 1871. 5. —

Hintermeister, D., Zinstabellen aus 1—20,000 Fr. Kapital d. alle Tage d. Jahrs, zu 3, 3½, 4, 4¼, 4½ u. 5% m. e. Zeitberechnungstafel, auf welcher die zwischen zwei Terminen liegende Zahl von Tagen sogleich gefunden wird. Zürich. br. 8. 1872. 2. 50

Hintermeister. Zinstabellen durch alle Tage des Jahres, zu 3, 3½, 4, 4¼, 4½ u. 5%. 3. Aufl. Zürich, J. H. Locher. 1884. 5 —

Hintermeister, Elisab., Sehnsucht, Gedichte. Mit Widmg. vers. v. Lilli Marsala. (72 S.) 8. Dessau 910. H. Franke. 1. 20

Hinter-Pommer, ein, in und bei Berlin. Memoiren erzählt vom Geist Puck. Berlin 860. Plahn in Comm. 32. (108 S.) n. 10 ngr.

Hinter-Riss [Schlagwort]

Hinter-Riss. **Karte** von Hinter-Riss u. Umgebung. 1 : 50,000. Bearb. unter Zugrundelegg. der officiellen topograph. Karten. Blatt 1. Kupferst. m. Farbendr. gr. 4. München 890. (Lindauer.) n. 1. —

Hinterseher, Jos., Masse und Geist oder die Schule für den Menschen in der Erkenntniß des Guten und des Bösen. gr. 8. (71 S.) München 868, (Merhoff's Verlag.) *

Hinterskirch, Wilhelm, aus Schönau i. W.: I. Eintritt von Chlor aus der Seitenkette in den Kern bei der Zersetzung von aromatischen Jodidchloriden. II. Derivate von Dimethoxydiphenyl. *Heidelberg 1899: J. Hörning.* (42 S.) 8°
Heidelberg, Naturw.-math. Diss. v. 1899

Hinterstein [Schlagwort]

Hinterstein, s.: Deutschland. Karte. (Abt. Bayern.)

Hintersteinau [Schlagwort]

Hintersteinau, s.: Preussen. Messtischblätter.

Hinterstoisser, Frz., aus meinem Luftschiffertagebuche. Aufzeichnungen. (V, 141 S. m. 5 Bildern.) 8. Rzeszów 904. J. H. Pelar. n. 4.—

Hinterstoisser, Dr. Jos., Reg.-Rat. Zur Frage der forensischen Beurteilung der Säufer. Ein strafgerichtliches Gutachten. Separatabdruck aus der Wiener Klin. Wochenschrift 1897 No. 49. Wien 1898. 15 S.

Ueber den hohen Werth der stillen, bescheidenen Tugend. Eine Rede, gehalten am Johannis-Feste 1823 in der □ Adolphus zur gekrönten Tugend im Or. von Stade vom Br. [G.] **Hinterthür.** Stade [1823]: Friedrich. 8 S. 8° [Umschlagtit.]

Hinterthür, Ludw., die Kulturgewächse der Heimat m. ihren Freunden u. Feinden, in Wort u. Bild dargest. II. Abtlg. Serie VIII: Kartoffel, Möhre u. Sellerie. Rettich- u. Lauchgewächse. (24 S. m. 2 farb. Taf. in 51×78,5 cm.) gr. 8. Leipzig (910). Amthor. 3.60; einzelne Taf. 1.80; auf Leinw. m. Oesen n 2.80; m. Holzstäben n 3.30
Ser. VIII. erschien u. d. T.: Schlitzberger, S., Kulturgewächse Ebd. 904.

— Naturkunde in disponierten methodischen Einheiten f. den Unterricht in Volksschulen, Mittelschulen u. höh. Mädchenschulen. Ein Handbuch f. Lehrer u. Seminaristen. (104 S.) gr. 8. Berlin (907). Gerdes & Hödel. nn 1.75; geb. nn 2.25

— Praktische Pilzkunde. Ein Führer durch unsere häufigeren eßbaren u. schädl. Pilze m. Anleitg. z. Sammeln, zur Pilzkultur, Verwendg. im Haushalte, nebst Pilzkalender u. dgl. (XV, 87 S. m. 67 Abbildgn. auf 34 farb. Taf.) 8. Leipzig (910). Amthor. Geb. in Leinw. 3.—

— Der deutsche Wald. Ein Führer zum Kennenlernen d. Bäume, Sträucher u. wichtigsten Kräuter 2c. d. Waldes. Mit 16 kolor. Taf. (IV, 105 S.) 20×10,5 cm. Ebd. (908). Geb. in Leinw. 2.70

Hintertreibung, Eines Ehrw. hamb. Ministerii genügsame, einiger unbefugten Auflagen ... Hamb. 1703. V: *Elmenhorst, Heinrich.* (schr)

Hinterwaldner, Johann Max

Hinterwaldner, J. M. Beitrag zur Lepidopteren-Fauna Tirols. 1860?

Hinterwaldner, Joh. Max, Geographie, s.: May, Binzenz.

Hinterwaldner, Johann Max: Geographie für österreichische allgemeine Volksschulen, s. Seipel, Alfred

— Geschichte, s.: Brandeis, Emil.

Hinterwaldner, Joh. Max, Lehrer (Lehrerin) m. Hochschulbildung, s.: Was soll ich werden?

— u. **Ferd. Frank,** Naturgeschichte (Thiere u. Pflanzen), s.: Realienbuch f. österr. allgem. Volksschulen. IV.

Hinterwaldner, Joh. Max, Naturlehre, s.: Swoboda.

— Physik, Chemie u. Mineralogie, s.: Arnhart, Ludw.

— s.: Realienbücher f. österreichische allgem. Volksschulen.

— Tier- u. Pflanzenkunde, s.: Frank, Ferd.

Hinterwaldner: Systematisches Verzeichnis der bis jetzt bekannten Tiroler-Lepidopteren. 20 S. – Innsbruck, Progr. 1868.

(F) **Hinterwaldner,** J. M., Was soll ich werden? 8. Lehrer (Lehrerin) mit Hochschulbildung. 8°. (76 S.) K 3.—
Wien: Szelinski 1907.

Hinterwaldner, J. M., Wegweiser für Naturaliensammler. Eine Anleitg. zum Sammeln u. Conservieren v. Thieren, Pflanzen u. Mineralien jeder Art, sowie zur rationellen Anlage u. Pflege v. Terrarien, Aquarien, Volièren etc. Lex.-8. (VIII, 663 S. m. Fig.) Wien 889. Pichler's Wwe. & Sohn. n. 10.—; geb. n. 11.20

Hinterwaldner: Das Wichtigste über Lebensweise, Anatomie, Verbreitung u. Vorkaommen der Falter nebst praktischen Anleitungen zur rationellen Erwerbung. Behandlung u. Aufbewahrung derselben. S. 14 - 20. – Rakovač OR., Progr. 1869.

— s.: Zeitschrift f. das österr. Volksschulwesen.

Hinterwaldner, M., die Anlage und Erhaltung der Aquarien. gr. 8. (36 S.) Wien 879, Pichler's Wwe. und Sohn. 1 —
Aus: Der österreichische Schulbote, besonders abgedruckt.

Hinterwaldner, Prof. Max, Vortrag über die Verhältnisse der Mittelschullehrer, insbes. d. Supplenten etc. 8. (85 S.) geh. In Comm. 30 kr. nur baar. Wien: Alfred Hölder 1881.

O alte Burschenherrlichkeit! Ein ernstes Lustspiel in 2 Aufzügen v. Friedrich **Hintmann.** Neuenkirchen. 1901. 8°

Eddelhof. Eine Dithmarscher Familiengeschichte v. Friedrich **Hintmann.** Heide i./H. 1906. 8°

Hintmann, Frdr., de Pflegedochter od.: Heemliche Leev. Volksstück in 2 Aufzügen. (63 S.) 8. Garding (908). H. Lühr & Dircks. 1.50; 7 Rollenexemplare 6.—

Heinrich von Zütphens Tod oder Glaube u. Liebe. Schauspiel in 5 Akten von Friedrich **Hintmann,** Rektor. Heide in Holstein: J. Wolter [1898]. (76 S.) 8° [F.]

Hintner, Amad., Predigt, gehalten am Feste des heil. Gebhard auf dem Gebhardberge bei Bregenz am 27. Aug. 1885. (16 S.) Bregenz 885, Teutsch. — 20

Hintner, F., die Kongreßtage v. Nürnberg. Rückblicke u. Streiflichter. (52 S.) 8. Wels 904. (J. Haas.) n. — 35

— griechisches Lese- u. Uebungsbuch f. die 3. u. 4. Klasse der Gymnasien zur Grammatik v. Curtius- v. Hartel-Weigel. 5., im wesentlichen unveränd. Aufl. (297 S.) 8. Ebd. 904. Geb. in Leinw. n. 2. 60

Hintner, Florian, Alpenscheu u. Naturfreude im deutschen Mittelalter. [Aus: „Österr.-ungar. Revue".] gr. 8. (61 S.) Wien 897. (Laibach, O. Fischer.) n. 1. —

*Hintner, Florian: Dem Andenken Franz Stelzhamers. Ansprache an die Schüler der Anstalt, gehalten bei der hundertsten Wiederkehr des Geburtstages des Dichters am 29. November 1902. (Umschlagtitel: ... Stelzhamers.) S. 51 bis 59. 8. Progr. Städt. Gymn. *Wels* 1903.

Hintner, Florian, Antigrobianus od.: Das A B C der guten Lebensart für Mittelschüler u. Lehramtszöglinge. 8. (63 S.) Laibach 901. I. v. Kleinmayr & F. Bamberg. n. — 60

*Hintner, Florian: Beiträge zur Kritik der deutschen Neidhart-Spiele des 14. und 15. Jahrhunderts. S. 3—39. 8. II. Teil. S. 3—48. 8. III. Teil. S. 3—52. 8. IV. Teil. S. 3—59. 8. Progr. Städt. Gymn. *Wels* 1904. 1905. 1906. 1907.

—: Hofrat Dr. August Brunner †. S. 80—82. 8. Progr. Städt. Gymn. *Wels* 1910.

—: Professor Dr. Julius Enderle †. S. 37—54. 8. Progr. Städt. Gymn. *Wels* 1908.

Hintner, *Florian*: Professor Franz Seraphin Gerdinič. Ein Erinnerungsblatt. (Umschlagtitel: ... Gerdinič). 8 (S. 15—23). Progr. K. k. Staats-Oberg. *Laibach* 1897.

—: Der Neubau des Städtischen Gymnasiums zu Wels und die Feier seiner Eröffnung am 19. September 1905. S. 53—106, 6 Taf. 8. Progr. Städt. Gymn. *Wels* 1906.

— der Pflichtenstreit d. Agamemnonskinder in Sophokles' Elektra u. seine Lösg. Progr. 2 Tle. gr. 8. (34 u. 18 S.) Laibach 897. (O. Fischer) n. 1. —

*Hintner, Florian: Hans Sachs in Wels. S. 3—19. 8. Progr. Städt. Gymn. *Wels* 1903.

Hintner, Florian: Zur Vorgeschichte der Anstalt. S. 3—34. 8. Progr. Städt. Gymn. *Wels* 1902.

[Umschlagt.:] **Hintner**, Michael [aus München]: Ueber einen Fall von multipler Hautgangrän ... München, *k. u. k. Hofbuchdr. A. Hause, Prag*, 1897; 12 S. 8.
München, Med. Fak., Inaug.-Diss. v. 1897

Hintner, Val., griechische Aufgaben in zusammenhängenden Stücken im Anschluß an die Grammatik und die Lectüre. gr. 8. (V, 234 S.) Wien 886, Hölder. * 2 20

— Griechische Aufgaben in zusammenhängenden Stücken im Anschlusse an die Grammatik und die Lectüre. 2. verbesserte Auflage. Wien 1890. A. Hölder. (Min.-Erl. 3. März 1890. Z. 3646.) Geheftet 1.10

Hintner, Val., griech. Aufgaben in zusammenhängenden Stücken im Anschl. an d. Grammatik u. die Lectüre. 3., durchgeseh. Aufl. gr. 8. (IV, 287 S.) Wien 896. A. Hölder. Geb. n. 2. 60

Hintner, Valent., griechische Aufgaben in zusammenhängenden Stücken im Anschluß an die Lektüre u. an die Grammatiken v. Hintner u. Curtius-v. Hartel-Weigel. 4. Aufl. (IV, 236 S.) 8. Wien 904. A. Hölder. Geb. in Leinw. n. 2. 40

Hintner, Val., ein Beitrag zum deutschen Wörterbuche. (IV, 58 S.) 8. Brixen 907. A. Weger. 2. —

Hintner, Val., Beiträge zur tirolischen Dialektforschung. I. u. II. gr. 8. (96 S.) Wien 873. 74. Hölder. n. 1. 20

Hintner, Val., Beiträge zur tirolischen Dialektforschung. Der Defereggor Dialekt. Mit Unterstützung der k. Akademie der Wissenschaften. III. u. IV. [Schluss.] gr. 8. (VIII, 6 u. S. 97—271.) Wien, Hölder. n. 4. 80 (cplt.: n. 8. —)

— Benennung der Körperteile in Tirol, besonders im Isel-Tale. Ein Beitrag zur tirol. Dialekt-Forschung. gr. 8. (20 S.) Ebend. 879. n. — 80

— griechisches Elementarbuch zunächst f. die 3. u. 4. Classe der Gymnasien nach der Grammatik v. Curtius bearb. gr. 8. (IV, 243 S.) Ebend. 873. n. 2. 20

— griechisches Elementarbuch, zunächst für die 3. und 4. Klasse der Gymnasien nach der Grammatik von Curtius bearb. 2. verb. Aufl. gr. 8. (IV, 268 S.) Ebendas. 877. 2 20

Hintner, Val., griechisches Elementarbuch zunächst für die dritte und vierte Klasse der Gymnasien nach der Grammatik von Curtius bearb. 3. verb. Aufl. gr. 8. (V, 268 S.) Wien 880, Hölder. *
— dass. — 4. verb. Aufl. gr. 8. (IV, 251 S.) Ebendas. 884. *

Hintner, Val., griechisches Elementarbuch zunächst für die dritte und vierte Klasse der Gymnasien nach der Grammatik von Curtius bearb. Wörterverzeichnis zu den einzelnen Übungsstücken. gr. 8. (24 S.) Wien 884, Hölder. *

— Elementarbuch der griechischen Sprache, s.: Klement, Karl.

Hintner, Valentin [Hrsg.], s. Herodot: Perserkriege

Hintner, Val.: Euripides Kyklops im Versmasse des Originals übertragen, mit einer Einleitung über das Satyrdrama und kurzen erläuternden Bemerkungen. 40 S. 8° — Czernowitz OG., Progr. 1871.

Hintner, Val., griechisches Lese- u. Übungsbuch f. die 3. u. 4. Klasse der Gymnasien zur Grammatik v. Curtius- v. Hartel. 3. Aufl. d. Übungsbuches. gr. 8. (VI, 297 S.) Wien 892. A. Hölder. n. 2. 40; geb. n.n. 2. 80

— dasselbe zur Grammatik v. Hintner. 3. Aufl. d. Übungsbuches. gr. 8. (VI, 297 S.) Ebd. 892. n. 2. 40; geb. n.n. 2. 80

Hintner, Val., griech. Lese- u. Übungsbuch f. die 3. u. 4. Classe d. Gymnasien zur Grammatik v. Curtius-v. Hartel. 4., durchgesehene Aufl. gr. 8. (297 S.) Wien 896. A. Hölder. Geb. n. 2. 80

Hintner, Val., griechisches Lese- u. Übungsbuch f. die 3. u. 4. Classe der Gymnasien zur Grammatik v. Hintner. 4. Aufl. des Übungsbuches. gr. 8. (297 S.) Wien 901. A. Hölder. Geb. in Leinw. n. 2. 96

Hintner, Valentin Meridies. Eine etymologische Untersuchung. 8 (S. 3—10). — Noch einmal meridies. Mit einem Excurs über merus. 8 (S. 3—13). Progr. Akadem. G. Wien 1886. 1890.

— Nachträgliches zu den Stubaier Namen. (41 S.) Lex.-8. Ebd. 904. n. 1.—

— Die Gsiesser Namen. Orts-, Flur- u. Personennamen, gesammelt u. besprochen. (IV, 91 S.) gr. 8. Wien 909. A. Hölder. 3. 40

Hintner, V., noch einmal meridies. Mit e. Excurs üb. merus. Lex.-8. (11 S.) Wien 890. (Hölder.) n. — 80

— die Stubaier Ortsnamen m. Einschluß der Flur- u. Gemarkungsnamen. Eine sprachl. Untersuchg. (Mit Unterstützg. des h. Ministeriums f. Cultus u. Unterricht.) 8. (XV, 231 S.) Ebd. 902. n. 2. 60

Hintner, V., Herodots Perserkriege. Commentar f. d. Schulgebrauch. 1885. 70 S. u. 1 Karte. 1.50

— die Stubaier Personen- u. Güternamen nach dem Stande vom J. 1775. Eine Ergänzg. zu den Stubaier Ortsnamen. (28 S.) gr. 8. Ebd. (903). n. — 80

— Sammlung v. Übungsstücken zum Übersetzen aus d. Deutschen ins Latein. f. d. oberen Gymnasialclassen, zusammengest. v. H. unt. Mitwirkg. v. Engelb. Neubauer. 3 Thle. gr. 8. Ebd. 895. n. 6. 36
1. 2. Text u. Anmerkgn. (VI, 176 u. 42 S.) Geb. u. geh. n. 2. 44
3. Wörterbuch. (354 S.) Geb. n. 3. 92

Hintner, Val.: Ueber das Satyrdrama. S. 3-11. 8° – Czernowitz OG, Progr. 1871.

— griechische Schulgrammatik. gr. 8. (234 S.) Ebend. 882. n. 2. —

—— dass. — 2. verb. Aufl. gr. 8. (252 S.) Ebendas. 883. *

— griechische Schulgrammatik. 3. Aufl., bearb. mit Rücksicht auf den h. Ministerial-Erlaß vom 1. Juli 1887. gr. 8. (VII, 236 S.) Ebd. 888. n. 1. 88

Griechische Schulgrammatik. 4. verbesserte Auflage. 8. (VIII, 220 S.) In Lnwd. geb. 1.20
Wien: Hölder 1890.

— griechische Schulgrammatik. 5. verb. Aufl. gr. 8. (220 S.) Ebd. 899. Geb. n. 2. 40

— griechisches Übungsbuch zur Grammatik v. Curtius-v. Hartel [17. Aufl.]. 2., umgearb. Aufl. gr. 8. (VIII, 210 S.) Ebd. 888. n. 1. 68

— dasselbe zur Grammatik v. Hintner [3. Aufl.]. 2., umgearb. Aufl. gr. 8. (VIII, 210 S.) Ebd. 888. n. 1. 68

—— griechisches Übungsbuch, nach den Grammatiken von Hintner und Curtius bearb. gr. 8. (IV, 244 S.) Ebendas. 883. *

Hintner, Valentin: Die Verba des Befehlens in den indogermanischen Sprachen. Wien 1893.
in: Xenia Austriaca. Bd 1. [97. 3:5]

Hintner, Valentin Die Verba des Befehlens in den indogermanischen Sprachen. Eine analogisch-etymologische Untersuchung. I. Theil. 8 (22 S.). K. k. Akademisches G. Wien 1893.
Auch in den Xenia Austriaca I (1893) S. 167—190.
Progr.

— kleines Wörterbuch der lateinischen Etymologie m. besond. Berücksicht. d. Griechischen u. Deutschen. 8. (VIII, 264 S.) Brixen 873. theol. Verlags-Anstalt. n. 4. —

Hintner, Valentin: Wörterbuch zu Herodot's Perserkriegen, s. Tháč, Ignaz

Künstlerische Landschafts-Photographie in Studium und Praxis. Von A. Horsley Hinton. Autoris. Übs. a. d. Engl. v. E. Taube. M. 11 Reprod. nach Orig. d. Vfs. Nebst Einführg v. Otto Rau. Berlin: R. Oppenheim 1896. (XIV S., 1 Bl., 105 S., 11 Taf.) 1 Bd 8. [96. 9:6]

Hinton, A. Horsley, künstler. Landschafts-Photographie in Studium u. Praxis. Autor. Übersetzg. aus d. Engl. v. E. Taube. Mit 11 Reproduktionen n. Originalen des Verf. Nebst Einführung v. Otto Rau. gr. 8. (XVI, 105 S.) Berlin 896. G. Schmidt. n. 4. —; kart. n. 5. —

Hinton, A. Horsley, künstlerische Landschafts-Photographie in Studium u. Praxis. Autoris. Übersetzg. aus dem Engl. 2. durchgeseh. u. erweit. Aufl. Mit 14 Taf. nach Originalen des Verf. gr. 8. (XV, 126 S.) Berlin 900. G. Schmidt. n. 4. —; geb. n. 5. —

Hinton, A. Horsley, künstlerische Landschafts-Photographie in Studium u. Praxis. Autoris. Übersetzg. aus dem Engl. 3. erweit. Aufl. Mit 16 Taf. nach Originalen des Verf. (XIV, 141 S.) gr. 8. Berlin 903. G. Schmidt. n. 4. —; geb. n. 5. —

Hinton, A. Horsley, künstlerische Landschafts-Photographie in Studium u. Praxis. Autoris. Übersetzg. aus dem Engl. 4. Aufl. Unveränd. Abdr. der erweit. 3. Aufl. Mit 16 Taf. nach Originalen des Verf. (151 S.) gr. 8. Berlin 909. G. Schmidt. 4.—; geb. 5. —

— die Praxis der künstlerischen Photographie. Autoris. Uebersetzg. aus dem Engl. Mit 42 Textbildern u. 9 Illustrationstaf. 8. (VI, 150 S.) Dresden 900. Verlag des „Apollo". n. 3. —

HINTON, James T. (London): Ueber die verschiedenen Methoden der Behandlung von Fracturen.- München: Mühlthaler 1878, 16 S.
3.6.1878 - Urk (Titel: De variis fracturarum curandarum methodis.); Chr 1878/79,11
Diss. Ingolst.-Landsh.-Mchn.

Hintrager, wie lebt u. arbeitet man in den Vereinigten Staaten? Nordamerikanische Reiseskizzen. (VII, 291 S.) gr. 8. Berlin 904. F. Fontane & Co. n. 5. —; geb. n. 6. 50

[F.] Ideal und Moral. E. Studie v. * * *. [Vf. hsl.: A. Hintrager.] Stuttgart: A. Hintrager [1893]. (23 S.) 1 Bd 8.

Hintrager, A., der Staat u. die Steuer. Versuch e. Abhandlg. f. das Volk. 8. (76 S.) Stuttgart 889. Kohlhammer. n. 1. 20

Hintrager, Alb., s.: Haushaltungsbuch des Hausherrn.

Hintrager, Oscar, Justizref. in Stuttgart: Die **Behandlung der im Auslande begangenen Delikte nach dem Rechte Grossbritanniens unter Berücksichtigung des Rechts der Vereinigten Staaten von Amerika.** *Leipzig: Duncker & Humblot 1899.* (VI, 41 S.) 8° ¶ Aus: Zeitschrift f. intern. Privat- u. Strafrecht.
Tübingen, Jur. Diss. v. 1899

Hintrager, Osc., amerikanisches Gefängnis- u. Strafenwesen. gr. 8. (III, 95 S.) Tübingen 900. J. C. B. Mohr. n. 1. 50

Hinträger, Karl

Hinträger, Carl, der Bau und die innere Einrichtung von Schulgebäuden für öffentliche Volks- und Bürgerschulen. Mit besonderer Berücksichtigung der Verhältnisse in Österreich. Ein Handbuch für Schulbehörden, Pädagogen, Ärzte, Architekten und Baugewerbetreibende. Lex.-8. (VIII, 87 S.) Wien 887, Graeser. * 2 40

Hinträger, Carl, der Bau u. die innere Einrichtung v. Schulgebäuden f. Volks- u. Bürgerschulen. Mit besond. Berücksicht. der Verhältnisse in Österreich. Ein Handbuch f. Schulbehörden, Pädagogen, Ärzte, Architekten u. Baugewerbetreibende. Neue [Titel-]Ausg. gr. 8. (VIII, 87 S. m. 142 Abbildgn.) Wien (887.) 899. C. Graeser & Co. n. 2. 40

Hinträger, Carl, dipl. Architekt, Bau und Einrichtung von Pflege- und Erziehungs-Anstalten für die Jugend des vorschulpflichtigen Alters in den verschiedenen Ländern. Vortrag, gehalten in der Wochenversammlung des österreichischen Ingenieur- und Architekten-Vereines am 16. Januar 1892. Mit einer Tafel. Gr.-8. (24 S.) —.50
Wien: Graeser 1892.

Hinträger, Karl, Gymnasien u. Reallehranstalten, s.: Handbuch der Architektur. IV. 6.

Hinträger, Carl, die Volksschul-Bauten in Norwegen. gr. 8. (60 S. m. 1 Taf.) Wien 895. C. Graeser. n. 1. 20

— — Das moderne Volksschulhaus. Der Bau und die innere Einrichtung desselben in technischer und hygienischer Beziehung. (Sep.-Abdr. aus den „Mittheilungen d. österr. Gesellschaft f. Gesundheitspflege" Nr. 4.) Mit 1 Tafel. Lex.-8. (16 S.) Wien: Graeser 1892.—.40

— die Volksschulhäuser in den verschied. Ländern, s.a. Fortschritte auf d. Gebiete der Architektur. Nr. 12.

— die Volksschulhäuser in den verschiedenen Ländern. III. Volksschulhäuser in Frankreich. (IV, 216 S. m. 453 Abbildgn. u. 2 Taf.) Lex.-8. Stuttgart 904. Leipzig, A. Kröner. n. 12.—
I u. II u. d. T.: Fortschritte auf dem Gebiete der Architektur. 8. u. 12. Hft. jetzt Ebd. 895. 901. n. 21. —.

— d. Volksschulhäuser in Schweden, Norwegen, Dänemark u. Finnland, s.: Fortschritte auf d. Gebiete d. Architektur.

Hintringer, Paul: Sprach- und textgeschichtliche Studien zu Hofman von Hofmanswaldau. Breslau 1908: Wolff & Wallosek. 56 S. 8°
Breslau, Phil. Diss. v. 11. Sept. 1908, Ref. Siebs.
[Geb. 19. Apr. 79 Wartha, Kr. Frankenstein; Wohnort: Glatz; Staatsangeh.: Preußen; Vorbildung: Gymn. Glatz Reife O. 02; Studium: Breslau 11 S.; Rig. 27. Mai 08.] [U 09. 603

Hints. **Practical Hints for Visitors of the Bernese Oberland (Switzerland). Hotel Register, Climate, Altitude, Means of Communication. Published by the Bernese Oberland Traffic Association, Interlaken, Switzerland.** [With illustrated cover.] IV + 32 p. 8. Bern, A. Benteli, [1902].

Hintsche, C., geschäftliche Fragen u. Informationen. Prakt. Ratgeber f. die Kreditgewährg. (123 S.) gr. 8. Hannover 910. Göhmann'sche Buchdr. nn 2. —

Hintsche, F., der praktische Bauführer f. Umbauten, s.a. Oldenbourg's technische Handbibliothek. 6. Bd.

Der praktische Bauführer für Umbauten. Seine Tätigkeit vor u. während d. Bauausführung, sowohl in konstruktiver wie in geschäftl. Beziehung. Von F. **Hintsche,** Architekt. Mit 63 Textabb. u. 24 mehrfarb. lith. Taf. Textbd. Tafelbd. München & Berlin: R. Oldenbourg 1906. 1 Bd 8°, 1 Bd 4°
— **Handbibliothek,** Oldenbourgs Technische. Bd 6. [illegible] 11

Hintsche, Frdr., Exerzier-Reglement der Iglauer freiwilligen Turner-Feuerwehr. Mit besonderer Rücksicht auf zu erricht. freiwill. Feuerwehren verf. 2., bedeutend verm. u. verb. Aufl. 8. (XV, 135 S.) Iglau 881. Bayer. n. 1. —

Hintsche, Friedr., Exercier-Reglement der Iglauer freiwilligen Turner-Feuerwehr. Mit besonderer Rücksicht auf zu errichtende freiwill. Feuerwehren verf. 4. bedeutend erweit. Aufl. 8. (XV, 180 S.) Iglau 886, (Bayer.) ** 1 50

Hintsche, Friedrich, Merkbüchlein für Geräteturnen, Iglau 1871, 59 S., 16°.

Hintz, Aug., die Bienenzucht, s.: Grethlein's prakt. Hausbibliothek.

Hintz, s. Demme's Sammlung.

— Goldgrube f. Imker. Ratgeber f. alle, die m. Erfolg Bienenzucht treiben wollen. (119 S.) 8. Würzburg 909. Memminger. 1.50; geb. 2. —

— Der Honig u. seine Verwertung, s.: Miniatur-Bibliothek.

Hintz, Aug., Prakt. Rathgeber f. Bienenzüchter. Anleitg. z. Erlerng. d. ration. Bienenzucht-Betriebes. Mit 101 Abb. Nach besten Quellen u. eigenen Erfahrungen bearb. 8. (300 S.) Berlin 897. R. Mosse.
Geb. in Leinw. 3 —

— **Unterricht in der Bienenzucht,** s.a. Bibliothek f. Sport u. Naturliebhaberei. 7. Bd.

Hintz, August: Unterricht in der Bienenzucht. Prakt. Anleitung z. gründl. Erlernung d. rationellen Bienenzuchtbetriebes. Von August Hintz, Bienenzuchtlehrer in Charlottenburg. Mit zahlr. Abb. Berlin: F. Pfenningstorff [1904]. (138 S.) 8°
= Bibliothek f. Sport u. Naturliebhaberei. Bd 7.

Hintz, Aug., wie kann man aus der Bienenzucht die denkbar höchsten Erfolge erzielen?, s.: Demme's Sammlung volkswirtschaftlicher Schriften.

— **wie kann man aus der Bienenzucht 100 Prozent Reingewinn erzielen? Nach besten Quellen u. auf Grund einer vieljähr. Imkerpraxis bearb.** (48 S.) gr. 8. Charlottenburg 903. (Leipzig, Fritsche & Schmidt.) n. 1. —

Hintz, Bartold Gunter (Hamburg)
Dissertatio juridica inauguralis de dotium concurrentium antelatione.
Giessae 6. Mai 1710: Joh. Reinh. Vulpius. 38 S. 4°
pro summis in utroque jure honoribus et privilegiis doctoralibus rite consequendis.

Hintz, Barth. Gunter: Diss. jur. de stipulatione interpretativa p. I., s. Grolmann, Melch. Dethm. (Präs.)

Hintz, C. G., die alte gute Sitte in Altpreußen. Ein kirchlich-sociales Sittengemälde, aus amtlichen Berichten zusammengestellt. Königsberg 862. Gräfe & Unzer. gr. 8. (VIII, 140 S.) 18 ngr.

Hintz, Christian (Neubrandenburg/Meckl.) u. M. **Jacob Stahlkopff,** Cultum dei rationalem ex Rom. XII. 1. succincte descriptum. Präs. Jo. Friedrich Mayer. Greifswald (Daniel Benjamin Starck) Febr. 1711. 16 S. (6.50) 15248
Gew.: Johann Christoph Cramer (Stettin), Nicolaus Bulthen (Trantow), Augustin Balthasar (Gristow), Philipp Voeltz (Horst), Heinrich Bung (Neu-Kirchen). — Widm. v. Präs.

Hintz, Ernst

Hintz, E., chemische Analyse der Carola-Quelle zu Rappoltsweiler, s.: Fresenius, C. R.

Hintz, Ernst [aus Worms]: Beiträge zur Kenntniss des Pyrens und seiner Derivate. Strassburg, Universitäts-Buchdruckerei von Johann Heinrich Eduard Heitz. 1878. 8. 31 S.

Hintz, Ernst. Carola-Quelle zu Rappoltsweiler. — Trink- oder Bergquelle zu Bertrich, s. Fresenius, C. Remigius.

Hintz, Ernst, über Gasglühlicht. Vortrag, geh. am 25. V. 1898 bei Gelegenheit d. Feier d. 50jähr. Jubiläums des chem. Laboratoriums Fresenius zu Wiesbaden. gr. 8. (11 S.) Wiesbaden 898. J. F. Bergmann. n. — 60

— dasselbe. Nebst wissenschaftl. Anlagen. gr. 8. (45 S.) Wiesbaden 898. C. W. Kreidel. n. 1. 20

— u. H. **Kionka,** San Anton-Quelle zu Orihuela, Prov. Alicante (Spanien.) Chemische u. physikalisch-chem. Untersuchg., ausgeführt im chem. Laboratorium Fresenius v. H. — Bewertung in pharmakolog. u. therapeut. Hinsicht v. K. (40 S.) gr. 8. Wiesbaden 910. C. W. Kreidel. 1. 20

– Chem. Untersuchg. d. artes. Brunnens des Theresienbades zu Hamburg-Barmbeck, s. Fresenius, C. Remig.

– Chem. Untersuchg. d. Eulenhöfer-Quelle zu Ronneburg, s. Fresenius, C. Remig.

Hintz, Ernst, chemische u. physikalisch-chemische Untersuchung des Fontinalis-Sprudels zu Sinzig am Rhein. Ausgeführt im chem. Laboratorium Fresenius unter Mitwirkg. v. L. Grünhut. (37 S.) gr. 8. Wiesbaden 906. C. W. Kreidel. n. 1. 20

— dasselbe der Kaiser Ruprecht-Quelle zu Rhens bei Coblenz am Rhein. Ausgeführt im chem. Laboratorium Fresenius unter Mitwirkg. v. L. Grünhut. 1. u. 2. Abdr. (36 S.) gr. 8. Ebd. 904. 905. n. 1. 20

Hintz, Ernst, chemische u. physikalisch-chemische Untersuchung des Kochbrunnen zu Wiesbaden. Nebst Untersuchg. üb. dessen Radioaktivität. Ausgeführt im chem. Laboratorium Fresenius unter Mitwirkg. v. L. Grünhut. (44 S.) gr. 8. Wiesbaden 907. C. W. Kreidel. 1. 20
Sonderabdruck aus: „Jahrb. d. nass. Ver. f. Naturkde."

— dasselbe der Lindenquelle zu Birresborn in der Eifel. Nebst Untersuchgn. üb. deren Radioaktivität. Ausgeführt im chem. Laboratorium Fresenius unter Mitwirkg. v. L. Grünhut. (45 S.) 8. Ebd. 906. n. 1. 20

— dasselbe der Martinus-Quelle zu Orb. Ausgef. im chem. Laboratorium Fresenius unter Mitwirkg. v. L. Grünhut. (43 S.) gr. 8. Ebd. 907. 1. 20

— dasselbe der Salztrinkquelle zu Bad Pyrmont. Im Auftrage der fürstl. Waldeckschen Domänenkammer zu Arolsen ausgeführt im chem. Laboratorium Fresenius unter Mitwirkg. v. L. Grünhut. (45 S.) gr. 8. Ebd. 905. n. 1. 20

Hintz, Ernst, chemische u. physikalisch-chemische Untersuchung des Rhenser Sprudels zu Rhens bei Coblenz am Rhein. Ausgeführt im chem. Laboratorium Fresenius. Unter Mitwirkg. von L. Grünhut. gr. 8. (38 S.) Wiesbaden 902. C. W. Kreidel. n. 1. 20

— Chemische u. physikalisch-chemische Untersuchung des Willibrordus-Sprudels zu Bad Neuenahr im Ahrtale. Ausgeführt im chem Laboratorium Fresenius unter Mitwirkg. v. L. Grünhut. (31 S.) gr. 8 Ebd. 907. 1. 20

Hintz, Ernst, chemische Untersuchung der Soolquelle zu Wilhelmsglücksbrunn bei Creuzburg a. d. Werra. Ausgeführt im chem. Laboratorium Fresenius. (24 S.) gr. 8. Wiesbaden 903. C. W. Kreidel. n. — 80

– Chem. Untersuchung der Thermalquelle d. Augusta Victoria Bades zu Wiesbaden, s. Fresenius, C. Remig.

– Chemische Untersuchung der Trink- od. Bergquelle d. königl. Bades Bertrich, s. Fresenius, C. Remigius.

— Chemische Untersuchg. der Trink- u. Gewölbequelle des kgl. Bades Nenndorf bei Hannover. Im Auftrage der kgl. Regierg. zu Cassel ausgeführt im chem. Laborat. Fresenius. (51 S.) gr. 8. Ebd. 907. 1. 20

Hintz, Ernst: Untersuchung d. grossen Sprudels zu Bad Neuenahr im Ahrthale, s. Fresenius, C. Remigius.

Werden und Wirken des Vereins Chemischer Fabriken in Mannheim. Ein Rückblick gelegentlich des 50jähr. Bestehens. (1854—1904.) Von Ernst Hintz. — (Leipzig) 1904: (Weber). 31 S. 4° 1.

— s.: Zeitschrift f. analytische Chemie.

Hinz, Fr., Sing-Uebungen. 2. Aufl. gr. 8. (8 S.) Schwerin 850, [Hildebrand.] *

Hintz, Heinr., Kurort Bad Bartfeld in Ungarn, Saroser Comitat, u. dessen alkalisch-muriat. Eisen-Säuerlings-Quellen, v. geschichtl., balneolog. u. therapeut. Standpunkte geschild. 8. (V, 58 S. m. Titelbild.) Wien 895. W. Braumüller. In Leinw. kart. n. 1. 40

Hintz, Heinr., Bilder aus der Elb-Karthane-Niederung, s. a. Volksbücher, Prignitzer. 8. Heft.

Hintz, Heinrich: Bilder aus der Elb-Karthane-Niederung. Von Heinrich Hintz, Lehrer, Garsedow. Pritzwalk: A. Tienken [1908]. (18 S.) 8°
= Volksbücher, Prignitzer. H. 8.

Hintz, Herm., d. elsaß-lothringische Bürgermeister. Zusammenstellg. d. auf die Amtsthätigkeit d. Bürgermeisters in Gemeinde-, Bezirks- u. Staatsangelegenheiten bezügl. Bestimmgn. gr. 8. (VI, 215 S.) Straßburg 896. J. H. E. Heitz. Geb. in Leinw. n. 8. —

— das Stempelgesetz für Elsaß-Lothringen v. 21. VI. 1897 m. Ausführungsanweisungen. Hrsg. u. m. Anmerkgn. vers. 8. (135 S.) Ebd. 898. Kart. n. 1. 20

Hintz, Joh., Natur- u. Kultur-Bilder aus dem Burzenland [Siebenbürgen.] 1. Vortrag, geh. am 26. Jänner 1873 zu Kronstadt. gr. 8. (26 S.) Kronstadt 873. (Frank & Dressnandt.) — 75

Hintz, Joh., das wandernde Siebenbürgen. Eine statist. Studie. Hrsg. v. der Handels- u. Gewerbekammer in Kronstadt. gr. 8. (54 S. m. 1 Tab.) Kronstadt 876. (Frank & Dressnandt.) n. — 60

Hintz, Joh. Sam.: Einige Gedanken über die Entstehung der synoptischen Evangelien. 10 S.– Danzig, Progr. 1858.

Hintz, J. S., über Kirche und Staat in ihrem Verhältniß zu einander und über die Verfassung der erstern. 8. (46 S.) Danzig 850, Homann. *

—— Sendschreiben an Hrn. Archidiakon. Dr. Theod. Fr. Kniewel, seinen Austritt aus der evangel. Landeskirche betreffend. gr. 8. (16 S.) Danzig 847, (Kabus.)

Hintz, Jul., Verzeichniß der in das Handels-Register des königlichen Stadtgerichts zu Berlin eingetragenen Firmen, Gesellschaften u. Prokuren, sowie Verzeichniß der vereideten Makler. Berlin 863. Steinthal. Lex.-8. (IV, 147 S.) nn. 25 ngr.

— — Zusammengestellt auf Grund der amtlichen Register sowie Verzeichniß der vereideten Makler. Jahrg. 1864. Ebend. 864. Lex.-8. (IV, 163 S.) nn. 25 ngr.

Hintz, L., die Baustatik. Ein elementarer Leitfaden zum Selbstunterricht u. zum prakt. Gebrauch für Architekten, Baugewerksmeister u. Schüler bautechn. Lehranstalten bearb. Mit einer (lith.) Taf. u. 243 in den Text abgedr. (photozinkogr.) Abbildungen. gr. 8. (XVI, 308 S.) Weimar 882. B. F. Voigt. 7. —

Hintz, L., die Baustatik. Ein elementarer Leitfaden zum Selbstunterricht u. zum prakt. Gebrauch f. Architekten, Baugewerksmeister u. Schüler bautechn. Lehranstalten. Mit 1 Taf. u. 302 in den Text abgedr. Abbildgn. 2., verm. u. verb. Aufl. gr. 8. (XVI, 385 S.) Weimar 892. B. F. Voigt. 8. —

Hintz, L., die Baustatik. Ein elementarer Leitfaden zum Selbstunterricht u. z. prakt. Gebrauch f. Architekten, Baugewerksmeister u. Schüler bautechn. Lehranstalten. Mit e. Taf. u. 305 in den Text abgedr. Abbildgn. 3. verm. u. verb. Aufl. gr. 8. (XII, 360 S.) Leipzig 899. B. F. Voigt. 8. —; geb. 9. 50

— Die Baustatik. Ein elementarer Leitfaden zum Selbstunterricht u. zum prakt. Gebrauche f. Architekten, Baugewerksmeister u. Schüler bautechn. Lehranstalten. 4. vollständig neubearb. Aufl. Mit 354 Textabbildgn. u. 1 Taf. (VIII, 334 S.) Lex. 8. Leipzig 907. B. F. Voigt. 7.50; geb. 9. —

Hintz, L., Handbuch d. Aufzugstechnik. Eine Zusammenstellg. der gebräuchlichsten Systeme u. Konstruktionen der Personen- u. Lasten-Aufzüge, ihrer Sicherheitsvorrichtgn. usw. unt. besond. Bezugnahme auf d. neuen preuss. Vorschriften üb. Prüfg. u. Überwachg. dieser Anlagen. Ein Handbuch f. Abnahmebeamte, Ingenieure, Fabrikanten, Gewerbetreibende, Aufzugsbesitzer, Maschinisten u. Wärter. (VIII, 184 S. m. 190 Abb.) Lex. 8. Berlin 908. Polytechn. Buchh. A. Seydel. 6.—; geb. in Leinw. 7. —

— der Maschinist. Handbuch zum Gebrauche f. Maschinenführer, Kesselheizer, Gewerbetreibende u. Fabrikanten. Mit 138 Text-Abbildgn. gr. 8. (VIII, 181 S.) Ebd. 893. 5. —

— der Maschinist. Handbuch z. Gebrauche f. Maschinenführer, Kesselheizer, Gewerbetreibende u. Fabrikanten. 2. verm. u. verb. Aufl. gr. 8. (VI, 208 S. m. 162 Abbildgn.) Ebd. 902. 5. —; geb. n. 6. —

Hintz, Louis, die Rundschrift. [Ergänzungshefte zu Hoffmeyer's Musterschreibheften.] 6 Hefte. qu. 4. (à Heft 24 S.) Harburg 885, Elkan. à Heft * — 20

Hintz, O., großer Rechenmeister. Eine gründl. Unterweisg. in d. gesamten Rechenkunst. Z. Selbstunterricht, sow. z. Gebr. in Fortbildungsschulen hrsg. 8. (XI, 515 S. m. 55 Fig.) Berlin 897. Friedberg & Mode. 3. —

— Kleiner Rechenmeister. Prakt. Unterweisung in d. Rechenkunst. Zur gründl. Selbstbelehrg. f. jedermann, insbes. f. Gewerbetreibende, Landwirte, Militärpersonen, Beamte etc., sowie z. Gebr. in Fortbildungsschulen hrsg. 8. (VI, 249 S.) Ebd. 897. 1. 80

— Welche pädagog. Massnahmen eignen sich f. d. Unterricht u. d. Erziehung solcher Kinder, welche durch d. Volksschule nicht genüg. Förderg. erfahren? gr. 8. (35 S.) Berlin 898. W. & S. Loewenthal. n. — 60

Hintz, Otto, prakt. Arzt zu Wesselburen: Zur Casuistik der traumatischen Epiphysentrennung am oberen Humerusende mit besonderer Berücksichtigung der Diagnose im Röntgen-Bild. Kiel 1906: L. Handorff. (14 S.) 8°
Kiel, Med. Fak., Ref. Helferich, Diss. v. 21. Juni 1906
[Geb. 7. Juni 70 Kronprinzenkoog; Wohnort: Wesselburen; Staatsangeh.: Preußer; Vorbildung: Gymn. Rendsburg Reife O. 90; Studium: Kiel 3, Würzburg 1, München 2, Kiel 3 S.; Coll. 5. Mai 06; Approb. 23. April 06.]

Hintz, Paul, Referendar: Das Verbot der Kumulation von Kirchenämtern. Hohensalza 1910: Lehmann. IX, 52 S. 8°
Breslau, Jur. Diss. v. 16. Dez. 1910, Ref. Brie, O. Fischer
[Geb. 24. Febr. 87 Thorn; Wohnort: Hohensalza; Staatsangeh.: Preußen; Vorbildung: Gymn. Hohensalza Reife M. 06; Studium: Breslau 2, Berlin 1, Breslau 4 S.; Rig. 29. Juli 10.] [U 11.610

Hintz, R. R. [Hrsg.], s. Hintz' moderne Häuser

Hintz, Richard

Hintz, R. Ueber den mechan. Bau d. Blattrandes, s. a. Acta, nova, acad. caes. Leop.-Carol.

Hintz, Richard [aus Kreuzburg in Ostpreussen]: Über den mechanischen Bau des Blattrandes mit Berücksichtigung einiger Anpassungserscheinungen zur Verminderung der lokalen Verdunstung . . . Berlin, Druck v. Julius Feiertag, 1888; 45 + 1 S. + 1 Bl. 8°
Berlin, Phil. Fak., Inaug.-Diss. v. 14. März 1888

Hintz, R., üb. den mechanischen Bau d. Blattrandes, m. Berücksicht. einiger Anpassungserscheinungen zur Verminderung der localen Verdunstung. [Aus: „Nova Acta d. ksl. Leop.-Carol. deutschen Akad. d. Naturforscher".] gr. 4. (124 S. m. 3 Taf.) Halle 889. (Leipzig, Engelmann.) n. 8. —

Hintz, Richard, Dr.: Herbarts Bedeutung für die Psychologie. *Berlin: R. Gaertner 1900.* (28 S.) 4°
Berlin, Victoria-S, OP 1900**

Hintz, Elm. H., Jubeldenkmal in Predigten. 4. Hamburg, Herold. 75a.

Hintz' moderne Häuser. Eine illustrirte architecton. Zeitschrift. Hrsg. v. R. R. Hintz. 1. Bd. Nr. 1. 2. Fol. (56 S.) Berlin. (Polytechnische Buchhandlg.) à Nr. n.n. 5. —
Nr. 1. (S. 1–56.) 887. — Nr. 2. (S. 57—112.) 889.

Hintze, Alfred, a. Berlin: Beiträge zur Petrographie der älteren Gesteine des deutschen Schutzgebiets Kamerun. (Berlin 1907: A. W. Schade.) (81 S.) 8°
Berlin, Phil. Fak., Ref. Klein, Diss. v. 27. Juli 1907
[Geb. 26. Mai 80 Caldera (Chile); Wohnort: Berlin; Staatsangeh.: Preußen; Vorbildung: Realgymn. Bromberg Reife O. 01; Studium: Bergakad. Clausthal 5, Berlin 1, Univ. Berlin 4 S.; Rig. 14. Febr. 07.]

Hintze, Arthur, appr. Arzt: Untersuchungen über den Nachweis von intravenös eingeführtem artfremdem Eiweiss in der Blutbahn des Kaninchens mittels Präcipitation, Komplementbindung und Anaphylaxie. Berlin 1910. (Frommann, Jena). 40 S. 8° ¶(Aus: Zeitschrift f. Immunitätsforschung u. exper. Therapie. T. 1. Orig. Bd 6, H. 1.)
Berlin, Med. Diss. v. 20. März 1910, Ref. Flügge
[Geb. 16. Mai 81 Wilhelmshaven, Wohnort: Wilhelmshaven; Staatsangeh.: Preußen; Vorbildung: Gymn. Gr.-Lichterfelde Reife O. 02; Studium: Jura Heidelberg, München zus. 3 S., Med. Berlin, Breslau, Heidelberg zus. 10 S.; Coll. 24. März 10; Approb. 2. März 09.] [U 10. 45

Hintze, Aug., Sprüche f. Sargschilder u. Grabsteine, gesammelt u. m. besond. Rücksichtnahme auf Beerdigungs-Institute, Tischler, Steinhauer ꝛc. hrsg. 8. (53 S.) Hamburg 891. Herold's Verl. n. 1,—

Hintze, C., Sammlung verschiedener Handschriften zum Gebrauch für Volksschulen. 4. (II und 34 lithogr. S.) Stettin 848, (Saunier.) **

Hintze, C. A., hannoversches Seerecht in Beziehung auf das Herzogth. Bremen und Fürstenth. Lüneburg. Zusammengestellt und erläutert. 1. Heft. gr. 8. (68 S.) Hannover 859, (Hahn'sche Hofbuchh.) Thlr. **

—— Wappen- und Siegelwesen der Herzogthümer Bremen und Verden. gr. 8. (IV und 40 S.) Verden 857. (Hannover, Hahn'sche Hofbuchh.) ** –

Hintze, Carl, s. Hintze, Karl

Hintze, C. A., Beiträge zur Kunde des Herzogthums Bremen. Stade 856. Schaumburg in Comm. gr. 8. (24 S.) 4 ngr.

Hintze, C. A., Geschichte des Kirchspiels Otterstedt und theilweise des alten Amtes Ottersberg. gr. 8. (32 S.) Stade 863, (Pockwitz.) *

Hintze, Eduard

Hintze, E., Asien, s. Feierstunden, malerische.

Hintze, Ed., Ly-u Pa-yo, d. Sohn d. Wölfin, s.: Ziethen, Johs.

Hintze, Ed., Naturbilder, s. Bibliothek für das deutsche Volk.

— Schauplatz der Natur. Mit vielen in den Text gedr. Abbildgn. (Holzschn.) 1—6. Liefg. Berlin 857, 58. Barthol. gr. 8. Jede Liefg. n. 5 ngr.
1. Bd. Die Thierwelt. 1. Thl. Niedere Thiere. (VI, 394 S.)

—— die Schöpfung der Erde, s.a. Kosmos für die Jugend.

Hintze, Ed., die Schöpfung der Erde. Die Urwelt und die Urgeschöpfe bis zum Auftreten des Menschen. Blicke in das Erdinnere; Wanderungen in die Gebirgswelt, namentlich unsres Vaterlandes, nach Kreuz und Quer. Mit reiferen Schülern unternommen. 2. umgearb. Aufl. gr. 8. (XII, 338 S. mit über 200 Text-Illustr., 1 Frontispiz, 1 bunten Titelbilde und 6 Karten.) Leipzig 885, Spamer. * 2 50
cart. * 3 —

Hintze, Ed., d. Schöpfung d. Erde. D. Urwelt u. die Urgeschöpfe b. z. Auftreten d. Menschen. Blicke in das Erdinnere; Wandergn. in d. Gebirgswelt, namentl. uns. Vaterlandes, nach Kreuz u. Quer. M. reif. Schülern unternommen. 2., umgearb. Aufl. Wohlf. (Titel-)Ausg. Mit üb. 200 Text-Illustr., e. bunten Titelbilde u. 6 Karten. gr. 8. (XII, 338 S.) Leipzig (885) 896. O. Spamer. n. 1. 50; geb. in Leinw. n. 2. —

Hintze, Erwin (Hrsg.), s. Alt-Breslau. Schlesisches Museum für Kunstgewerbe und Altertümer.

Ausstellung von Miniaturmalereien aus schlesischem Besitze oder schlesischer Herkunft. Veranstaltet v. Schles. Mus. f. Kunstgewerbe u. Altertümer zu Breslau, 9 Okt.–8. Nov. 1903. (Verf.: Dr. Erwin **Hintze.**)
Breslau (1903): Graß, Barth & Co. (73 S.) 8°
[Umschlagt.:] Miniaturen-Ausstellung im Schles. Museum ... zu Breslau.
[04. 8693

Hintze, Erwin: Der Einfluss der Mystiker auf die ältere Kölner Malerschule, den 'Meister der Madonna mit der Bohnenblüte' und Stephan Lochner. *Breslau 1901: H. Fleischmann.* (51 S.) 8° ¶(Teil d. eingereichten Arbeit, die umgearbeitet u. erweitert als selbständ. Buch erscheinen soll.)
Breslau, Phil. Diss. v. 25. Jan. 1901

Hintze, Erwin, die Breslauer Goldschmiede. Eine archival. Studie. Hrsg. vom Verein f. das Museum schles. Altertümer. (VIII, 215 S. m. 40 Abbildgn. u. 6 Lichtdruck-Taf.) gr. 4. Breslau 906. (Leipzig, K. W. Hiersemann.) n.n. 20. —

Hintze, F. [Referendar]: Der Satz „Kauf bricht Miethe" im römischen Recht. . . . Rostock, Univ.-Buchdr. v. Adler's Erben, 1888; VI + 84 S. 8°
Rostock, Jur. Fak., Inaug.-Diss. v. 7. Nov. 1888

Hintze, F. W., s.: Glaubenslehren, christliche, im Lichte der liberalen Theologie.

Hintze, Fr., s.: Jahrbuch f. das Verbandsfest des Mansfelder Kreisverbandes evangel. Jünglingsvereine.

Hintze, Frdr. Heinr., s.: Anakreon, des, Lieder in dtschn. Versen.

Hinze, Fr. Wlh., Anleitung zur Mecklenburg. Civilprozeß-Praxis. 8. Wismar 837. Schmidt u. von Cossel. 7/8 ℳ

Hintze, Frdr. Wilh., Antrittspredigt, bei s. Einführg. in d. Amt e. Pastors zu St. Gertrud in Hamburg am 27. IX. 1897 geh. gr. 8. (19 S.) Hamburg 897. H. Seippel. n. — 60

Hintze, Fritz, Referendar: Der Gegenvormund nach dem Rechte des Bürgerlichen Gesetzbuches. Borna-Leipzig 1910: Noske. VIII, 74 S. 8°

Heidelberg, Jur. Diss. v. 2. Sept. 1910, Ref. Heinsheimer

[Geb. 16. Juni 87 Ülzen; Wohnort: Dresden; Staatsangeh.: Preußen; Vorbildung: Klostersch. Ilfeld Reife O. 05; Studium: Halle 4, Göttingen 3 S.; Rig. 5. Juli 10.] [U 11. 2015

Hintze, Gebhard [aus Rathenow]: Klinische Beiträge zur Kenntnis der tonischen Krampfformen ... Erlangen, k. b. Hofbuchdr. v. A. Vollrath, 1894; 36 S. 8.

Erlangen, Med. Fak., Inaug.-Diss. v. 27. Febr. 1894

Hintze, Gottfried Heinrich (Wismar), De jure creditorum vasalli in percipienda ex fructibus feudi solutione. Diss. jur. Präs. Jo. August Hellfeld. Jena (Schill) 6. II. 1762. 46 S. (6.50) 15252

Widm. v.: Präs., Jo. Ludwig Schmid, Jacob Raue, Jacob Friederich Roennberg (dtsch.), C. F. Gröning (Wismar), A. F. u. J. C. Mühlpfort.

Hintze, H., der Getreidezoll und die Motive. gr. 8. (16 S.) Berlin 879, Bohne. * — 50

Winke für den Export nach überseeischen Gebieten. [1.] Von H. Hintze.

Berlin: Bruhn & v. Wolffradt [1903]. 8° [04. 3007

Hintze, H., Winke f. den Export nach überseeischen Gebieten. Afrika. (45 S.) gr. 8. Berlin (903). Glas-Industrie. n. 1. —

Hintze, Hermann: Ueber Pseudarthrosen und ihre operative Behandlung. Halle a. S. 1883: Plötz. 31 S. 8°

Halle-Wittenberg, Med. Diss. v. 22. März 1883

Geb. Brandenburg a. d. H. 25. 8. 1857. V.

Hintze, J., Lyu-Pa-yo, der Sohn der Wölfin, s. Jugend- und Hausbibliothek, illustrirte.

— **Joach. Joh.** (Wismar), De non-salutandis a fide deviis, è 2. Joh. commat. 10. Diss. theol. Präs. Jo. Fried. Mayer. Greifswald. Neudruck 1722. 38 S. (7.—) 15255

Hintze, Karl: Das Anwachsungsrecht bei fortgesetzter Gütergemeinschaft. Berlin 1907: E. Streisand. (61 S.) 8° [F.]

Heidelberg, Jur. Fak., Ref. Schroeder, Diss. v. 1. Aug. 1907

[Geb. 20. Juni 81 Wilhelmshaven; Wohnort: Potsdam; Staatsangeh.: Preußen; Vorbildung: Victoria-Gymn. Potsdam Reife M. 99; Studium: Leipzig 1, Bonn 1, Berlin 5 S.; Rig. 22. Apr. 07.]

Hintze, Carl, über die Bedeutung krystallographischer Forschung für die Chemie. Habilitationsrede. gr. 8. (19 S.) Bonn 884. Strauss. *

Hintze, C., Handbuch der Mineralogie. 1.—3. Lfg. gr. 8. (2. Bd. S. 1—480 m. 205 Textabbildgn.) Leipzig 889. 890. Veit & Co. à Lfg. n. 5. —

Hintze, C., Handbuch der Mineralogie. 4.—8. Lfg. gr. 8. (2. Bd. S. 481—1280 m. 241 Textabbildgn.) Leipzig 891—894. Veit & Co. à n. 5. —

Hintze, C., Handbuch d. Mineralogie. 9.—14. Lfg. gr. 8. Leipzig, Veit & Co. n. 28. — (1.—14. n. 68. —)

9.—14. 2. Bd.: Silicate u. Titanate (X u. S. 1281—1841 m. 186 Abb.) 897. n. 18. (2. Bd. kplt. geb. in Halbfrz. n. 61. —)

13. 14. Lfg. 1. Bd. Elemente, Sulfide, Oxyde, Haloide, Carbonate, Sulfate, Borate, Phosphate. 1. u. 2. Lfg. (S. 1—320 m. 88 Abb.) 898. à n. 5. —

Hintze, Carl, Handbuch der Mineralogie. 15.—19. Lfg. 1. Bd. Elemente, Sulfide, Oxyde, Haloide, Carbonate, Sulfate, Borate, Phosphate. 3.—7. Lfg. gr. 8. (S. 321—1120 m. 278 Abbildgn.) Leipzig 899—902. Veit & Co. à n. 5. —

Lfg. 1—14. Ebd. 889—898. n. 68. —.

Hintze, Carl, Handbuch der Mineralogie. 20.—22. Lfg. 1. Bd. Elemente, Sulfide, Oxyde, Haloide, Carbonate, Sulfate, Borate, Phosphate. 8.—10. Lfg. (S. 1121 bis 1600 m. 105 Abbildgn.) gr. 8. Leipzig 904—906. Veit & Co. à n. 5. —

Lfg. 1—19. Ebd. 889—902. n. 93. —.

Hintze, Carl, Handbuch der Mineralogie. 23.—25. Lfg. I. Bd. Elemente, Sulfide, Oxyde, Haloide, Carbonate, Sulfate, Borate, Phosphate. 11.—13. Lfg. (VI u. S. 1601—2080 m. 103 Abb.) gr. 8. Leipzig 907. 08. 10. Veit & Co. à Lfg. 5. —

Hintze, Carl: Krystallographische Untersuchungen über Naphtalinderivate. Berlin, gedruckt bei A. W. Schade (L. Schade), 1873. 8. II, 22 S.

Hintze, Konrad *Paul Richard* [app. Arzt aus Pyritz]: Vier Fälle von Ovariotomie in der Gravidität (Aus d. Marburger Entbindungsanstalt) . . . Marburg, Univ.-Buchdr. (R. Friedrich), 1891; 1 Bl., 31 S. 8°

Marburg, Med. Fak., Inaug.-Diss. v. [21 Apr.] 1891

Hintze, Kurt [pr. Arzt]: Ueber die Entwicklung der Zungenpapillen beim Menschen. . . . Strassburg, Univ. Buchdr. v. J. H. E. Heitz, 1890; 18 S., 1 Tab. 8

Strassburg, Med. Fak., Inaug.-Diss. v. 1890

HINTZE, NIC. (autor), Diss. inaug. medico-chirurgica de fungo articulorum. Francof. a/V. 1769. 4. P. [Praes. Joh. Frid. Carthevser].

Hintze, Otto, s.: Acta borussica.

— Historische u. politische Aufsätze, s. a. Bücherei, deutsche.

Hintze, Otto: Historische und politische Aufsätze von Otto Hintze, Prof. Bd 1–3. Berlin: Deutsche Bücherei [1909]. 8°

(Deutsche Bücherei. Bd 94–99.)

— s. i Behördenorganisation, die, u. die allgemeine Staatsverwaltung Preußens.

Hintze, Otto, einleitende Darstellung der Behördenorganisation u. allgem. Verwaltung in Preußen beim Regierungsantritt Friedrichs II., s. a. Acta borussica. III.

Einleitende Darstellung der Behördenorganisation und allgemeinen Verwaltung in Preussen beim Regierungsantritt Friedrichs II. von O[tto] Hintze. *Berlin: P. Parey 1901.* (17, 639 S.) 8° [F.]

— Acta Borussica. Behördenorganisation. Bd 6, Hälfte 1. [03. 106

Hintze, Otto: Eine Denkschrift über Berliner Manufakturverhältnisse aus dem J. 1801, s. Schriften d. Vereins f. d. Geschichte Berlins.

Hintze, Otto, s.: Forschungen z. brandenburg. u. preuß. Geschichte.

Die Industrialisierungspolitik Friedrichs des Großen (verglichen mit den v. Goßlerschen Plänen f. Westpreußen). Vortrag geh. 1903 in Danzig von Dr. O[tto] **Hintze,** Prof., Berlin. Danzig 1903: A. W. Kafemann. (39 S.) 8° [F.] (07. 6138

– E. Berliner Kaufmann aus der Zeit Friedrichs des Großen (Joh. Ernst Gotzkowsky), s. Schriften d. Vereins f. die Geschichte Berlins.

Hintze, O., das Königthum Wilhelms von Holland, s. Studien, historische.

— s.: **Politiker u. Nationalökonomen.**

— Die Seeherrschaft Englands, ihre Begründung u. Bedeutung, s.a. Zeit- u. Streitfragen, neue. XIII, 9.

Hintze, Otto: Die Seeherrschaft Englands, ihre Begründung und Bedeutung. Ein Vortrag von Prof. Dr. Otto Hintze in Berlin. Dresden: v. Zahn & Jaensch 1907. (38 S.) 8° = Zeit- u. Streitfragen, Neue, hrsg. von d. Gehestiftung. Jg. 4, H. 9.

Hintze, O. Die preuß. Seidenindustrie im 18. Jahrh., s. Acta Borussica.

— die preußische Seidenindustrie im 18. Jahrh. u. ihre Begründung durch Friedrich den Großen, s.: Schmoller, G.

— Staatsverfassung u. Heeresverfassung, s.a. Zeit- u. Streitfragen, neue. III, 4.

Staatsverfassung und Heeresverfassung. Vortrag geh. zu Dresden 1906 von Otto **Hintze.** Dresden: v. Zahn & Jaensch 1906. (44 S.) 8° [F.] = **Zeit-** u. Streit-**Fragen,** Neue, hrsg. von d. Gehe-Stiftung. H. 4. (06. 4390

Hintze, Otto: Das politische **Testament** Friedrichs des Großen von 1752. *Berlin 1901: G. Schade.* (31 S.) 4°
Berlin, Rede am Geburtstage d. Kaisers 1904

Hintze, Otto (geb. Pritz 27. 8. 1861): König Wilhelm der Holländer. Ein Beitrag zur Geschichte des deutschen Interregnums. (Einleitung und fünf Excurse) (Berlin 1884). (vi, 33 S.) 8° [F. u. Ant.] ¶ Vollst. ersch. u. d. T.: Das Königtum Wilhelms von Holland. Leipzig: Veit 1885 = Historische Studien Hrsg. v. Arndt, Noorden, Voigt. Heft 15 1885.
Berlin, Phil. Diss. v. 24 Marz 1884

— Paul (Kiel), De cautionibus judicialibus, ad lib. ff. 2. tit. 8. & tres seqq. Disp. jur. Präs. Nicolaus Martini. Kiel (Barthold Reuther) Sept. 1701. 12 Bl. (6.80) 15256

Hintze, *Richard* [pr. Arzt. Neu Oelsburg]: Ueber einen mit Tuberculin behandelten Fall von Urogenitaltuberculose ... Göttingen, Druck d. Dieterich'schen Univ.-Buchdr., 1891; 34 S. 8.
Göttingen, Med. Fak., Inaug.-Diss. v. [2. Juni] 1891

Hintze, R., üb. e. m. Tuberculin behandelten Fall v. Urogenitaltuberculose. Diss. gr. 8. (34 S.) Göttingen 891. (Vandenhoeck & Ruprecht.) n. — 80

Hintze, Robert, aus Stettin: (Aus d. zool. Institute in Berlin.) **Lebensweise** und Entwickelung von Lankesterella minima (Chaussat). *Berlin (1901): G. Schade.* (46 S.) 8° ¶(Erscheint mit Abbildungen in einer Zeitschrift.)
Berlin, Phil. Diss. v. 12. Jan. 1901

Hintze, Robert, Dr. phil., pr. Arzt: Aus d. path. Inst. d. Tierärztl. Hochsch. zu Berlin (Leiter: Schütz). Das Wesen der Schnüffelkrankheit der Tiere. Mit 1 Taf. Berlin 1909: Schumacher. 26 S. 8° ¶(Aus: Archiv f. wiss. u. prakt. Tierheilk. Bd 35.)
Leipzig, Med. Diss. v. 10. Nov. 1909, Ref. Marchand
[Geb 19 Nov. 76 Stettin; Wohnort: Rheinsberg; Staatsangeh.: Preußen; Vorbildung: Friedrich-Wilhelms-Realgymn. Stettin Reife O. 95; Studium: Vet.-Med. Berlin u. München zus. 10, Med. Berlin 6 S.; Coll. 20. Nov. 09; Approb. 27. Juni 06.] [U 10. 2982

[F.] **Hintze,** Ulrich [aus Zarneckow]: Die Lage der ländlichen Arbeiter in Mecklenburg ... Rostock, *Lippert & C., Naumburg a. S.,* 1894; IV, 110 S., 1 Bl. 8.
Rostock, Phil. Fak., Inaug.-Diss. v. [30. Dez.] 1893

Hintze, Ulr., die Lage der ländlichen Arbeiter in Mecklenburg. Ein Beitrag zur Landarbeiter-Frage. gr. 8. (IV, 111 S.) Rostock 894. Stiller. n. 2.—

Hintze, Walther: Mitteilungen aus dem Gebiete der gerichtlichen Medizin zur Beurteilung der Kurpfuscherei und des Geheimmittelwesens. *Berlin (1897): E. Ebering.* (28 S.) 8°
Berlin, Med. Diss. v. 26. Nov. 1897

Hintze, Wilh., Antrittspredigt üb. 1. Mose 12, 2, geh. bei seiner Einführg. in d. Amt e. Pastors zu St. Katharinen am Donnerstag, den 14. X. 1909. (13 S.) 8. Hamburg 909. H. Seippel. — 40

Hintze, Guil. (geb. Düsseldorf 4. 10. 1821): De pseudarthroseos ex ossibus fractis ortae cura radicali. Berolini (1844). (30 S.) 8°
Berlin, Med. Diss. v. 25. Mai 1844

Hintze, Wilhelm [aus Bonn]: Aus d. medizin. Klinik zu Bonn. Ueber Sensibilitätsstörungen am Rumpfe bei Tabes dorsalis ... Bonn, Buchdr. v. A. Henry, 1896; 27 S., 1 Bl., 1 Taf. 8.
Bonn, Med. Fak., Inaug.-Diss. v. [20.] Febr. 1896

Der vielförmige Hintzelmann od. Umständliche u. merckwürdige Erzehlung von einem Geist, so sich auf dem Hause Hudemühlen etc. sehen lassen etc. mit unterschiedlichen Historien von Erscheinungen und Gespenstern vermehret, und durch Kupfer vorgestellet. Frankf. u. Leipz. 1718. 12o.

Hintzelmann, Jacob (Hamburg), Utrum fata mundi, regnorum & urbium dependeant ab astris, exhibentem temere praedictos ab astrologis illorum interitus. Dissertat. III. Präs. Jo. Fried. Mayer. Hamburg (Joachim Reumann) Juli 1700. 12 S. (6.30) 15257
Oppon.: Caspar Hulsemann, Joh. Hieronymus Wruck, Jacob Middelborg (sämtl. Hamburg).

Hintzelmann, Paul (Hrsg.), s. Almanach der Universität Heidelberg für das Jubiläumsjahr 1886.

Hintzelmann, Paul, Heidelberg u. Umgebung, s.: Grieben's Reiseführer.

— Die Matrikel d. Universität Heidelberg, s.: Toepke, Gust.

Hintzke, Otto, Mittel zur Begründung und dauernden Befestigung des materiellen und geistigen Wohles der arbeitenden und gewerbetreibenden Klassen der menschlichen Gesellschaft. gr. 8°. Marienwerder, Baumann in Comm., 1848.

Hintzke, Otto, Mittel zur Begründung und dauernden Befestigung des materiellen und geistigen Wohles der arbeitenden und gewerbetreibenden Klassen der menschl. Gesellschaft. gr. 8. (54 S.) Marienwerder 848, (Jacoby.) *

Hintzmann, Ernst, über Anilide u. deren Nitroproducte u. eine Dinitrodiphensäure. Inaugural-Dissertation. gr. 8. (31 S.) Hannover 876. (Göttingen, Vandenhoeck & Ruprecht.) n. — 60

Hintzmann, *Ernst* [Dir. Dr.]: *Bericht über seine Einführung als Direktor der Anstalt.* Elberfeld, Druck v. A. Martini & Grüttefien, 1895; 23—25 S. 4.
Elberfeld, OR, P 1895 (507)

Hintzmann, [Ernst], Dir. Dr.: [Bericht über die Jubelfeier des 75jährigen Bestehens der Anstalt.] *Elberfeld 1901: Baedeker.* (S. 27—31.) 4°
Elberfeld, OR, P 1901 (535)

Hintzmann, *Ernst* [Dir. Dr.]: *Bericht über die Wupperthaler Schulfahrt an den Rhein am 13. und 14. Juli 1894.* Elberfeld, Druck v. A. Martini & Grüttefien, 1895; 26—30 S. 4.
Elberfeld, OR, P 1895 (507)

Hintzmann, Ernst Remscheider Brunnen- und Cisternenwasser. Ein Beitrag zu unserer Wasserfrage. 17 S. **Progr.** *Remscheid* 1882.

Festrede zur 75jährigen Jubelfeier der Oberrealschule bei dem Festakte in der Aula geh. vom Dir. Dr. Ernst **Hintzmann.** *Elberfeld: Baedeker 1900.* (12 S.) 8° (03. 7133

—: [Oberlehrer Wilhelm Feyerabend † am 3. November 1904.] S. 16—17. 4. **Progr.** Oberrealschule *Elberfeld* 1905 (591).

Hintzmann, Ernst. Flora der Blütenpflanzen der Magdeburgischen Gegend. Zum Gebrauch in d. Schulen u. z. Selbstbestimmg. zusammengest. gr. 8. (218 S.) Magdeb. 892, Niemann. * 2 —; geb. * 2 40

Hintzmann, E. Über einen neuen Fundort von Fritillaria Meleagris L. S. 17. **Progr.** *Malchin* 1880.

Hintzmann, Ernst, Dir. Dr.: Zur **Geschichte der Schule.** (1825—1900.) *Elberfeld 1900: Baedeker.* (131 S.) 8°
Elberfeld, OR, Festschr. 1900 (527)

Hintzmann, E. Unsere Gesteinsammlung. 15 S. **Progr.** *Malchin* 1878.

Hintzmann, Ernst, das Innere der Erde. Vortrag, gehalten im naturwissenschaftl. Verein zu Magdeburg am 8. Mai 1888. gr. 8. (30 S.) Magdeburg 888, Wennhacke und Zincke. — 75

Hintzmann, [Ernst], Dir. Dr.: **Vorwort** (über die Schulreform von 1901). *Elberfeld 1901: Baedeker.* (S. 3—6.) 4°
Elberfeld, OR, P 1901 (535)

Hintzmann, Ernst [Rect. Dr.]: Wesen und Aufgabe der höheren Bürgerschule. Magdeburg, Druck v. E. Baensch jun., 1891; 1 Bl., 20 S. 4°
Magdeburg, st. HB, OP 1891 (266)

—— Wesen u. Aufgabe der höheren Bürgerschule. gr. 4. (20 S.) Magdeb. 891. (Lps., Fock.) * — 80

Hintzpeter, Edmund (geb. Altona 16. 3. 1847): Ueber Eclampsie der Gebärenden. Berlin (1872). (31 S.) 8°
Berlin, Med. Diss. v. 30. Aug. 1872

Hintzpeter, Max, das neue deutsche Tanzbuch. Anleitungen f. den gesellschaftl. Verkehr u. zu den gebräuchlichsten Gesellschaftstänzen der Neuzeit. Genaue Erklärg. des Contredanse u. der Quadrille à la cour nach deutschen Rufworten [Commando]. 16. (64 S.) Berlin 889. (E. Mecklenburg.) n. 1. —

Hintzpeter, Max. Das neue deutsche Tanzbuch. 1. u. 2. Aufl. 16. (64 S.) Berl. 889,91, Mitscher u. Röstell. * 1 —

Hintzpeter, Max, das neue deutsche Tanzbuch. Anleitungen f. den gesellschaftl. Verkehr u. zu den gebräuchlichsten Gesellschaftstänzen der Neuzeit. Genaue Erklärung des Controdanse u. der Quadrille à la cour nach deutschen Rufworten (Commando). 3., verm. Aufl. 16. (68 S.) Berlin 893. (Mitscher & Röstell.) n. 1. —; geb. n. 1. 60

Hinüber, August

Hinüber, Aug., Dämmerungen. Sentimentale und burschikose Lieder. 16. (92 S.) Göttingen [Leipzig] 870, Ellissen. *
mit Goldschn. *

Hinüber, Aug., das Lied vom Genius. Eine Goethestudie. 8. (89 S.) Leipzig 884. O. Wigand. — 60

—— Lieder und Romanzen. Der „Dämmerungen" 2. Aufl. 16. (111 S.) Leipzig 888, Ellissen. cart. *

Hinüber, Aug., Lieder und Romanzen. 3. Aufl. 16. (111 S. mit Lichtdr.-Portr.) Leipzig 885, Ellissen. cart. * 1 50
—— dass. — 4. Aufl. 16. (111 S.) Hannover 888, Verlag für Kunst und Wissenschaft. cart. *M* 1.—.; geb. 1 50

Hinüber, Aug. Verbesserungsvorschläge. Zeitfragen, angeregt od. aufs neue angeregt. 1. u. 2. Aufl. gr. 8. (16 S.) Lpz. 892, Verlag f. Kunst u. Wissenschaft. — 25

HINÜBERS, C. (E.?) F., Uebersetzungen einiger Oden aus dem Horatz, Trauerlieder aus dem Ovidius, nebst einem Anhang von allerhand Gedichten. Bremen, b. Gerh. Wilh. Rump. 1739. 8⁰. 10 Bogen. (In Zürich.) Selten!
O. M. V. 1740. G 2a. Auch der Cat. Meissner III hat die Jahrzahl „1740".

Hinüber, Ernst-Aug. v., Stammliste des königl. sächsischen Garde-Reiter-Regiments 1680—1905. Auf Befehl des Regiments zusammengestellt. (VII, 361 S. m. 2 Bildnissen.) gr. 8. Berlin 907. E. S. Mittler & Sohn.
10.—; geb. n 11. —

Empfindungen in der Loge Friedrich zum Tempel [in Hildesheim] bei ihrem Installationsfeste von G. H. C. H[inüber] den 24sten Jenner 1775. [Hildesheim 1775.] 4 Bl. 8⁰
3 in: [Festschrift, hrsg. z. Erinnerung a. d. Einweihung der Loge 1775.]
Mahnung, die frmrischen Pflichten mit Eifer zu verrichten.

Hinüber, Geo. Hnr., († ...) Bearbeitung d. französ. unregelmäßigen Zeitwörter. 4. Hildesh. 810. Gerstenberg. 3 *K*

— s. Begriff d. Lebens Jesu.

— Beitrr. zum Braunschweig. u. Hildesheim. Staats- u. Privatrechte. 3 Thle. 8. Braunschw. 772—78. (Albrecht). 9 *K*

Hinüber, G. H., Beyträge zum Braunschw. Hildesheim. Staats- u. Privatrechte, 3 Thle. 8. Braunschweig, Meißner (Albrecht) 778.

— Entwurf e. Abhandl. von Rittergütern. 8. Braunschw. 784. Schulbuchhandl. 2 *K*

Hinüber, G. H.: „Entwurf einer Abhandlung von adelichen unmittelbaren Rittergütern und Baronien", Braunschweig 1784 (Waisenhaus).

Hinüber, I., de jure statuum vel dotis subsidia a subditis exigendi. 4. Hannov. Hahn. 755.

— — Exercitatio de jure statuum S. R. G. I. dotis subsidia filiarum illustrium a subditis exigendi per observantiam stabilito. Frankfurt u. Leipzig (Johann Wilhelm Schmid) 1756. 4 Bl., 44 S., tlws. dtsch. (6.80) 15259

Hinüber, Geo. Hnr. Historische Nachrichten des Anfangs und Zustandes des Postwesens im St. Hildesheim, Braunschweig etc. von 1636—1760, betreffend. 4°. Frankfurt u. Leipzig, Gsellius, 1760.

Hinueber, Georg Heinrich: „Probe einiger Relationen in Wiedereinlösungs- und Abmeierungsklagen, nebst einem responso in puncto testamenti destituti", Braunschweig 1758. — Vorhanden: Bibl. des Oberlandesgerichts Celle — Md. 506.

— Probe einiger Relationen in Wiedereinlösungs- u. Abmeierungsklagen. 4. Braunschw. 758. Schulbuchhandl. 2 ℛ

Hinüber, Georg Heinrich (Einbeck/Hannover), Diatribe de stipendiis familiae. Präs. Johann Christian Claproth. Götting. (Joh. Fried. Hager) 9. XI. 1744. 9 Bl., 54 u. 40 (dtsche.) S. (10.—) 15258
Gew.: Johann Peter Tappen, Gerhard Johann v. Bocen, David Wilhelm Erythropel, Heinrich Eberhard Koenig, Christian Ulrich Grupen, Philipp Conr. v. Hugo, Lorenz Hagemann, Meinhard Plesk. — Widm. v. Präs. — Anh.: Acta judicialia in Sachen des Stud. Juris Georg Henrich Hinübers entgegen Herrn M. Flüggen, Predigern bey der St. Jacobi= und Georgen=Kirche, auch sämmtliche Herrn Vorsteher des löblichen Kramer=Amts der alten Stadt Hannover, als Collatoren des Feldmänschen Stipendii, Beklagte.

Hinüber, J., s. Hinüber, Georg Heinrich

Hinüber, J. M.

— kl. Schriften z. Verbess. d. Justizwesens, als ater Theil d. Vorberach. 4. Ebend. 750.

Hinüber, J. M., n. Vorschlag, wie auf Universitäten die Rechtslehre besser gelehrt zc. werden kann zc. 4. Hannov. Helwing. 746.

Hinüber, Joh. Melchior Syndicus in Sachsen - Lauenburg)
De conceptis a se relationibus ac deductionibus causarum forensium una.
[Giessae] 1702: Joh. Reinh. Vulpius. 23 S. 4°
pro solenniter consequendis honoribus atque immunitatibus jurium doctoris.

Hinüber, Vilhälm

—— Erklärung fon namen von örtern der grafsaften Hoja und Dipholz, s. Erklärung.

Hinueber (— fon). Ferzeichnis der im Sollingo und umgegend vachsenden gefaespflanzen. Goett. 1868. 8°.
In the original the letters *ch* are represented by the Greek character Chi; the spelling is worthy of remark.

Hinüber, fon, Ferzeixnis der im Sollinge u. umgegend vaxsenden gefäspflanzen. gr. 8. (38 S.) Göttingen 868, (Deuerlich'sche Buchh.) *

Hinüber, Vilhälm fon, fereinfaxte 'sreibung där deut'sen spraxe gemaes där rixtigen ausspraxe. gr. 8. (68 S.) Hannover 880. Hahn in Comm. n. 1. 60

Hinuler, G. H., s. Hinüber, Georg Heinrich

Hinweg m. der volksfeindl. Presse, s.: Stimmen aus Oesterreich.

Hinweisung auf einige Idiotismen und Sprüchwörter der plattdeutschen Mundart in Hinter-Pommern. [Stettin u. Leipzig 1806.] V: *Haken.* (Mz)

Hinweisung auf Th. a Kempis Nachfolge Jesu Christi. Berlin 1833. V: *Dielitz, Joh. Gottlob Ludwig Carl.* (Koner)

Hinweisung auf Thomas a Kempis Nachfolge Jesu Christi. 8. (1 B.) Berlin 833, Fröhlich u. Comp.

Hinweisungen auf Gesenius hebräische Grammatik zu Weckherlins Materialien . . . Heidelberg 1822. V: *Röther, J. W.* (Ky)

Hinweisungen auf Gesenius hebr. Grammatik zu Weckherlins Materialien, wodurch d. beiden Bücher in Uebereinstimmung gebracht werden. Ein Anh. zu Weckherlins Grammatik. (Von W. Röther.) 8. Heidelb. 822. Oswald. 3 ℛ

Hinwiederum!!! Siehst du, sie lachen ja all — sie lachen ja all! Allen Freunden Gumbels gewidmet . . . O. O. 1851. V: *Frosch, Pancratius.* (ZP)

Hinz, Prinz. Ein Märchen und keins. 8. (32 S. mit 6 Stahlst.) Berlin 852, Schartmann.

Hinz, A., der renovirte Altar in der Ober-Pfarrkirche zu St. Marien in Danzig. Erinnerungsschrift an die Weihe desselben am 1. Pfingstfeiertage, den 5. Juni 1870. Mit 1 lithogr. Abbild. des Altars. gr. 8. (30 S.) Danzig 870, Kafemann. *

Hinz, A., kurze Beschreibung der Ober-Pfarrkirche zu St. Marien in Danzig, mit Angabe der darin enthaltenen Merkwürdigkeiten, als Wegweiser, zunächst für Fremde. 3. verb. u. verm. Aufl. Danzig 858. (Anhuth.) 16. (32 S.) n. 10 ngr.

— die Schatzkammer der Marienkirche zu Danzig mit 200 photogr. Abbildgn. v. G. F. Busse. 2 Thle. Ebend. 870. Lex.-8. (V, 119 S. Text.) n. 20 ℛ; in engl. Einb. n. 21 ℛ

Hinz, C. B., s. Jugend-Erholungen.

Hinz, C. H. [in Altona]: Zur Beurteilung Appians und Plutarchs in der Darstellung der Ereignisse von der Ermordung Cäsars bis zum Tode des M. Brutus ... Jena, Frommannsche Buchdr., 1891; 79 S. 8.
Jena, Phil. Fak., Inaug.-Diss. v. 1891

Hinz, C. H. Zur Beurteilung Appians u. Plutarchs in der Darstellung der Ereignisse von der Ermordung Cäsars bis zum Tod d. M. Brutus. Diss. gr. 8. (79 S.) Ottensen 891, Christiansen. * 1 60

Hinz, Carl Friedrich Ferdinand, s. Hinz, Karl Friedrich Ferdinand

Hinz, Carsten, s. Hinz, Karsten

Hinz, Edwin [aus Danzig]: Ueber p-Dichinaldin und p-Benzoylchinaldin. . . . Halle a. S., Hofbuchdr. v. C. A. Kaemmerer & Co., 1888; 38 S. + 1 Bl. 8°
Halle, Phil. Fak., Inaug.-Diss. v. [21. Jan.] 1889

Hinz, Ernst Richard, prakt. Arzt aus Czarnikau, Prov. Posen: Ueber profuse **Haemoptoe** im frühen Kindesalter bei der Lungentuberculose. *Leipzig 1903: B. Georgi.* (37 S.) 8°
Leipzig, Med. Diss. v. (10. Juni) 1903

Hinz, Friedrich [app. Arzt aus Neusalz a. d. Oder]: Behandlung von Neuralgieen und Neurosen nach den Methoden von Naegeli durch Handgriffe . . . Neusalz '(Oder)', Druck v. M. Siltz, *1894;* 1 Bl., 38 S. 8.
Leipzig, Med. Fak., Inaug.-Diss. v. 2. Mai 1894

Hinz, Frdr., **Heil-Erfolge** bei den verschiedensten Krankheiten durch Massage u. andere Naturheilmethoden (Hypnose etc.), allgemeinverständlich dargestellt, nebst Unterweisg. zur Selbstbehandlg. gr. 8. (82 S.) Neusalz a/O. 894. J. Pröbster. n. 1. 60

— Heil-Erfolge bei d. verschied. Krankheiten durch Massage u. and. Naturheilmethoden (Hypnose etc.), allgemein verständlich dargest., nebst Unterweisg. z. Selbstbehandlg. (2. [Titel-] Aufl.) 8. (82 S.) Ebd. (894) 894. n. 1. —

Hinz, Frdr., **Kritik** der antikonzeptionellen Mittel. Rat f. Eheleute, zugleich e. Beitrag zur Steuerg. der sozialen Not. 2. verm. Aufl. gr. 8. (25 S.) Leipzig 900. E. Demme. n.n. — 60

Hinz, Frdr., **Kritik der antikonzeptionellen Mittel (Verhütungsmittel). Ratgeber f. Eheleute, zugleich e. Beitrag zur Steuerg. der sozialen Not. 4. verm. Aufl. (83 S.) kl. 8. Berlin 907. H. Bermühler. n. 1. —**
3. Aufl. (73 S.) 903. n. — 80.

Hinz, Friedrich: Die Novozon-Heilmethode, e. neue Sauerstoff-Therapie von Dr. med. [Friedrich] Hinz, (Berlin). (3. Aufl. Berlin-Schöneberg 1901: Sayffaerth.) 64 S. 8°

Hinz, Frdr., **Ratschläge f. Leber- u. Gallenstein-Leidende m. besond. Berücksicht. der Sauerstoff-Therapie.** (32 S.) 8. Berlin (909). H. Bermühler. — 60

Hinz, Frdr., d. Rätsel d. Entstehung u. Entwickelg. d. **Menschen** u. deren Lösg. In neuer Beleuchtg. dargest. f. Ärzte u. Laien nach e. Vorträge. gr. 8. (36 S.) Neusalz a/O. 897. (J. Pröbster.) n. 1. —

— **Ursachen u. e. neue Methode zur vollkommenen Heilung der chronischen Gonorrhoe** (verschleppter Tripper.) gr. 8. (22 S.) Ebd. 900. n. 1. —

— **Ursachen u. e. neue Methode zur vollkommenen Heilg. der akuten u. chronischen Gonorrhoe (Ausfluss). 2. verm. Aufl. (27 S.) gr. 8. Leipzig 902. E. Demme. n. 1.**

— **Wegweiser** zur schnellen u. leichten Schmerzstillung bei den verschiedensten Erkrankungen durch Nerven-Dehnung ohne Operation. Allgemein-verständlich dargestellt. gr. 8. (45 S.) Ebd. 894. n. 1. —

— Wegweiser zur schnellen u. leichten Schmerzstillung bei d. verschied. Erkrankgn. durch Nerven-Dehng. ohne Operation. Allgemeinverständl. dargest. (2. [Titel-] Aufl.) gr. 8. (45 S.) Ebd. (894) 894. n. — 60

— der **Wert** d. antikonzeptionellen Mittel. [Aus: „Frauenarzt".] gr. 8. (12 S.) Leipzig 898. Verlag d. „Reichs-Medicinal-Anzeigers" B. Konegen. n. 1. —

Hinz, Gottfried, approb. Arzt aus Berlin: **Experimental-Untersuchungen** zur Frage der Verwendbarkeit des Formaldehydgases zur Desinfektion von Kleidungsstücken und von Wohnräumen. *Kiel 1900: H. Fiencke.* (27 S.) 8°
Kiel, Med. Diss. v. [7. Febr.] 1900

Hinz, H. u. Fr. **Sange,** d. Veranstaltung v. Jugendfesten im Freien an Landschulen, s.a. **Volksfeste,** deutsche. 5. Hft.

Hinz, H., & F. **Sange:** Die Veranstaltung von Jugendfesten im Freien an Landschulen. Leipzig 1900. 25 S. (Flugschriften f. Volks- u. Jugendspiele. 5.)

Hinz, Joh. Friedrich

MAKULATUR zum bewußten Gebrauch. (Satiren von *Joh. Friedr. Hinz,* geb. zu Neidenburg in Ostpreußen, Buchhändler zu Mitau, dann Stadtsekretär zu Pernau in Livland, † 1791). Königsberg 1763.
Anon.-Lex. III. p. 100 (nach Meusel); Goedeke IV², 28, 17.

Hinz, Johannes, a. Hamburg: **Lat. carrus und seine Wortsippe** im Französischen. Ein Beitrag zur französischen Wortgeschichte. Rostock 1907: Adlers Erben. (VIII, 141 S.) 8°
Rostock, Phil. Fak., Ref. Zenker, Diss. v. 10. Dez. 1906
[Geb. 19. Nov. 83 Hamburg; Wohnort: Rostock; Staatsangeh.: Preußen; Vorbildung: Kaiser-Wilhelm-Gymn. Hamburg Reife O. 02; Studium: Marburg 2, Kiel 5, Bonn 1, Rostock 1 S.; Rig. 6. Dez. 06.]

Hinz, Karl Friedrich Ferdinand

HINZ, CAROL. FRID. FERD., Commentatio de catarrhi vesicae urinariae diagnosi et cura, diss. inaug. Kiliae. 1830. 4. P.

Hinz, Karsten

Das Leben, das Verbrechen und die Bekehrung des Mörders Carsten **Hinz,** von ihm selber aufrichtig erzählt und mit einigen Zusätzen hrgg. v. Gustav Schumacher. 4. Aufl. Hamburg. 1859. 8°
—— 2. Aufl. ebd. 1844. 8°

Hinz, Paul [Hrsg.], s. Pestalozzi-Blätter

Hinz, Paul Erich, a. Ruß ⟨Kreis Heydekrug⟩, Referendar am Kgl. Amtsgericht zu Insterburg: **Die Rechtsbegriffe „Inland" und „Ausland" in Anwendung auf die deutschen Schutzgebiete.** Borna-Leipzig 1908: R. Noske. (IX, 33 S.) 8°
Erlangen, Jur. Fak., Ref. Rieker, Diss. v. 27. April 1908
[Geb. 11. Mai 80 Ruß; Wohnort: Insterburg; Staatsangeh.: Preußen; Vorbildung: Gymn. Tilsit Reife M. 00; Studium: Berlin 2, München 3, Königsberg 2 S.; Rig. 3. März 08.]

Hinz, Reinhold, appr. Arzt a. Falkenburg i. Pomm.: **Über den diagnostischen Wert des Tuberkulins in der Kinderpraxis.** Rostock 1905: Adlers Erben. (32 S.) 8°
Rostock, Med. Fak., Ref. Martius, Diss. v. 15. Sept. 1905
[Geb. 9. Jan. 79 Falkenburg; Wohnort: Berlin; Staatsangeh.: Preußen; Vorbildung: Gymn. Dramburg Reife O. 98; Studium: Rostock 5, Berlin 3, Rostock 1 S.; Coll. 5. Febr. 04; Approb. 29. Jan. 04.]

Hinz, R[ichard] R[einhold], Reg.-Baumeister: **Vom Einfluß der Bauordnungen in Preußen auf die bauliche Entwicklung der Bauerndörfer. Ein Beitrag zur Förderung des Heimatschutzes. Berlin-Mariendorf: Berliner Bauplan-Vereinigung [1911]. 99 S., 2 Taf. 8°**
Braunschweig, Dr.-Ing.-Diss. v. 7. 7. 1910

Hinz, Thdr., The new London echo, s.: Knight, G.

Hinze, A., Gesetze u. Einrichtungen zur Bekämpfung socialer Notstände f. das Herzogt. Anhalt. 8. (64 S.) Cöthen 893. Schriften-Niederlage des Evangel. Vereinshauses. n. — 70

Hinze, A. [Bearb.], s. Kopalienbuch, Das, der Marienkirche zu Bernburg

Hinze, Adf., Erscheinung u. Wirklichkeit. Eine Kritik d. reinen Empfindg. (464 S.) 8. Leipzig 907. Verlag f. Literatur, Kunst u. Musik. 6.—; geb. n 7.—

— Die Grundlagen des Monismus. Philosophisch u. naturwissenschaftl. allgemeinverständl. dargestellt. (80 S.) 8. Halle 909. (Leipzig, L. Fernau.) 1.50

Kloster Lehnin. Ausführl. Beschreibung d. ehemals berühmten Cisterzienser-Mönchklosters der Zauche nebst Schilderung d. Umgebungen d. Ortes. Hrsg. von August Hinzo, Lehrer. *Lehnin: Selbstverl. 1898.* (68 S.) 8° [F] [ot. 5166

Hinze, Aug. Heimb., Altwasser u. seine Heilquellen. 8. Bresl. 804. W. G. Korn. 16 gr

— Annalen d. mineralog. Kuranstalt zu Altwasser. 1s Hft. 8. Bresl. 810. J. F. Korn. 8 gr

— über d. Anstalt f. arme Kranke zu Waldenburg. 8. Landsh. 809.

— kleine Aufsätze aus d. Medicin, Chirurgie &c. gr. 8. Bresl. 806. J. F. Korn. 8 gr

Hinze, A., Grundriß d. theor. u. prakt. Geburtshülfe. 2 Thle. 8. Stendal, Franzen. 791.

— s. Hippokrates, Aphorismen.

— Lexikon aller Braunschweig.-Wolfenbüttelschen, d. Medicinalwesen betreffende, Verordnungen. 8. Stendal 793. Franzen u. Gr. 20 gr

August Heimbert Hinze

De Morbillis. Felmstadii (1788:) Leuckart. LXIV S. 8°
Helmstedt, Med. Diss. v. 11. Dez. 1788

— Probe einer Uebersetz. d. Aphorism. d. Hippokrates &c. 8. Stendal, Franzen. 807.

— kleinere Schriften medicin., chirurg. u. hebärztl. Inhalts. Mit 1 Kpf. 8. Liegn. 802. Siegert. 12 gr

— Taschenbuch für Brunnen- u. Badegäste zu Altwasser. 8. Bresl. 812. 2e A. 815. 3e A. 817.

— s. Teytaud, Abhandlung.

— Unterhaltungsblatt für Brunnen- u. Badegäste. 4. Landshut 810.

— Vers. eines systemat. Grundrisses theoret. u. prakt. Geburtshülfe. 2 Theile. 8. Stendal 791, 92. Franzen u. Gr. 18 gr

Aug. Heimbert Hinze Versuch einer chronologischen Uebersicht aller für die Geburtshülfe erfundenen Instrumente, mit dem Namen des Erfinders, der Beschreibung der Erfindung oder Verbesserung und einer Anzeige derjenigen Schriften, worin des erfunde[...] verbesserten Instruments Erwähnung geschehen ist. Von [...] krates an bis auf unsere Zeiten oder bis zum Jahr 1792. Liegnitz u. Leipzig 1794. 8.

— Versuch e. chronol. Uebers. aller f. d. Geburtshülfe erf. Instrumente. gr. 8. Liegnitz, Siegert. 794.

— Versuch einer chronolog. Uebersicht aller für d. Geburtshülfe erfund. Instrumente. gr. 8. Liegn. 796. Siegert. 7 gr

— s. Wort, ein, über Kuhpocken.

Hinze, C., Rechenhefte, s. Graul, H.

Hinze, C. J., praes. Chr. Steph. Scheffel, De pyromania II. 43 pp. Gryph. 4°. 1742

Hinze, Curt, s. Hinze, Kurt

Hinze, Ernst [aus Plotzkau]: Über Linsenluxation .... Berlin, Buchdr. v. Gustav Schade (Otto Francke) (1888): 29 S. + 1 Bl. 8°
Berlin, Med. Fak., Inaug.-Diss. v. 26. Jul. 1888

Hinze, Ernst, a. Kyritz: Der Übergang der sächsischen Kur auf die Wettiner. Halle a. S. 1906: C. A. Kaemmerer & Co. (71 S.) 8°
Halle, Phil. Fak., Ref. Lindner, Diss. v. 7. Sept. 1906
[Geb. 12. Juli 82 Kyritz, Kr. Ostprignitz; Wohnort: Halle a. S.; Staatsangeh.: Preußen; Vorbildung: Gymn. Bromberg Reife O. 01; Studium: Jura Marburg 4, Gesch. Halle 7 S.; Rig. 28. Juni 06.]

Hinze, *Hugo* Eugen [pr. Arzt aus Schopsdorf (Prov. Sachsen)]: Ein Fall von embolischer Hemiplegie mit corticaler Epilepsie ... Berlin, Buchdr. v. G. Schade, *1895;* 29 S., 1 Bl. 8.
Berlin, Med. Fak., Inaug.-Diss. v. 23. Juli 1895

Hinze, Friedr., der Rathgeber in der Cholera. Anweisung des Verhaltens während der Epidemie und bei Erkrankungsfällen, entworfen nach Beobachtungen und Erfahrungen aus der Epidemie von 1831 und 1848 in Rußland. gr. 8. (33 S.) Lübeck 848, v. Rohden'sche Buchh.

Hinze, *Johann Gustav Adolf* Friedrich [aus Deutsch (Altmark)]: Über den Verschluss des Foramen ovale des Herzens ... Berlin, Buchdr. v. G. Schade, *1893;* 40 S. 8.
Berlin, Med. Fak., Inaug.-Diss. v. 15. Aug. 1893

Hinze, Frdr. Heimbertsohn, Gedichte. 2. Aufl. Illustr. v. B. Borchert. gr. 8. (V, 122 S.) St. Petersburg 892. (Eggers & Co.) n. 6.—; geb. n. 6.—

Hinze, Frdr. Heimbertsohn, poetische Schriften. Mit einem biographischen Vorwort herausg. von Frdr. Meyer v. Waldeck. Berlin, A. Duncker. 8. Jeder Thl. n. 1 Thlr
1. Thl.: Gedichte. Mit dem Bildniß des Verf. (in Stahlst.). 859. (VII, 212 S.)
2. Thl.: Humoresken und Erzählungen nebst einem Anhange: Dramatische Kritiken. 860. (X, 214 S.)
3. Thl.: Dramatisches. 864. (VII, 228 S.)

Hinze, Gustav, aus Dessau: Ueber die Blattentfaltung bei dicotylen Holzgewächsen. Mit 1 Doppel-Taf. *Cassel 1901: Gebr. Gotthelft.* (37 S.) 8° ¶ Aus: Botan. Centralblatt, Beihefte Bd 10, H. 4/5. 1901.
Kiel, Phil. Diss. v. [13. Mai] 1901

Hinze, Gustav: Über Schwefeltropfen im Innern von Oscillarien. Von G[ustav] Hinze. Berlin: Gebr. Borntraeger 1903. (S. 394–398.) 8° [Umschlagt.]
Aus: Berichte d. Deutschen Botan. Gesellsch. Bd 21, H. 7.

Hinze, Gustav: Thiophysa volutans, ein neues Schwefelbakterium. Von –. Hierzu Taf. 15. Berlin: Gebr. Borntraeger 1903. (S. 309–316.) 8° [Umschlagt.]
Aus: Berichte d. Deutschen Botan. Gesellsch. Bd 21, H. 6.

Hinze, Gust. Bernard. (geb. Polzen in d. Prov. Sachs. 18. 1. 1829): De varicocele. Berolini (1856). (28 S.) 8°
Berlin, Med. Diss. v. 14. Apr. 1856

Hinze, H.: Ueber die Electricität in den organischen Körpern. 10 S. – Progr. Brieg 1855.

Hinze Über den Lebensmagnetismus. 10 S.
Brieg, Progr. 1849

Hinze, H., Gurko u. Suleiman Pascha. Die russisch-türk. Operationen in Bulgarien u. Rumelien während des Krieges 1877—78. Kritische Studien über moderne Kriegführung. Mit 1 Operationskarte u. 5 Plänen in Steindr. gr. 8. (VIII, 244 S.) Berlin 880. Mittler & Sohn. n. 6. —

Hinze, H. Rückblicke auf den Krieg an der Donau und im Balkan. (Berlin 1877—78.) 8°. (Aus: Preuß. Jahrb.)

Hinze, H. C., mathematische Vorübungen. Nebst einer Sammlung arithmet. und geometr. Aufgaben aus dem Geschäftsleben. Ein Hülfsbuch für den mathemat. Unterricht in Gymnasien und Bürgerschulen. 8. (VIII und 103 S. mit 5 Stnt. in gr. 4.) Leipzig 848, Fr. Fleischer, Verlag.

Hinze, Heimbert[us]: • De motu penduli cujusdam e flexibili filo invariabilis longitudinis et sine pondere facti, quod uno in puncto illigatum est et cui in duobus aliis punctis pondera data imposita sunt. 9 S. 4° (2°)
Halle-Wittenberg, Phil. Diss. v. 21. April 1852
Geb. [Nordhausen 13. 9. 1827]

Hinze, Heimbert Joh.

– s.a. Anweis., Bittschriften.

(Hb. J. Hinze): Anweis., Bittschriften u. Vorstellungen zweckmässig abzufassen. ***Gotha*****, Ettinger. 797. 8. (6 Gr.)**

Hinze, Heimb. Jh., († d. 4. März 1802.) Auswahl einzelner Abhandll. über Landwirthschaft, Polizei- u. Cameralwesen. gr. 8. Helmst. 801. Fleckeisen. 1 ₰ 14 Gr.

Hinze, Heimbert Joh. [Hrsg.], s. B e i t r ä g e zur Oekonomie, Kameral- und Polizeiwissenschaft

— Beobacht. über d. Ackerbau. 8. Dessau 782. Gel. Buchh. 2 Gr.

HINZE, Heimbert Johann (geb. 28. Juli 1730 zu Hasselfelde), G e d i c h t e. Helmstädt 1752. 8°. 6 Bll. u. 84 S. Rar!
Goedeke IV, 760.

Hinze, H. J., Gedichte. 8. Lpz. Weigand. 752.

— Grundsätze d. Polizei für deutsche Landwirthschaft. gr. 8. Gotha 786. Ettinger. 1 ₰ 12 Gr.

H i n z e, Heimbrecht Johann: „Grundsätze des landwirthschaftlichen Rechnungswesens; nebst Formularen zu dessen zweckmäßiger Einrichtung", Helmstedt 1800 (Fleckeisen).

— über Pachtabnahme u. Uebergabe. 8. Gotha 781.

– s. Versuch e. Geschichte von Braunschweig.

Hinze, Heimbert Paul Friedrich

Dramatischer Almanach, für Freunde des Scherzes und froher Laune. Ein Neujahrsgeschenk auf 1815 v. dem Schauspieler Heimbert Paul Friedrich **Hinze**. Altona und Flensburg. (1815.) 8°.

Hinze, H.P.F. (Hrsg.), s.a. A l m a n a c h dramatischer Spiele.

Hinze, Heimb. Paul Fr., Almanach dramat. Spiele. (Enthält: Künstlers Fegfeuer; Lstspl. in 1 A. — Oben u. unten; Lstspl. in 1 A. — Karl u. Louise; Schspl. in 1 A. — Ein Streich zum Todlachen; Lstspl. in 1 A. — Adams sieben Söhne; Lstspl. in 1 A.) 8. Hamb. 815. Herold jun. 1 ₰ 8 Gr.

Hinze, Henr. Frid. Car. (geb. Quedlinburg 18. 8. 1796): De dolore capitis. Berolini (1818). (32 S.) 8°
Berlin, Med. Diss. v. 18. Aug. 1818

Hinze, Hugo, die Militair-Gesetzgebung im Deutschen Reich, s.a. **Freund's politische Handbücher.**

Hinze, Militärgesetzgebg. im deut. Reiche. 3 Thle. Breslau 891—92.

Hinze, Hugo Eugen, s. H i n z e, Eugen

Hinze, Joh. Gtfr., die Klauenseuche. Ihre Geschichte, Natur u. Heilung, mit Benutzung d. besten Hülfsmittel dargestellt. 8. (3½ B.) Jüterbog 837, 38, (Colditz.)

Hinze, Johann Gustav Adolf Friedrich, s. H i n z e, Friedrich

Hinze, Joh. Heimbert, s. H i n z e, Heimbert Joh.

Hinze, Karl, kleine Hausgärten, ihre Anlage, Einrichtung u. Unterhaltung f. Gärtner u. Gartenbesitzer. Mit 8 Plänen u. 70 vom Verf. gezeichneten Abbildgn. (IV, 122 S.) gr. 8. Leipzig 905. [R. C. Schmidt & Co.] Berlin P. Parey. Geb. in Leinw. n. 2.—

Hinze, Kurt

Hinze, Curtius, Hoymensis: **Quos scriptores Graecos Cicero in libris de re publica componendis adhibuerit.** ***Halis Sax. 1900: typis Orphanotrophei.*** (63 S.) 8°
Halle, Phil. Diss. v. 1900

Hinze, L., Feldtaschenbuch für den Offizier des Beurlaubtenstandes. 12. (IV, 180 S. mit 27 Zeichnungen und 1 Taf.) Hannover 884, Helwing'sche Verlagsb. *

Hinze, Maximilian *Gustav* [aus Potsdam]: Über die Bulbaersymptome der Tabes dorsalis und ihre pathologisch-anatomische Grundlage. . . . Berlin, Buchdr. v. G. Schade, *1890;* 31 S. 8°
Berlin, Med. Fak., Inaug.-Diss. v. 18. Sept. 1890

Hinze, Paulus: De an particulae apud priscos scriptores latinos vi et usu . . . . Halis Saxonum, typ. expr. J. Wiesike, Brandenburg, 1887; 1 Bl. + 90 S. 4°.
Halle, Phil. Fak., Inaug.-Diss. v. [18. Mai] 1887.

Hinze, W., Ueb. Plan u. Gedankengang in P.'s Phaedrus. Diss. 1874. 77 S.

Hinze, Wilhelm [Oberl. Dr.]: Zum altenglischen gedicht „Andreas." Erster teil. Berlin, R. Gaertners Verlagsbuchh., 1890; 40 S. 4°
Berlin, Königst. RG, OP 1890

Hinze, W[ilhelm]: **Moscherosch und seine deutschen Vorbilder in der Satire. Eine Quellenstudie.** ***Rostock 1903: C. Hinstorff.*** (144 S.) 8°
Rostock, Phil. Diss. v. [23. Febr.] 1903

Hinzelmann, Hans-Heinz, aus d. Leben e. alten Taugenichts. Roman. (103 S.) 8. Leipzig 910. Modernes Verlagsbureau. 2. 50

Hinzen, J. W., († d. 10. März 1820.) histor. Katechismus in 11 Lektionen mit Anwendung auf d. gewöhnl. Katechismuslehren. 8. Cöln 818.

Hinzmann, Otto, lobet den Herrn! s.: Hoppe, L. A.

Knygelė kasdieninių maldų. Išleista par O. **Hinzmanna,** Klebonạ. Tilżėje 1902: J. Schoenke. (44 S.) 8°
[Büchlein tägl. Gebete. Hrsg. von O. Hinzmann, Pfarrer. Tilsit.] [03. 336] 10

Hinzpeter, F. De interpretationibus Novi Testamenti Graeci in superioribus Gymnasiorum ordinibus. 11 S.
Bielefeld, Progr. 1844

Hinzpeter, F. De ne et non particulis. 17 S.
Progr. Bielefeld 1832

Hinzpeter, F. W., s. C. J. Caesar, Comment. de bello Gallico.

Hinzpeter, G., zum 25. Januar 1883. Eine Unterhaltung am häusl. Herd für den Tag der silbernen Hochzeit des kronprinzl. Paares. gr. 8. (30 S.) Bielefeld 883, Velhagen und Klasing.

Hinzpeter, G., Kaiser Wilhelm II. Eine Skizze, nach der Natur gezeichnet. 1.—9. Aufl. gr. 8. (15 S.) Bielefeld 888. Velhagen & Klasing. n. — 40

Hinzpeter, Georg. (Ern.) (geb. Bielefeld 9. 10. 1827): De vi ac natura Graecorum oraculorum, praecipue belli Peloponnesiaci aetate. Particula prior. Berolini (1850). (30 S.) 8° ¶ Fortsetzung bis 1899 nicht erschienen.
Berlin, Phil. Diss. v. 4. Sept. 1850

Hin- und Herzüge, Hannchens, nebst der Geschichte dreier Hochzeitnächte. V: *Fischer, Christian August* (ps. *Chr. Althing*). (Ky) (GGr)

Hiob. Ein oberengadin. Drama aus dem XVII. Jahrh. Mit litterar.-histor. Einleitg. u. etymolog. Glossar hrsg. von E. A. Kofmel. gr. 8. (67, XVI S.) Solothurn 889. (Chur, Rich.) n. 2. —

Hiob, Das Buch

— das Buch, etc. s.a. Ewald.

— das Buch, bearbeitet v. Gaab, s. Jh. Fr. Gaab.

— Erklärt v. Ludw. Hirzel, s. Handbuch z. alt. Testament, 2. Lfg.

Hiob, das Buch s.a. F. A. Holzhausen.

— s.a. Jobi.

Hiob, s.a. Repetitorium der Exegese des alten Testaments.

— s.a. Frz. Xav. Riedel

— s.a. Hnr. Sander

— das Buch, s.a. Stickel, Jh. G.

— das Buch, übers. v. L. v. Eß, s. Testament, das Alte.

Hiob, Das Buch, nebst einer teutschen Übersetzung und einem hebraeischen Commentar für die jüdische Jugend. Von I. B. A. O. O. [17??]. H: *Israel Ben Abraham.* (Sartori, Hist.-ethnogr. Überblick der wissensch. Cultur, Geistesthätigkeit u. Literatur des österr. Kaiserthums. Wien 1830. I, 347.)

— poet. übersetzt, s.a. Grynäus.

— poetisch übersetzt, nach Schultens Erklärung mit Anmerkk. v. Sim. Grynäus. Mit e. Vorrede v. Prof. Becker. 4. Basel 767. Schweighäuser. 12 gr.

— s.a. Eckermann

— das Buch, Versuch e. poetischen Uebersetzung, nebst einer Vorerinnerung u. einer Umschreibung desselben v. Jak. Chr. R. Eckermann. 8. Lübeck 768. (Brockhaus in Leipz.) 12 gr.

— das Buch, poet. u. prosaisch übersetzt v. J. Dav. Cube. 3 Thle. gr. 8. Berl. 769—71. Reimer. 1 Thlr. 8 gr.

Hiob, das Buch, übers. v. Dn. G. Moldenhawer. 2 Thle. 4. Leipz. 780. 81. Weygand. 12 gr.

— neu übers. mit Anmerkk. von W. F. Hufnagel. gr. 8. Erlang. 781. Palm. 1 Thlr. Schrbp. 1 Thlr. 8 gr.

— s.a. Keßler

— aus d. Hebräischen neu übersetzt von Chr. D. Kesler. Mit e. Vorrede von Eph. Fr. Sartorius. 8. Tübing. 784. Osiander. 20 gr.

Hiob; ein Gedicht. Leipzig 1790. V: *Schmid, Carl Ferdinand.* (Ky) (MGT)

Hiob, eine altjüdische Geschichte, dramatisch bearbeitet. Prag u. Leipz. 1793. V: *Albrecht, Johann Friedrich Ernst.* (MGT) (Ky) (GGr)

Hiob, eine altjüd. Geschichte, dramat. bearb. (v. J. F. E. Albrecht). Mit Kpf. 8. Prag 793. (Leipz., Hinrichs). 1 Thlr.

Hiob, e. altjüdische Gesch. dramat. bearb. v. Verf. d. keuschen Josephs, (J. F. E. Albrecht.) m. K. 8. Prag, Neureutter. (Joachim in Lpz.) 793.

— übers. v. G. C. Pape. 8. Gött. Rosenbusch. 797.

— s.a. Eichhorn

— übers. v. G. C. Pape. Mit e. Vorrede v. Hofr. Eichhorn. 8. Götting. 797. (Röwer). 8 gr.

— aus d. Hebr. mit Anmerkk. v. H. A. Schultens vollendet, von H. Muntinghe; aus d. Holländ. mit Anmerk. v. J. P. Bergs u. K. F. Weidenbach. gr. 8. Leipz. 797. Schwickert. 18 gr.

— das Buch, metr. übers. von A. G. Block. 8. Ratzeburg 799. 12 gr.

— Ein religiöses Gedicht. Aus d. Hebräischen neu übersetzt u. erläutert v. M. H. Stuhlmann. 8. Hamb. 804. Fr. Perthes. 1 Thlr. 16 gr.

— das Buch, übers. u. commentirt in hebr. Schrift v. Wolfsohn. 8. (Berl.) 806. Heinemann. 1 Thlr. 12 gr.

— das Buch u. d. Psalmen Davids, nebst d. Klageliedern d. Jeremias u. allen übrigen Gesängen d. heil. Schrift. Aus d. Grundsprache in deutsche Lieder gebracht v. M. Pfeiffer. gr. 8. Salzb. 809. Duyle. 20 gr.

— das Buch, aus d. Grundtext metr. übers. u. erläut. v. Jh. R. Schärer. 2 Thle. gr. 8. Bern 818. Walthard. (Leipz., Schmidt). 2 Thlr.

— f. gebildete Leser bearbeitet v. E. G. A. Böckel. A. u. d. T.: d. heil. Dichter. 1s Bdchn. 8. Berl. 821, Rücker.

— d. Buch, aus d. Hebräischen metr. übers. u. mit kurzen philologischen Anmerkk. v. Edw. Friedr. Melsheimer. 8. Manh. 823. Schwan u. G. 1 Thlr. 8 gr. Dass. ohne Anmerkk. 823. Ebd. 14 gr.

— übers. u. herausg. v. J. G. Eichhorn. 8. Leipz. 800. 2e verb. Ausg. gr. 8. (Götting. 824. (Lauffer in Leipz.) 16 gGr.

— d. Buch. Uebersetzung u. Auslegung v. Fr. W. C. Umbreit. gr. 8. Heidelberg 824, Mohr.

Hiob, das Buch, mit deutscher Uebersetzung u. hebräischem Commentar v. B. Blumenfeld. gr. 8. Wien 826. Strauß. (Leipz., Hinrichs). 2 Thlr. 16 gGr.

— das Buch, übersetzt u. für gebildete Leser kurz erläutert v. E. G. A. Böckel. 1s Bdchn. Die Hebräer. 8. Berl. 821. Rücker. 16 gGr. 2e ganz umgearb., mit einer Zugabe philolog. u. exeget. Anmerkk. u. d. Probe eines kritisch-philolog. Commentars zu den griech. Uebersetzungen des Hiob vermehrte Aufl. gr. 8. Hamb. 830. Meißner. 2 Thlr. 12 gGr.

— das Buch. Neu übers. v. Geo. Lange. Ein Versuch. 8. Halle 831. (Gebauer). 12 gGr.

—— dass. und der Prediger Salomo's übersetzt, s.a. Köster, Fr. Burchh.

— das Buch u. d. Prediger Salomo nach ihrer strophischen Anordnung übersetzt. Nebst Abhandl. über d. strophischen Charakter dieser Bücher. Zum Gebrauch bei akademischen Vorlesungen v. Fr. B. Köster. gr. 8. Schlesw. 831. Taubstummen-Institut. 14 gGr.

—— dass. Uebersetzung u. Auslegung, nebst Einleit. üb. Geist, Form u. Verf. d. Buchs v. Fr. Wilh. Carl Umbreit. 2., verb. u. verm. Aufl. gr. 8. (28 B.) Heidelberg 832, Mohr.

Hiob. Hebrä. Text nebst e. nach d. neuesten Hilfsmitteln bearbeit. Kommentar, vorzugsweise z. Handgebr. f. angeh. Theologie-Studirende. gr. 8. (11 B.) Berlin 839, Plahn'sche Buchh.

— das Buch, im Parallelismus membrorum. Uebersetzt aus d. Hebr. v. F. Hölscher. gr. 8. Osnabr. 839. Rackhorst. n. 1/3 Thlr.

—— Neu übers. u. erläut. v. Karl Wilh. Justi. 8. (16¾ B.) Kassel 840, Bohné.

—— das Buch, der Urschrift gemäß metrisch übersetzt u. erläut. v. J. G. Vaihinger. gr. 8. (12½ B.) Stuttgart 842, Cotta'sche Buchh.

—— das Buch. Mit Beziehung auf Psychologie u. Philosophie der alten Hebräer neu übersetzt u. krit. erläut. v. J. Wolfson. gr. 8. (22⅛ B.) Breslau 843, Kern.

Hiob. Praktische Philosophie od. klare Darstellung der im Buche Hiob obwalt. Ideen; nebst (hebr. Text u.) wortgetreuer, rythmisch geglied. Uebersetzung u. fortlauf. Commentar. Allgemein faßl. bearb. v. Mor. Löwenthal. gr. Lex.-8. (16 B.) Frankfurt a. M. 846. (Leipzig, C. L. Fritsche.) *

Hiob. Ein Gespräch über die göttl. Vorsehung. In das Deutsche übertr. von Leop. Haupt. 8. (X und 65 S.) Leipzig 848, (W. Engelmann.) *

Hiob, metrisch übers. von Mor. Spieß. 16. (X u. 211 S.) Buchholz 852, Adler. ¾ Thlr.

Hiob ins Deutsche übersetzt und mit hebräischen Anmerkungen versehen von Heinr. Mosner. Bog. Nr. 1. gr. 8. (16 S.) (Bayreuth 857, Giessel.) *

Hiob ins Deutsche übersetzt und mit hebräischen Anmerkungen versehen von H. Mosner. (1. Liefg.) (Bayreuth 858. Giessel.) gr. 8. (S. 1—16.) n. 6 *ngr.*

Hiob, das Buch. [Aus der biblia hebraica ed. Hahn.] gr. 8. (41 S.) Leipzig 869. Bredt. 4½ *ngr.*

Hiob. Classisches Gedicht der Hebräer. Aus dem Grundtexte neu übersetzt u. mit Andeutgn. zum tieferen Verständniß versehen von Herm. Vict. Andreä. Barmen 870. Langewiesche's Verl. 8. (XI, 161 S.) 20 *ngr.*

Hiob. Deutsch m. kurzen Anmerkgn. f. Ungelehrte v. Frdr. Baethgen. 8. (XX, 98 S.) Göttingen 898. Vandenhoeck & Ruprecht. Kart. n. 1. 80

Das Buch Hiob [Job]. In d. Versmassen d. Urschrift übers. von D. Bernhard Duhm. Tübingen: Mohr 1907. XX, 71 S. 8° [11. 11695 5

Hiob, das Buch. In der Ubertragg. v. Otto Hauser. (Hortus deliciarum X. Entwurf der Titelzeichng., d. Initiale u. des Orig.-Einbdes. v. Karl Köster.) (137 S.) kl. 8. Berlin 909. J. Bard. In Pappbd. 3.—; geb. in Ldr. 4.50; Luxusausg. 12. —

Die mitteldeutsche poetische Paraphrase des Buches Hiob [Job] aus d. Hs. d. Königl. Staatsarchivs zu Königsberg hrsg. von T[orsten] E[vert] Karsten. Mit 2 Taf. Berlin: Weidmann 1910. XLV, 279 S. 8°
(Dichtungen d. Deutschen Ordens. 4.)
(Deutsche Texte d. Mittelalters. Bd 21.) [11. 1264

Hiob, Der fromme, oder ob sie auch leiden Recht' und Schlecht' Gott ist gerecht! Wetzikon 1903. V: *Lindenmann, Rud.* (Zuwachsverz. d. Bibliotheken in Zürich 1898 ff., 8.)

Hiob, Der Korthumische, gegen D. Luthern vorgenommen. Dortmund 1716. V: *Hafer, Thomas.* (Myl)

Hiob's drei Freunde oder Bunsen, Stahl und Prälat Ritter als Helfer der leidenden Christenheit. Christus-König die Losung der Zukunft. Von ITHIEL. 1. Abdr. 1857. und 2. Abdr. gr. 8. (VII und 119 S.) Hamburg 858, [Nolte.] *

Hiobs und Simsons, d. zween kathol. Convertiten Glaubensgespr. 3 Thle. 8. Augsb. Wolf. 744.

Hiobspost, die. Redig. von E. Amthor. Jahrg. 1848. 52 Nrn. (½ Bog.) gr. 8. Leipzig 848, Frohberger. *

Hiobspost oder Chronik von Unglücksfällen und Verbrechen aller Art aus der neuesten Zeit. 1—3. Heft. Nordhausen 855, 56. Büchting. 12. (144 S.) Jedes Heft 3¾ *ngr.*

Hjörleifsson, Einar, Klein-Hvammur, s.a. Universal-Bibliothek.

Hjörleifsson, Einar: Klein-Hvammur. Novelle von —. Autor. Übers. aus d. Isländl. von Prof. Franz Kuntze. Leipzig: Reclam jun. [1909]. 84 S. 8°
(Universal-Bibliothek. 5130.)

Hjorne, J., das norwegische Staatsgrundgesetz vom 17. Mai / 4. Novbr. 1814 in seiner gegenwärtigen Gestalt [einschl. d. Zusatzes vom 16. März 1887], nebst der auch f. Norwegen gelt. schwed. Successions-Ordng. vom 26. Septbr. 1810 u. dem gemeinschaftl. Reichs-Act vom 6. Aug. 1815. In deutscher Uebersetzg. hrsg. gr. 8. (55 S.) Berlin 888. Puttkammer & Mühlbrecht. n. 1. 60

Hjörring, Knut [wirkl. Name], s.a. Hildebrandt, Gotth. [Pseud.]

Hjörring, Knut, Geschichten aus Sperlingslust. Mit Bild. v. Paul Colanus. gr. 8. (VIII, 232 S.) Berlin 896. W. Pauli's Nachf. n. 2. 50; geb. 3. 25

Hjort, H. Smith, den belgiske Revolution. Med en Fortale (in deutscher Sprache) af Hof- og Stats-Bibliothekar Dr. Ernst Münch. 8. Kjøbenhavn 831. Reitzel. 1 ₰ 8 g.

Hiort, **J. J.**, de functione retinae Partic. I et II. Comment. 8. (16½ B. u. 2 ill. Stnt.) Christianiae 826, 30. (Lipsiae, Barth.)

Hjort, **J. M. L.**, om det theologiske Studium. Et Par Ord til yngre Medstuderende. gr. 12. (22 S.) Kjøbenhavn 848, Gyldendal in Comm. n. ⅙ ₰

Hjort, Joh., z. Anatomie u. Entwicklungsgeschichte e. im Fleisch v. Fischen schmarotz. Crustacee (Sarcotaces arcticus. Collet). [Aus: „Videnskabsselskabets Skrifter".] gr. 8. (14 S. m. 2 farb. Taf.) Kristiania 895. (J. Dybwad.) n. 1. 60

Hjort, Joh., u. N. **Knipowitsch**, Bericht üb. die Lebensverhältnisse u. den Fang der nordischen Seehunde, s.: Rapports et procès-verbaux des réunions du conseil permanent international pour l'exploration de la mer.

Hjort, Johan [in Christiania]: Über den Entwicklungscyclus der zusammengesetzten Ascidien ... Leipzig, Druck v. Breitkopf & Härtel, 1893; 32 S. 8.
München, Phil. Fak., Inaug.-Diss. v. 1893

Hiort, **Johann** (Ostrogothia-Suecus [Schweden]), De moralitate juramentorum. Diss. philos. Präs. M. Nicolaus Grubb (Vestr. Both. Suec. [Schweden]). Greifswald (Daniel Benjamin Starck) 18. V. 1709. 12 S. (6.50) 15260
Gew: Thomas Wadenstierna, Andreas u. Jonas Schönberger, Wulff. Schwerdfeger, Nicolaus Pontin, Daniel Corvin, Carl Widegreen. — Widm. v.: Peter Wallmann (Göteborg/Schwed.)

Hjort, Peder (Hrsg.), s. Actenstücke zur Geschichte des Hochdeutschen im Herzogthum Schleswig.

Hjort, **P.**, wohlwollender Anstoß zur Beantwortung der dringlichen Frage: Durch welches Mittel und auf welchem Wege ließe sich eine hochverehrliche deutsche Lesewelt dahin bewegen, ihre dänischen, respective schleswigschen, Studien von vorne wieder anzufangen? 2., mit neuen Actenstücken verm. Aufl. gr. 8. (35 S.) Kopenhagen 858, Gyldendal'sche Buchh.

Hjort, Antwortschreiben an den Herrn Dr. phil. Valentiner, Prediger in Leipzig. 859. (51 S.) 9 ngr. 2. verm. Aufl., nebst Erläuterungen über Valentiner durch den Landcommissair Herrn Etatsrath Hagemann. Kopenhagen 862. Gyldendal. gr. 8. (82 S.) n. 12 ngr.

Hjort, Peder: Sprachliches Dänenthum innerhalb der sogenannten gemischten Gemeinden in Schleswig. (Oder: Schlichte Warnung gegen Stimmung oder Gesinnung gewisser Holsteiner.) Von –. 2. Aufl. Kopenhagen. 1863. 8⁰

Hjort, Peder: Holstenspiegel. Ein Beitrag zur Beleuchtung der dänisch-holsteinischen Frage. Mit historischen Beilagen aus holsteinischen Schriften. Von einem deutschen Schleswiger. Hrgg. v. –. Kjobenhavn. 1850. 8⁰

Pt. **Hjort**: Johann Scotus Erigena, od. v. d. Ursprunge e. christl. Philos. u. ihrem heil. Berufe. *Kopenh.*, Gyldendal. B. 823. gr 8⁰ 20 g

Hjort, (P.) Johann Scotus Erigena, od. v. d. Ursprung e. christl. Philosophie u. ihrem heil. Beruf. gr. 8. Kopenhagen 824, Gyldendal.

[Hjort, Petrus]: *De Pulchro. 10 Bl. 8⁰ (4⁰)
Halle-Wittenberg, Phil. Diss. v. 13. Nov. 1817
Geb. [Amager bei Kopenhagen 19. 7. 1793]
Verf. wurde abwesend promoviert und erlebte das goldene Dr.-Jubiläum 1871 als Professor a. D. der Akademie in Sorö in Kopenhagen.

Rüge einer Lüge in der Schrift des Professors Baumgarten: Nothgedrungenes Wort in einer schleswigschen Sache v. Peder **Hjort**. Kopenhagen. 1856. 8⁰.

Schilderungen und Charakterzüge aus den Feldzügen in Schleswig 1848–50. Dänischen Berichterstattern nacherzählt von einem deutschen Schleswiger. Hrsgg. v. Peder **Hjort**. Kopenhagen 1852. 8⁰.

Hjort, **P.**, om høiere Undervisningsanstalter, især et Agerdyrkningsakademi, i Danmark. gr. 8. (34 S.) Kjøbenhavn 847, Gyldendal. ⅙ ₰

⊙ Schlichte Warnung gegen Stimmung oder Gesinnung gewisser Holsteiner, der etwaigen Erwägung eines hohen Staats-Ministeriums öffentlich unterbreitet v. Peder **Hjort**. Kopenhagen. 1860. 8⁰

Hjort, Peter: Ein Wort über einige der hervorragendsten Charaktere und Beamten in Holstein, vom Verfasser des „Holstenspiegel" [d. i.: Peter Hjort.] Kjøbenhavn. 1850. 8⁰

Hiort-Lorenzen, H. R., annuaire généalogique de maisons princières regnant en Europe depuis le commencement du XIXe siècle. Avec des notes sur les mariages morganatiques. 1. année 1882. 16. (XV, 256 S.) Berlin 882. Puttkammer & Mühlbrecht. geb. n. 5. —

Hiort-Lorenzen, **H. R.**, annuaire généalogique des maisons souveraines en Europe depuis le commencement du XIXe siècle. Avec des notes sur les mariages morganatiques. 2. année 1883. 16. (XXIII, 291 S.) Berlin 883. Puttkammer & Mühlbrecht. geb. n. 5. —

Hiort-Lorenzen, **H. R.**, annuaire généalogique des maisons souveraines en Europe depuis le commencement du XIXe siècle. 3e année 1884. 16. (326 S.) Berlin 885, Puttkammer und Mühlbrecht. geb. [*ℳ 7.—] *
—— dass. — 4me et 5me année 1885 et 1886. 16. (VII, 368; 369 S.) Ebendas. 885. geb. à Jahrg. *
Nicht weiter erschienen. — 1re et 2e année 1882,83. Ebendas. à Jahrg. [*ℳ 5.—] *ℳ 2.50.

Hiort-Lorenzen, **H. R.**, généalogie des maisons princières regnantes dans l'Europe depuis le congrès de Vienne en 1815, suite des tables généalogiques par s. M. la reine Marie-Sophie-Frédérique de Danemark. 16. (180 S.) Leipzig 871. Fritsch. geb. n. 3. —; geb. m. Goldschn. n. 3. 60

Hjorth, Gumal: Touristenkarte vom Nordwestlichen Erzgebirge. Umgebung von Chemnitz, Limbach, Glauchau ... bearb. von G(umal) Hjorth. [Maßst. 1 : 98,000.] Annaberg: Graser [1907]. (1 Kartenbl. 36x42 cm mit Legende.) [Rückt. lith.] [kol.]

Hjortö, Knud

— Als man jung war. Roman. (Deutsch v. Herm. Kiy. Autoris. Ausg.) (218 S.) 8. Berlin-Westend (909). Berlin, E. Reiß. 3.—; geb. n 4. 50

Hjortö, **Knud**, Grau u. Rot. Einzige berecht. Uebersetzg. aus dem Dän. v. Herm. Kiy. (300 S.) 8. Stuttgart (907). Charlottenburg, A. Juncker. 4. —

Hjortö, **Knud**, Staub u. Sterne. Autoris. Ubertragg. aus dem Dän. v. Herm. Kij. Den Titel zeichnete Walt. Tiemann. (192 S.) 8. Leipzig 905. Insel-Verlag. 2. 50; geb. in Leinw. 3. 50
Ladenpreis aufgehoben.

— zwei Welten. Roman. Einzig berecht. Uebersetzg. Aus dem Dän. v. Herm. Kiy. (216 S.) 8. Stuttgart (906). A. Juncker. n. 3. —

Hipel, **Ed.**, Album Benedictinum seu catalogus exhibens seriem sacrorum antistitum ac monachorum hoc superiori biennio ad ordinem S. P. Benedicti pertinentium. Adjecto indice scriptorum ejusdem ordinis hac aetate florentium. gr. 8. (VI, 214 S.) Regensburg 870, (Pustet.) *

Hipkins, A. J., s.: Exhibition, the international, for music and the drama, Vienna 1892.

Hipler, Frz., analecta Warmiensia. Studien zur Geschichte der ermländ. Archive u. Bibliotheken. gr. 8. (173 S.) Braunsberg 872. Leipzig, Peter in Comm. n. 3. —

Hipler, F., Geheimrath Joseph Bender. Ein Lebensbild. gr. 8. (28 S.) Braunsberg 894. (Huye.) n. 1. —

— die Biographen d. Nikolaus Kopernikus. Ein Gedenkblatt zur 4. Säcularfeier seines Geburtstages. gr. 8. (26 S.) Ebend. 873. n. — 60

Hipler, F., Boga rodzica. Untersuchgn. üb. d. d. hl. Adalbert zugeschrieb. älteste poln. Marienlied. [Aus: „Ztschr. f. d. Geschichte Ermlands".] gr. 8. (32 S.) Braunsberg 897. (Huye.) n.n. — 60

Hipler, Frz., die Chorographie d. Joachim Rhoticus. Mit einer Einleitung aus dem Autographon des Verf. hrsg. [Aus: „Zeitschr. für Math. u. Phys."] gr. 8. (26 S. mit 1 Steintaf. in qu. Fol.) Dresden 876. (Braunsberg, Huye.) n. 1. —

Erinnerungen an Carl Wölky und Anton Pohlmann. Von Dr. Franz **Hipler**. *Braunsberg 1893: Ermländ. Zeit.-u. Verlagsdr.* (51 S.) 8° [F.] (03.13.80 10

Hipler, Frz., die christliche Geschichts-Auffassung. [2. Vereinsschrift f. 1884 der Görres-Gesellschaft.] gr. 8. (III, 100 S.) Köln 884. (Bachem.) n. 1. 80

— die Grabstätten der ermländischen Bischöfe. 8. (82 S.) Ebend. 878. n. 2. —

Hipler, Frz., Nikolaus Kopernikus u. Martin Luther. Nach ermländ. Archivalien. Leipzig 868. Peter. gr. 8. (III, 75 S.) n. 16 *ngr.*

—— christliche Lehre und Erziehung in Ermland und im preußischen Ordensstaate während des Mittelalters. Ein Beitrag zur Geschichte des Katechismus. gr. 8. (103 S.) Dresden 877. (Braunsberg, Huye's Buchh.) *

— Literaturgeschichte d. Bisthums Ermland. gr. 8. (XXXIX, 320 S.) Ebend. 873. n. 6. —

— Meister Johannes Marienwerder, Professor der Theologie zu Prag u. die Klausnerin Dorothea v. Montau. Ein Lebensbild aus der Kirchengeschichte des 14. Jahrh. [Aus: Zeitschrift für die Geschichte Ermlands.] Ebend. 865. gr. 8. (135 S.) n. 24 *ngr.*

— die Porträts d. Nikolaus Kopernikus. Mit den beiden ältesten Kopernikusporträts in Holzschn. [Aus: „Mittheilgn. d. ermländ. Kunstvereins."] gr. 8. (89 S.) Ebend. 875. n. 2. 40

Hipler, Frz., die deutschen Predigten und Katechesen der Ermländischen Bischöfe Hosius und Kromer. (Festschrift der „Görres-Gesellschaft" zur Inthronisation des Hrn. Erzbischofs von Köln, Dr. Philippus Krementz.) Lex.-8. (VIII, 180 S.) Köln 885, (Bachem.) *

—— die ältesten Schatzverzeichnisse der ermländischen Kirchen. gr. 8. (105 S.) Braunsberg 886, (Huye's Buchh.) **

—— Johann Heinrich Schmülling, der Nachfolger Overbergs. Ein Lebensbild. gr. 8. (235 S.) Ebendas. 886. **

—— Spicilegium Copernicanum oder Quellenschriften zur Literaturgeschichte des Bisthums Ermland im Zeitalter des Nikolaus Kopernikus. Festschrift. gr. 8. (376 S. mit 1 Stnt.) Ebendas. 872. *

— spicilegium Copernicanum od. Quellenschriften zur Literaturgeschichte d. Bisthums Ermland im Zeitalter d. Nikolaus Kopernikus. Festschrift. gr. 8. (376 S. m. e. Steintaf.) Ebend. 873. n. 7. —

— s.: Zeitschrift f. d. Geschichte u. Alterthumskunde Ermlands.

HIPLER, Franz Alexander (Allenstein): Dionysius, der Areopagite. Untersuchungen über Aechtheit und Glaubwürdigkeit der unter diesem Namen vorhandenen Schriften.- Regensburg: Manz 1861. 138 S.,1 Bl. 12.1.1861 - Urk (Titel: Dionysius Areopagita.); F 44

Diss. Ingolst.-Landsh.-Mchn.

Hipler, Frz., Dionysius, der Areopagite. Untersuchungen über Aechtheit u. Glaubwürdigkeit der unter diesem Namen vorhandenen Schriften. Regensburg 861. Manz. gr. 8. (139 S.) n. 25½ *ngr.*

Hipler, F. v., De theologia librorum, qui sub Dionysii Areopagitae nomine Part III. Pr. 1874. 18 S. 4°.
— — Pr. 1878. 21 S. 4°.

Hipler, Wendel

Hipler, W., Ehe die Schlacht beginnt. Ein Mahnruf an die deutsche Jugend und ihren Kaiser. gr. 8°. Leipzig, Jacobsen, 1892.

Weltlage. — Die Macht der Revolution. — Das soziale Königthum und der Mittelstand. — Giebt es noch einen Mittelstand? — Der socialistische Zukunftsstaat. — Produktivgenossenschaften mit Staatskapital. — Verstaatlichungen der Kraft. — Bodengenossenschaften. — Börsen und Banken der Zukunft.

Hipler, Wendel, der Kreuzzug wider die Volksschule. [Aus: „Der Ruin d. Volksgewissens".] gr. 8. (7 S.) Leipzig 892. C. Jacobsen. n. — 20

Hipler, Wendel: Der Ruin des Volksgewissens. Leipzig: C. Jacobsen 1892. (52 S.) 8°

Hipopadaesi particula, edit. et glossarium sanscrito-latinum adj. G. H. Bernstein. Acced. V tab. gr. 4. Bresl. 823, Grass, B. u. C. 1 Rthlr. 4 gr. Schreibp.

Hipp, C. F.

— die Decimalrechnung für Mädchenschulen. gr. 8. Ebd. 812. 5 gr.

— s.: Grammaire portugaise.

Hipp, C. F., Leitfaden zu Anwendung d. Decimalrechnung u. d. französ. Münzfußes. gr. 8. Hamb. 812. Perthes u. Besser. 10 gr.

Hipp, Carl Friedrich, s. Hipp, Karl Friedrich

Hipp, Ernst [Referendar in Hamburg]: Ueber Rückforderung wegen Hinfalls des Zwecks. . . . Göttingen, Druck d. Dieterich'schen Univ. Buchdr. W. Fr. Kästner, 1889; 39 S. 8°
Göttingen, Jur. Fak., Inaug.-Diss. v. 12. Apr. 1889

Hipp, E., über Rückforderung wegen Hinfalls d. Zwecks. Inaug.-Diss. gr. 8. (39 S.) Göttingen 889. (Vandenhoeck & Ruprecht's Verl.) n. 1. —

Hipp, Frz., Antwortheft zu dem Rechenbuch für die Mittelstufe u. zu dem Rechenbuch f. die Oberstufe der Elementarschule. 8. (52 S.) Straßburg i/E. 890. Schmidt. n.n. — 75

—— Antwortheft zu dem Rechenbuch f. die Mittelstufe u. zu dem Rechenbuch f. die Oberstufe der Elementarschule. 8. (52 S.) Ebd. 891. ** — 75

—— u. B. Schmidt. Unsere Kleinen. Ein Buch f. die Kleinkinderlehrerinnen, sowie f. Lehrer u. Mütter. Mit Beigabe A: Religion f. kathol. Schulen. gr. 8. (VII, 173; 8 S.) Straßb. i. E. 891, Straßb. Druckerei u. Verlagsanstalt. * 3 —; geb. * 3 80

—— —— dass. — Mit Beigabe B: Religion f. evangel. Schulen. gr. 8. (VII, 173; 8 S.) Ebd. 891. * 3 —; geb. * 3 80

— u. B. Schmidt, unsere Kleinen. Ein Buch f. die Kleinkinderlehrerinnen, sow. f. Lehrer u. Mütter. 2., verb. u. verm. Aufl. M. Beigabe A. Religion f. kathol. Schulen. gr. 8. (VIII, 211 u. 8 S. m. 13 Tab.) Straßburg 898. Straßburger Druckerei u. Verlagsanstalt. n. 3. —; geb. in Leinw. n. 3. 80

— — dasselbe. Mit Beigabe B. Religion f. evangel. Schulen. gr. 8. (VIII, 211 u. 8 S. m. 13 Tab.) Ebd. 898. n. 3. —; geb. in Leinw. n. 3. 80

— u. Benj. Schmidt, unsere Kleinen. Ein Buch f. d. Kleinkinderlehrerinnen, sowie f. Lehrer u. Mütter. 3. Aufl. (VIII, 211 S. m. Abb. u. 12 Taf.) gr. 8. Straßburg 907. Straßburger Druckerei u. Verlagsanstalt. 3. —

Hipp, Frz., Rechenbuch für die Elementar-Schulen in Elsaß-Lothringen. 1. und 2. Thl. 8. (101; 111 S. mit 1 Stnt.) Straßburg 874,75, Schmidt. geb. à Thl. * 80 Pf. *

Hipp, Frz., Rechenbuch f. die Elementar-Schulen in Elsaß-Lothringen. 1. u. 2. Thl. 2. verb. Aufl. 8. Straßburg 876. 77. Schmidt. geb. n. 1. 50
1. (103 S.) n. — 70, — 2. (111 S.) n. — 80.

Hipp, Frz., Rechenbuch für die Elementarschulen in Elsaß-Lothringen. 2 Thle. 8. Straßburg, Schmidt's Universitäts-Buchh. [1. Thl. 2. und 3. Aufl. (104 S.) 876,77. * 70 Pf.; 2. Thl. 2. verb. Aufl. (111 S. mit 1 Stnt.) 877. * 80 Pf.] geb. *

—— dass. — Antwortheft. 2 Thle. 8. (54; 42 S.) Ebendas. 878. à Thl. * 60 Pf. *

Hipp, Frz., Rechenbuch für die Elementar-Schulen in Elsaß-Lothringen. 2 Thle. 8. Straßburg, Schmidt's Universitäts-Buchh. [1. Thl. 4.—8. Aufl. (103 S.) 879—83. ** 70 Pf.; 2. Thl. 3.—5. verb. Aufl. (111 S. mit 1 Stnt.) 880—84. ** 80 Pf.] geb. **

Hipp, Frz., Rechenbuch für die Elementar-Schulen in Elsaß-Lothringen. 2 Tle. 8. Straßburg 886, Schmidt's Universitäts-Buchh. [1. Tl. 9. und 10. Aufl. (104 S.) * 70 Pf.; 2. Tl. 6. Aufl. (111 S. mit 1 Stnt.) * 80 Pf.] geb. *

—— dass. — für die Mittel- und Oberstufe der Elementarschule. 8. Ebendas. 888. geb. *

Inhalt:
Mittelstufe. [3. und 4. Schulj.] (47 S.) * 50 Pf.
Oberstufe. (56 S. mit 1 Stnt.) * 60 Pf.

Hipp, Frz. Rechenbuch f. die Elementar-Schulen in Elsaß-Lothringen. 2 Tle. 8. Straßb. i. E. 888, Schmidt. [1. Tl. 11. Aufl. (104 S.) * — 70; 2. Tl. 7. Aufl. (111 S. m. 1 Stnt.) * — 80.] geb. ** 1 50

—— desgl. — für die Mittelstufe der Elementarschule. (3. u. 4. Schuljahr.) 2. Aufl. (47 S.) Ebd. 890. geb. ** — 40

— desgl. — f. die Oberstufe der Elementarschule. 3. Aufl. 8. (56 S. m. 1 lithogr. Taf.) Ebd. 891. geb. ** — 50

— dasselbe f. die Oberstufe der Elementarschule. 2. Aufl. 8. (56 S. m. 1 lith. Taf.) Ebd. 890. geb. n.n. — 50

Hipp, Frz., Rechenbuch f. die Oberstufe der Elementarschule. 6. Aufl. 8. (56 S. m. 1 Taf.) Straßburg 894. F. Bull. Geb. n.n. — 50

Hipp, Frz., Rechenbuch f. d. Mittelstufe d. Elementarschule (3. u. 4. Schulj.). 7. Aufl. 8. (47 S.) Straßburg 896. F. Bull. Geb. n.n. — 40

— dasselbe f. d. Oberstufe d. Elementarschule. 8. Aufl. 8. (56 S. m. 1 lith. Taf.) Ebd. 896. Geb. n.n. — 50

— dasselbe f. die Oberstufe der Elementarschule. 9. Aufl. 8. (56 S. m. 1 lith. Taf.) Ebd. 898. Geb. n.n. — 50

Hipp, Frz., Rechenbuch f. die Mittelstufe der Elementarschule (3. u. 4. Schulj.). 10. Aufl. 8. (47 S.) Straßburg 900. F. Bull. Geb. in Halbleinw. n.n. — 40

Hipp, Frz., Rechenbuch f. die Mittelstufe der Elementarschule (3. u. 4. Schulj.). 13. Aufl. (47 S.) 8. Straßburg 905. F. Bull. Geb. n.n. — 40

— dasselbe f. die Oberstufe der Elementarschule. 13. Aufl. (56 S. m. 1 Taf.) 8. Ebd. 905. Geb. n.n. — 50

Hipp, Frz., Rechenbuch f. die Mittelstufe der Elementarschule (3. u. 4. Schulj.). 14. Aufl. (47 S.) 8. Straßburg 907. F. Bull. Geb. nn — 40

— dasselbe f. die Oberstufe der Elementarschule. 14. Aufl. (56 S. m. 1 Taf.) 8. Ebd. 907. Geb. nn — 50

— u. Karl König, Rechenb. f. die Mittelstufe d. Elementarschule (3. u. 4. Schulj.). 16. Aufl. (55 S. m. Abb.) 8. Ebd. 909. Geb. nn — 50

— — dasselbe f. d. Oberstufe d. Elementarschule. 16. Aufl. (68 S. m. 1 Taf.) 8. Ebd. 909. Geb. nn — 60

—— Rechenfibel für die Elementar-Schule. [1. und 2. Schulj.] 8. (56 S.) Ebendas. 879. geb. **

— Rechenfibel f. die Elementar-Schule [1. u. 2. Schuljahr]. 2. Aufl. 8. (56 S.) Ebend. 882. geb. n.n. — 50

—— Rechenfibel für die Elementar-Schule [1. und 2. Schuljahr]. 4. Aufl. 8. (56 S.) Ebendas. 886. * 30 Pf.; geb. ** — 40

— Rechenfibel f. die Elementar-Schule. [1. u. 2. Schuljahr]. 5. Aufl. 8. (56 S.) Ebd. 889. geb. n.n. — 40

—— Rechenfibel f. die Elementar-Schule [1. u. 2. Schulj.]. 6. Aufl. 8. (56 S.) Ebd. 891. geb. ** — 40

— Rechenfibel f. die Elementar-Schule (1. u. 2. Schulj.). 7. Aufl. 8. (IV, 56 S.) Ebd. 894. Geb. n.n. — 40

— Rechenfibel f. d. Elementarschule (1. u. 2. Schulj.). 8. Aufl. 8. (56 S.) Ebd. 896. Geb. n.n. — 40

— Rechenfibel f die Elementar-Schule (1. u. 2. Schulj.) 9. Aufl. 8. (56 S. m. Fig.) Ebd. 898. Geb. n.n. — 40

— Rechenfibel f. die Elementar-Schule (1. u. 2. Schulj.). 13. Aufl. (56 S.) 8. Ebd. 905. Geb. n.n. — 40

— Rechenfibel f. die Elementar-Schule (1. u. 2. Schulj.). 15. Aufl. (56 S.) 8. Ebd. 908. Geb. nn — 40

Hipp, Friedr., über das Verhalten von Sauerstoff-Verbindungen bei hoher Temperatur in Schwefelkohlendampf. Inaugural-Dissertation. gr. 8. (30 S.) Göttingen 856, (Vandenhoeck und Ruprecht's Vlgsb.) **

Hipp, H., die Gasbildung als Ursache der Dampfkessel-Explosionen. gr. 8. (27 S.) Coblenz 869, Baedeker.

Hipp, Heinrich, appr. Tierarzt a. Remscheid (Rhld.): Aus d. pharmakol. Institut d. Kgl. Tierärztl. Hochschule in Hannover. (Vorstand: Prof. Dr. Künnemann.) Untersuchungen über die Wirkung des Digalens bei Hunden und Pferden. Remscheid 1907: J. F. Ziegler. (41 S., 6 Taf.) 8°
Gießen, Veterinär-Med. Koll., Ref. Geppert, Diss. v. 26. Sept. 1907

[Geb. 28. Jan. 83 Coblenz; Wohnort: Remscheid; Staatsangeh.: Preußen; Vorbildung: Realgymn. Remscheid Reife O. 03; Studium: Hannover 2, Stuttgart 1, Hannover 4 S.; Rig. 17. Juli 07.]

— **Johann Theodor** (Halle), De virtutibus intellectualibus philosophiae rationali vindicandis. Diss. philos. Präs. Jo. Fridemann Schneider. Halle (Johann Gruner) 8. XI. 1720. 78 S. (8.—) 15263
Widm. v.: Präs., M. Joh. Georg Francke.

Hipp, Johanna, s.a. Brecke-Hipp

Hipp, Johanna, Handarbeit der Mädchen. Reformpläne. (51 S. m. 166 Abbildgn.) gr. 4. Ebd. 903. Geb. n. 5. —

Hipp, Johanna, der Zeichen-Unterricht f. Mädchen. Ein Lehrbuch f. Volksschulen, höh. Schulen u. Familien. Mit 10 Taf. in Lith., 20 Lichtdr. u. 2 Farben-Taf. gr. 4. (IV, 98 S. m. Fig.) Ebd. 900. Geb. in Leinw. n. 7.—

— der Zeichen-Unterricht f. Mädchen. Ein Lehrbuch f. Volksschulen, höhere Schulen u. Familien. Mit 10 Taf. in Lithogr., 20 Lichtdr. u. 2 Farben-Taf. 2. Aufl. (III, 98 S.) Lex.-8. Ebd. 903. Geb. in Leinw. n. 7. —

Hipp, Jos., Versuche im Gebiete d. Psychiatrik üb. Pathologie, Therapie u. Irren-Heilanstalten. gr. 8. (3⅛ B. u. Ttlvign.) Zweibrücken 836, Ritter.

HIPP, Joseph Benedikt (Seeg): Versuche im Gebiete der Psychiatrik über Pathologie, Therapie und Irren-Heilanstalten.- Zweibrücken: Ritter 1836. 50 S.
2.5.1834 - Urk; P 61
Diss. Ingolst.-Landsh.-Mchn.

Hipp, Karl Friedrich

Hipp, Carl Friedrich (Rector d. Gymnas.), Index scholarum in gymnasio Hamburgensium academico a paschate 1829 usque ad pascha 1830.—Cleanthis Stoici hymnus in Jovem auctori suo vindicatus ad ejusque doctrinam enarratus Christian Petersen. Hamburg (Johann August Meissner) 1829. VIII, 46 S. (6.50) 15262

Hipp, M. Geschichtliches über den elektrischen Webstuhl. Bern 1856.

Hipp, M., Der Schreib-Telegraph. (Aus der Augsburger Allg. Zeitung. Beilage. 9. Okt. 1851.)

Hipp, M., electrische Signalscheiben f. Eisenbahnen, s.a. Mittheilungen, technische.

Hipp, M., Elektr. Signalscheiben für Eisenbahnen. Beschreibung nebst Instruction für Aufstellung und Behandlung derselben. gr. 8°. 50 S. mit eingedr. Holzschn. und 1 Steintafel in qu. fol. Zürich, Orell, Füssli & Co. 1876. M. 1.50
(Techn. Mitth. f. Eisenbahnwesen, H. 2.)

Hipp. M. Über Translatoren.

Hipp, Otto, Rechtsprakt.: Berufung und Revision im Strafprozeß. Borna-Leipzig 1910: Noske. VIII, 86 S. 8°
Heidelberg, Jur. Diss. v. 7. Aug. 1910, Ref. v. Lilienthal
[Geb. 26. Sept. 85 München; Wohnort: München; Staatsangeh.: Bayern; Vorbildung: Theresien-Gymn. München Reife 04; Studium: München 8 S.; Rig. 28. Juli 10.] [U 11. 3016

Hipparchi in Arati et Eudoxi phaenomena commentariorum libri III, ad codicum fidem recensuit, germanica interpretatione et commentariis instruxit Car. Manitius. 8. (XXXIV, 376 S.) Leipzig 894. B. G. Teubner. n. 4. —

Hipparchias u. Krates; e. philosoph. Erzählung; aus d. Griech. 8. Berl. 787. Maurers B. 5 ℛ

Hippauf, H.: Eine neue Schulbank. 2. Aufl. Ostrowo 1883. 16 S.

Hippauf, Hermann

— Dr. Mart. Luthers Katechismus. Spruch- u. Liederbuch f. den Religionsunterricht in evangel. Schulen. Uebersicht d. christl. Kirchenj. u. Zeittafeln f. die bibl. u. Kirchengeschichte. Nebst e. Anh., enth. Lieder f. Morgen-Andachten u. f. besond. Schulfeiern. Nach den allgemeinen Bestimmgn. d. königl. Preuß. Herrn Ministers der Unterrichts-Angelegenheiten vom 15. Octbr. 1872 zusammengestellt. 8. (VIII, 175 S.) Leipzig 873. E. Günther. n. 1. —

Hippauf, Herm., Lösung des Problems der Trisection mittelst der Conchoide auf circularer Basis. gr. 8. (32 S. mit 2 lithogr. Taf. in qu. und gr. Fol.) Leipzig 872, Teubner. *
Aus: Zeitschrift für mathematischen und naturwissenschaftlichen Unterricht, besonders abgedruckt.

Hippauf, Herm., die Mondbahn u. deren Veranschaulichung durch den Mondbahn-Zirkel. Nebst 2 lith. Taf. (in qu. Fol.) Halberstadt 869. (Helm.) gr. 8. (IV, 16 S.) n. 10 ngr.

Hippauf, Herm., die Rectification u. Quadratur d. Kreises. Eine Darbietg. gr. 8. (32 S. m. 4 lith. Taf.) Breslau 902. (W. G. Korn). n. 1. 50

— ein Wort über deutsche Rechtschreibung. Denkschrift zur tausendj. Jubelfeier des von Otfried verf. im J. 868 nach Chr. dem König Ludwig dem Deutschen gewidmeten ersten deutschen Buches. Halberstadt 868. (Fischer.) 8. (51 S.) 7½ ngr.

Hippe, Ernst, Verzeichniss der wildwachsenden, sowie der allgemeiner cultivirten Phanerogamen u. kryptogamischen Gefässpflanzen der Sächsischen Schweiz u. deren nächster Umgebung mit den Standorten derselben, nach eigenen, in den Jahren 1844 bis 1878 gemachten Beobachtungen bearb. 8. (VIII, 177 S. m. 1 Steintaf.) Pirna 878. Diller & Sohn in Comm. n. 2. 50

Hippe, Max, Christoph Köler, e. schlesischer Dichter des 17. Jahrh., s.a. Mitteilungen aus d. Stadtarchiv u. der Stadtbibliothek zu Breslau. 5. Hft.

Hippe, Max: Christoph Köler, ein schlesischer Dichter des siebzehnten Jahrhunderts. Sein Leben u. e. Auswahl s. deutschen Gedichte. Von –. Breslau: E. Morgenstern 1902. (VIII, 244 S.) 8°
= Mittheilungen aus d. Stadtarchiv u. d. Stadtbibliothek zu Breslau. H. 5.

Hippe, Max: Le Mystére du Roy Avennir par Jehan du Prier dit le Prieur. Greifswald 1906: F. W. Kunike. (55 S.) 8°
Greifswald, Phil. Fak., Ref. Stengel, Diss. v. 11. Aug. 1906
[Geb. 20. Sept. 85 Fraustadt; Wohnort: Greifswald; Staatsangeh.: Preußen; Vorbildung: Gymn. Fraustadt Reife O. 03; Studium: Halle 3, Berlin 1, Greifswald 3 S.; Rig. 17. Juli 06.]

Hippe, Max [aus Schlesien]: Untersuchungen zu der mittelenglischen Romanze von Sir Amadas. I. Die Fabel des Gedichtes .... (Aus: Herrigs Archiv, Bd. 81.) Braunschweig, Druck v. George Westermann, 1888; 2 Bl. + 43 S. + 2 Bl. 8°
Breslau, Phil. Fak., Inaug.-Diss. v. 26. Jun. 1888

Hippe, Max, s.: Wort u. Brauch.

HIPPEL der Jüngere (ps.), Drei Lebensläufe in absteigender Linie. 1860.
Weller, Lex. Ps. p. 257.

Hippel, A. v., Bericht über die ophthalmologische Universitäts-Klinik zu Giessen aus den Jahren 1879—1881, unter Mitwirkung von Vossius u. Markwald hrsg. Mit 1 lith. Taf. gr. 8. (94 S.) Stuttgart 881. Enke. n. 3. —

Hippel, A. v. Ueber den Einfluss hygienischer Massregeln auf die Schulmyopie. 4. (70 S.) Giessen 889, Ricker. * 3 —
Vgl.: Cohn, Herm.

Hippel, A. v., üb. totale angeborene Farbenblindheit. [Aus: „Festschrift der Facultäten zur 200jähr Jubelfeier der Universität Halle".] gr. 4. (11 S. m. 1 farb. Taf.) Berlin 894. A. Hirschwald. n. 2. —

Hippel, A. v., üb. die Wirkung d. Strychnins auf das normale u. kranke Auge. Mit 3 (lith.) Taf. (in qu. 4.) gr. 8. (92 S.) Berlin 873. G. W. F. Müller's Verl. n. 4. 50

Hippel, Adolf [Kgl. Seminarl. zu Pilchowitz]: Beitrag zur Bewegung eines Punktes auf einer Kugel ... Marburg, Buchdr. F. Sömmering, 1892; 1 Bl., 40 S., 1 Bl. 8.
Marburg, Phil. Fak., Inaug.-Diss. v. [13. Okt.] 1892

de Hippel, (Frid. Guil.) Arth. (geb. Fischhausen in Ostpr. 24. 10. 1841):
De neuralgiis in specie nervi trigemini. Berolini (1864). (32 S.) 8°
Berlin, Med. Diss. v. 18. Febr. 1864

Hippel, Bruno, a. Heilsberg: Aus d. pathol. Institut d. Univ. Greifswald. Zur Pathogenese der Pancreascysten. Greifswald 1908: J. Abel. (31 S.) 8°
Greifswald, Med. Fak., Ref. Grawitz, Diss. v. 21. März 1908
(Geb. 25 Jan. 80 Heilsberg (Ostpr.); Wohnort: Cöln; Staatsangeh.: Preußen; Vorbildung: Gymn. Braunsberg (Ostpr.), Reife M. 01; Studium: Greifswald 2, Berlin 1, Greifswald 7 S.; Coll. 21 Dez. 06; Approb. 1. März 08.)

Hippel, Celeste v., gekentert. Novellette. 12. (40 S.) Norden 896. H. Braams. Mit Goldschn. n. — 75

— Novellen. 8. (VII, 223 S.) Dresden 898. E. Pierson. n. 3. —

Hippel, Eugen von

v. Hippel, E. [aus Giessen]: Zur Aetiologie der Keratitis neuroparalytica. ... (Aus: Arch. f. Ophthalmol. XXXV. Bd. 3. Abth.) Leipzig, Wilhelm Engelmann, 1889; 33 S. 8°
Göttingen, Med. Fak., Inaug.-Diss. v. 25. Jan. 1890

Hippel, Eug. v., s.: Beiträge zur Augenheilkunde.

Hippel, E. v., s.: Bericht üb. d. 25. u. 26. Versammlg. d. ophthalmolog. Gesellschaft.

— s.: Bericht über die 28. u. 29. Versammlung der ophthalmologischen Gesellschaft.

Einladung zur öffentlichen Probe-Vorlesung, welche Dr. Eugen **von Hippel** zur Erlangung der Venia legendi bei der medicinischen Facultät der Ruprecht-Carls-Universität zu Heidelberg Samstag, d. 22. Juli *1893* ... abhalten wird. Thema: Die Keratitis neuroparalytica. *Heidelberg*, Druck v. J. Hörning, *1893*; 1 Bl. 8.
(Nicht für den Austausch)

— d. Geschwür d. Hornhauthinterfläche. (Ulcus internum Corneae.) Ein Beitrag z. Kenntnis d. angeborenen Hornhauttrübgn., sowie d. Megalophthalmus u. Hydrophthalmus. gr. 8. (17 S.) Halle 900. C. Marhold. n. — 60

Hippel, Eug. v., die Missbildungen u. angeborenen Fehler des Auges, s.a. Graefe, Alfr., u. Thdr. Saemisch, Handbuch der gesamten Augenheilkunde.

Hippel, Eugen von: Die Missbildungen und angeborenen Fehler des Auges. Mit 34 Fig. im Text u. auf 4 Taf. Leipzig: W. Engelmann 1908. 136 S. 8°
(Handbuch d. gesamten Augenheilkunde. 2. Aufl. Bd 2, Abt. 1, [2.])

— s.: Morphologie, die, der Missbildungen des Menschen u. der Tiere.

— Über die Palliativtrepanation bei Stauungspapille. (95 S. m. 5 Fig.) Lex. 8. Leipzig 909. W. Engelmann. 3. 40

von Hippel, Eugen [Dr. 1. Assist. an d. Univ. Augen-Klinik]: Ueber Siderosis Bulbi und die Beziehungen zwischen siderotischer und hämotogener [!] Pigmentirung ... (Aus: v. Graefe's Arch. f. Ophthalmol., Bd XL Abth. 1.) Leipzig, W. Engelmann, 1894; 161 S. 8.
Heidelberg, Med. Fak., Hab.-Schr. v. [24. Febr.] 1893.

Hippel, Friedrich Wilhelm Arthur von, s. Hippel, Arthur

Hippel, Hildeg. v., des Nächsten Ehre. Roman. (244 S.) 8. Leipzig (908). P. List. n. 3. —; geb. n. 4. —

Hippel, Hildeg. v. (Frau Hildeg. Tiessen), d. Nächsten Ehre. Roman. 3. Aufl. (244 S.) 8. Leipzig (908). P. List. 3.—; geb. 4. —

— schweigt u. geht! 3 Novellen. (224 S. m. Bildnis.) kl. 8. Berlin (905). H. Krüger. n. 2. —; geb. n. 3. —

(S) — Schweigt u. geht. 905. (KBL 88.) Jetzt: Zehlendorf, R. Eckstein Nachf. 2.—; geb. 3. —

— Sei so wie ich. Roman. (306 S.) 8. Stuttgart (907). Union. 4.—; geb. in Leinw. 5. —

Hippel, Karl v., Natur u. Gemüth. Beiträge zur Aesthetik der Pflanzenwelt. 1. u. 2. (Titel-)Aufl. Berlin 867, 71. Gebr. Paetel. gr. 16. (VIII, 191 S.) 1 ₰

Hippel, Karl v., der Nixenkönig. Eine Strandgeschichte. 8. (86 S.) Dresden 892. E. Pierson. n. 1. —

Hippel, v., ein kurzer Ueberblick üb. die evang. Missionen unserer deutschen Kolonien. (27 S.) 8. Neumünster (909). Vereinsbuchh. G. Ihloff & Co. nn — 20

Hippel, Karl v., d. früh. u. d. heut. Wildbestände der Prov. Ostpreußen. Das vierläuf. Wild. gr. 8. (VI, 76 S. m. 2 Karten.) Neudamm 897. J. Neumann. n. 2. —

Hippel, Konrad

Hippel, v., die Kasaken u. die russische Kavallerie, s.a. Beiheft zum Militär-Wochenblatt. 1902. Hft. 2.

Die Kasaken und die Russische Kavallerie. Vortrag, geh. zu Berlin 1901 von [Konrad] v. **Hippel,** Hauptm. ⟨Mit 1 Skizze.⟩ *Berlin: E. S. Mittler & Sohn 1902.* (S. 76–91.) 8° [F.]
— **Militär-Wochenblatt.** 1902. Beiheft 2, [1.]

Hippel, Luise von

Handbuch für den Wäsche-Kursus. Hrsg. von Luise v. Hippel, Königsberg i. Pr. Als Ms. gedr. (Königsberg i.Pr. [1904]: L. Krause & Ewerlien.) (28 S.) 8°

von Hippel, Richard [aus Königsberg i. Pr.]: Beitrag zur Casuistik der Angiosarkome ... M. e. lithogr. Taf. [Sep.-Abdr.] Jena, G. Fischer, 1893; 33 S., 1 Taf. 8.
Heidelberg, Med. Fak., Inaug.-Diss. v. [20. Febr.] 1893

Hippel, Rich. v., über Perityphlitis u. ihre Behandlung, s.a. **Sammlung klinischer Vorträge. Nr. 406.**

Über Perityphlitis und ihre Behandlung von Richard v. **Hippel,** Kassel. Leipzig: Breitkopf & Härtel 1905. (23 S.) 8°
— Sammlung klinischer Vorträge. No 406. 06. 94

Hippel, Rob. v., Aktenstücke z. Strafprozeß f. Lehrzwecke. Fol. (IV, 64 S.) Leipzig 898. S. Hirzel. n. 1. 60

Hippel, Rob. v., Aktenstücke zum Strafprozeß f. Lehrzwecke. 2. verb. Aufl. (IV, 71 S.) Lex.-8. Leipzig 905. S. Hirzel. n. 1. 60; geb. n. 2. —

— d. strafrechtl. Bekämpfung v. Bettel, Landstreicherei u. Arbeitsscheu. Eine Darstellg. d. heut. deutschen Rechtszustandes, nebst Reformvorschlägen. gr. 8. (XII, 281 S.) Berlin 895. O. Liebmann. n. 6. —

Hippel, Rob. v., Bettel, Landstreicherei und Arbeitsscheu. S.-A. aus: „Vergleichende Darstellung des deutschen und ausländ. Strafrechts". 8°. Berlin, Liebmann, 1906.

Hippel, Robert v.: Der Entwurf einer Strafprozessordnung. Eine krit. Besprechung von R[obert] v. Hippel. Heidelberg: Winter 1909. IV, 151 S. 8°
(Schwurgerichte u. Schöffengerichte. Beiträge z. ihrer Kenntnis u. Beurteilung. Bd 2, 1.)

Hippel, Rob. v., die Grenze v. Vorsatz u. Fahrlässigkeit. Eine dogmat. Studie. (X, 165 S.) gr. 8. Leipzig 903. S. Hirzel. n. 4. —

Hippel, R. v., die korrektionelle Nachhaft, s.a. Abhandlungen des kriminalistischen Seminars zu Marburg.

Hippel, Rob. v.: Die korrektionelle Nachhaft. Freiburg i. B. 1889.

von Hippel, Robert [Gerichtsref.]: Die Nebenstrafe der Überweisung an die Landespolizeibehörde im geltenden Rechte. ... Marburg, *Druck v. C. A. Wagner, Freiburg i. Br.*, 1888; 55 S. 8°
Marburg, Jur. Fak., Inaug.-Diss. v. [10. Dez.] 1888

**Hippel, Robert v.: Strafrechtsreform und Strafzwecke. Göttingen 1907: W. F. Kästner. (17 S.) 8°
Göttingen, Rede am Geburtstage des Kaisers 1907**

Hippel, Rob. v., Strafrechtsreform u. Strafzwecke. Rede zur Feier des Geburtstages Sr. Maj. des Kaisers u. Königs, am 27. I. 1907 geh. (17 S.) Lex. 8. Göttingen 907. Vandenhoeck & Ruprecht. — 40

Hippel, Rob. v., die Tierquälerei in der Strafgesetzgebung d. In- u. Auslandes, historisch, dogmatisch u. kritisch dargestellt, nebst Vorschlägen zur Abänderung d. Reichsrechts. gr. 8. (VIII, 198 S.) Berlin 891. O. Liebmann. n. 6. —

Hippel, Rob. v., zur Vagabundenfrage. gr. 8. (40 S.) Berlin 902. O. Liebmann. n. 1. —

— s.: Verbrechen u. Vergehen wider die öffentl. Ordnung.

— Vorsatz, Fahrlässigkeit, Irrtum, s.a. Darstellung, vergleichende, des deutschen u. ausländ. Strafrechts. III.

Hippel, Rob. v., Vorsatz, Fahrlässigkeit. Irrtum. Berlin 1908. 8°.
(Vergl. Darstellung d. deutschen u. ausländ. Strafrechts, hrsg. von Karl v. *Birkmeyer* [u. a.]. Allg. Tl, Bd 3.)

— Willensfreiheit u. Strafrecht. (80 S.) gr. 8. Berlin 908. J. Guttentag. n. — 75
Sonderabdruck aus: „Ztschr. f. d. ges. Strafrechtswiss."

— s.: Zeitschrift f. die gesamte Strafrechtswissenschaft.

Hippel, Theodor Gottlieb

v. Hippel, Th. G., Beiträge zur Charakteristik Friedrich Wilhelm III. (Mit Bildniß.) gr. 8. Bromberg 841, Levit. n. 3/4 ß

— Beitr. über Verbrechen u. Strafe, s.a Nachrr. d. v. K**sche Untersuchung betreff.

v. Hippel, Thdr.: Beytrag üb. Verbrechen u. Strafen; 2e unveränd. Aufl. d. Nachricht, d. v. K...sche Untersuch. betr. *Königsb.*, Nicolovius. (792.) 797. 8. (9 Gr.)

— Biographie zum Theil von ihm selbst verfaßt. 8. Gotha 800. Perthes. 1 ß 12 ✗ (Aus ... Schlichtegrolls Nekrolog abgedr.)

Biographie des [Br.] Theod. Gottlieb v. **Hippel,** zum Theil von ihm selbst verf. Gotha: Perthes 1801. 478 S. 1 Bildn. 8°
Aus: Schlichtegroll, F.: Nekrolog. 7, 2 (1796) S. 171—346; 8, 1 (1797) S. 123—414. Kl. 4066. Berührt auch Hippels Verhältnis zur Frmrei u. bespricht seine frmrische Schriften.

Dass ein Freimäurer auch ausser der Loge ein Bruder seyn müsse. In einer feierlichen Versammlung der ger. und vollk. Dreikronenloge zu Königsberg in Preussen, bewiesen vom B[r] R[edner] [Theod. Gottlieb v. Hippel]. [Königsberg] 1762. 20 S. 8°
Abgedr. in: Hippel, Th. G. v.: Frmrreden. 1768 S. 59—70.
Selten.

Hippel, Th. G. v., Denknisse und Erinnerungen aus der Zeit der Erniedrigung Preussens, s. Bach, Th.

—s.a. Ehe; über die.

Hippel, Th. G., über die Ehe, s.a. Bibliothek der deutschen Nationalliteratur des 18. und 19. Jahrh.

Hippel, Th. G. v., üb. die Ehe, s.a. Meyer's Volksbücher.

Hippel, Theodor Gottlieb: Über die E h e , s.a. N a t i o n a l - L i t e r a t u r , Deutsche

— dasselbe, s.a. Universal-Bibliothek.

Hippel, Th. G. v., über die Ehe, s.a. Volksbibliothek für Kunst und Wissenschaft.

* **HIPPEL**, Theod. Gottlieb v. (1741—96). — U e b e r d i e E h e. Berlin, bey Christian Friedrich Voß. 1774. 8°. VIII u. 229 S. 8°. (1½ Rthl.; Schweizerpap. 2⅓ Rthl.) (Auch in der Berliner Magistratsbibl., wie die beiden folgenden Ausgaben.)

* — — Dasselbe. Zwote Auflage. Ebd. 1776. VIII u. 319 S. 8°

— — Dasselbe. (Nachdruck.) Frankfurt und Leipzig 1778. Kl. 8°. (80 Pfg. Beck, Nördl., 1892.)

* — — Dasselbe. Dritte viel vermehrte Auflage. Berlin, 1792 in der Vossischen Buchh. VIII u. 426 S. 8°. Mit Titelkpfr. u Titelvign. (D. C h o d o w i e c k i del.: & sculps: 1791; Engelmann 669—670.) (12 Mk. Max Perl's Berliner Octob.-Auct. 1907, no. 130.)
„Ihren kgl. Hoheiten den Prinzessinnen F r i e d e r i k e u. W i l h e l m i n e v. P r e u s s e n bei Ihrer Vermählung vom Verleger gewidmet." Nebst Widmungsgedicht. Lat. Lett. — In den beiden ersten Auflagen waren keine Kupfer.

* — — Dasselbe. 4. viel vermehrte Aufl. Mit color. Titelkpf. u. Vignette, gestoch. nach C h o d o w i e c k i von J. F. B o l t. Ebd. 1793. 8°. VIII, 501 S. Antiquatypen. (10 Mk., schönes, wie neues Expl. in Liebhaber-Hfrzbd., Wilh. Jacobsohn & Co., Breslau, 1897.) — Es giebt auch Expll. auf S c h w e i z e r - P a p i e r, deren Ladenpreis 2⅓ Rthl. betrug.

— — Dasselbe. (Nachdruck.) 4. Aufl. Frankfurt u. Leipzig 1794. 8°. (60 Pfg. Heckenhauer, Tübingen, Cat. 87.)

— — Dasselbe. (Nachdruck.) Nach d. 3 ten verbess. Ausg. Mit TKpf. u. Vign. Frankfurt u. Leipzig 1795. 8°. (Lehmann & Lutz, Frankf. a. M., Cat. 49, no. 3716: Beiband.) (2 Mk. L. Rosenthal, c. 1888.)

— — Dasselbe. (Nachdruck.) Ü b e r d i e E h e von *Th. G. Hypel* (sic!). 3. Aufl. Berlin und Wien, Wallishausser, 1810. Mit gestoch. Titel 8°. (4 Kr. Halm & Goldmann, 1907.)

* — — Dasselbe. 5. Aufl. Mit TKpf. u. TVign. von C h o d o w i e c k i. Ebd. 1825. 8°. (1 Rthl.)

* — — Dasselbe. Nach d. 5 ten vermehrten Aufl. Mit Kpf. v. C h o d o w i e c k i. Berlin, Reimer, 1827. 8°.
Sämmtl. Werke. Bd. 5.

— über die Ehe. 6e Aufl. 8. Berlin 838, Voß'sche Buchh. 1 ℛ

—— über die Ehe. 7. Aufl. 16. (19½ B.) Berlin 841, Vossische Buchh.

* — — Dasselbe. Mit Einleitung u. Anmerkgn. Hrsg. von E. B r e u n i n g. Leipzig 1872. 8°. (2 Mk., eleg. gebd., Heckenhauer, Tübingen, v o r 1885.)

Die Ehre der Tugend im Verborgenen wurde in einer Rede an dem Johannistage 1760 in der ger. vollk. und priviligirten drey Kronen Loge der Freimåurer zu Kȯnigsberg gerettet von dem Br. Redner D. R. [d. i. T h e o d. G o t t l i e b **v. Hippel**]. Kȯnigsberg 1760. 31 S. 8°
Kl. 840.

Der Einfluss der Freimåurerey auf die schȯnen Kȗnste und Wissenschaften. In der feierlichen Versammlung der ger. u. vollk. Dreikronenloge, zu Kȯnigsberg in Preussen im Nov. 1761 vorgestellt von dem Br Redner [d. i. T h e o d. G o t t l i e b v. Hippel]. Kȯnigsberg [1761]: Kanter. 36 S. 8° [Umschlagtit.]
Abgedr. in: H i p p e l, Th. G. v.: Frmrreden. 1768 S. 37—58.
Kl. 846.

Der F r e i m å u r e r studirt für das Herz. Eine Rede am Johannistage 1761. in der ger., vollk. und regelmåssigen Dreikronenloge, der Freimåurer zu Kȯnigsberg in Preussen, gehalten vom Br. Redner [T h e o d. G o t t l i e b **v. Hippel**]. Kȯnigsberg [1761]: Kanter. 30 S. 8° [Umschlagtit.]
Abgedr. in: H i p p e l, Th. G. v.: Frmrreden. 1768 S. 19—36.
Kl. 844. Üb. die Notwendigkeit der Herzensbildung für den Frmr.

– s.a. Freimaurerreden, Königsb.

F r e i m å u r e r r e d e n [von T h e o d. G o t t l i e b **v. Hippel**]. **Kȯnigsberg**: Kanter 1768. 163 S. 8°
cf. B o r o w s k i, L. E.: Ueb. d. Autorenschicksal d. Verf. d. Buchs: Üb. d. Ehe. 1797 S. 19—20.
Kl. 885, Tt. 1874. 10 Reden üb. die Pflichten des Mrs.

v. Hippel's, Th. G., Geistes- u. Herzensergießungen. Aus dessen Schriften gezogen. 12. Pesth 816, Hartleben. 16 K Hbg. Pr. 12 K

G e l e g e n h e i t s w o r t e in verschiedenen Freimaurer - Logen gesprochen von T[heod.] G[ottlieb] v. H[ippel]. Bromberg: Levit 1842. 122 S. 8°
Kl. 1289, Tt. 1875.

— über Gesetzgebung u. Staatenwohl. Nachl. 8. Berlin, Voß. 804.

— Handzeichnungen n. d. Natur. 8. Ebend. 790.

— üb. d. Heyrathen. 2 Thle. 8: Augsb. Talsenberger.

Hippel, Theodor Gottlieb, s.a. Kreuz- und Querzüge des Ritters A bis Z.

Hippel, Theodor Gottlieb: Kreuz- und Querzüge des Ritters A bis Z, s.a. Volksbibliothek, Deutsche.

Kreuz- und Querzüge des Ritters A bis Z von dem Verf. der Lebensläufe nach aufsteigender Linie [d. i. Theod. Gottlieb v. Hippel]. Bd 1. 2. Berlin: Voss 1793—1794. 8° [Kupfertit.]
1. 1793. 577 S. 1 Kpfr.; 2. 1794. 584 S. 1 Kpfr.
°[Dasselbe.] Th. 1—2. Leipzig: Goeschen 1846. 16°
1. 377 S.; 2. 359 S.
[Dasselbe.] Th. 1—2. Leipzig: Goeschen 1860.
1. 342 S.; 2. 327 S.
(Deutsche Volksbibliothek. N. F. Lfg. 79. 82. 83. 86.)
cf. Borowski, L. E.: Ueb. d. Autorenschicksal d. Verf. d. Buches: „Ueb. d. Ehe". 1797 S. 38—39; Biographie d. Th. G. Hippel. 1801 [Bd 1 No 16291] S. 414—416. Kl. 3969, Tt. 2654, TB. 99, 304, 336. Verspottung der Geheimtuerei der damaligen Hochgrade. 1793—1794 in 23. 1860 in 23. 25.

Hippel, Theod. Gtli. v., Kreuz- u. Querzüge des Ritters A. bis Z. 2 Thle. 16. (46¾ B.) Leipzig 846, Göschen'sche Vrlgsh.

Hippel, Th. G. v., Kreuz- und Querzüge des Ritters A bis Z. 2 Thle. gr. 16. (377 und 359 S.) Stuttgart 847, Cotta'sche Buchh.

Hippel's, T. G. v., Lebensläufe. Eine balt. Geschichte aus dem vorigen Jahrhundert, für die Gegenwart bearb. von Alex. v. Oettingen. Jubelausg. in 3 Büchern. gr. 8. (LXXII, 134; 209 u. 205 S.) Leipzig 878. Duncker & Humblot. n. 9. —; in 1 Bd. geb. n. 11. 20

Hippel, Th. G. v., Lebensläufe. Für die Gegenwart bearb. von Alex. v. Oettingen. 2. verb. Aufl. gr. 8. (VIII, 504 S.) Leipzig 880, Duncker und Humblot. *ℳ 6,40.; geb. *

Hippel's Lebensläufe. Für die Gegenwart bearb. von Alex. v. Oettingen. 3., verb. Aufl. Mit 13 Abbildgn. nach den Chodowiecki'schen Kupfern. gr. 8. (XVIII, 445 S.) Leipzig 893. Duncker & Humblot. n. 6. 80; geb. n. 8.—

– s.a. Lebensläufe in aufsteigender Linie.

Hippel, Theodor Gottlieb: Lebensläufe nach aufsteigender Linie, s.a. Volksbibliothek, Deutsche.

Lebensläufe nach aufsteigender Linie. Nebst Beil. A. B. C. Von Theod. Gottlieb v. Hippel. Th. 1—3, Bd 1. 2. Berlin: Voss. 1778—1781.
1. 1778. 526 S.; 2. 1779. 660 S.; 3. Bd 1. 2. 1781. Bd 1. 452 S. Bd 2. 652 S. m. Kpfrn.
cf. Borowski, L. E.: Ueb. d. Autorenschicksal d. Verf. d. Buches: „Ueb. d. Ehe". 1797 S. 30—31; Biographie d. Th. G. Hippel. 1801 S. 403—406; Goedeke: Grundr. der Gesch. der deutschen Dichtung. 2. Aufl. 4 1891 S. 270.

Lebensläufe nach aufsteigender Linie nebst Beil. A, B, C. Von Th[eod.] G[ottlieb] v. Hippel. Th. 1—3, Bd 1. 2. Leipzig: Göschen 1846. 8°
1. 351 S.; 2. 431 S.; 3. Bd 1. 2. Bd 1. 294 S. Bd 2. 422 S.

—— Lebensläufe nach aufsteigender Linie nebst Beilagen A. B. C. 4 Thle. gr. 16. (1498 S.) Stuttgart 847, Cotta'sche Buchh.

— Lebensläufe nach aufsteigender Linie nebst Beilagen A. B. C. 4 Thle. gr. 16. (351. 431. 294 u. 422 S.) Ebd. 851. 2 ℛ

[Dasselbe.] Th. 1. 2. Ebendas. 1859. 8°
1. 320 S.; 2. 396 S.
[Jubelausg. u. d. Tit.:]
°Hippel's Lebensläufe. Eine baltische Geschichte aus dem vorigen Jahrhundert, für die Gegenwart bearb. von Alex. v. Oettingen. Jubelausg. in 3 Büchern. Bd 1—3. Leipzig: Duncker & Humblot 1878. 8°
1. LXXII, 134 S.; 2. VI, 209 S.; 3. V, 205 S.

°[Dasselbe.] 2. verb. Aufl. Leipzig: Duncker & Humblot 1880. VIII, 504 S. 8°
TB. 29, 303, 335. 1846 in 23; 1859 in 193.

v. Hippel, Thdr. Gli., s. Mann, der, nach der Uhr.

Hippel, Theodor Gottlieb: Der Mann nach der Uhr, s. Haus-Bibliothek

— über die Mittel gegen die Verletzungen öffentl. Anlagen u. Zierrathen. 8. Berl. 792. Voß. 6 gl.

* — — Nachlass über weibliche Bildung. Berlin, in der Vossischen Buchhandlung. 1801. 8°. IV—159 S. (Auch in Berlin, Magistratsbibl.)
Auch in den Werken, Bd. 7.

Hippel, T[heodor] G[ottlieb] v.: Nachlaß über weibliche Bildung. (Hinterlassenes Manuskript zu einer beabsichtigten neuen Aufl. von: T. G. v. Hippel: Über die bürgerliche Verbesserung der Weiber; 1792.) Berlin: Voss. Buchh. 1801. IV, 159 S. 8°

Hippel, Th. G. v., s.: National-Litteratur, deutsche.

Hippel, Theodor Gottlieb, s. Nebenbuhler, Die ungewöhnlichen

– s.a. Pflichten e. Maurers 2c.

Lindner, Joh. Gotthilf: Pflichten des Maurers bey dem Grabe eines Bruders [d. i. Joh. Gotthilf Lindner]. Eine Freymäurer-Rede in der Loge zu den dreyen Kronen in Kőnigsberg. Von E[ugenius a Falce d. i. Theod. Gottlieb **v. Hippel**]. Danzig: Flörke 1777. 62 S. 8° [Kupfertit.]
cf. Borowski, L. E.: Ueb. d. Autorschiksal [!] d. Verf. d. Buchs: Ueb. d. Ehe. 1797 S. 28–30; Biographie d. [Br.] Th. G. Hippel. 1801 S. 401—403.
Kl. 1339. Sehr selten.

– s. J. H. F. Quittenbaum.

Ueber den Ruf des Freimåurers. Eine Rede am Johannistage 1762 in der ger. und vollk. Dreikronenloge zu Kőnigsberg in Preussen, gehalten vom Br. Redner [Theod. Gottlieb v. Hippel]. Kőnigsberg [1762]: Kanter. 20 S. 8° [Umschlagtit.]
Abgedr. in: Hippel, Th. G. v.: Frmrreden. 1768 S. 5—18.
Kl. 852.

– s.a. Stapelrecht, d. Königsberger.

(v. Hippel, Th. G.): Das Königsbergische Stapelrecht, eine Geschichts- u. Rechts-Erzählung mit Urkunden. *Berlin*, Lagarde. (Köchly.) 791. gr. 8. (10 Gr.)

Leiden: **Trostgründe des Freymaurers im Unglück. In der feyerlichen Versammlung der ger. und vollk. Dreykronenloge zu Kőnigsberg in Preussen am Johannistage des 1764sten Jahres, vorgestellet vom Br Redner. [d. i. Theod. Gottlieb Hippel. Königsberg] 1764. 12 Bl. 8° [Umschlagtit.]**
Abgedr. in: Hippel, Th. G.: Frmrreden. 1768 S. 105--119.
Kl. 864.

Hippel, Theodor Gottlieb: Über die bürgerl. Verbesserung der Weiber, s.a. Hausbibliothek

Hippel, über die bürgerliche Verbesserung der Weiber, s.a. Kultur u. Fortschritt.

* — — Ueber die Bürgerliche Verbesserung Der Weiber. Mit reizender Titelvign. von L. Buchhorn. Berlin, 1792, in der Vossischen Buchhandlung. 8°. 429 S. (Auch in der Berliner Magistratsbibl.) (1²/₃ Rthl.) (2 Mk. 40 Pfg. L. Rosenthal, c. 1888.)
Erschien anonym.

— — Dasselbe. (Nachdruck.) Frankfurt u. Leipzig 1794. 8°. 460 S. (2 Mk. Bielefeld 101. no. 1516; 70 Pfg. Heckenhauer 87. no. 1276.)

* — — Dasselbe. Mit Kpf. von Chodowiecki. Berlin, Reimer, 1827. 8°.
Sämmtl. Werke. Bd. 6.

— — Ueber die bürgerliche Verbesserung der Weiber. Nachlaß über weibliche Bildung. Ueber die Ehe. 3 Bde. Berlin 1828. Kl. 8°. (In Berlin: Bibl. d. Reichs-Postamts; Cat. v. 1883, S. 258.)

—— üb. die bürgerl. Verbesserung der Weiber. Neue Aufl. 16. (16⅓ B.) Berlin 842, Vossische Buchh.

Hippel, Theodor Gottlieb, Über die bürgerliche Verbesserung der Weiber u. üb. weibl. Bildung. (102 S.) Stuttgart 1881. Diez.

Hippel (Theodor Gottlieb v.): Über die bürgerliche Verbesserung der Weiber [Ausz.]. Auswahl v. Achim v. Winterfeld. Ein Beitr. z. Frauenfrage. — Gautzsch b. Leipzig: Dietrich 1909. 39 S. 8° (Kultur u. Fortschritt. 219/20.)

v. Hippel, Th. G., († d. 23. April 1796.) sämmtl. Werke. 12 Bde. 8. Berl. 827—28. Reimer. Subscr.-Pr. 7 Thlr 12 Gr. Dieselben mit Kpf. 10 Thlr Weiß Pap. 13 Thlr 12 Gr. Velinp. 22 Thlr 12 Gr.

Hippel, Theod. Gtli. v., sämmtl. Werke. 12 Bde. 8. (280¼ B.) Berlin 828—35, Reimer.
7 Thlr. 12 Gr., weiß Pap. 10 Thlr., Vlnp.

—— dass. m. 16 Kpfrn., H's. Portr., 2 Facsimile u. Vign.
10 Thlr., weiß Pap. 15 Thlr. 12 Gr., Vlnp.
Inh.: 1—4. Bd. Lebensläufe nach aufsteig. Linie. 3 Thle. (4 Bde.) — 5. Ueber d. Ehe. — 6. Ueber d. bürgerl. Verbesserung d. Weiber. — 7. Kleinere Schriften. — 8. u. 9. Kreuz- u. Querzüge d. Ritters A. bis Z. 2 Thle. 10. u. 11. Kleinere Schriften. — 12. Hippel's Leben.

Hippel, Theod. Gtli. v., sämmtl. Werke. 13. u. 14. Bd. Briefe. 8. Berlin, Reimer. [13. (13½ B.) 838. * ⅔ Thlr., weiß Pap. * ⅚ Thlr., Velinp. * 1 Thlr.; 14. (24 B.) 839. * 1⅙ Thlr., weiß Pap. * 1½ Thlr., Velinp. 1¾ Thlr.] * 1⅚ Thlr., weiß Pap. * 2⅓ Thlr., Velinp. *
1—12. Bd., Ebendas. 1828—35. * 7 Thlr. 12 Gr., weiß Pap. * 10 Thlr., Velinp. 13 Thlr. 12 Gr. — Mit Kupfern. * 10 Thlr., weiß Pap. * 13 Thlr. 12 Gr., Velinp. * 22 Thlr. 12 Gr.

Hippel, Walter von

Hippel, v., das Fleischbeschaugesetz vom 3. VI. 1900, s.: Taschen-Gesetzsammlung.

— Gesetz betr. die Dienstleistung des Kreisarztes u. die Bildung v. Gesundheitskommissionen, s.: Hirschfeld's Taschen-Gesetzsammlung. Nr. 17.

— Handbuch der Polizei-Verwaltung. Unter besond. Berücksicht. der örtl. Verwaltg. bearb. (X, 741 S.) gr. 8. Berlin 905. F. Vahlen. Geb. in Leinw. n. 10.—

Hippel, v., Handbuch d. Polizeiverwaltung. Unter besond. Berücksicht. d. örtl. Verwaltg. bearb. 2. Aufl. (X, 798 S.) 8. Berlin 910. F. Vahlen. Geb. in Leinw. 9.—

von Hippel, *Wilhelm Ferdinand* Walther [Referendar aus Kuglack]: Ist Diebstahl an fliessendem Wasser möglich? ... [Aus: Abh. d. kriminal. Sem. hrsg. v. F. v. Liszt, Bd 4.] Halle a/S.: *Lippert & C., Naumburg a. S.*, 1895; 2 Bl., 48 S. 8.
Halle, Jur. Fak., Inaug.-Diss. v. 23. März 1895

Die Polizeivorschriften für den Regierungsbezirk Gumbinnen. Im amtl. Auftr. systemat. zsgest. u. hrsg. von Dr. jur. [Walter] v. Hippel, Reg.-Ass. *Königsberg i. Pr.: Ostpr. Dr. & Verlagsanst. 1903.* (X, 1517 S.) 8° [F. u. Ant.] [04. 3008 10

Hippel, Walter von: Die Polizeivorschriften für den Regierungsbezirk Gumbinnen. Mit e. Bearb. d. allg. Polizeirechts hrsg. von Dr. [Walter] v. Hippel, Landrat. 2. Aufl. Königsberg i. Pr.: Ostpr. Dr. u. Verlagsanst. 1910. VII, 1180 S. 8°

— Reichsgesetz üb. die Naturalleistungen f. die bewaffnete Macht im Frieden, s.: Guttentag's Sammlung deutscher Reichsgesetze. Nr. 69.

— die Seemannsordnung, das Gesetz, betr. die Verpflichtung der Kauffahrteischiffe zur Mitnahme heimzuschaffender Seeleute, das Gesetz, betr. die Stellenvermittlung f. Schiffsleute u. das Gesetz, betr. Abänderung seerechtlicher Vorschriften des Handelsgesetzbuches, s.a. Hirschfeld's Taschen-Gesetzsammlung. Nr. 21.

Hippel, [Walter] v., Die Seemannsordnung. nebst d. reichsrechtl. Ausführungsbestimm.; d. Gesetz, betr. d. Verpflicht. d. Kauffahrteischiffe z. Mitnahme heimzuschaff. Seeleute; d. Gesetz, betr. d. Stellenvermittl. f. Schiffsleute nebst Ausführungsbestimm. u. d. Gesetz, betr. Abänder. seerechtl. Vorschr. d. Handelsgesetzbuches vom 2. Juni 1902. Textausg. m. Einl., Erl. u. Sachreg. 2. Aufl. Leipzig 1906. 8°.
(Taschen-Gesetzsamml. Nr 21.)

Hippel, Walth. v., Wasser-Diebstahl, s.: Abhandlungen d. kriminalist. Seminars.

Hippel, Wilhelm Ferdinand Walther von, s. Hippel, Walter von

Hippelein, Adolf [pract. Arzt aus München]: Ueber veraltete Luxationen .... München, Druck v. M. Ernst (vorm G. Pollner), 1887; 28 S. 8°.
München, Med. Fak., Inaug.-Diss v. 1887.

Hippeli, J. G., s. Hyppeli.

Hippenstiel, Wilhelm

Hippenstiel, Guilelmus [Lasphensis]: De graecorum tragicorum principum fabularum nominibus .... Marpurgi Cattorum, typ. Friderici typogr. acad., 1887; 2 Bl., 57, 1 S. 8°.
Marburg, Phil. Fak. Inaug. Diss. v. 21. Juli 1887.

Hippenstiel, Guilelmus, de graecorum tragicorum principum fabularum nominibus. Diss. Marburg 1887, N. G. Elwertsche Univ.-Buchh. 8°. 57 S

Hippenstiel, W[ilhelm], Dr.: Lehrplan für den Turnunterricht am Gymnasium. *Mörs 1900: J. W. Spaarmann.* (16 S.) 4°
Mörs, k. G Adolfinum, OP 1900 (487)

Hipper, Anton [aus Weilheim (Oberbayern)]: Über Ononin, ein Bestandtheil der Hauhechelwurzel (Ononis spinosa) ... Kiel, Druck v. A. F. Jensen, 1891; 15 S. 8°
Erlangen, Phil. Fak., Inaug.-Diss. v. 1891

Hippert, Sam., Andeutungen zur Philosophie der Geistererscheinungen. A. d. Engl. Weim. 825. 8.

Hipping. Bemerkungen über einen in den russischen Chroniken erwähnten Kriegszug der Russen nach Finnland. 8. St. Petersburg 1820.

Hippius, A., d. Kinderarzt als Erzieher. Praktisches Handbuch f. Eltern, Ärzte u. Lehrer. (XI, 324 S.) 8. München 909. C. H. Beck. Geb. in Leinw. 4.—

Hippius, A., s.a. Was Rubinstein in den Stunden sagte.

(A. Hippius.) Was Rubinstein in den Stunden sagte. Tagebuchblätter e. Petersburger Konservatoristin. Aus d. Russ. von J. Schroeder. (Dresden: C. Tittmann [1906].) (36 S.) 8° [F.]
Aus: Neue Musik-Zeitung. [06. 10197

Hippius, Gust. Adolph, Auszüge aus dessen Zeichen-Unterricht, s. Bräuer, K.

—— Grundlinien ein. Theorie der Zeichenkunst, als Zweiges allgem. Schulbildung, nebst prakt. Anleitung f. Lehrer u. Lehrerinnen. (Nebst 1 Heft Zeichnungen mit 18 Steint.) gr. 8. (28⅛ B.) St. Petersburg 842. (Leipzig, Hartmann.) *

Hippius, Gust. Adph., Kunstschulen. Zusammengetragen u. f. das Bedürfniß der Schule dargestellt. gr. 8. (VIII u. 111 S.) Leipzig 850, Hartmann in Comm. n. ⅔ ₰

—— Versuch das pädagogische Verhalten angehender Zeichenlehrer in Grundsätze zu fassen. 16. (2 B.) Reval 816. (Leipzig, Hartmann.)

Hippius, O. P., darf der Dom v. Berlin e. Kuppelbau sein? gr. 8. (22 S.) St. Petersburg 871. (Ricker.) n. — 50

Hippius, O. P., der Dom von Berlin als Gemeingut sämmtlicher Protestanten. gr. 8. (81 S.) St. Petersburg 869, Münx. [Ricker.] *

[Hippius, O. P.] Ein Wort über den Bau evangelischer Hauptkirchen. (Petersburg 1867.) 8. [2 Ex.]

Hippius, Paul: De invalido Testimonio mulierum, s. Brückner, Wilh. Hieronymus.

Hippius, Thom., († d. 13. Oct. 1810.) Wünsche u. Vorschläge in Absicht auf die Abschaffung der Brache u. Einführung d. Wechselwirthschaft rc. 2 Thle. 8. Reval 798.

Hippius, Zinaida, der Zar u. d. Revolution, s.: Mereschkowsk., Dmitri S.

Hippler, Seraph., in daemoniacos s. evangelic. hist. et selectos quosdam V. et N. foederis textus. 4. Fulda 779. Stahel in Würzb. 4 gr.

— legis evangelicae select. cont. bibliomachos illustr. 8. maj. ibid. 784.

— leges evangelicae select. cont. bibliomachos illustr. 8maj. Würzb. 785. Stahel. 8 gr.

Hippmann, *Engelbert* Gerhard [aus Duisburg am Rhein]: Aus d. chirurg. Klinik zu Greifswald. Über die Ligatur bei Varicen der unteren Extremität ... Greifswald, Druck v. J. Abel, 1894; 31 S. 8.
Greifswald, Med. Fak., Inaug.-Diss. v. 5. März 1894

Hippmeier, Wilhelm [aus Hannover]: Über das 1-p-Tolyl-3-methylpyrazolon und seine Derivate ... Hannover, Druck v. H. Wasserkampf, 1894; 41 S., 1 Bl. 8.
Jena, Phil. Fak., Inaug.-Diss. v. 1894

Hippocrates, D., Atheismi falso accusatus, contra ... Nic. Hier. Gundlingium. Rudolst. 1719. V: *Triller, Dan. Wilh.* (Hoff) (Choulant) (Barbier) »1716« (BrMm)

Hippocrates, Celsus und P. von Ägina, Abhandlung über die Fisteln ... übersetzt ... A. d. Holl. Leipzig 1781. Ü: *Herbell, Joh. Frdr. Mich.* (Ky)

— Celsus u. P. v. Aegina, Abhandl. über d. Fisteln rc. übers. mit Anmerkk. v. Pt. Camper. Aus d. Holländ. (v. J. F. M. Herbell). 8. Leipz. 781. (W. Vogel). 6 gr.

Hippokrates: Abhandlung...von der Luft, den Wässern und den Gegenden. (De aëre, aquis, locis. Dt.) Nach der franz. Bearbeitung des (Adamantios) Korais von Georg von Högelmüller. 272 S., gbd., Abb.

Wien: Schalbacher 1803

JB 387

— Abhandl. von d. Luft, den Wässern u. den Gegenden, nach d. französ. Bearbeit. des Dr. Corray von G. Ritter v. Högelmüller rc. Mit 1 Tab. u. 1 Karte. gr. 8. Wien 804. Rohrmann u. Schw. 1 Thlr. 16 gr.

— Abhandl. v. d. Luft, d. Wass. u. d. Gegend. n. d. franz. Bearbeit. Corray's v. Högelmüller rc. gr. 8. Wien, Schalbacher. 804.

— übersetzt v. A. F. Lindau. 8. Bresl. 815. (Holäufer). 6 gr.

Hippocratis, Coi de aëre, aquis et locis liber, denuo recens. et variet. lectionis Foësiana et Coraiana instructus a Chr. Petersen. 8 maj. Hamburg 833. Perthes, Besser et Mauke. 1/3 Thlr.

Hippocrates. De aëre, aquis et locis liber. Elberfeld 1834. H: *Pröbsting, Johann Christian Carl.* (EngM)

— Coi de aëre, aquis et locis liber. (Versio Foësii.) 12. Elberfeld 834. Büschler, jetzt Crayen in Leipzig. 1/3 Thlr.

'Ιπποκράτους περὶ ἀέρων ὑδάτων τόπων. Des Hippokrates Schrift über die Winde, Wasser und Ortslagen. Griechisch verb. Urschrift, deutsche Uebersetzung, erklär., krit. Anmerkungen, vollständ., griech.-deutsches Wörterbuch, mit besond. Rücksicht auf die übrigen Schriften des Hippokrates bearb. von Jos. Ruder. 8. (VIII und 303 S.) Sulzbach 849, (v. Seidel'sche Buchh.)

Hippocrates. Aphorismen in das Deutsche übersetzt ... Helmstädt 1778. H: *Lichtenstein, Georg Rudolph.* (Hoff) (EngM) *Lichtenberg.* (DegG)

— Aphorismen ins Deutsche übers. u. mit Anmerkk. v. G. R. Lichtenstein. gr. 8. Helmst. 778. Fleckeisen. 8 gr.

Hippokrates: Aphorismen. (Aphorismi. Dt.) Übers. von J(ohann) F(riedrich) K(arl) Grimm. 184 S., gbd.

Wien: Hörling 1791

JB 364

— Aphorismen übersetzt (v. Jos. Ahorner von Ahornrein). 8. Wien 791. Hörling. Mit neuem Titel, Leipz. 800. (Weygand, a. Taubert). 9 gr.

Hippokratis Aphorismen. 8. Lpz. Comt. f. Litt. 800.

Hippokrates Aphorismen. Nach dem latein. Texte des Nicol. Leonicenus ganz frei und neu in deutsche Jamben übersetzt von v. Wagemann. Leipz. 819. Th. I. 8. 16 gr.

— d. Aphorismen des, verdeutscht u. commentirt durch J. A. Pitschaft. 2 Thle. gr. 12. Berl. 825—26. Reimer. 1 Thlr. 18 gr.

— Aphorismen. Deutsche Miniatur-Ausg. von W. Buchenwald. kl. 12. Nördlingen 840. Beck. 1/2 Thlr.

Hippokrates, Aphorismen. Durchaus berichtigte griech. Urschrift, deutsche Uebersetzung, kritischer Apparat u. griech. Wortverzeichniss v. Friedr. Aug. Menke. gr. 8. (7 1/4 B.) Bremen 844, Schünemann's Vrlgsh.

Hippocrates, Aphorismen. In das Deutsche übertragen von P. M. Merbach. gr. 8. (VI und 58 S.) Dresden 860, Burdach. *

Une Version syriaque des aphorismes d'Hippocrate. Texte et trad. par H[enri] Pognon, Consul. P. 1. 2. Leipzig: Hinrichs 1903. 4°
1. Texte syriaque. 2. Traduction.

Hippokrates: Aphorismorum sectiones septem. (Lat.) Quibus ex Antonii Musae commentaria adiecta fuit et octava. Francisco Occlerio ...authore. 96 S., gbd.

Viennae: Lehmann 1726
beigedr.: Hippokrates: Prognosticorum libri tres. (Lat.) Guillaume Cop interprete. 1726

JB 350

— aphorismi notis ill. a. Fickio. 8. Ienae. 729.

— — c. comment. Listeri. 12. Tüb. Heerbrand. 730.

— aphorismi, od. Lehrsätze v. d. Kennzeichen d. Krankheit. m. Anm. J. Timmll. 8. Brem. Saurmann. 744.

— Aphorismi, gr. et lat. 8. Strassb. 756. König. 8 ℊℊ

— et Celsi variorumq. auctorum Aphorismi locis parall. illustr. c. ab Almeloveen, graeco et latin. 12maj. Wien 756. (W. Nauck in Leipz.) 18 ℊℊ

— et Celsi variorumq. auctorum Aphorismi locis parall. illust. c. ab Almeloveen graeco et latin. gr. 12, Viennae. (Sommer, Lips.) 756.

— gr. et lat, notationibus varior. illustr.; digessit et indices necessarios addidit etc. Jh. Cph. Rieger. II Voll. 8maj. Hagae Com. 767. 3 ℛ 6 ℊℊ

— Aphorismi elegis latinis redditi a Jo. Fr. Clossio. 8. Tübing. 786. N. Ausg. 8, Berl. 796, Maurers B. 6 ℊℊ

Hippocrates. Aphorismi. Ad optimorum librorum fidem accurate editi . . . Berol. 1822. H: *Hecker, Justus Friedrich Carl.* (Gi) (Hoff)

— Aphorismi; ad opt. libr. fidem accur. ed. Cum indice Verhoofdiano locupletiss. 12maj. Berol. 822. Th. Enslin. 1 ℛ

Hippocratis Aphorismi. Graece et latine. Recens. Dr. Hugo Oscar de Bergen. Accedit index locupletiss. 8. Lipsiae 841, libr. Sorig. 5/12 ℛ

Die Apologie der Heilkunst (Hippocrates: Περὶ τέχνης). Eine griech. Sophistenrede d. 5. vorchristl. Jh. Bearb., übers., erl. u. eingel. von Theodor Gomperz. 2. durchges. Aufl. Leipzig: Veit 1910. VI, 182 S. 8°

— — Bibel der Aerzte. Oder: Aphorismen nach d. Latein. von B. v. Wagemann. 1r Th. 8. Reutlingen. (Leipzig, Hartmann.) 818.

— Bibel d. Aerzte. Oder Aphorismen nach d. Latein. von E. v. Wagemann. 1r Thl. 8. Reutlingen 819. Mäken. (Leipz., Hartmann). 16 ℊℊ

Hippocrates. Buch von der Lebensordnung in hitzigen Krankheiten. A. d. Griech. . . . Altenburg 1772. Ü: *Grimm, Johann Friedrich Carl.* (Ky) (EngM) (Gi) (Hoff)

Hippokratts Buch v. d. Lebensordnung in hitz. Krankh. a. d. Griech. gr. 8. Altenb. (Akadem. Buchhdl. in Jena) 772. Rthlr.

— Buch von der Lebensordnung in hitzigen Krankheiten. Aus d. Griech. (v. J. F. K. Grimm.) gr. 8. Altenb. 772. (Hennings in Neisse). 16 ℊℊ

Hippokrates. Erkenntnisse. Im griechischen Text ausgewählt, übersetzt und auf die moderne Heilkunde vielfach bezogen von (Dr. med.) Theodor Beck (Basel). [Mit 2 Tafeln.] XII + 379 S. 8. Jena, Eugen Diederichs, 1907. [M. 7.50, geb. 9.—]

— Geist, nach d. Latein. d. Burnet. Aus d. Griech. von Jh. A. Ecker. gr. 8. Wien 791. Hörling. (Wienbrack in Leipz.) 16 ℊℊ

Hippokrates: (Opera. Auszüge. Dt.) Nach dem Lateinischen des (Thomas) Burnet aus dem griechischen Urtexte von (Johann Matthias) Alexander Ecker. 308 S., gbd.

Wien: Hörling 1791

JB 386

Hippocrates. Cura Caroli H. Th. Reinhold. I. Jus jurandum. — Lex. — De arte. De vetere medicina: Athen 864, (Wilberg.) gr. 8. (16 S.) n. 10 ngr.

Hippocrates. Cura Caroli H. Th. Reinhold. 2 Vol. gr. 8. (286 S., VII und 293 S.) Athen 865,67, (Wilberg.) à Vol. * 2 Thlr. 10 Ngr. *

Hippokrates: (Opera. Auszüge. Lat.) Contractus, in quo...opera omnia in brevem epitomen ...redacta habentur studio et opera Thomas Burnet. Editio secunda...correctior. 247 S., gbd.

Viennae: Voigt 1737

JB 362

Hippocrates contractus, in quo M. Hippocratis, medicor. princip. opera omnia in br. epitomen adacta op. Thom. Burnet. 8. Strassb. 765. König. 12 ℊℊ

— *de honestate (decoro).* Gr. et lat. anim. illustr. G. Matthiae. Götting. 740. 4. 16 gr.

— liber de honestate interpr. H. C. Crüger. 4. Götting. Vandenhök. 740.

Ἱπποκράτους ὅρκος καὶ ἀφορισμοί. Der Eid und die kurzen Lehrsätze des Hippokrates. Griechisch bericht. Urschrift, deutsche Uebersetzung, erläut. Anmerkungen mit den beigefügten, gleichlaut. Stellen aus Hippokrates und Celsus Schriften, vollständ. griechisch-deutsches Wörterbuch von Jos. Ruber. 8. (XII und 268 S.) Regensburg 864, (Pustet.) *

— de humoribus purgandis et de diaeta acutor. libri III. c. comm. Seguiani c. Günz. gr. 8. Lips. Gleditsch. 741.

— von den Kopfwunden; aus d. Griech. v. Chr. Gf. K. Braune. 8. Leipz. 785. Dyck. 3 ℊℊ

— von d. Kunst, oder Schutzschrift d. Heilkunst. Aus d. Griech. v. F. O. Dewez. 8. Wien 791. N. A. 802. (Heubner). 4 ℊℊ

— v. d. Kunst, oder Schutzschrift d. Heilkunst, a. d. Griech. v. Dewez. 8. Wien. Camesina. 802.

— *von der Lebensordnung in hitzigen Krankheiten.* Übersetzt von Grimm. Altenb. 772. 8. 6 gr.

— Lehrsätze, aus dem Urtexte neu übersetzt von Bücker-Mecheln. Berlin 855. (Greifswald, Bamberg.) 8. (VIII, 63 S.) 5 ngr.

—— Lehrsätze, aus dem Urtexte neu übers. von Bücker-Mecheln. 8. (VIII und 63 S.) Berlin 855(61.) (Greifswald, Bamberg.)

Ἱπποκράτους καὶ ἄλλων ἰατρῶν παλαιῶν λείψανα. Hippocratis et aliorum medicorum veterum reliquiae. Mandatu academiae regiae disciplinarum quae Amstelodami est edidit Franc. Zacharias Ermerins. Vol. I. gr. 4. (CXXXIV und 740 S.) Utrecht 859, Kemink und Sohn. geb. * * Prachtausg. * *

Ιπποκράτους καὶ ἄλλων ἰατρῶν παλαιῶν λείψανα. Hippocratis et aliorum medicorum veterum reliquiae. Mandatu academiae regiae disciplinarum quae Amstelodami est edidit Franc. Zacharias Ermerins. Vol. II. et III. gr. 4. Utrecht Kemink und Sohn. [Vol. II. (XCVIII und 907 S.) 862. * 11 Thlr. 10 Ngr., Vol. III. (CXLI und 633 S.) 864. * 9 Thlr. 6 Ngr.] geb. *
Vol. I. Ebendas. 1859. * 10 Thlr.

— de morbis popularib. L. I. et III. etc. accom. I. Freind. 4. Lond. 717.

— περὶ ἱερῆς νουσου βιβλιον. Hippocratis de morbo sacro liber. Recens., novam interpretationem latinam notasque addidit Fr. Dietz. 8maj. Leipz. 827. Voss. 1 ₰ Velinp. 1 ₰ 8 gl

Hippocratis Coi Opera novo ordine digesta, s. Bibliotheca graeca med.

— Coi opera, quae extant. ex Interpretatione A. Fesii, recudi curavit etc. Vol. I–III. gr. 8. Altenb. Liter. Comt. Schreibp.

— *Opera.* Graece, ex codd. emend. St. Mackius. Vienn. 743–49. 2 Tom. f. 20 rthlr. Ist nicht vollendet.

— opera quae exstant in sectiones VII divisa. Ex interpretatione Anutii Foesii recudi curavit etc. adj. Jh. Fr. Pierer. III Voll. 8maj. Altenb. 806. Leipz. mit Jahrz. 816. Brockhaus. 4 ₰ 12 gl Schrb. 5 ₰ (A. u. d. T.: Bibliotheca iatrica, usui medicorum omnis aevi dicata etc.)

Hippocrates. Opera. Graece et latine . . . Berolini 1822. H: *Hecker, Justus Friedrich Carl.* (EngM)

— opera genuina ed. Albertus de Haller. IV Tom. 8. maj. Augsb. Wolf.

— opera omnia edit. A. v. Haller. IV Tomi. 8maj. Lausanne 769 u. 784. Pott. 4 ₰ 16 gl

Hippocratis Opera omnia cur. Dr. Kühn, s.a. Opera.

Hippocratis opera omnia cur. K. G. Kühn. T. I—III. 8maj. Leipz. 825, 26. Cnobloch. 15 ₰ (Vergl. Opera medicorum graec.)

Hippocratis opera quae feruntur omnia. Vol. I, rec. Hugo Kuehlewein. Prolegomena conscripserunt Ioannes Ilberg et Hugo Kuehlewein. 8. (CXXXII, 248 S. m. 1 photolith. Taf.) Leipzig 894. B. G. Teubner. n. 6.—

Hippocratis opera quae feruntur omnia. Vol. II. Ex codicibus italicis ed. Hugo Kuehlewein. 8. (XVI, 279 S.) Leipzig 902. B. G. Teubner. n. 5.—; geb. n. 5.60
Vol. I. Ebd. 894. n. 6.—; geb. n. 6.60.

'Ιπποκρατους περι οψιος, Hippocratis [Hippocrates] De Visu libellus [Griech.u.lat.] Separatim et em. ed. notisque et aliorum et suis illustr. Io(annes) Hen-r(icus) Jugler. Helmstadii: Fleckeisen 1792. 96 S. 8

[Gedächtnisschrift f. Johann Friedrich Jugler, 1714-1791.]

Hippocrates. Opuscula aphoristica semiotico-therapeutica octo . . . Basil. 1748. H: *Zwinger, Joh. Rud.* (Ebert) (Hoff)

— opuscula aphorist. semiot. - therapeut. VIII. etc. gr. et lat. 8. Bas. Schweighäuser. 748.

— oeuvres médicales, IV Vol. gr. 8. Strasb. König.

— praenotiones coacae c. interpr. Dureti. fol. Leid. 784.

— Probe e. Uebersetzung d. Aphorismen, v. A. H. Hinze. 8. Stendal 807. Franzen u. Gr. 10 gl

Hippokrates: Prognosticorum libri tres. (Lat.) Guillaume Cop Interprete. 46 S.(S.99 - 144), gbd.

Viennae: Lehmann 1726
in: Hippokrates: Aphorismorum sectiones septem. (Lat.) 1726

JB 350

— ächte Schriften, verdeutscht u, erklärt v. H. Brandeis. 1s Bdchn. Aphorismen. Mit 1 Kpf. 8. Wien 822. Gerold. 1 ₰

— des zweiten, echte medicin, Schriften ins Deutsche übers. Mit e. alphabet. Repertorium rc. Ein Taschenbuch für junge Aerzte. Herausg. v. Frz. v. P. Gruithuisen. 8. Münch. 814. Lentner. 1 ₰ 14 gl

— *Schutzschrift der Heilkunst.* Übersetzt von Dewez. Wien 807. 8. 5 gr.

— Asklepiades u. Celsus Systeme, s. Lutheritz rc.

— Unterweisung für Aerzte s.a. Aubry.

— Unterweisung f. Aerzte v. Aubry. a. d. Franz. gr. 8. Leipz. Weygand. 787.

— Werke, a. d. Griech. m. Erläut. v. J. Fr. K. Grimm. 4 Bde. 8. Altenb. (Akadem. Buchhandl. in Jena) 781—91. (I. 1 Thlr. 4 gr. II. III. à 1 Thlr. 8 gr. IV. 1 Thlr. 20 gr.)

Hippokrates: Werke. (Opera. Dt.) Übers.von Johann Friedrich Karl Grimm. Bd 1 - 4, gbd.

Altenburg: Richter 1781 - 1792

JB 363

Hippocrates Werke. A. d. Griech. übers. u. mit Erläutern. v. J. F. C. Grimm. Revid. u. mit Anmerkn. v. L. Lilienhain. 2 Bde. (10 Lfgn.) gr. 8. (59⅜ B.) Glogau 837—39, Prausnitz.

Hippokrates sämmtliche Werke. Uebersetzt von Upmann. 3 Bde. (in 1 Bd.) gr. 8. (XXXII und 1355 S.) Berlin 847, A. Nauck und Comp. *

Hippokrates, sämtliche Werke. Ins Deutsche übers. u. ausführlich commentiert v. Rob. Fuchs. (In 3 Bdn.) 1. Bd. gr. 8. (VIII, 526 S.) München 895. Dr. H. Lüneburg. n. 8, 40; geb. n.n. 10. 20

— sämmtl. Werke. Ins Deutsche übers. u. ausführl. comment. v. Rob. Fuchs. 2. Bd. gr. 8. (VII, 604 S.) München 897. H. Lüneburg, Verl. n. 9. 60; geb. n.n. 11. 40 (1. u. 2.: n. 18. —; geb. n.n. 21. 60)

— **sämmtliche Werke.** Ins Deutsche übers. u. ausführlich commentiert v. Rob. Fuchs. 3. Bd. gr. 8. (VI, 660 S.) München 900. Dr. H. Lüneburg Verl. n. 10.—; geb. n. n. 11.80; (kplt. n. n. 28.—; geb. n n. 33.40)

—**Wundarzneikunst**, s. D. v. Geissler.

Hippodromus, Paul [Pseud.], s. a. Fabricius, Joh. Friedrich

Hippodromus, Paul, (psdn.), s. Hamburg wie es rennt und reitet.

Hippofilos [Pseud.], s. a. Baumgarten-Crusius, Gottlob August

Filantropin für Pferde, in einem dem Geiste unsers aufgeklärten Jahrhunderts angemessenen Plane vorgetragen von Hippofilos [d. i. Gottlob Aug. **Baumgarten-Crusius**]. Deutschland: 1795. 77 S. 8°
cf. D. neuesten **Religionsbegebenheiten.** 19 (1795) S. 673—676.
Satire, die sich auch mit den Illuminaten beschäftigt.

— **Filantropin für Pferde,** in einem dem Geiste unsers aufgeklärten Jahrhunderts angemessenen Plane vorgetragen von Hippofilos [d. i. Gottlob August Baumgarten-Crusius]. Deutschland [vielm. Gießen: Krieger] 1795. 77 S. 8°
5. 180.
13.5227

Hippofilos, (Gottl. Aug. Baumgarten-Crusius). Filantropie für Pferde, in e. Plane vorgetragen. 8. Marb. 796. Krieger: 6 ggr

Hippographia; Beschreibung eines Pferdes von e. englischen Roßarzt. 8. Leipz. 766. Heinsius. 3 ggr

Hippokrates

Hippokrates in Berlin. Harmlose Reimereien für Aerzte und für Laien. Berlin (857.) Hollstein. 8. (1 Bl., 30 S.) n. 5 ngr.

HIPPOKRATES und die moderne Schule. Trimeter u. Knittelvers. Wien 1853. 38 S. 8°.
Interessante Satire auf die Wiener Aerzte in Form eines Dialogs zwischen Hippokrates und einem Barbier. — Max Perl's Berliner Febr.-Auct. 1908, no. 511.)

— **und die moderne Schule.** Satyre in Trimetern und Knittelversen. 853. (38 S.) — 2., stark verm. Aufl. Wien 853. Hügel. 16. (47 S.) 9 ngr.
Val. Frankl, Ludw. Aug.

Hippokritenritter, ein Beytrag z. Bayerschen Litteratur. 8. Landshut, Krüll. 802.

Hippolit, A., s. Th. Gautier, Fortunio.

Hippologen, die, oder e. deutscher Pferdemarkt. Dramolet in 3 Scenen von e. ehemal. Offizier. Baden-Baden 868. Marx. 8. (39 S. mit eingedr. Holzschn.) n. n. 10 ngr.

Hippolyt, St., s. Bildergallerie, Romantische.

Hippolytos. Tragödie nach Euripides v. Oswald Marbach. 16. (6⅛ B.) Leipzig 845, Voigt u. Fernau.

Hippolytus. Theologische Monatschrift der Diöcese St. Pölten. Herausg. u. redig. von Ant. Kerschbaumer u. Matthäus Binder. 1. Jahrg. 1858. 12 Hefte. (à 3—4 Bgn.). St. Pölten, Passy u. Sydy. gr. 8. n. 2 ₰. 20 ngr.

Hippolytus. Theologische Quartalschrift der Diöcese St. Pölten. Herausg. u. revid. von Ant. Kerschbaumer. 2—6. Jahrg. 1859—63. à 4 Hefte. (à 10 Bgn.) St. Pölten, Passy & Sydy. gr. 8. Jeder Jahrg. n. 2 ₰ 20 ngr.

Hippolytus a Lapide d. J. [Pseud.], s. Heinse, Gottlieb Heinrich

Hippolit a Lapide, s. a. *Lapide.*

Hippolythus a Lapide (= Bogislaus Philipp Chemnitz). Abriss der Staatskunst ... Mainz u. Coblenz 1761. Ü: *Justi, Joh. Hnr. Gottl. von* [?]. (Pütter, Litt. d. Teutsch. Staatsr. Gött. 1783—91. I, 213.) Ü: *Carrach, Joh. Philipp* [?]. (Pütter ... I, 479 f., II, 85 f.)

Hippolythus a Lapide (= Bogislaus Philipp von Chemnitz). Abriß der Staatskunst ... Mainz u. Coblenz 1761. Ü: *Carrach, Joh. Philipp*, nicht: *Justi, Joh. Heinr. Gottl. von.* (Kat. der ständ. Bibl. Stuttg. 1907. S. 200.)

Hippolytus a L. Abriss der Staatsverfassung des römischen Reichs deutscher Nation. A. d. Lat. Mainz u. Coblenz [Breslau] 1761. Ü: *Carrach, Johann Philipp.* (wr) (Behrisch, Wiener Autoren. 1784.) (Pütter, Litt. d. Teutsch. Staatsr. Gött. 1791—94. III, 46.)

Hippolytus a L. Les vrais Interêts de l'Allemagne ... Berlin 1767. H & Ü: *Formey, Johann Heinrich Samuel.* (Ky) (ML)

Hippolytus Romanus, s. Hippolytus Sanctus

Hippolytus Sanctus

Hippolytus, das neu entdeckte vierte Buch d. Daniel-Kommentars. Nach dem Orig.-Text d. Entdeckers B. Georgiades zum ersten Male vollständig hrsg. v. Ed. Bratke. gr. 8. (X, 50 S.) Bonn 891. Fr. Cohen. n. 1.80

Hippolyti, S., canones, arabice e codicibus romanis cum versione latina, annotationibus et prolegomenis ed. D. B. de Haneberg. gr. 8. (125 S.) München 870. (Franz' Verl.) n. 4. —

Die Chronik [Chronicon] des **Hippolytos** [Sanctus] im Matritensis graecus 121 von Adolf Bauer. Nebst e. Abhandlung über d. Stadiasmus Maris Magni von Otto Cuntz. Mit 1 Abb. u. 5 Taf. Leipzig: J. C. Hinrichs 1905. (287 S.) 8°
— **Texte** u. Untersuchungen z. Geschichte d. altchristl. Literatur. N. F. Bd 14, H. 1.
[05. 1,666]

— praeter canonem paschalem fragmenta chronologica, s.: Chronica minora.

Hippolyt's Kommentar z. Hohenlied hrsg. v. G. Nathanael Bonwetsch, s.: Texte u. Untersuchungen zur Geschichte d. altchristl. Literatur. N. F. VIII. 2.

Hippolytus, St., opera, gr. et lat. c. not. var. c. I. A. Fabricii. II Tom. fol. Hamb. Bohn. 716. 18.

— Romani quae feruntur omnia graece e recognitione Pauli Ant. de Lagarde. gr. 8. (XVI und 216 S.) Leipzig 858, Teubner. *

Hippolyti, S., episcopi et martyris refutationis omnium haeresium librorum X quae supersunt. Recens., latine vert. notas adjec. Luc. v. Duncker et F. G. Schneidewin. Fasc. I. cont. libros I. IV. V. Gottingae 856. Dieterich. gr. 8. (240 S.) n. 1 ℛ 10 ngr.

Hippolyti, S., refutationis omnium haeresium librorum decem quae supersunt. Recensuerunt, latine verterunt, notas adjecerunt Lud. Duncker et F. G. Schneidewin. Opus Schneidewino defuncto absolvit Lud. Duncker. Fasc. II. gr. 8. (VIII und S. 241—574.) Göttingen 859, Dieterich'sche Buchh. *
Fasc. 1. Ebendas. 1856. * 1 Thlr. 10 Ngr.

Die unter Hippolyts [Hippolytus Sanctus] Namen überlieferte Schrift über den Glauben nach e. Übers. d. georgischen Version hrsg. von G. Nathanael Bonwetsch. Vincenz von Lerin u. Gennadius. (Ein Beitrag z. Literaturgeschichte d. Semipelagianismus.) Von (Dr.) Hugo Koch (Prof., Braunsberg). Virgines Christi (Die Gelübde d. gottgeweihten Jungfrauen in d. ersten 3 Jahrhunderten) von Hugo Koch. Leipzig: J. C. Hinrichs 1907. (112 S.) 8°
= Texte u. Untersuchungen z. Geschichte d. altchristl. Literatur. 3. Reihe. Bd 1, H. 2. 07. 9319

Hippolytus, drei georgisch erhaltene Schriften, hrsg. v. G. Nath. Bonwetsch, s.a. Texte u. Untersuchungen zur Geschichte der altchristlichen Literatur. N. F. XI, 1a.

Drei georgisch erhaltene Schriften von Hippolytus [Sanctus]. Hrsg. von G. Nath[anael] Bonwetsch. Der Segen Jakobs, d. Segen Moses, die Erzählungen von David u. Goliath. *Leipzig: J. C. Hinrichs 1904.* (XVI, 98 S.) 8°
= Texte u. Untersuchungen z. Geschichte d. altchristl. Literatur. Bd 26, 1 a. 04. 5557

Hippolytus' Werke, hrsg. v. G. Nathan. Bonwetsch u. Hans Achelis, s.a. Schriftsteller, d. griech. christlichen, d. ersten 3 Jahrhunderte.

Hippolytus [Sanctus] Werke. ... Hrsg. i. A. d. Kirchenväter-Comm. d. Kgl. Preuss. Ak. d. Wiss. v. G. Nath(anael) Bonwetsch, ... Prof. ... in Göttingen, u. Hans Achelis, Privatdoc. ... in Göttingen ... Bd 1. *Leipzig: J. C. Hinrichs 1897.* 8.
= Schriftsteller, Die griechischen christlichen, der ersten drei Jahrhunderte. Bd 1. 97. 9473

Hipponax. Ein Taschenbuch für Freunde heiterer Laune. 1r Jahrg. 1814. Mit Kpf. 8. Frankf. (Hermann). 1 ℛ 8 gr 1817. Hbd. Pr. 12 gr

Hipponax

Hipponactis et Ananii Jambographorum fragmenta ed. Th. G. Welckerus. 4. Götting. 817. Vandenhöck u. R. 20 gr

Hippstedt, J., Grundriß der heiligen Kirche Gottes. 12. Starg. 707.

— Kirchenhistorie v. Anf. d. Welt. 12. Frankf. 727.

v. Hipriaan Leuscius, A., Art u. Weise, um das laugensalzische Luftsauerwasser (aqua mephitica alcalina) mit leichter Mühe u. ohne große Kosten vermittelst d. Fachinger Mineralwassers zuzubereiten; nebst einer Nachr. über die vorzügl. Heilkräfte d. Fachinger Mineralwassers von Fr. Diel. gr. 8. Frankf. a. M. 788. (Andreä). ...

Hipsch, Heinr., die Berufskunde des Landwirtes. Ein Leitfaden f. Lehrer an landwirtschaftl. Fortbildungsschulen u. z. Selbstunterr. (XVI, 304 S. m. 55 Textabb.) gr. 8. Wien 909. K. Graeser & Co. 3.50; geb. 4.20

Hipsch, Heinrich: Lesebuch für landwirtschaftliche Fortbildungsschulen, s. Wamprechtsamer, F. R.

Hipsch, Heinr., das Rechnen des prakt. Landwirtes. Ein Lehr- u. Übungsbuch f. landwirtschaftl. Fortbildungsschulen u. z. Selbstunterrichte. (IV, 140 S. m. 28 Abb.) 8. Wien (910). K. Graeser & Co. Geb. in Leinw. 1.20

Hipssich, Carl von, s. Hipssich, Karl von

Hipssich, Karl v.

Hipssich, Carl Freiherr von, k.k. Major: Eine Erwiderung auf die im November und Dezember 1878 in der „Allgemeinen Militär-Zeitung" erschienenen „Charakteristik der Feinde und der Verbündeten Preussens während des siebenjährigen Krieges". Beigabe zum IV. Jahrgang (1879) der „Mittheilungen des k.k. Kriegsarchivs". Wien 1879.

Hipssich, C. Frhr. v., s.: Feldzüge d. Prinzen Eugen v. Savoyen.

Hipssich, C. Frhr v. u. C. Frhr Komers v. Lindenbach. Span. Successionskrieg. Feldzug 1707. (Mit) Atl. Wien 1883. 8° u. 2°. (Oe 40—9)

Hipssich, C. Frhr v. Span. Successionskrieg. Feldzug 1710. (Mit) Atl. Wien 1887. 8° u. 2°. (Oe 40—12)

Hiptmair, Mathias, Geschichte des Bisthums Linz. Zur 1. Säcularfeier hrsg. gr. 8. (VIII, 328 S.) Linz 885, Haslinger. *

Hiptmair, Mathias, institutiones historiae ecclesiasticae novi foederis, s.: Vascotti, Clarus.

Hiptmair, Mathias, s.: Quartalschrift, theolog.-prakt.

— s.: Wimmer, Florian, Anleitung zur Erforschung u. Beschreibung der kirchlichen Kunstdenkmäler.

Hiptmair, Mathias, s. Wimmer, Florian. Kirchliche Kunstdenkmäler.

Hirai, Kinza Ringó M., Japan, wie es wirklich ist. Deutsch v. M. Klittke. gr. 8. (39 S. m. 9 Taf.) Leipzig 895. G. Uhl. n 1.20

Hirai, Kinza Riugé M., Japan, wie es wirklich ist. Deutsch v. M. Klittke. 2. verm. Aufl. Mit e. Anh.: Vom Hofe des Mikado. (40 S. m. 12 Taf.) gr. 8. Leipzig (904). H. Hedewig's Nachf. n. 1.20; geb. n. 1.50

Hirai, Masao O. [Japan]: Über die landwirtschaftlichen Verhältnisse Japans mit Berücksichtigung der Grundsteuer und des landwirtschaftlichen Kredites. ... Jena, Frommannsche Buchdr., 1890; X, 77 S. 8°
Jena, Phil. Fak., Inaug.-Diss. v. 1890

Hirai, Masao, üb. die landwirtschaftlichen Verhältnisse Japans m. Berücksicht. der Grundsteuer u. d. landwirtschaftlichen Kredites. Inaug.-Diss. gr. 8. (X, 77 S.) Jena 890. (Pohle.) n. 1. 50

Hiram, Br. Br., Logen-Bilder. Ein satyr. Quodlibet, od. Manchem e. quod non libet d. erleuchtete Maurer, nebst d. Lehrlings-, Gesellen- u. Meister-Katechismus. 2. Aufl. 8. Freiburg 839, (Waizenegger.)

Hiram's komische Abenteuer u. Wanderungen auf d. Welttheater. 8. Gera, Haller. 794.

Hirano, Mitsutaro [aus Tôkyô, Japan]: Ueber zwei Fälle von Gehirntumoren in der Gegend des einen crus cerebelli ad pontem ... Erlangen, Druck d. Univ.-Buchdr. v. E. Th. Jacob, 1892; 35 S. 8.
Erlangen, Med. Fak., Inaug.-Diss. v. 1892

Hirans komische Abentheuer u. Wanderungen 2c. (v. Jh. Trg. Plant). 8. Gera 794. Haller. 1 ℔

Hirans komische Abentheuer und Wanderungen auf dem Welttheater, von dem Verf. der romantischen Erzählungen und Gedichte, mit 1 Kupf. 8. Gera, 794. Rothe. 1 Rthl. Hir-

Hirata, Goichi, pr. Arzt: Aus d. pharmakol. Inst. d. Univ. Greifswald. Über die Einwirkung des Arsens auf das Pankreas von Meerschweinchen. Greifswald (1909): Adler. 27 S. 8°
Greifswald, Med. Diss. v. 10. Nov. 1909, Ref. Kochmann, Schulz
[Geb. 3. Febr. 77 Bingo; Wohnort: Greifswald; Staatsangeh.: Japan; Vorbildung: Gymn. Okayama; Studium: Okayama Med. Akad. 8, Greifswald 2 S.; Rig. 18. Juni 09.] [U 10. 1573

Hirayama, S., photographische Aufnahmen Fraunhofer'scher Beugungsfiguren, s.: Scheiner, J.

Hirc, Dragutin, malacologische Mittheilungen. gr. 8. (14 S.) Wien 886, Hölder. — (Leipzig, Brockhaus' Sortiment.) *
Aus: Verhandlungen der k. k. zoolog.-botanischen Gesellschaft in Wien, besonders abgedruckt.

Hirche, Friedrich Heinrich, Referendar: Die Aussteuer nach dem Bürgerlichen Gesetzbuche für das Deutsche Reich. Glashütte i. Sa. 1909: Noack. IX, 73 S. 8°
Leipzig, Jur. Diss. v. 4. Dez. 1909
[Geb. 30. Mai 84 Seiffen, Erzgeb.; Wohnort: Zwenkau; Staatsangeh.: Sachsen; Vorbildung: Gymn. Bautzen Reife O. 04; Studium: Tübingen 2, Leipzig 5 S.; Rig. 26. Juni 07.] [U 10. 2736

Hirche, Gottlob Traug. Leber.

— die ernste Predigt, welche die anhaltende Dürre dieses Jahres an uns richtet. Predigt. gr. 8. Görlitz 842. (Heyn'sche Buchh.) 1/24 ℔

Hirche, Glo. Traug. Leber., Predigt bei der ersten Missionsfeier des Missions-Hülfs-Vereins am linken Ufer der Neiße O. L. den 31. August 1842; nebst einem Altargebete, gesprochen von Jh. Gttfr. Richter. Auf Verlangen dem Drucke überlassen. gr. 8. Rothenburg 842. (Görlitz, Heinze u. Comp.) 1/24 ℔

Hirche, Paul

Hirche, Paul, liste alphabétique des marchandises français et allemand. — Alphabetisches Waarenverzeichniss französisch u. deutsch. [Aus: „H., systemat. Sammlg. der Fachausdrücke des Eisenbahnwesens".] 12. (463 S.) Berlin 893. C. Heymanns Verl. n. 3. —; I. Nachtrag (31 S.) n.n. — 30

Hirche, Paul, die Mühlen-Gewerbesteuer in Preußen. Zusammenstellung der auf die Gewerbesteuerpflichtigkeit der Mühlen aller Art bezügl. Gesetzesvorschriften. gr. 8. (32 S.) Potsdam 868, Döring.

Hirche, Paul, systematische Sammlung der Fachausdrücke des Eisenbahnwesens. Zum Gebrauch für Eisenbahnverwaltungen, Beamte, Gerichte, technische Hochschulen, Industrielle, Spediteure etc. I. Der Güterdienst, mit Anhang, enthaltend: alphabetisches Waarenverzeichniss nach der Nomenklatur der verschiedenen Tarife. (Deutsch und französisch.) 16. (XXVIII, 161 S.) Bromberg 882, (Mittler'sche Buchh. — Berlin, Steinitz und Fischer.) geb. * *

Hirche, Paul, systematische Sammlung der Fachausdrücke des Eisenbahnwesens. Französisch und Deutsch. I. Der Personen- und Güterdienst, nebst alphabet. Waarenverzeichniss. 2. neu bearb. Aufl. 12. (LII, 448 S.) Berlin 886, (C. Heymanns Verlag.) *ℳ 5.—.; geb. *

Hirche, P., systematische Sammlung der Fachausdrücke d. Eisenbahnwesens. Deutsch u. Italienisch. I. Der Personen- u. Güterdienst, nebst alphabet. Waarenverzeichniss. 12. (XLIII, 471 S.) Wiesbaden 890. Bergmann. n. 6. —

— systematische Sammlung der Fachausdrücke des Eisenbahnwesens. Französisch u. deutsch. I. Der Personen- u. Güterdienst, nebst alphabet. Waarenverzeichniss. 3. Aufl. 12. (XL, 559 u. I. Nachtrag 31 S.) Ebd. 893. n. 6. —

Hirchert, C., der Rechenunterricht in der Volks- u. Bürgerschule, s.: Perlewitz, R.

Hirchfeld, Untersuchgn. auf d. Gebiete d. röm. Verwaltungsgesch. Bd. I (einz.): D. kais. Verwaltungsbeamten bis auf Diocletian. Berl. 877.

Hirola, K., Francuzka Grammatyka praktyczna czyli dokładna nauka Jezyka francuzkiego napsiana a z dwunastego przez K. Orella, poprawionego i pomnozonego wydania przetozona przez J. J. Szczepańskiego. 8 maj. Lemberg 840. Millikowsky. 1 1/6 ℔

Hirdetö, honi irodalmi. 5. Ev 1847. 12 szám. gr. 8. (1/4—1/2 B.) Pesten. Eggenberger & fia. n. 6 ngr

de la Hire, Abhandl. über alle Arten d. prakt. Malerei. Nebst e. Anweisung zur Farbenmischung u. einer besondern Anleitung zur Colorirung d. Landschaften. Aus d. Französ. 8. Bayr. 796. Mit n. T. 8. Leipz. 812. Hinrichs. 12 gr

Hire, de la, über alle Arten d. prakt. Malerey, a. d. Frz. 8. Bayr. Lübeck. 796.

Hire, Jean de la, die Hölle des Soldaten. Dunkle Bilder aus e. französ. Lazarett. Autoris. Übersetzg. aus dem Franz. (Dr. P. Langenscheidt's Bibliothek der Zeit.) (250 S.) 8. Berlin (904). Gr. Lichterfelde, Dr. P. Langenscheidt. n. 3. —; geb. n. 4. 50

— die Königsdirne. Autoris. Uebersetzg. Illustr. v. P. Chatelaine. (Bibliothek Mignon.) (190 S.) schmal kl. 8. Berlin (904). Gr.-Lichterfelde, Dr. P. Langenscheidt. n. 1. —; geb. in Leinw. n. 2. —

— Irmas Regiment. Roman aus dem französ. Militärleben. Autoris. Uebersetzg. v. Thdr. Wolfgang. (271 S.) 8. Budapest 904. G. Grimm. n. 3. —
Im Deutschen Reiche verboten.

— die sieben Reize der Marquise. Autoris. Uebersetzg. v. Thdr. Wolfgang. (291 S.) 8. Budapest 904. G. Grimm. n. 3. —

— die Tortera. Spanischer Roman. Autoris. Uebersetzg. v. Max Schoenau. Illustr. v. O. Guillonnet &c. (Bibliothek Sans-Gêne.) (192 S.) schmal 8. Berlin (904). Gr.-Lichterfelde, Dr. P. Langenscheidt. n. 2. —; geb. in Leinw. n. 3. 50

de la Hire, Phil., astronom. Tabellen mit Unterweis. zu allen astronom. Rechnungen, übers. v. Klimm. Mit 16 Kupft. gr.8. Nürnb. 730. Schneider u. W. 1 ℛ 16 gℊ.

Hirell, s. Dürr's collection of Standard American and British Authors.

HIRKASI, Hilarius (ps.), Die schöne Cadmäna und Ambrosine oder die wunderbare Geschichte zweyer griechischer Frauenzimmer. Frankfurt u. Leipzig 1751. 8⁰. 1 Alph. 4½ Bogen.
Aeusserst selten! Die Jahrzahl „1741" in Brentano's Bibl. (Berlin 1819. p. 88.) Druckfehler? — „1751" auch im Cat. Meissner II. u. Bibl. Schwabii II.

Hirlanda, Herzogin von Bretagne. Augsburg 1819. V: *Waitzenegger, Franz Joseph*, nicht: *Wimmer, Franz.* (GGr X, 216) (Zeitschr. f. Büch. 1923, S. 88)

Hirlanda, Herzogin von Bretagne. Augsburg 1819. V: *Wimmer, Frz.* (Mitth. Prof. H. F. Wagner-Klosterneuburg.)

Hirlanda von Bretagne; od. Sieg der Tugend u. Unschuld. Eine Geschichte. 8. Augsburg, Doll. 819.

Hirlanda Herzogin von Bretagne oder Sieg der Unschuld und Tugend . . . Augsburg 1819. 2. Aufl. 1820. V: *Waitzenegger, Franz Joseph.* (Ky) (MGT)

Hirlanda, Herzogin von Bretagne; oder d. Sieg d. Tugend u. Unschuld. Eine erbaul. u. lehrr. Geschichte d. Alterthums, neu erzählt v. Verf. d. Gräfin Itha v. Toggenburg. (Cph. Schmid.) Mit 1 Titelkpf. 5e Aufl. 8. Augsb. 827. 8e A. 830. Doll. (Landsh., Krüll). 5 gℊ

Hirlanda Herzogin Bretagne
Hirlanda, Herzogin von Bretagne; oder der Sieg der Tugend und Unschuld. Erbauliche und lehrreiche Geschichte des Alterthums, neuerzählt für Junge und Alte von dem Verf. der Gräfin Itha von Toggenburg. 6. rechtmäßige Aufl. Mit Bewilligung der Obern. 1828
s.a. Waitzenegger, Franz Josef [Verf.]

Hirlanda, Herzoginn v. Bretagne; od. d. Sieg d. Tugend u. Unschuld. Eine erbaul. u. lehrr. Geschichte d. Alterthums, neu erzählt f. Junge u. Alte von d. Verf. d. „Gräfinn Itha v. Toggenburg" (Frz Jos. Waitzenegger?). 6—8., rechtmäß. Aufl. 8. (8½ B. u. Titkpfr.) Augsburg 828—33. (Regensburg, Manz.) à

Hirlanda, Herzogin von Bretagne, oder der Sieg der Tugend u. Unschuld. Eine erbauliche u. lehrreiche Geschichte des Alterthums, neu erzählt für Junge u. Alte von dem Verf. der Gräfin Itha von Toggenburg. 6e rechtmäß. Aufl. Mit Titelkpfr. 8. Augsburg 833. (Kollmann.) 5 gℊ — 9e rechtmäß. Aufl. 8. Ebd. 838. (Regensburg, Manz.) 5 gℊ

(*U.-Titel:*) Hirlanda, | Herzogin von Britanien, | oder: | Sieg der Unschuld und Tugend. | Eine wahre Geschichte von einer geborenen Herzogin von | Britanien, welche sieben Jahre als eine Dienstmagd unter | dem Vieh, hernach wieder an den Hof berufen, durch Ver- | läumdung ihres Schwagers zum Scheiterhaufen verdammt, | von ihrem Sohne aber unbekannter Weise wieder errettet wurde. | (Fig.: *Turnier*, 74 × 75) | Reutlingen. | Druck und Verlag von Rob. Bardtenschlager.
o. J. (1840), 47 S., 152 × 105.
LBS d. D. oct K 3428.

Hirlanda, Herzoginn v. Bretagne; od. d. Sieg d. Tugend u. Unschuld. Eine erbaul. u. lehrr. Gesch. d. Alterthums, neu erzählt f. Junge u. Alte von d. Verf. d. „Gräfinn Itha von Toggenburg." 9., rechtmäß. Aufl. 8. (8½ B.) Augsburg 838. 5 Gr., 10., umgearb. Origaufl. 8. (7 B. u. Titkpfr.) Regensburg 842, Manz. Thlr.

— Herzogin von Bretagne, oder: Der Sieg der Tugend u. Unschuld. 7. Aufl. Neuhaus 863. Landfraß & Sohn. 16. (141 S.) n. 5 ngr.

— Herzogin von Britanien, oder Sieg der Unschuld u. Tugend. Reutlingen 867. (Stuttgart, Fischhaber.) gr. 16. (48 S.) 2 ngr.

Hirlanda, Herzogin v. der Bretagne, od. der Sieg der Tugend u. Unschuld. Eine erbaul. u. lehrreiche Geschichte aus älterer Zeit, neu erzählt f. Junge u. Alte v. dem Verf. der Gräfin Ida v. Toggenburg. Neue illustr. Orig.-Aufl. Mit Stahlst. u. feinen (eingedr.) Holzschn. 8. (192 S.) Regensburg 872. Manz. 1. 50

Hirlanda, Herzogin von Bretagne, oder der Sieg der Tugend und Unschuld. Eine erbauliche und lehrreiche Geschichte des Alterthums, neu erzählt für Junge und Alte von dem Verfasser der Gräfin Itha von Toggenburg. 3. illustr. Originalaufl. 8. (VI, 192 S. mit 1 Stahlst. und feinen Holzschnittbildern.) Regensburg 887, Verlags-Anstalt.
geb. ℳ 1.30. und

Hirlanda, d. unschuldige, s.a. Unterhaltungsbibliothek f. Jung u. Alt.

Die unschuldige Hirlanda. Die schöne Magelone. Erzählgn. f. Jung u. Alt. M. vielen Ill. Essen-Ruhr: Fredebeul & Koenen [1898]. (144 S.) 1 Bd 8⁰
= Unterhaltungsbibliothek f. Jung u. Alt. Bd III.

Hirlanda, s. Volksbücher 21.

Hirlanda, s. Volksbücher, deutsche, von Carl Simrock.

Hirmer, Jos., die häuslichen Aufgaben am Gymnasium. (28 S.) gr. 8. Bamberg 910. C. C. Buchner's Verl. — 60

Hirmer, Joseph: Entstehung und Komposition der Platonischen Politeia. Gekr. Preisschr. T. 1. *Leipzig 1897: B. G. Teubner.* (S. 583 634. 676 678.) 8⁰ ¶(Aus: Jahrbücher f. class. Philologie, Suppl.Bd 23. Erschien vollst. ebenda.) München, Phil. Diss. v. 1898

Hirner, Jos., Entstehung u. Komposition der Platonischen Politeia. E. v. d. philosoph. Fakultät d. Universität München gekrönte Preisschrift. [Aus: „Jahrbb. f. class. Philol., 23. Suppl.-Bd.“] gr. 8. (100 S.) Leipzig 897. B. G. Teubner. n. 3. 20

— Lateinisches Übungsbuch f. die 2. Klasse des humanistischen Gymnasiums. Ausg. E. (f. die Grammatik v. Englmann). 2. Aufl. (IX, 261 S.) 8. Ebd. 906. Geb. nn 2. 50

Hirn, Adolf [pract. Arzt in Driesdorf, aus Weiler (Baden)]: Zerreissung der Bicepssehne bei Luxatio humeri subglenoidalis traumatica directa, sowie gleichzeitige Einreissung des M. quadriceps cruris mit idiopathischem Wundemphysem . . . . Würzburg, Becker's Univ.-Buchdr., 1886; 34 S. 8°.
Würzburg. Med. Fak., Inaug.-Diss. v. 1886.

Hirn, Adolf, Zerreissung der Bicepssehne bei Luxatio humeri subglenoidalis traumatica directa, sowie gleichzeitige Einreissung des M. quadriceps cruris mit idiopathischem Wundemphysem. Diss. Würzburg 1886, Stahelsche Univ.-Buch. 8°. 34 S.

Hirn Dr. Ferdinand: Die Annahme der pragmatischen Sanktion in Vorarlberg. 28. Dornbirn R. 03. Progr.

Hirn, Ferd., Vorarlbergs Erhebung im J. 1809. Mit Benützg. archival. Quellen dargestellt. (XVI, 428 S. m. 1 Taf.) gr. 8. Bregenz 909. J. N. Teutsch. 5.—; geb. 7.—

Hirn, Ferd., Geschichte der Tiroler Landtage von 1518—1525, s.: Erläuterungen u. Ergänzungen zu Janssens Geschichte des deutschen Volkes. IV. 5.

Hirn, G.-A., constitution de l'espace céleste. gr. 4. (XXIII, 332 S. m. 1 Taf.) Colmar 889. Barth. n. 16.—

Hirn, G. A., recherches expérimentales sur la relation qui existe entre la résistance de l'air et sa température. Conséquences physiques et philosophiques, qui découlent de ces expériences. [Aus: „Mémoires de l'académie royale des sciences, des lettres et des beaux-arts de Belgique“.] gr. 4. (91 S. m. 4 Steintaf.) Colmar 882. Barth. n. 4. 80

— réflexions critiques sur la théorie cinétique de l'univers. Réfutation scientifique du matérialisme. [Aus: „Mémoires de l'académie royale des sciences, des lettres et des beaux-arts de Belgique“.] gr. 4. (31 S.) Ebend. 882. n. 1. 80

— la vie future et la science moderne. Lettre à M. le Pasteur***. [Aus: „Revue d'Alsace“.] gr. 8. (72 S.) Ebend. 882. n. 2. —

—— La vie future et la science moderne. Lettre à M. le pasteur * * *. Nouvelle édit., augmentée d'une lettre à M. L. Büchner. 8. (XXVI, 122 S.) Ebd. 890. 2 —

Hirn, Josef

Hirn, J. (Hrsg.), s.a. Beiträge z. Gesch. des dreissigjhr. Krieges.

— Beiträge zur Geschichte des 30jährigen Krieges. Aus den nachgelassenen Schriften Anton Gindelys herausgegeben. Ar. 89 1 . . . . „ 5.20
Separatabdruck

Hirn Dr. J.: Erzbischof Eberhard's II. v. Salzburg Beziehungen zu Kirche und Staat. 33. Krems 75. Progr.

Hirn, Jos., Kanzler Bienner u. s. Prozess, s.a. Quellen u. Forschungen z. Geschichte, Litteratur u. Sprache Österreichs.

Kanzler Bienner und sein Prozess. Von Josef Hirn. *Innsbruck: Wagner 1898.* (XX, 533 S., 1 Facs.) 1 Bd 8.
— Quellen u. Forschgn z. Geschichte, Litt. u. Sprache Österreichs u. s. Kronländer. [Bd] V. [98. 333

Hirn, J. Tirols Erbtheilung und Zwischenreich 1595—1602. Separat-Abdruck aus: „Archiv für österr. Geschichte.“ 42. Bd. II. Hälfte 8. Wien 1902.

— Tirols Erbtheilung u. Zwischenreich 1595—1602. gr. 8. (91 S.) Wien (C. Gerold's Sohn). n. 1. 90

Hirn, Josef. Tirols Erhebung im Jahre 1809. [Mit 2 Tafeln und illustriertem Umschlag.] XVI + 876 S. gr.-8. Innsbruck, Heinrich Schwick, 1909. [M. 10. —]
Mehrfach auch die Schweiz, *insbesondere* Graubünden, *die* Diözese Chur *u. ihren* Bischof Karl Rudolf v. Buol-Schauenstein *und andere Graubündner etc. betr. (s. das Register).*

— Tirols Erhebung im J. 1809. 2., durchgeseh. Aufl. (3.—6. Taus.) (XVI, 876 S. m. 2 Taf. u. 1 Karte.) Lex. 8. Innsbruck 909. H. Schwick. 10.—; geb. 12.—
1. Aufl. (XVI, 874 S. m. 2 Taf.) 909. 10.—; geb. 12.—

Hirn, Ferdinand. Vorarlbergs Erhebung im Jahre 1809. Mit Benützung archivalischer Quellen dargestellt. [Mit 1 Tafel und illustriertem Umschlag.] XVI + 428 S. 8. Bregenz a. B., J. N. Teutsch, 1909. [M. 5. —, geb. 7. —]

Hirn, Dr. Joseph. Erzherzog Ferdinand II. von Tirol. Geschichte seiner Regierung und seiner Länder. (2 Bde.) 8. Innsbruck 1885—1888.

Hirn, Jos., Erzherzog Ferdinand II. v. Tirol. Geschichte seiner Regierg. u. seiner Länder. 1. Bd. gr. 8. (XVII, 686 S.) Innsbruck 885. Wagner. n. 13.—

Hirn, J., Erzherzog Ferdinand II. v. Tirol. Geschichte seiner Regierung u. seiner Länder. 2. Bd. gr. 8. (IX, 543 S.) Innsbruck 887. Wagner. n. 12.—(cplt.: n. 25.—)

Hirn, Jos., aus Bozens Franzosenzeit. (90 S.) gr. 8. Innsbruck 910. H. Schwick. 3.—
Sonderabdruck aus: „Beitr. z. neueren Gesch. Österr.'s.“

— z. Geschichte d. Hohentwiel. Vortrag, geh. bei der Hauptversammlg. d. tirol. Zweigvereines der Leo-Gesellschaft. [Aus: „Jahrb. d. Leo-Gesellsch. 1895“.] gr. 8. (13 S.) Wien 895. (St. Norbertus.) n. —36

Hirn, J.: Kritische Geschichte Friedrichs, des letzten Babenbergers, mit besonderer Berücksichtigung seines Verhältnisses zu Papst, Kaiser und Reich. 111 S. 8°– Salzburg, OR., Progr. 1871.

Geschichte der Tiroler Landtage von 1518 bis 1525. Ein Beitrag zur sozial-polit. Bewegung d. 16. Jhs. Mit Benützung archival. Quellen dargest. von Dr. Ferdinand Hirn. Freiburg im Br.: Herder 1905. (XI, 124 S.) 8° [F.]
= Erläuterungen u. Ergänzungen zu Janssen's Geschichte d. deutschen Volkes. Bd 4, H. 5. [05. 1308]

Hirn, J., Rudolf von Habsburg. Zur Erinnerung an die vor 600 Jahren stattgehabte Krönung des ersten Habsburgers. gr. 8. (X, 188 S.) Wien 874, Braumüller. *

Hirn, Jos., Hall am Inn. Gedenkrede zum 600jähr. Stadtjubiläum am 28. VI. 1903. (24 S.) 12. Innsbruck 903. H. Schwick. n. — 40

Hirn, Josef: Innsbruck im Jahre 1809. Vortrag d. Hofrates Prof. Dr. Josef Hirn am 5. Apr. 1909. Innsbruck: Redehalle d. Akademikerhauses 1909. 32 S. 8° [Umschlagt.] (Veröffentlichungen d. Akademikerhauses Innsbruck. 3.)

Hirn, J., die Tiroler Landtage zur Zeit der großen Bauernbewegung. [Aus: „Jahrb. d. Leo-Gesellsch.“] gr. 8. (28 S.) Wien 894. (St. Norbertus.) — 45

– Die lange Münze in Tirol und ihre Folgen. Ar. 104. 1 . . . . 3.50
Separatabdruck

— Josef Perntner, s.a. Vorträge u. Abhandlungen, hrsg. v. der Leo-Gesellschaft. 31.

Josef Pernter. Gedenkrede, geh. in d. Leo-Gesellschaft in Wien, am 1. Febr. 1909 von J[osef] **Hirn**. Innsbruck: Schwick 1909. 10 S. 8°
(Vorträge u. Abhandlungen hrsg. von d. Leo-Gesellschaft. 31.) A 12. 12298

— s.: Quellen u. Forschungen zur Geschichte, Litteratur u. Sprache Österreichs u. seiner Kronländer.

Hirn, J., der Temporalienstreit des Erzherzogs Ferdinand von Tirol mit dem Stifte Trient. [1567—1578.] Nach archival. Quellen dargestellt. [Aus: „Archiv f. österr. Geschichte“.] Lex.-8. (146 S.) Wien 882. Gerold's Sohn in Comm. n. 2. 40

— kirchen- u. reichsrechtliche Verhältnisse d. salzburgischen Suffraganbisthums Gurk. Bearb. m. Benützg. noch uned. Quellen. gr. 8. (93 S.) Krems 872. Innsbruck, C. Rauch. n. 1. 50

— die ersten Versuche Kaiser Rudolfs II., um in den Alleinbesitz der Grafsch. Tirol zu gelangen. gr. 8. (40 S.) Ebd. 898 n. 1. —
2 Sonderabdrucke aus: „Archiv f. österr. Geschichte.“

Hirn, Karl E.

Zur Kenntnis der Desmidiaceen Finnlands von Karl E. **Hirn**. Mit 2 Taf. Helsingfors 1903: (K. Malmström, Kuopio). (24 S.) 8°
— **Acta** Societatis pro fauna et flora Fennica. 25, No 3. [04. 14896]

Monographie und Iconographie der Oedogoniaceen von Karl H. **Hirn**. Mit 64 Taf. *(Helsingforsiae 1900: Off. Soc. litt. fennicae.* (IV, 394 S.) 4°
— **Acta Societatis** scientiarum fennicae. T. 27, No 1. [03. 964]

Verzeichnis finländischer Oedogonicéen von Karl E. **Hirn**. Mit 1 Taf. Helsingfors 1895: (O. W. Backman, Kuopio). (23 S.) 8°
— **Acta** Societatis pro fauna et flora Fennica. 11, No 6. [07. 3937]

Die finländischen Zygnemacéen von Karl E. **Hirn**. Mit 1 Taf. Helsingfors 1895: (O. W. Backman, Kuopio). (13 S.) 8°
— **Acta** Societatis pro fauna et flora Fennica. 11, No 10. [07. 3960]

Hirn, Yrjö, der Ursprung der Kunst. Eine Untersuchg. ihrer psych. u. sozialen Ursachen. Aus dem Engl. übers. v. M. Barth. Durchgesehen u. durch Vorwort eingeleitet v. Paul Barth. (VIII, 338 S.) gr. 8. Leipzig 904. J. A. Barth. n. 9. —; geb. n. 10. —

Hirner, F. X., Commentatio de Salviano ejusque libello. Pr. 1869. 27 S. 4°. 1.20

Hirner, Fr.: Comm. de Salviano eiusque libellis. 27 S.– Freising, Progr. 1869.

Hirngespinnst, das große, d. Religionsvereinigung. 8. Chemn. 785. Mauke. 2 gr.

Hirngespinste; Lustspiel. Nürnberg 1792. V: *Collin d'Harleville, J. F.* B: *Lambrecht, Matth. Georg.* (Zeitschr. f. Büch. 1923, S. 88)

Hirngespinste; Lstspl. (v. M. G. Lambrecht). 8. Nürnb. 792. Felssecker. 5 gr.

Hirnheim, d. Ritters Hans v., Reisetagebuch aus d. J. 1569. M. e. Nachworte hrsg. v. Ferd. Khull. Lex.-8. (62 S.) Graz 897. (Styria.) n. 2 —

Hirnheim, Hieron. v., wicht. Weg d. Lebens od. Betr. a. alle Tage d. Jahrs. 8. Prag. 726.

HIRNIAK, Justin: Der Apostelstreit in Antiochien. Auf Grund der Verse 11—14 des 2. Kapitels des Galaterbriefes. — (1908) XVIII, 157 Bl. 4° (Handschr.) Diss. 912
Diss. Wien, Univ.

Hirniak Nikephor: Die slawisch historische Palaea und ihr griechisches Original.
II. 1910 PN 2995 Diss. Innsbruck, Univ. 2762

Hirnich Josef: Quomodo Ovidius eandem materiam in Epistulis et Metamorphosibus tractaverit.
H. 1899 PN 1190 Diss. Wien, Univ. 1553

Hirnorgane, die, des Menschen; nach Dr. Galls Bemerkungen, mit 2 Kpf. 8. Kopenh. 806. (Proft). 6 gr.

Hirnschall, K., s. Crivelli, Kunst.

Hirnträger, Carl, Bau u. Einrichtung v. Pflege- u. Erziehungsanstalten f. die Jugend d. vorschulpflichtigen Alters in den verschiedenen Ländern. Vortrag, geh. am 16. Jänner 1892. [Aus: „Zeitschr. d. österr. Ingenieur- u. Architekten-Ver.“] gr. 8. (24 S. m. 1 Taf.) Wien 892. C. Graeser. n. 1. —

— das moderne Volksschulhaus. Der Bau u. die innere Einrichtung desselben in techn. u. hygien. Beziehg. Vortrag, geh. am 28. Apr. 1891. [Aus: „Mittheilgn. d. österr. Gesellsch. f. Gesundheitspflege“.] Lex.-8. (16 S. m. 1 Plan.) Ebd. 891. n. — 80

Hirondelle, L' [Autorname] = Mon, Mme Denise.

Hirota, Kioyemon, Augenarzt aus Toyohashi (Japan): Ueber die **Mikroorganismen** im Sekret der Conjunctivitis catarrhalis und im Bindehautsack des gesunden Auges. *Halle a. S. 1901: C. A. Kaemmerer & Co.* (43 S.) 8°
Halle, Med. Diss. v. 22. Nov. 1901

Hirrlinger, Johannes

Engeline | oder | der Mädchen-Felsen bei Reutlingen. | Romantische Sage | von Johannes Hirrlinger. | Reutlingen. | Verlag von Wilhelm Baur. | 1881.
64 S., 166 × 112, U.-Fig.: *Mädchen, von Ritter verfolgt, stürzt in einen Abgrund, 82 × 63.*
LBS d. D. oct K 3259.
Vorlage zu der Titelfigur: L. Schnorr von Carolsfeld, *Sturz vom Felsen.* Vgl. Romantik und Realismus in Österreich, Gemälde und Zeichnungen aus der Sammlung Georg Schäfer, Schweinfurt 1968, Tafel 161, S. 134.

— Vierfacher Farbenkreis. Farbenmischung durch die Lasur mit den drei Grundfarben: Rot, Gelb, Blau. (2 T) Stuttgart

Hirrlinger J, Farbenlehre. (4 T) gr fol auf Pappe aufgezogen. Stuttgart

Hirrlinger, Johs., Prüfungs- u. Uebungstafel zur Untersuchung des Farbensinnes u. zum Schutze vor Farbenblindheit. Lith. u. color. gr. Fol. Mit Leitfaden dazu. 8. (6 S.) Stuttgart 888. (Metzler's Sort.) n. 2. —

Hirs, Ernst. Die ätiologische Bedeutung der Oelkuchenfütterung für das Klauengeschwür beim Rinde. Diss. Vet.-Med. Bern. Mit 14 Abbildungen. (Sonder-Abdruck aus dem Archiv f. wissensch. u. prakt. Tierheilk[unde] Bd. 30. 1904.) IV + 20 S. 8. Berlin, L. Schumacher, 1904.

Hirsbrey, der warme, von Zürich auf dem Freischießen zu Straßburg ꝛc. (v. R. Murer.) Mit schw. Kpf. 4. Zürich 797. Orell. 1 ℔ 4 ℊ illum. 1 ℔ 16 ℊ

Hirsbrunner, J. G. Abriss der Geschichte der christlichen Kirche. Aus verschied. Quellen als Anhung zu jedem Katechismus zusammengestellt. 4. Aufl. In-8°. 37 S. Thun, Eugen Stämpfli. 1896 — 30

Hirsbrunner, Pfarrer J. G., Ansprache an der Veteranen-Feier in Thun d. 24. Nov. 1872. 9 Stn. 8. Thun, J. J. Christen. 1873 —. 50
— Der Ertrag ist zu Gunsten armer Rekruten bestimmt. —

Hirsch, der. (4 S.) 8. Basel 907. Kober. 10 Stück — 16

Hirsch in Philadelphia. 16. (18 S. m. eingedr. Holzschn.) Berlin 876. Levit. — 75

Hirsch, d. u. d. Rennthier ꝛc. s. d. kleinen Büffon ꝛc.

Hirsch, Samson Raphael. Jubiläums-Nummer. Hrsg. v. der Red. des „Israelit“ zum 25. Siwan 5668. (55 S. m. Abbildgn. u. Bildnis.) 38×28 cm. Frankfurt a/M. (908). Verlag des Israelit. 3.40; geb. 4. 75

Hirsch: Einige Andeutungen über die Benutzung der ersten Lebensjahre für die Erziehung. Frankfurt a.M. 1865. 25 S.
Schul-/Univ.-Schrift

Centralverband deutscher Industrieller zur Förderung und Wahrung nationaler Arbeit. Der im Reichstag eingebrachte Antrag v. Heyl und Genossen, betreffend die Reichsaufsicht über die Syndikate, Referate, erstattet von ... HIRSCH-Essen und .... KIRDORF-Gelsenkirchen in der Versammlung der Delegirten des Centralverbandes am 6. Februar 1901 zu Berlin. Berlin 1901. Buchdruckerei „Die Post“. (Ohne bes. Titelbl.) fol.

Hirsch: Aristoxenus und seine Grundzüge der Rhythmik. 30 S. – Progr. Thorn 1859.

Hirsch, Socialpolit. Beiträge zur Politik, Geschichte u. Ethik der socialen Frage. Berlin 897.

Hirsch: Beziehungen Alexanders des Grossen zu den griechischen Staaten. 35 S. 8°–Cilli, Progr. 1869

Hirsch: Ueber Diptychen, Nekrologien, Martyrologien und Verbrüderungsbücher im Mittelalter mit besonderer Rücksicht auf die Kronländer Oesterreichs. 15 S.–Graz, Progr. 1865

Hirsch, über die historische Entwickelung der öffentlichen Gesundheitspflege. Rede. gr. 8. (52 S.) Berlin 889. Hirschwald. n. 1. 20

Hirsch, Dr., s. Israels Erbauungsstunden.

Hirsch, Erwerb eigener Aktien durch die Aktiengesellschaft. Gött. 888.

Hirsch, d. Fußschweiß u. s. erfolgr. Behandlg. Ratgeber f. Touristen u. Militär. 8. (7 S.) Offenbach 895. Th. Steinmetz. n. — 20

— über Basedowsche Krankheit, ihren Zusammenhang m. Herzleiden u. ihre Behandlung. (23 S.) gr. 8. Ebd. 905. n. — 80

Hirsch, Dr.* Leichenbeerdigung oder Leichenverbrennung. Vortrag, Hamburg 13. III. 1883. Separatabz. a. d. Centralblatt f. allgem. Gesundheitspflege. (Bonn 1883. II. 417—431.) Hamburg, Johann Kriebel, 1884.

Hirsch, Leitfaden der Bauverbandslehre, unter Mitwirkg. v. Wienkoop, s.: Degener's, Herm. A. L., Leitfäden f. Baugewerkschulen.

Hirsch, ...: Realindex od. Extract d. hochfürstl. brandenburg-onolzbach. Landesconstitt. *Ansbach.* 774.

Hirsch. Répertoire d'articles militaires, pris des journaux de l'Allemagne, de la France, de l'Italie et de la Suisse. In-8°. Cöln, Warnitz & Cie. 1882 5 35

— Repertorio d'articoli scelti presi dai giornali militari dall' Italia, della Germania, della Franca e della Svizzera. In-8°. Cöln, Warnitz & Cie. 1882 5 35

Hirsch, Repertorium hervorragender Aufsätze aus der neuesten in- u. ausländischen Militär-Journalistik [zugleich als Fortsetzung des Repertoriums v. Hirsch u. Kowalski], unter Mitwirkung von Schmidt, Thiel u. Kowalski u. m. a. hrsg. gr. 8. (XVIII, 291 S.) Köln 882. Warnitz & Co. n. 4. —
Auch in französ. u. italien. Ausgabe zu gleichem Preise zu haben.

Hirsch, Repertorium hervorragender Aufsätze der in- u. ausländischen Militär-Journalistik aus den J. 1881—83, unter Mitwirkg. v. Thiel, Kowalski u. m. a. hrsg. 8. (XII, 274 S.) Köln 885. Warnitz & Co. n. 5.—

Hirsch, Hauptm. u. Comp.-Chef im hohenzollern'schen Füsilier-Reg. Nr. 40. Repertorium hervorragender Aufsätze aus der neuesten in- und ausländischen Militär-Journalistik (zugleich als Fortsetzung des Repertoriums von Hirsch und Kowalski), unter Mitwirkung des Hauptm. Schmidt, der Lieut. Thiel und Kowalski u. m. a. II. Bd. (Bis zum Jahre 1881.) III. Bd. (Bis zum Jahre 1883.) IV. Bd. (Bis zum Jahre 1890.) (Bd. I siehe Hirsch und Kowalski.) (3 Bde.) 8. Köln 1882—1890.

— u. Kowalski, Repertorium der neueren deutschen Militär-Journalistik. gr. 8. (XX, 352 S.) Berlin 878. Bath. n. 3.—

Hirsch's Repertorium der Militärjournalistik. IV. Bd. 1. Thl. (XI, 283 S.) Köln 890. Warnitz & Co. n. 5.—

Hirsch's Repertorium der Militärjournalistik. IV. Bd. 2. Thl. 8. (S. 285—458.) Köln 891. K. Warnitz & Co. n. 3.— (4. Bd. kplt.: n. 8.—)

— (Hrsg.), s. Staatsarchiv

—— in der Tanzstunde. In Versen mit 18 (eingedr. Holzschn.-) Illustr. von H. Guthknecht. 1.—5. Aufl. gr. 16. (18 S.) Berlin 876, Berliner Buchh. (A. Krause.)
Aus: Berliner fliegende Blätter, besonders abgedruckt.

Hirsch, die angeblichen socialen Theorien u. die wirklichen politischen Bestrebungen d. Hrn. Bakunin. [Aus: „der Volksstaat".] 8. (36 S.) Leipzig 876. (Genossenschaftsbuchdr.) — 30

— in der Türkei. Komisches Gedicht m. 18 (eingedr. Holzschn.-)Illustr. gr. 16. (18 S.) Berlin 876. Levit. — 30

Hirsch, Uebersicht der Zeiten, sowie der senkrechten Steigung der mittleren Fluth, der geographischen Lage, u. der Abweichung der Magnetnadel vieler Hafenorte, nebst einer kurzen Abhandlung über die Entstehung von Ebbe u. Fluth. Nach the new american practical navigator von Nathaniel Bowditsch. Giessen 863. Ferber. (Roth.) Lex.-8. (2 Bl., 16 S.) n. 6 ngr.

Hirsch, üb. d. Unterschied zwisch. Mitthäterschaft u. Beihülfe. Tüb. 881.

—— militärisches Vademecum für den Offizier beim Kriegsspiel, Generalstabsreisen und bei Lösung taktischer Aufgaben. 16. (VI, 54 S. mit 2 Tab. und 1 Stnt.) Ebendas. 884. cart. *

— militärisches **Vademecum** f. den Offizier beim Kriegsspiel, Generalstabsreisen u. bei Lösung taktischer Aufgaben. Mit 1 Signaturentaf. 2., verm. Aufl. 16. (VI, 93 S.) Ebd. 888. cart. n. 1.—

Hirsch, Vorschläge zu e. Personen-Tarif-Reform. Denkschrift. Halberst. 891.

Hirsch, Winke über Erziehung Taubstummer für Eltern, Pflegeeltern u. Lehrmeister. Aus dem Holländ. übers. v. C. Renz. gr. 8. (15 S.) Friedberg 888. Bindernagel. n. — 20

Hirsch, A.

— Horlogerie, s.: Welt-Ausstellung, Wiener 1873, Schweiz.

Hirsch, A. G., das Arsenik, s. Duflos, A.
—— ökonomische Chemie, s. Duflos, A.

Hirsch, Abraham [aus Halberstadt]: Ein Beitrag zur Kenntniss der Arseniate des Kupfers. . . . Halle a/S., *Druck v. H. Meyer's Buchdr. in Halberstadt*, 1890; 47 S. 8°
Halle, Phil. Fak., Inaug.-Diss. v. [29. Okt.] 1890

Hirsch, Abraham, Mercur. Taschenbuch für Kaufleute als Rathgeber für alle Fälle auf der Börse und im Comptoir, nebst einem Anhang, enth.: Handels- und Wechselrecht nebst dem neuesten Wechsel-Stempel-Steuer-Gesetz des norddeutschen Bundes. 1. und 2. Aufl. (IV, 178 S.) 1870. *M. 1., und 3. verb. und verm. Aufl. mit Tabellen zur Vergleichung des alten Masses und Gewichtes mit dem metr. Mass und Gewicht, sowie einem alphabet. Verzeichniss sämmtl. Gerichtsstellen des preuss. Staates. 16. (VI, 206 S.) Berlin 872, Burmester und Stempell. *

Hirsch, A., Mercur. Taschenbuch f. Kaufleute als Rathgeber f. alle Fälle auf der Börse u. im Comptoir, nebst e. Anh., enth.: Handels- u. Wechselrecht nebst dem neuesten Wechsel-Stempel-Steuer-Gesetz d. norddeutschen Bundes. 3. verb. u. verm. Aufl. m. Tabellen zur Vergleichg. d. alten Masses u. Gewichtes m. dem metr. Mass u. Gewicht, sowie e. alphabet. Verzeichniss sämmtl. Gerichtsstellen d. preuss. Staates. 16. (VI, 206 S) Berlin 872. Burmester & Stempell. n. — 75

— Reductions-Tabelle der Gold- u. Silbermünzen aller Staaten in die Reichsmark, sowie der älteren Längen-, Inhaltsmaße u. Gewichte in das neue Maß u. Gewicht. 16. (13 S.) Berlin 872. deutsches Verlags-Institut. — 15

—— Schnellrechner mit den neuen Reichsgoldmünzen in Verbindung mit den neuen Maaßen und Gewichten. 1. Abthl.: Für Schul- und Hausgebrauch sowie für den Kleinverkehr. 3. Aufl. 8. (IV, 48 S.) Ebendas. 872. *

—— Tabellen für den Geschäftsverkehr. I. Praktische Tabelle zur Verwandlung von Ellen in Meter und Centimeter und umgekehrt, sowie zur Preisberechnung. Für alle Käufer und Verkäufer von Ellenwaaren. 16. (1 Bl. in qu. 4.) Ebendas. 872. aufgezogen in qu. 4.

Hirsch, Ada: Beitrag z. Wesen d. Wassermannschen Reaktion, s. Bauer, Richard

Hirsch, Adolf

—— s. Bericht über die Conferenz der europäischen Gradmessung.

— Détermination télégraphique de la différence de longitude entre les Observatoires de Genève et de Neuchâtel, s. Plantamour, E.

Hirsch, A., détermination télégraphique de la différence de longitude entre la station astronomique du Righi-Kulm et les observatoires de Zürich et de Neuchatel,
— détermination télégraphique de la différence de longitude entre la station astronomique du Simplon et les observatoires de Milan et de Neuchatel, s.: Plantamour, E.

— s.: General-Bericht üb. die Europäische Gradmessung.

Hirsch, Adolph (Friesack/Mark), De laconicis. Diss. med. Bln. (Nietack) 16. IV. 1833. 39 S. mit Literatur u. Biogr. (M.: F. Samuel.) (6.50) 15266

Oppon.: L. v. Naurath, N. Lippmann, A. Bohm. — Gew.: Emil Osann, E. D. Aug. Bartels, H. Falkenstein (Berlin).

Hirsch, Adf. v., Maskenstudien. Eine Gallerie Fr. Haase'scher Charakterköpfe für Freunde des Künstlers skizzirt. gr. 8. (83 S.) Königsberg 866, Hübner und Matz. *

Hirsch, A., et E. Plantamour, Nivellement de précision de la Suisse, s.a. Nivellement etc.

Hirsch. A[dolf], et Plantamour, E[mile]. Nivellement de précision de la Suisse exécuté par la Commission géodésique fédérale sous la direction de A. H' et E. P'. 2 Volumes = 10 Livraisons. 4. Genève, Bâle, Lyon 1867–1891.

(Volume 1 =) Livraison 1–9. [Avec 1 planche.] 1867–1891.
Volume 2 = Livraison 10. Catalogue des hauteurs suisses. [Avec 1 carte.] 1891.

Hirsch, A., et Plantamour, E., Nivellement de précision de la Suisse, exécuté par la commission géodésique fédérale sous la direction de A. Hirsch et E. Plantamour. 4me livraison. pp. 205 à 278 in-4. Genève et Bâle, H. Georg. 1873
Pour la Suisse 2. 50
„ l'Etranger 4. —

Les livraisons 1 à 3 1867—70 ont été publiées au même prix.

Hirsch, A., et E. Plantamour, nivellement de précission de la Suisse exécuté par la commission géodésique fédérale. 5. livr. pp. 281 à 361. in-4. Genève et Bâle, H. Georg. Prix pour la Suisse 2. 50. Prix pour l'étranger 4. — 1875

Hirsch, A., et E. Plantamour. Nivellement de précision de la suisse exécuté par la commission géodésique fédérale. 6e livraison, pag. 365 à 445. et 1 pl. 4. Genève et Bâle, H. Georg. 1877 3. —

Hirsch, A. et E. Plantamour. Nivellement de précision de la Suisse exécuté par la commission géodésique fédérale. 7e livr., pages 449 à 489 in-4°. Genève u. Bâle, H. Georg. 1880 3 —

Hirsch, A., et E. Plantamour. Nivellement de précision de la Suisse, exécuté par la Commission géodésique fédérale sous la direction de *A. H.* et *E. P.* 9e livr. Gr. in-4°. (p. 571–655). Genève, Bâle, Lyon, H. Georg. 1891 3 —
Pour l'Étranger Mk. 2 50

*** La livr. 1–8. (1867–83; à 3 .

Hirsch, A., et E. Plantamour. Nivellement de précision de la Suisse exécuté par la commission géodésique fédérale sous la direction de *A. H.* et *E. P.* 10e livr., 2d vol. (Catalogue des hauteurs suisses). Gr. in-4°. 124 p. Genève, Bâle, Lyon, H. Georg, 1891. 3 —
Pour l'Étranger Mk. 2 50

– s. Protokolle über die Verhandlungen der allgemeinen Konferenz der europ. Gradmessung.

— die Sonne, s.a. Vorträge, öffentliche, geh. in der Schweiz.

Hirsch A, die Sonne. (Vorträge, Öffentliche III, 1) Basel 1875

Hirsch, A., die Sonne, Vortrag. gr. 8. Basel, Schweighauser'sche Verlagshdlg. 1. 50

Hirsch, Adph., über die Sonnenfinsterniss am 18. Juli 1860. Lex.-8. (7 S.) Wien 858, (Gerold's Sohn.) Thlr. *

Aus: Sitzungsberichte der k. Akademie der Wissenschaften, Jahrg. 1858, besonders abgedruckt.

— Über die Sonnenfinsternis am 18. Juli 1860: ein Nachtrag zu dessen früherer Abhandlung. S. 30. .... —.16

Separatabdruck

– Die Sternschnuppen, s.a. Vorträge, öffentliche, geh. in der Schweiz.

Hirsch, Dr. Ad., Die Sternschnuppen. Vortrag, geh. i. d. Neuenburger gemeinnütz. Ges. 7/12 1872. Basel 1873. 8°. brosch.

Hirsch A, die Sternschnuppen. (Vorträge, Öffentliche II, 6) Basel 1873

Hirsch, Ad. Die Temperaturabnahme mit der Höhe in der Schweiz. 1870. 4.

Hirsch, Adolf s. Unification des longitudes. (Berlin.)

—— s. Verhandlungen der permanenten Commission der Europäischen Gradmessung.

Hirsch, A., s.a. Verhandlungen der Conferenz der permanenten Commission d. internat. Erdmessung.

— Verhandlungen der vom 27. October bis zum 1. November 1886 in Berlin abgehaltenen achten allgemeinen Conferenz der internationalen Erdmessung und deren permanenten Commission. Berlin 1887.

— Verhandlungen der vom 21. bis zum 29. October 1887 auf der Sternwarte zu Nizza abgehaltenen Conferenz der permanenten Commission der internationalen Erdmessung. Berlin 1888.

Hirsch, Adph., Vorausberechnung der totalen Sonnen-Finsterniss am 18. Juli 1860. Lex.-8. (33 S. mit 3 lithogr. Karten in Fol.) Wien 856, (Gerold's Sohn.) *

Aus: Sitzungsberichte der k. Akademie der Wissenschaften J. 1856, besonders abgedruckt.

Hirsch, A., Zusammenstellung barometrischer Höhenmessungen aus der Umgegend von Giessen und Wetzlar, im Jahre 1854 ausgeführt.

Hirsch, Alb., Jagdbuchführung. 3 Bde. (Rechnungs-Abschluss, Rechnungs-Nachweis u. Tagebuch.) gr. 8. (50, 15 u. 37 Doppels. m. tab. Schreibpap. u. 47 S. m. Abb.) Aussig 896. (Dresden - Blasewitz, P. Wolff.) Geb. in Leinw.-Karton n.n. 12. 50

Hirsch, Albert, Jagd-Buchführung dem edlen Waidwerk gewidmet. 3 Bde. Gr.-8. (Tagebuch, Rechnungs-Abschluß und Rechnungs-Nachweis.) In Leinwand geb. In Comm. * 7.50
Wien: Kunäst 1896.

Hirsch, Albert, Jagdbuchführung. 3 Bände. Lex.-8. (Rechnungs-Abschluss-Tagebuch- und Rechnungs-Nachweis.) In Lnwd. geb. In Comm. Wien: Kunäst 1898. * 7.50

Hirsch, Alb. v., Paris und seine vorzüglichsten Umgebungen nebst Plänen und Illustr. Nach eigenen Anschauungen und den besten Hilfsquellen bearb. 2 Bde. br. 8. München 867, Fleischmann's Buchh. geb. à Bd. * 2 Thlr. *

Inhalt:

Bd. 1. Paris. Die hervorragendsten Staats-Sammlungen als: Louvre, Hôtel de Cluny, Musée d'artillerie etc. Nebst einem Anh.: „Kurze Notizen über die Welt-Ausstellung zu Paris im J. 1867" und „Allgemeiner Wegweiser durch Paris." (XVIII und 324 S. mit 2 Stnt. und 1 lithogr. und ill. Karte in 4. und Imp.-4.)

„ 2. Paris. Die vorzüglichsten Umgebungen, nebst 4 (lithogr.) Plänen (in 4. und qu. 4.) Geschichtliches und Sociales nebst 4 (lithogr.) Plänen (in 4. und qu. 4.) und 4 Illustr. (in Holzschn., wovon 3 eingedr. und 1 Holzschntaf. in 4.) (XXI und 430 S.)

— Tagebuch, d. edlen Waidwerk gewidmet. 8. (190 u. 93 S. m. Abb.) Ebd. 895. Geb. in Leinw. n. 2.—

— — Tagebuch dem edlen Waidwerk gewidmet. 8. (93 S. Text mit Notizblättern und 3 Schreibtafeln.) In Leinwd. geb. In Comm. * 1.25
Wien: Kunäst 1896.

— — Tagebuch, dem edlen Weidwerk gewidmet. 8 (190 u. 93 S. mit Notizblättern.) In Lnwd. geb. In Comm. * 1.25
Wien: Kunäst 1898.

Hirsch, Alex., u. Alfons Roth, Erläuterungen u. Formulare f. die Novelle zur Zivilprozeßordnung u. Gebührenordnung f. Rechtsanwälte. (43 S.) 8. Heidelberg 910. A. Wolff. Geb. 1.—

Hirsch, Alex., die Medaillen auf den Entsatz Wiens 1683, beschrieben. gr. 4. (VI, 35 S. mit 8 Lichtdr.-Taf.) Troppau 883. (Wien, Lechner's Verlagsh.) *

Hirsch, Alfons, Homburg (Pfalz): Die rechtliche Möglichkeit des Ehevertrags nach dem Bürgerlichen Gesetzbuche. Homburg (Pfalz) 1906: P. Ries. (92 S.) 8°
Würzburg, Jur. Fak., Ref. Mayer, Diss. v. 16. Okt. 1906
[Geb. 28. Aug. 82 Homburg (Pfalz); Wohnort: Nürnberg; Staatsangeh.: Bayern; Vorbildung: Gymn. Zweibrücken Reife Juli 01; Studium: München 5, Würzburg 3 S.; Rig. 25. Juli 06.]

Hirsch, Alfr.(Mitarb.), s. Abhandlungen, Fünf strafrechtliche.

Hirsch, Alfred [aus Stuttgart]: Beiträge zur Bestimmung der Acidität des Magensaftes beim Gesunden. Experimentaluntersuchungen aus d. chem. Laboratorium d. med. Klinik zu Würzburg .... Würzburg, Becker's Univ.-Buchdr., 1887; 36 S. 8°.
Würzburg, Med. Fak., Inaug.-Diss. v. 1887.

Hirsch, Alfred, aus Massow: Die **Geschwülste** der Nebennieren und Nebennierengeschwülste der Niere. *Würzburg 1902: J. B. Grunwald.* (26 S.) 8°
Würzburg, Med. Diss. v. 1902

Hirsch, Alfred [aus Nagy-Atád (Ungarn)]: Ungarns Grundbesitzverhältnisse. Agrarstatist. Untersuchgn ... Halle a. S., Druck v. E. Karras, 1893; 3 Bl., 82 S., 1 Bl. 8.
Halle, Phil. Fak., Inaug.-Diss. v. [22. Sept.] 1893

Hirsch, Alfr., das Sonderstrafrecht der handelsrechtlichen Gesellschaften, s.: Abhandlungen, 5 strafrechtliche.

Hirsch, Ant., die Frau in der bildenden Kunst. Ein kunstgeschichtl. Hausbuch. (XII, 622 S. m. 330 Abbildgn. u. 12 Taf.) Lex.-8. Stuttgart 905. F. Enke. n. 18.—; geb. in Leinw. n. 20.—

Hirsch, Ant., Iwein. Ein dramat. Gedicht in 3 Aufzügen. (III, 80 S.) 8. Dresden (907). E. Pierson. 1. 50

Hirsch, Anton. Die Bildenden Künstlerinnen der Neuzeit. Mit 107 in den Text gedruckten Abbildungen und 8 Tafeln. VIII+232 S. gr.-8. Stuttgart, Ferdinand Enke, 1905. [M. 9.20, geb. 11.—]
Darin S. 46/9. 97. 121/5 etc. schweizerische Künstlerinnen *betr.*

Anton Balthasar Raimund Hirsch

Paris quinti nervorum encephali Disquisitio anatomica in quantum ad ganglion sibi proprium, semilunare, et ad originem nervi intercostalis pertinet.([Wien] 1765:) e Typographeo Kaliwodiano.
38 S. 8°

Wien, Med. Diss. v. Juli 1765

Hirsch, Ant. Balth., Paris quinti nervorum encephali disquis. anat., in quantum ad ganglium sibi proprium semilunare et ad originem nervi intercostalis pertinet. 19 pp. Vienn. 4°.
Haller, Bibl. anat. II, 617. *Ludwig* I, p. 244.

1765

Hirsch, Ant. Balth. Raym., Paris quinti nervorum encephali disquisitio anatomica, in quantum ad ganglion sibi proprium semilunare, et ad originem nervi intercostalis pertinet. Vindeb. 4°.
Ludwig, I, 2, 44—62. *Sandifort,* Th. diss. Roterod. 1778, III, 477—500.

1768

Hirsch, Armin. (geb. Konitz in Westpr. 30. 9. 1831): De funiculi umbilicalis prolapsi repositione. Berolini (1856). (27 S.) 8°
Berlin, Med. Diss. v. 8. Aug. 1856

Hirsch, Arno, a. Rastatt in Baden, z. Zt. Assistenzarzt am städt. allgemeinen Krankenhaus zu Konstanz: Ein Beitrag zur Krebsstatistik. 359 Krebsfälle aus dem städtischen Krankenhaus in Konstanz. Borna-Leipzig 1906: R. Noske. (47 S.) 8°
Freiburg i. B., Med. Fak., Ref. Kraske, Diss. v. 1907
[Geb. 9. Aug. 79 Rastatt; Wohnort: Konstanz; Staatsangeh.: Preußen; Vorbildung: Gymn. Konstanz Reife Juli 00; Studium: Berlin 1, Freiburg i. B. 8 S.; Coll. 13. Juli 06; Approb. 1. Jan. 06.]

Hirsch, Arnold, aus Stettin: Ueber den **Bewegungsmechanismus** des Compositenpappus. Mit 1 Taf. *Berlin 1901: E. Ebering.* (39 S.) 8°
Würzburg, Phil. Diss. v. 1901

Hirsch, Arnold, Helgoland als Seebad in gesundheitlicher, socialer Beziehung u. Vergleich der Nordseebäder m. den übrigen europ. Seebädern. [Mit Ansicht (in Stahlst.), Badereglement u. Schiffertaxen v. Helgoland.] 8. (94 S.) Hamburg 852, G. W. Niemeyer. 18 ngr; in Engl. Einb. 24 ngr

Aron Hirsch & Sohn, Halberstadt. Messingwerk Eberswalde. Kupferwerk Ilsenburg i. H. Aron Hirsch, Berlin. 1902.

Hirsch, Aron Simon (geb. Danzig 1817): De laryngostasi exsudativa vulgo croup vocata. Berolini (1843). (62 S.) 8°
Berlin, Med. Diss. v. 17. Febr. 1843

Hirsch, Arthur. Ueber die Diffusibilität der Peptone und den Einfluss der löslichen Salze auf die Eiweissverdauung durch Magensaft. Diss. Dorpat. 8°. 49 pp. 1876

Hirsch, Arth., die Fronen in Elsass-Lothringen, s.a. Bausteine zur elsass-lothringischen Geschichts- u. Landeskunde.

Hirsch, Arthur, Rechtsanw.: Die Fronen in Elsass-Lothringen. Zabern: Fuchs 1910. 80 S. 8° ¶ (Ersch. auch als: Bausteine z. els.-lothr. Geschichts- u. Landesk. H. 10.)
Straßburg, Rechts- u. staatswiss. Diss. v. 5. Febr. 1910, Ref. Sartorius Frh. v. Waltershausen
[Geb. 17. Nov. 79 Hatten, U.-Els.; Wohnort: Straßburg; Staatsangeh.: Elsaß-Lothringen; Vorbildung: Gymn. Hagenau Reife Juli 00; Studium: Straßburg 10, Berlin 1, München 1 S.] [U 10. 4018

Hirsch, Arth., Kefir u. seine Anwendung bei Kinderkrankheiten. Mit 1 Abbildg. des W. N. Dmitriew. (VIII, 44 S.) gr. 8. Riga 906. Jonck & Poliewsky. n. 1. —

Hirsch, Arth., zur Theorie der linearen Differentialgleichung m. eindeutigem Integral. [Aus: „Schriften d. physikal.-ökonom. Gesellsch. in Königsberg".] gr. 4. (6 S.) Königsberg i/Pr. 892. W. Koch. n. — 20

Hirsch, Arthur [aus Königsberg i. Pr.]: Zur Theorie der linearen Differentialgleichung mit rationalem Integral ... Königsberg i. Pr., Hartungsche Buchdr., *1892;* 2 Bl., 42 S., 1 Bl. 4.
Königsberg, Phil. Fak., Inaug.-Diss. v. 1. Juli 1892

HIRSCH, Artur (Hanau): Über Thoracoplastik unter Berücksichtigung von vier in der chirurgischen Poliklinik in München operierten Fällen. (Titel nach der Urkunde)
6.3.1907 - Urk; Chr 1906/07,24
Diss. Ingolst.-Landsh.-Mchn.

Hirsch, Arth. W., Lehrbuch d. Elektrotechnik, s.: Hittenkofer, Maschinenbau.

Hirsch, Arth. H., s.: **Elektro-Ingenieur-Kalend.**

Hirsch, August

Hirsch, Augustus: De collectionis Hippocraticae auctorum anatomia, qualis fuerit et quantum ad pathologiam eorum valuerit. Berolini 1864. (42 S.) 4°
Berlin, Med. Fak., Antrittsprogr. v. [13. Juli] 1864

Hirsch, Aug., Commentatio historico-medica de collectionis Hippocraticae auctorum anatomia, qualis fuerit et quantum ad pathologiam eorum valuerit. Berlin 864. A. Hirschwald. gr. 4. (42 S.) n. 28 ngr

Hirsch, A., das Auftreten und der Verlauf der Cholera in den preussischen Provinzen Posen und Preussen während der Monate Mai bis Septbr. 1873, s.a. Berichte der Cholera-Kommission für das Deutsche Reich.

Hirsch, A., das Auftreten u. der Verlauf der Cholera in den preußischen Provinzen Posen u. Preußen während der Monate Mai bis Septbr. 1873. Reise-Bericht, erstattet an das Reichskanzler-Amt. gr. 8. (32 S.) Berlin 874. C. Heymann's Verl. n. — 50

Hirsch, Aug., Entstehung u. Verhütung der Blindheit. Auf Grund neuer Untersuchungen bearb. gr. 8. (IV, 108 S.) Jena 902. G. Fischer. n. 3. —
Sonderabdruck aus: „Klinisches Jahrbuch".

Hirsch, Aug., Geschichte der Augenheilkunde. Mit einem Namen-Register. [Aus: „Graefe u. Saemisch, Handbuch der Augenheilkunde Bd. VII."] gr. 8. (VII, 320 S.) Leipzig 877. Engelmann. n. 8. —

Hirsch, Aug., Geschichte der medicinischen Wissenschaften in Deutschland, s.a. Geschichte der Wissenschaften in Deutschland.

Hirsch, August: Geschichte der medicinischen Wissenschaften in Deutschland. Hrsg. durch d. hist. Kommission bei d. Kgl. Akad. d. Wissenschaften. München u. Leipzig 1893. XIV, 739 S.
(Geschichte d. Wissenschaften in Deutschland. Neuere Zeit. Bd 22.)

Hirsch, Aug., Handbuch der historisch-geographischen Pathologie. 1. u. 2. Bd. (à 2 Abthlgn.) Erlangen 859—64. Enke. Lex.-8. (1. Bd.: VIII, 614 S.; 2. Bd.: V, 668 S.) n. 7 ℛ

— Handbuch der historisch-geographischen Pathologie. 2., vollständig neue Bearbeitung. 1. Abth. A. u. d. T.: Die allgemeinen acuten Infectionskrankheiten, vom historisch-geographischen Standpunkte u. mit besonderer Berücksichtigung der Aetiologie bearb. gr. 8. (VIII, 481 S.) Stuttgart 881. Enke. n. 12. —

Hirsch, Aug., Handbuch der historisch-geographischen Pathologie. 2., vollständig neue Bearbeitg. 2. u. 3. Abth. gr. 8. Stuttgart, Enke. n. 26. — (cplt.: n. 38. —)
2. Die chron. Infections- u. Intoxications-Krankheiten, parasitäre Wundkrankheiten u. chronische Ernährungs-Anomalieen, vom historisch-geograph. Standpunkte u. m. besond. Berücksichtg. der Aetiologie bearb. (VI, 467 S.) 883. n. 12. —
3. Die Organkrankheiten. Nebst e. Register üb. die 3 Abtheilgn. (IV, 557 S.) 886. n. 14. —

— s. **Jahresbericht** über die Leistungen und Fortschritte in der gesammten Medicin.

-- (Hrsg.), s. Lexikon, Biographisches, der hervorragenden Ärzte . . .

— die **Meningites** cerebro-spinalis epidemica vom historisch-geograph. und pathologisch-therapeut. Standpunkte bearb. gr. 8. (V und 189 S.) Berlin 866, A. Hirschwald. *

— u. M. **Sommerbrodt,** Mittheilungen über die Post-Epidemie im Winter 1878—1879 im russischen Gouvernement Astrachan. Nach dem seitens der dorthin entsandten Kommission an die deutsche Reichsregierung erstatteten Berichte bearb. gr. 8. (VI, 104 S. m. 1 lith. Karte.) Berlin 880. C. Heymann's Verl. n. 3. —

Hirsch, A[ugust] (Giessen)
Ueber die Seminalcysten des Hoden.
Giessen: (F.Ch. Pietsch) 1863. 30 S. (in Δ mit „Thesen")
Diss. med. 11.11.1863. vorh. 26. 7. Δ.

— Untersuchungsplan der Erforschung der Ursachen der Cholera und deren Verhütung, s. Berichte der Cholera-Kommission für das Deutsche Reich.

— über die Verhütung u. Bekämpfung der Volkskrankheiten m. specieller Beziehg. auf die Cholera, s.a. Zeit u. Streit-Fragen, deutsche.

Hirsch A, Verhütung und Bekämpfung der Volkskrankheiten mit besonderer Beziehung auf die Cholera. (Zeit- und Streitfragen, deutsche 51) Berlin 1875

HIRSCH, Aug. (geb. 4. Octob. 1818 zu Danzig). Die grossen Volkskrankheiten (wobei Tanzwuth) des Mittelalters .... 1865. 8°. (2 Mk. E. Frensdorff, Berlin, c. 1904.)

Die Wiedereinführung von Schiffahrtsabgaben auf den natürlichen Wasserstraßen. Festrede z. Vorfeier d. Geburtstages Sr. Maj. Kaiser Wilhelms II. geh. 1908 in d. Kgl. Techn. Hochschule zu Aachen von Geh. Baurat [Aug.] **Hirsch,** Prof. Aachen (1908): La Ruelle. (20 S.) 8° [08. 7873 10

B. HIRSCH, Gutachtliche Aeusserung auf die Seitens des Herrn Reichskanzlers bezüglich Revision der Pharmacopoea Germanica aufgestellten Fragen: „Welche Mängel sind bei der Anwendung des gesetzlichen Arzneibuchs bisher hervorgetreten?« und »Welche Bereicherungen hat der Arzneischatz inzwischen erfahren?« Frankfurt a. M. 1879. Druck von Mahlau & Waldschmidt. 4°.

Hirsch, B., die **Fabrikation** der künstlichen Mineralwässer u. anderer mouissirender Getränke. Mit 59 in den Text gedr. Holzschn. [Aus „Muspratt-Kerl's techn. Chemie."] hoch 4. (220 Sp.) Braunschweig 871. Schwetschke & Sohn. n. 4. —

Hirsch, B., die Fabrikation der künstlichen Mineralwässer und anderer moussirender Getränke. 2., verm. Aufl. 4. (284 Sp. mit 81 in den Text gedr. Holzschn.) Braunschweig 876, Schwetschke und Sohn. *

Aus: Muspratt's theoretische, praktische und analytische Chemie, besonders abgedruckt

Hirsch, B., u. P. Siedler, d. Fabrikation d. künstl. Mineralwässer u. and. moussir. Getränke. 3., neu bearb. Aufl. gr. 8. (XII, 393 S. m. 103 Abb.) Braunschweig 897. F. Vieweg & Sohn. n. 8. —

Hirsch, Benj., Vorschläge zu e. Personen-Tarif-Reform. Denkschrift zur Personen-Tarif-Frage, e. Referat in der am 17. Febr. 1891 zu Magdeburg stattgehabten Sitzung der Handelskammer zu Halberstadt. Lex.-8. (46 S.) Halberstadt 891. (Helm.) n. — 60

Hirsch, Bernhard: Die Jackson'sche Epilepsie in pathogenetischer und symptomatologischer Beziehung, sowie über den pathogenetischen Mechanismus der Epilepsie überhaupt nebst Mitteilung eines Falles von Jackson'scher Epilepsie nach Schufsverletzung, in welchem die Auffindung der Kugel im Gehirn mittelst Röntgenstrahlen gemacht wurde. *Berlin (1898): L. Simion.* (49 S.) 8°

Berlin, Med. Diss. v. 13. Mai 1898

Hirsch, Bernh., Rübezahl. Roman aus der Zeit der Weber-Unruhen im Eulengebirge. (VII, 251 S.) 8. Berlin 906 E. Trewendt. n. 3. 50; geb. n. 4. 50

Ⓑ **Hirsch, Bernh.**, Rübezahl. 906. (KBL 33.) Jetzt: Schweidnitz, L. Heege. Erm. Pr. 2. —

— die **Zwillingsschwestern**. Roman in 2 Büchern (240 S.) 8. Berlin 905. C. Freund. n. 3. —

Hirsch, Bernh. Bened., Allocutionen. 1. Bdchn. gr. 8. (1½ B.) Berlin 844, Bessische Buchh. *

Hirsch, Bernh. Benedict, Zeitblätter. Nr. 1. Sonntags- u. deutsche National-Volksfeste. Preußen und die italienische Frage. Berlin 859. Nöhring in Comm. gr. 8. (15 S.) 3 *ngr.*

Hirsch, Bernh. Bened., Zeitspende der Humanität. Reden und Betrachtungen. Leipzig 856. Voigt u. Günther. gr. 8. (V, 98 S.) n. 12 *ngr.*

Hirsch, Bram, Diss. inaug. med. de usu galvanismi in morbis gravidarum, parturientium et puerperarum. 4. Helmst. 803. Fleckeisen. 2 *gl.*

Hirsch, Bruno

Hirsch, B., Handbuch der praktischen Pharmacie, s.: Beckurts, H.

Hirsch, B., u. Alfr. Schneider, Commentar zum Arzneibuch f. das Deutsche Reich [Pharmacopoea germanica ed. III] m. vergleichender Berücksicht. d. früheren deutschen u. a. Pharmakopöen. (In 10—12 Lfgn.) 1.—4. Lfg. gr. 8. (240 S.) Göttingen 890. Vandenhoeck & Ruprecht's Verl. à n. 1. —

Hirsch, Bruno, u. Alfr. Schneider, Commentar zum Arzneibuch f. das deutsche Reich. 3. Ausg. [Pharmacopoea germanica, ed. III.]. Mit vergleichender Berücksicht. der früheren deutschen u. a. Pharmacopöen. 5.—13. Lfg. gr. 8. (IV u. S. 241—720). Göttingen 891. Vandenhoeck & Ruprecht. à n. 1. — (kplt.: n. 13. — ; geb. n. 15. 50)

— **u. Alfr. Schneider**, Commentar z. Arzneibuch f. das deutsche Reich (3. Ausg.) einschliessl. d. Nachtrages dazu v. 1895, m. vergleich. Berücksicht. der früh. deutschen u. a. Pharmakopöen. 2., durch den Commentar z. Nachtrag verm. Ausg. gr. 8. (IV, 720 u. 58 S.) Göttingen 895. Vandenhoeck & Ruprecht. n. 13. —; geb. n. 15. 50; Commentar üb. den Nachtrag allein (58 S.) n. 1. 20; geb. n. 1. 80

— **u. A. Schneider**, Commentar zum Arzneibuch f. d. deutsche Reich. 4. Aufl., s.: Schneider, Alfr. u. Paul Süss, Handkommentar etc.

—— die Pharmacopoea germanica verglichen mit den jüngsten Ausgaben der Pharmacopoea borussica, dem Schacht'schen Supplement etc. Für Apotheker, Aerzte, Medicinal-Beamte und Droguenhändler. 6 Lfgn. Lex.-8. (VIII, 547 S.) Berlin 878, v. Decker'sche Geh. Ober-Hofbuchdr. à Lfg. * *M.* 1,50. *

Hirsch, B., die Prüfung der Arzneimittel, s. Wolff, E.

—— die Prüfung der Arzneimittel mit Rücksicht auf die wichtigsten europäischen Pharmakopöen nebst Anleitung zur Revision der öffentl. und der Haus-Apotheken, Dispensir- und Mineralwasseranstalten, Drogen und Materialwaaren-Handlungen. Zum Gebrauch für Medicinalbeamte, Aerzte, Apotheker und Drogisten. 2. vollständig neu bearb. Aufl. 2 Hälften. gr. 8. Ebendas. [1. Hälfte. (S. 1—640.) 874. * *M.* 10.; 2. Hälfte. (X, S. 641—1704.) 875. * *M.* 17.] *

Hirsch, B., Supplement zu der 2. Ausg. der Pharmacopoea germanica. Für Apotheker, Aerzte, Medicinal-Beamte, Drogisten. gr. 8. (VIII, 718 S.) Berlin 883. v. Decker. n. 7. —; geb. n. 8. 25

Hirsch, B., vergleichende Uebersicht der früheren und der jetzigen 6. Ausgabe der preuss. Pharmacopöe. Für Aerzte und Apotheker. gr. 8. (31 S.) Berlin 847, Deckersche geheime Ober-Hofbuchdr.

Hirsch, B., vergleichende Uebersicht zwischen der 6. und 7. Ausgabe der Preussischen Pharmacopöe. Zum Gebrauch für Aerzte, Apotheker und Droguisten bearb. Berlin 863. v. Decker. Lex.-8. (VIII, 223 S.) 1 *ꝑ* 7½ *ngr.*

—— vergleichende Uebersicht zwischen der 1. und 2. Ausg. der Pharmacopoea germanica. Für Apotheker, Aerzte, Medicinal-Beamte, Drogisten. gr. 8. (VIII, 491 S.) Ebendas. 883. * *M.* 4,50.; geb. *

—— Universal-Pharmakopöe. Eine vergleichende Zusammenstellung der zur Zeit in Europa und Nordamerika gültigen Pharmakopöen. 1.—10. Lfg. gr. 8. (1. Bd. XVI, 971 S.) [Leipzig 885,86, E. Günther's Verlag.] Göttingen, Vandenhoeck und Ruprecht's Verlag. à Lfg. * *M.* 2.—. *

—— dass. — 1. Bd. 2. (Titel-)Aufl. gr. 8. (XVI, 971 S.) Göttingen 888, Vandenhoeck und Ruprecht's Verlag. *

—— dass. — 2. Bd. 1.—4. Lfg. gr. 8. (368 S.) Ebendas. 888. à Lfg. * *M.* 2.—. *

—— Universal-Pharmakopöe. Eine vergleich. Zusammenstellg. der zur Zeit in Europa u. Nordamerika gült. Pharmakopöen. 2. Bd. 5.—14. (Schluss-)Lfg. gr. 8. (S. 369—1264.) Gött. 889,90, Vandenhoeck u. Ruprecht. à Lfg. * 2 —; * 20 —

1. Bd. u. 2. Bd. 1.—4. Lfg. Ebd. 1888. * 21

Hirsch, Bruno, Universal-Pharmakopöe. Eine vergleich. Zusammenstellg. der z. Zeit in Europa, Nordamerika u. Japan gült. Pharmakopöen. 2 Bde. 2. völlig neu bearb. Aufl. gr. 8. Göttingen 902. Vandenhoeck & Ruprecht. n. 36.—; geb. in Leinw. n. 39.—
1. (A—L.) (559 S.) n. 18.—; geb. n. 19.50.
2. (M—Z). (IV u. S. 561—1062.) n. 18.—; geb. n. 19.50.

Hirsch, Bruno, d. Verschiedenheiten gleichnam. officin. Arzneimittel. gr. 8. (VIII, 331 S.) Stuttgart 895. F. Enke. n. 8.—

Hirsch, C., d. 2ten Ev. Jubelfest jubilirend. Nürnberg. Minister. 8. Nürnb. 730.

Hirsch, C., Rechenbuch für die Hand des Schülers. 1. Heft. Zahlenraum von 1 bis 20. 8. (24 S.) Wismar 865, (Hinstorff'sche Buchh.) *

Hirsch, C., s.: Sammlung seerechtlicher Erkenntnisse.

Hirsch, C. W., Hauptmann. Dänische Edelleute in Wallenstein's Lager. (Abdruck aus:) „Museum". Aprilhft. (In dänischer Sprache.) 8. Kopenhagen 1895.

Hirsch, Camill, Untersuchungen üb. die Pigmentierung der Netzhaut. (88 S. m. 9 Abbildgn. u. 2 [1 farb.] Taf.) Lex.-8. Berlin 905. S. Karger. n. 3.—

Hirsch, Carl, s. Hirsch, Karl

Hirsch, Caesar: Aus d. Univ.-Frauenklinik in Freiburg i. B. Über die Behandlung des Nabelschnurrestes. Cannstatt (1910): Gmähle. 51 S. 8°
Freiburg i. B., Med. Diss. v. 1910, Ref. Krönig
[Geb. 19. Nov. 85 Kannstatt; Wohnort: Freiburg i. B.; Staatsangeh.: Württemberg; Vorbildung: Gymn. Kannstatt Reife Juli 04; Studium: Tübingen 3, München 4, Berlin 1, Genf 1, Freiburg i. B. 2 S.; Coll. 10. Dez. 09.] [U 10. 973

Hirsch, Ch. O., Die Unfälle beim Steinkohlenbergbau im Königreich Sachsen im Vergleich zu anderen Ländern, unter besonderer Berücksichtigung der Verunglückungen durch Stein- und Kohlenfall. Freiberg, 1906. 13 S.

Hirsch, Chajes. »Igeres Bikores.« Ein Beitrag zur historischen Kritik in Betreff der Targuminn und Midraschim. 2. Aufl. mit Anmerkungen und Zusätzen von Jakob Brüll. 8. (44 Blätter.) Preßburg, vormals Schmid'sche Druckerei 1853.

Hirsch Chages, Igeres Bikores. Ein Beitrag zur historischen Kritik in Betreff der Targumim und Midraschim. 2. Aufl. Mit Anmerkungen und Zusätzen von Jacob Brüll. 8. Wien 864, (Herzfeld und Bauer.) *

Hirsch, Charles Henry

— — Ein alter Mordskerl. Roman. Autorisierte Uebersetzung aus dem Französ. von M. Stein. Mit Bildern von Artur Scheiner. Budapest, Verlag von G. Grimm, 1911.
Confiscirt 1911, laut Ztschr f. Bücherfr N. F Jahrg. III, Heft 9, S. 336.

Hirsch, Charles-Henry, Sandburgen. Roman. Autoris. Übersetzg. aus dem Franz. v. M. Stein. (308 S.) 8. Budapest 909. G. Grimm. 3.—

— Eva Tumarche u. ihre Freunde. Pariser Sittenroman. Aus dem Franz. übers. v. M. Stein. (239 S.) 8. Ebd. 908. 2.—
Im Deutschen Reiche verboten.

Hirsch, Cph. Fr., Erläuter. e. vor d. Blattern schützenden Mittels. 8. Ansb. 802. Gassert. 6 kr

— s. A. Lerol, Hygea.

— von den Vortheilen d. in den russ. Staaten gebräuchl. Dampf- od. Schwitzbäder u. ihrer Einrichtung. gr. 8. Bamb. 816. Kunz. 6 gr

Hirsch, C. F., von den Vortheilen der in den kaiserl. russischen Staaten gebräuchl. Dampf- oder Schwitzbäder. gr. 8. 1816. Jetzt Dresch in Bamberg. 1/4 rf

Hirsch, Christoph Siegm. „Versuch eines Entwurfs über die rechte Methode die Kameralwissenschaften zu studieren", Schwabach 1789.

Hirsch, Curt, s. Hirsch, Kurt

— **David** (Thorn), Der primäre Scheidenkrebs. Diss. med.-chir. Halle (Heynemann [J. Fricke & F. Beyer]) 16. VII. 1883. 27 S. mit Biogr. (5.—) 15268
Referent: Olshausen. — Oppon.: C. Dorn, A. Michaelis. — Imprim.: Ackermann. — Gew.: M. Jastrowitz (Schöneberg-Berlin).

Hirsch, Dietr., Studien zur Geschichte König Ludwigs VII. v. Frankreich [1119–1160]. gr. 8. (V, 111, 116 S.) Leipzig 892. G. Fock. n. 1.75

Hirsch, E.

— Die Arbeit der Trinkerasyle. Lintorf 1888.

Hirsch, über Arterienverkalkung. 2. Aufl. (16 S.) gr. 8. München 904. Verlag der ärztl. Rundschau. n. —60

Hirsch, E., über Arterienverkalkung. 4., durch e. 2. Tl. verm. Aufl. (46 S.) 8. München 910. Verlag der ärztl. Rundschau. 1.—

Hirsch, üb. Arteriosklerose. gr. 8. (16 S.) München 902. Verlag der ärztl. Rundschau. n. —60

Hirsch, E., Beitrag zur Beantwortung d. Frage: ob gegenwärtig eine Pensions-Erhöhung f. die evangel. Schullehrer-Wittwen u. Waisen in Schlesien stattfinden könne od. nicht? gr. 8. (2 B.) Oppeln 846, Weilshäuser'sche Buchh.

— Die Bekämpfung der Trunksucht. Vortrag. Berlin 1886. Mk —20.

— Ueber die Einrichtung von Trinkerheilanstalten mit Bezug auf das zu erhoffende Trinkergesetz. Düsseldorf 1889.

Hirsch, E., De Platonis Gorgia. Pr. 1865. 8 S. 4°.
Breslau.

— Der Kampf wider die Branntweinpest und die bisher erzielten Erfolge. Vortrag. Schwerte 1886.

Hirsch: Probe einer Übersetzung von Platons Gorgias. Cap. 1-20. Breslau Friedr. G., Progr. 1870.

Hirsch: Quaestionum de Euripidis Helena pars. I. 20 S. – Breslau Fr., Progr. 1861.

— Die Thermen v. Bad-Nauheim, ihre Wirkungen u. Erfolge. Ausführl. Beschreibg. der neuen Badehäuser u. staatl. Neu-Bauten, m. e. Anh.: Die Schwalheimer-Mineralquellen. 4. umgearb. u. verm. Aufl. m. Illustr. (72 S.) 8. Bad-Nauheim 910. H. Burk. 1.—

Hirsch, E., die Trunksucht und ihre Bekämpfung. Eine Denkschrift, welche zugleich als siebenter Bericht über das Männer-Asyl, sowie als erster Bericht über die Kur-Anstalt Siloah in Lintorf, Kreis Düsseldorf, dient. Im Auftrage der Direktion der rheinisch-westfäl. Diakonen-Anstalt zu Duisburg verf. gr. 8. (32 S.) Oberhausen 884. (Leipzig, Drescher.) *

Hirsch, Pastor. Die Trunksucht und ihre Bekämpfung. Denkschrift, zugleich 7. Bericht über das Männerasyl in Lintorf. Oberhausen 1884.

— Wie soll der Kranke im Kurorte leben? Ärztliche Ratschläge. (31 S.) gr. 8. Berlin 909. A. Pulvermacher & Co. — 60

Hirsch, Et., Wofür ich heute Gott Dank sage. Abschiedsrede, gehalten in der evang. Kirche zu Oppeln, am 4. Sonntage nach Ostern 1854. Oppeln, Clar. gr. 8. (11 S.) 2½ ngr.

Hirsch, Eduard, prakt. Arzt in Berlin: Ueber Ovarialsarkome. Leipzig 1907: B. Georgi. (23 S.) 8°
Leipzig, Med. Fak., Ref. Zweifel, Diss. v. 13. Juni 1907
[Geb. 4. Aug. 69 Stettin; Wohnort: Rixdorf; Staatsangeh.: Preußen; Vorbildung: Gymn. Gartz Reife M 88; Studium: Berlin 10 S.; Coll. 15. Juni 07; Approb. 25. Juli 99.]

Hirsch, Eman., die Herstellung d. Gleichgewichtes im Staatshaushalte. Ein Steuer-Reform-Project vorgetragen in der Kaufmannshalle. gr. 8. (29 S.) Budapest 875. Lampel's Verl. n. — 84

Hirsch, Emanuel [aus Friedberg (Hessen)]: Ueber luetische Kniegelenkentzündung ... Würzburg, Druck d. Ferdinand Rohrl'schen Buchdr., 1888; 61 S. 8°
Würzburg, Med. Fak., Inaug. Diss. v. 1888

Hirsch, Emil [aus Halberstadt]: Ueber den Einfluss der Temperatur auf die elektromagnetische Drehung der Polarisationsebene des Lichtes in Eisen, Kobalt und Nickel ... Berlin, Buchdr. v. G. Schade, 1893; 30 S., 1 Bl., 2 Taf. 8.
Berlin, Phil. Fak., Inaug.-Diss. v. 3. Jan. 1893

Hirsch, Emil, Lehramtspraktikant): Vom Römischen Grenzwall. (Kaisersgeburtstagsrede.) *(Mannheim 1902: J. Gremm.)* (28 S.) 4°
Mannheim, großh. RG, MP 1902 (698)

Emil Hirsch, Antiquariat, München. Litteratur über Historische u. Volks-Trachten. Geschichte einzelner Stücke d. menschl. Kleidung. Geistl. Costüme. Alte Waffen. Militär. Uniformen. Ein Beitrag z. Kulturgesch. d. Menschheit. *(München: E. Hirsch [1900].)* (184 S.) 8° [Umschlagt.]
Katalog 18. (oo. 10048 6

Hirsch, Emil, prakt. Arzt aus Berlin: Aus d. pathol. Abt. d. Krankenhauses zu Moabit ⟨Berlin⟩. Ueber Magendivertikel. *Leipzig 1901: B. Georgi.* (37 S.) 8°
Leipzig, Med. Diss. v. (10. Okt.) 1901

Vorschuß-Verein zu Wiesbaden. E. G. m. u. H. 1860—1910. (Verf.: Ernst Hirsch.) — Wiesbaden 1910: Petmecky. 19 S., 3 Tab 8°

Hirsch, Eugen: Kriegskonterbande und verbotene Transporte in Kriegszeiten. *Landau 1897: K. & A. Kaussler.* (62 S.) 8°
Würzburg, Jur. Diss. v. 1897

Hirsch, F. Kaiser Constantin VII. Porphyrogenetos. 8. Breslau 1873. — 4. Berlin 1873.

Hirsch, F. A., Sand in die Augen, — So paßt's, s. Both's, L. W., Bühnen-Repertoir.

Hirsch, A., So paßt's! s. Bloch's, E., Dilettanten-Bühne.

Hirsch, F. E., Der Leuchtturmwächter von Argew, s.: Saat und Garben.

Hirsch, F. W., ABC der Harmonielehre für fleißige und aufmerksame Clavier- u. Orgelschüler. (853.) 7½ ngr. — (Neue Titel-Ausg.) Hoyerswerda (855.) Erbe. 8. (32 S.) 3 ngr.

Hirsch, Fel., Entwurf e. Gesetzes z. Schutze d. Baugläubiger. Ein Vorschlag. gr. 8. (32 S.) Berlin 896. H. Lazarus. n. — 50

Hirsch, Ferd., die ersten Anknüpfungen zwischen Brandenburg und Russland unter dem Grossen Kurfürsten. [1.] und 2. Tl. [1657—1660.] gr. 4. (32; 34 S.) Berlin 885,86, Gaertner's Verlag. à Tl. * ℳ 1.—. +

Hirsch, Ferd. (Judev. Kult. geb. Danzig 22. 1. 1843.) De Italiae inferioris annalibus saeculi decimi et undecimi. Berolini (1864). (76 S.) 8°
Berlin, Phil. Diss. v. 19. Dez. 1864

Hirsch, Ferd., de Italiae inferioris annalibus saeculi decimi et undecimi. Dissertatio historica critica. 8. (74 S.) Leipzig 865, Hirzel. *

Hirsch, F. Die Armee des Großen Kurfürsten. 1660—66. München 1885. 8°. (Aus: Hist. Zeitschr.)

Hirsch, Ferd., das Herzogthum Benevent bis zum Untergange d. langobardischen Reiches. Ein Beitrag zur Geschichte Unteritaliens im Mittelalter. gr. 4. (47 S.) Leipzig 871. Hirzel.) n. 2. --

Hirsch, Ferd., Brandenburg u. England. 1674—1679. I. Tl. Progr. 4. (24 S.) Berlin 898. R. Gaertner. n. 1. —

Hirsch, Ferd., Brandenburg u. England. 1674—1679. II. (Schluss-)Tl. Progr. 4. (28 S.) Berlin 899. [R. Gaertner.] Weidmann. n. 1. —

Hirsch, Ferd., s.: Buch's, Dietr. Sigism. v., Tagebuch.

—: Gedächtnisrede auf Herrn Direktor Professor Dr. Julius Lange, gehalten am 25. September 1903. S. 23—29 der Schuln. 4.
Progr. Königstädtisches Realgymn. *Berlin* 1904 (108).

Hirsch, F[erdinand], Prof. Dr.: Gedächtnisrede auf Herrn Professor Dr. Steuer, gehalten am 7. Mai 1900. (Umschlagt.: Zur Geschichte des Königstädtischen Realgymnasiums. Vier Gedächtnisreden ...) *Berlin: R. Gaertner 1902.* (S. 8 -11.) 4°
Berlin, Königstädt. RG, OP 1902 (109)

Hirsch, Ferd., Handbuch der deutschen Geschichte, s.: Gebhardt.
— s.: Mitteilungen aus der historischen Literatur.

Hirsch, Ferd., byzantinische Studien. gr. 8. (XI, 427 S.) Leipzig 876, Hirzel. *

— s.: Urkunden u. Aktenstücke zur Geschichte des Kurfürsten Friedrich Wilhelm v. Brandenburg.

Hirsch, Ferd. Politische Verhandlungen, s. Urkunden u. Actenstücke z. Gesch. d. Kurfürsten Friedrich Wilhelm v. Brandenb.

— d. Winterfeldzug in Preußen 1678—1679. gr. 8. (IX, 114 S.) Berlin 897. R. Gaertner. n. 3. —

Hirsch, Fr.

Hirsch, F. „Athalia“ von Racine metrisch übersetzt. Böhm.-Leipa, R., 1879. 38 S. Progr.

— Bemerkk. über d. Krankheiten d. Zahnfleisches, mit u. ohne Entzündung, f. Zahnärzte. 8. Erfurt (u. Gotha) 804. Hennings. 10 gr.

Hirsch, jetzt Hirschfeld, Fr., prakt. Bemerkk. über d. Zähne, deren Behandl. im gesunden u. kranken Zustande. Mit e. Vorrede v. J. C. Loder. 8. Jena 796. 2e A. 801. (Hennings in Neisse) 12 gr.

— Fibel, oder Elementarbuch zum Lesenlernen an d. niedern Schulen, nebst e. Anleit. f. Lehrer über dessen Gebrauch. 2 Abthl. 8. Köln, J. G. Schmitz. 2¼ gr.

Hirsch, Fr., bibl. Geschichte f. Kinder zum zweckmäß. Unterr. in d. Elementarschule d. Großh. Berg. 3 Thle. 8. Düsseld. 809—15. (Köln, J. G. Schmitz). 18 gr.

— von den Mitteln, d. Gesundheit d. Zähne zu erhalten ꝛc. 8. Ronneb. 799. (Zwickau, Schumann). 1 gr.

— Vorbereitung u. Gebete bei d. ersten heil. Communion. 8. Düsseld. 804.

Hirsch, Frz., Aennchen von Tharau. Ein Lied aus alter Zeit. 1.—3. Aufl. 8. (125 S. mit Holzschn.-Portr.) Leipzig 882,83, Reißner. geb.
—— dass. — Pracht-Ausg., illustr. von Geo. Knorr. gr. 4. (VII, 139 S. mit 8 Photogr.) Ebendas. 884. geb. mit Goldschn.

Hirsch, Frz., Aennchen von Tharau. Ein Lied aus alter Zeit. 4. Aufl. 8. (128 S. mit 1 Holzschn.-Portr.) Leipzig 885, Reißner. geb. mit Goldschn. *

Hirsch, F., Aennchen v. Tharau. Ein Lied aus alter Zeit. Salon-Ausg. Illustr. v. G. Knorr. Lex.-8. (VII, 139 S. m. 8 Lichtdr.-Taf.) Leipzig 889. Reißner. geb. m. Goldschn. n. 9. —

Hirsch, Frz., Aennchen v. Tharau. Ein Lied aus alter Zeit. 8. Aufl. 12. (128 S.) Leipzig 892. Dresden, C. Reißner. Geb. in Leinw. m. Goldschn. n. 3. —

Hirsch, Frz., Aennchen v. Tharau. E. Lied aus alter Zeit. 10. Aufl. 8. (VII, 134 S. m. 1 Bildn.) Dresden 897. C. Reißner. Geb. in Leinw. m. Goldschn. n. 3. —

Hirsch, Frz., Aennchen v. Tharau. Ein Lied aus alter Zeit. 13. Aufl. (VIII, 134 S.) 8. Dresden 908. C. Reißner. Geb. in Leinw. 3. —

Hirsch, Frz., üb. den Ehrtrieb des Zöglings als Erziehungsmittel. gr. 8. (32 S.) Graudenz 893. J. Gaebel. n. — 60

Hirsch, Frz., vom deutschen Elsaß. Briefe an e. Freund. br. 8. (54 S.) Leipzig 870. Payne. — 50

—— illustr. Geschichte des deutschen Volkes von den Zeiten Armins des Befreiers bis auf die Jetztzeit. Für die deutsche Familie erzählt. 8. Leipzig 872, Payne. ℳ 2,50.; geb.

— illustrirte Geschichte d. deutschen Volkes. Für die deutsche Familie erzählt. 8. (VIII, 348 S. m. Holzschntaf.) Ebend. 875. 2. 50

— illustrirte Geschichte des deutschen Volkes. Für die deutsche Familie erzählt. 2. (Titel-)Aufl. 8. (VIII, 348 S. m. Holzschntaf.) Leipzig 878. Oehmigke's Verl. n. 2. 50; geb. n. 4. —

— Geschichte der deutschen Litteratur von ihren Anfängen bis auf die neueste Zeit, s. a. Geschichte der Weltlitteratur in Einzeldarstellungen.

— Geschichte der deutschen Litteratur von ihren Anfängen bis auf die neueste Zeit. 3 Bde. gr. 8. (VIII, 434; V, 688 u. 778 S.) Leipzig 884. 85. Friedrich. n. 24. —

Hirsch, Franz, approb. Arzt aus Hanau a. M.: Aus d. chirurg. Universitäts-Klinik zu Freiburg i. B. Über Carcinom-Recidive. *Freiburg i. B. 1903: K. Henn.* (85 S.) 8°
Freiburg i. B., Med. Diss. v. 1903

—— der Freunde Lebewohl. Allegorisches Festspiel in 2 Tableaux. 16. (23 S.) Leipzig 868, Grohmann.

—— illustrirte Literaturgeschichte des deutschen Volkes. Für die deutsche Familie erzählt. 2. (Titel-)Aufl. 8. (XII, 322 S. mit Holzschntaf.) [Berlin (876)78, Gebr. Gerstmann.] Leipzig, Oehmigke's Verlag. * ℳ 2,50.; geb.

—— die Oper und der Literaturgeist. Ein Wort zur Operntextreform. gr. 16. (64 S.) Leipzig 868, Rhode. [Fr. Voigt's Buchh.] (* ℳ 1,20.)

— Vagantensang u. Schwerterklang. Lieder aus deutscher Vorzeit. 12. (VI, 138 S.) Ebd. 889. geb. m. Goldschn. n. 4. —

Hirsch, Frz. Thom., gründl. Lehre d. deutschen Rechtschreibung, nebst e. alphabet. Verzeichniß d. vorzügl. techn. Benennungen u. selten vorkommender deutscher, aus fremden Sprachen entlehnter Wörter, zur Bestimm. ihrer Schreibart u. Bedeutung. gr. 8. Wien 819. 2e verb. A. 823. Wallishauser. 18 gr.

Hirsch Friedrich: Über den Chininsäureester und dessen Überführung in p-Oxykynurin. S 105. 11b. 26 . . . . Vgl.
Separatabdruck

Hirsch, Frdr., die Fürsorge f. die Fabrikarbeiterinnen. Vortrag, geh. auf dem 32. Kongr. f. innere Mission in Braunschweig am 23. IX. 1903. (24 S.) gr. 8. Braunschweig 903. H. Wollermann. n. — 30
Sonderabdruck aus: „Verhandlgn. des 32. Kongr. für innere Mission".

— **Friedrich** (Goslar), Commentatio de jure emigrationem civium prohibendi vel circumscribendi. Götting. (Johann Christian Dieterich) 4. VI. 1787. 52 S. (7.—) 15269

Hirsch, Friedrich E[ugen] (später: Hirth, Friedrich)
Dorothea Schlegels „Florentin". S. 3—32. 8.
Progr. K. k. Maximilians-Gymn. *Wien* 1902.

Hirsch, Friedrich E[ugen] (später Hirth, Friedrich): Theatergeschichtliche Studien. 40 S. 8. K. k. Staatsgymn. *Gottschee* 1910.
I. Stoffgeschichtliche Studien. 1. Eulenspiegel auf der Bühne. 2. Ödipus auf der Bühne. 3. Schauspieler-Literatur. 4. Luftschiffpoesie. 5. Lortzings „Hans Sachs". 6. Christian Weise. 7. Johann Anton Leisewitz. 8. Emanuel Schikaneder. 9. Adolf Bäuerle. II. Biographische Studien. 10. Nestroy. 11. Heinrich Laube. 12. Henrik Ibsen.
Die Aufsätze sind „vordem sämtlich in Wiener, Berliner und Leipziger Zeitungen abgedruckt".
Progr.

Hirsch, Friedrich E[ugen] (später: Hirth, Friedrich): Wahrheitsfanatismus und Autosuggestion in der Dichtung. S. 3—24. 8.
Progr. (Vereinigtes) k. k. Albrecht-Gymn. *Teschen* 1908.

Hirsch, Fritz

Hirsch, F., s: Bau- u. Kunstdenkmäler, die, der freien u. Hansestadt Lübeck.

Bauwesen und Häuserbau mit 182 Abb. u. 1 Kupferstich bearb. von Dr. phil. Fritz **Hirsch**, Bezirksbauinsp. in Bruchsal. Heidelberg: C. Winter 1906. (XIII, 284 S.) 4° [F.]
— **Häuserbuch**, Konstanzer. Bd 1. [06. 15403]

Hirsch, Fritz s. a. Häuserbuch. Konstanzer H'.... Band 1....

— Konstanzer Häuserbuch. Festschrift zur Jahrhundertfeier der Vereinigg. der Stadt Konstanz m. dem Hause Baden. Hrsg. v. der Stadtgemeinde. 1. Bd. Bauwesen u. Häuserbau, m. 182 Abbildgn. u. 1 Kpfrst. (XV, 284 S.) 4. Ebd. 906. Kart. n. 20. —; geb. in Leinw. n. n. 22. —

Konstanzer Häuserbuch, II. Bd., s. Häuserbuch, Konstanzer.

Hirsch, Fritz: Hans Morinck. *Berlin: W. Spemann 1897.* (36 S.) 8°
Heidelberg, Phil. Diss. v. [21. Sept.] 1897

Petrikirche Marienkirche. Heil.-Geist-Hospital. Bearb. von Bezirksbauinsp. Dr. F(ritz) **Hirsch**, Stadtbaurat G(ustav) Schaumann u. Dr. F(riedrich) Bruns. Lübeck: B. Nöhring 1900. (XI, 511 S.) 4°(8°)
— **Bau-** u. Kunst**denkmäler**, Die, d. ... Hansestadt Lübeck. Bd 2. [o6. 1646

Das Bruchsaler Schloß im XIX. Jahrhundert. Von Fritz **Hirsch**. Mit 12 Abb. Heidelberg: C. Winter 1906. (XII, 103 S.) 4°(8°) [o6. 7454

Hirsch, Fritz, das Bruchsaler Schloss. Aus Anlass der Renovation (1900—1909) hrsg. v. dem grossh. bad. Ministerium der Finanzen. 5 Farbendr., 63 Lichtdr., 12 Photolith. u. 1 Textheft. (IV, 43 S.) 52,5×44,5 cm. Heidelberg 910. Carl Winter. In Leinw.-Mappe nn 60.—

— u. Alfons v. Rosthorn, die Universitätsfrauenklinik in Heidelberg. (VIII, 95 S. m. Abbildgn.) Lex.-8. Ebd. 904. n. 2. 40

— von den Universitätsgebäuden in Heidelberg. Ein Beitrag zur Baugeschichte der Stadt. (VII, 129 S. m. Abbildgn.) gr. 8. Ebd. 903. n. 3. —

— s.: Zeitschrift f. Geschichte der Architektur.

Hirsch, Fritz, die Zuschneidekunst. Neuestes System nach Lehre der Dreiecks-Construction. Lehrbuch der Fachwissenschaft d. Schneiders f. Civil u. Militair. Das Neueste der Zuschneidekunst auf Grund der Dreiecks-Construction vom Proportions-Verhältniß fortlaufend bis zu den verschiedensten Stellgn. d. menschl. Körpers, auf 12 (lith.) Taf. (in Imp.-Fol.) gezeichnet nebst erläut. Text. 4 Lfgn. Fol. (à 42 S.) Berlin 876. Lorentz. à n. 3. —

Hirsch, Fritz, die Zuschneidekunst. Das neue System nach der Lehre der Dreieck-Construction, geeignet für die Gegenwart sowohl als für die Zukunft. Lehrbuch der Fachwissenschaft des Schneiders für Civil u. Militair. (In 3 Abschnitten.) 1. Abschn. hoch 4. (IV, 39 S. m. 22 Steintaf. in qu. Fol.) Berlin 881. Hirsch's Selbstverl. n. 6. —

Hirsch, Georg. (geb. Königsberg i. Pr. 1799): Analecta de remediis antifebrilibus. Berolini (1819). (68 S.) 8°
Berlin, Med. Diss. v. 17. Dez. 1819

Hirsch, Geo., Beiträge zur Erkenntniss u. Heilung der Spinal-Neurosen. gr. 8. (30 B.) Königsberg 843, Gebr. Bornträger.

HIRSCH, Georg (Haundorf): Die Dilatation der Nierenbecken und Harnleiter durch die Gravidität. Nach den Sektionsberichten von 300 Schwangeren und Wöchnerinnen aus dem Münchener patholog. Institut und den einschlägigen Geburts- und Wochenbettjournalen aus der Münchener Frauenklinik.- München: Kastner & Callwey 1910. 41 S.
6.3.1911 - Chr 1910/11,25; U 11.3645
Diss. Ingolst.-Landsh.-Mchn.

Hirsch, (Georg,) Entstehung der Heilquellen, s. Unterhaltungen, königsberger.

Hirsch, Georg [app. Arzt aus Dresden]: Über einen Fall von scheinbar spinaler spastischer Hemiparese mit Erweichungsherden im Grosshirn und Sclerose im Rückenmark, beides auf der der Lähmung entgegengesetzten Seite ... Chemnitz, Buchdr. A. Wiede, 1893; 28 S., 1 Taf. 8.
Freiburg i. B., Med. Fak., Inaug.-Diss. v. 1893

— Über das Fett, s. Unterhaltungen, Königsberger.

Hirsch, Geo., klinische Fragmente. 1. Abth. Krankheiten der Blutmischung u. des Nervensystems. Königsberg 857. Borntraeger. 8. (2 Bl., VIII, 218 S.) n. 1 ⅓ ß. 3 ngr.

— — 2. Abth. Krankheiten der Athmungs- und der Kreislaufsorgane. Ebend. 858. 8. (VI, 230 S.) n. 1 ⅓ ß. 5 ngr.

Hirsch, G., über d. Contagiosität d. Cholera. — Bemerkungen zu d. Sendschreiben d. Hrn. Präsid. D. Rust an A. v. Humboldt. gr. 8. (5¼ B.) Königsberg 832, Gebr. Borntraeger.

Hirsch, Georg: Die Rechtsverhältnisse des Emissionshauses zu den Beteiligten mit besonderer Berücksichtigung der Haftungsfrage. Borna-Leipzig 1910: Noske. VIII, 62 S. 8°
Heidelberg, Jur. Diss. v. 28. Juni 1910, Ref. Schröder
[Geb. 14. Jan. 79 Darmstadt; Wohnort: Berlin; Staatsangeh.: Preußen; Vorbildung: Realgymn. Darmstadt Reife O. 00; Studium: München 3, Berlin 4, Marburg 2 S.; Rig. 11. Mai 10.] [U 10. 1894

Hirsch, Geo., nach Diagnosen geordnetes Register f. Augenärzte. Mit e. Vorwort v. A. Bielschowsky. (In deutscher, engl., französ. u. italien. Sprache.) (V, 192 S.) 33,5×21,5 cm. Leipzig 909. W. Engelmann. Geb. in Leinw. 7. —

Hirsch, Georg, approb. Arzt aus Schwittersdorf: Über den Shock. *Halle a. S. 1901: C. Colbatzky.* (33 S.) 8°
Halle, Med. Diss. v. 22. Nov. 1901

— de tuberculosi cerebrali commentatio. 8maj. (58 S.) Regimonti Pruss. 847, fratr. Borntraeger. *

— Verhältniß der Chemie zur Heilkunde, s. Unterhaltungen, königsberger.

Hirsch, Geo., populäre naturwissenschaftliche Vorlesungen. gr. 8. (III, 80 S.) Königsberg 870, Bon's Buchh. *

Hirsch, G., ein Vorschlag zur Trachombehandlung, s. Sammlung zwangloser Abhandlungen auf dem Gebiete der Augenheilkunde. VI. 5.

Ein Vorschlag zur Trachombehandlung. Von Dr. med. G[eorg] **Hirsch**, Halberstadt. Halle: C. Marhold 1906. (16 S.) 8°
— **Sammlung** zwangloser Abhandlungen aus d. Geb. d. Augenheilkunde. Bd 6, H. 5. [o6. 6488 B

Hirsch, Georg Ludwig

— s. Horaz, Werke. — Horaz für Frauenzimmer.

Hirsch, Geo. Ldw., (†d. 26. Oct. 1815) Reise durch Italien u. Frankreich in d. J. 1752 u. 53, worinnen auch von d. Reise des Hrn. Markgrafen v. Ansbach als Erbprinz, nach Venedig u. Rom, Nachricht gegeben wird. 8. (Ansb.) 808. (Gassert). 16 ℊℊ.

Hirsch, Georg Matthias

— — De exercitio juris circa sacra civitatum imperial. liberarum protestantium. Diss. jur. Präs. Christian Wildvogel. Jena (Müller) Jun. 1713. 60 S. (7.50) 15272

— **Georg Matthias** (Goslar), De juramento judiciali contra matrimonium non admittendo. Diss. jur. Präs. D. Gottfried Barth (Leipzig). Lpz. (Goetz) 23. XII. 1712. 42 S. (7.—) 15271

Hirsch, Gideon Max, 19. od. 20. Jahrhundert? Zeitrechnungsfragen. M. e. Anh.: Zuschrift des Directors der Berliner Sternwarte, W. Förster. gr. 8. (32 S.) Breslau 900. (Preuß & Jünger). n. 1. —

— chronolog. Reformen. gr. 8. (35 S.) Ebd. 901. n. 1.—

Hirsch, Gottw., s. Anleit. zum Landpolizeirecht.

Hirsch, G.: „Anleitung zum Landpolizeyrechte in den preussischen Staaten", 1. (einziges) Buch, Halle 1792 (Laue in Berlin).

Hirsch, Guido, Referendar: Die **Lehre vom Zwange!** ⟨§ 123 B. G. B.⟩ *Stettin 1899: A. Bornemann.* (47 S.) 8°
Greifswald, Jur. Diss. v. 1899

Hirsch, Gustav, Referendar in Halle a. S.: Die **Rechtsverhältnisse bei** einer Mehrheit von Ansprüchen auf Unterhalt nach dem Bürgerlichen Gesetzbuche. *Borna-Leipzig 1904: R. Noske.* (VII, 88 S.) 8°
Leipzig, Jur. Diss. v. 1904

Hirsch, H., „Geschäft" oder „Kunst?" „Privat-Direktion" oder „städtische Regie?" Ein Beitrag zur Reform des Mainzer Stadttheaters. gr. 8. (87 S.) Mainz 887. Diemer. n. 1. 50

Hirsch, Hans, appr. Arzt a. Mainz: Aus der medizinischen Klinik zu Gießen. Über künstliche Atmung durch Ventilation der Trachea. Gießen 1905: v. Münchow. (33 S.) 8°
Gießen, Med. Fak., Ref. Pfannenstiel, Diss. v. 17. Juli 1905
[Geb. 2. Nov. 81 Mainz; Wohnort: Mainz; Staatsangeh: Hessen; Vorbildung: Gymn. Mainz Reife Juli 99; Studium: Gießen 4, München 2, Berlin 1, Kiel 1, Gießen 2 S.; Coll. 20. März 05; Approb. 8. März 05.]

Hirsch, Hans, aus Berlin: Über **Kondensationen** halogenierter β-Naphtochinone mit Methylenderivaten. *Berlin 1900: A. Scholem.* (59 S.) 8°
Berlin, Phil. Diss. v. 14. Aug. 1900

Hirsch, Hans, kirchliche figurale Sculpturen. Einzelne Statuen, Gruppenbilder, Reliefs u. s. w. m. Darstellgn. aus dem Leben Christi, der Mutter Gottes u. d. Heiligen, sowie bibl. Scenen u. Engelsfiguren. hoch 4. (40 Lichtdr.-Taf. m. IV S. Text.) Berlin (900). B. Hessling. In Mappe n. 24. —

Hirsch, Hans, Referendar in Halle a. S.: **Teilbarkeit** des Eigentums nach Römischem Recht und Bürgerlichem Gesetzbuch. *Halle a. S. 1900: C. A. Kaemmerer & Co.* (82 S.) 8° [𝔉.]
Halle, Jur. Diss. v. 19. Dez. 1900

Hirsch, Hans Christoph, die Übertragung der Rechtsausübung. Vervielfältigung der Rechte. 1. Tl. Allgemeine Lehren. Die Herleitg. des Pfandrechts aus seinen Mutterrechten. (XXIV, 483 S.) Lex. 8. Berlin 910. C. Heymann. 12. —

Hirsch, Hans Traug., Wegweiser durch Mitteldeutschland f. Radfahrer, unt. Mitwirkg. v. Fachleuten hrsg. 1. u. 2. Tl. 12. Leipzig, W. Werner. Geb. in Leinw. n. 8. 10
1. Königr. Sachsen, östl. Bezirk m. Teilen v. S.-Altenburg, S.-Weimar, Reuss j. u. ä. L., Herzogt. Anhalt, Prov. Sachsen, östl. u. nördl. Bezirk, Prov. Brandenburg, westl. Bezirk. M. 8 Städteplänen u. e. Routenkarte. 2., verb. Aufl. (222 S.) 896. Geb. n. 3. 60
2. Königr. Sachsen, südwestl. Bezirk. Thüring. Staaten, Prov. Sachsen, südl. Bezirk. Sächs. Erzgebirge, Frankenwald u. Thüringerwald. M. 7 Städteplänen u. 1 Routenkarte. (241 S.) 897. Geb. n. 4. 50

Hirsch, Hans Traug., Wegweiser f. Rad- u. Automobilfahrer im Königr. Sachsen. 2 Tle. 12. Frankfurt a/M. (908). L. Ravenstein. Geb. in Leinw. à n. 3. —
1. (Westl. Bezirk.) Mit Teilen v. S.-Altenburg, S.-Weimar, Reuss, Anhalt. Prov. Sachsen (östl. u. westl. Bezirk) sowie Prov. Brandenburg (westl. Bezirk). Mit 8 Stadtplänen u. 1 Routenkarte. (2. Aufl.) (222 S.)
2. (Südwestl. Bezirk.) Prov. Sachsen (südl. Teil), Thüringische Staaten, Erzgebirge, Franken- u. Thüringerwald. Mit 7 Stadtplänen u. 1 Routenkarte. (241 S.)

Hirsch, Heinrich

— — (Leipzig), Einige Fälle von fremden Körpern. Diss. med. Lpz. (Breitkopf & Härtel) 17. VI. 1870. 20 S. mit Biogr. (6.—) 15274
Oppon.: Sachsse, Joseph, Brause.

Hirsch, H., überseeische Kolonisation durch Oesterreich-Ungarn, m. handelsstatist. u. handelsgeograph. Anhängen. gr. 8. (X, 76 S.) Wien 888. Hölzel. n. 2. —

Hirsch, H[einrich]: Über gerade und ungerade Permutationen. Oppenheim 1906: W. Traumüller. (10 S.) 4°
Oppenheim, großh. R P 1906 (811)

— **Heinrich** (Krotoschin/Posen), **Chirurgiae curtorum physiologia succincta; adjecta nova methodo septi ex labio restituendi, qua narium nasi restituti concretio prohibeatur.** Diss. physiol.-chirurg. Bln. (Friedlaender) 25. XI. 1835. 36 S. mit Biogr. (M.: M. Pulvermacher.) (6.50) 15273
Oppon.: S. Hantke, E. Munk, J. Bernhard. — Gew.: J. F. Dieffenbach, Carl Elsner.

Hirsch, Henricus *(geb. Breslau 14. 7. 1810)*: De sarcomate annulari. Vratislaviae (1837). (16 S., 1 Taf.) 4°
Breslau, Med. Diss. v. 18 Nov. 1837

Hirsch, Heinr., Socialpolit. Studien. Beiträge z. Politik, Geschichte u. Ethik der socialen Frage. 2 Bücher. gr. 8. (VII, 144 S.) Berlin 897. R. L. Prager. n. 3. —

— statistische Übersichten der Staatswirtschaften, des Welthandels u. Weltverkehrs in Zahlenbildern. 1. u. 2. Jahrg. 1889. 1890. gr. 8. (32, 66 S.) Ebd. à Jahrg. n. 1. —

Hirsch, Heinr., Uebersichten der Staats- u. Volkswirtschaften, d. Welthandels u. d. Weltverkehrs. 1891. 3. Jahrg. gr. 8. (139 S.) Wien 891. E. Hölzel. n. 2. 70

— dasselbe. 1892. 4. Jahrg. gr. 8. (174 S.) Berlin 892. Haude & Spener. n. 4. —

— dasselbe. 1893. 5. Jahrg. gr. 8. (252 S.) Ebd. 893. n. 4. —

— dasselbe. 1894. 6. Jahrg. gr. 8. (VIII, 239 S.) Ebd. 894. n. 5. —

Hirsch, Heinr., s.: Zeitschrift f. Volkswirtschaft, Rechtspflege u. Verwaltung.

Hirsch, Henry, approb. Arzt aus Hamburg: **Beitrag** zur Lehre von der placenta praevia. *Marburg 1902: R. Friedrich.* (31 S.) 8°
Marburg, Med. Diss. v. 27. Aug. 1902

Pariser deutsche Loge „Concordia". Commission zur Feststellung eines Rituals für die Loge. Bericht des Herm. Hirsch als Berichterstatter der Commission vom 31. März, vorgetragen in der feierlichen Logensitzung vom 6. Mai 1868. [Paris 1868.] 8 S. 8° [Kopftit.]
Tt. 1343. Beantragt Beibehaltung des französischen Rituals mit einigen Änderungen.

Hirsch Hermann: Assyrische Transcriptionen ägyptischer Eigennamen in den Inschriften der Sargoniden. II. 1896 PN 1002 Diss.Wien, Univ. 788

Hirsch, Hugo [app. Arzt aus Büdingen '(Hessen.)']: Ein Beitrag zur Lehre von den traumatischen Neurosen ... Würzburg, Druck v. F. Fromme, 1893; 38 S. 8.
Würzburg, Med. Fak., Inaug.-Diss. v. 1893

HIRSCH, Hugo (München): Über einen Fall von intraartikulären Sarkom. (Titel nach der Urkunde) 16.7.1897 – Vr.: Chr 1896/97,20
Diss. Ingolst.-Landsh.-Mchn.

Hirsch, Hugo Hieronymus [app. Arzt aus Zülpich]: Aus d. chirurg. Klinik zu Kiel. Ueber Amputationsstümpfe im allgemeinen und eine neue Amputationsmethode im besonderen ... Berlin, Buchdr. v. G. Schade, *1893;* 43 S. 8.
Kiel, Med. Fak., Inaug.-Diss. v. [31. Aug.] 1893

Hirsch, Hugo Hieron., d. mech. Bedeutg. d. Schienbeinform. Mit bes. Berücksicht. der Platyknemie. E. Beitrag z. Begründg. d. Gesetzes d. funktionellen Knochengestalt. Mit e. Vorwort v. Rud. Virchow. gr. 8. (X, 129 S. m. 24 Fig. u. 3 Taf.) Berlin 895. J. Springer. n. 5. —

Hirsch, J., Anw. z. gründl. Erlern. d. Buchhaltung. 4. Königsb. Autor. 794.

Hirsch, J., die Diphtherie u. ihre erfolgreiche Behandlung auf Grund vieljähriger Erfahrungen. gr. 8. (36 S.) Leipzig 891. W. Engelmann. n. 1. —

Hirsch, J., Fragment e. arabischen Pentateuch-Uebersetzung. (In hebr. Sprache.) Hrsg. u. eingeleitet. gr. 8. (XXXVII, 79 S.) Leipzig 900. O. Harrassowitz. n. 4.—

Hirsch, J., Gesch. d. 25jähr. Wirksamkeit (1866—91) d. Lette-Vereins. (130 S.) Berlin 1891. Lette-Verein.

Hirsch, J., Haus u. Gesellschaft in England, s.: Wall, M. M.

Hirsch, J., die Orthopädie in ihrer speciell. Beziehung zu d. Gebrechen der Haltung u. des Wuchses nebst ihren speciell-gymnast. u. mechan. Behelfen. 8. (13⅞ B. u. 12 lithogr. Abbild.) Prag 815. [Kronberger.]

Hirsch, J. Die Privatbeamten-Versicherung nach der Regierungsvorlage. Eine Kritik. S. A. Jena 1909.

Hirsch, J., die Burg und die Pfarrei Schönbrunn bei Wunsiedel, mit Rücksicht auf das obere Röslauthal. Nach Quellen bearb. Bayreuth 863. Giessel in Comm. gr. 8. (VI, 82 S.) n. 12 ngr.

Hirsch, J., Teplitz-Schönau, sein Einfluss bei Hautkrankheiten u. den späteren Formen v. Syphilis. gr. 8. (108 S.) Prag 873. Dominicus. n. 3. —

Hirsch, J., Universal-Register d. homöopath. Journalistik. Hrsg. durch K. H. Lindau. gr. 12. (12½ B.) Leipzig 836, L. Schumann.

Hirsch, J. D., der Aberglaube. Ein Beitrag zur vaterländ. Kultur- u. Sittengeschichte. 8. (80 S.) Bielefeld (902). A. Helmich. n. 1. —; geb. in Leinw n.n. 1. 75

Hirsch, I. E. Tante Lette beim Freitag-Nachmittag Kaffee-Klatsch (orig in: Pittsburgher Volksbl. Sept 4, 1886 - Sept 3, 1887). Pittsb. 1887.

Hirsch, J. G., s. Irrthümer e. Frauenzimmers.

Hirsch, J. M., Rauh- u. Kürschnerwaaren, s.: Ausstellungs-Bericht, officieller.

Hirsch, Jakob [aus Fürth in Bayern]: Beitrag zur Kenntniss der Chlor- und Brom-Derivate des Metakresols .... Freiburg i. B., Buchdr. v. Chr. Strocker, 1888; 70 S. + 1 Bl. 8°
Freiburg i. B., Phil. Fak., Inaug.-Diss. v. 1888

Hirsch, Jakob [aus München]: Das sogenannte Pactum Ottos I. vom Jahre 962 ... München, kgl. Hof- u. Univ.-Buchdr. v. Dr. C. Wolf & Sohn, 1890; 137 S. 8.
Freiburg i. B., Phil. Fak., Inaug.-Diss. v. 1890

Verzeichnis von verkäuflichen Münzen, Medaillen und numismatischen Werken ... Beschrieben u. hrsg. von Dr. phil. **Jacob Hirsch.** 1.
München: J. Hirsch 1898. 8° [94. 1649] 3

Hirsch, Frl. Jenny, s. a.: Arnefeldt, F.

Hirsch, Jenny, der Amerikaner. Orig.-Roman. 8. (245 S.) Mannheim 894. J. Bensheimer's Verl. n. 4. —; geb. n.n. 5. —

Camilla Feinberg. Erzählung von F. Arnefeldt [d. i. Jenny Hirsch]. *Berlin: A. Goldschmidt 1901.* (228 S.) 8° [F.]
== Bibliothek, Goldschmidts, f. Haus u. Reise. Bd 102. [01. 13338]

Hirsch, Jenny,
— Vide: Frauen-Vereins-Conferenz.

— eine Gedankensünde, s. a. Goldschmidt's Bibliothek f. Haus u. Reise.

[F.] Eine Gedankensünde. Roman v. Jenny Hirsch. *Berlin: A. Goldschmidt 1897.* (1 Bl., 197 S.) 1 Bd 8.
== Bibliothek, Goldschmidts, f. Haus u. Reise. Bd 45. [97. 4037]

Hirsch, Jenny: Geschichte der fünfundzwanzigjährigen Wirksamkeit ⟨1866–1891⟩ des unter d. Protektorat Ihrer Majestät d. Kaiserin u. Königin Friedrich stehenden Lette-Vereins z. Förderung höherer Bildung u. Erwerbsfähigkeit d. weibl. Geschlechts. Im Auftrage d. Vorstandes u. Ausschusses verf. — Berlin 1891: Berliner Buchdr. A.-G. Setzerinnen-Schule d. Lette-Vereins. 130 S. 8°

— Theresens Glück, s. a. Goldschmidt's Bibliothek f. Haus u. Reise.

Theresens Glück. Roman von Jenny Hirsch. *Berlin: A. Goldschmidt 1899.* (214 S.) 8° [F.]
== Bibliothek, Goldschmidts, f. Haus u. Reise. Bd 78. [00. 10144]

[F.] Die Juwelen der Tante. Roman v. F. Arnefeldt [d. i. Jenny Hirsch]. *Berlin: A. Goldschmidt 1898.* (1 Bl., 238 S.) 1 Bd 8.
== Bibliothek, Goldschmidts, f. Haus u. Reise. Bd 54. [98. 9464]

Hirsch, Jenny [Übers.]
s. Marryat, Florence: Sesam, öffne Dich! 1876.

Hirsch, Jenny, Fürstin Frau Mutter. Historische Erzählung aus einem deutschen Kleinstaate zur Zeit Friedrichs d. Großen. 8. (181 S.) Dresden 881. Baensch. n. 3. 50

[F.] Schuldig. Erzählg v. F. Arnefeldt [d. i. Jenni Hirsch]. *Berlin: A. Goldschmidt 1899.* (1 Bl., 204 S.) 1 Bd 8.
= Bibliothek, Goldschmidts, f. Haus u. Reise. Bd 73.

Der Sohn des Sträflings. Roman von F. Arnefeldt [d. i. Jenny Hirsch]. *Berlin: A. Goldschmidt 1902.* (218 S.) 8° [F.]
— Bibliothek, Goldschmidts, f. Haus u. Reise. Bd 105.

Hirsch, Jenny: Kurze Übersicht über den gegenwärtigen Stand der Frauenfrage. Berlin: Berggold 1872. 45 S. 8° (Mill, John Stuart: Die Hörigkeit d. Frau. Übers. von Jenny Hirsch. 2. Aufl. Vorbericht.)

— auf Umwegen. Roman in 2 Bdn. 8. (180 u. 178 S.) Mannheim 900. J. Bensheimer's Verl. n. 4. —

Hirsch Johann: Die Gründungsurkunden der Hirsauer Reform-Klöster.
1001 PN 1440 Diss. Wien. Univ. 837

Hirsch, f.: Pfarr-Almanach f. d. Prov. Ostpreußen.

Hirsch, Johann Christoph

— kurze Anweis. zur Bienenzucht für den Landmann. 8. Ansb. 779. (Gassert). 3 gr.

Hirsch, Jh. Cph., († d. 28. Mai 1780.) christl. Bedenken, ob ein evangel. Reichsfürst d. Gotteshausgelder zur Erbauung eines Zuchthauses anwenden könne? 4. 773.

— kurze Beleuchtung d. Ursprungs u. d. Beschaffenheit des Kreisoberstenamtes ꝛc. 4. Ansb. 766. (Gassert). 6 gr.

— Beleucht. d. Kreisoberstenamtes. 4. Anspach, Haueisen. 766.

— bibliotheca numismatica, exhibens catalogum auctorum, qui de re monutaria et numis, tum antiquis quam recentior. etc. Fol. Nürnb. 760. Felssecker. 1 Rthl. 12 gr.

Hirsch, I. Ch., Bibliotheca numismat. fol. Nrnb. Felsecker. 766. Rthlr.

— Fränkischer Bienenmeister, oder gründl. Anweis. von d. Bienenzucht ꝛc. Mit Kpf. 8. Ansb. 767. 2e A. 8. Nürnb. 770. Felssecker. 8 gr.

Hirsch, Jh. Cph., eröffnetes Geheimniß d. prakt. Münzwissenschaft, sammt beigefügter Tariffa üb. Gold u. Silber. Mit Kpf. 4. Nürnb. 762. N. A. 781. Felssecker. 2 Rthl. 16 gr.

— Fränkischer Haushaltungs- u. Wirthschaftskalender für alle 3 Religionsverwandte auf d. J. 1769—80. 4. Schwalbach.

J. C. Hirsch, Fränkischer Haushaltungs- und Wirtschaftskalender.
Schwabach 1769-1791

— des deutschen Reichs Münzarchiv, oder Münzgesetze. 9 Bde, mit Kpf. Fol. Nürnb. 756—68. Felssecker. 22 Rthl.

Hirsch, Johann Christoph: „Des Teutschen Reichs Münz-Archiv, Bestehend in einer Sammlung Kayserl. und Reichs-Münz-Gesetze / Ordnungen / Privilegien über das Münz-Recht / . . . nebst zuverlässigen Nachrichten vom Teutschen Münz-Wesen überhaupt, in ältern, mittlern und neuern Zeiten, aus Archiven und Original-Actis publicis, in chronologischer Ordnung . . . . zusammengetragen und mit einem Real-Indice versehen . . . .", Teil I—IX, 9 Bde., Nürnberg 1756 bis 1768 fol.

— gesammelte Nachrr. d. ökonom. Gesellschaft in Franken. 3 Jahrgg. 4. Nürnb. 765—67. Haueisen. 7 Rthl. 6 gr.

— Real-Index, oder Extract d. Brandenb.-Onolzb. Landes-Constitution, Ordnn. u. Ausschreiben, in specie d. Cameral- u. Oekonomiewesen betreff. 4. Ansb. 779. Gassert. 1 Rthl. 8 gr.

— allgem. Regeln zur Beförderung des Feldbaues. 8. Ansb. 762. (Gassert). 4 gr.

— Samml. ökonomisch. Nachricht. 2 Thle. Anspach, Haueisen. 764.

HIRSCH, Johann Christoph: Sammlung ökonomischer Nachrichten, in specie, wie der Holzwachs befördert, bessere Menage eingeführt, dem Mangel gesteuert und überhaupt das Holz beym Verkauf und Bauen nützlicher angewendet werden könne. - Anspach 1762. 310 S., 5 Taf. - 2. Aufl. ebd. 1764. 2 Tl. - Tl. 1: 312 S., m. Abb. - Tl. 2 u. d. T.: Sammlung verschiedener Nachrichten, welche in das Policey-, Cameral- und Landes-Oeconomie-Wesen einschlagen. 256 S., m. Abb.

— Samml. verschied. Nachrr. aus d. Polizei-, Cameral- u. Landesökonomie ꝛc. 2 Thle. 8. Ansb. 763, 64. Haueisen. 1 Rthl.

— d. redliche Schäfer, oder Beschreib. e. Schäferei. Mit 1 Kpf. 8. Ansb. 764. (Gassert). 5 gr.

— d. Schlüssel zu dem deutschen Reichsmünz-Archiv, oder histor. Nachrr. von dem Werth d. deutschen Münzen, von dem 8ten bis auf d. 18te Säculum. 8. Nürnb. 766. Felssecker. 6 gr.

— gesammelte kl. Schriften in Münzsachen. Mit Kpf. 4. Nürnb. 767. Felssecker. 9 gr.

Hirsch, Jh. Gf., († d. 16. Oct. 1759.) gesegnete Amtsarbeiten in Predigten über alle Evangelien. 4. Waldb. 752. (Junius in Leipz.) 2 Rthl.

— d. Reichenbacher Gesangbuch, nach d. Glaubens- u. Sittenlehre eingerichtet, bestehend in 1331 Liedern, nebst e. Gebetbuche. 8. Reichenb. 753.

— Gesetz- u. Strafpredigten über die in d. göttl. Gesetz enthalt. Lehre. 8. Leipz. 751. Junius. 1 Rthl. 4 gr.

— evangel. Hauskirche in Predigten über alle Evangelien. 4. Lpz. 759. Junius. 1 Rthl. 18 gr.

— d. erklärte Katechismus Lutheri. 12. Dresd. 747. 2e A. 752. Gerlach. 6 gr.

— Passions- u. Communionreden. 8. Leipz. 750. Eurich. 8 gr.

— synopsis theologiae dogmatico-homiletico-practicae, d. i. kurzgefaßter Auszug aller Luther. Glaubensartikel in Predigten. 2 Thle. 4. Dresd. u. Waldenb. 752—54. (Wittekind in Eisenach). 2 ₰ 16 gl

Hirsch, Joh. J., der homöopathische Arzt in der Kinderstube. Eine Belehrungsschrift für Eltern und jüngere Fachgenossen. gr. 8. (XII und 268 S.) Leipzig 865, Fr. Fleischer.

Hirsch, Joh. J., die Unterleibsbrüche u. die neuen patentirten Bruchbandagen ohne Hüftfeder u. ohne Pelotenpolster. Mit 8 (lith.) Abbildgn. (auf 1 Taf. in gr. 4) gr. 8. (62 S.) Leipzig 871. Schwabe. 1. 50

Hirsch, Joh. J., Wie wird man schief? Wie wird man gerade? Eine Belehrungsschrift für Eltern zur Verhütung der Mißgriffe in der physischen Erziehung der Jugend. Mit 2 Steindrucktaf. zur Veranschaulichung der einfachen mechanischen Erinnerungsmittel behufs der sicheren Beseitigung vorhandener Haltungsfehler und des beginnenden Schiefwuchses. Leipzig 861. Purfürst. 8. (XVI, 237 S.) 1 ₰

—— Wie wird man schief? Wie wird man gerade? Eine Belehrungsschrift für Eltern zur Verhütung der Mißgriffe in der phys. Erziehung der Jugend. Mit 2 Stndrucktaf. zur Veranschaulichung der einfachen mechan. Erinnerungsmittel behufs der sicheren Beseitigung vorhand. Haltungsfehler und des beginn. Schiefwuchses. 1. Aufl. 1863. 1 Thlr. und 2. (Titel-)Aufl. 8. (XVI und 237 S.) Leipzig 868, Schwabe.

Hirsch, Joh. Nep., Schematismus für das Kronland Mahren. Nach amtlichen Quellen herausgegeben. Brünn 855. Nitsch u. Grosse. gr. 8. (VIII. 166 S.) n. 1 ₰.

Hirsch, *Jonathan* [aus Gollub]: Ein Beitrag zur Chirurgie des Occipitalhirns ... Würzburg, P. Scheiner's Buchdr., 1891; 15 S. 8.
Würzburg, Med. Fak. Inaug.-Diss. v. 1891

Hirsch, Josef

—— Aufgaben z. kaufmänn. Rechnen f. Schüler e. Real- u. Handelsschule u. f. angehende Kaufleute. Zugleich als Anhang z. 3. Aufl. des „Rechenbuchs." 12. (3 B.) Quedlinburg 846, Basse.

Hirsch, Jos., Aufgaben zum Rechnen f. Schüler in Volksklassen u. Realschulen. 3 Hfte. gr. 8. Quedlinburg 845, Ernst'sche Buchh. Thlr.
Hft. 1. Aufgaben in gleichbenannten Zahlen. (1½ B.) 2 Ngr.
" 2. Aufgaben in ungleichbenannten Zahlen. (3½ B.) 5 Ngr.
" 3. Aufgaben in der Bruchrechnung. (2 B.) 3 Ngr.

— Aufgaben z. Rechnen für Schüler in Volksklassen u. Real-Schulen. 1. Heft. Aufgaben in gleichbenannten Zahlen. gr. 8. Quedlinburg 846, Ernst. 2 ngl

— dies. 2. Heft. Aufgaben in gleichbenannten Zahlen. gr. 8. Ebend. 846. 1/6 ₰

— dies. 3. Heft. Aufgaben in der Bruchrechnung. gr. 8. Ebend. 846. 3 ngl

Hirsch Josef: Der Aufstand Wolfgang Holzers in Wien, 1463. 28. Proßnitz R. 91.
Progr.

Hirsch, Josef (geb. Klausenburg 12. 12. 1848): Ueber Cholera, mit besonderer Berücksichtigung des Choleratyphoids, Beobachtungen aus der jüngsten Epidemie Siebenbürgens im Jahre 1873. Berlin 1875. (29 S.) 8°
Berlin, Med. Diss. v. 3. Apr. 1875

Hirsch, Joseph, appr. Arzt aus Halberstadt: Ueber die syphilitische Erkrankung der Lunge. *München 1901: Kastner & Lossen.* (56 S.) 8°
München, Med. Diss. v. 1901

Hirsch, Josef: Katalog der Lehrer- und Schülerbibliothek, s. Benes, Julius

Hirsch, Jos., s. J. K. G. A. G. F. Leonhard.

—— Rechenbuch od. Anweisung z. gründlichen Erlernung d. Rechenkunst. Für Lehrer zur Erleichterung des Unterrichts in Volksschulen, wie auch zum Privatgebrauch. 3000 völlig ausgerechnete Aufgaben in den 4 Species u. die Bruchrechnung enth. 6 Lfgn. 8. (33⅛ B.) Quedlinburg 846, Ernst'sche Bh. à Lfg. 7½ Ngr.

— vollständ. kaufmänn. Rechenbuch enth. 1165 Aufgaben. Nach den neuesten Geldcoursen bearb. Zum Gebrauch für öffentl. u. Privatlehrer; z. Selbstunterricht f. Handlungs-Commis u. Lehrlinge. 3. verb. u. verm. Aufl. 12. Ebend. 846. 1½ ₰

Hirsch, Isaac, meine Glossen zum zweiten Vortrage des Professors Delitzsch üb. Babel u. Bibel. (46 S.) gr. 8. Wižnitz a/Cz. 908. (Czernowitz, H. Pardini.) n. 1.—

Hirsch, J., Anna Pelzer. Roman. 8. (252 S.) Hannover 890. Molling, Wasserkampf & Co. n. 3.—; geb. n.n. 4.—

Hirsch, Isaac, verträgt sich die Talmud-Moral m. dem deutschen Staatsbürger-Recht? 1.—3. Tauf. gr. 8. (16 S.) Hannover-Linden 892. 893. Manz & Lange. — 80

Hirsch, Isaac, die Walldorfer. Roman. 8. (244 S.) Berlin 882, Ißleib.

Isidor HIRSCH — David Humes Erkenntnistheorie nach ihrer doppelten Bearbeitung und in ihren historischen Zusammenhängen dargestellt
Prag, Phil. Diss. 1882–1886.

Hirsch, Isidor, Predigten. (V, 200 S.) gr. 8. Prag 903. J. B. Brandeis. n. 2. 60

Hirsch, Julian, Oberlehrer: Fouqués 'Held des Nordens'. Seine Quellen und seine Komposition. ⟨Mit Berücks. d. übrigen nordischen Stoffe Fouqués⟩. Berlin: Ebering 1910. 70 S. 8° ¶(Im Buchh. ebd.)
Würzburg, Phil. Diss. v. 24. Nov. 1910, Ref. Roetteken, Brenner
[Geb. 19. März 83 Jarotschin; Wohnort: Berlin; Staatsangeh.: Preußen; Vorbildung: Gymn. Hohensalza Reife O. 01; Studium: Berlin 8 S.; Rig. 23. Juli 10.] [U 11. 4624

Hirsch, Julius

Hirsch, Jul., über gichtische Augenerkrankungen, s.a. Sammlung zwangloser Abhandlungen a. d. Gebiete der Augenheilkunde. III. 2.

Über gichtische Augenerkrankungen. Von Julius Hirsch. *Halle a. S.: C. Marhold 1899.* (18 S.) 8°
— Sammlung zwangloser Abhandlungen aus d. Geb. d. Augenheilkunde. Bd 3, H. 2. [99. 1168: 3

Hirsch, Jul., zum ewigen Gedächtniss. Ein Beitrag zur Lösg. der Gasfrage in Wien. gr. 8. (122 S.) Wien 874. Hölder. n. 1.—

Hirsch, Julius, Gedenkreden üb. Oberrabbiner Markus Hirsch. (Geb. 20. Schebat 1833 in T. Beö in Ungarn, gest. 27. Ijar 1909 in Hamburg.) (12 S. m. 1 Bildnis.) 8. Frankfurt a/M. 909. J. Kauffmann. — 50

— Das Buch Jesaia. Nach dem Forschungssystem Rabbiner Samson Raphael Hirschs übers. u. erläutert. (VII, 508 S.) gr. 8. Ebd. 911. 9.—; geb. in Leinw. 10.—; in Halbfrz. 10. 50

Hirsch, Jul., aus der Lebensgeschichte österreichischer Versicherungs-Gesellschaften. I. „Die Hungaria." gr. 8. (45 S.) Leipzig 867. (Wien, Beck'sche Universitäts-Buchh.) *

Hirsch, Julius, das Warenhaus in Westdeutschland; seine Organisation u. Wirkgn. (VIII, 118 u. V S. m. Abb.) gr. 8. Leipzig 900. A. Deichert Nachf. 2. 50

Hirsch, Julius: Das Warenhaus in Westdeutschland; seine Organisation und Wirkungen. Naumburg a. S. 1909: Lippert. 52 S. 8° ¶ (Ersch. vollst. als Buch b. Deichert, Leipzig 1910.)
Bonn, Phil. Diss. v. 14. Aug. 1909, Ref. Schumacher
[Geb. 30. Okt. 82 Mandel; Wohnort: Aachen; Staatsangeh.: Preußen; Vorbildung: Realgymn. Essen Reife O. 07; Studium: Aachen Handelshochsch., Bonn 5 S.; Rig. 14. Juli 09.] [U 10. 381

Das Warenhaus in Westdeutschland; seine Organisation und Wirkungen. Von Dr. Julius **Hirsch**. Leipzig: Deichert 1910. VIII, 118 S. 8° [10. 7030

Hirsch, Karl, Die deutsche Arbeiterpartei. Ihre Prinzipien und ihr Programm. 8°. Berlin 1868.

Hirsch, Karl, die Ausbildung d. konziliaren Theorie im XIV. Jahrh., s. a. **Studien, theologische, der Leo-Gesellschaft. 8.**

Die Ausbildung der konziliaren Theorie im 14. Jahrhundert. Von Dr. Karl **Hirsch**. *Wien: Mayer & Co. 1903.* (90 S.) 8°
— **Studien, Theologische, d. Leo-Gesellschaft. 8.** [03. 14137

Hirsch, Karl, die rechtliche Behandlung der Kartelle. gr. 8. (III, 38 S.) **Jena 903. G. Fischer.** n. 1. —

Hirsch, Karl [aus Berlin]: Beiträge zum Verhalten der Hautreflexe an den unteren Extremitäten bei Erkrankungen des Rückenmarks. . . . Berlin, Druck v. J. Harrwitz Nachf., 1890; 73 S. 8°
Strassburg, Med. Fak., Inaug.-Diss. v. 1890

Hirsch, Karl, Beiträge zum Verhalten der Hautreflexe an den unteren Extremitäten bei Erkrankungen des Rückenmarks. Inaug.-Diss. gr. 8. (73 S.) Berlin 890. (Leipzig, Fock.) n. 1. 20

von Hirsch, Carl Frh. [aus München]: Ueber einige basische Derivate der β-Bromamine der Fettreihe ... Berlin, A. W. Schade's Buchdr., 1896; 40 S., 1 Bl. 8.
Berlin, Phil. Fak., Inaug.-Diss. v. 8. Juli 1896

Hirsch, Carl, Febris herpetica (Leichtes Erkältungsfieber, Febris ephemera, Febricula), s. a. Pathologie u. Therapie, specielle. III. 2. III.

Febris herpetica. (Leichtes Erkältungsfieber, Febris ephemera, Febricula.) Von Dr. Carl **Hirsch**, Privatd., Leipzig. Mit 19 Curven. *Wien: A. Hölder 1902.* (170 S.) 8°
— **Pathologie, Specielle, u. Therapie.** Bd 3, Th. 2, Abth. 3. [02. 9463

Hirsch, Karl, Grenzfragen des öffentlichen u. privaten Rechts. Verrufserklärungen, Haager Abkommen, öffentl. Interessen im Privatrecht. (IV, 46 S.) gr. 8. Berlin 907. C. Heymann. 1. —

Hirsch, Carl, Heimatkunde des Herzogthums Steiermark. Zum Gebrauche in Lehrer- u. Lehrerinnen-Bildungsanstalten u. für Volksschullehrer. gr. 8. (VI, 167 S.) Wien 879. Hölder. **n. 2. —**

Hirsch, Karl, Heimatkunde d. Herzogth. Steiermark. Zum Gebr. an Lehrer- u. Lehrerinnen-Bildungsanst. u. f. Volksschullehrer. Umgearb. u. in 2. Aufl. hrsg. v. Ferd. Zafita. gr. 8. (IV, 164 S. m. 1 Karte.) Wien 896. A. Hölder. Geb. n. 2. 40

Hirsch, Karl, Heimatkunde des Herzogt. Steiermark. Zum Gebrauche an Lehrer- u. Lehrerinnenbildungsanstalten u. f. Volksschullehrer. Umgearb. u. in 3. Aufl. hrsg. v. Ferd. Zafita. (IV, 164 S.) 8. Wien 907. A. Hölder. Geb. 2. 20

Hirsch, Carl (Giessen)
Ueber Histologie und Formen der Uteruspolypen.
Giessen: Brühl 1855. 80 S. u. 1 Taf. (in Δ mit „Thesen")
Diss. med. 24.8.1855. vorh. 26. 7. 11. Δ.

Hirsch, Carl, Ueber Histologie und Formen der Uteruspolypen. Eine Inaug.-Dissert. Giessen 855. (Ricker.) gr. 8. (80 S. u. 1 lith. Taf.) n. 15 ngr.

Hirsch, Karl, zur Kartellfrage. (32 S.) gr. 8. Jena 904. G. Fischer. n. — 80

Hirsch Karl Dr.: Heinrich von Langenstein und die conciliare Theorie.
H. 1902 PN 1463 **Diss.** Wien, Univ. 840

— Vide: Laterne (Die).

Hirsch, Carl. Über die elektrischen Leitungsvorgänge in einigen schlechten Leitern. Diss. Phil. [II.] Univ. Zürich. [Mit 9 Textfiguren und 11 Tafeln.] 37 S. 8. Budapest, Buchdr. Actiengesellschaft Athenaeum, 1902.

Musicalisches Lustgärtlein d. i. ausserlesene frische Weltliche liedlein einer rechten Teutschen art zu dreyen, vieren, fünffen, vnd mehr Stimmen gesetzt ... benebens etlicher lieblicher tentz vnd uffzüg ... von Allerfürnemsten ... dieser Kunst verfertiget, theils geschrieben, theils in Druck außgangen 1452–1620, new zusammengetragen durch Carolum **Hirschium**, Kön. Preuß. Maj. Musice Directorem. (Rothenburg uff. d. T. 1905: R. Albrecht.) (7 Bl.) 4° [F.]
A. D. 1905 am dritten tag d. Monats Maji abendtz halber acht in d. Stadthalle zu Elberfeld. [05. 11503

Hirsch, Carl, der Normal-Arbeitstag. Erläutert u. begründet. 3. Aufl. gr. 8. (16 S.) Berlin 871. Rubenow. n. — 20

Hirsch, Karl, Die Organisation der deutschen Arbeiterpartei. 8°. Berlin 1869.

Hirsch, Carl (II.), die Parteipresse, ihre Bedeutung und Organisation. 8. (IV, 24 S.) Leipzig 876, Expedition des „Vorwärts".

— Die Parteipresse, ihre Bedeutung und **Organisation. 24 pp. 8°. Leipzig, Genoss.-Buchdr., 1876.**

HIRSCH, Carolus: Exponatur et fontibus monstretur, quid de matrimonio mixto et de modo ipsum ineundi statuat ius canonicum et quid ius civile austriacum. — (1899) 101 S. 4° (Handschr.) Diss. 689
Diss. Wien, Univ.

Der Rattenfänger von Hameln. Dramat. Ged. v. Walter Bloem. F. Solostimmen, Männerchor, Kinderstimmen u. Orchester comp. v. Carl Hirsch. Op. 111. ... *Berlin: Ries & Erler (1895).* (1 Bl., 139 S.) 1 Bd 4.
[96. 1414

Hirsch, Karl, aus der alten Reichsstadt. Tonbilder für Soli, Männerchor u. Orchester. Dichtg. v. Otto Hausmann. Musik v. H. 120. Werk. (Textbuch.) 8. (31 S.) Quedlinburg 896. Ch. F. Vieweg. n. — 20

Hirsch, Carl, d. Schulmeister. Kom. Operette in 1 Akt f. 3 Solostimmen (Sopran, Tenor, Baß od. Bariton), n. Thdr. Körner's „Der Vetter aus Bremen" bearb. u. in Musik gesetzt. Op. 42. Regie- u. Soufflirbuch. 8. (32 S.) Schleusingen (892). Coburg, C. Glaser. n. 1. 20

Hirsch, Karl: Der Staat und das Genossenschaftswesen. Leipzig 1870.

Hirsch, *Georg Hermann Ernst* Carl [app. Arzt]: Experimentelle Untersuchungen zur Lehre von der Bleiniere ... Leipzig, Buchdr. R. Hahn, 1896; 55 S. 8.
Leipzig, Med. Fak., Inaug.-Diss. v. 10. Febr. 1896

Hirsch, Carl, experiment. Untersuchgn. zur Lehre v. d. Bleiniere. Diss. gr. 8. (55 S.) Leipzig 896. (Buchhdlg. G. Fock.) n. 1. —

Hirsch, Karl: Urkunden zur Geschichte der Mechanik. Entwurf eines Lesebuchs zum Studium der Mechanik auf geschichtlicher Grundlage. 1. T.: Von Archimedes bis auf Galilei und seine Zeit. *Schw. Hall 1898: E. Schwend.* (1—41 S. mit Taf.) 4°
Schwäb. Hall, k. G., P. 1898 (615)

Hirsch, Carl, Viehgewährschaft nach dem bürgerlichen Gesetzbuche, s. a. Mager's Bibliothek der Praxis.

Hirsch, C., Viehgewährschaft nach dem bürgerlichen Gesetzbuche. (32 S.) kl. 8. Donauwörth, E. Mager. 1908 —. 20.
„Mager's Bibliothek der Praxis" Bd. 11.

Hirsch, Karl Christian

Hirsch, Karl Chr., († d. 27. Febr. 1754.) Geschichte d. Interims zu Nürnberg sammt den dazu gehör. Beilagen. 8. Leipz. 750. Klaubarth. 4 gr.

Hirsch, C. C., Librorum ab a. 1. usq. ad. a. L. Saec. XVI. typis exscriptor. e bibl. Ebn. ab Eschenbach. IV Millenar. Norib. 746-49 4 P. 4. 1 rthl. 13 gr.

— **Carl Christian** (Hersbruck), Veterum recentiorumque Germanorum scholas solitas et solidas pro exercitio academico in disput. circulari. Präs. Jo. David Koeler. Altdorf (Jod. Wilh. Kohles) April 1725. 56 S. mit Widm. v. Präs. (7.50) 15267

— Verdienste Nürnbergs um Luthers Katechism. 8. Ebd. 752.

— d. Verdienste d. Stadt Nürnberg um d. Katechismus Lutheri. 8. Nürnb. 754. Felßecker. 4 gr.

— de vita Pamingerorum Commentarius, quem edidit atque illustr. P. H. A. Christfelsius. Cum praef. G. A. Will. 4. Oetting. 764—67.

Hirsch, Käte, appr. Ärztin a. Charlottenburg: Aus der Universitäts-Augenklinik in Freiburg i. Br. Zur Frage der Frühperforation der Membrana Descemeti bei eitriger Keratitis. Berlin: A. Scholem 1905. (35 S.) 8°
Freiburg i. B., Med. Fak., Ref. Axenfeld, Diss. v. 1905
[Geb. 14. Okt. 72 Berlin; Wohnort: Freiburg i. B.; Staatsangeh.: Preußen; Vorbildung: Luisen-Gymn. Berlin 00; Studium: Berlin 7, Freiburg i. B. 2 S.; Coll. 28. Sept. 05.]

Hirsch, Kurt

Hirsch, Curt, Referendar in Dresden: Die Ehemündigkeit und ihre rechtliche Bedeutung nach dem Bürgerlichen Gesetzbuch mit besonderer Berücksichtigung der geschichtlichen Entwicklung. Leipzig: O. Wigand 1907. (90 S.) 8°
Leipzig, Jur. Fak., Diss. v. 17. Juli 1907
[Geb. 1. Nov. 75 Radeberg; Wohnort: Dresden; Staatsangeh.: Sachsen; Vorbildung: Gymn. Dresden-N. Reife M. 97; Studium: Freiburg i. B. 1, München 1, Leipzig 10 S.; Rig. 25. Febr. 03.]

Hirsch L.: Sch. „Maria Stuart" und die Aristotelische Lehre über die Tragödie. 40. Leitmeritz R. 79. Progr.

Hirsch, L., Unter. z. Gebr. d. Luftsalzes. 2 Thle. n. Anh. 8. Lpz. Hilscher. 786.

Hirsch, Lazar (geb. Klausenburg 1850): Die Indicationen für das Anlegen der Zange bei engem Becken. Berlin (1875). (31 [vielmehr 29] S.) 8°
Berlin, Med. Diss. v. 3. Apr. 1875

Hirsch, Leo, Reisen in Süd-Arabien, Mahra-Land u. Hadramût. gr. 8. (XII, 232 S. m. 1 Taf. u. 1 Karte.) Leiden 897. Buchh. u. Druckerei vorm. E. J. Brill. n.n. 9. —

Hirsch, Leo, der überfließende Strom in der Wissenschaft d. Erbrechts der Hanefiten u. Schafeiten. Arabischer Text v. Schêch Abdul Kadir Muhammed. Übers. u. erläutert v. L. H. gr. 8. (XVI, 121 S.) Leipzig 891. F. A. Brockhaus. n. 4. 50; geb. n. 5. —

Hirsch, Leopold [aus Mannheim a. Rh.]: Beiträge zur Kenntniss der Guanidine und Cyanguanidine .... Berlin, Druck v. Julius Feiertag, 1888; 38 S. + 1 Bl. 8°
Berlin, Phil. Fak., Inaug.-Diss. v. 8. Febr. 1888

Hirsch Leop.: Das Genus der franz. Substantiva mit bes. Berücks. des Lateinischen. 36, 30. Wien R.-V. 87, 88. Progr.

Leopold HIRSCH Der Mischnatractat Sanhedrin und das neue Testament
Prag, Phil. Diss. 1898/99.

Hirsch, Lina, San Marco in Florenz, das Kloster Savonarolas. Ein Zeitbild aus der Renaissance. (71 S.) 8. Stuttgart (908). M. Kielmann. 1. 20

Hirsch, Louis [aus Wehlau]: Die Behandlung der epidemisch auftretenden Conjunctivitis granulosa '(Trachom)' mit Excision der Tarsi und der Uebergangsfalten ... Würzburg, Becker's Univ.-Buchdr., 1892; 27 S. 8.
Würzburg, Med. Fak., Inaug.-Diss. v. 1891

Hirsch, Louis: Ueber den Einfluss der Mikroorganismen auf die Zersetzung organischer Substanzen im Erdboden. ... Erlangen, Druck v. A. Vollrath's k. b. Hofbuchdr., *1890;* 30 S., 1 Taf. 8°
Erlangen, Med. Fak., Inaug.-Diss. v. 1890

Hirsch, Ludw., die Berufskrankheiten des Auges. Ihre Entstehg., Behandlg. u. Verhütg. (VIII, 146 S. m. 20 Abb.) Lex. 8. Wiesbaden 910. J. F. Bergmann. 4. 60

Hirsch, Ludwig [Arzt aus Danzig]: Ueber Chorea m. bes. Berücks. d. Chorea congenita ... Leipzig, Druck v. A. Edelmann, Univ.-Buchdr., *1895*; 22 S., 1 Bl. 8.
Leipzig, Med. Fak., Inaug.-Diss. v. 16. März 1895

— Dat Galenus opes. gr. 8. (9 S.) Berlin 899. Berlinische Verlagsanstalt. 1. —

Entstehung und Verhütung der Blindheit. Auf Grund neuer Untersuchungen bearb. von Ludwig **Hirsch.** Jena: G. Fischer 1902. (IV, 108 S.) 8°
Aus: Klinisches Jahrbuch. Bd 8. [o6. 17914 6

Hirsch, Ludw., Götzendienst. Schausp. in 5 Akten. 8. (120 S.) Dresden 897. E. Pierson. n. 1. 50

Hirsch, Ludov. (geb. Berlin 21. 2. 1824): De hydrocephalo chronico infantum. Berolini (1846). (33 S.) 8°
Berlin, Med. Diss. v. 27. Mai 1846

Hirsch, Ludwig (geb. am 7 Okt. 1859 in Jülich): Lautlehre des Dialekts von Siena ... Bonn, Druck v. J. Trapp 1885. 68 S., 2 Bl. 8.
¶ Th. einer grösseren Arbeit, die vollständig *u. d. T.:* Laut- u. Formenlehre d. Dialekts v. Siena in d. Zeitschr. f. Roman. Philol. IX 1885 S. 513–570, X 1886 S. 56–70, 411–446 erschien.
Bonn, Phil. Fak., Diss. v. 9 Mai 1885

— Liebe. Drama in 5 Akten. 8. (98 S.) Ebd. 897. n. 1. 50

Hirsch, Ludwig, Arzt a. Berlin: Über die idiopathische, sogenannte primäre abscedierende Paranephritis des Kindesalters. Freiburg in Baden 1905: A. Mehlhase. (36 S.) 8°
Freiburg i. B., Med. Fak., Ref. Thomas, Diss. v. 1905
[Geb. 15. Jan. 81 Berlin; Wohnort: Berlin; Staatsangeh.: Preußen; Vorbildung: Luisenstädt. Gymn. Berlin 00; Studium: Berlin 5, Freiburg i. B. 1, München 1, Berlin 1, Freiburg i. B. 1 S.; Coll. 7. Juli 05.]

Hirsch Ludwig: Quibus ex fontibus fluxerint, quae in Agidis et Cleomenis vitis Plutarcheis enarrata leguntur.
H. 1909 PN 2808 Diss. Wien, Univ. 1661

Hirsch, Ludw., aus dem Tagebuch e. letzten Lebensjahres. 8. (V, 146 S.) Dresden 899. E. Pierson. 2. —; geb. n. 3. —

Hirsch, M. — Antritts-Rede gehalten bei der am 10. Dezember 1855 im k. k. Bezirkshause zu Karczag stattgefun enen Konstituirung der israelitischen Kultus-Gemeinde von — —. Herausgegeben vom Vorstande der Gesammt-Kultusgemeinde daselbst. Pesth, 1856 Buch,ruckerei von Johann Herz. (14 S. 8.)

Ihr Christkindl. Ländl. Scene in 1 Akt. Von M. **Hirsch.** *München: Rubinverl. [1901].* (12 S.) 8° [F.]
(Rubin-Bibliothek.) [o6. 4333

Hirsch, M., Dewarim Achadim. Drei Reden aus der Zeit der heil. Feste zu Beginn d. Synagogen-Jahres 5643. gr. 8. (47 S.) Prag 883. Brandeis. — 60

Hirsch, M., Gedächtnißrede auf den verewigten k. ungar. Cultus- und Unterrichtsminister Frhr. Jos. v. Eötvös. Am 26. Febr. 1871 in der Altofner Synagoge gehalten. gr. 8. (20 S.) Pest 871, (Aigner.) *

Hirsch, M., „G'funden". Ein ländl. Weihnachtsbild in 1 Akt. 4. (21 autogr. S.) München (898). Rubinverlag. n. 1. —

Hirsch, M., die Luftpumpen. Projektierung, Berechng. u. Untersuchg. der Kompressoren u. Vakuumpumpen. Ein Handbuch f. die Praxis. 2 Bde. Lex.-8. Hannover 905. Dr. M. Jänecke. n. 8. —; geb. n. 9. 60
1. Text. (VIII, 95 S. m. 96 Fig.)
2. Tabellen. (67 S. m. 93 Fig. im Text u. auf 1 Taf.)

Hirsch, M., s. Markur, Berliner.

Hirsch, M., deutsche Sprachübungen. Ein nützl. Handbuch zum Sprachunterricht. Mit Aufgaben üb. Sprache u. Aufsatz f. Schüler der Volks- u. Töchterschulen. 8. (IV, 98 S.) Budapest 873. Lampel. n. — 80

Hirsch, M., die Stellung der Priester in Israel. Abschiedspredigt in der Klaus-Synagoge am 4. Elul 5649 (31. Aug. 1889). gr. 8. (15 S.) Prag 889. Brandeis. n. — 40

Hirsch, M., über die specifische Ursache der Cholera und ihre erfolgreiche Behandlung mit Schwefelammonium. Den Regierungen und Aerzten empfohlen. gr. 8. (16 S.) Mainz 866, (v. Zabern.) *

— der Weihnachtsengel. E. Weihnachtsbild in 1 Akt. 4. (29 autogr. S.) Ebd. (898). n. 1. —

Der Weihnachtsengel. Ein Weihnachtsbild in 1 Akt von M. Hirsch. *München: Rubinverl. [1899].* (14 S.) 8° [F.]
(Rubin-Bibliothek.)

Hirsch, M., der Weihnachtsengel. Ein Weihnachtsbild in 1 Akt. (Neudr.) 16. (14 S.) München 899. Rubinverlag. n. 1. —

Hirsch jun., M., die Weintraubenkur u. die Art ihrer Anwendung. 8. (2½ B.) Mainz 843, Faber'sche Buchh.

Hirsch, M., die Weintraubenkur or Grape-Cure with its application. Translated by M. C. 8. (34 S.) Heidelberg 846, Groos. *

Hirsch, M. (Red.) s. Wochenschrift, Deutsche kaufmännische.

Hirsch, Marie, s. a. Meinhardt, Adb.

[F.] Das blaue Buch. Märchen u. Skizzen v. Adalbert Meinhardt [d. i. Marie **Hirsch**]. *Berlin: Gebr. Paetel 1892.* (1 Bl., 240 S.) 1 Bd 8.

[F.] Heinz Kirchner. Aus d. Briefen e. Mutter an ihre Mutter. Von Adalbert Meinhardt [d. i. Marie **Hirsch**]. *Berlin: Gebr. Paetel 1893.* (2 Bl., 178 S.) 1 Bd 8.

[F.] Heinz Kirchner. Aus den Briefen e. Mutter an ihre Mutter. Von Adalbert Meinhardt [d. i. Marie **Hirsch**]. 2. Aufl. *Berlin: Gebr. Paetel 1897.* (168 S.) 1 Bd 8.

[F.] Das Leben ist golden. Drei Novellen v. Adalbert Meinhardt [d. i. Marie **Hirsch**]. *Berlin: Gebr. Paetel 1897.* (4 Bl., 288 S.) 1 Bd 8.

[F.] Norddeutsche Leute. Novellen v. Adalbert Meinhardt [d. i. Marie **Hirsch**]. *Berlin: Concordia 1896.* (3 Bl., 178 S.) 1 Bd 8.

Glücksuchende Menschen. Erzählungen von Adalbert **Meinhardt** [d. i. Marie Hirsch]. Berlin: Gebr. Paetel 1907. (246 S.) 8° [F.]

[F.] Mimen. Moderne Zwiegespräche v. Adalbert Meinhardt [d. i. Marie **Hirsch**]. *Berlin: Gebr. Paetel 1895.* (4 Bl., 228 S.) 1 Bd 8.

[F.] Reise- und Heimaths-Novellen. Von Adalbert Meinhardt [d. i. Marie **Hirsch**]. *Berlin: Gebr. Paetel 1891.* (3 Bl., 247 S., 1 Bl.) 1 Bd 8.

[J.] Stillleben. Von Adalbert Meinhardt [d. i. Marie Hirsch]. *Berlin: Gebr. Paetel 1898.* (143 S.) 1 Bd 8. 109. 145

Hirsch, Markus, Betteln u. Hausiren ist hier verboten. Eine Studie zur sozialen Frage. 8. (28 S.) Frankfurt a/M. 890. Kauffmann. n. — 50

Hirsch, Marcus, Kulturdefizit am Ende d. 19. Jahrh. 8. (140 S.) Frankfurt a/M. 893. J. Kauffmann. n. — 80

— die Nothwendigkeit der Staatshülfe bei Massenepidemien, speciell der Cholera. gr. 8. (28 S.) Ebd. 892. n. — 60

Hirsch, Max, s. Alters- und Invalidencassen für Arbeiter.

Hirsch, Max, d. Arbeiter-Bewegung u. Organisation in Deutschland. 1. u. 2. Aufl. (1.—15. Taus.) 8. (30 S.) Berlin (W, Genthinerstr. 14) 892. Selbstverl. n. — 50

Hirsch, Max, Die Arbeiterbewegung und Organisation in Deutschland. 8°. Berlin, Verl. d. Volkszeitung, 1892.

Hirsch, Max, die Arbeiterfrage u. die deutschen Gewerkvereine. Festschrift zum 25jähr. Jubiläum der deutschen Gewerkvereine (Hirsch-Duncker). gr. 8. (96 S.) Leipzig 893. C. L. Hirschfeld. n. 1. —

Hirsch, Max, Arbeiterschutz, insbesondere Maximalarbeitstag, vom Standpunkte der deutschen Gewerkvereine. Im Namen d. Centralraths. 8. (29 S.) Berlin 890. Walther & Apolant, Verl. n. — 50

Der gesetzliche Arbeiterschutz im Deutschen Reiche. Zusammengefaßt u. kurz erl. von Dr. Max **Hirsch**, Anwalt d. Gewerkvereine. Berlin: Verband d. Deutschen Gewerkvereine 1903. (48 S.) 8° [F.] 106. 467

— die Arbeiterschutz-Gesetzgebung, s. a. Freund's politische Handbücher.

— Die Arbeiterschutzgesetzgebung. 2. A. (Freund's polit. Handb. 10) Breslau 1892

- Arbeiterstimmen üb. Unfall- u. Krankheitsverhütung. Gutachten u. Äußergn. aus dem Verband der deutschen Gewerkvereine. 8. (49 S.) Berlin 889. S.O. Neanderstraße 4. Verband der Deutschen Gewerkvereine. gratis.

Hirsch, Max, s. a. Arbeits-Statistik d. deutschen Gewerkvereine.

Hirsch, Max, Arbeits-Statistik der Deutschen Gewerk-Vereine (Hirsch-Duncker) für das Sommerhalbjahr 1884/85, f. d. Winterhalbjahr 1883/84, 85/86. Berlin 1885/86.

Hirsch, Max, Klein, Rud., u. **Petersdorf,** Wilh., Arbeitsstatistik der deutschen Gewerkvereine (Hirsch-Duncker) für das Jahr 1901. Nach den Angaben der Gewerbe- und Ortsvereine zusammengestellt und mit Erläuterungen hrsg. 4°. Berlin, Selbstverlag des Verbandes deutscher Gewerkvereine, 1901.

Hirsch, Max, prakt. Arzt aus Berlin: **Beitrag zur Frage der traumatischen Hüftgelenksluxationen im Anschluss an 14 Fälle aus der chirurg. Klinik zu Greifswald.** *Greifswald 1899: H. Adler.* (44 S.) 8°
Greifswald, Med. Diss. v. 16. März 1899

Hirsch, Dr. Max, s. Bestrafung des Arbeiter-Vertragsbruches.

Hirsch, Max [aus Dresden]: Über Blutungen bei Leberkirrhose....
Berlin, Buchdr. v. G. Schade, *1891;* 30 S., 1 Bl. 8°
Berlin, Med. Fak., Inaug.-Diss. v. 6. Aug. 1891

— **Max** (Mühlhausen i. Ostpr.), Ueber Enteritis membranacea und mucosa. Diss. med.-chir. Bln. (C. Vogt't [E. Ebering]) 13. X. 1892. 32 S. mit Biogr. (5.50) 15275
Oppon.: E. Nawratzki, A. Ollendorf, A. Feld.

Hirsch, Max, d. Entwicklg. d. Arbeiterberufsvereine in Grossbritannien u. Deutschland. gr. 8. (IV, 76 S.) Berlin 896. [H. Bahr's Buchh.] K. Hoffmann. n. 1. 50

Hirsch, Max, Festrede zum 25jährigen Jubiläum des wissenschaftlichen Centralvereins und der Humboldt-Akademie. (M. d. Gründungs-Plan von 1878 u. d. Prolog von Oberstleutn. z. D. Paul *Pochhammer.*) Berlin 1904. 8°.

Das Geschlechtsleben und seine Abnormitäten. Von Dr. med. Max **Hirsch**, Kudowa. 1. Aufl. Berlin: A. Pulvermacher & Co. 1907. (198 S.) 8° 108. 7874

— Das Geschlechtsleben u. seine Abnormitäten. Mit e. Vorwort v. Alb. Eulenburg. 1.—8. Taus. (VIII, 208 S.) gr. 8. Berlin 908. A. Pulvermacher & Co. 4.—; geb. in Leinw. 5.—

Hirsch, Max, die medicin. Gesellschaft zu Magdeburg v. 1848—1898, s.: Festschrift z. Feier d. 50jähr. Bestehens d. medicin. Gesellschaft zu Magdeburg.

— Zur Gesetzgebung über die gegenseitigen Hilfskassen mit besonderer Rücksicht auf die Alters- und Invaliden-Pensionskassen. Berlin 1875

— F. Wollmer u. E. L. Wulff, die deutschen Gewerkveine u. die Baare'sche Denkschrift. Referate, nach stenograph. Aufzeichnung. gr. 8. (86 S.) Ebend. 880. — 80

Hirsch, Max, die deutschen Gewerkvereine u. ihr neuester Gegner. Zur Abwehr gegen die Angriffe d. Hrn. Prof. L. Brentano u. zur Aufklärung über die Geschichte u. Leistungen der Gewerkvereine. gr. 8. (52 S.) Berlin 879, Staude. n. — 60

—— und Hugo Polke, Gewerkvereins-Leitfaden. Eine Aufklärung für Jedermann über die Ziele, Organisation und Leistungen der deutschen Gewerkvereine nebst Anleitung zur Gründung neuer Ortsvereine. gr. 8. (43 S.) [Berlin 876.] Leipzig, F. Duncker. *

Hirsch, Max, Gutachten üb. Bestrafung d. Arbeitsvertragsbruches, s.: Schriften d. Vereins f. Socialpolitik.

—— die gegenseitigen Hülfskassen und die Gesetzgebung. Mit dem Gutachten über die Gesetz-Entwürfe des Reichskanzler-Amtes und den formulirten Gesetz-Entwürfen des Verf. gr. 8. (XVIII, 234 S.) Berlin 875, F. Duncker. *

— die gegenseitigen Hilfskassen u. die Gesetzgebung. Mit dem Gutachten üb. die Gesetz-Entwürfe d. Reichskanzler-Amtes u. den formulirten Gesetz-Entwürfen d. Verf. gr. 8. (XVIII, 234 S.) Berlin 875. Stuttgart, Krabbe. n. 5.

-— die Hilfskassengesetze. Mit den Ausführungs-Bestimmungen, Erläuterungen auf Grund der Motive, Kommissions- und Reichstags-Verhandlungen, sowie Musterstatuten und Formularen hrsg. 1. Heft. Text der Gesetze: A. Gesetz, betr. die Abänderung des Tit. VIII. der Gewerbe-Ordnung. B. Gesetz über die eingeschriebenen Hülfskassen. 16. (16 S.) [Berlin 876.] Leipzig, F. Duncker.
Nicht weiter erschienen.

— wissenschaftl. Centralverein Humboldt-Akademie. Skizze ihrer Thätigkeit u. Entwicklg. 1878—1896. E. Beitrag z. Volkshochschul-Frage. Im Auftr. d. Vorstandes. gr. 8. (48 S.) Berlin 896. H. Steinitz. n. — 80

Hirsch, Max, der Hypnotismus u. seine Heilwirkung. Ein Wort zur Aufklärg. gr. 8. (48 S.) Berlin 895. H. Brieger. n. 1. —

Hirsch, Max, Hypnotismus u. Suggestivtherapie, neue Bearbeitg., s.: Hirschlaff, Leo.

-- das Invaliditäts- u. Altersversicherungs-Gesetz, s.a. Freund's politische Handbücher.

Hirsch, Invaliditäts- u. Altersversichergsgesetz. Breslau 890.

Hirsch M, das Invaliditäts- und Altersversicherungsgesetz. 2. Auflage. (Freund's politische Handbücher 5) Breslau 1891

Hirsch, Max, pract. Arzt aus Kwieciszewo ⟨Posen⟩: Aus d. Universitäts-Kinderklinik ⟨am Charité-Krankenhause⟩ zu Berlin. ⟨Dir.: Geh. Med.-Rat Prof. Dr. Heubner.⟩ Zur Casuistik des Scharlachs. *[Leipzig] (1900): [B. G. Teubner].* (83 S.) 8°
¶ (Aus: Jahrbuch f. Kinderheilkunde, Bd 52.)
Freiburg i. B., Med. Diss. v. März 1900

Hirsch, Max, zur Casuistik des Scharlachs. gr. 8. (82 S.) Berlin 900 S. Karger. n. 1. 60
Sonderabdruck aus: „Jahrbuch f. Kinderheilkunde".

Hirsch, Max, das Krankenversicherungs-Gesetz vor dem Reichstage. Nach den Beschlüssen der Reichstagskommission übersichtlich dargestellt und beurtheilt. [Broschürenfonds der deutschen Fortschrittspartei.] gr. 8. (32 S.) Berlin 883, (Barthel.) * *

—— s. Krankenversicherungs-Novelle, die, u. d. freien Hülfskassen.
Vgl.: Tietze, R.

Hirsch, M., Die Krankenversicherungsnovelle und die freien Hilfskassen. 8⁰. Berlin 1891.

— Leitfaden zum Gewerbegerichtsgesetze m. besond. Berücksicht. der Verhältnißwahl u. der Einigungsämter. gr. 8. (32 S.) Berlin (O, 27, Andreasstr. 75) 902. Verband der deutschen Gewerkvereine. — 30

— Leitfaden m. Muster-Statuten f. freie Hülfskassen. Unter besond. Berücksicht. der Krankenversicherungs-Novelle f. besteh. u. neu zu gründ. Kassen bearb. 12. (82 S.) Berlin 892. F. F. Heine. n. 1. —

Hirsch, Max, Normal-Statuten f. Einigungsämter nebst Geschäftsordng. u. Erläutergn. 2., verm. Aufl. gr. 8. (24 S.) Ebend. 872. n. 1. 20

— Die Perle der deutschen Gewerkvereine. 8⁰. Berlin 1880.

— Rede zum Zweck u. bei Gründung d. Deutschen [antisocial-demokratischen] Arbeiterkongresses. Geh. zu Gera am 21. Oktbr. 1877 in der Hauptversammlung des 1. Deutschen Arbeiterkongresses. 3. Aufl. 8. (13 S.) Berlin 878. Deutscher Arbeiterkongreß-Schriftenverlag. n. — 10

— u. H. Kamien, das Reichs-Unfallversicherungs-Gesetz u. die Arbeiter. Referate u. Diskussion in der Reichshallen-Versammlung am 1. Febr. Nebst dem Gesetzentwurf der Reichsregierung. 8. (40 S.) Berlin 881. Steinitz in Comm. n. — 50

Hirsch, Max, Reise in das Innere von Algerien durch die Kabylie und Sahara. br. 8. (XII und 401 S. mit lithogr. Titel, 8 lithogr. Ansichten und 1 lithogr. Karte in gr. 4.) Berlin (861)62, M. Hirsch.

—— Skizze der volkswirthschaftlichen Zustände von Algerien. Mit Rücksicht auf die deutsche Auswanderung. gr. 8. (82 S.) Göttingen 857, Wigand.

— der Staat u. die Versicherung, s.a. Zeitfragen, handelspolitische.

Hirsch, M. Der Staat und die Versicherung, dargestellt auf Grund der Verhältnisse zwischen Staat und Volkswirtschaft. Berlin 1881.

— die hauptsächlichsten Streitfragen der Arbeiterbewegung. gr. 8. (VIII, 78 S.) Berlin 886. Steinitz. n. 1. —

Suggestion und Hypnose. Ein kurzes Lehrbuch f. Ärzte von Dr. Max Hirsch, Arzt, Berlin. Leipzig: A. Abel 1893. (VI, 209 S.) 8° .
(Abel's medizinische Lehrbücher.) [03. 13080 9

[F.] Thätigkeit und Entwicklung der Deutschen Gewerkvereine '(Hirsch-Duncker)' und ihres Verbandes. Bericht insbes. f. d. J. 1895 bis 1898 erstattet auf d. 13. Verbandstage zu Magdeburg ... v. Dr. Max Hirsch, Anw. der Deutschen Gewerkver. *Berlin: Verb. der Deutschen Gewerkver. 1898.* (32 S.) 1 Bd 8. [98. 7744

Hirsch, Max, Arzt aus Berlin: Ueber den Transport von ansteckenden Kranken in Berlin. *Berlin 1901: G. E. Kitzler.* (23 S.) 8°
Berlin, Med. Diss. v. 15. März 1901

Hirsch, Max, Verbreitungsbild und Adressenverzeichniss der Deutschen Gewerkvereine (Hirsch-Duncker). Frühjahr 1880. Mit Karte. Auf Grund der Mittheilungen der Generalräthe, Ortsverbands- und Ortsvereins-Ausschüsse bearbeitet. Berlin 1880. 4. . . . . (LIIK.)

— Volkshochschulen. Ihre Ziele, Organisation, Entwicklg., Propaganda. 8. (82 S.) Berlin 901. G. Reimer. — 50

—— Vortrag, gehalten am 22. Mai 1870 in Grünberg i. Schl. 8. (18 S.) Grünberg 870, (Weiß.) *

— Was bezwecken die Gewerkvereine? 4. Aufl. 8⁰. Berlin 1881.

— was bezwecken die Gewerkvereine? Ein Merk- u. Mahnwort f. alle deutschen Handwerker u. Arbeiter. Im Namen des Centralraths. 15. Aufl. 8. (16 S.) Berlin 891. O., Blumenstr. 83, Verband der deutschen Gewerkvereine. Unentgeltlich.

Der Ätherrausch. Eine Darstellung s. Grundlagen u. s. Anwendungsweise. Von Dr. Maximilian Hirsch. Mit 3 Abb. Leipzig & Wien: F. Deuticke 1907. (51 S.) 8° [07. 1906

Hirsch, Maximilianus: De vulnerum sclopetariorum therapia. Halis Saxonum (1866): Ploetz. 29 S. 8°
Halle-Wittenberg, Med. Diss., nachgeliefert von dem am 15. Juni 1866 auf Thesen promovierten Verf.
Geb. Gransee (Kr. Ruppin) 14. 4. 1843. V.
Verf. erlebte die Diplomerneuerung 1916 als Geheimer Medizinalrat a. D. in Magdeburg und das 60jährige Dr.-Jubiläum 1926.

Hirsch, Maximilianus: Theses, loco dissertationis de pulsus frequentia in singulis corporis temperaturis mox edendae. Halis Saxonum (1866): Ploetz. 2 Bl. 8°
Halle-Wittenberg, Med. Thesen v. 15. Juni 1866

· (Bearb)., s. Tuffier, Théodore: Kleine Chirurgie.

Hirsch, Mayer (Kreuznach, Judaeus)
Dissertatio medica de cholera humida.
Giessae 1751: Braun. 24 S. 4°
pro licentia impetrandi privilegia doctoralia.
(22. 2. 1751 immatr.)

Hirsch, Mei(y)er

—— Buch der Sonette. 8. (10½ B.) Leipzig 841, (Ph. Reclam jun.)

— Exemples, Formules et Problèmes du calcul littéral et d'algèbre. Trad. de l'Allemand second la 4me édit. gr. 8. Berl 832. Duncker u. H. 1 ₰ 8 gl

—— dass. — Auflösungen hierzu, s. Gruson, Joh. Phil.; Sachs, Sal.

- s. J. A. Friedländer, Rechenkunst.

—— Frühlingsalbum. Lieder. 8. (9¾ B.) Leipzig 837, Engelmann.

—— Gallerie lebender Tondichter. Biograph.-krit. Beitrag. gr. 16. (13 B.) Güns 836, Reichard.

— Integral-Tafeln, oder Samml. von Integral-Formeln. gr. 4. Berl. 810. Duncker u. H. 3 ₰

Meier Hirsch

Algebraischer Commentar [Kommentar] über das zehente Buch der Elemente des Euklides. Von Meier Hirsch. Berlin (:C.W.Meyer in Komm.) 1794. 46 S. 8°

Hirsch, (Meyer,) Algebraischer Commentar üb. d. 10te Buch d. Elemente d. Euklides. 8. Berlin 794, Nauck.

— Samml. geometr. Aufgaben. 2 Thle, mit 20 Kpft. 8. Berl. 805—7. Duncker u. H. 3 ₰ 8 gl

Meier Hirsch

Sammlung geometrischer Aufgaben, von Meier Hirsch. Th.1. Berlin: Frölich 1805. 8°
Th.1: 1805.

Hirsch, Meier, Sammlung geometr. Aufgaben. 3. Thl. — A. u. d. T.: Samml. v. Aufgaben u. Lehrsätzen aus d. analyt. Geometrie. Von Ludw. Imm. Magnus. M. 4 Kpfrt. (qu. gr. Fol.) breit gr. 8. (42 B.) Berlin 833, Duncker u. Humblot.
1. u. 2. Thl. Ebendas. 1805, 7. 3 Thlr. 8 Gr.

Hirsch, Meier, Sammlung geometr. Aufgaben. 4. Thl. — A. u. d. T.: Sammlung v. Aufgaben u. Lehrsätzen aus d. analyt. Geometrie d. Raumes, v. Magnus. 1. Abthl. gr. 8. (33 B.) Berlin 837, Duncker u. Humblot.
1—3. Thl. Ebendas. 1805, 7, 33. 6 Thlr. 4 Gr.

Hirsch, Meier, Sammlung geometrischer Aufgaben. 1. Thl. Mit 10 (in Kpfr. gest.) Figurentaf. (in 4.) Neue unveränd. Aufl. Berlin 855. Duncker u. Humblot. 8. (IX, 271 S. u. 1 Tab. in 4.) 1 ₰. 20 ngr.

Hirsch, Meyer, Samml. von Aufgaben aus d. Theorie d. algebr. Gleichungen. 1r Thl., od. Fortsetz. d. Samml. von Beispielen ꝛc. 8. Berl. 809. Duncker u. H. 1 ₰ 16 gl

— Samml. von Beispielen, Formeln u. Aufgaben aus d. Buchstabenrechnung u. Algebra. 8. Berl. 804. 2e A. ... 3e A. 816. 4e A. 832. Duncker u. H. 1 ₰ 8 gl

Meier Hirsch

Sammlung von Beispielen, Formeln und Aufgaben aus der Buchstabenrechnung und Algebra. Von Meier Hirsch. 3.,verb.u.verm.Aufl. Berlin:Duncker & Humblot 1816. VIII,320 S. 8°

— Sammlung von Beispielen, Formeln und Aufgaben aus der Buchstabenrechnung u. Algebra. 5e Ausg. gr. 8. Berlin 838. Duncker u. Humblot. 1⅓ ₰

Hirsch, Meier, Sammlung von Beispielen, Formeln u. Aufgaben aus der Buchstabenrechnung u. Algebra. 6. durchges. Ausg. gr. 8. Berlin 841, Duncker u. Humblot. 1⅓ ₰

— Sammlung von Beispielen, Formeln und Aufgaben aus der Buchstabenrechnung und Algebra. 8. durchges. Ausg. Berlin 853. Duncker u. Humblot. 8. (XII, 317 S.) 1 ₰. 10 ngr.

Hirsch, Meier, Sammlung von Beispielen, Formeln und Aufgaben aus der Buchstabenrechnung u. Algebra. 9. Aufl. 856. — 10. Aufl. 859. — 11. unveränd. Aufl. Berlin 861. Duncker & Humblot. gr. 8. (VI, 317 S.) 1 ₰ 10 ngr.

Hirsch, Meier, Sammlung von Beispielen, Formeln und Aufgaben aus der Buchstabenrechnung und Algebra. 14. umgearb. und verm. Aufl. von H. Bertram. 1871, und 15. Aufl. gr. 8. (VIII, 320 S.) Berlin 873, C. Duncker. [Altenburg, Pierer.] *

Hirsch, Meier, Sammlung von Beispielen, Formeln und Aufgaben aus der Buchstabenrechnung und Algebra. 16. und 17. Aufl. von H. Bertram. gr. 8. (VIII, 322 S.) Altenburg 875,79, Pierer. *

Hirsch, Meier, Sammlung v. Beispielen, Formeln u. Aufgaben aus der Buchstabenrechnung u. Algebra. 18. Aufl. v. H. Bertram. gr. 8. (VIII, 328 S.) Altenburg 881. Pierer. n. 3. —

Hirsch, Meier, Sammlung von Beispielen, Formeln u. Aufgaben aus der Buchstabenrechnung u. Algebra. 19. Aufl. von H. Bertram. gr. 8. (VIII, 328 S.) Altenburg 887. Pierer. n. 3. —

Hirsch, Meier, Sammlung v. Beispielen, Formeln u. Aufgaben aus der Buchstabenrechnung u. Algebra. 20. Aufl. v. H. Bertram. gr. 8. (VIII, 328 S.) Altenburg 890. H. A. Pierer. n. 3. —

—— dass. — Auflösungen, s. Sachs, S.

Hirsch, Mendel Die Einweihung des neuen Schulhauses am Tiergarten. 12 S. u. 2 Pläne. — Dr. Abraham Levi. Nekrolog. S. 13—14. **Progr.** Rech. isr. Rel. *Frankfurt a/M.* 1882.

Hirsch, Mendel, Dir. Dr.: Zum siebzigsten **Geburtstage** des Freiherrn Wilhelm Carl von Rothschild. (Rede.) *Frankfurt a. M. 1899: L. Golde.* (S. 27—29.) 4°
Frankfurt a. M., R d. Isr. Religions-Ges., P 1899 (442)

Hirsch, Mendel, Gedichte. Neudr. zu Ehren des 60jähr. Jubiläums der Unterrichtsanstalten. (81 S. m. Bildnis.) 8. Frankfurt a/M. 908. (J. Rosenheim.) Geb. n. 1. —

Hirsch, Mendel, s.: Haftoroth, die.

Hirsch, Mendel [Dir. Dr.]: Samson Raphael Hirsch. Frankfurt a. M., Buchdr. v. L. Golde, 1889; S. 3-10; 4°
Frankfurt a. M., R d. Israel. Religions-Gesellschaft, OP 1889 (381)

Samson Raphael Hirsch und die Israelitische Religionsgesellschaft zu Frankfurt a. M. Von Director Dr. Mendel Hirsch. *Mainz 1897: J. Wirth.* (203 S.) 8° [F.]

— s.: Klagelieder, die.

Hirsch, Mendel, das reine Menschentum im Lichte d. Judentums. gr. 8. (86 S.) Frankfurt a/M. 893. J. Kauffmann. n. — 60

Hirsch, Mendel [Dir. Dr.]: *Vorschullehrer Moses Plaut, gest. am 23. März 1896.* Frankfurt a. M., Buchdr. L. Golde, 1897; 24—25 S. 4.
Frankfurt a. M., R d. Israel. Religions-Gesellschaft, P 1897 (433)

Hirsch, Mendel, die 12 Propheten, übers. u. erläutert. (In deutscher u. hebr. Sprache.) gr. 8. (V, 536 S.) Frankfurt a/M. 900. A. J. Hofmann. n.n. 6. —; geb. in Halbfrz. n.n. 7. 50

Hirsch, Worte, gesprochen bei der Einweihung d. neuen Schulhauses der israelitischen Volksschule am 28. Decbr. 1891. [Nach stenograph. Aufzeichng.] gr. 8. (8 S.) Frankfurt a/M. 892. J. Kauffmann. — 25

Hirsch, (Mendel), Dir. Dr.: **Worte,** gesprochen am 6. Kislev 5660 ⟨8. November 1899⟩ in der Aula der Realschule der Israelitischen Religionsgesellschaft. (Umschlagt.: Ansprache zur goldenen Hochzeit des Freiherrn und der Freifrau Wilhelm Carl von Rothschild.) *Frankfurt a. M. 1900: L. Golde.* (S. 30—31.) 4°
Frankfurt a. M., R d. Isr. Religions-Ges., P 1900 (444)

Hirsch, Mendel, Worte, bei der zu Ablauf der שלושים zu Ehren Sr. Ehrwürden d. Hrn. Rabb. Samson Raphael Hirsch ז״ל v. dem Verein „Mekor Chajim" in der Aula der Israelit. Religionsgesellschaft veranstalteten Gedächtnißfeier gesprochen. Nach stenograph. Aufzeichngn. gr. 8. (28 S.) Frankfurt a/M. 889. Kauffmann. — 60

Hirsch, Mch. Chr., († d. ... Sept. 1706.), s. **Beausobre, Supplement.**

— **Michael Christian** (Hersbruck), Cogitationes **philosophicae circa convenientiam fidei et rationis de characteribus verae religionis.** Präs. M. Joh. Wilhelm Golling. Altdorf (Jod. Wilh. Kohles) Dez. 1731. 28 S. (7.—) 15277
Gew.: Christian Hirsch (Vater). — Widm. v.: Präs., Georg Christoph Golling.

— s. **Lenfant, Geschichte.**

MISCELLANEEN, bestehend aus 600 besondern Anekdoten, kurzen Geschichten, epigrammat. Gedichten u. verschiedenen andern Merkwürdigkeiten (verfaßt von *Michael Christian Hirsch* und *Heinr. Georg Hoff*). Wien 1781—85, bey Jak. Anton v. Ghelen. 8°.
Anon.-Lex. III. p. 149 (nach Kayser, Meusel, Will); Magaz. d. Buch- u. Kunst-Handels. Jahrg. 1782. (Lpz.) S. 525.

ORAKEL, Das scherzende, am Spieltisch des Frauenzimmers (von *Michael Christian Hirsch,* 1743—96). Wien 1777. Ghelen. 8°. Rar!
Anon.-Lex. III. p. 238 (nach Will u. Meusel); Goedeke VII, 11, 5, 2.

— — Spicilegium observationum ad panegyricum Plinii. Präs. Christian Gottlieb Schwarz. Altdorf (Jodocus Wilhelm Kohles) 6. XII. 1732. 28 Seiten. (6.50) 15278

Hirsch, Mch. Chr., s. Spion, der Normannische.

Hirsch, Moritz, appr. Arzt aus Wiesbaden: Ein Beitrag zur Spastischen Form der Syringomyelie. ⟨Forme spasmodique nach Pierre Marie.⟩ *München 1903: L. Mößl.* (62 S.) 8°
München, Med. Diss. v. 1903

Hirsch, Maur. (geb. Sandersleben in Anh. 20. 2. 1829): De cystidum ovarii in conceptionem, graviditatem, partum efficacitate. Berolini (1854). (55 S.) 8°
Berlin, Med. Diss. v. 24. Juli 1854

Hirsch, Mor., Münz-Tabelle, um den Werth der gangbarsten coursirenden Gold- und Silbermünzen in Europa und Nord-Amerika sofort zu ermitteln. Für jede dieser verzeichneten Geldsorten ist der Werth in 16 Haupt-Staaten von Europa und Nord-Amerika nach den neuesten Durchschnitts-Coursen berechnet. 48 Goldmünzen, 88 Silbermünzen. 1.—3. Aufl. gr. 16. (20 S.) Altona 869,72,76, Verlags-Bureau. geb. * 1 20

— **Tabellen zur Berechnung d. Liter-Inhaltes der Fässer für Meister, Gesellen u. Lehrlinge d. Böttchergewerbes.** 8. (16 S.) Ebend. 875. n. 1. —

— **Vergleichungs-Tabelle** der Barometerscalen, eingetheilt in: Millimeter, Pariser Zoll u. engl. Zoll. 4. Hamburg 876. Prinz & Heine. n. — 15

— **Vergleichungs-Tabelle** der Thermometerscalen v. Fahrenheit, Réaumur u. Celsius. 4. Ebend. 876. n. — 15

Hirsch, N., Gesetz vom 21. III. 1899 betr. die Synagogengemeindeverhältnisse in Frankfurt a. M. Mit Einleitg. u. Erläutergn. hrsg. gr. 8. (89 S.) Frankfurt a/M. 899. J. Kauffmann. n.n. 1. —

Hirsch, Nathan, Tierarzt a. Stolp ⟨Pommern⟩: **Aus d. chirurg. Klinik d. Kgl. Tierärztl. Hochschule zu Dresden. Direktor: Medizinalrat Prof. Dr. Röder. Über die Arytänektomie** und ihren Wert beim Kehlkopfpfeifen der Pferde. Mit 2 Taf. Dresden 1908: W. Ulrich. (59 S.) 8°
Leipzig, Med. Fak., Ref. Röder, Diss. v. 9. Juli 1908
[Geb. 6. Dez. 84 Stolp; Wohnort: Stolp; Staatsangeh.: Preußen; Vorbildung: Gymn. Stolp Reife O. 04; Studium: Berlin 6, München 1 S.; Coll. 18 Juli 08; Approb. 14. März 08.]

Hirsch, Otto, approb. Arzt aus München: **Uterus** bicornis bicollis mit Hemiatresie des einen Horns, Vagina subsepta und Ligamentum recto-vesicale. Mit 1 Abb. *München 1901: R. Oldenbourg.* (36 S.) 8°
München, Med. Diss. v. 1901

Hirsch, P., s. Hoffmann, A.

Hirsch, Paul, appr. Arzt a. Karlsruhe: Aus d. chirurg. Univ.-Kinderklinik zu München. (Prof. Dr. Herzog.) Casuistischer Beitrag zur Aetiologie der angeborenen Fussverkrümmungen, spez. des Klumpfusses. Mit 1 Abbildung. München 1905: B. Heller. (27 S.) 8°
München, Med. Fak., Ref. v. Angerer, Diss. v. 14. Dez. 1905
[Geb. 20. Okt. 80 Karlsruhe; Wohnort: Karlsruhe; Staatsangeh.: Baden; Vorbildung: Gymn. Karlsruhe Reife Juli 00; Studium: München 4, Straßburg 1, Heidelberg 1, Berlin 1, München 3 S.; Coll. 14. Dez. 05; Approb. 5. Juli 05.]

Hirsch, Paul, Bibliographie der deutschen Regiments- u. Bataillons-Geschichten. (V, 170 S.) gr. 8. Berlin 905. E. S. Mittler & Sohn. n. 6. —

— Bibliographie der französischen Truppengeschichten. Nebst e. Anh.: Die Namen der Truppenteile. (IV, 140 S.) 8. Ebd. 906. n. 5. —

Hirsch, Paul: Die Erhebung Berengars I. von Friaul zum König in Italien. Strassburg: Schmidt 1910. X, 190 S. 8° ¶(T. 1 einer Geschichte d. ital. Königr. unter Kaiser Berengar I. Ersch. auch als Buch ebd.)
Straßburg, Phil. Diss. v. 24. Juli 1909, Ref. Breßlau
[Geb. 10. März 83 Mannheim; Wohnort: Mannheim; Staatsangeh.: Baden; Vorbildung: Gymn. Mannheim Reife Sommer 01; Studium: Heidelberg 2, Berlin 3, Straßburg 10 S.] [U 10. 4083

Hirsch, Paul, die Erhöhung der Zivilliste, s.: Hoffmann, Adf.

Hirsch, Paul, Führer durch die Landgemeinde-Ordnung f. die sieben östlichen Provinzen der Monarchie vom 3. VII. 1891. (56 S.) kl. 8. Berlin 905. Buchh. Vorwärts. n. — 30

— s.: Gemeindepolitik, sozialdemokratische.

Geschichte der Arends'schen Stenographie. Nach authent. Quellen bearb. von Paul Hirsch. T. 1. 2. *Berlin: C. Hauss 1894–95.* 2 Bde 8° [05. 1945

Hirsch, Paul, die sociale Gesetzgebung im 19. Jahrh., s.a. Am Anfang des Jahrhunderts. 8. Hft.

Die soziale Gesetzgebung im 19. Jahrhundert. Von Paul Hirsch. *Berlin: Aufklärung 1901.* (62 S.) 8° [F.]
= Anfang, Am, des Jahrhunderts. H. 3. [05. 3767

— 25 Jahre sozialdemokratischer Arbeit in der Gemeinde. Die Tätigkeit der Sozialdemokratie in der Berliner Stadtverordnetenversammlg. Auf Grund amtl. Quellen geschildert. (XI, 552 S.) Lex. 8. Berlin 908. Buchh. Vorwärts. nn 12.50; geb. in Halbfrz. nn 15. —

Hirsch, Paul, s.: Kalender f. Arends'sche Stenographen.

Katalog einer Mozart-Bibliothek. Zu W[olfgang] A[madeus] Mozarts 150. Geburtstag 27. Jan. 1906. (Verf.: Paul Hirsch, Frankfurt a. M.) Frankfurt a. M. 1906: Wüsten & Schönfeld. (75 S.) 8° [06. 6956

— die Knebelung der Arbeiterklasse durch das preuß. Junkerparlament. I. gr. 8. (48 S.) Berlin 899. Buchh. Vorwärts. n. — 20

Hirsch, Paul, die Lage der Arendsschen Schule, s.: Zeit- u. Streitfragen, stenographische.

Hirsch, Paul, der preußische Landtag. Handbuch f. sozialdemokratische Landtagswähler. Im Auftrage des Parteivorstandes u. unter Mitwirkg. e. Anzahl v. Parteigenossen hrsg. (360 S.) 8. Berlin 903. Buchh. Vorwärts. Geb. in Leinw. n. 4. —

— Der preußische Landtag. Handbuch f. sozialdemokrat. Landtagswähler. Im Auftrage des Parteivorstandes u. unter Mitwirkg. e. Anzahl v. Parteigenossen hrsg. 2. umgearb. u. bis auf d. J. 1908 ergänzte Aufl. (596 S.) 8. Ebd. 908. 5.—; geb. in Leinw. 6. —

Hirsch, P., Lehrbuch der Arendsschen Stenographie, s.: Spahr, Fr.

Hirsch, Paul, approb. Arzt aus Friesack: **Ueber die aphthöse Mundentzündung.** *Leipzig 1904: B. Georgi.* (30 S.) 8°
Leipzig, Med. Diss. v. (14. Jan.) 1904

Zweite Musik-Fachausstellung im Krystallpalast zu Leipzig, 3. bis 15. Juni 1909. Katalog der Sonderausstellung aus der Musik-Bibliothek Paul Hirsch. Frankfurt a. M.: [Selbstverl.] 1909. 16 Bl. 8° [09. 1000

Hirsch, Paul, Phrygiae de nominibus oppidorum. Dissertatio inauguralis. gr. 8. (32 S.) Königsberg 884, (Koch.) *

Hirsch, Paul, die Prinzipien d. Sachbesitzerwerbes u. Verlustes nach römischem Recht. gr. 8. (XII, 737 S.) Leipzig 892. Duncker & Humblot. n. 15. —

Hirsch, Paul, z. Revision d. Lehre v. Gläubigervorzuge. gr. 8. (VII, 303 S.) Leipzig 895. Duncker & Humblot n. 6. 60

— u. Bruno Borchardt, die Sozialdemokratie u. die Wahlen zum deutschen Reichstage. Mit e. farb. Uebersichtskarte u. 2 graph. Darstellgn. (143 S.) 8. Ebd. 907. 2. —

— Die Städteordnung f. die 6 östlichen Provinzen der preußischen Monarchie vom 30. V. 1853. Erläutert v. H. (174 S.) 8. Ebd. 910. Geb. in Leinw. 3. —

Das fünfzigjährige Stiftungsfest der Johannis-Loge „Friedrich Wilhelm zur Morgenröte". Ein Erinnerungsblatt, gewidmet allen Festteilnehmern von Paul **Hirsch.** Berlin 1905: Mittler & S. 38 S. 8°
Aus: BZC. 34 (1905) S. 565—590, 612—623.

— Übungsbuch zum Erlernen der Arendsschen Stenographie, s.: Spahr, F.

— Unterrichts-Briefe f. d. Erlernung d. Arends'schen Stenographie. 6 Briefe. gr. 8. (53 S.) Berlin 897. E. Apolant. In Enveloppe. n. 1. 50

Hirsch, Paul [dipl. Maschineningenieur aus Budapest]: Untersuchungen an Bleiaccumulatoren mit verschieden dicker aktiver Schicht. Zürich 1900. 80 S. 6 Taf. 8°.
Zürich. Phil. Diss. II. 8. 1900/1901.

Hirsch, Paul, Verbrechen u. Prostitution als soziale Krankheitserscheingn. 8. (72 S.) Berlin 897. Buchh. Vorwärts. n. 1. —

— Verbrechen u. Prostitution als soziale Krankheitserscheinungen. 2. völlig umgeänd. u. verm. Aufl. (184 S.) 8. Ebd. 907. 2.—; geb. 2. 50

— u. Hugo Lindemann, das kommunale Wahlrecht, s.a. Gemeindepolitik, sozialdemokratische. 1. Hft.

Das kommunale Wahlrecht. Von Paul Hirsch u. Hugo Lindemann. Berlin: Vorwärts 1905. (48 S.) 8° [F.]
= Gemeindepolitik, Sozialdemokratische. H. 1. [05. 10843

— unter dem elendesten aller Wahlsysteme. Materialien zur Beurteilg. der polit. Rechtlosigkeit der Arbeiterklasse in Preußen. Unter Benutzg. amtl. Quellen. (116 S.) 8. Ebd. 906. n. 1. 50

— kommunale Wohnungspolitik, s.a. Gemeindepolitik, sozialdemokratische. 4. Hft.

Kommunale Wohnungspolitik. Von Paul Hirsch. Berlin: Vorwärts 1906. (80 S.) 8° [F.]
— Gemeindepolitik, Sozialdemokratische. H. 4. [06. 5713]

— s.: Zeit- u. Streitfragen, stenographische.

Hirsch, Perez, appr. Arzt u. Zahnarzt: Über **Phosphornekrose.** *München 1902: C. Wolf & Sohn.* (29 S.) 8°
München, Med. Diss. v. 1902

Hirsch, Phpp., Hamburgische Ausführungs-Gesetze, Verträge u. Verordnungen zu den Reichs-Justizgesetzen. Textausg. m. kurzen Anmerkungen. gr. 16. (XII, 275 S.) Hamburg 879. O. Meißner. n. 3. 60; geb. n. 4. 20

Hirsch, Ph., hamburgische Ausführungs-Gesetze, Verträge u. Verordnungen zu den Reichsjustizgesetzen. 2. Aufl. m. kurzen Anmerkgn. 8. (XI, 244 S.) Hamburg 888. O. Meißner's Verl. n. 3. 60

Hirsch, Philipp [aus Danzig]: Ueber das β-Brompropylamin. . . . Berlin, A. W. Schade's Buchdr. (L. Schade), 1890; 42 S. + 1 Bl. 8°
Berlin, Phil. Fak., Inaug.-Diss. v. 19. Jul. 1890

1. Verzeichniss von verkäuflichen Münzen, Medaillen und numismatischen Werken a. d. Sammlg des verstorb. Numismatikers Heinrich Hirsch, München. Beschr. u. hrsg. v. Dr. Phil. Jacob Hirsch . . . *München 1898.* (2 Bl., 74 S.) 1 Bd 8. [99. 347 3

Hirsch, R., über schriftliche Übungen beim Unterricht in den fremden Sprachen. 4. (28 S.) Berlin 885, Gaertner's Verlag. *

Hirsch, R., d. Vorerbg. d. ländl. Grundbesitzes i. Ober-Landesger.-Bez. Frankfurt a/M., — dasselbe, in d. Hohenzollernschen Landen (Landgerichtsbez. Hechingen), s.: Vorerbung, die, des ländl. Grundbesitzes im Königr. Preussen.

Hirsch, Rahel, approb. Ärztin aus Frankfurt a. M.: Ein **Beitrag** zur Lehre von der Glykolyse. *Straßburg i. E. 1903: C. Müh & Co.* (26 S.) 8°
Straßburg, Med. Diss. v. 1903

Hirsch, Raphael [aus Frankfurt a/M.]: Ein Fall von Atresia vaginae . . . . Würzburg, Paul Scheiner's Buchdr., 1887; 29 S. u. 1 Taf. 8°
Würzburg, Med. Fak., Inaug.-Diss. v. 1887

Hirsch, Raphael [pr. Arzt aus Frankfurt a. M.]: Ein Fall von Chloroformintoxication durch innerlich genommenes Chloroform . . . (Aus: Zeitschr. f. klin. Med., Bd XXIV Heft 1 u. 2.) Frankfurt a. M., gedr. bei L. Schumacher in Berlin, 1892; 16 S. 8.
München, Med. Fak., Inaug.-Diss. v. 1893

Hirsch, Raphael [aus Hannover]: Zur Statistik des acuten Gelenkrheumatismus . . . . Würzburg, Druck der Thein'schen Druck. (Stürtz), 1885; 43 S. 8°.
Würzburg, Med. Fak., Inaug.-Diss. v. 1885.

Hirsch, Remy, approb. Arzt aus Frankfurt a. M.: ⟨Aus d. kgl. Universitäts-Augenklinik zu Marburg.⟩ Die bei Erkrankungen der Brücke und des verlängerten Markes beobachteten **Symptome** unter specieller Berücksichtigung der ocularen Symptome. *Marburg a. d. L. (1903).* (15 S.) 8° ¶ (Aus: Zeitschr. f. Augenheilkunde, Bd 9.)
Marburg, Med. Diss. v. 11. März [vielm. Apr.] 1903

Hirsch, Richard [aus Frankfurt a. M.]: Der Erwerb eigener Aktien durch die Aktiengesellschaft. . . . Göttingen, Druck d. Dieterich'schen Univ. Buchdr. (W. Fr. Kaestner), 1888. 2 Bl. + 40 S. 8°
Göttingen, Jur. Fak., Inaug.-Diss. v. 2. Jan. 1889

Hirsch, R., der Erwerb eigener Aktien durch die Aktiengesellschaft. gr. 8. (40 S.) Göttingen 888. (Leipzig, Fock.) n. 1. 20

Hirsch, Richard: Der fahrlässige Falscheid. ⟨§ 163 St.G.B.⟩ Berlin: Günther 1908. 52 S. 8°
Heidelberg, Jur. Diss. v. 1908, Ref. v. Lilienthal
[Geb. 13. Dez. 84 Berlin; Wohnort: Berlin; Staatsangeh.: Preußen; Vorbildung: Askan. Gymn. Berlin Reife O. 04; Studium: Berlin 6 S.; Rig. 19. Juni 08.] [U 09. 1807

Hirsch, Ricardus: De animarum apud antiquos imaginibus. . . . Lipsiae, typ. Max. Hoffmanni, 1889; 54 S. + 1 Bl. 8°
Jena, Phil. Fak., Inaug.-Diss. v. 1889

Hirsch, R., Strassburg. Ein Ruf an die deutsche Studentenschaft, zugleich e. Schilderg. der Strassburger Universitäts- u. Lebensverhältnisse. 1. –3. Aufl. gr. 8. (42 S.) Leipzig 887. [K. Fr. Pfau.] H. Putscher in Dresden, Bergstr. 45, I. n. — 50

Hirsch, Rich. (H.), Strassburg. Ein Ruf an die deutsche Studentenschaft, zugleich eine Schilderung der Strassburger Universitäts- und Lebensverhältnisse. 1.—5. Aufl. gr. 8. (42 S.) Leipzig 887, Pfau. *

Hirsch, *Heinrich* Richard: Studien zur Geschichte König Ludwigs VII. von Frankreich. (1119—1160)' . . . Leipzig, G. Fock, 1892; 2 Bl., III, 118 S., 1 Bl. 8.
Leipzig, Phil. Fak., Inaug.-Diss. v. [1. Mai] 1892

Hirsch, Robert [aus Danzig]: Ueber das Chinonchlorimid und ähnliche Verbindungen. Berlin, Druck von H. S. Hermann, (1880). 8. 28 S.

HIRSCH, ROBERT. Ueber das Chinonchlorimid und ähnliche Verbindungen. (Strassburg) Berlin, *n. d.*

Das studentische Gebrauchtum, eine Nachbildung des freimaurerischen Gebrauchtums. Von [Rob.] Hirsch. [Hamburg 1906: Rademacher.] 10 S. 8° [Kopftit.]
Aus: HL. 40 (1906—1907) S. 13—22.

Hirsch, Rob., die Gewährleistung beim Viehhandel nach d. bürgerl. Gesetzbuch. Erläutert in Verbindg. m. Ludw. Nagel. 2 Tle. Stuttgart, W. Kohlhammer. n. 10. —; geb. n. 12. —
1. Rechtswissenschaftl. Tl. von R. Hirsch. (VIII, 204 S.) 900. n. 3. 80
2. Tierärztl. Tl. von L. Nagel. (IV u. S. 207—559.) 902. n. 6. 20

Hirsch, Rob., Daniel Chodowieckis sämtliche Kupferstiche, s.: Engelmann, Wilh.

Nachträge und Berichtigungen zu Daniel Chodowieckis Sämtliche Kupferstiche beschrieben von Wilhelm Engelmann. Verzeichnis der nach Chodowieckis Zeichnungen von anderen Künstlern angefertigten Kupferstiche u. Verzeichnis d. Kupferstiche Gottfried u. Wilhelm Chodowieckis. Von Dr. Robert **Hirsch.** 2. Aufl. Mit e. Bildnis von D. Chodowiecki. Leipzig: W. Engelmann 1907. (VI, 148 S.) 8° [07. 8793

Hirsch Robert: Über Papaverahioxim. S. 104. Hb. 1894 . . . . vgr.
[illegible]

Hirsch, Rob., d. Rechtsverhältnisse d. unehelichen Kinder n. d. bürgerl. Gesetzbuch, s.a. Monographieen üb. d. bürgerl. Gesetzbuch.

[F.] Die Rechtsverhältnisse der unehelichen Kinder nach dem Bürgerlichen Gesetzbuch. Erl. v. Dr. Robert **Hirsch**, Rechtsanw. in Ulm. *Stuttgart (Berlin): W. Kohlhammer 1897.* (VII, 96 S.) 1 Bd 8.
= **Monographieen** üb. d. Bürgerl. Gesetzbuch. [Bd] 1. (97. 7277

Hirsch, Robert: Ueber die Unterbindung der Vena cruralis. Halle (1875): Plötz. 29 S. 8°
Halle-Wittenberg, Med. Diss. v. 25. Juni 1875
Geb. Köllme (Seekr. Mansfeld) 4. 8. 1849. V.

Hirsch, Rob., über den Unterschied zwischen Mitthäterschaft u. Beihülfe. Inaugural-Dissertation. gr. 8. (57 S.) Tübingen 881. (Fues.) n. 1. 50

Hirsch, Robert [Mag. Pharm. aus Teplitz (Böhmen) Assist. am chem. Inst. d. k. k. deutschen Univ. in Prag]: Über die Zerlegung des Zimmtsäuredibromids in die optisch-activen Modificationen ... Würzburg, Becker's Univ.-Buchdr., 1894; 58 S., 1 Bl. 8.
Würzburg, Phil. Fak., Inaug.-Diss. v. 1894

Hirsch, Rud., Balladen. gr. 12. Leipz. 841, Bösenberg. n. 1⅓ ℛ︀

Hirsch, Rudolph, Balladen. gr. 12. (11½ B.) Leipzig 841, (Ph. Reclam jun.) *

Hirsch, Rudolph, Balladen u. Romanzen. Neue Folge. 12. (7⁷⁄₁₂ B.) Wien 845, Gerold, Verl.

Hirsch, Rud., Balladen und Romanzen. Gesammt-Ausg. in einem Bande. Mit dem (lith.) Bildniß des Verf. Wien 853. Hügel. 16. (3 Bl., 191 S.) 1 ℛ︀

— — 2 Thle. 3. Aufl. Ebend. 858. 16. (XI, 156; 2 Bl., 210 S.) 2 ℛ︀. 12 ngr.

Hirsch, Rud., kaufmännische Bewerbeschreiben. (80 S.) 8. Schivelbein (907). R. Hirsch. 1. 50

— Buch der Sonette. 8. Leipzig 841, Bösenberg. n. ⅚ ℛ︀

Hirsch, Rudolf Frh. von: Dichtebestimmungen von gesättigten Dämpfen und Flüssigkeiten. *Leipzig: J. A. Barth 1899.* (40 S.) 8° ¶ [Grossenteils wieder abgedr. in: Annalen d. Physik, Bd 305.]
München, Phil. Diss. v. 1899

Hirsch, R., Fresco-Sonette. 8. Abdr. 16. (III und 77 S.) Wien 858(62), Leben und Mundt. *

Hirsch, Rud., Frühlingsalbum. Lieder. 8. Leipzig 837, Engelmann. (Wien, Wallishauser.) n. ¾ ℛ︀

— Gallerie lebender Tondichter. Biograph.-kritischer Beitrag. gr. 16 Güns 836, Reichard. ¾ ℛ︀

Hirsch, R., Irrgarten der Liebe. (Gedichte.) gr. 8. (148 S.) Wien 850, Gerold. n. 1⅓ ℛ︀ — 4. verm. Aufl. 16. (VIII u. 112 S.) Wien 852, Jaspers Wwe. & Hügel. In Engl. Einb. mit Goldschn. 1 ℛ︀

— Irrgarten der Liebe. 5. Aufl. (VIII und 111 S.) 1853. 1 Thlr. und 6. Aufl. 16. (VIII und 150 S. mit des Verf. lithogr. Bildn.) Wien 856, Hügel. *

Hirsch, Rud., u. **Wittneben**, Lackschrift-Lehr-Werk. (Die Perle v. Allem!) (Neue Ausg.) (15 Bl. m. 1 Bl. Text.) 24×32,5 cm. Schievelbein (906.) R. Hirsch. In Mappe 3. 75

— Lieder ohne Weltschmerz. 854. (X, 140 S.) n. 28 ngr. — 2. verm. Aufl. Wien 854 Greß. 32. (IX, 172 S.) n. 1 ℛ︀.

— Lieder ohne Weltschmerz. 1. Aufl. (X und 140 S.) 1854. * 28 Ngr. und 2., verm. Aufl. 32. (IX und 172 S.) Wien 855, Greß. *

Hirsch, R., Lieder ohne Weltschmerz. Neue (Titel-)Ausg. 16. (VIII und 172 S.) Wien (855)67, Capellen. cart. *

— Reiser und Reisig. (Gedichte.) 18. (XIV und 174 S.) Wien 850, Gerold, Verlag. *

— Mosart's Schauspieldirector. Musikalische Reminiscenzen. 12. (VII und 96 S.) Leipzig 859, Matthes. *

— poetische Schriften. 2 Thle. gr. 16. 1. Balladen u. Romanzen. (VI u. 191 S.) 2. Sonette. Reiser u. Reisig. Irrgarten der Liebe. Soldaten-Spiegel. (VI u. 214 S.) Wien 851, Jasper, Hügel & Manz. n. 2 ℛ︀

— Siesta. 2 Thle. Pest 856. Geibel. 16. (XV, 195; 2 Bl., 179 S.) n. 1 ℛ︀. 15 ngr.

— Soldaten-Spiegel. 2. verm. Aufl. 8. (64 S.) Wien 849, Gerold. n. ⅓ ℛ︀

— Soldaten-Spiegel. 2., verm. Aufl. 8. (64 S.) Wien 850, Gerold, Verlag. *

— Franz Graf Stadion. Wien 861. Hügel in Comm. 12. (XII, 123 S.) n. 20 ngr.

Staub von der Reise. 2 Thle. Wien 861. Leben & Mundt. 8. (LIV, 276 S.) n. 1 ℛ︀

— Stimmen des Volkes. Nachklänge des 18. Februars. Zur Feier der Genesung des Kaisers rc. Wien 853. Hügel. 16. (32 S.) 12 ngr.

Hirsch, Rud., Stimmen des Volkes. Böhmisch von Pok-Podébradsky. Italienisch von B. Vollo. Ungarisch von A. Sujánszky. 2. Aufl. Mit Graf O'Donnell's (lith.) Portr. Wien 854. Braumüller. 4. (VIII. 119 S.) n. 1 ℛ︀. 10 ngr.

— dramatische Studien. 1s Bdchn. A. u. d. T.: Rafaele. Dramatisches Gedicht in 4 Abthll. gr. 12. Wien 836. Wallishauser. ⅜ ℛ︀

— Eulenspiegel's Tagebuch. Pest 856. Heckenast. 16. (112 S.) 15 ngr.

Hirsch, S., s. Bibliothek von Vorlesungen rc. über Medicin Bd. XIX.

Hirsch, S., Erinnerungen an den großen Kurfürsten und an seine Gemahlin Louise von Oranien. Ein Vortrag, auf Veranstaltung des evangel. Vereins für kirchl. Zwecke am 15. März 1852 gehalten. gr. 8. (52 S.) Berlin 852, W. Schultze.

J. G. Fichtes Sozialpädagogik. Von Dr. S. **Hirsch** Gutmann. Bern 1907: Scheitlin, Spring & Cie. (100 S.) 8°
— **Studien**, Berner, z. Philosophie u. ihrer Geschichte. Bd 51. (07. 10895

Hirsch, S. R., von den Beziehungen der allgemeinen Bildungselemente zu der speciellen jüdischen Bildung. Frankfurt a. M. 1867
Schul-/Univ.-Schrift

Hirsch, Salli: Schuldnerverzug beim Sukzessivlieferungsvertrag. Berlin 1909: Wechselmann. 38 S. 8°
Heidelberg, Jur. Diss. v. 19. Aug. 1909, Ref. Wenger
[Geb. 27. Juni 85 Heinrichswalde Wpr.; Wohnort: Berlin; Staatsangeh.: Preußen; Vorbildung: Gymn. Konitz Reife O. 04; Studium: Berlin 6 S.; Rig. 22. April 09.]
[U 10. 1895

Hirsch, Salomon [aus Hannover]: Diphtheritische Entzündung der Paukenschleimhaut. . . . Wiesbaden, J. F. Bergmann, 1888; 14 S. 8°
Würzburg, Med. Fak., Inaug.-Diss. v. 1888

Hirsch, Salomon, approb. Arzt aus Edenkoben ⟨Rheinpfalz⟩: **Über einen Fall von Ruptura recto-vaginalis bei spontaner Geburt.** *Strassburg i. E. 1899: C. & J. Goeller.* (32 S.) 8°
Strassburg, Med. Diss. v. 1899

— **Salomon** (Dessau), De febre puerperarum. Diss. med. Präs. August Friedrich Hecker. Erfurt (Joh. Christ. Goerling) 29. IX. 1800. 20 S. (6.—) 15279

Hirsch, Samson Raphael

— s. auch Treumund.

Hirsch, Samson Raph., die offene Antwort S. Ehrw. d. Hrn. Distr.-Rabb. S. B. Bamberger zu Würzburg, auf seinen an denselben gerichteten offenen Brief, gewürdigt. gr. 8. (61 S.) Frankfurt a/M. 877. Kauffmann. n. — 90

— der Austritt aus der Gemeinde. gr. 8. (19 S.) Ebend. 876. n. — 40

Hirsch, Samson Raph., über die Beziehung des Talmuds zum Judenthum und zu der sozialen Stellung seiner Bekenner. gr. 8. (38 S.) Frankfurt a. M. 884, Kauffmann. *

— offener Brief an Se. Ehrwürden Herrn Distrikts-Rabb. S. B. Bamberger in Würzburg. gr. 8. (28 S.) Ebend. 877. n. — 60

Hirsch, S. R., neunzehn Briefe über Judentum. Als Voranfrage wegen Herausgabe v. „Versuchen" desselben Verf. „über Israel u. seine Pflichten", hrsg. von Ben Usiel (S. R. H.). 2. Aufl. gr. 8. (VIII, 120 S.) Frankfurt a/M. 889. Kauffmann. n. 2. 50

— neunzehn Briefe üb. Judentum. Als Voranfrage wegen Herausgabe v „Versuchen" desselben Verf. „üb. Israel u. seine Pflichten", hrsg. v. Ben Usiel. 3. Aufl. gr. 8. (VII, 120 S.) Ebd. 901. n. 2. 50; geb. in Leinw. n.n. 3. 20

Hirsch, Samson Raphael, Friede, Freiheit und Einheit. Sechs Predigten. gr. 8. Deßau 839. Neubürger. 1/2 ₰

— Friede, Freiheit u. Einheit. Sechs Predigten, gehalten in der Synagoge zu Deßau. gr. 8. Deßau 839. (Jetzt Leipzig, Hunger.) 1/2 ₰

Hirsch, Samson Raph., Israels Gebete, übers. u. erläut. (Deutsch u. hebräisch.) gr. 8. (VI, 758 S.) Frankfurt a/M. 895. J. Kauffmann. n.n. 5. —; geb. in Leinw. n.n. 6. —; m. Goldschn. n.n. 7. —; in Ldr. m. Goldschn. n.n. 8. 75

Hirsch, Samson Raph., Israels Gebete übers. u. erläutert. (Hebräisch u. deutsch.) 2. Aufl. (VI, 758 S.) 8. Frankfurt a/M. 906. J. Kauffmann. n.n. 3. 50; geb. in Leinw. n.n. 4. 50; in Prachtbd. m. Goldschn. n.n. 5. 50; in Ldr. m. Goldschn. n.n. 7. 25

Hirsch, Samson-Raphael, s.: Gedenk-Blätter.

— הדוסאינך Gott, der einzige Arzt. Religiöse Betrachtungen in 7 Predigten, gehalten in der Synagoge zu Deßau. gr. 8. Deßau 840. Fritsche u. Sohn. 1/2 ₰

— das Judenthum, der christliche Staat und die moderne Kritik. Briefe zur Beleuchtung der Judenfrage von Bruno Bauer. gr. 8. Leipzig 843, Hunger. 3/4 ₰

— der rechte Kampf für die Wahrheit. Gast-Predigt in der Synagoge zu Schwerin gehalten d. 31. Octbr. 1846. gr. 8. Schwerin 846, Kürschner. 3 ngl

— die Messiaslehre der Juden in Kanzelvorträgen. Zur Erbauung denkender Leser. gr. 8. Leipz. 843, Hunger. 2 1/3 ₰

— s. Mittheilungen, erste, aus Naphtali's Briefwechsel.

— s. a. Pentateuch, der.

Hirsch, Samson Raph., der Pentateuch. Übers. u. erläutert. 1.—3. Thl. (Hebräisch u. deutsch.) gr. 8. Frankfurt a/M., J. Kauffmann. à n.n. 2. 50; geb. in Leinw. à n.n. 3. 50; in Halbfrz. à n.n. 4. —
1. Die Genesis. (563 S.) 893. — 2. Exodus. 2. unveränd. Aufl. (543 S.) 895. — 3. Leviticus. 2. unveränd. Aufl. (648 S.) 894.

— d. Pentateuch. Übers. u. erläut. (Hebräisch u. deutsch.) 3.—5. Tl. gr. 8. Ebd. à n.n. 2. 50; geb. in Leinw. à n.n. 3. 50; in Halbfrz. à n.n. 4. —
3. Leviticus. 3., unveränd. Aufl. (648 S.) 898.
4. Numeri. 2., unveränd. Aufl. (452 S.) 895.
5. Deuteronomium. 2., unveränd. Aufl. (515 S.) 895.

— der Pentateuch. Uebersetzt u. erläutert. 5 Tle. 4. Aufl. gr. 8. Ebd. 903. à n.n. 2. 50; geb. in Leinw. à n.n. 3. 50; in Halbfrz. à n.n. 4. —
1. Die Genesis. (VI, 563 S.) — 2. Exodus. (543 S.) — 3. Leviticus. (648 S.) — 4. Numeri. (452 S.) — 5. Deuteronomium. (515 S.)

Hirsch, Sams. Raphael, das Princip der Gewissensfreiheit u. die Schrift d. Herrn Rechtsanwalts u. Notars Makower üb. die Gemeindeverhältnisse der Juden in Preußen. gr. 8. Frankfurt a/M. 874. Erras. n. 1. —

— s. a. Psalmen, die.

— die Psalmen, übers. u. erläut. (Hebräisch u. deutsch.) 2 Tle. in 1 Bde. 2., unveränd. Aufl. gr. 8. (IX, 317 u. 311 S.) Ebd. 898. n.n. 7. 50; geb. in Leinw. n.n. 8. 50; in Halbfrz. n.n. 9. —

— die Reform im Judenthum und dessen Beruf in der gegenwärt. Welt. gr. 8. Ebend. 844. n. 5/12 ₰

Der jüdische Sabbath von Rabb. Samson Raphael Hirsch. Frankfurt a. M.: Kauffmann 1908. 48 S. 8°
Aus: Hirsch: Gesammelte Schriften. Bd 1.
(Schriften d. Verbandes d. Sabbathfreunde. 4.) [illegible]

— die Sabbathfrage vor d. dritten Rabbinerversammlung. Ein Votum. Als Manuscript gedr. 8. Berlin 846, Heymann. gratis.

— s. Sänger, H.

Hirsch, Samson Raph., gesammelte Schriften. 1. Bd. gr. 8. (XIII, 486 S.) Frankfurt a/M. 902. J. Kauffmann. n.n. 4. 50; geb. in Leinw. n.n. 5. 50

— gesammelte Schriften. Hrsg. v. Naphtali Hirsch. 2. u. 3. Bd. gr. 8. Ebd. n.n. 9. 50; geb. in Leinw. n.n. 11. 50
2. (VIII, 478 S.) 904. n.n. 4. 50; geb. n.n. 5. 50
3. (VI, 563 S.) 906. n.n. 5. —; geb. n.n. 6. —

Hirsch, Samson Raph., gesammelte Schriften. Hrsg. v. Naphtali Hirsch. I. IV. u. V. Bd. gr. 8. Frankfurt a. M., J. Kauffmann. nn 14.50; geb. in Leinw. 17.50
I. 2. Aufl. (XIII, 486 S.) 908. nn 4.50; geb. nn 5.50
IV. (VI, 543 S.) 908. nn 4.50; geb. nn 5.50
V. (VI, 558 S.) 910. nn 5.—; geb. nn 6.—

— s. Sulzbach, A.

Hirsch, Samson Raph., das System der religiösen Anschauung der Juden u. sein Verhältniß z. Heidenthum, Christenthum u. zur absoluten Philosophie. 1. Hauptabtheil.: Die Apologetik. 1. Bd.: Die Religionsphilosophie der Juden. 10 Hefte. gr. 8. Leipzig 841, 42, Hunger. n. 6 ₰

– Dass. Zweites bis sechstes Heft. Ebd. 1842. 480 S. 8°

- Dass. Siebentes bis zehntes Heft. Ebd. 1842. 352 S. 8°

Hirsch, Sams. Raph., מוריה וחורב Versuche üb. Jissroël, u. üb. Jissroëls Pflichten in d. Zerstreuung, zunächst f. Jissroëls Jünglinge u. Jungfrauen. 2. Thl. — A. u. d. T.: Versuche üb. Jissroëls Pflichten in d. Zerstreuung. 5 Lfgn. gr. 8. (51 B.) Altona 837, 38, Hammerich. à ⅔ Thlr.
1. Thl. wird noch erwartet.

— Versuche über Jissroéls Pflichten in der Zerstreuung, zunächst f. Jissroéls denkende Jünglinge u. Jungfrauen. 2., verb. Aufl. Mit dem Bildnis d. Verf. gr. 8. (XVI, 578 S.) Ebd. 889. n. 6.50; Halbfrzbd. n.n. 1.50

— Versuche üb. Jissroéls Pflichten in der Zerstreuung, zun. f. Jissroéls denk. Jünglinge u. Jungfrauen. 3. Aufl. gr. 8. (XVI, 622 S. m. Bildn.) Ebd. 899. n. 6.50; geb. in Leinw. n.n. 7.50; in Halbfrz. n.n. 8.-

— Versuche üb. Jissroéls Pflichten in der Zerstreuung, zunächst f. Jissroéls denk. Jünglinge u. Jungfrauen. 4. Aufl. (XIV, 522 S. m. Bildnis.) gr. 8. Ebd. 909. 7.—; geb. in Leinw. n 8.—; in Halbfrz. n 8.50

— Worte bei der Schulfeier der Unterrichtsanstalt der israelitischen Religionsgesellschaft zu Frankfurt a. M., den 9. XI. 1859 am Vorabend der Schillerfeier gesprochen. (Nach stenograph. Aufzeichng.) 2. unveränd. Aufl. (16 S.) gr. 8. Ebd. 905. n. —50

Hirsch, Samuel

Die Humanität als Religion, in Vorträgen, gehalten in der Loge zu Luxemburg, von Sam. Hirsch. Trier: Troschel 1854. XIII, 248 S. 8°
Recens: FZ. 10 (1856) S. 363—367 (F. Hauthal); L. 17 (1859) S. 73—76.
Tt. 1876. Die vollendete Humanität beruht auf dem, was Juden- und Christentum gemeinsam ist, nur das Dogma trennt beide. 8 Vorträge.

— systematischer Katechismus der israelitischen Religion, auf Beschluß des Vorstandes der israelit. Gemeinde zu Luxemburg herausgegeben. Luxemburg 856. Bück. 12. (IV, 88 S.) 10 ngr.

Hirsch, Samuel (aus Gollub Westpreussen): Ueber substernale Kröpfe. . . . Würzburg, Druck d. Ferdinand Röhrl'schen Buchdr., 1869; 28 S. 8°
Würzburg, Med. Fak., Inaug.-Diss. v. 1869

Hirsch, Samuel (geb. Danzig 5. 12. 1810): Nonnulla de Hippocratis Coi cognitione anthropologica. Berolini (1834). (30 S.) 8°
Berlin, Med. Diss. v. 2. Aug. 1834

Hirsch, Samuel: Die Religionsphilosophie der Juden oder das Princip der jüdischen Religionsanschauung und sein Verhältniss zum Heidenthum, Christenthum und zur absoluten Philosophie dargestellt. Leipzig 1842. 8°

—— was ist Judenthum u. was dess. Verhältniß zu and. Religionen? Pred. z. Einsegnungsfeier seiner beiden Zöglinge Theodor u. Oskar Heymann, geh. am 17. Juni 1838. gr. 8. (1 B.) Berlin, Heymann.

Hirsch, Siegfried, Bacc. iur., Referendar: Anweisung und Scheck im Konkurse des Ausstellers. Dresden 1909: Themal. VIII, 61 S. 8°
Leipzig, Jur. Diss. v. 10. Aug. 1908
(Geb. 21. März 86 Dresden; Wohnort: Dresden; Staatsangeh.: Sachsen; Vorbildung: Kreuz-Gymn. Dresden Reife O. 05; Studium: Berlin 4, Leipzig 3 S.; Rig. 3. Juli 08.) [U 10. 2737

Hirsch, Siegfr., die Bank, ihre Geschäftszweige u. Einrichtgn. Ein Hand- u. Nachschlagebuch f. Kaufleute u. Private im Verkehr m. der Bank. Eine gemeinverständl. Einführg. in das Bankfach f. jüngere Bankbeamte. Unter Berücksicht. der neuesten gesetzl. Bestimmgn. betr. Änderg. d. Wechselstempels, der Talon- u. Scheckstener hrsg. (320 S.) 8. Berlin 910. R. Wichert. Geb. in Leinw. 3.—

Hirsch, Siegfr., Erinnerungen an die Jahre 1807—1813. Vortrag im Evangelischen Verein. 28. Febr. 1859. Berlin 859. Hertz. gr. 8. (56 S.) n. 8 ngr.

—— das Handwerk und die Zünfte in der christlichen Gesellschaft vornehmlich in Deutschland. Ein Vortrag auf Veranstaltung des evangel. Vereins für kirchl. Zwecke gehalten am 13. März 1854. gr. 8. (104 S.) Berlin 854, W. Schultze.

—— s. Jahrbücher der deutschen Geschichte.

Hirsch, S., Jahrbücher des Deutschen Reichs, s. a. Jahrbücher der deutschen Geschichte.

Hirsch, Siegfried, Jahrbücher des deutschen Reichs unter Heinrich II. 1. Bd. gr. 8. (XV und 560 S.) Berlin [Leipzig] 862, Duncker und Humblot. *

—— dass. — 2. Bd. Vollendet von Herm. Pabst. gr. 8. (VIII und 467 S.) Ebendas. 864. *

Hirsch, Siegfr., Jahrbücher d. deutschen Reichs unter Heinrich II. 3. Bd. Hrsg. u. vollendet v. Harry Breßlau. Hrsg. durch die histor. Commission bei der königl. (bayer.) Academie der Wissenschaften. gr. 8. (X, 417 S.) Leipzig 875. Duncker & Humblot. n. 9. — (1—3.: n. 33. 50)

—— und G. Waitz, krit. Prüfung d. Chronicon Corbejense, s. a. Jahrbücher d. deutschen Reichs, 3. Bd. 1. Abthl.

Kritische Prüfung der Echtheit und des historischen Werthes des Chronicon Corbejense. Eine . . . . Preisschrift v. Siegfried **Hirsch** und Georg **Waitz.** Berlin. 1839. = Jahrbücher des Deutschen Reichs unter dem Sächsischen Hause. Hrgg. v. Leopold Ranke. Bd. 3. Abth. 1. 8°.

Hirsch, Sigfr. (geb. Berlin 5. 11. 1816): Commentationis historico-literariae de Sigiberti Gemblacensis vita et scriptis specimen. Berolini (1839). (54 S.) 8° ¶ Vollst. ersch. Berolini: Reimer 1841.
Berlin, Phil. Diss. v. 16. Sept. 1839

Hirsch, Sigfr., de vita et scriptis Sigiberti Monachi Gemblacensis, Commentatio historico-litteraria. 8maj. Berolini 841, Reimer. $2^1/_3$ ₰

Hirsch, Siegm., das Alexanderbuch Johann Hartliebs, s. a. Palaestra. 62.

Hirsch, Siegmund: Das Alexanderbuch Johann Hartliebs. T. 1: Der Inhalt d. Alexanderbuchs. Seine Quellen. (Berlin: Mayer & Müller 1908.) 70 S. 8° *(Ersch. vollst. als: Palaestra. Bd 82.)
Berlin, Phil. Diss. v. 23. Sept. 1908, Ref. Roethe
[Geb. 23 Apr. 84 Frankfurt a. M.; Wohnort: Frankfurt a. M.; Staatsangeh.: Preußen; Vorbildung: Goethe-Gymn. Frankfurt a. M. Reife O. 04; Studium: Gießen 1, Göttingen 3, Marburg 1, Berlin 3 S.; Rig. 4. Juni 08.] [U 09. 194

Hirsch, Sigm. Aerztlicher Rathgeber f. Magen- u. Darmkranke. 16. (VIII, 172 S.) Karlsbad 889, Feller. * 2 —

HIRSCH, Simon (Pfersee): Der Typhus abdominalis und dessen Behandlung mit grossen Dosen Colomel.- Augsburg 1843. XV S.
13.1.1842 - Urk (De typho abdominali.); P 66
Diss. Ingolst.-Landsh.-Mchn.

— **Simon Theodor** (Danzig), De procuratoribus Bavariae per Carolingicorum regum tempora. Commentat. philos. Bln. (Feister) 21. I. 1831. 39 S. mit Biogr. (M.: Nathan.) (6.80) 15280
Oppon.: Ferdinand Boehm (Danzig), Adolf Riedel (Schwerin), August Buddenberg (Osnabrück).

Hirsch, Sylvain [aus Hattstatt i./Els.]: Erste Abhandlung: Neue Versuche zur Synthese $\gamma\delta$-ungesättigter Säuren. Zweite Abhandlung: Zur Kenntnis von A. v. Baeyer's β-Lactonsäure aus der bromierten as-Dimethylbernsteinsäure. Basel 1900. 61 S. 8°.
Basel. Phil. Diss. 1900/1901.

Hirsch, T., comment. de jure emigrat. civium. 4maj. Götting. 787. Dieterich; (a. Vandenhöck u. R.) 6 gr

Hirsch, Th., Invalidenversicherungsgesetz vom 13.VII.1899 nebst allen bis jetzt ergangenen Ausführungsanweisgn. u. nach Materien geordneten Inhaltsübersichten. Auf Grund amtl. Materials zusammengestellt. (373 S.) kl. 8. Münster 900. F. Bredt. Geb. 1. 50

Hirsch, Th., s.: Urkunden u. Actenstücke zur Geschichte d. Kurfürsten Friedrich Wilhelm v. Brandenburg.

Hirsch, Th., ein Waffentanz. Zur Aufführung bei militär. Festlichkeiten zusammengestellt. 8. (10 S. mit 9 Fig.) Berlin 884, Liebel'sche Buchh. *

Hirsch, Th., e. Waffentanz. Zur Aufführung bei militär. Festlichkeiten zusammengestellt. Mit 9 Fig. 2. Aufl. 8. (10 S.) Berlin 887. Liebel. n. 1. —

Hirsch, Theod. Beiträge zur Geschichte Westpreußischer Kunstbauten. Erster Theil: Das Kloster Oliva. 42 S. u. Lithgr.
Danzig, Progr. 1850

Hirsch, Thdr. (I.), die Entwickelung der Fieberlehre und der Fieberbehandlung seit dem Anfange dieses Jahrh. gr. 8. (VII, 106 S.) Berlin 870, Hirschwald. *

Hirsch, Theod.: Festbericht über das am 13. 14. 15. Juni 1858 gefeierte dreihundertjährige Jubiläum des Danziger Gymnasiums. 68 S. – Danzig, Progr. 1859.

Hirsch, Theodor [app. Arzt aus Edenkoben (Rheinpfalz.)]: Die Gelenkerkrankungen bei Haemophilie und deren Behandlung ... Würzburg, P. Scheiner's Buchdr., 1895; 43 S. 8.
Würzburg, Med. Fak., Inaug.-Diss. v. 1895

Hirsch, Th. Geschichte des academ. Gymn. in Danzig, (in ihren Hauptzügen dargestellt.) 64 S. . . . .
Progr. Danzig 1837

Hirsch, Theod. Geschichte des Danziger Gymnasiums seit 1814. 64 S
Danzig, Progr. 1858

Hirsch, Thdr., Geschichts-Tabellen zum Auswendiglernen entw. 855. — 2. Aufl. Danzig 856. Anhuth in Comm. gr. 8. (31 S.) nn. 10 ngr.

Hirsch, Thdr., Geschichts-Tabellen zum Auswendiglernen. 3. Aufl. gr. 8. (31 S.) Danzig 859, Anhuth. geb. **

Hirsch, Thdr., Geschichts-Tabellen zum Auswendiglernen. 4. Aufl. 1862. * * 10 Ngr. und 5. Aufl. gr. 8. (31 S.) Danzig 866, (Anhuth.) *

Hirsch, Thdr., Geschichts-Tabellen zum Auswendiglernen. 5. u. 6. Aufl. Danzig 866,70. (Anhuth.) gr. 8. (31 S.) n. 9 ngr.

Hirsch, Thdr., Geschichts-Tabellen zum Auswendiglernen. 7. Aufl. gr. 8. (33 S.) Danzig 873. Anhuth. n. 1. —

Hirsch, Thdr., Geschichts-Tabellen zum Auswendiglernen. 8. Aufl. gr. 8. (33 S.) Danzig 877, Anhuth. *
—— dass. — 9. verb. Aufl., hrsg. von Ferd. Hirsch. gr. 8. (33 S.) Danzig 884, Saunier's Buchh. *

Hirsch, Th., Geschichts-Tabellen zum Auswendiglernen. 10., verb. Aufl., hrsg. v. F. Hirsch. gr. 8. (33 S.) Danzig 889. Saunier. n. —80; cart. n. —95

Hirsch, Thdr., Geschichts-Tabellen z. Auswendiglernen. 11., verb. Aufl., hrsg. v. Ferd. Hirsch. gr. 8. (33 S.) Danzig 897. A. Scheinert. n. —80

(B) **Hirsch**, Th., Geschichtstabellen. 897. (KBL 29.) Jetzt: Breslau, F. Hirt.

– Danzigs Handels- und Gewerbsgeschichte, s. a. Preisschriften d. Jablonowski'schen Gesellschaft.

Danzigs Handels- und Gewerbsgeschichte unter der Herrschaft des deutschen Ordens. Von Theodor **Hirsch**. Leipzig. 1858. = Preisschriften gekrönt .. von der Fürstlich Jablonowski'schen Gesellschaft zu Leipzig. 6. 8° m.

Hirsch, Thdr., die Ober-Pfarrkirche von St. Marien in Danzig in ihren Denkmälern und Beziehungen zum kirchl. Leben Danzigs überhaupt dargestellt. 1. Thl. Mit 1 Grundplane, 1 Seitenansicht u. 1 Ansicht der innern Kirche. gr. 8. Danzig 843, Anhuth. n. 2¼ ₰

Hirsch, Thdr., das Kloster Oliva. Ein Beitrag zur Geschichte der Westpreuß. Kunstbauten. (Abgedr. aus den Neuen Preuß. Provinzial-Blättern.) Hierbei 1 Lith. in gr. Fol. gr. 8. (76 S.) Danzig 850, Anhuth in Comm. n. 14 ngr.

— der Prediger Pancratius. Ein Beitrag zur Reformationsgeschichte Danzigs. gr. 8. Danzig 842, Homann's Kunst- u. Buchh. ⅓ ₰

—— s. Scriptores rerum Prussicarum.

— Pommerellische Studien. I. Das Kloster Zuckau im 13. u. 14. Jahrhundert. (Aus den Neuen preuß. Provinzial-Blättern abgedr.) Königsberg 853. (Danzig, Anhuth.) gr. 8. (71 S. u. 1 Tab. in Fol.) n. 13½ ngr.

– (Hrsg.), s. Weinreich, Kaspar: Danziger Chronik.

Hirsch, Ur. v., heilige Nacht! Krippensp. in 2 Aufzgn. m. Gesang, vollst. Regie-Anleitg., 2 Plänen u. d. Noten z. Gebet a. d. Op. „D. Freischütz“ von C. M. v. Weber. gr. 8. (29 S.) Berlin 896. Fussinger. n. — 75

Hirsch, B., Bemerk. üb. d. erf. Eigensch. angeh. Hebammen rc. 8. Mannh. Schwan. 803.

Hirsch, Victor *Richard Karl Hermann* [aus Tasdorf]: Ein Beitrag zur Prognose der Diphtherie auf Grund der in d. Kgl. chirurg. Univ.-Klinik zu Berlin in d. Jahren 1884—94 gesammelten Erfahrgn ... Berlin, C. Vogts Buchdr., *1891*; 28 S., 2 Bl. 8.
Berlin, Med. Fak., Inaug.-Diss. v. 9. Okt. 1894

Hirsch, Viktor: Zu Heinrich von Kleists Novellentechnik. Friedenau (1910): Brücker. 14 S. 4°
Friedenau, G. OP 1910 (57) [S 10. 181

Hirsch, W., und R. Brohm, Schul- und Turn-Liederbuch, s. Brehm, R.

Hirsch, Wilhelm

Hirsch, W., Die soziale Gesetzgebung in Deutschland. (Verhandlungen etc. des Centralverbandes deutsch. Industrieller, Nr. 57.) gr. 8°. Berlin 1892.

Hirsch, Wilh. Gewerbegerichte u. Einigungsämter, s. Zeitfragen, evang.-soz.

Hirsch, Wilh. Gewerbegerichte u. Einigungsämter in Deutschland u. England, s.: Möller, Karl.

— Vide: Möller, Karl.

Hirsch, Wilhelm, aus Berlin: **Untersuchungen über die Entwickelung der Haare bei den Pflanzen.** *(Stuttgart 1899: A. Bonz' Erben.)* (42 S.) 8° ¶ (Aus: Beiträge zur wissensch. Botanik, Bd 4, Abt 1.)
Berlin, Phil. Diss. v. 17. Apr. 1899

Hirsch, Wilhelm [aus Berlin]: Untersuchungen über die Frage Welche Einrichtungen bestehen behufs Ueberführung der in dem Speichergewebe der Samen niedergelegten Reservestoffe in den Embryo bei der Keimung? ... Berlin, Druck v. J. S. Preuss, 1890; 57 S. + 2 Bl. u. 2 Taf. 8°
Erlangen, Phil. Fak., Inaug.-Diss. v. 1890

Hirsch, William, Betrachtungen üb. die Jungfrau v. Orleans v. Standpunkte d. Irrenheilkunde. gr. 8. (IV, 35 S.) Berlin 895. O. Coblentz. n. — 75

Hirsch, William, Genie u. Entartung. Eine psycholog. Studie m. e. Vorwort v. E. Mendel. 1. u. 2. Aufl. gr. 8. (VII, 340 S.) Berlin 894. O. Coblentz. n. 6. —

Religion und Civilisation vom Standpunkte des Psychiaters. Von Dr. William **Hirsch**, New-York. München Bonsels 1910. X, 652 S. 8° A 12 1577 6

— d. menschl. Verantwortlichkeit u. d. moderne Suggestionslehre. E. psycholog.-forens. Studie. gr. 8. (55 S.) Ebd. 896. n. 1. 20

— was ist Suggestion u. Hypnotismus? E. psycholog.-klin. Studie. gr. 8. (III, 56 S.) Berlin 896. S. Karger. n. 1. 20

Hirsch, Wolff [Dr. in Frankfurt a. M.]: Ueber Darmocclusion nach Ovariotomie .... Leipzig, Druck v. A. Th. Engelhardt, 1888; 28 S. 8°
Würzburg, Med. Fak., Inaug. Diss. v. 1888

HIRSCH AŠKENAZĪ EMDEN, JA'AḲŌB JISRA'EL BEN ṢEBĪ (kaldet Jakob Hirschel): Sefer Leḥem Šāmajīm. Vol. I. Wandsbeck ([5]488 i Kronogr. (ɔ: 1728)). [»Himmel-Brød«. Kommentar til det talmudiske Værk »Mišnā«]. Fol. (Hebr.).

Hirsch-Gereuth, Adolf v.

Hirsch-Gereuth, A. v., Studien z. Geschichte d. Kreuzzugsidee nach d. Kreuzzügen, s. a. Abhandlungen, historische.

v. Hirsch-Gereuth, *Ury Adolf:* Studien zur Geschichte der Kreuzzugsidee nach den Kreuzzügen. I. Tl: Die Kreuzzugspolitik Gregors X ... (= Histor. Abh., Heft XI.) München, H. Lüneburg, 1896; 3 Bl., 88 S. 8.
München, Phil. Fak., Inaug.-Diss. v. 1896

Hirsch-Gereuth, Alfred von: Zwei Fälle von Endotheliom der Knochen. Würzburg 1910: Staudenraus. 35 S. 8°
Würzburg, Med. Diss. v. 1. Nov. 1910, Ref. Schönborn
[Geb. 13. Aug. 70 Würzburg; Wohnort: Würzburg; Staatsangeh.: Bayern; Vorbildung: Gymn. Weilburg Reife Juli 93; Studium: Würzburg 15 S.; Coll. 26. Jan. 10; Approb. 19. Jan. 10.] [U 11. 4576

Hirsch-Gereuth, Gabriel von. Untersuchung über die Löslichkeit einiger oxalsaurer Salze zwischen den Temperaturgrenzen 0° = 100°. Diss. Phil. (Sci.) Lausanne. [Mit 5 Tafeln.] 47 S. 8. Lausanne, Hoirs B. Benda, 1901.

HIRSCH GLOGAN, MOŠE BEN ṢEBI: שיר תפארת צבי Šir tif'eroṯ ṣobi |: (»Hjortens« Pryd). Velkomstdigt ved Overrabbiner Ṣobi Hirsch Zamosz Indførelse i Embedet. Altona ([5]563 i Kronogr. (ɔ: 1802)) :|.

Hirsch-Herrnstadt, Frieda, drei Erzählungen. (54 S.) gr. 8. Breslau 903. (Koebner.) n. 1. —

Hirsch Edler **v. Stronstorff,** Emil, wirtschaftliche Verhältnisse in Hankow im J. 1907, s. a. Berichte, kommerzielle.

Verhaeltnisse, Wirtschaftliche, in Hankow im Jahre 1907. Bericht d. K. u. K. Österr.-Ungar. Generalkonsulats in Shanghai erstatt. von Emil *Hirsch Edler v. Stronstorff.* Wien 1908. 4° (8°)

Hirsch & Wittneben, Lackschrift-Lehr-Werk. (15 Taf. m. 2 S. Text.) qu. gr. 4. Trier (903). Schivelbein, R. Hirsch. In Mappe n. 3. 75

Lackschrift-Lehr-Werk. Hrsg. von **Hirsch** & Wittneben. Schivelbein i. P.: R. Hirsch [1906]. (15 S.) 4° [Umschlagt.] [07. 4175

v. Hirschau, Peter; tragisch-kom. Reise nach China. 2 Thle. 8. Wien. 805. Gerold. 1 ✝ 16 ℛ

Wilhelm von Hirschau s. Müller, Hans.

Zirschauer, Ant., Ehrenrede, welche bei Gelegenheit d. 500jähr. Jubelfestes zu Tulle gehalten worden. 8. Wien 778. Trattner. 4 ℛ

Hirschauer, Franz: Die Permeabilität des Eisens bei Magnetisierung durch technischer Wechselströme. 1910. 68 S., 13 Taf. 8° ¶ Inhaltsangabe des Verf. in: Elektrotechn. Zeitschrift. Jg. 32. 1911.
München, Dr.-Ing.-Diss. v. 17. 3. 1910

Hirschbach, Hermann (Hrsg.), s. Beiträge zur Theorie und Praxis des Schachspiels.

Hirschbach, Herrm., von der Börse. I. Der Geist der Speculation. gr. 8. (107 S.) Leipzig 861, Dyk'sche Buchh. *

Hirschbach, Herrm., Handbuch der Schachspielkunst. 2., umgearb. und verm. Ausg. Lex.-8. (VI und 168 S.) Leipzig 865, Brauns. 1 Thlr.; geb. mit Goldschn.

Hirschbach, H., Katechismus d. Börsengeschäfts, d. Fonds- u. Actienhandels, s.: Webers, J. J., illustrirte Katechismen.

—— Lehrbuch des Schachspiels für Anfänger und Geübtere. Lex.-8. (IV und 172 S.) Leipzig 864, Brauns. *

Hirschbach, Herrm., s. Repertorium f. Musik. — Schachzeitung, deutsche.

Hirschband Abraham: Ueber Darpadalana von Kshemendra.
1887 PN 466 Diss. Wien, Univ. 2849

Hirschberg [Sachl. OW]

Aleksander Hirschberg. Dymitr Samozwaniec. Z illustr. *We Lwowie: Gubrynowicz & Schmidt 1898.* (IX, 292 S., 3 Portr., 1 Pl., 1 Taf.) 1 Bd 8. [st. 750

Hirschberg in Schlesien, die Perle des Riesengebirges. Empfehlenswerte Spaziergänge in und um Hirschberg. Hrsg. von Städt. Ressource und Gewerbeverein. [Hirschberg 1906.] V: *Zelder, Adolph.* (Berlzu 1919, I, 8)

Hirschberg und seine Umgebung. Hirschberg i. Schles. [1887]. V: *Fieck, Emil.* (Nent)

Hirschberg [Schlagwort]

— s. a.: Deutschland. Uebersichtskarte. — Europa. Liebenow. — Kreiskarten.

Hirschberg. Verkehrskarte v. Hirschberg m. seiner weiteren Umgebung. 25,5×33 cm. Farbdr. Hirschberg (900.) Th. Peschke. n. — 20

Hirschberg a. d. S., s.: Preussen. Messtischblätter.

Hirschberg in Schl., s.a. Preussen. Messtischblätter.

Hirschberg i. Schl. Entfernungskarte, amtliche, des Kreises Hirschberg i. Schl. Auf Grund amtlicher Unterlagen angefertigt im Katasteramte zu Hirschberg i. Schl., rev. im Katasterbureau der kgl. Regierung zu Liegnitz. Hrsg. 1903. 1:75,000. 42,5×66 cm. Farbdr. Glogau. Berlin, C. Flemming. n. 1. 50

— **Mittelbach, R.**, neueste Umgebungskarte v. Hirschberg-Warmbrunn im Riesengebirge. 1:50,000. 43×52,5 cm. Farbdr. Leipzig (906). Mittelbach. n. — 80

Hirschberg [Verf.]

Hirschberg, Frhr v. Ernstes und Heiteres aus meiner Chinazeit. Burg (1908). 8°.

Hirschberg, ..., Joseph in Aegypten. 8. Berlin 846, Reichardt u. Comp. 1/3 ℳ

Hirschberg, Joseph in Aegypten. 8. (3½ B.) Berlin 846. [Leop. Schlesinger.]

Hirschberg, zur Kenntniß der Unterleibsbrüche. [Aus: „Allg. Handschuhmacher-Ztg."] gr. 8. (16 S. m. Abbildgn.) Berlin 893. O., Grüner Weg 64, II., Verlag der Allg. Handschuhmacher-Zeitg. n. 1. —

Landstreicherthum (Das) (v. Hirschberg). 8°. s. l. 1884.

Hirschberg, s.: Pfarr-Almanach, schlesischer.

Hirschberg, Alexander, approb. Arzt aus Berlin: Über die jodophile Substanz des Blutes. (Glykogen). *Berlin (1904): G. Schade.* (38 S.) 8°
Berlin, Med. Diss. v. 3. Febr. 1904

Hirschberg, Alphons (*geb. Baumgarten bei Frankenstein in Schles. 19. 6. 1855*): Zur Lehre von der spastischen Spinalparalyse. (Aus der Krankenabtheilung des Herrn Prof. Dr. Berger.) Breslau 1881. (44 S.) 8° [*Im Buchhandel 1881 bei Köhler in Breslau.*]
Breslau, Med. Diss. v. 13. Aug. 1881

Hirschberg, Arminius (*geb. Gnesen 7. 10. 1835*): De imperforatione glandis ejusque operatione methodo galvanocaustica. Vratislaviae (1858). (VIII, 21 S., 1 Taf.) 8°
Breslau, Med. Diss. v. 28. Aug. 1858

Hirschberg, Bernhard: Über den Einfluss vorausgegangener Tubenentzündung auf die Entstehung der Tubargravidität. (Klin. Untersuchungen.) Freiburg i. B. 1909: Grimm. 47, III S. 8°
Freiburg i. B., Med. Diss. v. 1909, Ref. Krönig
[Geb. 5. Okt. 80 Goldingen; Wohnort: Freiburg i. B.; Staatsangeh.: Rußland; Vorbildung: Gymn. Libau Reife O. 02; Studium: Freiburg i. B. 12 S.; Rig. 17. Dez. 09.] [U 10. 973

Hirschberg, Carl..., s. Hirschberg, Karl...

Hirschberg, E., Juliane. Ein dramatisches Gedicht. Forst 861. (Berlin, Geelhaar.) 8. (2 Bl., 132 S.) n. 20 ngr

Hirschberg, Else: Abbauversuche in der Kohlenhydratreihe. Über die α-Naphthylisocyanatverbindungen einiger physiologisch wichtiger Substanzen. (Berlin: Springer 1910.) 23 S. 8° ¶(Aus: Biochem. Zeitschrift. Bd 27, H. 4.)
Berlin, Phil. Diss. v. 13. Aug. 1910, Ref. Gabriel
[Geb. 17. Okt. 76 Berlin; Wohnort: Berlin; Staatsangeh.: Preußen; Vorbildung: Sophien-Realgymn. Berlin Reife M. 05; Studium: Berlin 10 S.; Rig. 2. Aug. 10.] [U 10. 175

Hirschberg, Erich, Gerichtsreferendar: Die praktische Notwendigkeit der Eigentümergrunddienstbarkeit und ihre rechtliche Konstruktion. Berlin 1907: P. Zimmermann. (VII, 37 S.) 8°
Heidelberg, Jur. Fak., Ref. Bekker, Diss. v. 1907
[Geb. 5. Jan. 83 Rogowko (Posen); Wohnort: Strelno (Posen); Staatsangeh.: Preußen; Vorbildung: Sophien-Gymn. Berlin Reife O. 03; Studium: Berlin 2, München 1, Berlin 3 S.; Rig. 25. Juni 07.]

Hirschberg, Ernst, der Arbeiter-Versicherungszwang m. besond. Berücksicht. der Unfallversicherung. Inaugural-Dissertation. gr. 8. (60 S.) Königsberg 882. (Hartung.) n. 1. 20

Hirschberg, E., Arbeitslosen-Versicherung u. Armenpflege, s.: Zeitfragen, volkswirtschaftliche. 197. Hft.

Arbeitlosen-Versicherung und Armenpflege. Ein Vortrag von Prof. Dr. E[rnst] **Hirschberg**. *Berlin: L. Simion 1903.* (34 S.) 8°
— Zeitfragen, Volkswirtschaftliche. H. 197. [04. 6317

Hirschberg, E., Beiträge zur Statistik der Brodpreise im Deutschen Reiche. gr. 8. (51 S. m. 3 graph. Taf.) Berlin 893. J. J. Heine. n. 2. –

— Bilder aus der Berliner Statistik, s.a. Zeitfragen, volkswirthschaftliche. 200. Hft.

Bilder aus der Berliner Statistik. Vortrag geh. zu Berlin 1904 von Prof. Dr. Ernst **Hirschberg**. Dir. d. Stat. Amts d. Stadt Berlin. *Berlin: L. Simion Nachf. 1904.* (28 S.) 8°
— Zeitfragen, Volkswirtschaftliche. H. 200. (04. 3385 3

Hirschberg, Ernst (geb. Culm in Westpr. 3. 4. 1848): Ein Fall von Bronze-Krankheit. Berlin (1871). (30 S.) 8°
Berlin, Med. Diss. v. 13. Dez. 1871

— s.: Jahrbuch, statistisches, der Stadt Berlin.

Hirschberg, E., die soziale Lage der arbeitenden Klassen in Berlin. Nebst mehr. graph. Darstellgn. gr. 8. (VI, 311 S.) Berlin 897. O. Liebmann. n. 5. 50

— die Massnahmen gegenüber der Arbeitslosigkeit, s.a. Zeitfragen, volkswirthschaftliche.

Hirschberg, Dr. Ernst,
— Die Massnahmen gegenüber der Arbeitslosigkeit. (Volkswirtschaftl. Zeitfragen, Heft 125.) gr. 8°. Berlin 1894.

Hirschberg, E., die Selbsthilfe d. Arbeiterstandes als Grundlage seiner Versicherung, s.a. Zeit- u. Streitfragen, deutsche.

Hirschberg E. die Selbsthilfe des Arbeiterstandes als Grundlage seiner Versicherung. (Zeit- und Streitfragen 189) Berlin 1883

Hirschberg, d. Selbsthilfe d. Arbeiterstandes als Grundlage seiner Versicherung. Berlin 884.

Hirschberg, E. Die amtliche Statistik u. die Arbeiterfrage, s.a. Zeitfragen, volkswirthschaftliche.

Hirschberg, Dr. E., Die amtliche Statistik und die Arbeiterfrage im Deutschen Reich. (Volkswirthsch. Zeitfragen, Heft 106—107.) gr. 8°. Berlin, Simion, 1892.

Hirschberg, Berliner Statist., s. Zeitfragen, volkswirtsch.

Hirschberg, E., die Trennung der Alters- u. Invalidenversicherung. 8. (40 S.) Berlin 889. Puttkammer & Mühlbrecht. n. 1. —

— die Wohnungsfrage u. die Eingemeindung der Berliner Vororte, s.a. Zeitfragen, volkswirtschaftliche, 212. Hft.

Die Wohnungsfrage und die Eingemeindung der Berliner Vororte. Vortrag ... von Prof. Dr. E[rnst] **Hirschberg**, Dir., Berlin. Berlin: L. Simion Nf. 1905. (35 S.) 8°
— Zeitfragen, Volkswirtschaftliche. H. 212. (05. 6468

— Jakstein u. E. Münsterberg, Zwangsmaßregeln geg. nährpflicht. Angehörige, s.a. Schriften des deutschen Vereins f. Armenpflege u. Wohlthätigkeit.

[J.] Zwangsmassregeln gegen nährpflichtige Angehörige. Berichte erstattet v. Dr. E[rnst] **Hirschberg**, Dir.-Assist. im Statist. Amt d. Stadt Berlin, [W.] Jakstein, Stadtr. in Potsdam [&] E[mil] Münsterberg, Stadtr. in Berlin. *Leipzig: Duncker & Humblot 1898.* (3 Bl., 86 S.) 1 Bd 8.
— Schriften d. deutschen Vereins f. Armenpflege u. Wohlthät. H. 36. (98. 9918

Hirschberg, Eug., die Encyklopädisten u. die französ. Oper im 18. Jahrh., s.a. Publikationen der internat. Musikgesellschaft. 10. Hft.

Hirschberg, Eugen, Berlin: Die Encyklopädisten und die Französische Oper im 18. Jahrhundert. *Leipzig: Breitkopf & Hartel 1903.* (VIII, 140 S.) 8°
Leipzig, Phil. Diss. v. [6. Aug.] 1903

Hirschberg, Eugen. Die Encyklopädisten und die französische Oper im 18. Jahrhundert. Leipzig 1903.
= Publikationen der internationalen Musikgesellschaft. Beihefte. Heft X.

Musikwissenschaftliche Kritik und 'literarische Unehrlichkeit'. Eine Antwort an d. Herren Alfred Heuss u. Prof. Hermann Kretzschmar. Von Dr. Eugen **Hirschberg**. (Berlin 1904: Gutenberg.) (19 S.) 8° (07. 6187

Hirschberg, F. J., Lehrgang der Stenographie. Zur Erlernung des einzig anerkannten Systems Gabelsberger. Mit Beachtg. der Wiener Beschlüsse (1895) verf. u. hrsg. 8. unveränd. Aufl. gr. 8. (80 S.) Skt. Joachimstal 902. (Prag, G. Neugebauer). Kart. n.n. 1. 75

Hirschberg, F. J., Lehrgang der Stenographie. Zur Erlerng. des einzig staatlich anerkannten Systems Gabelsberger. 9., nach den Berliner Beschlüssen (1902) umgearb. Aufl. I. Tl. Verkehrsschrift. (55 S.) gr. 8. Skt. Joachimstal 902. (Prag, G. Neugebauer.) n.n. 1. 10; Schlüssel (30 S.) (905.) n. — 70

Hirschberg, F. J., Lehrgang der Stenographie zur Erlernung des einzig staatlich anerkannten Systems Gabelsberger. 11. Aufl. Gr.-8°. (96 S.) † K 2.—
Prag: Neugebauer 1905.

— dasselbe. Mit Beachtg. der Wiener Beschlüsse (1895) verf. u. hrsg. 13. Aufl. (96 S. m. 1 Bildniss.) gr. 8. Ebd. 906. Kart. n.n. 1. 75

Hirschberg, F. J., Lehrgang der Stenographie zur Erlernung des einzig staatlich anerkannten Systems Gabelsberger. 14. Aufl. Gr.-8°. (94 S.) K 2.—
Prag: Neugebauer 1907.

Hirschberg, F. J., Lehrgang der Stenographie zur Erlerng. des einzigen staatlich anerkannten Systems Gabelsberger. Mit Beachtg. der Wiener Beschlüsse (1895) verf. u. hrsg. 15. Aufl. Unveränd. Nachdr. der 14. Aufl. (96 S. m. 1 Bildnis.) gr. 8. Joachimsthal 909. Prag, G. Neugebauer. Kart. 1. 75

— stenographisches Lesebuch. Eine Sammlg. v. Lesestücken in ungekürzter u. gekürzter Schrift nach Gabelsberger's System. Mit Beachtg. der Wiener Beschlüsse zusammengestellt u. hrsg. 2 Thle. gr. 8. Ebd. à n.n. — 50
1. Correspondenzschrift. 5. Aufl. (20 S.) 902.
2. Satzkürzung. 3. Aufl. (IV, 25 S.) 899.

— stenographisches Lesebuch. Eine Sammlg. v. Lesestücken in ungekürzter u. gekürzter Schrift nach Gabelsberger's System. 6. nach den Berliner Beschlüssen abgeänd. Aufl. 2 Tle. gr. 8. Ebd. 903. à n.n. — 50
1. Verkehrsschrift. (26 S.) — 2. Redeschrift. (IV, 26 S.)

— dasselbe. Mit Beachtg. der Wiener Beschlüsse zusammengestellt u. hrsg. 7. Aufl. (48 S.) gr. 8. Ebd. 904. n.n. — 90

— Stenographisches Lesebuch. Eine Sammlg. v. Lesestücken in ungekürzter u. gekürzter Schrift nach Gabelsbergers System. Mit Beachtg. der Wiener Beschlüsse zusammengestellt u. hrsg. 9. Aufl. (48 S.) Ebd. 906. Kart. nn — 90

Hirschberg, F. J., Schlüssel zum Lehrgang der Stenographie. I. Teil: Verkehrsschrift. 8°. (30 S.) K —.80
Prag: Neugebauer 1905.

— Sigel u. freie Kürzungen des einzig staatlich anerkannten Stenographiesystems Gabelsberger. Nach den Berliner Beschlüssen zusammengestellt u. hrsg. 8., durchgeseh. Aufl. (30 S.) 8. Ebd. 903. n.n. — 25

— Sigel u. freie Kürzungen des einzig staatlich anerkannten Stenographiesystems Gabelsberger Nach den Berliner Beschlüssen zusammengestellt u. hrsg. 9., unveränd. Aufl. (30 S.) kl. 8. Ebd. 904. nn — 25

Hirschberg, F. J., fünf Unterrichts-Briefe zur Erlernung der stenographischen Redeschrift des einzig staatlich anerkannten Systems Gabelsberger. 3. unveränd. Aufl. (à 8 S.) gr. 8. Skt. Joachimstal 903. (Prag, G. Neugebauer.) n.n. — 90

— zehn Unterrichts-Briefe zur Erlernung der stenographischen Verkehrsschrift, nach dem einzig staatlich anerkannten Systeme Gabelsberger. Mit Berücksicht. der Berliner Beschlüsse (1902) vorf. 5. Aufl. (à 8 S.) gr. 8. Ebd. 903. n.n. 1.40

Hirschberg, Friedrich Jacob (Stargard), Gonorrhoeae et syphilidis naturam haud differre, argumentis probatur. Diss. med. Bln. (Ferdinand Nietack) 22. X. 1831. 31 S. mit Biogr. (M.: Joseph.) (6.80) 15281
Oppon.: Prausnitz, Diek, Michaelis. — Gew: Fr. J. Behrend.

Hirschberg, Fritz, a. Berlin: Die Bedeutung und die rechtliche Natur der Verzeihung im Bürgerlichen Gesetzbuch. Gr. Lichterfelde 1904: Wallmann. (90 S.) 8°
Würzburg, Jur. Fak., Ref. Mayer, Diss. v. 20. August 1904
[Geb. 31. Aug. 77 Berlin; Wohnort: Berlin; Staatsangeh.: Preußen; Vorbildung: Gymn. Cöln Reife O. 99; Studium: Berlin 6 S.; Rig. 20. Juli 03.]

Hirschberg, Georg: Der contractus aestimatorius und seine Beziehungen zum buchhändlerischen Konditionsgeschäft und zur Verkaufskommission. *Göttingen 1897: Dieterich.* (82 S.) 8°
Göttingen, Jur. Diss. v. [20. Nov.] 1897

Hirschberg, Geo., woran erkennt man e. gute Milchkuh?, s.: Merkblätter, landwirtschaftliche.

Hirschberg, Gertr., 17 Tage Irrenhaus! Selbsterlebtes. (56 S.) gr. 8. Berlin 904. Herm. Walther. n. 1. —

Hirschberg, Hans, Referendar: Das Miturheberrecht. *Berlin 1901: E. Ebering.* (VII, 62 S.) 8°
Jena, Jur. Diss. v. (21. Juni) 1901

Hirschberg, Heinr., Auslassung u. Stellvertretung im Altfranzösischen. I. Dissertation. gr. 8. (48 S.) Göttingen 878. (Vandenhoeck & Ruprecht.) n. 1. —

Hirschberg, Heinr. (geb. Hohenstein in Ostpr. 5. 5. 1862): Operative Behandlung der Caries der Fusswurzelknochen mit besonderer Berücksichtigung des Talus und Calcaneus. Berlin (1885). (38 S.) 8°
Berlin, Med. Diss. v. 2. Juli 1885

Hirschberg, Heinr. Der Zucker als Nahrungs- u. Heilmittel. gr. 8. (VIII, 62 S.) Jena 889, Costenoble. 1 —

Ein neues Heilmittel für Magenkranke. Von Henri Hirschberg [d. i. Henriette Hirschberg] '(Verf. v.: 'Der Zucker als Nahrgs-u. Heilmittel.')' . . . *Berlin: H. Brieger 1892.* (30 S.) 1 Bd 8. [91. 199

— dasselbe. 2. Aufl. Mit e. Schreiben v. Jac. Moleschott-Rom an den Verf. gr. 8. (32 S.) Ebd. 893. n. — 60

Hirschberg, Henri, die Zuckerration d. Soldaten. gr. 8. (32 S.) Berlin 895. H. Steinitz. n. 1. —

Hirschberg, Herb., „Fehler". Dramatische Studie in 3 Aufzügen. (56 S.) 8. Straßburg 906. J. Singer. n. 1. —

Hirschberg, Herb., der Frankfurter Fürstentag. Ein Beitrag zur Geschichte der deutschen Einheitsbestrebg. (Diss.) (60 S.) gr. 8. Straßburg 907. J. Singer. 1.50

— Geschichte der herzogl. Hoftheater zu Coburg u. Gotha. (241 S. m. Vollbildern.) Lex. 8. Berlin-Ch. (910). Vita. Geb. 15. —

— Aus der Mappe e. Dramaturgen, s. a. Plaudereien, dramaturgische.

Aus der Mappe eines Dramaturgen. Heitere u. ernste Plaudereien von Dr. Herbert Hirschberg. Berlin: H. Paetel [1908]. 87 S. 8°
(Dramaturgische Plaudereien. [1.]) [09. 7073

Hirschberg, Herbert. «Mascha». Ein Trauerspiel in 5 Aufzügen von H' H' [von Gnesen, stud. phil. in Bern]. 117 S. 8. Strassburg i. E., Josef Singer, 1905. [M. 3. —]

— Stilicho, s. a. Bibliothek moderner Dramen.

Stilicho. Drama in 4 Aufz. von Herbert Hirschberg. Berlin: Vita 1910. 130 S. 8°
(Bibliothek moderner Dramen. Bd 37.) [10. 12379

— Harry Walden. Eine Würdigg. seines Werdeganges. Mit e. persönl. Beitrag d. Künstlers. (51 S. m. Abbildgn.) 8. Berlin (909). Verlagsgesellschaft „Helios". 1. —

Hirschberg, Herb. Erich, der Zentralverein der Bildhauer Deutschlands, s. a. Studien, rechts- u. staatswissenschaftl.

Hirschberg, Herbert Erich: Der Centralverein der Bildhauer Deutschlands. Eine monographische Studie aus dem Gewerkschaftsleben. (Berlin 1909: Ebering.) 39 S. 8°
¶ (Ersch. vollst. als: Rechts- u. Staatswissenschaftl. Studien. H. 36.)
Berlin, Phil. Diss. v. 29. Jan. 1909, Ref. Sering
[Geb. 17. Febr. 86 Berlin; Wohnort: Berlin; Staatsangeh.: Preußen; Vorbildung: Wilhelms-Gymn. Berlin Reife O. 04; Studium: Freiburg i. B. 1, Berlin 6 S.; Rig. 20. Juli 08.] [U 09. 195

Hirschberg, Hermann [aus Berlin]: Über Milzechinococcen . . . Berlin, Buchdr. v. Gustav Schade (Otto Franke) (1888). 31 + 1 S. 8°
Berlin, Med. Fak., Inaug.-Diss. v. 26. Apr. 1888

Hirschberg, Hugo, Kammergerichtsrefer.: Die Nichtverkündung von Testamenten und ihre Folgen. Berlin 1910: Ebering. 50 S. 8° (Im Buchh. ebd.)

Heidelberg, Jur. Diss. v. 7. Aug. 1910, Ref. Endemann

[Geb. 16. Febr 87 Potsdam; Wohnort: Friedenau-Berlin; Staatsangeh.: Preußen; Vorbildung Wilhelms-Gymn. Berlin Reife M 05; Studium: Berlin 3, Heidelberg 1, Berlin 3 S. Rig. 6. Aug. 10.] [U 11. 2017

Hirschberg, J

-- Hilfswörterbuch zum Aristophanes. 1. Thl. gr. 8. (IV, 104 S.) Leipzig 898. Veit & Co. n. 3. —

Hirschberg, Joh., über Stoffauswahl u. die Stellung des Experiments im Physikunterricht. (32 S.) 8. Berlin 906. L. Oehmigke's Verl. n. — 50
Sonderabdruck aus: „Deut. Schulzeitg."

Hirschberg, Johannes

Hirschberg, 19 Monate Kommandant S. M. Kreuzer „Schwalbe" während der militärischen Aktion 1889/90 in Deutsch-Ostafrika. Aus den hinterlassenen Papieren. Hrsg. v. seiner Witwe. Mit 1 Kupferdr. u. zahlreichen Abbildgn. u. Karten im Text. gr. 8. (VIII, 237 S.) Kiel 895. Lipsius & Tischer. n. 3.—; geb. in Leinw. n. 4.—

Hirschberg, ein deutscher Seeoffizier. Aus d. hinterlass. Papieren. Hrsg. v. s. Wittwe. M. 1 Heliograv., 2 Karten u. 60 Abb. im Text. gr. 8. (III, 347 S.) Wiesbaden (Schlichterstr. 19) 897. Frau Korv.-Kapitän Hirschberg. Geb. in Leinw. n. 4. 50

— dasselbe. III. Abth.: 19 Monate Kommandant S. M. Kreuzer „Schwalbe". A. d. hinterlass. Papieren. Hrsg. v. s. Wittwe. II. Aufl. M. e. Heliogr., 14 Karten u. 33 Abb. im Text. gr. 8. (VIII, 239 u. VIII S.) Ebd. 898. Geb. in Leinw. n. 3. 60 (I u. III: n. 8. 10)
Die II. Abth. ist noch nicht erschienen.

Hirschberg, ein deutscher Seeoffizier. II. Abth. 1. Bd: „Prinz Adalbert"-Reise. Aus d hinterlassenen Papieren. Hrsg. v seiner Wittwe. Mit 1 Heliograv. u. 40 Abb. im Text. gr. 8. (III, 183 u. VI S.) Wiesbaden (Schlichterstraße 19) 900. Frau Korvetten-Kapitän Hirschberg. Geb. in Leinw. 4. 50; (I, II 1. u. III n. 12. 60)

Ein deutscher Seeoffizier. Aus den hinterlassenen Papieren des Korvettenkapitän (Johannes) **Hirschberg**. Hrsg. von s. Witwe (Hedwig Hirschberg). Mit Heliogr. u. Abb. Abt. A [-E]. Wiesbaden & Gernrode: Hirschberg 1902-05. 8°
A. Kindheits- u. Kadettenjahre 1849–1871. 2. Taus. 1905.
B. Leutnantsjahre 1871–1878. 2. Taus. 1907.
C. 'S. M. Kreuzerfregatte Prinz Adalbert' 1878–1880. 2. Taus. 1907.
D. Der Kapitänleutnant 1880–1888. 1906.
[E.] 19 Monate Kommandant S. M. Kreuzer 'Schwalbe'. Mit 14 Kt. 3. Taus. 1902. [09. 13010

Hirschberg, Julius

Hirschberg, J., Aegypten. Geschichtliche Studien e. Augenarztes. gr. 8. (IV, 116 S.) Leipzig 890. G. Thieme. n. 3. —

Hirschberg, J., s.: Augenärzte, die arabischen.

Die vornehmlichsten Augenärzte und Pfleger der Augenheilkunde im 18. Jahrhundert und ihre Schriften. Von Julius **Hirschberg**, Prof. in Berlin. Mit 21 Abb. Leipzig: W. Engelmann 1909. VIII, 380 S. 8°
(Hirschberg, Geschichte d. Augenheilkunde. [Buch 3, T. 2, 2.])
(Handbuch d. gesamten Augenheilkunde. 2. Aufl. Bd 14, T. 1.) [10. 4763

Hirschberg, J., üb. d. körnige Augenentzündung in Ost- u. West-Preussen u. ihre Bekämpfg. [Aus: „Klin. Jahrb.", 6. Bd.] gr. 8. (45 S.) Jena 897. G. Fischer. n. 1. 20

- dasselbe, s.a. Jahrbuch, klinisches.

Hirschberg, Jul., die Behandlung der Kurzsichtigkeit. (IV, 89 S. m. Abbildgn.) gr. 8. Wien 910. Urban & Schwarzenberg. 3. —

Hirschberg, J., Beiträge zur praktischen Augenheilkunde. Mit 6 (eingedr.) Holzschn. gr. 8. (IV, 59 S.) Berlin 876. H. Peters. n. 1. 60

Hirschberg, J., Beiträge zur practischen Augenheilkunde. 2. Hft. gr. 8. (IV, 65 S.) Leipzig 877. Veit & Co. n. 1. 40

— dasselbe. 3. Hft. Mit 8 in den Text gedr. Holzschn. gr. 8. (IV, 108 S.) Ebend. 878. n. 3. — (1—3.: n. 6. —)

Hirschberg, J., zur Bekämpfung der Körnerkrankheit. gr. 8. (9 S.) Jena 900. G. Fischer. n. — 40
Sonderabdruck aus: „Klin. Jahrbuch."

— klinische Beobachtungen aus der Augenheilanstalt. Nebst e. Anh. üb. dioptr. u. catoptr. Curven. Mit 3 lith. Taf. u. 10 (eingedr.) Holzschn. gr. 8. (127 S.) Wien 874. Braumüller. n. 5. —

25jähr. Bericht üb. die Augenheilanstalt v. H. gr. 8. (117 S. m. Abb.) Berlin 895. (R. Friedländer & Sohn.) n. 2. —

Hirschberg, Jul., Beschwerden u. Forderungen der Buchdruckergehilfen. Ein Vorschlag zur Beseitigg. der im Buchdruckereigewerbe besteh. Mißhelligkeiten auf Grund eingeholter Gutachten. gr. 8. (16 S.) Dresden 892. H. Minden. n.n. — 25

— s.: Centralblatt f. prakt. Augenheilkunde.

Hirschberg, J., Einführung in die Augenheilkunde. 1. Hälfte. gr. 8. (234 S. m. 112 Holzschn.) Leipzig 892. G. Thieme. n. 8. —

— Einführung in die Augenheilkunde. II. Hälfte. 1. Abth. gr. 8. (X, 249 S. m. 113 Fig. u. 1 farb. Titelbild.) Leipzig 901. G. Thieme. n. 9. —
I. Hälfte. Ebd. 892. n. 8. —.

Hirschberg, J., der Elektromagnet in der Augenheilkunde. Eine Monographie. gr. 8. (VII, 157 S. mit 17 Abbild. im Text.) Leipzig 885, Veit und Comp. *

— um die Erde. Eine Reisebeschreibg. gr. 8. (VII, 531 S. m. 5 Abbildgn. u. 1 Weltkarte.) Ebd. 894. n. 12. —; geb. in Leinw. n. 13. —

— Geschichte der Augenheilkunde, s.: Graefe, Alfr., u. Thdr. Saemisch, Handbuch der gesamten Augenheilkunde.

— Albrecht v. Graefe, s.a. Männer der Wissenschaft. 7. Hft.

Albrecht von Graefe. Von J[ulius] **Hirschberg**. Leipzig: W. Weicher 1906. (72 S.) 8°
— Männer d. Wissenschaft. H. 7. [06. 2060

—— s. Gräfe's, A. v., klinische Vorträge.

— die mathematischen Grundlagen der medizinischen Statistik elementar dargestellt. gr. 8. (XII, 95 S.) Leipzig 874. Veit & Comp. n. 2. 40

Hirschberg, Jul., Hellas-Fahrten. (IX, 284 S.) 8. Leipzig 910. Veit & Co. 5. —

— s.: Ibn Sina, Augenheilkunde.

Katalog der Bücher-Sammlung von J[ul.] **Hirschberg.** M. Dr. *Berlin 1901: (Leipzig: Metzger & Wittig).* (XX, 434 S.) 8° [ca. 10454]

— kleines Commersbuch f. Radfahrer (Taschenliederbuch). 12. (40 S.) Wachwitz-Dresden 894. W. Geißler. n. — 60

— über die Körnerkrankheit. Vortrag aus dem v. dem Zentralkomitee f. das ärztl. Fortbildungswesen in Preussen veranstalteten Zyklus „Volksseuchen", geh. am 30. X. 1903. (44 S. m. 1 eingedr. Karte.) gr. 8. Jena 904. G. Fischer. n. 1. 80
Sonderabdruck aus: „Klin. Jahrb."

— über das älteste arabische Lehrbuch der Augenheilkunde. (15 S.) gr. 8. Berlin 903. (G. Reimer.) n. — 50
Sonderabdruck aus: „Sitzungsber. d. preuss. Akad. d. Wiss."

— die arabischen Lehrbücher der Augenheilkunde. Ein Capitel zur arab. Litteraturgeschichte. Unter Mitwirkg. v. J. Lippert u. E. Mittwoch bearb. (117 S. m. Abbildgn.) Lex.-8 Ebd. 905. n. 4. 50
Sonderabdruck aus: „Abhandlgn. d. preuss. Akad. d. Wiss."

— die Magnet-Operation in der Augenheilkunde. Nach eigenen Erfahrgn. dargestellt. 2., vollst. neu bearb. Aufl. gr. 8. (VIII, 134 S. m. 30 Abbildgn.) Leipzig 899. Veit & Co. n. 4. 40

Hirschberg, J., der Markschwamm der Netzhaut. Eine Monographie. Mit 3 lith. Taff. Berlin 869. A. Hirschwald. gr. 8. (V, 274 S.) n. 2 *af.*

— La renaissance de l'ophthalmologie. Traduit de l'allemand par Dan. van Duyse. (VIII, 149 S. m. 12 Fig. u. 7 Taf.) gr. 8. Leipzig 908. W. Engelmann. 6. —

— Schaumgold u. Wahrheit. Sociale Bilder u. Geschichten für's Volk. 8. (269 S.) Dresden 892. Lehmann'sche Buchdr. 2. 40; geb. 3. —

Hirschberg, Jul., Schmetterlinge. Gedichte zum Vortrag. 8. (VII, 58 S.) Dresden 888, Weiske. *
geb. mit Goldschn. *

Hirschberg, Julius (geb. Potsdam 18. 9. 1843). Symbolae ad therapiam partus cum placenta praevia complicati. Berolini (1866). (32 S.) 8°
Berlin, Med. Diss. v. 31. März 1866

—— Aus Tagen der Noth. Soloscene. Zum Besten der Ueberschwemmten in Nord- u. Ost-Deutschland. Frühjahr 1888. 2. Aufl. gr. 8. (8 S.) Dresd. 888, Trau. * — 50

— von New-York nach San Francisco. Tagebuchblätter. 8. (276 S.) Leipzig 888. Veit & Co. n. 4. —

— eine Woche in Tunis. Tagebuchblätter. gr. 8. (113 S.) Ebend. 885. n. 2. —

— Wörterbuch der Augenheilkunde. gr. 8. (VIII, 116 S.) Ebd. 887. n. 5. —

— s.: Zentralblatt f. praktische Augenheilkunde.

Hirschberg, Karl Bericht über drei Flugschriften. 1 Das Reunionsrecht 1687 2. Frankreichs Geist. 3. L'état des provinces unies. 1690. 24 S. Progr. *Dillenburg* 1878

[F.] **Hirschberg,** Carl [Dr.]: Geschichte der Grafschaft Moers. Moers, Druck u. Komm.-V. v. J. W. Spaarmann, 1893; 2 Bl., 123 S. 8.
Mörs, G. Adolfinum, OP 1893 (451)

Hirschberg, C., Geschichte der Grafsch. Moers. (197 S. m. Abbildgn.) 8. Moers (904). A. Steiger. n. 2. 50

Kurfürstin Louise Henriette. Festschrift z. Einweihung des von S. M. Kaiser Wilhelm II. gestifteten Denkmals d. Kurfürstin Louise Henriette von Prof. Dr. C[arl] **Hirschberg.** (3.–4. Taus.) *Moers: A. Steiger [1904]* (20 S.) 8° [F.]

Hirschberg, *Carl* [Prof. Dr.]: Vertiefung und vergleichende Durchdringung des Geschichtspensums. Mörs, Druck v. J. W. Spaarmann, 1896; 4—10 S. 4.
Mörs, k. G. Adolfinum, Festschr. 1896

Hirschberg, Carl Ant., der vollkommene Metall-Arbeiter, od. d. neue Goldgrube f. Schlosser, Zeugschmiede, Spengler, Sporer, Kupferschmiede rc. Auf geprüfte Erfahrn. gegründet, gesammelt auf mehrjähr. Reisen in Deutschland, England, Frankreich u. Holland, in den berühmt. Fabriken prakt. ausgeführt u. gelehrt, nun aber ohne Rückhalt, in alphabet. Ordn., an d. Tageslicht gegeben. 8. (14¼ B.) Nürnberg 835, Fr. Campe'sche Buchh.

Hirschberg, Carl Ant., der vollkommene Metall-Arbeiter oder die neue Goldgrube für Schlosser, Zeugschmiede, Spengler rc. Auf geprüfte Erfahrungen gegründet rc. in alphabet. Ordnung, an das Tageslicht gegeben. 3. (Titel-)Aufl. 8. (XVIII und 210 S.) Nürnberg 852, Lotzbeck.

Hirschberg, Karl Rich., die allgemeine Städteordnung nebst Publicationsgesetz u. Einführungsverordnung für das Königreich Sachsen unter steter Berücksichtigung der neuern Gesetzgebung u. Entscheidung der höheren Behörden erläutert u. nebst einer geschichtlichen Einleitung herausg. Leipzig 863. Roßberg. 8. (XII, 172 S.) 15 *ngr.*

Hirschberg, Leon, aus Eibenstock: **Kondensation** von p-Chlorbenzylcyanid und Säureestern mittels Natriumäthylat *Dresden 1902: Lehmann.* (36 S.) 8°
Rostock, Phil. Diss. v. [31. Mai] 1902

Hirschberg, Leop., üb. epidemisches Auftreten motor. Neurosen u. d. sanitätspolizeil. Mittel zu dessen Verhütg., s. a. Klinik, Wiener.

Ueber epidemisches Auftreten motorischer Neurosen u. d. sanitätspolizeil. Mittel zu dessen Verhütg. Von Dr Leopold **Hirschberg** in Berlin. *Wien: Urban & Schwarzenberg 1897.* (257—324 S.) 8.
— Klinik, Wiener. 1897. H. 10. 11 [op. 343

Hirschberg, Leop., Beethoven u. seine Zeitgenossen, s.: Kalischer, Alfr. Chr.

Denkschrift zum 25jährigen Bestehen der Handelskammer zu Bromberg im Auftr. derselben verf. von Syndikus L[eopold] **Hirschberg,** u. Histor. Rückblick auf d. wirthschaftl. Entwickelung Brombergs vor 1875 verf. von Dr. Erich Schmidt. *Bromberg 1900: Grunauer.* (54 S.) 4° [F.] [ca. 10818

Hirschberg, L., die Frau im nationalen Wirthschaftsleben, s. a. Sammlung gemeinnütziger Vorträge.

Hirschberg, Leopold: Die Frau im nationalen Wirtschaftsleben. — (Prag: Dt. Verein z. Verbreitung gemeinnütziger Kenntnisse) [1886]. 16 S. 8° (Sammlung gemeinnütz. Vorträge. 111.)

Hirschberg, Leopold [pr. Arzt aus Posen]: Eine Frucht mit angeborenem Hydrocephalus und Missbildungen des Gesichts und äussern Ohres. (M. e. Taf.) ... Königsberg i. Pr., Druck v. M. Liedtke, 1891; 19 S., 2 Bl., 1 Taf. 8.
Königsberg, Med. Fak., Inaug.-Diss. v. 20. Nov. 1891

— e. Frucht m. angeborenem Hydrocephalus u. Missbildungen d. Gesichts u. äussern Ohres. Diss. gr. 8. (19 S. m. 1 Taf.) Königsberg i/Pr. 891. (W. Koch.) n. — 80

Hirschberg, Leopold [Hrsg.], s. Günderode, Karoline von: Melete.

Hirschberg, Leop., üb. die Basedow'sche Krankheit, s.: Klinik, Wiener.

Hirschberg, Leopold, pract. Arzt aus Berlin: Die maligne Lues, bes. vom geschichtlichen und ethnologischen Standpunkte beurteilt. *Berlin (1900): G. Schade.* (31 S.) 8°
Berlin, Med. Diss. v. 9. Nov. 1900

– (Hrsg.), s. Rückert : Rückert-Nachlese.

Hirschberg, Lesser *(geb. Rogasen in Pos. [20.1.1851])*: Ueber Kalkausscheidung und Verkalkung. Breslau 1877. (34 S.) 8°
Breslau, Med. Diss. v. 1. Aug. 1877

Hirschberg, Magnus [aus Lauenburg (Pommern)]: Über Staubinhalationskrankheiten .... Würzburg, Becker's Univ.-Buchdr., 1886; 48 S. 8°
Würzburg, Med. Fak., Inaug.-Diss. v. 1886

Hirschberg, Martin, a. Culm ⟨Westpr.⟩: Über die Erfolge der operativen Behandlung der Peritonealtuberculose in den letzten 15 Jahren. Freiburg ⟨Baden⟩ 1905: E. Kuttruff. (53 S.) 8°
Freiburg i. B., Med. Fak., Ref. Kraske, Diss. v. 1905
[Geb. 20. Mai 81 Culm a. W.; Wohnort: Freiburg i. B.; Staatsangeh.: Preußen; Vorbildung: Gymn. Culm a. W. Reife O. 00; Studium: München 1, Berlin 1, Königsberg 2, Freiburg i. B. 1, München 2, Berlin 2, Freiburg i. B. 2 S.; Coll. 11. Juli 05.]

Hirschberg, Max

Hirschberg, M., s. Abhandlungen, strafrechtliche.

Hirschberg, M., die Behandlg. schwerer Lebererkrankgn. durch die Anlegung e. Leber-Gallengangsfistel, s.a. Klinik, Berliner.

Die Behandlung schwerer Lebererkrankungen durch die Anlegung einer Leber-Gallengangsfistel. Von Dr. M[ax] Hirschberg zu Frankfurt a. M. *Berlin: Fischer 1902.* (29 S.) 8°
= Klinik, Berliner. H. 172. [02. 1439

Hirschberg, M., operative Behandlung des Asthma, s.a. Sammlung klinischer Vorträge.

Operative Behandlung des Asthma. Von Dr. M[ax] Hirschberg †, Frankfurt a. M. Leipzig: J. A. Barth 1910. 23 S. 8° [Umschlagt.]
(Sammlung Klinischer Vorträge. N. F. Nr 604.) [10. 17168

Hirschberg, M., e. Beitrag zur Blasenstein-Zertrümmerung. gr. 8. (35 S.) Frankfurt a M. 876. Alt. n. 1. —

Hirschberg, Max [aus Schwetz, Prov. Westpreussen]: Über die Chronische Exsudativ-Peritonitis der Kinder .... Berlin, Buchdr. v. Gustav Schade (Otto Francke) (1887); 42 S. + 1 Bl. 8°.
Berlin, Med. Fak., Inaug.-Diss. v. 9. Jul. 1887.

Hirschberg, M., s. Monatsblätter d. bayer. Rechtspraktikanten-Verbandes.

Hirschberg, Max, die Schutzobjekte der Verbrechen speziell untersucht an den Verbrechen gegen den Einzelnen, s.a. Abhandlungen, strafrechtliche. 113. Heft.

Hirschberg, Max, Rechtsprakt.: Die Schutzobjekte der Verbrechen speziell untersucht an den Verbrechen gegen den Einzelnen. Eine konstruktiv-dogmat. Studie, zugl. e. Beitr. z. Strafrechtsreform. Breslau: Schletter 1910. 79 S. 8°
¶(Ersch. vollst. als: Strafrechtl. Abhandlungen. H. 113.)
München, Jur. Diss. v. 9. Febr. 1910, Ref. v. Ullmann
[Geb. 13. Nov. 83 München; Wohnort: München; Staatsangeh.: Bayern; Vorbildung: Wilhelms-Gymn. München Reife Juli 02; Studium: München 8, Berlin 1, Leipzig 1 S.; Rig. 9. Febr. 10.] [U 10. 343]

Hirschberg, Meier (geb. Exin in Posen 12. 7. 1842): De mogostocia, quae fluidis in cavo abdominis foetus praeter modum auctis efficitur. Berolini (1866). (32 S.) 8°
Berlin, Med. Diss. v. 19. Juni 1866

— **Oscar** (Schwetz/Westpr.), Beitrag zur Kenntniss der Tricuspidalstenose. Diss. med.-chir. Bln. (Gust. Schade [O. Francke]) 29. VI. 1889. 44 S. mit Literatur u. Biogr. (6.—) 15282
Krankengesch. d. Friederike Müller.

Hirschberg, Peter: Die pathologische Bedeutung der Gallensteine. Aus dem pathologisch-anatomischen Institut Erlangen. *Dresden 1898: B. G. Teubner.* (33 S.) 8°
Erlangen, Med. Diss. v. 8. März 1897

Hirschberg, Rhold., Handbuch der freiwilligen Feuerwehr Münchens. 8. (VI, 231 S. mit 1 Stnt. in qu. 4.) München 869, (Franz'sche Buchh.) *

Hirschberg, Rhold., Handbuch der freiwilligen Feuerwehr Münchens. 2. umgearb. Aufl. 8. (IV, 157 S. m. eingedr. Holzschn. u. 4 Steintaf.) München 876. (Franz.) geb. n. 2. 70

— die bayerischen Spitalzüge im deutsch-französischen Kriege 1870/71. Mit 12 (lith.) Taf. (in qu. Fol. u qu. gr. Fol.) gr. 4. (III, 98 S.) München 872. Th. Ackermann. n. 3. —

— u. Osk. Feierabend, die Wohnhäuser der Bau u. Spargenossenschaft Arbeiterheim in München. Nach Entwurf u. Ausführg. dargestellt, nebst e. Geschichte dieser Genossenschaft. Mit 18 lith. (zum Theil farb.) Taf. (in gr. 4. u. qu. Fol.) gr. 4. (54 S.) München 875. Brissel. 4. 20

Hirschberg, Rich., die Lösung der socialen Frage nebst e. Darstellg. der wichtigsten socialist. Lehren u. der Arbeiterbewegg. der letzten Jahre. gr. 8. (IV, 68 S.) Meißen 871. Mosche. n. 1. 50

Hirschberg, Rubens [aus Odessa (Süd-Russland)]: Über eine abnorme Form von Meningitis tuberculosa .... Leipzig, Druck v. J. B. Hirschfeld, 1887; 44 S. u. 1 Taf. 8°
Heidelberg, Med. Fak., Inaug.-Diss. v. [15. Jan.] 1886

Hirschberg, Rud., d. Recht zu sündigen! E. Beitrag zur Revision d. Erbgewissens durch Anwendg. darwinist. Grundsätze auf d. Veredelg. d. sittl. Bewusstseins. gr. 8. (40 S.) Leipzig 896. W. Friedrich. n. — 60

Hirschberg, Steph., Herzensworte. Gebete in Versen f. meine kleine Schwester. (80 S.) 12. München 903. Seitz & Schauer. Geb. in Leinw. n. 1. 50

Hirschberg, Theodor, Das Maurer- und Zimmerhandwerk in der Amtshauptmannschaft Döbeln. Schriften d. Vereins f. Socialpolitik, Bd. 67. gr. 8⁰. Leipzig 1897.

Hirschberg, W., Samml. unterhalt. u. belehr. Briefe für Söhne u. Töchter gebild. Eltern. 8. Stendal 810. Franzen u. G. 12gl

Hirschberg, Wilh., drei Fälle von acuter gelber Leberatrophie Inaugural-Dissertation. gr. 8. (76 S.) Dorpat 886, (Karow.) *

Hirschberg, William [pract. Arzt aus Eibenstock i. Sachsen]: Beitrag zum Empyem bei Kindern. Leipzig, Buchdruckerei von Grimme & Trömel, 1879. 8. 89 S.

Hirschberg, Zebi Jak., erste Abendstunden, enthält. e. kurze Anleit. zur Arzneilehre. 8. Königsb. 781.

Hirschberg-Jura, Rud., s. a. Jura, Rud. — Marinelli, B.

— „Cabaret". Vortrags-Dichtgn. Umschlagszeichng. v. Rich. Schlösser. (48 S.) kl. 8. Leipzig (910). R. Gleissenberg. 1. —

— gehorsame Geister. Roman. (221 S.) 8. Berlin (904). C. Duncker. n. 3. —

— Unglaubliche Geschichten, s.: Humor. 4. Bd.

— Hans im Glück, s.: Universal-Bibliothek.

— zwei Hundertmarkscheine. Der Detektiv im „Blauen Ferkel", s. a. Kürschner's, Jos., Bücherschatz.

Zwei Hundertmarkscheine. Roman. Der Detektiv im 'Blauen Ferkel'. Erzählung Von Rudolf **Hirschberg**-Jura. Mit Ill. von H. Binde. Berlin, Leipzig: H. Hillger [1906]. (112 S.) 8° [F.]
— **Bücherschatz**, Kürschners. No 527. [07. 15344

— die beiden Katzen. (4 S.) kl. 8. Hannover (904). W. Otto. n. — 15

— ein großartiger Kerl. Kriminal-Roman. (240 S.) 8. Mannheim (904). J. Bensheimer's Verl. n. 3. —

— Philisters Kinder, s. a. Bücher, die, des deutschen Hauses.

Philisters Kinder. Roman von Rudolf **Hirschberg**-Jura. Berlin: Buchverl. fürs Deutsche Haus 1909. 288 S. 8°
(Die Bücher d. Deutschen Hauses. Bd 91.) [10. 12339

— Die wahre Kunst. Satir. Theaterroman. (272 S.) 8. Berlin 907. C. Freund. 3. —

— der Liebeshandel. Roman. (250 S.) 8. Berlin (904). C. Duncker. n. 3. —

— der tote Liebhaber, s. a. Wulff, F. W., m. dem Tode gesühnt.

— der tote Liebhaber. Kriminal-Roman aus der Theaterwelt. 8. (136 S.) Mülheim a/R. (902). J. Bagel. — 30

Rudolf Jura [d. i. Rudolf Hirschberg]. Rechtsanwalt Lohmann Roman *Berlin C. Duncker [1902]* (328 S.) 8° [F.] [02. 81..

— ein unpraktischer Mensch. Roman. (329 S.) 8. Goslar (903). F. A. Lattmann. Geb. in Leinw. n. 3. —

(B) — Ein unpraktischer Mensch. 903. (NBL 33.) Jetzt: Berlin, O. Janke. Erh. Pr. 3. —; geb. 4. —

— Primanerliebe. Roman. (275 S.) 8. Berlin (909). O. Janke. 3. —

Die Schwiegermutter nach Noten. Burleske mit Gesang von Rudolf Jura [d. i. Rudolf **Hirschberg**]. Leipzig R. Gleißenberg [1908]. (19 S.) 8 [F.]
= **Apollotheater** No 1. [08 12718

Die Sonntagsbraut. Erzählung aus d. Leben einer 'höheren Tochter' von B. Marinelli ⟨Rudolf Jura⟩ [d. i. Rudolf **Hirschberg**]. Berlin: Berliner Roman-Verl. [1904]. (48 S.) 8° [F.]
— **Geschichten**, Intime. 41. [05. 7503

Theater-Glück! Roman von Rudolf **Hirschberg** Jura. 1 Taus. Berlin. Großkopf 1909. 259 S. 8° [09. 11183

— Theater-Glück! Roman. 2. Taus. (260 S.) 8. Berlin 909. G. Großkopf. 3. —; geb. 4. —

— Theatersommer, s. a. Erzähler, deutsche.

Theatersommer Der Roman e. Sommertheaters. Von Rudolf **Hirschberg** Jura. Berlin Unterborn [1909]. 232 S. 8°
(Deutsche Erzähler Bd 14.) [09. 18195

— „Sinniges Unsinniges". Cabaret-Dichtgn. (79 S.) gr. 8. Berlin (907). Harmonie. (Urspr. Pr. 2. —; geb. 3. —)

Die Varietéprinzessin. Roman von Rudolph Jura [d. i. Rudolf **Hirschberg**]. Bonn: Rhein. Union [1905]. (320 S.) 8° [F.]
— **Viktoria-Sammlung** spannender u. interess. Erzählungen. No 8. [05. 10050

— unter falschem Verdacht, s.: Thieme, Frdr.

— Die Villa des Gerechten, s.: Engelhorn's allgemeine Roman-Bibliothek.

— Möblierte Zimmer. Roman. (269 S.) 8. Leipzig (907). P. List. 3. —; geb. 4. —

Hirschberg-Pucher, Eugenie, Gedichte. (44 S.) kl. 8. Riga 908. G. Löffler. 1. 80

Hirschberger, A., die neue Rechtschreibung in Versen zusammengestellt. 1.—3. Aufl. (4 S.) 1880. 10 Exempl. * 30 Pf.; 4. verm. und verb. Aufl. 8. (8 S.) Neiße 881, (Graveur'sche Buchh.) *

Hirschberger, A., die neue deutsche Rechtschreibung in Versen. 4., verm. u. verb. Aufl. 12. (8 S.) Neiße 881. Graveur in Comm. n. — 5

Hirschberger, Alfons Maria, aus Berlin: Über angeborene **Skoliose.** *Stuttgart 1899: Union.* (28 S.) 8° Würzburg, Med. Diss. v. 1899

Hirschberger, F. X., der Fußarzt. Neue erprobte Mittel u. Recepte zur gründl. Vertreibung der Hühneraugen, Frostbeulen, Fußschwielen u. des übermäßigen Fußschweißes, nebst einer Abhandlung u. vielen nützlichen Belehrungen über die Pflege, Erhaltung u. Stärkung der Füße. Ferner mit e. Anhange, worin mehrere, größtentheils ganz unbekannte und einfache Mittel angegeben werden, die Warzen im Gesicht u. an den Händen ꝛc. gänzlich zu vertreiben ꝛc. 12. Kaschau 835. (Pesth, Heckenast.) 1/4 ℔

[J. u. Ant.] **Hirschberger,** Hans (in d. Vita: Johannes) [Referendar]: Die internationale Staatenpraxis und der Begriff der persona grata ... Greifswald, Druck v. J. Abel, 1897; 36 S. 8.
Greifswald, Jur. Fak., Inaug.-Diss. v. 1897

Hirschberger, Jh., geistliche Reden, gehalten an Katholisch-Gläubige des löblichen Militärstandes, nebst einem Anhange von zwei Reden an den beiden Pfingstfesttagen üb. d. Wunder des heiligen Geistes. gr. 8. Wien 843, Karl Doll. 1/2 ℔

Hirschberger, Josef [aus Gerolzhofen (Bayern)]: Über Mannose, ein stereometrisches Isomere des Traubenzuckers. . . . Würzburg, k. Universitätsdr. v. H. Stürtz, 1889; 59 S. 8°
Würzburg, Phil. Fak., Inaug.-Diss. v. 1889

Hirschberger, Karl [app. Arzt aus Münchberg]: Experimentelle Beiträge zur Infectiosität der Milch tuberculöser Kühe. Aus d. patholog. Institut zu München. . . . Leipzig, Druck v. J. B. Hirschfeld, 1889; 2 Bl. + 23 S. u. 1 Taf. 8°
München, Med. Fak., Inaug.-Diss. v. 1889

Hirschberger, Paul, u. Charles Lauf: Der schöne Arno. Lustspiel in 3 Akten. Berlin 1899. 86 S. 8°

Hirschberger, Paul: Der Bernhardiner. Schwank in 3 Akten. Nach „Terre neuve" von A. Bisson frei bearbeitet. Berlin 1898. 82 S. 8°

Hirschberger, Paul, u. C. Kraatz: Bocksprünge. Schwank in drei Akten. Berlin 1896. 80 S. 8°

Hirschberger, Paul: Die vierte Dimension. Schwank in 3 Akten. Nach „Erreurs du Mariage" von A. Bisson, frei bearbeitet. Berlin 1897. 78 S. 8°

Hirschberger, Paul: Jadwiga. Operette in 3 Akten. Musik von R. Dellinger. Berlin 1900. 83 S. 8°

Hirschberger, Paul: Sascha. Schwank in drei Akten. Berlin 1897. 67 S. 8°

Hirschberger, Paul, u. G. Klitscher: Vaterfreuden. Schwank in drei Akten. Berlin 1897. 66 S. 8°

Hirschberger Thal [Schlagwort]

Hirschberger Thal. Vogel v. Falckenstein, E., Karte d. Hirschberger Thales m. dem preuss. Anteile d. Riesengebirges. 1:100,000. Ausg. 1890. Lith. u. color. qu. Fol. Glogau 890. Flemming. In Carton. n. 1. —

Hirschberger Thal. Vogel v. Falckenstein, E., Karte des Hirschberger Thales m. dem preussischen Anteile des Riesengebirges. 1:100,000. Neue Ausg. 1898. 38,5×47 cm. Lith. u. kolor. Glogau, C. Flemming. n. 1. —

Hirschberger Thal. Vogel v. Falckenstein, E., Karte des Hirschberger Thales m. dem preussischen Anteile des Riesengebirges. 1:100,000. (Ausg. 1902.) 33.5×46 cm. Lith. Glogau, C. Flemming. n. 1. —

Hirschbruch, Alb., die Choleradiagnose m. Hilfe e. neuen Nährbodens. Nach e. im „Verein Posener Aerzte" geh. Vortrage. (14 S.) gr. 8. Jena 904. G. Fischer. n. — 60
Sonderabdruck aus: „Klin. Jahrb."

Hirschbruch, Albert [aus Posen]: Das Problem der „herzlosen" Missgeburten, nebst Beschreibg e. Amorphus acardius ... Berlin, C. Vogts Buchdr., *1895*; 45 S., 1 Bl. 8.
Berlin, Med. Fak., Inaug.-Diss. v. 1. Aug. 1895

Hirschbrunn, Fritz [aus Mannheim]: Beitrag zur Kenntnis der Tribromchinoline ... Freiburg i. B., Univ.-Buchdr. v. Ch. Lehmann, 1892; 39 S. 8.
Freiburg i. B., Phil. Fak., Inaug.-Diss. v. 1892

Hirsche, die, nach d. Natur gez. m. k. Erl. v. Böhler. m. col. K. Q. Fol. Lpz. Indust. Compt. 803.

Hirsche, G. K., Antritts-Predigt über 1. Korinther 1, 27—30 bei seiner Einführung in das Amt als Hauptpastor zu St. Nicolai in Hamburg am 16. Juni 1863 gehalten. Hamburg 863. Kittler. gr. 8. (24 S.) n. 3 ngr.

Hirsche, G. K., das hat Gott gethan. Predigt am Dank- u. Friedens-Feste den 22. März 1871 in der St. Nicolai-Kirche zu Hamburg geh. gr. 8. (16 S.) Hamburg 871. Kittler. n. — 30

– unser Jubelfest des Sieges bei Leipzig ein Fest der Vaterlandsliebe. Predigt über Psalm 18, 28—33. am 18. Octbr. 1863 in der St. Nicolai-Kirche zu Hamburg gehalten. Ebend. 863. gr. 8. (15 S.) n. 2 ngr.

—— die Lehre des Evangeliums von der Arbeit. Predigt am 22. Sonntage nach Trin., den 23. Octbr. d. J., über 2. Theff. 3, 6—13, in der St. Nicolai-Kirche zu Hamburg gehalten. gr. 8. (16 S.) Hamburg 864, Kittler. *

—— Luther in Worms — unser Luther für immer. Reformationspredigt wider unevangel. Wesen außerhalb und innerhalb der evangel. Kirche, am Reformationsfeste in der St. Nicolai-Kirche zu Hamburg gehalten und zur Vorfeier des 100jähr. Geburtstagsjubiläums Schleiermacher's in erweiterter Gestalt hrsg. gr. 8. (24 S.) Hamburg 868, Dörling. *

— Luther in Worms — unser Luther für immer. Reformationspredigt wider unevangel. Wesen außerhalb u. innerhalb der evangel. Kirche, am Reformationsfeste in der St. Nicolai-Kirche zu Hamburg gehalten u. zur Vorfeier des 100jähr. Geburtstagsjubiläums Schleiermacher's in erweiterter Gestalt herbg. Hamburg 869. Dörling. gr. 8. (24 S.) n. 3 ngr.

—— ein Lutherdenkmal in unsern Herzen. — Seitenstück zu dem Luther-Denkmal in Worms. Predigt am Johannisfeste, den 28. Juni d. J. über Apostelgesch. 19, 1—6, in der St. Nicolai-Kirche zu Hamburg gehalten. gr. 8. (16 S.) Hamburg 868, Kittler. *

—— Rede bei der Ordination und Einführung des zum 2. Diaconus an der St. Nicolai-Kirche in Hamburg gewählten Herrn Dr. F. W. Buck am 30. Septbr. 1868. 2. Aufl. gr. 8. (15 S.) Hamburg 869, Dörling. **

— eine Reformationsbetrachtung an Luther's Geburtstage. Predigt in der St. Nicolai-Kirche zu Hamburg kurz nach Aufstellung der Standbilder Luther's und Melanchthon's am Südportale derselben über Apostelgeschichte 21, 8—14 gehalten. gr. 8. (16 S.) Hamburg 867, Kittler. *

Hirsche, G. K., die Weihe der Herzen für die schweren Tage des Krieges. Predigt am Bettage, den 27. Juli 1870 zu Hamburg gehalten. Ebend. 870. gr. 8. (14 S.) n. 3 ngr

— Weihe-Rede über 2. Timoth. 2, 19. bei der feierlichen Einweihung der neuen St. Nicolai-Kirche zu Hamburg am 24. Septbr. 1863 gehalten. 1—3. Aufl. Ebend. 863. gr. 8. (16 S.) n. 3 ngr

— das Wesen d. christlich-religiösen Lebens u. die daraus sich ergeb. Stellg. zu den kirchl. Tagesfragen. Vortrag am 30. Novbr. 1871 im Protestanten-Verein zu Osnabrück geh. gr. 8. (20 S.) Hamburg 872. Niemeyer. — 30

— die Wunder in ihrer Bedeutung für den Glauben betrachtet vom Standpunkte der Reformation. Predigt am 21. Sonntage nach Trin., den 5. Novbr. d. J. über Evang. Joh. 4, 47—54, in der St. Nicolai-Kirche zu Hamburg gehalten. Ebend. 865. gr. 8. (16 S.) n. 2 ngr

Hirsche, K., das Ungarische Fluchformular, ein Glaubensbekenntniß für Protestanten beim Uebertritt zur römisch-katholischen Kirche, nach seinem Inhalte quellengemäß und gemeinfaßlich beleuchtet. Beitrag zur Würdigung des Jesuitismus. Osnabrück 853. Meinders. gr. 8. (43 S.) 6 ngr

Hirsche, K., das Gedächtniß des Tages von Sedan, ein Gedächtniß der Wunder des Herrn. Festpredigt, am 2. Septbr. 1877 in der St. Nicolai-Kirche zu Hamburg geh. gr.8. (14S.) Hamburg 877. Hoffmann & Campe Sort. — 30

Hirsche, K., Kaiser Wilhelm, e. Gesegneter u. e. Segen d. Herrn. Rede, bei der Trauerfeier d. Gedächtnisses Sr. Maj. d. weil. deutschen Kaisers Wilhelm I. üb. 1. Mose 12, Vers 2 am 11. März 1888 in der St. Nikolaikirche zu Hamburg geh. gr. 8. (14 S.) Hamburg 888. Hoffmann & Campe's Sort. n. — 30

— Humanität u. Christenthum. Ein Vortrag. gr.8. (16 S.) Ebend. 877. n. — 30

— das projektirte Lessing-Denkmal auf dem Hamburger Gänsemarkt — soll es ein genrehaftes Sitzbild d. Hamburger Dramaturgen oder ein monumentales Standbild des deutschen Geisteshelden sein? Eine kunstkrit. Zeitstudie über Schaper's Denkmals-Entwurf. gr.8. (12S.) Ebend. 870. n. 2. —

Hirsche, K., der Schönschreibunterricht in den Volksschulen zu Braunschweig. Eine Skizze. (Abgedr. aus der „Reform.") Braunschweig 860. Leibrock. gr. 8. (32 S. u. 2 lith. Taf. in 4.) 7½ ngr

— die Schwäche der protestantischen Kirche unserer Zeit — ihre Stärke. Predigt über 2. Kor. 12, 10. am Reformationsfeste den 25. Octbr. 1863 in der St. Nicolai-Kirche zu Hamburg gehalten. Ebend. 863. gr. 8. (16 S.) n. 2 ngr

Hirsche, K., Kaiser Wilhelm, ein Gesegneter und ein Segen des Herrn. Rede, bei der Trauerfeier des Gedächtnisses Sr. Maj. des weil. deutschen Kaisers Wilhelm I. über 1. Mose 12, Vers 2 am 11. März 1888 in der St. Nikolaikirche zu Hamburg gehalten. gr. 8. (14 S.) Hamburg 888, Hoffmann und Campe's Sortiment. *

Hirsche, Karl, Thomae Kempensis de Imitatione Christi libri quatuor. Textum ex autographo Thomae nunc primum accuratissime reddidit, distinxit, novo modo disposuit; capitulorum argumenta, locos parallelos adjecit. 8. Berlin 874, Habel. *ℳ 4,60.; geb. * geb. mit Goldschn. *

Hirsche, Karl, Prolegomena zu e. neuen Ausgabe der Imitatio Christi nach dem Autograph d. Thomas v. Kempen. Zugleich e. Einführg. in sämmtl. Schriften d. Thomas, sowie e. Versuch zu endgült. Feststellg. der Thatsache, dass Thomas u. kein anderer der Verfasser der Imitatio ist. 1. Bd. gr. 8. (XIX 522 S.) Berlin 873. Habel. n. 12. —

Hirsche, Karl, Prolegomena zu e. neuen Ausgabe der Imitatio Christi nach dem Autograph d. Thomas v. Kempen. Zugleich e. Einführg. in sämmtl. Schriften d. Thomas, sowie e. Versuch zu endgült. Feststellg. der Thatsache, dass Thomas u. kein anderer der Verfasser der Imitatio ist. 2. Bd. gr. 8. Berlin 883. Habel. n. 16. —; geb. n. 18. — (1. u. 2.: n. 28. —)
Kritisch-exegetische Einleitung in die Werke d. Thomas v. Kempen, nebst e. reichen Blumenlese aus denselben. Auf Grund handschriftl. Forschgn. Mit 15 Taf. photolith. Nachbildgn. handschriftl. Stellen. (LXXXII, 544 S.)

Hirsche, Karl, Prolegomena zu e. neuen Ausgabe der Imitatio Christi nach dem Autograph des Thomas v. Kempen. Zugleich e. Einführg. in sämmtl. Schriften des Thomas, sowie e. Versuch zu endgült. Feststellg. der Thatsache, dass Thomas u. kein anderer der Verfasser des Imitatio ist. 3. (Schluss-)Bd. gr. 8. Berlin 894. C. Habel. n. 8. — (kplt.: n. 36. —)
Erweis der Autorschaft des Thomas aus dem Inhalte u. aus den Handschriften der Imitatio. (XXIII, 339 S.)

Hirsche, W., Handbuch d. kathol. Religion für d. Jugend in deutschen Schulen ꝛc. 8. Linz 811. Eurich. 16 kr

Hirschel, Anastasius (geb. Kalisch 1797): De electricitatis in corpus animale vi et effectu. (Berolini 1821.) (30 S.) 8°
Berlin, Med. Diss. v. 10. Nov. 1821

Hirschel, B., Sachsens jüngste Vergangenheit. Ein Beitrag zur Beurtheilung der Gegenwart. gr. 8. (IV u. 92 S.) Freiberg 849, Reimmann. n. 8 ngr

Hirschel, Benno [app. Arzt aus Glogau]: Experimentelle Untersuchungen über einige neuere Desinfectionsmittel. . . Freiburg i. B., Druck d. F. Wagner'schen Buchdr., [illegible]; 47 S., 2 Tab. 8°
Freiburg i. B., Med. Fak., Inaug. Diss. v. [illegible]

Hirschel, Bernh., der homöopathische Arzneischatz in seiner Anwendung am Krankenbette. Für Familie und Haus. br. 8. (XVI und 174 S.) Dresden 850, Meinhold und Söhne.

Hirschel, Bernh., der homöopathische Arzneischatz in seiner Anwendung am Krankenbette. Für Familie und Haus. 2. Aufl. (XVII und 208 S.) 1859. und 3., abermals verb. und mit einer Einleitung über Hahnemann's Leben und Wirken verm. Aufl. gr. 8. (XXIII und 224 S.) Dresden 861, Meinhold und Söhne. Thlr.

Hirschel, Bernh., der homöopathische Arzneischatz in seiner Anwendung am Krankenbette etc. 4. verb. u. verm. Aufl. Leipzig 864. Fr. Fleischer. gr. 8. (XXIII, 233 S.) 22½ ngr

Hirschel Bernh., der homöopathische Arzneischatz in seiner Anwendung am Krankenbette. Für Familie u. Haus. 5. u. 6. verm. Aufl. Leipzig 865,68. Fr. Fleischer. 8. (XXIV, 288 S.) geb. 1 ₰

— — 7. verm. Aufl. Ebend. 870. br. 8. (XXII, 304 S.) In engl. Einb. 1 ₰

Hirschel, Bernh., der homöopathische Arzneischatz in seiner Anwendung am Krankenbette. Für Familie u. Haus. 8. Aufl. gr. 8. (XXII, 304 S.) Leipzig 872. Fr. Fleischer. geb. 3. —

— dass. — 9.—11. sehr verm. und verb. Aufl. gr. 8. (XXII, 361 S. mit eingedr. Holzschn.) Ebendas. 874—76. geb. *

Hirschel, Bernh., der homöopathische Arzneischatz in seiner Anwendung am Krankenbette. Für Familie u. Haus. 12. Aufl. 8. (XXII, 324 S.) Leipzig 878. F. Fleischer. geb. n. 4. —

Hirschel, Bernh., der homöopathische Arzneischatz in seiner Anwendung am Krankenbette. Für Familie und Haus. 13. Aufl. 8. (XXIII, 324 S.) Leipzig 884, F. Fleischer. geb. *

Hirschel, B., der homöopathische Arzneischatz in seiner Anwendung am Krankenbette. Für Familie u. Haus. 14. Aufl. 8. (XXIII, 324 S.) Leipzig 887. F. Fleischer. In Leinw. cart n. 4. —

Hirschel, Bernh., der homöopathische Arzneischatz in seiner Anwendung am Krankenbett. Für Familie u. Haus. 15. Aufl. 8. (XXIV, 327 S.) Leipzig 891. F. Fleischer. Geb. in Leinw. n. 4. —

Hirschel, Bernh., der homöopath. Arzneischatz in s. Anwendg. am Krankenbett. F. Familie u. Haus. Nach d. Verf. Tode neu bearb. v. H. Goullon. 16. Aufl. 8. (XXIV, 342 S.) Leipzig 895. Täschner & Co. Geb. in Leinw. n. 4. —

Hirschel, Bernh., der homöopathische Arzneischatz in seiner Anwendung am Krankenbett. Für Familie u. Haus. Nach des Verf. Tode neu bearb. v. Goullon. 17. Aufl. (XXIV, 395 S.) 8. Leipzig 901. Täschner & Co. Geb. in Leinw. 4. —

Hirschel, Bernh., vom vernünftigen Gebrauche d. kalten Wassers in Gesundheit u. Krankheit. 2., verm. Aufl. gr. 8. (7½ B.) Leipzig 841, Otto Wigand.

— Zum hundertjährigen Geburtstage Hahnemann's, s. Zum.

Hirschel, Bernh., Geschichte der Medicin in den Grundzügen ihrer Entwickelung dargestellt. gr. 8. (25 B.) Dresden u. Leipzig 843, Arnoldische Buchh.

— Geschichte der Medicin, in den Grundzügen ihrer Entwickelung dargestellt. 2. (Titel-)Ausg. gr. 8. (VIII und 392 S.) Leipzig 850, Arnoldische Buchh.

— Geschichte d. medicin. Schulen u. Systeme d. 19. Jahrh. in Monographien. Nach Quellen bearb. 1. Bd. A. u. d. T.: Geschichte des Brown'schen Systems u. die Erregungstheorie. gr. 8. (19½ B.) Leipzig 846, Arnold'sche Buchh.

Hirschel, Bernh., Geschichte des Brown'schen Systems u. der Erregungstheorie. 2. (Titel-)Ausg. gr. 8. (XVI u. 296 S.) Leipzig (846) 850, Arnold. ¼ ₰

— Grundriss der Homöopathie nach ihrem neuesten Standpunkte, und Anleitung zum Studium und zur Praxis derselben. 2., verm. und verb. Aufl. gr. 8. (XX und 486 S.) Dessau 854, Gebr. Katz.

— die Homöopathie. Eine Anleitung zum richtigen Verständniss und zum Selbststudium derselben. gr. 8. (XVI und 367 S.) Dessau 851, Gebr. Katz.

— die Homöopathie und ihre Bekenner. Ein Mahnungsruf am Denkmal Hahnemann's. gr. 8. (IV und 50 S.) Dessau 851, Gebr. Katz.

— die Homöopathie und ihre Bekenner. 2., verm. Aufl. gr. 8. (IV und 54 S.) Dresden 868, Ehlermann.

— Hydriatica, od. Begründ. d. Wasserheilkunde auf wissenschaftl. Principien, Gesch. u. Literatur. Mit Darlegung aller neueren Schriften üb. Wasserheilkunde nach ihrem Inhalte u. Werthe. gr. 8. (13½ B.) Leipzig 840, Otto Wigand.

— Kern oder Schale? Entgegnung auf Hrn. Prof. Hoppe's Widerlegung der Homöopathie. (Abdr. aus der Zeitschrift für homöopathische Klinik.) Dresden 860. Meinhold. gr. 8. (38 S.) n. 5 ngr.

— Compendium der Geschichte der Medicin von den Urzeiten bis auf die Gegenwart mit besond. Berücksichtigung der Neuzeit und der Wiener Schule. 2., umgearb. und verm. Aufl. Lex.-8. (XIII und 649 S.) Wien 862, Braumüller. *

— Compendium der Homöopathie nach ihrem neuesten Standpunkte und Anleitung zum Studium und Praxis derselben. 3., verb. Aufl. gr. 8. (XVI und 370 S.) Wien 864, Braumüller. *

— die Magenschmerzen, insbesond. der Magenkrampf — Gastrodynie, auch Cardialgie genannt, — ihre Auffassung u. Behandlung nach homöopath. Grundsätzen. Gekrönte Preisschrift. Ebend. 866. gr. 8. (VIII, 280 S.) 1 ₰ 15 ngr.

Hirschel, Bernhard (Dresden), Scientia naturae medicinae magistra. Diss. philos.-med. Leipzig 5. 1. 1838. Grimma (Reimer). 31 S. (6.50) 15283
Gew.: Jo. Car. Wilhelm Walther (Leipzig), Lud. Bernh. Georg Lippert (Leipzig).

Hirschel, Bernh., was ist Somnambulismus, was thierischer Magnetismus? Nebst e. Anh. die sich jetzt in Dresden aufhalt. Somnambule Höhne betreffend. Eine öffentl. Vorlesung. gr. 12. (2½ B.) Dresden 840, [Bromme's Verlh.] Thlr.

Hirschel's Zeitschrift für homoeopathische Klinik hrsg. von Edm. Lewi. 20.—24. [24.—28.] Bd. Jahrg. 1875—1879. à Jahrg. 24 Nrn. (Bog.) gr. 4. Leipzig, T. O. Weigel. à Jahrg. * 12 —
Vgl. Zeitschrift, neue, für homoeopath. Klinik.

Hirschel, Georg, Dr., Assistenzarzt an der chirurgischen Klinik: Aus d. chirurg. Klinik zu Heidelberg (Direktor: Geh. Rat Prof. Dr. Narath). Der heutige Stand der operativen Therapie der akuten diffusen eitrigen Peritonitis. Im Anschluß an 110 beobachtete Fälle. Tübingen 1907: H. Laupp jr. (97 S.) 8° ¶ (Aus: Beiträge z. klin. Chirurgie Bd 56 H. 2.)
Heidelberg, Med. Fak., Hab.-Schrift v. 1907

Hirschel, Georg, approb. Arzt aus Heidelberg: Ueber Strumitis bei Typhus abdominalis. *Heidelberg 1901: J. Hörning.* (20 S.) 8°
Heidelberg, Med. Diss. v. 1901

Hirschel, H., in Bayreuth, s.: Theater-Mappe.

—— die Herren Eltern, s. Kühling's, A., Volks-Schaubühne.

Hirschel, Herm., der rote Kosak, s.: Hollaender, Vict.

Hirschel, J. J.

Hirschel, J., das Eigenthum an den katholischen Kirchen nebst Zugehörungen nach der französischen Gesetzgebung; namentlich in Bezug auf die deutschen Landestheile des linken Rheinufers. Mit besond. Berücksichtigung der Entscheidungen des großh. hess. Cassationshofes. gr. 8. (IV und 150 S.) Mainz 867, Kirchheim.

Hirschel, J. J., drei Fragen über die Civilehe. Verweigerung der kirchl. Trauung. — Kirchliche Giltigkeit der Civilehe. — Mangel der Taufe. [Aus: „Archiv f. kathol. Kirchenrecht".] gr. 8. (63 S.) Mainz 878. Kirchheim. — 75

Hirschel, J. J., Geschichte der Civilehe in Frankreich. gr. 8. (68 S.) Mainz 873. Kirchheim. 1. —

Hirschel, J. J., Geschichte der Stadt und des Bisthums Mainz. Mainz 855. Kirchheim. 16. (VII, 148 S.) 10 ngr.

—— das Recht der Regierungen bezüglich der Bischofswahlen in Preußen und der oberrheinischen Kirchenprovinz. gr. 8. (IV, 168 S.) Ebendas. 870.

— das Staats- u Gemeinde-Einkommen der Geistlichen nach canonischem u. französischem Rechte. Mit Bezug auf das Urtheil des großherzogl. hess. Cassationshofes in Sachen der Verwaltg. der Pfarrei St. Christoph zu Mainz gegen die Stadt. Ebend. 868. gr. 8. (IV, 68 S.) 10 ngr.

—— das kirchliche Verbot für die Katholiken bezüglich des Mitgebrauches der den sogenannten Altkatholiken zur Benutzung eingeräumten Kirchen. gr. 8. (18 S.) Ebendas. 875. — 25

Hirschel, Joachim — Aperçu historique et scientifique sur l'histoire et les procédés de la Gravure à l'eau forte par — —. Vienne, 1856. Imprimerie de M. Auer. (22 S. 8.)

Hirschel, Leon Elias

— Abhandl. von Vorbauungsmitteln bei den Pocken 2c. 8. Berl. 770. (Reimer). 7 gr

Leon Elias Hirschel

Leon Elias Hirschels [Hirschel] Beytrage [Beiträge] zu seinen Betrachtungen über den innerlichen Gebrauch des Mercurii sublimati corrosivi und des Schierlings, worinnen die Einwürfe des Herrn Joseph Jacob Plenks,... gegen dieselben widerleget werden. Nebst e. Schreiben gegen dessen (Josef Jacob Plenk) Tractätchen, betitelt: Nova et facilis methodus argentum vivum aegris venerea labe infectis exhibendi. Berlin: Mylius 1767. 72 S. 8°

Hirschel, L. E., verm. Beobachtungen und Gedanken zur Arzneywissenschaft. 8. Berlin, Hesse. 772.

Hirschel, Leon Elias, (†im Dec. 1772.) Betrachtt. über den innerl. Gebrauch d. Mercurii sublimati corrosivi u. d. Schierlings. 8. Berl. 763. Verm. 765. Mylius. 3 gr Beitrr. dazu. 8. Ebd. 767. 3 gr

Hirschel, Leon Elias: Briefe über verschiedene Gegenstände aus dem Reiche der Arzneywissenschaft. Th.1 - 2, gbd.

Th.1: Berlin: Vogel 1768
Th.2: Berlin: Mylius 1769

Hirschel, Leon Elias, Briefe über verschied. Gegenstände aus d. Reiche d. Arzneiwissenschaft. 3 Thle. 8. Berl. 769—71. Mylius. 14 gr

— Gedanken d. Heilungsart, d. hinfallende Sucht betreffend. 8. Berl. 767. 2e verm. Ausg. 770. (W. Rauck in Leipz.) 6 gr

— Gedanken d. Heilungsart d. fall. Sucht betr. 8. Berl. (Sommer in Lpz.) 770.

Hirschel, Leon Elias: Gedanken die Heilungsart der fallenden Sucht betreffend. Nebst einem Anhang, von einigen gegen die Würmer dienlichen Mitteln. 2.verm.und verbess.Aufl. 146 S., gbd.

Berlin: Wever 1770

Hirschel, Leon Elias: Gedanken, die Heilungsart der fallenden Sucht betreffend. Nebst einem Anhang, von einigen gegen die Würmer dienlichen Mitteln. 3.verm.und verbess.Aufl. 144 S., gbd.

Mitau: Hinz 1774

JB 4.441

— Gedanken von d. Starrsucht, oder catalepsis, nebst e. Zusätzen zu den Gedanken, d. Heilungsart d. hinfallenden Sucht betreff. 8. Berl. 768. Mylius. 3 gr

— Dissert. inaug. de morbis melancholico-maniacis. 4. Halle 763.

Hirschel, L. E., De morbis melancholico-maniacis. 31 pp. Hal. 4°. 1763

— medicin. Nebenstunden. 1r Thl. 8. Potsd. 772. Horvath. 8 gr

Hirschel, L. E., v. Vorbauungsmitteln bey den Pocken. 8. Berlin. Realschulbchhdl. 770. Rthlr.

Hirschel, Mos., nachher Chr. Mor. Herschel, Apologie d. Menschenrechte, oder Beleuchtung d. Schrift: Ueber d. phys. u. moral. Verfass. d. deut. Juden. 8. Zürich 793. Orell. 20 gr

— Kampf d. jüdischen Hierarchie mit d. Vernunft. 8. Bresl. 789. J. F. Korn; (a. W. G. Korn). 6 gr

— das Schach des Gioachino Greco Cabrois u. d. Schachspielgeheimniß d. Stamma, verbess. u. nach e. neuen Methode umgearb. nr. 8. Bresl. 784. (W. Rauck in Leipz.) 12 gr

— d. Schach des Gioachino-Greco-Cabrois u. d. Schachspielgeheimn. d. Stamma. gr. 8. Breslau. (Sommer in Lpz.) 79+.

—. s. Schlesien in seinem ganzen Umfange.

Hirschel Wilhelm Über die Alkylierung des Pyrogallols und einige Derivate des Pyrogalloltrimethyläthers. S. 110–116. 1189 sgr
Separatdruck

Anti-Thomas Acatholicus. Oder: Der entlarvte Biester und Konsorten. Mit Beyl. von Leop. Frh. v. Hirschen. o. O. 1788. 108 S. 8°
cf. D. neuesten Religionsbegebenheiten. 12 (1789) S. 201—203.
Kl. 3413. Betr. die Starcksche Streitigkeit üb. den Krypto-Katholizismus.

— Anti-Thomas Akatholikus, oder d. entlarvte Biester u. Consorten. 8. Leipz. 790. Gräff. 8 gl.

v. Hirschen, Frhr. Leop., Anti-Trenk, oder Fragment zur Charakteristik d. großen Königs. 8. Potsd. 788. (Graffé in Leipz.) 4 gl.

— s. Knüppel's Krankengeschichte.

Leopold [Frh.] von Hirschen

Unterricht zum Gebrauch des Luft-Salzes und Beweis von der Möglichkeit der hermetischen Universal-Arzeney aus Naturgründen und Thatsachen von Leopold Frh. von Hirschen. Leipzig: Crusius 1786. 99 S. 8°

— Unterr. zum Gebrauch d. Luftsalzes. 8. Dresd. 786. (W. Vogel in Leipz.) 6 gl.

— Unterr. zum Gebrauch d. Luftsalzes, wie auch das zersplitterte Berlin. Triumvirat rc. gr. 8. Leipz. 789. Hilscher. 1 rℓ

Hirscher und die kathol. Kirche. Eine Beleuchtung der Hirscher'schen Reformpläne vom kirchl. Standpunkte. Von einem Priester der Diöcese Limburg. gr. 8. (76 S.) Regensburg 850, Manz.

Hirscher, Urteil üb. den Jesuitenorden, s.: Aktenstücke, kirchliche.

Hirscher, Dominik, lateinische Formenlehre für Anfänger mit steter Vergleichung des Deutschen. 8. Stuttgart 844, Metzler'sche Buchh. 5/12 rℓ

—— Uebungsaufgaben zur latein. Formenlehre u. Syntax; nebst anschaulicher Parallele des deutschen u. latein. Satzbaues. 8. (9¾ B.) Stuttgart 844, Metzler'sche Buchh. —

Hirscher, (Joh. Bapt.) v., Anfrage in Betreff des gegenwärt. Standes der Kirchenfrage, und Antwort des Präsid. des großherzogl. bad. Ministeriums des Innern Staatsraths Frhrn. v. Marschall. Sodann Motion desselben Abgeordneten in demselben Betreffe. gr. 8. (34 S.) Freiburg im Br. 850, Herder'sche Vrlgsh.

Hirscher, Jh. Bapt., Ansichten von d. Jubiläum u. Andeutungen z. e. zweckmäß. Feier desselben. 8. Tübing. 826. Laupp. 5 gl.

v. Hirscher, Joh. Bapt., Antwort an die Gegner meiner Schrift: „Die kirchlichen Zustände der Gegenwart." gr. 8. (100 S.) Tübingen 850, Laupp. — 2. unveränd. Aufl. gr. 8. (100 S.) Ebd. 850. n. 8 ngr

Hirscher, J(oh.) B(apt. v.), Beiträge zur Homiletik und Katechetik. gr. 8. (118 S.) Tübingen 852, Laupp'sche Buchh. *

Hirscher, J. B., Besorgnisse hinsichtlich der Zweckmäßigkeit unseres Religionsunterrichtes, der gesammten Geistlichkeit mitgetheilt. Freiburg im Br. 863. Herder. gr. 8. (VI, 111 S.) 9 ngr

Hirscher, Joh. Bapt., Betrachtungen über sämmtliche sonntägliche Episteln des Kirchenjahres. 1. Bd.: Die Episteln von Advent bis Pfingsten enthaltend. gr. 8. (VIII und 507 S.) Freiburg im Br. 860, Herder'sche Verlagsbuchh. *

—— Betrachtungen über sämmtliche sonntägliche Episteln des Kirchenjahres. 2. (Schluß-)Bd. Die Episteln von Pfingsten bis Advent enth. gr. 8. (XVII und 483 S.) Freiburg im Br. 862, Herder'sche Verlagsh. *
1. Bd. Ebendas. 1860. * 28 Ngr.

Hirscher, Joh. Bapt., Betrachtungen üb. sämmtl. Evangelien d. Fasten, mit Einschluß d. Leidensgeschichte. Für Seelsorger u. jeden gebild. Christen. Zugleich als Beitr. z. prakt. Schrifterklärung. 1. Aufl. (33 B.) 829. 1 Thlr. 12 Gr., 2., verb. u. verm. A. (35½ B.) gr. 8. Tübingen 830, Laupp.

Hirscher, Joh. Bapt. v., Betrachtungen üb. sämmtl. Evangelien d. Fasten, mit Einschluß d. Leidensgeschichte. Für Seelsorger u. jeden gebild. Christen. 5. u. 6. Aufl. gr. 8. (à 39½ B.) Tübingen 836, 39, Laupp'sche Buchh. à *

Hirscher, Joh. Bapt. v., Betrachtungen üb. sämmtl. Evangelien der Fasten m. Einschluß der Leidensgeschichte. 7., durchges. Aufl. gr. 8. (11½ B.) Tübingen 843, Laupp'sche Bh. * Thlr.

—— Betrachtungen über sämmtl. Evangelien der Fasten mit Einschluß der Leidensgeschichte. Für Seelsorger und jeden christl. Leser. 8. Aufl. gr. 8. (XVI und 646 S.) Tübingen 848, Laupp'sche Buchh. *

—— Betrachtungen üb. d. sonntägl. Evangelien d. Kirchenjahrs. 1—3. Aufl. 1. Thl. (Die Evangelien v. Advent bis Ostern enth.) gr. 8. (à 45 B.) Tübingen 837—41, Laupp'sche Buchh. à *

— Betrachtungen über die sonntäglichen Evangelien des Kirchenjahrs. 3. Aufl. 1. Thl. (Die Evangelien v. Advent bis Ostern enthaltend.) gr. 8. Tübingen 841, Laupp'sche Buchh. n. 1 rℓ — 4. Aufl. gr. 8. Ebend. 841. n. 1 rℓ —

— 2. Thl. Die Evangelien vom weißen Sonntag bis zum 24. Sonntag n. Pfingsten. gr. 8. Ebend. 843. n. 1⅙ rℓ

—— Betrachtungen über die sonntägl. Evangelien des Kirchenjahrs. 1. Thl. (Die Evangelien vom Advent bis Ostern enthaltend.) 5. Aufl. gr. 8. (XVI und 703 S.) Tübingen 848, Laupp'sche Buchh. *

—— dass. — 2. Thl. (Die Evangelien vom weißen Sonnt. bis zum 24. Sonnt. nach Pfingsten.) 5. Aufl. gr. 8. (XVI und 781 S.) Tübingen 852, Laupp'sche Buchh. *

— Betrachtungen über die sonntäglichen Evangelien des Kirchenjahrs. 1. Theil. Die Evangelien von Advent bis Ostern enthaltend. 5. Aufl. 2. Abdr. Tübingen 862. Laupp. gr. 8. (XVI, 703 S.) n. 1 rℓ

— daß es eine positive göttliche Offenbarung geben müsse und darum auch wirklich gebe. Nachgewiesen. Besonders abgedruckt aus dem 1n Bde. der Zeitschrift für Theologie. gr. 8. Freiburg 839. Fr. Wagner. ⅛ rℓ

—— Erörterungen über die großen religiösen Fragen der Gegenwart. Den höheren und mittleren Ständen gewidmet. Nebst einer Beleuchtung der Motion des Abgeordneten Zittel die bürgerliche Gleichstellung der Dissidenten betreffend. 1. Heft. 1. und 2., (unveränd.) Aufl. gr. 8. (VIII und 220 S.) Freiburg im Br. 846, Herder'sche Vrlgsh.

—— dass. — 2. Heft. gr. 8. (VI und 276 S.) Ebds. 847. -

Hirscher, Joh. Bapt., Erörterungen über die großen religiösen Fragen der Gegenwart. 3. Heft. Freiburg im Br. 855. Herder. gr. 8. (2 Bl., 206 S.) n. 13 ngr.

—— Erörterungen über die großen religiösen Fragen der Gegenwart. Neue (Titel-)Ausg. gr. 8. (VIII und 430 S.) Freiburg im Br. (846)65, Herder'sche Verlagsh.

— die Geschichte Jesu Christi, des Sohnes Gottes u. Weltheilandes. gr. 8. Tübingen 839. Laupp. n. 3/4 rh — 2e Aufl. gr. 8. Ebd. 840. n. 3/4 rh

— die Geschichte Jesu Christi des Sohnes Gottes u. Weltheilandes. Neue wohlfeile Aufl. 8. Ebend. 842. n. 1/4 rh — Neue Aufl. 2. unveränd. Abdr. gr. 8. Ebd. 845. n. 1/4 rh

Hirscher, Joh. Bapt., Die Geschichte Jesu Christi, des Sohnes Gottes u. Weltheilandes. Tübingen, Laupp, 1845. gr. 8°. XVI u. 381 S., 3. unveränd. Aufl., 75 Pf.
1. u. 2. Aufl. 1840, zusammen 5500 Exemplare stark, welche binnen Jahresfrist fast gänzlich ausverkauft wurden. Vgl. die Recens. (Tüb.) Theol. Quartalschr. 1841, S. 146—156. Katholik 1841, Bd. 81, S. 298—308; 1843, Bd. 87, S. 73.

— erstes Hauptstück des Katechismus der christkathol. Religion, als Probe einer Umarbeitung dieses Katechismus für die obere Klasse der Volksschulen. 8. Karlsruhe 843, G. Braun. n. 1/8 rh

—— Hauptstücke des christkatholischen Glaubens. Für Schule und Haus. gr. 8. (X und 446 S.) Tübingen 857, Laupp'sche Buchh. *

– s. Hemmerle : Volkslithurgie.

— Katechetik. Oder d. Beruf d. Seelsorgers, die ihm anvertraute Jugend im Christenthume zu unterrichten u. zu erziehen, nach seinem ganzen Umfange dargestellt. (Zugleich e. Beitrag zur Theorie e. christkathol. Katechismus.) gr. 8. Tübing. 831. 2e A. 832, Laupp. 1 rh 18 gr.

— Katechetik. Oder: Der Beruf des Seelsorgers, die ihm anvertraute Jugend im Christenthum zu unterrichten und zu erziehen, nach seinem ganzen Umfange dargestellt. 3e verb. Aufl. gr. 8. Tübingen 834. Laupp. 1 3/4 rh — 4e verb. Aufl. gr. 8. Ebd. 840. n. 1 5/6 rh

— der kleinere Katechismus der christkathol. Religion. 12. Freiburg im B. 845, Herder'sche Verlagsb. n. 1/6 rh

— der kleinere Katechismus der christkathol. Religion, mit eingeflochtenen Erläuterungen u. Beispielen nebst einem Anhange über die Unterscheidungslehren der Protestanten u. Katholiken hrsg. von Fr. Utz. gr. 8. (432 S.) Freiburg im Br. 847, Wagner. 1/3 rh

—— Katechismus der christkathol. Religion. gr. 12. (10 B.) Freiburg 842, Herder'sche Vrlgsh. *

— das Leben der seligsten Jungfrau und Gottesmutter Maria. Zu Lehr und Erbauung für Frauen und Jungfrauen. 853. (IV, 295 S.) — 2. Aufl. 854. (367 S.) — 3. Aufl. Freiburg im Br. 855. Herder. 12. (382 S.) n. 18 ngr.

— das Leben der seligsten Jungfrau u. Gottesmutter Maria. Zu Lehr u. Erbauung für Frauen u. Jungfrauen. 4. Aufl. Freiburg im Br. 859. Herder. 12. (382 S. u. 1 Stahlst.) n. 18 ngr.

— das Leben der seligsten Jungfrau u. Gottesmutter Maria. Zu Lehr u. Erbauung für Frauen u. Jungfrauen. 5. Aufl. Ebend. 865. 12. (VIII, 374 S. mit 1 Stahlst.) n. 22 ngr.

Hirscher, Joh. Bapt., das Leben der seligsten Jungfrau u. Gottesmutter Maria. Zu Lehr u. Erbauung f. Frauen u. Jungfrauen. 6. Aufl. Mit 1 Titelbild (Stahlst.). 8. (VIII, 350 S.) Freiburg i/Br. 879. Herder. 2. —

Hirscher, Joh. Bapt., das Leben der seligsten Jungfrau u. Gottesmutter Maria. Zu Lehr u. Erbaug. f. Frauen u. Jungfrauen. 6. Aufl. (Neue [Titel-]Ausg.) 12. (VIII, 350 S. m. 1 Stahlst.) Freiburg 889. Herder. 1. 20; geb. in Halbleinw. n. 1. 50; in Leinw. n. 1 80

Hirscher, Joh. Bapt., das Leben der seligsten Jungfrau u. Gottesmutter Maria. Zur Lehr u. Erbaug. f. Frauen u. Jungfrauen. 7. Aufl. Mit e. (farb.) Titelbild. 12. (VIII, 334 S.) Freiburg i/B. 899. Herder. 1. 50 geb. in Leinw. n. 2. —

— d. kathol. Lehre vom Ablasse, pragmat. dargestellt. 2e nach Inhalt u. Form neue Ausgabe d. Schrift: Ansichten von d. Jubiläum. gr. 16. Tübing. 829. Laupp. 6 gr.

Hirscher, Joh. Bapt., die kathol. Lehre v. Ablasse, pragmat. dargestellt. 2., nach Inhalt u. Form neue Ausg. d. Schrift: Ansichten von d. Jubiläum. gr. 16. (5 B.) 829., 3., verb. A. 8. (6 B.) Tübingen 835, Laupp. à

—— die kathol. Lehre v. Ablasse, mit besond. Rücksicht auf ihre prakt. Bedeutung dargestellt. 4. Aufl. gr. 16. (6 B.) Tübingen 841, Laupp'sche Buchh.

—— die kathol. Lehre vom Ablasse m. besond. Rücksicht auf ihre prakt. Bedeutung dargestellt. 5. Aufl. 8. (6 B.) Tübingen 841, Laupp'sche Buchh. *

— die katholische Lehre vom Ablasse mit besonderer Rücksicht auf ihre praktische Bedeutung dargestellt. 6. zum Theil umgearb. Aufl. Tübingen 855. Laupp. 8. (2 Bl., 78 S.) n. 8 ngr.

— die christliche Moral als Lehre von der Verwirklichung des göttlichen Reiches in der Menschheit. 3 Bde. gr. 8. Tübingen 835, 36. Laupp. 3 1/2 rh — 2e Aufl. 3 Bde. gr. 8. Ebd. 836, 37. n. 3 1/2 rh, Velinp. n. 4 1/3 rh

— die christl. Moral als Lehre von der Verwirklichung des göttlichen Reiches in der Menschheit. 3 Bde. 4. verb. Aufl. gr. 8. Tübingen 845, Laupp'sche B. n. 3 5/6 rh Vlp. n. 5 rh

— die christl. Moral als Lehre von der Verwirklichung des göttl. Reiches in der Menschheit dargestellt. 3 Bde. 5. neu durchgearb. Aufl. gr. 8. (1. Bd. VIII u. 461 S. 2. Bd. VIII u. 588 S. 3. Bd. VIII u. 756 S.) Tübingen 851, Laupp. n. 4 rh

— Nachtrag zur Verständigung über den von mir herausgeg. Katechismus d. christkathol. Religion. 8. Karlsruhe u. Freiburg 843, Herder'sche Verlagsb. n. 6 1/4 ngr

— missae geminae notionem eruere ejusque celebrandae rectam methodum monstrare tentavit. 8maj. Tübing. 821. Laupp. 16 gr

Hirscher, J. B., de genuina missae notione ejusque celebrandae recta methodo. Frib. 1822. 4.

— Missae genuinam notionem eruere, ejusque celebrandae rectam methodum monstrare tentavit (accedunt duae formulae missales lingua vernacula exaratae.) 8 maj. Tubingae 822, Laupp.

—— die Nothwendigkeit einer lebendigen Pflege des positiven Christenthums in allen Klassen der Gesellschaft. Den deutschen Regierungen, zunächst dem deutschen Parlamente zur Würdigung vorgelegt. 1. und 2. Abdr. gr. 8. (61 S.) Tübingen 848, Laupp'sche Buchh. *

— Zur Orientirung über den derzeitigen Kirchenstreit. Freiburg im Br. 854. Herder. gr. 8. (31 S.) n. 2 ngr.

— s. Quartalschrift, theologische.

Hirscher's Dr. Joh. Bapt. v., nachgelassene kleinere Schriften. Mit biograph. Notizen und dem Portr. des Verf. in Photogr. hrsg. von Herm. Rolfus. gr. 8. (XV, 348 S.) Freiburg im Br. 869, Herder'sche Verlagsh.

—— Selbsttäuschungen, aufgezeichnet und zur Beförderung der Selbsterkenntniß an's Licht gestellt. gr. 8. (92 S.) Freiburg im Br. 865, Herder'sche Verlagsh.

—— die Sorge für sittlich verwahrloste Kinder. 8. (51 S.) Freiburg im Br. 856, Herder'sche Vrlgsh. *

— s. Stolz, Alban, katechet. Auslegung des Freiburger Diöcesan-Katechismus.

Hirscher, (J. B.) üb. d. Verhältniß d. Evangeliums zu d. theolog. Scholastik d. neuesten Zeit im kathol. Deutschland; zugleich als Beitrag z. Katechetik. gr. 8. Tübingen 823, Laupp.

— zur Verständigung über den von mir bearbeiteten u. demnächst erscheinenden Katechismus d. christkathol. Religion. gr. 8. Tübingen 842, Laupp'sche Buchh. 1/8 ₰

—— Versuch, den ursprüngl. Begriff d. heil. Messe zu entwickeln, u. die richtige Art u. Weise ihrer Feier zu bezeichnen. A. d. Latein. in's Deutsche übers., nebst Anmerkn. v. N. F. Diebold. gr. 8. (7¼ B.) Baden 838. (Leipzig, Rein'sche Buchh.

— s. Zeitschrift für Theologie.

— die kirchlichen Zustände der Gegenwart. gr. 8. (VIII u. 85 S.) Ebd. 849. — 2. Abdr. gr. 8. Ebd. 849. — 3. Abdr. gr. 8. Ebd. 849. n. 8 ngr

— die socialen Zustände der Gegenwart u. die Kirche. gr. 8. (44 S.) Ebd. 849. — 2. Abdr. gr. 8. Ebd. 849. — 3. Abdr. gr. 8. Ebd. 849. — 4. Abdr. gr. 8. Ebd. 849. n. 4 ngr

Hirscher, Jul., Tabelle, vermittelst welcher man f. Flächen von 1—168 Quadratmeter, welche parquetirt werden sollen, die Anzahl der Riemen, Tafeln, Mittelfries, Würfel, Spiesseck durch einfaches Aufschlagen m. Leichtigkeit u. rasch ermitteln kann, nebst e. solchen f. Lohnberechngn. gr. 8. (II, 225 S.) Stuttgart 892. (Strassburg, Strassburger Druckerei u. Verlagsanstalt.) n. 4. —

Hirschfaenger, Jacobus (Hieronymus) *(geb. Krakau 20.9.1813)*: De puerperarum metrorrhagia. Vratislaviae (1839). (20 S.) 8°

Breslau, Med. Diss. v. 31. Aug. 1839

Hirschfeld [Sachl. OW]

Hirschfeld, J. B. Hundert Jahre einer Leipziger Buchdruckerei. Leipzig 1900. V: *Holz, Gg.* (Vorrede): *Hirschfeld, Joh. Bernh.* (Berl)

Hirschfeld [Schlagwort]

Hirschfeld, s.: Sachsen. Karte.

Hirschfeld, s.: Sachsen. Messtischblätter.

Hirschfeld [Verf.]

Hirschfeld, der Alkohol vor Gericht, s. a. Flugschriften-Sammlung d. Internat. Monatsschrift z. Bekämpfg. d. Trinksitten.

Hirschfeld, Dr. Der Alkohol vor Gericht. Angeklagt wegen Nichtdarreichung alkoholischer Getränke. Bremerhaven und Leipzig 1896. Mk. —.30.

HIRSCHFELD: Beschreibung und Gebrauchsanweisung der Forstbestands-Massenkluppe. – Berlin o. J. 2 Bl.

Zinnendorf, v.: Ehrengedächtniss des Br. v. Zinnendorf, von **Hirschfeld.** Halle 1768. 8°
Kl. 1312 b.

Hirschfeld, Knabenmörder, s. Kriminal-Prozesse.

Hirschfeld, König Lear, ein poetisches Lebensbild von Shakespeare, zum ersten Male im Lichte ärztl. Wissenschaft u. gleichzeitig im Zusammenhange sowohl m. der ästeth. Kritik als m. der Bühnendarstellung der gleichnamigen Tragödie. Eine Monographie für gebildete Leser aller Stände. 12. (179 S.) Danzig 882. Gruihn. n. 4. —; geb. n. 5. —

— die Lungenschwindsucht, ihre Ursachen, ihr Wesen, ihre Verhütg. u. naturgem. Behandlg., s.: Licht — Luft — Wasser!

— Ophelia, ein poetisches Lebensbild v. Shakespeare, zum ersten Male im Lichte ärztl. Wissenschaft, zugleich als Beitrag zur ästhet. Kritik der Tragödie „Hamlet". Eine Monographie f. gebildete Leser aller Stände. 12. (61 S.) Ebend. 881. n. 1. 50

Hirschfeld, Vorbereitungsbuch für den ersten Unterricht in der Torah. (In hebr. Sprache.) 1. und 2. Heft. 8. (32; 40 S.) München 873, Th. Ackermann. à Heft * 40 Pf. *

Hirschfeld. Was kann u. muß seitens d. Kommunen geschehen z. Verhütung u. Einschränkg d. epidem. Krankhn. Kolberg 1867.

Hirschfeld, Frhr. A. v., die Hühnerhundprüfungssuchen [Preissuchen — Field trials] im Dienste des Waidwerks und der Zucht. Was wir haben — was wir wollen — und was wir brauchen. gr. 8. (VIII, 71 S.) Weimar 883, B. F. Voigt.

B) Hirschfeld, A. Frhr. v., Hühnerhundprüfungssuchen. 883. (KBL 23.) Jetzt: Berlin, Neufeld & Henius.

– (Red.), s. Jagdzeitung, Neue deutsche.

v. **Hirschfeld**, A. Die Stadt Oldenburg mit den Vorstädten. 1840. 1 Bl. c. K.

Hirschfeld, A. F., Zeugnisse v. d. Gnade Gottes in Christo, e. Samml. v. Predigten auf alle Sonntage d. Jahres. Aus sein. Nachlasse hrsg. 1. Bd. (4 Hfte.) u. 2. Bd. 1. Hft. gr. 8. Breslau 836, (Max u. Comp.) à H. * ⅓ Thlr. *

Hirschfeld, Adolf [pr. Arzt in Breslau]: Zur Pathogenese der tertiären Lues. . . . Breslau, Druck d. Bresl. Gen.-Buchdr., 1890; 41 S. 8°

Breslau, Med. Fak., Inaug.-Diss. v. 1. Sept. 1890

Hirschfeld, Adf., zur Pathogenese der tertiären Lues. Diss gr. 8. (41 S.) Breslau 890. (L. Köhler.) n. 1. —

Hirschfeld, Albert, Referendar in Salzuflen i. L.: Das Zurückbehaltungsrecht im Bürgerlichen Gesetzbuche. Detmold 1905: Meyer. (50 S.) 8°

Leipzig, Jur. Fak., Diss. v. 22. Juli 1905

[Geb. 17. März 83 Horn, Lippe; Wohnort: Horn; Staatsangeh.: Lippe; Vorbildung: Gymn. Leopoldin. Detmold Reife O. 01; Studium: Bonn 3, Berlin 2, Göttingen 2 S.; Rig. 30. Juli 04.]

Hirschfeld, Alex., Diätetik für Nervenkranke. Mit Berücksicht. der neuesten wissenschaftl. Untersuchungen gemeinverständlich dargestellt. gr. 8. (40 S.) Wien 879, Töplitz und Deuticke. * 1 —

Hirschfeld, Alex., Diätetik f. Nervenkranke. Mit Berücksicht. der neuesten wissenschaftl. Untersuchungen gemeinverständlich dargestellt. 2., verm. u. verb. Aufl. gr.8. (40S.) Wien 880. Töplitz & Deuticke. n. 1. —

Hirschfeld, Alfred, a. Immenrode: Zur Symptomatologie und Pathologie der traumatischen Hirnverletzungen. Würzburg 1908: Memminger. (33 S.) 8°

Würzburg, Med. Fak., Ref. Rieger, Diss. v. 22. Juli 1908

[Geb. 3. Febr. 73 Immenrode; Wohnort: Sülzhayn; Staatsangeh.: Preußen; Vorbildung: Gymn. Ilfeld Reife O. 94; Studium: Göttingen 2, Kiel 2, Berlin 2, Jena 4 S.; Coll. 11. Juni 08; Approb. 10. Juni 03.]

Hirschfeld, Arnold [aus Demmin]: Intermittierendes Fieber bei chronischen Leberkrankheiten ... Freiburg i. B., Buchdr. H. Epstein, 1892; 30 S., 2 Taf. 8.

Freiburg i. B., Med. Fak., Inaug.-Diss. v. 1892

Hirschfeld, B., kann ein Bekenner der mosaischen Confession protestant. Prediger werden? Auch ein fliegendes Blatt für die Fragen der Zeit. gr. 8. (32 S.) Rostock 847, Leopold.

Hirschfeld, B: Preislisten über Stiebel's Gold-Zähl-Cassetten, Hampel's Düngerstreuer, Hampel's Kalkstreumaschine und Massey-Harris Cultivator. Breslau. (Um 1896)

Hirschfeld, Berthold, approb. Arzt aus Hirschberg ⟨Schl.⟩: Ein **Fall von Leberechinococcus.** *Freiburg i. B.: Speyer & Kaerner 1901.* (42 S.) 8°

Freiburg i. B., Med. Diss. v. 1901

Hirschfeld, Berthold [aus Posen]: Ueber Zungengummata Berlin, Druck v. E. Ebering, *1897;* 33 S., 1 Bl. 8.

Berlin, Med. Fak., Inaug.-Diss. v. 26. Febr. 1897

Hirschfeld, Bruno, aus Kiel: Die **Gesta** municipalia in römischer und frühgermanischer Zeit. *Marburg 1904: (Verlagsanst. u. Druckerei A.-G. in Hamburg).* (90 S.) 8°

Marburg, Phil. Diss. v. [1. März] 1904

Hirschfeld, C. L.

Hirschfeld's Taschen-Gesetzsmlg. für Justiz und Verwaltung. Leipzig. Hirschfeld.

1. **v. Rohrscheldt,** Reichsgewerbeordnung m. Novelle v. 6. 8. 96 u. d. Ausführ.-Bestmgn. m. Erläutergn. 896.
2. **v. Rohrscheldt,** d. Innungs- u. Handwerkergesetz. Reichsgesetz betr. d. Abänderg. d. Gewerbeordng. vom 26. 7. 1897. Mit Erläutergn. 2. Aufl. 898.
3. — Normalstatuten für freie u. Zwangsinnungen nebst d. preuss. Ausführ.-Anwsg. v. 1. 3. 1898 zum Innungs- u. Handwerkergesetz. Ergänzungsheft zu dem Kommentar d. Gesetzes. 898.
4. — d. Lehrerbesoldungsgesetz v. 3. 3. 1897 nebst d. ministeriellen Ausführ.-Bestmgn. m. Erltgn. 3. Aufl. 898.
5. — d. preuss. Pfarrbesoldungsgesetz v. 2. 7. 1898. Mit d. Ausführ.-Bestimmungen erläutert. 2. Aufl. 898.
6. — d. Lehrerreliktengesetz v. 4. 12. 1899 nebst Ausführ.-Bestmgn. Erläutert. 900.
7. **Schmidt,** d. gerichtl. Zwangsverwalter nach d. Bestmgn. d. preuss. Gesetze. Text m. Anmkgn. 899.
8. — d. Zwangsvollstreckung in die Grundstücke in Preussen, zum prakt. Gebrauch. 900.
9. **v. Aufsess,** d. Konkursordnung f. d. deut. Reich v. 10. 2. 77 in d. Fassung d. Gesetzes v. 17. 5. 98. Handausg. mit oberstrichterl. Entschdgn. 900.
10. **Rumpelt,** die Krankenversicherung der Arbeiter. Handausg. d. Krankenversich.-Ges. m. Erläutergn. 2 Aufl. 900.
11. **Büttner,** d. neuen Gesetzesbestmgn. üb. Arbeitsordnungen, Arbeitsbücher, Lohnzahlung, Betriebsbeamte etc. in Gesprächsform dargestellt. 900.
12. **Jastrow,** d. Börsenstempel. Wegweiser durch d. Reichsstempelgesetz. 900.
13. **Rohrscheldt,** Fleischbeschaugesetz v. 3. 6. 1900. m. Erltgn. 900.
14. **Schmidt,** Ges. betr. Patentanwälte v. 21. 5. 1900 m. Erltgn. 900.

Hirschfeld's Taschen-Gesetzsammlung f. Justiz u. Verwaltg. Nr. 6, 9 u. 13—21. 12. Leipzig, C. L. Hirschfeld. Kart. n. 31. 20

6\. Das Lehrerreliktengesetz v. 4. XII. 1899, nebst d. ministeriellen Ausführungsbestimmgn. Für den prakt. Gebrauch erläutert. Von Kurt v. Rohrscheldt. (VI, 94 S.) 900. n. 1. 40

9\. Die Konkursordnung f. das deutsche Reich vom 10. II. 1877, in der Fassg. nach dem Einführungsgesetze vom 17. V. 1898 zu dem Gesetze betr. Aendergn. der Konkursordng. u. das Reichsgesetz betr. die Anfechtg. v. Rechtshandlgn e. Schuldners außerhalb des Konkursverfahrens, in der Fassg. der Bekanntmachg. vom 20. V. 1898. Handausg. m. oberstrichterl. Entscheidgn. Von E. Frhr. v. Aufseß. (IV, 188 S.) 900. n. 2. 50

13\. Das Fleischbeschaugesetz vom 3. VI. 1900. Mit sämmtl. Ausführungsbestimmgn. f. das Deutsche Reich u. dem preuß. Ausführungsgesetze v. 28. VI. 1902. Für d. prakt. Gebrauch erläutert. Von Kurt v. Rohrscheldt. 2., sehr verm. Aufl. (VIII, 291 S.) 902. n. 4. —

1\. Aufl. (IV, 96 S.) 900. n. 1. 40.

14 Gesetz betr. die Patentanwälte vom 21. V. 1900. Erläutert v. Paul Schmid. (IV, 146 S.) 900. n. 2, 20

15\. Die Strafprozeßordng. f. das Deutsche Reich vom 1. II. 1877 u. das Gerichtsverfassungsgesetz vom 27. I. 1877, in d. Fassg. nach dem Gesetze vom 17. V. 1898, betr. die Aenderg. des Gerichtsverfassungsgesetzes u. der Strafprozeßordng., m. den Entscheidgn. des Reichsgerichts u. des kgl. Oberlandesgerichts München. Von Eckart Frhr. v. Aufseß. (VIII, 383 S.) 901. n. 3. 80

16\. Das Reichsgesetz üb. die privaten Versicherungsunternehmgn. vom 12. V. 1901. Nach den Gesetzesmaterialien erläutert. Von Alfr. Manes. (V, 272 S.) 901. n. 3. 60

17\. Gesetz betr. die Dienststellg. des Kreisarztes u. die Bildung von Gesundheitskommissionen vom 16. IX. 1899, nebst Ausführungsbestimmgn. u. Anh. Textausg. m. Einleitg., Anmerkgn. u. Sachregister. Von v. Hippel. (VII, 230 S.) 901. n. 2. 80

18\. Das Reichsgesetz ü. die Angelegenheiten der freiwill. Gerichtsbarkeit m. Anmerkgn. u. e. Anh., enth. die hierzu ergangenen preuß. u. bayr. Ausführungs- u. Ergänzungsgesetze. Von Eckart Frhr. v. Aufseß. (344 S.) 901. n. 3. 30

19\. Das Gewerbegerichtsgesetz vom 29. VII. 1890/30. VI. 1901. In der vom 1. I. 1902 ab gelt Fassg. der Bekanntmachg. vom 29. IX. 1901 (R.G.Bl. 1901, S. 353). Erläutert v. E. Hirsekorn. (VII, 148 S.) 902. n. 2. 20

20\. Die Gesetze des deutschen Reiches betr. das Post-, Telegraphen- u. Fernsprech-(Telephon-)Wesen, nebst Ausführungs- u. Vollzugsbestimmgn, sowie Erläutergn. Von Erich Aron. (VII, 308 S.) 902. n. 3. —

21\. Die Seemannsordng., das Gesetz, betr. die Verpflichtg. der Kauffahrteischiffe zur Mitnahme heimzuschaffender Seeleute, das Gesetz betr. die Stellenvermittlung f. Schiffsleute u. das Gesetz, betr. Abänderg. seerechtl. Vorschriften des Handelsgesetzbuches vom 2. VI. 1902. Textausg. m. Einleitg., Erläutergn. u. Sachregister. Von v. Hippel. (IV, 167 S.) 902. n. 2. 20

Ⓑ Hirschfeld's Taschen-Gesetzsammlg. Sämtl. Gesetze v. Rohrscheldt. (KVL 31.) Jetzt: Berlin. F. Vahlen.

Hirschfeld's Taschen-Gesetzsammlung f. Justiz u. Verwaltung. Nr. 1 u. 21—23. kl. 8. Leipzig [C. L. Hirschfeld.] Tübingen, J. C. B. Mohr. Kart. u. geb. n. 13. 20

1\. Die Gewerbeordnung f. d. Deutsche Reich in ihrer neuesten Gestalt nebst Ausführungsvorschriften u. das Gesetz betr. Kinderarbeit in gewerblichen Betrieben. Erläutert v. Ernst Neukamp. 7. durchgearb. Aufl. (XVIII, 750 S.) 906. n. 5. 30; geb. n. 6. —

21\. Die Seemannsordnung nebst den reichsrechtlichen Ausführungsbestimmungen, das Gesetz, betr. die Verpflichtung der Kauffahrteischiffe zur Mitnahme heimzuschaffender Seeleute, das Gesetz betr. die Stellenvermittlung f. Schiffsleute, nebst Ausführungsbestimmungen, u. das Gesetz, betr. Abänderung seerechtlicher Vorschriften des Handelsgesetzbuches vom 2. VI. 1902. Textausg. m. Einleitg., Erläutergn. u. Sachregister. Von v. Hippel. 2. Aufl. (7, 296 S.) 906. Kart. n. 3. 60

23\. Das Gesetz üb. die Zwangsvollstreckung wegen Geldleistgn. in Verwaltungssachen f. das Königr. Sachsen vom 18. VII. 1902, nebst Ausführungsverordnung vom 19. IX. 1902. Ausg. m. Anmerkgn. Von Fritz Tänzler. (VIII, 116 S.) 903. Kart. n. 1. 80

Gesetz, betr. Kaufmannsgerichte vom 6. VI. 1904. Erläutert. Von E. Hirsekorn. (VIII, 131 S.) 904. Kart. n. 1. 80

Verlagskatalog von C. L. Hirschfeld in Leipzig. *Leipzig: C. L. Hirschfeld 1902.* (34 S.) 8°

[10. 658

Hirschfeld, C. L: Verlagskatalog. Leipzig 1907
Beigebunden: Nachtrag für die Jahre 1907—1909. 1910
Nachtrag für die Jahre 1910—1912. 1913

Hirschfeld, Carl..., s. Hirschfeld, Karl...

Hirschfeld, Christian Cay Lorenz

—Anmerkk. über d. Landhäuser u. d. Gartenkunst. 8. Leipz. 773. Weidmann. 12 K

— Anmerkungen über die Landhäuser und die Gartenkunst. Frankf. und Lpz. 1779. (M. Titelbill.).

— Betracht. über d. heroischen Tugenden. 8. Kiel 770. (W. Vogel in Leipz.) 6 gr.

— Briefe über d. vornehmsten Merkwürdigkeiten d. Schweiz. 1r Bd. 8. Leipz. 769. (anonym). N. Ausg. unt. d. T.: Briefe über d. Schweiz. 8. Ebd. 776. (W. Vogel). 16 gr.

Hirschfeld. C[hristian] C[ajus] L[orenz]. Briefe die Schweiz betreffend. Neue und vermehrte Ausg. [Mit 1 Vignette und 1 Tafel.] 8. Frankfurt und Leipzig 1783.

— neue Briefe über die Schweiz. 1s Hft. m. K. 8. Kiel. Hoffmann zu Hamb. 785.

— Ehrengedächtniß des Hrn. Fr. Wlh. Ellenberger v. Zinzendorf. 4. Halle. 768.

— von der moral. Einwirkung der bildenden Künste. 8. Ebend. 775.

Hirschfeld, Christian Cay Lorenz (Hrsg.), s.a. Gartenbibliothek, Kleine.

— kleine Gartenbibliothek. Eine erweiterte Fortsetz. d. Gartenkalenders. 1. Bd. Mit Kpf. 8. Kiel (1790) (Wolfenbüttel, Holle.) — 22⅔

— kl. Gartenbibliothek. 1r Thl. m. K. 8. Kiel. (Fleischer in Leipzig, a. Fleckeisen in Helmst.) 791.

– (Hrsg.), s.a. Garten-Kalender.

— Gartenkalender von 1782—86, oder 1r—5r Jahrg., mit Kpf. 16. Hamb. (Campe). 3 Rthlr 12 gr. 6r, 7r Jahrg. 1787, 88. in 1 Bdchen u. 1789, mit Kpf. 16. Braunschw., Schulbuchh. 1 Rthlr 12 gr.

— von d. Gastfreundschaft, eine Apologie für d. Menschheit. 8. Leipz. 777. Weidmann. 12 gr.

— f. Gedanken über d. moral. Bildung e. jungen Prinzen

— vom guten Geschmack in d. Philosophie. 8. Lübeck 770. Niemann u. C. 4 gr.

— Handbuch d. Fruchtbaumzucht. 2 Thle. 8. Braunschw. 788, 89. Schulbuchh. 20 gr.

— d. Landleben, mit Vign. 8. Bern 767. N. Aufl. 8. Lpz. 768. 4e A. 776. 5e A. 16. Ebd. 828. W. Vogel. 16 gr.

— Plan d. Geschichte d. Poesie, Beredsamkeit, Musik, Malerei u. Bildhauerkunst unter d. Griechen. 8. Kiel 770.

— Rede von d. moral. Einwirkung d. bildenden Künste. 8. Leipz. 775. (W. Vogel). 2 gr.

Hirschfeld, C. C. L., Sammlung einiger Abhandlungen a. d. Philos. und Moral. 8. Frankf. und Leipzig. (Gobhard in Bamb.) 786.

– (Hrsg.), s. Taschenbuch f. Gartenfreunde.

— Theorie d. Gartenkunst. 5 Bde, mit Kpf. gr. 4. Leipz. 775—80. Weidmann. 18 Rthlr 8 gr. Dass., ins Französ. übersetzt von Fr. Castillon. Théorie de l'art de jardins. V Vols. 4. Leipz. 779—85. Ebd. 23 Rthlr 8 gr.

— neue Theorie d. Gartenkunst. 8. Leipz. 775. Weidmann. 16 gr.

Hirschfeld, Chri. Cay Lor., Versuch über den großen Mann. 1r Bd. 8. Leipz. 768. (W. Vogel). 12 gr. 2r Bd. 8. Ebd. 769. ...

— d. Winter, e. moral. Betrachtung. 8. Leipz. 769. 2e A. 775. (W. Vogel). 14 gr.

Der Winter. Eine moralische Betrachtung v. Cristian Cay Lorenz Hirschfeld. Neue verb. Aufl. Frankfurt u. Leipzig. 1780. 8°.

Hirschfeld, Dorothea, die Anstaltsfürsorge in Deutschland, s.: Kleschke, Hedw.

– Dass., s. Münsterberg, Emil

Hirschfeld, Dorothea: Die Frauen in der Armen- und Wohlfahrtspflege Deutschlands. Bericht aus Anlass d. Internat. Kongresses f. Armenpflege u. Wohltätigkeit Kopenhagen 1910. — Berlin: Zentralstelle f. Armenpflege u. Wohltätigkeit 1909. 64 S. 8°

Hirschfeld, E., Inschriften aus d. Norden Kleinasiens besonders aus Bithynien u. Paphlagonien. S.-A. 1888. 80 S.

Hirschfeld, Ed., s. Hirschfeld, S. Eduard.

Hirschfeld, Eman., s.: Maimonides, Commentarius in Mischnam ad tractatum Joma.

Hirschfeld, Ernst, Handbuch der Schaltungsschemata f. elektrische Starkstromanlagen. 275 Schaltungsschemata der Starkstromtechnik, nebst erläut. Text. Für die Praxis bearb. unter Mitwirkg. v. Halvor Kittilsen. hoch 4. (XIII, 188 u. LVI S. m. Fig. u. 110 Taf.) Berlin 901. L. Marcus. Geb. in Leinw. n. 20. —

Hirschfeld, Ernst, Handbuch der Schaltungsschemata f. elektrische Starkstromanlagen. 2. umgearb. u. sehr verm. Aufl. In 2 Bdn. f. die Praxis bearb. unter Mitwirkg. v. Halvor Kittilsen. Lex.-8. Berlin, L. Marcus. Geb. in Leinw. à n. 20. —

I. Primärstationen. Schaltung der Stromerzeuger u. Stromerzeugungsanlagen. Mit 167 Schaltungsschemata a. 112 Taf. (XV, 124 u. LXIX S.) 904.

II. Sekundärstationen. Schaltung in Leitungsnetzen, der Energieverbraucher u. Nebenapparate. Mit 369 Schaltungsschemata auf 122 Taf. (XVIII, 232 u. XV S.) 905.

Primärstationen. Schaltung d. Stromerzeuger u. Stromerzeugungsanlagen von Ernst **Hirschfeld**, Ingen. Bd 1. Berlin: L. Marcus 1904. 4°
— **Hirschfeld**: Handbuch d. Schaltungsschemata f. elektr. Starkstromanlagen. Bd 1. [illegible]

Primärstationen. Schaltung der Stromerzeuger und Stromerzeugungsanlagen von Ernst **Hirschfeld**. (2. Aufl.) Mit 112 Taf. Berlin: L. Marcus 1904. (XIII, 124, LXIX S.) 4°
— **Hirschfeld**: Handbuch d. Schaltungsschemata f. elektr. Starkstromanlagen. Bd 1. [07. 4948

Sekundärstationen. Schaltung in Leitungsnetzen, der Energieverbraucher u. Nebenapparate von Ernst **Hirschfeld**, Ingen. (2. Aufl.) Mit 122 Taf. Berlin: L. Marcus 1905. (XVII, 232, XV S.) 4°
— **Hirschfeld**: Handbuch d. Schaltungsschemata f. elektr. Starkstromanlagen. Bd 2. [07. 4948

Hirschfeld, Em. (geb. Freistadt in Schles. 11. 7. 1834): De medullae spinalis structura. Berolini (1856). (20 S.) 8°
Berlin, Med. Diss. v. 8. Mai 1856

Hirschfeld, Eugen [pr Arzt]: Untersuchungen über die schwarzen Farbstoffe der Choroidea und verwandte Pigmente. Strassburg, Verl. v. Karl J. Trübner, 1889; 27 S. 8°
Strassburg, Med. Fak., Inaug.-Diss. v. 1889

Hirschfeld, F., Tabelle zur Berechnung der Brandsteuer von einem ein- bis zu einem achtfachen Beitrag über Versicherungskapitale von 10 bis zu 100,000 Thaler nebst einer Anleitung zu dem Versicherungs-Verfahren bei der Kurhessischen General-Brandkasse. Cassel 861. (Vollmann.) Lex.-8. (IV, 100 S.) nn. 12 ngr.

Hirschfeld, F. S., das preußische Elementar-Schul-Wesen. Kurzgefaßter kritisch-pädagog. Reformversuch. 8. (43 S.) Altona 868, Verlags-Bureau.

Hirschfeld, F. S. v., die Offenbarung Johannis des Theologen in nichttheolog. Commentaren erläut. Saarbrücken 865. (Möllinger.) gr. 8. (IV, 90 S.) 15 ngr.

—— die nächste Zukunft sämmtlicher europaeischer Staaten. Prophezeiungen für die kommenden Jahre. 1. und 2. Aufl. 8. (27 S.) Altona 867, Verlags-Bureau.

Hirschfeld, Fel., die Anwendg. d. Ueberernährung (Mastkur) u. d. Unterernährg. (Entfettungskur). gr. 8. (VII, 100 S.) Frankfurt a/M. 897. J. Rosenheim. n. 2.80

Hirschfeld, F., die Behandlung des Diabetes, s.: Klinik, Berliner.

— die Behandlung der Fettleibigkeit. [Aus: „Zeitschr. f. klin. Med."] gr. 8. (40 S.) Berlin 893. A. Hirschwald. n. 1. —

Hirschfeld, F., Bemerk. über die Krankheiten des Zahnfleisches. 8. Erf. Hennings. 804.

Hirschfeld, Fel. Grundzüge der Krankenernährung. gr. 8. (55 S.) Berl. 892, Hirschwald. 1 20

Hirschfeld, Fel., über den Nahrungsbedarf der Fettleibigen, s. a. Klinik, Berliner.

Ueber den Nahrungsbedarf der Fettleibigen. Von Dr. Felix Hirschfeld in Berlin. *Berlin Fischer 1893.* (22 S.) 8.
— Klinik, Berliner II 130. [illegible]

— Nahrungsmittel u. Ernährung der Gesunden u. Kranken. gr. 8. (VI, 261 S.) Berlin 900. A. Hirschwald. n. 6. —

— die Zuckerkrankheit. gr 8. (VII, 290 S.) Leipzig 902. G. Thieme. n. 7. —; geb. in Leinw. n. 8. —

Hirschfeld, Fr., s. Fr. Hirsch.

Hirschfeld, Franz, Germanias Befreiung. Vaterländ. Festsp. in 2 Aufz., Forst (Lausitz), 20 S., 8°.

Hirschfeld, Frz., Dur- u. Moll-Novellen. 8. (III, 144 S. m. Bildn.) Forst 896 R. Schaeffer. n. 1. 75; geb. n. 2. 50

Der Kommunalbeamten Not. Humoristisch-satir. u. zeitgemäßes Gedicht in 8 Gesängen nebst Moral von Franz Röhr [d. i. Franz Hirschfeld, Hauptkassenrendant in Forst i/L.]. *Breslau: C. Stenzel [1904].* (31 S.) 8° [Umschlagt.] [illegible] 2

Hirschfeld, G. v., Die Beziehungen Luthers und seiner Gemahlin, Katharina von Bora, zur Familie von Hirschfeld. Leipzig 1883. 8. S.-A.

Hirschfeld, G., ärztliche Buchführung. Monatshefte. 4. Ausg. (111 S.) 8. Würzburg (910). C. Kabitzsch. Geb. n — 75

— Hauptbuch zur aerztlichen Buchführung. (209 S.) Lex. 8. Berlin (908). (Würzburg, C. Kabitzsch.) Geb. in Halbleinw. 3. —

GEORG von HIRSCHFELD, Die hervorragenden Altertümer des Regierungsbezirks Marienwerder und der angrenzenden Districte in Lichtdruck-Abbildungen mit beschreibendem und erläuterndem Texte herausgegeben.
Heft 1. (Lief. I. Tafel I. und II. mit Text). Marienwerder, 1881. Verlag des historischen Vereins für den Regierungsbezirk Marienwerder. 8°.

In Zeitschrift . Heft 5. Abth. 1. 1881.: Katalog der Bibliothek.

Hirschfeld, Geo., das grüne Band. Roman aus jungem Leben. 1. u. 2. Aufl. (Je 542 S.) 8. Berlin 906. S. Fischer, Verl. n. 5. —; geb. n.n. 6. —

Hirschfeld, Geo., d. Bergsee. 8. (155 S.) Dresden 896. Berlin, G. Bondi. n. 2. —

— Erlebnis u. andere Novellen, s.: Bibliothek moderner deutscher Autoren 8. Bd.

Hirschfeld, Geo., Freundschaft. Novelle. 8. (171 S.) Berlin 902. S. Fischer, Verl. n. 2. 50; geb. n.n. 3. 50

— Freundschaft. Novelle. 2. Aufl. (130 S.) kl. 8. Berlin 907. S. Fischer, Verl. 2. —; geb. n 3. —

— der verschlossene Garten. Novellen. 2. Aufl. (185 S.) 8. Stuttgart 905. Deutsche Verlags-Anstalt. n. 2. —; geb. in Leinw. n. 3. —

— der junge Goldner. Komödie in 4 Akten. 8. (232 S.) Ebd. 901. n. 2. 50; geb. n.n. 3. 50

— Hans aus e. anderen Welt. Roman. (453 S.) 8. Ebd. 909. 5. —; geb. n 6. —

— zu Hause. 1 Akt. 8. (VII, 69 S.) Berlin 896. S. Fischer, Verl. n. 1. —

— Agnes Jordan. Schausp. 1. u. 2. Aufl. 8. (III, 228 S.) Ebd. 898. n. 2. 50

Hirschfeld, Geo., Dämon Kleist. Novellen. 8. (179 S.) Berlin 895. S. Fischer Verl. n. 2. —; geb. n. 3. —

— Das zweite Leben. Drama in 3 Akten. (VI, 126 S.) 8. Berlin 910. E. Fleischel & Co. 2. —; geb. 3. —

— Michael Lewinoffs deutsche Liebe, s.: Bibliothek moderner deutscher Autoren 20. Bd.

— das Mädchen v. Lille. Roman. (307 S.) 8. Berlin 907. S. Fischer, Verl. n. 3. 50; geb. n.n. 4. 50

— Die Madonna im ewigen Schnee. Erzählung. (202 S.) 8. Berlin (909). S. Schottlaender's schles. Verlagsanstalt. 3. —; geb. 4. —

— Mieze u. Maria. Komödie in 4 Akten. 1. u. 2. Aufl. (156 S.) 8. Stuttgart 907. J. G. Cotta Nachf. 2. —; geb. in Leinw. 3. —

— die Mütter. Schausp. 8. (VII, 144 S.) Ebd. 896. n. 2. —; geb. n. 3. —

— die Mütter. Schauspiel. 3. Aufl. 8. (V, 143 S.) Ebd. 900. n. 2. —; geb. n. 3. —

Hirschfeld, Georg, Kammergerichts-Ref.: Die rechtliche Natur des Wiederkaufsrechts. *Berlin 1903: H. Schiftan.* (39 S.) 8°
Rostock, Jur. Diss. v. [4. Jan.] 1904

— **Nebeneinander.** Schauspiel in 3 Akten. (107 S.) 8. Ebd. 904. n. 2. —; geb. n.n. 3. —

— Die Nixe vom Güldensee. Ein Märchen der Gegenwart. (206 S.) 8. Berlin (910). S. Schottlaender's schles. Verlagsanstalt. 3.—; geb. 4. —

— Pauline. Berliner Komödie in 4 Akten. 8. (V, 123 S.) Ebd. 899. n. 2. —; geb. n. 3. —

Hirschfeld, Geo. v., Religionsstatistik der preußischen Monarchie, enth. die kurze Darstellung der geschichtl. u. rechtl. Entwickelung der preuß. Religionsverfassung sowie des Zustandes der confessionellen Verhältnisse in Preußen am Schlusse des J. 1861. Arnsberg 866. v. Schilgen. gr. 4. (VIII, 202 S.) 1 ℳ 22½ ngr.

— ein Requiem. Novelle. (Titel, Initialen u. Schlußvignette zeichnete Lina Burger.) (74 S.) 8. Leipzig 906. Insel-Verlag. n. 3. —; geb. in Leinw. n. 4. —

Hirschfeld, Georg (Mitarb.), s. Der Roman der XII.

— Auf der Schaukel u. andere Novellen. (342 S.) kl. 8. Berlin 909. S. Fischer, Verl. 4.—; geb. n 5. —

— Spätfrühling. Lustspiel in 3 Akten. 1. u. 2. Aufl. (Je 160 S.) 8. Stuttgart 906. J. G. Cotta Nachf. n. 2. —; geb. in Leinw. n. 3. —

Hirschfeld, Geo. v., Statistik d. Regierungsbez. Düsseldorf. Fortsetzung u. Supplement der Viebahn'schen u. Mülmann'schen Bezirks-Statistik. 1. Hft. gr. 8. (IV, 153 S.) Iserlohn 874. Baedeker. n. 3.

— der Weg zum Licht. Ein Salzburger Märchendrama in 4 Akten. 8. (149 S.) Ebd. 902. n. 3. —; geb. n.n. 4. —

Hirschfold, Georg, aus Bremen, Referendar am Amtsgericht zu Bremen: Ueber Wettrennen und Rennwetten, ein Beitrag zur Lehre von Spiel und Wette. *Bremen 1899: G. A. v. Halem.* (49 S.) 8° [F.]
Erlangen, Jur. Diss. v. 24. Apr. 1899

— Der Wirt v. Veladuz. Roman. 1.—3. Aufl. (486 S.) 8. Ebd. 907. 08. 5.—; geb. 6. —

Hirschfeld, Georg Mich., irrige Lehre von der Zernichtung der Teuffel. 726. 8.

Hirschfeld, Gotthard Ern. (geb. Freistadt in Schles. 15. 11. 1832): De eclampsia parturientium. Berolini (1856). (29 S.) 8°
Berlin, Med. Diss. v. 8. Mai 1856

Hirschfeld, Gotthard, der Reichscivilprozeß, s. a. Reichsrecht, das, in Einzeldarstellungen. I.

Hirschfeld, Gotthard, d. Reichscivilproceß. E. Darstellg. nach Civilproceßordng. u. Gerichtsverfassungsgesetz zur Vorbereitg. f. d. 1. jurist. Prüfg. 8. (VIII, 272 S.) Berlin 896. P. Nitschmann. Geb. in Leinw. n. 3. 60

Der Reichscivilprocess. Eine Darstellung nach Civilprocessordn. u. Gerichtsverfassungsges. von Dr. jur. Gotthard **Hirschfold.** 2., umgearb. Aufl. *Berlin: P. Nitschmann 1900.* (VIII, 309 S.) 8° [F.] [00. 4139]

Der Reichscivilprocess. Eine Darstellung nach CPO. u. Gerichtsverfassungsgesetz z. Vorbereitung f. d. erste jurist. Prüfung von Dr. jur. Gotthard **Hirschfold.** 3. verm. u. verb. Aufl. *Berlin: P. Nitschmann 1902.* (XII, 308 S.) 8° [F.]
= **Roichsrecht** in Einzeldarstellungen. 1. [02. 11089]

Der Reichscivilprozeß. Eine Darstellung nach Civilprozeßordnung u. Gerichtsverfassungsgesetz z. Vorbereitung f. d. 1. jurist. Prüfung von Dr. Gotthard **Hirschfeld.** 4. verm. u. verb. Aufl. Berlin: P. Nitschmann 1905. (XI, 317 S.) 8° [F.]
= **Reichsrecht,** Das, in Einzeldarstellungen. 1. [05. 14377]

Hirschfeld, G., Reichsstrafprocess, siehe Reichsrecht in Einzeldarstellungen III.

Der Reichsstrafprocess. Eine Darstellung nach StPO. u. Gerichtsverfassungsgesetz z. Vorbereitung f. d. erste jurist. Prüfung von Dr. jur Gotthard **Hirschfold.** *Berlin: P. Nitschmann 1901.* (VIII, 207 S.) 8° [F.]
= **Roichsrocht** in Einzeldarstellungen. 3. [01. 11. 15]

Das Deutsche Strafrecht. Eine Darstellung unter bes. Berücks. d. geschichtl. Entwickelung z. Vorbereitung f. d. erste jurist. Prüfung von Dr. jur. Gotthard **Hirschfeld.** *Berlin: P. Nitschmann 1903.* (XII, 248 S.) 8° [F.]
— **Reichsrecht** in Einzeldarstellungen. 5. [03. 3393]

Hirschfeld, Günther von: Der öffentliche Glaube des Erbscheins im Vergleich zu den allgemeinen Vorschriften des Bürgerlichen Gesetzbuchs über den Schutz des gutgläubigen Erwerbes vom Nichtberechtigten. Borna-Leipzig 1906: R. Noske. (XII, 72 S.) 8° [F.]
Heidelberg, Jur. Fak., Ref. Buhl, Diss. v. 21. Sept. 1906
[Geb. 21. Juni 82 Bujukdere; Wohnort: Berlin; Staatsangeh.: Preußen; Vorbildung: Fürstl. Stollbergsches Gymn. Wernigerode Reife O. 01; Studium: Heidelberg 2, München 1, Berlin 4 S.; Rig. 20. Nov. 05.]

Hirschfeld, Gust., Athena und Marsyas. gr. 4. (16 S. mit 2 lithogr. Taf.) Berlin 872, (Hertz.) *

Hirschfeld, G., Die Ausgrabungen in der Certosa bei Bologna. S.-A. 1871. 6 S. 4°.

—— s. Ausgrabungen, die, zu Olympia.

Hirschfeld. : Die Ausgrabungen zu Olympia. s. Curtius

Hirschfeld, Gustav [aus Tuchel (Westpreussen)]: Beitrag zur Therapie der Speichelfisteln. . . . Berlin, Buchdr. v. Gustav Schade (Otto Francke) (1889): 28 S. + 1 Bl. 8°
Berlin, Med. Fak., Inaug.-Diss. v. 4. Okt. 1889

— Bericht üb. die Fortschritte in d. geograph. u. topogr. Kenntnis d. alten griechischen Welt. S. A. 1890. 40 S. 1.20

— Hirschfeld, G., Bericht üb. unsere geogr. Kenntnis d. alten griechisch. Welt. S. A. 1888. 68 S. 1.80

— Vorläuf. Bericht über eine Reise im südwestl. Kleinasien. S.-A. 1874. 19 S. u. 2 Taf. 1.—

Hirschfeld, Gust., Commentationes, s. Jordan, H.

— G., Comunicazioni dal Peloponneso. S.-A. 1878. 25 S.

Hirschfeld, Gust., paphlagonische Felsengräber. Ein Beitrag zur Kunstgeschichte Kleinasiens. Mit 7 Taf. u. 9 Abbildgn. im Text. [Aus: „Abhandlgn. d. k. preuss. Akad. d. Wiss. zu Berlin".] gr. 4. (52 S.) Berlin 885. (G. Reimer.) cart. n. 6. —

Hirschfeld, G., die Felsenreliefs in Kleinasien u. das Volk der Hittiter. 2. Beitrag zur Kunstgeschichte Kleinasiens. Mit 2 Taf. u. 15 Abbildgn. im Texte. [Aus: „Abhandlgn. d. kgl. preuss. Akad. d. Wissenschaften zu Berlin".] gr. 4. (75 S.) Berlin 887. (G. Reimer.) cart. n. 4. 50

GUSTAV HIRSCHFELD, Gedächtnissrede auf Karl Zöppritz gehalten am 10. April 1885 vor der Geographischen Gesellschaft zu Königsberg. (Als Manuscript gedruckt auf Veranlassung und auf Kosten der Königsberger Geographischen Gesellschaft.) Königsberg in Pr. 1885. In Comm. bei Hübner & Matz. 8°.

— über die griechischen Grabschriften, welche Geldstrafen anordnen. [Aus: „Königsberger Studien".] 8. (62 S.) Königsberg 887. Hübner & Matz. n. 2. —

Hirschfeld, Gust., üb. Kelainai-Apameia Kibotos. [Aus: „Abhandl. d. k. Akad. d. Wiss.“] Mit 1 (lith.) Taf. (in qu. Fol.) gr. 4. (26 S,) Berlin 875. Dümmler's Verl. in Comm. n. 1. —

Hirschfeld, G., Olympia. S.-A. s. a. 89 S. u. 1 Taf. 1.—

[F.] Aus dem Orient. Von Gustav **Hirschfeld**. *Berlin: Allg. Ver. f. Deutsche Litt. 1897.* (VI S., 1 Bl., 388 S.) 1 Bd 8.
(Allg. Verein f. Deutsche Litteratur. Abt. 23. [No 3.]) [97. 379]

Hirschfeld, Gust., aus d. Orient. 2. Aufl. gr. 8. (VII, 388 S.) Berlin 897. Allgem. Verein f. deutsche Literatur. n. 6. —; geb. n. 7. 50

— tituli statuariorum sculptorumque graecorum cum prolegomenis. gr. 8. (VII, 202 S. m. 6 Steintaf. u. 1 lith. Karte in gr. 8 u. qu. Fol.) Berlin 871. Calvary & Co. n. 9. –

— Vasi arcaici Ateniesi. S.-A. 1872. 51 S. u. 4 Taf.

Hirschfeld, G., Die Insel Cypern. S.-A. O. J. 14 S. —.60

Hirschfeld, H.

Hirschfeld, H., der Colberger Kurbrunnen, seine Zusammensetzung, seine Stelle unter den Mineralquellen u. seine Beziehung zu den andern Colberger Kurmitteln. Colberg 861. Post. gr. 8. (2 Bl., 22 S.) n. 5 ngr.

— Kurerfolge des Sool-Bades Colberg, mit einem statistischen Bericht über die klimatischen u. sanitätlichen Verhältnisse des Orts, so wie über die chemische Beschaffenheit der Soole. Ebend. 859. 8. (46 S.) 6 ngr.

Hirschfeld, die Summe unseres Wissens vom Sool- und See-Bade Colberg. Eine revid. Zusammenstellung meiner gesammten früheren Mittheilungen über dasselbe. gr. 8. (IV und 36 S.) Colberg 864, Post.

Hirschfeld, H. S., (Rabbiner,) Antritts-Rede, gehalten am Sabbath 8. Hagadol 5601 (3. April 1841). gr. 8. Wollstein 841, Alexander. n. 1/6 ℛ︀

Hirschfeld, H. S., der Geist der talmudischen Auslegung der Bibel. 1r Thl. A. u. d. T.: מדות ודרשות הלכה Halachische Exegese. Ein Beitrag zur Geschichte der Exegese u. zur Methodologie d. Talmuds. gr. 8. Berl. 840. Simion. n. 1 2/3 ℛ︀

Hirschfeld, H. S., der Geist der ersten Schriftauslegungen, oder: Die hagadische Exegese. Ein Beitrag zur Geschichte der Exegese und zur Methodologie des Midrasch. gr. 8. (XXI und 546 S.) Berlin 847. [Leipzig, Simion's Verlag.] *

Hirschfeld, H. S., über die Lehren von der Unsterblichkeit der Seele bei den verschiedenen Völkern. gr. 8. (IV, 74 S.) Gleiwitz 869, Karfunkel. *

—— Tractatus Macot, s. Talmud.

— s. Talmud Babylonicum.

Hirschfeld, H. S., Untersuchungen über die Religion. 1. Thl. A. u. d. T.: Ueber das Wesen u. den Ursprung der Religion. Breslau 856. Kern. gr. 8. (XIV, 297 S.) 1 ℛ︀ 15 ngr.

— Wünsche eines Juden über Judenthum und Staat. gr. 8. Posen 846, Cohn. n. 1/6 ℛ︀

Hirschfeld, Hans [pr. Arzt aus Berlin]: Beiträge zur vergleichenden Morphologie der Leucocyten ... Berlin, Buchdr. v. G. Schade, *1897*; 37 S., 1 Bl. 8.
Berlin, Med. Fak., Inaug.-Diss. v. 16. März 1897

Hirschfeld, Hans, über den diagnostischen u. prognostischen Wert v. Leukocytenuntersuchungen, s. a. Klinik, Berliner. 183. Hft.

Ueber den diagnostischen und prognostischen Wert von Leukocytenuntersuchungen. Von Dr. Hans **Hirschfeld**. Berlin. *Berlin: Fischer 1903.* (23 S.) 8°
— Klinik, Berliner. H. 183. [03. 2473]

Hirschfeld, Harry, Kammergerichtsref. aus Nauen: Das Pfandrecht des Vermieters an den eingebrachten Sachen des Mieters nach gemeinem Recht und Bürgerlichem Gesetzbuch. *Berlin 1900: W. Pilz.* (IV, 48 S.) 8° [F.]
Jena, Jur. Diss. v. (1. Aug.) 1900

Hirschfeld, Hartwig

—— das Buch Al-Chazarî, aus dem Arab. des Abu-l-Hasan Jehuda Hallewi übers. gr. 8. (L, 296 S.) Breslau 885, Koebner. *

Hirschfeld, Hartwig, das Buch Al-Chazari d. Abû-l-Hasan Jehuda Hallewi im arabischen Urtext, sowie in der hebr. Übersetzg. d. Jehuda ibn Tibbon hrsg. v. H. H. 1. Hälfte. gr. 8. (160 S.) Leipzig 886. O. Schulze. n. 5. —

Hirschfeld, H., das Buch Al-Chazarî d. Abû-l-Hasan Jehuda Hallewi im arabischen Urtext, sowie in der hebr. Übersetzg. d. Jehuda ibn Tibbon hrsg. v. H. H. 2. Hälfte. gr. 8. (XLIX u. S. 161—361.) Leipzig 887. O. Schulze. n. 10. — (cplt.: n. 15. —)

— Beiträge zur Erklärung d. Korân. gr. 8. (IV, 99 S.) Ebd. 886. n. 2. —

Hirschfeld, Hartwig, Biographie Salomon Pleßners, s.: Pleßner, Salom., Biblisches u. Rabbin. aus d. Nachlaß.

Hirschfeld, Hartw., jüdische Elemente im Korân. Ein Beitrag zur Korânforschung. gr. 8. (71 S.) Berlin 878. (Leipzig, Hinrichs' Verl.) n. 2. —

– (Hrsg.), s. J'hūdā hal-Lēwī.

Hirschfeld, Hartwig, Islam. [SA. aus den „Jahresberichten der Geschichtswissenschaft“ 1884. II. 1885. II.]

— die Krone der Erlösung, Rede am 1. Pessachtage, u. die vollendete Erlösung, Homilie am 7. Pessachtage d. J. gr. 8. (15 S.) Gleiwitz 877. Jäger. n. — 40

Hirschfeld, Heinrich (Glogau/Schles.), De lactuca virosa et scariola. Diss. med. Bln. (Nietack) 1. III. 1833. 64 S. mit Biogr. (M.: A. Gabrielli.) (7.—) 15284
Oppon.: S. Eliason, J. Lobethal, M. Heinersdorff. — Gew.: Emil Osann (Berlin), E. Beer (Glogau).

Hirschfeld, Henr. [nach den Promotionsacten vielmehr: Heymann Joel] (geb. Mitau 27. 11. 1827): De morbis arthriticis. Berolini (1852). (31 S.) 8°
Berlin, Med. Diss. v. 13. Okt. 1852

Hirschfeld, Herm., ein Pariser Aschenbrödel od. Durch Leid zu Ehren. Waisengrün, s.: Oehmigke's Jugendbibliothek.

– Dass., s. Spiegelbilder aus dem Leben.

Hirschfeld, Herm., ein dunkler Augenblick, s. Familien-Bibliothek.

Hirschfeld, Herm., schwindelnde Bahn, s. Eisenbahn-Unterhaltungen.

Hirschfeld, Hermann, z. Z. Volontärarzt a. d. Poliklinik f. Kehlkopf-, Nasen- u. Ohrenkranke von Hrn Privatdoz. Dr. R. Heymann in Leipzig: Beiträge zur Lehre der Hernia obturatoria. *Leipzig 1903: B. Georgi.* (34 S.) 8°
Leipzig, Med. Diss. v. (21. Apr.) 1903

— in der Binde, s.: Familien-Bibliothek.

Der Blumenritt. Hist. Erzählung von Hermann Hirschfeld. *(Kevelaer: Butzon & Bercker 1901.)* (S. 82–110.) 8° [Kopft. F.]
— Vergangenheit, Aus, u. Gegenwart. Bdch. 27, [2.] [01. 2070 5

Hirschfeld, Herm., die feindlichen Brüder. Erzählung aus Bayerns Geschichte im 15. Jahrh. Für Jugend und Volk. gr. 8. (VI, 242 S. mit 40 Text-Abbild. und 1 Titelbilde.) Leipzig 836, Spamer. *M 4.50.; geb. *

Hirschfeld, Herm., die feindlichen Brüder. Geschichtliche Erzählg. Für Jugend u. Volk. 2. (Titel-)Aufl. gr. 8. (VI, 242 S.) Leipzig 894. O. Spamer. n. 3.—; geb. in Leinw. n. 4.—

— Brudertreue, s.: Oehmigke's Jugendbibliothek.

— Brudertreue, s.: Spiegelbilder aus dem Leben.

— Carrière, s. Roman- und Novellen-Bibliothek.

— Cäsarenfrevel, s.: Familienfreund.

Das Diadem des Goldschmieds u. andere Erzählungen. Von Hermann Hirschfeld. Heiligenstadt (Eichsfeld) Cordier [1909]. 302 S. 8° [10. 2673 3

— Das Diadem des Goldschmieds u. andere Erzählgn. (303 S.) 8. Heiligenstadt (910). F. W. Cordier. 2.—; geb. 3.—

— Dichterträume, s.: Familien-Bibliothek.

— die v. der Rhön, s.: Eisenbahn-Unterhaltungen.

Hirschfeld, Herm., der Knabenmörder Döpke u. andere Verbrecher, s.: Kriminal-Prozesse aller Zeiten. 10. Bd.

— der Dreißigste, s. a. Familienfreund.

Hirschfeld, H. Der Dreissigste. Novelle. — Flach, J. Eine alte Jungfer. In-8°, 136 S. Einsiedeln, Gebr. Benziger. 1893. Geb. 1 50

Hirschfeld, Herm (geb Neustettin 1825) De effectu chloroformi. Berolini (1848) 29 S. 8°
Berlin, Med Diss v 27 Okt 1848

– Die Ehre des Hauses, s. Unterhaltungs-Bibliothek, Steyler.

— der Einsiedler von der Hallig, s. Eisenbahn-Unterhaltungen.

Hirschfeld, Hermann *Fridrich* [!] *Georg* [aus Osnabrück]: Enucleation breitbasiger Uterustumoren per vaginam ... Halle a. S., Hofbuchdr. v. C. A. Kaemmerer & C., 1892; 31 S., 1 Bl. 8.
Halle, Med. Fak., Inaug.-Diss. v. 30. Juli 1892

Hirschfeld, Herm., spätes Erkennen. Novelle. 8. (166 S.) Bremen 868 Kühtmann und Comp.

Hirschfeld, H., siehe: *Familien-Bibliothek.*

Hirschfeld, H., siehe: *Familienfreund.*

— Der treue Freund, u. Doktor Wunder, s.: Unterhaltungs-Bibliothek, Steyler.

Hirschfeld, Herm., „unser Fritz" als Gefangener u. and. Geschichten f. d. Jugend. 4. ausgew. Erzählgn. 8. (III, 96 S.) Baden-Baden 895. B. Weber. Kart. n. — 50

— Die Fürstin v. Mirandola, s. a. Aus Vergangenheit u. Gegenwart.

Die Fürstin von Mirandola. Erzählung von Hermann Hirschfeld. Kevelaer. Butzon & Bercker [1907]. (90 S.) 8° [F.]
— Vergangenheit, Aus, u. Gegenwart. Bdch. 71. [08. 3444 5

— Zur Galeere, s. Reiselectüre.

— Geschichten Buch f. d. Jugend. 18 ausgew. Erzählgn. f. d. Jugend. 8. (III, 390 S. m. 1 Farbendr.) Ebd. 895. Kart. n. 2. 50

— die Hand Gottes, s. Familien-Bibliothek.

— die Hexe von Scharnrode, s. Bachem's Roman-Sammlung.

– Fünf Jahre, s. Familienbibliothek.

– Ich hatt' e. Kameraden, s. Unterhaltungs-Bibliothek, Steyler.

Juda oder Maria u. andere Erzählungen von Hermann Hirschfeld. Heiligenstadt (Eichsfeld): Cordier [1909]. 312 S. 8° [10. 2672 3

— Juda od. — Maria u. andere Erzählungen. (318 S.) 8. Heiligenstadt (910). F. W. Cordier. 2.—; geb. 3.—

— f. die Jugend. Ausgewählte Erzählgn., zunächst f. die reifere Jugend. 8. (VII, 390 S.) Frankfurt a/M. 893. Berlin, B. Weber. Geb. in Leinw. n. 3.—

— Auf dem Kellingshof, s.: Oehmigke's Jugendbibliothek.

– Dass., s. Spiegelbilder aus dem Leben.

— ritterliche Knaben. Gesammelte Erzählgn. f. die reifere Knabenwelt. 1. Serie. (In 4 Bdchn.) 1. u. 2. Bdchn. 12. Ebd. à n. — 40
1. Komödien-Friedel. Unser Fritz. (48 S.) 891.
2. Handel u. Wandel. Knabenspiel. (S. 49—96.) 892.

— der alte Komödiant, s. Familien-Bibliothek.

— die Komödianten-Toni, s.: Bachem's Novellen-Sammlung.

— die Compagnie d. Königs, s.: Familienfreund.

— Königsehe, s.: Bibliothek interessanter Erzählungen.

— Königsehe, s. Erzählungen aus Heimat und Ferne.

— Künstlerthum u. Künstelei, s.: Familien-Bibliothek.

— Die Last der Krone, s.: Oehmigke's Jugendbibliothek.

– Dass., s. Spiegelbilder aus dem Leben.

— einfache Leute, s. a. Aus Vergangenheit u. Gegenwart.

Einfache Leute. Erzählung von Hermann Hirschfeld. *Kevelaer: Butzon & Bercker 1901.* (80 S.) 8° [F.]
— Vergangenheit, Aus, u. Gegenwart. Bdch. 27, [1.] [01. 2069 5

– Der 16. Mai, s. Familienbibliothek.

— Marienkönigin, s.: Reiselectüre.

— ein Namenloser, s.: Weber's moderne Bibliothek.

Hirschfeld, Hermann: Aus dem physiologischen Institut zu Königsberg i. Pr. Über die Natur der Vokale. *Königsberg i. Pr. (1898): L. Krause & Ewerlien.* (31 S.) 8°
Königsberg, Med. Diss. v. 10. März 1898

Hirschfeld, Herm., über d. Natur d. Vokale. Diss. gr. 8. (31 S.) Königsberg 898. (W. Koch.) n. — 60

— Novellen aus dem deutsch-französischen Kriege 1870/71. 8. (III, 228 S.) Leipzig 871. liter. Institut. 3. —

— Der Page des Königs v. Navarra, s.: Oehmigke's Jugendbibliothek.

— der Page d. Königs v. Navarra, s.: Spiegelbilder a. d. Leben.

— Die Polenprinzessin. Die Stickerin v. Mainz, s.: Viktoria-Bibliothek.

—— Madame Quanz, s. Reiselectüre.

—— ein verhängnißvoller Ritt, s. Familien-Bibliothek.

— Frater Romedius, s.: Familien-Bibliothek.

—— Salon-Novellen. Gesammelte Erzählungen. 8. (205 S.) Leipzig 885, Bergmann.

– Der Schatten des Landgrafen, s. Familienbibliothek.

— ein böser Schwur, s.a. Aus Vergangenheit u. Gegenwart. 61. Bdchn.

Ein böser Schwur. Erzählung von Hermann **Hirschfeld.** (S. 78–104: Die beiden Kameraden. Erzählung von Herm. Hirschfeld.) Kevelaer: Butzon & Bercker [1906]. (104 S.) 8° [F.]
— **Vergangenheit,** Aus, u. Gegenwart. Bdch. 61. (07 100) 5

— die Sichel der Königin. — Wolfgangs Horn, s.: Unterhaltungs-Bibliothek, Steyler.

– Grandiers Sohn, s. Unterhaltungs-Bibliothek, Steyler.

— zu spät, s. Familien-Bibliothek.

— Der goldene Stiefel. Die Sülzer Sparbüchse. Das Feuerzeug, s.: Oehmigke's Jugendbibliothek.

— der goldene Stiefel. Die Sülzer Sparbüchse. Das Feuerzeug, s.: Spiegelbilder aus dem Leben.

Hirschfeld, Hermann
In letzter Stunde. Novelle. Stuttgart 1877.
In: Bibliothek der Unterhaltung und des Wissens. Bd 5.

– Aus Sturmeszeit, s. Familienbibliothek.

— Aus den Tagen großer Kriegsführer, s.: Oehmigke's Jugendbibliothek.

– Dass., s. Spiegelbilder aus dem Leben.

— der Talisman d. Inders. Erzählung f. die reifere Knabenwelt. 8. (VII, 162 S. m. Bildern.) Regensburg 892. Nationale Verlags-Anstalt. Geb. in Leinw. n. 2. —

Hirschfeld, Herm., Herrn Fersenfelds Testament. Der Ruf. Der falsche Bosko, s.: Viktoria-Bibliothek.

– Ein Thronerbe, s. Familienbibliothek.

– Die Töchter Mecklenburgs, s. Familienbibliothek.

– Das Urtheil Drydens, s. Familienbibliothek.

Hirschfeld, H., vom Ahn zum Enkel, s.: Familienfreund.

– Zwei Weihnachtsabende, s. Familienbibliothek.

— Wer? Wohl geborgen, s.: Viktoria-Bibliothek.

— am Winterfeuer, s.a. Jugend- u. Volksbibliothek.

Am Winterfeuer. Erzählungen von Hermann **Hirschfeld.** Münster i. W.: Regensberg [1906]. (163 S.) 8° [F.]
— **Jugend-** u. Volks**bibliothek.** No 17–19. (07. 1886

– Das Wunder von Strivali, s. Familienbibliothek.

– Zigeunerkind, s. Familienbibliothek.

Hirschfeld, Heymann [pr. Arzt aus Spandau]: Ueber Maladie des Tics Convulsifs. . . . Berlin, Buchdr. v. G. Schade, *1891;* 46 S., 1 Bl. 8°
Berlin, Med. Fak., Inaug.-Diss. v. 18. Apr. 1891

Hirschfeld, Hirsch (geb. Inowrazlaw 1812): De literatura deperdita Hebraeorum. Berolini (1836). (47 S.) 8°
Berlin, Phil. Diss. v. 30. Jan. 1836

Hirschfeld, J.

— u. Wilh. **Pichler,** die Bäder, Quellen u. Curorte Europa's. 2 Bde. gr. 8. (IV, 546 u. IV, 651 S.) Stuttgart 875. 76. Enke. n. 26. —

Hirschfeld, J., das Sool- und See-Bad Colberg. 2. revid. Aufl. der 1864 erschienenen „Summe unseres Wissens vom Sool- und Seebade Colberg". gr. 8. (VI, 58 S.) Colberg 875, Post'sche Buchh.

Hirschfeld, J., les eaux minérales les plus fréquentées de la Hongrie. gr. 8. (VIII, 146 S. m. eingedr. Holzschn.) Wien 876. Braumüller. n. 2. 40

— les excursions autour d'Ischle. A l'usage des baigneurs et des touristes. gr. 8. (III, 96 S. m. eingedr. Holzschn. u. e. Steintaf. in Fol.) Wien 871. Schlieper. n. 2. 50

— Galerie berühmter Kliniker u. hervorragender Aerzte unserer Zeit m. deren Biographien, als Beitrag zur Geschichte der Medizin. (In 2 Bdn. od. 10 Lfgn.) 1—6. Lfg. gr. 4. (à 4 Holzschntaf. m. 8 Bl. Text.) Wien 876. Perles. à n. 2. —

Hirschfeld, J., Galerie berühmter Kliniker u. hervorragender Aerzte unserer Zeit, m. deren Biographien, als Beitrag zur Geschichte der Medicin. 7—10. (Schluss-) Lfg. gr. 4. (à 4 Holzschntaf. m. 8 Bl. Text.) Wien 877. Perles. à n. 2. — (cplt. geb.: n. 25. —)

Hirschfeld, J., Galerie berühmter Kliniker u. hervorragender Aerzte unserer Zeit, m. deren Biographien, als Beitrag zur Geschichte der Medicin. 2. (Titel-) Aufl. 10 Lfgn. gr. 4. (40 Holzschntaf. m. 80 Bl. Text.) Wien 880. 81. Perles. à n. 1. 50

—— Ischl's Cursaal. Ein Buch für Curgäste und Touristen. br. 8. (XII, 479 S. mit 8 Karten auf 2 Stnt., wovon 1 color. und 1 in Buntdr., in 8. und Fol., und 81 in den Text eingedr. Holzschn.) Erlangen [Stuttgart] 870, Enke. (*M 8.) * cart. *

Hirschfeld, Jacob. (geb. Danzig 20. 12. 1842): De morborum epidemiorum origine parasitica. Berolini (1867). (32 S.) 8°
Berlin, Med. Diss. v. 14. Mai 1867

Hirschfeld, Immanuel Hermann [app. Arzt aus St. Kreuz i. L.]: Über die Behandlung der carcinomatösen Oesophagus-Strikturen mit Morphium. ... Leipzig, G. Fock, 1890. 23 S. 8.
Strassburg, Med. Fak., Inaug. Diss. v. 1890

Hirschfeld, Joh. Bapt., Das Andenken, oder Lesen Sie und es wird Sie nicht reuen. Ein Abschieds-Geschenk, den edlen Bewohnern Oedenburgs. Oedenburg 1806. Gedr. bey Sießischen Erben. 8°. 31 S.
Goedeke VII, 37, 5, 1.

HIRSCHFELD, Joh. Bapt., Die Kinder der Phantasie oder ein halb Dutzend kleine Erzählungen. Lemberg 1810. 8°.
Goedeke VII, 37, 5, 2. — Selten!

HIRSCHFELD, JOAN. GEORG CHR. (autor), Diss. inaug. med. de uteri schirrho. Gottingæ. 1755. 4. P. [Praes. Jo. Georg Roeder]. (M. 1 Tvl.).

— **Johann Gerhard (Marburg), De barattaria. Diss. jur. Präs. Heinrich Bodin. Rinteln (G. C. Wächter) 9. XI. 1688. 31 S. (7.50)** 15285

— — Dasselbe. German. von Bestechung der Richter. Halle (Christoph Andreas Zeitler). 35 Seiten. (7.—) 15286

— — Dasselbe. 1702. (7.—) 15287

Hirschfeld, Jos., sich: Der Cursalon. 1865 ff.

Hirschfeld, Joseph, Schemoth Hannirdaphim. Neues Synonymisches Handwörterbuch zur Beförderung der Hebraischen [so] Sprache ... Frankfurth a.d.O. 1828.

Hirschfeld, Jos., Schemoth Hannirdaphim, od. Synonymik zur Beförderung d. Hebr. Sprache, vornehml. f. hohe Schulen u. f. alle, die sich in dieser Sprache richtiger Ausdrücke bedienen wollen. Mit deutscher Uebersetz., nebst Anzeige, wo sie in d. heil. Schrift zu finden sind. 2., verb. Ausg. 8. (15 B.) Berlin 830. (Leipzig, Barth.)

Hirschfeld, Jos., Pyrawarth vom physikalisch-chemischen u. therapeutisch-balneologischen Standpunkte dargestellt. Neue verb. u. verm. Aufl. Wien 863. Braumuller. 8. (VIII, 62 S. u. 1 Tab. in Fol.) n. 10 ngr.

Hirschfeld, Jos., die Uterusdouche. Ihre Anwendung in der gynäkolog. und geburtshilfl. Praxis. gr. 8. (IV und 56 S. mit eingedr. Holzschn.) Erlangen 865, Enke's Verlag. *

Hirschfeld, Isidor, aus Dirschau, Westpr.: **Blutuntersuchungen** bei croupöser Pneumonie. *Berlin: A. Grossmann [1898].* (43 S.) 8°
Würzburg, Med. Diss. v. 1897

Hirschfeld, Julius [prakt. Arzt aus Loebau in Westpreussen]: Ueber die acute Erweichung des Kropfes .... Berlin, Gedr. bei L. Schumacher, 1886; 32 S. 8°.
Berlin, Med. Fak., Inaug.-Diss. v. 18. März 1886.

Hirschfeld, Julius (geb. Schwerin a. W. 14. 4. 1842): De funiculi umbilicalis prolapsu. Berolini (1864). (31 S.) 8°
Berlin, Med. Diss. v. 13. Aug. 1864

Hirschfeld, (K.,) histor. Bilder aus alter u. neuer Zeit; z. Lehre u. Unterhaltung f. allerlei Leser. 2 Thle. 8. Leipzig 823—24, G. Fleischer. à 2 Rthlr.

Hirschfeld, Karl

Hirschfeld, Carl, offener Brief e. Juden, gerichtet an Hrn. v. Egidy. Bestimmt f. Alle. gr. 8. (67 S.) Frankfurt a/M. 891. (Zürich, C. Schmidt.) n. — 60

Hirschfeld, Carl Louis, Denkmal, s. Schulz, O. A.

Hirschfeld, L. v., die Finanzen Frankreichs nach dem Kriege von 1870—71. Mit e. Vorwort v. Adph. Wagner. gr. 8. (XI, 132 S.) Berlin 875. Puttkammer & Mühlbrecht. n. 2. 80

Hirschfeld, L., Raschi u. seine Bedeutung f. die Erhaltung der mündlichen Ueberlieferung. Vortrag, geh. in der Vereinigg. zur Pflege jüd. Lebensanschauung zu Frankfurt am Main im J. des Raschi-Jubiläums 1905 — 5666. (19 S.) 8. Frankfurt a/M. 906. (J. Rosenheim.) n. — 50

Hirschfeld, L., Reden, geh. am 14. u. 15. Ab 5659 (21. u. 22. VII. 1899) beim Auszuge aus der alten u. zur Einweihung der neuen Synagoge der israelitischen Religionsgesellschaft zu Gießen nebst Rede beim Anzünden des ewigen Lichtes u. Sabbath Nachmu-Predigt. gr. 8. (29 S.) Frankfurt a/M. 899. J. Kauffmann. n. — 60

Hirschfeld Leo: Grillparzer in seinem Verhältnis zu den Klassikern.
II. 1894 PN 843 **Diss.** Wien, Univ. 65

Hirschfeld, Leo, die Herrlichkeit Karmel's u. Saron's (Jes. 35, 2). 16. (92 S.) Gießen 898. E. Roth. n. 1. —; geb. in Halbfrz. n. 1. 60

Hirschfeld, Leo, die Lebensweisheit der talmudischen Literatur (Talmud u. Midraschim), s.: Lehmann's jüdische Volksbücherei.

Hirschfeld, Leo, die Lumpen. Comödie in 3 Akten. 8. (137 S.) Berlin 899. S. Fischer, Verl. n. 2. —

[Ant. u. Arab.] **Hirschfeld,** Leo [cand. phil. aus Posen]: Sa'd B. Manṣûr Ibn Kammûnah und seine polemische Schrift Tanḳîḥ al-abḥâṯ li'l-milal aṯ-ṯalâṯ ... Leipzig, Druck v. G. Kreysing, 1893; 55 S. 8.
Heidelberg, Phil. Fak., Inaug.-Diss. v. [28. Apr.] 1893

Hirschfeld, Leo, Sa'd B. Manṣûr Ibn Kammûnah u. seine polemische Schrift الابحاث للملل الثلاث تنقيح. gr. 8. (55 S.) Berlin 898. Weimar, E. Felber. n. 2. 50

Die häuslichen Sabbathgesänge für Freitag-Abend, Sabbath-Tag und Sabbath-Ausgang erkl. u. metr. übers. von Dr. L[eo] Hirschfeld, Provinzialrabb. zu Gießen. Mainz [1901]: J. Wirth. (84 gez. Bl.) 8° [J.] 65. 199

Hirschfeld, Leo., Charlotte Wolter. E. Erinnerungsblatt. Mit Illustr. nach Photographien u. e. statist. Rollentabelle, vorf. v. Alb. Weltner. gr. 4. (24 S.) Wien 897. C. Konegen. n. 2. —

Hirschfeld, Louis, Eisenbahn-Mißstände. Enthüllungen im öffentlichen Interesse. 1. Liefg. Cöln 864. (Exped. des Publicist.) 8. (32 S.) n. 3 ngr.

Hirschfeld, Ludw. v., die proportionale Berufsklassenwahl. Ein Mittel zur Abwehr der sozialist. Bewegung. gr. 8. (64 S.) Leipzig 885, Grunow. *

—— Ldwg. sieh: Der Cursalon. 1888.

Hirschfeld, Ludw., der junge Fellner. Ein junger Mensch aus gutem Hause. 2 Tle. in 1 Bde. 8. (123 S.) Leipzig 902. H. Seemann Nachf. n. 2. 50

Hirschfeld, Ludw., Ferien in Gossensaß. (268 S.) 8. Leipzig 905. A. Cavael. n. 2. 50; geb. n. 3. 50

Hirschfeld, L. v., Friedrich Franz II., Großherzog v. Mecklenburg-Schwerin u. seine Vorgänger. Nach Staatsakten, Tagebüchern u. Korrespondenzen. 2 Bde. 8. (VIII, 416 u. VI, 394 S.) Leipzig 870. Duncker & Humblot. n. 15. 60; geb. n. 18. —

Hirschfeld, Ludw. v., Friedrich Franz II., Großherzog v. Mecklenburg-Schwerin, u. seine Vorgänger. Nach Staatsakten, Tagebüchern u. Korrespondenzen. 2 Bde. gr. 8. (VIII, 416 u. VI, 394 S. m. Portr.) Leipzig 891. Duncker & Humblot. n. 15. 60; geb. n. 18. —

Hirschfeld, L. v., v. e. deutschen Fürstenhofe. Geschichtl. Erinnergn. aus Alt-Mecklenburg. Hrsg. v. s. Witwe. 2 Bde. gr. 8. (VII, 270 u. III, 377 S.) Wismar 896. Hinstorff's Verl. n. 8. —; geb. in Leinw. n. 10. —

Hirschfeld, Ludw. v., Gymnasialunterricht und Fachbildung. Lex.-8. (42 S.) Leipzig 887, Grunow. 1 50
Aus: Grenzboten, besonders abgedruckt.

Hirschfeld, Ludw., Compendium der Frauenheilkunde f. Studierende. gr. 8. (VIII, 228 S. m. 49 Abbildgn.) Leipzig 891. G. Thieme. n. 5. —

— s.: Kritik, die.

— Pauszeit. 6 Wochen Heldentum. (247 S.) 8. Leipzig 906. A. Cavael. n. 2. 50; geb. n. 3. 50

Hirschfeld, Ludw., wir kennen uns. Gemütliche, gereizte u. nachdenkl. Skizzen aus Wien. (III, 160 S.) 16. Wien 909. R. Mohr. 1.50; geb. n 2. —

Hirschfeld, Ludwig, a. Warschau: Untersuchungen über die Hämagglutination und ihre physikalischen Grundlagen. München 1907: R. Oldenbourg. (52 S.) 8°
Berlin, Med. Fak., Ref. Rubner, Diss. v. 21. Nov. 1907
[Geb. 5. Aug. 84 Warschau; Wohnort: Heidelberg; Staatsangeh.: Rußland; Vorbildung: Gymn. Lodz Reife M. 02; Studium: Würzburg 3, Berlin 7 S.; Rig. 6. Nov. 07.]

– s. Wasielewski, Theodor v.: Untersuchungen über Kulturamöben.

Hirschfeld, M. — Dank- und Freudenlied am Geburtstage Sr. k. k. Apost. Majestät Franz Joseph I. im Jahre 1853. 8. (14 und 12 S.) Wien. Gedruckt bei Adalbert della Torre. 1853.

(v. Hirschfeld, M.) Erinnerungen an Eugen und Moritz von Hirschfeld aus Deutschland und Spanien. Zusammengestellt von einem 80jährigen Veteranen des York'schen Corps vom Leib-Regiment. (v. Holleben.) (IX. 211) 8. Berlin 1863. 3,00.

Zur Abwehr! von Dr. Magnus Hirschfeld. (Charlottenburg 1907: E. Broditz.) (16 S.) 8° [F.] [08. 1207

Hirschfeld, Magnus, Alkohol u. Familienleben. 1.—3. Aufl. (24 S.) 8. Berlin-Charlottenburg 906. F. Stolt. n. — 25

Hirschfeld, Magnus, Alkohol u. Geschlechtsleben, s.: Arbeiter-Abstinentenbund. deutscher. Nr. 7.

Der Einfluß des Alkohols auf das Geschlechtsleben. Vortrag geh. zu Charlottenburg von Dr. Magnus Hirschfeld, Arzt. (1. Aufl.) Berlin: Deutscher Arbeiter-Abstinenten-Bund [1905]. (16 S.) 8° [F.]
— Arbeiter-Abstinenten-Bund. Deutscher. No 7. [05. 15314

— das Ergebnis der statistischen Untersuchungen üb. den Prozentsatz der Homosexuellen. (II, 68 S.) gr. 8. Leipzig 904. M. Spohr. n. 1. —

Hirschfeld, Magnus [aus Kolberg]: Ueber Erkrankungen des Nervensystems im Gefolge der Influenza ... Berlin, Buchdr. v. G. Schade, *1892*: 36 S., 1 Bl. 8.
Berlin, Med. Fak., Inaug.-Diss. v. 13. Febr. 1892

— ein Fall von irrtümlicher Geschlechtsbestimmung (Erreur de sexe). (7 S.) gr. 8. Leipzig 905. Verlag der Monatsschrift f. Harnkrankh. n. — 60
Sonderabdruck aus: „Monatsschr. f. Harnkrankh. etc."

— ein seltener Fall von Hermaphroditismus. (9 S.) gr. 8. Ebd. 905. n. — 60
Sonderabdruck aus: „Monatsschr. f. Harnkrankh. etc."

Hirschfeld (M.). Für wen und wie ist das Radfahren gesund? 1898. Leipzig. 8° (30 S.) M. —.50

– für wen u. wie ist Radfahren gesund? 8. (30 S.) Berlin 901. Tessaro-Verlag. n. — 50

— Berlins drittes Geschlecht, s. a. Großstadt-Dokumente.

Berlins Drittes Geschlecht. Von Dr. Magnus Hirschfeld. 5. Aufl. Berlin & Leipzig: H. Seemann Nachf. [1905]. (77 S.) 8° [F.]
— Großstadt-Dokumente. Bd 3. [05. 4044

Berlins Drittes Geschlecht von Dr. Magnus Hirschfeld. 6. Aufl. Berlin & Leipzig: H. Seemann Nachf. [1905]. (77 S.) 8° [F.]
— Großstadt-Dokumente. Bd 3. [05. 13036 II

— Geschlechtsübergänge. Mischungen männl. u. weiblich. Geschlechtscharaktere. (Sexuelle Zwischenstufen.) Erweiterte Ausg. e. auf der 76. Naturforscherversammlg. zu Breslau geh. Vortrages. Mit ausführl. Beschreibg. u. Würdigg. zweier neuer Fälle v. Hermaphroditismus sowie 83 Abb., 2 Textfig. u. 1 farb. Taf. (grösstenteils Originale). (34 S. m. 16 Bl. Erklärgn.) gr. 8. Ebd. (906). n. 5. —

— Die Gurgel Berlins, s. a. Großstadt-Dokumente.

Die Gurgel Berlins von Dr. Magnus Hirschfeld, Arzt in Charlottenburg. 3. Aufl. Berlin & Leipzig: H. Seemann Nachf. [1908]. (131 S.) 8° [F.]
— Großstadt-Dokumente. Bd 41. [08. 14971

Hirschfeld, Magnus, s.: Jahrbuch für sexuelle Zwischenstufen.

— Die Kenntnis der homosexuellen Natur, e. sittliche Forderung, m. e. Anh.: Die Bewertg. anderer anormaler Triebe vom ärztl. Standpunkt. Eine wissenschaftl. gemeinverständl. Darlegg. (59 S.) 8. Charlottenburg 907. F. Stolt. 1. 50

Hirschfeld, Magn., die Kenntnis der homosexuellen Natur. Jetzt: Leipzig, M. Spohr.

— der urnische Mensch. (198 S. m. Abbildgn., 9 Taf. u. 4 Fksms.) gr. 8. Leipzig 903. M. Spohr. n. 4. —
Sonderabdruck aus: „Jahrb. f. sexuelle Zwischenstufen".

§ 175 des Reichsstrafgesetzbuchs. Die homosexuelle Frage im Urteile d. Zeitgenossen bearb. von Dr. med. M[agnus] Hirschfeld, pr. Arzt, Charlottenburg. Leipzig: M. Spohr 1898. (71 S.) 8° [05. 15461 5

— Sexualpsychologie u. Volkspsychologie. Eine epikrit. Studie zum Harden-Prozess. (IV, 82 S.) gr. 8. Leipzig (908). G. H. Wigand. — 50

— Die Transvestiten, e. Untersuchg. üb. den erot. Verkleidungstrieb m. umfangreichem casuist. u. histor. Material. (VI, 562 S.) gr. 8. Berlin 910. A. Pulvermacher & Co. 10.—; geb. 12 —

Hirschfeld, Magnus, Uebergänge zwischen dem männlichen u. weiblichen Geschlecht. (7 S.) gr. 8. Leipzig 904. Verlag d. Monatsschrift f. Harnkrankheiten. n. — 60
Sonderabdruck aus: „Monatsschr. für Harnkrankh. etc."

— s.: Vierteljahrsberichte des wissenschaftlich-humanitären Komitees.

— vom Wesen der Liebe. (Eine wissenschaftl. Untersuchg.) Zugleich e. Beitrag zur Lösung der Frage der Bisexualität. (III, 284 S.) 8. Leipzig 906. M. Spohr. n. 3. 50

— s.: Zeitschrift f. Sexualwissenschaft.

Hirschfeld, Max, Aber, aber! Humorist. Brettl-Vorträge u. Aufführgn. 8. (129 S.) Berlin 902. Federverlag. 1. —

Der Brautwagen (Verf.: Max Hirschfeld) und Anderes. Mit 26 Ill. von Rich. Coßmann ... *Berlin: G. E. Nagel [1902].* (63 S.) 8° [F.]
— Bibliothek, Nagel's, illustrierter Humoresken. 2.

Hirschfeld, Max, der Kurort Buzias u. seine Stahlquellen. gr. 8. (III, 164 S. m. eingedr. Holzschn.) Themesvar 871. (Budapest, Aigner.) n. 3. —

—— Max. sieh: Der Cursalon. 1885 ff.

Hirschfeld, Max s. Familienbibliothek, Schweizer. Nr. 110.

Hirschfeld, Max, die Häßliche u. anderes, s.: Engelhorn's Roman- u. Novellenschatz 36. Bd.

Hirschfeld, Max, Heern Se mal! Humoresken in ostpreuß. Mundart. 12. (72 S.) Königsberg 897. Hartung. n. — 60

Hirschfeld, Max (III.). Humoresken, s. Eckstein's 50 Pf.-Bibliothek.

Hirschfeld, M., Humoresken u. Burlesken, s.a. Weichert's Wochen-Bibliothek.

[F.] Humoresken und Burlesken. Erzählt v. Max Hirschfeld. M. 3 Vollbild. *Berlin: A. Weichert [1898].* (90 S., 3 Bl., 3 Taf.) 1 Bd 8.
— Wochen-Bibliothek, Weichert's. Bd 38.

Hirschfeld, Max, kleine Humoresken, s.a. Eckstein's 50 Pfennig-Bibliothek.

— kleine Humoresken. 2. [Umschlag-]Aufl. 8. (64 S.) Ebd. [890.] 893. — 25

— aus der Mappe des Arizona-Kicker. 8. (78 S. m. Abb.) Ebd. 900. n. — 50

Hirschfeld, Max., üb. Pflege u. Behandlung der Zähne im gesunden u. kranken Zustande. 12. (III, 64 S.) Karlsbad 892. H. Feller. n. 1. —

Hirschfeld, Max [aus Berlin]: Ueber das Scharlachdiphtheroid und dessen Behandlung ... Berlin, Druck v. E. Ebering, *1897;* 31 S. 8.
Berlin, Med. Fak., Inaug.-Diss. v. 12. März 1897

Hirschfeld, Max [aus Kaukehmen in Ostpreussen]: Untersuchungen zur Lokasenna. ... Berlin, 1889: 2 Bl. + 32 S. + 1 Bl. 8°
Berlin, Phil. Fak., Inaug.-Diss. v. 31. Mai 1889

Hirschfeld, Max (I.). Untersuchungen zur Lokasenna. [Acta germanica, I, 1.] gr. 8. (88 S.) Berl. 889, Mayer u. Müller. * 2 50

— was liegt daran? s.: Engelhorn's Roman- u. Novellenschatz.

Hirschfeld, Osc. Gust. (geb. Pyritz 4. 11. 1847): De titulis statuariorum sculptorumque Graecorum capita duo priora. Berolini (1870). (28 S.) 8°
Vollst. ersch. Berolini: Calvary 1871.
Berlin, Phil. Diss. v. 9. Mai 1870

Hirschfeld, Otto

Hirschfeld, O. (Hrsg.), s. Abhandlungen des archäologisch-epigraphischen Seminars d. Univ. Wien.

— Die agentes in rebus (Polizei). S.-A. 1893. 21 S.

Hirschfeld, O., Anlage u. Abfassungszeit der Epitome des Florus. Ak. 1899. 13 S. 4°. 1.50

— Zur annalistischen Anlage d. Taciteischen Geschichtswerks. S.-A. 1890. 11 S.

Hirschfeld, O., Aquitanien in d. Römerzeit. S. A. 1896. 28 S.

— O., Ausgrabungen in Carnuntum. S.-A. 1884. 80 S. u. 8 Taf.

Hirschfeld, O., Beiträge z. Geschichte d. Narbonischen Provinz. S.-A. O. J. 22 S.

Hirschfeld, O., Bemerk. zu d. Biographie d. Sept. Sev. S.-A. s. a. 7 S.

Hirschfeld, O., Bemerkungen zu Tacitus. S.-A. s. a. 8 S.

—— und Rob. Schneider, Bericht über eine Reise in Dalmatien. gr. 8. (84 S. mit 3 Taf. und 21 Abbild. im Text.) Wien 885, Gerold's Sohn. * 2 —
Aus: Archäologisch-epigraphische Mittheilungen aus Oesterreich-Ungarn, besonders abgedruckt.

Hirschfeld, O., Decimus Clodius Albinus. S.-A. 1897. 33 S. 1.20

Hirschfeld, O., s.: Corpus inscriptionum latinarum.

Hirschfeld, O., Der Endtermin d. Gallischen Statthalterschaft Caesars. S.-A. 1904. 12 S. 1.—

— s.: Ephemeris epigraphica.

Hirschfeld, O., Epigraphisches z. Monumentum Ancyranum. S.-A. 1881. 16 S.

— Gedächtnisrede auf Theodor Mommsen. (38 S.) Lex.-8. Berlin 904. (G. Reimer.) n. 1. 50
Sonderabdruck aus: „Abhandlgn. d. preuss. Akad. d. Wiss."

— Der Name Germani bei Tacitus u. sein Aufkommen bei den Römern. S.-A. 1896. 14 S. —.90

Hirschfeld, O., Zur Geschichte des Christentums in Lugdunum vor Constantin. S.-A. 1895. 29 S. 1.25

Hirschfeld, O., Zur Geschichte d. pannonisch-dalmatischen Krieges. S.-A. 1890. 12 S. —.80

Hirschfeld, Otto, zur Geschichte des lateinischen Rechts, s.a. Festschrift zur 50jährigen Gründungsfeier des Archaeologischen Institutes in Rom.

— O., Zur Gesch. d. latein. Rechts. S.-A. s. a. 16 S. 4°.

Hirschfeld, O., Die kaiserlichen Grabstätten in Rom. S.-A. 1886. 20 S. 1.—

— der Grundbesitz der römischen Kaiser in den ersten drei Jahrhunderten. I u. II. Lex.-8. (60 S.) Leipzig 902. Dieterich. n. 3. —
Sonderabdruck aus: „Beiträge z. alten Gesch."

Hirschfeld, Otto, die Haeduer u. Arverner unter röm. Herrschaft. [Aus: „Sitzungsber. d. k. preuss. Akad. d. Wiss."] gr. 8. (21 S.) Berlin 897. (G. Reimer.) n. 1. —

Hirschfeld. O. Hat Livius im 21. und 22. Buche den P. benutzt? S. A. s. a. 82 S 1.—

Hirschfeld, Otto, de incantamentis et devinctionibus amatoriis apud Graecos Romanosque. Dissertatio inauguralis philologica. gr. 8. (46 S.) Königsberg 863, (Academische Buchh. von Schubert und Seidel.) *

Hirschfeld, Otto, inscriptiones Orientis et Illyrici latinae, s.: Corpus inscriptionum latinarum.

Hirschfeld, Otto [aus Solingen]: Aus d. Klinik f. Syphilis u. Hautkrankheiten zu Bonn. Ueber Lupus und Hautsuberculose . . . Bonn. Jos. Bach Wwe., Buch- u. Steindr., 1888. 2 Bl. | 36 + 1 S. 8°
Bonn, Med. Fak., Inaug.-Diss. v. 12. März 1888

— Lyon in der Römerzeit. Vortrag geh. am 8. März 1878 im oesterr. Ingenieur- u. Architectenvereins-Saale. gr. 8. (28 S.) Wien 878. Gerold's Sohn in Comm. n. — 60

— Die römischen Meilensteine. (37 S.) Lex. 8. Berlin 907. (G. Reimer.) 2. —
Sonderabdr. aus: „Sitzgsber. d. preuss. Akad. d. Wiss."

– (Hrsg.), s. Mittheilungen, archäolog.-epigraph., aus Österreich.

— die Monumenta des Manlius u. das Ius Papinianum. (11 S.) gr. 8. Ebd. 903. n. — 50

– – Zum Monumentum Ancyranum, s XVIII. Bd. 2. Abthl. S. 661: Studien, Wiener, 7. Jahrg.

Hirschfeld, Otto, epigraph. Nachlese zum Corpus inscriptionum latinarum. vol. III aus Dacien u. Moesien. [Aus: „Sitzungsber. d. k. Akad. d. Wiss."] Lex.-8. (69 S. m. eingedr. Holzschn.) Wien 874. Gerold's Sohn in Comm. n. 1. 40

Hirschfeld, O., Das Neujahr d. tribunicischen Kaiserjahres. S.-A. 1881. 11 S.

Hirschfeld, O., Die ägyptische Polizei d. römischen Kaiserzeit nach Papyrusurkunden S.-A. 1892. 10 S. —.90

— Die ritterlichen Provinzialstatthalter. S.-A. 1889. 26 S.

— die Rangtitel der römischen Kaiserzeit. gr. 8. (32 S.) Berlin 901. (G. Reimer.) n. 1. —
Sonderabdr. aus: „Sitzungsber. d. preuss. Akad. d. Wiss."

— Die Sicherheitspolizei im römischen Kaiserreich. S.-A. 1891. 88 S.

— die römische Staatszeitung u. die Acclamationen im Senat. (19 S.) Lex.-8. Ebd. 905. n. 1. —
Sonderabdr. aus: „Sitzungsber. d. preuss. Akad. d. Wiss."

Hirschfeld, Otto, gallische Studien. I–III. [Aus: „Sitzungsber. d. k. Akad. d. Wiss."] Lex.-8. Wien, (Gerold's Sohn). n.n. 1. 90
I. (60 S.) 883. n. n. — 90
II. Gallische Inschriftfälschungen. (30 S.) 884. n. n. — 50
III. Der Praefectus vigilum in Nemausus u. die Feuerwehr in den römischen Landstädten. (21 S.) 884. n. n. — 50

Hirschfeld, O., Timagenes u. die gallische Wandersage. S.-A. 1894. 17 S. 1.–

— Untersuchungen auf dem Gebiete der römischen Verwaltungs-Geschichte. 1. Bd. Die kaiserl. Verwaltungsbeamten bis auf Diocletian. gr. 8. (VII, 323 S.) Berlin 877. Weidmann. n. 8. —

— die kaiserl. Verwaltungsbeamten bis auf Diocletian. 2. neubearb. Aufl. (IX, 514 S.) gr. 8. Berlin 905. Weidmann. n. 12. —; geb. in Halbfrz. n. 14. 40

Hirschfeld, Paul

Hirschfeld, P., die deutschen sozialdemokratisch. Gewerkschaften, s.: Troeltsch, W.

Hirschfeld, Paul, die freien Gewerkschaften in Deutschland. Ihre Verbreitg. u. Entwicklg. 1896—1906. (X, 146 u. 291 S.) gr. 8. Jena 908. G. Fischer. 14. —; geb. 15. —

Altonas Großindustrie und Handel Mit Unterstützung des Königlichen Commerz-Collegiums zu Altona geschildert v Paul Hirschfeld. Berlin. 1892 Fol

Berlins Großindustrie geschildert von Paul Hirschfeld. Hrsg. von Dr R. Jannasch. Bd [1.] 2 & Erg.Bd. *Berlin 1897–1901: (Pass & Garleb).* 3 Bde 4° [illegible]

Hirschfeld, Paul, Hannovers Grossindustrie u. Grosshandel. Mit Unterstützg. d. königl. Oberpräsidiums u. der Provinzialbehörden der Prov. Hannover hrsg. v. der deutschen Export-Bank, Berlin. Fol. (XVI, 412 S. m. Abbildgn.) Leipzig 891. Duncker & Humblot. Geb. in Leinw. n. 15. —

Hirschfeld, P., Leipzigs Großindustrie u. Großhandel in ihrer Kulturbedeutung. Mit e. Vorwort v. R. Wachsmuth. gr. 4. (XVI, 171 S. m. eingedr. Illustr.) Leipzig 887. Duncker & Humblot. geb. n. 6. —

— Württembergs Grossindustrie u. Grosshandel. Mit e Vorwort von v. Gaupp. gr. 4. (XVII, 269 S. m Illustr.) Ebd. 889. geb. n. 10. —

Hirschfeld, Paul, a. Berlin: Untersuchungen und Materialien zur Verbreitung der freien Gewerkschaften seit 1896. Marburg 1905. (V, 55, 61* S.) 8° ¶(Teil des Werkes: Die deutschen sozialdemokratischen Gewerkschaften ... von W. Troeltsch und P. Hirschfeld. Berlin: C. Heymann 1905.)
Marburg, Phil. Fak., Ref. Troeltsch, Diss. v. 18. Dez. 1905
[Geb. 5. April 63 Berlin; Wohnort. Berlin, Staatsangeh. Preußen; Vorbildung: Kaiser Wilhelm-Realgymn. Berlin bis O 79. Immatrus; Studium Berlin 12, Marburg 4 S.; Rig. 10. Mai 05.]

Hirschfeld, Rob., s.: Fach-Katalog der internationalen Ausstellung f. Musik u. Theaterwesen. Wien 892. Abtheilg. d. Königr. Italien.

Hirschfeld, Rob., Festrede zur Grundsteinlegung des Mozarthauses 6. VIII. 1910. (Mozartfeier Salzburg 1910.) (18 S.) Lex. 8. Salzburg (910). H. Kerber. 1. 80

— Festrede zur Mozart-Centenarfeier 1891 zu Salzburg. 8. (22 S.) Salzburg 891. H. Kerber. n. — 70

Hirschfeld, Rob., Libanon. Dichtungen f. das jüd. Haus. Gesammelt u. hrsg. Mit e. Einleitg. v. Gust. Karpeles. Auf Veranlassg. der Großloge f. Deutschland VIII U. O. B. B. (XV, 338 S.) 8. Berlin 908. M. Poppelauer. Geb. 4. 50

Hirschfeld Robert: Johann de Muris und seine Werke. Diss. Wien, Univ.
D: Leipzig, 1884.
1882 PN 279 2116

Hirschfeld, Rob., Johann de Muris. Seine Werke und seine Bedeutung als Verfechter des Classischen in der Tonkunst. Eine Studie. gr. 8. (67 S.) Leipzig 884, Breitkopf und Härtel. *

Hirschfeld, Rob., Musik, s.: Pflege, die, der Kunst in Oesterreich 1848—1898.

Hirschfeld, Robert, appr. Arzt a. London: Aus d. Psychiatr. Klinik d. Universität Freiburg i. Br. Über Psychosen im Senium. Freiburg i. B.: Speyer & Kaerner 1904. (35 S.) 8°

Freiburg i. B., Med. Fak., Ref. Hoche, Diss. v. 1904

[Geb. 29 Mai 79 London; Wohnort: Berlin; Staatsangeb.: Preußen; Vorbildung: Melanchthongymn. Wittenberg, Reife O. 99; Studium: Freiburg 4, Kiel 1, Heidelberg 1, Königsberg 1, Freiburg 2 S.; Coll. 7. Dez. 04.]

Hirschfeld, Rob., Saronsrosen. Erzählungen u. Gedichte, f. die reifere jüd. Jugend gesammelt u. hrsg. (VI, 240 S.) 8. Berlin 903. M. Poppelauer. Geb. in Leinw. n. 3. —

Hirschfeld, Rob., das kritische Verfahren Ed. Hanslick's, beleuchtet. 1.—3. Aufl. gr. 8. (28 S.) Wien 885, Löwit. * — 50

– (Bearb.), s. Mozart, Wolfgang Amadeus: Zaide.

—— das Zeitalter der Deutlichkeit, s. Gegen den Strom.

Hirschfeld, S. Ed., über das Athmen u. dessen gesundheitsgemäße Bedingungen, u. über Homöopathie. Vorlesungen, gehalten im Museum zu Bremen. gr. 8. Bremen 842, Schünemann. 7/8 ℳ

— s. Combe, G., für Deutschlands Mütter.

Hirschfeld, S.Ed(uard) (Übers.):

s.: Combe, George: System der Phrenologie. (System of phrenology. Dt.) Braunschweig: 1833

JB 4.408

Hirschfeld, Ed., s. G. Combe, das Wesen des Menschen.

Hirschfeld, (S.) Eduard (Hrsg.):

s.: Gall, (Franz Joseph): Atlas zur Erläuterung der Lehre von den Verrichtungen des Gehirns. (Dt., frz.u.engl.) Heidelberg: 1844

JB 6.273

– s. Struve, Gustav v.: Atlas z. Erläuterung der Lehre v. d. Verrichtt. d. Gehirns.

– s. Struve, Gustav v.: Zeitschrift für Phrenologie.

Hirschfeld, (S.) Eduard (Hrsg.):

s.: Zeitschrift für Phrenologie. Bd 1-3. Heidelberg: 1843-45.

JB 6.151

Hirschfeld, Samuel (geb. Lobau in Westpr. 22. 5. 1855): Ueber einen Fall von Spaltbecken beim Neugeborenen. Berlin (1879). (29 S.) 8°

Berlin, Med. Diss. v. 9. Aug. 1879

Hirschfeld, Siegmund [aus Steinfurt (Brandenb.)]: Ein Beitrag zur Saccharinfrage. . . . Erlangen, Druck d. Univ.-Buchdr. v. E. Th. Jacob, 1891; 42 S. 8°

Erlangen, Med. Fak., Inaug.-Diss. v. 4. März 1891

Hirschfeld, Steph. Emil, Erbe- u. Handfesten-Ordnung der freien Hansestadt Bremen. Neudr. m. Berücksichtigg. der gesetzlichen Abändergn. in der Zeit vom 1. XII. 1876 bis 31. XII. 1905. (90 S.) gr. 8. Bremen 906. C. Schünemann. n.n. 2. 50; auf Schreibpap. n.n. 3. 50

Hirschfeld, Stephan Emil, Ref. in Bremen: Das gesetzliche Handelsverbot für Handlungsgehilfen. Leipzig 1905: W. Wigand. (78 S.) 8°

Leipzig, Jur. Fak., Diss. v. 29. Nov. 1905

[Geb. 10. Okt. 78 Bremen; Wohnort: Bremen; Staatsangeh.: Bremen und Sachsen; Vorbildung: Gymn. Oldenburg Reife O. 00; Studium: Straßburg 1, München 3, Kiel 1, Berlin 2 S.; Rig. 28. Jan. 05.]

Gespråch im Reiche der Todten, zwischen dem Pater Angelo, einem Jesuiten und dem Ritter von Moncada, einem ehemaligen Tempelherrn; worinn die Geschichte dieser beeden berühmten Orden, und die Aufhebung derselben, nebst andern merkwürdigen Dingen kurz und unpartheyisch erzehlet wird. [Von Victoria Thea Hirschfeld.] [T. 1]—5. [Nürnberg] 1774. 4°

1. 64 S.; 2. S. 65—128; 3. 64 S.; 4. S. 65—111; 5. Nebst e. Kpfr-Tab. 84 S.

Kl. 2227.

Hirschfeld, Wilh., ein Beitrag z. Bestimmung d. rechtl. Verhältnisse d. Wassers für Staats- u. Landwirthschaft. gr. 8. (12¼ B. u. 1 Stnt.) Altona 846. (Kiel, Schwers'sche Bh.)*

Hirschfeld, W., über Bereitung u. Conservirung der Butter. Kiel 863. (Schröder & Co.) gr. 8. (21 S.) n. 4 ngr.

Hirschfeld, W., amtlicher Bericht über die 11. Versammlung deutscher Land- und Forstwirthe, s. Bericht.

Hirschfeld-Groß-Nordsee, W., Beschreibung eines adeligen Gutes in Schleswig-Holstein. gr. 8. (210 S. mit 3 Stnt. und 2 lithogr. Karten in gr. 4. und Imp.-Fol.) Kiel 867, Schröder und Comp. *

Hirschfeld-Groß-Nordsee, W., geschichtliche Darstellung der landwirthschaftlichen Vereine und ihres Nutzens in Schleswig-Holstein. 8. (18 S.) Kiel 868, (Schröder und Comp.) *

Hirschfeld, Wilh., die Ernährung u. d. Wachsthum d. Pflanzen, nach den neuesten chemischen u. physikal. Beobachtungen erklärt und angewendet auf die Landwirthschaft. gr. 8. Kiel 844, Schwers'sche Buchh. 1½ ℳ

⊙ (Landwirthschaftliche Vorträge. H. 1.)
Die Fruchtbarmachung des Bodens v. Wilhelm Hirschfeld. Kiel. 1852. 8°

Hirschfeld, W., früher Groß Nordsee, historische Rückblicke. Ein Beitrag zum 25. Jahrestage der Schleswig-Holsteinischen Erhebung. 1. und 2. Heft. gr. 8. (58; 46 S.) Hamburg 873.74. Nolte. à Heft * 90 Pf. *

⊙ Historische Rückblicke gesam. v. Wilhelm Hirschfeld. Ein Beitrag zum 25sten Jahrestage der Schleswig-Holsteinischen Erhebung. (1—2.) Hamburg. 1873—74. 8°.

— Versuch e. Materialrevision der wahren Pflanzennahrung. Mit e. Vorw. von Chr. Hnr. Pfaff. gr. 8. (Mit 1 Tab.) Hamburg 846, Restler u. Melle. n. 1 ℳ

Hirschfeld, W., landwirthschaftliche Vorträge. 1. Heft: Die Fruchtbarmachung des Bodens. gr. 12. (III und 96 S.) Kiel 852, Schröder und Comp. Thlr. *

Hirschfeld, Wilh., landwirthschaftliche Vorträge. 2. Heft. Das Pflanzenleben. Kiel 853. Schröder u. Co. 12. (2 Bl., S. 97—228.) n. 15 ngr.

Hirschfeld W.: Wegweiser durch die Herzogthümer Schleswig u. Holstein, f. die Mitglieder d. 11. Versammlung deutscher Land- u. Forstwirthe. Kiel 1847. 500 S.

Hirschfeld, Wilhelm (Hrsg.), s. W o c h e n s c h r i f t für klassische Philologie.

Hirschfeld, Willi, prakt. Arzt, Neuhardenberg, z. Z. Frankfurt a. O.: **Casuistik zur Neurolyse und Neuroraphie des N. radialis** nebst einem Beitrag aus der Klinik des Herrn Dr. Pernice zu Frankfurt a. O. *Greifswald 1901: J. Abel.* (34 S.) 8°
Greifswald, Med. Diss. v. 30. Juli 1901

Hirschfeld-Kassmann, Hanna, a. Rußland: Beitrag zur vergleichenden Morphologie der weißen Blutkörperchen. Berlin (1908): E. Ebering. (29 S.) 8°
Berlin, Med. Fak., Ref. Kraus, Diss. v. 1. Febr. 1908
[Geb. 17. Juli 84 Wilczkowitze (Rußl.); Wohnort: Berlin; Staatsangeh.: Rußland; Vorbildung: Gymn. Lodz Reife M. 00; Studium: Montpellier 2, Paris 3, Berlin 5 S.; Rig. 1. Febr. 08.]

Hirschfeld-Warneken, Carl A[rnold], a. Bremen: Zur Kenntnis des Leberabszesses. Leberabszess im Anschluss an Pyosalpinx. München 1907: C. Wolf & Sohn. (35 S.) 8°
München, Med. Fak., Ref. v. Bollinger, Diss. v. 18. März 1908
[Geb. 28. März 80 Bremen; Wohnort: Bremen; Staatsangeh.: Bremen; Vorbildung: Gymn. Goslar Reife M. 01; Studium: Freiburg i. B. 5, München 3, Berlin 1, München 1 S.; Coll. 18. März 08; Approb. 11. März 08.]

Hirschfeldau [Schlagwort]

Hirschfeldau, s.: **Preussen. Messtischblätter.**

Hirschfelde [Schlagwort]

Hirschfelde, s.: **Deutschland, Karte.** (Abt. Sachsen.)

Hirschfelde, s.: **Deutschland. Grundkarte. Karte** (Abt. Sachsen). — **Sachsen. Karte. Messtischblätter.**

Hirschfelder, Franz Georg Joseph (geb. Glogau 23. 8. 1845): Ueber die Transfusion des Blutes. Berlin (1867). (34 S.) 8°
Berlin, Med. Diss. v. 31. Juli 1867

Hirschfelder, Georg. Anton.: De iridis inflammatione diversa. Berolini 1817. (30 S.) 8°
Berlin, Med. Diss. v. 19. Juli 1817

Hirschfelder, Gustav: Beiträge zur Histologie der Rädertiere (Eosphora, Hydatina, Euchlanis, Notommata). Mit 9 Fig. im Text u. 5 Taf. Leipzig: W. Engelmann 1910. 127 S., 5 Taf. 8° ¶(Aus: Zeitschrift f. wiss. Zool. Bd 96.)
Rostock, Phil. Diss. v. 6. Dez. 1909, Ref. Will
[Geb. 17. Aug. 85 Stuttgart; Wohnort: Rostock; Staatsangeh.: Württemberg; Vorbildung: Eberhard-Ludwig-Gymn. Stuttgart bis Juli 01; Studium: Würzburg 3, Berlin 1, Rostock 8 S.; Rig. 1. Dez. 09.] [U 11. 4152

Hirschfelder, I[sidor], approb. Arzt aus Rexingen (Württ.): Über die **Konsistenzverhältnisse** des schwangeren Uterus in den ersten Monaten. *Freiburg i. B.: Speyer & Kaerner 1903.* (44 S.) 8°
Freiburg i. B., Med. Diss. v. 1903

Hirschfelder, Louis [Cand. med. aus Mühringen]: Beobachtungen über Phenacetin an der v. Ziemssen'schen Klinik. . . . München, Buchdr. v. M. Ernst, 1889; 12 S. 8°
München, Med. Fak., Inaug.-Diss. v. 1889

Hirschfelder, R., Handbuch zur Erklärung der biblischen Geschichte d. alten u. neuen Testaments in den Volksschulen. Im Anschlusse an Dr. Schuster's „biblische Geschichte" bearb. 2. unveränd. Aufl. gr. 8. (400 S.) Mainz 874. Kirchheim. 3. —

Hirschfelder, R., Handbuch zur Erklärung der biblischen Geschichte des Alten und Neuen Testaments in den Volksschulen. Im Anschlusse an Dr. Schuster's „Biblische Geschichte" bearb. 3. Aufl. gr. 8. (IV, 400 S.) Mainz 878, Kirchheim.

Hirschfelder, R., Handbuch zur Erklärung der biblischen Geschichte des Alten u. Neuen Testaments in den Volksschulen. Im Anschlusse an Schuster's „Biblische Geschichte" bearb. 4. Aufl. gr. 8. (IV, 400 S.) Mainz 881. Kirchheim. 3. —

Hirschfelder, R., Handbuch zur Erklärung der biblischen Geschichte des alten und neuen Testaments in den Volksschulen. Im Anschlusse an Schusters resp. Mey's „Biblische Geschichte" bearb. 5. Aufl. gr. 8. (IV, 400 S.) Mainz 885, Kirchheim. 3 —

—— Lehrplan für die Ertheilung des kathol. Religionsunterrichts in den Volksschulen. 1. Aufl. 1871, und 2. Aufl. gr. 8. (VIII, 51 S.) Ebendas. 872. *

Hirschfelder, Rudolphus *[geb. Glogau 15. 4. 1830]*: Theses theologicae . . . pro licentiatus in ss. theologia honoribus rite impetrandis. Vratislaviae (1853). (2 Bl.) 8°
Breslau, Kath.-theol. Liz.-Thesen v. 6. Aug. 1853

Hirschfelder, W.

— Jahresbericht über die Litteratur zu Horaz. S.-A. 1879. 49 S. 1.—
— — S.-A. 1882. 67 S. 1.—
— — 1884—1887. S.-A. 1888. 54 S. 1.—

Hirschfelder, W., Prof. Dr. Wilh. Theod. Paul, geb. 1831, gest. 1891. S.-A. 1894. 17 S. —.60

Hirschfelder, W., Quaestionum Horatianarum specimen. Pr. 1862. 26 S. 4°. 1.—

— s. T a c i t u s , Publius Cornelius

Hirschfelder, W. [Hrsg.], s. Z e i t s c h r i f t für das Gymnasialwesen.

Hirschfelder, Wilh., Nekrolog für Alfred Schottmüller, Director am Humboldt-Gymnasium in Berlin. gr. 8. (9 S.) Berlin 884, Calvary und Comp. *
Aus: Biographisches Jahrbuch für Alterthumskunde, besonders abgedruckt.

Hirschfelde—Reichenau [Schlagwort]

Hirschfelde-Reichenau, s.: Geologische Karten (Sachsen).

Hirschfeld—Groß—Nordsee, W., s. H i r s c h f e l d , Wilhelm

Hirschfeldt, Herm., e. Beitrag zur Frage der Peptonurie. Diss. gr. 8. (89 S.) Jurjew (Dorpat) 892. (E. J. Karow.) n. 1. —

Hirschhauer, Jul., der Borax. Ein Mittel der Verschönerung des Teints. Oder: Wie erhält und bewahrt man eine reine und weiße Haut? Ein Toilettenbüchlein für das schöne Geschlecht. 8. (28 S.) Aachen 865, Benrath und Vogelgesang. *

Hirschhausen, August

Hirschhausen, A., Erlebnisse e. Braunschweiger Soldaten im Feldzuge 1870/71. (164 S. m. 1 Bildnis.) gr. 8. Hannover (908). Göhmann'sche Buchdr. 1.50; geb. 2. —

HIRSCHHAUSER, L. VON. Beiträge zur forensischen Chemie der wichtigeren Berberideenalkaloide. Dorpat, 1884.

Hirschheydt, Ernst

Hirschheydt, E. v., üb. die Wirkung d. Crotonöls. Inaug.-Diss. gr. 8. (115 S.) Dorpat 886. (Karow.) n. 1. 50

Hirschhofer, Frz., die gegenwärtigen Bedrängnisse d. Weinbaues in Steiermark u. die Mittel zu deren Bekämpfung unter Rückblick auf weil. Se. k. u. k. Hoheit den durchlauchtigsten Erzherzog Johann. gr. 8. (32 S.) Graz 891. Verlag „Leykam". n. — 90

Hirschhorn, Martin, Rechtspraktikant u. bacc. in Mannheim: Der Voraus und der Dreißigste nach dem Bürgerlichen Gesetzbuch. Mannheim 1908: H. Haas. (52 S.) 8° [F.]

Leipzig, Jur. Fak., Diss. v. 3. April 1908

[Geb. 24. Nov. 81 Mannheim; Wohnort: Mannheim; Staatsangeh.: Baden; Vorbildung: Gymn. Mannheim Reife Juli 99; Studium: München 3, Straßburg 2, Tübingen 2, Heidelberg 2 S.; Rig. 17. Dez. 04.]

Hirschhorn, Rud., Streiflichter auf die hessischen Verwaltungs-Gesetze u. ihre Handhabung. gr. 8. (VI, 93 S.) Mainz 877. Diemer. n. 2. —

Hirschhorn, Walther, app. Arzt aus Mannheim: Die erweiterte Freund'sche Operation beim Krebs der schwangeren Gebärmutter. *Mannheim 1902: H. Haas.* (30 S.) 8°

Straßburg, Med. Diss. v. 1902

Hirschi, Alfred. Ueber Widerstandsänderung des Quecksilbers beim Durchgang eines konstanten elektrischen Stromes. Diss. Phil. [II.] Univ. Zürich. [Mit 1 Figur.] 34 S. 8. Uster, E. Weilenmann, 1904.

Hirschi, Hans. Beiträge zur Kenntnis der gesteinsbildenden Biotite und ihrer Beziehungen zum Gestein. Diss. Phil. II. Univ. Zürich. Mit einer Tafel. IV + 43 S. kl.-4. Zürich 1901.

Hirschig, G. A., Annotationes criticae in comicos (med. com. fragm.), Aeschylum, Isocratem, Demosthenem, Aeschinem, Theophrastum, Lucianum. In Aristophanem et Xenophontem scripsit R. B. Hirschig. 8maj. (V und 110 S.) Trajecti ad Rh. 849, Kemink et filius. *

Hirschig, Rud. Bernh., Dissertatio literaria inauguralis qua continentur annotationes quaedam in Luciani Libellum, qui inscribitur ΠΕΡΙ ΠΑΡΑΣΙΤΟΥ. Ad diem 12. Martii 1844. gr. 8. Leyden 846. (Rotterdam, Bädeker.) n. 3/4 Thlr

Hirschig, R. B., Argumentationes Socraticae nonnullae in Platone, simul dialectica Socratica simul grammatica duce, expediuntur. Accedit inquisitio locutionum aliquot atticarum. gr. 8. (38 S.) Leiden 862, Brill. *

—— Dialectica Socratica dux criticae Platonicae et Xenophonteae. Specimen III. gr. 8. (33 S.) Leiden 864, Brill. * *

Hirschig, R. B., Exploratio argumentationum Socraticarum, in quibus scribae labefactarunt medios Platonis dialogos Gorgiam et Philebum. gr. 8. (28 S.) Utrecht 859, Kemink und Sohn. *

Hirsching, Friedrich Karl Gottlob

Hirsching, Fr. Karl Glo., († d. 11. März 1800.) allgem. Archiv für Länder- u. Völkerkunde. 2 Thle. gr. 8. Leipz. 790, 91. Compt. f. Liter. 1 Thlr 14 gr

— Beschreibung sehensw. Biblioth. Deutschlands. 4 Bde. gr. 8. Erl. Palm. 786–90. (1r 16 gr. 2r 1ste Abthl. 10 gr. 2te 16 gr. 3r 1ste Abthl. 10 gr. Forts. 22 gr. 3r 2te Abthl. 1 Rthlr. 4 gr. 4r 14 gr.

— Denkwürdigkeiten für d. Länder- u. Völkerkunde. 1r Thl. gr. 8. Leipz. 792. (Brockhaus). 1 Thlr

Hirsching, Friedrich Carl Gottlob. Historisch-litterarisches Handbuch berühmter und denkwürdiger Personen . . . Leipzig 1794—1815. V (Bd. V, 2 bis XI, 1): *Ernesti, Johann Heinrich Martin.* (BrMm) (MGT) (V, 1 v. e. Anonymus.)

— histor.-literar. Handbuch berühmter u. denkwürd. Personen, welche in dem 18ten Jahrh. gestorben sind; oder biograph. u. histor. Nachr. von berühmten Kaisern, Königen, Fürsten, von großen Feldherren, Staatsmännern, Päpsten rc. u. and. merkwürd. Personen beiderlei Geschlechts. 17 Bde. (6r Bd., 2e Abtheil. v. J. A. Ortloff, 6r u. folg. v. J. H. M. Ernesti herausg. u. fortgesetzt.) gr. 8. Leipz. 794—815. Schwickert. 40 Thlr 8 gr

Hirsching, Friedrich Carl Gottlob (Uffenheim/Frk.), De historicis natione Germanis qui per semisaeculum primum XVIII. floruerunt sectio I/II. Erlang. (Kunstmann) 7./8. II. 1788. 28 Seiten. (6.50) 15288

Gew.: Friedrich Carl Frh. v. Seckendorff (Sugenheim . . .). — Respond. v. Tl. II (ab S. 17): Johann Christian Heinrich Breidenstein (Wilhelmsdorf/Bayreuth). (5.—)

Hirsching, Fr. Karl Gottl., s.: Kirchner, Joh. Fr.

— Nachr. v. sehenswürd. Gemälden u. Kupferstichsammlungen, Münz-, Gemmen-, Kunst- u. Naturalienkabinetten rc. in Deutschland, nach alphabet. Ordnung d. Städte. 6 Bde, mit Register. gr. 8. Erlang. 786—92. Palm. 3 Thlr 22 gr

— — De florente statu burggraviatus Norici, quoties post decessum lineae superioris, inferior in possessionem totius burggraviatus veniret Norimbergensis. Commentat. philos. Erlangen (Kunstmann) Juli 1795. 21 S. (6.30) 15289

— histor.-geograph.-topograph. Stifts- u. Kloster-Lexikon, oder Verzeichniß aller Bisthümer, Collegiatkirchen, Abteien u. Prälaturen, Stifter u. Commenthureien rc. 1r Bd., A—D. gr. 8. Leipz. 792. (Brockhaus). 2 Thlr 20 gr

— hist. geogr. topogr. Stifts- und Klosterlexicon, oder Verzeichniß aller Bisthümer, Abteyen rc. 1r Bd. gr. 8. Lpz. Gleditsch. 792.

– s. Taschenbuch des deutschen Reichs.

— Versuch e. Beschreib. sehenswürd. Bibliotheken in Deutschland, nach alphabet. Ordnung d. Städte. 4 Bde, mit Register. gr. 8. Erlang. 786—91. Palm. 4 Thlr 20 gr

Hirsching, H., Besprechungen einiger der wichtigsten Nahrungsmittel [Verfälschungen u. deren Nachweisungen] f. Familien, Damen u. Herren jeden Standes. 16. (81 S.) Heilbronn 880. (Stuttgart, Metzler's Sort.) u. n. 1. —

HIRSCHING, WILHELM SIMON CHRISTIAN.

* Versuch physicalisch-chymischer Lehrbegriffe zu möglicher Prüfung des Wesens, des Beständnisses, und der Wirkungsart des so berüchteten metallverwandelnden Meisterstückes und dessen vorgeblicher Nutzanwendung zu einem allgemeinen Genessmittel in Absicht einiger Vergnügung einer natur- und grundforschenden Wissbegierde entworfen. Leipzig, verlegts Carl Ludwig Jacobi, 1754. pp. [xxiv]–488–[xiv], 8vo.

HIRSCHINGER, Johann (München): Die Behandlung der Syphilis ohne Quecksilber.- München: Deschler 1843. 32 S.
5.8.1841 - Urk (Titel: Tractatio syphilidis sine hydrargyro.); F 65
Diss. Ingolst.-Landsh.-Mchn.

Hirschkind, Wilhelm: Die umkehrbare Einwirkung von Sauerstoff auf Chlormagnesium. Hamburg u. Leipzig: Voss 1910. 49 S. 8⁰ ¶ Ausz. in: Zeitschrift f. anorgan. Chemie. Bd 67.
Karlsruhe, Dr.-Ing.-Diss. v. 17. 12. 1909

Hirschkopf, Moritz: Zur Radicaloperation der Hernien. *Leipzig 1900: J. B. Hirschfeld.* (43 S.) 8⁰
Würzburg, Med. Diss. v. 1900

Hirschkowitz, Paul, approb. Arzt: Aus d. Neuen Heilanstalt f. Lungenkranke zu Schömberg. Zur Frage über die Natur der Grundsubstanz in den Exsudaten bei Bronchitis fibrinosa und deren Beziehungen zur Lungentuberkulose. *Würzburg: A. Stuber 1904.* (S. 323—345.) 8⁰ ¶ (Aus: Beiträge zur Klinik d. Tuberkulose Bd 2, H. 4.)
Tübingen, Med. Diss. v. 1904

Hirschkron, Hanns, üb. Gicht u. Rheumatismus, sowie Kopfschmerz u. Nervenschmerz (Neuralgie), ihre Ursachen, Verhütg. u. erfolgreiche Behandlg. durch angemessene Diät, Badecuren, Massage u. Elektrizität, m. besond. Rücksichtnahme auf die Wahl der Curorte. In populärer Darstellg. 8. (VII, 128 S.) Wien 894. W. Altmann. n. 2. —

Hirschkron, Hanns, Magen- u. Darm-Krankheiten, ihre Ursachen, Verhütg. u. erfolgr. Behandlg., nebst Anh. e. diätet. Kochbuches u. e. Tabelle, enth. d. wichtigsten zuträgl. u. d. schwerverdaul. Nahrungs- u. Genussmittel. Populär dargest. gr. 8. (VII, 112 S.) Wien 895. H. Hoffmann. n. 2. —

— die Nervenschwäche (Neurasthenie), beim Erwachsenen u. im Kindesalter, ihre Behandlg. durch Willenseinfluss, angemessene Erziehg. u. anderweit. moderne Curbehelfe. 8. (IV, 139 S.) Ebd. 893. n. 2. —

Hirschkron, Joh., Behandlung der Nervenschwäche nach den neuesten Erfahrungen. 2. durchgeseh. u. verm. Aufl. (IV, 144 S.) 8. Leipzig 907. B. Konegen. 3. —

Hirschkron, Joh., Heilung der Hämorrhoiden auf unblutigem Wege nach e. neueren Methode. (8 S.) 8. Leipzig 904. B. Konegen. n. 1. —
Sonderabdruck aus: „Reichs-Medizinal-Anzeiger".

— eine neue Methode zur Heilung der Hämorrhoiden ohne Operation. (IV, 100 S.) 8. Ebd. 905. n. 1. 50

— Eine neue Methode zur Heilung der Hämorrhoiden ohne Operation. 2. durchgeseh. u. verm. Aufl. (IV, 104 S.) 8. Ebd. 907. 2. —

— Therapie der Nervenkrankheiten. gr. 8. (VIII, 128 S.) Wien 900. F. Deuticke. n. 2. 80

Hirschkron, Joh., die physikalisch-diätetische Therapie in der Nervenheilkunde. gr. 8. (38 S.) München 901. Seitz & Schauer. n. 1. 20
Sonderabdruck aus: „Deutsche Praxis".

Ⓢ — Die physikalisch-diätet. Therapie in d. Nervenheilkde. 901. (KBL 31.) Jetzt: München, Verlag d. ärztl. Rundschau.

Hirschl, Arth., Nirwana. Singen u. Sagen. (IV, 68 S.) 8. Dresden 904. E. Pierson. n. 1. 50; geb. n. 2. 50

Hirschl, Jos. Adf., d. Aetiologie d. progressiven Paralyse. Eine klin. Studie. [Aus: „Jahrbb. für Psychiatrie u. Neurol."] gr. 8. (221 S.) Wien 896. F. Deuticke. n. 4. —

Hirschl, Ludw., Enthüllungen einer Nachtigall. Lyrische, humoristische und kritische Bilder. Dresden 853. R. Schaefer. 16. (3 Bl., 131 S.) n. 24 ngr.

Hirschlaff, Hans, Hochdruck-Kompressoren. (IV, 76 S. m. 44 Abbildgn.) 8. Weimar 908. C. Steinert. 1. 60

Hirschlaff, Leo, s.: Bibliographie der psycho-physiologischen Literatur.

— zur Gesundheitspflege des Nervensystems, s.a. Arbeiter-Gesundheits-Bibliothek, s. Hft.

Hirschlaff, Leo., zur Gesundheitspflege des Nervensystems. 4. Aufl. (16 S.) 8. Berlin 910. Buchh. Vorwärts. — 50

— Hypnotismus u. Suggestivtherapie. Ein kurzes Lehrbuch f. Aerzte u. Studierende nach der 1. Aufl. des Max Hirsch. Vollständig neu bearb. (VIII, 269 S.) kl. 8. Leipzig 905. J. A. Barth. Geb. in Leinw. n. 4. 50

Hirschlaff, Leo, Dr. phil.: Zur neueren Morphinforschung mit besonderer Berücksichtigung des Morphinbrommethylats. Berlin 1908: G. Schade. 18 S. 4⁰ ¶ (Aus: Therapeut. Monatshefte. 1908, Okt. Nov.)
Greifswald, Med. Diss. v. 28. Okt. 1908, Ref. Minkowski
[Geb. 23. Jan. 74 Berlin; Wohnort: Berlin; Staatsangeh.: Preußen; Vorbildung: Königstadt. Gymn. Berlin Reife O. 92; Studium: Berlin 9 S.; Coll. 8. Aug. 08; Approb. 1. Juli 97.] [U 09. 1491

Hirschlaff, Leo [aus Berlin]: Über das Wesen der Beobachtung und Selbstbeobachtung ... Berlin, Buchdr. v. M. Wolffsky, *1896;* 33 S., 1 Bl. 8.
Berlin, Phil. Fak., Inaug.-Diss. v. 10. Aug. [aufgekl.] 1896

Hirschlaff, Leo, s.: Zeitschrift f. pädagogische Psychologie, Pathologie u. Hygiene.

Hirschlaff, Willy [aus Crossen a. d. Oder]: Beitrag zur Lehre und Casuistik von der Thrombose der Vena jugularis interna, externa und subclavia ... Berlin, Buchdr. v. G. Schade, *1893;* 30 S., 1 Bl. 8.
Berlin, Med. Fak., Inaug.-Diss. v. 8. Aug. 1893

Hirschland, Franz Herbert: Ueber die Formänderung von Drahtseilen. Berlin: Dietze 1906. 50 S., 6 Taf. 8⁰ ¶ Aus: Dinglers Polytechn. Journal. Jg. 87. Bd 321.
Hannover, Dr.-Ing.-Diss. v. 1. 3. 1906

Hirschland, Georg, Referendar in Essen ⟨Ruhr⟩: Die Einziehung von Aktien. München: J. Schweitzer 1908. (36 S.) 8⁰ [Ж.]
Leipzig, Jur. Fak., Diss. v. 26. Febr. 1908
[Geb. 16. Juli 85 Essen; Wohnort: Essen; Staatsangeh.: Preußen; Vorbildung: Kgl. Gymn. Essen (Ruhr) Reife O. 04; Studium: Genf 1, München 1, Berlin 1, Münster 3 S.; Rig. 18. Jan. 08.]

Hirschland, Karl, Referendar am kgl. Landgericht zu Essen: Bestandteile einer Sache und Zubehör nach Gemeinem Recht und nach dem Bürgerlichen Gesetzbuche. Jena 1905: A. Kämpfe. (39 S.) 8⁰
Jena, Jur. Fak., Ref. Danz, Diss. v. 6. Juni 1905
[Geb. 12. Juli 81 Essen a. Ruhr; Wohnort: Essen; Staatsangeh.: Preußen; Vorbildung: Gymn. Essen Reife O. 00; Studium: Freiburg i. B., München, Bonn; Rig. 6. Juni 05.]

Hirschland, Leo: Aus dem Anatomischen Institut zu Giessen. Beiträge zur ersten Entwickelung der Mammaorgane beim Menschen. *Wiesbaden: J. F. Bergmann 1898.* (22 S.) 8°
Giessen, Med. Diss. v. 1898

Hirschland, Levi (geb. Essen 21. 7. 1836): De marasmo senili. Berolini (1859) (32 S.) 8°
Berlin, Med. Diss. v. 7 Juli 1859

Hirschland, Moses (geb. am 18 Juli 1810 [nicht 1812] in Steinheim Westf.): De veneni evolutione in organis secretoriis ... Bonnae, typ. C. Georgii 1838. 2 Bl., 28 S. 8.
Bonn, Med. Fak., Diss. v. 2 Juli 1838

Hirschland, S., die akute Trommelsucht der Wiederkäuer, ihre Ursachen und unfehlbare Heilung. Für Thierärzte und Oekonomen. Essen 855. Bädeker in Comm. 12. (24 S.) n. 5 ngr.

Hirschland, Salomon [approb. Arzt aus Essen a. d. Ruhr]: Ein Fall von latenter Phtise .... Freiburg i. B., Druck v. C. A. Wagner, 1887; 27 S. 8°.
Freiburg i. B., Med. Fak., Inaug.-Diss. v. 26. Mai 1887.

Hirschler, Alb., Gold, Silber u. der internationale Bimetallismus. [Aus: „Ungar. Handels-Zeitg."] gr. 8. (40 S.) Budapest 892. (S. Robicsek.) n. -- 80

Hirschler, Anna [Frauenname]
s. Forstenheim, Anna [Mädchenname]

Hirschler, Franz, Rechtsprakt. a. Mannheim: Der Tatbestand des Gläubiger-Verzuges nach gemeinem Recht und dem Bürgerlichen Gesetzbuch. Mannheim 1906: H. Haas. (46 S.) 8°
Erlangen, Jur. Fak., Ref. Siber, Diss. v. 28. Juli 1906
[Geb. 7. März 81 Mannheim; Wohnort: Mannheim; Staatsangeh.: Baden; Vorbildung: Gymn. Baden-Baden Reife Juli 99; Studium: Lausanne 1, München 2, Berlin 2, Heidelberg 2 S.; Rig. 8. Dez. 05.]

Hirschler, *Jakob* Methoden zur Bestimmung von Näherungswerten der Molecülgröfse 8 (S. 3—21) **Progr.** K. k. Staatsg. *Marburg* 1891.

Hirschmann, A.: Beiträge zur Geschichte Gelsenkirchens. Gelsenkirchen: Münstermann 1900. 214 S.

Hirschmann, A., s.: Untersuchungen zur Strassenhygiene.

Hirschmann, Adam, die St. Anna-Wallfahrt in Mettendorf, Pfarrei Greding. (132 S. m. 3 Taf.) 8. Eichstätt 909. Ph. Brönner. 1. 60

Hirschmann, Adam, der hl. Sola. Ein histor. Versuch. 4. (84 S. m. Titel in Golddr.) Ingolstadt 894. A. Ganghofer. n. 1. —

Hirschmann, Alex., Akkord oder Konkurs? Praktische Rathschläge für in Zahlungsstockungen befindl. Kaufleute, Landwirthe, Handwerker, Gewerbetreibende aller Art und Private. 8. (68 S.) Berlin 885, Dressel's Verlag. * 1 50

Hirschmann, Alex., Akkord od. Konkurs? Praktische Rathschläge f. in Zahlungsstockgn. befindl. Kaufleute, Landwirthe, Handwerker, Gewerbetreibende aller Art u. Private. 8. (68 S.) Berlin 888. (Issleib.) n. 1. 50

Hirschmann, Alfred [aus Dresden]: Über vaginale Totalexstirpation des carcinomatösen Uterus. Aus d. kgl. Univ.-Frauenklinik Würzburg ... Würzburg, P. Scheiner's Buchdr., 1895; 78 S. 8.
Würzburg, Med. Fak., Inaug.-Diss. v. 1895

Hirschmann, C., Festrede, gesprochen am allgem. Gesangfeste zu Nördlingen am 13. Juli 1840. 4. Nördlingen, Beck'sche Buchh.

—— der betende Hausvater am Morgen u. Abend. Zum Gebr. christl. Familien d. Landvolkes. 12. (2 B.) Landshut 836, Thomann'sche Buchh.

— s. Lambert, Schicksale in der Kindheit unter den Irokesen,

Hirschmann, C. A., Bilderbuch a. Lilliput. 2 Bdchn. Lpz. Tauchnitz. 804. (16 16 gr. 2s auch unter dem Titel: Mährchen a. Lilliput 16 gr.)

— Bilderkabinet f. junge Söhne und Töchter. mit ill. K. Berl. W. Oehmigke. 806.

— Ideen a. d. Gebiete d. schönen Künste f. Freunde und Vertraute d. Natur, m. K. 8. Lpz. Tauchnitz.

— kleine moralische Kinderwelt. tl. 8. Berl. W. Oehmigke. –

Hirschmann, C. A., kleine moral. Kinderwelt in angenehmen Erzählungen z. Bildung u. Veredlung jugendlicher Herzen. Mit illum. K. 2te verb. Aufl. 8. Berl. N. Soc. Buchh. 813.

— Malenthals Rebenlaube, m. ill. K. u. Mus. 16 Bdch. 8. Lpz. Tauchnitz. 804.

— d. junge Stickerin a. 1801 und 1802. in 2 Abthl. 16. Berlin, Maurer. (à 1 Rthlr. 12 gr.)

— — m. e. Modellblatte. (à 2 Rthlr. 8 gr.)

— Taschenbuch für junge Zeichner a. 1801. 12. Berlin, Maurer.
Velinpap. illum.

— Tempel d. Natur und Kunst. 3 Bde. (d. 4te bis 8te Bd. d. Werks ist mit Lang, die Haushaltung d. Menschen unter allen Himmelsstrichen einerley.) m. K. gr. 8. Ebend. 802–5. (à 1 Rthlr. 16 gr.)
m. illum. K. in Marroquin geb. (à 2 Rthlr. 20 gr.)

— leichte Uebungen f. junge Zeichner. gr. 8. Ebend. 802.
illum.

Hirschmann, Chr.: Die Deutschen Nationalfeste und die Deutsche Turnerschaft. München & Leipzig 1899. 14 S. (Flugschr. d. Reichsaussch. f. d. Deutschen Nationalfeste 2.)

Hirschmann, Eugen [Arzt in Tarnowitz]: Ueber die Deutung der Pulscurven beim Valsalva'schen und Müller'schen Versuch ... (Aus: Arch. f. d. ges. Physiol., Bd. 56.) Bonn, E. Strauss, 1894; 2 Bl., 19 S., 1 Bl. 8.
Breslau, Med. Fak., Inaug.-Diss. v. 26. Apr. 1894

Hirschmann [Friedrich], Prof., u. Kaesbach [Ewald]: Kanon französischer Gedichte. Warendorf 1907: J. Schnell. (32 S.) 8°
Warendorf, k. G. Laurentianum OP 1907 (448)

*Hirschmann, [Friedrich]: Katalog der Schülerbibliothek des Kgl. Gymnasiums Laurentianum zu Warendorf. 64 S. 8.
Progr. Kgl. Gymn. Laurentianum *Warendorf* 1904.

Hirschmann, Georg Leonhard

Einige Worte an meine Mitbürger über die Bestimmung und den Nutzen einer lateinischen Schule. Von Hirschmann, Subr. -- 1834. Nördlingen, Beck. — S. III–VI.
Progr. Nördlingen.

Lovelace. Grosse Oper in 4 Aufz. von Jules Barbier u. Paul v. Choudens. Musik von H. Hirschmann. Deutsche Bearb. von Henriette Marion, Kammersängerin. *Berlin, Köln, Leipzig: A. Ahn 1896.* (48 S.) 8°
— Operntext-Bibliothek, Ahns. No 73. [illegible]

Hirschmann, J., u. L. Seidel, theoret.-prakt. Anweis. zur Zeichenkunst, nach den besten Mustern. Fol. Nürnb. 803. Campe. 3 ℛ︎

Hirschmann, Jacques [pract. Arzt]: Ein Beitrag zur Lehre der diabetischen Retinalaffectionen .... Breslau, Druck v. Th. Schatzky, 1886; 34 S. u. 1 Taf. 8°.
Breslau, Med. Fak., Inaug.-Diss. v. 9. Aug. 1886.

Hirschmann, Jacques, ein Beitrag zur Lehre der diabetischen Retinalaffectionen. Inaugural-Dissertation. gr. 8. (32 S. mit 1 Taf.) Breslau 886, (Köhler.) * 1 —

Hirschmann, Julie, im Abendrot. Novellen für junge Mädchen. 8. (IV, 266 S.) Berlin 886, Winckelmann und Söhne. geb. * 4 50

Hirschmann, Julie, bunte Blumen. Novellen für die reifere weibliche Jugend. Mit 8 illuminirten (lith.) Bildern von Th. Hosemann. Berlin 860. Winckelmann & Söhne. gr. 16. (2 Bl., 360 S.) 1 ℛ︎ 7½ ngr.

Hirschmann, Julie, Blüthenjahre. Novellen für die reifere weibliche Jugend. Mit 8 (lith. u.) color. Bildern. Berlin (856.) Winckelmann. gr. 16. (2 Bl., 354 S.) 1 ℛ︎. 5 ngr.

—— Familienfreuden. Erzählungen und Schilderungen für die reifere weibl. Jugend. br. 8. (IV und 347 S. mit 8 lithogr. und ill. Bildern.) Berlin 859, Winckelmann und Söhne.

Hirschmann, Julie, nach Feierabend. Erzählungen für Kinder von 10 bis 12 Jahren. gr. 16. (III und 260 S. mit 9 lithogr. und ill. Bildern von Th. Hosemann.) Berlin 863, Winckelmann und Söhne. cart.

— der Großonkel. Erzählungen u. Novellen für die reifere weibliche Jugend. Mit 8 (lith. u.) illum. Bildern von Th. Hosemann. Ebend. 863. gr. 16. (299 S.) 1 ℛ︎

—— Guckkastenbilder. Erzählungen für Kinder von 8—12 Jahren. gr. 16. (IV und 367 S. mit 9 lithogr. und ill. Bildern von Th. Hosemann.) Berlin 861, Winckelmann und Söhne.

Hirschmann, Julie, Onkel Gustav, s.: Holting, Gust.

— Histörchen. Erzählungen für artige Kinder von 7—10 Jahren. Mit 9 (lith. u.) color. Bildern von Th. Hosemann. Ebend. 862. gr. 16. (271 S.) 20 ngr.

—— Lebensmai. Novellen für die reifere weibl. Jugend. br. 8. (III und 304 S. mit 8 lithogr. und ill. Bildern von Th. Hosemann.) Berlin 865, Winckelmann und Söhne. cart.

Hirschmann, Julie, Lebensmai. Novellen für die reifere weibl. Jugend. Berlin 866. Winckelmann u. Söhne. br. 8. (III, 304 S. mit 8 lith. u. color. Bildern von Th. Hosemann.) cart. 1 ℛ︎ 7½ ngr.

— Mädchenspiegel. Erzählungen und Novellen für die weibliche Jugend. Mit 8 (lith. u. color.) Bildern von Th. Hosemann. Berlin (858.) Winckelmann. gr. 16. (2 Bl., 331 S.) 1 ℛ︎. 7½ ngr.

Hirschmann, Julie, Mädchenspiegel. Erzählungen und Novellen für die weibl. Jugend. 3. Aufl. 8. (331 S.) Berlin 883, Winckelmann und Söhne. geb. *

Hirschmann, Jul., Märchenstrauß. Eine Sammlung von schönen Märchen, Sagen und Schwänken. Mit 4 Bildern in Farbendr. von Ludw. Burger, 6 großen Tonbildern und 67 in den Text gedr. Abbild. in Holzschn. nach Zeichnungen von Ludw. Burger, Jul. Ehrentraut, A. Kretschmer u. A. 1. und 2. verm. und verb. Aufl. gr. 8. (IV, 272 S.) Berlin 876,78, Winckelmann und Söhne. cart.

Hirschmann, Julie, Märchenstrauß. Eine Sammlung von schönen Märchen, Sagen u. Schwänken. Mit 4 Bildern in Farbendr. v. Ludw. Burger, 6 großen Tonbildern u. 67 in den Text gedr. Abbildungen in Holzschn. nach Zeichnungen v. Ludw. Burger, Jul. Ehrentraut, A. Kretschmer u. A. 3., verm. u. verb. Aufl. gr. 8. (IV, 272 S.) Berlin 880. Winckelmann & Söhne. cart. 3. —

—— Märchenstrauß. Eine Sammlung von schönen Märchen, Sagen und Schwänken. Ster.-Aufl. gr. 8. (IV, 272 S. mit 4 Bildern in Farbendr. von Ludw. Burger, 6 großen Tonbildern und 67 in den Text gedr. Abbild. in Holzschn. nach Zeichnungen von Ludw. Burger, Jul. Ehrentraut, A. Kretschmer rc.) Ebendas. 886. cart. 3 —

Hirschmann, Jul., Märchenstrauß. Eine Sammlung v. schönen Märchen, Sagen u. Schwänken. Mit 4 Bildern in Farbendr. v. Ludw. Burger, 6 großen Tonbildern u. 67 in den Text gedr. Abbildgn. in Holzschn. nach Zeichngn. v. Ludw. Burger, Jul. Ehrentraut, A. Kretschmer rc. Ster.-Aufl. gr. 8. (IV, 272 S.) Berlin 890. Winckelmann & Söhne. cart. 3. —

— Mußestunden. Erzählungen für Kinder von 9—12 Jahren. Mit 9 (lith. u.) color. Bildern von Hosemann. Ebend. 864. 16. (2 Bl., 304 S.) 25 ngr.

—— Plauderstündchen. Erzählungen für Kinder von 6 bis 8 Jahren. gr. 16. (VII und 334 S. mit 9 lithogr. und ill. Bildern von Th. Hosemann.) Berlin 859, Winckelmann und Söhne.

—— Plauderstündchen. Erzählungen für Kinder von 7—9 Jahren. Mit 6 Bildern in Farbendr. von Fanny Bürkner. 2. und 3. Aufl. 8. (VII, 277 S.) Ebendas. 870,81. geb. *

Hirschmann, Julie, Plauderstündchen. Erzählungen f. Knaben u. Mädchen. Mit (6) Bildern in Farbendr. v. Fanny Bürkner. 4. Aufl. (237 S.) 8. Berlin (904). Winckelmann & Söhne. Geb. in Leinw. n. 3. —

Hirschmann, Julie, Spiegelbilder. Erzählungen für Kinder von 10 bis 12 Jahren. Mit 8 (lithogr. und) color. Bildern von Th. Hosemann. br. 8. (III, 284 S.) Berlin 868, Winckelmann und Söhne. cart.

Hirschmann, Karl Aug., s. Karl Lang.

Zur Gesundheitspflege des Nervensystems. Von Dr. Leo Hirschlaff, Nervenarzt in Berlin. *Berlin: Vorwärts 1904.* (16 S.) 8° [5.]
= Arbeiter-Gesundheits-Bibliothek. H. 3. [illegible]

Hirschmann, Leonh., und Geo. Zahn, Atlas für Volks-Schulen. 1.—6. Aufl. gr. 4. (8 Karten.) Regensburg 868—72, Bössenecker. *

Hirschmann, L., und Gg. Zahn, Deutschland, Holland, Belgien und Schweiz. Zum Schulgebrauche entworfen. Fol. (4 Bl.) Regensburg 871, Bössenecker. *
aufgez. mit Stäben *

—— und Geo. Zahn, Grundzüge der Erdbeschreibung. 2 Abthlgn. gr. 8. Ebendas. 868—71. **

Inhalt:

Abthl. 1. Hilfsbüchlein zum Unterrichte in der Geographie von Deutschland mit vielen Fragen zur mündl. und schriftl. Beantwortung nebst 2 (lithogr. und color.) Karten (in 4.). 2.—14. Aufl. (32 S.) * 30 Pf.; Ausg. ohne Karten * 10 Pf.

„ 2. Hilfsbüchlein zum Unterrichte in der Geographie von Europa und den übrigen Erdtheilen mit vielen Fragen zur mündl. und schriftl. Beantwortung nebst 3 (lithogr. und color.) Karten (in gr. 4.) [Europa und die beiden Halbkugeln.] * 40 Pf.; Ausg. ohne Karten * 13 Pf.

— Grundzüge der Erdbeschreibung. 1. Abth. Hilfsbüchlein zum Unterrichte in der Geographie v. Deutschland m. vielen Fragen zur mündl. u. schriftl. Beantwortung nebst 2 (lith. u. color.) Karten in qu. 4. u. qu. Fol.) Für die Hand der Schüler bearb. 14. Aufl. 8. (31 S.) Ebend. 871. n. — 30; Ausg. ohne Karten n. — 10

— — dasselbe. 2. Abth. Hilfsbüchlein zum Unterrichte in der Geographie v. Europa u. den übrigen Erdtheilen, m. vielen Fragen zur mündl. u. schriftl. Beantwortg. nebst 3 (chromolith.) Karten (in 4. u. Fol.) [Europa u. die beiden Halbkugeln]. Für die Hand der Schüler bearb. 6. Aufl. gr. 8. (IV, 55 S.) Ebend. 872. n. — 40; ohne Karten — 13

—— und Geo. Zahn, Grundzüge der Erdbeschreibung. 2 Abthlgn. gr. 8. Ebendas. 875—79.

Inhalt:

Abthl. 1. Hilfsbüchlein zum Unterrichte in der Geographie von Deutschland mit vielen Fragen zur mündl. und schriftl. Beantwortung nebst 2 (lithogr. und color.) Karten (in 4.). 15.—25. Aufl. (32 S.) * 30 Pf.; Ausg. ohne Karten * 10 Pf.

„ 2. Hilfsbüchlein zum Unterrichte in der Geographie von Europa und den übrigen Erdtheilen mit vielen Fragen zur mündl. und schriftl. Beantwortung nebst 3 (lithogr. und color.) Karten (in gr. 4.). [Europa und die beiden Halbkugeln.] 2.—12. Aufl. * 40 Pf.; Ausg. ohne Karten * 15 Pf.

Hirschmann, L., u. G. Zahn, Grundzüge der Erdbeschreibung. Mit vielen Fragen zur mündl. u. schriftl. Beantwortung Für die Hand der Schüler bearb. 2 Abtlgn. 8. München 887. Oldenbourg, Abteilg. f. Schulbücher. n.n. — 75

1. Hilfsbüchlein zum Unterrichte in der Geographie v. Deutschland. Nebst 2 Karten. 29. u. 30. Aufl. (32 S.) n.n. 30
2. Hilfsbüchlein zum Unterrichte in der Geographie v. Europa u. den übrigen Erdteilen. Nebst 3 Karten. 15. Aufl. (80 S.) n.n. 45

Hirschmann, Leonh. u. Geo. Zahn. Grundzüge d. Erdbeschreibung. Hilfsbüchlein zum Unterrichte in der Geographie m. vielen Fragen zur mündl. u. schriftl. Beantwortg. Für die Hand der Schüler bearb. 2 Abtlgn. 3. Münch. 892, Oldenbourg. ** — 75

1. Deutschland, nebst 2 (farb.) Karten. 49. Aufl. (32 S. m. 4 Fig.) ** — 30. —
2. Europa u. die übr. Erdteile, m. 3 (farb.) Karten. 22. Aufl. (80 S.) ** — 45.

Hirschmann, Leonh., u. Geo. Zahn, Grundzüge der Erdbeschreibung. Hilfsbüchlein zum Unterrichte in der Geographie m. vielen Fragen zur mündl. u. schriftl. Beantwortg. Für die Hand der Schüler bearb. 2 Abtlgn. 8. München 894. R. Oldenbourg, Abteilg. f. Schulbücher. n n. — 75

1. Deutschland, nebst 2 (farb.) Karten. 56. Aufl. (32 S. m. 4 Fig.) n.n. — 30
2. Europa u. die übrigen Erdteile, nebst 2 (farb.) Karten. 23. Aufl. (80 S.) n.n. — 45

Hirschmann Leonh., u. Geo. Zahn, Grundzuge der Erdbeschreibung. Hilfsbüchl. z. Unterr. in d. Geographie m. vielen Fragen z. mündl. u. schriftl. Beantwortg. F. d. Hand d. Schüler bearb. 2 Abtlgn. 8. München 898. R. Oldenbourg. n.n. — 75

1. Deutschland, nebst 2 (farb.) Karten. 66. Aufl. (32 S. m. 4 Fig.) n.n. — 30
2. Europa u. d. übrigen Erdteile, nebst (farb.) Karten v. Europa, Österreich-Ungarn, d. Schweiz u. d. 6 Erdteilen. 31. Aufl. (80 S.) n.n. — 45

— — dasselbe. Hilfsbüchlein zum Unterrichte in der Geographie nebst (farb.) Karten v. der Oberpfalz, v. Bayern, Deutschland, Europa u. den übr. Erdteilen. (Ausg. f. die Oberstufe.) Für einfache Schulverhältnisse bearb. gr. 8. (64 S. m. Abbildgn.) Ebd. 899. n.n. — 65

Hirschmann, Leonh., u. Geo. Zahn, Grundzüge der Erdbeschreibung. Hilfsbüchlein zum Unterrichte in der Geographie m. vielen Fragen zur mündl. u. schriftl. Beantwortg. Für die Hand der Schüler bearb. 2 Abtlgn. 8. München (902). R. Oldenbourg. n.n. — 75

1. Deutschland, nebst 2 (farb.) Karten. 83. Aufl. (35 S. m. 5 Fig.) n.n. — 30
2. Europa u. die übrigen Erdteile, nebst (farb.) Karten von Europa, Österreich-Ungarn, der Schweiz u. den 5 Erdteilen. 35. Aufl. (82 S. m. 2 Fig.) n.n. — 45

Hirschmann, Leonh., u. Geo. Zahn, Grundzüge der Erdbeschreibung. Hilfsbüchlein zum Unterrichte in der Geographie mit vielen Fragen zur mündl. u. schriftl. Beantwortung. Für die Hand der Schüler bearb. 2 Abtlgn. 8. München (906). R. Oldenbourg. n.n. — 75

1. Deutschland, nebst 2 (farb.) Karten. Neu bearb. von Nikol. Hirschmann. 95. Aufl. (36 S. m. 5 Fig.) n.n. — 30
2. Europa u. die übrigen Erdteile, nebst (farb.) Karten von Europa, Oesterreich-Ungarn, der Schweiz u. den 5 Erdteilen. 41. Aufl. (82 S. m. 2 Fig.) n.n. — 45

Hirschmann, Leonh., u. Geo. Zahn, Grundzüge der Erdbeschreibung. Für die Hand der Schüler bearb. Neu bearb. v. Nikol. Hirschmann. 2 Abtlgn. 8. München, R. Oldenbourg. nn — 75

1. Hilfsbüchlein zum Unterrichte in der Geographie v. Deutschland. Mit vielen Fragen zur mündl. u. schriftl. Beantwortg., nebst 2 (farb.) Karten. Für die Hand der Schüler bearb. 103. unveränd. Aufl. (36 S. m. 5 Fig.) (910.) nn — 30
2. Hilfsbüchlein zum Unterrichte in der Geographie v. Europa u. den übrigen Erdteilen. Mit vielen Fragen zur mündl. u. schriftl. Beantwortg., nebst (farb.) Karten v. Europa, Österreich-Ungarn, der Schweiz u. den 5 Erdteilen. Für die Hand der Schüler bearb. 44. unveränd. Aufl. (80 S.) (910.) nn — 45

—— und Geo. Zahn, Hilfsbüchlein zum Unterrichte in der Geographie von Bayern und den übrigen deutschen Ländern mit vielen Fragen zur mündl. und schriftl. Beantwortung, nebst 2 (lithogr. und ill.) Kärtchen (in 4.) Für die Hand der Schüler bearb. 8. (31 S.) Regensburg 867, Bößenecker. *

Ohne Kärtchen. *

Die Kärtchen apart. à *

— — Hilfsbüchlein zum Unterrichte in der Geographie von Deutschland, mit vielen Fragen zur mündl. u. schriftl. Beantwortg. nebst 2 (lith. u. color.) Kärtchen (in 4. u. gr. 4.). Für die Hand der Schüler bearb. 2.–4. Aufl. Ebend. 868. 8. (32 S.) n. 3 ngr.

Hirschmann, L., Hilfsbüchlein zum Unterricht in der deutschen Sprache, in Verbindung mit der Rechtschreiblehre u. den nöthigen Uebungen zu schriftl. Aufsätzen. Für die Hand der Schüler bearb. 3 Bdchn. Regensburg 867, 69. Bößenecker. 8. [1. Bdchn. 1. u. 2. Aufl. (60 S.) n. 2 ngr., 2. Bdchn. (VIII, 104 S.) n. 3 ngr., 3. Bdchn. (VIII, 176 S.) n. 6 ngr.] n. 11 ngr.

Hirschmann, L., Hilfsbüchlein zum Unterricht in der deutschen Sprache, in Verbindg. m. der Rechtschreiblehre u. den nöth. Uebgn. zu schriftl. Aufsätzen. Für die Hand der Schüler bearb. 2 Bdchn. 8. Regensburg 874. Bössenecker. n. — 60

1. 6. Aufl. (52 S.) n. — 20. — 2. 3., gänzlich umgearb. Aufl. (126 S.) n. — 40.

Hirschmann, L., Hilfsbüchlein zum Unterricht in der deutschen Sprache, in Verbindung mit der Rechtschreiblehre und den nöthigen Uebungen zu schriftl. Aufsätzen. Für die Hand der Schüler bearb. 1. und 2. Bdchn. 8. Regensburg, Bössenecker. [1. Bdchn. 7. und 8. Aufl. (52 S.) 877,78. * 20 Pf.; 2. Bdchn. 4. Aufl. (128 S.) 877. * 40 Pf.] *

3. Bdchn. Ebendas. 1867. * 60 Pf.

Hirschmann, L., und G. **Zahn,** Wandkarte von Bayern, Württemberg, Baden und Hessen zum Schulgebrauch entworfen. 4 Bll. Regensburg, Bössenecker, 1871. Imp.-Fol. Lith. u. kol.

Hirschmann, L., und Geo. **Zahn,** Wandkarte von Deutschland, Holland, Belgien und der Schweiz. Zum Schulgebrauch entworfen. Regensburg, Bössenecker, 1870—71. Imp.-Fol. 4 Bll. Lith. u. kolor. . . . . (Br. Mus.)

Hirschmann, L., und Geo. Zahn, Wandkarte der Planigloben mit veranschaulichenden Zeichnungen zur mathemat. Geographie, zum Schulgebrauch entworfen. 4 Bl. Lithogr. und color. Imp.-Fol. Regensburg 876, Bössenecker. *
Auf Leinw. *

Hirschmann, Moriz: Anatomie des Sarcoma mucosae uteri. *Berlin (1898): G. Schade.* (31 S.) 8°
Berlin, Med. Diss. v. 4. März 1898

Hirschmann, Mor., s.: Führer f. Berlin u. seine Umgebungen f. russische Reisende.

Hirschmann, W., sen., Einige praktische Notizen beim Gebrauche des zusammengesetzten Microscopes. Berlin 1815.

Hirschmann, W. A: Kostenanschläge für Röntgen-Einrichtungen neuer Konstruktion. Berlin (1903?)

Hirschmann, W. A: Preisliste Nr 14 über elektro-medizinische Apparate. Berlin 1898
Erg. Bd 1. Neue Constructionen. Berlin 1901—1903

Hirschon, Chaim Meyer: Diabetes insipidus bei Mutter und Tochter. München 1909: Kastner & Callwey. 22 S. 8°
München, Med. Diss. v. 24. Juli 1909, Ref. v. Bauer
[Geb. 18. Mai 80 Tscherikow; Wohnort: Kritschew b. Tscherikow; Staatsangeh.: Rußland; Vorbildung: IV. Gymn. Odessa Reife Juni 03; Studium: Wien 7, München 3 S.; Rig. 24. Juli 09.] [U 09. 3339

Hirschowitz, Aron, Referendar in Angerburg: Möglichkeit und Haftungsfolgen eines Besitzerwerbs ohne Willen nach dem Rechte des Bürgerlichen Gesetzbuchs. Borna-Leipzig 1908: R. Noske. (47 S.) 8°
Jena, Jur. Fak., Ref. Thon, Diss. v. 8. März 1908
[Geb. 22. März 85 Insterburg (Ostpr.); Wohnort: Angerburg (Ostpr.); Staatsangeh.: Preußen; Vorbildung: Gymn. Insterburg Reife O. 04; Studium: Berlin 2, München 1, Berlin 1, Königsberg 2 S.; Rig. 6. Febr. 08.]

Hirschowitz, Wulf, aus Bauske: Ueber die **Einwirkung** von Chlor auf Phenol, **Anisol** und Phenylacetat. *Königsberg i. Pr. 1903: H. Jaeger.* (45 S.) 8°
Königsberg, Phil. Diss. v. 10. Dez. 1903

Hirsch-Park, der, s. Chronique scandaleuse des Pariser Hofes 3r—5r Bd.

Hirsch-Park, der, oder das Serail Louis XV., s. Chronique scandaleuse d. Pariser Hofes etc., 3—5. Bd.

Hirschpark, Der, oder das Serail Louis XV. . . . Leipzig 1833. V: *Faverolle, M. de (= Elisabeth Guénard Baronesse de Méré).* (BGE)

Hirschpark, Der, oder das Serail Louis XV. Eine Gallerie geheimer Memoiren der jungen Mädchen, welche in demselben eingeschlossen waren um zur Belustigung Ludwigs XV. zu dienen. Ein Beitrag zur Chronique scandaleuse Frankreichs. Leipzig 1834. Altenburg 1834. Leipz. 1848. Leipz. 1848/9. V: *Faverolle, de (und Elisa Guénard Baronne de Méré).* (BGE IV[3], 280)

Hirsch-Park, der, oder: Das Serail Louis XV. Eine Gallerie geheimer Memoiren der jungen Mädchen, welche in dems. eingeschlossen waren, um zur Belustigung Louis XV. zu dienen. Ein Beitrag zur Chronique scandaleuse Frankreichs. 3 Bde. 8. (1. und 2. Bd. XII und 410 S.) Leipzig 848, G. Senf.

Hirschsohn, Eduard, Beiträge zur Chemie der wichtigeren Harze, Gummiharze und Balsame. Mag. Diss. S. Petersburg. 8°. 18 pp.
1877

Ph. Hirschsohn, Eduard, Vergleichende Untersuchung der wichtigeren im Handel vorkommenden Sorten des Galbanum und Ammoniakgummis.
Preisarbeit Dorpat 1874.

Hirschstein [Schlagwort]

Hirschstein, s.: Sachsen. Karte.

Hirschstein, s.: Sachsen. **Messtischblätter.**

Hirschstein [Verf.]

Hirschstein, Ludwig, Arzt aus Breslau: (Aus d. chemischen Laboratorium d. physiol. Instituts zu Breslau.) Über therapeutisch verwendete **Silberverbindungen,** insbesondere über Silber-Eiweißverbindungen mit specieller Berücksichtigung der Silberverbindungen des Kaseins. *Breslau (1902): J. Goldstein.* (31 S.) 8°
Breslau, Med. Diss. v. [14. Okt.] 1902

Hirscht, Arth., d. Apokalypse u. ihre neueste Kritik. Von d. theolog. Facultät zu Berlin m. d. kgl. Preise gekrönt. gr. 8. (XII, 176 S.) Leipzig 895. A. Neumann. n. 2. 40

Hirscht, Karl, kurze Anweisung zur Pflege der Kakteen, s.: Schumann, Karl, Gesamtbeschreibung der Kakteen.

— **Bilder aus dem Kakteen-Zimmergarten. 2. wesentlich erweit. Aufl. (86 S. m. 5 Abbildgn.) gr. 8. Neudamm 903. J. Neumann. n. 1. 80; geb. n. 2. 20**

— Kakteenkulturen im Hause u. ihr Wert. Bilder aus d. Zimmergarten. gr. 8. (32 S. m. 1 Abb.) Neudamm 896. J. Neumann. n. — 70

Hirschvogel, Aug., Plan der Stadt Wien vom Jahre 1547. Nach dem Originale im Archive der Stadt Wien im Facsimile zum ersten mal herausg. von Alb. Camesina. Wien 863. Prandel & Ewald in Comm. gr. Fol. (VIII, 86 S., 6 lith. Bl., lith. Portr. u. 2 lith. Ansichten von Wien.) nn. 20 ℳ

Hirschvogelsaal, der, zu Nürnberg. Ein Meisterwerk der deutschen Renaissance, ausgeführt v. Peter Flötner 1534. (8 Lichtdr.-Taf.) gr. Fol. Nürnberg 903. J. L. Schrag. In Mappe 8. --

Hirschvogl Josef: Der Alte vom Berge von Bauernfeld verglichen mit Tiecks gleichnamiger Novelle.
H. 1908 PN 2541 **Diss.** Wien, Univ. 266

Hirschwald, X., der französ. Spanier. 2 Thle. 8. Berl. 820. (Leipz., Steinacker). 2 ₰ 16 ℊ

Hirschwald, Franz, Kammergerichtsrefer.: Gibt es einen 'Ehebruch' nach Aufhebung der ehelichen Gemeinschaft? Borna-Leipzig 1909: Noske. XI, 76 S. 8°
Leipzig, Jur. Diss. v. 8. Juni 1909
[Geb. 16. Febr. 82 Berlin; Wohnort: Charlottenburg; Staatsangeh.: Preußen; Vorbildung: Joachimsthalsches Gymn. Berlin Reife O. 00; Studium: Genf 1, Marburg 1, München 3, Berlin 6 S.; Rig. 14. April 05.] [U 09. 3548

Hirschwald, Julius

Hirschwald, J., Anleitung zur systematischen Löthrohr-Analyse f. Chemiker, Mineralogen u. Hüttenleute. 2., gänzlich umgearb. Aufl. der „Löthrohr-Tabellen". Mit e. color. Reactionstaf. u. in den Text eingedr. Holzschn. gr. 8. (VII, 128 S.) Leipzig 891. C. F. Winter. Geb. in Leinw. n. 6. —

Hirschwald, J. Ueber die genetischen Axen der orthometrischen Krystallsysteme. Berlin 1868.

Hirschwald, J., s.: Gesteinsuntersuchungen, bautechnische.

Die bautechnisch verwertbaren Gesteins-Vorkommnisse des Preuss. Staates u. einiger Nachbargebiete. Eine tabellar. Zusammenstellung der ... Steinbrüche ... nach amtl. Erhebungen bearb. von Prof. Dr. J[ulius] **Hirschwald**. Mit e. Uebersichtskt. Hrsg. im Auftr. d. Kgl. Ministeriums d. öff. Arbeiten. Berlin: Borntraeger 1910. XVI, 283 S. 8° [illegible]

Hirschwald, J., geologische Karte von Deutschland. Mit Zugrundelegung eines Reliefs von C. Ranz bearb. 12 Bl. Photolithogr., chromolithogr. und color. gr. Fol. Mit Text. gr. 8. (9 S.) Leipzig 879, Photolithographisches Institut. *
Auf Leinw. in Mappe ** ℳ 26.; mit Stäben **
Auf Pappe in einzelnen Sectionen **

Hirschwald, J., zur Kritik d. Leucitsystems. Mit 1 (lith.) Taf. [Aus: „Tschermak's mineralog. Mittheilgn."] Lex.-8. (24 S.) Wien 876. Hölder. n. 1. —

— Löthrohr-Tabellen. Ein Leitfaden zur chem. Untersuchg. auf trockenem Wege, f. Chemiker, Hüttenleute u. Mineralogen. Nebst e. Uebersicht üb. die Zusammensetzg. technisch wicht. Mineralien u. Hüttenproducte, sowie e. Schema der wichtigsten quantitativen Löthrohrproben u. deren Beschickg. Mit 2 color. (lith.) Reactionstaf. gr. 8. (III, 39 S.) Leipzig 875. C. F. Winter. n. 2. 25

Hirschwald, Jul., das mineralogische Museum der königl. technischen Hochschule Berlin. Ein Beitrag zur togograph. Mineralogie, sowie ein Leitfaden zum Studium der Sammlungen. Hrsg. mit Unterstützung des königl. Ministeriums der geistl., Unterrichts- und Medizinalangelegenheiten. gr. 8. (XVII, 243 S. mit 1 Grundrissplan der Sammlung.) Berlin 885, Friedländer und Sohn. * ℳ 3.—; geb. * 4 —
Vgl.: Arzruni, A., ein Beitrag zur Mineraltopographie.

— Die Prüfung der natürlichen Bausteine auf ihre Wetterbeständigkeit. Nebst e. Vorbericht v. H. Garbe. Mit 54 Lichtdr.-Taf., 4 Taf. in Buntdr. u. 133 Textfig. Hrsg. im Auftrage u. m. Unterstützg. des kgl. preuss. Ministeriums der öffentl. Arbeiten. (XX, 675 S.) Lex. 8. Berlin 908. W. Ernst & Sohn.
Geb. in Leinw. 36. —

Hirschwälder, *Bruno* [Oberl. Dr.]: Beiträge zu einem Commentar der unter Lucians Namen überlieferten Schrift: „Lob der Heimat." Breslau, Druck v. Grass, Barth u. Comp., 1890; S. 3–14; 4°
Breslau, st. Johannes-G, OP 1890 (169)

Hirschwälder, B., Beiträge zu e. Commentar der unter Lucian's Namen überlieferten Schrift „Lob der Heimat". gr. 4. (14 S.) Breslau 890. (Leipzig, Fock.) n. — 80

Hirschwaelder, Bruno (Augustus Ferdinandus) *(geb. Habelschwerdt 28. 10. 1846)*: Curae criticae in C. Valerii Flacci Argonautica. Part. 1. Vratislaviae (1870). (35 S.) 8° *[Im Buchhandel 1870 bei Maruschke & Berendt in Breslau.]*
Breslau, Phil. Diss. v. 19. März 1870

Hirschwaelder, Bruno, curae criticae in C. Valerii Flacci argonautica. Part. 1. Dissertatio. gr. 8. (35 S.) Breslau 870. (Maruschke & Berendt.) n. — 80

Hirschwälder, Franz (Hrsg.), s. Merkur, Deutscher.

Hirschweh, Hermann, aus Jedwabno: **Aldehydbildung** in grünen Blättern bei verschiedener Belichtung. *Berlin 1899: E. Streisand.* (44 S.) 8°
Erlangen, Phil. Diss. v. 18. Dez. 1899

Hirschy, Noah Calvin, of Berne, Indiana: **Artaxerxes III.** Ochus and his reign with special consideration of the Old Testament sources bearing upon the period. Chicago 1909. VI + 85 S. 8°. [16. VII. 07.]
Bern. Phil. Diss. 1908/09.

Hirse, C., u. F. Göhre, das goldene Zeitalter oder deutsche Handwerker-Reform der Zukunft. Bearb. von Selbst-Handwerkern mit Veranlassungsgründen. Halle 866, (Herrmann.) 8. (23 S.) n. ⅟ 2½ ngr.

Hirse, K., Die korporative Organisation der Handwerker. 8°. Halle 1884.

Hirsebrei, Der warme, von Zürich auf dem Freyschiessen zu Strassburg . . . Zürich 1797. V: *Maurer, Hans Rud.* (AarK) (Haydenreich) (JL) *Murer, R.* (Ky)

Hirsekorn, Carl: Die Slaven-Chronik des Presbyter Helmold. Halle (1874): Elsner in Berlin. 66 S. 8°
Halle-Wittenberg, Phil. Diss. v. 27. Juli 1874
Geb. Berlin 12. 12. 1851. V.
Verf. erlebte die Diplomerneuerung 1924 als Geheimer Regierungsrat und Stadtältester in Berlin, vgl. Anh. Nr. 685.

Hirsekorn, Rud., Gedichte. (80 S.) 12. Hamburg 908. A. Janssen. Geb. in Leinw. n. 2. —

Hirsekorn, S., Gesetz, betr. Kaufmannsgerichte, s.: Hirschfeld's Taschen-Gesetzsammlung. Nr. 23.

Hirsekorn, S., das Gewerbegerichtsgesetz, s.: Hirschfeld's Taschen-Gesetzsammlung. Nr. 19.

Hirsekorn, Kaufmannsgerichte, s. Hirschfeld's Taschen-Gesetzsammlg.

Hirsekorn, üb. d. öffentl. Sachen im Gemeingebrauch. Berl. 879. (Diss.)

Hirsekorn, Siegfried, approb. Arzt: Die im Jahre 1889—1900 auf der I. medicin. Abteilung des Krankenhauses links der Isar zur Beobachtung gekommenen **Fälle** von Intoxicatio saturnina. *München 1902: C. Wolf & Sohn.* (16 S.) 8°
München, Med. Diss. v. 1902

Hirsekorn, Simon (geb. Dt. Crone 27. 1. 1854): Über die öffentlichen Sachen im Gemeingebrauch. Berlin 1879. (71 S.) 8°
Berlin, Jur. Diss. v. 10. Okt. 1879

Hirsel: Die Arbeit der Trinkerasyle. Lintdorf. 1888.

Hirsemann, Cosmus Theodorus: De variis capitis dolorum speciebus. [Praeses:] Curtius **Sprengel**. Halis (1828): Grunert. 25 S. 8°
Halle-Wittenberg, Med. Diss. v. 21. Juni 1828
Geb. Merbitz bei Halle 27. 9. 1803. [V. in Sprengel's Progr., vgl. Nr. 743]

Hirsemann, Paul (Weissenfels), Die Choleraepidemie des Jahres 1866 in Langenbogen und Bennstedt. Diss. med.-chir. Halle (Plötz [R. Nietschmann]) 9. VIII. 1879. 30 S. mit Biogr. (6.—) 15290
Oppon.: Paetz, Koch.

Hirsemenzel, s. Hiersemenzel.

Hirst, F. W., H. Berthélemy, Frank J. Goodnow, Delos F. Wilcox, Verfassung u. Verwaltungsorganisation der Städte Englands, Frankreichs u. Nordamerikas, s.: Schriften des Vereins f. Socialpolitik.

Hirst, Herm. v., s.: **Wasserstrasse, die, von Budweis an die Donau.**

Hirst, S., vollständ. Grammatik der engl. Sprache, vorzügl. f. Jene bestimmt, welche nicht allein die Regeln derselben gründl. kennen lernen, sondern auch in ihren Geist eindringen, ihre besten Klassiker kritisch würdigen, u. sich einen natürlichen, genauen u. eleganten Styl in dieser Sprache aneignen wollen. gr. 4. (31½ B.) Wien 845. (Gerold, Berl.) *

Hirst, Tom Oakes

Hirst, T. O., A grammar of the dialect of Kendal (Westmoreland), s.: **Forschungen, anglistische. 16. Hft.**

Hirst, T(om) O(akes), a. Liverpool, M. A.: The Phonology of the London MS. of the earliest complete English prose psalter. Bonn 1907: C. Georgi. (81 S.) 8°
Bonn, Phil. Fak., Ref. Bülbring, Diss. v. 4. Juli 1907
[Geb. 8. Juli 79 Cheltenham; Wohnort: Liverpool; Staatsangeh.: England; Vorbildung: Privatunterr. u. Owens College Manchester bis O. 97; Studium: Liverpool H. 97 bis Juni 03, Leipzig 2, Bonn 3 S.; Rig. 21. Febr. 06.]

Hirst Th: A. Ueber conjugirte Diameter im dreiaxigen Ellipsoid. 1852. 4.

Argentina. By W. A. **Hirst**. With an introd. by Martin Hume. With 1 map and 64 ill. London, Leipsic: Unwin 1910. XXVIII, 308 S. 8°
(The South American Series. [Vol. 4.]) [10. 8501

Hirster, Frz., Beiträge zu e. exakten Philosophie. Die Philosophie des Gleichnisses. (2. Aufl.) (111 S.) 8. Leipzig (907). M. Spohr. 1.50

Die Philosophie des Gleichnisses von Franz **Hirster**. (Als Ms. gedr.) Wien 1906 (1907): F. Doll. (60 S.) 8° [F.]
— **Hirster**: Beiträge zu e. exakten Philosophie. H. 1. [08. 6358

Die Philosophie des Gleichnisses von Franz **Hirster**. (2. Aufl.) Leipzig: M. Spohr (1907). (111 S.) 8° [Umschlagt.]
— **Hirster**: Beiträge zu e. exakten Philosophie. [H. 1.] [08. 6359

— Träumereien u. Balladen. (259 S.) 8. Ebd. 909. 3.—

Hirszbant, B. A., Über Kshemendra's Darpadalana. St. Petersburg 1892.

Hirszberg, Franz, aus Kutno (Polen): Ueber einige Derivate des p-Diphenols und ihren Zusammenhang mit dem Palatinorange. Uster-Zür. A. Diggelmann Dr. 1888. 38 S., 1 Bl. 8°.
Zürich, Phil. Diss. [v. 23. Juli 1888].

Hirszberg, Leopold, aus Lodz (Russ. Polen): Ueber elektrische **Potentialmessungen** bei Spitzenentladungen in Luft von normalem Druck. *Heidelberg 1900: K. Rössler.* (29 S.) 8°
Heidelberg, Naturw.-math. Diss. v. 1900

Hirszowicz, S(ophie Sara). Experimentelle Beiträge zur Analyse des Reproduktionsvorganges. Diss. Phil. I. Univ. Zürich. 72 S. 8. Zürich-Selnau, Gebr. Leemann & Co., 1909.

Hirszowski, Alfred: Synthese von Polypeptiden. (Berlin: G. Schade 1908.) 34 S. 8°
Berlin, Phil. Diss. v. 19. Dez. 1908, Ref. Fischer
[Geb. 17. Dez. 82 Warschau; Wohnort: Petersburg; Staatsangeh.: Rußland; Vorbildung: 4. Knabengymn. Warschau Reife Aug. 03; Studium: Warschau 1, Lemberg Techn. Hochsch. 4, Lemberg Univ. 1, Berlin 4 S.; Rig. 3. Dez. 08.]
[U 09. 190

Der Hirt: June 30, 1854–1856? Kutztown, PA
Reformed Church weekly. Edited by the Rev. J. S. Herman.

Hirt, der gute, am Krankenbette des leidenden und sterbenden Christen. Ein nützl. Trost- u. Unterrichtsbuch zum Gebrauche für Seelsorger u. Kranke. 3e unveränd. Ausg. 8. Augsburg 833. (Landshut, Krüll.) 7 gr.

Hirt, der gute, am Krankenbette d. leidenden u. sterbenden Christen. Ein nützl. Trost- u. Unterrichtsbuch z. Gebr. f. Seelsorger u. Kranke, das bei christl. Familien nicht fehlen sollte. 3., unveränd. Ausg. 8. (7 B.) Augsburg 833. (Regensburg, Manz.)

Hirt, der gute, am Kranken- u. Sterbebette. Ein Vade-Mecum f. alle Seelsorger. Bearbeitet v. einem Priester d. Bisth. Eichstätt. gr. 16. (VIII, 246 S.) Regensburg 878. Manz. 1. 80

Hirt, d. gute, bey seinen Schaafen. 12. Köln, Haas. 780.

— d. gute, auf seinem Sterbebette, oder letzte Ermahnungen eines Landpfarrers, (Frz. X. Niedermayer). 2 Abthll. 8. Ingolst. 794. (Leipz., Schmidt). 8 gr.

— ein, u. eine Heerde, oder Wünsche u. Vorschläge eines Fränkischen Bürgers, die 3 Religionspartheien in eine zu vereinigen, in popul. Gesprächen abgefaßt. 8. Manh. 804. (Joachim in Lpz.) 8 gr.

Hirt, ein, und eine Heerde, oder die Religionsvereinigung. 8. Leipzig, liter. Central-Compt. 819.

Hirt, ein, u. eine Heerde. Offnes Sendschreiben deutscher evang. Christen an die deutsch-kathol. Christen zu Schneidemühl, Breslau, Berlin u. Leipzig u. a. O. Von ein. evangel. Geistlichen. 5. Abdruck. gr. 8. (1 B.) Leipzig 845, Goetz. (Schrey.) *

Hirt, der kühne, oder die Befreyung des Vaterlandes, von K. Stein. 8. Berlin, Stuhr. 819.

Hirt, d. Prozeß Czynski, s.: Grashey.

Hirt. Situations-Plan der Stadt Ziesar. Magdeburg 1861. 1 Bl. c. L.

Hirt, A., s. Hirt, Aloys Ludwig

Hirt, A. L., s. Hirt, Aloys Ludwig

Hirt, Adolf, Arzt aus Mannheim: **Ueber Krankheiten der Circulationsorgane bei Glaukom.** *Würzburg 1899: Stahel.* (18 S.) 8°
Würzburg, Med. Diss. v. 1899

Hirt, Albrecht, Referendar: **Begriff und rechtliche Bedeutung der Pertinenz.** *Greifswald 1898: J. Abel.* (19 S.) 8°
Greifswald. Jur. Diss. v. 1898

Hirt, Alfr., wir — — —. Davoser Skizzenbuch. (125 S.) 8. Davos (909). H. Erfurt. 2.—; kart. 3.—

Hirt, Alcys Ludwig

— üb. den allmähligen Anbau u. Wasserbau des alten Aegyptens. gr. 4. Ebend. 815.

— über d. Ausstellung d. aus Paris zurückgekomm. Gemälde auf d. königl. Academie. Berl. 815.

— über griech. Baukunst, s. H. Hübsch.

Hirt, A., die Baukunst nach den Grundsätzen d. Alten. Prospectus. gr. Fol. Berlin, Realschulbuchhandlung. 808.

— d. Baukunst nach d. Grundsätzen d. Alten. Prospekt. gr. Fol. Berl. 808. Reimer. 8 gr

— d. Baukunst nach d. Grundsätzen d. Alten. Mit 50 erläut. Kpf. gr. Fol. Berl. 809. (Reimer). 24 ₰ Velinp. 32 ₰

Hirt, A. Bilderbuch fur Mythologie, Archaologie u. Kunst. Berlin u. Leipzig 1805 u. 1816.
1 Bd. 4
1. Die Tempelgötter. 2. Die Untergötter oder Dämonen.

— Bilderbuch für Mythologie, Archäologie u. Kunst. 1s Heft, die Tempelgötter; mit vielen Kpft. u. Vign. gr. 4. Berl. 805 u. 17. Nauck. 9 ₰

Hirt. Des Herrn Directors Dr. Waagen Bilder-Taufe und Aufstellung der Gemälde. Leipzig 1832. 8°.

— über d. Bildung d. ägypt. Gottheiten. Mit 11 Kpft. in Fol. gr. 4. Berl. 821. Reimer. 2 ₰ 4 gr

Hirt, A., über die Bildung des Nackten bei den Alten. Berlin 821. 4.

Hirt, A., die Aeginetischen Bildwerke, s. Wolf, liter. Analekten 3s Heft.

— d. Brautschau. Zeichnung auf griech. Gefäße. In e. Sendschreiben an d. Hrn. Grafen v. Ingenheim. Mit 1 Kpf. kl. Fol. Berl. 825. Herbig. 16 gr

Hirt, A[loys Ludwig]. Dädalus und seine Statuen: Ein pantomimischer Tanz. Bei Gelegenheit einer Carnevals-Feierlichkeit, welche am 23sten Marz 1802 im Palais ... des Prinzen Ferdinand von Preußen statt hatte. Herausgegeben von A. Hirt ... Mit ... Kupfern. Berlin, bei J. D. Sander, 1802 ..
Vortit., Tit., 24 S., 12 Taf. in kol. Kupferst. 4°.

— Dédale et ses statues, danse pantomime trad. pr. G. Mila, av. 12 fig. enlum. 4. Berl. 802. Sander. 4 ₰ 12 gr

— Ueber d. Gegenstände d. Kunst bei den Aegyptern. S.-A. 1820. 60 S. 11 Taf. 4°.

Hirt, Aloys Ldw., d. Geschichte d. Baukunst bei den Alten. 1r, 2r Bd., mit 15 Kpft. in gr. Imp.-Fol. gr. 4. Berl. 821 u. 22. Reimer. 18 ₰ 3r Bd. A. u. d. T.: d. Lehre von den Gebäuden bei den Griechen u. Römern, mit 18 Taf. in gr. Imp.-Fol. gr. 4. Ebd. 827 Ebd. 12 ₰ (Alle 3 Bde compl. 30 ₰ Schrbp. 37 ₰ 12 gr Velinp. 45 ₰)

Hirt, A(loys. Ludw.)., die Geschichte d. bildenden Künste bei d. Alten. gr. 8. (24 B.) Berlin 833, Duncker u. Humblot.

— über d. Gallerie Giustiniani, vorgelesen in d. k. Acad. d. Wissenschaften. gr. 8. Berl. (u. Leipz.) 816. Nauck. 4 gr

— d. Hierodulen, mit Beilagen von Fr. A. Böckh u. Ph. Buttmann. 1s Heft, mit Nachtrag. gr. 8. Berl. 818. Wittich. 12 gr

Heinrich Hübsch über griechische Baukunst dargestellt v. A. Hirt. Berlin. 1823. 4°k.

— Italien u. Deutschland, s. K. Ph. Moritz.

— über d. diesjähr. Kunstausstellung auf d. k. Acad. zu Berlin. 8. Berl. 815.

— Kunstbemerkungen auf e. Reise üb. Wittenberg u. Meissen nach Dresden u. Prag. gr. 8. (18 B.) Berlin 830, Duncker u. Humblot.

— über d. Leben d. Geschichtschreibers Q. Curtius Rufus. gr. 8. Berl. (u. Leipz.) 820. Nauck. 8 gr

— über d. ägypt. Pyramiden überhaupt u. ihren Bau insbesond., mit 1 Kpft. gr. 4. Berl. 815. Nauck. 12 gr

— s. H. J. Röblich, prakt. Anweisung.

— d. Tempel d. Diana zu Ephesus, mit 3 Kpf. gr. 4. Berl. 809. Rücker. 1 ₰ 20 gr Velinp. 2 ₰ 20 gr

— d. Tempel Salomonis, mit 3 Kpf. gr. 4. Berl. 803. Rücker. 1 ₰ 20 gr Velinp. 2 ₰ 20 gr

Der Tempel Salomon's. Von A[loys] Hirt. Vorgelesen in der Königl. Akademie der Wissenschaften zu Berlin den 1. Dec. 1804. Mit 3 Kupfertaf. Berlin: Weiss 1809. 49 S. 4° [Umschlagtit.]
Kl. 3847. Beschreibung des Tempels.

Hirt, A., Die Tempelgötter. S.-A. 1805. 102 S. m. 12 Kupfertaf. u. Abb. 4°.

Hirt, Aloys Ldw., Versuch über den allmäligen Anbau u. Wasserbau des alten Aegyptens. Mit Kpf. gr. 4. Berl. (u. Lpz.) 815. Nauck. 12 gr

— Vertheidigung d. griech. Baukunst gegen H. Hübsch. gr. 4. Berl. 823. Dümmler. 12 gr

Hirt, A., Ueb. d. Vogelhaus d. M. Terentius Varro zu Casinum. S.-A. 1797. 18 S. 4°.

— Hr. Dr. Waagen u. Hr. v. Rumohr als Kunstkenner dargestellt. (In Antwort auf d. Schrift d. Hrn. Dr. Waagen geg. Hirt.) gr. 8. (4½ B.) Berlin 832, Nauck.

— d. Weihe des Eros Uranios, e. Maskerade mit Tänzen, gegeben d. 8. Jan. 1818 in Berlin. Mit 1 schw. u. 12 ill. Kpf. qu. Fol. Berl. 819. Wittich. 11 ₰

— zur Würdigung d. neuesten v. General v. Minutoli eingebrachten Sammlung ägypt. Alterthümer; e. Vorlesung. gr. 8. Berl. 823. Dümmler. 3 gr

Hirt, Arnold Ludw., s.: Ludwig, Arnold.

Hirt, B., Herz-Jesu-Tagzeiten. Genehmigt von Sr. Heil. Leo XIII. Aus dem Lat. übers. (24 S.) 16. Mainz 904. Druckerei Lehrlingshaus. n. — 10

Hirt, B., die Jagd. Ein freyes Gemälde mit 1 Kupfer. gr. 8. Altenburg, Hahn. 820.

Hirt, Wh. J. A., d. Jagd. Ein freies Gemälde mit 1 Kpf. gr. 8. Altenb. 820. (Liter.-Compt. in Zwickau; a. Weber in Ronneb.) 18 gGr.

Hirt, (B.,) d. Jagd. Ein freies Gemälde. M. 1 Kupf. gr. 8. Altenb. 821. (Literat.-Compt. in Zwickau.)

Hirt, C. G., Anfangsgründe der schönen Baukunst rc. gr. 8. Berlin 804, jetzt Heymann. $1^1/_{12}$ Thlr.

Anfangsgründe der schönen Baukunst oder der Civil-Baukunst in ästhetischer Hinsicht, entw. v. C. G. Hirt. Breslau. 1804. 8°.

Hirt, Carl, s. Hirt, Karl

Mannstoll! Die Nymphomanie oder Mannstollheit; ihr Wesen, ihre geheime Zerstörungsarbeit und ihre Behandlung. Von Christian Hirt. *Berlin-Steglitz: H. Priebe & Co. [1902].* (110 S.) 8° [04. 1906]

Hirt, P. Claudius. Beschreibung des Klosters und der Wallfahrt Maria-Einsiedeln. Neue Ausgabe. bearb. von P. C. H.... [Mit Illustrationen und 17 Tafeln.] 8. Einsiedeln... 1897

Hirt, Ed., erster Unterricht zum Landschaftszeichnen. (Baumstudien.) Für Schulen u. zum Selbstunterricht. gr. 4. Quedlinburg 834. Basse. $^1/_2$ Thlr.

Hirt, Eduard, Berufswahl u. körperliche Anlagen, s.: Hahn, M.

— Beziehungen des Seelenlebens zum Nervenleben. Grundlegende Tatsachen der Nerven- u. Seelenlehre. gr. 8. (50 S.) München 903. E. Reinhardt. n. 1. 20

Hirt, Eduard, der Einfluss des Alkohols auf das Nerven- u. Seelenleben, s. a. Grenzfragen des Nerven- u. Seelenlebens. 25. Hft.

Der Einfluß des Alkohols auf das Nerven- und Seelenleben. Von Dr. Eduard Hirt, München. *Wiesbaden: J. F. Bergmann 1904.* (76 S.) 4°(8°)
— Grenzfragen d. Nerven- u. Seelenlebens. H. 25. [04. 1849]

— die Temperamente, s. a. Grenzfragen des Nerven- u. Seelenlebens. 40. Hft.

Die Temperamente, ihr Wesen, ihre Bedeutung für das seelische Erleben und ihre besonderen Gestaltungen. Von Dr. Eduard Hirt, München. Wiesbaden: J. F. Bergmann 1905. (54 S.) 8°
— Grenzfragen d. Nerven- u. Seelenlebens. 40. [05. 13063]

Hirt, Eduard, appr. Arzt aus München: Zur Unterscheidung der narbigen und krebsigen Verengerung des Magenpförtners. *München 1900: J. B. Grassl.* (37 S.) 8°
Erlangen, Med. Diss. v. [18. Juli] 1900

Hirt, Cr. Gli., Anfangsgründe d. schönen Baukunst, oder d. Civilbaukunst in ästhet. Hinsicht. gr. 8. Bresl. 804. (Graß, B. u. C., a. Cr. Fleischer in Leipz.) 1 Thlr (Heymann in Glogau). 1 Thlr 2 gGr.

s. a. Hirt, C. G.

Hirt, Ernst Heinrich (Zittau), De copia relativa corpusculorum sanguinis alborum. Diss. med. Lpz. (A. Edelmann) 17. VIII. 1855. 36 S. mit Biogr. (M.: H. Adolph) u. 2 Tfl. (Ernst Hirt del., Ad. Sauer sc.) (6.50) 15291

Hirt, Ferdinand

Hirt, F., Adreßbuch sämmtlicher Advocaten u. Notare d. deutschen Reiches m. dem General-Gouvernement Elsaß-Lothringen. gr. 8. (V, 104 S.) Gera 875. Griesbach. n. 1. 20

Hirt's, Ferd., Anschauungsbilder der vier Jahreszeiten. Künstlersteinzeichnungen von Walt. Georgi. 4 Blatt je 100×131 cm. Farbdr. Breslau (904). F. Hirt. n. 20. —; auf Leinw. n.n. 29. —; m. Stäben n.n. 34. —; einzelne Blatt 6. —; auf Leinw. n.n. 8. 25; m. Stäben n.n. 9. 50
1. Sommer. — 2. Frühling. — 3. Herbst. — 4. Winter.

Hirt's, Ferd., Anschauungsbilder. Künstler-Steinzeichnungen v. Walth. Georgi. Nr. 5—8. Je 100×130 cm. Farbdr. Breslau (907). F. Hirt. 24.—; auf Leinw. m. Stäben n 38. —

5. Hochgebirge.	6.—; auf Leinw. m. Stäben n 9. 50
6. Wald.	6.—; auf Leinw. m. Stäben n 9. 50
7. Grossstadt.	6.—; auf Leinw. m. Stäben n 9. 50
8. Seehafen.	6.—; auf Leinw. m. Stäben n 9. 50

— dasselbe. Verkleinerte farb. Wiedergaben. (8 Bl.) 15×21,5 cm. Ebd. 909. Geh. od. in Umschlag — 50

Hirt's, Ferd., Bilderschatz zur Länder- u. Völkerkunde. Eine Auswahl aus Ferd. Hirts geograph. Bildertafeln. Für die Belehrg. in Haus u. Schule zusammengestellt v. Alwin Oppel u. Arnold Ludwig. 1.—16. Taus. Fol. (IV, 92 S. m. 431 Abbildgn.) Leipzig 894. F. Hirt & Sohn. n. 3. —; geb. in Leinw. n. 4. —

Hirt's, Ferd., Bilderschatz zur Länder- u. Völkerkunde. E. Auswahl aus Ferd. Hirts geograph. Bildertafeln. F. d. Belehrg. in Haus u. Schule zusammengest. v. Alwin Oppel u. Arnold Ludwig. 17.—20. Taus. Fol. (IV, 92 S. m. 433 Abb.) Leipzig 898. F. Hirt & Sohn. n. 3. —; geb. in Leinw. n. 4. —

— dasselbe. Für d. Belehrung in Haus u. Schule zusammengest. unter Benutzg. v. Ferdinand Hirts geograph. Bildertafeln. Sonder-Ausg. für Österreich-Ungarn, bearb. v. Gust. Busch u. Arnold Ludwig. 435 Abb. nebst e. kurzen erläut. Text. Fol. (IV, 92 S.) Wien 898. A. Pichler's Wwe. & Sohn n. 4. 16; geb. n. 5. 50

— dasselbe, s. Leite, R.

Hirt's, Ferd., Bilderschatz zur Länder- u. Völkerkunde. Für die Belehrung in Haus u. Schule zusammengestellt v. Alwin Oppel u. Arnold Ludwig. 432 Abbildgn., nebst e. kurzen erläut. Text. 21.—24. Taus. Fol. (IV, 92 S.) Leipzig (902). F. Hirt & Sohn. n. 3. —; geb. in Leinw. n. 4. —

— Bilderschatz zur Länder- u. Völkerkunde. Für die Belehrg. in Haus u. Schule zusammengestellt v. Alwin Oppel u. Arnold Ludwig. 432 Abbildgn., nebst e. kurzen erläut. Text. 25.—29. Taus. (IV, 92 S.) gr. 4. Leipzig (906). F. Hirt & Sohn. n. 3. —; geb. in Leinw. n. 4. —

— dasselbe, Erläutergn., s.: Leite, R.

Hirt's, Ferd., geographische Bildertafeln. Eine Ergänzung zu den Lehrbüchern der Geographie, insonderheit zu denen von Ernst v. Seydlitz. Für die Belebung d. ordkundl. Unterrichts u. die Veranschaulichung der Hauptformen der Erdoberfläche, m. besond. Berücksichtigung der wichtigeren Momente aus der Völkerkunde u. Kulturgeschichte hrsg. v. Alwin Oppel u. Arnold Ludwig, unter Mitwirkung von G. Fritsch, G. Leipoldt, R. Perkmann, R. Waeber u. v. vielen anderen hervorrag. Fachmännern. 1. u. 2. Tl. Fol. Breslau 881. 82. F. Hirt. cart. n. 8. —; geb. n. 10. —; in Prachtbd. n. 11. —; einzelne Bogen à n. — 20

1. Allgemeine Erdkunde. Mit 324 Holzschn. u. kartograph. Abbildungen. (24 B.) n. 3. 60; geb. n. 4. 50; in Prachtband n. 5. —

2. Typische Landschaften. Veröffentlicht unter Mitwirkung von Karl Müller, Fel. Kanitz, Rich. Oberländer u. v. vielen anderen hervorrag. Fachmännern. Mit 172 Holzschn. auf 28 Taf. (III, 8 S.) n. 4. 40; geb. n. 5. 50; in Prachtband n. 6. —

— dasselbe. Erläuternder Text zur 1. Abthlg. Hrsg. v. Alwin Oppel u. Arnold Ludwig unter Mitwirkung von G. Fritsch, G. Leipoldt, R. Perkmann, R. Waeber u. vielen anderen hervorragenden Fachmännern. 1. Tl.: Allgemeine Erdkunde. gr. 8. (77 S.) Ebend 881. n. 1. —

Hirt's, Ferd., geographische Bildertafeln. Eine Ergänzg. zu den Lehrbüchern der Geographie, insbesondere zu denen von Ernst v. Seydlitz. Für die Belebg. d. urkundl. Unterrichts u. die Veranschaulichg. der Hauptformen der Erdoberfläche m. besond. Berücksicht. der wichtigsten Momente aus der Völkerkunde u. Kulturgeschichte hrsg. v. Alw. Oppel u. Arnold Ludwig, unter Mitwirkg. v. G. Fritsch, G. Leipoldt, R. Perkmann, R. Waeber u. v. vielen anderen hervorrag. Fachmännern. 1. Tl.: Allgemeine Erdkunde. Mit 319 Holzschn. u. kartograph. Darstellgn. 2. Aufl. 6. bis 11. Tausend. Fol. (24 Taf. m. 3 S. Text) Breslau 884. F. Hirt. n. 3. 60; geb. n. 4. 75

— dasselbe. 3. Tl.: Völkerkunde. 1. Abth.: Völkerkunde v. Europa. Mit 300 Holzschn. nach Orig.-Zeichngn. auf 30 Taf. u. e. kurzen erläut. Text. Fol. (III, 29 S. Text.) Ebend. 886. n. 5. 60; geb. n. 7. —; (I—III, 1 : n. 13. 60; geb. n. 17. —)

Hirt's, F., geographische Bildertafeln. Eine Ergänzg. zu den Lehrbüchern der Geographie, insonderheit zu denen von Ernst v. Seydlitz. Für die Belebg. d. ordkundl. Unterrichts u. die Veranschaulichg. der Hauptformen der Erdoberfläche m. besond. Berücksicht. der wichtigeren Momente aus der Völkerkunde u. Kulturgeschichte hrsg. v A. Oppel u. A. Ludwig, unter Mitwirkg. v. C. Andreas, J. Baumgarten, C. Bock etc 3. Tl.: Völkerkunde. 2. u. 3. Abtlg. Fol. Breslau, F. Hirt. n. 13. 50; geb. n. 16. 50 (cplt.: n. 27. 60; geb. n. 34. 75)

2. Abtlg.: Völkerkunde v. Asien u. Australien. Mit 300 Holzschn. nach Orig.-Zeichngn. auf 27 Taf. u. e. kurzen erläut. Text. (III, 66 S. Text.) 887. n. 6. 50; geb. n. 8. —

3. Abtlg.: Völkerkunde v. Afrika u. Amerika. Mit 311 Holzschn. nach Orig.-Zeichngn. auf 31 Taf. u. erläut. Text, sowie e. Generalregister üb. alle 3 Hauptteile, beziehentlich die 5 Bde. der geograph. Bildertafeln. (III, 47 S. Text.) 888. n. 7. —; geb. n. 8. 50

— dasselbe. 2. Tl.: Typische Landschaften. Veröffentlicht unter Mitwirkg. v. Karl Müller, Felix Kanitz, Rich. Oberländer u. v. vielen anderen hervorrag. Fachmännern. Mit 178 Holzschn. auf 29 Taf. 2., verm. Aufl. Fol. (III, 15 S. Text.) Ebd. 887. n. 5. —; geb. n. 6. 50

— geographische Bildertafeln, 3. Aufl., s.: Opel, Alwin, u. Arnold Ludwig, allgem. Erdkunde in Bildern.

—— historische Bildertafeln für die Belebung des geschichtlichen Unterrichts, und als eine Ergänzung zu den Lehrbüchern der Geschichte, zunächst denen von Glob. Schurich, hrsg. von mehreren Gelehrten und prakt. Schulmännern. 2 Tle. qu. gr. Fol. Breslau, Hirt. * 6 — geb. * 7 50

Inhalt:

Tl. 1. Das Altertum bis zum Untergange des Heidentums. (12 Holzschntaf. mit 1 Bl. Text.) 885. *ℳ 2.50.

» 2. Von den Anfängen des Christentums bis zum Beginn des XIX. Jahrh. (13 Holzschntaf. und erläut. Text III, 30 S.) 886. *ℳ 2.50. — Erläut. Text apart *ℳ 1.—.

— Choralbüchlein, s.: Choralbüchlein f. Schule, Kirche u. Haus.

— actenmäßige Darstellung der Mordprocesse wider Franz Bernhard Schlörr aus Oberreichenau bei Plauen. Mit Portr. u. Situationsplan (Holzschntaf.) gr. 8. (IV, 156 S.) Ebend. 875. n. 1. 25

Hirt, F., der Diebstahl, dessen Verhütung und Entdeckung. Ein Warner und Rathgeber. 2., für den Volksschriften-Verein revid. Ausg. Zwickau 858. Verlhdlg. d. Volksschriften-Vereins. 8. (VIII, 144 S.) n. 8 ngr.

— deutsche Druckschrift-Buchstaben des kleinen u. großen Alphabets, nebst Satzzeichen u. Ziffern f. die Lesemaschine. 2 Bogen. Breslau 894. F. Hirt. — 60; auf Pappe, lackiert u. zerschnitten in Holzschiebekasten n. 3. —

— Erfahrungen eines Criminalbeamten. Bücher über Nachtseiten der Gesellschaft. 1. Buch: Der Diebstahl. A. u. d. T.: Der Diebstahl, dessen Verhütung und Entdeckung. Ein Warner und Rathgeber für alle Besitzenden. Leipzig 856. Wengler. 8. (XII, 208 S.) 1 Thlr.

—— Erfahrungen eines Criminalbeamten. Bücher über Nachtseiten der Gesellschaft. 2. Buch. A. u. d. T.: Der Hausfrieden, dessen Störung und das Hausrecht. Eine Monographie für alle Stände. 8. (X und 109 S.) Leipzig 858, Wengler.
1. Buch. Ebendas. 1856. 1 Thlr.

— Die Hauptformen der Erdoberfläche. Tafel auf Leinwand mit Stäben. Breslau

Hirt, F., der Hausfrieden, dessen Störung und das Hausrecht. Eine Monographie für alle Stände. Der Bücher über Nachtseiten der Gesellschaft „2. Buch." Leipzig 858. Wengler. 8. (X, 109 S.) 15 ngr.

Hirt, Ferd., s.: Jahrbuch d. k. k. Hof-Operntheaters in Wien.

— Karten-Skizzen, entnommen der Geographie von E. v. Seydlitz. Hrsg. v. Ernst Oehlmann. gr. 8. (30 S.) Ebd. 891. n. — 25

— Lautbildertafel zur Schreib- u. Lese-Fibel (Ausgaben A, B, D, F, G). Hrsg. v. Ernst Schreiber. 100×131 cm. Farbdr. Ebd. (908.) 4.—; auf Leinw. m. Stäben 7.50

Hirt, F., Jul. Chrn. Frdr. Leopold aus Lobenstein, sein Leben u. sein Proceß wegen Ermordung der Ida Burghold aus Köstritz nach den Acten u. der Hauptverhandlg. vor dem Geschwornengericht zu Gera am 24. u. 25. Juni 1869, sowie nach eigener Anschauung dargestellt. Gera 869. Griesbach. gr. 8. (IV, 56 S.) n. 5 ngr.

Hirt, Ferdinand, s. a. Lesebuch, Deutsches.

— deutsches Lesebuch. Neubearbeitung v. 1895. Ausg A: Für evangel. Schulen m. einfachen Schulverhältnissen. Begründet v. Ed. Bock. In 2 Tln. od. 4 Abtlgn. gr. 8. Breslau, F. Hirt. n. — 40; geb. n.n. — 60

I. Fibel u. Lesebuch f. die Unterstufe. 2., durchgeseh. Neudr. (IV, 64 u. 88 S. m. Abbildgn.) 899.
(Auch getrennt: 1. Abt. Fibel. n. — 20; geb. n.n. — 35; 2. Abt. Lesebuch f. die Unterstufe n. 30. —; geb. n. — 45)
II. 1. Erweiterte Mittelstufe. (Eine um 68 Lesestücke erweiterte Form der ursprüngl. Mittelstufe zum Gebrauch als selbständ. Lesebuch vornehmlich in dreiklass. Schulen.) Mit Abbildgn. Ausg. f. Brandenburg, Ost- u. Westpreußen, Pommern u. Schlesien. (à 176 u. 64 S.) 900. à n. — 90; Ausg. f. die Prov. Posen. (176 u. 48 S.) 900. n. — 90. — II. 2. Lesebuch f. die Oberstufe. Mit 66 Abbildgn. Ausg. f. die Prov. Posen. (VIII u. S. 121—448.) 900. n.n. 1. 10

— deutsches Lesebuch. Ausg. A: Für evangel. Schulen m. einfachen Schulverhältnissen. Neubearbeitung v. 1895. In 2 Tln. od. 4 Abtlgn. 8. Breslau, F. Hirt. Geb. n.n. 2.80

I, 1. Fibel. (II, 64 S. m. Abbildgn.) 903. n. — 20; geb. n.n. — 35
2. Lesebuch f. die Unterstufe. 5., durchgeseh. (Ster.-)Aufl. (IV, 88 S. m. Abbildgn.) 905. — 30; geb. n.n. — 45
II, 1. Erweiterte Mittelstufe. (Eine um 68 Lesestücke erweit. Form der ursprüngl. Mittelstufe zum Gebrauch als selbständ. Lesebuch vornehmlich in dreiklass. Schulen.) Mit Abbildgn. 3. (Ster.-)Aufl. (176 u. heimatkundl. Lesestücke 64 S.) 905. Geb. n.n. — 90
2. Lesebuch f. die Oberstufe. Mit 68 Abbildgn. 4., durchgeseh. (Ster.-)Aufl. (VIII u. S. 121—448.) 906. n.n. 1. 10; mit 35 Lesest. f. d. Oberstufe. (VIII u. S. 121—496.) n.n. 1. 25

— dasselbe. (Ausg. f. Brandenburg.) (In 2 Tln. od. 4 Abtlgn.) II. Tl. 1. Abtlg. gr. 8. Ebd. 904. Geb. n.n. — 90
Erweiterte Mittelstufe. (Eine um 68 Lesestücke erweit. Form der ursprüngl. Mittelstufe zum Gebrauch als selbständ. Lesebuch vornehmlich in dreiklass. Schulen.) Mit Abbildgn. 2., durchgeseh. (Ster.-)Aufl. (176 u. heimatkundl. Lesestücke 64 S.)

— dasselbe. II. Tl. gr. 8. Ebd. n. 1. 25; geb. n.n. 1. 60
Lesebuch f. die Mittel- u. Oberstufe. Mit 72 Abbildgn. 4., durchgeseh. (Ster.-)Aufl. (448 u. heimatkundl. Lesestücke 64 S.) 904.

— dasselbe. (Ausg. f. Ost- u. Westpreußen.) (In 2 Tln. od. 4 Abtlgn.) II. Tl. 1. Abtlg. gr. 8. Ebd. Geb. n.n. — 90
Erweiterte Mittelstufe. (Eine um 68 Lesestücke erweit. Form der ursprüngl. Mittelstufe zum Gebrauch als selbständ. Lesebuch vornehmlich in dreiklass. Schulen.) Mit Abbildgn. 2., durchgeseh. (Ster.-)Aufl. (176 u. heimatkundl. Lesestücke 64 S.) 904.

— dasselbe. II. Tl. gr. 8. Ebd. 1. 25; geb. n.n. 1. 60
Lesebuch f. die Mittel- u. Oberstufe. Mit 72 Abbildgn. 4., durchgeseh. (Ster.-)Aufl. (448 u. heimatkundl. Lesestücke 64 S.) 904.

— dasselbe. (Ausg. f. Pommern.) (In 2 Tln. od. 4 Abtlgn.) II. Tl. 1. Abtlg. gr. 8. Ebd. Geb. n.n. — 90
Erweiterte Mittelstufe. (Eine um 68 Lesestücke erweit. Form der ursprüngl. Mittelstufe zum Gebrauch als selbständ. Lesebuch vornehmlich in dreiklass. Schulen.) Mit Abbildgn. 2., durchgeseh. (Ster.-)Aufl. (176 u. heimatkundl. Lesestücke 64 S.) 904.

— dasselbe. II. Tl. gr. 8. Ebd. n. 1. 25; geb. n.n. 1. 60
Lesebuch f. die Mittel- u. Oberstufe. Mit 72 Abbildgn. 4., durchgeseh. (Ster.-)Aufl. (448 u. heimatkundl. Lesestücke 64 S.) 904.

— dasselbe. (Ausg. f. Posen.) (In 2 Tln. od. 4 Abtlgn.) II. Tl. 2 Abtlgn. 2., durchgeseh. (Ster.-)Aufl. gr. 8. Ebd. Geb. n.n. 2. —

II, 1. Erweiterte Mittelstufe. (Eine um 68 Lesestücke erweit. Form der ursprüngl. Mittelstufe zum Gebrauch als selbständ. Lesebuch vornehmlich in dreiklass. Schulen.) Mit Abbildgn. (176 u. heimatkundl. Lesestücke 56 S.) 904. n.n. — 90
2. Lesebuch f. die Oberstufe. Mit 66 Abbildgn. (VIII u. S. 121—448.) 904. n.n. 1. 10

— dasselbe. II. Tl. gr. 8. Ebd. 1. 25; geb. n.n. 1. 60
Lesebuch f. die Mittel- u. Oberstufe. Mit 72 Abbildgn. 3., durchgeseh. (Ster.-)Aufl. (448 u. heimatkundl. Lesestücke 56 S.) 904.

— dasselbe. (Ausg. f. Schlesien.) (In 2 Tln. od. 4 Abtlgn.) II. Tl. 1. Abtlg. gr. 8. Ebd. Geb. n.n. — 90
Erweiterte Mittelstufe. (Eine um 68 Lesestücke erweit. Form der ursprüngl. Mittelstufe zum Gebrauch als selbständ. Lesebuch vornehmlich in dreiklass. Schulen.) Mit Abbildgn. 2., durchgeseh. (Ster.-)Aufl. (176 u. heimatkundl. Lesestücke 64 S.) 904.

— dasselbe. II. Tl. gr. 8. Ebd. n. 1. 25; geb. n.n. 1. 60
Lesebuch f. die Mittel- u. Oberstufe. Mit 72 Abbildgn. 4., durchgeseh. (Ster.-)Aufl. (448 u. heimatkundl. Lesestücke 64 S.) 904

— deutsches Lesebuch. (Einbändige) Ausg. A f. die Prov. Brandenburg. Lesebuch f. Brandenburg. Einbändige Ausg. f. die Mittel- u. Oberstufe einfacher evang. Volksschulen. (XVI, 512 S. m. 59 Abbildgn.) gr. 8. Ebd. 910. Geb. nn 2. 10

— dasselbe. A f. die Prov. Ostpreußen. (XVI, 520 S. m. 59 Abbildgn.) gr. 8. Ebd. 910. Geb. nn 2. 10

— dasselbe. A f. die Prov. Pommern. (XVI, 520 S. m. 57 Abbildgn.) gr. 8. Ebd. 910. Geb. nn 2. 10

— dasselbe. A f. die Prov. Schlesien. (XVI, 512 S. m. 56 Abbildgn.) gr. 8. Ebd. 910. Geb. nn 2. 10

— dasselbe. Neubearbeitg. v. 1897. Ausg. B: Für mehrklass. evangel. Schulen. Ergänzende Beigabe. (Geographisch-geschichtl. Prov.-Anh., enth. Lesestücke aus der Heimatkunde der Prov. Posen. 2., auf behördl. Anordng. umgearb. Aufl. gr. 8. (56 S. m. 6 Abbildgn.) Ebd. 900. Geb. n n. — 20

Hirt's, Ferd., deutsches Lesebuch. Ausg. B.: Für mehrklass. evangel. Schulen. Neubearbeitung v. 1897. In 6 Tln. 8. Breslau, F. Hirt. Geb. n.n. 7. 40

1. Schreib- u. Lese-Fibel. (IV, 96 S. m. 45 Abbildgn.) 4., durchgeseh. (Ster.-)Aufl. 903. Geb. n.n. — 60
2. Lesebuch f. die Unterstufe. Mit 19 Abbildgn. 5., durchgef. (Ster.-)Aufl. (128 S.) 904. n. — 50; geb. n. — 70
3. Erstes Lesebuch f. die Mittelstufe. 5. (Ster.-)Aufl. (192 S.) 905. n. — 70; geb. n. 1. —
4. Zweites Lesebuch für die Mittelstufe. Mit 23 Abbildgn. 4., durchgef. (Ster.-)Aufl. (240 S. m. 23 Abbildgn.) 905. n. 1. —; geb. n.n. 1. 30
5. Erstes Lesebuch f. die Oberstufe. Mit 39 Abbildgn. 4., durchgeseh. (Ster.-)Aufl. (368 S.) 906. n. 1. 40; geb. n. 1. 80
6. Zweites Lesebuch f. die Oberstufe. Mit 27 Abbildgn. 3., durchgeseh. (Ster.-)Aufl. (336 S.) 906. n. 1. 50; geb. n. 2. —

— dasselbe f. die Prov. Brandenburg. 3 Tle. Lesebuch f. Brandenburg, hrsg. v. W. Nohl u. M. Ullmann. Ausg. in 3 Tln. f. mehrklass. evang. Schulen. gr. 8. Ebd. n. 4. 60; geb. n.n. 6. —

I. (2. u. 3. Schulj.) m. 40 Abbildgn. (XVI, 256 S.) 906. n. 1. —; geb. n.n. 1. 35
II. (4. u. 5. Schulj.) m. 46 Abbildgn. (XVI, 392 S.) 906. n. 1. 50; geb. n. 2. —
III. (6. bis 8. Schulj.) m. 27 Abbildgn. (XVI, 514 S.) 906. n. 2. 10; geb. n. 2. 65

Hirt's, Ferd., deutsches Lesebuch. Ausg. B f. die Prov. Schlesien. Ausg. in 3 Tln. f. mehrklass. evangel. Schulen. gr. 8. Breslau 908. F. Hirt. nn 4.60; geb. nn 6.—

I. (2. u. 3. Schulj.) m. 42 Abb. (XVI, 284 S.) 1.—; geb. nn 1. 35
II. (4. u. 5. Schulj.) m. 42 Abb. (XVI, 392 S.) 1.50; geb. 2. —
III. (6.—8. Schulj.) m. 23 Abb. (XVI, 544 S.) nn 2.10; geb. 2. 65

— dasselbe. Ausg. B f. die Prov. Ostpreußen. Lesebuch f. Ostpreußen, hrsg. unter Mitwirkg. mehrerer ostpreuß. Rektoren u. Lehrer. Ausg. in 3 Tln. f. mehrklass. evang. Schulen. gr. 8. Ebd. 909. nn 4.60; geb. nn 6. —

1. (2. u. 3. Schulj.) Mit 44 Abb. (XVI, 256 S.) 1.—; geb. n 1. 35
2. (4. u. 5. Schulj.) Mit 51 Abb. (XVI, 384 S.) 1.50; geb. 2. —
3. (6. bis 8. Schulj.) Mit 27 Abb. (XVI, 544 S.) nn 2.10; geb. nn 2. 65

— dasselbe. B f. die Prov. Pommern. Lesebuch f. Pommern, hrsg. v. Alb. Bendziula. Ausg. in 3 Tln. f. mehrklass. evangel. Schulen. gr. 8. Ebd. 909. Geb. nn 6. —

1. (2. u. 3. Schulj.) Mit 43 Abb. (XVI, 248 S.) Geb. nn 1. 35
2. (4. u. 5. Schulj.) Mit 44 Abb. (XVI, 384 S.) Geb. 2. —
3. (6.—8. Schulj.) (XVI, 514 S. m. Titelbild.) Geb. nn 2. 65

— dasselbe. Neubearbeitg. v. 1897. Ausg. C: Für konfessionell gemischte Schulen m. einfachen Schulverhältnissen. Begr. v. Ed. Bock. (In 4 Tln.) 1. Tl. Schreib- u. Lese-Fibel. Mit 45 Abbildgn. gr. 8. (IV, 96 S.) Ebd. 897. n. — 40; geb. n.n. — 60

— dasselbe. Ausgabe C: Für konfessionell gemischte Schulen, insonderheit f. 4- u. 5klassige. Neubearbeitg. v. 1898. (In 4 Tln.) 2—4. Tl. gr. 8. Ebd. n. 2.60; geb. n. 3.55
  2. Lesebuch f. die Unterstufe. Mit 19 Abbildgn. (128 S.) 899. n. — 50; geb. n. — 70
  3. Lesebuch f. die Mittelstufe. Mit 40 Abbildgn. (272 S.) 899. n. 1. —; geb. n. 1. 35
  4. Lesebuch f. die Oberstufe. Mit 51 Abbildgn. (328 S.) 899. n. 1. 10; geb. n. 1. 50; (3 u. 4 in 1 Bd. geb. n.n. 2. 60)

— dasselbe. Ergänzende Beigabe. Geographisch-geschichtl. Prov.-Anh., enth. Lesestücke aus der Heimatkunde der Provv. Ost- u. Westpreußen u. Schlesien. gr. 8. (à 64 S.) Ebd. 899. Kart. à n.n. — 20
  Ost- u. Westpreußen. Mit 18 Abb. — Schlesien. Mit 11 Abb.

— dasselbe. Ausg. C: Für konfessionell gemischte Schulen, insonderheit f. 4- u. 5klassige. (In 4 Tln.) 1. u. 2. Tl. gr. 8. Ebd. Geb. n.n. 1. 30
  1. Schreib- u. Lese-Fibel. Neubearbeitung v. 1897. 3., durchgeseh. (Ster.-)Aufl. in der neuen deutschen Rechtschreibg. (96 S. m. 45 Abbildgn.) 903. n.n. — 60
  2. Lesebuch f. die Unterstufe. Neubearbeitung v. 1898. 2., durchgeseh. (Ster.-)Aufl. in der neuen deutschen Rechtschreibung. (128 S. m. 19 Abbildgn.) 903. n.n. — 70

— dasselbe. Ausg. C: Für konfessionell gemischte Schulen, insonderheit f. 4- u. 5klassige. Neubearbeitung v. 1898. (In 4 Tln.) 2.—4. Tl. 8. Ebd. Geb. nn 3. 55
  2. Lesebuch f. die Unterstufe. Mit 99 Abbildgn. 3., durchgeseh. (Ster.-)Aufl. (128 S.) 908. Geb. nn — 70
  3. Lesebuch f. die Mittelstufe. Mit 41 Abbildgn. 3., durchgeseh. Aufl. (272 S.) 908. Geb. nn 1. 35
  4. Lesebuch f. die Oberstufe. Mit 50 Abbildgn. 3., durchgeseh. Aufl. (328 S.) 908. Geb. 1. 50

— dasselbe. C f. Hilfsschulen hrsg. v. Arno Fuchs. In 3 Tln. gr. 8. Ebd. 910. Geb. in Halbleinw. nn 4. 80
  I. (Für das 3. Hilfsschulj.) (64 S. m. 19 Abbildgn.) Geb. — 80
  II. (Für das 4. Hilfsschulj.) (IV, 100 S. m. 38 Abb.) Geb. nn 1. 20
  III. (Für das 5.—8. Hilfsschulj.) (VII, 312 S. m. 61 Abb.) Geb. in Halbleinw. nn 2. 60

— dasselbe. C f. Hilfsschulen. Mit Anh.: Berlin u. seine Umgebg. In 3 Tln. II. u. III. Tl. gr. 8. Ebd. Geb. in Halbleinw. nn 4. 05
  II. (Für das 4. Hilfsschulj.) (IV, 111 S. m. 40 Abb.) 910. Geb. nn 1. 25
  III. (Für das 5.—8. Hilfsschulj.) (VIII, 335 S. m. 66 Abb.) 910. Geb. in Halbleinw. nn 2. 80

— dasselbe. Neubearbeitg v. 1897. Ausg. D: Für mehrklass. Schulen beider Konfessionen. (In 6 Tln.) 1.—4. Tl. gr. 8. Ebd. Geb. n.n. 3. 40
  1. Schreib- u. Lese-Fibel. 2. (Ster.-)Aufl. (IV, 96 S. m. 45 Abbildgn.) 901. Geb. n.n. — 60
  2. Lesebuch f. die Unterstufe. 2., durchgeseh. (Ster.-)Aufl. (128 S. m. 19 Abbildgn.) 899. n. — 50; geb. n.n. — 70
  3. Erstes Lesebuch f. die Mittelstufe. Mit 10 Abbildgn. 2., durchgeseh. (Ster.-)Aufl. (160 S.) 901. n. — 60; geb. n. — 90
  4. Zweites Lesebuch für die Mittelstufe. Mit 23 Abbildgn. 2., durchgeseh. (Ster.-)Aufl. (208 S.) 901. n. — 90; geb. n.n. 1. 20

— dasselbe. Ausg. D: Für mehrklass. Schulen beider Konfessionen. Neubearb. v. 1897. In 6 Tln. 8. Ebd. Geb. n.n. 6. 90
  I. Schreib- u. Lese-Fibel. (IV, 96 S. m. 45 Abbildgn.) 3., durchges. (Ster.-)Aufl. 903. n.n. — 60
  II. Lesebuch f. die Unterstufe. 4., durchges. (Ster.-)Aufl. (128 S. m. 19 Abbildgn.) 906. n. — 50; geb. n.n. — 70
  III. Erstes Lesebuch f. die Mittelstufe. Mit 10 Abbildgn. 3., durchgeseh. (Ster.-)Aufl., in der neuesten amtl. Rechtschreibung. (160 S.) 906. n. — 60; geb. n.n. — 90
  IV. Zweites Lesebuch für die Mittelstufe. Mit 23 Abbildgn. 3., durchgeseh. (Ster.-)Aufl., in der neuen deutschen Rechtschreibg. (208 S.) 906. n. — 90; geb. n.n. 1. 20
  V. Erstes Lesebuch f. die Oberstufe. Mit 45 Abbildgn. 2., durchgeseh. (Ster.-)Aufl., in der neuen deutschen Rechtschreibg. (360 S.) 906. n.n. 1. 35; geb. n.n. 1. 75
  VI. Zweites Lesebuch f. die Oberstufe. Mit 30 Abbildgn. 2., durchgeseh. (Ster.-)Aufl., in der neuen deutschen Rechtschreibg. (368 S.) 906. n.n. 1. 35; geb. n.n. 1. 75

— dasselbe. I. Tl. 2 Abtlgn. 3., durchges. (Ster.-)Aufl., in der neuen deutschen Rechtschreibg. gr. 8. Ebd. 903. Geb. à n.n. — 35
  I, 1. Schreib- u. Lesefibel. 1. Abtlg.: Die Klein- u. Großbuchstaben in Schreib- u. Druckschrift (II, 46 S. m. 30 Abbildgn.)
  2. Dasselbe. 2. Abtlg. Lesestücke in Druckschrift (II u. S. 47—96 m. 15 Abbildgn.)

— dasselbe. Ausg. D f. die Prov. Schlesien. Ausg. in 3 Tln. f. mehrklass. Schulen beider Konfessionen. gr. 8. Ebd. 908. nn 4.60; geb. nn 6. —
  I. (2. u. 3. Schulj.) m. 42 Abb. (XVI, 264 S.) 1.—; geb. nn 1. 35
  II. (4. u. 5. Schulj.) m. 41 Abb. (XVI, 392 S.) 1.50; geb. 2. —
  III. (6.—8. Schulj.) m. 21 Abb. (XVI, 544 S.) nn 2.10; geb. 2. 65

— dasselbe. D f. die Prov. Westpreußen. Lesebuch f. Westpreußen. Ausg. in 3 Tln. f. mehrklass. Schulen beider Konfessionen. gr. 8. Ebd. 909. nn 4.60; geb. nn 6. —
  1. Mit 39 Abb. (XVI, 256 S.) 1.—; geb. n 1. 35
  2. (4. u. 5. Schulj.) Mit 38 Abb. (XVI, 392 S.) 1.50; geb. 2. —
  3. (6. bis 8. Schulj.) Mit 20 Abb. (XVI, 544 S.) nn 2.10; geb. nn 2. 65

Hirt's, Ferd., deutsches Lesebuch. Ausg. E: Für zweisprach. Schulen m. einfachen Schulverhältnissen. Neubearbeitg. v. 1898. (In 4 Tln.) 2.—4. Tl. gr. 8. Breslau, F. Hirt. Geb. n.n. 2. 20
  2. Lesebuch f. die Unterstufe. 2., durchgeseh. (Ster.-)Aufl. (80 S. m. 30 Abbildgn.) 901. Geb. n.n. — 40
  3. Lesebuch f. die Mittelstufe. 2., durchgeseh. (Ster.-)Neudr. (144 S.) 899. Geb. n.n. — 60
  4. Lesebuch f. die Oberstufe. (328 u. 16 S. m. 79 Abbildgn.) 899. n. — 90; geb. n.n. 1. 20
  In Ausgaben f. die Provv. Posen, Schlesien u. Westpreußen.

— dasselbe. Ausg. E: Für zweisprach. Schulen m. einfachen Schulverhältnissen. Neubearbeitung v. 1897. (In 4 Tln.) 1.—3. Tl. 8. Ebd. n. 1. —; geb. n.n. 1. 40
  1. Fibel. Mit 55 Abbildgn. 4., durchgeseh. (Ster.-) Aufl. (IV, 76 S.) 908. n. — 30; geb. n.n. — 40
  2. Lesebuch f. die Unterstufe. Mit 30 Abbildgn. 4. (Ster.-) Aufl. (80 S.) 905. n. — 30; geb. n.n. — 40
  3. Lesebuch f. die Mittelstufe. 4., durchges. (Ster.-)Aufl. (144 S. m. 15 Abbildgn.) 906. n. — 40; geb. n.n. — 60

— dasselbe. IV. Tl. Lesebuch f. die Oberstufe. Ausg. f. die Prov. Posen. 2. durchgeseh. (Ster.-)Aufl. (328 u. Heimatkunde 16 S. m. 79 Abbildgn.) gr. 8. Ebd. 904. n. — 90; geb. n.n. 1. 20; mit dem 3. Tl. in 1 Bd. geb. n.n. 1.60

— dasselbe. Ausg. f. die Prov. Schlesien. 2., durchgeseh. (Ster.-)Aufl. (328 u. Heimatkunde 16 S. m. 79 Abbildgn.) gr. 8. Ebd. 904. n. — 90; geb. n.n. 1.20; m. dem 3. Tl. in 1 Bd. geb. n.n. 1. 60

— dasselbe. Ausg. f. die Prov. Westpreußen. 2., durchgeseh. (Ster.-)Aufl. (328 u. Heimatkunde 16 S. m. 79 Abbildgn.) gr. 8. Ebd. 904. n. — 90; geb. n.n. 1. 20; m. dem 3. Tl. in 1 Bd. geb. n.n. 1. 60

— dasselbe. Tl. I u. II im Auszuge. Fibel u. 52 Lesestücke. 4. (Ster.-)Aufl. (IV, 108 S.) 8. Ebd. 906. — 40; geb. n. — 55

— dasselbe. Ausg. E f. Oberschlesien. 3 Tle. Deutsch. Lesebuch f. Volksschulen zweisprach. Gegenden in 3 Tln. 8. Ebd. 909. 1.90; geb. n 2. 80
  1. (VIII, 80 S. m. 27 Abbildgn.) — 30; geb. n — 50
  2. (XII, 176 S. m. 30 Abbildgn.) — 60; geb. n — 90
  3. (XII, 356 S. m. 35 Abbildgn.) 1.—; geb. n 1. 40

— dasselbe. Ausg. F: Für mehrklass. kathol. Schulen. Begründet v. Jos. Lepke. Neubearbeitg. v. 1898. (In 6 Tln.) 2.—6. Tl. 8. Ebd. n. 4. 70; geb. n.n. 6. 30
2. Lesebuch f. die Unterstufe. (128 S. m. 18 Abbildgn.) 899. n. — 50; geb. n. — 70
3. Erstes Lesebuch f. die Mittelstufe. (160 S. m. 10 Abbildgn.) 899. n. — 60; geb. n. — 90
4. Zweites Lesebuch f. die Mittelstufe. (208 S. m. 29 Abbildgn.) 899. n. — 90; geb. n.n. 1. 20
5. Erstes Lesebuch f. die Oberstufe. 2., durchgeseh. (Ster.-)Aufl. (368 S. m. 44 Abbildgn.) 901. n.n. 1. 35; geb. n.n. 1. 75
6. Zweites Lesebuch f. die Oberstufe. Mit 38 Abbildgn. (392 S.) 899. n. 1. 35; geb. n.n. 1. 75

— dasselbe. Ergänzende Beigabe. Geographisch-geschichtl. Prov.-Anh., enth. Lesestücke aus der Heimatkunde der Provv. Brandenburg, Ost- u. Westpreußen u. Schlesien. gr. 8. (à 64 S.) Ebd. Geb. à n.n. — 20
Brandenburg. Mit 11 Abbildgn. 902. — Ost- u. Westpreußen. Mit 20 Abbildgn. 898. — Schlesien. Mit 11 Abbildgn. 898.

— dasselbe. Ausg. F: Für mehrklass. kathol. Schulen. Begründet v. Jos. Lepke. Neubearbeitung v. 1898. In 6 Tln. 8. Ebd. Geb. n.n. 6. 90
1. Schreib- u. Lese-Fibel. Neubearbeitung v. 1897. 3., durchgeseh. (Ster.-)Aufl. in der neuen deutschen Rechtschreibg. (IV, 96 S. m. 45 Abbildgn.) 903. n.n. — 68
2. Lesebuch f. die Unterstufe. 3. (Ster.-)Aufl. (128 S.) 905. n. — 50; geb. n.n. — 70
3. Erstes Lesebuch f. die Mittelstufe. Mit 10 Abbildgn. 2. (Ster.-)Aufl. (160 S.) 904. n. — 60; geb. n.n. — 90
4. Zweites Lesebuch f. die Mittelstufe. Mit 29 Abbildgn. 2. (Ster.-)Aufl. (208 S.) 901. n. — 90; geb. n.n. 1. 20
5. Erstes Lesebuch f. die Oberstufe. Mit 44 Abbildgn. 3., durchgeseh. (Ster.-)Aufl. (368 S.) 904. n.n. 1. 35; geb n.n. 1. 75
6. Zweites Lesebuch f. die Oberstufe. Mit 38 Abbildgn. 2., durchgeseh. (Ster.-)Aufl. (392 S.) 904. n.n. 1. 35; geb. n.n. 1. 75

— dasselbe. F f. die Prov. Schlesien. Lesebuch f. Schlesien in 3 Tln. f. mehrkl. kathol. Schulen. gr. 8. Ebd. 909. nn 4.60; geb. nn 6. —
1. (2. u. 3. Schulj.) Mit 46 Abbildgn. (XVI, 248 S.) 1.—; geb. n 1. 35
2. (4. u. 5. Schulj.) Mit 82 Abb. (XVI, 392 S.) 1.50; geb. 2. —
3. (6.—8. Schulj.) Mit 23 Abbildg. (XVI, 568 S.) nn 2.10; geb. nn 2. 65

— dasselbe. Ausg. F f. die Prov. Brandenburg. Lesebuch f. Brandenburg. Ausg. in 3 Tln. für mehrklass. kathol. Schulen. gr. 8. Ebd. 910. Geb. in Halbleinw. nn 6. —
I. (2. u. 3. Schulj.) (XVI, 240 S. m. 44 Abbildgn.) Geb. nn 1. 35
II. (4. u. 5. Schulj.) (XVI, 392 S. m. 34 Abbildgn.) Geb. 2. —
III. (6.—8. Schulj.) (XVI, 568 S. m. 21 Abbildgn.) Geb. nn 2. 65

— dasselbe. F f. die Prov. Ostpreußen. Lesebuch für Ostpreußen. Ausg. in 3 Tln. f. mehrkl. kathol. Schulen. gr. 8. Ebd. 910. Geb. in Halbleinw. nn 6. —
I. (2. u. 3. Schulj.) (XVI, 248 S. m. 45 Abbildgn.) Geb. nn 1. 35
II. (4. u. 5. Schulj.) (XVI, 384 S. m. 48 Abbildgn.) Geb. 2. —
III. (6.—8. Schulj.) (XVI, 508 S. m. 18 Abbildgn.) Geb. nn 2. 65

— dasselbe. Ausg. G: Für kathol. Schulen m. einfacheren Schulverhältnissen. In 4 Tln. Kleinere Ausg. des bisher. Lepkeschen Lesebuches. gr. 8. Ebd. Geb. n.n. 2. 90
1. Schreib- u. Lese-Fibel. 2., durchgeseh. Aufl. (IV, 64 S. m. 36 Abbildgn.) 899. Geb. n. — 40
2. Lesebuch f. die Unterstufe. 2. durchges. Aufl. Mit 15 Abbildgn. (VIII, 88 S.) 899. n. — 30; geb. n.n. — 50
3. Lesebuch f. die Mittelstufe. 4. Aufl. Mit 16 Abbildgn. (148 S.) 900. n. — 40; geb. n.n. — 65
4. Lesebuch f. die Oberstufe. 2. durchges. Aufl. Mit 68 Abbildgn. (384 S.) 899. n. 1. —; geb. n.n. 1. 35;
3. u. 4. Tl. in 1 Bd. geb. n.n. 1. 80

Hirt's, Ferd., deutsches Lesebuch. Ausg. G: Für kathol. Schulen m. einfacheren Schulverhältnissen. In 4 Tln. Kleinere Ausg. des früheren Lepkeschen Lesebuches. 8. Breslau, F. Hirt. Ebd. n. 1. 90; geb. n.n. 2. 90
1. Schreib- u. Lese-Fibel. 5., durchgeseh. (Ster.-)Aufl. (IV, 61 S. m. Abbildgn.) 904. n. — 20; geb. n. — 40
2. Lesebuch f. die Unterstufe. Mit 15 Abbildgn. 5., durchgeseh. (Ster.-)Aufl. (VIII, 88 S.) 904. n. — 30; geb. n.n. — 50
3. Lesebuch f. die Mittelstufe. Mit 16 Abbildgn. 7. (Ster.-)Aufl. (148 S.) 906. n. — 40; geb. n.n. — 65
4. Lesebuch f. die Oberstufe. Mit 68 Abbildgn. 4., durchgeseh. (Ster.-)Aufl. (384 S.) 904. n. 1. —; geb. n.n. 1. 35

— dasselbe. Ergänzende Beigaben. Geographisch-geschichtl. Prov.-Anh., enth. Lesestücke aus der Heimat der Provinz. gr. 8. Ebd. Geb. à n.n. — 20
Brandenburg. Bearb. v. Jander u. W. Petrick. Mit 1 Karte u. 11 Abbildgn. Durchgeseh. Abdr. (Für Ausg. B, F u. G.) (à 64 S.) 904. 902.
Ost- u. Westpreußen. Für evangel. Schulen bearb. v. Jul. Romeiks. Mit 18 Abbildgn. Durchgeseh. Abdr. (Für Ausg. B, F u. G.) (à 64 S.) 904.
Pommern. Bearb. v. Frz. Neubüser. Mit Abbildgn. Durchgeseh. Abdr. (Für Ausg. B.) (64 S.) 904.
Posen. Mit 6 Abbildgn. 3. Aufl. (Für Ausg. A u. B.) (56 S.) 904.
Schlesien. Mit 11 Abbildgn. Durchgeseh. Abdr. (Für Ausg. F u. G.) (à 64 S.) 904.

— dasselbe. (Einbändige) Ausg. G f. die Prov. Schlesien. Lesebuch f. Schlesien. Einbänd. Ausg. f. die Mittel- u. Oberstufe einf. kathol. Volksschulen. (XVI, 528 S. m. 65 Abbildgn.) gr. 8. Ebd. 910. Geb. in Hlblw. nn 2. 10

— Lesebuch f. rumänisch-israelit. Primarschulen bearb., s.: Gold, A. S.

Hirt's, Ferd., Lesebuch für Volksschulen. Ausg. A. Für evangelische Schulen mit einfachen Schulverhältnissen. Herausg. v. Ed. Bock. 2 Tle. 8. Bresl. 893, F. Hirt. * 1 60; geb. ** 2 05
1. Fibel u. Lesebuch für die Unterstufe. 32. Stereotyp-Aufl. (VI, 84 S.) * — 40; geb. ** — 55. Auch in 2 Abthlgn.: 1. Abtl. ** — 20; geb. ** — 30; 2. Abtl. ** — 30; geb. ** — 40.
2. Lesebuch für die Mittel- u. Oberstufe. 31. Stereotyp-Aufl. (VIII, 446, 8 S.) * 1 20; geb. ** 1 50.

— Lesebuch f. Volksschulen. Ausg. A. Für evangel. Schulen m. einfachen Schulverhältnissen. Hrsg. v. Ed. Bock. 1. Tl., 2 Abtlgn., u. 2. Tl. gr. 8. (Mit Abbildgn.) Ebd. 894. n. 1. 70; geb. n.n. 2. 20
I, 1. Fibel. 34. Ster.-Aufl. (IV, 60 S.) n. — 20; geb. n.n. — 30
I, 2. Lesebuch f. die Unterstufe. 32. Ster.-Aufl. (IV, 84 S.) n. — 30; geb. n.n. — 40 (1. Tl. in 1 Bd. n. — 40; geb. n.n. — 55)
II. Lesebuch f. die Mittel- u. Oberstufe. 32. Ster.-Aufl. (VIII, 446 u. 8 S.) n. 1. 20; geb. n.n. 1. 60

— dasselbe. Begründet v. Ed. Bock. Neubearbeitung v. 1895. 2 Tle. in 3 Abtlgn. gr. 8. (M. Abb.) Ebd. 895. n. 1. 75; geb. n.n. 2. 40
I, 1. Fibel. (II, 64 S.) n. — 20; geb. n.n. — 35
I, 2. Lesebuch f. d. Unterstufe. (IV, 88 S.) n. — 30; geb. n.n. — 45 (I, 1 u. 2 in 1 Bde.: n. — 40; geb. n.n. — 60)
II. Lesebuch f. d. Mittel- u. Oberstufe. (448 S.) n. 1. 25; geb. n.n. 1. 60; Ausg. mit: Heimatkundl. Lesestücke. Ost u. Westpreußen. Bearb. v. Jul. Romeiks. (64 S.) n. 1. 25; geb. n.n. 1. 60; Ausg. mit: Heimatkundl. Lesestücke. Schlesien. (64 S.) n. 1. 25; geb. n.n. 1. 60; Ausg. mit: Heimatkundl. Lesestücke. Pommern. Bearb. v. Frz. Neubüser. (64 S.) Geb. n.n. 1. 60; Ausg. mit: Heimatkundl. Lesestücke. Brandenburg. Bearb. v. Jander u. W. Petrick. (64 S.) Geb. n.n. 1. 60

Hirt's Lesebuch für Volksschulen. Ausg. A.:
II. Tl. 1. Abtlg. Lesebuch f. d. Mittelstufe. Nebst: Heimatkundl. Lesestücke. Brandenburg. Bearb. von Jander u. W. Petrick. gr. 8. (120 u. 64 S. m. Abb.) Breslau 898. F. Hirt. Geb. n.n. — 80

— dasselbe. Nebst: Heimatkundl. Lesestücke. Ost- u. Westpreußen. Bearb. v. Jul. Romeiks. gr. 8. (120 u. 64 S. m. Abb.) Ebd. 898. Geb. n.n. — 80

— dasselbe. Nebst: Heimatkundl. Lesestücke. Schlesien. gr. 8. (120 u. 64 S. m. Abb.) Ebd. 898. Geb. n.n. — 80

— dasselbe. II. Tl. 2. Abtlg.: Lesebuch f. d. Oberstufe. gr. 8. (8 u. S. 121—448 m. 66 Abb.) Ebd. 898. Geb. n.n. 1. 10

— dasselbe. Ausg. B. Für mehrklass. Schulen evangel. Konfession. Hrsg. v. Ed. Bock. 1. u. 2. Tl., 3. Tl., 2 Abtlgn., u. 4. Tl., 2 Abtlgn. gr. 8. (Mit Abbildgn.) Ebd. n. 5. 10; geb. n.n. 6. 35
I. Schreib- u. Lese-Fibel. 16. Ster.-Aufl. (XI, 100 S.) 894. n. — 40; geb. n.n. — 55
II. Lesebuch f. die Unterstufe. 15. Ster.-Aufl. (VIII, 128 S. m. Abbildgn.) 893. n. — 50; geb. n.n. — 65
III, 1. Mittelstufe. 1. Jahrg. 15. Ster.-Aufl. (VI, 152 S.) 894. n. — 60; geb. n.n. — 75
III, 2. — dasselbe. 2. Jahrg. 13. Ster.-Aufl. (VI, 200 u. 8 S.) 892. n. — 80; geb. n.n. 1. — (3. Tl. in 1 Bd. geb. n.n. 1. 70)
IV, 1. Oberstufe. 1. Jahrg. 13. Ster.-Aufl. (XV, 352 S.) 894. n. 1. 40; geb. n.n. 1. 70
IV, 2. — dasselbe. 2. Jahrg. 12. Ster.-Aufl. (VIII, 392 S.) 892. n. 1. 40; geb. n.n. 1. 70

— dasselbe. Ausg. B.:
Für mehrklass. Schulen evang. Konfession. Hrsg. v. Ed. Bock. In 4 Tln. m. 6 Abtlgn. (Mit Abb.) Ebd. n. 5. 10; geb. n.n. 6. 35
1. Schreib- u. Lese-Fibel. 19. Ster.-Aufl. (XI, 100 S.) 896. n. — 40; geb. n.n. — 55
2. Lesebuch für d. Unterstufe. 18. Ster.-Aufl. (VIII, 128 S.) 895. n. — 50; geb. n.n. — 65
3, I. Mittelstufe. 1. Jahrg. 16. Ster.-Aufl. (VI, 152 S. m. Abb.) 896. n. — 60; geb. n.n. — 75
3, II. Dasselbe. 2. Jahrg. 16. Ster.-Aufl. (VI, 200 u. 8 S. m. Abb.) 896. n. — 80; geb. n.n. 1. — (3, I/II in 1 Bd. geb. n.n. 1. 70)
4, I. Oberstufe. 1. Jahrg. 13. Ster.-Aufl. (XV, 352 S.) 894. n. 1. 40; geb. n.n. 1. 70
4, II. Oberstufe. 2. Jahrg. 13. Ster.-Aufl. (VIII, 392 S.) 895. n. 1. 40; geb. n.n. 1. 70

— dasselbe. Begründ. v. Ed. Bock. Neubearbeitung v. 1897. gr. 8. 6 Tle. Ebd. 897. n. 5. 50; geb. n.n. 7. 40
1. Schreib- u. Lese-Fibel. (IV, 96 S. m. 45 Abb.) n. — 40; geb. n.n. — 60
2. Lesebuch f. d. Unterstufe. (128 S. m. 19 Abb.) n. — 50; geb. n.n. — 70
3. Erstes Lesebuch f. d. Mittelstufe. (192 S. m. 19 Abb.) n. — 70; geb. n.n. 1. —
4. Zweites Lesebuch f. d. Mittelstufe. (240 S. m. 23 Abb.) n. 1. —; geb. n.n. 1. 30
5. Erstes Lesebuch f. d. Oberstufe. (368 S. m. 39 Abb.) n. 1. 40; geb. n.n. 1. 80
6. Zweites Lesebuch f. d. Oberstufe. (336 S. m. 27 Abb.) n. 1. 60; geb. n.n. 2. —

Hirt, Ferd., Lesebuch f. Volksschulen. Ausg. C. Für einfache Schulverhältnisse konfessionell-gemischter Schulen. Hrsg. v. Ed. Bock. 1. u. 2. Tl. u. 3. Tl., 2 Abtlgn. gr. 8. (Mit Abbildgn.) Breslau, F. Hirt. n. 2. 10; geb. n.n. 2. 85
I. Schreib- u. Lese-Fibel. 15. Ster.-Aufl. (XII, 100 S.) 893. n. — 40; geb. n.n. — 55
II. Lesebuch f. die Unterstufe. 14. Ster.-Aufl. (VIII, 128 S. m. Abbildgn.) 893. n. — 50; geb. n.n. — 65
III, 1. Lesebuch f. die Mittelstufe. 10. Ster.-Aufl. (VIII, 128 u. 8 S.) 892. Geb. n.n. — 55
III, 2. Lesebuch f. die Oberstufe. 10. Ster.-Aufl. (VIII, 320 u. 8 S.) 892. Geb. n.n. 1. 10 (3. Tl. in 1 Bd. n. 1. 20; geb. n. 1. 50)

— dasselbe. III. Tl. 2 Abtlgn. 11. Ster.-Aufl. gr. 8. Ebd. 896. Geb. n.n. 1. 65
1. Lesebuch f. d. Mittelstufe. (VIII, 123 S. m. Abb.) n.n. — 55
2. Lesebuch f. d. Oberstufe. (VIII, 320 u. 8 S.) n.n. 1. 10

— dasselbe. Ausg. C.:
Für konfessionell-gem. Schulen m. einf. Schulverhältnissen. Hrsg. v. Ed. Bock. II. u. III. Tl. 8. Ebd. n. 1. 70; geb. n.n. 2. 15
II. Lesebuch f. d. Unterstufe. 16. Ster.-Aufl. (VIII, 128 S. m. Abb.) 896. n. — 50; geb. n.n. — 65
III. Dasselbe f. d. Mittel- u. Oberstufe. 13. Ster.-Aufl. (XIII, 128, 8 u. 320 S. m. Abb.) 898. n. 1. 20; geb. n.n. 1. 50

— Lesebuch f. Volksschulen. Ausg. D. Für erweiterte Schulverhältnisse beider Konfessionen. 1. u. 2. Tl. u. 3. Tl., 1. u. 2. Abtlg. Mit Abbildgn. gr. 8. Ebd. 890. n. 2. 30; geb. n.n. 2. 95
1. Schreib- u. Lesefibel. (XI, 100 S.) n. — 40; geb. n.n. — 55
2. Lesebuch für die Unterstufe. (VIII, 128 S.) n. — 50; geb. n.n. — 65
3. I. Mittelstufe, 1. Jahrg. (158 S.) n. — 60; geb. n.n. — 75
3. II. — dasselbe. 2. Jahrg. (208 S.) n. — 80; geb. n.n. 1. —

— dasselbe. Ausg. D. Für erweiterte Schulverhältnisse beider Konfessionen. 1. u. 2. Tl., 3. Tl., 2 Abtlgn., u. 4. Tl., 2. Abtlgn. 2. Ster.-Aufl. gr. 8. (Mit Abbildgn.) Ebd. 892. n. 4. 50; geb. n.n. 5. 75
I. Schreib- u. Lese-Fibel. 2. Ster.-Aufl. (XI, (100 S.) n. — 40; geb. n.n. — 55
II. Lesebuch f. die Unterstufe. 2. Ster.-Aufl. (VIII, 128 S.) n. — 50; geb. n.n. — 65
III, 1. Mittelstufe. 1. Jahrg. 2. Ster.-Aufl. (158 S.) n. — 60; geb. n.n. — 75
III, 2. — dasselbe. 2. Jahrg. 2. Ster.-Aufl. (208 S.) n. — 80; geb. n.n. 1. —
IV, 1. Oberstufe. 1. Abtlg. 2. Ster.-Aufl. (270 S.) n. 1. —; geb. n.n. 1. 30
IV, 2. — dasselbe. 2. Abtlg. 3. Ster.-Aufl. (298 S.) n. 1. 20; geb. n.n. 1. 50 (1. u. 2. Abtlg. zusammen geb. n.n. 2. 60)

— dasselbe. Ausg. D.:
Für erweit. Schulverhältn. beider Konfessionen. 1. u. 2. Tl., u. 3. u. 4. Tl. à 2 Abtlgn. gr. 8. (Mit Abb.) Ebd. n. 4. 50; geb. n.n. 5. 75
I. Schreib- u. Lese-Fibel. 4. Ster.-Aufl. (XI, 100 S.) 893. n. — 40; geb. n.n. — 55
II. Lesebuch f. d. Unterstufe. 5. Ster.-Aufl. (VIII, 128 S.) 898. n. — 50; geb. n.n. — 65
III, 1. Mittelstufe. 1. Jahrg. 3. Ster.-Aufl. (158 S.) 894. n. — 60; geb. n.n. — 75
III, 2. Dasselbe. 2. Jahrg. 3. Ster.-Aufl. (208 S.) 895. n. — 80; geb. n.n. 1. —
IV, 1. Oberstufe. 1. Abtlg. 4. Ster.-Aufl. (2. Aufl. d. Ausg. in 2 Tln.) (270 S.) 893. n. 1. —; geb. n.n. 1. 30
IV, 2. Dasselbe. 2. Abtlg. 4. Ster.-Aufl. (14. bis 23. Tausd.) (298 S.) 894. n. 1. 20; geb. n.n. 1. 50; (4. Tl. in 1 Bd. geb. n.n. 2. 60.)

— dasselbe. Neubearbeitung v. 1897. In 6 Tln. gr. 8. Ebd. n.n. 5. 10; geb. n.n. 6. 80
1. Schreib- u. Lesefibel. M. 45 Abb. (IV, 96 S.) 897. n. — 40; geb. n.n. — 60
2. Lesebuch f. d. Unterstufe. M. 19 Abb. (128 S.) 898. n. — 50; geb. n. — 70
3. Erstes Lesebuch f. d. Mittelstufe. M. 10 Abb. (160 S.) 898. n. — 60; geb. n. — 90
4. Zweites Lesebuch f. d. Mittelstufe. M. 23 Abb. (208 S.) 898. n. — 90; geb. n.n. 1. 20
5. Erstes Lesebuch f. d. Oberstufe. M. 44 Abb. (360 S.) 898. n.n. 1. 35; geb. n.n. 1. 70
6. Zweites Lesebuch f. d. Oberstufe. M. 31 Abb. (368 S.) 898. n.n. 1. 35; geb. n.n. 1. 70

—— dass. — Ausg. E. Insbesondere f. zweisprachige Schulen mit einfachen Schulverhältnissen. 2 Tle. Ebd. * 1 20; geb. ** 1 50
1. Fibel u. Lesebuch für die Unterstufe. 10. Stereotyp-Aufl. (63 S.) 893. * — 40; geb. * — 50. — 2. Lesebuch für die Mittel- u. Oberstufe. (XI, 176; 15 S.) 892. * — 80; geb. ** 1 —. — 1. Tl. auch in 2 Abtlgn. (à 64 S.) à Abtl. cart. ** — 27. — 2. Tl. auch in 2 Abtlgn. 1. Lesebuch f. d. Mittelstufe. (VII, 96 S.) geb. ** — 40; 2. Lesebuch f. d. Oberstufe. (VIII, 192, 15 S.) geb. ** — 76. —
Ausg. E. erschien früher u. d. T.: Lesebuch für Landschulen und wird in 3 Ausgaben: für evangelische, für katholische u. für Simultan-Schulen, geliefert. Dem 2. Tle. ist eine Heimatskunde (Ostpreußen, Westpreußen oder Schlesien) beigefügt. Der evangel. od. kathol. Anhang f. die Provinz Posen wird — nur auf Verlangen — apart kostenlos geliefert.
Vgl.: Binkowski, Otto. Erfahrungen aus d. Gebiete d. deutschen Sprachunterrichts.

— dasselbe. Ausg. E. Insbesondere f. zweisprach. Schulen m. einfachen Schulverhältnissen. 2 Tle. in 4 Abtlgn. gr. 8. (Mit Abbildgn.) Ebd. 894. n. 1. 20; geb. n.n. 1. 50
I, 1. Fibel. 11. Ster.-Aufl. (64 S.) Kart. n.n. — 27
I, 2. Lesebuch f. die Unterstufe. 11. Ster.-Aufl. (63 S.) Kart. n.n. — 27 (I. Tl. in 1 Bd. n. — 40; kart. n.n. — 50)
II, 1. Lesebuch f. die Mittelstufe. 10. Ster.-Aufl. (VII, 96 S.) Geb. n.n. — 40
II, 2. Lesebuch f. die Oberstufe. 8. Ster.-Aufl. (192 S.) Geb. n.n. — 76 (II. Tl. in 1 Bd. n. — 80; geb. n.n. 1. —)

— dasselbe. II. Tl. in 1 Bde. Lesebuch f. d. Mittel- u. Oberstufe. 10. Ster.-Aufl. 8. (XI, 96, 8 u. 176 S.) Ebd. 895. n. — 80; geb. n.n. 1. —

Hirt's Lesebuch f. Volksschulen. Ausg. E.: Insbesondere f. zweisprach. Schulen m. einfachen Schulverhältnissen. I. u. II. Tl. à 2 Abtlgn. 8. Breslau 896. F. Hirt. Geb. n.n. 1. 43

I, 1. Fibel. 13. Ster.-Aufl. (64 S.) Kart. n.n. — 27
I, 2. Lesebuch f. d. Unterstufe. 13. Ster.-Aufl. (63 S. m. Abb.) n.n. — 27. (1. Tl. kplt. n. — 40; kart. n.n. — 50)
II, 1. Dasselbe f. d. Mittelstufe. 12. Ster.-Aufl. (VII, 96 S. m. Abb.) n n. — 40
II, 2. Dasselbe f. d. Oberstufe. Ausg. f. kathol. Schulen. 11. Ster.-Aufl. (VIII, 192 u. 8 S.) n.n. — 76

— dasselbe. Neubearbeitung. (In 4 Tln.) 1. u. 2. Tl. gr. 8. Ebd. 898. Geb. à n.n. — 40

1. Fibel. M. 55 Abb. (IV, 76 S.)
2. Lesebuch f. d. Unterstufe. M. 80 Abb. (80 S.)

— dasselbe. 1. u. 2. Tl. im Auszuge. Fibel u. 52 Lesestücke. M. 65 Abb. gr. 8. (IV, 108 S.) Ebd. 898. Geb. n.n. — 55

Hirt's, Ferd., Lesebuch für Volksschulen. Ausg. F. Hrsg. v. Joseph Lepke. Lesebuch für katholische Volksschulen. 1.—3. Tl. 8. Bresl. 893. F. Hirt. ** 2 10; geb. ** 2 70

1. Schreib- u. Lese-Fibel. 9. Stereotyp-Aufl. (XII, 100 S.) 892. * — 40; geb. ** — 55. — 2. Lesebuch f. d. Unterstufe. 8. Stereotyp-Aufl. (VIII, 128 S.) 892. ** — 50; geb. ** — 65. — 3. Lesebuch f. d. Mittel- u. Oberstufe. 9. Stereotyp-Aufl. (XVI, 336 S.) 892. * 1 20; geb. ** 1 50. — 3. Tl. auch in 2 Abtlgn. 1. Lesebuch f. d. Mittelstufe. (VII, 128, 8 S.) geb. ** — 60; 2. Lesebuch f. d. Oberstufe. (VIII, 336 S.) geb. ** 1 10. — Heimatkunde vgl. Ausg. E.
4. Tl., s. XVII. Bd. 1. Abthl. S. 460: Klose.

— dasselbe. Ausg. F. Lesebuch f. kathol. Volksschulen. Hrsg. v. Jos. Lepke. 1.—3. Tl. gr. 8. (Mit Abbildgn.) Ebd. n. 2. 10; geb. n.n. 2. 70

I. Schreib- u. Lese-Fibel. 10. Ster.-Aufl. (XI, 100 S.) 893. n. — 40; geb. n.n. — 55
II. Lesebuch f. die Unterstufe. 9. Ster.-Aufl. (VIII, 128 S.) 894. n. — 50; geb. n.n. — 65
III. Lesebuch f. die Mittel- u. Oberstufe. 10. Ster.-Aufl. (XVI, 336 S.) 893. n. 1. 20; geb. n.n. 1. 50

Zur Mittel- u. Oberstufe sämtlicher Lesebücher werden Provinzialanhänge (à ca. 16 S.) à n.n. — 10 geliefert, ebenso religiöse Anhänge (à ca. 15 S.) à n.n. — 10.

— dasselbe. Ausg. F.: Lesebuch f. kathol. Volksschulen. Hrsg. v. Jos. Lepke. I.—III. Tl. 8. Ebd. 896. n. 2. 10; geb. n.n. 2. 70

I. Schreib- u. Lese-Fibel. 13. Ster.-Aufl. (XI, 100 S. m. Abb.) n. — 40; geb. n.n. — 55
II. Lesebuch f. d. Unterstufe. 11. Ster.-Aufl. (VIII, 128 S. m. Abb.) n. — 50; geb. n.n. — 65
III. Dasselbe f. d. Mittel- u. Oberstufe. 13. Ster.-Aufl. (XVI, 128, 8 u. 336 S. m. Abb.) n. 1. 20; geb. n.n. 1. 50

— dasselbe. III. Tl. 2 Abtlgn. 8. Ebd. Geb. n.n. 1. 76

1. Lesebuch f. d. Mittelstufe. 13. Ster.-Aufl. (VII, 128 S. m. Abb.) 896. n.n. — 66
2. Dasselbe f. d. Oberstufe. (VIII, 352 u. 8 S. m. Abb.) 895. n.n. 1. 10

— dasselbe. Ausg. G.: Für kathol. Schulen m. einf. Schulverhältnissen. In 4 Tln. Kleinere Ausg. d. bisher. Lepkeschen Lesebuches. gr. 8. Ebd. n. 1. 90; geb. n.n. 2. 90

1. Schreib- u. Lese-Fibel. M. 36 Abb. (IV, 64 S.) 897. n. — 20; geb. n. — 40
2. Lesebuch f. d. Unterstufe. M. 15 Abb. (IV, 88 S.) 898. n. — 30; geb. n.n. — 50
3. Lesebuch f. d. Mittelstufe. M. 16 Abb. (148 S.) 895. n. — 40; geb. n.n. — 65
4. Lesebuch f. d. Oberstufe. M. 69 Abb. (384 S.) 898. n. 1. —; geb. n.n. 1. 35

— dasselbe. Ergänzende Beigabe. Geographisch-geschichtl. Prov.-Anh., enth. Lesestücke a. d. Heimatkunde d. Prov. Brandenburg von Zander u. W. Petrick. gr. 8. (64 S. m. 1 Karte u. 11 Abb.) Ebd. 897. Geb. n.n. — 20

— dasselbe, der Prov. Pommern von Frz. Neubüser. gr. 8. (64 S. m. Abb.) Ebd. 897. Geb. n.n. — 20

— dasselbe, der Prov. Ost- u. Westpreußen. M. 20 Abb. gr. 8. (64 S.) Ebd. [illegible] Geb. n.n. — 20

— dasselbe, d. Prov. Schlesien. M. 11 Abb. gr. 8. (64 S.) Ebd. 898. Geb. n.n. — 20

— deutsches Liederbuch f. Schulen. Im Anschl. an d. gebräuchl. Schul-Lesebücher, zun. an d. „Neubearbeitgn." v. Ferd. Hirts deutschen Lesebüchern hrsg. in 2 Heften f. d. Unter- u. Mittelstufe sow. f. d. Oberstufe. gr. 8. Breslau 899. F. Hirt. n. — 70

1. Für d. Unter- u. Mittelstufe. (64 S.) n. — 25
2. Für d. Oberstufe. (128 S.) n. — 45

— deutsches Liederbuch f. Schulen. Im Anschluß an die gebräuchlichsten Schul-Lesebücher, zunächst an die „Neubearbeitgn." v. Ferd. Hirts deutschen Lesebüchern, hrsg. in 2 Heften f. die Unter- u. Mittelstufe sowie f. die Oberstufe. Ausg. A: Für evangel. Schulen. 2., durchgeseh. Aufl. gr. 8. Ebd. 899. n. — 70

1. Für die Unter- u. Mittelstufe. (IV, 64 S.) n. — 25
2. Für die Oberstufe. (IV, 128 S.) n. — 45

— deutsches Liederbuch. Ausg. A f. evangel. Schulen, 2 Hefte. Neubearbeitung v. 1906. Deutsches Liederbuch f. Schulen. In neuer Bearbeitg., zunächst im Anschluß an das Lesebuch f. Brandenburg u. d. übr. Neubearbeitgn. v. F. Hirts deutschen Lesebüchern hrsg. v. Emil Kahl. 8. Ebd. (907). — 95

1. Für die Unter- u. Mittelstufe. (IV, 76 S.) — 35
2. Für die Oberstufe. (IV, 140 S.) — 60

— dasselbe. Ausg. B: Für kathol. Schulen. gr. 8. Ebd. 899. n. — 70

1. Für die Unter- u. Mittelstufe. (IV, 64 S.) n. — 25
2. Für die Oberstufe. (IV, 128 S.) n. — 45

— dasselbe. Ausg. B f. kathol. Schulen, 2 Hefte. In neuer Bearbeitg., zunächst im Anschluß an die Neubearbeitgn. v. F. Hirts deutschen Lesebüchern hrsg. v. Emil Kahl. 8. Ebd. — 95

1. Für die Unter- u. Mittelstufe. (IV, 76 S.) 907. — 35
2. Für die Oberstufe. (IV, 140 S.) 907. — 63

— dasselbe. Ausg. C: Im Anschluß an die Neubearbeitg. der Ausg. E v. Ferd. Hirts deutschen Lesebüchern hrsg. in 2 Hftn. gr. 8. Ebd. 901. n. — 50

1. Für die Unter- u. Mittelstufe. (32 S.) n. — 15
2. Für die Oberstufe. (98 S.) n. — 35

— deutsches Liederbuch f. Schulen. Ausg. C: Im Anschluß an die Neubearbeitg. der Ausg. E v. Ferd. Hirts deutschen Lesebüchern hrsg. in 2 Heften f. die Unter- u. Mittelstufe, sowie f. die Oberstufe. 8. Ebd. n.n. — 50

1. Für die Unter- u. Mittelstufe. 3., durchgeseh. Abdr. (6. bis 9. Taus.) (32 S.) 905.
2. Für die Oberstufe. 3., durchgeseh. Abdr. (6.—10. Taus.) (96 S.) 904. n.n. — 35

Hirt's, Ferd., deutsches Liederbuch. Ausg. C: Im Anschluß an die Neubearbeitg. der Ausg. E v. Ferd. Hirts deutschen Lesebüchern hrsg. in 2 Heften f. die Unter- u. Mittelstufe, sowie f. die Oberstufe. 8. Breslau 910. F. Hirt. nn — 50

I. Für die Unter- u. Mittelstufe. 5. Abdr. (12. u. 13. Taus.) (32 S.) nn — 15
II. Für die Oberstufe. 6. Abdr. (16. u. 17. Taus.) (96 S.) nn — 35

— dasselbe. Ausg. D ohne Noten in 1 Heft. 168 Volks- u. volkstüml. Liedertexte, inhaltlich u. stufenmäßig geordnet, im Anschluß an die Neubearbeitg. der Ausg. E v. Ferd. Hirts deutschen Lesebüchern hrsg. gr. 8. (48 S.) Ebd. 901. n.n. — 15

— dasselbe. Ausg. D ohne Noten in 1 Hft. 168 Volks- u. volkstüml. Liedertexte, inhaltlich u. stufenmäßig geordnet, im Anschluß an die Neubearbeitg. der Ausg. E v. Ferd. Hirts deutschen Lesebüchern hrsg. 2., durchgeseh. (Ster.-)Aufl., in der neuen deutschen Rechtschreibg. (48 S.) gr. 8. Ebd. 903. n.n. — 15

— dasselbe. Ausg. D ohne Noten in 1 Heft. 168 Volks- u. volkstüml. Liedertexte, inhaltlich u. stufenmäßig geordnet, im Anschluß an die Ausg. E v. Ferd. Hirts deutsch. Lesebüchern hrsg. 4. (Ster.-)Aufl. (48 S.) 8. Ebd. 909. nn — 15

— Liederbuch f. den Männerchor der höheren Lehranstalten u. zum Gebrauch in Lehrer-Gesangvereinen. 1. Aufl. 1. u. 2. durchgeseh. Ausg. 12. (253 S.) Ebd. 892. Geb. in Leinw. n. 1. 80

— Liederbuch f. den Männerchor der höheren Lehranstalten u. zum Gebrauch in Lehrer-Gesangvereinen. 2., durchgeseh. Aufl. 8. (256 S.) Ebd. 899. Geb. in Leinw. n. 1. 80

Hirt, F., Lips-Tullian u. seine Raubgesellen. Criminalgeschichte. 8. (125 S.) Ebend. 874. n. 1. —

— Normal-Alphabet. qu. Fol. (1 Bl.) Ebd. 896. n.n. — 05

— Normal-Alphabet, zusammengestellt auf Grund der Schreibschrift in den neuen Hirtschen Fibeln. Große Ausg. in Wandtafelform. 2 Taf. (Nrn. 23 u. 24 aus H. Nowacks Wandfibel in Schreibschrift.) à 70×90 cm. Ebd. (900). n. — 75

— Realienbuch. Nr. 1 u. 2. gr. 8. Ebend. 886. à n. — 50; geb. à n.n. — 66

1. Stoffe f. den Unterricht in den Realien. Hrsg. v. Nowack, Paust u. Steinweller, Sieber u. Rohn. Kleine Ausg. [A], enth. Geographie, Geschichte u. Naturkunde. Mit 8 Karten u. 61 Holzschn. Ausg. f. evangel. Schulen. (184 S.)
2. Dasselbe. Ausg. f. kathol. Schulen. (184 S.)

— dasselbe. Nr. 3—5. 5a. 6. 6a. 7—9. 9a. [Größere Ausg. (B).] gr. 8. Ebend. 886. n. 5. 25

3. Geographie, bearb. v. H. Nowack. Ausg. ohne Karten. Mit e. Anh. v. 23 Holzschn. (88 S.) n. — 50
4. Dasselbe. Ausg. m. 26 bunten Karten im Text. (112 S.) n. — 90
5. Geschichte. Ausg. f. evang. Schulen, bearb. v. H. Sieber. Mit 57 Holzschn. u. 3 Karten. (80 S.) n. — 50
5a. Dasselbe. Ausg. ohne Karten. (80 S.) n. — 40
6. Geschichte. Ausg. f. kathol. Schulen, bearb. v. R. A. Rohn. Mit 57 Holzschn. u. 3 Karten. (80 S.) n. — 50
6a. Dasselbe. Ausg. ohne Karten. (80 S.) n. — 40
7. Pflanzen- u. Tierkunde, bearb. v. J. G. Paust u. F. Steinweller. Mit 70 Holzschn. (112 S.) n. — 50
8. Physik, Chemie u. Mineralogie, bearb. v. J. G. Paust. Mit 65 Holzschn. (80 S.) n. — 35
9. Kleiner Atlas zur Geographie u. Geschichte. Eine Ergänzg. zu Hirt's Realienbuch. Ausg. A Nr. 1 u. 2. Ausg. f. evang. Schulen. (50 S. m. eingedr. Holzschn., eingedr. farb. u. 3 chromolith. Karten.) cart. n. — 60
9a. Dasselbe. Ausg. f. kath. Schulen. cart. n. — 60

— Realienbuch. Kleine Ausg. [A]. Nr. 1, 2 u. 19. gr. 8. Ebd. 890. à n. — 50; geb. à n.n. — 66

1. Stoffe f. den Unterricht in den Realien. Hrsg. v. Nowack, Paust, Steinweller, Sieber u. Rohn. Kleine Ausg. [A], enth. Geographie, Geschichte u. Naturkunde. Mit 9 Karten u. 65 Holzschn. Ausg. f. evangel. Schulen. 3., durchgeseh. Aufl. (191 S.)
2. — dasselbe. Ausg. f. kathol. Schulen. 3., durchgeseh. u. verm. Aufl. (191 S.)
19. — dasselbe. Ausg. f. Simultan-Schulen. 2., durchgeseh. u. verm. Aufl. (191 S.)

— dasselbe. Nr. 10. gr. 8. Ebd. 890. n. — 8

Abriß der alten Geschichte v. H. Sieber. 2., verb. Aufl. (16 S. m. Abbildgn.)

Hirt's, F., Realienbuch. Größere Ausg. [B]. Nr. 3, 5, 6, 7, 8 u. 20. 2., durchgeseh. Aufl. gr. 8. Breslau 889. 890. F. Hirt. cart. n. 2. 95

3. Geographie, bearb. v. H. Nowack. Mit e. Anh. u. 23 Holzschnitten. (88 S.) n. — 50
5. Geschichte, Ausg. f. evangel. Schulen, bearb. v. H. Sieber. Mit 57 Holzschn. u. 3 Karten. (80 S.) n. — 50
6. — dasselbe. Ausg. f. kathol. Schulen, bearb. v. R. A. Rohn. 2., ergänzte Ausg. Mit 57 Holzschn. u. 3 Karten. (80 S.) n. — 50
7. Pflanzen- u. Tierkunde, bearb. v. J. G. Paust u. F. Steinweller. Mit 70 Holzschn. (112 S.) n. — 55
8. Physik, Chemie u. Mineralogie, bearb. v. J. G. Paust. Mit 62 Holzschn. (80 S.) n. — 40
20. Geschichte, Ausg. f. Simultanschulen, bearb. v. H. Sieber. 2. Aufl. Mit 57 Holzschn. u. 3 Karten. (80 S.) n. — 50

— Realienbuch. Stoffe f. den Unterricht in den Realien in schulgemäßer Form. Hrsg. v. H. Nowack, J. G. Paust, F. Steinweller, H. Sieber u. R. A. Rohn. (In 3 Ausg.) Nr. 1, 2 u. 19. Kleinere Ausg. A. gr. 8. (à 191 S.) Ebd. 892. Geb. à n. — 70

1. Geographie, Geschichte u. Naturkunde. Mit 9 Karten zur Geographie u. 65 Holzschn. zur Naturkunde. Ausg. f. evangel. Schulen. 4., durchgeseh. Aufl.
2. — dasselbe f. kathol. Schulen. 4., durchgeseh. Aufl.
19. — dasselbe. Ausg. f. Simultanschulen. 3., durchgeseh. Aufl.

— dasselbe. Nr. 3—5, 7, 8, 10, 20, 27—29. Größere Ausg. B. gr. 8. Ebd. Kart. n. 5. 10

3. Geographie, bearb. v. H. Nowack. Ausg. ohne Karten. Mit e. Bilderanh. 4., durchgeseh. Aufl. (104 S.) 893. n. — 50
4. — dasselbe. Ausg. m. 26 bunten Karten im Text u. e. Bilderanh. 2., durchgeseh. Aufl. (111 S.) 891. n. 1. —
5. Geschichte. Ausg. f. evangel. Schulen, bearb. v. H. Sieber. Mit 1 Bilderanh. u. 3 (farb.) Karten. 4., durchgeseh. Aufl. (96 S.) 893. n. — 50
7. Pflanzen- u. Tierkunde, bearb. v. J. G. Paust u. F. Steinweller. 4., durchgeseh. Aufl. (112 S. m. 70 Abbildgn.) 893. n. — 55
8. Physik, Chemie u. Mineralogie, bearb. v. J. G. Paust. 4., durchgeseh. Aufl. (80 S. m. 62 Abbildgn.) 893. n. — 40
10. Abriß der alten Geschichte v. H. Sieber. 3. Aufl. (16 S.) 893. n. — 10
20. Geschichte. Ausg. f. Simultan-Schulen, bearb. v. H. Sieber. 3., durchgeseh. Aufl. (80 S. m. e. Bilderanh. u. 3 farb. Karten.) 893. n. — 50
27. Geschichte. Ausg. f. evangel. Schulen, in rückschreit. Gange nach den Allerhöchsten Bestimmgn. bearb. v. H. Sieber. Mit e. Bilderanh. u. 3 (farb.) Karten. (88 S.) 892. n. — 70
28. Pflanzen- u. Tierkunde, nach natürlichen Gruppen, m. besond. Berücksicht. der Kulturpflanzen u. ihrer Freunde u. Feinde unter den Tieren, bearb. v. J. G. Paust u. F. Steinweller. Mit 43 in den Text gedr. Abbildgn. (128 S.) 892. n. — 75
29. Geschichte des deutschen Ritterordens, bearb. v. F. Tromnau. (15 S. m. 5 Abbildgn. u. 1 Karte.) 894. n. — 10

Hirt, Ferd., Realienbuch. Stoffe f. den Unterricht in den Realien in schulgemäßer Form. Hrsg. v. H. Nowack, J. G. Paust, F. Steinweller, H. Sieber u. R. A. Rohn. (In 3 Ausg.) Nr. 24—26. Kleinere Ausg. C. gr. 8. Breslau 893. F. Hirt. à n. — 70

24. Geschichte (nach den Allerhöchsten Bestimmgn.), Geographie, Naturkunde (nach natürl. Gruppen), deutsche Sprachlehre u. Raumlehre. Mit 9 Karten zur Geographie, 55 Holzschn. zur Naturkunde u. 33 Abbildgn. zur Raumlehre. Ausg. f. evangel. Schulen. 2., durchgeseh. Aufl. (IV, 187 S.)
25. — dasselbe. Ausg. f. katholische Schulen.
26. — dasselbe. Ausg. f. Simultan-Schulen.

— dasselbe. Nr. 30—33. Sonder-Abdrücke aus der kleineren Ausg. C. gr. 8. Ebd. 895. n. — 95

30. Stoffe f. den Unterricht in den Realien in schulgemäßer Form. Hrsg. v. H. Nowack, J. G. Paust, F. Steinweller, H. Sieber u. R. A. Rohn. Kleine Geographie. Bearb. v. H. Nowack. (48 S. m. 14 Karten.) n. — 25
31. — dasselbe. Kleine Geschichte. Nach den Allerhöchsten Bestimmgn. f. evangel. Schulen bearb. v. H. Sieber. (32 S.) n. — 20
32. — dasselbe. Kleine Pflanzen- u. Tierkunde, nach natürl. Gruppen bearb. v. J. G. Paust u. F. Steinweller. (56 S. m. 26 Abbildgn.) n. — 30
33. — dasselbe. Kleine Physik, Chemie u. Mineralogie, bearb. v. J. G. Paust. (32 S. m. 29 Abbildgn.) n. — 20

— Realienbuch. Stoffe f. d. Unterr. in d. Realien in schulgem. Form. Hrsg. v. H. Nowack, J. G. Paust, F. Steinweller, H. Sieber, R. A. Rohn. (In 3 Ausgaben.) Kleine Ausgabe A. Nr. 1, 2, 19. gr. 8. Ebd. Geb. à n. — 70

1. Enth. Geographie, Geschichte u. Naturkunde. M. 9 Karten z. Geographie u. 65 Holzschn. z. Naturkunde. Ausg. f. evang. Schulen. 6., durchgeseh. Aufl. 58.—83. Taus. (191 S.) 897.
2. Dasselbe. Ausg. f. kathol. Schulen. 6., durchgeseh. Aufl. (191 S.) 897.
19. Dasselbe. Ausg. f. Simultan-Schulen. 5., durchgeseh. Aufl. (192 S.) 897.

— dasselbe. Größere Ausg. B. Nr. 3—8, 10, 20, 34—36. gr. 8. Ebd. n. 9.60

3. Geographie. Von H. Nowak. Ausg. ohne Karten. 7., durchgeseh. Aufl. (114.—142. Taus.) (104 u. Bilderanh. 16 S.) 898. Kart. n. — 50
4. Geographie. Von H. Nowak. M. 26 bunten Karten im Text u. e. Bilderanh. 3., durchgeseh. Aufl. (14.—18. Taus.) (112 u. 16 S.) 895. Kart. n. 1.—
5. Geschichte. Von H. Sieber. Ausg. f. evang. Schulen. 6., nach d. neuesten Bestimmgn. umgearb. Aufl. (80.—103. Taus.) (96 u. Bilderanh. 16 S. m. 3 farb. Karten.) 897. Kart. n. — 50
6. Geschichte. Von R. A. Rohn. Ausg. f. kathol. Schulen. 3., n. d. neuesten Bestimmgn. umgearb. Aufl. (9.—12. Taus.) (96 u. Bilderanh. 16 S. m. 3 farb. Karten.) 897. Kart. n. — 50
7. Pflanzen- u. Tierkunde. Von J. G. Paust u. F. Steinweller. 6., durchgeseh. Aufl. (86.—111. Taus.) (128 S. m. 70 Abb.) 897. Kart. n. — 55
8. Physik, Chemie u. Mineralogie. Von J. G. Paust. 6., durchgeseh. Aufl. (78.—103. Taus.) (96 S. m. 62 Abb.) 897. Kart. n. — 40
10. Abriß d. alten Geschichte. Von H. Sieber. 5. Aufl. (16 S. m. Abb.) 897. n. — 10
20. Geschichte. Ausg. f. Simultanschulen, bearb. v. H. Sieber. 4., nach d. neuesten Bestimmgn. umgearb. Aufl. (7.—11. Taus.) (96 S. m. 16 S. Abb. u. 3 farb. Karten.) 897. Kart. n. — 50
34. Naturlehre f. Mädchenschulen, m. Berücksicht. d. Haushaltungsunterr. bearb. v. J. G. Paust. M. 65 in den Text gedr. Abb. 2., verb. Aufl. (II, 144 S.) 898. Kart. n. 1.—
35. Naturgeschichte f. Mädchenschulen, m. Berücksicht. d. Haushaltungsunterr. bearb. v. J. G. Paust, M. 62 in d. Text gedr. Abb. 2., verb. Aufl. (196 S.) 898. Kart. n. 1.25
36. Gesamt-Ausg. Für evang. Schulen. (Für Knaben.) 6., durchgeseh. Aufl. (III, 120, 112, 128 u. 96 S. m. Abb. u. 3 farb. Karten.) 897. Geb. n. 1.50
37. Gesamt-Ausg. Für evang. Schulen. (Für Mädchen.) 6., durchgeseh. Aufl. (III, 120, 112, 128 u. 144 S. m. Abb. u. 3 farb. Karten.) 897. Geb. n. 1.80

Hirt's Realienbuch. Kleinere Ausg. C. Nr. 24—26. gr. 8. Breslau, F. Hirt. à n. — 70

24. Geschichte (nach d. Allerh. Bestimmgn.), Geographie, Naturkunde (nach natürl. Gruppen), deutsche Sprachlehre u. Raumlehre. M. 9 Karten z. Geographie, 55 Holzschn. z. Naturkunde u. 33 Abb. z. Raumlehre. Ausg. f. evang. Schulen. 4., durchgeseh. Aufl. (IV, 187 S.) 897.
25. Dasselbe. Ausg. f. kathol. Schulen. 4., durchgeseh. Aufl. (IV, 187 S.) 897.
26. Dasselbe. Ausg. f. Simultan-Schulen. 3., durchgeseh. Aufl. (IV, 187 S.) 897.

— Realienbuch. Stoffe f. den Unterricht in den Realien in schulgemäßer Form. Hrsg. v. H. Nowack, J. G. Paust, F. Steinweller, H. Sieber, R. A. Rohn. (In 4 Ausgaben.) 1—8, 10, 19, 20, 24—26, 28—30 u. 36—39. gr. 8. Ebd. n. 13.75

1. Kleine Ausg. (A) in 1 Bde. Enth.: Geographie, Geschichte u. Naturkunde. Mit 9 Karten zur Geographie u. 65 Holzschn. zur Naturkunde. Ausg. f. evangel. Schulen. 8., durchgeseh. Aufl. (96.—112. Taus.) (191 S.) 901. Geb. n. — 70
2. Dasselbe. Ausg. f. kathol. Schulen. 8., durchgeseh. Aufl. (191 S.) 901. Geb. n. — 70
3. Größere Ausg. (B). Geographie. Von H. Nowack. Ausg. ohne Karten. 9., durchgeseh. Aufl. (183.—202. Taus.) (104 u. Bilderanh. 16 S.) 902. Kart. n. — 50
4. Dasselbe. Ausg. m. 26 bunten Karten u. e. Bilderanh. 5. durchgeseh. Aufl. (27.—32. Taus.) (112 u. 16 S.) 902. Kart. n. 1. —
5. Größere Ausg. (B). Geschichte. Von H. Sieber. Ausg. f. evangel. Schulen. 5. durchgeseh. (Ster.-) Aufl. (139.—176. Taus.) (96 u. Bilderanh. 16 S. u. 3 farb. Karten.) 901. n. — 50
6. Dasselbe. Ausg. f. kathol. Schulen, bearb. v. R. A. Rohn. 5., nach der neuen Rechtschreibg. geänderte Aufl. (20.—24. Taus.) (Mit e. Bilderanh. u. 3 Karten in Farbendr.) (96 u. 16 S.) 903. n. — 50
7. Größere Ausg. (B). Pflanzen- u. Tierkunde. Von J. G. Paust u. F. Steinweller. Mit 70 in den Text gedr. Abbildgn. 8., durchgeseh (Ster.-)Aufl. (141.—172. Taus.) (128 S.) 901. n. — 55
8. Größere Ausg. (B). Physik, Chemie u. Mineralogie. Von J. G. Paust. Mit 62 in den Text gedr. Abbildgn. 8., durchgeseh. (Ster.-)Aufl. (136.—175. Taus.) (96 S.) 901. Kart. n. — 40
10. Größere Ausg. (B). Abriß der alten Geschichte. Von H. Sieber. 6. Aufl. (16 S. m. Abbildgn.) (900.) n.n. — 10
19. Kleine Ausg. (A) in 1 Bde. Enth.: Geographie, Geschichte u. Naturkunde. Mit 9 Karten zur Geographie u. 65 Holzschn. zur Naturkunde. Ausg. f. Simultan-Schulen. 6., durchgeseh. Aufl. (191 S.) 901. Geb. n. — 70
20. Größere Ausg. (B). Geschichte. Von H. Sieber. Ausg. f. Simultan-Schulen. 5., durchgeseh. Aufl. (17.—22. Taus.) (Mit e. Bilderanh. u. 3 Karten in Farbendr.) (96 S.) 900. Kart. n. — 50
24. Kleine Ausg. (C) in 1 Bde. Enth.: Geschichte (nach den Allerhöchsten Bestimmgn.), Geographie, Naturkunde (nach natürl. Gruppen), deutsche Sprachlehre u. Raumlehre. Mit 9 Karten zur Geographie, 55 Holzschn. zur Naturkunde u. 33 Abbildgn. zur Raumlehre. Ausg. f. evangel. Schulen. 6., durchgeseh. Aufl. (IV, 187 S.) 901. Geb. n. — 70
25. Dasselbe. Ausg. f. kathol. Schulen. 6., durchgeseh. Aufl. (IV, 187 S.) 901. Geb. n. — 70
26. Dasselbe. Ausg. f. Simultan-Schulen. 5., durchgeseh. Aufl. (IV, 187 S.) 901. Geb. n. — 70
28. Größere Ausg. (B). Pflanzen- u. Tierkunde, nach natürlichen Gruppen, m. besond. Berücksicht. der Kulturpflanzen u. ihrer Freunde u. Feinde unter den Tieren. Von J. G. Paust u. F. Steinweller. Mit 52 in den Text gedr. Abbildgn. 2., umgearb. u. verm. Aufl. (168 S.) 899. Kart. n. — 75
29. Größere Ausg. (B). Geschichte des deutschen Ritterordens. Von F. Tromnau. Mit 5 Abbildgn. u. 1 Karte. 3. Aufl. (15 S.) (902.) n.n. — 10
30. Kleine Geographie. Von H. Nowack. Mit 14 Karten. Sonder-Abdr. aus der kleinen Ausg. (C) in 1 Bde. 2., durchgeseh. Aufl. (48 S.) 900. n. — 25
36. Größere Gesamt-Ausg. (B). Für evangel. (Knaben-)Schulen. 7., durchgeseh. Aufl. (III, 104, 16, 112, 168 u. 96 S. m. Abbildgn. u. 3 farb. Karten.) 899. Geb. n. 1.50
37. Größere Gesamt-Ausg. (B). Für evangel. (Mädchen-)Schulen. 7., durchgeseh. Aufl. (III, 104, 16, 112, 168 u. 144 S. m. Abbildgn. u. 3 farb. Karten.) 899. Geb. n. 1.80
38. Kleinere Ausg. (D) in 1 Bde. f. einfachere Schulverhältnisse. Enth.: Geschichte, Geographie, Naturkunde, deutsche Sprachlehre u. Raumlehre. Mit 4 farb. Karten zur Geschichte, 1 farb. u. 9 schwarzen Karten zur Geographie, 40 Abbildgn. zur Naturkunde u. 26 Fig. zur Raumlehre. Ausg. f. evangel. Schulen. (144 S.) 901. Geb. n. — 50
39. Dasselbe. Sowie e. Bilderanh. v. 16 S. zur Geographie u. Geschichte. (144, 16 u. 16 S.) 901. Geb. n.n. — 80

— Realienbuch. Stoffe f. den Unterricht in den Realien in schulgemäßer Form. Hrsg. v. H. Nowack, J. G. Paust, F. Steinweller, H. Sieber u. R. A. Rohn. (In 4 Ausgaben.) Nr. 1–3, 5, 7—10, 15—20, 26, 29—31, 34, 35 u. 37—40. gr. 8. Ebd. n. 18.30

1. Kleine Ausg. (A) in 1 Bde. Enth.: Geographie, Geschichte u. Naturkunde. Mit 9 Karten zur Geographie u. 65 Abbildgn. zur Naturkunde. Ausg. f. evangel. Schulen. 9., durchgeseh. Aufl. (190 S.) 904. Geb. n. — 70
2. Dasselbe. Ausg. f. kathol. Schulen. 9., durchgeseh. u. verb. Aufl. (190 S.) 904. Geb. n. — 70
3. Größere Ausg. (B). Geographie. Von Hugo Nowack. Ausg. ohne Karten. 11. Aufl. (229—276. Taus.) (104 u. Bilderanh. 16 S.) 904. Kart. n. — 50
5. Größere Ausg. (B). Geschichte. Von H. Sieber. Ausg. f. evangel. Schulen. 9., nach der neuen Rechtschreibg. geänd. Aufl. (177—200. Taus.) (96 u. Bilderanh. 16 S. m. 3 farb. Karten.) 903. Kart. n.n. — 50
7. Größere Ausg. (B). Pflanzen- u. Tierkunde. Von J. G. Paust u. F. Steinweller. Mit 65 in den Text gedr. Abbildgn. 9., durchgeseh. u. nach der neuen Rechtschreibg. abgeänd. Aufl. (173.—211. Taus.) (132 S.) 904. n. — 55
8. Größere Ausg. (B). Physik, Chemie u. Mineralogie. Von J. G. Paust. Mit 78 in den Text gedr. Abbildgn. 9., neubearb. Aufl. (176.—212. Taus.) (96 S.) 904. Kart. n.n. — 40
9. Pflanzen- u. Tierkunde f. die mittleren Klassen mehrklassiger Schulen, nach natürlichen Gruppen unter besond. Berücksicht. biolog. Verhältnisse bearb. Von Frz. Steinweller. Mit 87 in den Text gedr. Abbildgn. (120 S.) 906. Kart. n. — 60
10. Abriß der alten Geschichte. Von H. Sieber. 9. Aufl. (16 S.) (905.) n.n. — 10
15. Größere Gesamt-Ausg. (B). Für evangel. Schulen. (IV, 104, 96, 132, 96 u. 16 S. m. Abbildgn.) (904.) Geb. n.n. 1.30
16. Dasselbe. Für kathol. Schulen. (IV, 104, 96, 132, 96 u. 16 S. m. Abbildgn.) (904.) Geb. n.n. 1.30
17. Größere Gesamt-Ausg. (B). Für evang. Schulen. (IV, 104, 96, 132, 96 u. 16 S. m. Abbildgn. u. 3 farb. Karten.) (904.) Geb. n.n. 1.60
18. Dasselbe. Für kathol. Schulen. (IV, 104, 96, 132, 96 u. 16 S. m. Abbildgn. u. 3 farb. Karten.) (904.) n.n 1.50
19. Kleine Ausg. (A) in 1 Bde. Enth.: Geographie, Geschichte u. Naturkunde. Mit 9 Karten zur Geographie u. 65 Abbildgn. zur Naturkunde. Ausg. f. Simultan-Schulen. 7., durchgeseh. u. verb. Aufl. (190 S.) 901. Geb. n. — 70
20. Größere Ausg. (B). Geschichte. Von H. Sieber. Ausg. für Simultan-Schulen. 6., nach der neuen Rechtschreibg. geänd. Aufl. (23.—31. Taus.) (Mit e. Bilderanh. u. 3 Karten in Farbendr.) (96 u. 16 S.) 901. n. — 50
26. Kleine Ausg. (C) in 1 Bde. Enth.: Geschichte (nach den Allerhöchsten Bestimmgn.), Geographie, Naturkunde (nach natürl. Gruppen), deutsche Sprachlehre u. Raumlehre. Mit 9 Karten zur Geographie, 55 Holzschn. zur Naturkunde u. 33 Abbildgn. zur Raumlehre. Ausg. f. Simultan-Schulen. 6. durchgeseh. u. verb. Aufl. (IV, 187 S.) 904 Geb. n. — 70
29. Geschichte des deutschen Ritterordens. Von F. Tromnau. Mit 6 Abb. u. 1 Karte. 4. Aufl. (14 S.) (905.) n.n. — 10
30. Kleine Geographie. Von H. Nowack. Mit 17 Karten. Sonder-Abdr. aus der kleinen Ausg. (C) in 1 Bde. 3., durchgeseh. Aufl. (52 S.) 906. n. — 25

31. Kleine Geschichte. Nach den Allerhöchsten Bestimmgn. f. evangel. Schulen bearb. Von H. Sieber. Sonder-Abdr. aus der kleinen Ausg. (C bezw. D) in 1 Bde. 2., durchgeseh. Aufl., gedr. in der neuen Rechtschreibg. (36 S.) 902. n. — 20

34. Naturlehre f. Mädchenschulen. Mit Berücksicht. des Haushaltungsunterrichtes bearb. Von J. G. Paust. Mit 82 in den Text gedr. Abbildgn. 3., erweit. u. verm. Aufl., in der neuen deutschen Rechtschreibg. (160 S.) 903. Kart. n. 1. 10

35. Dasselbe. Mit 103 in den Text gedr. Abbildgn. 3., erweit. u. verm. Aufl., in der neuen deutschen Rechtschreibg. (243 S.) 902. Kart. n.n. 1. 40

37. Größere Gesamt-Ausg. (B). Für evangel. Schulen. (IV, 104, 16, 96, 16, 168 u. 160 S. m. Abbildgn. u. 3 farb. Karten.) (904.) Geb. n.n. 2. —

38. Kleinere Ausg. (D) in 1 Bde. f. einfachere Schulverhältnisse. Enth.: Geschichte, Geographie, Naturkunde, deutsche Sprachlehre u. Raumlehre. Mit 4 farb. Karten zur Geschichte, 1 farb. u. 9 schwarzen Karten zur Geographie, 40 Abbildgn. zur Naturkunde u. 26 Fig. zur Raumlehre. Ausg. f. evangel. Schulen. 2., durchgeseh. (Ster.-)Aufl. (144 S.) 903. n.n. — 50

39. Dasselbe m. e. Bilderanh. v. je 16 S. zur Geschichte u. Geographie. Ausg. f. evangel. Schulen. 2., durchgeseh. (Ster.-) Aufl. (144, 16 u. 16 S.) 903. n.n. — 60

40. Dasselbe. Ausg. f. kathol. Schulen. (144, 16 u. 16 S.) 903. n.n. — 60

— Realienbuch. Stoffe f. den Unterricht in d. Realien. In schulgemäßer Form hrsg. v. H. Nowack, J. G. Paust, F. Steinweller, H. Sieber u. R. A. Rohn. (In 4 Ausg.) Nr. 2, 3, 5—8, 10, 19, 20, 22, 24, 25, 28—31 u. 34—40. 8. Ebd. — 20

2. Kleine Ausg. (A) in 1 Bde. Enth.: Geographie, Geschichte u. Naturkunde. Mit 9 Karten zur Geographie u. 65 Abbildgn. zur Naturkunde. Ausg. f. kathol. Schulen. 10., durchgeseh. Aufl. (190 S.) 909. Geb. nn — 70

3. Größere Ausg. (B). Von Hugo Nowack. Geographie. 12., durchgeseh. Aufl. (104 u. 16 S. m. Abbildgn.) 908. Kart. nn — 50

5. Größere Ausg. (B) Geschichte. Von H. Sieber. Ausg. für evangel. Schulen. 10. Aufl. (96 u. Bilderanh. 16 S. m. 3 farb. Karten.) 908. Kart. nn — 50

6. Größere Ausg. (B). Geschichte. Von R. A. Rohn. Ausg. f. kathol. Schulen. (Mit e. Bilderanh. u. 3 Karten in Farbendruck.) 6. Aufl. (96 u. 16 S.) 908. Geb. nn — 50

7. Größere Ausg. (B). Pflanzen- u. Tierkunde. Von J. G. Paust u. F. Steinweller. Mit 65 in den Text gedr. Abbildgn. 10. Aufl. (132 S.) 908. Geb. nn — 35

8. Größere Ausg. (B). Physik, Chemie u. Mineralogie. Von J. G. Paust. Mit 78 in den Text gedr. Abbildgn. 10. Aufl. (96 S.) 908. Kart. nn — 40

10. Abriß der alten Geschichte. Von H. Sieber. 10. Aufl. (16 S. m. Abbildgn.) (908.) nn — 10

19. Kleine Ausg. (A) in 1 Bde. Enth.: Geographie, Geschichte u. Naturkunde. Mit 9 Karten zur Geographie u. 65 Abbildgn. zur Naturkunde. Ausg. f. Simultan-Schulen. 10., durchges. Aufl. (190 S.) 908. Geb. — 70

20. Größere Ausg. (B). Geschichte. Von H. Sieber. Ausg. für Simultan-Schulen. 7. Aufl. (96 u. 16 S. m. Abbildgn.) 908. Geb. nn — 50

22. Größere Gesamt-Ausg. (B). Für Simultan-Schulen. (IV, 104, 96, 132, 96 u. 16 S. m. Abbildgn.) (909.) Geb. nn 1. 30

24. Kleine Ausg. (C) in 1 Bde. Enth.: Geschichte (nach d. Allerhöchsten Bestimmgn.), Geographie, Naturkunde (nach natürl. Gruppen), deutsche Sprachlehre u. Raumlehre. Mit 9 Karten zur Geographie, 55 Holzschn. zur Naturkunde u. 33 Abbildgn. zur Raumlehre. Ausg. f. evangel. Schulen. 8., durchgeseh. Aufl. (IV, 187 S.) 908. Geb. — 70

25. Dasselbe. Ausg. f. kathol. Schulen. 8., durchgeseh. Aufl. (IV, 187 S.) 908. Geb. — 70

28. Pflanzen- u. Tierkunde, nach natürl. Gruppen, m. besond. Berücksicht. der Kulturpflanzen u. ihrer Freunde u. Feinde unter den Tieren, bearb. Von J. G. Paust u. F. Steinweller. Mit 32 in den Text gedr. Abbildgn. 4. Aufl. (168 S.) 908. Geb. nn — 75

29. Geschichte des deutschen Ritterordens. Von F. Tromnau. Mit 6 Abbildgn. u. 1 Karte. 6. Aufl. (16 S.) (909.) nn — 10

30. Kleine Geographie. Von H. Nowack. Mit 17 Karten. Sonder-Abdr. aus der kleinen Ausg. (C) in 1 Bde. 4., durchgeseh. Aufl. (32 S.) 910. — 25

31. Kleine Geschichte. Nach den allerhöchsten Bestimmgn. f. evang. Schulen bearb. Von H. Sieber. Sonder-Abdr. aus der kleinen Ausg. (C bezw. D) in 1 Bd. 3. Ster. Aufl. (28 S.) 909. — 20

34. Naturlehre f. Mädchenschulen. Von J. G. Paust. Mit Berücksicht. des Haushaltungsunterrichtes bearb. Mit 91 in den Text gedr. Abbildgn. 4., verb. Aufl. (156 S.) 909. Geb. 1. 10

35. Naturgeschichte f. Mädchenschulen. Mit Berücksicht. des Haushaltungsunterr. bearb. Von J. G. Paust. Mit 2 Farbentaf. u. 109 Textabbildgn. 4., verb. Aufl. (248 S.) 909. Geb. nn 1. 40

36. Größere Gesamt-Ausg. (B). Für evangel. Schulen. (Neue Aufl.) (IV, 104, 16, 96, 16, 168 u. 96 S. m. Abbildgn. u. 3 farb. Karten.) (908.) Geb. nn 1. 50

37. Größere Gesamt-Ausg. (B). Für evangel. Schulen. (IV, 104, 16, 96, 16, 168 u. 156 S. m. Abbildgn. u. 3 farb. Karten.) (909.) Geb. nn 2. —

38. Kleinere Ausg. (D) in 1 Bde. f. einfachere Schulverhältnisse. Enth.: Geschichte, Geographie, Naturkunde, deutsche Sprachlehre u. Raumlehre. Mit 4 farb. Karten zur Geschichte, 1 farb. u. 9 schwarz. Karten zur Geographie, 40 Abb. z. Naturkunde u. 26 Fig. zur Raumlehre. Ausg. f. evangel. Schulen. 3., durchgeseh. (Ster.-)Aufl. (144 S.) 908. Geb. nn — 50

39. Kleinere Ausg. (D.) in 1 Bde. f. einfachere Schulverhältnisse. Enth.: Geschichte, Geographie, Naturkunde, deutsche Sprachlehre u. Raumlehre. Mit 4 farb. Karten zur Geschichte, 1 farb. u. 9 schwarzen Karten zur Geographie, 40 Abb. zur Naturkunde u. 26 Fig. zur Raumlehre, sowie je e. Bilderanh. v. 16 S. zur Geschichte u. Geographie. Ausg. f. evangel. Schulen. 3., durchgeseh. (Ster.-)Aufl. (144, 16 u. 16 S.) 909. Geb. nn — 60

40. Kleinere Ausg. (D) in 1 Bde. f. einfachere Schulverhältnisse. Ausg. f. kathol. Schulen. 2., durchgeseh. (Ster.-) Aufl. (144, 16 u. 16 S.) 908. Geb. nn — 60

Hirt's, Ferd., Realienbuch. Größere Gesamt-Ausg. (B) f. Simultan-Schulen. (Ausg. f. Posen.) (IV, 104, 96, 168 u. 96 S. m. Abb.) 8. Breslau (909). F. Hirt. Geb. nn 1. 35

— neues Realienbuch. Nach den method. Fordergn. der Gegenwart u. den Bestimmgn. des Ministerial-Erlasses v. 31. I. 1908 bearb. v. Heinr. Kerp, Otto Kohlmeyer, Thdr. Krausbauer (Odo Twiehausen), Frdr. Tromnau, Rob. Waeber u. Rich. Werner. (Nr. 1—3. Gesamtausg. f. evang., bezw. kathol. od. konf. gemischte Schulen.) (Je VIII, 136, 136, 208 u. 127 S. m. 329 Abb., 12 farb. Taf. u. 3 farb. Karten.) gr. 8. Ebd. 910. Geb. in Leinw. à nn 2. —

— dasselbe. (VIII, 136, 136, 208, 127 u. 16 S. m. 329 Abbildgn., 12 farb. Taf. u. 3 farb. Karten.) gr. 8. Ebd. 910. Geb. in Leinw. nn 2. 10

— dasselbe. (Königsberger Gesamtausg. m. Heimatkunde.) Geschichte u. Geographie f. d. Mittelstufe bearb. v. Frdr. Tromnau u. Heinr. Kerp. (48, 64 u. 16 S. m. 54 Abbild. u. 2 farb. Taf.) 8. Ebd. 910. — 80

— dasselbe. Nr. 1a—3a u. 4—13. gr. 8. Ebd. nn 12. 80

1a—3a. Gesamtausg. f. evangelische, bezw. katholische od. konf. gemischte Schulen. (à VIII, 32, 136, 136, 208 u. 127 S. m. 329 Abbildgn., 12 farb. Taf. u. 3 farb. Karten.) 910. Geb. in Leinw. à nn 2. 20

4. Geschichte f. evangelische Schulen. Bearb. v. Frdr. Tromnau. (IV, 136 S. m. 41 Abbildgn. u. Skizzen u. 3 farb. Karten.) 910. — 80

5. Geschichte f. kathol. Schulen. Bearb. v. Frdr. Tromnau u. Adelb. Schiel. (IV, 136 S. m. 41 Abb. u. Skizzen u. 3 farb. Karten.) 910. — 80

6. Geschichte f. konfessionell gemischte Schulen. Bearb. v. Frdr. Tromnau u. Adelb. Schiel. (IV, 136 S. m. 41 Abbildgn. u. Skizzen u. 3 farb. Karten.) 910. — 80

7. Abriß der Geschichte des Altertums v. Frdr. Tromnau. (32 S. m. 6 Abb.) 910. — 20

8. Geographie. Bearb. v. Heinr. Kerp. (II, 138 S. m. 40 Abb. u. 4 farb. Taf.) 910. — 80

9. Pflanzenkunde, bearb. v. Thdr. Krausbauer u. R. Waeber. (II, 94 S. m. 70 Abb. u. 5 farb. Taf.) 910. — 65

10. Tier- u. Menschenkunde, bearb. v. Otto Kohlmeyer u. R. Waeber. (II u. S. 95—208 m. 73 Abbildgn. u. 3 farb. Taf.) 910. — 65

11. Naturlehre. Physik, Chemie u. Mineralogie. Bearb. v. Rich. Werner. (II, 127 S. m. 98 Abb.) 910. — 80

12. Geschichte f. die Mittelstufe, bearb. v. Frdr. Tromnau. (48 S. m. 18 Abb.) 910. — 30

13. Geographie f. die Mittelstufe, bearb. v. Heinr. Kerp. (64 S. m. 26 Abb. u. 2 farb. Taf.) 910. — 40

— Sammlung v. deutschen Landeskunden, zunächst zur Ergänzg. der Lehrbücher von E. v. Seydlitz. 8. Ebd.

Doormann, O., Landeskunde der Prov. Schleswig-Holstein u. der freien Hansestadt Lübeck m. ihrem Gebiete. 8. Aufl. der Landeskunde der Prov. Schleswig-Holstein v. O. Scholz, völlig neu bearb. u. durch die Landeskunde Lübecks erweitert. (76 u. 16 S. m. 30 Abbildgn. u. 3 eingedr. Karten.) 910. 1. —

Wehrmann, Mart., Landeskunde der Prov. Pommern. 5. umgearb. Aufl. (48 S. m. 24 Abbildgn.) 909. — 60

Hirt, Ferdinand, s. a. Schreib- und Lesefibel

— Schreib- u. Lesefibel. Mit vielen Abbildgn. Neubearbeitg. v. 1906 nach phonet. Grundsätzen. Ausg. A f. einfache evangel. Volksschulen. (IV, 72 S.) 8. Ebd. 908. — 20; geb. n — 40

— dasselbe. Ausg. B f. mehrklass. evangel. Schulen. (IV, 104 S.) 8. Ebd. 908. — 40; geb. n — 60

— dasselbe. Ausg. D f. mehrklass. Schulen beider Konfess. (IV, 104 S.) 8. Ebd. 908. — 40; geb. n — 60

— dasselbe. Ausg. F f. mehrklass. kathol. Schulen. (IV, 104 S.) 8. Ebd. 908. — 40; geb. n — 60

— dasselbe. Ausg. G f. einfache kathol. Volksschulen. (IV, 72 S.) 8. Ebd. 908. — 20; geb. n — 40

— dasselbe f. d. Reg.-Bez. Bromberg. Neubearbeitung v. 1910. (80 S. m. Abb.) gr. 8. Ebd. 910. Geb. nn — 50

— dasselbe. Ausg. f. Oberschlesien. (IV, 80 S. m. Abbild.) gr. 8. Ebd. 910. Geb. nn — 50

— dasselbe. 2. Abtlg. Lesebuch f. die Unterstufe. Neubearbeitg. v. 1909. Ausg. A f. einfache evangel. Volksschulen. (112 S. m. 30 Abbildgn.) gr. 8. Ebd. 910. Geb. nn — 55

— dasselbe. Ausg. G f. einfache kathol. Volksschulen. (112 S. m. 31 Abb.) gr. 8. Ebd. 910. Geb. in Halbleinw. nn — 55

Hirt, Ferdinand, s. a. Schreiblese-Fibel, Deutsche.

Hirt's, Ferd., deutsche Schreiblese-Fibel für die konfessionell-gemischten Schulen m. einfachen Verhältnissen des Reg.-Bez. Bromberg. Gedr. in der neuen deutschen Rechtschreibg. (64 S. m. 36 Abbildgn.) gr. 8. Breslau 903. F. Hirt. Geb. n. — 40

Hirt's, Ferd., bewegliche deutsche Schreibschrift-Buchstaben m. nur e. Buchstabenform f. Anfangs-, Mittel- u. Endbuchstaben. Auf Grund der Schreibschrift in d. neuen Hirtschen Schreib- u. Lese-Fibeln f. die Lesemaschine entworfen v. Th. Mynett. Mit e. Begleitwort üb. ihre Anlage u. Benutzg. gr. 8. (6 S.) Breslau 900. F. Hirt.
Auf Pappe gezogen u. zerschnitten, in Holzschiebekasten n. 9. —

— Schreibschule. Method. bearb. v. H. Nowack. 14 Hfte. 4. (à 24 S.) Ebd. 898. à n.n. — 10;
ohne Vorschriften. 8 Hfte. (à 32 S.) à n.n. — 10

— Schreibschule. Methodisch bearb. v. H. Nowack. 15. u. 16. Hft. 4. Ebd. 899. à n.n. — 15
Geschäftsaufsätze. (à 24 S.)

— Schreibschule. Methodisch bearb. v. H. Nowack. (Ursprüngliche) Ausg. A. 1.—17. Heft. 8. Ebd. n.n. 2. 05
- 1—4. Deutsche Schrift. Unterstufe. (à 24 S.) 904. à n.n. — 10
- 5. 6. Dasselbe. Mittelstufe. (à 24 S.) 906. à n.n. — 10
- 7—8. Dasselbe. Oberstufe. (à 24 S.) 904. à n.n. — 10
- 9—12. Lateinische Schrift. Mittelstufe. (à 24 S.) 904. 905. à n.n. — 10
- 13—14. Dasselbe. Oberstufe. (à 24 S.) 905. à n.n. — 10
- 15. Geschäftsaufsätze. Zugleich Ergänzungsheft zur Ausg. C. (24 S.) 905. n.n. — 15
- 16. Für die Bedürfnisse mehrgegliederter Schulen. (Neue Aufl.) (24 S.) 906. n.n. — 15
- 17. Postheft. 2., durchgeseh. Aufl. (16.—35. Tauf.) (32 S.) 906. n.n. — 35

— dasselbe. (Neue) Ausg. B f. einfache Schulverhältnisse. 1—6. Hft. 4. Ebd. 906. n.n. — 95
1—5. (à 40 S.) à n. — 16. — 6. (24 S.) n.n. — 15.

— dasselbe. (Sonder-)Ausg. C. 1.—15. Hft. 4. Ebd. 904. n.n. 1. 80
1—5. (à 40 S.) à — 16. — 6—15. (à 32 S.) à n.n. — 10.

— dasselbe. Schreibheft C. (Neue Aufl.) (32 S.) 8. Ebd. 904. n.n. — 10

— Schreibschule. Methodisch bearb. v. Hugo Nowack. (Ursprüngliche) Ausg. A. 5.-8., 10. u. 12.—17. Heft. 8. Ebd. nn 1. 45
- 5. 6. Deutsche Schrift. Mittelstufe. (à 24 S.) 907. à nn — 10
- 7. 8. Dasselbe. Oberstufe. (à 24 S.) 907. à nn — 10
- 10. 12. Lateinische Schrift. Mittelstufe. (à 24 S.) 907. à nn — 10
- 13. 14. Dasselbe. Oberstufe. (à 24 S.) 907. à nn — 10
- 15. Geschäftsaufsätze. Zugleich Ergänzungsheft zur Ausg. C. 909. nn — 15
- 16. Geschäftsaufsätze. Für die Bedürfnisse mehrgegliederter Schulen. 910. nn — 15
- 17. Postheft. Ergänzungsheft zu sämtl. Ausg. v. F. Hirts Schreibschule. 3., durchgeseh. Aufl. (36.-65. Tauf.) (32 S.) 908. nn — 35

Hirt's, Ferd., Schreibschule. Methodisch bearb. v. Hugo Nowack. (Neue) Ausg. B. 1.—6. Heft. Für einfache Schulverhältnisse. 8. Breslau, F. Hirt. — 95
1.—5. (à 40 S.) 907—09. à — 16
6. Geschäftsaufsätze. (24 S.) 907. nn — 15

— dasselbe. (Sonder-)Ausg. C. 1.—3. u. 7. Heft. (Neue Aufl.) 8. Ebd. nn — 58
1.—5. (à 40 S.) 910. à — 16. — 7. (32 S.) 908. — 10

— dasselbe. Schreibheft E. Zugleich f. Ausg. A u. B zu gebrauchen. (32 S.) 8. Ebd. 907. nn — 10

— Strafgesetzbuch f. das Deutsche Reich vom 15. Mai 1871 nach der Redaction d. Reichskanzleramts vom 26. Febr. 1876, m. Markirg. der durch Reichsgesetz vom 26. Febr. 1876 erfolgten Streichgn., Abändergn. u. Zusätze. Nebst e. ausführl. alphabet. Sachregister. gr. 8. (VIII, 136 S.) Gera 876. Griesbach. n. 1. —

— Vorlagen zu Fröbelschen Beschäftigungen, mit erläuterndem Text. 1—15. Hft. 4. Stralsund 875—78. Misch. n. 14. 55
- 1—4. Das Bauen nach Fröbel. Vorlagen u. Anweisung von Frdr. Seidel. (32 Steintaf. m. 8 S. Text.) n. 4. 50
- 5. Das Ringlegen. Vorlagen nebst ausführl. Anweisung v. Frdr. Seidel. (12 Steintaf. m. 3 S. Text.) n. 1. —
- 6. Das Flechten. I. Thl., mit Material, Vorlagen u. Anweisung v. H. Goldammer. (8 Steintaf. mit 3 S. Text.) n. 1. 25
- 7. Das Flechten. II. Thl.: Eins auf-, Eins ab-Schule, Flechten v. Lesezeichen u. Körbchen. Vorlagen nach Anweisung von H. Goldammer. (8 Steintaf. m. 3 S. Text.) n. — 75
- 8. Auswahl aus Frdr. Seidel's Bauen nach Fröbel. [Vorlagen 1/4.] Anleitung u. Vorlagen mit 416 Bauformen. (16 Steintaf. m. 4 S. Text.) n. 1. 50
- 9. Das Stäbchenlegen. (8 Steintaf. mit 2 S. Text.) n. — 75
- 10. Die Ausstechschule. (8 Steintaf. mit 2 S. Text. n. — 75
- 11. Die Ausnähschule. (8 Steintaf. mit 1 S. Text.) n. — 75
- 12. Das Verschränken. (8 Steintaf. mit 1 S. Text.) n. — 75
- 13. Das Kork- [Erbsen-] Spiel. (8 Steintaf. m. 1 S. Text.) n. — 75
- 14. 15. Zeichnen-Schule nach Fröbel'schen Prinzipien für Kindergärten, Volks- u. Mittelschulen in 3 Abthlgn. gezeichnet u. erläutert von Jul. Grosmann. 1. Abth. Für Kindergärten. (12 Steintaf. mit 8 S. Text.) n. — 80
  2. Abth. Für Schüler u. Schülerinnen über 7 Jahr. (12 Steintaf. m. 8 S. Text.) n. 1. —

— **M. Friedr. Wilhelm Ludwig** (Jena), Observationes quasdam ad artem obstetriciam pertinentes. Diss. med. Jena (Fickelscherr's Erb. & Stranckmann) 20. IX. 1784. 30 S. (6.80) 15292

Hirt, Fritz, die Kämpfe um den Bielersee anno 1798. 8. (87 S.) Biel 898. Twann (Kt. Bern), Selbstverlag. n. — 80

Hirt, Fritz Militärische Verhältnisse der ehemaligen bernischen Landvogtei Nidau. Vortrag, gehalten im Historischen Verein Biel. [Mit 1 Illustration.] 8. Biel 1897.

Hirt, G., s. Hirth, Georg

Hirt, Geo., Blumen-Studien nach der Natur. Imp.-Fol. (7 Steintaf.) Leipzig 875. Baumgärtner. n. 8. —

Hirt, Geo. **Blumen-Studien nach der Natur. 2. Aufl. gr. Fol. (7 Stnt.) Leipzig 880, Baumgärtner's Buchh. In Mappe**

—— **Frühlingsblumen. 12 Blätter mit Sinnsprüchen deutscher Dichter. Nach Aquarellen. Cabinet-Ausg. Chromolithogr. 4. (1 Bl. Text.) Wandsbeck 879, Seitz.**

[F.] Die Volksschule im Dienste der künstlerischen Erziehung des deutschen Volkes v. Georg **Hirt,** (ständ. Zeichenl. . . . in Leipzig). *Leipzig: Seemann & C. 1897.* (5 Bl., 73 S.) 1 Bd 8. [97. 3100

Hirt, H., das musikalische Element in der deutschen Poesie. Ein Beitrag zur rechten Würdigung des gesprochenen Dichterwortes. gr. 8. (15 S.) Leipzig 879, (Georgi.) *

— **Heinrich Adolph** (Zittau), De cranii neonatorum fissuris ex partu naturali, cum novo earum exemplo. Comment. obstetr.-forens. Wittbg. 21. III. 1815. Lpz. (in commencio industriae). 23 S. u. 1 Abb. (J. F. Schröter ad nat. del. et sc. Lipsiae.) (6.50) 15293

Hirt, Herm., der indogermanische Ablaut, vornehmlich in seinem Verhältnis zur Betonung. gr. 8. (VIII, 224 S.) Strassburg 900. K. J. Trübner. n. 6. 50

Hirt, Herm., d. indogerman. Akzent. Ein Handbuch. gr. 8. (XXIII, 356 S.) Strassburg 895. K. J. Trübner, Verl. n. 9. —

Hirt, Herm. s.: Bibliothek, indogermanische.

Hirt, Herm., der ikavische Dialekt im Königr. Serbien. (56 S.) gr. 8. Wien 903. (A. Hölder.) n. 1. 30
Sonderabdruck aus: „Sitzungsber. d. k. Akad. d. Wiss."

— Etymologie der neuhochdeutschen Sprache, s.a. Handbuch des deutschen Unterrichts an höh. Schulen. IV. 2.

Etymologie der neuhochdeutschen Sprache. Darstellung d. deutschen Wortschatzes in s. geschichtl. Entwicklung von Dr. Hermann **Hirt,** Prof., Leipzig. München: Beck 1909. XV, 404 S. 4°(8°)
(Handbuch d. deutschen Unterrichts an höh. Schulen. Bd 4, T. 2.) [09. 885]

— **Handbuch der griech. Laut- u. Formenlehre, s.a. Sammlung indogerm. Lehrbücher. I. 2.**

Handbuch der griechischen Laut- und Formenlehre. Eine Einführung in d. sprachwiss. Studium d. Griechischen von Dr. **Herman Hirt,** *Prof.,* Leipzig. *Heidelberg: C. Winter 1902.* (XVI, 464 S.) 8°
= Sammlung indogermanischer Lehrbücher. Reihe 1, Bd 2. [02. 6176]

Die Indogermanen, ihre Verbreitung, ihre Urheimat und ihre Kultur von Herman **Hirt,** Prof., Leipzig. Mit Abb. Bd 1. 2. Strassburg: K. J. Trübner 1905–07. 2 Bde 8°
1. 1905. 2. Mit 4 Karten. 1907. [06. 15844

Hirt, H., s.: Kulturgeschichte d. Mittelalters.

— s.: **Sammlung indogermanischer Lehrbücher.**

Hirt, Herman [Dr.]: Vom gestossenen und schleifenden Ton in den indogermanischen Sprachen. . . . (Aus: Indogerm. Forsch., hrsg. v. K. Brugmann u. W. Streitberg. Bd. 1, H. 1 u. 2.) Strassburg, K. J. Trübner, 1891; 2 Bl., 42 S. 8°
Leipzig, Phil. Fak., Hab.-Schr. v. 13. Jul. 1891

Hirt, Herman [aus Magdeburg]: Untersuchungen zur westgermanischen Verskunst. I. Kritik der neueren Theorien. Metrik des Angelsächsischen. . . . Leipzig, Gustav Fock, 1889; 2 Bl. + 83 + 1 S. 8°
Leipzig, Phil. Fak., Inaug.-Diss. v. 7. Aug. 1889

— Deutsches Wörterbuch, s.: Weigand, Fr. L. K.

Hirt, J., s. Hirt, Julius

Hirt, J. T., s. Hirt, Johann Traugott

Hirt, Joh., Grund-Linien zu e. allgem. Schulplane. gr. 8. (6 B.) München 850, Finsterlin.

Dr. Johann Hirt. Über den Celtismus und die Celtensprache vom Standpunkt der Geschichte. 67 S. Bruchsal, P 1843

Hirt, Joh., Rostopschin, od.: Napoleon in Moskau. Drama in 5 Akt. 8. (8 B.) Konstanz 838, Glukher. (?)

Hirt, Johann Friedrich

Hirt, Jh. Fr., († d. 29. Juli 1783.) philolog.-exeget. Abhandl. über Psalm 45, 14. 15. 4. Jena 753.

— **commentatio exegetico-theologica ad Luc. 1, 35. de abusu antiquitatum hebraicarum in illustranda adumbratione virtutis altiss. Mariae communicata. Part. I. II. 4. Wittenb. 775, 76.**

— **Abzugspredigt von Jena u. Anzugspredigt in Wittenberg. 8. Wittenb. 775. Kühne. 4 gl**

— — De *AKPIBEIA* in eligendis dictis classicis theologiae probe observanda. Wittbg. (C. Chr. Dürr) 12. IV. 1775. 26 S. (6.20) 15295

— **anthologia arabica, adjectae sunt versio latina et adnotationes. 8. Jena 774. Cröker. 20 gl**

— **neue Betrachtt. u. Gedanken über d. erste Glaubensbekenntniß von d. Person d. Messias, 1 Buch Mos. 4, 1. 8. Jena 750.**

— **theolog. Betracht. von d. geistl. Priesterthum u. dessen Mißbrauch bei den Herrnhutern. 4. Jena 751. Melchior.**

— **biblia analytica, pars chaldaica, praemissa introductione historico-critica ad chaldaismum biblicum. 8. Jena 757. Gollner. 16 gl**

— **biblia hebraea analytica. 8. Jena 769. Gollner. 1 rß 16 gl**

— orientalische, exegetische Bibliothek. 8 Thle. 8. Jena 772—76. Cröker. 3 ß Fortsetzung, s. Bibliothek, Wittenbergische, u. setze hinzu: (v. J. Fr. Hirt).

— —] Wittembergische Neue Orientalische und Exegetische Bibliothek mit beygefügter Anzeige neuer theologischer Schriften und andern Nachrichten. 1.—4. Theil. 2 voll. Jena 1776—1779.

Hirt, Joh. Friedrich (Präs.), s. C e l l a r i u s, Ludw. Friedr.: De Jesu Christo optimo divinitatis suae doctore.

Hirt, Jh.Fr., commentatio de chaldaismo biblico, in qua inprimis chaldaismus Jeremiae in specie explicatur et a falsis plurimorum interpretum interpunctationibus vindicatur. 4. Jena 751. (Cnobloch in Leipz.) 4 gr

— commentatio Christum bene et feliciter disputantem ex Matth. XII, 25—30. sistens. 4. Jena 752. (Cnobloch in Leipz) 3 gr

Hirt, I. F., commentarius in accentuationem Hebraeorum. 4. Jena, Marggraf. 749. Rthlr.

Hirt, J.F.: De c o r o n i s nuptialibus. – Jen. 1747.

— de C o r o n i s apud Ebr. nuptialibus. 4. Jenae, Melchior. 748.

Hirt, Ioannes Fridericus, Dissertationum ad accentuationem pertinentium prima ideam accentuum rite determinatam nec non figuram, numerum, nomen ac denominandi rationem, situm, atque valorem istorum exhibens, quam ... praeside — ... defendet Ioannes Philippus R i t t e r s p a c h e r u s. Ienae 1745.

— Einleit. in d. hebr. Abtheilungskunst d. heil. Schrift. 8. Jena 767. Cröker. 8 gr

— vollständ. Erklärung d. Sprüche Salomonis, worin d. sel. Pet. Hansen Betracht. über d. Sprüche Salomonis v. Neuem völlig geliefert werden. 4. Jena 768. Fickelscher. 1 ß

— Erläuterungen üb. B a u m g a r t e n s Hermeneutik. 8. Jena, Melchior. 750.

H i r t, J. F., de imperatorum ante Constantinum M. erga Christianos favore. Jen. 1738. 4.

— — Commentatio philologica formationem ac perfectionem pronominum personalium nec non verbi in communissima forma apud Ebraeos obvenientium demonstrans. Ienae 1747.

— de formatione p r o n o m i n u m personal. ap. Hebr. obven. c. tab. 4. Jenae, Croecker. 747.

HIRT, Joh. Friedr., V e r m i s c h t e G e d a n c k e n v o n d e r H o c h a c h t u n g g e g e n d a s w e i b l i c h e G e s c h l e c h t, nebst einer Erklärung der Worte. 1. Tim. 2, 15. Jena, b. Joh. Adam Melchiors Wittbe. 1747. 4°. 4 Bogen.
Cat. Meissner II. — Das O. M. V. 1747. F 2 a giebt das Format (vielleicht irrig) mit 8° an.

— historia et dijudicatio doctrinae de angelo cujuslibet hominis tutelari. 4. Wittenb. 778.

— institutiones arabicae linguae, adjecta est chrestomathia arabica. 8. Jena 770. Cröker. 1 ß 8 gr

— commentatio introductionem primogeniti etc. 4. Jena 754. Gollner. 2 gr

— Rabbi M o s i s ben Maimon, tract. de matrimonio Hebraeor. cap. decim. 8. ibid. 751.

— memoria saecularis tertia Eliae Leuitae Germani usum accent. hebr. non negantis, sed commendantis. 4. Wittenb. 777. Kühne. 4 gr

H i r t, J. F., de nuptiis Hebraeorum. Jen. 1746. 4.

— opuscula novissima argumenti historici exeget. atque theologici. 4. Wittenb. 783. Zimmermann. 20 gr

— de P a r a n y m p h i s apud Ebr. nuptial. 4. Jena. Melchior. 748.

— de p a r e n t h e s i et generatim et speciatim sacra. 4. Jenae. Cröker. 745.

— s. P h ä d r i fabulae Aesop.

— P r e d i g t, eine bei Jesu beglückte Seele. 8. Ebend. 749.

— zwei Predigten bei besond. Veranlassungen geh. 8. Jena 765.

— kl. geistl. Reden bei Gelegenheiten. 8. Jena 764. Gollner. 5 gr

— kleine Samml. einiger erbaul. Lieder, nach alphabet. Ordnung; nebst e. Beitr. zu e. Wittenberg. Liederhistorie. 8. Wittenb. 779.

— Samml. einiger Predigten. 8. Jena 761. Gollner. 9 gr

— d. apostol. Segenswunsch. 1 Theff. 5, 23. 24. Er aber, d. Gott des Friedens rc. 4. Wittenb. 780. Kühne. 2 gr

— **Joh. Friedr.**, Commentatio ad proverb. XVI, 31. de senectute corona justi ornatissima, qua seni summe vener. consumm. theologo D. Joanni Georgio Walchio rarissimam professoris in hac academia quinquagenarii felicitatem gratul. Jena (Felix Fickelscherr) 1768. 20 S. (6.30) 15294

— — Dissertatio grammatico-philosophica specimen perfectionis in coniugationibus apud Ebraeos non multiplicandis obvium sistens. Quam ... praeside — ... defendet Christian. August. Frider. S l e v o g t. Ienae 1755.

— syntagma observationum philologico-criticarum ad linguam sacram veteris testamenti pertinentium. 8. Jena 771. Cröker. 8 gr

— systema accentuationis Ebraicae antiquiora atque recentiora itemque propria praecepta exhibens. 8. Jena 752. Gollner. 14 gr

— varia sacra in primitiis acad. Vitebergae max. part. exhib. 4. Wittenb. 776. Zimmermann. 16 gr

— — Dissertatio critica de verbis formae mixtae apud Ebraeos quam ... sub praesidio — ... defendet Ioann. Mich. Christoph. H e s s i u s. Ienae 1754.

— versio duplex hebraea rhythm. Cantici: Nun komm d. Heiden Heiland. 4. Wittenb. 780. Kühne. 3 gr

— Versuch e. vollständ. Erläuterung üb. Baumgarten's Unterricht von Auslegung d. heil. Schrift. 8. Jena 750. Melchior. 4 gr

— erste Worte d. Erbauung in den kursächs. Landen vorgetragen. 8. Jena 777. Gollner. 14 gr

Hirt, Johann Traugott

Hirt, J. T., die Verfolgung der Ausländer in den englischen Colonien. 48jährige Erfahrgn. e. Deutschen in den Goldfeldern Australiens. gr. 8. (48 S. m. Bildnis.) Berlin-Friedrichshagen 901. (Verlagshaus f. Volkslitteratur C. Teistler & Co.) n. — 50

Hirt, J[ohannes] sen. Die appenzellische Rettungsanstalt für Knaben in Wiesen bei Herisau. 1849—1907. Separatabdruck aus der »Zeitschrift für schweizerische Statistik«, Jahrg. 44, 1908. [Mit 1 Ansicht.] 8 S. 4. [Bern, Stämpfli & Cie.]

Hirt, Julius

Hirt, J., die Bildung des Volksschullehrerstandes nach dem Anspruch, zu welchem sie berechtigt, und nach den Pflichten, zu welchen sie verpflichtet. Vortrag, gehalten in der Volksschullehrer-Konferenz am königl. Seminar zu Halberstadt. Lex.-8. (26 S.) Halberstadt 886, Helm. * — 30

Hirt, Julius: *De fontibus, unde Tacitus Germaniae notitiam hauserit. 24 Bl. 4° (2°)

Halle-Wittenberg, Phil. Diss. v. 2. März 1867

Geb. [Issersheilingen (Kr. Langensalza) 27. 11. 1842]

Das Wort unde hat der Referent Bernhardy verbessert in: ex quibus.

Verf. erlebte die Diplomerneuerung 1917 als Schulrat a. D. in Halberstadt.

Hirt, Jul., das königl. evangel. Schullehrer-Seminar zu Schloß Elsterwerda. Eine Festschrift zur Feier d. 25jähr. Bestehens der Anstalt am 13. Novbr. 1882. gr. 8. (IV, 124 S. m. 1 Holzschntaf.) Breslau 883. F. Hirt. n. 1. 50

Hirt, Karl

Hirt, Carl, approb. Arzt aus Gundershofen (Els.): Ueber peptonisirende Milchbacillen. *Strassburg i. E. 1900: Ch. Müh & Co.* (30 S.) 8°

Strassburg, Med. Diss. v. 1900

Hirt, Ludw., Arbeiter-Schutz. Eine Anweisung für die Erkennung und Verhütung der Krankheiten der Arbeiter. Mit besond. Berücksicht. der Fabrik-Gesetzgebungen der Cultur-Staaten Europa's. Für den Gebrauch von Fabrik-Aerzten, Aufsichts-Beamten, Industriellen, Deputirten u. a. m. 8. (VI, 168 S.) Leipzig 879, Hirt und Sohn. *M 2,50.; cart. *

Hirt, Ludw., üb. die Bedeutung u. das Studium der öffentlichen Gesundheitspflege. Eine Habilitationsschrift. gr. 8. (49 S.) Breslau 871. Hirt's Verl. — 75

—— über den Einfluß der Berufsthätigkeit auf das Wohlbefinden des Menschen, s. Vorträge, gemeinfaßliche, zum Vorlesen in Vereinen.

Hirt, Ludw., Fabriken, s. a. Handbuch der speciellen Pathologie und Therapie.

Hirt L, Fabriken. (Handb. der Hygiene von Pettenkofer u Ziemssen II, 2) Leipzig 1882

— die Gasinhalations-Krankheiten und die gewerblichen Vergiftungen, s. a. Handbuch der speciellen Pathologie u. Therapie.

Hirt L, die Gasinhalationskrankheiten und die gewerblichen Vergiftungen. 3. Auflage. (Handbuch der Hygiene von Pettenkofer u A. II, 4) Leipzig 1882

Hirt, L., Gesundheitslehre f. die arbeitenden Klassen. 8. (60 S.) Berlin 891. Asher & Co. n. — 40

—— Handbuch der öffentlichen Gesundheits-Pflege und der Gewerbe-Krankheiten, s. Handbuch der speciellen Pathologie und Therapie.

Hirt, Ludwig: Aus d. Kgl. Universitäts-Frauenklinik zu Breslau. Zur Kenntnis der Zwillingsschwangerschaft. *Breslau 1902: Bresl. Genoss.-Buchdr.* (53 S.) 8°

Breslau, Med. Diss. v. 24. Mai 1902

— die Krankheiten der Arbeiter. Beiträge zur Förderg. der öffentl. Gesundheitspflege. In zwangloser Folge. 1. Abth. Die inneren Krankheiten der Arbeiter. 1—3. Thl. gr. 8. Leipzig 871—75. Hirt & Sohn. n. 19. —

1. Die Staubinhalations-Krankheiten u. die v. ihnen besonders heimgesuchten Gewerbe u. Fabrikbetriebe. (XV, 304 S.) n. 6. —
2. Die Gasinhalations-Krankheiten u. die von ihnen besonders heimgesuchten Gewerbe u. Fabrikbetriebe. (VIII, 228 S.) n. 5. —
3. Die gewerbl. Vergiftgn. u. die von ihnen besonders heimgesuchten Gewerbe u. Fabrikbetriebe. (X, 289 S.) n. 8. —

—— die Krankheiten der Arbeiter. Beiträge zur Förderung der öffentl. Gesundheitspflege. In zwangloser Folge. 2. Abthl.: Die äusseren [sc. chirurgischen] Krankheiten. gr. 8. (VIII, 318 S.) Leipzig 878, Hirt und Sohn. *

1. Abthl. 3 Bde. Ebendas. 1871—75. *M 19.

Lehrbuch der Elektrodiagnostik und Elektrotherapie. Für Studirende u. Ärzte verf. von Dr. L[udwig] **Hirt**, Prof., Breslau. Mit 87 Abb. Stuttgart: F. Enke 1893. (X, 224 S.) 8°
(Bibliothek d. Arztes.) 107. 1067: 2

Hirt, L., Pathologie u. Therapie der Nervenkrankheiten f. Aerzte u. Studirende. 1. u. 2. Hälfte. gr. 8. (VIII, 556 S. m. Holzschn.) Wien 888. 890. Urban & Schwarzenberg. à n. 6. — (cplt.: n. 12. —; geb. n. 14. —)

— Pathologie u. Therapie der Nervenkrankheiten f. Ärzte u. Studirende. Mit 181 Holzschn. 2., vielfach verb. u. verm. Aufl. gr. 8. (VIII, 595 S.) Wien 894. Urban & Schwarzenberg. n. 12. —

— System der Gesundheitspflege. Für die Universität u. die ärztl. Praxis. Mit 63 (eingedr. Holzschn.-) Illustr. gr. 8. (V, 172 S.) Breslau 876. Maruschke & Berendt. n. 4. —

— System der Gesundheitspflege. Für die Universität u. die ärztl. Praxis bearb. 2., verb. u. verm. Aufl. Mit 95 (eingedr. Holzschn.-)Illustr. gr. 8. (VII, 232 S.) Breslau 880. Maruschke & Behrendt. n. 4. 50

— System der Gesundheitspflege. Für die Universität u. die ärztl. Praxis bearb. 3. verb. Aufl. Mit 96 Illustr. gr. 8. (X, 251 S.) Breslau 885. Maruschke & Berendt. n. 4. 50; geb. n. 5. —

— System der Gesundheitspflege. Für die Universität u. die ärztl. Praxis bearb. 4., verb. Aufl. Mit 96 Illustr. gr. 8. (XI, 275 S.) Breslau 889. Maruschke & Berendt. n. 5. —; geb. n. 5. 60

Hirt, Ludwig: Die gewerbliche Thätigkeit der Frauen vom hygienischen Standpunkte aus. Mit speciellen Hinweisen auf die an eine Fabrikgesetzgebung zu stellenden Anforderungen. — Breslau & Leipzig: F. Hirt 1873. 54 S. 8°

— die gewerbliche Thätigkeit der Frauen vom hygienischen Standpunkte aus. Mit speciellen Hinweisen auf die an e. Fabrikgesetzgebg. zu stell. Anfordergn. gr. 8. (54 S.) Leipzig 874. Hirt & Sohn. n. 1. —

Trauerrede, am 25. Nov. 1871 gehalten [in der Loge zum goldnen Zepter in Breslau] vom Br. [Ludwig] Hirt. Als Ms. gedr. f. Frm. [Breslau 1871: Grass, Barth & Co.] 7 S. 8⁰ [Umschlagtit.]
Üb. Todesfurcht u. Wiedersehen nach dem Tode.

Hirt, Ludovicus *(geb. Breslau 2. 4. 1844)*: Veratrinum quam habeat vim in circulationem, respirationem et nervos motorios. Vratislaviae (1867). (29 S.) 8°
Breslau, Med. Diss. v. 14. Febr. 1867

Verzeichniss der zur Bibliothek der St. Johannes-Loge Friedrich zum goldenen Zepter im Or. Breslau gehörigen Bücher. Angefertigt im Oct. 1872. [Zsgest. von Ludw. **Hirt.**] Breslau [1872]: Grass, Barth & Co. 16 S. 8⁰ [Umschlagtit.]
Tt. 80.

Hirt, Max, Mädchenturnen, Linz 1910, 8°.
T. 1: Ordnungs- u. Freiübungen.
T. 2: Die Geräteübungen.

Hirt, Max, Reigen u. Fest-Uebungen. (III, 71 S. m. Abbildgn.) 8. Linz (906). Ob.-öst. Buchdruckerei- u. Verlags-Gesellschaft. n. 2.—

Hirt, M.: Reigen und Fest-Übungen. 2. Aufl. Linz 1909. 174 S.

Hirt, Max [Hrsg.], s. Turnschule, Österreichische.

Hirt, Oscar. Durch Bosnien-Herzegowina. Reise-Blätter. Erschienen als Feuilletons des „Vaterland". 8. Luzern 1897.

Hirt, Osc., Italien-Erinnerungen. 12. (VI, 206 S.) Luzern 900. (Räber & Co.) n.n. 1.95

-- Unterwegs. Bilder v. e. Herbstferienfahrt. 12. (II, 249 S.) Ebd. 899. n. 2.—

Hirt, Otto (geb. Thamsbrück in Thür. 23. 12. 1856): Commentationum Lysiacarum capita duo. Berolini (1881). (40 S.) 8°
Berlin, Phil. Diss. v. 12. März 1881

Hirt, Otto, a. Konstanz: Aus d. Zool. Inst. d. Univ. Freiburg i. B. Die Dufteinrichtungen der Neotropiden. Freiburg i. B. 1910: (Lippert, Naumburg a. S.). 56 S., 4 Taf. 8° ¶ (Aus: Zool. Jahrbücher. Bd 30. Abt. f. Anat.)
Freiburg i. B., Naturw.-math. Diss. v. 1910, Ref. Weismann
[Geb. 18. Juni 86 Tiengen; Wohnort: Tiengen; Staatsangeh.: Baden; Vorbildung: Oberrealsch. Konstanz Reife Juli 05; Studium: München Techn. Hochsch. 2, Heidelberg 2, Freiburg i. B. 4 S.; Rig. 26. Nov. 09.] [U 11. 1164

Hirt, Otto Das Fjord-Problem. Eine geographische Studie. 4 (12 S.). **Progr.** G. *Sorau* 1888 (85).

*Hirt, Otto: Land und Leute in Capri. Reiseerinnerungen. S. 3—8. 8.
Zur Feier des Gedächtnisses an Phil. Ferd. Adolf Just. Kgl. Gymn. *Sorau* 1902 (97).
Progr.

[F.] **Hirt,** Otto [Dr.]: Der Poseidontempel in Pästum. E. archäolog. Studie. Sorau N.-L., Druck v. J. D. Rauert, 1895; 19 S. 4.
Sorau, k. G, P 1895 (87)

Hirt, Paul

Hirt, P., Erläuterungen zu dem deutschen Lesebuche f. höhere Schulen, s.: Hellwig.

Hirt, P., De fontibus Pausaniae in Eliacis. Diss. 1876. 56 S.

Hirt, P., deutsches Lesebuch f. höh. Schulen, s.: Hellwig, P.

— dasselbe, Erläutergn., s.: Hellwig, P.

— Praparation zu Cicero's Reden f. Archias u. L. Murena, f. Sextus Roscius u. gegen Verres, s.: Krause, A.

Hirt, Paul [Dr.]: Über die Substantivierung des Adjektivums bei Quintilian. Berlin, R. Gaertners Verlagsbuchh., 1890; 28 S. 4⁰
Berlin, Sophien-G, OP 1890

— **Übungsstücke zum Übersetzen aus dem Deutschen in das Griechische, s.: Behrendt, G.**

Hirt, Rudolf, a. Mannheim: Zur doppelseitigen temporären Gaumenresektion nach Partsch. Rostock 1906: Adlers Erben. (34 S.) 8°
Rostock, Med. Fak., Ref. Müller, Diss. v. 31. Jan. 1907
[Geb. 14. Dez. 81 Mannheim; Wohnort: Mannheim; Staatsangeh.: Baden; Vorbildung: Gymn. Mannheim Reife M. 99; Studium: Freiburg i. B. 5, Halle 2, Tübingen 1, München 2, Rostock 3 S.; Coll. 2. Aug. 06; Approb. 15. Jan. 07.]

Die Heißdampf-Lokomotive der Preußisch-Hessischen Staats-Eisenbahn-Gemeinschaft. Dargest. u. beschrieben, insbes. f. Lokomotivführer u. Lokomotivheizer von R[udolf] **Hirt.** Mit 3 Steindrucktaf. Berlin: F. Siemenroth 1908. (18 S.) 8° [F.] [08. 5897

— Lehrbuch f. den Eisenbahn-Werkführer- u. Werkmeister-Dienst, ergänzt u. vollendet durch G. Brandt, s. a Siemenroth's Prüfungsbücher f. Eisenbahner. V.

Lehrbuch für den Eisenbahn-Werkführer- u. Werkmeister-Dienst. Von R[udolf] **Hirt** †. Berlin. Nach d. Ableben d. Verf. erg. u. vollendet durch G[eorg] Brandt. Mit 42 Abb. Berlin: Siemenroth 1909. VII, 336 S. 8°
(Siemenroth's Prüfungsbücher f. Eisenbahner. Bd 5.) [10. 2136

Hirt, S. W., s. Wochenblatt, Plöner.

Hirt, W.: Die Stellung des religiösen Geschichtsunterrichts in der Erziehungsschule und die Reform seines Lehrplanes .... Leipzig, Voit & Comp., 1886; 71 S. 8°.
Jena, Phil. Fak., Inaug.-Diss. v. 1886.

Hirt, Walter [app. Arzt aus Breslau]: Über gonorrhoische Salpingitis ... Leipzig, Druck v. A. Edelmann, *1893*; 26 S. 8.
Leipzig, Med. Fak., Inaug.-Diss. v. 31. Juli 1893

Hirt, Walter. Semina scobiformia. Ihre Verbreitung im Pflanzenreich, Morphologie, Anatomie und biologische Bedeutung. Diss. Phil. [II.] Univ. Zürich. [Mit 3 Tafeln.] 108 S. 8. Breslau, H. Fleischmann, 1906.
Mitteilungen aus dem botanischen Museum der Universität Zürich. [Heft] 30.

Hirt, Walter, a. Berlin: Untersuchungen über die Wanderung von Säureresten bei der Reduktion acylierter Oxyazokörper. Greifswald 1908: H. Adler. (63 S.) 8°
Greifswald, Phil. Fak., Ref. Auwers, Diss. v. 14. März 1908
[Geb. 15. Dez. 84 Berlin; Wohnort: Berlin; Staatsangeh.: Preußen; Vorbildung: Sophien-Gymn. Berlin Reife O. 03; Studium: Techn. Hochsch. Berlin 5, Univ. Greifswald 5 S.; Rig. 26. Febr. 08.]

Hirt, Willi *Victor* [pr. Arzt]: Ein Beitrag zur Beurteilung der Alexander'schen Operation aus der Breslauer Frauenklinik ... Breslau, Druck d. Bresl. Gen.-Buchdr., 1895; 39 S. 8.
Breslau, Med. Fak., Inaug.-Diss. v. 1. Juli 1895

Hirt, Willi, e. Beitrag z. Beurteilg. d. Alexander'schen Operation aus d. Breslauer Frauenklinik. Diss. gr. 4. (39 S.) Breslau 895. (Schletter.) n. —50

Hirte, Der gute, oder: Welche Pflichten haben wir dann auf uns, wenn dem Vaterlande Gefahren drohen? . . . Magdeb. 1848. V: *Matthias, Eduard.* (zu)

Hirte, der gute, oder: Welche Pflichten haben wir dann auf uns, wenn dem Vaterlande Gefahren drohen? Eine Rede gehalten vor seiner Gemeinde am Sonnt. Lätare 1848 von einem ehemal. Freiwilligen aus den Befreiungskriegen und jetzigen Verkündiger des Evangeliums. gr. 8. (7 S.) Magdeburg 848, (Falkenberg und Comp.) *

Hirte, der gute. Kirchliches Volksblatt für Mecklenburg-Strelitz. Redact.: Milarch. Jahrg. 1864—67. à Jahrg. 24 Nrn. (½ Bog.) gr. 8. Neubrandenburg, (Brünslow.) à Jahrg. * -

Hirte, der gute. Kirchliches Volksblatt für Mecklenburg-Strelitz. Redact.: Milarch. Jahrg. 1865—70. à Jahrg. 24 Nrn. (½ Bgn.) Neubrandenburg, (Brünslow.) gr. 8. Jeder Jahrg. n. 12½ ngr.

— der gute. Kirchliches Volksblatt f. Mecklenburg-Strelitz. Red.: Milarch. Jahrg. 1871. 24 Nrn. (½ B.) gr. 8. Neu-Brandenburg, Brünslow in Comm. n. 1. 25

— dasselbe. Jahrg. 1872—1876. à 24 Nrn. (½ B.) gr. 8. Ebend. à Jahrg. n. 1. 50

Hirte, der gute. Kirchliches Volksblatt f. Mecklenburg-Strelitz. Red.: Milarch. 21—26. Jahrg. 1877—1882. à 24 Nrn. (½ B.) gr. 4. Neubrandenburg, (Brünslow). à Jahrg. n. 1. 50

—— der gute. Kirchliches Volksblatt für Mecklenburg-Strelitz. Redact.: Milarch. 24.—27. Jahrg. 1880—1883. à Jahrg. 24 Nrn. (à Nr. ½ Bog.) gr. 4. Neubrandenburg, (Brünslow.) à Jahrg. *

—— dass. — 28. Jahrg. 1884. 52 Nrn. (à Nr. ½ Bog.) gr. 4. (Ebendas.) *

— dasselbe. 29. u. 30. Jahrg. 1885 u. 1886. à 52 Nrn. (½ B.) gr. 4. Ebend. à Jahrg. n. 2. —

Hirte, der gute. Kirchliches Volksblatt für Mecklenburg-Strelitz. Red.: Steinführer. 31.—34. Jahrg. 1887—1890. à 52 Nrn. (½ B.) gr. 4. Neubrandenburg, (Rahnmacher). à Jahrg. n. 4. —

Hirte, der gute, Bilder u. Lieder. Heft 1—4. 12. Basel, C. F. Spittler. 1874 à —. 30

Hirte, der gute. Bilder u. Lieder. 1—8. Hft. 16. (à 16 S. m. 8 Chromolith.) Basel 875. 76. Spittler. à n. — 25

Hirte, der gute. Bilder und Lieder. 12 Hefte. 16. (à Heft 16 S. mit 8 Chromolithogr.) Basel 875—79, Spittler. à Heft * 25 Pf. *

Hirte, der gute. Bilder u. Lieder. IX.—XII. Bändchen. In-32°, je 16 S. mit Farbendruckbildern. Basel, C. F. Spittler. 1881 Jedes Bdchn.

Hirte, der gute. Bilder u. Lieder. 12 Hfte. 16. (à 16 S. m. 8 farb. Bildern.) Basel 885—887. Jaeger & Kober. à n. — 25
1. 2. 3. 4. 9. 8. Aufl. — 5. 6. 7. 8. 4. Aufl. — 10. 11. 12. 2. Aufl.

Hirte, Der gute. Bilder und Lieder. 1.—12. Heft. (I—IV in 8. Aufl.; V—VIII in 4. Aufl.; IX in 8. Aufl.; X—XII in 2. Aufl.). Mit Illustr. In-16°. Je 16 S. Basel, C. F. Spittler. 1891 à — 30

Hirte, der gute. 8. (4 S.) Barmen 882, (Wiemann.)

Hirte, der gute. Erzählgn. u. Gedichte f. die liebe Jugend v. M. Frohmut, G. Lundehn, M. Rüdiger, Karl Stöber, Ottilie Wildermuth. (80 S. m. Abb. u. 4 Farbdr.) 8. Reutlingen (909). Enßlin & Laiblin. Geb. — 60

Hirte, Der gute, auf seinem Sterbebette, oder letzte Ermahnungen eines Landpfarrers. Ingolstadt 1794. V: *Niedermayer, Franz Xaver.* (Ky)

— c., u. e. Heerde. Ein Versuch, durch Frage u. Antwort der Verständigg. unter den verschiedenen religiösen Anschaugn. der Gegenwart näher zu treten, v. e. höheren Offizier. gr. 8. (26 S.) Berlin 891. Bibliograph. Bureau.

Hirte, der junge, auf dem Felde. 12. (1 B.) St. Pölten 838. (Wien, Mechitaristen-Congreg.-Buchh.)

—— der von seiner Gemeinde scheidende, ein Denkmal d. Liebe den Geliebten z. höh. Geistes- u. Herzensbildung geweiht. gr. 12. (13⅔ B.) Ulm 841, Ebner'sche Buchh. 1½ Thlr., Vlnp.

Hirte, der, zu Tolosa. Trspl. 8. Schlesw. ..., (Leipz., Cnobloch). 1 ußl

Hirte, der, von Toloso, ein Trauerspiel nach d. Dänischen von Ingemann. gr. 8. Schleswig, Taubstummen-Institut. (Leipzig, Tauchnitz in Comm.) 819.

Hirte, Der, von Toloso. Trauerspiel nach dem Dänischen [des B. S. Ingemann]. Schleswig 1821. V: *Scholtz, Ludw. Heinrich.* (Ky)

—— der treue, oder: Bittet, so wird euch gegeben. Eine wahre Geschichte. 1.—4. Aufl. 8. (16 S.) Stuttgart 878—84, Buchh. der Evangel. Gesellschaft. *

—— der treue, od. Bittet, so wird euch gegeben. Eine wahre Geschichte. 6. Aufl. 12. (16 S.) Stuttg. 892, Buchh. d. Evang. Gesellschaft. * — 4

— der treue, od. Bittet, so wird euch gegeben. Eine wahre Geschichte. 7. Aufl. 12. (16 S.) Stuttgart 894. Buchh. der Evang. Gesellschaft. n. — 4

— der treue, od. „Betet ohne Unterlaß!" In Verse gebracht. Orig.-Ausg. (16 S.) kl. 8. Stuttgart (910). A. Klein. — 10

Betrachtungen zum Gesetz über die Sicherung der Bauforderungen. Von Alfred Hirte. Dat. Berlin 1909. 7 S. 4° A 12. 3913

Hirte, Bern. Ern. Ludov. (geb. Cöln a. Rh. 2. 1. 1827): De placenta praevia. Berolini (1849). (36 S.) 8°
Berlin, Med. Diss. v. 11. Apr. 1849

Hirte, G., s.: Copie d. Stenogramme v. Wettschreiben.

Hirte, J. Ph., s. Prophet, d. baiersche rc.

Hirte, Joh., Die Entlastung des Potsdamer Platzes. Vortr. (Berlin 1907.) 4°.

[HIRTE, Tobias]
Gemeinnützige Sammlung zum Gebrauch der Deutschen in America, Vornehmlich der Landleute in Pennsylvanien.
Ephrata: Mayer. 1796. 8, 136 S. 8°.
New York Public Library
Evans 30561: mit Verfasser.

Hirten, Die, der Alpen; ein Nachspiel nach Marmontel. Leipzig 1777. V: *Seybold, David Christoph.* (Ky)

Hirten, die, der Alpen; ein Nachspl. nach Marmontel, (v. Dav. Cph. Seybold). 8. Leipz. 777. Weygand. 4 gr.

Hirten, die, auf d. Felde. 16. (16 S. m. farb. Titelbild.) Berlin 898. Verlag d. christl. Zeitschriften-Vereins. n. — 10

Hirten, die, bei d. Krippe, Clavierauszug. Halle, Hemmerde u. Schw.

Hirtenbrief
s.a. unter dem Namen des Urhebers

— Sr. Exz. des hochwürdigsten Herrn Antonius, Bischofs v. Regensburg, erlassen zu Beginn der Adventzeit 1909/1910. Sonderabdr. (11 S.) kl. 8. Regensburg 909. J. Habbel. — 10

— dasselbe, erlassen zu Beginn der Fastenzeit 1909. (16 S.) 8. Ebd. 909. — 10

— dasselbe, erlassen in der Fastenzeit 1910. (9 S.) Lex. 8. Regensburg 910. (Bischöfl. Ordinariats-Kanzlei.) — 20

— erlassen beim Antritt d. bischöfl. Amtes v. Joseph, Erzbischof v. Bamberg. gr. 8. (14 S.) Bamberg 891. (Schmidt.) n. n. — 25

Hirtenbrief des Bischofs Arnoldi von Trier an d. kathol. Geistlichkeit u. sämmtl. Gläubigen. gr. 8. (1 B.) Berlin 845, Eyssenhardt'sche Buchh.? *

Hirtenbrief des Erzbischofs Augustin zu Salzburg. Fol. Salzb. 824. Duyle. 2 gr.

—— des Bischofes v. Augsburg, Ignaz Albert v. Riegg, an alle Gläubigen seines Bisthumes nach vollend. Diözesan-Visitation. gr. 8. (3½ B.) Augsburg 832, (Kollmann.)

— von Brixen über d. rechtmäß. Verehrung d. Bilder u. Statuen. 8. Salzb. 784. Duyle. 3 gr.

— des Bischofs v. Eichstätt, Franz Leopold Frhr. v. Leonrod, erlassen zur Fastenzeit 1902. gr. 4. (9 S.) Eichstätt (902). (Ph. Brönner.) — 30

— des Bischofs v. Eichstätt, Franz Leopold Frhr. v. Leonrod, erlassen zur Fastenzeit 1903 bezw. 1904. (à 9 S.) gr. 4. Eichstätt (903. 904.) (Ph. Brönner.) à n. — 30

— des Bischofs von Eichstädt, Carl Aug. Grafen v. Reisach, an die Gläubigen der Diözese zum Bisthums-Antritte erlassen. gr. 4. u. 8. Augsburg 837. Kollmann. 1/12 Thlr.

— d. ersten Bischofs v. Linz, Recensionen desselben in d. Wienerischen Kirchenzeitung u. unpartheil. Gedanken über beide Stücke. 8. Linz 787. Haslinger. (Mayr in Salzb.) 4 gr.

— des hochw. Herrn Bischofs v. Fulda Adalbertus bei der herannahenden Fastenzeit d. J. 1899, 1900, 1901 u. 1902. gr. 8. (13, 14, 13 u. 16 S.) Fulda (A. Maier). à n. — 20

Hirtenbrief des hochwürdigsten Herrn Bischofs v. Fulda, Adalbertus, bei der herannahenden Fastenzeit der J. 1903 bezw. 1904, 1905 u. 1906. (22, 24, 23 u. 18 S.) 8. Fulda (903—906). (A. Maier.) à n. — 20

— d. hochwürdigsten Herrn Bischofs v. Fulda Georgius Ignatius bei d. herannah. Fastenzeit d. J. 1898. gr. 8. (15 S.) Fulda 898. (A. Maier.) n. — 20

— von d. Bischof zu Laybach. 4. Augsb. 782. Rieger. 4 gr.

– Vgl. Hirtenbrief an die Geistlichkeit und das Volk der laybachischen Diöces.

Hirtenbrief des hochwürdigsten Herrn Bischofs von Limburg an die Gläubigen seiner Diözese beim Herannahen der heiligen Fastenzeit des Jahres 1907. Limburg a. d. Lahn 1907. V: *Willi, Dominikus.* (Berl 1910, S. 1204)

Hirtenbrief, Des Bischofs zu Mantua, an die Exkarteuser seines Kirchensprengels. Wien 1783. V: *Pergen, Johann Baptist von.* (EB)

— d. Bischofs zu Mantua an d. Exkartheuser etc., in Betreff ihrer aufgelösten Ordensgelübde; mit Anmerkk. v. Frz. X. Gmeiner. 8. Wien u. Grätz 784.

—— des Bischofs v. Nanzig, F. Johann Baptist L'Hote, an d. Mitglieder seiner Diözese. Ein neues Zeichen der Zeit. 8. (1½ B.) Schaffhausen 845, Brodtmann'sche Buchh. *

Hirtenbrief des Bischofs zu Pistoja. A. d. Italienischen. Wien 1788. V: *Ricci, Scipio de.* (Ky 3/153) (BiblPort)

— des Bischofs v. Pistoja etc.; aus d. Italien. gr. 8. Wien 788. Hörling. 5 gr.

— — derselbe. 8. Salzb. Duyle. 784.

Hirtenbrief des hochwürdigen Bischofs v. Poitiers über die Anklagen gegen das Kirchenoberhaupt u. den französischen Klerus, welche in der Schrift: „La France, Rome et l'Italie" von A. de la Gueronnière ausgesprochen werden. Mainz 861. Kirchheim. 8. (32 S.) n. 2 ngr.

—— des Bischofs v. Poitiers über die Anschuldigungen gegen den Papst, s. a. Stimmen der Wahrheit.

— des hochwürdigen Herrn Bischofs v. Poitiers betreffend die in der Broschüre: Frankreich, Rom u. Italien, vom H. A. De La Gueronniere, gegen den Pabst u. gegen den französischen Klerus erhobenen Anschuldigungen. — Schreiben an Hrn. Vicomte De La Gueronniere, als Antwort auf seine Broschüre: Frankreich, Rom u. Italien, vom hochwürdigen Hrn. Bischofe von Orleans. München 861. Lentner. gr. 8. (42 S.) 3 ngr.

Hirtenbrief des Bischofs von Rottenburg a. N. zur Aufrechthaltung des Cölibatsgesetzes erlassen, ins Teutsche übersetzt . . . Baireuth 1833. V: *Keller, Joh. B.* Ü: *Fetzer.* (Schmal) (Winer)

— des Bischofs v. Rottenburg, Paul Wilhelm, f. die Fastenzeit 1904 u. 1906. (à 8 S.) gr. 8. Rottenburg (904. 906.) (W. Bader.) à n. — 30
1905 ist vergriffen.

— des Bischofs v. Rottenburg, Paul Wilhelm, f. die Fastenzeit 1907. (8 S.) gr. 8. Rottenburg (907). (W. Bader.) — 30

— dasselbe für 1908, s.: Fasten-Hirtenbrief.

— des Bischofs v. Speyer, Joseph Georg v. Ehrler, erlassen f. die Fastenzeit 1900 u. 1901. gr. 8. (22 u. 18 S.) Speyer, Jäger. à n. — 20

— dasselbe, erlassen zur Schlußfeier des 19. Jahrh. gr. 8. (12 S.) Ebd. 899. n. — 20

— dasselbe, an den Klerus u. die Gläubigen seiner Diöcese gegen die Anfeindungen der Kirche durch die Presse, auf Ostern 1901 erlassen. gr. 8. (12 S.) Ebd. 901. n. — 20

— des Bischofs v. Speyer, Joseph Georg v. Ehrler, erlassen f. die Fastenzeit 1903. (Zum 25jähr. Papst-Jubiläum Leo's XIII.) (20 S.) 8. Speyer 903. Jäger. n.n. — 25

— dasselbe, erlassen für die Fastenzeit 1904. (19 S.) 8. Ebd. 904. n. — 20
Fortsetzg. s.: Fasten-Hirtenbrief.

— des Bischofs v. Speyer an s. Geistl. 4. Mannh. Schwan. (a. Duyle in Salzb.) 772.

— — derselbe. 4. Bamb. Göbhard. 770.

— des hochwürdigsten Herrn Bischofs v. Straßburg üb. die unbefleckte Empfängnis Mariä m. Fasten-Verordng. f. d. J. 1904. (16 S.) 4. Straßburg 904. (F. X. Le Roux & Co.) n. — 20

— dasselbe über die heiligmachende Gnade m. Fasten-Verordnung f. d. J. 1903. (14 S.) 4. Ebd. 903. n. — 20

— des hochwürdigsten Herrn Bischofs v. Straßburg (Adf. Fritzen) üb. den Himmel, m. Fasten-Verordnung f. d. J. 1909. (15 S. u. 1 Bl. 52×37 cm.) Lex. 8. Straßburg (909) (F. X. Le Roux & Co.) —.20;
französ. Ausg. (14 S. u. 1 Bl.) — 20

— des hochw. Hrn. Bischofs v. Straßburg üb. die Kirche m. Fasten-Verordnung f. d. J. 1902. 4. (15 S.) Straßburg (902). (F. X. Le Roux & Co.) n. — 20

— dasselbe üb. den Mißbrauch geist. Getränke, m. Fasten-Verordnung f. d. J. 1908. (14 S. u. 1 Bl. 52×37 cm.) Lex. 8. Ebd. (908). — 20;
französ. Ausg. (13 S. u. 1 Bl.) — 20

— dasselbe üb. einige Mittel gegen die Gefahren, welche die Zukunft der Kirche in unserem Lande bedrohen, m. Fasten-Verordnung f. d. J. 1907. (15 S. u. 1 Bl. 52×37,5 cm.) Lex. 8. Ebd. (907). nn — 25

— des hochwürd. Bischofs von Trier und des hochwürd. Erzbischöfl. Coadjutors von Cöln. gr. 8. Marienburg 845, Dormann. n. 2 ngl

— des hochw. Herrn Bischofs v. Trier Michael Felix Korum betr. die Ausstellung d. hl. Rockes i. J. 1891. Nebst Schreiben Sr. Heiligkeit d. Papstes Leo XIII. an den hochw. Hrn. Bischof Korum v. Trier, dem Ablaß-Breve d. h. Vaters, u. die Verkündigg. desselben durch den hochw. Hrn. Bischof Korum. gr. 8. (16 S.) Bonn 891. P. Hanstein. n. — 10

— dasselbe. 8. (18 S.) Trier 891. Paulinus-Druckerei. n. — 10

— d. Bischofs v. Troyes, über den Druck schlechter Bücher, namentl. üb. d. neuen Auflagen d. Werke Voltaire's u. Rousseau's; aus d. Französ. übers. v. A. Räß u. N. Weis. gr. 8. Mainz 822. Müller. 6 gl

— d. Bischofs v. Troyes, über d. christl. Erziehung, bei Gelegenheit d. Fasten 1822. Aus d. Französ. v. A. Räß u. N. Weis. gr. 8. Mainz 822. Müller. 6 gl

— d. Bischofs v. Troyes, über d. Vortrefflichkeit u. Nützlichkeit d. Missionen, betrachtet in Bezug auf Kirche u. Staat. Aus d. Französ. v. A. Räß u. N. Weis. gr. 8. Mainz 823. Müller. 8 gl

Hirtenbrief des Bischofs von Verona an die Pfarrer und die Gemeinde seines Kirchengebietes . . . Wien 1782. V: *Morosini*, *Giov.* (AarK)

— d. Bischofs v. Würzburg, erlassen z. Fastenzeit 1898. gr. 8. (34 S.) Würzburg 898. (Stahel's Verl.) n. — 40

— dasselbe, erlassen anläßl. d. Erhebg. auf d. bischöfl. Stuhl v. Würzburg. gr. 8. (11 S.) Ebd. 898. — 80

— dasselbe, erlassen zur Fastenzeit 1899, 1900, 1901 u. 1902. (Mit Fastendispense.) gr. 8. Ebd. — 65
1899. (22 S.) — 30. — 1900. (16 S.) n. — 10. — 1901. (16 S.) n. — 10. — 1902. (19 S.) — 15.

— des Bischofs v. Würzburg, erlassen zur Fastenzeit 1903. 1904 u. 1905. (Mit Fastendispense.) (19, 15 u. 16 S.) gr. 8. Würzburg 903—905. (Göbel & Scherer.) à n. — 10

— dasselbe, erlassen zur Fastenzeit 1906. (Mit Fastendispense.) (16 S.) gr. 8. Würzburg 906. (V. Bauch. — Göbel & Scherer.) n. — 15

— des Bischofs v. Würzburg, erlassen zur Fastenzeit 1907. (Mit Fastendispense.) (19 S.) gr. 8. Würzburg 907. (V. Bauch. — Göbel & Scherer.) — 15

— dasselbe. 1908. (Mit Fastendispense.) (16 S.) gr. 8. Würzburg 908. (Göbel & Scherer.) — 10

— der in Fulda versammelten deutschen Bischöfe an die Gläubigen ihrer Diöcesen. Mainz 869. Kirchheim. gr. 8. (11 S.) 1 ngr

Hirtenbrief der in Fulda versammelten deutschen Bischöfe an ihre Diözesanen. Fulda 870. (Maier.) Fol. (4 S.) 1 ngr

Hirtenbrief der am 10. XII. 1907 in Cöln versammelten deutschen Bischöfe an d. hochw. Klerus ihrer Diözesen. (16 S.) 8. Köln 908. J. P. Bachem. — 40

Hirtenbrief eines neuen Blutzeugen über den Werth der Ehelosigkeit der katholischen Geistlichen . . . 3. Aufl. Altdorf u. Neustadt o. J. V: *Courier*, *Paul Louis*. (AarK)

—— eines neuen Blutzeugen üb. d. Werth d. Ehelosigkeit d. kathol. Geistlichen. Hrsg. v. e. Seminaristen. 3. Aufl. gr. 8. (1¼ B.) Altdorf 830. (Stuttgart, Weise.)

— eines neuen Blutzeugen über den Werth d. Ehelosigkeit d. kathol. Geistlichen. Herausg. von e. Seminaristen. gr. 8. Altd. u. Neustadt. 2e A. . . . ; 3e A. 831. Ebd. (Stuttg., Hoffmann). 3 gl

— des hochwürdigsten Herrn Joseph Damian, Bischof v. Fulda, an die hochwürdige Geistlichkeit u. d. Gläubigen der Diözese beim Antritte seines Hirtenamtes. (14 S.) 8. Fulda (907). (A. Maier.) — 30

— dasselbe, bei der herannahenden Fastenzeit d. J. 1908. 1909. 1910. (21, 25 u. 25 S.) 8. Ebd. (908—10). à — 30

Hirtenbrief des Hochwürdigsten Herrn (Dominikus) Bischofs von Limburg ... s. ([Willi,] Dominicus).

HIRTENBRIEF des hochwürdigsten Episkopates von Ungarn über die sogenannte »Civilehe«. Esztergom (Gran) 1895: G. Buzárovits. 18 S. - 8°

Erweiterter **Hirtenbrief,** zuerst an die Freimaurer und dann für alle Geistes-lebens-Lichtfreunde über die Grundwahrheit vom dreieinigen Wesen Gottes und des Menschen oder Wer ist Jesus? Mit Beil. Bietigheim (Württemberg): Busch Nachf. 1900.
cf. D. Wort. 7 (1900) S. 202.
Enth. in Hauptsache den Haugwitzschen „Hirten-Brief an die wahren Frmr alten Systems". 1785. Nicht im Buchhandel.
[D. Wort. 7 (1900) S. 202.]

Hirtenbrief, Der, des Erzbischofs von Gnesen. Geschichtlich, staats- und kirchenrechtlich und weltbürgerlich christlich zergliedert. Reutl. 1838. V: *Fetzer, Joh. Jacob.* (Kat. der ständ. Bibl. Stuttg. 1907. S. 82.)

Hirtenbrief, der, des Erzbischofs v. Gnesen. Geschichtl. staats- u. kirchenrechtl., u. weltbürgerl.-christl. zergliedert v. Verf. „Teutschland u. Rom." gr. 8. (5½ B.) Reutlingen 838. (Tübingen, Wrlsh. Zu-Guttenberg.)

— d. Erzbischofs zu Cöln, d. bischöfl. Dispensationsrecht betreff. 8. Salzb. 787. Duyle. 1 K

— des Erzbischofs v. Köln an d. Geistlichkeit d. Erzdiöcese. Ins Deutsche übersetzt v. M. D. 4. Köln 825. Du-Mont-Schauberg. 3 K Ders. in latein. Sprache. Ebd. 825. Ebd. 4 K

— des hochw. Hrn. Erzbischofs v. Köln. Erlassen an die hochwürd. Geistlichkeit u. die Gläubigen des Erzbisth. Köln am Feste des hl. Franz v. Sales, 29. I. 1902. 4. (10 S.) Köln (902). J. P. Bachem. n. — 20

Hirtenbrief des hochw. Herrn Erzbischofes von Paris über die Eingriffe in die geistliche Gerichtsbarkeit ... Augsburg 1764. V: *Beaumont, Christophe de.* Ü: *Hofacker, Ludwig.* (EB)

— des Erzbischofs v. Paris v. 21. März 1782; aus d. Französ. v. Anton Sailer. 8. Ulm 783.

— des Erzbischofs zu Trier. 8. Augsb. 781. Rieger. 16 K Ders. gr. 8. Augsb., Doll; (a. Wolff). 6 K

Hirtenbrief der Erzbischöfe u. Bischöfe Irlands an ihre Diöcesanen. Ein Protest gegen das neulich an unserem heil. Vater Papst Pius IX. begang. Unrecht. gr. 8. (14 S.) Regensburg 870. Pustet. — 20

Hirtenbrief der Erzbischöfe u. Bischöfe Oesterreichs an die Gläubigen ihrer Diöcesen, gegeben am Feste d. heil. Bischofs u. Bekenners Martinus, 11. Novbr. 1891 in Folge der Episkopats-Conferenz in Wien. Fol. (8 S.) Wien 891. Drescher & Co. n.n. — 10

(**Hirtenbrief** der am Grabe des heiligen Bonifacius zu Fulda versammelten Erzbischöfe und Bischöfe.) Dat. Fulda, 20. Aug. 1902. *(Danzig 1902: H. F. Boenig.)* (18 S.) 4° [illegible] 10

— über d. Erziehung d. Kinder auf dem Lande. 8. Offenb. 777. Brede. 3 K

Hirtenbrief bei der Feier des allgemeinen Jubiläums für das Jahr 1833. Ein vollständ. Unterricht über den Ursprung, die wahre Beschaffenheit und die heilsamen Früchte des Ablasses, zumal d. Jubel-Ablasses der katholischen Kirche. 8. Linz 833. Huemer. (Haslinger.) ⅙ ℛ

— zur Feier des 60jährigen Priesterjubiläums Sr. Heil. Papst Leo XIII. gr. 8. (10 S.) Mainz 897. F. Kirchheim. n. — 10

Hirtenbrief an die echten Freimaurer und alle lichtempfänglichen vorurtheilsfreien Seelen über den Grundstein der erlösenden Wahrheit »Jesus ist Gott!« Neue Ausg. mit neuem Anhang zum Vorw. über den Zweck der christlichen Maurer vom h. Brudermeister. Bintigheim 1889. V: *Haugwitz, Christian, August Heinrich Kurt Graf von.* (wolfstieg I, 543)

Hirtenbrief an die echten Freimaurer u. alle leichtempfänglichen vorurtheilsfreien Seelen üb. den Grundstein der erlösenden Wahrheit: „Jesus ist Gott" m. Beigaben. 3. Aufl., v. e. Neukirchlichen hrsg. u. d. T.: „Das Friedenslicht im heitern Morgenblau". Neue Ausg. m. neuem Anh. zum Vorwort über den Zweck der christl. Maurer vom h. Brudermeister. 12. (LIV, 187 S.) Bietigheim 889. Neutheosoph. Verl. geb. n. 3. —

Hirtenbrief an die wahren und echten Freimaurer alten Systems, s. a. Haugwitz, Christian Aug. Hnr. Kurt Graf von.

Hirtenbrief an die wahren und ächten Freymäurer alten Systems. [Leipzig] 1785. V: *Haugwitz, Christ. Heinrich Curt Graf von* [?]. (Kl) (SJL)

— an d. wahren u. ächten Freimaurer alten Systems. 8. Leipz. ... M. A. 791. (Gnobloch). 10 K Anhang: Etwas über den Hirtenbrief rc. 8. Ebd. 786. (Ebd.) 6 K

—— fuldaer, vgl. Bachstein, Jos. — Darstellung, populäre. — Flugschriften d. Evangel. Bundes. 40. Heft. — Schriften f. d. evangel. Volk. Nr. 11. — Schulze, Gust.

—— des Fürstbischofs v. Breslau, Melchior v. Diepenbrock. Gegeben zu Breslau am Tage seines Bisthumsantritts, den 11. Sonntag nach Pfingsten 1845. Nebst seiner an dems. Tage in der Domkirche gehaltenen Rede. 8. (2 B.) Crefeld 845, Klein.

Hirtenbrief des Fürstbischofs v. Breslau, erlassen zur Fastenzeit 1899, 1900, 1901 u. 1902. (Mit Fastendispense.) (Von G. Kopp.) gr. 8. Breslau (G. P. Aderholz). n. — 75
1899. (24 S.) n. — 20. — 1900. (34 S.) n. — 20. — 1901. (22 S. u. 1 Bl.) n. — 20. — 1902. (23 S.) — 15.

Hirtenbrief des Fürstbischofs v. Breslau, erlassen zur Fastenzeit 1903 bzw. 1904. (Mit Fastendispense.) (18 u. 23 S.) gr. 8. Breslau 903. 904. (G. P. Aderholz.) à n. — 15

Hirtenbrief des Fürstbischoffs zu Speyer August Philipp Karl [Dam. v. Limburg-Styrum]. Mainz 1772. V: *Seelmann, Andreas.* (ML)

— des Fürst-Bischofs v. Speyer, an seine Geistlichen. 4. Manh. 772. Schwan u. G.; (a. Duyle in Salzb.) 3 ℊ 4. Bamb. 772. (Trattner in Wien). (Wesché in Frankf.) 4 ℊ

Hirtenbrief Sr. Hochfürstlichen Gnaden des Hrn Fürst Bischoffs [A. P. K. D. v. Limburg-Styrum] zu Speyer an die Klerisey ihres Dioeces im Elsass ... [Bruchsal] 1790. V: *Jochim.* (MGT) (ML)

Hirtenbrief der hohen Geistlichkeit in Dänemark, Schleswig, Holstein und Lauenburg an die Prediger ... A. d. Latein. ... Altona 1818. V: *Münter, Frdr.* Ü: *Neuber, August Wilhelm.* (GGr)

— d. hohen Geistlichkeit in Dänemark, Schleswig, Holstein u. Lauenburg an d. Prediger als Einladung zur Jubelfeier d. Reformation. Aus d. Latein. v. D. A. W. Neuber. gr. 8. Altona 818. Hammerich. 3 ℊ

Hirtenbrief an die Geistlichkeit und das Volk der laybachischen Dioeces. Von dem Bischofe zu Laybach. Laybach 1780. 1782. V: *Herberstein, Joh. Carl Graf.* (Marcusa S. Paduano Bibl. Carnioliae, S. 25) (KY 3/50) (Bespr. Realzeitung 1782, Nr. 32, S. 497—502) (BiblPort)

– Vgl. Hirtenbrief von dem Bischof zu Laybach.

— des hochwürdigsten Herrn Georg Heinrich, Bischof des hl. Stuhles v. Mainz, f. die hl. Fastenzeit 1905, nebst Fastenverordng. (18 S.) gr. 8. Mainz (905). (Druckerei Lehrlingshaus.) n. — 10

— Sr. Päpstl. Heiligkeit Gregor XVI, an alle Bischöfe d. kathol. Welt, oder d. Urtheil d. Kirche Christi über d. Geist, d. Richtung u. Gefahren d. Zeit. Erlassen zu Rom am 15. Aug. 1832. Original u. deutsche Uebersetz. Regensb., Pustet. 4 ℊ

— Gregor's XVI. an alle Bischöfe der kathol. Welt, oder das Urtheil der Kirche Christi über den Geist, die Richtungen und Gefahren dieser Zeit. Erlassen in Rom 15. Aug. 1832. Original u. deutsche Uebersetzung. 4. Regensburg 832. (Augsburg, Kollmann.) 1/6 ℛ

— d. Bischofs Gregorius Thomas, s. Thomas.

— des hochw. Herrn Heinrich, Bischof des hl. Stuhles v. Mainz, bei Antritt seines bischöflichen Amtes 1900. gr. 8. (16 S.) Ebd. (900). n. — 10

— dasselbe, bei Beginn der hl. Fastenzeit 1902. gr. 8. (20 S.) Ebd. (902). n. — 10

— des hochwürdigsten Herrn Heinrich, Bischof des hl. Stuhles v. Mainz, bei Beginn der hl. Fastenzeit 1903. (22 S.) gr. 8. Mainz (903). (F. Kirchheim.) n.n. — 10

Hirtenbrief des Erzbischofs Hieronymus [Franz v. Colloredo] zu Salzburg. O. O. 1782. V: *Bönicke, Joh. Mich.* (KY) (MGT)

Hirtenbrief d. Erzbischofs Hieronymus Joseph, (v. Jh. Mch. Bönike.) gr. 8. Salzb. 782. Duyle. 6 ℊ Nachtrag: zwei Generale d. hochfürstl. Salzburg. Consistoriums. 8. Ebd. 783. Ebd. 2 ℊ

— des Bischofs Joh. Jak. Humann bei seiner Consecration, den 11. Juni 1834. gr. 4. Mainz 834. Wirth. 1/6 ℛ

Hirtenbrief des hochwürd. Herrn Bischofs Ignatius von Regensburg zum heil. Jubiläum des J. 1865. Nebst Jubiläums-Patent und der Gottesdienstordnung für die am 8. Octbr. beginnenden Jubiläums-Andachten. Lex.-8. (17 S.) Regensburg 865. (Manz.)

— d. Hochwürdigsten Hrn. Erzbischofs Joseph v. Bamberg. Erlassen zum 50jähr. Bischofsjubiläum d. hl. Vaters Leo XIII. nach der Rückkehr d. Hochwürdigsten Hrn. Erzbischofs v. Rom. gr. 8. (14 S.) Ebd. 892. n. — 35

— u. Fasten-Mandat desselben, erlassen zum Beginne der heiligen Fastenzeit d. J. 1892. gr. 8. (26 S.) Ebd. 892. n. — 35

— dasselbe, erlassen beim Beginne der hl. Fastenzeit 1893, nebst Fasten-Mandat. gr. 8. (31 S.) Ebd. 893. n. — 35

— Jos. Christian, Fürst v. Hohenlohe-Bardenstein. 8. Bresl. 797. Gehr. 3 ℊ

— des Bischofs Petrus Leop. Kaiser, bei dem Antritte seines Ober-Hirtenamts d. 30. Juni 1835. gr. 4. Mainz, Wirth. 1/6 ℛ

— ders., beim Anfange der Fastenzeit 1836, 1837 u. 1838. gr. 4. Mainz, Wirth. (à 1/6 ℛ) 1/2 ℛ

—— des hochwürdigsten Petrus Leop. Kaiser, Bischofs von Mainz, an die Geistlichkeit u. d. Gläubigen seines Kirchensprengels bei dem Anfange der Fastenzeit. 2. Aufl. gr. 8. (1 B.) Mainz 845, Wirth. *

— des hochw. Herrn Petrus Leopold Kaiser, Bischofs zu Mainz, an die Geistlichkeit u. die Gläubigen seines Kirchensprengels bei dem Anfange d. Fastenzeit 1845. 2. Aufl. gr. 8. Mainz 845, Wirth. 1 3/4 nℊ — Ders. bei d. Fastenzeit 1846. 2. Aufl. gr. 8. Ebend. 846. n. 1/12 ℛ

Hirtenbrief des Bischofs v. Keller zu Rottenburg am Neckar, zur Aufrechthaltung d. Cölibatgesetzes erlassen. — Ins Teutsche übers. u. mit Anmerkn. begl. v. d. Verf. v. „Teutschland u. Rom" (Fetzer d. Aelt.). (Aus d. „theolog. Annalen 1833" abgedr.) gr. 8. (4 1/4 B.) Bayreuth 833, Grau.

— u. Kirchenbefehl d. Bischofs zu Soisson wegen Damien. 4. Frankf. Stock. 757.

Hirtenbrief von dem Kirchenrath des Kantons Bern an die Christengemeinden des Kantons. (Bern den 9ten May 1802.) 8. *o. O.*

— d. Kurfürsten zu Mainz. 4. Frankf. a. M. 781. Eßlinger. 8 ℊ

— des Hochwürdigsten Herrn Michaels, Bischofs v. Passau, erlassen zu Beginn d. Fastenzeit 1895. gr. 8. (14 S.) Passau 895. (R. Abt.) n. — 10

— dasselbe, erlassen zu Beginn d. Fastenzeit 1896. gr. 8. (13 S.) Ebd. 896. n. — 20

— über d. Ohrenbeichte. 8. Münch. 786. J. Lindauer. 5 K

— zweiter, eines neuen Bischofs in Oesterreich, über d. Ohrenbeichte. 8. Wien 786. Wucherer. 5 K

Hirtenbrief d. Hochwürdigst. Herrn Paulus Leopold (Haffner), Bischof d. hl. Stuhles v. Mainz, bei Beginn d. hl. Fastenzeit 1896. gr. 8. (18 S.) Mainz 896. F. Kirchheim. n. — 10

— dasselbe, zur Feier des 300jährigen Gedächtnißtages des sel. Petrus Canisius, S. J. gr. 8. (7 S.) Ebd. 897. n.n. — 05

— dasselbe, b. Beginn d. hl. Fastenzeit 1897 üb. d. Vereine in d. kathol. Kirche. gr. 8. (14 S.) Ebd. 897. n. — 10

— dasselbe bei Beginn d. hl. Fastenzeit 1898. gr. 8. (14 S.) Ebd. 898. n. — 10

— des hochw. Herrn Paulus Leopold, Bischof des hl. Stuhles v. Mainz, bei Beginn der hl. Fastenzeit 1899. gr. 8. (14 S.) Ebd. n. — 10

— d. Bischofs Gregorius Thomas, s. Thomas.

Hirtenbrief über die den augsburg. und helvet. Religionsverwandten . . . gestattete Toleranz. Klagenfurt 1782. V: *Auersperg, Joseph Franz Anton.* (AarK)

Hirtenbriefe, die, des hochw. Bischofs von Trier u. des hochw. Erzbischöfl. Coadjutors von Cöln. gr. 8. (2 B.) Marienburg 845, Dormann. *

Hirtenbriefe deutscher Bischöfe über das vatikan. Konzil u. das unfehlbare päpstliche Lehramt. Wevelinghofen, Vogel u. Schuler, 1870, mit Porträts. 8°. 1 Mk.

Hirtenbriefe, die, d. bayerischen Episkopates. 1—3. [Ergänzungshefte zur: „Theologisch-praktischen Monats-Schrift".] gr. 8. Passau, R. Abt. n. 2. 70
1. (88 S.) 891. n. — 50. — 2. (151 S.) 892. n. 1. —. — 3. (200 S.) 893. n. 1. 20.

Ⓑ **Hirtenbriefe**, die, d. bayer. Episkopates. 1.—3. Heft. 891—893. (KBL 27.) Jetzt: Regensburg, Verlagsanstalt vorm. G. J. Manz.

Hirtenbriefe des deutschen Episkopats anläßlich d. Fastenzeit 1910. (XII, 270 S.) gr. 8. Paderborn 910. Junfermann'sche Buchh. 2. —

— des Erzbischofs v. Ikonium, Joh. v. Geißel u. des Bischofs v. Trier Wilh. Arnoldi. 8. (1½ B.) Soest 845, Nasse'sche Bh.

Hirtenbriefe, Fünf, das Schuldrama betreffend. [Königsberg] 1763. V: *Hamann, Johann Georg.* (ML) (Ky) (Mn) (R-N) (Hamann, Schriften, hg. Roth. II.)

Hirtenbriefe, fünf, d. Schuldrama betreff. (v. J. G. Hamann). 8. Königsb. 763. (Hartknoch in Leipz.) 2 K

Hirtenbriefe, die neuesten, des hochw. Episcopats der Oberrheinischen Kirchenprovinz, des hochw. Herrn Erzbischofs von Freiburg vom 11. Novbr. und der hochw. Herren Bischöfe von Mainz und Limburg vom 11. u. 12. Novbr. 1853. Düsseldorf 853. Kampmann. 12. (24 S.) 1½ ngr.

— des Hochw. Herrn Hermann von Vicari, Erzbischofs von Freiburg, und des Hochw. Herrn Wilhelm Emmanuel, Bischofs von Mainz. Separat-Abdr. aus der „Katholischen Wochenschrift". Würzburg 853. (Stahel.) Lex.-8. (16 S.) n. 2 ngr.

Hirtenfeld, J., allgemeines militärisches Handbuch. Organisation der europäischen Heere in Bezug auf Etat, Eintheilung, Dislocation, Bewaffnung, Ausrüstung, Uniformirung etc., und einer militär. Bibliografie des J. 1853. Nach authent. Mittheilungen und den besten Quellen bearb. 8. (XII und 410 S.) Wien 854, Gerold's Sohn. *

Hirtenfeld, *Dr.* Vor hundert Jahren! Erinnerung an Olmütz und seine ruhmvollen Vertheidiger. Ein Beitrag zur vaterländischen Kriegsgeschichte. *Wien* 1858. *M. Auer.* 106 S., 8°. Mit 1 Plane von Olmütz.

Hirtenfeld, J., Ban Jellačić. Biografische Skizze. Mit dem Portr. des Banus (in Stahlst.). Wien 861. (Leipzig, R. Hoffmann.) gr. 8. (64 S.) n. 12 ngr.

Hirtenfeld, J., s. Kavalleristisches.

— österreich. Militär-Kalender, s. Militär-Kalender.

Hirtenfeld, J., [Hrsg.], s. Militär-Konversations-Lexikon, Österreichisches.

— der Militär-Maria-Theresien-Orden und seine Mitglieder. Nach authentischen Quellen bearb. zur ersten Säcularfeier 1857. gr. Lex.-8. (XI und 1777 S. mit 1 Chromolithogr.) Wien 857, (Gerold's Sohn.) **

Hirtenfeld, J. [Hrsg.], s. Militär-Zeitung.

Hirtenfeld und Meynert, Schema der k. k. österreichischen Armee für das Jahr 1850. 8. Wien 1850.

— — Schema der k. k. österreichischen Armee nach dem Stande vom 1. September 1859, enthaltend die activen Generale und Stabs-Officiere bis einschlüssig der Majore. Nach authentischen Quellen zusammengestellt. 8. Wien 1859.

— Schema über den Organismus und die Angestellten bei den hohen Armee-Behörden, Festungs-, Platz- und Stadt-Kommanden. gr. 8. (88 S.) Wien 858, (Gerold's Sohn.) *

Hirtenfeld, J. [Hrsg.], s. Soldatenfreund, Österreichischer.

Hirtenfeld, J. [Hrsg.], s. Zeitung, Militärische.

Hirtengedichte, Sieben, . . . O. O. 1743. V: *Naumann, Glob.* (VLBS II, 19)

Hirtengesänge u. Lieder, a. d. Lat. des Vida. 8. Bresl. Pietsch. 760.

Hirtengespräche. Gotha 1751. V: *Suppius, Christoph Eusebius.* (BGK III², 275)

Hirtenhund, Der bellende, zum Glück der Welt und zum Triumph der Religion. [Cölln] 1791. V: *Schönenbusch, Hermann.* (Jes) (ML) (Ky)

Hirten-Karten, 24 gute. (6 verschiedene Sprüche.) In-24°. Basel, Spittler. 1 —

— Dasselbe in französischer Sprache. In-24°. Basel, Spittler. 1 —

Hirtenknabe, der, dramat. Idylle von A. Oehlenschläger. Leipzig, Brockhaus. 821.

Hirtenlieder

Hirtenlieder von F. A. C. W. (1) und der verklagte Amor (2) . . . Leipzig 1772. V (1): *Werthes, Friedrich August Clemens.* V (2): *Wieland, Chph Martin.* (Herold, Werthes. Münster i. W. 1897. S. 15. 174.) (GGr)

— v. F. A. C. W. u. d. verklagte Amor. 8. Leipz. Müller. 772.

* **HIRTENLIEDER** und Gedichte. Halle im Magdeburgischen, Verlegt von Carl Hermann Hemmerde. 1753. — *A. E.:* Leipzig, gedruckt bey Joh. Gottl. Iman. Breitkopf. 8°. (In Berlin: Yl 3316; auch in Leipzig, Stadtbibl.) Selten!
Titel mit Vignette, 2 Bll. Vorst., 92 Seiten incl. „Anhang einiger Gedichte", 1 Bl. Reg. Enth. 12 Stücke.

Hirtenlieder u. Gedichte. 8. Halle 753. (Schwetschke u. S.) 3 K

* **HIRTEN-LIEDER,** Auf der Hochzeit Eines Hirten in Pommern Mit Seiner Schäferin, Gesungen Von Einem Hirten, und seinem Sohn Aus der Marck Brandenburg. O. O. u. J. (c. 1750?). 4°. 4 Bll. (In Berlin: Yz 4761, no. 2.)

Hirten-Lieder zur Zeit der Geburt Jesu Christi. Gmunden 1855. H: *Lemmerer.* (Mitth. des Druckers Habacher in Gmunden an Dr. E. K. Blümml in Wien.) V: *Sedelmayr, Roman & Roman Endel.* (ADB 33, 526) *Endel, Roman.* (Script. ord. s. Bened.)

Hirten-Lieder zur Zeit der Geburt Jesu Christi. 2. Aufl. kl. 8. (81 S.) Gmunden. Habacher. geb. 1861 35 kr.

Hirtenmädchen, Das, ein Singspiel in neun komischen Idyllen. München 1784. V: *Braun, Heinrich.* (ML)

Hirtenmädchen, das,. Singsp. von Braun. 8. München, Lindauer. 784.

Das | Hirten-Mädchen | oder | vom Kampf zum Sieg. | Eine helvetische Geschichte | aus | dem XV. Jahrhundert. Druck und Verlag von Rob. Bardtenschlager in Reutlingen. (= Nro. 271).
o. J. (1884), 32 S., 165 × 108, U.-Fig.: *Jäger begrüßt ein Mädchen, das ein Lamm auf dem Schoße hält,* 85 × 75.
LBS d. D. oct K 3430.

Hirtenmädchen. Das Hirtenmädchen. Eine helvetische Geschichte aus dem XV. Jahrhundert. 32 S. 8. Aarburg, Burk's Verlag (**Schluss:* Druck und Verlag von Rob. Bardtenschlager in Reutlingen), 1903.
Schweizer Familien-Bibliothek. Band 16. (fr. —.20.) [Nr. 2.]

Hirtenmädchen, das, von Albano. — Das Ehrenwort. Zwei Erzähln., d. Jugend gewid. v. e. Erzieher. 8. (2½ B. u. 1 Abbild.) Wien 838, Mechitaristen-Congreg.-Buchh.

Hirtenmädchen, das, von Albano. — Das Ehrenwort. Zwei Erzählungen der Jugend gewidmet von einem Erzieher. 2. Aufl. mit 1 Abbildung. 8. (34 S.) Wien. Mechitb. Congr. Buchh. 1861 30 kr.

Das arme | Hirtenmädchen | oder: | bestrafter Hochmuth und Be- | lohnung uneigennütziger | Gastfreundschaft. (Fig.: *Zwei Personen vor hohem Haus,* 58 × 32) Oldenburg. Schnellpressendruck von Büttner & Winter.
o. J., 4 Bl. n. n., 180 × 115. Holzschnitt ist ein Fragment aus dem der Nr. 90.
LBO Bänkelsängerlit. 3/123.

Hirtenrufe. Kleine Missionsschriften des allgemeinen evang.-protestant. Missionsvereins. Nr. 1—4. 8. (Mit Abbildgn.) Heidelberg, Ev. Verlag. à — 10
1. Japanisches (1). (14 S.) 898.
2. Chinesisches (1). Kiautschau. (15 S.) 898.
3. Japanisches (2). Unsere Missionsarbeit in Japan. Von Hering. (16 S.) (900.)
4. Chinesisches (2). Evangel. Gemeinde in Schanghai. Von Hackmann. (15 S.) (900.)

Hirtenrufe. Kleine Missionsschriften des allgem. evang.-prot. Missionsvereins. Nr. 5. 8. Heidelberg, Ev. Verlag. — 15
Wie e. Japaner Christ wurde. Von Hans Haas. Mit 10 Abb. (38 S.) (907).
Fortsetzg., s.: Volksschriften des allgemeinen evang.-protest. Missionsvereins.

Hirtenrufe Leo XIII. zum Eintritt in den III. Orden d. hl. Franciscus, zum Zweck der Heiligg. der einzelnen, sowie der Heilg. der sozialen Übel der Gegenwart. Zusammengestellt v. Irenäus Bierbaum. 12. (64 S.) Paderborn 891. Bonifacius-Druckerei. Kart. n. — 20

Hirtenrufe eines früh Vollendeten, des evangelischen Pfarrers Karl W. Schöler. gr. 8. (48 S.) Gütersloh 887. (Bertelsmann.) n. — 60

Hirtenschreiben, Die, des Hochwürdigsten Herrn Bischofes von Eichstätt Dr. Franz Leopold Freiherrn von Leonrod . . . Ingolstadt [1892]. V: *Morgott, Franz v. Paula.* (Berl)

Hirtenschreiben d. österreich. Bischöfe gegen d. „Los v. Rom"-Bewegung, s. a. Sammlung zeitgem. Broschüren. Nr. 15.

(F) Hirtenschreiben der österreichischen Bischöfe vom 15. November 1901 gegen die „Los von Rom"-Bewegung. (Sammlung zeitgemässer Broschüren Nr. 15. 4. Auflage.) Graz. 1901. Styria. 8°. 23 S. K —.10

Hirtenschreiben der am Grabe d. h. Bonifacius zu Fulda versammelten Bischöfe Preussens v. 20. Aug. 1902. *Münster: Regensberg 1902.* (31 S.) 8° [J.] [02. 2207]

Hirtenschreiben Seiner Excellenz des hochwürdigsten Herrn Erzbischofs von Agram, Georg Haulik von Várallja an den Klerus der Agramer Erzdiözese. Aus dem Lateinischen übersetzt. Wien, 1856. Gedr. bei den Edlen v. Ghelen'schen Erben. (29 S. 8.)

Hirtenschreiben des hochwürdigsten Herrn Erzbischofs v. Freiburg Johs. Chrn. Roos an den hochwürdigen Clerus u. die Gläubigen der Erzdiöcese üb. das neue Rituale der Erzdiöcese Freiburg. gr. 8. (18 S.) Freiburg i/B. 894. Herder. n. — 10

(**Hirtenschreiben** der am Grabe des heiligen Bonifatius zu Fulda versammelten Erzbischöfe und Bischöfe betr. die 50jähr. Jubelfeier der Verkündigung der unbefleckten Empfängnis Mariä.) Dat. Fulda, 17. Aug. 1904. *(Danzig 1904: H. F. Boenig.)* (7 S.) 4° [04. 14760] 10

Hirtenschreiben, zwei, des Bischofs von Linz, Franz Joseph, über das Concordat und über den modernen Liberalismus. 4. Aufl. (32 S.) Linz 868, Danner's Verlag.

Hirtenspiegel. Erwägungen über das Leben u. Wirken des Priesters. (IV, 291 S. m. Titelbild.) 8. Regensburg 906. Verlagsanstalt vorm. G. J. Manz. n. 3. 20; geb. in Leinw. n.n. 4. 60

J. A. C. Geistlicher Hirten-Stab, Oder Lehr- und Sinn-reiche Abhandlung von Guter Regierung geistl. Obrigkeit. Nach mehrmalig-Frantzösisch- und Italiänischer Auflag in die Teutsche Sprach übertragen von Einem baarfüßigen Carmeliter, Bayrischer Provinz. Augsburg, C. P. Detleffsen für J. A. Pfeffel, 1744. Kl.8°. 4 Bl. 214 S. *Mit 1 gestoch. Frontispiz und 8 schönen Kupfern von J. A. Pfeffel.*

Hirtenstab und Hirtentasche. Ein Lehr- und Gebetbüchlein zunächst für kathol. Hirtenknaben. Aus dem Nachlasse eines geistvollen, frommen und eifrigen Seelenhirten hrsg. von L. H. 12. (IV und 60 S. mit 1 Kpfrt.) Augsburg 851, Kollmann'sche Buchh.

Hirtenstimme, die, od.: Die allerbesten Gebethe, welche v. Sr. Päbstl. Heiligkeit, Pius VI. erklärt u. ausgelegt u. auf dess. Befehl im ganzen Kirchenstaate ausgetheilt worden sind, mit Morgen-, Abend-, Meß-, Beicht- u. Kommun.-Andachten, neu hrsg. v. Fr. Henr. Goßner. 12. (7 B.) Münster 837, Regensberg.

Die Hirtenstimme: 1842--1845. Baltimore, MD
A religious journal published by Dr. Kurz.

Hirtenstimme. 3. Aufl. Falkenhagen 862. (Berlin, Beck.) 24. (40 S.) 1½ ngr.

Hirtenstimme. 16. (40 S.) Falkenhagen 872. (Barmen, Wiemann.) n. — 10

Hirten-Stimme. Red. u. hrsg. v. Chr. Bau. 8. Jahrg. 1888. 12 Nrn. (B.) gr. 8. Flensburg. (Kellinghusen, Harbeck.) n. 1. 30

Hirten-Stimme. Red. u. hrsg. v. Chr. Bau. 11. u. 12. Jahrg. 1891. 1892. à 12 Nrn. (Bog.) 8. Flensburg. (Lübeck, J. Harbeck.) à Jahrg. n. 1. 30

Hirten-Stimme. Red. u. hrsg. v. Chr. Bau, 15.—17. Jahrg. 1895 - 1897. à 12 Nrn. (Bog.) 8. Hadersleben, Chr. Bau. à Jahrg. n. 1. 30

Lutherische Hirtenstimme: Jahrgang 1--, Feb. 1842—1845
Semi-monthly. Organ of the Deutsche Evangelisch-Lutherische Ministerium von Pennsylvanien und den benachbarten Staaten, after the discontinuance of the LUTHERISCHE KIRCHENZEITUNG. Continued as DER LUTHERISCHE KIRCHENBOTE. Editors: C. G. Weyl; P. Anstädt; J. Vogelbach; Dr. Kurz.
Baltimore, MD

Hirtenstimme, eine, an die Söhne und Töchter am Confirmations-Tage. Herausg. von dem Verf. der biblischen Beispiele zum Confirmanden-Büchlein. Ludwigsburg 857. Riehm. 12. (24 S.) 2 ngr.

Hirtenstimmen aus den Beichtvespern der alten rechtgläubigen lutherischen Kirche. 24 Beichtreden aus dem 17. Jahrhundert. Aufs Neue als ein Beitrag zur Hebung des in der luther. Kirche so sehr verfallenen Beichtwesens herausg. von Ch. C. A. Brandt. Leipzig 858. Schäfer. 8. (VII, 172 S.) n. 15 ngr.

Hirtenstimmen zur Belehrung u. Erbauung d. Gemeinden, herausgeg. v. Güder. Bern 1859—66. 8.

Hirtenstimmen zur Belehrung und Erbauung der Gemeinden. Redact.: Ed. Güder. 4.—9. Jahrg. 1862—67. à Jahrg. 52 Nrn. (½ Bog.) gr. 8. Bern, (Huber und Comp.) à Jahrg. *

Hirtenthal, Julie von, eine Geschichte in Briefen, 3 Theile mit Kupf. zweyte Aufl. 8. Eisenach, 783. Krumbhaar. 1 Rthl. 15 ggl.
s. a. Hirthenthal, Julie

Hirtentreu, Ph., kleine Nüsse f. die muntere Jugend. 176 Reimrätsel. 8. (16 S.) Reval 894. (St. Petersburg, H. Schmitzdorff.) n. — 60

Hirtentreue, die, Jesu Christi. Eine Parabel. Berl. ... Hasselberg. 2 ½

Hirtentreue, die, Jesu Christi. 4. Aufl. 8. (16 S.) Berlin 869, (Beck.)

Hirten-Weihnachtslied, Ein, von 1758. Als Handschrift . . . gedruckt. [Siegen 1896.] H: *Eskuche, Gustav.* (Bresl 31, S. 107)

Hirtenworte der in Würzburg versammelten Erzbischöfe und Bischöfe Deutschlands an die Gläubigen ihrer Diözesen. gr. 4. (8 S.) Mainz 849, Wirth, Sohn.

—— dieselben. Nebst der Ansprache an den hochwürd. Klerus und der Denkschrift über die Stellung der Kirche zum Staate und zu anderen Religions-Genossen rc. gr. 8. (32 S.) Aachen 849, Hensen und Comp.

—— dieselben. (Mit der Ansprache an den Klerus und der Denkschrift.) 4. (24 S.) Passau 849, (Elsässer und Waldbauer.) *

Hirtenworte d. Bischofs Ignatius v. Regensburg an den Klerus u. an die Gläubigen seines Bisthums üb. die Beschlüsse d. vatican. Concil insbesondere üb. den Glaubenssatz v. dem unfehlbaren Lehramte d. Papstes. Nebst dem Hirtenschreiben der zu Fulda versammelten Bischöfe. 2. Aufl. Lex.-8. (64 S.) Regensburg 870. Pustet in Comm. — 40

Hirter, J., wie spediert man seine Waren am besten?, s.: Gewerbe-Bibliothek. Nr. 8.

HIRTH, Bernh.: Die Jagd. Ein freies Gemälde. - Altenburg 1821. 94 S.

Hirth, E., meine Methode zur Erlangung e. flotten kaufmännischen Handschrift. Nebst 15 Taf. zum Selbstunterricht. 2. Aufl. (6.—12. Tausſ.) (7 S. Text.) gr. 8. Leipzig (909). Modern-medizin. Verlag. — 75

Hirth, F., s. a. Hirth, Friedrich

Hirth Fr.: Übersicht der geol. Verhältnisse des Neutitscheiner Bezirkes. 37. Neutitschein R. 89. **Progr.**

Hirth, Friedrich

Chinesische Ansichten über Bronzetrommeln. Von Friedrich **Hirth**. Leipzig: O. Harrassowitz in Komm. 1904. (65 S.) 8°
Aus: Mitteilungen d. Sem. f. Orient. Sprachen zu Berlin. Jg. 7, Abt. 1. [illegible] 11

Hirth, Fr., über e. chinesische Bearbeitung der Geschichte der Ost-Mongolen v. Ssanang Ssetsen. gr. 8. (S. 195—198.) München 900. (G. Franz' Verl.) n. — 20
Sonderabdruck aus: „Sitzungsber. d. k. bayer. Akad. d. Wiss."

Hirth, Friedrich: Sinologische Beiträge zur Geschichte der Türkvölker. 1. Die Ahnentafel Attila's nach Johannes von Thuróez. ([S.-A.] Bulletin de l'Académie Impériale des Sciences de St.-Pétersbourg. Sér. 5. T. 13. No. 2. p. 221—261.) St. Petersburg 1900. 41 S. 4°.

Hirth, Friedrich: Syrisch-chinesische Beziehungen im Anfang unserer Zeitrechnung. ([S.-A.] Roman Oberhummer und H. Zimmerer: Durch Syrien und Kleinasien. Reiseschilderungen und Studien aus dem Jahre 1896.) Berlin 1899. 14 S. 8°.

Die Bucht von Kiau-tschau und ihr Hinterland. Vortrag d. Prof. Dr. Friedrich **Hirth**; geh. 1897. München: Knorr & Hirth (1897). 21 S. 8°
Aus: Münchner Neueste Nachrichten. [illegible]

Hiirth, Friedrich: China and the Roman Orient: researches into their ancient and mediaeval relations as represented in old Chinese records. Leipsic and Munich 1885. XVI, 329 S., 2 Tf., 1 Krt. 8°.

Hirth, F., China and the roman Orient: researches into their ancient and mediaeval relations as represonted in old Chinese records. gr. 8. (XVI, 329 S. mit 1 Karte.) Shangai 886. (München, Hirth.) *

Hirth, Frdr., üb. fromde Einflüsso in d. chinosischon Kunst. gr. 8. (XVIII, 83 S. m. 16 Abb.) Münchon 896. G. Hirth. n. 3. —

— über Entstehung u. Ursprungslegenden der Malerei in China. Nach e. in der Sitzg. vom 27. IV. 1900 vor der anthropolog. Gesellschaft in München geh. Vortrag. gr. 8. (21 S.) Leipzig 900. (O. Harrassowitz.) n. 1. —

Hiirth, F., Z. Geschichte d. antiken Orienthandels. S. A. 1899. 21 S.

Hirth, Friedrich: Die Insel Hainan nach Chao Ju-kua.
in: Festschrift für Adolf Bastian. S. 483–512. Berlin 1896. 30 S. 4°.

Mr. Kingsmill and the Hiung-Nu by Friedrich Hirth. Leipzig: Harrassowitz 1910. S. 32–45. 8° [Umschlagt.]
Aus: Journal of the American Oriental Society. Vol. 30. [10. 4638

Kingsmilliana. By Friedrich Hirth. For private circulation. Leipzig: Harrassowitz 1910. 6 S. 8° [Umschlagt.] [10. 4839

Hirth, Friedrich: Zur Kulturgeschichte der Chinesen. Nach einem Vortrag. ([S.-A.] Beilage zur „Allgemeinen Zeitung". No. 147 und 148 vom 6. und 7. Juli 1898.) München 1898. 23 S. 8°

— d. Länder d. Islâms nach chinosischen Quollon, s. a. Toung-pao.

Hirth, Friedrich: Die Länder des Islâm nach chinesischen Quellen. I. (Supplément au Volume V du „Toung-Pao".) Leiden 1894. (II), 64 S. 8°.

— d. Roich Malabar n. Chao Ju-kua. [Aus: „T'oung-Pao".] gr. 8. (16 S.) Leiden 895. Buchhandlung u. Druckoroi vorm. E. J. Brill. n.n. 1. —

The Mystery of Fu-Lin. By Friedrich Hirth. Leipzig: Harrassowitz 1910. 31 S. 8° [Umschlagt.]
Aus: Journal of the American Oriental Society. Vol. 30. [10. 4860

— Nachworte zur Inschrift des Tonjukuk, s.: Radloff, W., die alttürkischon Inschrifton der Mongolei. II.

Hirth, F., notes on the Chinese documentary style. 8. (VIII, 160 S.) Shanghai 888. (München, Hirth.) n. 4. —

— ancient porcelain. A study in Chinese mediaeval industry and trade. 8. (80 S.) Ebd. 888. n. 4. —

Hirth, Friedrich: Ueber chinesische Quellen zur Geographie von Kuang-tung, mit besonderer Beruecksichtigung der Halbinsel Leichou. Mit einer Karte.
in: Mitteilungen des Vereins für Erdkunde zu Leipzig. 1881. S. 1–56. Leipzig 1882. 56 S. 8°.

Hirth, Friedrich: Ueber die einheimischen Quellen zur Geschichte der chinesischen Malerei von den ältesten Zeiten bis zum 14. Jahrhundert. (XI. Internationaler Orientalisten-Congress. Paris, September 1897.) München u. Leipzig 1897. 40 S. 8°.

— Schantung u. Kiautschóu. [Aus: „Beilage z. Allg. Zeitg."] gr. 8. (32 S.) München 898. (Verlag d. „Allg. Zeitg.") n. — 50

Hirth, Friedrich: 1. Ueber den Schiffsverkehr von Kinsay zu Marco Polo's Zeit. — 2. Der Ausdruck Sö-fu. — 3. Das weisse Rinoceros. Mélanges. ([S.-A.] T'oung pao. Vol. 6. 1895.) Leiden 1895. 7 S. 8°.

Friedrich Hirth. Schriften-Verzeichniss 1869–1899. Als Ms. gedr. *(München 1900: Knorr & Hirth.)* (8 S.) 8° [Umschlagt.] [. . 6076 11

Die Chinesische Sprache in Wort und Schrift. Von Prof. Dr. Friedrich Hirth. *Leipzig: O. Harrassowitz in Komm. 1902.* (22 S.) 8° [F.]
Aus: Beil. z. Allgem. Zeitung. No 120 u. 121. 1902. [02. 7701

— chinesische Studien. 1. Bd. Lex.-8. (VI, 322 S. m. 21 Abbildgn.) München 890. Hirth. n. 15. —

Hirth Friedrich: Der Typus des geprellten Bauers. H. 1901 PN 1432 Diss. Wien, Univ 107

Hirth, Fritz, Liederbuch für deutsche Studenten. 2. und 3. Aufl. 16. (VIII, 152 S.) Wien 885, Enders. *
geb. **

Hirth, Fritz, Liederbuch für deutsche Studenten. 5. unveränderte Auflage. 16. (160 S.) Neutitschein, L. V. Enders. fl. —.20.
— Dasselbe in Leinwand gebunden. Ebd. Baar. fl. —.36. 1887

Hirth, Fritz, Liederbuch für deutsche Studenten. 6. unveränderte Auflage. 16. (160 S.) * —.20, geb. Wien: Enders 1889 —.36

Hirth, Fritz, Liederbuch für deutsche Studenten. 7 Auflage. 24. (160 S.) —.20, geb. —.36
Neutitschein: Enders 1890

Hirth, Fritz, Liederbuch f. deutsche Studenten. 8., verm. Aufl. 16. (168 S.) Neutitschein 891. L. V. Enders. n. — 40

Hirth, Fritz, Liederbuch für deutsche Studenten. 10. Auflage. 24. (176 S.) —.20, geb. —.36
Neutitschein: Enders 1895

Hirth, Fritz, Liederbuch f. deutsche Studenten. 14., verm. Aufl. 16. (183 S.) Neutitschein 898. L. V. Enders. n. — 35; geb. n.n. — 60

Hirth, Fritz, Liederbuch f. deutsche Studenten. 18. verm. Aufl. 16. (214 S.) Neutitschein (901). L. V. Enders. n. — 35; geb. in Leinw. n.n. — 65

(F) Hirth, F., Liederbuch für deutsche Studenten und Turner. 25. Aufl. 16°. (247 S.) K —.40, geb. K —.75
Neutitschein: Rainer Hosch 1907.

Hirth, Fritz, Liederbuch f. deutsche Studenten u. Turner. 29. unveränd. Aufl. (246 S. m. Abbildgn.) 16. Neutitschein (909). L. V. Enders. nn — 35; geb. in Leinw. nn — 65

(F) Hirth, F., Liederbuch für deutsche Studenten und Turner. 8°. (246 S.) K —.40, geb. K —.75
Neutitschein: Enders 1910.

— dasselbe f. Turnvereine u. Feuerwehren. 8., unveränd. Aufl. 16. (192 S.) Ebd. 898. n. — 35; geb. n.n. — 60

Hirth, Fritz, Liederbuch für Turnvereine und Feuerwehren. 5. Auflage. 24. (168 S.) —.20
Gebdn. —.36
Neutitschein: Enders 1890.

Hirth, Fritz, Liederbuch für Turnvereine u. Feuerwehren. 9. unveränd. Aufl. (184 S. m. 1 Bildnis.) 16. Neutitschein (902). L. V. Enders (durch R. Hosch). n. — 35; geb. n. — 65

Hirth, Georg. Album für Frauen-Arbeit enthaltend klassische Motive für Weißstickerei, Bunt-, Gold- und Applikationsstickerei, Spitzen-, Verschnürungs- und Knüpfarbeit, sowie Weberei, Passementrie und Stoffbemalung. Herausgegeben von Georg Hirth ... München & Leipzig 1880. Verlag von G. Hirth.
IV S. m. 1 Abb.; 40 Taf. 4°.

Hirth, Geo., s.: Annalen des Deutschen Reichs.

Hirth (G.). Annalen d. gesamten Turnwesens. Inhalt v. ält. u. neueren Schriftstellern. 2. Aufl. 1892—1893. Hof. Lion. 3 Bde. (2038 S. m. Abb.). Geb. M. 21.60

Hirth, Geo., freisinnige Ansichten der Volkswirthschaft u. d. Staats. 3. Aufl. Mit e. lith. Taf. (in qu. gr. 4.) 8. (VIII, 419 S.) Leipzig 876. Hirth. n. 4. —; geb. 5. —

Hirth, Geo., Aufgaben der Kunstphysiologie. 2 Thle. gr. 8. (VIII, III, 611 S. m. Abbildgn.) München 891. G. Hirth. n. 6. —

— Aufgaben der Kunstphysiologie. 2. Aufl. Mit 17 Illustr. gr. 8. (VIII, 622 S. m. 2 Farbdr.) München 897. G. Hirth. n. 6. —; geb. in Leinw. n. 7. —
Erschien auch in 10 Lfgn. à n. — 60.

— Der elektrochemische Betrieb der Organismen u. die Salzlösung des Elektrolyt. Eine Programmschrift f. Naturforscher u. Aerzte. (84 S.) gr. 8. München 910. G. Hirth. 1. —

Hirth, Georg: Der elektrochemische Betrieb der Organismen und die Salzlösung als Elektrolyt und Elektrogenet. 3. Aufl. München 1910

Hirth G, Bilder aus der Lutherzeit. (11 S 38 S Abb) gr 4° München 1883

—— kulturgeschichtliches Bilderbuch aus drei Jahrhunderten. 1.—24. Lfg. oder 1. und 2. Bd. Fol. Ebendas. 881—84. [1. Bd. (XX, S. 1—390 mit eingedr. Fig.); 2. Bd. (XX, S. 391—768 mit eingedr. Fig.)]
à Lfg. *M 2,40.; à Bd. *M 30. *
geb. à Bd. *M 35. *
Liebhaber-Ausg. à Lfg. *M 5.; à Bd. *M 60. * 1

Hirth, Geo., kulturgeschichtliches Bilderbuch aus drei Jahrh. 25.—57. Lfg. [3. und 4. Bd. à 12 Lfgn. und 5. Bd. 1.—9. Lfg.] Fol. (XII, XVI, S. 769—1828 mit Illustr.) München 886—88, Hirth. à Lfg. *M 2.40. *
Liebhaber-Ausg. in losen Bl. à Lfg. *M 5.—.; à Bd. *
3. und 4. Bd. compl. à Bd. *M 30.—.; geb. *
1. und 2. Bd. (1.—24. Lfg.) Ebendas. 1881—84, zu gleichen Preisen. Ausserdem 2 französ. Ausg. (gewöhnliche, und „Edition des amateurs") zu gleichen Preisen u. d. T.: Les grands illustrateurs du 16e, 17e et 18e siècle.

—— Kulturgeschichtliches Bilderbuch aus drei Jahrhunderten. 58.—72. (Schluss-)Lfg. [10.—12. Lfg. d. 5. Bds. u. 1.—12. (Schluss-) Lfg. d. 6. Bds.] Fol. (XII, S. 1829—2303.] Ebd. 889,90.
à Lfg. 2 40; 36 —; Liebhaber-Ausg. (einseitig bedr., in losen Blättern) à Lfg. * 5 —; * 75 —
1.—57. Lfg. Ebd. 1881—88. à Lfg. * 2 40, Liebhaber-Ausg. * 5 —; compl. 6 Bde. à Bd. * 30 —; geb. à Bd. * 35 —; Liebhaber-Ausg. 6 Bde. à 60 —. Ausserdem 2 französ. Ausg. (gewöhnliche und „Edition des amateurs") zu gleichen Preisen u. d. T.: Les grands illustrateurs du 16e, 17e et 18e siècle.

— kulturgeschichtl. Bilderbuch aus drei Jahrhunderten. 2. Aufl. 1.—50. Lfg. Fol. (Bd. I—II. XX, 390 u. XX, 768 S.; III. Bd. S. 769—1256 u. IV. Bd. S. 1417—1604.) München 895—898. G. Hirth.
à Lfg. 2. 40; Liebhaber-Ausg. (einseit. bedruckt) à n. 5. —

— kulturgeschichtliches Bilderbuch aus drei Jahrhunderten. 2. Aufl. 51.—72. (Schluss-)Lfg. Fol. (5. Bd. XII u. S. 1605—1920 u. 6. Bd. S. 1921—2303 nebst Text S. V—XI.) München (899—901). G. Hirth.
à 2.40; Liebhaber-Ausg. (einseitig bedruckt) à n. 5. —

Hirth, Georg, u. Strauch, Eduard, Blätter für das 3. Allgemeine Deutsche Turnfest zu Leipzig 2.—5. 8. 1863, Leipzig 1863, 4°.
(Angeb.): D. 3. dtsch. Turnfest (Leipziger Tagebl. u. Anzeiger, Nr. 212 bis 221, 1863).

—— und Rich. Muther, der Cicerone in der königl. älteren Pinakothek zu München. Eine Anleitung zum Genuss und Verständniss der hier vereinigten Kunstschätze. Eine Festgabe zur König Ludwig I.-Centenarfeier. 12. (XCVIII, 223 S. mit 188 Illustr.) München 888, Hirth. *
geb. *

- u. Rich. Muther, der Cicerone in d. Kunstsammlgn. Europas. 1. Bd. D. Cicerone in d. Münchner alten Pinakothek. Von M. 5. Aufl. M. 220 Illustr. 12. (XI, 302 S.) Ebd. 898. Geb. in Leinw. n. 3. —

- — der Cicerone in den Kunstsammlungen Europas. II. Bd. A. u. d. T.: Der Cicerone in der Kgl. Gemäldegalerie in Berlin. Von R. Muther. Mit einer allgem. Einleitung über Kunst u. Kunstverständniss u. e. kurzen Geschichte der malerischen Auffassungen u. Techniken v. G. Hirth. 1. u. 2. Tausend. 12. (CXXXVIII, 371 S. m. 1 Plan, 23 Künstlerportraits u. 175 Illustr.) Ebd. 889. n. 3. —; geb. n. 3. 50

— s.: Collection Hirth.

— Entropie der Keimsysteme u. erbliche Entlastung. gr. 8. (VII, 175 S.) Ebd. 900. n. 2. 40; geb. in Leinw. n. 3. —

— energetische Epigenesis u. epigenet. Energieformen, insbes. Merksysteme u. plast. Spiegelgn. E. Programmschrift f. Naturforscher u. Aerzte. M. 8 Illustr. gr. 8. (XIV, 218 S.) München 898. G. Hirth. n. 4. —; geb. in Leinw. n. 5. —

— Er — Pathologisch? Ein Beitrag zur Feier v. Goethe's 150. Geburtstag. gr. 8. (20 S.) Ebd. 899. — 50
Sonderabdruck aus: „Goethe-Nummer d. Münchner Jugend".

—— Familienbüdget und häusliche Buchführung. Vortrag gehalten auf Veranlassung des Volksbildungsvereins zu München im v. Liebig'schen Hörsaale. gr. 8. (40 S.) Leipzig 874, Hirth. *

Hirth, Geo., der 6. deutsche Feuerwehrtag zu Leipzig, den 19. bis 22. Aug. 1865. Eine eingehende Darstellung für Mitglieder und Freunde deutscher Feuerwehren. 1. Aufl. 1865. Priber. * $7\frac{1}{2}$ Ngr. und 2. Aufl. gr. 8. (VIII und 77 S.) Leipzig 866, G. Wigand. *

— s. a. Formenschatz, der.

— Formenschatz. Eine Quelle d. Belehrg. u. Anregg. f. Künstler u. Gewerbtreib., wie f. alle Freunde stylvoller Schönheit, aus d. Werken d. besten Meister aller Zeiten u. Völker. 22. Jahrg. 1898. 12 Hfte. gr. 4. (à Hft. 16 Taf. in Fksm.-Druck.) Ebd.
à Hft. n. 1. 25

— Formenschatz. Eine Quelle der Belehrg. u. Anregg. f. Künstler u. Gewerbtreibende, wie f. alle Freunde stilvoller Schönheit, aus den Werken der besten Meister aller Zeiten u. Völker. Red.: E. Bassermann-Jordan. 23.—26. Jahrg. 1899—1902. à 12 Hfte gr. 4. (à Hft. 12 Taf. in Fksm.-Dr.) Ebd. à Hft. n. 1. —
Der 25. Jahrg. ist v. Herb. Hirth redigiert.

— Formen-Schatz. Eine Quelle der Belehrg. u. Anregg. f. Künstler u. Gewerbetreibende, wie für alle Freunde stilvoller Schönheit, aus den Werken der besten Meister aller Zeiten u. Völker. Red.: E. Bassermann-Jordan. 27.—30. Jahrg. 1903—1906. à 12 Hefte. (à 12 Taf. in Fksm.-Dr.) gr. 4. München, G. Hirth. à Hft. n. 1. — (Jhrg. 1—30 zusammen bezogen 300.—.)

— Formen-Schatz. Eine Quelle der Belehrg. u. Anregg. f. Künstler u. Gewerbetreibende, wie f. alle Freunde stilvoller Schönheit, aus den Werken der besten Meister aller Zeiten u. Völker. Red.: E. Bassermann-Jordan. 31.—34. Jahrg. 1907—1910. à 12 Hefte. (à 12 Taf. in Fksm.-Dr.) 31×24 cm. Ebd. à Heft 1. —

Hirth, Geo., s. a. Formenschatz, der, der Renaissance.

Hirth, Geo. (in München), der *Formenschatz der Renaissance.* Eine Quelle der Belehrung u. Anregung für Künstler u. Gewerbtreibende . . . . aus den Werken der *Dürer* u. *Holbein*, *Vischer*, *Altdorfer*, *Aldegrever*, *Beham*, *Burgkmair*, *Flötner*, *Hopfer*, *Solis*, *Hirschvogel*, *Mielich*, *de Bry*, *Amman*, *Jamnitzer* u. a. Meister. Hrsg. von —. 20 Hfte. München, o. J. (18**). Imp.-4⁰. Roth. Orig.-Pracht-Lwd.-Carton m. Gold- und Schwarzpressung u. mit Bändern.

Hirth, G., Der Formenschatz der Renaissance. Aus den Werken der Dürer, Holbein, Vischer, Altdorfer, Aldegrever, Beham, Burgkmair, Flötner, Hopfer, Solis u. A. Leipzig, München (Hirth u. Knorr). Bd. 1—4 — (1877—80 —) med. 4⁰.

— das souveräne Gesetz der Preisbildung. Ein Beitrag zur Kritik der Einkommensvertheilg. u. zur Lehre v. der Steuerprogression. Mit e. lith. Taf. (in qu. Fol.) [Aus: „Annalen d. deutschen Reichs".] gr. 4. (48 Sp.) Ebend. 875. n. 1. —

— Gewerbe-Ordnung für den norddeutschen Bund. Mit e. alphabet. Sachregister. Unter Benutzg. amtl. Materialien hersg. [Aus den Annalen des norddeutschen Bundes u. des deutschen Zollvereins.] Berlin 869. Leipzig, Hirth. 8. (58 Sp.) n. 5 ngr.

— Kollektion Georg Hirth. 3 Bde 4⁰ München 1898
I. II. Porzellan. III. Kunstgewerbe, Ölgemälde, Graphische Künste.

— s.: Jahr, das deutsche, im Bilde.

Hirth, Geo., statistisches Jahrbuch der Turnvereine Deutschlands. Im Auftrage des Ausschusses der deutschen Turnvereine herausg. Mit 8 (lith.) Tafeln Abbildungen von Turngeräthen u. Turnhallen. Leipzig 863. Keil. gr. 8. (LVI, 302 S.) n. 1 ℛ

— zweites statistisches Jahrbuch der Turnvereine Deutschlands. Im Auftrage des Ausschusses der deutschen Turnvereine hrsg. gr. 8. (LXXIV und 311 S.) Ebendas. 865. *

— Ideen zu e. Enquête über die Unersetzlichkeit der Mutterbrust. gr. 8. (VII, 64 S.) Ebd. 900. n. 1. —

— Ideen über Zeichenunterricht u. künstlerische Berufsbildung. 1. u. 2. Aufl. gr. 8. (VIII, 41 S. m. eingedr. Abbildgn.) Ebd. 887. n. — 75

— Ideen üb. Zeichenunterricht u. künstlerische Berufsbildung. 4. Aufl. gr. 8. (VIII, 41 S. m. Abbildgn.) München 894. G. Hirth. n. — 75

Hirth, Georg [Hrsg.], s. Jugend. Münchner illustrierte Wochenschrift für Kunst und Leben.

Hirth, Geo., das Consulatwesen des norddeutschen Bundes und die Nationalität der Kauffartheischiffe. Mit einem Verzeichniss der bis Ende Octbr. 1868 ernannten Bundesconsuln. 4. (30 Sp.) Berlin 868, (Stilke und van Muyden.) [Leipzig, Hirth.] *
Aus: Annalen des norddeutschen Bundes, besonders abgedruckt.

— unsere volkswirthschaftliche Krisis. Versuch einer kurzen vorurtheilslosen Auseinandersetzg. Mit e. Anh.: Uebersicht der hauptsächlichsten deutschen Schutzzölle. [Aus: „Annalen d. deutschen Reichs".] gr. 8. (27 S.) Ebend. 876. n. — 40

Dreitausend Kunstblätter der Münchner 'Jugend'. Ausgew. aus d. Jahrgängen 1896–1909. Hrsg. Georg Hirth. Mit biogr. Künstler-Verzeichnis. Neue verm. Aufl. München: Jugend (1909). XXIV, 407 S. 8⁰ (10. 6344) 10

— s. Landtags-Almanach.

— preußischer Landtags-Almanach. X. Legislaturperiode. — 1. Session. Berlin 868. Kortkampf. gr. 16. (372 S.) n. 22½ ngr.; in engl. Einb. n. 1 ℛ

— die Lebensbedingungen der deutschen Industrie sonst und jetzt. Eine Skizze. 8. (60 S.) Ebendas. 877. * — 60
Vorstehende drei Schriften sind aus: Annalen des deutschen Reichs für Gesetzgebung, Verwaltung und Statistik, besonders abgedruckt.

— s. Leibesübungen, die, deutscher Jugend.

— die Lokalisationstheorie angewandt auf psychologische Probleme. Beispiel: Warum sind wir ‚zerstreut'? Vortrag. gr. 8. (VII, 73 S.) Ebd. 894. n. 1. 50

— d. Lokalisationstheorie angewandt auf psycholog. Probleme. Beispiel: Warum sind wir ‚zerstreut'? M. e. Einleitg. von Ludw. Edinger. 2., verm. Aufl. gr. 8. (XXIV, 112 S.) Ebd. 895. n. 1. 50; geb. in Leinw. n. 2. —

— s.: Märchen ohne Worte.

— Matricularbeiträge oder Reichs-Einkommensteuer? Bericht über die Eisenacher Versammlung am 11. Octbr. 1874. [Aus: „Annalen d. deutschen Reichs."] 2. Abdr. 8. (47 S.) Ebend. 874. — 50

Meister-Holzschnitte aus vier Jahrhunderten, herausgegeben von Georg Hirth und Richard Muther. München und Leipzig 1888. 4⁰.

Hirth, Georg & Richard Muther. Meister-Holzschnitte aus vier Jahrhunderten. München & Leipzig, G. Hirth's Kunstverlag 1893.
Vortit., Tit., XLIV Sp., 1 Bl. Untertit., 219 Taf. 4⁰.

— das Noth-Gewerbegesetz vom 8. Juli 1868. Seine Entstehung, Auslegung und Ausführung. Unter Benutzung amtl. Materialien bearb. 4. (52 Sp.) Berlin 868, (Stilke und van Muyden.) [Leipzig, Hirth.] *
Aus: Annalen des norddeutschen Bundes und des deutschen Zollvereins, besonders abgedruckt.

— die Ostfaçade des Augsburger Rathhauses. Ein nationales Monument Elias Holl's. Allen Deutschen an's Herz gelegt. Fol. (6 S. mit 1 Ansicht in photogr. Lichtdr.) Ebendas. 884.

— s. Parlaments-Almanach.

—— Parlaments-Almanach. 1. Ausg. (2. Febr. 1867.) 16. (136 S.) Berlin, F. Duncker. *

—— dass. — 2. Ausg. (28. Febr. 1867.) 16. (231 S. mit 1 lithogr. Situationsplane des Reichstags-Sitzungssaales in gr. 4.) Ebendas. *

—— dass. — 3. Ausg. (3. April 1867.) 16. (263 S. mit 1 lithogr. Situationsplane des Reichstags-Sitzungssaales in gr. 4.) Ebendas. *

—— dass. — 4. Ausg. 16. (250 S.) Ebendas. *

—— dass. — 5. Ausg. (20. Septbr. 1867.) 16. (239 S.) Ebendas. *

— — für 1868. 7. Ausg. [6. Mai 1868.] Ebend. 868. 16. (XVI, 285 S.) n. 15 ngr.

—— s. a. Parlaments-Almanach, deutscher.

Hirth, Geo., deutscher Parlaments-Almanach. 9. Ausg. 16. (XII, 321 S.) Berlin 871. F. Duncker. n. 1. 50; geb. n.n. 2. —

— dasselbe. 10. Ausg. Februar 1874. gr. 16. (VI, 312 S.) Leipzig 874. Hirth. 2. 25

Deutscher **Parlaments-Almanach.** Begründet u. hrsg. von Ge. Hirth. Leipzig, [später:] München u. Leipzig. 5 Bde

11. Ausg. 1. März 1874. 1874.
12. „ 15. Febr. 1877. 1877.
13. „ Sept. 1878. 1878.
15. „ Nov. 1884. 1884.
16. „ März 1877. [Nebst] Nachtr. 1887. 88.

— kleinere Schriften. 1. Bd. gr. 8. Ebd. 902. Geb. in Leinw. n. 6. —; auch in 6 Lfgn. à n. — 80
Wege zur Kunst. Geschichte — Technik — Physiologie — Monacensia. 1. u. 2. Aufl. (à XVI, 526 S.)

— kleinere Schriften. II. u. III. Bd. gr. 8. à n. 4. —; geb. in Leinw. à n. 5. —
II. Wege zur Freiheit. (XXX, 546 S.) 903. Erschien auch in 6 Lfgn. à n. — 80.
III. Wege zur Liebe. Idealisierung der Sinne u. erbl. Entlastg. Philosophie der Gesundheit — Religion der Menschheit. (XIV, 655 S.) 906.

Das 1. allgemeine deutsche Schützenfest in Verbindung mit dem Thüringer Turnfest zu Gotha, 7.—11. 7. 1861, J. A. hrsg. v. Georg Hirth. Gotha 1861, 84 S., 8°.

— das plastische Sehen als Rindenzwang. Spezifische Empfindgn. f. Fernqualitäten d. Lichtes — Konfluenz homologer Lichter m. dem Vortritt d. größeren — Näherempfindg. vereiniger Lichter — Weitere Steigerg. d. Nähergefühls in lateraler Richtg. d. breiteren Netzhautbildes. Mit 10 Textillustr. u. 34 Taf. m. stereoskop. Abbildgn. gr. 8. (X, 85 S.) Ebd. 892. n. 5. —

—— Franz v. Seitz und Lorenz Gedon. Worte der Erinnerung. Mit den Gedichten von Karl Hoff und Wilh. Busch. gr. 8. (32 S.) Ebendas. 884. *

—— Selbstbekenntnisse eines Schwerverwundeten. Auf dem Krankenbette geschrieben. 16. (VI und 55 S.) Berlin 867, (Gaertner.) *

Hirth, Georg [Hrsg.], s. Staatshandbuch für Gesetzgebung ...

— s.: Stadt u. Land.

— s. Stil, der, in den bildenden Künsten u. Gewerben aller Zeiten.

— Tagebuch des deutsch-französischen Krieges 1870. Eine Sammlg. der wichtigsten Quellen. Im Vereine mit Dr. Jul. von Gosen bearb. 1. Heft. Berlin 870. Leipzig, Hirth. 4. (VIII, 160 Sp.) n. 10 ngr.

— u. Jul. v. Gosen, Tagebuch d. deutsch-französischen Krieges 1870. Eine Sammlg. der wichtigsten Quellen. 1. Bd. 2—10. Hft. u. 2. u. 3. Bd. 4. Ebend. 871—74. n. 35. —
1. (Sp. 161—1536 m. 3 lith. Karten in gr. 4.) n. 9. —
II. Vom 28. Aug. bis 28. Octbr. 1870. Mit (lith.) Karten der Umgegend v. Beaumont, Sedan, Paris, Versailles u. der Umgegend v. Orléans. (Sp. 1537—2992.) n. 10. —
III. Vom 29. Octbr. 1870 bis zum Schlusse. Mit (lith.) Karten u. Plänen der Umgegend v. Amiens, St. Quentin, Bapaume, Le Mans, Belfort, Montbéliard. (VIII u. Sp. 2993—5376.) n. 16. —

— — dasselbe. Mit Karte u. Plänen. 2. (Titel-)Ausg. gr. 4. (1. Bd. VII, 3264 Sp.) Ebend. 873. 74. 36. —

— dasselbe. Register. 4. (90 Sp.) Ebend. 876. 1. 20

Deutsch Tanagra. Porzellan-Figuren d. achtzehnten Jhs gesamm. v. Georg Hirth. (Einleitg v. Herbert Hirth.) Abth. I, Text u. Taf., Abth. II. *München & Leipzig: G. Hirth 1898.* 3 Bde 4.
I. Text. (6 Bl., LXXXIV S., 1 Bl., 150 S., 5 Taf.)
Taf. (2 Bl., 186 Taf.)
II. Kunstgewerbe — Oelgemälde — Graph. Künste etc. (2 Bl., 158 S., 71 Taf.)
[98. 5811

— das gesammte Turnwesen. Ein Lesebuch für deutsche Turner, enthaltend gegen 100 abgeschlossene Muster-Darstellungen von den vorzüglichsten älteren u. neueren Turnschriftstellern. (In 6—8 Liefgn.) 1. Liefg. Ebend. 864. gr. 8. (S. 1—96 u. 1 Holzschntaf.) $7\frac{1}{2}$ ngr.

— das gesammte Turnwesen. Ein Lesebuch für deutsche Turner, enthltd. gegen 100 abgeschloss. Muster-Darstellungen von den vorzüglichsten älteren u. neueren Turnschriftstellern. 11 Liefgn. Leipzig 865. Keil. gr. 8. (LXXVIII, 867 S. mit 8 Holzschntaff.) Jede Liefg. $7\frac{1}{2}$ ngr.

— das gesamte Turnwesen. Ein Lesebuch f. deutsche Turner. In 1. Aufl. hrsg. v. G. H. Aufsätze turner. Inhalts v. älteren u. neueren Schriftstellern. 2., erweit. Aufl. Besorgt v. F. Rud. Gasch. 18 Hfte. gr. 8. (1. Bd. VII, 663 S.; 2. Bd. VII, 700 S.; 3. Bd. VIII, 655 S. m. 18 Bildnissen.) Hof 893. R. Lion. à Hft. n. 1. — (3 Bde. kplt. geb.: n.n. 21. 60)

— d. gesamte Turnwesen. E. Lesebuch f. deutsche Turner. In 1. Aufl. hrsg. v. H. Aufsätze turner. Inhaltes v. ält. u. neueren Schriftstellern. 2., erweit. Aufl. in 4 Abtlgn. Besorgt v. F. Rud. Gasch. Geschichtl. Einleitg. (Ergänzungsbd.) gr. 8. (XVIII, 223 S.) Hof 895. R. Lion. n. 2. —; geb. in Leinw. n.n. 2. 60 (Hauptwerk u. Ergänzungsbd.: n. 20. —; geb. n.n. 24. 20)

Hirth, Dr. Geo. (geb. 13. Juli 1841 in Gräfentonna), über *Volksbildung u. Rechtsgleichheit.* Zur Lösung der socialen Frage. Vorträge, gehalten 5.—7. April 1873 im v. *Liebig*'schen Hörsaale zu München. (S.-A. aus den „Annalen des Deutschen Reichs".) 2. Aufl. Leipzig, G. Hirth, 1873. Gr. 8°. 80 S. Cart.

Wie Bilder betrachtet sein 'wollen'. Den Besuchern d. Münchner Secessions-Ausstellung gewidmet von Georg Hirth. *München 1894: (Knorr & Hirth).* (15 S.) 8°
Aus: Münchner Neueste Nachrichten
[02. 3865 10

Hirth, Georg. Wie ist das Turnwesen zur echten Volkstümlichkeit zu erheben? Gotha 1860, 8 S., 8°.

— das deutsche Zimmer der Gothik u. Renaissance, d. Barock-, Rococo- u. Zopfstils. Anregungen zu häusl. Kunstpflege. 3., stark verm. Aufl. Mit ca. 400 Illustr. gr. 4. (XII, 448 S.) Ebend. 885. 86. n. 10. —; geb. n. 15. —

— das deutsche Zimmer v. Mittelalter b. zur Gegenwart. 4., unt. Mitwirkg. v. Karl Rosner b. zur Gegenwart erweit. Aufl. 2 Thle in 1 Bd. gr. 4. München 899. G. Hirth. n. 15. —; geb. in Halbfrz. n. 20. —; in Ldr. n. 25. —; 2. Bd. allein n. 6. —; geb. in Leinw. n. 9. —; in Ldr. n. 13. —

1. D. deutsche Zimmer d. Gothik u. Renaissance, d. Barock-, Rococo- u. Zopfstils. Anreggn. zu häusl. Kunstpflege. M. 370 Illustr. u. 8 Taf. (XIII, 418 S.)
2. D. deutsche Zimmer im 19. Jahrh. E. Darstellg. desselben im Zeitalter d. Klassicismus, Biedermeierzeit, der rückblick. Bestrebgn. u. d. neuen Kunst v. Karl Rosner m. e. Nachwort von Geo. Hirth. Mit 168 Illustr. u. 12 Taf. (X, 369 S.)

Der 2. Bd. erschien auch in 15 Lfg. à n. 1. —.

— das deutsche Zimmer der Renaissance. Anregungen zu häusl. Kunstpflege. 6 Lfgn. Fol. (VIII, 192 S. m. eingedr. Illustr.) Ebend. 879—81. à n. 2. 40

— dass. — 2. Aufl. 6 Lfgn. Fol. (VIII, 192 S. mit eingedr. Fig.) Ebendas. 881. à Lfg. *M 2,40. *
Bildet Jahrg. 1881 von: Der Formenschatz der Renaissance.

Hirth, Geo., Zollgesetz des deutschen Zollvereins vom 1. Juli 1869. Mit alphabet. Inhaltsverzeichniss und Erläuterungen. 1. und 2. Aufl. 4. (80 S.) Berlin 869, (Stilke und van Muyden.) [Leipzig, Hirth.] *
Aus: Annalen des norddeutschen Bundes und des deutschen Zollvereins, besonders abgedruckt.

Hirth, George Jacob [aus Ann Arbor, Michigan '(U. S. A.)']: Aus d. geburtshülfl. Universitätsklinik d. Kgl. Charité zu Berlin. '(Geh. Med.-Rath Prof. Dr. Gusserow.)' Ueber zwei Fälle von tiefen Cervix-Incisionen ... Berlin, Buchdr. v. G. Schade, *1892;* 29 S., 1 Bl. 8.
Berlin, Med. Fak., Inaug.-Diss. v. 17. Aug. 1892

Hirth, Herbert: Marcanton und sein Stil. Eine kunstgeschichtliche Studie. *München 1898: Knorr & Hirth.* (51 S.) 4°
(Erscheint vollständig bei G. Hirth in München & Leipzig.)
Leipzig, Phil. Diss. v. [2. Aug.] 1898

Hirth, Herb., u. Ernst Bassermann-Jordan, der schöne Mensch in der Kunst der Neuzeit, s.: Stil, der, in den bildenden Künsten u. Gewerben.

Hirth, Herb., Studien u. Kritiken. Gesammelt u. m. e. Lebensbeschreibg. versehen v. E. Bassermann-Jordan. (180 S. m. Bildn s.) gr. 8. München 903. L. Werner. n.n. 6. —; geb. in Leinw. n.n. 7. —

Hirth, Joh., das Dienstesverhältniß der Wirthschaftsbeamten, oder: was haben die großen Grundbesitzer zu thun, um ihren Landgütern einen Ertrag abzugewinnen, welcher den Anforderungen der Zeit entsprechen und nachhaltig sein soll. Prag 855. (Schaiba.) gr. 8. (64 S.) 15 ngr.

Hirth, Johann —. Das Dienstesverhältniß der Wirthschaftsbeamten, oder: Was haben die großen Grundbesitzer zu thun, um ihren Landgütern einen Ertrag abzugewinnen, welcher den Anforderungen der Zeit entsprechen und nachhaltig sein soll. Von — —. Prag. 1855. Druck der C. Vetterl'schen Buchdruckerei. (64 S. 8.)

— Peter Klug und seine Nachbarn. Ein Handbuch der ausübenden Landwirthschaft. Wien (855.) Grund. 8. (252 S.) 10 ngr.

Hirth, Joh., Michel, der Landwirth. Lesebuch für Volksschulen. gr. 8. (194 S.) Troppau [Wien] 870, Buchholz und Diebel. *

Hirth, L., s. Hirt, Ludwig

Hirth, Paul, u. Ed. Daelen, die Schönheit der Frauen. Mit 280 photograph. Freilichtstudien v. Ed. Büchler u. v. J. Agélou, G. Plüschow, E. Schneider. (VII, 312 S.) Lex.-8. Berlin (905). Stuttgart, H. Schmidt. Geb. in Leinw. n. 20. —; in Prachtbd. n. 22.50; auch in 20 Lfgn. à n. — 80

Hirth, Paul, u. Jos. **Kirchner,** die Schönheit der Frauen. Neue Folge. Mit 280 Kunststudien v. Otto Schmidt, E. Schneider u. A. (VIII, 312 S.) 31×22 cm. Berlin 908. 909. H. Schmidt. 16.—; geb. 20.—; auch in 20 Lfgn. à — 80

Hirth, Siegfried (Jul.)

Hirth, Siegfr., Ahnentafeln der wichtigeren Regenten, präsumptiven Thronerben u. Kronprätendenten Europas. gr. 8. (41 S.) München 899. (Braunschweig, R. Sattler.) — 80

Hirth, Siegfr. Jul., Geoplastik. (15 S.) gr. 8. München 903. M. Kellerer. n. — 50

Herrscherreihen (Regententabellen) der modernen Staaten Europas. 12. (20 S.) Ebd. (898). — 30

— topografisch-historisches Nachschlagebüchlein v. Füssen u. Umgegend. gr. 16. (94 S.) München 899. (Füssen, M. Endter.) — 30

— Topografisch-historisches Nachschlage-Büchlein für München u. Umgegend. (54 S.) gr. 8. Ebd. 903. n. — 60

Regententabellen zur Weltgeschichte. Von Siegfried Hirth. *München & Leipzig: G. Hirth 1898.* (IX, 156 S.) 1 Bl 8. 198. 4166

— neuer Schlüssel zur Hochgebirgs-Ansicht vom Münchner Petersturm. 11,5×232 cm. Lith. Mit Text. qu. 12. (4 S.) München 902. (M. Kellerer.) n. — 40

— kleine Volksbelehrungsbücher. 1. u. 2. Hft. 12. München 900. Braunschweig, R. Sattler. à — 20
1. Das Deutschtum. Ein Merkbüchlein f. jeden Deutschen. 2. Aufl. (19 S.)
2. Die richtige deutsche Aussprache. (20 S.)

Hirthe, E.

— und des Kaisers Bart, s. Kühling's, A., Album für Liebhaberbühnen.

Hirthe, E., ein verhängnißvolles Buch, s. Kühling's, A., Album für Liebhaber-Bühnen.

Hirthe, de clavibus aedium, s. Theater, kleines.

—— ohne Damen, s. Kühling's, A., Theater-Specialität.

Hirthe, E., das Debüt od. Talent u. Herz, } s.: Kühling's, A., Album f. Liebhaber-Bühnen.

Hirthe, E., der Hausschlüssel, od. kalt gestellt, s.a. Bloch's, Ed., Theater-Correspondenz.

Der Hausschlüssel oder Kalt gestellt! Lustspiel in 1 Akt von E. Hirthe. *Mühlhausen i. Th.: G. Danner [1900].* (31 S.) 8° [F.]
— Thalia. 57. [illegible]

— kurz vor Thorschluß, s.a. Album f. Liebhaber-Bühnen.

[F.] Kurz vor Thorschluss. Kom. Singsp. in 1 Akt v. E. Hirthe. Mus. v. Carli Zöller (a. d. Umschl.: A. Kersten). *Berlin: Kühling & Güttner [1892?].* (20 S.) 1 Bd 8.
— Album f. Liebhaber-Bühnen. No 285. [illegible]

Hirthe, E., ein Kuß od. Die Marine siegt, s.a. Bloch's, Ludw., Militär-Festmappe. 74. Hft.

Ein Kuß oder Die Marine siegt. Lustspiel in 1 Akt von E. Hirthe. *Berlin: E. Bloch (1903).* (16 S.) 8° [F.]
— Militär-Festmappe, Ludwig Blochs, f. vaterl. Gedenktage ... H. 74. [illegible]

—— telegraphische Scherze, s. Kühling's, A., Album für Liebhaber-Bühnen.

— ein Tag in Saarbrücken, s.a. Bloch's, E., Theater-Correspondenz.

Hirthe, E., ein Tag in Saarbrücken, oder: der Franzose in der Mausefalle. Humoristisches Kriegsbild mit Gesang in 1 Akt. Berlin 870. Lassar. gr. 16. (16 S.) n. 1 ₰ 10 ngr

Hirthe, E., der erste Todte, s.a. Kühling's, A., Album für Liebhaber-Bühnen Nr. 43

Der erste Tote. Schwank in 1 Akt von E. Hirthe. *Mühlhausen i. Th.: G. Danner 1900.* (24 S.) 8° [F.]
— Thalia. 70. [illegible]

— eine Ueberraschung m. Hindernissen, s.a. Thalia.

Eine Ueberraschung mit Hindernissen. Schwank in 1 Akt von E. Hirthe. *Mühlhausen i. Th.: G. Danner 1900.* (32 S.) 8° [F.]
— Thalia. 71. [illegible]

— Ulanen im Elsaß, s.: Kühling's, A., Album f. Liebhaber-Bühnen.

— ohne Urlaubskarte od.: Schellendaus, s.a. Vereinstheater.

Ohne Urlaubskarte oder Schellendaus. Schwank in Akt von E. Hirthe. *Mühlhausen i. Th.: G. Danner [1900].* (30 S.) 8° [F.]
— Vereinstheater. 91. [illegible]

— auf Vorposten bei Metz, s.a. Bloch's, E., Theater-Correspondenz.

— Auf Vorposten bei Metz. Militärischer Schwank m. Gesang in 1 Akt. gr. 16. (11 S.) Berlin 870. Lassar. n. 4. —

Hirthenthal, Julie von, e. Gesch. 3 Thle. 8. Eisenach. (Hinrichs in Lpz.) 780 — 83.
s. a. Hirtenthal, Julie von

Hirtin, Die, der Alpen; ein Nachspiel. Leipzig 1777. V: *Seybold, David Christoph.* (MGT)

Hirtin, die, der Völker, s.: Volksaufklärung.

Hirtinnen, die, v. Midian, oder Moseh's Jugend, von Frau v. Genlis. 8. Leipz. Hinrichs. 813.
Bellny.

Hirtius, A., belli gallici liber VIII, s.: Caesar, C. Jul.

Hirtl, A., Wie verhielt sich die christl. Kirche in den ersten 6 Jahrhunderten gegenüber der griech.-röm. Geistesbildung. I. Pr. 1892. 48 S. 1.25
— — II. Pr. 1894. 56 S. 1.50

Hirtler, Otto, a. Freiburg i. B.: Statistisches über die Perityphlitis in der Garnison Metz. 1890—1905. Straßburg i. E. 1907: C. Müh & Cie. (23 S.) 8°
Straßburg, Med. Fak., Ref. Madelung, Diss. v. 21. März 1907
[Geb. 11. Aug. 69 Freiburg i. B.; Wohnort: Metz; Staatsangeh.: Baden; Vorbildung: Gymn. Lahr (Baden) Reife M. 89; Studium: Freiburg i. B. 3, München 3, Freiburg i. B. 3 S.; Coll. 7. März 07; Approb. 10. Juli 94.]

Hirt's Theater f. die Jugend, s.a. Jugendbibliothek, neue illustrirte.

HIRT's THEATER FÜR DIE JUGEND. Leicht aufführbare Stücke ... von AUGUSTE (DAUNE), AGNES FRANZ, CLEMENTINE HELM, LOUISE THALHEIM und OTTILIE WILDERMUTH. Mit [3 farb. lithogr.] Costümbildern: Deutsche Volkstrachten nach Albert Kretschmer. Leipzig, F. Hirt & Sohn. 1877. 4 Bl. 208 S., Anzeigen. Kl.-8°. Chromolithogr. Orhlwd. 12.—
Neue Illustrirte Jugendbibl. X. ★ Erstausgabe. 2 Ecken leicht bestoßen.

HIRT's Theater für die Jugend. [10] Leicht aufführbare Stücke . . . Neue Stereotyp-Ausgabe. Reutlingen [c. 1890]. 176 S. und 4 farbige Taf. Kl.-8°. Orhlwd. m. farb. Deckel. 8.—

Hirtsiefer, Heinrich

Hirtsiefer, H., Werkpensionskassen. Vortrag, geh. auf der christl. Metallarbeiter-Versammlung am 8. IX. 1908 zu München. 8°. Duisburg, Echo vom Niederrhein, 1908.

Hirtz, Arnold, s. a.: Cervus, A.

Hirtz, Arnold. Die Kaiserin Augusta. Kurzes Lebensbild, f. Mädchenschulen entworfen. 8. (16 S.) Köln 890, Warnitz u. Comp. * — 20

Hirtz, Arnold: Weibliche Beamte im deutschen Reiche. Ein Ratgeber für junge Mädchen und deren Eltern. Mit Unterstütz. d. Behörden hrsg.—Baden-Baden: Weber 1910. 55 S. 8°

Am Christbaum. Ansprachen, Deklamationen u. Gesänge. Hrsg. von Arnold Hirtz, Rektor. Hamm i. W.: Breer & Thiemann 1905. (VIII, 204 S.) 8° [F.] [illegible]

— Die Feier patriotischer Gedenktage in Schulen, Vereinen u. in der Armee. Unter Mitwirkg. vieler Herren u. Damen hrsg. (XII, 386 S.) gr. 8. Hamm (909). Breer u. Thiemann. 5. —

Führer durch das Gebiet der Riesentalsperre zwischen Gemünd und Heimbach-Eifel mit nächster Umgebung. Mit 26 Ill. u. 1 Karte. Hrsg. von A. Cervus [d. i. Arnold Hirtz]. Trier: F. Lintz 1904. (58 S.) 8° [05. 10103]

Gedichte, vom Preußischen Unterrichtsminister für die Volksschulen vorgeschrieben, mit Verteilung auf d. verschied. Stufen d. Volksschule, hrsg. von Rektor A[rnold] Hirtz. Hamm i. W.: Breer & Thiemann 1907. (30 S.) 8° [F.] [08. 6360 B]

Hirtz, Arnold, vaterländische Geschichte für Mädchenschulen. Mit besond. Berücksicht. der deutschen Frauen bearb. 8. (80 S.) Köln 885, A. Ahn. *

Krippen, Kinderbewahranstalten, Kinderhorte. Ihre Bedeutung u. Leitung von Arnold Hirtz. Hamm i. W.: Breer & Thiemann 1906. (79 S.) 8° [F.] [07. 7948 B]

Hirtz, A., kurze Lebensbilder aus der Geschichte, besonders aus der vaterländischen. Für die Hand der Kinder in ein- u. mehrklass. Volksschulen. Mit Bezug auf die allgemeinen Bestimmgn. d. königl. preuß. Ministers der geistl., Unterrichts- u. Medicinalangelegenheiten vom 15. Octbr. 1872. 2. verb. u. verm. Aufl. 8. (40 S.) Köln u. Neuß 874. Schwann. n. — 25

Hirtz, A., kurze Lebensbilder aus der vaterländischen Geschichte. Ein Wiederholungsbüchlein für die Mittel- und Oberstufe der Volksschule. Mit Bezug auf die allgemeinen Bestimmungen des Cultusministers vom 15. Oktbr. 1872. 3. Aufl. (40 S.) 1875; 4. und 5. verb. und verm. Aufl. 8. (48 S.) Düsseldorf 876,79, Schwann. ** — 25

Hirtz, A., kurze Lebensbilder aus der vaterländischen Geschichte. Ein Wiederholungsbüchlein für die Mittel- und Oberstufe der Volksschule. Mit Bezug auf die allgemeinen Bestimmungen des Cultusministers vom 15. Oktbr. 1872 bearb. 6. verb. und verm. Aufl. (IV, 59 S.) 1880. * — 25 Pf.; 7. verb. und verm. Aufl. 8. (63 S.) Düsseldorf 882, Schwann'sche Verlagsh. **

—— kurze Lebensbilder aus der vaterländischen Geschichte. Ein Wiederholungsbüchlein für die Mittel- und Oberstufe der Volksschule. Mit Bezug auf die allgemeinen Bestimmungen des Cultusministers vom 15. Oktbr. 1872 bearb. 8.—11. verb. und verm. Aufl. (64 S.) 1884—87, und 12.—14. Aufl. 8. (58 S.) Düsseldorf 887,88, Schwann. **

— kurze Lebensbilder aus der vaterländischen Geschichte. Ein Wiederholungsbüchlein f. die Mittel- u. Oberstufe der Volksschule. Mit Bezug auf die allgem. Bestimmgn. d. Kultusministers vom 15. Oktbr. 1872 bearb. 14. Aufl. 8. (58 S.) Düsseldorf 888. Schwann. n.n. — 30

Hirtz, Arnold, kurze Lebensbilder aus der vaterländischen Geschichte. Ein Wiederholungsbüchlein f. die Mittel- u. Oberstufe der Volksschulen. Mit Bezug auf die allgemeinen Bestimmgn. des kgl. preuß. Kultusministers vom 15. Oktbr. 1872 bearb. 15. Aufl. 8. (60 S.) Düsseldorf 890. L. Schwann. n.n. — 30

[F.] Kurze Lebensbilder aus der Vaterländischen Geschichte. E. Wiederholgsbüchl. f. Volksschüler. M. Bezug auf d. allgem. Bestimmgn d. Kgl. Preuss. Kultusministeriums v. 15. Okt. 1872 bearb. v. Arnold Hirtz, Rektor in Köln. 18. Aufl. *Düsseldorf: L. Schwann 1895.* (59 S.) 1 Bd 8. [96. 10717 Ho]

Hirtz, Arnold, kurze Lebensbilder aus der vaterländischen Geschichte. Ein Wiederholungsbüchlein f. Volksschüler. Mit Bezug auf die allgem. Bestimmgn. des kgl. preuß. Kultusministers vom 18. X. 1890 bearb. 21. Aufl. 8. (60 S.) Düsseldorf 901. L. Schwann. n.n. — 30

Volks-Unterhaltungsabende. Von Arnold Hirtz, Rektor. Hamm i. W.: Breer & Thiemann 1907. (404 S.) 8° [F.] [08. 11573]

Wohin gehen wir in die Sommerfrische? Ein Wegweiser u. Ratgeber f. Ruhe u. Luft bedürftige Stadtleute. Hrsg. von A. Cervus [d. i. Arnold Hirtz]. 2. Aufl. *Cöln: P. Neubner [1903].* (XII, 67 S.) 8° [F.] [04. 7616]

Hirtz, Daniel, s. Hirtz, Georg Daniel

Hirtz, Georg Daniel

Hirtz, (Geo.) Dan., der Bauernkrieg; eine vaterländ. Erzählung f. Kinder u. Kinderfreunde. 12. (9 B. u. 4 Stnt.) Straßburg 842, Levrault'sche Buchh. 10 Ngr. — Velinp. u. mit ill. Stnt.

Hirtz, Dan., fufzig Fawle frei nooch'm Lafontaine. Als Anhang d'rzue: „Unsri Dienstbotte", Sittegemäld in zwei Akte un in Vers, mit noch etliche-n-andere Gedicht, Alles in Stroßburrjer Mundart. 8. (140 S.) Straßburg 880, Schultz und Comp. cart. *

Hirtz, Geo. Dan., Gedichte. Mit e. Vorw. v. Ed. Reuß. gr. 8. ($12\frac{3}{4}$ B. u. d. Verf. Bildn.) Straßburg 838, (Schmidt u. Gruber; Treuttel u. Würtz.) Thlr. *

—— Gedichte. 2., verm. Aufl. 8. (17 B.) Straßburg 840. (Treuttel u. W., Schmidt u. Grucker.) *

—— der Jakobstag, e. vaterländ. Erzähl. f. Kinder. 12. ($4\frac{1}{2}$ B., Titlbild. u. Titlvign.) Straßburg 838, Levrault'sche Buchh. ⅙ Thlr., ill.

—— die Kurbengasse zu Straßburg. Eine vaterländ. Erzähl. f. Kinder u. Kinderfreunde. 12. (5 B., Titlbild. u. Vign.) Straßburg 840, Levrault'sche Buchh. 5 Gr., col.

—— der Odilienberg. Eine vaterländ. Erzähl. f. Kinder u. Kinderfreunde. 12. (6 B., Titlbild. u. Vign.) Straßburg 839, Levrault'sche Buchh. 5 Gr., col.

— die Reichsacht. Eine vaterländ. Erzählung für Kinder und Kinderfreunde. 12. (Mit 1 Lithogr.) Straßburg 843, Wittwe Levrault. geb. $6\frac{1}{4}$ *ngl*

—— des Drechslers Wanderschaft, f. Jung u. Alt erzählt. 8. ($21\frac{1}{2}$ B.) Straßburg 844. (Treuttel u. Würtz, Schmidt u. Grucker.) *

Hirtz, Heinrich [aus Köln a. Rh.]: Ueber die Einwirkung von Brom auf aromatische Jodverbindungen ... Heidelberg, Univ.-Buchdr. v. J. Hörning, 1896; 52 S., 1 Bl. 8.
Heidelberg, Naturw.-math. Fak., Inaug.-Diss. v. [11. Juli] 1896

Hirtz, L. A., Taschen-Agende für Aerzte. In Tabellenform. — Nouvel agenda médical sous forme de tableau. 1.—4. Jahrg. 1875—1878. gr. 16. (à 207 S.) Straßburg, Schultz und Comp. geb. à Jahrg. * 1 60
Nicht weiter erschienen.

Hirtz, Richard, Dr., aus Aachen: **Ueber Cholelithiasis** und ihre Folgen. *Würzburg 1899: Memminger.* (26 S.) 8°
Würzburg, Med. Diss. v. 1899

Hirts, Salomon [app. Arzt aus Colmar '(Els.)']: Über einige Fälle von Pleuritis ... Freiburg i. B., Univ.-Buchdr. v. Ch. Lehmann, 1893; 36 S. 8.
Freiburg i. B., Med. Fak., Inaug.-Diss. v. 1893

Hirtzwigii, Henrici, de gymnasii Moeno-Francofurtani ratione et statu ad Balthasarem Mentzerum epistola. Mit Einleitg. u. Übersetzg. v. Karl Reinhardt. 4. (46 S.) Frankfurt a/M. 891. (Leipzig, G. Fock.) n. 1. —

Hirum Harum; ein satyrisch-komischer Originalroman. Salem in Nordkarolina [Nürnberg] 1789. V: *Schöpfel, Johann Wolfgang Andreas.* (Ky) (Wr) (MGT) »V: *Schöppel, J. W. A.*« (Fiker)

Hirum Harum ein satyrisch-komischer Original-Roman, mit 1 Kupf. 8. Salem in Nordkarolina, (Nürnberg) 789. (Weigel und Schneider) 20 ggl.

Hirundo, C., Chiemseelieder. 8. (VI, 272 S.) Leipzig 892. Breitkopf & Härtel. n. 3. —; geb. n. 4. —

Hirundo, C., Erzählungen. (Jutta. D. Staatsanwalt.) 8. (475 S.) Leipzig 896. Breitkopf & Härtel. n. 5. —; geb. n. 6. —

Hirundo, C., die Giebinger. Eine Erzählg. aus dem 16. Jahrh. 8. (284 S.) Leipzig 884. Breitkopf & Härtel. n. 4. —; geb. n. 5. —

—— Irmengard. Eine Erzählung vom Chiemgau aus dem 15. Jahrh. 8. (133 S.) Ebendas. 884. *M* 3.; geb.

Hirundo, C. (Frau Constanze Bomhard), Till Riemenschneider. Eine Erzählg. aus dem 16. Jahrh. 8. (347 S.) Leipzig 902. Breitkopf & Härtel. n. 3. —; geb. n. 4. —

Hirz, J(ohann) A(ugust) ⟨geb. am 12 März 1841 in Kempen Rgbz. Düsseldorf⟩: Ueber Eklampsie der Schwangeren, Gebärenden und Wöchnerinnen ... Bonn, Druck v. C. Georgi 1867. 2 Bl., 24 S., 1 Bl. 8
[Bonn, Med. Fak.], Diss. v. [6 Aug.] 1867

Hirz, Isaacus ⟨geb. am 23 März 1806 in Bonn⟩: De discrimine inter infantum ac senum morbos ... Bonnae, typ. F. C. Baaden (1832). 2 Bl., 21 S. 4.
Bonn, Med. Fak., Diss. v. 24 Jan. 1832

Hirz, Rep., neuester Führer durch's Renchthal u. nach seinen Heilquellen, wie auch nach dem Bade Rippoldsau. 8. (IV, 158 S. m. 1 Steintaf.) Offenburg 876. Hambrecht. n. 1. 50

Hirs, Reinhold, aus Fürstenwalde ⟨Kr. Lebus⟩: Über Gelenkerkrankungen bei kruposer Pneumonie. *Berlin (1900): G. Schade.* (30 S.) 8°
Berlin, Med. Diss. v. 13. Juli 1900

HIRZBERG, FRANZ. Ueber einige Derivate des p-Diphenols und ihren Zusammenhang mit dem Palatinorange. Zürich, 1888.

Hirzel, H. C., Leben, durch H. A. Wirz. s. Wirz, H. A.

(Hirzel. Hans Caspar H', Archiater, 1751–1817.) Njbl. *s.* [Orelli, Felix von].

Hirzel, Heinrich, Pfarrer am St. Peter in Zürich; Nekrolog. Zürich 1871. V: *Hunziker, Fritz.* (zuwzür 12, 1908, IV, S. 59)

(Hirzel. Joh[ann *d. i.* Hans] Caspar H', M. D...., 1751–1817.) Njbl. *s.* [Hug, Jacob Christoph].

Hirzel, Johann Caspar. [Zürich 1866.] V: *Orelli, Felix v.* (Cat. d. Stadtbibl. Zürich. Zürich 1864—97.)

Hirzel, Der junge. Als Manuscript für Freunde gedruckt. Leipzig 1883. V: *Springer, Anton.* (cb) (Cat. d. Stadtbibl. Zürich. Zürich 1864—97.)

(Hirzel. Salomon H'. Seckelmeister des Standes Zürich. geb: 1727. gest: 1818.) Njbl. *s.* [Meyer von Knonau, Ludwig].

Hirzel, d. Greis, an H. Meister, üb. wahre Religiosität mit Toleranz verbunden. gr. 8. Zürich, Orell, Füßli und Comp. 800.

Hirzel, Arnold

Hirzel, A., die Ausbildung des schweizerischen Militärwesens unter den Bundesverfassungen von 1848 und 1874. 8. (116 S.) Aarau 883, Christen.

Hirzel, A[rnold]. **Die geistige Bedeutung des alten Indiens für Europa. Vortrag, gehalten an der 41. Jahresversammlung des Vereins schweizerischer Gymnasiallehrer. Separatabdruck aus dem 32. Jahresheft des V' schweiz. G'. II + 35 S. 8. Aarau, H. R. Sauerländer & Co., [1902].**

Hirzel, Arnold, kritische Betrachtung der neuern Doctrin und Gesetzgebung über Verjährung der Strafen. Inaugural-Dissertation. 8. (VIII und 88 S.) Zürich 860, (Orell, Füssli und Comp.) *

Hirzel, A., Bilderatlas zur aargauischen Geschichte, s.: Merz, Walth.

Hirzel, Arn., die Bundesgesetze üb. das Obligationenrecht (vom 14. Brachmonat 1881) u. die persönliche Handlungsfähigkeit (vom 22. Brachmonat 1881). Textausg. m. einleit. Bemerkgn., Auslegg. der fremden u. wissenschaftl. Ausdrücke, u. e. alphabet. Sachregister. 8. (192 S.) Brugg 888. „Effingerhof". Kart. 1, 50

—— **allgemeines bürgerliches Gesetzbuch für den Kanton Aargau. Mit Erläuterungen und Anführung wichtiger Entscheidungen hrsg. 4 Bde. 8. (XL, 249; XII, 140; XII, 165; XI, 165 S.) Aarau 867—69, (Sauerländer's Verlagsh.)**

Hirzel, Arnold: Gleichnisse und Metaphern im Ṛgveda in culturhistorischer Hinsicht zusammengestellt und verglichen mit den Bildern bei Homer, Hesiod, Aeschylos, Sophokles und Euripides. . . . Leipzig, Verl. v. Wilhelm Friedrich k. k. Hofbuchh., 1890; 3 Bl. + 107 S. 8°
Leipzig, Phil. Fak., Inaug.-Diss. v. 10. März 1890

Hirzel, A(rnold). Das heutige Indien und seine kulturelle Entwicklung unter Englands Herrschaft. Eine kulturhistorische Skizze. Vortrag gehalten... den 27. Februar 1900: 56 S. 8.

Beilage zu: **Programm der Städtischen Schulen in Aarau. Schuljahr 1900/01. Aarau, Emil Wirz, 1901.**

Hirzel, A., der Rigveda u. s. Sprache. Aus e. Vortrag üb. altind. Poesie, geh. am 9. Januar 1895 im Saalbau. gr. 8. (19 S.) Aarau 895. (H. R. Sauerländer & Co.) n. — 60

Hirzel, A., Uebersetzungsproben aus epischen Dichtungen Isabelle Kaisers. (41 S.) gr. 8. Aarau (904). (H. R. Sauerländer & Co.) n. — 90

—— Wegweiser durch das gegenwärtige allgemeine bürgerliche Gesetzbuch des Kantons Aargau mit dessen bundesgesetzlichen und kantonalen Abänderungen. Zur Erkenntniß der vielen kraftlosen Stellen und ihres Ersatzes hrsg. 8. (109 S.) Ebendas. 883.

—— Wegweiser durch das zürcherische Pflichttheilsrecht oder Anleitung die verschiedenartigsten letztwilligen Verordnungen und Rechtsgeschäfte unter Lebenden vorzunehmen, ohne die Rechte der nächsten Erben zu beeinträchtigen. Mit Rücksicht auf das allgemeine Bedürfniß aller Stände nach den neuesten Gesetzesquellen und im Hinblick auf die bisherige gerichtl. Praxis bearb. gr. 8. (IV und 92 S.) Zürich 861, Orell, Füßli und Comp. *

Hirzel, Bernhard

Hirzel, B., mein Antheil an d. Ereignissen d. 6. Sept. 1839. Ein Wort d. Wahrheit an die Schweizerbrüder in d. Nähe u. Ferne. gr. 8. (1 B.) Zürich, (Höhr.)

Hirzel, Bernh., Gesicht des Todesboten, s. Gesicht.

— s. Kalidasa Sakundala.

Hirzel, Bernh., s. Krischnamisra.

— s. Lied, das, der Lieder.

Hirzel, B. Prabodhatschandrodaja oder der Erkenntniss Mondaufgang und Meghaduta oder der Wolkenbote. Zürich 1846.

Hirzel, Bruno: Anton Gosswin ca. 1540—1594, sein Leben und seine Werke. Ein Beitr. z. Geschichte d. Hofkapellen in München und Freising. München: Hans Sachs-Verl. 1909. 104 S. 8° ¶ (Ersch. auch als Buch ebd.)
München, Phil. Diss. v. 8. März 1909, Ref. Sandberger, Lipps
[Geb. 14. April 76 Essen a. R.; Wohnort: Zürich; Staatsangeh.: Schweiz; Vorbildung: Realgymn. Essen Reife O. 95; Studium: München Techn. Hochsch. 6, Musiksch. 4, Univ. 5 S.; Rig. 8. März 09.] [U 10. 3659

Hirzel, C., die Bewegungsgesetze u. ihre Anwendung auf die Ballistik. Elementar behandelt u. vorgetragen im Artillerieunteroffiziersverein zu Winterthur. Mit (4) lith. Fig.-Taf. (in qu. 4. u. qu. Fol.) gr. 8. (85 S.) Frauenfeld 875. (Huber.) n. 2. 40

Hirzel, C., Jeanne d'Arc, s. a Sammlung gemeinverständl. wissenschaftl. Vorträge.

Hirzel, C. Jeanne d'Arc. (48) 8. Berlin 1875. 1,00.

Hirzel, C. Chr. F.

Hirzel, C. C. F., Theses de natura ac vi accusativi cum infinitivo. Comparatio eorum, quae de imperatoribus Galba et Othone relata legimus apud Tacitum, Plutarchum, Suetonium, Dionem Cassium, instituta cum ad illorum scriptorum indolem, tum ad fontium, ex quibus hauserint, rationem pernoscendam. Pr. 1851. 48 S. 4°. 6.—

Hirzel, C. Chr. F., Theses de natura ac vi accusativi cum infinitivo. Comparatio eorum, quae de imperatoribus Galba et Othone relata legimus apud Tacitum, Plutarchum, Suetonium, Dionem Cassium, instituta cum ad illorum scriptorum indolem, tum ad fontium, ex quibus hauserint, rationem pernoscendam. 4maj. (50 S.) Stuttgartiae 851. (Tubingae, Fues' Sortimentsh.)

Hirzel, O. F. Duodecim theses de natura ac vi accusativi cum infinitivo. Maulbronn, Sem., 1852. 4. Progr.

Hirzel, C. F., s. Hirzel, C. Chr. F.

Hirzel, C. Melch., s. Hirzel, Konrad Melchior

Hirzel, Carl, s. Hirzel, Karl

Hirzel, Caspar, s. Hirzel, Kaspar

Hirzel, Christoph Heinrich, s. Hirzel, Heinrich

Hirzel, Diethelm. Predigt, gehalten bei Beerdigung des von Raubmördern getödteten Ehepaars H[an]s Jakob Schmied u. Anna Wylemann, von Volketschweil, am 27. September 1859. 8. Zürich 1859.

Hirzel, D[iethelm]. Predigt nach dem am 26. April in Hegnau geschehenen Brandunglücke über 5. Mos. 4, 36, gehalten durch D. H'.... 8. Zürich 1841.

Hirzel, D[iethelm]. Predigt über 1. Cor. 4, 1–4, gehalten zum Andenken an den sel. verstorbenen Herrn Salomon Hirzel, Pfarrer in Bülach, durch D. H'..., den 23. April 1843. Gedruckt als Manuscript für Freunde. 8. Zürich.

Hirzel, Edwin, von Zürich: Beitrag zur Casuistik der Addisonschen Krankheit. Zür. J. J. Ulrich Dr. 1860. 24 S., 1 Bl. 8°.
Zürich, Med. Diss. v. 21. Juli 1860.

Hirzel, Emilie (Frau Pastorin). Erinnerungen aus meinem Jugendleben. Herausg. v. Paul Hirzel. In-16°, 61 S. Zürich, Druck von F. Schulthess. 1882.

Hirzel, Fritz, aus Zürich: Das constitutum possessorium mit besonderer Berücksichtigung des schweizerischen Obligationenrechtes. Zür. Berichthaus Dr. 1893. 135 S. 8°.
Zürich, Jur. Diss. [v. 18. Nov. 1893].

[H.] Ungedruckte Gedichte Z. Feier d. 13. Juli 1894 für Gustav Freytag in Druck gegeben (v. Georg Hirzel). Als Ms. gedr. *(Leipzig: Dr. v. Breitkopf & Härtel 1894.)* (47 S.) 1 Bd 8. [97.1258

Hirzel, H., s. Hirzel, Heinrich

Hirzel, H.C., s. Hirzel, Hans Kaspar

Hirzel, H. Geo., über die Oxydationsproducte des Cumols. Inaugural-Dissertation. gr. 8. (40 S.) Göttingen 866. Leipzig 866, Hirzel. *

Hirzel, Hans Kaspar

— Anleit., d. Erdäpfel vor d. Erfrieren zu bewahren. 8. Zürich 789.

— Anleit. gegen d. Rindviehpest. 8. Zürich 799.

— Anleit. zur Verwahrung gegen d. Folgen d. Frostes u. zur Behandlung d. Erfrornen. 8. Zürich 789.

Hirzel, Hans Ksp. H., (+ d. 10. Juli 1817.) Diss. inaug. de ataxia mensium dijudicanda et curanda. 4. Erlang. 772.

Hirzel, H[ans] C[aspar] I [1725–1803]. Das Bild eines wahren Patrioten, in einem Denkmal Herrn Hans Blaarers von Wartensee (1685–1757), weiland hohen Oberaufsehers über die geistlichen Güter der Stadt Zürich. ([Mit 1 Tafel und Anhang:] Ode von Herrn [Christoph Martin] Wieland.) 8. Zürich 1767.

— das Bild eines wahren Patrioten (Blaarers). 8. Zürich 767. 2e A. 775. Orell. 16 gr

— Denkmal f. Freund Iselin gew. 8. Bas. Schweighäuser. 783.

Vgl. Hirzel, Salomon

— Denkmal auf Laur. Zellweger aus Trogen, mit Portr. 8. Zürich 765. N. A. 785. Orell. 6 gr

Hirzel, Hans Caspar II [1751–1817]. (Conrad Gessner, 1516–1565. [Mit 1 Porträt-Tafel.]) Njbl. Chorh. Zürich 1782. 4. [Zürich.]

Hirzel, Hans Caspar I. Denkrede auf Johannes Geßner (1709–1790), weiland ... Stifftern und Vorstehern der naturforschenden Gesellschaft in Zürich. Abgelesen den 5. Heumonat 1790. ([Mit Porträt-Tafel und Anhang:] J' G', besungen ... von der naturforschenden Gesellschaft in Zürich.) 8. Zürich.

— Denkrede auf Joh. Gesner. 8. Zürich 790. Orell. 10 gr

Hirzel, H[ans] C[aspar] I. Denkrede auf weiland ... Herrn H[an]s Conrad Heidegger (1710–[1778]), Burgermeister der Republik Zürich. Bey einer öffentlichen Versammlung der Naturforschenden Gesellschaft vorgelesen .... Den 18ten May 1778. [Mit Porträt-Tafel.] 8. Zürich.

— Denkrede auf Heidegger. 8. Zürich 778. Orell. 8 gr

— üb. Diogg, d. Maler, e. Zögl. d. Natur. 8. Basel. (Ziegler in Zürich.) 792.

— über Diogg, den Maler, ein Zögling d. Natur. 8. Winterth. 792. (Ziegler in Zürich). 3 gr

— Einladung an d. Menschenfreunde zur Theilnahme an e. neuen Hülfsanstalt. 8. Zürich 799.

— Geschichte d. Arbeiten d. Zürcherischen Hülfsgesellschaft, in 3 Reden, welche ihre Vorsteher bei d. Jahresfeier 1800, 1801 u. 2 vorgelesen. 8. Zürich 803.

Hirzel, [Hans Caspar I]. H' an [Johann Wilhelm Ludwig] Gleim über (Johann Georg) Sulzer den Weltweisen (1720–1779). [Mit Vignetten und 2 Porträt-Tafeln.] 2 Abtheilungen. 8. Zürich und Winterthur 1779.

— an Gleim, über Sulzer, d. Weltweisen. 2 Thle. 8. Winterth. 780. (Zürich, Ziegler). 1 ℛ 12 gr

— s. Albr. v. Haller, ad virum illustr. A. de Haen.

(Hirzel, Johann Caspar): „Der philosophische Kaufmann" („Von dem Verfasser des „philosophischen Bauers"), Zürich 1775 (Orell). — Vorh.: Com. Bibl. Hamburg.

— Lesed. f. Frauenzimmer üb. Hebammenkunst. gr. 8. Bas. (Ziegler in Zürich.) 784.

— an H. Meister, über wahre Religiosität etc. gr. 8. Zürich 810. Orell. 10 gr

— biograph. Nachrr. von Hrn. Stadtarzt Meyer in Zürich. 8. Zürich 788.

— Neue Prüfung d. philosophischen Bauers nebst einigen Bliken auf den Genius dieses Jahrhunderts u. andere den Menschen interessierende Gegenstände. Zürich 1785. 380 S.

— neue Prüfung d. philos. Bauers etc. 8. Zürich 785. Orell. 16 gr

— Reden an den Jahresfeiern d. Hülfsgesellschaft in Zürich gehalten. 8. Zürich 803.

— zwei Reden über d. Zergliederungskunst u. d. Wege des Menschen in Rücksicht auf d. Arzneikunde. 8. Zürich 783. Ziegler u. S. 6 gr

— auserl. Schriften z. Beförd. d. Landwirthsch. etc. 2 Bde. 8. Bas. (Orell, Füßli u. C., in Zürich.) 792.

Hirzel, Hans Kaspar: „Auserlesene Schriften zur Beförderung der Landwirthschaft und der häuslichen und bürgerlichen Wohlfahrt", 2 Bände, Winterthur 1792 (Orell in Zürich).

(Hirzel, Joh[ann] Caspar.) Eine Schweizerreise im Jahre 1791. ([Hrg. von der] Redaktion [des] «Zürcher Taschenbuch». Separat-Abdruck aus dem «Z' T'» [auf das Jahr] 1909.) II S. + S. 251–284. 8. [Zürich, Fäsi & Beer, 1908.]

— le Socrate rustique, ou description de la conduite économique etc. av. fig. 8. Basel, Flick.

— le Socrate rustique, ou descript. de la conduite économique etc., avec fig. 8. Basel, (Neukirch). 2 ℛ

Hirzel H. C.: Le Socrate rustique, ou déscription de la conduite économique et morale d'un paysan philosophe. Trad. de l'Allemand ... Zürich 1762. 208 S.

Hirzel, Hans Caspar. Le Socrate Rustique . . . Seconde édition. Zurich 1764. Ü: *Frey, Joh. Rud.* (BrMm) »1768« (MGT)

— Tagebuch d. Witterungsbeobachtungen durch d. J. 1762. 4. Zürich 763.

(Hirzel, Johann Kaspar) (Übers.):

s.: (Tissot, Simon André): (Anleitung für das Landvolk in Absicht auf seine Gesundheit. (Avis au peuple sur sa santé. Dt.)) o.J.

JB 2.926

Hirzel, (Johann) K(aspar) (Übers.):

s.: Tissot, S(imon) A(ndré): Anleitung für das Landvolk in Absicht auf seine Gesundheit. (Avis au peuple sur sa santé. Dt.) Neueste Aufl. Augsburg u.Innsbruck: 1766

JB 2.924

Hirzel, (Johann) K(aspar) (Übers.):

s.: Tissot, S(imon) A(ndré): Anleitung für das Landvolk in Absicht auf seine Gesundheit... (Avis au peuple sur sa santé. Dt.) Neueste...verm.Aufl. Wien: 1770

JB 2.925

Hirzel, (Johann) K(aspar) (Übers.):

s.: Tissot, S(imon) A(ndré): Anleitung für das Landvolk in Absicht auf seine Gesundheit. (Avis au peuple sur sa santé. Dernière édition...augmentée...par l'auteur. Dt.) Zürich: 1775

JB 2.927

Hirzel, (Johann) K(aspar) (Übers.):

s.: Tissot, S(imon) A(ndré): Anleitung für das Landvolk in Absicht auf seine Gesundheit. (Avis au peuple sur sa santé. Dernière édition...augmentée...par l'auteur. Dt.) Zürich: 1778

JB 2.928

Hirzel, Joh. Casp., aus den Unterhaltungen der Staatsgefangenen auf Aarburg, s.: Escher, Herm.

Hirzel, Hans Csp. II., Unterricht über d. Hornviehseuchen. 8. Zürich 790.

[Hirzel, Hans Caspar *II.* Die Verwüstungen des Landes durch die kriegerischen Ereignisse des Jahres 1799. Mit 1 Tafel.] Njbl. Naturf. Ges. Zürich 1800. 4. [Zürich.]

— 4e — 8e Vorlesung vor d. Zürich. Hülfsgesellschaft an ihren Jahresfesten. 8. Ebd. 804 u. ff.

Hirzel, Hans Csp. I., († d. 19. Febr. 1803,) d. Wirthschaft eines philosoph. Bauers. 4. Zürich 761. 2e A. 8. Ebd. 774. Orell. 16 *K*

— über d. Zulässigkeit ehel. Verbindung bei taubstummen Personen. 8. Zürich 807.

Hirzel, H[artmann]. Emil Baumann-Buchmann von Stäfa, in Zürich III geboren am 7. August 1851, durch ruchlose Mörderhand gestorben am 6. Februar 1899. Biographie und Grabrede. [Mit Porträt.] 8. Zürich.

Hirzel, Hartm., Christengeist u. Kirchenziele, s. a. Synodalpredigten. N. Reihe 6.

Hirzel, Hartmann. Christengeist und Kirchenziele. Synodalpredigt über Ephes. 4, 3—6. gehalten am Vorabend der Zürcherischen Kirchensynode .. 12. November 1901 ... in Zürich. Anhang: Übersicht der zürcherischen Synodalpredigten seit 1834. 25 S. 8. Zürich, Schulthess & Co., 1901. [fr. —. 45]
Synodalpredigten. Neue Reihe. Nr. 6.

Hirzel, H[artmann]. Festschrift zur Vollendung der Protestantischen Kirchen in Aussersihl und zur Einweihung der Kirche zu St. Jakob am 25. August 1901. [Mit Illustrationen und 4 Tafeln.] 72 S. 8. Zürich III, W. Coradi-Maag (*Umschlag:* Lith. Kunstanstalt Frey & Söhne), 1901. [fr. 1. —]

Hirzel, Heinrich

Ueber das Aluminium und einige seiner Legirungen. Leipzig, 1858. 4to.

Hirzel, Hnr., Anreden an d. studirenden Jünglinge Zürichs bei d. öffentl. Austheilung d. Bücher u. Prämien aus d. Tommannischen Stiftung d. 7. Nov. 1826. 8. Zürich 826. Schultheß. 3 *K*

Hirzel, H. (Hrsg.), s. Ansichten von Italien, nach neuern ausländischen Reiseberichten.

Hirzel, Henricvs (geb. 1840 in Leipzig): De Evripidis in componendis diverbiis arte ... Bonnae, (impr. Lipsiae typ. Breitkopfii et Haertelii) 1862. 2 Bl., 95 S., 1 Bl. 8. ¶ Erschien zugleich selbständig bei Hirzel in Leipzig.
Bonn, Phil. Fak., Diss. v. 9 Aug. 1862

— ein Blick auf einige Hauptverderbnisse unseres Zeitalters, vornehml. in Bezug auf d. Studiren u. Studirende. 8. Zürich 814. Orell. 8 *K*

— Eugenia's Briefe an ihre Mutter, geschrieben auf einer Reise nach den Bädern von Leuk im Sommer 1806. 3 Bde. gr. 8. Zürich 809 — 20. (1r, 2r Bd. 3e A. 819.) Orell. 6 *ℛ* 4 *K*
Ausg. in 12. 3 Bde. 3e Aufl. 819, 20. 4 *ℛ* 8 *K*

Hirzel, Heinrich

Eugenias Briefe. Th.3.
Zürich: Füßli 1820. 432 S. 8°

— — Über die Einwirkung des Quecksilberoxydes auf das Ammoniak und die Ammoniak-Verbindungen. Zur Habilitation in d. philos. Facult. Lpz. (Herrmann Bethmann. Druck: C. E. Elbert) 23. I. 1852. 73 S. (6.80) 15297
Gew.: Carl Löwig, Otto Bernhard Kühn.

Hirzel, H. Zur Erinnerung an Hans Caspar Hirzel-Escher. Zürich 1852.

Hirzel, Heinrich *IV* s. Fay, Rudolf, und Hirzel, Heinrich *IV*.

Hirzel, Heinr., der Führer in die organische Chemie. Mit besonderer Berücksichtigung ihrer Beziehungen zur Pharmacie, Medicin und Toxikologie. Mit vielen in den Text gedr., erlaut. Schema's, einem analyt. Anhange, systemat. Inhaltsübersicht und alphabet. Register. Leipzig 854. Bethmann. 8. (965 S.) n. 3 *ℛ*. 18 *ngr*.

—— der Führer in die unorganische Chemie. Mit besond. Berücksichtigung ihrer Beziehungen zur Pharmacie, Medicin und Toxikologie. Nebst 69 in den Text gedr., erläuternden Schema's, einem analyt. Anhange und einem alphabet. Register. 8. (VI und 574 S.) Leipzig 852, Bethmann.*

Hirzel's Gaserzeugungsapparat zu Darstellung von Leuchtgas aus Petroleumrückstand etc. Leipzig 1869

Hirzel, H. s. Gedächtnissreden.

Hirzel, Hnr., s. v. Göthe's Briefe an Lavater.

Hirzel, Heinr., Gott hilft! Predigt den 26. Mai 1861 gehalten auf dem Landsgemeindeplatz in Glarus. Zürich, (Orell, Füßli & Co.) gr. 8. (16 S.) n. 4 *ngr*.

—— Grundzüge der Chemie, s. a. Bücher der Natur.

Grundzüge der Chemie. Leipzig, 1857.

Hirzel, Heinr., der Herr ist der Geist. Eine Mahnung an die Welt und an die Kirche unserer Zeit. Synodalpredigt gehalten den 30. Oktbr. 1849. gr. 8. (24 S.) Zürich 849, Meyer und Zeller.

(Hirzel, Heinrich *IV.*) Der Familie Hirzel gewidmet zur Erinnerung an ihren würdigen Vorsteher Herrn H[an]s Caspar H.-Escher. 8. Zürich 1832.

[Hirzel, H[einrich *II*: 1783–1854].) Der Familie Hirzel gewidmet zur Erinnerung an zwei vollendete würdige Vorsteher derselben (Hans Heinrich H' u. Ludwig H'). [Mit 1 Portrait-Tafel.] 8. Zürich 1841.

[Hirzel. Heinrich *I*: 1766–1833.] (Joh[ann]) Heinrich Hottinger (1620–1667). [Mit 1 Tafel.] Njbl. Chorh. Zürich 1793. 4. [Zürich.]

Hirzel, Heinr., s.: Jahrbuch der Erfindungen.

Hirzel, Heinr., Katechismus der Chemie, s. a. Weber's illustr. Katechismen.

Hirzel, Heinr., Katechismus der Chemie. (Weber's illustrirte Katechismen. Nr. 23.) 8. (X und 178 S. mit 33 in den Text gedr. Abbild.) Leipzig 855, Weber. Thlr. *

Hirzel, H. Katechismus der Chemie. 2. A. Leipzig 1861. 12.

Hirzel, Heinr., Katechismus der Chemie. 4., verm. Aufl. Mit 81 in den Text gedr. (Holzschn.-)Abbildungen. 8. (X, 276 S.) Leipzig 878. Weber. n. 2. —

Hirzel, Heinr., Katechismus der Chemie. 5. Aufl. Mit 81 in den Text gedr. Abbildgn. 8. (X, 292 S.) Leipzig 884. Weber. geb. n. 3. —

Hirzel, H., Katechismus der Chemie. 6., verm. Aufl. Mit 31 in den Text gedr. Abbildgn. 8. (X, 300 S.) Leipzig 889. J. J. Weber. geb. n. 3. —

Hirzel, Heinr., Katechismus der Chemie. 7., verm. Aufl. 12. (X, 407 S. m. 35 Abbildgn.) Leipzig 894. J. J. Weber. Geb. n. 4. —

Hirzel, Heinrich. Katechismus der Chemie von Dr. Heinrich Hirzel, Professor an der Universität Leipzig, schweizer. Konsul. 8., vermehrte und verbesserte Aufl. Mit 32 in den Text gedruckten Abbildungen. X + 454 S. 8. Leipsig, J. J. Weber, 1901. ([geb.] M. 5. —)
(Webers Illustrirte Katechismen. № 28.)

Hirzel, Heinrich, aus Bubikon: Zur Kenntnis der intrauterinen Entwickelung von Salamandra atra. Jena 1909. II + 56 S. und drei Tafeln. 8°. S.-A. aus der Jenaischen Zeitschrift für Naturwissenschaft. Bd. 45. N. F. 38. Heft 1. 1909. [29. VI. 09.]
Zürich. Phil. Diss. II. S. 1908/09.

Hirzel, H., das rothe Kreuz. Volksschrift. 8. (32 S.) Zürich 892. (E. Leemann.) n. — 25

Hirzel, Heinrich *IV*. Hans Jakob Kündig (1838–1859). Sein Leben, Verbrechen und Ende. Dargestellt von H' H'.... 8. Zürich 1859.

Hirzel, Heinrich *IV*. O Land, Land, Land! höre das Wort des Herrn! Jerem. XXII. 29. Predigt nach den Ereignissen in Luzern gehalten in Meilen ... den 13. April 1845. 8. Stäfa 1845.

Hirzel, Heinrich [Übers.]
s. Lullin de Chateauvieux, J.-F.: Briefe über Italien. 1821.

[Hirzel, Heinrich *I*.] (Luzern [huldigt dem] Herzog Albrecht von Oesterreich 1293.) [Mit 1 Tafel.] Njbl. Stadtbibl. Zürich 1803. 4. [Zürich.]

— s. Jak. Hnr. Meister, über d. Alter.

Hirzel, Hnr., s. Novellen, schweizerische.

— die Nux vomica u. ihre Bestandtheile. Eine Zusammenstellung der bis zum heutigen Tage hierüber gesammelten Erfahrungen. gr. 8. (17 S.) Leipzig 851, Baensch (jetzt: Bethmann). n. 1/6 Thlr.

Hirzel, H., das Opium und seine Bestandtheile. Eine Zusammenstellung der bis zum heutigen Tage hierüber gesammelten Erfahrungen. gr. 8. (48 S.) Leipzig 851, Baensch. *

— Rechenschaft von unserm Glauben. Antwort auf das Sendschreiben des Hrn. Prof. Tholuck. [Zeitstimmen 1861. Nr. 15.] Winterthur 861. Steiner. gr. 8. (38 S.) n. 3½ ngr.

— — 2., durch den „Gruß in die Ferne" [Zeitstimmen 1861, Nr. 3.] verm. Aufl. Ebend. 862. gr. 8. (46 S.) n. 5 ngr.

[Hirzel. Heinrich *I*.] Reise auf den Rigi ... s. Manuscript für Freunde. Leipzig 1833.

Hirzel, Heinrich *III* [1783–1860]. Rückblick in meine Vergangenheit. Ein Beitrag zur neueren Geschichte des Kantons Thurgau. 1803–1850. [Sep.-Ausg.] Der (thurgauischen) Beiträge zur vaterländischen Geschichte ... 6. Heft. 8. Frauenfeld 1865.

Hirzel, Heinr. (I.), das Steinöl und seine Producte. Nach A. Norman Tate's „the Petroleum and its products" bearb. 8. (XII und 172 S. mit 15 in den Text gedr. Abbild. in Holzschn.) Leipzig 864, Weber. *

Hirzel, Heinr. (II.), Toiletten-Chemie. Nach der 2. Aufl. der „Art of Parfumery" von G. W. Septimus Piesse. Mit 50 in den Text gedr. Abbild. 8. (XII und 376 S. mit eingedr. Holzschn.) Leipzig 857, Weber. *

—— Toiletten-Chemie. 2., sehr verm. und verb. Aufl. 8. (VIII und 538 S. mit 85 in den Text gedr. Abbild. in Holzschn.) Leipzig 866, Weber. *

— **Toiletten-Chemie.** 3. verm. u. verb. Aufl. Mit 84 in den Text gedr. Abbildgn. (in Holzschn.) 8. (VIII, 555 S.) Leipzig 874. Weber. n. 7. —; geb. n. 8. —

— **die Toiletten-Chemie.** 4., neu bearb. u. verm. Aufl. 8. (VIII, 526 S. m. 89 Abbildgn.) Ebd. 892. n. 7. 50; geb. in Halbfrz. n.n. 9. —

Hirzel, Heinrich, von Zürich: Untersuchungen über den Bau der sogenannten Winterschlafdrüsen. Zür. J. J. Ulrich Dr. 1861. 16 S., 1 Taf. 4°.
Zürich, Med. Diss. v. 30. Nov. 1861.

Hirzel, Heinrich (Zürich), De variolis modificatis. Diss. med. Göttingen. Paris (Demonville) 1829. 23 S. (6.—) 15296

[Hirzel, Heinrich *I*. Über die Zeitlage an der Wende des 18. und 19. Jahrhunderts. Mit 1 Tafel.] Njbl. Stadtbibl. Zürich 1801. 4. [Zürich.]

Hirzel, Heinrich, s. Zeitschrift für Pharmacie

Hirzel, Hermann, Beiträge zur Kenntniss der Alkylaniline. Diss. Freiburg i. B. 1886, Fr. Wagnersche Univ.-Buchh. 8°. 32 S.

Hirzel, Hermann (R[obert] C[atumby]). Exlibris von Hermann Hirzel. Vorwort: Prof. Dr. M(ax) Semrau in Breslau. [Mit Buchschmuck.] VIII S. + 70 Tafeln. kl.-4. Berlin W., Fischer & Franke [1902]. [geb. M. 10. —]

Hirzel, Herm., s.: Landschaft, deutsche.

— Rügen, s.a Teuerdank. 17.

Hirzel, Herm([ann] R[obert] C[atumby]). Rügen. 10 Bilder. IV S. + 10 Bl. 4. Berlin, Fischer & Franke, [1902].
Teuerdank. Fahrten und Träume deutscher Maler. (Zwanglose Bilderfolgen lebender Künstler.) 17. Folge. (Im Abonnement M. 1.50, einzeln [M. 2.50])

— Stimmungen, s.a Teuerdank. 11.

Hirzel, Herm(ann) R[obert] C[atumby]. Stimmungen. (Zehn Zeichnungen.) IV S. + 10 Bl. 4. Berlin W., Fischer & Franke, [1901].
Teuerdank. Fahrten und Träume deutscher Maler. (Zwanglose Bilderfolgen lebender Künstler.) 2. Folge. (Im Abonnement M. 1.50, im Einzelverkauf M. 2. —)

— leuchtende Tage, s.a Teuerdank. 25.

Hirzel, Herm([ann] R[obert] C[atumby]). Leuchtende Tage. Neue Folge der Stimmungen. Dem Andenken seines verstorb. Freundes Ludw[ig] Jacobowski gewidmet. [Zeichnungen.] IV S. + 12 Bl. 4. Berlin, Fischer & Franke, [1903].
Teuerdank. Fahrten und Träume deutscher Maler. 25. Folge. (Im Abt. M. 1.50 einzeln [M. 2. —])

Hirzel, J., die Krankheiten d. Halses, s.: Handbuch d. tierärztlichen Chirurgie u. Geburtshilfe. III 1. IV.

Hirzel, J. H.

— fundament. punctationis ling. sanctae. 8. ibidem. 727.

— comment. de observatione lat. 8. ibid. 717.

Hirzel, J. H. Sermonis latini origines cum suis derivatis. Tigur. 732. 8. 8 gr.

Hirzel, I. H., principia sermonis graeci. 8. ibidem. 751.

Hirzel, Johann Caspar, s. Hirzel, Hans Kaspar

Hirzel, Johann Conrad, s. Hirzel, Johann Konrad

Hirzel, Johann Heinrich

— Diss. I.—III. in Philipp. I, 9—11. 4. Zürich 760—62.

Hirzel, Jh. Hnr., († d. 20. Nov. 1764.) Diss. de verbo Dei unico reformatae religionis fundamento. 4. Zürich 760.

Hirzel, Johann Konrad

[Hirzel, Johann Conrad.] Fest-Spiel für die Hirzel-Familie bei ihrer Vereinigung in Pfäffikon den 15. Juni 1880. Zur Erinnerung an den 72. Geburtstag ihres Stammvaters Salomon Hirzel, Bürgermeister. (Geb. 1580; gest. 1652.) Verfasst von einem Familiengliede. Nebst Nachspiel von dem Verfasser der Hauspoesie [Ferdinand Zehender]. 8. Zürich.

Hirzel, Johannes

Hirzel, Johs., Alles ist euer. Synodalpredigt über 1. Cor. 3., 21—23, gehalten den 7. Novbr. 1848. gr. 8. (20 S.) Zürich 849, Meyer und Zeller.

Hirzel, Joh., über die christl. Apologetik. Ein Vortrag gehalt. in der Zürcher. Synode d. 19. Octbr. 1842. gr. 8. (4 B.) Zürich 843, Höhr.

Hirzel, Johs., das apostolische Glaubensbekenntniß für die Gemeinde erklärt in 6 Vorträgen. 1. Aufl. 12 Ngr. und 2. Aufl. gr. 8. (IV und 100 S.) Zürich 865, Meyer. *

Hirzel, [Johannes]: La Lutte contre la pleuropneumonie en Suisse. o. O. [1895]. 7 S.

Hirzel, Joh[annes]. Rückblicke auf die religiösen, kirchlichen und theologischen Zustände ... im Kanton Zürich in der ersten Hälfte dieses Jahrhunderts. Von Joh. H', Dekan in Bauma (geb. 1810, gest. 1881). Vorgetragen im Januar 1880. Mitgetheilt von Herrn Pfarrer J[ohannes] Hirzel in Brütten. [SA.] 8. [Zürich 1886.]

Hirzel, Johs., Ueber die verschiedenen Systeme der Armenpflege. Ein Referat. gr. 8°. Zürich, Höhr, 1854.

Hirzel, Johs., die Verheißung, daß bei allem Wechsel d. Zeitlichen doch d. Wort d. Herrn bleibe, welches wir kennen u. haben. Abschiedspred. geh. im Münster. gr. 8. (1 B.) Zürich 840, Höhr.

[Hirzel, Johannes.] Was für Gedanken durch die gegenwärtigen kriegerischen Ereignisse offenbar geworden sind. Ein Vortrag von einem schweizerischen protestantischen Pfarrer. 8. Zürich 1871.

Hirzel, Johs., über das Wunder u. was damit zusammenhängt. Ein apologetischer Beitrag zu den gegenwärtigen Verhandlungen über diesen Gegenstand. Zürich 863. Höhr. gr. 8. (VIII, 148 S.) n. 27 ngr.

Hirzel, Karl

[Hirzel, Karl:] Die Ansprüche des höheren Lehrstandes in Württemberg bezüglich seiner Stellung im Staatsdienste. Denkschrift. Ellwangen: Weil 1888.

Hirzel, Carl, die Ansprüche d. höh. Lehrstandes in Württemberg auf volle Theilnahme an d. Berechtigungen d. Staatsdienstes, mit fortlauf. Berücksicht. des den Ständen unt. d. 7. Mai 1839 vorgelegten Gesetzesentwurf dargestellt. gr. 8. ($5^1/_4$ B. u. 1 Tab.) Stuttgart 841, Beck u. Fränkel.

Hirzel, Karl Über die Entwicklung des griechischen Götterglaubens, eine religionsgeschichtliche Studie. 12 S. Progr. *Ellwangen* 1879.

Hirzel, C., Grundzüge zu einer Geschichte der classischen Philologie. Pr. 1862. 41 S. 4°.
— — 1878. 46 S.

Hirzel, Carl, Grundzüge zu einer Geschichte der classischen Philologie. gr. 4. (37 S.) Tübingen 862, (Fues'sche Sortimentsb.)

Hirzel, Carl, Grundzüge zu e. Geschichte der classischen Philologie. 2. Aufl. gr. 8. (46 S.) Tübingen 873. Fues. n. 1. 20

— Die Homonymie der griechischen Götter nach der Lehre antiker Theologen. Akad. 1897. 61 S.

—— die Classiker in d. niederen Gelehrtenschulen. Zur Würdig. d. Schrift v. Eyth: „Classiker u. Bibel in d. nied. Gelehrtenschulen." gr. 12. (7 B.) Stuttgart 838, [Liesching u. Comp.]

Hirzel, Karl: Sammlung der württ. Schulgesetze. Abt. 2: die Gesetze für die Mittel- und Fachschulen bis 1846 (und Geschichtliche Einleitung). Tübingen: Fues 1847 = Reyschers Sammlung der württ. Gesetze. T. 11, 2. (= Bd. 13).

— Ueber die Tendenz des Agricola von Tacitus. Pr. 1871. 88 S. 4°.

— Vorlesungen üb. Gymnasialpädagogik. Nach d. Verf. Tode hrsg. v. C. Hirzel. gr. 8. (VIII, 289 S.) Tübingen 876. Heckenhauer. n. 5. —

Zeitfragen aus dem Gebiete des württembergischen Gymnasialwesens besprochen von Karl Hirzel. 1. Ueber Vorbildung u. Prüfung z. höheren Lehramt. Ein Vortrag. [Mehr nicht ersch.] Tübingen: Laupp 1893. IV, 86 S. 8° III, 1453

Hirzel, Kaspar

Hirzel, Ksp., († d. 21. Jan. 1823.) astronomie de l'amateur ou considérations philosophiques et populaires sur l'univers, suivies d'une méthode nouvelle et facile de connaitre les étoiles, avec planch. 8. Genf et Paris 820.

Hirzel, Casp. Bergbaukunst. Mscr. nach Vorlesungen in Freiberg. ca. 1820. 4.

Hirzel, Caspar I [1785—1823]. Europa im dritten Jahrzehend des neunzehnten Jahrhunderts. Eine philosophisch-politische Skizze. 8. Zürich 1821.

— neue prakt. französ. Grammatik. Oder vollständ. Unterricht in d. französ. Sprache. 8. Aarau 820. 2e A. 822. 3e, v. K. v. Orell verb. Aufl. 824. 6e A. (2 Thlr.) gr. 12. Ebd. 830. 7e A. 831. 8e A. 832. Sauerländer. 15 ℊ

— neue prakt. französ. Grammatik. 4te Aufl. verm. v. C. v. Orell. gr. 8. Aarau 827. Sauerländer.

Hirzel, Casp., prakt. Franz. Grammatik. Od. vollständ. Unterr. in d. Franz. Sprache. 5., verb. Ausg. gr. 8. (30 B.) 828., 6—8. A. gr. 12. (à 22 B.) 830—32. à 14 Gr., 9. A. v. Conr. v. Orell. größtes 12. (22½ B.) Aarau 834, (Sauerländer, Brlsh.)

—— le même. — Supplement, s. Ekkenstein, Jean, Dialogues Franç.

Hirzel, Kasp., praktische französische Grammatik. Oder: Vollständiger Unterricht in d. franz. Sprache. 9e verb. u. verm. Ausg. v. Conr. v. Orell. größt. 12. Aarau 834. Sauerländer. 5/8 ℛ — 10e verb. u. verm. Ausg. v. C. v. Orell. gr. 12. Ebd. 836. 5/8 ℛ — 11e verb. u. verm. Aufl. größt. 12. Ebd. 838. 5/8 ℛ weiß Pap. 5/6 ℛ — 12e verb. u. verm. Aufl. gr. 12. Ebd. 840. 5/8 ℛ

Hirzel, Casp., prakt. französ. Grammatik. Oder: Vollständ. Unterricht in der Französ. Sprache. 13. verb. Ausg., von Conr. von Orelli. gr. 12. Aarau 842, Sauerländer. 5/8 ℛ — 14. Ausg. 844. 2/3 ℛ

Hirzel, Casp., prakt. franz. Grammatik. 14., umgearb. Ausg., v. Conr. v. Orelli. gr. 12. (25 B. u. 2 Tab.) Aarau 844, Sauerländer, Verl.

Hirzel, Casp., prakt. französ. Grammatik. 15. verb. u. verm. Aufl. von Conr. v. Orelli. gr. 12. (599 S. m. 2 Tab. in qu. Fol.) Aarau 848, Sauerländer. 2/3 ℛ

Hirzel, Casp., praktische französische Grammatik. 17. Aufl. von Conr. v. Orelli. Aarau 853. Sauerländer. gr. 8. (600 S. u. 2 Tab. in qu. Fol.) 20 ngr.

Hirzel, Casp., praktische französische Grammatik. Umgearb. von Conr. v. Orelli. 18. verb. Ausg. gr. 8. (600 S.) Aarau 869, Sauerländer's Verlag. *

Hirzel, Kasp., praktische französische Grammatik. Umgearb. von Konr. v. Orelli. 19. Aufl. gr. 8. (600 S.) Aarau 881, Sauerländer's Verlagsh.

—— francuzka grammatyka praktyczna przełożona przez Jana Juliana Szczepańskiego a podług czternastego wydana Konrada Orella pomnożona i poprawiona przez Kar. Piechorskiego. gr. 8. (VIII und 652 S. mit 2 Tab. in Fol.) Lemberg 849, Millikowsky.

—— neues franz. Lesebuch. Eine Auswahl franz. u. deutscher Aufgaben; vervollständiget v. Conr. v. Orell. 2., verb. Aufl. gr. 8. (23 B.) 831., 3., verb. A. Lex.-8. (gr. 12. 14½ B.) Aarau 833, [Sauerländer, Brlsh.] à

—— neues französ. Lesebuch. Eine Auswahl franz. u. deutscher Aufgaben. Vervollständ. v. Conr. v. Orell. 4. u. 5., verb. Aufl. gr. 12. (15 u. 14⅓ B.) Aarau 836, 38, Sauerländer, Brlsh. à

— neues französ. Lesebuch. Eine Auswahl französ. u. deutscher Aufgaben, vervollständ. v. C. v. Orell. 6. verb. Aufl. gr. 12. Ebend. 841. 1/2 ℛ — 7. verm. u. verb. Aufl. gr. 12. Ebend. 846. 1/2 ℛ

Hirzel, Casp., neues französisches Lesebuch. Eine Auswahl französ. u. deutscher Aufgaben. Vervollständigt von Conr. v. Orelli. 9., verb. Aufl. gr. 8. (VIII, 330 S.) Aarau 872. Sauerländer. n. 1. 60

— neues französ. Lese- u. Uebersetzungsbuch. Eine Auswahl französ. u. deutscher Aufgaben zur Uebung im Lesen u. Sprechen. Vervollständ. v. Konr. v. Orell. gr. 8. Aarau 826. 2e A. 831. 3e A. 833. Sauerländer. 12 ℊ

Hirzel, C[aspar] II [1785—1866]. Seeleben. Juli 1826 — April 1827. Aus den Briefen eines reisenden Zürchers. (C. H.) Als Manuscript für Freunde gedruckt zur Feier des 27. August 1865. (SA.) 8. (Leipzig 1865.)

— d. beiden Ultracisten auf d. Monde, oder d. Politik jenseits; ein friedfertiges Gespräch, gehalten unter ein Paar ehemal. Erdbürgern. 8. Zürich 822. Orell. 12 ℊ

Hirzel, Konrad Melchior

Hirzel, Conrad Melchior. Anrede... des Herrn Amtsbürgermeisters K. M. H., bei dem Schlusse der Sitzungen der ordentlichen Tagsatzung des Jahres 1834. 8. *o. O.*

Hirzel, K. Melch., d. heil. Propheten Aufruf f. d. Befreiung Griechenlands, aus d. Worte Gottes erhoben. gr. 8. Zürich... 3e Aufl. 822. Geßner. 6 ℊ

Hirzel, C. Melch., Beyträge z. Verbesserung d. Verfass. d. Cantons Zürich v. J. 1814, in gesammten Blättern. gr. 8. (4¼ B., 1 Tab. u. Titl.-Vign.) Zürich 831, Orell, Füßli u. Comp.

Hirzel, Conrad Melchior. Bericht, von... Herrn Amtsbürgermeister C. M. H., Präsidenten der eidgenössischen Tagsatzung, in ihrer ersten Sitzung den 7. Heumonat 1834 erstattet. [SA.] fol. [Zürich.]

Hirzel, Conrad Melchior. Präsidialvortrag ... des Herrn Amtsbürgermeisters C' M' H', bei Eröffnung der ordentlichen eidgenössischen Tagsatzung in Zürich ... den 7. Heumonat 1834. 4. o. O.

—— Rede z. Eröffnung d. Großen Rathes d. Kantons Zürich, geh. am 10. Merz 1838 bei Einführ. e. Repräsentation nach d. Volkszahl. 8. (1 B.) Zürich, Orell, Füßli u. Comp.

Hirzel, [Conrad Melchior]. Rede des Bürgermeisters H' für die Berufung des Doctor [David Friedrich] Strauss, begründet durch Auszüge aus dessen Schriften, gehalten im Grossen Rath zu Zürich den 31. Jenner 1839. Nebst dem Bildniss und einer kurzen Lebensbeschreibung des Dr. St'. 8. [Zürich] 1839.

—— die Volkssynode. Kämpfe um ihre Einführ. in d. Canton Zürich. In gesammelten Blättern. gr. 8. (5 B.) Zürich 840, Orell, Füßli u. Comp.

— üb. Zuchthäuser u. ihre Verwandlung in Besserungshäuser. gr. 8. Zürich 826, Geßner.

Leonhard Hirzel

Nexus nervi sympathetici cum nervis cerebralibus. Heidelbergae 1824: Oswald. X, 41 S. 4

Heidelberg, Med. Diss. v. 1824

Hirzel, Lhrd., Untersuchungen über d. Verbindung d. sympathet. Nerven mit den Hirnnerven. (Aus d. 2ten Hefte d. Zeitschrift f. Physiologie v. F. Tiedemann, G. R. Treviranus u. L. C. Treviranus abgedr.) gr. 4. Heidelb. 826. Oßwald. 12 gr.

Hirzel, Ludwig, [von Zürich]: Zur beurtheilung des aeolischen dialektes. Leipz. S. Hirzel 1862. 64 S. 8°.
[Zürich, Phil. Diss. v. 14. Juli 1862].

Hirzel, Ludw., Goethe's Beziehungen zu Zürich und zu Bewohnern der Stadt und Landschaft Zürich, s. a. Neujahrsblatt, hrsg. von der Stadtbibliothek in Zürich auf das J. 1888.

Hirzel, L., Goethe's Beziehungen zu Zürich u. zu Bewohnern der Stadt u. Landschaft Zürich. [Neujahrsblatt, hrsg. v. der Stadtbibliothek in Zürich auf d. J. 1888.] gr. 4. (56 S. m. 1 Stahlst.) Zürich 888. (Leipzig, Hirzel.) n. 1. 60

— über Schillers Beziehungen zum Alterthume. gr. 4. (43 S.) Aarau 872. Sauerländer. n. 1. —

Hirzel, Ludwig. Über [Friedrich von] Schillers Beziehungen zum Altertume. Von [†] Dr. L' H'. Neue Ausgabe. II + 52 S. 8. Aarau, H. R. Sauerländer & Co., 1905. [fr. 1. 40]
(Unveränderter Neudruck [der] Beilage zum Programm der Aargauischen Kantonsschule 1872.)

— Wieland's Beziehungen zu den deutschen Romantikern, s. a Untersuchungen zur neueren Sprach- u. Literaturgeschichte.

Hirzel, Ludwig [von Zürich]: Wielands Beziehungen zu den deutschen Romantikern. (Ersch. vollst. als H. 4 der Untersuchungen zur neueren Sprach- und Literaturgeschichte.) Bern 1904. 74 S. 8°. [80. I. 04.]
Bern. Phil. Diss. 1903/1904.

Wielands Beziehungen zu den deutschen Romantikern. Von Dr. Ludwig Hirzel. *Bern: A. Francke 1904.* (VIII, 92 S.) 8°
— Untersuchungen z. neueren Sprach- u. Literaturgeschichte. H. 4.

Hirzel, Ludwig *H.* Briefe des Herzogs Carl August (von Sachsen-Weimar) an Karl Ferdinand von Sinner in Bern. Mitgetheilt von L' H'. SA. 8. (Weimar 1890.)

Hirzel, Ludwig *H.* Zum Gedachtniss Albrechts von Haller. [A.] 8. [Leipzig] 1877.

(Hirzel, Ludwig *H.*) Goethiana aus (J[ohann] C[aspar]) Lavaters Briefsammlung. [A.] 8. [Weimar 1892.]

Hirzel, Ludwig *H.* Samuel Henzi (1701–1749). ⟨SA.⟩ 8. (Leipzig 1880.)

Hirzel, Ludw., Hiob, s. Handbuch kurzgefasstes exegetisches, zum Alten Testament, 2 Lfg.

Hirzel, Ludwig. Hiob. Erklärt. Leipzig 1839. [= Handbuch, Kurzgefasstes exegetisches, zum Alten Testament. Lieferung 2.]
— Dasselbe. Zweite Auflage. Durchgesehen von Justus Olshausen. Leipzig 1852.
— Dasselbe. Für die dritte Auflage nach L. Hirzel und J. Olshausen neu bearbeitet von August Dillmann. Leipzig 1869.

Hirzel, L., de Chaldaismi biblici origine et auctoritate crit. Comment. 4 maj. (2½ B.) Lipsiae 830, Weidmann.

Hirzel, Ludw., Göthe's italienische Reise, s. a. Vorträge, öffentliche.

Hirzel, Ludwig *H.* [Johann Wolfgang von] Göthe's Italienische Reise. (Vortrag, gehalten ... zu Aarau.) 8. Basel 1871.
(Oeffentliche Vorträge gehalten in der Schweiz [Band 1] Heft 4.)

Hirzel, Ludw., Karl Ruckstuhl, s. a. Quellen und Forschungen zur Sprach- und Culturgeschichte der german. Völker.

Hirzel, Ludwig *H.* Karl Ruckstuhl (1788–1831). Ein Beitrag zur Goethe-Litteratur. 8. Strassburg, London 1876.
Quellen und Forschungen zur Sprach- und Culturgeschichte der germanischen Völker... (Heft) 17.

Hirzel, L. Albrecht Haller's Tagebücher seiner Reisen 1723—27. Leipzig 1883.

Hirzel, (L.,) de Pentateuchi versionis syriacae quam peschito vocant indole. Comment. critico — exegetica. 8 maj. Lipsiae 825, Reclam.

(Hirzel, Ludwig *H.*) J[ohann] H[einrich] Waser [1713–1777]. (SA.) 8. (Weimar [1892].)

Hirzel, Ludw., Wieland u. Martin u. Regula Künzli. Ungedruckte Briefe u. wiederaufgefundene Actenstücke. gr. 8. (VII, 240 S.) Leipzig 891. S. Hirzel. n. 6. —

Hirzel, Ludwig *H.* Heinrich Zschokke. [Zur Feier der Enthüllung seines Denkmals in Aarau.] (SA.) 8. ([Zürich] 1894.)

Hirzel, M. s. Hirzel, Konrad Melchior

Hirzel, Osk., Abt Heriger v. Lobbes, s. a. Beiträge zur Kulturgeschichte des Mittelalters u. der Renaissance. 8. Heft.

Hirzel, Oskar, a. Urach: Abt Heriger von Lobbes 990—1007. Leipzig 1910: Teubner. 44 S. 8° ¶ (Ersch. auch als: Beiträge z. Kulturgesch. d. Mittelalters u. d. Renaissance. H. 8.)
Tübingen, Phil. Diss. v. 10. Juli 1910, Ref. Goetz
[Geb. 26. April 86 Weinsberg; Wohnort: Stuttgart; Staatsangeh.: Württemberg; Vorbildung: Ev.-Theol. Sem. Urach Reife M. 04; Studium: Tübingen 2, Berlin 1, Bern 1, Tübingen 4; Coll. 4. März 09.] [U 10. 4181

Hirzel, Osc., humoristische Original-Vorträge in Poesie u. Prosa. 8. (III, 95 S.) Zürich 870. Höhr in Comm. n. 1. —

Hirzel, Oscar. Humoristische Originalvorträge in Poesie und Prosa. Neue Folge. In-8°, 107 S. Zürich. S. Höhr. 1879 1 50

Hirzel, [Paul], Prof.: Bericht über den archäologischen Pfingstferienkurs in Bonn und Trier. Urach 1906: F. Bühler. (23 S.) 4°
Urach, k. ev.-theol. Seminar P 1906 (728)

Hirzel, Paul, sieben Briefe über den Methodismus. Aus dem Anzeiger von Horgen abgedr. Zürich 858. Schultheß. gr. 8. (2 Bl., 47 S.) n. 5 ngr.

Hirzel [Prof.]: K. Ch. Planck's Ideen über Deutschlands geschichtlichen Beruf. Urach, Druck d. F. Bühler'schen Buchdr., 1894; 3—68 S. 4.
Urach, k. ev.-theol. Sm. P 1894 (585)

[Hirzel, Paul.] Aus Gerold Eberhard's Leben (1824–1880). [Mit 1 Porträt-Tafel.] Njbl. Waisenh. Zürich 1884. 4. Zürich 1884.

Hirzel, P. Siehe: „Neujahrsblatt d. Waisenhauses in Zürich". 1884

Hirzel, Rudolf

Hirzel, Rud. (geb. Leipzig 20. 3. 1846): De bonis in fine Philebi enumeratis. Lipsiae (1868). (70 S.) 8°
Berlin, Phil. Diss. v. 29. Juli 1868

Hirzel, R., Zur Charakteristik Theopomps. S.-A. 1892. 81 S.

Hirzel, Rud., d. Dialog. Ein literarhistor. Versuch. 2 Thle. gr. 8. (XIII, 565 u. 478 S.) Leipzig 895. S. Hirzel. n. 18. —

— der Eid. Ein Beitrag zu seiner Geschichte. gr. 8. (VI, 225 S.) Leipzig 902. S. Hirzel. n. 6. —

Hirzel, R., Ueber Entelechie und Endelechie. S.-A. 1884. 40 S.

Hirzel, R., De logica Stoicorum. S.-A. 1879. 20 S.

Hirzel, Rud., Ἄγραφος νόμος, s. Abhandlungen der königl. sächs. Gesellsch. d. Wiss. Philol.-hist. Classe. 20. I.

Ἄγραφος νόμος von Rudolf Hirzel. Leipzig: B. G. Teubner 1900. (98 S.) 1° (8°) = Abhandlungen d. K. Sächsischen Gesellschaft d. Wissenschaften. Philol.-hist. Cl. Bd 20, No 1.

— Rede z. Feier d. Wiederaufrichtg. d. Deutschen Reichs. Geh. am 18. Jan. 1896 in d. Collegienkirche zu Jena. 8. (29 S.) Ebd. 896. n. — 50

Hirzel, Rud., üb. das Rhetorische u. seine Bedeutung bei Plato. gr. 8. (75 S.) Leipzig 871. Hirzel. n. 1. —

Hirzel, R., Ueber Rundzahlen. S.-A. 1885. 74 S.

Hirzel, R., Demokrit's Schrift περὶ εὐθυμίης. S.-A. 1879. 54 S.

Hirzel, Rud., über die Stellung der classischen Philologie in der Gegenwart. Akademische Antrittsrede, gehalten in Jena am 5. Mai 1888. gr. 8. (35 S.) Leipzig 888, Hirzel. *

Hirzel, Rud., die Strafe der Steinigung, s. Abhandlungen der königl. sächsischen Gesellschaft der Wissenschaften. philol.-histor. Kl. 27, III.

Hirzel, R., Die Strafe der Steinigung. (44 S.) Lex.-8. Leipzig, B. G. Teubner. 1910 1. —
Abhandlungen der kgl. sächs. Gesellsch. der Wissenschaften. Philolog.-histor. Klasse. 27. Bd. Nr. VII.

— Themis, Dike u. Verwandtes. Ein Beitrag zur Geschichte der Rechtsidee bei den Griechen. (VI, 445 S.) gr. 8. Leipzig 907. S. Hirzel. 10. —; geb. 11 50

— Zu Platons Tugendlehre. Ueber den Unterschied d. δικαιοσύνη u. d. σωφροσύνη i. d. platonischen Republ. Gel. 1878. 33 S. 1.2(

Hirzel, Rud., Untersuchungen zu Cicero's philosophischen Schriften. 1. Thl.: De natura deorum. gr. 8. (244 S.) Leipzig 877, Hirzel. * 5 —

Hirzel, Rud., Untersuchungen zu Cicero's philosophischen Schriften. 1. u. 2. Thl. gr. 8. Leipzig 881. 82. Hirzel. n. 23. —
1. De natura deorum. (244 S.) n. 5. —
2. De finibus. De officiis. 2 Abtheilungen (913 S.) n. 18. —

Hirzel, Rud., Untersuchungen zu Cicero's philosophischen Schriften. 3. Thl. Academica priora. Tusculanae disputationes. gr. 8. (III, 576 S) Leipzig 883. Hirzel. n. 12. — (1—3.: n. 35. —)

Hirzel, Rudolf, o. ö. Prof. der klass. Philologie, d. Z. Prorektor: (Was war die Wahrheit für die Griechen?) (Enthält zugleich: Bericht über die akad. Preisverteilung und Universitätsbericht über das Jahr 1904/05.) Jena 1905: G. Neuenhahn. (30 S.) 4°
Jena, Rede zur Feier der akad. Preisverteilung am 24. Juni 1905

[Hirzel, Salomon III: 1727–1818.] Abschied von dem Gut im Hard. [Gedicht.] 8. [Zürich] 1804.

[Hirzel, Salomon III. Abschiedsworte an die zürcherische Jugend. Mit 1 Tafel.] Njbl. Stadtbibl. [Zürich] 1815. 4. [Zürich.]

H[irzel], S[alomon] III. Angedenken meines Bruders (Hans Caspar Hirzel. 1725[–1803]) und meiner beyden Freunde (Antistes [Johann Rudolf]) Ulrich (1728–1795) und (Stadthalter [Johann] Heinrich) Schinz (1727–1792). 8. Zürich 1804.

— s. Auftritte aus d. Schweizergeschichte.

[Hirzel, Salomon III.] ([Johann Jacob] Bodmer [1698–1783. Mit 1 Porträt-Tafel.]) Njbl. Stadtbibl. Zürich 1784. 4. [Zürich.]

Hirzel, Salom., s. Brutus Junius.

[Hirzel, Salomon III. Zürichs Bündnisse mit Oesterreich. Mit 1 Tafel.] Njbl. Stadtbibl. [Zürich] 1812. 4. [Zürich.]

[Hirzel, Salomon III. Einzelne Darstellungen aus der Schweizergeschichte, mit wohlmeinenden Lehren für die Jugend. 24 Hefte. je Mit 1 Kupfer-Tafel von] J[ohann] B[althasar] Bullinger. Njbl. Stadtbibl. Zürich 1763–1777 u. 1780–1783 u. 1785–1788 u. 1790. 4. [Zürich.]

Hirzel, Sal., († d. 16. Nov. 1818.) Denkmal seinem verewigten Bruder H. Csp. Hirzel u. seinen Freunden Ulrich u. Schinz gewidmet. 8. Zürich 804. Orell. 12 gr.

— Denkmal Isaak Iselin gewidmet. 8. Basel 782. Schweighäuser. 4 gr.
Vgl. Hirzel, Hans Kaspar

Hürzel, Salomon *III.* Denkmahl Heinrich Kilchspergers (1726–1805), gewesenen Burgermeisters in Zürich. 8. Zürich 1805.

— Denkmal H. Kilchspergers. 8. Zürich 805. Orell. 6 gr

Hürzel, Sal., Disquisitio de Magistratus in urbe Tigurina etc., vide Disquisitio.

[Hirzel, Salomon *III.* Heinrich Escher. 1713–1777. Mit 1 Tafel.] Njbl. Stadtbibl. Zürich 1778. 4. [Zürich.]

[Hirzel, Salomon *III.*] (Heinrich Escher [1626–1710. Mit 1 Tafel].) Njbl. Stadtbibl. Zürich 1804. 4. [Zürich.]

[Hirzel, Salomon *III.*] (Fehde der Stadt Zürich [mit] Oestreich.) [Mit 1 Tafel.] Njbl. Stadbibl. Zürich 1807. 4. [Zürich.]

[Hirzel, Salomon *III.*] S[alomon] Gessner [1730–1788. Mit 1 Tafel]. (Njbl. Stadtbibl. Zürich 1789.) 4. [Zürich.]

[Hirzel, Salomon *III.*] Johannes Golder [† 1539], Schultheiss zu Luzern. [Mit 1 Porträt-Tafel.] Njbl. Stadtbibl. [Zürich] 1814. 4. Zürich.

Hirzel, Salomon, s. Goethe, der junge.

[Hirzel, Salomon *III.*] Jo[hann] Conrad Heidegger [1710–1778. Mit 1 Porträt-Tafel]. Njbl. Stadtbibl. Zürich 1779. 4. [Zürich.]

— Jahrbücher d. Stadt Zürich. 5 Thle. gr. 8. Zürich 814—19. Orell. 7 rℓ 8 gr

Hirzel, Salomon *III.* Züricherische Jahrbücher. 5 Bände. 8. Zürich 1814–1819.
Band 1 u. 2: 1814. — Band 3 u. 4: 1816. — Band 5: 1819.

[Hirzel, Salomon *III.*] ([Die feindlichen] Schultheissen zu Bern, [Hans] Franz Nägeli [und] Johannes Steiger. [Mit 1 Tafel.]) Njbl. Stadtbibl. Zürich 1806. 4. [Zürich.]

[Hirzel, Salomon *III.*] (Johann Jakob Stocker von Schaffhausen [1615–1681. Mit 1 Tafel].) Njbl. Stadtbibl. Zürich 1810. 4. [Zürich.]

(Hirzel, Salomon *I* [1641–1716].) Aus dem Tagebuche eines alten Zürichers. Mitgetheilt von Dr. jur. [Hans] C[onrad] Nüscheler. [SA.] 8. [Zürich 1883.]

(Hirzel, Salomon *III.*) Ueber die Verdienste der Obrigkeit von Zürich, um das Werk der Glaubensverbesserung. Aus dem Lateinischen übersetzt. Sammt fünf auf dieses grosse Unternehmen sich beziehenden Gesprächen. 8. Zürich 1818.

— — über die Verdienste der Obrigkeit von Zürch um das Werk der Glaubensverbesserung. 8. Zürch, Geßner. 819.

[Hirzel, Salomon *III*] ([Verdienste] des Kaisers Rudolf von Habsburg um Zürich. [Mit 1 Tafel.]) Njbl. Stadtbibl. Zürich 1805. 4. [Zürich.]

Verlagskatalog von S[alomon] Hirzel in Leipzig ... [Nebst] Neuer Verlag. [1.] 1908. (Leipzig: Hirzel 1908.) 8° 01. 7774 4

[Hirzel, Salomon *III.* Verlobung eines bernerischen Paares im 18. Jahrhundert. Mit 1 Tafel.] Njbl. Stadtbibl. Zürich 1809. 4. [Zürich.]

[Hirzel, Salomon *III.* Die Vermittlung des Grafen Hugo von Montfort im zweiten Zürichkriege. Mit 1 Tafel.] Njbl. Stadtbibl. [Zürich] 1813. 4. [Zürich.]

Hirzel's, Salomon, Verzeichniß einer Goethe Bibliothek, mit Nachträgen und Fortsetzung hrsg. von Ludw. Hirzel. 8. (VI, 215 S.) Leipzig 884, Hirzel.

[Hirzel, Salomon *III.*] [Johann] Rudolf Wet[t]stein [1594–1666], Burgermeister von Basel. [Mit 1 Porträt-Tafel.] Njbl. Stadtbibl. Zürich 1808. 4. [Zürich.]

(Hirzel, Salomon *III.*) Edle Züge aus der Schweizer-Geschichte. [Mit 1 Vignette. Wiederabdruck der Neujahrsblätter der Stadtbibliothek Zürich auf 1763–1766, 1768–1790 *u.* 1804–1806.] 8. Basel 1806.

[Hirzel, Salomon *III.*] Sebastian Peregr[in] Zweyer von Evebach [1589–1660. Mit 1 Porträt-Tafel]. [Njbl.] Stadtbibl. [Zürich] 1811. 4. [Zürich.]

(Hirzel, W[ilhelm].) Blätter der Erinnerung (*Umschlag:* Festgabe) zur hundertjährigen Kirchweihfeier der Gemeinde Oberrieden, 1761–1861. 8. Zürich 1861.

Hirzel, Wilh., s.: Blätter f. Taubstumme.

His, Wilh., Handatlas der Anatomie des Menschen, s.: Spalteholz, Wern.

— Medizin u. Ueberkultur. Vortrag, geh. in der Berliner medizin. Gesellschaft am 18. III. 1908. (18 S.) gr. 8. Leipzig 908. G. Thieme. 1. —
Sonderabdruck aus: „Deut. med. Wochenschr."

Hirzel, W., Rechenbuch f. Volksschulen, } s.: Griesinger, H.

Hirzel, W., Rechenbuch f. Volksschulen (u. Taubstummenschulen), } s.: Griesinger, H.

Hirzel, W., Rechenfibel f. Volksschulen, s.: Griesinger, H.

Hirzel, W., Rechenfibel für Volks- und Taubstummenschulen, s. Griesinger, H.

— s.: Zur historischen Biologie der Krankheitserreger.

Hirzel-Escher, Hans Kaspar

Hirzel-Escher, Wanderungen in weniger besuchte Alpengegenden d. Schweiz u. ihrer nächsten Umgebungen. 12. (7½ B.) Zürich 829, Orell, Füßli u. Comp.

Hirzel-Gysi, C., praktische Anleitung zur vortheilhaften Verwendung v. Rückständen der Weinbereitung. gr. 8. (53 S.) Winterthur 888. Geschw. Ziegler. n. — 60

Hirzel-Gysi, C. Praktische Anleitung zur vortheilhaften Verwendung von Rückständen der Weinbereitung. Im Auftrage des Zürcher. Landwirthsch. Kantonal-Vereins verfasst. 2. Abdr. In-8°. 54 S. Winterthur, Geschw. Ziegler, 1889. — 60

Hirzel-Gysi, C., die electro-dynamische Maschine und der Minenzünd-Apparat des Ingen. Emil Bürgin in Basel, s.a. Mittheilungen, technische.

Hirzel-Gysi, C., Die elektrodynamische Maschine und der Minenzünd-Apparat des Emil Bürgin in Basel. gr. 8°. *16 S.* mit 5 lith. Taf. Zürich, Orell, Füssli & Co. 1877. M. 1.—
(Techn. Mitth. f. Eisenbahnwesen, H. 4.)

v. Hirzenfeld, Helbling, s.: Handbuch des Königr. Böhmen f. 1851.

His. Prof. Dr. Wilhelm His. [Porträt.] Nach einer Photographie v. N. Perscheid Leipzig. [Stahl-]Stich u. Druck v. Th. u. A. Weger sen. Leipzig. 156/117 mm. [Beilage zur Allgemeinen Moden-Zeitung. Jahrg. 103, 1901, Nr 33.] 1 Bl. 4. Leipzig. Dürr, 1901. [in-4° M. —. 40, in-fol. M. —. 60]

His, Eduard. Die Basler Archive über Hans Holbein, den Jüngern, seine Familie und einige zu ihm in Beziehung stehende Zeitgenossen. SA. 8. Basel 1870.

His, Hans: Ueber einige Abkömmlinge des Links-Cocaïns Leipzig, Metzger & Wittig, 1894; 40 S. 8.
München, Phil. Fak., Inaug.-Diss. v. 1894

His, Rudolf [Dr. jur.]: Die Domänen der römischen Kaiserzeit. Leipzig, Veit & C., 1896; VI, 117 S. 8.
Heidelberg, Jur. Fak., Hab.-Schr. v. [24. Nov.] 1896

Einladung zur öffentlichen Probe-Vorlesung, welche Dr. Rudolf **His** zur Erlangung der Venia legendi bei der juristischen Facultät der Ruprecht-Carls-Universität zu Heidelberg Freitag, d. 27. Nov. ... abhalten wird. Thema: Die Entwickelung der Bürgschaft im deutschen Recht. *Heidelberg,* Druck v. J. Hörning, *1896;* 1 Bl. 8.
(Nicht im den Austausch)

His, R[udolf]. Das Strafrecht der Friesen im Mittelalter von Dr. R. His, a. o. Professor an der Universität Heidelberg. X + 384 S. 8. Leipzig, Dieterich, 1901. [M. 14.—]

His, Rud.: Totschlagsühne und Mannschaft. Berlin 1910.
(in: Festgabe f. Güterbock z. 80. Geburtstage.)

His, Wilh., Anatomie menschlicher Embryonen. I. u. II. gr. 8. Leipzig 880. 82. F. C. W. Vogel. n. 35. —
I. Embryonen des ersten Monats. Mit 17 (eingedr.) Holzschn. u. (cart.) Atlas (8 Steintaf. in gr. Fol.). (184 S.) n. 30. —
II. Gestalt- u. Grössenentwicklung bis zum Schluss des 2. Monats. Mit 67 (Holzschn.-)Fig. im Text. (VIII, 104 S.) n. 5. —

His, Wilh., Anatomie menschlicher Embryonen. III. Zur Geschichte der Organe. Mit 156 Abbildgn. im Text. gr. 8. (IV, 260 S.) Leipzig 885. F. C. W. Vogel. n. 8. —

— dasselbe. Atlas dazu. gr. Fol. (7 Steintaf.) Ebend. 885. cart. n. 32. — (1—3 m. Text: n. 75. —)

His jun., Wilh., d. heut. Ansichten üb. d. Heilwerth der Mineralwässer. Academ. Antrittsvorlesg. gr. 8. (24 S.) Leipzig 897. S. Hirzel. n. — 60

His, Wilh. (Hrsg.), s. Antrag der von der Internat. Association der Akademien niedergesetzten Commission f. Gehirnforschung . . .

His, Wilh., der mikrophotographische Apparat der Leipziger Anatomie. Festschrift, Alb. Kölliker zum 26. März 1892, dem 50. Gedächtnisstage seiner medicin. Promotion an der Universität Heidelberg gewidmet. gr. 4. (22 S. m. Abbildgn. u. 3 Taf.) Leipzig 892. F. C. W. Vogel. n. 10. —

His, Wilh., s.: Archiv f. Anatomie u. Physiologie.

His, Wilh., üb. die Aufgaben u. Zielpunkte der wissenschaftlichen Anatomie. Rede geh. beim Antritt der anatom. Professur der Univers. Leipzig den 4. Novbr. 1872. gr. 8. (18 S.) Leipzig 872. F. C. W. Vogel. n. — 40

— Johann Sebastian Bach. Forschgn. üb. dessen Grabstätte, Gebeine u. Antlitz. Bericht a. d. Rath d. Stadt Leipzig, im Auftr. e. Commission erstattet. Nebst Schluss-Urtheil der Commission. M. 1 Situationsplan u. 9 Taf. in Kupferätzg. gr. 4. (24 S.) Leipzig 895. F. C. W. Vogel. n. 16. —

—— ueber die Bedeutung der Entwickelungsgeschichte für die Auffassung der organischen Natur. [Rectoratsrede, gehalten den 4. Novbr. 1869.] gr. 8. (40 S.) Ebendas. 870.

His, W[ilhelm d. J.]. Die Bedeutung der Jonentheorie für die klinische Medizin. Von Professor W. His, Oberarzt ... zu Dresden. 25 S. 8. Tübingen, Franz Pietzcker, 1902. [M. 1. —]

His, Wilh., Beiträge zur Anatomie des menschlichen Herzens. gr. 8. (20 S. mit 3 Taf. in Lichtdr.) Leipzig 886, F. C. W. Vogel. *

His jun., Wilh., s.: Beiträge, anatomische, experimentelle u. klinische, zur Pathologie des Kreislaufs.

His, Wilh., Beiträge zur normalen und pathologischen Histologie der Cornea. Mit 6 (lith.) Taf. Basel 856. Schweighauser'sche Sorthdlg. gr. 8. (VIII, 146 S.) n. 1 ₰. 10 ngr.

Beobachtungen z. Geschichte der Nasen- u. Gaumenbildung beim menschlichen Embryo, s.a. Abhandlungen der königl. sächs. Gesellschaft der Wissenschaften. Mathem.-phys. Cl. 27. III.

Beobachtungen zur Geschichte der Nasen- und Gaumenbildung beim menschlichen Embryo von Wilhelm His. Mit 48 Fig. *Leipzig: B. G. Teubner 1901.* (S. 351–389.) 4°(8°)
= Abhandlungen d. K. Sächs. Gesellschaft d. Wiss. Math.-phys. Kl Bd 27, No 3.

—— und L. Rütimeyer, Crania helvetica, s. a. Rütimeyer, L.

His, Wilhelm *I* [1831–1904]. Crania helvetica = Sammlung schweizerischer Schädelformen, in Gemeinschaft mit Ludwig Rütimeyer... bearb. von W. H.... Atlas von 82 Doppeltafeln nebst Text. 4. Basel und Genf 1864.
[Text.] Mit Atlas von 82 Doppeltafeln.
[Atlas] *u. d. T.:* C. h. [6 Hefte.] A... — E... *u.* Besondere Formen.

—— der Ductus thyreoglossus und die Aortenspindel, briefl. Mittheilung an A. Köllicker. 8. (2 S.) Würzburg 885, Stahel'sche Universitäts-Buchh.
Aus: Sitzungsberichte der medicinisch-physikalischen Gesellschaft in Würzburg, besonders abgedruckt.

— die Entwickelung d. menschlichen Gehirns während der ersten Monate. Untersuchungsergebnisse. (IV, 176 S. m. 115 Abbildgn.) Lex.-8. Leipzig 904. S. Hirzel. n. 12 —

— die Entwickelung d. Herznervensystems bei Wirbelthieren. [Aus: „Abhandlgn. d. k. sächs. Ges. d. Wiss."] Lex.-8. (64 S. m. Abbildgn. u. 4 Taf.) Leipzig 891. S. Hirzel. n. 5. —

— die Entwickelung d. menschlichen Rautenhirns vom Ende d. ersten bis zum Beginn d. dritten Monats. I. Verlängertes Mark. [Aus: „Abhandlgn. d. k. sächs. Gesellsch. d. Wiss."] Lex.-8. (74 S. m. 4 Taf. u. 18 Holzschn.) Leipzig 891. S. Hirzel. n. 4.—

His, Wilhelm Z. Zur Erinnerung an C(arl) G(ustav) Jung (1794 1864). [Mit Porträt-Tafel.] (SA.) 8. (Leipzig 1885.)

His, W., die Formentwickelung des menschlichen Vorderhirns, vom Ende d. ersten bis zum Beginn d. dritten Monats. [Aus: „Abhandlgn. d. k. Gesellsch. d. Wiss."] Lex.-8. (64 S. m. 1 Taf.) Leipzig 889. Hirzel. n. 2. 80

— anatom. Forschgn. über Johann Sebastian Bach's Gebeine u. Antlitz, nebst Bemerkg. üb. dessen Bilder. [Aus: „Abhandlgn. d. k. sächs. Gesellsch. d. Wiss."] Lex.-8. (42 S. m. 15 Fig. u. 1 Taf.) Leipzig 895. B. G. Teubner. n. 2. —

— zur Geschichte d. Gehirns, sowie der centralen u. peripherischen Nervenbahnen beim menschlichen Embryo. Mit 2 Taf. u. 27 Holzschn. [Aus: „Abhandlgn. d. k. sächs. Gesellsch. d. Wiss."] Lex.-8. (54 S.) Ebd. 888. n. 3. —

His, d. J., W., Geschichte der medicinischen Klinik zu Leipzig. Zur Feier des 100jähr. Bestehens der Klinik dargestellt. Mit e. Vorwort v. H. Curschmann. Mit 7 Portr. (auf 2 Taf.) u. 2 Plänen. gr. 8. (55 S.) Leipzig 899. F. C. W. Vogel. n. 3. —

— zur Geschichte des menschlichen Rückenmarkes und der Nervenwurzeln. Lex.-8. (38 S. mit 10 Holzschn. und 1 Taf.) Ebendas. 886. *
Vorstehende zwei Schriften sind aus: Abhandlungen der k. sächsischen Gesellschaft der Wissenschaften, besonders abgedruckt.

His, Wilhelm Z. Zur Geschichte des anatomischen Unterrichtes in Basel. [Mit 1 Tafel.] (SA.) 8. (Leipzig 1885.)

Gesundheit u. Krankheit, s.a. Hochschul-Vorträge f. Jedermann. 18. Hft.

His, Wilhelm [d. J.]. Gesundheit und Krankheit. Vortrag gehalten von Dr. med. Wilhelm His, a. o. Professor zu Leipzig. 18 S. 8. Leipzig, Dr. Seele & Co., 1901. (M. —.30)
(Hochschul-Vorträge für Jedermann. Heft 18.)

— Handatlas der Anatomie des Menschen, s.a. Spalteholz, Werner.

His, Wilhelm u. Werner Spalteholz: Handatlas der Anatomie des Menschen. 2. Aufl. Bd 1—3. Leipzig 1898—1903.

1. Knochen, Gelenke, Bänder. 1899.
2. Regionen, Muskeln, Fascien, Herz, Blutgefässe. 1898.
3. Eingeweide, Gehirn, Nerven, Sinnesorgane. 1903.

— Handatlas of human anatomy, s.: Spalteholz, Werner.

— Handbuch der Anatomie des Menschen, s.: Krause, W.

— die Häute und Höhlen des Körpers. Academisches Programm. gr. 4. (34 S.) Basel 865, (Amberger.)

His, W., über ein perivasculäres Canalsystem in den nervösen Centralorganen und über dessen Beziehungen zum Lymphsystem. gr. 8. (17 S. mit 1 in Farben gedr. Stnt. in qu. Fol.) Leipzig 865, Engelmann.
Aus: Zeitschrift für wissenschaftliche Zoologie, besonders abgedruckt.

— unsere Körperform u. das physiologische Problem ihrer Entstehung. Briefe an e. befreundeten Naturforscher. gr. 8. (XIV, 224 S. m. 104 eingedr. Holzschn.) Ebend. 874. n. 5. 50

His, Wilhelm. Lebenserinnerungen. (Der Familie und den Freunden gewidmet.) Leipzig, Dezember 1903. II + IV + 60 S. 8. Leipzig, Fischer & Wittig.

Lecithoblast u. Angioblast der Wirbelthiere, s.a. Abhandlungen der königl. sächs. Gesellschaft d. Wissenschaften. Mathem.-physik. Cl. 26. IV.

Lecithoblast und Angioblast der Wirbelthiere. Histogenet. Studien von Wilhelm His. Mit 102 Fig. *Leipzig: B. G. Teubner 1900.* (128 S.) 4°
= Abhandlungen d. K. Sächs. Gesellschaft d. Wiss. Math.-phys. Cl. Bd 26, No 4.

— Leitfaden für die Präparanten der anatomischen Anstalt in Leipzig, s. Braune, W.

— Karl Ludwig u. Karl Thiersch. Akadem. Gedächtnißrede, im Auftr. der medicin. Facultät zu Leipzig am 13. Juli 1895 geh. gr. 8. (21 S.) Leipzig 895. F. C. W. Vogel. n.n. — 50

His, W[ilhelm d. J.]. Medizin und Ueberkultur. Vortrag, gehalten in der Berliner medizinischen Gesellschaft am 18. März d. J. Sonderabdruck aus der Deutschen medizinischen Wochenschrift 1908, No. 15. 18 S. 8. Leipzig, Georg Thieme, 1908. [M. 1.—]

— die Neuroblasten u. deren Entstehung im embryonalen Mark. [Aus: „Abhandlgn. d. k. sächs. Gesellsch. d. Wiss."] Lex.-8. (62 S. m. 4 Taf.) Ebd. 889. n. 3. —

— d. anatomische Nomenclatur. Nomina anatomica. Verzeichniss d. v. d. anatom. Gesellschaft auf ihrer IX. Versammlg. in Basel angenomm. Namen. Eingeleit. u. im Einverständniss m. d. Redactionsausschuss erläut. gr. 8. (IV, 180 S. m. 30 Abb. u. 2 Taf.) Leipzig 895. Veit & Co. n. 7. —

— dasselbe, s.a. Archiv f. Anatomie u. Entwickelungsgeschichte.

— dasselbe, s.a. Archiv f. Anatomie u. Physiologie.

— Protoplasmastudien am Salmonidenkeim, s.a. Abhandlungen der königl. sächs. Gesellschaft der Wissenschaften. Mathem.-physik. Cl. 25. III.

Protoplasmastudien am Salmonidenkeim von Wilhelm His. *Leipzig: B. G. Teubner 1899.* (62 S.) 4°(8°)
= Abhandlungen d. K. Sächsischen Gesellschaft d. Wissenschaften. Math.-phys. Cl. Bd 25. No 3.

(His, [Wilhelm Z].) Ludwig Rütimeyer (1825—1895). [Necrolog.] (SA.) 8. (Jena 1896.)

— Untersuchungen über die erste Anlage des Wirbelthierleibes. Die erste Entwickelung des Hühnchens im Ei. Mit 12 (lith.) Taff. (wovon 10 in Buntdr. in qu. Fol.) Leipzig 868. F. C. W. Vogel. Imp.-4. (XVI, 237 S. mit eingedr. Holzschn.) n. 12 ~~15~~ ngr.

—— dass. — A. u. d. T.: **Untersuchungen über das Ei und die Eientwickelung bei Knochenfischen. I. Ueber das reife Ei von Knochenfischen, besonders über dasjenige einiger Salmoniden. II. Beobachtungen an den Eierstöcken einiger Knochenfische.** gr. 4. (IV, 54 S. mit 4 lithogr. und chromolithogr. Taf. in 4. und Fol.) Ebendas. 873. *

— Untersuchungen über den Bau der Peyer'schen Drüsen u. der Darmschleimhaut. Mit 3 (lith.) Tafeln in Farbendruck (in 4.). (Abdr. aus der Zeitschrift für wissenschaftliche Zoologie.) Ebend. 862. gr. 8. (30 S.) n. 25 ngr.

His, W., Untersuchungen über den Bau der Lymphdrüsen. Mit 2 lith. Taf. (in 4.) (Abdr. aus der Zeitschrift für wissenschaftliche Zoologie.) Leipzig 861. Engelmann. gr. 8. (24 S.) n. 20 ngr.

— Vorgeschichte des deutschen Kartells u. der internationalen Association der Akademien, s.a. **Berichte** üb. die Verhandlungen der königl. sächs. Gesellschaft der Wissenschaften zu Leipzig.

Wilhelm His, Zur Vorgeschichte des deutschen Kartells und der internationalen Association der Akademien. *Leipzig: B. G. Teubner 1902.* (33 S.) 8°
= Berichte über d. Verhandlungen d. Kgl. sächs. Gesellsch. d. Wiss. zu Leipzig. Math.-phys. Kl. Bd 54, Sonderh. [02. 10417]

— Wandatlas d. Anatomie des Menschen, s.: Spalteholz, Werner.

— über Zellen- u. Syncytienbildg., s.a. **Abhandlungen** d. kgl. sächs. Gesellschaft d. Wissenschaften.

Über Zellen- und Syncytienbildung. Studien am Salmonidenkeim v. Wilhelm His. M. 41 Fig. im Text. *Leipzig: B. G. Teubner 1898.* (1 Bl., 468 S., 1 Taf.) 1 Bd 4.(8.)
— Abhandlungen d. Kgl. Sächs. Gesellschaft der Wissenschaften. Math.-phys. Cl. Bd 24. No V. [98. 10718

His, W[ilhelm]. Ueber wissenschaftliche Centralanstalten und speciell über C' zur Förderung der Gehirnkenntniss. Abdruck aus den Berichten der mathematisch-physischen Classe der Königl. Sächs. Gesellschaft der Wissenschaften zu Leipzig. Sitzung vom 1. Juli 1901. II S. + S. 413—436. 8. ([Leipzig, B. G. Teubner,] 1901.)

His-Wirz, siehe: *Neujahrsblatt zum Besten des Waisenhauses in Zürich.* 1891

Hischmann, Max, aus Pforzheim: **Beiträge zur Kenntnis des Aethylenphenylhydrazins.** *Basel 1898: F. Reinhardt.* (30 S.) 8°
Rostock, Phil. Diss. v. [5. Nov.] 1898

Hisely, Fr., Poésies. kl. 8. Zurich 843. (Winterthur, Steiner'sche Buchh.) n. 2/3 ßp

Hisely, (J. J.,) Dissert. historica inaug. de Guil. Tellio, libertatis Helveticae vindice. 8 maj. Groningae 824. (Lipsiae, Barth.)

Hisely, J[ohann] O[scar Eugen]. Aus Süd und Ost. Lebens-Erinnerungen. [Von] J. C. O. Hisely [1837—1897]. [Mit illustriertem Umschlag.] XIV + 245 S. 8. Töss-Winterthur, J. Wirz, 1901. [geb. fr. 3. —]

Hisgen, F., Bilder aus dem Gesellenleben, s. Bibliothek für christliche Leser.

Hisgen, Frz., C. SS. R., O du falsche Welt! In d. Falle, s.: Braun's Novellen- u. Roman-Sammlung.

Hisgen, Hermann (geb. Schweich im Rheinl. 12. 1. 1845). Ueber Echinococcen der Leber. Berlin (1877). (31 S.) 8°
Berlin, Med. Diss. v. 31. Juli 1877

Hisgen, Hermann, a. Trier: Zur plastischen Verwertung des Uterus bei Prolapsoperationen. Bonn 1905: C. Georgi. (69 S.) 8°
Bonn, Med. Fak., Ref. Fritsch, Diss. v. 3. Okt. 1906
[Geb. 23. März 82 Schweich a. d. Mosel; Wohnort: Trier; Staatsangeh.: Preußen; Vorbildung: Friedrich-Wilhelms-Gymn. Trier Reife O. 00; Studium: Bonn 4, München 1, Berlin 2, Bonn 2 S.; Coll. 22. Febr. 05; Approb. 20. Sept. 06.]

Hisgen, J.: Gesetzes-Repertorium. Trier 1833.

Hisgen, Jh. Bapt. Kurze Beleuchtung der Zachariä'schen Schrift über das Schuldenwesen der Staaten des heutigen Europa. gr. 8°. Trier, Troschel, 1832.

Hisinger, Wilhelm

Hisinger, W., und Berzelius, J., Cerium, ein neues Metall aus einer Schwedischen Steinart, Bastnaes Tungstein genannt. (Aus: Neues Allg. Journ. der Chem., 2. B., 4. H. 18 Beiträge zur Chemie der Mineralien.)

— Esquisse d'un tableau des petrifications de la Suède. gr. 8. Greifsw. 831. Koch. 8 gr

v. **Hisinger**, W., Versuch einer mineralog. Geographie v. Schweden; übersetzt u. mit Erläuterr. u. Zusätzen versehen von K. A. Blöde; mit 1 ill. Kpf. 8. Frberg 819. Craz u. G. 1 ßp 8 gr
Umgearb. u. verm. Aufl. Aus d. Handschrift übers. v. F. Wöhler. gr. 8. Leipz. 826. Barth. 1 ßp 9 gr

Hisinger, W. und Berzelius, J., Versuche, betreffend die Wirkung der elektrischen Säule auf Salze und auf einige von ihren Basen. (Aus: Neues Allgem. Journ. der Chemie, I. Bd., 2. Heft.)

Hislop, Alex., die rothe Republik oder das scharlachfarbene Thier der Offenbarung Johannis. Eine Untersuchung über die Periode der Weissagung der zwei Zeugen und über das Thier, das sie tödtet. Mit Erläuterungen über die Ansichten von Fleming Elliott und die „siebente Schaale." Aus dem Engl. von Wilh. Bachmann. 32. (222 S.) Stuttgart 849, Scheible.

Hispania [sachl. OW]

Hispania ex Archetypo Roderici Mendez Sylvae etc. Per Guill. De l'Isle etc. Manu, cura et sumptibus Matth. Seutteri. Aug. Vind. 1 : 2,500,000. 1 Bl.

Hispania Augustiniana etc. vendit Matthaeus Seutter etc. 1 : 2,500,000. 1 Bl.

Hispania Benedictina, seu Monasteria et alia pia loca etc. Impensis Homannianorum Heredum, Norimbergae A. 1750. 1 : 2,250,000. 1 Bl.

Hispania rediviva . . . Salisb. 1723. Ü: *Ritter, Alanus von.* (Hr)

Hispania [Schlagwort]

Hispaniae nova descriptio. 1 : 3,500,000. 1 Bl.

Hispaniae — Novissima et accuratissima Regnorum — et Portugalliae Mappa geographica. Cura et Sumtibus Mathaei Seutteri etc. Augustae Vindel. 1 : 2,400,000. 1 Bl.

Hispaniae Regnum. Coloniae formis Petri Querradt. 1 : 3,000,000. 1 Bl.

Hispaniae — Regnorum — et Portugalliae Tabula Generalis etc. ad usum Scholarum novissime accomodata a Joh. Bapt. Homanno. Noribergae. 1 : 2,500,000. 1 Bl.

Hispaniae — Regnorum — et Portugalliae Tabula Generalis ad statum hodiernum in suas Provincias divisa per D. T. Lopez in nonnullis emendavit F. L. Güssefeld. Edentibus Homannianis Haered. 1805. 1 : 2,400,000. 1 Bl.

Hiss, Frz., lateinische Messe auf die hohen Festtage für Sopran, Alt, Tenor, Bass und obligate Orgelbegleitung. Op. 11. gr. 4. (29 S.) Tauberbischofsheim 878, Lang. * 4 50

Hissbach, Carl, s. Hissbach, Karl

Hissbach, Fr., Davos in Wort u. Bild. Unter bes. Hinweis auf d. naturgem. Heilg. d. Lungenschwindsucht dargest. gr. 8. (68 S.) Zürich 895. Art. Institut Orell Füssli, Verl. Geb. n. 2. —

— unser nervöses Jahrhundert u. sein Heilsweg od. sichere Heilg. selbst schwerer Nervenkrankheiten. Nebst e. Anh. vegetar. Speisenzubereitg. 1.—3. Taus. gr. 8. (93 S.) Leipzig (Kochstr. 17, I.) 896. Selbstverl. n. 1 —

Hissbach, Fr., neue Mittel u. Wege zur Heilung der Zuckerkrankheit. 2. bedeutend verm. Aufl., m. vierwöchentl. Diätzettel. (VII, 111 S.) 8. Leipzig 904. Modern-med zin. Verlag. n. 2. —
1. Aufl. (66 S.) 904. n. 1. —

— einz. Weg z. Heilg. d. Lungenschwindsucht. gr. 8. (IV, 102 S.) Ebd. 896. n.n. 1. 50

Hissbach, Friedrich, approb. Arzt aus Stadt-Lengsfeld (Rhön): Aus d. orthopäd. Poliklinik d. Universität Leipzig. Über Polydactylie deren Wesen und Behandlung. *Leipzig 1902: Pöschel & Trepte.* (29 S.) 8°
Leipzig, Med. Diss. v. (30. Juli) 1902

Hißbach, K[arl], Prof. Dr.: Die geschichtliche Bedeutung von Massenarbeit und Heroentum im Lichte Goethescher Gedanken. Eisenach 1907: Hofbuchdruckerei. (S. 3—26.) 4° [F.]
Eisenach, großh. RG OP 1907 (847)

[F.] **Hissbach**, *Carl* [Dr.]: Zur Behandlung der Sprachgeschichte im deutschen Unterricht unsers Seminars. Tl 1. Weimar, Druck d. Hof-Buchdr., 1897; 3—53 S. 8.
Weimar, grossh. Lehrer-Sm, OP 1897**

Hissbach, [Carl] Dr.: Zur Behandlung der Sprachgeschichte im deutschen Unterricht. T. 2. *Weimar 1899: Hof-Buchdr.* (S. 3—54.) 8° [F.] ¶(Schluss d. P-Beil. 1897.)
Weimar, grossh. Lehrer-Sm, OP 1899**

Hißbach, Karl [cand. theol.]: Ist ein durchgehender Gegensatz zwischen Spinoza und Leibniz vorhanden? . . . Weimar, Druck v. R. Wagner, 1889; 66 S. 8°
Jena, Phil. Fak., Inaug. Diss. v. 1889

Hissbach, Rudolf, Tierarzt a. Großobringen: Aus dem Veterinärinstitut der Universität Leipzig. Über das Vorkommen der amyloiden Degeneration bei Tieren. Leipzig 1907: A. Th. Engelhardt. (79 S.) 8°
Leipzig, Phil. Fak., Ref. Eber-Kirchner, Diss. v. 8. Febr. 1907
[Geb. 10. Okt. 70 Großobringen; Wohnort: Leipzig; Staatsangeh.: Sachsen-Weimar; Vorbildung: Gymn. Weimar Primareife; Studium: Jena 3, Leipzig 4 S.; Rig. 4. Dez. 06.]

[F.] **Hisserich**, L. Th*eodor* [Dr.]: Hausindustrie im Gebiete der Schmuck- und Ziersteinverarbeitung, die Idar-Obersteiner Industrie. Im Anschl. an d. Veröffentlichgn d. Vereins f. Sozialpolitik. Oberstein, R. Grub, *1894*; 4 Bl., 178 S., 1 Bl., 1 Taf. 8.
Tübingen, Staatswiss. Fak., Inaug.-Diss. v. 1894
(Nicht für den Austausch)

Hisserich, L. Th., die Idar-Obersteiner Industrie. 7 Hefte. gr. 8. (III, 176 S. m. 1 Taf.) Oberstein 894. R. Grub. à — 80; kplt.: n. 2. —; geb. n. 3. —
R. u. d. T.:
Hausindustrie im Gebiete der Schmuck- u. Ziersteinverarbeitung, die Idar-Obersteiner Industrie. Im Anschluß an die Veröffentlichgn. des Vereins f. Sozialpolitik bearb. Diss. (IX, 180 S.)

Hisserich, Walther, a. Schweinfurt: Die Prinzessin von Ahlden und Graf Königsmark in der erzählenden Dichtung. (Ein Beitrag zur vergleichenden Literaturgeschichte.) Darmstadt 1906: E. Roether. (50 S.) 8° [F.]
Rostock, Phil. Fak., Ref. Golther, Diss. v. 4. Aug. 1906
[Geb. 1. Mai 81 Schweinfurt; Wohnort: Berlin; Staatsangeh.: Preußen; Vorbildung: Ludwig-Georgs-Gymn. Darmstadt bis O. 00; Studium: Heidelberg 1, Berlin 6, Rostock 5 S.; Rig. 1. Aug. 06.]

Hissink, Louis: Die Djatiwälder Javas und ihre Bewirtschaftung. München 1909: Kastner & Callwey. 57 S. 8°
München, Staatswirtsch. Diss. v. 9. Juli 1909, Ref. H. Mayr, Schüpfer
[Geb. 4. Marz 77 Kampen; Wohnort: Wageningen; Staatsangeh.: Niederlande; Vorbildung: Oberrealsch. Kampen Reife Juni 93; Studium: Wageningen Forstakad. 4, München 4 S.; Rig. 9. Juli 09.] [U 10. 3147

Hissmann, Michael

Mch. **Hissmann's** Anleit. zur Kenntn. d. auserles. Literat. in allen Theilen d. Philos. *Gött.* u. *Lemgo*, Meyer. B. 778. 8° 12 gl

— Anleit. zur Kenntniß d. Literatur in allen Theilen d. Philosophie. 8. Lemgo 778. N. A. (nur neues Titelbl.) 790. Meyer. 12 gl

— Briefe über Gegenstände d. Philosophie. 8. Gotha 778. Ettinger. 16 gl

— Briefe üb. Gegenst. d. Philosophie. 8. Gotha, Ettinger. 778.

Mch. **Hissmann's** Geschichte d. Lehre v. d. Association d. Ideen. *Gött.*, Bossiegel. 776. 8° 5 gl

Hißmann, Mich., († d. 14. Aug. 1784.) Geschichte d. Lehre von Association d. Ideen 2c. gr. 8. Götting. 777. Vandenhöck u. R. 5 gl

Hissmann, Michael (Hermannstadt / Siebenbürg.), De infinito. Diss. metaphys. I. Götting. (Barmeier) 30. III. 1776. 24 S. (6.80) 15298
Gew.: Jo. Georg Heinrich Feder, Christoph Meiners, Johann Jos. Bruckner (Hermannstadt).

— Magazin d. Philosophie u. ihrer Geschichte. 7 Bde. 7r Bd. fortges. v. J. H. Pfingsten. 8. Lemgo 778—89. Meyer. 3 rthl

— Rede vom Flor Siebenbürgens unter Theresia u. Joseph. 4. Götting. 776. Vandenhöck u. R. 2 gl

— s. Schubart, Chr. Fr. Dn.: Lehrbuch der Erdbeschreibung.

– s. U n t e r s u c h u n g über den Stand der Natur.

— Versuch über d. Leben d. Hrn. v. Leibnitz. 8. Münster 783. Coppenrath. 6 ℛ

— psycholog. Versuche, ein Beitrag zur esoretischen Philosophie. 8. Frankf. u. Leipz. 777. Mit n. Titelbl. 8. Hannov. 788. Helwing. 8 ℛ

– s. W e l t - und Menschen g e s c h i c h t e .

Hißnauer, G., das Ornament im Zeichenunterricht. 18 Taf. m. 86 Zeichngn. gr. 8. (15 S. Text.) Hamburg 902. G. W. Seitz Nachf. n. 1. 20

Hißner, W. C., Entwickelung zur Einrichtung e. Werkschule zur Verbesserung d. Bauhandwerker. gr. 8. Götting. 791. Vandenhöck u. R. 5 ℛ

Histoire

— abrégée de l'église de J é s u s - C h r i s t, principalement pendant les siècles du moyen âge; rattachée aux grands traits de la Prophétie. II Vols. gr. in-8. Genève 832, 33. (Frankfurt, Schmerber.) 3¼ ß

H i s t o i r e abrégée de la guerre d'Allemagne en 1870 et 1871. A l'usage de la jeunesse allemande par un Allemand. 8. (III, 100 S.) Wittenberg 882, Herrosé Verlag.

H i s t o i r e abrégée de la guerre d'Allemagne en 1870 et 1871. A l'usage de la jeunesse allemande par un Allemand. 2. éd., revue et augmentée. 8. (III, 115 S.) Wittenb. 891, Herrosé. -- 60

—— abrégée des t r o u b l e s (du pays) de Neuchatel, pendant les années 1766, 1767 et 1768, suivie de divers autres documens historiques. gr. in-8. (4¾ B.) Neuchatel 832. (Bern, Dalp.)

— de l'Académie royale des sciences. gr. 4. Berl. 782. ... 1 ß 8 ℛ

— de l'Académie royale de sciences et belles lettres de Berlin. Année 1746—71. XXV Tom. 4. Berl., Acad. ... Fortsetzung, s. *Mémoires*.

— — — memoires de l'avenement de Fréderic Guillaume II. Berl. 786 - 803. 9 Vol. 4.

— — — nouveaux memoires. Berl. 770-85. 15 Vol. 4. 53rthl.

— d'Agathe de St. B o h a i r e 12. II Part. Lille. Pott à Lausanne. 778.

Histoire d'A l a d d i n ou la lampe merveilleuse. Conte arabe traduit par A n t. G a l l a n d. Edition soigneusement épurée par un abbé français. Mit einem Wörterbuche. Herausg. von J. H. L o h m a n n. Quedlinburg 862. Basse. 8. (135 S.) 10 ngr.

H i s t o i r e de deux jeunes a m i e s, p. Mad. Riccoboni 12. Laus. Pott. 807.

Histoire Amoreuse des Gaules oder kurtzweilige Liebes-Geschichten fürnehmer Stands Personen . . . Lüttich [Leipzig] [1666] [1700]. V: *Bussy-Rabutin, Roger Graf von.* (BGE) (Wr)

— anatom., phys. et optique de l'O e i l, p. Lefebure. 8. Strasb. König. 803.

— — de l'art par les m o n u m e n s depuis sa décadence au IV. siècle jusqu'à son renouvellement au XVI. par M. S e r o u x - d'A g i n c o u r t. 6 vol. en 24 Livr. gr. in Fol. accomp. de 325 Planches. Paris, Strasbourg et Londres, Treuttel et Würtz. 819. et 820. à Livr. 10 Thlr.
Pap. Vélin. à Livr. 20 Thlr.

l'H i s t o i r e de l'art en tableaux à l'usage des établissements d'instruction publique, des universités, écoles supérieures, lycées, athénées, écoles industrielles, écoles des beaux-arts, écoles primaires etc. 2 parties. qu. Fol. Leipzig 879, Seemann. geb. in Calico * 29 50

Inhalt:

Partie 1. Architecture et sculpture chez les Grecs et chez les Romains, chez les Égyptiens et chez les peuples de l'Asie occidentale, au moyen-âge et à l'époque de la renaissance. (Taf. 1—120 enth. 1160 Holzschn. mit 2 S. Text.) geb. in Calico * ℳ 14,50.

» 2. Sculpture de la renaissance. Sculpture au XVIIe et XVIIIe siècles. — Arts industriels et arts décoratifs du IIIe jusqu'au XIXe siècle. — Peinture dans l'antiquité, au moyen-âge et dans les temps modernes jusqu'à la fin du XVIIIe siècle. (Taf. 121—146 enth. 900 Holzsch. mit 2 S. Text.) geb. in Calico * ℳ 15.

Die deutsche Ausg. erschien u. d. T.: K u n s t h i s t o r i s c h e B i l d e r b o g e n.

— de l'Assassinat de Gustave III., roi de Suède. 8. Hamb. 797. Fauche. 16 ℛ

— — la même. 8. Strasbourg. Levrault. (a. Tourneisen à Cassel.)

— des B a l l o n s et voyages aëriens avec fig. gr. 8. Bern, Soc. Typ.

H i s t o i r e de B a r b e - B l e u e qui égorgea ses femmes. Ornée de 10 gravures color. qu. 8. (16 S. mit 10 ill. Kpfrst.) Leipzig 847, libr. Baumgärtner.

— de Miss. B e v i l l e trad. de l'angl. II Vol. 8. Münst. Coppenrath. (a. Sommer, Leipz.) 769.

— de la bible et la vie de Jesus. 8. Stettin 795. Kaffke. 18 ℛ

Histoire de Bileam. S. l. [1707?] V: *Hardt, Hermann von der.* (BrMm)

— de B o h ê m e, depuis son origine etc., voyez, F l o r y D u m o n t, de.

— de Bonaparte depuis sa naissance jusqu' à la paix de Luneville. II Vols. 8. Leipz. 802. Er. Fleischer. 1 ß

Histoire de George de Browne comte du Sainte Empire . . . A Riga 1794. V: *Borch, Mich. Joh. Graf v. der.* (Ky) (R-N)

— de George de Browne, comte du Saint-Empire, (par le comte M. J. v. d. Borch). 8. Riga 794. Dass., ins Deutsche übersetzt, mit e. Vorrede v. Edw. Albr. Schubart. 8. Riga 795. Hartknoch. 8 ℛ

Histoire de la campagne de l'armée anglaise, hannovrienne, des Pays-Bas et de Brounswick sous Wellington et de l'armée prussienne sous Blucher en 1815. Par C. de W. Stuttg. et Tübing. 1817. V: *Müffling, Frdr. Carl Ferd. gen. Weiss von.* (Pr) (ADB)

— de la campagne de l'Armée anglaise etc., sous les ordres du prince Blücher de Wahlstadt 1815. Avec les plans de bataille de Ligny, des Quatres-Bras et de belle Alliance. Par C. de W. gr. 8. Stuttg. 817. v. Cotta. 2 ℔

— de la campagne de 1757, 58. par l'Armée combinée de la France et de l'Empire. 8. Frankf. 758.... 13 ℊ

Histoire de la campagne de 1757 par les armées combinées de la France et de l'empire contre celle du roi de Prusse Franckfort 1758. 8.

Histoire de la campagne de 1757 sur le Bas Rhin dans l'electorat d'Hannovre et autres pays conquis. Francfort 1757. V: *Chevrier, Franç. Antoine de.* (Pr)

— des dernières campagnes et négociations de Gustave Adolphe en Allem. Ouvrage trad. de l'Italien (du comte Galeazzo Gualdo Priorato) par de Francheville. Augmenté 1) d'un tableau militaire des Imperiaux et des Suédois; 2) de remarque sur les principaux évènemens de cette histoire; d'un discours sur les batailles de Breitenfeld et de Lützen. Mit 1 Plan. gr. 4. Berl. 772. Rottmann. 6 ℔ 12 ℊ

— de Jules César. (Par Napoleon III.) Tomes I et II. Lex.-8. (VII und 415 S., VII und 585 S.) Paris 865,66. Wien, Gerold's Sohn. à Bd. * 3 Thlr. 10 Ngr.
Atlas. 1. et 2. Livr. [1. Livr. (4 lithogr. und ill. Karten in Fol. und gr. Fol.), 2. Livr. (32 Stnt. in Fol. und gr. Fol.) à Livr. * 1 Thlr. 20 Ngr.]

— dass. — (Nouvelle édit.) Tome I. gr. 8. (VIII und 469 S.) Ebendas. *

— dass. — Tomes I et II. 8. Naumburg 866, Pätz. [1. Bd. (464 S.) 1 Thlr. 10 Ngr., 2. Bd. (640 S.) 2 Thlr.]

— de Charles XII. R. de Suède p. Voltaire. 8. Dresd. Walther. 791.

— — le même liv. 8. Leipz. Gräff. 790.

— — en abrégé. 8. Augsb. Stage. 769.

Histoire du clergé séculier et régulier, des congrégations de chanoines et de clercs, et des ordres religieux de l'un et de l'autre sexe. Nouv. éd. T. 1—4. Amsterdam 1716. 4 Bde

Histoire complète et description de la cathédrale de Cologne. Guide absolument nécessaire pour chaque visiteur de l'église. Redigé d'après les sources les plus meilleures. 16. (39 S.) Cöln 874. Heyn's Verl. — 50

Histoire des conclaves depuis Clément V. jusqu'à présent. Enrichie de plusieurs mémoires. 3. éd. T. 1. 2. Cologne 1703. 2 Bde

— de la conjuration de Louis Philippe Joseph d'Orléans. III Vol. 8. Paris. (Haller à Bern.) 796.

— — la même. III Vol. 8. Paris et Strasbourg, König. 796.

— du couvent et du pélerinage de Notre-Dame-des-Ermites [Einsiedeln] depuis son origine jusqu'à nos jours. 16. (95 S. m. 9 Steintaf.) Einsiedeln 872. Wyss, Eberle & Co. — 40; ohne Ansichten u. Umschlag — 20

— critique des Jeux de Hazard etc. 8. Paris. (Esslinger, Francf.) 769.

Histoire des découvertes les plus nouvelles et les plus intéressantes . . . Berne 1778—86. V: *Frey, Johann Rudolph.* (MGT) »1779—81« (BrMm)

— des Déconvertes en Russie et en Perse, p. Gmelin etc. 6 Vol. av. planches et cart. 8. ibid. enlum.

— — les mêmes. 6 Tom. en 5 Vol. 4. ibidem, enlum.

Histoire des découvertes faites par divers savans voyageurs dans plusieurs contrées de la Russie & de la Perse. A Berne, chez la Société Typographique 1779—1787.
3 Bde. 8°.
1. 1779. 490 S., 16 Taf. in kol. Kupferst., 1 Karte.
2. 1781. 484 S., 15 Taf. in kol. Kupferst., 2 Karten.
3. 1787. 555 S., 17 Taf. in kol. Kupferst., 2 Karten.
Zum Teil kompiliert aus Pallas Kee 9 u. a.
Groesse III, 291

— du Diable trad. de l'Angl. II Vol. 12. Bern, Haller. 729.

— des diables modernes. 8. Cleve 770. Bürstecher. (W. Nauck in Leipz.) 12 ℊ

Histoire diplomatique de la crise orientale, de 1853 à 1856, d'après des documents inédits, suivie d'un mémoire sur la question des lieux saints. 8. Bruxelles et Leipzig 1858.

— du Directoire constitutionnel etc. 8. Leipzig, Wolf.

Histoire de la dissertation sur la littérature allemande publiée à Berlin en 1780. V: *Hertzberg, Ewald Friedrich Graf v.* (RHMBF I, 1)

Histoire documentaire de l'industrie de Mulhouse et de ses environs au XIXme siècle. (Enquête centennale.) (Société industrielle de Mulhouse.) Avec 261 illustr. dans le texte, 46 planches et cartes en phototypie hors texte. 2 vols. hoch 4. (X, 1094 S.) Mülhausen i/E. 902. (C. Detloff.) n. 32. —

⑥ **Histoire** documentaire de l'industrie de Mulhouse. 902. (KBL 31.) Jetzt: Leipzig, C. Beck.

Histoire d'un domestique suisse s. (Gonet, Charles).

— de la duchesse d'Hannovre. 12. Braunschw.... Schröder. 16 ℊ

— de l'éclectisme ou des nouveaux Platoniens. 12. II Vol. Paris. (Pott à Lausanne.) 766.

— d'Ecosse, durant les règnes de la reine Marie et du roi Jacques II. III Vol. 12. Bern, Soc. Typ.

— de l'Eglise, revelée dans l'apocalypse etc. 8. Augsb. 779. N. A. 798. Doll. (Landsh., Krüll). 1 ℔

Histoire de ce qui concerne l'election d'un Roi des Romains . . . Gotha 1791. V: *Hamberger, Jul. Wilh.* Ü: *Mereau, Carl Hubert.* (ML) (Ky)

— de ce qui concerne l'élection d'un roi des Romains et le couronnement d'un Empereur, (trad. de l'Allem. de Mr. Hamberger, par K. H. Mereau). gr. 8. Gotha 791. Perthes. 1 ℔

Histoire des bons Empereurs Romains . . . Halle 1771. V: *Choffin, David Stephan.* (Ky) (ML)

— des bons Empereurs Romains, auxquelles on a joint celle de l'Agricola et de Pline le jeune (par D. St. Choffin). gr. 8. Halle 771. Waisenh.-B. 16 gr.

Histoire de l'empire de Russie sous Pierre le Grand... 1759–1763 s. [Voltaire, François-Marie Arouet de].

— de l'établissement des moines mendians. 12. Lyon. (Pott à Lausanne.) 767.

— d'Eudoxie Féodorovna, première épouse de Pierre le Grand, empereur de Russie. — Relation curieuse de la Moscovie en 1687. Leipzig 861. (Paris,) Franck. 16. (89 S.) n. 20 ngr.

Histoire du prince Eugène de Savoye . . . Vienne 1790. V: *Mauvillon, Eléazar.* (Karajan)

— des premiers Expéditions de Charles M. 8. Berlin et Göttingen. 744.

— de Fortunatus et de ses enfans. 8. Paris. (Sommer à Leips.)

Histoire de Foulques Fitz-Warin, s. Volksbuch, Das, von Fulko Fitz Warin.

Histoire de France, pendant la dernière année de la Restauration, par un ancien Magistrat. II Ts. gr. in-8. (48½ B.) Paris (et Leipzig) 839, Brockhaus et Avenarius.) *

Histoire de Frédéric le Grand. Francfort et Leipsic 1757. V: *Muralt, Réat Ludwig de.* (Pr) (MGT)

— de Frédéric le Grand, roi de Prusse. II Vols. 8. Frankf. u. Leipz. 757.

Histoire de Frédéric Guillaume I, Roi de Prusse. Amst. et Lpz. 1741. V: *Mauvillon, Eléazar.* (AarF)

— de Fréderic Guillaume Roi de Prusse etc. 8. Berlin, Lange. 758.

Histoire de ma fuite des prisons de la Republique de Venise, qu'on appelle les Plombs . . . Leipzig 1788. V: *Casanova di Seingalt, Giac. Geron.* (BrMm) (MGT)

Histoire généalogique de la Maison souveraine de Hesse . . . Strasbourg et Darmstadt 1819–20. V: *Türkheim, Joh. Freih. von.* (MGT) (HS) (schles)

— généalogique de la maison souveraine de Hesse depuis les temps les plus reculés jusqu'à nos jours. II Vols. 8. Strassb. 820. Levrault. (Darmst., Leske). 4 ₰

Histoire générale des Larrons, s. Calvi, François de

Histoire générale de la Marine . . . Leipzic 1744. V: *Boismelé, Jean Bapt. Torchet de, Charles Ant. Bourdot de Richebourg & Theodore de Blois.* (Barbier) (Pr)

L'Empire 1805–1809. L'Allemagne Napoléonienne. Aus der Histoire générale [du IVe siècle à nos jours] von [Ernest] Lavisse u. [Alfred] Rambaud f. d. Schulgebr. ausgew. u. bearb. u. mit Anm. hrsg. von Dr. Theodor Haas, Oberl. zu Fulda. Mit 2 Kärtchen. [Nebst] Wörterbuch. *Berlin: R. Gaertner 1903.* 2 Bde 8°
— Schulbibliothek franz. u. engl. Prosaschriften aus d. neueren Zeit. Abt. 1, Bdch. 48. (03. 3499)

L'empire 1813–1815. L'Allemagne Anti-Napoléonienne. Aus der Histoire générale [du IVe siècle à nos jours] von [Erneste] Lavisse u. [Alfred] Rambaud f. d. Schulgebr. ausgewählt, bearb. u. mit Anm. hrsg. von Dr. Theodor Haas, Oberl. zu Fulda. [Text.] Berlin: Weidmann 1905. 8°
= Schulbibliothek franz. u. engl. Prosaschriften d. neueren Zeit. Abt. 1, Bdch. 54. (05. 11850)

— génér. des Voyages etc. LXXVI Vol. avec fig. 12. Dresd. Walther. 747–68.

— — les mêmes. X Vol. av. fig. 4. ibidem. 747—768.

Histoire de Geneviève de Brabant, par l'auteur des Oeufs de pâques. Traduit de l'allemand. Paris et Strasbourg 1829. V: *Schmid, Christoph.* (Barbier)

— de la Géorgie depuis l'antiquité jusqu'au XIX. siècle, s. a. Brosset.

—— de la Géorgie depuis l'antiquité jusqu'au XIX. siècle, publiée en géorgien par Brosset. I. Partie. Histoire ancienne, jusqu'en 1469 de J.-C. 1. et 2. et dernière livr. du texte. Imp.-4. St. Pétersbourg. Leipzig, Voss. [Livr. 1. 849. ** 3 Thlr. 10 Ngr., 2. 850. ** 2 Thlr. 23 Ngr.] **

Histoire de la Géorgie, depuis l'antiquité jusqu'au XIX. siècle. II. Partie: Histoire moderne, depuis 1469, jusqu'en 1800 de J. C., publiée en géorgien per Tchoubinof. Imp.-4. (XXXIII und 576 S.) St.-Pétersbourg 854. (Leipsic, Voss.) **
I. Partie. Le même. 1850. ** 6 Thlr. 3 Ngr.

—— la même. Traduite du géorgien par Brosset. I. Partie. Histoire ancienne, jusqu'en 1469 de J.-C. 1. et 2. Livr. Imp.-4. (S. 1—694.) Le même. [Livr. 1. 849. ** 5 Thlr. 16 Ngr., 2. 850. ** 3 Thlr. 27 Ngr.] **

—— le même. — traduite du géorgien par M. Brosset. 2. Partie: Histoire moderne. 1. Livr. Imp.-4. (660 S. mit 1 Tab. in qu. Fol.) Le même 856. **
1. Partie. (2 Livr.) Le même 1849—50. ** 9 Thlr. 13 Ngr.

—— dass. — Dernière Livr. Introduction et tables des matières. Imp.-4. (312 S.) Ebendas. 858. **
1. Partie. 2 Livrs. und 2. Partie. 1. Livr. Ebendas. 1849—56. ** 13 Thlr. 26 Ngr.

—— de Gilion de Trasignyes et de Dame Marie, sa femme. Publ. d'après le Manuscrit de la Biblioth. de l'Université d'Iéna p. O. L. B. Wolff. Altfranzös. Ritterroman. gr. in-8. (14¼ B.) Paris 839. Leipsic, Weber. *

—— du Gouvernement de Neuchatel, sous la domination Prussienne, depuis 1807 jusqu'en 1832. Par un patriote du Val-de-Travers, publ. par Ulysse Guinand. gr. in-8. (11 B.) Berne 833, Dalp.

Histoire de la dernière guerre de Boheme [1741-1745]. Francfort 1745-47. V: *Mauvillon, Eléazar.* (Weber) (BrMm) (Pr)

Mr. D. M. V. L. N, Histoire de la dernière guerre de Bohême. Enrichie des cartes, des plans de batailles etc.
Tom. 1. 2. nouv. édition. Amsterdam 1756.
Tom. 3. Francfort 1757. 8

Histoire de la dernière guerre commencée l'an 1756 et finie par la paix d'Hubertsbourg, le 15 Févr. 1763. Nouv. éd. corrigée. Berlin 1767. 8. M. 1 Taf.
— (M. 1 Kupfert. u. 2 Karten.) Cologne et Paris 1770. 8.

Histoire de la guerre de Hongrie pendant les campagnes de 1716. 1717. 1718. Vienne 1788. V: *Schmettau, Frdr. Wilh. Carl Graf von* [?]. (Pr) *Le Roy de Lozembrune, Franç.* [?] (EB)

— de la guerre de Hongrie, pendant les campagnes 1716,17 et 18, avec plan du siège de Bellegarde. 8. Wien 788. Sammer. (W. Nauck in Leipz.) 20 gr

— de la guerre et de négociations qui ont précédé le traité de Teschen. 8. Bern 783. Haller. 7 gr

Histoire de la guerre et des négociations qui ont précédé le traité de Teschen. Neuchatel et Genève 1783. 8.

— de Henri d'Eichenfels. Conte pour les enfans (par Cph. Schmid). Trad. de l'Allem. (Mit 6 Steindr. u. 1 Vign.) 12. Paris u. Strassb. 829. Levrault. 5 gr

—— hollandaise, une, s. Nouveautés françaises.

— Hollandaise, une. [Nouveautés Françaises. No. 7.] 8. (121 S.) Leipzig 850, Avenarius & Mendelssohn. 1/2 Rthlr

— d'Hypolite, comte de Duglas. II Vols. 18. Leipz.... Magaz. f. Ind. 16 gr

Histoire de Stanislas Jablonowski Castellan de Cracowie . . . Leipzig 1744-76. V: *Jonsac, de.* (Pr)

Histoire des Jacobins en France; ou examen des principes anarchiques . . . de la Révolution française . . . Hamburg 1795. V: *Le Riche.* (BrMm)

— de la jeunesse, avec le texte polonois à côté. 8. Bresl. 809. 3me édit. 814. W. G. Korn. 1 Rthlr

— des Insectes utiles et nuisibles à l'homme, aux bestiaux, etc. Bern, Soc. Typ.

Histoire interessante ou Relation des guerres du Nord et de Hongrie au commencement de siècle: I^e p. conten ce qui s'est passé dans le Nord dep. 1700 jusqu'en 1710. (501.) 12. Hambourg (Paris) 1756.

Die altfranzösische 'Histoire de Joseph'. Krit. Text mit e. Untersuchung über Quellen, Metrum u. Sprache d. Gedichts von Wilhelm Steuer. *Erlangen: F. Junge 1903.* (186 S.) 8° [F.]
[Aus: Romanische Forschungen. Bd 14.]
Ein Teil erschien als Inaug.-Diss. Rostock 1901.

L'estoire Joseph (Histoire de Joseph). Hrsg. von Ernst Sass. Dresden: Gesellsch. f. rom. Lit. 1906. (118 S.) 8°
— Gesellschaft f. romanische Literatur. Bd 12.

— de l'isle de Corse. II Vols. gr. 8. Bern 778. Typograph. Soc. 1 Rthlr 8 gr

— de Justin, traduite par M. l'Abbé Favier, nouv. édit. enrichie de notes grammaticales et autres explications allemandes. 8. Liegn. 755. Siegert. 16 gr

— littéraire de la France, ouvrage commence par des religion. Bénédictus de la congrégation de Saint-Maur, et continué par des membres de l'Institut [Académie des Inscriptions et Belles-Lettres]. Tome 24. Quatorzième siècle. gr. 4. (XXIII, 595 S.) Paris 873. Didot & Co. n. 20. 80

— d'une jeune Luthérienne p. l'aut. de l'an 2440. II Vol. 18. ibid.

— — la même. 18. Neufchatel. (Kupferberg à Mayence.) 786.

Histoire du Magnétisme en France, de son regime et de son influence. Vienne 1784. 8.

— de la maison de Bade. II Vol. 8. Strasbourg, Levrault. 810.

— de la maison de Wirtemberg. II Vol. 18. Strasbourg, Levrault. 810.

— de Manon-Lescaut. II Vol. 18. Leipsig, Ind.-Compt.

— de la Reine Marq. de Valois, voyez Monges.

Histoire de Mar Jab-Alaha, patriarche, et de Raban Sauma, éditée par Paul Bedjan, P. D. L. M. (In syr. Sprache.) 2. éd., revue et corrigée. 8. (XV, 207 S.) Paris 895. Leipzig, O. Harrassowitz. n.n. 5. 50

Histoire de Mar-Jabalaha, de trois autres patriarches, d'un prêtre et de deux laïques, Nestoriens. Éditée par Paul Bedjan, P. D. L. M. (Neue Ausg.) (In syr. Sprache.) 8. (XVI, 574 S.) Paris 895—96. Leipzig, O. Harrassowitz. n.n. 16. —

— de Maurice, comte de Saxe. III Vols., avec fig. 12. Mietau 752. ... 2 Rthlr

Histoire de Maurice Comte de Saxe . . . Dresde 1770. V: *Neel, Louis Balth.* (BrMm)

— et mémoire de la Marq. de Pompadour, voyez Pompadour.

— métallique de Napoléon, s. *Millin.*

— militaire de Flandre, ou les campagnes du maréch. de Luxembourg, depuis l'année 1790—94. Cinq campagnes av. 72 plans. Par un Officier prussien. gr. 4. Potsd. 781 —87. Horvath. 10 Rthlr

— milit. de la Suisse. 8. Bern, Soc. Typ. 788.

— des moines d'après la méthode de Buffon, nouv. édit., avec fig. 8. Kopenh. 805. N. édit. 811. Bonnier. (Wienbrack in Leipz.) 6 gr

Histoire de la Mouche Commune de nos appartemens . . . [Nuremberg] 1766. V: *Gleichen, Wilhelm Friedrich von.* Ü: *Isenflamm, Jacob Friedrich.* (BrMm)

— naturelle des Animaux. II Vol. av. planches. fol. Leips. Sommer. 795.

— naturelle des animaux. II Vols. un des quadrupèdes, en 80 planches répréseutans 300 expèces et variétés; l'autre, des oiseaux en 62 planches, réprés. 556 expèces et variétés. Fol. Leipz. 812. (W. Nauck). 18 ℛ

— naturelle, pour la jeunesse, av. fig. 12. Bern 801. Typogr. Soc. 12 ℊ

— — naturelle des mammifères, avec des figures enluminées, dessinés d'après des animaux vivans, par G. St. Hilaire et F. Cuvier; publiée par le Comte de Lasteyrie. 1 à 10 Livr. in fol. Paris. 820. 11

—— naturelle des Oiseaux d'Europe. Le texte, rédigé sous la direct. de J. C. Temminck p. H. Schlegel, et accomp. d'observations p. C. L. Brehm, C. F. Bruch, H. C. Küster, J. Natterer, et autres ornithologistes. — Ouvrage publié et accomp. de planches coloriées par C. Susemihl et fils. Livr. 1. Texte Page 1—8. Plche. 1. 1 à 2. Lex.-8. Darmstadt 841. (Leipsic, Fr. Fleischer.) *

Histoire naturelle des Quadrupèdes ... Erlang. 1775. V: *Schreber, Joh. Chn Daniel.* Ü: *Isenflamm, Jacob Friedrich.* (BB) (ML) (Ky)

Histoire de la Negociation des Ambassadeurs envoyez au Duc de Savoye par les Cantons Evangeliques l'année 1686. Moutiers-Tarentaise 1898 s. [Teissier, Antoine].

— de Miss Nelson, trad. de l'anglais. IV Vols. 18. Neuwied 792. (Kupferberg in Mainz). 1 ℛ

— de Miss Nelson. IV Vols. gr. 18. Leipz. 812. Sommer. (Nauck). 1 ℛ 16 ℊ

— de Nicolas I., roi du Paraguay. 8. Dresd. 756. Walther. (Schäfer in Frankf.) 4 ℊ

Histoire, obligations et statuts de la très-vénérable confraternité des Francs-Maçons ... Francfort 1742. V: *La Tierce, de.* (SJL)

— des Passions ou aventures de Shroop; ouvrage trad. de l'Angl. 2 Vol. 8. à la Haye. (Esslinger in Frcft. a C. F. Günther in Glogau.) 751.

Histoire du pêcheur et de sa femme. (12 S. m. 6 Farbdr.) 16. Stuttgart (903). G. Weise. n. — 10

Histoire de M. Pencil. — Histoire de M. Jabot ... Tübingen 1840. V: *Töpffer, Rudolph.* (Ky)

— grecque, petite, à l'usage de la jeunesse. Ornée de 48 fig. (color.) avec descript. en franç. et en allem. gr. 8. Wien 829. Müller. 1 ℛ 4 ℊ

—— petite, naturelle des Oiseaux et des Quadrupèdes, f. Naturgeschichte, kleine, d. vierfüß. Thiere x.

—— romaine, petite, à l'us. de la jeunesse. Ornée de 48 fig. (col.) avec des Descript. en français et en allemand. gr. in-8. (6 B.) Vienne 829, Müller.

Histoire de Pierre I. surnommé le Grand Empereur de toutes les Russes. Amsterdam et Leipzig 1742. V: *Mauvillon, Eléazar.* (EB)

Histoire de Pierre III, Empereur de Russie ... S. l. 1774. V: *Beauclair, Peter Ludwig.* (Ky) (MGT)

— de Pierre III., emper. de Russie etc., (par Pt. L. Beauclair). 8. Hanau 774. Schulz. 10 ℊ

Histoire prodigieuse et lamentable de Jean Fauste, magicien avec son testament et sa mort épouvantable (trad. de l'allemand par Vict. Palma Cayet). Par. 598. 12. Par. 603. 12. Rouen 604. 616. 666. Par. 616. 622. 667. 673. Amsterd. 674. 12. Cologne (Bruxelles) 712. 12.

— des Protestans en Allem. Tom. I. gr. 8. Halle, Curt. 767.

— d'une quantité de beaux raisonnemens etc. deutsch und französisch. 12. Hannover, Helwing. 712.

Histoire du Prince Ragotzi, ou la Guerre des Mécontens sous son commandement. Cassovie 1707. V: *Le Noble de Tennelière, Eustache.* (BrMm)

— de la reformation, ou origine et progrès du Luthéranisme. Ouvrage posthume de Mr. Isaac de Beausobre. 4 Vol. 8. Berlin ... (Leipzig, Fr. Fleischer.) 3 ℛ

— des Religieux de la Campagn. de Jesus. III Vol. 12. Lausanne, Pott. 741.

— — de la révolution d'Espagne en 1820; précédée d'un aperçu du règne de Ferdinand VII. depuis 1814 et d'un Précis de la révolution de l'Amérique du Sud. in 8. Paris, 820.

Histoire des révolutions de la Haute Allemagne.... Zurich Et Paris 1766 s. [Philibert. W de].

—— de Martin Risse. Racontée par lui-même. 2 Vol. 12. (12 B. u. 2 Stnt.) Strasbourg 841, Levrault. 12⅓ Ngr.; ill.

— sainte en tableaux. 40 planches (lith. et color.) des plus mémorables événements de l'ancien et du nouveau testament. Freiburg im Br. 862. Herder. gr. Fol. 4 ℛ 20 ngr.; einzelne Blätter 3½ ngr.

— de Saladin Sultan II. II Tom. 16. Bern 768. Typogr. Soc. 1 ℛ 8 ℊ

— secrète et anecdotique de l'insurrection belgique 1790, avec 8 fig. gr. 8. Leipz. 804. (W. Nauck). 1 ℛ 8 ℊ

Histoire secrète de Coblence. Winterthur 1795. V: *Rocques de Montgaillard, Jean Gabr. Maurice.* H: *Rivarol, Antoine.* (Barbier)

Histoire, secr., de Coblence. 8. Winterth. 795. Steiner. 18 ℊ

Histoire secrète de la cour de Berlin. S. l. 1789. V: *Mirabeau, Gabriel Honoré Riquetti comte de.* (EB)

— secrète de la cour de Berlin, ou correspondance d'un voyageur français, depuis le 5 Juillet 1786 jusqu'au 19 Janv. 1787. II Tom. 8. (Leipz. 789. Fr. Fleischer). 2 ℛ 6 ℊ

Histoire secrète de la duchesse d'Hanovre. 1732. V: *Pöllnitz, Carl Ludwig Freih. von.* (ADB)

— secr. du Prophète des Turcs. II part. 8. Const. (Esslinger, Franct.) 775.

— secrète du prophète des Turcs. II Part. 8. Constant. 775. (C. F. Günther in Glogau). 12 gr

Histoire de Sindbad le marin. (Mille et une nuits. Contes arabes.) [Alf laila wa-laila. Ausz. franz.] Par Antoine Galland. Mit Anm. z. Schulgebr. bearb. von Dr. E[rnst] Schmid. (Potsdam). [Nebst] Anm. [&] Wörterbuch *Bielefeld & Leipzig: Velhagen & Klasing 1901.* 3 Bd. 8°
= Sammlung Velhagen & Klasings, franz. u. engl. Schulausgaben. Prosateurs franç. Lfg 29 B.

Histoire des singes et autres animaux curieux. Francfort 1769. V: *Allets, Pons Augustin.* (EB)

— — le même liv. 8. Francf. Gebhardt et K. 769.

Histoire des singes et autres animaux cur. 8. Frkf. a. M. 769. Hermann. 8 gr

Histoire des Sociétés secrets de l'armée et des Conspirations militaires. 8. Paris. (Haude et Spener en Berl.) 815. Rihlr.

Histoire de Stanislas I, Roi de Pologne, Grand Duc de Lithuanie, Duc de Lorraine et de Bar. par Mr. D. C***. 2 t. 8. Francfort 1740.

— de Stanislaus, Roi de Pologne p. M. D. C*** II Tomi. 8. Leips. Weidmann. 740.

L'histoire de la succession aux duchez de Juliers, et de Berg, etc. Mise dans un nouveau jour . . . Trad. de l'Anglois, et augm. Amsterdam 1739.

— de Sudmer, ou Robinson Crusoe rétabli dans son intégrité. III Toms. gr. 8. Lond. 802. (Augsb., Doll, Landsh., Krüll). 1 ℛ

— du Sudmer ou Robinson Crusoë rétabli dans son intégrité. III Tom. 8. Londres. (Schwaiger à Presbourg.) 802.

— des Suisses à l'époque de la Réformation, continuation de J. de Muller par J. J. Hottinger, trad. en franç. p. L. Vulliemin. Tom. I. gr. in-8. (25 B.) Zurich 833, Orell, Fussli et Comp.

— des Tairs, tirée du Nit-Pon Gwai-Si, traduit du Chinois par Franç. Turrettini. [Aus: „Atsume Gusa".] gr. 4. (II, 89 S.) Genève 875. (Basel, Georg.) n.n. 6. 40

— de l'ancien et du nouveau Testament, s. Geschichte, bibl.

— de l'ancien et du nouveau Testament. Accomp. de 120 tableaux (lith.); imitée de Chrstph. Schmid p. T. Derome. (II Vol.) Lex.-8. (26¾ B.) Fribourg 832, Herder.

— de l'ancient et du nouv. Testament, imitée de Chrstphe. Schmid, p. T. Derôme. II Ts. (Nouv. édit.) gr. in-8. (23¾ B.) Fribourg 837, libr. de Herder.

— du V. et. N. Testam. p. Royaumont av. fig. gr. 8. Vien. Tendler. 774.

— — la même. s. fig. 8. Leips. Hinrichs. 762.

— — la même. s. fig. 8. Vien. Sammer. 763.

Histoire de Thamas Kouli-Kan, sophi de Perse. Amsterdam et Leipzig 1740—41. V: *Du Cerceau, Jean Antoine.* (EB) (Barbier)

Histoire de Thamas Kouli Chan. 12. Leipzig et Paris 1740. — 12. ib. 1743.

— du Tribunal secret d'après les loix et les constitutions de l'Empire germanique. 8. Bern, Soc. Typ.

— de la Vaccination en Turquie, en Grèce. 8. Vienne, Geistinger.

— de Vaudois ou des habitans de Vallées occid. de Piémont etc. 2 Vol. gr. 8. Gotha, Ettinger. 798.

Histoire véritable, présentée sous le titre: le Mariage rompu. gr. 12. Augsb. 764. v. Jenisch u. St. 8 gr

Histoire véritable, présentée sous le titre: le Mariage rompu. Tragicoméd. en prose et en cinq actes. gr. 12. Augsb. Stage. (Pott à Lausanne.) 764.

— de Victor Amédée, R. de Sard. 8. Francf. 734.

Histoire de la vie du général comte de Browne. 8. Riga 1794.

— de la vie et de la conversion de F. D. (Fr. Desgouttes) Docteur en droit, exécuté à Aarwangen en canton de Bern, le 30. Sept. 1817. Ecrite par lui-même dans sa prison. 8. Lausanne 818. Petillet. 20 gr

— de la vie et de la mort tragique de Bianca Capello, p. Sanseverino, trad. de l'ital. 8. Lausanne, Pott. 779.

Histoire, de la vie et des ouvrages de François Bacon, Baron de Verulam et Vicomte de Saint-Alban, suivie de quelques-uns de ses écrits, traduits pour la 1re fois en Français, par J. B. de Vauzelles, II Tmes. . . Paris et Strassburg 833. Levrault. 3½ ℛ

— de la Vie de Tiel Vlespiegel. 12. Hannover, Helwing. 703.

— de la ville de Hambourg, de son commerce et de sa religion. II Vols. gr. 8. Hamb. 809. Perthes u. B. 4 ℛ 12 gr

Histoire de la ville de Hambourg, de son gouvernement et de son commerce. 2 v. 8. Paris, Leipzig, Hambourg 1809. 13,50.

Histoire des voyages des papes . . . Vienne 1782. V: *Millon, Charles.* (EB)

Histoires

— et anecdotes, choisies à l'usage de la jeunesse. 8. Frkf. a. M. 796. Streng. 8 gr

— et anecdotes de la révolution française depuis l'avènement de Louis XVI. au trône jusqu'à l'époque de sa mort. V Tom. 8. Stuttg. 794—96. Metzler. 7 ℛ 8 gr

— ou anecdotes sur la Révolution de Russie en l'année 1762. gr. 8. Paris. (Sommer à Leips.) 797.

— de la bible, ou récits tirés des Saintes-Ecritures, à l'usage de la jeunesse chrétienne, par Boissard. 3me édit. I Vol. 12. Strassb. u. Paris 820. Treuttel u. W. 18 gr

— de la bible tirées de l'anc. et du nouv. testam. etc., par Mr. de la Veaux. (Französ. u. deutsch.) Av. fig. Nürnb. 792. Schneider u. W. 16 gr Avec fig. color. 1 Rthl. 8 gr

— de la Bible tirées de l'anc. et du nouv. Test. etc. av. fig. Nürnb. Weigel. 792.

— — les mêmes p. Hubaret. 8. Bair. 741.

— choisies des auteurs profanes, traduit en franç. avec lat. à coté. II Vols. gr. 12. Basel 778. Schweighäuser. 1 Rthl. 16 gr

Histoires, Contes et Nouvelles, voyez Seidel, Mad. de.

— ou Contes du Temps-passé. 8. Celle 750. ... 8 gr

— ou contes du Tems-passé avec des moralités, françois et allemand, p. Mr. Perault, avec fig. 8. Berl. Wever. 770.

Histoires galantes de la Cour de Vienne. Leipsick 1750. V: *Maisoncelle, de.* (BrMm)

— et mémoires de la Société des Sciences physique de Lausanne. III Vol. av. fig. 4. Lausanne, Pott. 789—90.

Histoires, nouvelles, à l'usage de la jeunesse, s. Bibliothèque, petite, française.

HISTOIRES plaisantes (fransösisch und deutsch). Hannover 1704. 12°. 9 Bogen. Selten!
Bibl. Ludov. (bibliop. Vitemb.) nominalis curiosa. Vitemb. 1705.

Histoires saintes illustrées. Ancien et nouveau testament. qu. 8. (à 16 Chromolith.) Basel 873. Spittler. à n. — 80; cart. à n. 1. —

—— de l'ancien et du nouveau testament; littéralement extraites de la bible d'après (F. L.) Zahn. 2 Parties. gr. 12. (XVI und 262 S.) Strasbourg 848, [Berger-Levrault, Vve. et fils.] *

—— et traditions du Rhin de Worms à Cologne. 16. (IV, 128 S.) Heidelberg 870, K. Groos.

Histoiretten (von J. L. L. Möller). II Thle. 8. Leipz. 803. Compt. f. Lit. 5 Rthl. 10 gr

Histörchen u. Gespräche zum Gebrauch für Kinder zum Buchstabiren. 4 Stücke. 18. Straßb. 790. König. 20 gr

— Dies., für Kinder zum Lesen. 3 Stücke. 18. Straßb. 791, 92. König. 15 gr

HISTÖRCHEN, Leichtfüssige.
W. A. Gabriel, Berlin, c. 1898.

Histori van de erfvolginge in de landen van Gulik, Berg, Kleef, Ravensberg en Ravestein. Amsterdam 1739.

Histori, e. fast kurzweilige, v. der schönen Elisa, e. Königs Tochter aus Portugal, u. Grave Albrechten v. Werdenberg, wie der dieselbe aus ires Vaters Hof entführte u. nach vil ausgestandenen Abentheuern, glücklich in sein Heimat nach Sargans gebracht hat. Lustig u. anmutig zu lesen u. dem schwäb. Volk zum Nutzen u. Vergnügen aus alter Geschrift gezogen, auch nunmehr zum ersten mal in Druk ausgeben durch e. fahr. Schueler. 8. (96 S.) Straßburg 894. (J. H. E. Heitz.) Geb. in Leinw. n. 3. —

Historia [sachl. OW.]

Historia. Monatsschrift f. Unterhaltung u. Belehrung. Hrsg. Dr. Gustav Adolf Müller, Bremen. Jg. 1, No 1. [Mehr nicht erschienen.] *Hagen i. W.: Deutscher Verl. 'Historia' 1902.* (31 S.) 4° [F.] 04. 71

Historia, Abentheuerliche, von dem wilden und unersättlichen Kriegesgotte bey dem gottlosen Heidenvolke Mars, Mavors oder Marspiter benamset: wie selbter eine honette Reisegesellschaft in schädlichen Zank und Hader verwickeln und ihr durch vielerley Schabernak, und gräulichen Spektakuln grausamlich mitspielen thät, von derselbten Kompagnie aber in die Zuchtschule genommen, und öfteren tüchtiglich nach seinen Meriten abgeklopfet wird, bis er endlichen von einem mit hoher Vernunft und muthiglichen Herzen begabten Mann zur friedlichen Gesinnung und Ruhe sich persvadiren lässet; alles getreulich und mit untermengten passenden Proverbiis erzählt von einem Augenzeugen aus der Unterwelt, und von der Königl. Prager oberpostamtlich briefträgerischen Gesellschaft zur auferbaulichen und lehrreichen Ergötzung für alle Tit. H. H. wohl- und edel- hoch- und niedergeborne Gönner zum Druck befördert auf das gnadenreiche Jahr nach Geburt Christi 1802. Prag gedruckt bey Hrabischen Erben. 8°. 20 S.
Goedeke VI, 712. — Aeusserst seltenes Curiosum!

Historia, Die affenthewrliche, des lächerlichen Pritschmeisters und Erzgauklers Pips von Hasenfuss. Neue Auflage. Gedruckt mit Pressfreiheitsschriften o. O. u. J. [1787]. V: ***Wekhrlin, Wilh. Ludwig.*** (Gottfr. v. Boehm: W. L. Wekhrlin. München 1893. S. 173) (BGE² 3/279) (biblPort) V (nicht): ***Wekhrlin, Wilh. Ludwig.*** V (Anmerkungen, Vorrede . . .): ***Wekhrlin, Wilh. Ludwig.*** (GGr IV²/845, 11/15)

Historia academiae Fridericianae Erlangensis, qua praeter ejus originem solemnia dedicationis sacra eventusque proxime secuti referuntur . . . Erlangae 1744. H: *Gadendam, Johann Wilhelm.* (Erman & Horn, Bibliogr. d. dtsch. Universitäten. 2. Leipz. u. Berl. 1904.)

Historia academiae regiae scientiarum Parisiensis . . . Lipsiae 1715. Ü: *Curaeus, Joh. Ferd.* (CBH)

— Academiae regiae scient. Paris. c. fig. Lips. Hilscher. 716.

— acad. scient. Palat., s. *Acta*.

Historia chalifatus Al-Motacimi. خلافة المعتصم Ex cod. Arabico nunc primum edita a C. Sandenbergh Matthiessen. 8. (VIII und 75 S.) Lugduni Batav. 849, Brill. * –

— Kalifatus al Walidi et Solimâni, s. a. Specimen.

—— Kalifatus 'Al-Walîdi et Solaimâni, quam, auspice T. G. J. Juynboll, e cod. Leyd. nunc. primum ed. Jac. Anspach. (Specimen e literis orientalibus.) 8maj. (VI und 44 S.) Lugduni-Bat. 853, Brill. ** –

— amaranthar um, vide Wildenow.

PILATUS (Gemahlin des). — Historia Anecdota (Noch nie publicirte Geschicht-Erzehlung) von der Frau Pilatusin, oder CHOLEM eines Syrers von CLAUDIA PROCULA CNEII PONTII PILATI, dazumal Landpfleg- u. Bannrichters zu Jerusalem Gemahlin, Ankunfft, Tugend-Wandel u. Austritt aus diesem Leben. Anfänglich aus dem Syrischen, ins Lateinische, nunmehro aber seiner Rarität halber in das Teutsche übersetzet. Jerusalem, in König Herodis Hoff-Buchdruckerey. (c 1720). 8°.
Rares Curiosum in Romanform. 72 S. (incl. Tit. u. 1 Bl. „Epilogus" in Versen).

Historiae antiquae usque ad Caesaris Augusti obitum Libri XII. — Locis ex scriptoribus latinis excerptis contexuit et scholarum in usum edidit *Emanuel Hoffmann.* Edit. quarta. *Vindobonae* 1857. Sumpt. et typ. *Caroli Gerold filii.* VIII. 247 S. 8°.

Historiae antiquae, usque ad Caesaris Augusti obitum libri XII. Locis ex scriptoribus latinis excerptis contexuit et scholarum in usum edidit Em. Hoffmann. Ed. texta. 8. (VIII und 247 S.) Wien 860, Gerold's Sohn.

Historiae antiquae usque ad Caesaris Augusti obitum libri XII. Scholarum in usum edidit Em. Hoffmann. Editio retractata passimque immutata. Wien 1880. C. Gerold's Sohn. Preis 80 kr.

— s. antiquitat. montis Vogesi etc. 4. Strasb. 733.

— Historia Apollonii Regis Tyri. Rec. et praefatus est Alexander Riese. — Lipsiae: Teubner 1871. XVIII,67 S. (Bibliotheca scriptorum Graecorum et Romanorum Teubneriana).
In den Exemplaren einiger Bibliotheken fehlt der Titel der Sammlung.
1: Ws 8500. 12: A. lat. b. 18s. 300: 429.235–A. L. S. Lat. 315. 2. 3. 4. 5. 6. 7. 9. 10. 11. 5.7753

Historia Apollonii regis Tyri, e codice Parisino 4955 ed. et commentario critico instruxit M. Ring. 12. (90 S.) Pressburg 887. Steiner. n.n. 1. 50

Historia Apollonii regis Tyri. Iterum recensuit Alex. Riese. 8. (XX, 131 S.) Leipzig 893. B. G. Teubner. n. 1. 40

— Augustae, s. *Scriptores.*

Historia, Augusta quinque Carolorum, Augustissimo . . . Imperatori Carolo VI . . . consecrata . . . Viennae Austriae 1735. V: *Pichler, Joseph.* (Jes) (So) (Weber)

Historia, Ausführliche, des Weltberühmten Kriegs-Helden Thamas Kuli-Kan, Sophi in Persien etc. Worin von dessen Herkommen, Thaten etc. wie auch von dises König-Reichs Situation, Grösse etc. gehandelt wird. 8. Augspurg 1741.

— S. P. N. Benedicti a ss. pontificibus romanis Gregorio I. descripta et Zacharia graece reddita, nunc primum e codicibus saeculi VIII. Ambrosiano et Cryptensi-Vaticano edita et notis illustrata cura Jos. Cozza-Luzi. gr. 8. (XXXII, 181 S. m. 1 lith. Fcsm.) Tusculani 880. (Rom, Spithoever.) n.n. 5. —

Historia bibliothecae Upsaliensis. Lips. 747. . 8.

Historia des Bombardements des weltbekannten . . . Raubnestes Algier . . . Berlin 1784. V: *Vulpius, Chn Aug.* (MGT)

Historia canoniae Ducumburgensis in Austria Inferiori . . . Viennae 1828—32. V: *Miess, Frigdian.* (Karajan)

Historia Canoniae Ducumburgensis in Austria inferiori ejusdemque Parochiarum ab an. fundationis MCXII usque ad an. MCCCXL. Part. I. Sect. I. 8maj. (1½ B.) Viennae 828, (Wimmer.)

— del Principe D. Carlos. 8. Leips. Sommer. 796.

* Historia del Principe Don Carlos hijo primogenito del Rey de Expana Phelipe II. 16. Leipz. Sommer. 8:0.

— Caroli XII., Sueciae regis, e gall. lat. redd. 8. Wien, . . Schaumburg u. C. 10 gr.

— Caroli XII., Sueciae regis. Ex gallica origine latine reddita ab A. G. Z. 8. Leipz. 790. (Wienbrack). 1 ß 4 gr.

– Dass., s.a. Voltaire

— del Cavallero Cifar, s.: Bibliothek d. litterar. Vereins in Stuttgart. 112.

Historia et commentationes academiae Electoralis scientiarum et elegantiarum literarum Theodoro-Palatinae. Vol. I. Mannhemii 1766. 4.

Hiſtoria et commentationes academiae electoralis ſcientiarum et elegantiorum litterarum Theodoro-Palatinae. Tom. I. Mannhem. 4maj. Fortſ. 1776.

Historia commentation. Academiae electoralis Moguntinae scientiarum quae Erfurti est ad ann. 1778 et 79. 4maj. Erfurt 780. Keyser. 8 gr.

Historia Concilii Lateranensis a Benedicto XIII. P. M. 1725 Romae celebrati . . . Lipsiae 1734. H: *Kapp, Joh. Erhard.* (Jes)

Historia et concordia evangelica. Opera et studio theologi Paris. Edit. nova emend., ad Text. Bibl. Clementinae. 8maj. Mechliniae 1819. (Mainz, Müller.)

Historia Concordiae fundamentalis. Tubingae 1724. V: *Klemm, Joh. Chn.* (Myl)

Historia contentionis inter imperium et sacerdotium breviter delineata usque ad saeculum XVI in usum auditorii Thomasiani. Halae 1722. V: *Thomasius, Chn.* (Schletter, Handb. d. jurist. Litt. Grimma 1843. S. 100.) (Cat. d. Stadtbibl. Zürich. Zürich 1864–97.)

Historia controversiae in colloqvio Const. Kiliae 1775. V: *Christiani, Wilh. Ernst.* (Collin, Anonymer. Kiobenh. 1869.)

Historia controversiae de processione Spiritus Sancti. Kiliae 1773. V: *Christiani, Wilh. Ernst.* (Collin, Anonymer. Kiobenh. 1869.)

Historia critica Theologiae Theticae et moralis Magni Theologi Salani. Francofurti 1724. V: *Buddeus, Joh. Franz.* (Myl)

Historia quorundam decretorum Basiliensium ... Heidelbergae 1781. V: *Jung, Johann.* (so)

Historia diplomatica Friderici Secundi sive constitutiones, privilegia, mandata, instrumenta quae supersunt istius imperatoris et filiorum ejus. Accedunt epistolae paparum et documenta varia. Collegit, ad fidem chartarum et codicum recensuit, juxta seriem annorum disposuit et notis illustravit J. L. A. Huillard-Bréholles. Auspiciis et sumptibus H. de Albertis de Luynes. Tom. I. pars 1. 2. — Tom. II. pars 1. 2. Tom. III. — Tom. IV. pars 1. 2. — Tom. V. pars 1. Parisiis 852—57. Franck. (Leipzig, Gerhard.) gr. 4. (I.: 6 Bl., IV, 1067; II.: 5 Bl., 1095; III.: 2 Bl., 576; IV.: 3 Bl., 1047; V. 1.: 3 Bl., 644 S.) n. 46 ℛ𝓅. 25 ngr.

Historia diplomatica Friderici II. s. constitutiones, privilegia, mandata, instrumenta quae supersunt istius imperatoris et filiorum ejus. Accedunt epistolae paparum et documenta varia. Collegit, ad fidem chartarum et codd. recensuit, juxta seriem annorum disposuit et notis illustravit J.-L.-A. Huillard Bréholles. Préface et introduction. Paris 859. (Leipzig, A. Dürr.) gr. 4. (560 S.) n. 5 ℛ𝓅 20 ngr.

Historia. Historiae diplomaticae iuris patronatus apostolicorum Hungariae regum libri tres. Vindobonae 1762. V: *Kollar von Keresztén, Adam Franz.* (ML)

Historia diplomatica de statu religionis Evangelicae in Hungaria ... [Halberstadii] 1710. V: *Huldenberg, Freih. von.* (Myl) *Huldberg.* (winer) V: *Okolitsanus, Michaelis.* (BrMm) (MS)

— diplom. de statu regni Hungariae. fol. vide Lehmanni acta.

Historia ducum Styriae in Tres Partes divisa ... Imperatori Carolo VI ... Dicata, dedicataque Ab Archi-Ducali, & Caesareo Collegio, & Academia Graecensi Societatis Jesu. Graecii, Literis Haeredum Widmanstadii M.DCC.XXVIII [1728].
Titelkupfer, Tit., 3 Bl., 185 + 1 + 123 + 1 + 84 S.; 22 Taf. in Kupferst. 4°.
Als Autor gilt P. Petrus Schez, als Verfasser der beiden letzten Biographien P. Franz Wagner. Titelkupfer gest. von Johann u. Jos. Schmutzer, die übrigen von Christ. Dietell
Graesse III, 299.

— Eccles. saec. XVII. in vita I. Gerhardi. 8. Lips. 727.

Historia Ecclesiae Evangelicae Augustanae Confessioni addictorum in Hungaria universa ... Halberstadii 1830. V: *Munyay, Lajos.* (BrMm)

—— ecclesiae evangel. Augustanae Confess. addictorum in Hungaria universae; praecipue vero in tredecim oppidis Scepusii. 8 maj. (20½ B.) Halberstadt 830. [Lipsiae, Schreck; O. Wigand.]

Historia ecclesiasta, compendi daus ora dall' uniun do Pius ella Cadi. In-8°. Disentis, Stamparia de Mustèr. 1881

— ecclesiasticae polit. et lit. saec. XVI et XVII. monum. 4. Francf. 725.

• Historiae Ecclesiasticae etc. fol. Basel. (Hannov. Helwing.)

Historia, höchst erbauliche und curiose, der schreckl. Belagerung von Leipzig, im 19. Jahrh., im 33. Jahre des 33jähr. Friedens. Nach einer alten Chronik beschrieben und in zierliche Knittelverslein gebracht von einem leipziger Poeten. 8. (7 S.) Leipzig 848, Naumburg. *

Historia, Erbauliche und seltsame, Rothschilds I Königs der Juden von Satan ... 2. ... Aufl. Berlin 1846. V: *Schlesinger, Leopold.* (EB)

—— erbauliche u. seltsame, v. Rothschild I., König der Juden. Von Satan. Nach d. 5. Aufl. des Franz. 8. (2 B.) Berlin 846. [Leop. Schlesinger.]

Historia oder wunderliche Erzählung der seltsamen Einbildungen, welche Monsieur Oufle aus Lesung solcher Bücher bekommen, die von der Zauberey ꝛc. handeln. Aus d. Franz. v. Krüger. Danz. 712. 8.
Oufle. Ueber dessen ges. magische Bibliothek siehe: Hist. des imagin. extrav. de Mr. Oufle. T. I. c. 2. p. 13—18.

Historia, Ethike, Βελισσαρίου Ἀρχιστρατήγου τοῦ Μεγάλου ... Ἐν Βιέννῃ 1783. V: *Marmontel, Jean Franç.* (Milchs)

Historia evangelica ex verbis sanctorum quatuor Evangelistarum concinnata et in ordinem redacta. Brixinae 1802. V: *Feichter, Michael.* (margr)

— evangelica, ex verbis Evangelistae etc. 8. Insbr. 803. Wagner, 10 gr

— de expeditione Friederici Imperatoris edita a quodam clerico, qui eidem interfuit, nomine Ansberto, cum notis adjectis a Jos. Dobrowsky. 8. Prag. 826. (Leipz. Central-Compt.)

Historia facti, oder kurtze, doch wahrhafftige Erzehlung von Joh. Heinrich Hottingern ... O. O. 1718. V: *Hottinger, Johann Heinrich.* (Myl)

Historia familiae sacrae ex antiquis monumentis collecta ... S. l. 1736. V: *Sandinus, Ant.* (Jes)

Historia fanaticorum, oder eine vollkommene Relation und Wissenschafft von denen Schwärmern ... Frankf. a. M. 1701. Ü: *Figken, Bened.* (Hauptkat. d. Univ.-Bibl. Tübingen. G. S. 323.)

Historia von Dr. Faust, s. Volksbücher.

Historia von Dr Johannen Fausten, dem weitbeschrieenen Zauberer und Schwarzkünstler, wie er sich dem Teufel auf eine benannnte Zeit verschrieben ... Frankf. a. M. 1846. H: *Simrock, Carl Joseph.* (Engel, Bibliotheca Faustiana. 2. Aufl. Leipzig 1885.)

[F. u. Ant.] Historia D. Johannes Fausti des Zauberers nach d. Wolfenbütteler hs. nebst d. nachweis e. teils ihrer quellen hrsg. v. Gustav Milchsack. Th. 1. *Wolfenbüttel: J. Zwissler 1892.* 8.
= Ueberlieferungen z. Litteratur, Geschichte u. Kunst. Bd 2, [97. 178]

— la, di Florindo e Chiarastella. Faksimile e. um 1500 in Florenz hergestellten Druckes im Besitze der kgl. Universitätsbibliothek in Erlangen. (Hrsg. v. Herm. Varnhagen.) (10u.8S.) gr.8. Erlangen 907. M. Mencke. 2. —

Historia fratrum Sportulantium. Francof. et Lipsiae 1724. V: *Claudius, Gottfried Christoph.* (Myl)

Historia Friderici, Imperatoris magni, hujus nominis primi, Ducis Suevorum ... Ulmae 1790. H: *Kuen, Mich.* (Ky)

— Friderici, Imperatoris magni, hujus nominis primi, Ducis Suevorum, et parentelae suae, conscripta circa annum MCCXXVI. a Burchardo, (a M. Kuen) ed. not. illustr. a G. A. Christmann. 4. Ulm 790. Wohler. 1 ℔ 8 gl

Historia Graeca, in qua constitutiones Graecorum ... describuntur. Francofurti 1720. V: *Angelos, Christophorus* [?]. (Myl)

Historia graeca, in qua constitut. Graecor. etc. 4. Francf. (Frommann, Jenae.) 720. Rthlr.

Historia von der Herberge der Königin Theresia ... O. O. 1745. V: *Richter, Christoph Friedrich* [?]. (ML)

Historiae hungaricae fontes domestici. Pars I. Scriptores. Vol. 1 et 2. gr. 8. Leipzig 881. 82. Brockhaus' Sort. in Comm. à n. 8. —
1. Vita sanctorum Stephani regis et Emerici ducis. Ad fidem codicum seculi XII, XIII, et XV. recensuit, nonnulla ejusdem aetatis monumenta, disquisitionesque criticas adjecit M. Florianus. (236 S. m. 1 Fcsm.-Taf.)
2. Chronica Hungarorum. I. Mag. P. Belae regis notarii. II. Mag. Simonis de Keza gesta Hungarorum. III. Chronicon pictum Vindobonense. Ad fidem codicum rec., observationes, disquisitionem de aetate Belae regis notarii, et animadversiones criticas adjecit M. Florianus. (VIII, 315 S.)

Historiae hungaricae fontes domestici. Pars I. Scriptores. Vol. III. gr. 8. Leipzig 884. (Brockhaus' Sort.) n.n. 10. — (I—III : n.n. 26. —)
Chronicon Dubnicense cum codicibus Sambuci Acephalo et Vaticano chronicisque Vindobonensi picto et Budensi accurati collatum. Accesserunt II. Adnotationes chronologicae seculi XII et XIII-i. III. Chronicon Monacense. IV. Chronicon Zagrabiense et Varadiense. V. Joannis de Utino brevis narratio de regibus Hungariae. Rec. et praefatus est M. Florianus. (V, 276 S.)

—— Jemanae, e codice manuscripto arabico, cui tit. est: بغية المستفيد فى اخبار مدينة زبيد concinnata; quam, praemissa de libri auctore et argumento, nec non de antiquitatib. Jemanensibus histor. disputat., adiecto indice geograph. locor. et fluminum in cod. obvior., edid. C. Th. Johannsen. 8 maj. (19¼ B.) Bonnae 828, (Marcus.)

Historia Jemanae sub Hasano Pascha, quam e cod. mspt. arabico biblioth. acad. Lugduno-Bat. ed. atque annotat. et indice geograph. instr. Ant. Rutgers. 4maj. (29 B.) Lugduni-Bat. 838, Luchtmans. (Lipsiae, libr. Weidmann; T. O. Weigel.) *

Historia Domini nostri Jesu Christi ex concordia quattuor evangeliorum. Trier, 1775, 4°, 18 S.

Historia Imperii Romano-Germanici, nec non finitimarum Regionum. In Mappa exhibita, ac aeri incisa à Matth. Seutter. Aug. Vind. 1712? nebst 1 Blatt Beschreibung. 1: 2,750,000. 1 Bl.

Historia de tribus seculo 17 famosis impostoribus, oder histor. Nachricht von dreyen im 17. Jahrh. beruffenen Ertz-Betrügern, als nemlich dem Padre Ottomanno, dem Mahomed Bei, oder Joh. Mich. Cigala u. dem Sabata Levi. Aus d. Engl. ins Deutsche übers. o. O. 1739.

— Mislsyanae inventionis Pan-basso-matheseos, cum praefixa tabella aenea concentrati Protometri totius universi atque effigie Domini Auctoris. Conscripta a Dan. Mattyassowsky de Felsö-Mattyasócz. Wien 826, v. Schmid.

Historia Josephi. Qiṣṣatu Jūsufa 'n-naǧǧāri sive Historia Josephi fabri lignarii. Liber apocryphus ... Arabice editus, nec non versione Latina et notis illustratus a Georgio Wallin. Lipsiae 1722.

Historia Josephi fabri lignarii, arab. et latin. ed. Wallin. Lips. 1722. 4. [Cfr. Thilo cod. apocr. N. T. I. p. XV s.]

Historia juris naturalis, cum dupplici appendice: 1. censurae Boeclerianae in programma Rebhanii. 2 Quinque epistolarum a Pufendorfio, Conringio, Boeclero ad Boineburgium scriptarum . . . in usum auditorii . . . Halae Magdeb. 1719. V: *Thomasius, Christian.* (KGBerlin I, 15)

— juris romani, privati potissimum, quae in tabulis exhibetur, atque ad usus Justinianistarum accommodatur. 8. Augsb. 767 Wagner. 8 ℛ

Historia Jurisprudentiae Europaeae, a Justiniano per medium aeuum usque ad nostrum. Wismariae 1775. V: *Caroc, Georg Adolf.* (Myl)

Historia von dem streitbaren Helden Hugo Kapet . . . Nürnberg 1794. V: *Roth, Joh. Ferd.* (Pr)

Historia, Kurze und wahrhafftige, von einer Jungfrawen, welche mit etlich vnd dreissig bösen Geistern leibhafftig besessen. München [ca. 1880]. V: *Khueller, Sebastian.* (EB)

Historia von des beruffenen Ertz-Kätzers D. Joris oder Georgi Lehr- und Leben . . . [Leipzig?] 1713. V: *Arnold, Gfr.* (BrMm)

Historia des Leidens und Sterbens unsers Herrn Jesu Christi samt beygefügtem Gebet . . . Nürnberg 1727. V: *Pfitzer, Johann Jacob.* (will) (ML)

— liter. Reformationis, vide Herm. v. d. Hardt.

Historia literarum bonarumque artium in Hungaria . . . Viennae et Posonii [1799]. V: *Belnay, Georg Alois.* (Pk)

Historia, Antiquis eruta ex litteris, Mariae a solatio dictae, quae in vineis Maisensibus dolorosa christiano populo est proposita. Augustae Vind. [1729]. V: *Winnepacher, Michael.* (Margr)

Historia litis de loco venaesectionis in pleuritide . . . Halae 1793. V: *Sprengel, Curt.* (MGT)

Historia das lutas com os Hollandezes no Brazil desde 1624 a 1654. Vienna 1871. V: *Varnhagen, Francisco Adolfo de.* (CBH)

— das Lutas comos Hollandezes no Brazil desde 1624 a 1654. Pelo autor da historia geral do Brazil. [Com una estampa.] gr. 8. (XXXI, 368 S.) Wien 871. (Braumüller & Sohn.) n. 8. —

Historia von der schönen Magelona, eines Königs Tochter von Neapolis, und einem Ritter, genannt Peter mit den silbern Schlüsseln. Aus französischer Sprache übersetzt von Veit Warbeck. Mit 33 Holzschnitten. Frankfurt a. d. Oder, o. J. 8°. (2 Mk., etwas gebraucht, Titel mit Censurstempel, W. H. Kühl, Berlin, 1884.)

Alte Jahrmarktsausgabe. Titel roth u. schwarz. Mit diversen Holzschnitt-Doubletten.

Historia | von der schönen | Magelona, | eines Königs Tochter | von Neapolis, | und einem Ritter, genannt | Peter mit den silbern Schlüsseln, eines | Grafen Sohn von Provincia. | Aus französischer Sprache in das Teutsche | übersetzt durch M. Vitum Warbeck. | Samt einer Vorrede. | (Mit gnädigster Genehmigung.) | (Fig.: *Ritter Peter mit Dame*, 48 × 68) | Reutlingen, bey Fischer und Kurtz.
o. J., 88 S., 162 × 97.
UB Tü Dk XI. 233.

Die *Geschichte von der schönen Magelone* erschien 1838 in Leipzig bei Otto Wigand (= *Volksbücher*, 5, hgg. von G. O. Marbach). – Frenzel: Stoffe S. 398–399. – Görres TVb Nr. 21, S. 151–154. – Heitz-Ritter Nr. 354–370, S. 113. – N. Iorga: Livres populaires dans le sud-est de l'Europe, in: Académie Roumaine. Bulletin de la section historique 14, Bucarest 1928, S. 70. –- Schenda 1000 FVb Nr. 743–743 a. – Verfasserlexikon III, 1943, Sp. 208–216 (Ruth Westermann). – Brian Woledge: Bibliographie des romans et nouvelles en prose française antérieurs à 1500, Genève-Lille 1954, Nr. 121–122. – Conrady Dt Vb S. 7–58. – Noch 1967 erschien *Die wunderbare Liebesgeschichte von der schönen Magelona und dem Ritter mit den silbernen Schlüsseln. Aufs Neue erzählt von* Ernst Metelmann. Gedruckt und ihren Freunden gewidmet von der Buchdruckerei H. Laupp jr. Tübingen. 53 S. –

Historia von der schönen Magelona, eines Königs Tochter, und einem Ritter etc., eines Grafen Sohn. Aus französ. Sprache übers. durch M. Veit Warbeck. Mit Titelholzschnitt. Reutlingen, Fleischhauer, o. J. 8°. (4 Mk. B. Liebisch, Lpz., 1911.)

Alter Jahrmarktsdruck von 88 Seiten. Mit Vorrede.

Historia von der Schönen Magelona, eines Königs Tochter von Neaples, und einem Ritter, genannt Peter, mit den silbern Schlüsseln, eines Grafen Sohn von Provincia. Auß Frantzösischer Sprache in das Teutsche verdolmetscht, durch M. Vitum Wartheck (sol). Gedruckt in diesem 1725. Jahr. 8°. J Bogen. (In Göttingen.)

So bei Goedeke[2] II. p. 20.

— — Dasselbe. Nürnberg, J.-A. Endter, 1744. 8°.
— — Dasselbe. Linz, o. J. (1824). 8°.
— — Dasselbe. Znaim, o. J. (1825). 8°.

Historia | von der schönen | Magelona, | eines Königs Tochter | von Neapolis, und einem Ritter, genannt Peter | mit den silbern Schlüsseln, eines Grafen | Sohn aus Provincia. | Aus französischer Sprache in das Teutsche | übersetzt durch | M. Vitum Warbeck. | Samt einer Vorrede. | (Mit gnädigster Genehmigung.) (Fig.: *Dame und Ritter*, 46 × 66) | Reutlingen, | bey J. N. Enßlin. 1833.
64 S., 170 × 100.
StB Ulm BB 946p.

Historia, la, di Maria per Ravenna. Fksm. e. um 1500 in Florenz hergestellten Druckes im Besitze der kgl. Universitätsbibliothek in Erlangen. (Hrsg. v. Herm. Varnhagen.) (20 S. m. Abbildgn.) gr. 8. Erlangen 903. M. Mencke. n. 2. –

Historia von der edlen und schönen Melusina, welche König Helmas Tochter und ein Meer-Wunder gewesen. Franckfurt u. Leipzig. O. J. (17**). 8⁰. (2 Mk. 40 Pfg. Oswald Weigel, Lpz., 1883; jetzt theurer!)
Mit rohen Holzschnitten.

Historia von der edlen und schönen Melusina, Welche König Helmas in Albanien Tochter, etc. Jetzo aufs neue übersehen und mit schönen Figuren gezieret. Franckfurth u. Leipzig. O. J. (c. 1750). 8⁰. Mit Holzschnitten. (15 Mk. Auct. Biltz, no. 646.)
Blenz's Bibl. Berlin 1844. no. 775. Beibd. 1.

Historia miscella. Francisc. Eyssenhardt recensuit. Berlin 869. Guttentag. gr. 8. (VIII, 731 S.) n. 4 ₰ 3 ngr.

— miscella ab incerto auctore consarcinata complectens Eutropii historiam romanam cum additamentis Pauli Diaconi et Landulphi Sagacis seu cujusquam alii usque ad an. MCCCVI additis notis et variis lectionibus H. Canisii. Editio novissima. Cherii 854. (München, Franz.) 8. (9 Bl., 556 S. u. 1 lith. Schrifttafel in 4.) n. 1 ₰. 14 ngr.

— et monumenta I. Hussi et Hieron. Pragens. fol. Francf. (Frommann, Jenae.) 715.

—— morbi et descriptio sectionis cadaveris Dr. Ernesti de Grossi. 8 maj. (2 B.) Monachii 830, Literar.-Artist. Anstalt.
Deutsche Uebersetzung, vgl. Krankheitsgeschichte.

Historia morborum qui

Historia morborum, qui annis MDCIC, MDCC, MDCCI Vratislaviae grassati sunt, a Colleg(io) Acad(emiae) Leopold(inae) Nat(urae) Curios(orum) Vratislaviens(e) in lucem edita. Opus variis casibus et cautelis practicis, judiciis item de remediis, et vera curandi ratione instructum. Accedit appendicis loco tractatus de experientia... 325 S., 40 S., gbd.

Vratislaviae et Lipsiae: Bauch 1706

Historia morborum, qui annis MDCIC. MDCC. MDCCI. Vratislaviae grassata sunt, a Colleg. Acad. Leopold. nat. curios. Vratislaviens. in lucem ed. Opus variis casibus et cautelis practicis... Acc. ... Vratislaviae & Lipsiae: Bauchius 1706. Oetr. Pag. 8⁰

[Sondert. 1:] Tractatus philosophico- medicus de experientia, in quo natura experientiae describitur,...
[Sondert.2:] Observationes practicae de hydrope pectoris, in quibus de signis et causis occultioris hujus morbi, ac curandi ratione disseritur.

Historia morborum, qui anno MDCCII Vratislaviae grassati sunt à Coll. nc. Leop. Nat. Cur. Vratisl. in lucem edita. 236 pp. Vratisl. et Lps. 1710. 4⁰.

Mosaica creationis historia ex textu Hebraico litteraliter exposita. Trier, 1774, 4⁰, 23 S. Dissertation.

Historia motuum inter rusticos Saxonicos nobilium praediis subjectos per aestatem anni p. C. n. 1790 extortorum carmine elegiaco comprehensa accedente prologo et epilogo. Misenae 1799. V: *Dietrich, Johann Friedrich.* (Bem I, 1, S. 465)

— motuum inter rusticos saxonicos nobilum praediis subjectos etc. 8. maj. Meissen, Gödscho. 799.

— —, Nagelneue höchst wunderbare, aber dennoch wahrhaftige von dem Prinzen Augentrost und der schönen Wunderholde. In 12 Cap. nebst dazu gehörigen zwölf Bildern, von etlichen lustigen Malern. (Amüsante Radirungen von Wisniewsky, Steffeck, Löffler u. A.) Ans Licht gestellt durch Hugo v. Blomberg. (Blomberg?) Berlin 1846. 8⁰. 32 S. Selten! (10 Mk. Oskar Rauthe, Friedenau-Berlin, 1908.)

— Napoleona I. Cesarza francuzow az do roku. 8. Leipz. 807. (Brockhaus). 1 ₰

— Napoleona I. Cesarza francuzow az do roku. 8. Leipz. Gleditsch. 807.

Historia naturalis alaparum oder: Naturgeschichte der Ohrfeigen. Klassification der verschiedenen Species oder Abarten, ihre medicin. Eigenschaften, ihre Anwendung und ihre Wirkung. Ergänzungsheft zu jedem anthropolog. Werke und pract. Leitfaden für Naturärzte und Pädagogen. Hrsg. von Alphons Haurein. 1. und 2. Aufl. 8. (29 S.) Chemnitz 876,80, Hager.

— — becassinarum. Naturgeschichte der Schnepfen. 3 Aufl. Leipzig, o. J. (187*). Kl. 8⁰.
50 Pfg. Heckenhauer, Tübingen.

Historia naturalis cactuum od. ausführl. Naturgesch. der Cacteen. (Ueber den Σχεῖοδοεχ.) Ergänzungsheft zu jedem botan. Werke v. Jussien minor. 25. verm. Aufl. (23 S.) 16. Leipzig 906. F. Ohme. — 50

— naturalis culpaefactorum. Das ist: Naturgeschichte der Schulbennacher. Skizzen u. Studien zur Theorie u. Praxis d. Pumpes nach dem neuesten Standpunkte der Wissenschaften hrsg. v. A(ugustus) P(umpus). 16. (31 S.) Leipzig 873. Matthes. n. — 50

Historia naturalis studiosi Cremifanensis. Linz 1877. V: *Krackowitzer, Joseph.* (EB)

STRÜMPFE. — Historia naturalis tibialium. Das ist: (jocose) Naturgeschichte der Strümpfe. Mit color. Titelbild. Leipzig, Gustav Walther, 1876. 8⁰. 33 S. (2 Mk. E. Frensdorff, 1907.)

Historia, Newe und wahrhaftige, von dem, was in diesen Tagen zu Nürnberg geschehen ist. O. O. 1767. V: *Herel, Joh. Fch.* (BGE ⁸V/419) (Bresl 31, S. 107) (Bibl Port)

Neue u. wahrhaftige Historia von dem, was in diesen Tagen zu Nürnberg geschehen ist. O. O. 1767. Kl. 8⁰. 16 S.
Jocose Persiflage in nachgeahmtem biblischen Style bezügl. der Herel'schen Satyren.
Auch ein Druck von 1765 vorhanden??

— Neuentdeckte, wie auch seltsame Abentheuer, Ränke u. Schwänke der weiland weltbekannten Frauen Lieschen Eulenspiegel. Zum Nutz u. Frommen aller Weiber u. Mädchen ans Licht gestellt. Im neuen Jahrhunderte. Mit 5 kleinen Holzschnitten. O. O. u. J. (ca. 1800). 94 S. 8⁰. Selten!
Max Perl's Berliner Febr.-Auct. 1908, no. 189. — Einiges frei und derb.

Historia Norimbergensis diplomatica, oder Zusammentrag der vornehmsten von den . . . Römischen Kaysern und Königen der . . . Stadt Nürnberg . . . ertheilten Freyheiten, Begnadigungen . . . Nürnberg 1738. V: *Wölkern (Wölckern), Lazarus Carl von.* (ML) (BrMm (Co)

Historia numismatum novorum, d. i. die neueröffnete Historia der Modern-Medaillen . . . Hamburg 1715. V: *Groening, Joh.* (CBH)

— Khalifatus **Omari II.**, Jazidi II. et Hischámi, quam e codice Leyd. nunc primum edidit **M. J. de Goeje. Leyden 865**. Brill. gr. 8. (VI, 75 S.) n.n. 13½ ngr.

— la, di **Ottinello e Julia.** Faksimile e. um 1500 in Florenz hergestellten Druckes im Besitze der kgl. Universitätsbibliothek in Erlangen. (Hrsg. v. Herm. Varnhagen.) (16 S. m. 1 Abbildg.) gr. 8. Ebd. 907. 2. —

Historia | Deß Paßions, | Oder Des bittern Leydens und Sterbens | unsers HErrn und Heylandes | Jesu Christi, | Beschrieben | durch die vier heilige Evangelisten. | Anjetzo aber in dreyzehen Lectionen | abgetheilet, wie solche von Alters hero | einer Christlichen Gemeinde in des Heil. Römi- | schen Reichs-Freyen Stadt Reuttlingen die | gantz Char-Woche durch in den Morgen- und | Abend-Predigten pflegen vorgelesen und | erklärt zu werden. | (Fig.: *Kruzifixus*) REUTTLINGEN, | Gedruckt mit Fleischhauerischen Schriften.
o. J. (Ende 18. Jh.?), 1 Bl. + 58 S. + 5 Bl. n.n., 8°.
StB Reutlingen 12790.

Historia passionis Jesu Christi. Halae 1755. V: *Schultze, Benj.* (Collin, Anonymer. Kiobenh. 1869.)

Historia pathologica singularis cutaneae turpitudinis Jo. Godofr. Rheinhardi . . . Lipsiae 1793. V: *Tilesius, Wilhelm Gottlieb v.* (Ky) (EngM) (MGT) »cutis« (Call)

— pathologica, singul. cutis turpitudinis I. G. Rheinhard. (Rheinhards Hautkrankh.) lat. u. deutsch. m. K. Fol. Leipz. F. C. W. Vogel. 793.

Historiae patriae monumenta edita jussu Regis Caroli Alberti. — Chartarum Tom. I. — Leges municipales. — Scriptores. Fol. maj. (732½ B.) Augustae Taurinor. 836 —39. (Lipsiae, T. O. Weigel.) Thlr. *

— patriae monumenta edita jussu regis Caroli Alberti. Liber jurium reipublicae Genuensis. Tom. II. gr. Fol. (LIV und 1686 Sp.) Turin 857. (München, Franz.) **
Tom. I. Turin 1836—39. (Leipzig, T. O. Weigel.) * 56 Thlr.

Historia Philosophiae Sinensis noua methodo tradita . . . Brunsuic. 1727. V: *Reimann, Jacob Friedrich.* (Myl)

Historia Philosophica Doctrinae de Ideis qua tum . . . Graecorum tum recentiorum philosophorum placita enarrantur. Augustae Vindel. 1723. V: *Brucker, Joh. Jac.* (BrMm) (Barbier) (Myl)

— philos., Doctrinae de Ideis. 8. Augsburg, Merz. 723.

Historia Pietistica Waldecensis, wie solche denen in Sachen . . . O. H. Beckern, wie auch . . . J. H. Marmors, vom . . . Reichs-Cammer-Gericht auferlegten Berichten als ein adjunctum beygefüget . . . Corbach 1712. V: *Kleinschmidt, Joh. & Carl Gfr. von Rauchbar.* (BrMm)

Historia, Paulo plenior, juris naturalis. Halae Magd. 1719. V: *Thomasius, Chn.* (Barbier)

— politica et patriarchica Constantinopoleos, s. a. Corpus scriptorum historiae Byzantinae.

— politica et patriarchica Constantinopoleos. Epirotica. Recognovit Imman. Bekkerus. (Et. s. t.: Corpus scriptorum historiae Byzantinae Vol. XLVI.) 8maj. (295 S.) Bonnae 849, Weber. *
Schrbp. *
Vlnp. *

K., C. W., Historia provocationum et appellationum apud veteres Romanos. Spec. I. Lips. 740. 4. (24 S.)

Historia de rebus ecclesiae Ultrajectensis a tempore mutatae religionis in foederato Belgio; monumentis variisque dissertationibus illustrata. Colon. 1725. V: *Hoynck a Papendrecht, Cornelius Paulus.* (RHMB VI, 64)

— regni Hungariae. 8maj. Chemn. 805. (Starke). 1 ₰ 8 g

— — idem l. 8. maj. Chemnitz, Mauke. 806.

— Regni Hungariae. 8. maj. Presb. Belnay. 808.
Schreibp.

Historia praecipuorum Arabum regnorum, rerumque ab iis gestarum ante Islamismum, e codd. mss Arabicis bibl. R. Havniensis collegit, vertit, animadversiones addidit J. L. Rasmussen. 4. (Havniae, Brummer in comm.) 819. Rthlr.

— — reg. Norvegicorum, s. a. Snorronis.

— regum Norvegicorum; auctius et emendatius edendam post G. Schöning et S. Th. Thorlacium cur. B. Thorlacius et E. C. Werlauf. IV Tomi. fol. Hafniae, Schubothe. (in Comm.) 814.

Historia priorum regum Persarum post firmatum in regno Islamismum . . . Viennae 1782. V: *Jenisch, Bernhard von.* (Ky) (MGT)

Historia priorum regum Persarum post. firmat. in regno Islamismum ex Moham. Mirchond; Pers. et Lat. c. not. geograph.-literar. (a B. v. Jenisch) 4maj. Wien 782. (Heubner). 3 ℛ

— rei Nummariae vet. aliquot scriptores. 4. Lüneb.

Historia, Gregorii Rivii Puritani Monastica, Occidentis scabra et salebrosa . . . Lips. 1737. V: *Lauterbach, Georg Burkhard.* (MI.)

—— Romanae brevis epitome inferioribus Gymnasior. classibus destinata. 8. (3 B.) Berolini 841, Alex. Duncker.

— sacra et eccles. ad us. schol. Cisterciens. III T'mi. 8. Bas. E. Thurneisen. 795.

Historia sacra Veteris Testamenti chronologice deducta. Würzburg. 1732

Historia, Magni theologi Salani, critica theologiae dogmaticae et moralis . . . Francofurti ad M. 1724. V: *Budde (Buddeus), Johann Franz.* (Cl.Zür Forts. III)

— regis Sarsa Dengel (Malak Sagad) ed. K. Conti Rossini, s.: Corpus scriptorum christianorum orientalium.

(U.-Titel:) Eine schöne anmuthige und | lesenswürdige | Historia | von der | unschuldig-bedrangten | Genovefa. | Wie es ihr in Abwesenheit ihres herzlichen | Ehe-Gemahls ergangen. | (Fig.: *Siegfried nimmt Abschied von Genovefa,* 50 × 69) | Mit Holzschnitten geziert, und neue Auflage; | auch die allerhöchste Censur passiert. | Augsburg.
Nicht Augsburg, sondern Reutlingen, o. J. (Anfang 19 Jh.), 62 S. + 1 Bl., 166 × 98, 12 Fig. im Text: Holzschnitte, jeweils etwa 50 × 70, zum Teil stark abgenützt.
LBS d. D. oct K 3337.

Eine andere Auflage hat den Vermerk »Reutlingen, | bei J. Jakob Fleischhauer, jünger.« (ebenda 3338). Text und Satz sind identisch mit der Ausgabe »Augsburg« bis S. 38. Dann folgt zusätzlich die Geschichte von dem eiskalten Gespenst (dem des vergifteten Kochs), das sich zum Grafen ins Bett legt. – Ein weiterer Druck (StB Ulm BB 905) hat als Druckvermerk »Reutlingen, | bei Justus Fleischhauer.«

(U.-Titel:) Eine | schöne, anmuthige und lesenswürdige | Historia | von der | unschuldig-bedrängten | Genovefa. | Wie es ihr in Abwesenheit ihres herzlichen | Ehe-Gemahls ergangen. | (Fig.: *Siegfried nimmt von Genovefa Abschied,* 49 × 65) | Mit Holzschnitten geziert, und neue Auflage. | Mit königl., allerhöchst-gnädigster Genehmigung. | Reutlingen, | bei B. G. Kurtz. 1835.
63 S. + 1 S., 168 × 98, 12 Fig. im Text, jeweils etwa 50 × 65.
LBS d. D. oct K 3339.
Eine andere Auflage dieses Verlages (ebenda 3341) hat den Titel »Lesenswürdige Geschichte | von der | unschuldig bedrängten | Genovefa. . . . Reutlingen, Druck und Verlag der B. G. Kurtz'schen Buchhandlung.« Sie hat nur 55 + 1 S. und 3 Fig. verschiedener Provenienz im Text.

(U.-Titel:) Schöne und lustige Historia, | von den | Vier Heymons- | Kindern, | Adelhart, Ritsart, Writsart, und | Reinold, | Samt ihrem Roß Beyart, was sie für Rit- | terliche Thaten gegen die Heyden zu Zeiten Karoli | Magni, König in Frankreich und ersten Röm. | Kaisers begangen haben. | Diesem ist beygefügt, das Leben des H. | Reinoldi, des jüngsten von den vier Gebrüdern, | was er für Wunderzeichen und Mirackeln, durch | Zulassung Gottes gethan hat. | (Fig.: *Die vier Brüder auf ihrem Pferd,* 52 × 83) | Reutlingen, | bei J. J. Fleischhauer, d. jüngern.
o. J., 176 S., 169 × 100.
LBS d. D. oct K 3409.

Schöne und lustige Historia, | von den | Vier Heymons-Kindern, | Adelhart, Ritsart, Writsart | und Reinold. | Samt ihrem Roß Beyart, was sie für Rit- | terliche Thaten gegen die Heiden zu Zeiten Ka- | roli Magni, König in Frankreich und ersten | Römischen Kaisers begangen haben. | Diesem ist beigefügt, das Leben des H. Rei- | noldi, des jüngsten von den vier Gebrüdern, was | er für Wunderzeichen und Myrakeln, durch | Zulassung Gottes gethan hat. | (Fig.: *4 Ritter mit Fähnchen:* REINOLD, ADELH., RITSAT (sic), WRITSART *auf ihrem Pferd,* 47 × 86) | Reutlingen, | bei Kurtz und Fischer. 1822.
136 S., 172 × 98.
StB Ulm BB 907.

(U.-Titel:) Schöne und lustige Historia | von den | Vier Heymons-Kindern, | Adelhart, Ritsart, Writsart | und Reinold. | Samt ihrem Roß Beyart, was sie für Rit- | terliche Thaten gegen die Heiden zu Zeiten Ka- | roli Magni, König in Frankreich und ersten | Römischen Kaisers begangen haben. | Diesem ist beygefügt das Leben des H. Rei- | noldi, des jüngsten von den vier Brüdern, was | er für Wunderzeichen und Mirakeln durch | Zulassung Gottes gethan hat. (Fig.: *Die vier Brüder auf ihrem Pferd,* 47 × 67, wie bei Nr. 784) | Reutlingen, | bey B. G. Kurtz. 1836.
135 S., 165 × 100.
LBS d. D. oct K 3412.
Eine weitere Auflage (ebenda 3411) erschien o. J. (1850) »in der B. G. Kurtz'schen Buchhandlung.«, 128 S., 165 × 105.

Eine schöne und sehr nutzliche Historia von dem fürtrefflichen Ritter Pontus, Des Königs Sohn aus Gallicien, und von der schönen Sidonia, einer Prinzessin aus Britannia. Vor vielen Jahren zu Franckfurt a. M. herausgegeben. Mit Titelholzschn. und 7 Abbildungen im Texte. O. O. 1769. 8°. 205 S. (7 Mk. 50 Pfg. Ottomar Schönhuth, München, 1909.)
Haydinger's Bibl. I. 1. no. 860.

Historia, seltsame, von d. tugendsamen hochgelobten Königin Wunderlich rc. 8. Lpz. 808. Fr. Bruder. 8 gl (So viel ich mich erinnere, ist dies Fr. Bruder's eigene Hochzeitsgeschichte.)

— de Silentio oraculor. paganismi p. Christi advent. 8. Braunschw. 725.

Historia, Succincta ... formulae consensus conditae..., Kurtze ... Erzehlung ... O. O. 1723. V: *Hottinger, Joh. Jac.* (Cat. d. Stadtbibl. Zürich. Zürich 1864—97.)

Historia Symboli Apostolici, cum observationibus ecclesiasticis ... Lipsiae 1706. V: *King, Peter.* Ü: *Olearius, Gfr.* (BrMm) (Myl) (Barbier)

Historia, Synoptike, τῆς Ἑλληνικῆς Φιλολογίας ... Βιέννῃ 1816. V: *Schöll, Maximilian Samson Friedrich.* (BrMm)

Historia Trevirensis diplomatica et pragmatica ... Aug. Vind. et Herbip. 1750. V: *Hontheim, Joh. Nic. von.* (AarK) (Dn) (Winer) (Barbier)

Historia universalis ... Salisb. 1708. V: *Langbartner, Michael von.* (Hr)

Historia universalis Salisburg. Bomdorf 1727. V: *Willpert* (?). (Mitth. Dr. Ign. Schwarz-Wien.) S. a. II, 9694.

Historia almae et archiepiscopalis universitatis Salisburgensis ... Bonndorfii 1728. V: *Sedlmayr, Roman.* H: *Troger, Meinrad.* (AarF) (Lindner) (Hr) V: »1727« *Willpert.* (Karajan)

Historia almae et archiepiscopalis Universitatis Salisburgensis sub cura P. P. Benedictinorum. Francofurti et Lipsiae 1728.

— — docem Vezirorum et filii Regis Azad Bacht, insertis undecim aliis narrationibus. In usum tironum ad codicem manuscriptum Cahirensem edidit Gust. Knös. Berlin, Bureau für Literatur u. Kunst.

Postpapier

— — de vita, moribus et litteris pulicis. Blicke in das Leben u. Treiben des besten Freundes des Menschen (des Flohes). Görlitz, H. Wollmann, o. J. (187*). 8⁰. 48 S.

50 Pfg. Derselbe.

Historia Vitae Jo. Henrici de Kerens Episcopi San. Hippolitani. Jenae 1793. V: ***Denis, Joh. Nep. Cosm. Mich.*** (P. Hofmann-Wellenhof: M. Denis. Innsbruck 1881. S. 45) (BiblPort)

— vitae atque meritorum Conr. Peutinger, vide A. Veith.

Historia, wahrhaftige, von dem Leben, Thaten und erschröcklichen Ebenteuern derer berümbten Tenzerin Sennora Pepita, benennet die Olive. Fast lustig und sonderbar zu lesen. An's Licht gestellet durch Don Ranudo Brennecke, selbiger Dame Geheimbden Secretarium. Berlin (854.) Faudel. (Verlags-Magazin.) 8. (16 S.) 2½ ngr.

Eine wahrhaftige und liebliche Historia Von der Edlen und schönen Melusina. Gedruckt im Jahr 1739. O. O. (Frankfurt). 8⁰.
Mit Holzschnitten. — Weller, l. c.; Goedeke, l. c., 19.

Historia von denen Wider-Tauffern. Cöthen 1701. V: *Theobaldus, Zacharias & Andere.* (BrMm)

— — von der Königin Wunderlich samt deren Ehegespons König Phönix. Gedruckt in diesem Jahr 8⁰. (In Marburg, Univers.-Bibl.: XVI. C. 656b; abgängig?)
Carl Wallstein: Scheint mir eine Uebersetzung von Histoire du roi Splendide et de la princesse Hédéroclite (par *Henri Pajon*), S. l. (?) 1747. II. 12⁰. — Paris 1748. II. 12⁰. — Deutsche Uebersetzg.: Der König Splendid, ein Feenmärchen. Nürnberg, Grattenauer, 1782. 8⁰.

Eine | wunderschöne Historia | von dem gehörnten | Siegfried, | was | wunderliche Abentheuer | dieser theure Ritter ausgestanden, | sehr denkwürdig und mit Lust zu lesen. | (Fig.: *Ritter mit Schild und Lanze*, 61 × 51) | Aus dem Französischen ins Teutsche übersetzt, | und von neuem (sic) mit schönen Figuren gezieret. | Reutlingen, | bei B. G. Kurtz. o. J. (um 1835), 80 S., 166 × 90, 38 Fig. im Text, davon einige doppelt; ältere Holzschnitte etwa 52 × 67.
UB Tü Dk XI. 235.

Historia [Schlagwort]

Historia antiqua. Hemmleb, Herm., charta historiae antiquae. (3. Aufl.) 12 Blatt à 44,5×49 cm. Farbendruck. Weimar 898. H. Hemmleb. 14. —; auf Leinw. m. Stäben 20. —

Historiae rhythmicae, hrsg. v. G. M. Dreves, s. a. Analecta hymnica medii aevi.

Historiae rhythmicae. Liturgische Reimofficien d. Mittelalters. Aus Hs. u. Wiegendrucken hrsg. v. Guido Maria Dreves, S. J. (5: ... v. Clemens Blume, S. J.) Folge 1—7. *Leipzig: Fues* (2 f.: *O. R. Reisland*) *1889—98.* 7 Bde 8.
1. 1889. (278 S.) 2. 1892. (266 S.) 3. 1894. (266 S.)
4. 1896. (288 S.) 5. 1897. (291 S.) 6. 1897. (292 S.)
7. 1898. (331 S.)
→ Analecta hymnica medii aevi. [No] 5. 13. 18. 24—26. 28. (98. 1056

Historiae selectae Cremifanensis, sive compendiosa descriptio Abbatum, qui ab anno 777 usque ad annum 1777 gubernarunt ... Styrae 1777—80. H: *Pachmayr, Marian.* (Ky)

— select. e profanis scriptoribus, s. a. *Selectae.*

Historiae, Selectae e profanis scriptoribus, quibus admista sunt varia ... praecepta ... Tyrnaviae 1735. V: *Arvai, Georg.* (Jes)

Selectae ex profanis scriptor. historiae. Berol. 728. 2Vol. 12. 8gr. Edid. J. F. Fischer. Lips. 785. 8. 10gr. Denuo recogn. G. H. Schäfer. Ib. 813. 8. 16gr.

— selectae, et prof. scriptorib. c. Fischer. 8. Leips. Fritsch. 785.

— selectae e profan. scriptoribus, c. Fischer. 8. Lips. Hahn. 812.

— celebr. Vet. et N. Testam. Luykens et Weigel sculpturae. fol. Nürnb. 712.

Historiadores, los, españoles en pruebas escogidas por Adam Fabricio. gr. 16. (VIII und 227 S.) Leipzig 858, B. Tauchnitz.

Historias, las, del origen de los Indios de esta provincia de Guatemala, traducidas de la lengua Quiché al Castellano para mas comodidad de los ministros del S. Evangelio. Por Fr. Ximenez. Exactamente segun el texto español del ms. orig. que se halla en la biblioteca de la universidad de Guatemala, publicado por la primera vez, y aumentado con una introduccion y anotaciones por C. Scherzer. Vienna 857. Gerold in Comm. gr. 8. (XVI, 216 S.) n. 1 Thlr. 20 ngr.

Historiol diarii domus professae Societatis Jesu Cracoviensis annos viginti 1579—1599, s.: Scriptores rerum polonicarum.

Historici graeci minores. Edidit Ludov. Dindorfius. Vol. I et II. 8. Leipzig, Teubner.

Inhalt:

Vol. I. **Nicolaus Damascenus, Pausanias Damascenus, Dexippus, Eusebius, Eunapius, Priscus, Eustathius Epiphaniensis, Nestorianus, Magnus et Eutychianus, Joannes Epiphaniensis, Malchus, Petrus, Praxagoras, Candidus, Theophanes Byzantius, Olympiodorus, Nonnosus. (CII, 502 S.) 870. ℳ 4,50.**

» II. **Menander Protector et Agathias. (XXIII, 453 S.) 871. ℳ 3,75.**

Historicum Romanorum reliquiae. Disposuit, recensuit, praefatus est Hermann. Peter. Vol. 1. gr. 8. (CCCLVIII, 378 S.) Leipzig 870. Teubner. n. 16. —

Historicorum romanorum fragmenta, collegit, disposuit, rec. Herm. Peter. 8. (XXVIII, 428 S.) Leipzig 883, Teubner.

Historicorum romanorum reliquiae, collegit, disposuit, recensuit, praefatus est Herm. Peter. Vol. II. (VII, 208 u. CCX S.) gr. 8. Leipzig 906. B. G. Teubner. n. 12. —

Vol. I. Ebd. 883. n. 4.50.

HISTORICVS, Der anmuthige und Zeitkürtzende. Zelle 1702. 12⁰. Rar!

Bibl. Ludovici continuatio. Vitemb. 1705.

Historicus, d. aufgeräumte. 8. Chemnitz. 731.

— d. kurzweil. od. 600 auserlesene Hist. ꝛc. 8. 730.

Historie, Allerneueste, der theologischen Gelehrsamkeit. O. O. [1722]. H: *Klemm, Johann Christian.* (ML)

Historie, Allgemeine, der Natur nach allen ihren besonderen Theilen abgehandelt ... Hamb. u. Leipz. 1750—82. V: *Buffon, George Louis Leclerc.* Ü: *Zink, Barthol. Joach.* (AarK)

Allgemeine **Historie** der Reisen zu Wasser und zu Lande oder Sammlung aller Reisebeschreibungen, welche bis itzo in verschiedenen Sprachen von allen Völkern herausgegeben worden und einen vollständigen Begriff von der neuern Erdbeschreibung und Geschichte machen: ... Mit nöthigen Landkarten ... Durch eine Gesellschaft gelehrter Männer im Englischen zusammen getragen und aus demselben ins Deutsche übersetzet. Bd. 1—8. 10—12. [unvollst.] Leipzig 1747—1754. 11 Bde. 4⁰.

-- allgem., d. Reisen zu Wasser u. zu Lande. 21 Bde. gr. 4. Amsterd. 747—74. Arkstee. 84 Thlr

Historie, Allgemeine, der Reisen zu Wasser und Lande ... Leipzig 1747—74. H: *Schwabe, Johann Joachim* (BrMm) & *Andere.* (CBH)

Historie von Anfang und Fortgang der Trennung der Taufgesinnten ... Jenae 1720. V: *Gent, Carl van.* Ü: *Ihering, Joachim Christian.* (Adel) (Rotermund, Gel. Hann. Bremen 1823.)

„Historie des Anti-Machiavels. Nebst denen darüber gefällten Urtheilen", Frankfurt a. M. und Leipzig 1745. — Vorh.: Bibl. des Oberlandesgerichts Celle — Qf. 118.

Historie d. Anti-Machiavells. 8. Göttingen, Schmidt. 745.

Ausführliche Historie derer Emigranten oder Vertriebenen Lutheraner aus dem Ertz-Bißthum Saltzburg (und anderen Römisch-Catholischen Ländern). 4 Theile. *Leipzig: Teubners Buchladen 1732—1734.*

Historie, Aussführliche, des Kriegs-Hölden Thamas Kuli-Kan, Sophi in Persien ... A. d. Franz. Augsb. 1741. V: *Du Cerceau, Jean Ant.* (AarF) Ü: *Veith, Ignaz Adam.* (ML)

Historie von den Begebenheiten, Streitigkeiten und Trennungen, so unter den Taufgesinnten ... biss auf das Jahr 1715 vorgegangen. Jena 1720. V: *Gent, Carl van.* Ü: *Ihering, Joachim Christian.* (Myl)

Historie der Stadt Bern. Bern 1765—66. V: *Tscharner, Beat Rud.* (Cat. d. Stadtbibl. Zürich. Zürich 1864—97.)

—— die berühmte, von der schönen Prinzessin Magelona und ihrem vortreffl. Ritter Peter mit den silbernen Schlüsseln. 8. (48 S.) Elbing 849, Neumann-Hartmann.

Historie von den Bettelsöhnen u. dem Eremiten, s. Hausfreund, leitmeritzer, (2. Thl.)

— d. Buchdruckerey u. Schriftgießerey 2c. 4 Thle. m. K. Leipz. Geßner. 740—44.

Historio der Buchdruckerkunst und Schriftgiefserey. Mit Koppons Vorrede. Mit Kupf. Leipz. 740. 44. 4 Th. 8. 4 rthl 20 gr.

— des Helden Hugo Capet; nebst deutscher Umarbeit. 8. Nürnb. 794. Stiebner. 12 gr.

Historie, curiöse . . ., s. Historie, Kuriöse . . .

Historie der Eidgenossen s. [Tscharner. Vincenz Bernhard].

Historie der Eidgenossen. [Zürich] 1756—68. V: *Tscharner, Vincenz Bernhard von.* (ML) (AarK) (Ky) (Cat. d. Stadtbibl. Zürich. Zür. 1864—97.)

Historie, der Eidgenossen, (v. V. B. Tscharner). 3 Thle. 8. Zürich 756—68. Orell. 2 rthl 4 gr. N. Aufl., unter d. T.: Gesch. d. Eidgenossen. 2 Thle. 8. Ebd. 784—89. Geßner. 1 rthl

— d. seltsam. Einbildungen, w. Oufle a. Büch. v. d. Zauberey 2c. bek. 8. Danzig. 712.

— d. salzburg. Emigranten. 4. Leipz. F. C. W. Vogel. 732.

Historie, Die entdeckte geheime, von der Königin Sahra und den Sahracenern oder die Hertzogin von Malborough demasquiret, aus Frantzös. Nachricht. samt dem Schlüssel und einer Vorrede comuniciret von Paulo Montini. Haag 1712. V: *Sacheverell.* (BGE I³, 87)

De hystorie (Historie) unde erfindinghe des hillighen Sacraments tho der wilsnagk, s. Wunderblut, Das, zu Wilsnack.

(*U.-Titel:*) Historie | von | Herzog Ernst von Bayern | und Oesterreich, | oder | wie Gott die Menschen durch Unglück und | Herzeleid seinem Himmel zuführt. | (Fig.: *Segelschiff und Landschaft*, 66 × 69) | Reutlingen, Verlag von Enßlin & Laiblin.
Kol.: Druck der Buchdruckerei von A. d'Angelo in Reutlingen.
o. J., 63 S., 149 × 102.
LBS d. D. oct K 3263.

Historie, Erstaunenswürdige, des Jesuiten Pater Johann Baptista Girard, Rectoris zu Toulon in Franckreich, welcher unter dem Schein der Heiligkeit die Jungfer Cadière, nebst noch unterschiedenen seiner Beicht-Töchter zur entsetzlichsten Unzucht verführet. Aus denen disfals ergangenen Acten und beglaubten Nachrichten zusammengetragen. Cöln (Frankf.) 1732. 8⁰. 6 Bogen. (6 Mk. 50 Pfg. Scheible, c. 1888.) Rar! (In Stralsund, Rathsbibl.)
H. Bukowski, Stockh., Novbr.-Auct. 1884. Nr. 885.
Orig.: Histoire du P. J. B. Girard, et de la demoiselle Marie-Catherine Cadière, divisée en 32 planches, contenant faits principaux mentionné (sic!) au procès. . . . S. L. (Aix, Jos. David) 1731. 12⁰. Très rare!

Historie, oder wunderliche Erzehlung der seltsamen Einbildungen, welche M. Oufle aus Lesung solcher Bücher bekommen, die von der Zauberey . . . handeln. A. d. Franz. Danzig 1712. V: *Bourdelon* (*Michon, Pierre dit Bourdelot*?). (Mitth. M. Grolig.)

— v. dreyen im 17 Sec. berufn. Erzbetrügern. m. K. 8 749.

Historie, Evangelische, oder das Neue Testament frag-weiss vorgetragen; a. d. Franz. . . . 2. Aufl. Bonn 1738. Ü: *Reipkens, Heinrich.* (Jes)

Historie, Die, von Flos und Blankflos, s. Volksbücher, Deutsche.

Historie Rastadtischer Friedens-Handlungen, Benebst zweyen Friedens-Projecten, u. dem Friedens-Instrument zwischen Sr. Kayserl. u. Allerchristl. Maj. Maj. den 6 Martii 1714 errichtet. Jena 1714.

— von Kaiser Friedrich I. Barbarossa, s. Volksbücher.

Historie vom edlen Ritter Galmy und einer schönen Herzogin von Bretagne. Berlin 1806. V: *Fouqué, Frdr. Baron de La Motte.* (EE)

Historie vom Ritter Galmy 2c. von Pellegrin. 2 Thle. 8. Berlin, Himburg. 806. (Reimer.)

Historie, Die geheime, von der Königin Sahra und den Sahracenern, oder die Herzogin von Marlborough demasquirt. A. d. Franz. . . . Haag [Hamburg] 1712. V: *Sacheverell, Henry.* (Schr)

Historie, Geheime, von Victor Amadeo, König von Sardinien . . . von dessen Abdankung der Krone . . . Franckft. a. M. 1734. V: *Trivié, Marquis de, dit Wicardel de Fleury.* (BGE VIII³, 125/6)

GAUFRIDI, Louis Jean Bapt. — (lebend verbrannt 30. April 1611). — Historie eines Geistlichen in Frankreich, namens Ludw. Gaufredy (so!), welcher wegen beschuldigter Zauberey und unter dem Schein der Heiligkeit getriebenen Unzucht durch das Parlament in Provence am Leben gestraft worden. Aus denen Parlaments-Actis übersetzt. Franckf. 1741. 8⁰. 67 Seiten. (4 Mk., Völcker, 1906.)

GAUFREDY. — Historie eines Geistlichen in Frankreich, Namens Ludwig Gaufredy, welcher wegen beschuldigter Zauberey und unter dem Schein der Heiligkeit getriebener Unzucht. . . ., durch das Parlament in Provence am Leben gestraffet worden . . . . Frankfurt und Leipzig 1741. 8⁰. (2 Mk. Scheible, vor 1890; jetzt theurer!)
Oettinger I, 605.

— — Dasselbe vorher in: Schrifften, Unterschiedliche, von Unfug des Hexen-Processes .... hrsg. von Joh. Reichen ....

— d. vormal. u. gegenw. Gelahrheit d. Hessen. 8 Trimester. 8. Frankf. 725–26.

Historie der vormaligen und gegenwärtigen Gelehrsamkeit der Hessen. Marburg 1725—29. V: *Hartmann, Joh. Adolph.* (Dunkel, Hist.-Crit. Nachrichten v. verstorb. Gelehrten. Dessau 1753—56. 1, S. 225.)

— d. Gelehrsamkeit uns. Zeiten. 12 Stck. 8. Leipzig 721–25.

Historie der medicinischen Gelahrtheit. Jena 1731. V: *Stolle, Gottl.* (Mitth. M. Grolig.)

— zur, u. Genealogie von Schlesien, (v. Sachs v. Löwenheim). 16 — 36 Stück. gr. 8. Bresl. 785—87. W. G. Korn. 12 ⅔

— von der Genovefa, s.a. Volksbücher

Historie von der unschuldig misshandelten Pfalzgräfin Genovefa. Styrum a. d. Ruhr [1888.] 8.
Ist: Neue deut. Volksbücher. Nr. 1. . . . . (H.)

—— des heil. Bischofs Gregorius auf d. Stein genannt, s. Volksbücher, deutsche, II.

Historie, Gründliche, von denen Begebenheiten, Streitigkeiten, und Trennungen, so unter den Tauffgesinnten ... vorgegangen ... Jena 1720. V: *Gent, Carl van.* (WINER)

[deutsch] Gründliche Historie von denen Begebenheiten, Streitigkeiten und Trennungen, so unter den Tauffgesinneten, oder Mennonisten, von ihren [!] Ursprung an, biß aufs Jahr 1615. vorgegangen, anfänglich von e. Mennonisten selbst, der sich J.H.V.P.N. genennet, in holl. Sprache beschrieben, jetzund aber in d. hoch-teutsche Sprache übers., u. mit ... Anm. ... verm. von Joachim Christian Jehring... Mit e. Vorr. versehen von Jo. Francisco Buddeo. — Jena: Meyer 1720. 336 S. 8°
1: Co 3930. 2. 4. 7. 8. 11. 12: H. ref. 204 [2 Ex.] 14. 16. 17. 24. 26. 27.
15.

Historie des Theologischen Haders, welchen Joh. Jac. Breitinger erreget hat. Frankf. u. Leipz. 1751. V: *Füssli, Joh. Conr.* (Cat. d. Stadtbibl. Zürich. Zürich 1864—97.)

— des menschlichen Herzens, s. Jones.

— d. Himmels, s. a. Pluche.

Historie des Himmels, darinnen vom Ursprunge der Abgötterey und von den Irrthümern über die Entstehung des Weltgebäudes gehandelt wird. Aus dem Franz. Leipzig 1764.

Historie des Himmels darinnen vom Ursprunge der Abgötterey ... gehandelt wird. Leipzig u. Breslau 1764. V: *Pluche, Noel Antoine.* (AARK)

(*U.-Titel:*) Historie | von der schönen | Hirlanda | oder Sieg der Unschuld über die Bosheit. | (Fig.: *Turnierszene*, 60 × 74) | Reutlingen. Verlag von Enßlin und Laiblin. (Hebsaker.) (= *Reutlinger Volksbücher*, 4).
Kol.: Druck von Eduard Schauwecker in Reutlingen.
o. J. (1867). 48 S., 166 × 104. Titel-Fig. auch S. 41.
LBS d. D. oct K 3429.
Im selben Verlag erschien o. J. auch eine Fassung von Wilhelm Raible, gedruckt von A. d'Angelo, Reutlingen (ebenda 3427).

Historie von der schönen Hirlanda oder Sieg der Unschuld über die Bosheit. 2.—5. Aufl. gr. 16. (48 S.) Reutlingen 867,70,72,76, Enßlin und Laiblin's Verlagsh. — 15

Historie von dem theuern, geherzten und mannhaftigen Hugschapler, s. Volksbücher, deutsche.

Historie vom Vater Jakob ... Dortmund 1811—13. H: *Mallinckrodt, Arnold Andr. Frdr.* (KY)

— des apostol. Kampfs. 8. 726.

Historie des dermahligen Krieges in Flandern und Brabant seit 1743. 4. M. K. Frankfurt u. Leipzig 1746.

— d. ehemal. Krieges in Flandern u. Brabant v. 1743 mit Landkart. 4. Frankf. Felsecker. 746.

Historie, Die, des Kriegs zwischen den Preussen und ihren Bundsgenossen, und den Österreichern und ihren Bundsgenossen ... Nürnberg 1758—63. V: *Richter, Chph Glieb.* (KY) (ML) (Pr)

— des Krieges zwischen den Preußen u. Oesterreich, (v. Chph. Gli. Richter). 6 Thle. Mit Kpf. 8. Nürnb. 758—62. Bauer u. Raspe. 3 ₰

Historie des Türckischen Krieges 1736—39. 4. Frankfurt 1740.

* — —, Curiöse von einer Kirchen-Wallfahrt, und Denckwürdige Spatzier-Gedancken beim Kirchengehen. O. O. 1701. 8°. 16 S. (In Berlin: Yk 401, mit 2 Beibdn.)
In Versen. Sehr selten!

Historie, Kurtze der evangelischen Emigranten, wie die göttliche Providentz dieselben nach vielen ausgestandenen Drangsaalen aus dem Ertz-Stifft Salzburg in ein Land geführet, worinnen Milch und Honig der Evangelischen Wahrheit fliesset. Memmingen 1733. V: *Fridauer, El.* (KGBerlin I, 1358)

Historie des Lebens Petri und Pauli. Rostock 1708. Ü: *Arnold, Gfr.* (Myl)

—— und Legende, die, vom Finkenritter, s. Volksbücher, deutsche.

Historie des Marggräfl. Brandenb. Lebens zu Königsbach unterthänigste Imploration und Bitte pro clementissima Restitutione in integrum ... O. O. 1757. V: *Reinhard, Joh. Jac.* (Holz)

— des Leidens u. Sterbens Jesu Christi, wie auch d. Zerstörung Jerusalems; nebst erbaul. Passionsfragen u. einigen Anmerkk. Herausgeg. v. J. K. Koken. 12. Hildesh. 757. 2e Aufl. 765.

— der Leidenschaften; oder Begebenheiten des Ritters Schroop, a. d. Frz. des Hrn. Toussaint. 2 Thle. 8. Lpz. 751.

— — dasselbe in einer andern Uebersetzung, aus dem Franz. 2 Thle. 8. Danzig, Flörke. 772.

Eine | lesenswürdige Historie | vom | Herzog Ernst | in Bayern und Oestreich, | wie er durch wunderliche Unfäll sich auf | gefährliche Reisen begeben, | jedoch endlich vom Kaiser Otto, der ihme | nach dem Leben gestanden, wiederum | begnadigt worden. | (Fig.: *Ritter mit Schild und Schwert*, 73 × 50) | Reutlingen, | bei Justus Fleischhauer.

o. J., 93 S., 162 × 98, 16 Fig. im Text.

UB Tü. Dk. XI. 240.

Ein anderer Druck mit gleichem Titel erschien o. O., o. J. mit dem Vermerk »Ganz neu gedruckt. (6)«. StB Ulm BB 9469. –

Historie des Herzogthums Lothringen nebst einer ganz neuen geographischen Beschreibung ... Frankfurt u. Leipzig 1743—44. V: *Calmet, Augustin.* Ü: *Scharfenstein, Julius Friedrich & Johann Jacob Haas.* (Will)

— d. Herzogth. Lothringen. 2 Thle. 8. Nürnb. Felsecker. 743. 44.

Historie, Lustige, wahrhafftige und satyrische, des Francions. A. d. Franz. Leyden [Nürnberg] 1714. V: *Moulinet Du Parc, Nic. de.* (Wr)

Historie von der schönen Magelone, s. Volksbücher.

Historie von der Hl. Maria

Lutzemburg, 1740.

Historie, Marianische, von dem Uhr-alten Gnaden-Bild Mariä von Dörnern zu Turas im Marggraffthumb Mähren. Brünn 1719. V: *Boček, Bohuslav.* (EB)

Historie, merkw., d. Päpstin Johanna. 2 Thle. m. K. 8. Bremen, Saurmann. 737. Rthlr.

MERCKWÜRDIGE Historie der Päbstin Johanna, aus des Herrn von Spanheim Professoris der Academie zu Leyden, Lateinische Dissertation von dem Herrn L'Enfant gezogen / und von demselben nebst verschiedenen Anmerckungen des Herrn des Vignoles in Frantzösischer Sprache herausgegeben ... Franckfurth und Leipzig 1737. Kl. 8°.
[B. III, 448.]

Historie, Merkwürdige, von einer Menge besessener Huren zu Rom im J. 1554. (Aus Hauber's Bibl. magica. 1838.) 8°. (1 Mk. Franz Teubner, Bonn, 1895.)

— —, Merkwürdige und wahrhaffte, Des Grafen von BELLEFLOR, Und Der Fräulein Leonora von CESPEDES. Aus dem Frantzösischen übersetzt. Mit Titelkpf. Nürnberg 1740. 8°. 75 S. (In Berlin: an Yv 3321.) (5 Mk. Karl W. Hiersemann, 1905.)

Historie, Eine gar muthige, wahrhafte, und lehrreiche, wie Joh. Keßler, Diener am Wort Gottes, von St. Gallen, den D. Martin Luther auf seiner Reise nach Wittenberg angetroffen hat ... O. O. 183?. V: *Schläpfer, Joh. Gg.* (NN XIII, 402)

— d. Natur, allg. u. bes. s. Büffon.

— natürl., des Nashornes, a. d. Engl. d. Parsons, v. Huth. m. K. 4. Ebend. 747.

Ganz neue Historie und Ursprung von der Eidgnoßschaft, genannt: Willhelm bin ich der Thelle, &c. In seiner eigenen Melodey zu singen. (Hlzschn.: Ein Schweizer, die Fahne tragend.) Gedruckt in diesem Jahr, Da Zeit zu wehren war. 8°. 4 Bl. (Druck aus der Mitte des 18. Jahrh.)

Die älteren Ausg. s. bei W. 1 S. 42—44 Nr. 188. Abgedr. bei Rochholz S. 277 u. bei Wolff S. 719 nach dem Wunderhorn in 27 Str.

Eine neue wunderliche Historie von der Heirath eines Juden mit einer Teufelin. Frkf. a. d. O.

Historie von denen besessenen Nonnen des Klosters St. Ursel zu Lodun, und der Verurtheilung des Predigers in derselben Stadt, Urban Grandiers ... a. d. Franz. ... Cöln 1732. V: *Aubin.* (BGE)

— v. d. Marggrafth. Oberlausitz. 8. Bautzen, Drachstädt. 732.

Historie der heydnischen Opffer-Mähler, zum Beweiss der wahren Gegenwart des Leibes und Blutes Christi im heiligen Abendmahl ... Magdeburg u. Leipzig 1726. V: *Walther, Johann Gottfried.* (Myl)

Historie und Landes-Verfassung, Ost-Friesische, aus denen im Fürstl. Archiv vorhandenen ... Documenten ... Aurich 1720. V: *Brenneisen, Enno Rudolph.* (JStBbH) (BrMm) (Myl) (Rotermund, Gel. Hann. Bremen 1823.)

— Ostfriesische, u. Landesverf. rc. 2 Thle. Fol. Aurich. Luschky 720.

— der Päbste, s. Rambach.

— d. Pfalzgrafen z. Sachsen. 4. Erf. 740.

Historie, Politische, der Staatsfehler, welche die Europäische Mächten . . . begangen. O. O. 1746. V: *Fritsch, Gfr. Ernst* [?]. (Holz)

Politische Historie der Staatsfehler, welche die Europ. Machten in Betrachtung des Hauses Brandenburg begangen, oder histor. Untersuchung der Staats-Fehler — — — und Anzeigung der Mittel, wie es könne wieder eingerichtet, auch die Herstellung eines gleichen Gewichts der Machten in Europa — — — erhalten werden. Bey den jetzigen Zeitläuften von neuen herausgegeben. Frankfurt und Leipzig (1759). 4.

Historie, Die politische, von Thüringen, Meissen und Sachsen . . . Leipzig 1777. V: *Ranft, Mich.* (cb)

— d. Quäcker u. n. Freygeister. s. Pantheon.

Historie, Die, von St. Quirinus. Aus Handschriften und Büchern erhoben, nacherzählt und mit Bildern versehen von A. R. v. M. München 1890. V: *Reichlin von Meldegg, Adolphine.* (Russell XVI, III, 1, 743)

Historie, die, v. St. Quirinus. Aus Handschriften u. Büchern erhoben, nacherzählt u. m. Bildern versehen v. A. R. gr. 8 (107 S.) München 890. Literar. Institut v. Dr. M. Huttler. n.n. 2. 60

– von Bruder Rauschen, s. Volksbücher, Deutsche.

Historie der ersten Religions-Motuum zwischen den Evangelischen und Reformirten. Leipzig 1704. V: *Löscher, Valentin Ernst.* (Myl)

Die historie vã reynaert de vos Nach der Delfter Ausgabe von 1485. zum genauen Abdrucke befördert von Ludewig Suhl. 1783. Lübeck und Leipzig zu finden bey C. G. Donatius und in der Buchhandlung der Gelehrten zu Dessau. 8°.

— vom Berggeist Rübezahl, dem unterird. Herrscher d. Riesengebirgs, nach J. K. A. Musäus. 8. (63 S.) Ebend. 875. — 20

Historie, Sachsen-Coburgische, . . . Coburg 1700. V: *Hoen, Georg Paul.* (Myl)

Historie, schauerliche, von vier Raubmördern aus Wälsch-Tyrol, nämlich: Jac. Orsolin, Vict. Boso, Ant. Marcon, Jos. Tissot, wie dieselben um schnöden Gewinnstes willen ihren Freund u. Landsmann Eug. Chiogna im Lande Schwaben meuchlings ermordeten rc. Für Jung u. Alt beschrieben u. mit schönen (eingedr.) Holzschn. verziert. Neue Aufl. Schaffhausen 863. Brodtmann. 8. (46 S.) 3 ngr

— — **Schöne und anmuthige Historie von den vier Heymonskindern, Adelhart, Ritsart, Writsart, und Reinold, sammt ihren Roß Bayard, was sie für ritterliche Thaten gegen die Heiden zur Zeit Karl des Großen, römischen Kaisers und Königs von Frankreich begangen haben. Diesem ist beygefügt das Leben und der grausame Tod des h. Reinolds, des jüngsten von den 4 Brüdern, nebst seinen frommen Werken, und Verdiensten um die Christenheit. — Linz: Huemer 1832. 103 S. 300:5529-A.**
8.12524

— eine schöne, anmuthige u. lesenswürdige, von der gedultigen Helena, s. Volksbücher, deutsche.

(U.-Titel:) Eine schöne, anmuthige und lesens- | würdige | Historie | von der gedultigen | Helena | Tochter des mächtigen Fürsten | Antonii, | Welche in aller Gedult so viele Drangsalen und | Widerwärtigkeiten mit höchster Leidsamkeit und | Stärke sowohl bey Hof; als in ihrer 22 jäh- | rigen Wanderschaft ausgestanden. | Allen Weibspersonen zum Beispiel, denen kuri- | ösen Liebhabern aber zum Schrecken | in Druck gegeben. | (Fig.: *Löwe und Wolf nehmen Helena ihre Kinder weg,* 57 × 83) | Reutlingen, | Gedrukt bei J. J. Fleischhauer, jüngrer.
o. J., 47 S., 163 × 100.
LBS d. D. oct K 3392.

Eine schöne, anmuthige und lesens- | würdige | Historie | von der gedultigen | Helena | Tochter des Kaisers Antonii, | Welche in aller Gedult so viele Drangsalen und | Widerwärtigkeiten mit höchster Leidsamkeit und | Stärke sowohl bey Hof, als in ihrer 22jährigen | Wanderschaft ausgestanden. | Allen Weibspersonen zum Beispiel, denen kuri- | ösen Liebhabern aber zum Schrecken | in Druck gegeben. | (Fig.: *Helena schläft; zwei unkenntliche Tiere mit Wickelkindern im Maul,* 59 × 83) | Reutlingen, | bey Jakob Friedrich Kalbfell.
o. J., 47 S., 166 × 100.
StB Ulm BB 906.

Eine schöne, anmuthige und le- | senswürdige | Historie | von der gedultigen | Helena, | Tochter des Kaisers Antonii, | welche in aller Gedult so viele Drangsalen und | Widerwärtigkeiten, mit höchster Leidsamkeit | und Stärke, sowohl bey Hof, als in ihrer | 22jährigen Wanderschaft ausgestanden. | Allen Weibs- Personen zum Beyspiel, den kuriosen | Liebhabern aber zum Schrecken in den Druck gegeben. | (Fig.: *Helena schläft, Wolf und Löwe nehmen ihre Kinder,* 56 × 88) | Reutlingen, | bey B. G. Kurtz. 1834.
47 S., 161 × 98.
UB Tü Dk XI. 234.

Eine weitere Auflage (LBS d. D. oct K 3393) erschien »bey B. G. Kurtz. 1835.«, eine andere (ebenda 3396) »in der B. G. Kurtz'schen Buchhandlung.« Nur 36 S. Umfang hat eine Auflage mit dem Vermerk »Verlag der B. G. Kurtz'schen Buchhandlung.« (ebenda 3395), nur 32 S. eine weitere mit der Angabe »Druck und Verlag der B. G. Kurtz'schen Buchhandlung.« (ebenda 3394). Die Titel weisen jeweils leichte Varianten auf.

— Eine schöne Historie von König Apollonius, wie er von seinem Lande vertrieben, Schiffbruch und mancherlei Unglück erlitten und doch endlich glücklich wieder in sein Land gekommen ist. — Frankfurt a. M.: Brönner [1846]. 59 S. [(Deutsche Volksbücher. 15.)] 2. 5. 10.
5.7765

Historie, e. schöne lesenswürdige, v. d. unschuld. hl. Pfalzgräfin Genovefa, wie es ihr in Abwesenheit ihres Gemahls v. d. zur Aufsicht bestimmten Hofmeister Golo ergangen ist. 8. (47 S.) Gumbinnen (895). W. Krausenecк. — 20

— — Schöne und lustige Historie, von den vier Heymons-Kindern Adelhart, Ritsart, Writsart und Reinold, samt ihrem Roß Beyart, was sie für ritterliche Thaten gegen die Heyden zu Zeiten Karoli Magni, König in Frankreich und ersten Röm. Kaysers begangen haben. Diesem ist beygefügt, das Leben des H. Reinoldi, des jüngsten von den vier Gebrüdern, was er für Wunderzeichen und Mirackeln, durch Zulassung Gottes gethan hat. — Cölln 1803. 176 S. 11.
8.12522

(U.-Titel:) Schöne und lustige Historie | von den vier-| Heymons-Kindern, | Adelhart, Ritsart, Writsart | und Reinold, | samt ihrem Roß Beyart; | was sie für ritterliche Thaten gegn (sic) die | Heyden zu Zeiten Karoli Magni, König | in Frankreich und ersten römischen Kai- | sers begangen haben. | Diesem ist beygefügt das Leben des Heil. | Reinoldi, des jüngsten von den vier Gebrüdern, | was er für Wunderzeichen und Mirakeln | durch Zulassung Gottes gethan hat. | (Fig.: *Die vier Brüder auf ihrem Pferd*, 47 × 68) | Reutlingen, | bei Christoph Philipp Fischer 1817.
175 S., 165 × 97.
LBS d. D. oct K 3410.

– Die schöne, von dem Ritter Malegis, s. Volksbücher, Deutsche.

Historie, eine schöne merkwürdige, des heil. Bischofs Gregorius auf dem Stein, } s. Volksbücher. deutsche.

Historie, Eine schöne merkwürdige, des heiligen Bischofs Gregorius auf dem Stein genannt. Berlin [1838?]. H: *Simrock, Carl Jos.* (BrMm)

Eine schöne merkwürdige Historie des heil. Bischofs Gregorius auf dem Stein genannt. *Mit Holzschnitten von Gubitz* etc (Deutsche Volksbücher von Simrock II.) Berlin (1839). 8o.

Eine SCHÖNE, merkwürdige Historie des heiligen Bischofs Gregorius auf dem Stein genannt. Pest 1867: Aloys Bucsánszky. 48 S. 6 l. - 160 mm

— seltsame u. abentheuerliche, von dem mannhaften Recken u. wackern Degen in der Mark, dem wahlberühmten, hochachtbaren u. ehrenvesten General Wrangel. Von H. W. 16. (35 S.) Leipzig 848, Brügmann. 3 ngr

Historie M. Serveti. Amsterdam [Hamburg] 1712. V: *Dippel, Joh. Conr.* (Wr)

Historie von dem gehörnten Siegfried dem Zweiten, das ist wohlverdiente Züchtigung einer Schandschrift ... dem beleuchtenden Siegfried (Zinzendorf) und heimleuchtenden Alb. Sincerus statt einer Laterne verehrt. Braunschw. u. Leipzig [Halle] 1747. V: *Lange, Sam. Gotthold.* (BGE III², 160/161) (J) (MGT) (GGr)

Historie, Sinnreiche; o Gott! ... wie unüberwindlich seynd deine Rechtliebende ... [Sitten 1736.] V: *Jacki, Joh.* »Historie, Denckwürdige ...« [Lucern 1739.] V: *Jacki, Joh.* (Cat. d. Stadtbibl. Zürich. Zürich 1864—97.)

— d. engl. Spitzbuben. 3 Thle. m. K. 12. Hamb. 714.

Historie der politischen Staatsfehler des Hauses Oesterreich. O. O. [1734]. V: *Fritsch, Gottfried Ernst.* (ML)

Historie von dem Staatsministerio des Cardinals Ximenes. A. d. Franz. Hamb. 1719. V: *Marsollier, Jacques.* (Pr)

Die Historie von Karl Stülpner, dem kühnen Wildschützen des sächsisch-böhmischen Erzgebirges. In poetischem Gewande geschildert und nach Stülpners eigener Überlieferung mitgeteilt von Paul Haar. Sorau 1888. Mit Bildnis Stülpners.

Historie der Sultanin aus Persien und ihrer Veziere Leipzig 1753. V: *Gueullette, Thomas Simon.* (BGE III², 282)

— d. Thaten, Kämpfe u. Martertode d. heil. Apostel J. Ch. 8. Amst. 737.

—— von des Pfarrers Tochter zu Taubenhain, ihre Verführung und ihr elendes Ende. Zur Warnung und Unterhaltung fürs Volk erzählt. 2.—6. Aufl. gr. 18. (62 S.) Ebendas. 869—75.

Historie von dem Tod und Marter Hrn M. Homels Pfarrherrn zu Soyons im Vivarets. Zürich 1706. V: *Champromain, de.* (Cat. d. Stadtbibl. Zürich. Zürich 1864—97.) (CatTüb F. Nachtr. 10)

— —, Traurige, einiger großer Herren, wie diese gestiegen u. gefallen sind. Nürnberg, Monath., 1726. 8⁰. (45 xr.)
Cat. Monath II. Nürnb. 1783. 8⁰. p. 315.

Historie von Tristan
s. Tristan. [1u. 1086]

– von Tristan und Isolde, s. Volksbücher, Deutsche.

Historie, Unpartheiische, des Papstthums, von der ersten Gründung des Stuhls zu Rom bis aufs Tridentinische Concilium ... Magdeburg u. Leipzig 1766-69. V: *Care, Henry.* (BrMm) H: *Rambach, Joh. Jac. & Frdr. Eberhard Rambach.* (Ky)

Historie der »Vinicola«. Wien [1903]. V: *Schember, Joh.* (Mitth. Rud. Schiler.)

– von dem Zauberer Virgilius, s.a. Volksbücher, Deutsche.

— von dem Zauberer Virgilius. Auf's Neue erzählt für Alt u. Jung von Bello Pileo. Reutlingen 870. Fleischhauer & Sohn. 8. (60 S.) 2 ngr.

— vollständ., v. d. moluckisch. Inseln. 2 Thle. m. K. 8. Leipz. 738.

— d. Polnischen Wahltage von Sigismund August an 2c. a. d. Franz. 8. Stockholm. 733.

— —, Wahrhaffte, von einem Murrischen Weibe. Gedruckt in diesem Jahr (um 1750). 4°.
G. Fritzsche in Hamburg, 1892, Anz. 4. no. 1746, Beibd. ! — Höchst seltene Flugschrift!

Wahrhaftige Historie oder ausführliche Erzählung eines wunderbaren Hundes, in welchen ein gewisser Schösser durch Zauberey eines bösen Weibes verwandelt worden. O. O. 1727. 12°. 10 Bog. (36 xr. Scheible, 1858; jetzt viel theurer!)
Meissner, Cat. univ. II. p. 168.

Historie, Wahrhaftige, von Flos und Blankflos, s. Fleck, Konrad

— von Wales, enth. d. Pr. von Wales Leb. u. Thaten. a. d. Engl. von Hübner. 8. Cob. Schiffel. 725.

– von Markgraf Walthern, s. Volksbücher, Deutsche.

Historie der Weinrebe. In: Neues Hamburgisches Magazin, oder Fortsetzung gesammleter Schriften aus der Naturforschung, der allgemeinen Stadt- und Land-Oeconomie, und den angenehmen Wissenschaften überhaupt. Stück 44. Leipzig 1770, S. 175-192. -- 18°

Historie wie ein Bäckermeister am Wienerberge seine Zweykreuzer Semmeln um zehn Kreuzer verkaufen wollte. Wien den 20. März 1811. V: *Armbruster, Johann Michael.* (Jahrbuch der Grillparzer-Gesellschaft XXV [1915], S. 288 »sub 3. Februar 1804«) (Biblport)

Historie, Wunderbare, einer durch 50 Jahr unversehen gebliebenen alten Jungfernschaft. 1786. V: *Blumauer, Joh. Alois.* (IGE 3/266) (Hdschr. Mitth. von Gustav Gugitz, Wien.) (Biblport)

Wunderbare Historie von der höchstseligmachenden Schloßkuppel zu Berlin oder Abenteuer des Victualienhändlers und Bürgerwehrmannes Schulz (vom 30. Bezirk) mit dem Geiste Friedrichs des Großen zu Berlin. Zu haben bei A. Hofmann u. Comp. 1 Bl. Fol.
Flugblatt. Berlin, 1848/49.

Historie, wunderliche und ergötzliche, vom kleinen Tripps Trill. Ein Bilderbuch für jüngere Kinder. Mit lustigen Reimen versehen von Fritz Sche. qu. 4. (12 S. mit 12 ill. Stnt. in Tondr.) Meißen 852, Goedsche'sche Buchh.

Historie, Eine wunderschöne, von dem gehörnten Siegfried dem Zweyten ... Braunschweig u. Leipzig [Halle] 1747. V: *Lange, Samuel Gotthold.* (GGr) (JL) (ML)

Historien, allerhand, vom Berggeist Rübezahl. 2 Hfte. 16. (à 16 S.) Warmbrunn (864). E. Gruhn. à n. — 10

Historien, Auserlesene biblische, für evangelische Schulen. Gütersloh 1855. V: *Vormbaum, Frdr.* (Ky) 5. Aufl. 1861. V: *Eickhoff, J. H.* (ZU)

Historien, auserlesene biblische, für evangelische Schulen. 5. durchges. Aufl., mit Stereot. Gütersloh 861. Bertelsmann. 8. (224 S.) n. 5½ ngr.

Historien, auserlesene biblische, für evangelische Schulen. 11. Aufl. 8. (224 S.) Gütersloh 875, Bertelsmann. geb. * — 70
—— dass. — 12. vollständig umgearb. zu einem ausführl. Lernbuche der Geschichte des Reiches Gottes auf Erden erweit. Aufl. Mit 8 (eingedr.) Holzschn. und 6 (eingedr.) Karten. 3 Thle. 8. Ebendas. 879. * 1 20
Inhalt:
Thl. 1. 2. Historien aus der Heilsgeschichte des Alten und Neuen Testaments. (VIII, 354 S.) * 80 Pf.
„ 3. Erzählungen aus der Geschichte der Kirche Jesu Christi von der nachapostolischen Zeit bis auf unsere Tage. (IV, 119 S.) * 40 Pf.

Historien, auserlesene biblische, für evangelische Schulen. Begleitwort zu der 12. und 13. Aufl. 8. (52 S.) Gütersloh 880,81, Bertelsmann. *
—— dass. — Neue Bearbeitung, besorgt von A. Wehner. 14. in schulmäßiger Orthographie hergestellte Ausg. 8. (VIII, 344 S. mit 8 eingedr. Holzschn. und 6 Karten.) Ebendas. 883. *

Historien, auserlesene biblische, f. evangelische Schulen. Neue Bearbeitg., besorgt v. A. Wehner. Mit 8 (eingedr.) Holzschn. u. 6 Karten. 14., in schulgemäß. Orthographie hergestellte Ausg. 8. (VIII, 344 S.) Gütersloh 884. Bertelsmann. n. — 80

Historien, Auserlesene biblische, aus dem alten und neuen Testamente nach Hübner. Duisburg 1807. 2. Aufl. Schwelm u. Duisb. 1810. 5. Aufl. 1817. 6. Aufl. 1818. 8. Aufl. 1821. V: *Rauschenbusch, Hilmar Ernst.* (MGT) (Ky) (Winer)

Historien, auserlesene biblische, aus d. A. u. N. Testament, nach Hübner. 4te Aufl. 8. Essen u. Duisb. Bädecker. 814.

Historien, auserlesene biblische, aus dem alten und neuen Testamente, nach Hübner. (Von Rauschenbusch.) 9te Aufl. 8. Schwelm, Scherz. 821.

— dieselben in Auszg. 3te Aufl. 8. Ebend. 826.

Historien, auserlesene bibl., nach Hübner (v. Rauschenbusch.) 14te Aufl. Mit 1 Vign. 8. Schwelm 827, Scherz.

—— dies. im Auszuge. 6. u. 7. Aufl. 8. (à 11½ B.) Ebds. 829, 32. à

Historien, auserles. bibl., aus d. alten u. neuen Testamente, nach Hübner. (Von A. E. Rauschenbusch.) 18—23. Aufl. 8. (à 18 B. u. Titlvign.) Schwelm 834, Scherz. à

—— auserles. bibl., aus d. alt. u. neu. Testamente, nach Hübner. Von A. E. Rauschenbusch. 25—33. Aufl. 8. (à 18 B. u. Titlvign.) Schwelm 830—41, Scherz.

Historien, Auserlesene biblische — aus dem alten und neuen Testamente, nach Hübner. 8. Auflage. Preßburg und Oedenburg. 1855. Gedruckt bei C. F. Wigand. (VI, 258 S. 8)

Historien, auserlesene biblische, aus dem alten und neuen Testamente nach Hübner. 9. Aufl. 8. (... S.) Preßburg 858, Wigand. 9 Ngr.; ·cart.

Historien, auserlesene biblische, für evangel. Volksschulen. 10. Aufl. 8. Gütersloh 872, Bertelsmann's Verlag.

Historien, auserlesene, aus d. christl. Kirchengeschichte. Nach Hübner's Weise u. als Fortsetz. seiner bibl. Historien. 8. (20½ B. u. Titlvign.) Barmen u. Schwelm 836, Falkenberg'sche Vrlsh. •

Historien, 132. lust. Begebenheiten. 8. Nürnb. 750.

Historien, Bekannte und unbekannte, von dem abentheuerlichen und Weltberuffenen Rieben-Zahl ... [Hirschberg 1736.] H: *Lindner, Caspar Gottlieb.* (Nent)

Historien, die, v. dem Ritter Beringer, s. a. Drucke, seltene, in Nachbildungen.

BERINGER, Ritter. — Die historien von//dem rittir beringer. // [Darunter Holzschnitt: Verschiedene Ritter, wovon einer von seiner Frau Abschied nimmt.] *Am Schlusse:* Getruckt zu Straszburg. nach // der geburt Christi im. XCV. iar. // [1495.] 6 Bll. 8°. (600 Mk. Ludw. Rosenthal, München, Cat. 47, ca. 1888, no. 306.) Grösste Rarität!

Vollständig unbekannter kleiner Ritter-Roman, ganz in Versen, aber wie Prosa gedruckt. Vielleicht Unicum! Beginnt:

Es was ein ritter so rych. gar edel vnn gar herrlich. mit grossen eren stund sin huß. doch must er selber heruß.

— — Dasselbe (Neudruck): Die Historien von dem Ritter Beringer. Strassburg 1495. Facsim.-Ausgabe. mit einleitendem Text von K. Schorbach. Leipzig 1893. 16°. (Kr. 3,60.) (Kr. 1,80 Rudolf Heger, Wien, 1902.)

— biblische, f. Kinder, s. Erzählungen.

— biblische, f. Kinder, s. *Histoire* de la Bible.

— biblische, f. Kind. franz. u. deutsch. m. K. 8. Nürnb. Weigel. 792. illum.

Historien und Lehrstücke, biblische, nach dem lutherischen Bibeltext. Ein bibl. Lesebuch. 18. (IV und 217 S.) Cassel 849. (Leipzig, C. H. Reclam sen.) •

Historien, biblische, aus d. Alt. u. N. Testamente, (v. H. Fr. Rauschenbusch). 8. Duisb. 807. 18e Aufl. 829. 19e A. 8. Schwelm 830. Scherz. 7 gr.

— biblische, a. d. alt. u. neuen Testament. Duisburg, Bädecker u. K. 810.

— dieselben, im Auszuge. 6e Aufl. Ebd. 829. 4 gr.

Historien, Zweymahldreissig biblische. Leipzig 1742. V: *Hager, Johann Georg.* (ML)

— zweymal dreyßig biblische, nach der Ordnung des Heils. m. K. 8. Leipz. 761.

§ — —, Die heutigen, der ganzen Welt. Regenspurg 1708. 8°. (In München: H. misc. 168.)

Historien, italienisch-deutsche, gesammelt v. Ernst Willibald, burgundischen Geheimschreiber. 1r Thl. Adelheid v. Burgund. 8. Dresd. Richter. (Sommer in Lpz.) 794.

— von d. Landwirthschaft. 8. Prag 792. Schönfeld. 9 gr.

Historien Von Lazarillo de Tormes. Augspurg 1627. O. O. 1709. V: *Mendoza, Diego Hurtado.* (BGE III², 283)

Historien u. Lehrstücke aus der heil. Schrift Alten Testamentes nach Dr. M. Luthers Uebersetzung. 16. (17½ B.) Cassel 846, Luckhardt'sche Buchh.

Till Eulenspiegel. — Lustige Historien, Oder Merckwürdiges Leben, Thaten und Reisen Des Weltbekandten Tyll-Eulenspiegels, Mit vielen Historischen, Politischen und Moralischen Anmerckungen ... O. O. und Dr. [Dresden, Hilscher] 1736. 8°. *Titelkupfer (Eulenspiegel die Treppe herabsteigend, von Eulen und Affen umgeben)*, 7 Bl., 368 S. Etwas benutzter rotbrauner Pbd. d. Z.

G. I. 347. Heitz, Volksbücher S. 29.

Historien u. Schwänke d. Meister Sachs rc. s. im Alphabet: Sachs.

— sechszig biblische, nach d. Ordnung d. Heils rc. m. K. 8. Leipz. 742.

— ohne Titel, v. Fr. Laun. (Fr. A. Schulz.) 2 Thle. 8. Dresd. Arnold. 809.

— und was sonsten zu melden vom alten Fritz, dem großen König und Helden; wie er weiland glorreich regieren thät und Preußen zu einer Großmacht erhöht. In zwanglosen Versen und Reimen tractiret, u. mit anmuthigen Holzschnitten ausstaffiret. Ein echtes und rechtes Volksbüchlein, das allen Preußen gewidmet soll sein. 1856. Zum hundertjährigen Jubiläum des siebenjährigen Krieges. Berlin (855.) Nöhring. gr. 8. (240 S. mit Holzschn. im Text.) 15 ngr.

Historien u. Schnurren, Weimarische. Nr. 1. 1—4. Abdr. Weimar 860—62. Kühn. 8. (15 S.) n. 2 ngr.

Inhalt: Nähmamsell, Schreiber u. Korporal, oder die auf militärischem Wege eroberte Civilisten-Braut. Eine wahre Geschichte vom heurigen Zwiebelmarkt, denen vom Civil zur Warnung, denen vom Militär zur eifrigen Nachahmung, u. den schönen Weimaranerinnen zur Kurzweil aufrichtig u. kunstlos dargestellt von Bobby.

—— zwei schöne, von den mächtigen u. tapferen Fürsten u. Rittern Stillfried u. Brunswig im uralten Böhmerlande. Wieder erzählt v. d. Hrsgeb. d. oberösterr. u. salzburg. Volkssagen, von zwölf u. einer Welt, rc. 8. (5 B.) Linz 837, (Haslinger.)

— Zwei mal 52 auserlesene biblische, aus d. Alt. u. N. Testament; nebst e. Anhange rc. abgefaßt v. J. G. Fähler. 8. Lauenb. 780. (Barth in Leipz.) 1 ℛß

HISTORIEN-ALMANACH, Der kleine, oder Sammlung seltsamer Abenteuer, wunderbarer Geschichten, und merkwürdiger Erscheinungen, aus Chroniken zusammengetragen. Mit color. Titelkpf. (Geißler fec.). Leipzig, Junius, 1804. Kl. 12°. Selten!

VIII, 8 Bll. Calendarium, 263 S. (47 Nrn.). U. a.: Die Hörnerkrönung des Königs Alphons (von Neapel), aus dem Heptameron der Königin Margaretha v. Navarra (S. 68—83; hierzu das Titelkpf.). — Sitten (besser: arge Sittenlosigkeit) der Wiener unter Kaiser Friedrich III, im XV. Jahrh., geschildert von Aeneas Sylvias (Sekretär Kaiser Friedrich's III, nachmals Papst Pius II). (S. 103 bis 105.) — Die abgekühlten Capuziner, aus dem Heptameron (S. 117—122). — Fürstliche und Eheklagen aus der Mitte des XVII. Jh. (Betrifft den Kurfürsten Carl Ludwig von der Pfalz, seine Gemahlin Charlotte, geb. Landgräfin von Hessen, und die Hofdame Baronesse Louise v. Degenfeld, die Geliebte des Kurfürsten, s. d.) (S. 130 bis 169; aus Lünig's teutscher Reichskanzlei, Th. II, S. 156ff.) — Der vom Teufel getödtete und wiederum beseelte Buhler (aus Dan. Ernst's 400 auserles. Merkwürdigkeiten, S. 527). (S. 256—259.)

Historien-Almanach, kleiner, oder Samml. außerordentl. Begebenheiten. 16. Leipz. 804. N. Aufl. 812. (Brockhaus). 9 gℛ

Historien-Almanach, kleiner, od. Samml. außerordentl. Begebenheiten. 16. Leipz. Gleditsch. 804.

Historienalmanach, kleiner, od. Samml. außerordentl. Begebenheiten, neue Aufl. 16. Leipz. Gleditsch. 812.

Historienbibel, kleine. 8. Leipz. ... Solbrig. 3 gℛ N. verb. A. 8. Ebd. (Tauchnitz). 2 gℛ

Historienbibeln, die deutschen, des Mittelalters, s.: Bibliothek d. litterar. Vereins in Stuttgart. 100. 101.

Historienbuch, auserlesenes. 4. Augsb. Wolf.

— f. Bürger u. Landleute. 3 Thle. (N. Tit. vom 3 Thle. d. Jugendfreundes). 8. Quedlinburg, Ernst. 795–97. (1r 2r. à 10 gr. 3r 12 gr.).

— — desselben 4r Bd. Neustadt, Wagner. 807.

— für Bürger u. Landleute. 4 Hefte. 8. Neust. 803—6. Wagner. 12 gℛ

Historienbuch oder neubearbeitete Chronik von Erfurt von der ältesten bis auf die Jetztzeit. 1—3. Heft. Erfurt (857.) Villaret in Comm. gr. 8. (S. 1—192.) Jedes Heft n. 5 ngr.

Historienbuch oder neubearbeitete Chronik von Erfurt von der ältesten bis auf die Jetztzeit. 1—3. Heft. gr. 8. (S. 1—192.) Erfurt 858, (Villaret.) à Heft * 5 Ngr. *

Historienbuch, nützl., f. Bürger u. Landleute. 3 Thle. 8. Quedlinb. 795—97. Ernst. 1 ℛß 8 gℛ (Ist ein neuer Titel v. 3 Thln. des: „Jugendfreundes." Ebd. vgl. Jugendfreund rc.)

— von 100 Lebensgeschichten. 4. Augsb. Wolf.

Historienbuch, unterhalt., aus allen Zeiten u. Ländern. Eine interess. Hauschronik f. Alt u. Jung u. f. Leser aus allen Ständen. — A. u. d. T.: Der kurzweil. u. seltsame Erzähler merkwürd. Thaten, wunder- u. sonderbarer Begebenheiten glückl. u. unglückl. Menschen. 8. (23½ B.) Ulm 833, Ebner.

Historienbüchlein, Hessisches. Marburg 1842. H: *Vilmar, Aug. Frdr. Chn.* (Gd) (Mitth. A. Rosenbaum.)

Historienbüchlein, hessisches. 1. Aufl. (6½ B.) 842. 7½ Ngr. u. 2., verm. Aufl. 12. (7 B.) Marburg 845, Elwert'sche Universit.-Buchh.

Historienbüchlein, hessisches. 3. verm. Aufl. kl. 8. (IX, 191 S.) Marburg 886, Elwert's Verlag. *
cart. *

Historienbüchlein, Historisches. Marburg 1742. 2. . . . Aufl. 1845. H: *Vilmar, Aug. Friedrich Christian.* (Gd

Historienbüchlein, neues, f. gute Landleute. 8. Leipz. ... Laufer. 1 gℛ

Historiencabinet

— u. Lustgarten, d. große weltliche. 8. Augsb. 727.

Historien-Cabinet, Das neueröffnete, sinn- lust- und lehrreiche, . . . Berlin u. Leipzig 1733. V: *Rembold, J. J.* (BGE)

Historien-Calender, s. Historien-Kalender

Historien-Kalender, der, auf das J. 1861, worin Fest-, Buß- und Markttage, Gerichtsferien, sowie Fluth und Ebbe verzeichnet stehen. 4. (24 S.) Jever 861, Mettcker und Söhne. **

Historien-Calender, Wirtschafts- u., Neustädtischer.
(1818). M. 1 Kpf.
Neustadt.

Historien- oder Geschichts- u. Volkskalender, Pirnaer, 1863—71. Pirna, Diller u. Sohn. 4. Jeder Jahrg. (62 S. mit eingedr. Holzschn. u. 2 Steintaff.) n.n. 3¾ ngr.

[Römhilder Historien-Calender für . . .]
Römhild: Andr. Carl Cmilius[!] Brückner [1829]. 4°
1830: [1829.] 16 ungez. Bl. mit groß. Holzschn. auf d. Vorderseite.

Historien- oder Geschichts- und Volks-Kalender, königl. sächs. gnäd. concess. Pirnaischer. 1869—1875. 4. (à Jahrg. 40—66 S. mit eingedr. Holzschn. und 2 Holzschntaf.) Pirna, Diller und Sohn. à Jahrg. **

Historien- od. Geschichts- u. Volks-Kalender, königl. sächs. concess. Pirnaischer, 1899. Mittle Ausg. 4. (60 S. m. Bildn., 4 Taf. u. 1 Wandkalender.) Meißen, H. W. Schlimpert. n.n. — 35

Historien- od. Geschichts- u. Volks-Kalender, königl. sächs. concess Pirnaischer, 1903. Mittle Ausg. 4. (65 u. 5 S. m. Abbildgn., 2 Taf. u. 1 Wandkalender.) Meißen, H. W. Schlimpert. n.n. — 35
Die große u. kleine Ausg. f. u. d. T.: Haus-, Wirtschafts- u. Volkskalender.

Historien- od. Geschichts- u. Volks-Kalender, königl. sächs. concess. Pirnaischer. 1907. Mittle Ausg. (55 u. 5 S. m. Abbildgn., 2 Taf. u. Wandkalender.) gr. 8. Meißen, H. W. Schlimpert. n. — 35
Die große u. kleine Ausg. s. u. d. T.: Haus-, Wirtschafts- u. Volkskalender.

— Thüringer, nebst Wegweiser durch die Geschäftswelt Erfurts. 1. Jahrg. 1897. 4. (5, 15 u. 80 S. m. Abb., 1 Farbendr. u. Wandkalender.) Erfurt. Leipzig, Otto. — 50

Historien-Kalender, verbesserter, auf die J. 1869—1875. 4. (à Jahrg. 32—40 S. mit eingedr. Holzschn.) Jena, Fr. Frommann. à Jahrg.

Historien-Kalender, verbesserter, auf die J. 1876—1880. 4. (à 40 S. mit eingedr. Holzschn.) Jena, F. Frommann. à Jahrg. — 30

Historien-Kalender, verbesserter, auf die J. 1881—1885. 4. (à Jahrg. 40 S.) Jena, F. Frommann. à Jahrg.

Historien-Kalender, verbesserter, auf das J. 1886. 4. (40 S.) Jena, F. Frommann.

—— dass. — auf die J. 1887—1889. 73.—75. Jahrg. 4. (à Jahrg. ca. 40 S. mit Holzschn.) Jena, Junkelmann. à Jahrg.

Historien-Kalender, verbesserter, auf d. J. 1890—1892. Mit genauen Jahrmarkts-Verzeichnissen auf Grund amtl. Quellen. 76.—78. Jahrg. Mit Holzschn. u. 1 Wandkalender als Gratisbeilage. 4. (46, 46, 49 S.) Jena, Junkelmann. à Jahrg. — 30

— verbesserter, auf d. J. 1893. 79. Jahrg. 4. (48 S. m. Bildern u. Wandkalender.) Jena, R. Junkelmann. — 30

— dasselbe. 1894. 80. Jahrg. 4. (52 S. m. Bildern u. Wandkalender.) Ebd. — 30

Historien-Kalender, verbesserter, auf d. J. 1907. Mit genauen Jahrmarkts-Verzeichnissen auf Grund amtl. Quellen. 93. Jahrg. (48 S. m. Abbildgn. u. Wandkalender.) gr. 8. Jena, Junkelmann. — 20; durchsch. — 30

Historien-Kalender, verbesserter, auf d. J. 1909. Mit genauen Jahrmarkts-Verzeichniss. auf Grund amtl. Quellen. 95. Jahrg. (48 S. m. Abbildgn. u. Wandkalender.) gr. 8. Jena, Junkelmann. — 20

—— verbesserter Gothaischer, auf die J. 1880—1885. 170.—175. Jahrg. 4. (à Jahrg. 48 S.) Gotha, Engelhard-Reyher'sche Hofbuchdruckerei. à Jahrg. *

—— verbesserter Gothaischer, auf die J. 1886—1889. 176.—179. Jahrg. 4. (à Jahrg. 48 S.) Gotha, Engelhard-Reyher'sche Hofbuchdr. à Jahrg. *

—— —— verbess. gothaischer, auf d. J. 1890—1893. 180.—183. Jahrg. 4. (à Jahrg. 48 S.) Gotha, Engelhard-Reyher'sche Hofbuchdr. à Jahrg. * — 20

Historien-Kalender, verbesserter gothaischer, auf d. J. 1895. 185. Jahrg. 4. (48 S.) Gotha, Engelhard-Reyher'sche Hofbuchdr. n. — 20

Historien-Kalender, verbesserter gothaischer, auf das J. 1899. 189. Jahrg. 4. (48 S.) Gotha, Engelhard-Reyher'sche Hofbuchdr. n. — 20

Historien-Kalender, verbesserter gothaischer, auf d. J. 1900. 190. Jahrg. 4. (48 S.) Gotha, Engelhard-Reyher'sche Hofbuchdr. n — 20

Historien-Lieder, Dess Gutmeynenden Petriners biblische. Von der Erschaffung der Welt, biss auf die vollendte Sündflut. Steyr u. Linz 1727—40. V: *Gessel, Joh. Ferd.* (Haydinger)

Historiens, deux, arméniens, Kiracos de Gantzac, XVIIe s., histoire d'Arménie; Oukhtanès d'Oucha, Xe s., histoire en 3 parties; traduits par M. Brosset. 1re et 2e livr. Introduction; fin d'Oukhtanès. Imp.-4. St. Pétersbourg. Leipzig, Voss. [1re livr. (III, S. 1—276.) 870. *ℳ 7,20., et 2e livr. (LXII, S. 277—351.) 871. *ℳ 3,60.]
Vgl.: Collection d'historiens arméniens.

Historien-Saal, Neueröffneter, d. i. Beschreibung der allgemeinen Welt- und Kirchen-Geschichten. Basel 1736. V: *Im Hof, Andreas Lazarus.* (will)

Historienschreiber. Freystadt [Hannover] 1712. 1717. 1729. V: *Rottmann. F. J.* (WA)

HISTORIENSCHREIBER, Der kurtzweilige. Gedruckt und um ein billiges Geld zu haben (c. 1720?). 8°.
Oswald Weigel, Lpz., Cat. 7. (1883), no. 1304 (mit 2 Beibdn., ebenfalls undatirt).

Historienschreiber, der lustige, oder das Buch zum Todlachen. Mit dritthalbhundert Erzählungen, eine possirlicher als die andere, zur Erheiterung für Weiber, Männer, Jungfern und Junggesellen. Neue Aufl. Reutlingen 855. Fleischhauer u. Spohn. 8. (62 S.) 2 ngr.

Historienschreiber, der lustige, od. das Buch zum Todtlachen. Mit dritthalbhundert Erzählgn., e. possirlicher als die andere, zur Erheiterung für Weiber, Männer, Jungfern und Junggesellen. Neue Aufl. 64 S.) Reutlingen 874. Fleischhauer & Spohn. — 20

Der lustige | und | possierliche | Historienschreiber. | Vor Männer, Weiber, Jungfern und Jung- | gesellen zu gebrauchen. | *(Vignette)* | Mit gnädigster Genehmigung. | Reutlingen, | bey Jacob Friderich Kalbfell.
o. J., 80 S., 172 × 100.
StB Ulm BB 926.

HISTORIEN-SCHREIBER, Der lustige und possierliche. Vor Männer, Weiber, Junggesellen und Jungfern zu gebrauchen. Frankfurt u. Leipzig, o. J. (17**). 8°.

— — Dasselbe. Ibid. 1758. 8°.

Historienschreiber, der lustige und possierliche. Unterhaltend für Männer, Weiber, Jungfern und Junggesellen. 3. verb. Aufl. 8. Botzen 842. (München, Jaquet.) 1/8 ₰

Historienschreiber, der lustige u. possierliche. Unterhaltend f. Männer, Weiber, Jungfern u. Junggesellen. 4. verb. Aufl. 8. (88 S.) Augsburg 852, Jaquet. 4½ ngr

Histories, Biblical, s.a. Bible stories.

Histor es, Biblical, in the romanised Colloquial of the Hakka-Chinese in the Province of Canton. Ausg. B. mit 22 grossen Bildern. gr. 8. (206 S. mit eingedr. Holzschn. und Holzschnitaf.) Basel 878, (Missionsbuchh.) geb. * 6 40

Histories, biblical, in the romanised colloquial of the Hakka-Chinese in the province of Kanton. In-8°, Basel, Missionsbuchhandlung.
Ausgabe A: Mit vielen Bildern u. 22 gross. Bildern. geb. 8 —
Ausgabe B: Mit vielen Bildern, geb. 7 —
1879

Histories, biblical, in the romanisad colloquial of the Hakka-Chinese in the province of Canton. 3. ed. gr. 8. (212 S. m. Abb.) Basel 898. Missionsbuchh. Geb. n. 2. —

Historietten... Leipzig 1803. V: *Nöller, Joh. Jonath. Lebr.* (MGT) (EE) (BGE) (Ky)

Historietten, 11 Thle. 8. Lpz. Compt. f. Lit. 803. (I. 10 gr. II. 16 gr. III. IV. 20 gr. V. VI. 20 gr. VII. VIII. 1 Rthlr. 4 gr. IX. X. 20. XI. 16.)

Historiettes, ou nouvelles et contes en vers, p. Imbert, avec de belles taille-douces. gr. 8. Amsterdam. (Schweighaeuser in Basel.) 775.

Historiettes choisies pour une mère et ses enfants. Par François. Avec 8 images. gr. 8. (IV und 199 S.) Dresden 863, Meinhold und Söhne. cart.

Historiettes et conversations choisies à l'usage des enfans, oder auserlesene Geschichtchen und Gespräche für Kinder ... Neue ... Aufl. Frankf. a. M. 1808. V: *Wiesenhütten, Friederike Henriette Freiin von geb. von Forstner.* (schl)

— et conversations à l'usage des enfans. gr. 12. Mastricht 790. (Ettinger in Gotha). 16 gr

Historiettes et conversations à l'usage des enfans... Brunsw. 1814. V: *Wiesenhütten, Friederike Henriette Freiin von geb. von Forstner* [?]. (schl)

Historiettes et Conversations a l'usage des enfans, qui commençent à épeler par Mad. de V**, II Vol. 24. Brunsv. Pluchart. 814.

Historiettes et conversations à la portée des enfans ... Gotha 1790. 2. éd. Berl. 1797. V: *Wiesenhütten, Friederike Henriette Freiin von geb. v. Forstner.* (Ky) (Schl) (MGT)

Historiettes et conversations à la portée des enfans, et à l'usage de la jeunesse. Suivies de Lydie de Gersin, par M. de V... ouvrage revu et corrigé (par S. H. Catel). 8. Berl. 797. Ed. II. 803. Ed. III. 806. Ed. IV. originale, 817. 8. Leipz., Köthly. 12 gr

Historiettes et Conversations a la portée des enfans et à l'usage de la jeunesse, suivies de Lydie de Gersin, ou histoire d'une jeune Anglaise de huit ans, pour servir à l'instruction et à l'amusement des jeunes Françaises du meme âge. Par Made. V...... Ouvrage revu et corr. p. A. K. 5. édit. 8. (11 B.) Leipsic 836, [Fr. Fleischer.]

— pour former le coeur et l'esprit des enfans. Ouvrage trad. de l'allemand. (Mit 3 ill. Steindr.) 12. Paris u. Strassb. 830. Levrault. 8 gr

Historiker, der, s. compend. Bibliothek.

Historiker, der. Ein Unterhaltungsblatt für Leser aus allen Ständen. 1. Bd. 12 Hefte (à 5 Bgn.). 4. Berlin 860. Bieler & Co. (Seehagen.) 4. Jedes Heft 5 ngr.

— die jungen, od. geschichtl. Darstellungen aus dem Leben berühmter Männer älterer u. neuerer Zeit. Mit 12 ill. Kpf. 8. Nürnb. 819. Geb. 1 rh 10 gr

Historiker, Die ungedruckten Byzantinischen, der St. Marcus-Bibliothek. Proben u. Auszüge von J. Bekker. S.-A. 1841. 28 S. 4°.

Historiogramm des Preussischen Staats von 1280 bis 1830... Berlin, Posen u. Bromberg 1834. V: *Rühle von Lilienstern, Johann Jacob Otto August.* (Koner)

Historiographus. Sonderbarer Bericht von dem rc. in einem Bärenbau gefundenen Wunder-Knaben. rc. Frkf. 747. 8.

Historiola Montis Sancti Andecensis, d. i.: kurtze Geschichts-Beschreibung von dem ... Heil. Berg Andex ... Nebst An- u. Abkommenschaft der ... *Grafen zu Andex*, als ersten Stiffteren dieses Orths etc. (3 Thle. in 1 Bde.) Mit 1 Kpftaf. Augspurg, J. D. Gruber, cathol. Buchdrucker, 1755. 4°. Ppbd.
Dem Grafen Franz Maria von Seinsheim (dessen Wappen auf der Kpftaf.) von Abt, Prior u. Convent dieses einst berühmten Benediktiner-Klosters gewidmet. 9 Bll. Vorst., 64, 87, 91 S., nebst 9 nicht num. S. Reg.

Historische, Das, und seine Berechtigung in der Politik. Ein in der kaiserlichen Akademie der Wissenschaften in Wien nicht gehaltener Vortrag. Wien 1861. V: *Rüdiger, Victor Ludwig.* (WFM II, S. 195)

Historische, das, und seine Berechtigung in der Politik. Ein in der kaiserl. Akademie der Wissenschaften in Wien nicht gehaltener Vortrag. gr. 8. (44 S.) Wien 861, Typographisch-literarisch-artistische Anstalt.

Historisches und Geologisches über die Gegend von Flims. Chur 1889. V: *Killias, Ed.* (EB)

Historisches und Theologisches; od.: sonnenklarer Beweis, daß weder die Gemeinden, noch die Prediger in d. evangel. Kirche auf d. symbol. Bücher verpflichtet werden können. Von e. Diener d. Worts. gr. 8. ($3^1/_8$ B.) Dortmund 837, Krüger.

Historisches über den Pressburger Weinbau ... Pozsony 1902. V: *Batka, Joh.* (EB)

Chambers's **History** of the Victorian Era. The reign of Queen Victoria. Ausgew. u. erl. von Dr. J[osef] Klapperich. [Nebst] Wörterbuch, bearb. von Ludwig Hasberg, Barmen. *Glogau: C. Flemming 1901–02.* 2 Bde 8°
— Schriftsteller, Englische u. französische, d. neueren Zeit. Bdch. 5. Ausg. A.

Chambers's **History** of the Victorian Era. The reign of Queen Victoria. Ed., with explanatory notes, by Dr. J[osef] Klapperich. *Glogau: C. Flemming 1901.* (VIII, 128 S.) 8°
— Schriftsteller, Englische u. französische, d. neueren Zeit. Bdch. 5. Ausg. B.

History, complete, and description of the cathedral of Cologne. A guide absolutely necessary for every visitor of the church. Composed after the best sources. 16. (45 S.) Köln 874. Heyn's Verl. — 50

History of England, in a series of lettres from a Nobleman to his son. II Vols. 8. Basel 800. (Schmidt in Lpz.) 2 ₰ 8 gr.

History of England, in a series of letters from a Nobleman to his son. II Vol. 8. Basel. (Tourneysen in Cassel). 800. Velinp.

History, The, of little Jack ... Celle 1799. V: *Day, Thomas.* H: *Bonath, Heinrich Ludw.* (Ky)

History, The, of little Jack. for the amusement ... Hsg. v. W. G. Salzmann. Leipz. 1842. V: *Day, Thomas.* (Gi)

History, the, of Little Jack, for the Amusement and Instruction of Youth, by the Author of Sandford and Merton. Mit Erklärung alles Grammatischen u. einem die vollständige Phraseologie u. Angabe der Aussprache mit anglo-orthoepischer Bezeichnung nebst deren Erläuterung enthalt. Wörterbuche, zum Behufe d. Unterr., hrsg. v. W. G. Gutmann. gr. 12. (6 B.) Leipzig 842. [Brandstetter.] Thlr.

History of the passion of Christ, in the Gã (Akra) language. 12. (20 S.) Basel 901. Missionsbuchh. n. — 40

History, the, of Rasselas, Prince of Abissinia, by S. Johnson. New Edition. 12. London. (Leipz. Fr. Fleischer in comm.) 816.

— dasselbe Buch. Cook's edition. ibid. 816.

History of Rome from the building of the city to the ruin of the republic. Mit einem bezifferten Wörterbuche von S. Mauer. 8. (IV und 162 S.) Quedlinburg 865, Basse.

History, the, of Sindbad the sailor, s.: Authors, English.

— the true, of Joshua Davidson, s.: Collection of brit. authors.

HISTRIOMASTIX, Holofernus (sic!), Frankfurter Theater-Skizzen. O. O. 1866. Gr. 8°. (1 Mk. 20 Pfg. Jos. Baer & Co., c. 1886.)
Fehlt in Weller's Lex. Pseud.

de Hita, Gines Perez, Rittergeschichten d. Mauren v. Granada, nebst Bemerkk. üb. die Muhamedaner in Spanien, u. histor. u. literar. Noten v. M. Gonez (aus d. Span. hersgg. v. W. Zimmermann). 2 Bde. 8. Bremen 810. Heyse. 2 ₰ 16 gr.

de Hita, Ginez Perez, s. Zegrie's u. Abencerragen, die.

Hitch, B., Kunterbunt, neue u. alte Reime, m. (z. Tl. farb.) Bildern v. H. (29 S.) Lex.-8. Nürnberg (904.) E. Nister. Geb. n. 2. —

Hitchcock, Ethan Allen, das rote Buch v. Appin. Übertr. v. Sir Galahad. (117 S.) 8. Leipzig 910. Insel-Verlag. 3.—; in Pappbd. 4. —

Nach vielen Tagen. Drama in 1 Akt von Robert **Hitchings**, ins Deutsche übertr. von A. M. Broun. Berlin-Leipzig: C. Wigand 1909. 32 S. 8°

Hitchings, Rob., nach vielen Tagen. Drama in 1 Akt. Ins Deutsche übertr. v. A. M. Broun. (32 S.) 8. Leipzig 909. Modernes Verlagsbureau. 1. —

Hitomi, J., Japan, Land u. Leute, s. a. Hillger's illustr. Volksbücher. Nr. 2.

Japan. Land u. Leute von J. **Hitomi**. Autor. Übers. von Wilhelm Thal [d. i. Lilienthal]. Mit 10 Ill. u. 1 Karte. *Berlin, Eisenach, Leipzig: H. Hillger [1904].* (110 S.) 8° [F.]
— Volksbücher, Hillgers illustrierte. No 2.

Hitopadeśa

Hitopadesa. Eine alte indische Fabelsammlung aus d. Sanskrit zum erstenmal übers. v. Max Müller, s. Bibliothek, ausgewählte, d. Classiker d. Auslandes, 33. Bd.

Hitopadesas, oder heilsame Unterweisung 2c., s. Pädagogik.

Hitopadaesi Particula, ed. et Glossarium sanscrito-latin. adj. Geo. Henr. Bernstein. (Wohlf. Ausg.) 4. (8 halbe B. u. 5 Taf.) Vratislaviae 823, Grass, Barth et Soc.

Hitopadesas, id est institutio salutaris. Textum codd. Mss. collatis recens. interpretat. latinam et annotationes criticas adj. Aug. Guil. a Schlegel et Chr. Lassen. II Pts. 4 maj. Bonnae, Weber.
Pars I. Textum sanscritum. (19 B.) 829. 4 Thlr.
- II. Commentarium critic. (27½ B.) 831. 5 Thlr.

हितोपदेश: — Hitopadesa. The Sanskrit text, with a grammatical analysis, alphabetically arranged, and an English index of words, serving the purpose of a reversed Dictionary. By Franc. Johnson. gr. 4. (XVIII. 200 u. 216 S.) London 847. (Williams & Norgate) n. 11 ₰

— or salutary Counsels of Vishnu Sarman, in a Series of connected fables, interspersed with moral, prudential, and political maxims, translated literally from the original into English, for the use of the Sanskrit student. By Franc. Johnson. 8. Hertford 848. (Leipzig, Brockhaus.) n. 3½ ₰

Hitopadesa, ausgewählte Fabeln, im Urtexte [in lateinischer Umschrift] nebst metrischer deutscher Uebersetzung von Aug. Boltz. gr. 8. (VIII, 75 S.) Offenbach 868. (Leipzig, Haessel.) *

—— **Eine indische Fabelsammlung. Von der Erwerbung eines Freundes. Mit metr. Uebertragung der Verse aus dem Sanskrit übersetzt von L. Fritze.** 8. (81 S.) Breslau 874, Hoffmann. (ℳ 1,50.)

HITOPADESAS. Altindische Märchen und Sprüche. Uebersetzt von J. Schönberg. Wien 1884. 8°. (2 Mk. 40 Pfg., br., 3,20 eleg. Hfrzbd.) (1 Mk. 20 Pfg., bezw. 1,60 Julius Neumann, Magdeb., 1908.)

Hitopadeça. Ein ind. Lehrbuch der Lebensklugheit in Erzählungen u. Sprüchen. Aus dem Sanskrit neu übers. v. L. Fritze gr. 8. (X, 135 S.) Leipzig 888. O. Wigand. n. 2.—

Hitschfeld, Max, Referendar: Die Rechte des Versprechensempfängers aus einem Vertrage auf Leistung an einen Dritten in historischer und dogmatischer Entwicklung. Borna-Leipzig 1909: Noske. 54 S. 8°

Breslau, Jur. Diss. v. 23. März 1909, Ref. Leonhard-Meyer

[Geb. 20. Febr. 84 Breslau; Wohnort: Beuthen (O.-S.); Staatsangeh.: Preußen; Vorbildung: Gymn. Neiße Reife O. 03; Studium: Breslau 5, Freiburg i. B. 1 S.; Rig. 30. Okt. 08.] [U 09. 484

Hitschfeld's Illustrirter Sternberger Kalender 1896 und Adreßbuch der politischen Bezirke Sternberg und Römerstadt, nebst eines Theiles des Gerichts-Bezirkes Mährisch-Neustadt. Mit vielen Abbildungen. Gr.-8. (96 und 85 S.) Cart. —.45

Sternberg: Hitschfeld 1895.

Hitschfeld's Illustrirter Sternberger Kalender 1897 und Adreßbuch der politischen Bezirke Sternberg und Römerstadt, nebst eines Theiles des Gerichts-Bezirkes Mährisch-Neustadt. Mit vielen Abbildungen. Gr.-8. (96 u. 98 S.) Cart. —.50

Große Ausgabe, um 100 Seiten stärker —.65

Ebd. 1896.

— dasselbe 1898. 8. Jahrg. (Große Ausg.) gr. 8. (41, 16, 96, 96, 12 u. 100 S. m. Abb. u. 2 farb. Bildn.) Ebd. Kart. n. 1.20

Hitschfeld's illustr. Sternberger Kalender 1899 u. Adreßbuch der polit. Bezirke Sternberg u. Römerstadt, nebst eines Theiles des Gerichtsbez. Mährisch-Neustadt. 9. Jahrg. gr. 8. (50, 113 u. 105 S.) Sternberg, A. R. Hitschfeld. n. —85

(F) Hitschfeld's Illustrierter Sternberger Kalender 1900 und Adressbuch der politischen Bezirke Sternberg und Römerstadt, nebst eines Theiles des Gerichtsbezirkes Mährisch-Neustadt. Mit einem vollständigen Verzeichnisse der Hausbesitzer in Sternberg, unter Angabe der Gassen, Strassen und Plätze, mit neuer und alter Häuser-Numerirung. X. Jahrgang. Sternberg. Hitschfeld. Gr.-8°. 129 S. Cart. fl. —.50

(F) Hitschfeld's Illustrierter Sternberger Kalender 1901 und Adressbuch der politischen Bezirke Sternberg und Römerstadt, nebst eines Theiles des Gerichtsbezirkes Mährisch-Neustadt. Sternberg. Hitschfeld. Gr.-8°. 118 S. Cart. K 1.—

(F) Hitschfeld's Illustrierter Sternberger Kalender 1902 und Adressbuch der politischen Bezirke Sternberg und Römerstadt, nebst eines Theiles des Gerichtsbezirkes Mährisch-Neustadt. Sternberg. Hitschfeld. Gr.-8°. 118 S. mit 1 Tafel Cart. K 1.—

Hitschfeld's, illustrierter Sternberger Kalender 1907 u. Adreßbuch der politischen Bezirke Sternberg u. Römerstadt, nebst e. Teiles des Gerichtsbez. Mährisch-Neustadt. 17. Jahrg. (50, 16, 112, 5 u. 183 S.) gr. 8. Sternberg, A. R. Hitschfeld. Kart. n.n.n. — 85

Hitschmann, Edmund, a. Haindorf (Böhmen): Zur Kenntnis der Trypsinfibrinpeptone. Weida i. Th. 1907: Thomas & Hubert. (96 S.) 8°

Leipzig, Phil. Fak., Ref. Beckmann-Hantzsch, Diss. v. 25. Juli 1907

[Geb. 30. Nov. 83 Haindorf in Böhmen; Wohnort: Aachen; Staatsangeh.: Österreich; Vorbildung: Staatsgewerbesch. Reichenberg Reife O. 03; Studium: Leipzig 7 S.; Rig. 30. Apr. 07.

Hitschmann, Eduard

Hitschmann, E., Freud's Neurosenlehre. Gr.-8°. (IV, 156 S.)
Wien: Deuticke 1910 4.80

Hitschmann, Emil, s.: Kalender, Fromme's, f. Handelsakademiker u. Handelsschüler.

Hitschmann, Emil, Vademecum f. Handelsakademiker u. Handelsschüler, verf. unter Mitwirkg. v. Ant. Schmidt. gr. 16 (VIII, 206 S.) Wien (899). C. Fromme Kart. n. 2.—

Hitschmann, F., u. L. Adler, d. Bau d. Uterusschleimhaut d. geschlechtsreifen Weibes m. besond. Berücksicht. der Menstruation. (82 S. m. 9 [6 farb.] Taf.) gr. 8. Berlin 908. S. Karger. 5.—

Sonderabdr. a.: „Monatsschr. f. Geburtshülfe u. Gynäkol."

Hitschmann, F., Tabulae gynaecologicae, s.: Schauta, Frdr.

Hitschmann, Frdr., üb. d. Prinzipien d. Blindenpädagogik, s. a. Magazin, pädagogisches.

Über die Prinzipien der Blindenpädagogik. Von Friedrich **Hitschmann** in Wien. *Langensalza: H. Beyer & Söhne 1895.* (12 S.) 1 Bd 8.
= **Magazin, Pädagogisches.** II. 69. [96. 6131

Hitschmann, Fritz, u. Otto Th. **Lindenthal,** über die Gangrène foudroyante. gr. 8. (173 S. m. 3 Taf.) Wien **899.** (C. Gerold's Sohn.) n. 3.70

— — über die Schaumorgane u. die bakteriellen Schleimhautemphyseme. gr. 8. (96 S.) Ebd. 901. n. 1.70

2 Sonderabdrucke aus: „Sitzungsber. d. k. Akad. d. Wiss."

Hitschmann, Hugo, s.: Archiv f. Landwirtschaft.

Hitschmann, Bericht über die Enquête betreffend die Reform des börsenmässigen Terminhandels mit landwirtschaftlichen Erzeugnissen. Wien, 11. Oktober bis 8. Dez. 1900. Selbstverlag: Wien I, Dominikanerbastei 5. 1901

Hitschmann, Hugo H. [Hrsg.], s. Forst-Zeitung, Österreichische.

Hitschmann, Hugo H., d. Lage d. Landwirthschaft in Oesterreich-Ungarn im J. 1892. Unt. Mitwirkg. zahlr. Berichterstatter veröffentl. [Aus: „Wiener landwirthsch. Zeitg."] gr. 8. (IV, 109 S.) Wien 893. (C. Gerold's Sohn.) n. 1.—

Hitschmann, Hugo H. [Hrsg.], s. Landwirth, Der praktische.

Hitschmann, Hugo H., die Land- u. Forstwirtschaft in Oesterreich-Ungarn u. in der Hercegovina im J. 1893. Unter Mitwirkg. zahlreicher Berichterstatter veröffentlicht. [Aus: „Wiener landwirthschaftl. Zeitg."] gr. 8. (IV, 256 S.) Wien 894. (C. Gerold's Sohn.) n. 2.—

Hitschmann, Hugo H. [Hrsg.], s. Marchet, Gust.: Über die rechtliche Stellung des Privat-Güterbeamten . . .

Hitschmann, Hugo H. [Hrsg.], s. Oekonom, Der.

Hitschmann, Hugo H. (Hrsg.), s. Taschenkalender für den Landwirt...

Hitschmann, Hugo H. [Hrsg.], s.a. Vademecum für den Landwirth.

Hitschmann, Hugo H., Vademecum f. den Landwirth. [Beilage zur „Wiener landwirthschaftl. Zeitg."] 9. Aufl. gr. 8. (XVI, 1013 S. m. Abbildgn.) Wien 891. M. Perles. n. 15. —; geb. in Leinw. n. 16. —; in Halbfrz. n. 17. 20

— dasselbe. 10. Aufl. 12. (XVI, 1013 S. m. Abbildgn.) Ebd. 891. Geb. in Leinw. n. 12. —; in Halbfrz. n. 13. --

Hitschmann, Hugo H. [Hrsg.], s. Wein-Zeitung, Allgemeine.

Hitschmann, Hugo H. [Hrsg.], s. Zeitung, Wiener landwirthschaftliche.

Hitschmann, John Rud., Grundriss des deutsch. Rechtes. Mit besond. Berücksicht. der Vorträge u. Prüfungsweise der Herren Professoren Dr. Adler, Dr. Freiherr v. Schwind, Dr. v. Zallinger etc. etc. (VIII, 110 S.) gr. 8. Wien 906. Szelinski & Co. n. 4. 20

Hitschmann, Max, Kartelle u. Staatsgewalt. Vortrag, geh. am 29. I. 1897 in Wien. [Aus: „Deutsche Worte".] gr. 8. (23 S.) Wien 897. M. Perles. n. — 80

Hitschmann, Rich., d. Therapie an d. Wiener Kliniken, s.: Landesmann, Ernst.

Hitschmann, Rob., s.: Archiv f. Landwirtschaft.

Hitschmann, Rob., u. Hugo **Hitschmann,**

— — Kellerbuch f. den praktischen Kellerwirt, s.: Zanlucht.

Hitt, A. (Red.), s. Coiffeur, Der.

Hittcher, Karl

Volkmann, Paulus, ord. phil. h. t. decanus: Lectiones cursorias, quas ... Carolus Hittcher Phil. Dr. 'Über die Beziehungen der Bakteriologie zur Milchwirtschaft' ad docendi facultatem rite impetrandam die XXVI. m. Julii ... habebit, indicit. *Regimonti Bor. 1900: Hartung.* (1 Bl.) 4°

Hittcher, Karl, Gesamtbericht üb. die Untersuchung der Milch v. 63 Kühen des in Ostpreussen rein gezüchteten holländischen Schlages, s.a. Jahrbücher, landwirtsch. 28 Bd. III. Erg.-Hft.

Gesamtbericht über die Untersuchung der Milch von dreiundsechszig Kühen des in Ostpreussen rein gezüchteten holländischen Schlages während der Dauer einer oder mehrerer Laktationen. Mitget. aus d. Versuchsstat. f. Molkereiwesen zu Kleinhof-Tapiau von Dr. **Karl Hittcher**, Dir. d. Versuchsstat. Mit 16 Taf. *Berlin: P. Parey 1899.* (XIV, 551 S.) 4°(8°)
Jahrbücher, Landwirtschaftliche. Bd 28, Erg.Bd 3.

Hittcher, Kälberfütterungsversuche. Mitteilungen der Versuchsstation u. Lehranstalt f. Molkereiwesen zu Kleinhof-Tapiau, Institut d. Landwirtschaftskammer f. die Prov. Ostpreussen. (82 S.) Lex. 8. Berlin 909. P. Parey. 2. —
Sonderabdruck aus: „Landw. Jahrbücher."

— **Milchviehzucht auf Leistung!** Kurzgefaßter Bericht üb. die Untersuchg. der Milch v. 63 Kühen der Herde in Kleinhof-Tapiau. Für prakt. Landwirte mitgeteilt. gr. 8. (41 S.) Berlin 899. P. Parey. n. 1. —

Allgem. Ausstellung f. hygien. Milchversorgung in Hamburg 1903. Spezial-Katalog zur Kollektiv-Ausstellung der Provinz Ostpreußen unter Beteiligung d. Landwirtschaftskammer, d. ostpreuß. landwirtschaftl. Zentralvereins ... Verf.: Dr. **Hittcher**, Dir. d. Versuchsstation zu Kleinhof-Tapiau, u. Dr. [Otto] Müller, (Tierarzt [in Königsberg]). *Königsberg i. Pr.: Ostpr. Dr. u. Verlagsanst. 1903.* (29 S.) 8° [F.]
[Umschlagt.:] Ostpreußen auf d. Allgem. Ausstellung f. hygien. Milchversorgung. Hamburg 1903. 10

Hittcher, Karl, s.: Untersuchung der Milch von 16 Kühen etc.

Hittcher, Karl [aus Wehlau]: Untersuchungen von Schädeln der Gattung Bos, unter besonderer Berücksichtigung einiger in ostpreussischen Torfmooren gefundener Rinderschädel. ... Königsberg in Pr., Druck v. M. Liedtke, 1888; 150 S. + 1 Bl. + 25 S. 8°
Königsberg, Phil. Fak., Inaug.-Diss. v. 18. Aug. 1888

Hittcher, K., Untersuchungen v. Schädeln der Gattung Bos, unter besond. Berücksicht. einiger in ostpreussischen Torfmooren gefundener Rinderschädel. Inaug.-Diss. gr. 8. (150 S. m. 25 S. Tabellen.) Königsberg 888. (Gräfe & Unzer.) n.n. 1. 50

Hittcher, die Versuchsstation u. Lehranstalt f. Molkereiwesen zu Kleinhof-Tapiau. Mit 2 Ansichten d. Meiereigebäudes. [Aus: „Milchzeitg."] gr. 8. (20 S.) Bremen 893. M. Heinsius Nachf. n. — 60

Hittenkofer, Max

Hittenkofer, Baufach. Sammelwerke f. den Selbst-Unterricht (Methode Hittenkofer). Lehrfach Nr. 14, 15, 19, I., 24, 33, I., 34, I u. II., 35, I., 36, I—V., 37, I u. II., 41, I, II A—C, 42, II., 43, II., 45, 46, 47, 49, 50, 65, 82—99. Lex.-8. Strelitz i/M., M. Hittenkofer. n. 120. 10

14. Einführung in die Architektur. I. Tl. Klassische Architektur. Säulenordngn. Lehrheft. 2., verb. Aufl. (61 S. m. 59 Bildern u. 4 Taf.) 894. n. 4. —
15. Austragen der Schablonen. Unterweisungen u. Aufgaben. (25 S. m. 40 Abbildgn. u. 4 Säulentaf.) 890. n. 1. 80
19, I. Zimmererkunst I. Unterweisungen u. Aufgaben. 2., rev. Aufl. (16 S. m. Abbildgn.) 894. n. 1. —
24. Der Grundbau. (Fundamente.) Unterweisungen u. Aufgaben. 2. unveränd. Aufl. (48 S. m. 68 Abbildgn. u. 5. eingedr. Taf.) 894. n. 2. 50
33, I. Zeichnen u. Entwerfen der Flachornamente. 1. Unterweisungen u. 28 Aufgaben. (20 S. m. 18 Abbildgn.) 892. n. 1. 20
34, I. Konstruieren. (Vollständige Gebäudeteile.) Backofen. 2., verm. Aufl. Unterweisgn. u. e. Aufgabe. (12 S. m. 7 Abbildgn.) 893. n. — 80
34, II. — dasselbe. (Selbständige Gebäudeteile.) Eiskeller. 2. Aufl. Unterweisungen u. e. Aufgabe. (12 S. m. 10 Abbildgn.) 893. n. — 50
35, I. — dasselbe. (Wohnhäuser.) Arbeiter-Wohnhaus (Backsteinbau). 2. Aufl. Unterweisungen u. e. Aufgabe. (8 S. m. 4 Abbildgn.) 893. n. — 50
36, I. — dasselbe. Landwirtschaftliche Gebäude. 2. Aufl. Unterweisungen u. je 1 Aufgabe. I. Riemenschuppen. (9 S. m. 7 Abbildgn.) 893. n. — 80
36, II. Scheune. (16 S. m. 18 Abbildgn.) 893. n. 1.
36, III. Schafstall. (27 S.) 893. n. 1. 50
36, IV. Rindviehstall. (22 S.) 893. n. 1. 20
36, V. Pferdestall. (19 S. m. 27 Abbildgn.) 894. n. 1. 60
37, I. Baumschlag. Hilfsbuch f. den Unterricht an Bau- u. ähnl. Schulen, sowie zum Selbstunterricht f. Architekten, Bauteuhnker etc. 2. Aufl. I. Tl. Federzeichnen. (54 S. m. 73 Abbildgn.) 893. n. 3. 60
37, II. — dasselbe. II. Tl. Baumschlag in Tuschmanier. (64 S. m. 48 Abbildgn.) 893. n. 4. 80
41, I. Der Fassadenbau. I. Tl. Hausteinbau. (In den Formen der Renaissance.) 3., völlig umgearb. u. sehr verm. Aufl. (274 S. m. 365 Abbildgn.) 894. n. 18. —; geb. n. 20. —
41, II, A — dasselbe. II. Tl. A. Backsteinbau. (Architekturrichtung der hannoverschen Schule.) (95 S. m. 226 Abbildgn.) 894. n. 6. —
41, II, B. — dasselbe. II. Tl. B. Backsteinbau. (Berliner Architekturrichtung.) (79 S. m. 154 Abbildgn.) 891. n. 5. —
41, II, C. — dasselbe. II. Tl. C. Verblendbau. (54 S. m. 145 Abbildgn.) 894. n. 3. 50

42. II. Entwerfen der Wohngebäude. II. Tl. (31 S. m. 20 Abbildgn.) 894. n. 2.
43. II. Das Berechnen der Holzwerke. 2. Tl. Das Berechnen der Dachbinder. (104 S. m. 116 Abbildgn. u. 12 Taf.) 893. n. 8. 20
45. Ornamentales Zeichnen. Die Entwickelg. des Ornaments u. seine Verwendg. Mit 556 Abbildgn. Unterweisungen u. Aufgaben. (51 S.) 891. n. 3. 50
46. Innerer dekorativer Ausbau. (40 S. m. 39 Abbildgn. u. 2 Aufgabentaf.) 894. n. 3. 60
47. Entwerfen v. Gebäuden aller Art. Bäckerei-Anlage. (Backsteinbau.) 2. Aufl. Unterweisungen u. e. Aufgabe. (15 S. m. 10 Abbildgn.) 893. n. 1
49. Feldmessen. Unterweisungen u. Aufgaben. Mit 58 Einzelabbildgn. (IV, 57 S.) 891. n. 4. 80; 8 Übungsblätter in gr. 4. n. 2. 80
50. Nivellieren [Höhenmessen]. Unterweisungen u. Aufgaben. Mit 27 Abbildgn. u. 18 Aufgaben. (IV, 48 S.) 891. n. 3. 30; 3 Übungsblätter in gr. 4. n. 1. 20
65. Das Entwerfen der Bautischlerarbeiten. Mit 361 Abbildgn. Hilfsbuch f. den Unterricht an Bau- u. ähnl. Schulen, sowie zum Selbstunterricht f. Tischler u. Bauschüler. (78 S.) 891. n. 5.
82. Maschinen-Elemente. Niete u. Nietverbindgn. Mit 19 Abbildgn. Unterweisungen u. Aufgaben. (12 S.) 891. n. 80
83. — dasselbe. Schrauben u. Schraubenverbindgn. Mit 21 Abbildgn. Unterweisungen u. Aufgaben. (12 S.) 894. n. — 80
84. — dasselbe. Keile u. Keilverbindgn. Mit 11 Abbildgn. Unterweisungen u. Aufgaben. (7 S.) 894. n. — 60
85. — dasselbe. Kupplungen. Mit 20 Abbildgn. Unterweisungen u. Aufgaben. (15 S.) 894. n. 1. 20
86. — dasselbe. Die Lager. Mit 21 Abbildgn. Unterweisungen u. Aufgaben. (19 S.) 894. n. 1. 50
87. — dasselbe. Riemen- u. Seiltrieb. Mit 76 Abbildgn. Unterweisungen u. Aufgaben. (47 S.) 891. n. 3. 60
88. — dasselbe. Zahnräder. Mit 42 Abbildgn. Unterweisungen u. Aufgaben. (32 S.) 894. n. 2. 40
89. — dasselbe. Reibungsräder. Mit 17 Abbildgn. Unterweisungen u. Aufgaben. (12 S.) 894. n. 80
90. Maschinen-Elemente. Wellen, Zapfen u. Achsen. Mit 43 Abbildgn. Unterweisungen u. Aufgaben. (27 S.) 894. n. 2.
91—93. — dasselbe. Kolben, Kolbenstangen u. Stopfbüchsen. Mit 22 Abbildgn. Unterweisungen u. Aufgaben. (18 S.) 894. n. 1. 20
94. — dasselbe. Kurbeln u. Exzenter. Mit 32 Abbildgn. Unterweisungen u. Aufgaben. (31 S.) 894. n. 2. 40
95. — dasselbe. Schubstangen. Mit 21 Abbildgn. Unterweisungen u. Aufgaben. (16 S.) 894. n. 1. 20
96. — dasselbe. Kreuzköpfe u. Geradführgn. Mit 20 Abbildgn. Unterweisungen u. Aufgaben. (12 S.) 894. n. 1. —
97. — dasselbe. Seile u. Ketten m. Trommeln u. Rollen. Mit 62 Abbildgn. Unterweisungen u. Aufgaben. (26 S.) 894. n. 2. —
98. — dasselbe. Rohre u. Rohrverbindgn. Mit 49 Abbildgn. Unterweisungen u. Aufgaben. (32 S.) 894. n. 2. 40
99. — dasselbe. Die Abschlußorgane. Mit 26 Abbildgn. Unterweisungen u. Aufgaben. (16 S.) 894. n. 1. 20

Hittenkofer, Bauveranschlagen. 1-6 (Baufach. Sammelbr. f. d. Selbstunterr.) Strelitz

HITTENKOFER, Max: Das Berechnen der Holzwerke (Angewandte Festigkeitslehre). - Strelitz 1890, 1893, 1911 u. 1922. 2 Tl. - 1. Tl.: 1890. VI, 102 S., 175 Abb. - 2. Aufl. 1911. VI, 122 S., 175 Abb. V. J. Eich. - 3. durchges. Aufl. u. d. T.: Träger. 1922. 136 S., 175 Abb. - 2. Tl. u. d. T.: Das Berechnen der Dachbinder. 1893. 104 S., 116 Abb., 12 Taf. - 2. Aufl. 1911. 71 S., 92 Abb., 3 Taf. - 3. durchges. Aufl. u. d. T.: Dachbinder. 1922. 71 S., 92 Abb. V. J. Eich

Hittenkofer, Dach-Ausmittlungen. Für Schüler der Architektur u. d. Baugewerks sowie für Baugewerkmeister u. Zimmerleute. 13 (lith.) Taf. u. 1 Bog. Text. gr. 4. Leipzig 873. Scholtze. n. 4. 50

Hittenkofer, Dach-Ausmittelungen. Für Schüler der Architektur und des Baugewerks, sowie für Baugewerkmeister und Zimmerleute. 2. Aufl. Fol. (VIII S. mit 13 Stnt.) Leipzig 877, Scholtze. * 4 —

Hittenkofer, Neuere Dachbinder. Nach Spannweiten u. Unterstützungen im Metermasse, systematisch zusammengestellt zum Gebrauch für Architekten etc. 49 lith. Tfln. in Fol. u. eine grosse Bogentafel nebst Text. Leipzig (Scholtze). Fol. 1873

— neuere Dach-Binder. Nach den Spannweiten und Unterstützungen im Metermaass systematisch zusammengestellt zum Gebrauche für Architekten, Baugewerkmeister u. Schüler der Bautechnik. 49 sauber lith. Taf. in Fol. u. e. grosse (lith.) Bogentaf. (in Imp.-Fol.) nebst Text. 2. Aufl. Fol. (8 S.) Ebend. 875. In Mappe. n. 26. —

— Dachbinder-Motive. Vorlagen-Werk f. Gewerbeschulen u. Vorbilder-Sammlg. f. Zimmerer u. Bautechniker Gezeichnet v. Prof. Klein. Fol. (28 Taf. Zeichngn.) Ebd. 891. In Mappe. n. 6. 20

— architektonische Details zum modernen Façadenbau. In Motiven aus Berlin, Wien München, Stuttgart etc. im einheitl. Maassstab [1 : 10] u. m. sämmtl. Schnittprofilen in Naturgrösse autolith. 30 Taf. in kl. 4. u. 5. Beilagen m. Schnittprofilen in Naturgrösse. In 5 Lfgn. 4. (à 6 Taf. u. e. Beilagebog.) Ebend. 873. 74. à n. 1. 80

Hittenkofer, Einführung in die Architektur, s.a. Unterrichtswerke (Methode Hittenkofer).

— das Entwerfen v. Façaden. Eine populäre Darstellg. der modernen Façadenbildung. Zum Gebrauche f. Architekten u. Baugewerksmeister, sowie f. Schüler der Architektur u. d. Baugewerks etc. hoch 4. (15 S. m. 15 Steintaf.) Ebend. 872. n. 9. —

— dasselbe. 2. Aufl. 26 Taf. m. etwa 600 lithogr. Fig. u. 3 Bog. Text. 5 Lfgn. gr. 4. (à 6 Steintaf.) Ebend. 873. 74. à n. 1. 50

— das Entwerfen der Gesimse [im Anschluss an „Das Entwerfen von Façaden etc.“]. Eine populäre Vorführung aller beim Façadenbau vorkomm. Gesimse in Schnitt und Ansicht [1 : 10], sowie in Schablonen [in natürl. Grösse] und einem erläut. Texte. Mit gegen 300 Profilen, ebenso vielen Schablonen und 39 Holzst. Hrsg. von der Herzogl. Baugewerkschule zu Holzminden. 5 Lfgn. hoch 4. (33 Stnt. in gr. 4. und gr. Fol.) Leipzig 872, Scholtze. à Lfg. * *M* 2,40. *

Hittenkofer, das Entwerfen der Gesimse etc. Hrsg. von der Herzogl. Braunschweig. Baugewerkschule zu Holzminden. 2. Aufl. 1873, und 3. Aufl. 5 Lfgn. 4. (1.—4. Lfg. à 5 Stnt. und 2 Bog. Beilagen; 5. Lfg. 3 Stnt., 2 Bog. Schablonen und 1 Bog. Text mit eingedr. Holzschn.) Ebendas. 874. à Lfg. (* *M* 1,80.) * *M* 2. *

— das Entwerfen der Gesimse. Eine populäre Vorführung aller beim Façadenbau vorkommenden Gesimse in Schnitt und Ansicht [1 : 10], sowie in Schablonen [in natürlicher Grösse] und einem erläut. Texte. Mit gegen 300 Profilen, ebenso vielen Schablonen und 39 Holzst. Hrsg. von der herzogl. Braunschweig. Baugewerkschule zu Holzminden. 4. Aufl. 23 (lithogr.) Taf. in 4. und 10 Bog. Beilagen (in Imp.-Fol.). 4. Ebendas. 878. * 10 —

Hittenkofer, das Entwerfen der Gesimse. Mit gegen 300 Profilen, ebenso vielen Schablonen u. 39 Holzst. Hrsg. v. der herzogl. braunschw. Baugewerkschule zu Holzminden. 5. Aufl. 23 lith. Taf. in kl. 4. u. 10 (lith.) Bogen Beilagen m. illustr. Text. hoch 4. (8 S.) Leipzig 885. Scholtze. n. 10. —

— und Kraatz, das Entwerfen der Möbel. Eine Motiven-Sammlung für Möbel-Tischler. 12 Hefte. gr. 4. (à Heft 4 Stnt.) Leipzig 878,79, Scholtze. Subscr.-Pr. à Heft compl. in Mappe *

— — dasselbe. (2., wohlf. Ausgabe.) gr. 4. (46 Steintaf. m. 8 S. Text.) Ebend. 881. In Mappe. n. 10. —

— das freistehende Familien-Wohnhaus, siehe: Taschenbibliothek, deutsche bautechnische.

— Formen-Elemente aus der gesammten Ornamentik f. Architekten, Baugewerkmeister, Kunst- u. Gewerbetreibende etc., sowie f. Akademiker, Polytechniker, Bau- u. Gewerbeschüler etc. 5 Lfgn. (à 5 Steintaf.) gr. Fol. Leipzig 871. Scholtze. à n. 3. —

— dasselbe. 2. Aufl. 5 Lfgn. Fol. (à 5 lith. Taf.) Ebend. 873. à n. 1. 80

Hittenkofer, Formen-Elemente aus der gesammten Ornamentik. Für Architekten, Baugewerksmeister, Kunst- und Gewerbetreibende etc., sowie für Akademiker, Polytechniker, Bau- und Gewerbeschüler etc. 3. und 4. Aufl. Fol. (4 S. mit 25 lithogr. Taf., nebst kompendiösem Text.) Leipzig 881, Scholtze. *

Hittenkofer, vergleichende architektonische Formenlehre. Eine populäre Darstellung zur Formenkenntniss der wichtigsten Baustilperioden [griechisch, römisch, byzantinisch, romanisch, gothisch, Renaissance u. modern]. Zum Gebrauch für Bauhandwerker, angehende Architekten u. technische Lehranstalten. Mit 85 lith. Taf. [1530 Illustr.] nebst belehr. Text m. eingedr. Holzschn. 10—20. (Schluss-)Hft. gr. 4. (VII u. S. 73—144 m. 45 Steintaf.) Leipzig 877. Scholtze. à n. 1. 20

— dasselbe. 2. Ausg. 20 Hfte. gr. 4. (VII, 144 S.) Ebend. 878. à 1. 50

— dasselbe. 3. Ausg. 20 Hfte. gr. 4. (VII, 144 S.) Ebend. 880. à 1. 50 (cplt. in Mappe: n. 30. —; geb. n. 33. —)

Hittenkofer, M., vergleichende architekton. Formenlehre, 2. Aufl., s. Bischoff, E., u. Frz. Sales Meyer, architektonische Formenlehre.

— — Gebäude-Entwürfe. [Vornehmlich Wohnhäuser und Villen.] Entworfen von H. Issel, J. Krusewitz und früheren Schülern der Bauschule zu Buxtehude. [Auszüge aus der „Bautechn. Rundschau".] 5 Hefte. gr. 4. (à Heft 6 lithogr. Taf.) Ebendas. 884. Subscr.-Pr. à Heft * compl. *

Hittenkofer, praktische Holz-Architektur. Eine Sammlg. v. Beispielen zur direkten Nutzanwendg. Zum prakt. Gebrauche f. Zimmerleute, sowie f. Architekten und Schüler der Architektur u. d. Baugewerkes. 1. u. 2. Sammlg. à 5 Hfte. gr. 4. (à ca. 8 Steintaf in 4. u. Fol.) Ebend. 874. 75. Subscr.-Pr. à Hft. n. 2. 80; Einzelpr. à Hft n. 4. —

—— praktische Holz-Architektur. Eine Sammlung von Beispielen zur direkten Nutzanwendung. Zum prakt. Gebrauch für Zimmerleute, sowie für Architekten und Schüler der Architektur und des Baugewerkes. 2. Aufl. 10 Hefte. gr. 4. (à Heft 8 Stnt. in gr. 4. und Imp.-Fol.) Ebendas. 878. à Heft *ℳ 2.40. *

— **Holz-Architektur-Ornamente.** Vorlagen-Werk f. techn. Schulen, Gewerbe-, Baugewerke-Schulen etc. u. zum Selbstgebrauche f. Architekten, Baugewerkemeister etc. u. Holzarbeiter. In 3 Hftn. gr. Fol. (25 Steintaf.) Ebend. 871. 72. à n. 4. —

—— Holz-Architektur-Ornamente. Ein Vorlagen-Werk für techn. Schulen, Gewerbe-, Baugewerbe-, Kunst-, Industrie- und Fortbildungs-Schulen etc., sowie für Elementar-Schulen und Real-Gymnasien und zum Selbstgebrauche für Architekten, Baugewerkmeister etc. und Holzarbeiter. 1.—3. Aufl. Fol. (25 lithog. Taf.) Leipzig 885, 86, Scholtze. *

Hittenkofer, M., f.: Lehrhefte u. Übungsblätter der technischen Fach-Schulen der Stadt Buxtehude.

—— s. Rathäuser, Kirchen, Kapellen.

Hittenkofer, Max [Hrsg.], s. Rundschau, Bautechnische.

Hittenkofer, Sammelwerke f. d. Selbst-Unterricht (Methode Hittenkofer). Lehrfach Nr. 1—10; 14, II—IV m. Uebungsblättern; 16; 17; 21 m. Uebungsblättern; 22; 23; 25 m. Uebungsblättern; 29 m. Lösungs- u. Uebungsblättern; 30; 32 m. Uebungsblättern; 33; 36 A; 36, VI u. VII; 38; 39; 41 C; 42 I; 43 A; 44; 45 Uebungsblätter; 46 Uebungsblätter; 51; 53; 56; 58—62; 64; 71, I u. VI; 81; 100—102; 111; 115 A; 119, I; 130, I—III; 131—133; [illegible] m. Übungsblättern; 136 m. Übungsblättern. [illegible] Hittenkofer. n. 192. 90

1.—6. [illegible]

7. 8. 7. Aufnehmen d. Modelle. M. 2 Abb. 8. [illegible] M. 7 Abb. 3. Aufl. Unterweisgn. u. Aufgaben. [illegible] (16 S.) 897. n. 1.

9. Schlagschattenlehre. 3., durchgeseh. Aufl. M. 12 Abb. in d. Beschreibg. Unterweisgn. u. Aufgaben. (12 S.) 897. n. 1 [illegible]

10. Angew. (architekton.) Schattenlehre. III., neubearb. Aufl. M. 15 Abb. in d. Beschreibg. Unterweisgn. u. Aufgaben. (25 S.) 896. n. 1. [illegible]

14. II, 1. Einführg. in d. Holzarchitektur. (In 3 selbständ. Hftn., sämmtl. m. Übungsblättern. 1. Hft. D. Bauhölzer u. ihre Verbände. M. 117 Bild. im Wortlaut. Dazu 5 Übungsblätter f. d. Holzverbände. (62 S.) 895. [illegible]; Übungsblätter 1. 50

14. II, 2. Einführg. in d. Holzarchitektur. 2. Hft. D. formale Behandlg. d. Bauhölzer. M. 68 Bild. im Wortlaut. (31 S.) 896. n. 2. 20; 5 Übungsblätter dazu n. 2. 10

14. II, 3. Dasselbe. 3. Hft. Bauteile in Holzarchitektur. Mit 265 Bild. im Wortlaut. (91 S.) 897. n. 6. 60; 20 Übungsblätter. Fol. n. 6.

14. III, 1. Einführg. in d. Werksteinarchitektur. 1. Hft. Werksteinverbände. 8 Übungsblätter. gr. 4. 897. n. 2. 40

14. III, 2. Dasselbe. 2. Hft. Werksteinformen. 6 Übungsblätter. gr. 4. 897. n. 1. 80

14. III, 3. Dasselbe. 3. Abtlg.: Werksteinarchitekturen. 16 Vorbildertaf. m. Aufgaben. n. 4. [illegible]

14. IV. Einführg. in d. Backsteinarchitektur. 3. Hft. 20 Übungsblätter. gr. 4. 897. n. 6.

16. Angew. Säulen-Ordnungen. M. 12 Abb. 2. Aufl. Unterweisgn. u. Aufgaben. (16 S.) 895. 1. 20

17. Aquarellieren. (In 3 Tln.) III. Tl.: Innendekorationen. M. 94 Abb. im Text. Unterweisgn. u. Aufgaben. (61 S.) 897. n. 4. 50; 4 Übungsblätter in gr. 4. n. 1. 20

21. Bautischler-Kunst. 2. Aufl. Unterweisgn. u. Aufgaben. Lex.-8. (12 S.) 897. n. — 80; 4 Übungsblätter gr. 4. 897. n. 1. 20

22. Dachdeckerkunst. 2., durchgeseh. Aufl. Unterweisgn. u. Aufgaben. (10 S.) 897. n. [illegible]

23. Backsteinverbände. 2., durchgeseh. Aufl. M. 42 Bild. Unterweisgn. u. Aufgaben. (12 S.) 896. n. [illegible]

25. Ermitteln d. Eisenkonstruktionen. 2., verb. u. verm. Aufl. M. 130 Abb. Unterweisgn. u. Aufgaben. (65 S.) 898. n. 1. [illegible]; 6 lith. Übungsblätter in gr. 4. n. [illegible]

29. D. Ermitteln d. Wasserleitungs- u. Heizungsanlagen. Mit Erläutergn. üb. Abort-Anlagen. M. 43 Abb. Unterweisgn. u. Aufgaben. (32 S.) 897. n. 2. —; 6 Lösungsblätter in 12. n. 1. 50; 4 Übungsblätter in qu. gr. 4. n. 1. 20

30. Ermitteln d. Möbelstellg. 2., unveränd. Aufl. M. 14 Bild. Unterweisgn. u. Aufgaben. (16 S.) 896. n. 1.

32. Durchbilden d. Grundrisse. 2., durchgeseh. Aufl. M. 11 Abb. Unterweisgn. u. Aufgaben. (20 S.) 898. n. 1. 50; 7 lith. Übungsblätter in gr. 4. n. 2. 10

33. Zeichnen u. Entwerfen d. Flach-Ornamente. 1. Tl.: Holz-Architektur. 3., verm. Aufl. Unterweisgn. u. Aufgaben. M. 50 Abb. in d. Beschreibg. u. 26 Aufgaben. (21 S.) 898. n. 1. 50

36 A. D. Entwerfen d. Fabrikgebäude. M. 93 Abb. Unterweisgn. u. Aufgaben. (40 S.) 896. n. 4. —

36. VI. Konstruieren landwirtschaftl. Gebäude. VI. Schweinestall. M. 15 Abb. Unterweisgn. u. 1 Aufgabe. (12 S.) 897. n. [illegible]

36. VII. Dasselbe. VII. Federviehstall. M. 12 Abb. Unterweisgn. u. 1 Aufgabe. (12 S.) 897. n. [illegible]

38. D. Entwerfen d. Dachbinder. 2., unveränd. Aufl. M. 155 Abb. Unterweisgn. u. Aufgaben. (56 S.) 895. 3. 50

39. [illegible] Aufl. M. 45 Bild. Unterweisgn. u. Aufgaben. [illegible] n. [illegible]

41. [illegible] Barock- u. Rokokofassaden. 6 [illegible] n. 3

42. I. [illegible] Ein Familien-[illegible], völlig neu bearb. Aufl. Unterweisgn. u. 1 Aufgabe. [illegible] n. 1. 60

43. A, I. [illegible] Eisenkonstruktionen. (In 4 selbständ. Tln.) 1. Tl. [illegible] M. 50 in d. Text eingedr. Abb. [illegible] n. 3. 50

43. A, II. Dasselbe. 2. Tl. Eiserne Treppen. M. 19 in d. Text eingedr. Abb. (19 S.) 896. n. 1. 50

43. A, III. Dasselbe. 3. Tl. Eiserne Trägerfachwerke. M. 35 in d. Text eingedr. Abb. (13 S.) 897. n. 1. 20

43. A, IV. Dasselbe. 4. Tl. [illegible]träger u. Balken. M. 31 in d. Text eingedr. Abb. (36 S.) 897. n. 2. 70

44. Schnellentwerfen. M. 17 Abb. in d. Beschreibg. Unterweisgn. u. Aufgaben. (31 S.) 898. n. 1. 80

45. Ornamentales Zeichnen. 9 Übungsblätter in Fol. 897. n. 4. 60

46. Innerer dekorativer Ausbau. 4 Übungsblätter. gr. 4. 897. n. 1. 20

51. Deutsch. M. e. Anh. z. Erläuterg. d. gebräuchl. Fremdwörter. Unterweisgn. v. Lehr. Kube. (31 S.) 898. n. 2. —

53. Geschäftskunde. 2. Aufl. Unterweisgn. u. Aufgaben. (44 S.) 897. n. 2. —

[illegible] Algebra. II. Tl. [illegible] Aufl. Unterweisgn. u. Aufgaben. (31 S.) [illegible] 2. —
58. [illegible]ometrie. [illegible] Aufl. [illegible] f. d. Unterr. an Bau- u. [illegible] f. angeh. Baugewerbe- treibende. [illegible] 895. 2. 40
59. Chemie u. Physik. Von [illegible] Lübeck. 3., durchgeseh. Aufl. m. [illegible] Abb. u. [illegible] Aufgaben. Unterweisgn. u. Aufgaben. (76 S.) 895. n. 4. 50
60. Mechanik I (Statik) Von L. Lübeck. M. 115 Abb. 4., durchgeseh. Aufl. Unterweisgn. u. Beispiele. (79 S.) 898. n. 5. —
61. [illegible]keitslehre. 4., durchgeseh. Aufl. Unterweisgn. u. Aufgaben. (64 S.) [illegible] 3. 60
62. Graphostatik II. 3., neubearb. Aufl. M. 34 Abb. Aufgabensammlg. m. Erläutergn. (20 S.) 898. n. 1. 25
64. Figürliches Zeichnen. M. 235 Abb. Unterweisgn. u. Aufgaben. (46 S.) 895. 6. —
71. Bauveranschlagen. (In 6 Tln.) I. Tl. Denkmal-Fundament. 2. Aufl. M. 2 Abb. im Text. Unterweisgn. u. 1 Aufgabe. ([illegible] S.) 897. n. — 60
71. Dasselbe. VI. Tl.: Wohnhaus in Fachwerk. 2. Aufl. Mit 2 Taf. im Text, e. Aufgabe u. e. angeheft. Vorbild-Taf. Unterweisgn. u. 1 Aufgabe. (64 S.) 896. n. 4. 25
81. [illegible] II. ([illegible]) M. 11 Abb. 2., neubearb. u. [illegible] Aufl. Unterweisgn. (32 S.) 896. 2. 40
100. [illegible] M. 12 Abb. Unterweisgn. u. Aufgaben. (15 S.) [illegible] 3. 20
101. [illegible] u. [illegible]maschinen. M. 29 Abb. Unterweisgn. u. Aufgaben. (31 S.) 895. 2. 40
102. Dampfkessel. M. 52 Abb. Unterweisgn. u. Aufgaben. (66 S.) 895. 1. 50
103. Wasserräder. M. 51 Abb. Unterweisgn. u. Aufgaben. (30 S.) 895. 2. 10
104. Turbinen. M. 27 Abb. Unterweisgn. u. Aufgaben. (31 S.) 895. 2. 40
105. Pumpen. M. 65 Abb. Unterweisgn. u. Aufgaben. (35 S.) 895. 2. 80
106. Kleinmotoren. M. 11 Abb. Unterweisgn. u. 1 Aufgabe. (20 S.) 895. 1. 50
107. Mühlenbau. Mit 13 Abb. Unterweisgn. u. Aufgaben. (31 S.) 895. 2. 50
108. Mechan Technologie (einschließl. Werkzeugmaschinenkunde). M. 62 Abb. Unterweisgn. (46 S.) 895. 3. 30
109. Eisenhüttenkunde. M. 23 Abb. Unterweisgn. (29 S.) 895. 2. 20
111. Lehrbuch d. Elektrotechnik, verbunden m. Aufgaben aus der Praxis u. Anleitgn. zu prakt. Übgn. Von Arth. H. Hirsch. M. 110 Abb. (75 S.) 895. 6. —
115. A. Differentialrechng. Unterweisgn. u. Aufgaben. (38 S.) 897. n. 2. 50
119. I. Elektr. Verteilungsanlagen (f. Gleichstrom), verb. m. Aufgaben aus d. Praxis u. Anleitgn. zu prakt. Übgn. Von Max Gollmann. 1. Hft. M. 70 Abb. (36 S.) 898. n. 2. 70
130. I. D. Tiefbau. (In 3 Tln.) 1. Tl.: D. Sonderarbeiten d. Tiefbaus. M. 69 Abb. Unterweisg. u. 1 Aufgabe. (28 S.) 897. n. 2. —
130. II. Dasselbe. 2. Tl.: Wasserbau. M. 90 Abb. Unterweisgn. u. 1 Aufgabe. (49 S.) 897. n. 3. —
130. III. Dasselbe. 3. Tl.: Kanalisation u. Wasserversorgg. d. Städte. M. 57 Abb. Unterweisgn. u. Aufgaben. (31 S.) 897. n. 2. —
131. D. Straßenbau. M. 45 Abb. u. 5 Tabellen. Unterweisgn. u. Aufgaben. (54 S.) 897. n. 5. 20
132. D. Eisenbahnbau. M. 78 Abb. Unterweisgn. u. 1 Aufgabe. (36 S.) 897. n. 2. 40
133. Massive Brücken. M. 51 Abb. Unterweisgn. u. Aufgaben. (32 S.) 897. n. 2. —
135. 136. Plan- u. Terrainzeichnen. Von H. Knauer. M. 4 in d. Text gedr. Abb. Unterweisgn. u. Aufgaben. (12 S.) 898. n. — 80; je 1 lith. Uebungsblätter in gr. 4. à n. 1. 20

– s. Scholtze, C.: Facaden-Entwürfe neuer Gebäude aller Art.

– s. Schulgebäude, neuere.

—— der Schulhausbau, s. Taschenbibliothek, deutsche bautechnische.

Hittenkofer, A: Der Schulhaus-Bau. Leipzig 1874—1876

— Steinschnitt III. Tl. Vorlagen-Werk f. Gewerbeschulen u. Vorbilder-Sammlg. f. Steinhauer, Bautechniker u. Architekten. Fol. (17 Taf. Zeichngn. u. 1 Bl. Beschreibg.) Ebd. 891. In Mappe. n. 4. —

Hittenkofer, M., Unterrichts-Werke (Methode Hittenkofer) f. Selbstunterricht u. Bureaugebrauch. Lex.-8. Lehrfach Nr. 1—11, 14—16, 16, 16a, 20a, 21; Übungsblätter 22, 23; Lehrfach 24—28; Übungsblätter 30; Lehrfach 34 IV, 35, 36 B, 37 I u. II, 38; Übungsbl. 39; Lehrfach 43 A I—III, 46, 53—62, 64, 71 II u. IV, 73, 79, 81, 82, 82a, 83, 84, 94, 95, 100 I u. II, 100 B, 113, 117, 118 I u. II, 123, 124 I, 126; Übungsbl. 132; Lehrfach 140 I u. II. Strelitz, M. Hittenkofer.
1—6. Die Technik des Zeichnens u. Malens. (1. Linealzeichnen. 2. Zirkelzeichnen. 3. Geometrisches Zeichnen. 4. Geometrische Verzieergn. 5. Kurvenzeichnen. 6. Malen m. Wasserfarben.) 4. u. 5. Aufl. Unterweisungen u. Aufgaben. (à 15 S. m. Abbildgn.) (900. 902.) n. 1. —; 8 Übungsblätter zu Nr. 1, gr. 4. n. 2. 40; 5 Übungsblätter zu Nr. 2, gr. 4. n. 1. 50; 10 Übungsblätter zu Nr. 3, gr. 4. n. 3. —; 15 Übungsblätter zu Nr. 4. gr. 4. n. 1. 50; 6 Übungsblätter zu Nr. 5. gr. 4. n. 1. 80 u. 6 Übungsblätter zu Nr. 6, gr. 4. n. 1. 80
7. 8. Aufnehmen der Modelle (Holzverbände). Lehrfach Nr. 7. Mit 2 Bildern — Darstellende Geometrie. Lehrfach Nr 8. Mit 6 Bildern. 4. Aufl., neu verf. v. Max Schröder. (20 S.) (901.) n. 1. 25; 17 Übungsblätter zu Nr. 7, gr. 4. n. 5. 10; 17 Lösungsblätter dazu, 8. n. 1. 70; 3 Modellierbogen dazu n. — 90; 21 Übungsblätter zu Nr. 8, gr. 4. n. 6. 30
9. Schlagschattenlehre. 4. Aufl. Mit 12 Abbildgn. in der Beschreibg. Verf. v. Max Schröder. (12 S.) (900.) n. 1. —; 8 Übungsblätter dazu, gr. 4. n. 2. 40
10. Angewandte (architekton.) Schattenlehre. Lehrfach zu Nr. 10. 4. Aufl. Mit 45 Abbildgn. in der Beschreibg. — Unterweisungen u. Aufgaben. Hrsg. v. Hittenkofer. (25 S.) (901.) n. 1. 80; 16 Übungsblätter dazu, gr. 4. (901.) n. 4. 80
11. Körperschattenlehre. 2., verb. Aufl. Mit 12 Abbildgn. Verf. v. Max Schröder. (10 S.) (901.) n. — 50; 12 Übungsblätter dazu, gr. 4. n. 3. 60
14. Einführung in die Architektur. (In 5 Tln.) 1. Tl. Klassische Architektur, Säulenordngn. 3., verb. Aufl. Mit 59 Bildern u. 4 Taf. (64 S.) (900.) n. 4. —; 20 Übungstaf. dazu, gr. 4. n. 6. —
15. Das Austragen der Schablonen. Von Schröder. 3., neubearb. Aufl. Mit 22 Abbildgn. Unterweisungen u. Aufgaben hrsg. v. Hittenkofer. (28 S.) (899.) n. 1. 80
16. Angewandte Säulen-Ordnungen. Mit 12 Abbildgn. 3. Aufl. Verf. v. Max Schröder. (16 S.) (901.) n. 1. 20
16a. Dasselbe. gr. 4. (4 S. m. Abbildgn. u. 1 Taf. u. 4 Taf. in qu. gr. 8.) (901.) n. 3. —
20a. Maurerkunst. Von Bennewitz. 1. Mauerbögen. Mit 43 Abbildgn., Unterweisungen u. Aufgaben. (30 S.) (900.) n. 1. 60; 4 Übungsblätter dazu, gr. 4. n. 1. 20
21. Bautischlerkunst. 2., verb. u. verm. Aufl. Mit 47 Abbildgn. u. 1 Aufgabentaf. Unterweisungen u. Aufgaben v. Conradi. (37 S.) (900.) n. 2. 40
22. Dachdeckerkunst. 8 Übungsblätter. gr. 4. n. 2. 40
23. Backsteingebäude. 2. Tl. 8 Übungsblätter. n. 2. 40
24. Der Grundbau. (Fundamente.) 3. durchgeseh. Aufl. Mit 66 Abbildgn. u. 5 Taf. in den Beschreibgn. Unterweisungen u. Aufgaben. (42 S.) (900.) n. 2. 50; 11 Übungstaf. dazu, gr. 4. n. 3. 30; 5 Lösungsblätter dazu, 12. n. — 50
25. Ermitteln der Eisenkonstruktionen. Lehrfach Nr. 25. 3. Aufl. Mit 150 Abbildgn. — Unterweisungen u. Aufgaben, hrsg. v. Bennewitz. (55 S.) (901.) n. 3. 50; Ergänzungsheft dazu (16 S. m. Abb.) (902.) n. 1. —; 6 Übungsblätter dazu, gr. 4. (901.) n. 1. 80
26. Die Balkenlagen. Mit Berücksicht. sowohl der neuen Normalprofile f. Bauhölzer, als auch der rheinisch-westfäl. Halbholzbauweise. Mit 48 Abbildgn. Als Ersatz f. die vergriffene 2. Aufl. vom „Ermitteln der Balkenlagen" verf. v. Max Schröder. (25 S.) (901.) n. 1. 50
27. Das Ermitteln der Treppen. 3., rev. Aufl. Mit 27 Abbildgn. Unterweisungen u. Aufgaben. (12 S.) (900.) n. 1. —; 6 Übungstaf. dazu, gr. 4. n. 1. 80; 6 Lösungsblätter dazu, 12. n. — 60
28. Ermitteln u. Ausführung der Gewölbe. 2., neubearb. u. verm. Aufl. Mit 55 Abbildgn. Unterweisungen u. Aufgaben, hrsg. v. Bennewitz. (28 S.) (900.) n. 1. 50; Übungsblätter dazu, gr. 4. n. 2. 10; 28 Lösungsblätter dazu, 12. n. 2. 80; je 4 Blatt einzeln n. — 70
30. Ermitteln der Möbelstellung. 4 Übungsblätter. gr. 4. n. 1. 20
34 IV. Konstruieren. Rüstungen u. Absteifgn. Lehrfach Nr. 34 IV. Mit 47 Abbildgn. im Wortlaut u. 1 farb. Taf. Unterweisgn. u. Aufgaben, hrsg. v. Bennewitz. (31 S.) (901.) n. 2. 20
35. Konstruieren von Wohnhäusern. Die Werkpläne e. Doppel-Arbeiterwohnhauses. Von Max Schröder. 3., neubearb. u. verm. Aufl. Mit 2 Taf. u. 12 Bildern. (16 S.) (900.) n. 1.
36 B. Ziegelei-Anlagen u. Ziegelfabrikation. Von Adam Jos. Beck. Mit 86 Abbildgn. in der Beschreibg. (94 S.) (901.) n. 6. —
37 I. Baumschlag. 1. Tl. Federzeichnen. 3., unveränd. Aufl. Mit 73 Bildern im Text. Vorbilder u. Beschreibgn. (54 S.) (899.) n. 3. 60
II. Dasselbe. 2. Tl. Von Hittenkofer. Malmanier. 3., unveränd. Aufl. Mit 48 Bildern im Text. Vorbilder u. Beschreibgn. (64 S.) (900.) n. 4. 80
38. Das Entwerfen der Dachbinder. 3., unveränd. Aufl. Mit 158 Abbildgn. Unterweisungen u. Aufgaben, hrsg. v. Hittenkofer. (56 S.) (901.) n. 3. 50
39. Dachausmittelungen. 3 Tle. à 10 Übungsblätter. gr. 4. à n. 3. —
43 A. I. Berechnen der Eisenkonstruktionen. (In 4 Tln.) 1. Tl. Eiserne Dachbinder. 2., verb. Aufl. Mit 60 Abbildgn., hrsg. v. Bennewitz. (31 S.) 900. n. 3. —; Sep.-Beilage. Als Ergänzg. zu den Tab. des Lehrheftes Nr. 61 (Festigkeitslehre). (7 S.) n. — 30

43 A. II. Berechnen der Eisenkonstruktionen. (In 4 Tln.) 2. Tl. Eiserne Treppen. 2. verb. Aufl. Mit 18 Abbildgn. Hrsg. v. Bennewitz. (16 S.) (900.) n. 1.20

III. Dasselbe. 3. Tl. Fachwerk u. Blechträger. 2., verm. Aufl. Mit 42 Abbildgn. Hrsg. v. Bennewitz. (31 S.) (901.) n. 2

46. Innerer dekorativer Ausbau. Mit 63 Abbildgn. u. 2 Aufgabentaf. Hilfsbuch f. den Unterricht an Bau- u. ähnlichen Schulen, sowie zum Selbstunterricht f. Architekten, Bautechniker rc. (40 S.) (897.) n. 3.60

53. Geschäftskunde. 3 Aufl. Unterweisungen u. Aufgaben. (59 S.) (900.) n. 2.—

54. Algebra. 1 Tl. 4. Aufl. Unterweisungen u. Aufgaben. (68 S.) (899.) n. 4.20

55. Planimetrie. 4. u. 5., durchgeseh. Aufl. Mit 70 Abbildgn. Unterweisungen u. Aufgaben, hrsg. v. Bennewitz. (à 32 S.) (899. 902.) n. 1.80

56. Algebra. 2. Tl. 5. u. 6. Aufl. Unterweisungen u. Aufgaben. Von H. Schwartz. (à 31 S.) (899. 902.) n. 2.—

57. Ebene Trigonometrie. 5. u. 6., durchgeseh. Aufl. Mit 7 Abbildgn. Unterweisungen u. Aufgaben. Von R. Krüger. (à 27 S.) (899. 902.) n. 2.—

58. Stereometrie. 4. u. 5. durchges. Aufl. Mit 56 Abbildgn. Unterweisungen u. Aufgaben. Von O. Lübeck. (à 42 S.) (899. 902.) n. 2.40

59. Chemie u. Physik. 4., durchgeseh. Aufl. Mit 67 Abbildgn. u. 105 Aufgaben. Unterweisungen u. Aufgaben. Von O. Lübeck. (76 S.) (902.) n. 4.80

60. Mechanik I. (Statik.) Lehrfach Nr. 60. Mit 115 Abbildgn. 5. Aufl. Unterweisungen u. Beispiele. Von O. Lübeck. (79 S.) (901.) n. 6.—

61. Festigkeitslehre. 5. u. 6. Aufl. Mit 83 Abbildgn. Unterweisungen u. Beispiele. Von O. Lübeck. (60 S.) (899. 902.) n. 3.60

62. Graphostatik II. 4., neubearb. Aufl. Mit 34 Abbildgn. Aufgabensammlung m. Erläutergn., hrsg. v. Bennewitz. (20 S.) (901.) n. 1.25

64. Figürliches Zeichnen. 2., verb. Aufl. Mit üb. 200 Vorbildern. Unterweisgn. u. Aufgaben, hrsg. v. Bennewitz. (75 S.) (902.) n. 6.—

71 II. Bauveranschlagen. (In 6 Tln.) II. Tl.: Fabrikschornsteln. 3. Aufl. Mit 4 Abbildgn. u. 2 Taf. im Text, nebst Stabilitätsuntersuchg. als Anh. Unterweisungen u. e. Aufgabe. Hrsg. v. Bennewitz. (26 S.) 902. n. 2.25

IV. Dasselbe. IV. Tl.: Sprengwände. 2. Aufl. Mit 3 Abbildgn. im Text. Unterweisungen u. Aufgaben. (11 S.) (901.) n. 1.—

73. Baumaterialienkunde. 4., vollständig neu bearb. Aufl. Von J. Eich. Hrsg. v. Bennewitz. (50 S.) (902.) n. 3.—

79. Möbel. Mit 350 Abbildgn. Unterweisungen u. Aufgaben, hrsg. v. Bennewitz. Bearb. v. Grundling. (71 S.) (900.) n. 5.—; 18 Übungstaf. dazu, bearb. v. Conradi, gr. 4. n. 5.40

81. Mechanik II (Dynamik). 5., vollst. neu bearb. Aufl. Mit 91 Abbildgn. Von E. Lohmar. (105 S.) (902.) n. 6.40

82. Maschinen-Elemente I. Gruppe. Verbindende Maschinen-Elemente: a) Nicht lösbare Verbindgn. Niete u. Nietverbindgn. 2., vollständig neu bearb. Aufl. Mit 65 Abbildgn. Unterweisungen u. Aufgaben v. P. Haberstolz. (56 S.) (901.) n. 2.25

82 A. Maschinenzeichnen (Werkstattzeichnungen). Mit 25 Abbildgn. Unterweisungen u. Aufgaben. Bearb. v. Haberstolz. (16 S.) (900.) n. 1.—

83. Maschinen-Elemente I. Gruppe. Verbindende Maschinen-Elemente: b) Lösbare Verbindgn. Schrauben- u. Schraubenverbindgn. 2., vollst. neu bearb. Aufl. Mit 56 Abbildgn. Unterweisungen u. Aufgaben. Von P. Haberstolz. (26 S.) (902.) n. 1.60

84. Dasselbe. Keile u. Keilverbindgn. 2., verb. u. verm. Aufl. Mit 40 Abbildgn., Unterweisungen u. Aufgaben, bearb. v. E. Lohmar. (26 S.) (901.) n. 1.50

94. Dasselbe. IV. Gruppe. Maschinen-Elemente f. die Kraft- bezw. Bewegungsübertragung durch Umänderung e. geradlin. Bewegg. in e. dreh. u. umgekehrt. Kurbeln u. Excenter. 2., vollst. neu bearb. Aufl. Unterweisungen u. Aufgaben v. E. Lohmar. (74 S.) (902.) n. 4.—

95. Dasselbe. IV. Gruppe. Maschinen-Elemente f. die Kraft- bezw. Bewegungsübertragg. durch Umänderg. e. geradlin. Bewegg. in e. dreh. u. umgekehrt. Schubstangen. 2., vollst. neu bearb. Aufl. Mit 25 Abbildgn. Unterweisungen u. Aufgaben v. E. Lohmar. (26 S.) (902.) n. 1.60

100 I. Dampfmaschinen. Von E. Lohmar. I. (Eincylinder-Maschinen.) 2., neubearb. u. verm. Aufl. Mit 213 Abbildgn. Unterweisungen u. Aufgaben. (159 S.) (900.) n. 7.50

II. Dasselbe. II. (Verbund-Maschinen.) Mit 33 Abbildgn. Unterweisungen u. Aufgaben. (35 S.) (900.) n. 2.—

100 B. Die Centrifugalpendel-Regulatoren. Von G. Banzig. Mit 45 Abbildgn. Unterweisungen. (38 S.) 899. n. 2.80

113. Algebraische Analysis. Von O. Lübeck. Mit 5 Abbildgn. Unterweisungen u. Beispiele. (30 S.) (900.) n. 2.—

117. Schiebersteuerungen. Von E. Lohmar. Mit 54 Abbildgn. Unterweisungen u. Aufgaben. (54 S.) 899. n. 4.—

118 I. Elektrotechnik I. (Allgemeiner Tl.) 2., verm. u. vollst. neubearb. Aufl. Mit 182 Abbildgn. Von W. Häntzschel. Hrsg. v. Bennewitz. (116 S.) (901.) n. 6.—

II. Dasselbe II. (Mathematischer Tl.) Von Géza Grigerefik. Mit 28 Abbildgn. Hrsg. v. Bennewitz. (44 S.) (902.) n. 2.70

123. Dynamomaschinenbau. Von E. P. Rehbein. I. (Gleichstrom-Maschine.) Mit 76 Abbildgn. Unterweisungen u. Aufgaben. (55 S.) 899. n. 4.—

124 I. Dasselbe. II. (Gesetze des Wechselstroms u. Berechng. der Transformatoren.) Mit 52 Abbildgn. Unterweisungen u. Aufgaben. (41 S.) 899. n. 2.—

126. Elektrochemie. Von Géza Grigerefik. Hrsg. v. Bennewitz. (25 S.) (902.) n. 1.70

132. Der Eisenbahnbau. 12 Wandgeltafeln. gr. 4. n. [illegible]

140 I. Stein- u. Kunstbauten. Von Bennewitz. I. Tl.: [illegible] lasse. Mit 12 Abbildgn. u. 5 Taf. Vorbilder u. Beschreibgn. (7[illegible] S.) (900.) n. 1

II. Dasselbe. II. Tl.: Stütz- u. Futtermauern. Thalsperren. Mit 4[illegible] Abbildgn. Vorbilder u. Beschreibgn. (32 S.) (902.) n.

— Unterrichts-Werke, Fortsetzg., s. Unterrichts-Werke (Methode Hittenkofer).

— die deutsche Villa, s. Taschenbibliothek, deutsche bautechnische.

Hittenkofer, die Villa und das freistehende Familienhaus. (Taschenbücher. Bautechnische 5) Leipzig 1881

— s. Villen-Bauten, neuere.

Hittenkofer, wie erlernt man das Baufach? Ein Ratgeber bei der Wahl des bautechn. Berufes. gr. 8. (35 S.) Strelitz i/M. 892. M. Hittenkofer. n. — 50

— s. Wohnhäuser.

Hittl, Carl, Das Bachergebirge. Eine monograph. Studie mit besonderer Berücksichtigung der Forst- und Jagdwirthschaft und Touristik. Mit einer Terrain- und einer Cultur- und Bestandeskarte. Gr.-8 (195 S. und Anhang LXXIX S.) In Comm. * 3.— mit 10%

Klagenfurt: Raunecker 1893.

Hittl, Karl, Forstverwalter, Das Reh. 8. (64 S. m. Holzschn.) Klagenfurt. Johann Leon sen. 72 kr. 1885

Hittle, Erla, zur Geschichte der altengl. Präpositionen 'mid' u. 'wid', s. Forschungen, anglistische. 2.

Hittle, Erla, aus Richmond, Indiana: Zur Geschichte der altenglischen Präpositionen 'mid' und 'wid' mit Berücksichtigung ihrer beiderseitigen Beziehungen. T. 1. *Heidelberg: C. Winter 1900.* (V, 104 S.) 8° ¶[Erschien vollst. 1901 als: Anglistische Forschungen, H. 2.]*)
Heidelberg, Phil. Diss. v. 1900

Hittmair, Anton

Hittmair, A., die partikel be in der mittel- u. neuhochdeutschen verbalcomposition. Dissertation. gr. 8. (VIII, 278 S.) Wien 882. Konegen. n. 6. —

HITTMAIR, Rudolphus: De impedimentis canonicis affinitatis et quasi-affinitatis. — (1888) 196 S. 4° (Handschr.) Diss. 423
Diss. Wien, Univ.

Hittmair, Rud., der Josefinische Klostersturm im Land ob d. Enns. (XXX, 576 S.) Lex. 8. Freiburg i/B. 907. Herder. 10.—; geb. in Halbfrz. 12. 50

— Die Lehre v. der unbefleckten Empfängnis an d. Universität Salzburg. Neue [Titel-]Ausg. (VI, 239 S. m. Titelbild.) gr. 8. Linz [896] 909. F. J. Ebenhöch. 4. —

Hittmann, J[oseph], und Greulich, C[arl]. Technischer Bericht und Kostenvoranschlag zum generellen Projekt der Lötschbergbahn (nebst vergleichender Untersuchung des Wildstrubelprojektes). Im Auftrage des Regierungsrates des Kantons Bern aufgestellt von J. Hittmann und K. Greulich. Mit 2 Planbeilagen. (1901 September 24.) 74 S. fol. Bern, Ott & Bolliger, 1901.

Hittmann, J[oseph], und Greulich, C[arl]. Rapport technique et Devis relatifs au projet d'ensemble du chemin de fer du Lötschberg, avec examen comparatif du projet par le Wildstrubel. Dressé par ordre du Conseil exécutif du canton de Berne par J. H' et K. G'. Avec 2 plans-annexes. (1901 septembre 24.) 74 p. fol. Berne, Ott & Bolliger, 1902.

v. Hittnau, s. Meili v. Hittnau.

Neue Untersuchungen über die Wurzelknöllchen der Leguminosen und deren Erreger. Von Dr. L. **Hittner** (Referent), Reg.R. a. D., u. K. Störmer, früher Hülfsarb. im Kais. Gesundheitsamte. Mit 4 Taf. u. 5 Abb. *Berlin: P. Parey 1903.* (IV S., S. 152–304.) 4°(8°)
— **Arbeiten** aus d. Biolog. Abteilung f. Land- u. Forstwirtschaft am Kais. Gesundheitsamte. Bd 3, H. 3. 03. 4035 3

Hittorf, Guilelmus, s. Hittorf, Wilhelm

Hittorf, J. W., s. Hittorf, Wilhelm

Hittorf, Ioannes (geb. am 10 Apr. 1821 in Bonn): De sanguine maniacorum quaestiones chemicae ... Bonnae, form. C. et F. Krueger (1846). 3 Bl., 36 S. 8.
Bonn, Med. Fak., Diss. v. 7 Jan. 1846

Hittorf, Wilhelm

Hittorf, W., Ueber die Elektricitätsleitung der Gase. (Aus: Ann. der Physik und Chemie Bd. CXXXVI, 1869, No. 1.)

Hittorf, Guilelmus (geb. am 24 März 1824 in Bonn): Proprietates sectionum conicarum ex aequatione polari deductae ... Bonnae, typ. Krügerianis 1846. 2 Bl., 27 S., 1 Bl. 8.
Bonn, Phil. Fak., Diss. v. 21 Okt. 1846

— and J. Plücker, On the spectra of ignited gases and vapours with especial regard to the different spectra of the same elementary gaseous substance. Neudr. aus den Philosophical transactions of the royal society of London for 1865, vol. 155, veranstaltet zum 80. Geburtstage Wilhelm Hittorfs. Mit 1 Portr. u. 3 Taf. (IV, 39 S.) gr. 4. Leipzig 904. J. A. Barth. Kart. n. 5. —

Hittorf, W., üb. d. elektromotor. Verhalten d. Chroms. [Aus: „Sitzungsber. d. k. preuss. Akad. d. Wiss."] gr. 8. (20 S.) Berlin 898. (G. Reimer.) n. 1. —

Hittorf, J. W., über die Wanderungen der Ionen während der Elektrolyse, s. Ostwald's, W., Klassiker der exakten Wissenschaften. Nr. 21 u. 23.

Hittorf W, über die Wanderungen der Jonen während der Elektrolyse. 2 Hälften. (Ostwald's Klassiker 21. 23) Leipzig 1891

Ueber die Wanderungen der Ionen während der Elektrolyse. Abhandlungen von **Wilhelm Hittorf** (1853–1859). Hrsg. von W[ilhelm] Ostwald. 2., durchges. Aufl. T. 1. 2. *Leipzig: W. Engelmann 1903–1904.* 2 Bde 8°
— **Klassiker, Ostwald's, d. exakten Wissenschaften.** No 21. 23. 04. 7017 5

Hitz, Conrad; eine biographische Skizze. Übersicht der Sammlungen der Künstlergesellschaft. [Zürich 1868.] V: *Reishauer-Bodmer, Jacob Friedrich.* (Cat. d. Stadtbibl. Zürich. Zürich 1864—97.)

HITZ, August (Schillingsfürst): Priscillians Leben, Lehre und Seste. (Titel nach der Urkunde) 21.7.1860 - Urk: F 44
Diss. Ingolst.-Landsh.-Mchn.

Hitz, Jakob, prakt. Arzt. von Seewis [Kt. Graubünden]: Ein Beitrag zur Kasuistik des primären Lungencarcinoms. Zür. Orell Füssli Dr. 1897. 35 S. 8°.
Zürich, Med. Diss. [v. 18. Oct. 1897].

Hitz K.: Ueber das Vorkommen v. Spirochäten in den oberen Verdauungs- u. Luftwegen d. Haussäugetiere. Diss. (Stuttgart). Borna-Leipz. 32 S. 2 Tvl. P.

Hitz, Luise, das Christuskind. Eine erzähl. Dichtung in 8 Gesängen. Nach dem durch göttl. Eingebung wieder hergestellten Evangelium Jakobi. (59 S.) kl. 8. Lorch 905. K. Rohm. Kart. n. — 75

Damajanti. Lyr. Drama in 3 Aufz. u. e. Vorspiel von Luise Hitz. Nach e. Episode d. Mahabharata. München: Lukaschik 1897. 98 S. 8°

Hitz, Luise, Ganga-Wellen. Erzählende Dichtgn. nach buddhist. Legenden u. anderen ind. Sagen. Mit e. Vorwort von Adf. Frdr. Grafen v. Schack. 8. (144 S.) München 893. H. Lukaschik. n. 2. 50; geb. n.n. 4. —

Hitz, Luise, Gedichte. 8. (IV, 88 S.) München 882, Th. Ackermann. *ℳ 1,60.; geb. **

— Jugendborn. Märchen u. Festspiele f. das deutsche Haus. (107 S.) gr. 8. München 903. H. Lukaschik. n. 1. 50

Hitz, Luise, vor Sonnenuntergang. Dichtungen. 8. (IX, 223 S.) München (902). H. Lukaschik. n. 2. —; geb. n. 3. —

— Wort u. Geist d. Evangeliums in Dichtgn. 8. (III, 76 S.) Ulm 895. H. Kerler. n. 1. 50; geb. n. 2. —

Hitze, Emil

Hitze, Aemilius (*geb. Triebel in d. Lausitz 25. I. 1856*): De Sexto Pompejo. Vratislaviae: G. Koebner 1883. (34 S.) 8°
[Buchausg. ebenda.]
Breslau, Phil. Diss. v. 6. Nov. 1883

Hitze, Franz

Hitze, Fr., Abriß d. Agrarfrage, s. a. Tagesfragen, soziale. 13. Heft.

Abriß der Agrarfrage. Vorlesungs-Skizzen von Prof. Dr. [Franz] Hitze. Münster i. W. M.Gladbach: Volksver. f. d. kath. Deutschland 1906. (VIII, 63 S.) 8° [S.]
— **Tagesfragen**, Soziale. H. 13. 03. 19635

Hitze, Frz., die Arbeiterfrage u. die Bestrebungen zu ihrer Lösung. Nebst Anlage: Die Arbeiterfrage im Lichte der Statistik. gr. 8. (145 u. 46 S.) Berlin 899. (Germania.) n. 2. —

Die Arbeiterfrage und die Bestrebungen zu ihrer Lösung. Nebst Anl.: Die Arbeiterfrage im Lichte d. Statistik. Von Dr. F[ranz] **Hitze**. 10.–12. Taus. *Berlin: Germania in Comm. 1900.* (165, 46, 16 S.) 8° [S.]

Hitze, F., Die Arbeiterfrage u. die Bestrebungen zu ihrer Lösung. Nebst Anlage: Die Arbeiterfrage im Lichte der Statistik. 13–14. Taus. gr. 8. (177, 46, 28 u. III S.) Berlin, Germania. 1901 1. —

Hitze, F., Die Arbeiterfrage u. die Bestrebungen zu ihrer Lösung. Nebst Anlage: Die Arbeiterfrage im Lichte der Statistik. 15–17. Taus. (176, 46, 28 u. III S.) gr. 8. Berlin, Germania. 1902 1. —

Hitze F, die Arbeiterfrage. 4. Ausg. (287 S) M.-Gladbach 1904

Hitze, Fr., die Arbeiterfrage u. die Bestrebungen zu ihrer Lösung. Nebst Anlage: Die Arbeiterfrage im Lichte der Statistik. 4. verb. u. ergänzte Ausg. 18.—26. Taus. Sonderausg. für soziale Unterrichtskurse. (209, 55 u. 22 S.) gr. 8. M. Gladbach 905. Zentralstelle des Volksvereins f. d. kath. Deutschland. n. 1. 50

Hitze, Frz., s.: Arbeiterwohl.

Bedeutung und Organisation der Arbeitskammern. (Verf.: Prof.] Franz] Hitze.) 2. Aufl. *M.-Gladbach: Volksver. f. d. kath. Deutschl. 1901.* (63 S.) 8° [F.]
= Tages-Fragen, Soziale. H. 2/3. [01. 2126 5

Hitze, Frz., s.: Bericht der Reichstags-Kommission üb. den derselben zur Vorberathung überwiesenen Gesetz-Entwurf betr. Abänderung der Gewerbeordnung.

Hitze, Frz., wesentliche Bestimmungen d. Gesetzes, betr. die Invaliditäts- u. Altersversicherung. Unter besond. Berücksicht., was Arbeiter, Gesellen, Arbeiterinnen, Dienstboten etc., sowie deren Arbeitgeber: Fabrikanten, Meister, Gutsbesitzer, Dienstherrschaften u. a. zu thun, um die Vorteile der Übergangs-Bestimmgn. sicher zu stellen. [Nebst Formularen.] gr. 16. (56 S.) M.-Gladbach 890. Riffarth. n. — 20; m. 5 beigelegten Formularen n. — 25

— wesentliche Bestimmungen d. Gesetzes betr. die Invaliditäts- u. Altersversicherung. Unter besond. Berücksicht., was Arbeiter, Gesellen, Arbeiterinnen, Dienstboten etc., sowie deren Arbeitgeber: Fabrikanten, Meister, Gutsbesitzer, Dienstherrschaften u. a. zu thun haben, um die Vorteile der Übergangs-Bestimmgn. sicher zu stellen. [Nebst Formularen.] 110. Tausend. gr. 16. (64 S.) M.-Gladbach 891. Riffarth. n. — 20; m. 5 beigelegten Formularen n. — 25

Hitze, Frz., die sociale Frage und die Bestrebungen zu ihrer Lösung. Mit besond. Berücksicht. der verschiedenen socialen Parteien in Deutschland. Drei Vorträge. 8. (320 S.) Paderborn 877, Bonifacius-Druckerei.

Hitze, Frz. Gesetz, betr. d. Invalid.- u. Altersvers., s. Gesetzes-erläuterungen, populäre. Nr. 1.

Die Invalidenversicherung. Stellung d. Centrumsfraction z. Invalidenversicherung. Inhalt u. Bedeutung d. Invalidenversicherungsgesetzes v. 13. Juli 1899. [Verf.: Prof. Dr. Franz Hitze.] *M.-Gladbach: Centralstelle d. Volksver. f. d. kath. Deutschland 1900.* (48 S.) 8° [F.]
Aus: Arbeiterwohl. 1899, H. 10. 11.
= Tages-Fragen, Soziale. H. 6. 7. [07. 9845 5

— Kapital u. Arbeit u. die Reorganisation der Gesellschaft. Vorträge. gr. 8. (594 S.) Ebend. 881. n. 4. 50

s.: Kultur, soziale.

— Normal-Arbeitsordnung, sowie Normal-Statut e. Arbeiter-Ausschusses. Festgestellt vom linksrhein. Verein f. Gemeinwohl. Mit Einleitg. u. Erläutergn., nebst Auszügen aus Fabrik-Ordngn., sowie e. Zusammenstellg. der Bestimmgn. d. Arbeiterschutzgesetzes v. 1891. gr. 8. (VI, 120 S.) Köln 892. J. P. Bachem. n. 2. —

— Pflichten und Aufgaben der Arbeitgeber in der Arbeiterfrage. Zugleich als Antwort auf die verwandten Schriften der Herrn Oechelhäuser und Rösicke. (Aus: „Arbeiterwohl".) gr. 8⁰. Köln, Bachem in Comm., 1888.

— die Quintessenz der socialen Frage. gr. 8. (32 S.) Ebend. 880. — 50

— Schutz dem Arbeiter! [Aus: „Arbeiterwohl".] gr. 8. (VIII, 264 S.) Ebd. 890. n. 2. 80

Hitze, Frz., Schutz dem Handwerk! [Kritik d. Innungsgesetzes vom 18. Juli 1881. — Schutz d. Handwerks gegen das Kapital. — Ordnung d. Lehrlings- u. Gesellenwesens. — Einführung u. Organisation der Inngn.] gr. 8. (148 S.) Paderborn 883. Bonifacius-Druckerei. 1. 50

Hitze, Fr., Skizze der Arbeiterfrage u. der deutschen Arbeitersozialpolitik, s. a. Vortragsskizzen.

Skizze der Arbeiterfrage und der deutschen Arbeitersozialpolitik m. e. statist. Übersicht d. Hauptergebnisse d. letzten Berufs- u. Betriebszählung. Von Prof. Dr. [Franz] Hitze. M.Gladbach: (Volksver.-Verl.) 1910. 56 S. 8°
(Vortragsskizzen hrsg. v. Volksverein f. d. kath. Deutschland. Nr 6.) [10. 16330 5

— Die Unfallversicherung, s. a. Died. H.

Die Unfallversicherung. Inhalt u. Bedeutung des Unfallversicherungsgesetzes vom 30. Juni 1900. [Verf.: Prof. Franz Hitze.] *M.-Gladbach: Volksver. f. d. kath. Deutschl. 1901.* (41 S.) 8° [F.]
Aus: Arbeiterwohl. Jg. 1901, H. 1–5.
= Tages-Fragen, Soziale. H. 23. 24. [01. 1559 5

Was die gewerblichen Arbeitgeber und Arbeitnehmer insbes. solche in offenen Verkaufsstellen bezügl. d. neuesten Gewerbeordnungs-Novelle vom 30. Juni 1900 wissen müssen. Nebst e. Zsstellung d. wichtigsten Bestimmungen d. HGB. ... sowie Anl.: Ges. betr. d. Abänderung d. Gewerbeordnung v. 30. Juni 1900 u. Bundesraths-Verordnung v. 13. Juni 1900 ... Von Dr. F[ranz] Hitze. *Berlin: Germania 1900.* (116, III S.) 8° [F.] [01. 1661

Was Jedermann bezüglich der Invalidenversicherung wissen muss. In Fragen und Antworten auf Grund d. Abänderungsges. vom 13. Juli 1899 u. den Ausführungsverordnungen neu zsgest. Von Dr. F[ranz] Hitze, Mitgl. d. deutschen Reichst. *Berlin: Germania 1900.* (130, VI S.) 8° [F.] [00. 7208

was Jedermann bezüglich der Invalidenversicherung wissen muß. In Fragen u. Antworten auf Grund des Abänderungsgesetzes vom 13. VII. 1899 u. der Ausführungsverordngn. neu zusammengestellt. Nebst e. eingeh. Erläuterg. der Versicherungspflicht, sowie e. Darstellg. der wichtigsten Abänderungsbestimmngn. des Gesetzes von 1899 u. der bisher. Leistgn. der deutschen Arbeiterversicherg. (Verb. Ausg. 150. 210. Taus.) 12. (à 1.50 u. VI S.) Ebd. 901. n. — 25

— Was Jedermann bezüglich der Invalidenversicherung wissen muß. In Fragen u. Antworten auf Grund des Abänderungsges. v. 13. VII. 1899 u. der Ausführungsverordngn. neu zusammengestellt. Nebst e. eingeh. Erläuterg. d. Versicherungspflicht, sowie Beispielen v. Eingaben, Anträgen u. Beschwerden, u. e. kurzen Darstellg. der Leistgn. d. Kranken-, Unfall- u. Invalidenversicherg. (Verm. u. verb. Ausg. 231.—240. Taus.) (145 u. VII S.) 16. Berlin 909. Germania. — 25

— was jedermann bez. der Invaliditäts- u. Altersversicherung wissen muß. 71.—80. Tausend. 16. (60 S.) Ebd. 890. n. — 20; Ausg. m. 5 Formularen n. — 25

— s.: Zusammenstellung d. Entwurfs e. Gesetzes betr. Abänderung der Gewerbeordnung m. der Gewerbeordnung f. das Deutsche Reich u. s. w.

Hitze, Thdr., Grundzüge der Elektro-Homöopathie (Hitze'sche Homöopathie) einschließlich der elektro-homöopathischen Wasserheilmethode, der elektro-homöopathischen Massage u. des Lebensmagnetismus. Ein abgekürztes Heilverfahren. 3., verm. u. völlig umgearb. Aufl. 1. Bd 12. (LXXII, 444 S.) Friedberg a. H., A. Drexler (894). (Leipzig, F. Schneider.) Geb. in Leinw. n. 5.50

Hitzegrad, Feodor

Hitzegrad, F., welcher Art sind die Enderfolge der Kniegelenkresectionen seit Einführung der antiseptischen Wundbehandlung u. der künstlichen Blutleere? s.a. Mittheilungen aus der chirurgischen Klinik zu Kiel.

Hitzegrad, Feodor [approb. Arzt, geb. in Flensburg]: Welcher Art sind die Enderfolge der Kniegelenkresectionen, seit Einführung der antiseptischen Wundbehandlung und der künstlichen Blutleere? . . . Gekrönte Preisschrift . . . Kiel, Vorl. v. Lipsius & Tischer, 1888; 64 S. + 1 Bl. 8°

Kiel, Med. Fak., Inaug.-Diss. v. 19. Jan. 1888

Hitzemann, C., die Kola, das Genussmittel der Zukunft. Der Wert u. die Bedeutg. der Kolanuss. Beiträge zur Ernährungs- u. Gesundheitsfrage. 1.—10. Taus. 8. (38 S.) Chemnitz 892. (C. A. Hager.) — 25

Hitzemann, Carl, s. Hitzemann, Karl

Hitzemann, Carl [aus Hagenburg]: Beiträge zur vergleichenden Anatomie der Ternstroemiaceen, Dilleniaceen, Dipterocarpaceen und Chlaenaceen . . . . Osterode a. H., Druck v. Giebel & Oehlschlägel, 1886; 97 S. + 1 Bl. 8°.

Kiel. Phil. Fak., Inaug.-Diss. v. 22. Jun. 1886.

Hitzemann, Carl, Beiträge zur vergleichenden Anatomie der Ternstroemiaceen, Dilleniaceen, Dipterocarpaceen und Chlaenaceen. Inaugural-Dissertation. 8. (96 S.) Kiel 886, (Lipsius und Tischer.) * 1 20

Hitzer, A., die Lebensdauer der Pflanzen in ihrem Zusammenhange mit der Fortpflanzung durch Früchte u. Gemmen dargestellt. gr. 8 (4 B.) Berlin 841, Rauck'sche Buchh.

Hitzeroth, Carl, Johann Heermann (1585—1647), s.a. Beiträge zur deutschen Literaturwissenschaft. Nr. 2.

Hitzeroth, Carl, Oberlehrer a. Cassel: Johann Heermann. Ein Beitrag zur Geschichte der geistlichen Lyrik im 17. Jahrhundert. (Teildruck.) Marburg 1907: J. A. Koch. (36 S.) 8° ¶ (Erscheint vollst. als: Beiträge zur deutschen Literaturwissenschaft H. 2 b. N. G. Elwert, Marburg.)

Marburg, Phil. Fak., Ref. Elster, Diss. v. 3. April 1907

[Geb. 6. Juli 79 Waldkappel, Bez. Cassel; Wohnort: Cassel; Staatsangeh.: Preußen; Vorbildung: Gymn. Hersfeld Reife O. 99; Studium: Marburg 8 S.; Rig. 25. Juli 05.]

Johann Heermann (1585–1647). Ein Beitrag z. Geschichte d. geistl. Lyrik im 17. Jh. von Dr. Carl **Hitzeroth**, Oberl. Marburg: N. G. Elwert 1907. (184 S.) 8°
[Ein T. erschien als Inaug.-Diss. Marburg 1907.]
— **Beiträge** z. deutschen Literaturwissenschaft. No 2. [07, 17933]

Hitzeroth, Carl August (Magdeburg), Nonnulla cachexiae scrophulosae momenta. Diss. med. Bln. (Friedlaender) 4. V. 1836. 34 S. mit Biogr. (M.: J. Schelle.) (6.80) 15299
Oppon.: F. Lange, L. Moritz, F. Rohde. — Gew.: G. W. Oppermann (Magdeburg).

Hitzfeld, N., englische Vorschriften f. d. Unterr. im Schönschreiben, z. Gebr. in Schulen u. z. Selbstunterr. II. Hft. qu. 1/2 gr. 4. (10 lith. Blätt.) Hannover 835, [Hornemann'sche Hofkunsth.] *
1. Hft. Ebendas. . . . * 8 Gr.

—— Vorschriften goth., röm., Fractur, u. franz. Schriftarten. qu. 1/2 gr. 4. (10 lith. Blätt.) Hannover 835, [Hornemann'sche Hofkunsth.] *

Hitzinger, Heinz, Liebesblüten. (64 S.) 8. Straßburg 909. J. Singer. 1. —

Hitzig, A. A., de baptismo infantum nondum integre natorum. Tubing. 1737. 4.

Hitzig, Eduard

Hitzig, E., s.: Archiv f. Psychiatrie u. Nervenkrankheiten.

— s.: Bibliotheca medica.

Hitzig, Ed., Handbuch der Krankheiten des Nervensystems, s. Handbuch der speciellen Pathologie und Therapie.

Hughlings Jackson und die motorischen Rindencentren im Lichte physiologischer Forschung. Von Prof. Dr. Eduard **Hitzig**. Gelesen in d. Neurol. Soc. of London 1900. *Berlin: A. Hirschwald 1901.* (39 S.) 8° (Second Hughlings Jackson Lecture.) [01, 11905]

— u. Ed. **Hitzig**, d. Kostordnung d. psychiatr. u. Nervenklinik d. Universität Halle-Wittenberg, s.a. Jahrbuch, klinisches.

Die Kostordnung der psychiatrischen und Nervenklinik der Universität Halle-Wittenberg. F. Aerzte u. Verwaltgsbeamte hrsg. u. erläut. v. E. u. Ed[uard] **Hitzig** in Halle a. S. *Jena: G. Fischer 1897.* (x, 237 S.) 8.
— Jahrbuch, Klinisches. Bd 6. H. 1. [97, 3690]

Hitzig, Ed., Krankheiten d. Nervensystems, s.: Handbuch der speciellen Pathologie u. Therapie.

Werner, Friedr. Ludw. Zacharias: Lebens-Abriss Friedr. Ludw. Zacharias Werners. Beil. zu der dritten Ausg. der Söhne des Thal's. Von dem Hrsg. von Hoffmanns Leben und Nachlass [d. i. Edu. **Hitzig**]. Mit Werners Bildn. Berlin: Sander 1823. IV, 164 S. 8°
Kl. 4079. Üb. Werner s. Allgem. Deutsche Biographie Bd 42 1897 S. 66—74 (Sulger-Geling); Goedeke: Grundriss zur Gesch. der deutschen Dichtung. 2. Aufl. Bd 6 1898 S. 90—95.

Hitzig, Ed., von dem Materiellen der Seele. Vortrag, gehalten im Frauen-Verein zur Armen- und Krankenpflege zu Halle a. S. am 25. März 1886. gr. 8. (26 S.) Leipzig 886, F. C. W. Vogel. * — 80

Hitzig, Ed., Memorial über die Organisation der Irrenanstalt Burghölzli. gr. 8. (27 S.) Zürich 878. Orell, Füßli & Co. Verl. in Comm. n. — 50

Hitzig, Ed., üb. hirnchirurgische Misserfolge. [Aus: „Therapeut. Wochenschr."] gr. 8. (19 S. m. 4 Fig.) Wien 896. (Leipzig, F. Foerster.) — 75

— üb. d. Querulantenwahnsinn, s. nosolog. Stellg. u. s. forens. Bedeutg. Eine Abhandlg. f. Aerzte u. Juristen. Lex.-8. (VI, 146 S.) Leipzig 895. F. C. W. Vogel. n. 5. —

— d. Schwindel (Vertigo), s. a. Pathologie u. Therapie, specielle.

Der Schwindel (Vertigo). Von Geh. Med.-R. Prof. Dr. E[duard] Hitzig in Halle. *Wien: A. Hölder 1898.* (3 Bl., 101 S.) 1 Bd 8.
= Pathologie, Specielle, u. Therapie. Bd XII. Th. 2. Abth. 2.

— über den heutigen Stand der Frage von der Localisation im Gehirn, s. Sammlung klinischer Vorträge.

Hitzig, Ed., Studien zur Bleivergiftung. I. gr. 8. (72 S.) Berlin 868, Hirschwald. *

Hitzig, Ed., üb. traumatische Tabes u. die Pathogenese der Tabes im Allgemeinen. [Aus: „Festschrift der Facultäten zur 200jähr. Jubelfeier der Universität Halle".] gr. 4. (49 S.) Berlin 894. A. Hirschwald. n. 3. —

— Untersuchungen üb. das Gehirn. Abhandlungen physiolog. u. patholog. Inhalts. Mit (eingedr.) Holzschn. gr. 8. (XIII, 276 S.) Berlin 874. Hirschwald. n. 7. —

— physiologische u. klinische Untersuchungen üb. das Gehirn. Gesammelte Abhandlgn. Thl. I: Untersuchungen über das Gehirn. Thl. II: Alte u. neue Untersuchungen über das Gehirn. (XVII, 618 S. m. 320 Abbildgn. u. 1 farb. Taf.) gr. 8. Berlin 904. A. Hirschwald. n. 27. —

Welt und Gehirn. Ein Essay von Eduard Hitzig. Berlin: A. Hirschwald 1905. (VIII, 67 S.) 8°

— Ziele u. Zwecke der Psychiatrie. Antritts-Rede, geh. in der Aula der Universität Zürich am 13. Novbr. 1875. gr. 8. (30 S.) Zürich 876. Orell, Füssli & Co. n. 1. —

D. Ernst Constantin Ranke, Professor der Theologie zu Marburg. Ein Lebensbild gezeichnet von s. Tochter Etta Hitzig. Mit 1 Bildn. v. J. 1886. Leipzig: Duncker & Humblot 1906. (VI, 363 S.) 8° [G.]
[Darin: Selbstbiogr., Gedichte u. Briefwechsel von Ernst Ranke.]

Hitzig, F. W., die Bedeutung des Todes Jesu, s. Schriften des protestantischen liberalen Vereines in Elsaß-Lothringen.

Hitzig, F. W., Festpredigt, zum 87. Geburtsfeste Sr. M. d. Kaisers Wilhelm beim officiellen Festgottesdienst in der Trinitatiskirche zu Mannheim geh. gr. 8. (8 S.) Mannheim 883. (Nemnich.) n.n. — 30

Hitzig, F. W., die Lehre v. der göttlichen Vorsehung, s. a. Schriften d. protestantischen liberalen Vereins in Elsaß-Lothringen.

Hitzig, F. W., die Lehre v. d. göttlichen Vorsehung. (32 S.) gr. 8. Heidelberg 910. Ev. Verlag. — 50

Hitzig, Fr. W.

— Gedächtnißpredigt auf d. Absterben Karl Friedrichs, Großherzogs v. Baden, d. 30. Juni 1811. gr. 8. Basel, (Neukirch). 2 gr

Hitzig, Fr. W., Katechismus d. christl. Religionslehre. 8. Basel 825. Neukirch. 14 gr

— kurze Uebersicht d. Religionswahrheiten nach d. Lehre Jesu. 8. Basel 800. (Neukirch). 1½ gr

Hitzig, Ferdinand

Hitzig, Ferd., Begriff d. Kritik am Alt. Testamente prakt. erörtert. gr. 8. (13½ B.) Heidelberg 831, Mohr.

Hitzig, Ferd., die prophetischen Bücher des alten Testamentes, s. Bücher.

Hitzig, Ferd., das Buch Daniel, s. a. Handbuch, kurzgefasstes exegetisches, zum Alten Testament, 12. Lfg.

Hitzig, Ferdinand. Das Buch Daniel. Erklärt. Leipzig 1850. [= Handbuch, Kurzgefasstes exegetisches, zum Alten Testament. Lieferung 10.]

Hitzig, Ferd., die Erfindung d. Alphabetes. Eine Denkschr. z. Jubelfeier d. von Gutenberg im J. 1440 erfund. Bücherdruckes. Imp.-4. (6 B. u. 1 Stnt.) Zürich 840, Orell, Füssli u. Comp. *

— der Prophet Ezechiel, s. a. Handbuch, kurzgef. exeget., zum Alten Testam. 8. Lfg.

Hitzig, Ferdinand, Der Prophet Ezechiel. Erklärt. Leipzig 1847. [= Handbuch, Kurzgefasstes exegetisches, zum Alten Testament. Lieferung 8.]

— Geschichte des Volkes Israel von Anbeginn bis zur Eroberung Masada's im J. 72 nach Christus. 2 Thle. gr. 8. Leipzig, Hirzel.

Inhalt:
Thl. 1. Bis zum Ende der persischen Oberherrschaft. (IV, S. 1—320.) 869. ℳ 5,40.
» 2. Bis zum Kriege des Titus. (VIII, S. 321—631.) 870. ℳ 5,10.

Hitzig, Ferd., die Grabschrift d. Darius zu Nakschi Rustam, erläutert. gr. 8. (6 B.) Zürich 846, (47). (Orell, Füssli u. Comp.)

Hitzig, Ferd., die Grabschrift des Eschmunazar; untersucht. gr. 8. (VI und 55 S. mit 1 Schriftt.) Leipzig 855, Hirzel. Thlr. *

Hitzig, Ferd., das Buch Hiob. Uebersetzt u. ausgelegt. gr. 8. (VI, 319 S.) Leipzig 874. C. F. Winter. n. 8. —

— der Prophet Jeremia, s. a. Handbuch, exeget., zum Alten Testamente.

Hitzig, F., Der Prophet Jeremia. Erklärt. Leipzig 1841. [= Handbuch, Kurzgefasstes exegetisches, zum Alten Testament. Lieferung 3.]

— der Prophet Jesaja; übers. u. ausgelegt. gr. 8. (43¼ B.) Heidelberg 833, Winter.

— die Inschrift d. Mesha, Königes v. Moab übersetzt u. historisch-kritisch erörtert. Ein Beitrag zur moabit. Geschichte u. Topographie. gr. 8. (IV, 68 S.) Heidelberg 870. J. C. B. Mohr. n. 1. 60

— über Johannes Marcus u. seine Schriften, od. welcher Johannes hat die Offenbarung verfasst? Abhandlung in 3 Büchern. gr. 8. (15 B.) Zürich 843, Orell, Füssli u. Comp.

— zur Kritik Paulinischer Briefe. Ebend. 870. gr. 8. (36 S.) n. 10 ngr.

— - das Hohe Lied, s. Handbuch, kurzgefasstes exegetisches, zum alten Testament.

Hitzig, Ferdinand, Das Hohe Lied. Erklärt. Leipzig 1855. [= Handbuch, Kurzgefasstes exegetisches, zum Alten Testament. Lieferung 16.]

—— des Propheten Jonas Orakel üb. Moab krit. vindicirt u. durch Uebersetzung nebst Anmerkn. erläutert. gr. 4. (7 B.) Heidelberg 831, Mohr.

(——) Ostern u. Pfingsten. Zur Zeitbestimm. im alten u. neu. Testament. Sendschr. an etc. Ludw. Ideler. gr. 8. (3 B.) Heidelberg 837, C. F. Winter.

—— Ostern u. Pfingsten im zweiten Dekalog. — Sendschr. an etc. Alex. Schweizer in Riesbach. gr. 8. (3⅓ B.) Heidelberg 838, C. F. Winter.

Hitzig, F. der Prediger Salomo's, erklärt, s. Handbuch, kurzgefasstes exegetisches, zum Alten Testament.

Hitzig, F., Der Prediger Salomo's. Erklärt. Leipzig 1847. [= Handbuch, Kurzgefasstes exegetisches, zum Alten Testament. Lieferung 7.]

—— die zwölf kleinen Propheten, s. Handbuch, kurzgefasstes exegetisches, zum alten Testament.

Hitzig, Ferdinand, Die zwölf kleinen Propheten. Erklärt. Leipzig 1838. [= Handbuch, Kurzgefasstes exegetisches, zum Alten Testament. Lieferung 1.]
— Dasselbe. 2. Auflage. Leipzig 1852.
— Dasselbe. 3. Auflage. Leipzig 1863.

—— die Psalmen. Histor. u. krit. Commentar nebst Uebersetzung. 2 Thle. gr. 8. Heidelberg, C. F. Winter.*
A. u. d. Ttln.:
Thl. 1. Die Psalmen. Grundtext übers. u. krit. hergestellt. (14 B.) 835. 1 Thlr.
2. Die Psalmen histor.-krit. untersucht. (15 B.) 836. 1 Thlr. 4 Gr.

—— die Psalmen. Uebersetzt und ausgelegt. 2 Bde. gr. 8. Leipzig, C. F. Winter'sche Verlagsh. [1. Bd. (XXXI und 312 S.) 863. * 2 Thlr., 2. Bd. 1. Hälfte. (S. 1—240.) 864. * 1 Thlr. 18 Ngr., 2. Bd. 2. Hälfte. (XXIV und S. 241—463.) 865. * 1 Thlr. 12 Ngr.] *

Hitzig, F., Rede zur Feier des 25jährigen Jubiläums der Hochschule Zürich, gehalten in der Großmünsterkirche den 29. April 1858. Lex.-8. (17 S.) Zürich 858, Meyer und Zeller's Verlag. *

— Sprache u. Sprachen Assyriens. Mit e. lith. Taf. gr. 8. (V, 94 S.) Leipzig 871. Hirzel. n. 3. —

Hitzig, Ferd., die Sprüche Salomo's, s. Sprüche, die, Salomo's.

— die Sprüche Salomo's, übersetzt und ausgelegt. Zürich 858. Orell, Füssli u. Co. gr. 8. (XXXV, 347 S.) n. 2 ₰. 28 ngr.

— Triphyllon in den Ehrenkranz d. Praelaten der evangelischen Landeskirche Badens, Julius Holzmann, überreicht bei dessen Jubelfeier. Lex.-8. (14 S.) Heidelberg 874. K. Groos. — 75

Hitzig, Ferdinand (Baden), De Cadyti urbe Herodotea. Diss. philos. Götting. (Dieterich) 13. IV. 1829. 20 S. (6.20) 15300
Oppon.: Armin Zeyss, Carl Bertheau, C. F. Culemann. — Gew.: Jacob Friedrich Theodor Zandt (Carlsruhe), Friedrich Wilhelm Hitzig (Lörrach), Friedrich Gerstner (Carlsruhe)

Hitzig, F., Urgeschichte und Mythologie der Philistäer. [= Zur ältesten Völker- und Mythengeschichte, Band 1.] Leipzig 1845.

— Versuche z. Kritik d. alt. Test. gr. 8. Heidelb. 831. Mohr. 1 ₰

—- zur ältesten Völker- u. Mythengeschichte. 1. Bd. A. u. d. T.: Urgeschichte u. Mythologie der Philistäer. gr. 8. (20½ B.) Leipzig 845, Weidmann'sche Buchh.

— Vorlesungen üb. biblische Theologie u. messianische Weissagungen d. Alten Testaments. Hrsg. von J. J. Kneucker. Mit dem (phototyp.) Brustbilde Hitzig's u. einer Lebens- u. Charakter-Skizze. gr. 8. (XII, 64 u. 224 S.) Karlsruhe 880. Reuther. n. 6. —

Hitzig, Fr.

—— und H. Strack, der innere Ausbau von Wohngebäuden, s. Borstell.

Hitzig, Fr., ausgeführte Bauwerke. 1—3. Heft. Imp.-Fol. (6 S. Text in 3 Sprachen und 9 in Kpfr. gest. und 3 lithochrom. Taf.) Berlin 850—52, Reimarus. à Heft ** 2 Thlr. 25 Ngr. **

Hitzig, Fr., ausgeführte Bauwerke. 4. Heft. Imp.-Fol. (2 lithochrom., 1 lithogr. und 3 in Kpfr. gest. Taf. und 1 Bl. Text; Schluss des 1. Bds.) Berlin 854, Ernst und Korn. **
1—3. Heft. Ebendas. 1850—52. ** 8 Thlr. 15 Ngr.

—— dass. — Suppl. zum 1. Bd. Imp.-Fol. (5 in Kpfr. gest. und lithochrom. Taf. und 1 Bl. deutscher, engl. und französ. Text.) Ebds. 855. *

—— ausgeführte Bauwerke. 2. Bd. 1. und 2. Heft. Imp.-Fol. Berlin, Ernst und Korn. [1. Heft. (6 in Kpfr. gest. und chromolithogr. Taf. und 1 Bl. deutscher und französ. Text.) 858., 2. Heft. (4 Kpfrt. und 2 Chromolithogr. und 1 Bl. deutscher und französ. Text.) 860.] à Heft * 2 Thlr. 25 Ngr. Thlr. *

Hitzig, Fr., ausgeführte Bauwerke. 2. Bd. 3. und 4. Heft und Suppl.-Heft. Imp.-Fol. Berlin, Ernst und Korn. [3. Heft. (5 Kpfrt., 3 Chromolithogr. und 1 Blatt deutscher und französischer Text.) 862. * 3 Thlr. 10 Ngr., 4. Heft. (6 Kpfrt., 3 Chromolithogr. und 1 Blatt deutscher und französischer Text.) 866. * 4 Thlr., Suppl.-Heft. (8 Kpfrt., 1 Chromolithogr. und 1 Blatt deutscher und französischer Text.) 867. * 3 Thlr. 10 Ngr.] geh. und in Mappe. *
1. Bd. cart. * 15 Thlr.; 2. Bd. cart. * 17 Thlr. 10 Ngr.

—— die Börse in Berlin. gr. Fol. (7 S. mit 1 Chromolithogr. und 10 Kpfrt.) Berlin 867, Ernst und Korn. *

Hitzig, Fr., das Palais d. Herrn v. Kronenberg in Warschau. gr. Fol. (14 Taf. in Kpfrst. u. Farbendr. u. 1 Bl. Text.) Berlin 875. Ernst & Korn. In Mappe. n. 25. —

Hitzig, Fr., das Reichsbank-Gebäude in Berlin. Mit 7 (Kpfr.-)Taf. gr. Fol. (2 S.) Berlin 880. Ernst & Korn. cart. n. 12. —

Hitzig, Fr., Wohngebäude der Victoria-Strasse in Berlin. 18 Taf. (wovon 14 in Kpfrst. und 4 chromolithogr.) gr. Fol. (8 S. Text.) Berlin 860, Ernst und Korn. *

—— Wohngebäude der Victoria-Strasse in Berlin. 2. Aufl. gr. Fol. (2 S. und 20 Taf., wovon 14 in Kpfrst. und 6 chromolithogr.) Berlin 862, Ernst und Korn. *

—— dass. — 3., verm. Aufl. (2 S. und 20 Taf. in gr. Fol., wovon 14 in Kpfrst., und 6 Chromolithogr. nebst Situationsplan.) Ebendas. 865. cart. *

—— Wohnhaus des Herrn v. Revoltella in Triest. gr. Fol. (1 Blatt Text und 10 Taf., wovon 6 in Kpfrst. und 4 chromolithogr.) Berlin 864, Ernst und Korn. cart. *

Hitzig, Herm., Beiträge zur Texteskritik d. Pausanias. gr. 8. (29 S.) Heidelberg 873. K. Groos. n. — 60

— Weitere Beiträge zur Texteskritik des Pausanias. Pr. 1876. 32 S.

Hitzig, H., Beiträge zur Texteskritik des Pausanias. Burgdorf 1876.
Progr.

Hitzig, H., zur Pausaniasfrage, s.a. Festschrift d. philologischen Kränzchens in Zürich.

— Zur Pausaniasfrage. S.-A. 1887. 38 S.

Hitzig, H., Quaestiones Herculae. Diss. 1866. 82 S.

— Studien zu Isaeus. Bern 1883.
Progr.

Hitzig, Herm., Studien zu Isaeus. 4. (29 S.) Bern 883, (Jent und Reinert.) *

Hitzig, Dr. Hermann Ferdinand: Die Assessoren der römischen Magistrate und Richter. München Th. Ackermann 1893. 4 Bl., 214 S., 1 Bl. 8°.
Zürich. Jur. Fac., Habilitationsschrift.

Hitzig, Herm. Ferd., die Assessoren der römischen Magistrate u. Richter. Eine rechtshistor. Abhandlg. gr. 8. (VII, 214 S.) München 893. Th. Ackermann, Verl. n. 4. 60

Hitzig, Hermannus Ferdinandus. Bertholdiensis [v. Burgdorf. Kt. Bern]: De magistratuum et judicum Romanorum assessoribus. Bernae Stämpfli Dr. 1891. 2 Bl., 99 S. 8°.
Zürich. Jur. Diss. [v. 31. Jan. 1891].

Hitzig, H[ermann] F[riedrich]. Die Bedeutung des altgriechischen Rechtes für die vergleichende Rechtswissenschaft. Vortrag, gehalten am 20. Oktober 1905 in Berlin. Von Dr. H. F. H', ord. Professor ... [in] Zürich. Sonderabdruck aus «Zeitschrift für vergleichende Rechtswissenschaft», Band 19. II + 28 S. 8. Stuttgart, Ferdinand Enke, 1906. [M. 1. 20]

Hitzig, Herm. Ferd., s.: Beiträge, Zürcher, zur Rechtswissenschaft.

— Erben, s. Beiträge, Zürcher.

— Die Grenzen d. Erbrechts, s.a. Schweizer-Zeitfragen.

Hitzig, Hermann Ferdinand. Die Grenzen des Erbrechts. Akademischer Vortrag gehalten am 14. Januar 1904 in Zürich. (Erweiterter Separatabdruck aus der Neuen Zürcher Zeitung.) IV + 34 S. 8. Zürich, Orell Füssli, 1908. (fr. 1.—)
Schweizer-Zeitfragen, Heft 36. (1908.)

— Die Herkunft d. Schwurgerichts im röm. Strafprozess. Eine Hypothese. (58 S.) gr. 8. Zürich 909. Art. Institut Orell Füssli. 2.—

Hitzig, Herm. Ferd., Injuria. Beiträge zur Geschichte der Injuria im griech. u. röm. Recht. gr. 8. (VII, 89 S.) München 899. Th. Ackermann. n. 2.—

— das griechische Pfandrecht. Ein Beitrag zur Geschichte des griech. Rechts. gr. 8. (VII, 148 S.) Ebd. 895. n. 3. 60

Hitzig, H. F., Rechtshilfe, s. Festgabe.

— die Rechtsstellung des Erben, s.a. Beiträge, Zürcher, zur Rechtswissenschaft. XI.

Die Rechtsstellung des Erben. Vortrag, geh. in d. Sitzung d. zürch. Juristenvereins 1905 von Prof. Dr. H[ermann] F[erdinand] Hitzig. (Zürich: Schulthess & Co. 1906.) (S. 33–69.) 8° [Kopft.]
= Vorträge über d. Entwurf e. schweiz. Zivilgesetzbuches. II. 1, [2.]
= Beiträge, Zürcher, z. Rechtswissenschaft. 11. [06. 7839

— Altgriech. Staatsverträge üb. Rechtshilfe, s.a. Festgabe Ferdinand Regelsberger usw.

Hitzig, H[ermann] F[erdinand]. Altgriechische Staatsverträge über Rechtshilfe. 8. Zürich, Orell Füssli.
Ausg. A: 70 S. — Festgabe, Ferdinand Regelsberger ... überreicht von der rechts- und staatswissenschaftlichen Fakultät der Universität Zürich. ... 1. .... Zürich, O' F', 1907. [*cpl.* fr. 7. —]
Ausg. B: (Separatabzug aus der Festschrift zu Ehren von Ferd' Reg'.) II + 70 S. [1907.] [fr. 3. —]

— die Stellung Kaiser Hadrians in der römischen Rechtsgeschichte. Antrittsrede, geh. am 28. Juli 1892. gr. 8. (24 S.) Zürich 892. F. Schulthess. n. — 80

— s.: Zum ältesten Strafrecht der Kulturvölker.

Hitzig, Julius Eduard (Hrsg.), s.a. Acten, vollständige, in der wider mich. . .eingeleiteten fiskalischen Untersuchung. . .

Hitzig, Julius Eduard. Vollständige Akten in der wider mich auf Denunciation des Criminalgerichts zu Berlin eingeleiteten Untersuchung wegen Beleidigung dieses Gerichtes. Heft 4. Leipzig 1845. 38 S. 12.

Hitzig, Jul. Ed., Anleitung zur Abfassung einer Relation aus Criminal-Akten. 4. (1 B.) Berlin 843, Heymann. *

—— Annalen der Criminal-Rechtspflege, s. Annalen.

Hitzig, Jul. Ed., Annalen d. deutschen u. ausländ. Criminal-Rechts-Pflege, s.a. Annalen etc.

Hitzig, Jul. Ed., Annalen der deutschen und ausländ. Criminal-Rechtspflege. Neue Folge. Hrsg. von Herm. Theod. Schletter. 8—31. Bd. oder 38—61. Bd. der ganzen Reihe. Jahrg. 1847—52. à Jahrg. 12 Hefte. gr. 8. [Leipzig, Expedition.] à Jahrg. *

—— dass. — Hrsg. von Dems. Jahrg. 1847. Extraheft zum Monat Septbr.: Die rheinische Gerichtsverfassung und das rheinische Strafverfahren. Von H. Th. Schletter. gr. 8. (VIII, 160 und 159 S.) [Leipzig 848, Engelmann.] *
Vgl. 10. Bd. 1. Abthl. S. 27.

Hitzig's, (Jul. Ed.), Annalen der deutschen und ausländischen Criminal-Rechtspflege. Neue Folge. Herausg. von Herm. Thdr. Schletter. 32—42. Bd. (od. 62—72. Bd. der ganzen Reihe.) Jahrg. 1853—1855. à 12 Hefte (à ca. 7 Bgn.). Leipzig, Expedition. gr. 8. Jeder Jahrg. n. 8 ₰.

—— gelehrtes Berlin; fortges. v. Karl Büchner. 1. Hft. — A. u. d. T.: Biographische u. literar. Nachrichten von d. in Berlin lebenden Schriftstellern u. Schriftstellerinnen. 1. Hft. gr. 8. (3¾ B.) Berlin 834, Duncker u. Humblot.
Dess. „gelehrtes Berlin im J. 1825." gr. 8. Berlin, Dümmler. 1826. 3 Thlr.

— (Hrsg.), s. Camoens, Louis de: Lusiade.

— s. Chamisso, Adalbert v.: Peter Schlemihls Geschichte.

— s. Chamisso, Adalbert v.: Werke.

— s. de Felice, G.: Zuruf eines Christen an die Schriftsteller . . .

Hitzig, Jul. Ed., Geschichte d. Zerstörung e. Fabrik falschen preuß. Papiergeldes in England im J. 1821. Mit e. Vorrede v. S. H. Spiker. gr. 8. Berl. 827. Dümmler. 12 ℊ

— das Königl. Preuß. Gesetz vom 11. Juni 1837 zum Schutze des Eigenthums an Werken der Wissenschaft u. Kunst gegen Nachdruck und Nachbildung. Dargestellt in seinem Entstehen u. erläutert in seinen einzelnen Bestimmungen aus den amtl. Quellen. 12. Berlin 837. Dümmler. 1/2 ℛ

—— das kgl. preuß. Gesetz v. 11. Juni 1837 z. Schutze d. Eigenthums an Werken d. Wissenschaft u. Kunst geg. Nachdruck u. Nachbildung. Dargest. in sein. Entstehen u. erläut. in seinen einzelnen Bestimmungen aus d. amtl. Quellen. gr. 12. (5½ B.) Berlin 838, Dümmler.

— s. Gozzi, Carlo: Opera.

Hitzig, Jul. Ed., E. T. A. Hoffmann's Leben u. Nachlaß, s. Hoffmann, E. T. A.

(Hitzig, Julius Eduard)

Aus Hoffmann's Leben und Nachlass. Hrsg. von dem Verf. des Lebens-Abrisses Friedrich Ludwig Zacharias Werners. Neue verm. und verb. Ausg. Bdchn 4-6.
Stuttgart Brodhagen 1831. 8°

Hitzig, Iulius Eduard. (geb. Berlin 6. 2. 1838): De ureae origine nonnulla ex experimentis petita. Berolini (1862). (32 S.) 8°
Berlin, Med. Diss. v. 7. Okt. 1862

Hitzig, J. E. und W. Häring (W. Alexis), der neue Pitaval, s. Pitaval, der neue.

Hitzig, Julius Eduard

Der neue Pitaval. Eine Sammlung der interessantesten Criminalgeschichten aller Länder aus älterer und neuerer Zeit. Hrsg. von Julius E. Hitzig und Wilhelm Häring (Willibald Alexis). Th. 13-24 = Neue Folge 1-12.
Leipzig: Brockhaus 1848-56. 8°

—— allgem. Preß-Zeitung, s. Preß-Zeitung.

—— über belletrist. Schriftstellerei als Lebensberuf. Ein Wort d. Warnung f. Jung u. Alt. 8. (3 B.) Berlin 838, Vereins-Buchh. Thlr. *
Aus dem: Gesellschafter v. Gubitz, abgedruckt.

—— dass. — Anderweitige Mittheilungen. Gegenrede. Zur Prüfung u. Beherzigung v. Journal-Redaktoren. 8. (4 B.) Berlin 838, Vereins-Buchh. *

— s. Staël, Mme [Anne Louise Germaine] de: Aspasia und deren Deutschland.

Hitzig, Jul. Ed., Berliner Universitätskalender auf das Schaltjahr 1812, aus offiziellen Quellen herausg. 16. Berl. Hitzig. 812.

— Berl. Universitätskalender auf die J. 1812, 13, 14; aus offiziellen Quellen herausgeg. 16. Berl., (Dümmler). (à 4 ℊ) 12 ℊ

— Nachtrag zum Universitätskalender f. 1812, enthalt. die Chronik der Berl. Universität vom 15. Oct. 1811 bis 15. April 812. 16. Ebd. 812. . . .

—— vier Variationen üb. ein Zeitthema. gr. 8. (2 B.) Berlin 842. [Adolf u. Comp.] *

Hitzig, Julius Eduard. Vier Variationen über ein Zeitthema. Berlin, berliner Lesekabinet 1842. 28 S. 8.

— Votum über die Bildung eines sogenannten Mäßigkeits-Vereins in Berlin. Sendschreiben an den Verfasser des Aufsatzes: „Mäßigkeitsruf." 8. Berlin 837. Vereins-Buchh. n. 1/6 ℛ

— s. Fr. Ldw. Zach. Werner's Lebensabriß und dessen Söhne des Thales.

Hitzig, Jul. Ed., Zeitschrift f. d. Criminal-Rechts-Pflege ꝛc.,
—— dass. — Repertorium darüber,
} s. Zeitschrift ꝛc.

Hitzig, Theodor. med. pract. von Burgdorf [Kt. Bern]: '(Aus dem Privatlaboratorium des Privatdocenten Dr. Hanau in Zürich.)'. Beiträge zur Histologie und Histogenese der Struma. (S. A. aus: Archiv für klin. Chirurgie, Bd 47 [S. 464—499; dem S. A. fehlen S. 500—502 und die Tafeln]). Berl. L. Schumacher Dr. 1894. 40 S. 8°.
Zürich, Med. Diss. [v. 30. April 1894].

Hitzig, Theod.: Über das Verhalten des Harns bei Febris intermittens. O. O. und J. 32 S. 8°. (Sep.-Abdr.: Deutsches Archiv f. klin. Med. 62, p. 358—389.)
Zürich. Med. Habil.-Schr. 1898/99.
Nicht für den Austausch.

Hitzigrath, Ad., die Massage ohne od. m. Kaltwasserbehandlung. 12. (15 S.) Ems 880. Kirchberger. cart. n. — 60

Hitzigrath, Heinrich: Die politischen Beziehungen zwischen Hamburg und England zur Zeit Jacobs I., Karls I. und der Republik 1611—1660. 47 S. 4.
Progr. Realschule in Hamm zu *Hamburg* 1907 (927).

Hitzigrath, Heinr., die politischen Beziehgn. zwischen Hamburg u. England zur Zeit Jacobs I., Karls I. u. der Republik von 1611—1660. (47 S.) Lex. 8. Berlin 907. K. Curtius. 1. —

Hitzigrath, Heinrich: Geschichtliches. S. 3—13. 4.
Progr. Realschule in *Hamm* zu *Hamburg* 1907 (927).

Hitzigrath, Heinr. Andreas Gryphius als Lustspieldichter. XX S. Progr. *Wittenberg* 1885.

Hitzigrath, H(einrich): Hamburg und die Kontinentalsperre. *Hamburg 1900: Lütcke & Wulff.* (30 S.) 4° ¶(Erscheint vollst. im Buchhandel.)
Hamburg, RG d. Johanneums, P 1900 (787)

Hitzigrath, H., Hamburg u. d. Kontinentalsperre. Progr. gr. 4. (30 S.) Hamburg 900. (Herold.) n. 2. 60

Hitzigrath, Heinr., Hamburg während des schwedisch-dänischen Krieges 1657—1660. Den Teilnehmern der 48. Versammlg. deutscher Philologen u. Schulmänner zu Hamburg 1905 als Festgabe dargeboten von dem Ortskomitee. (21 S.) Lex.-8. Hamburg 905. J. Kriebel. n. 1. —

— die Kompagnie der Merchants Adventurers u. die englische Kirchengemeinde in Hamburg 1611—1835. (VII, 108 S.) 8. Ebd. 904. n. 2. —

Hitzigrath, *Heinrich* Das Leben und Wirken des holländischen Staatsmannes und Gelehrten Hugo Grotius. 4 (S. 111—125).
In: Festschrift zur Feier der Einweihung des neuen G.-Gebäudes *Wittenberg* 1888.
Nicht im Tauschverkehr. **Progr.**

Hitzigrath, H., die Publicistik d. Prager Friedens, s. a. Abhandlungen, Halle'sche, zur neueren Geschichte.

Hitzigrath, Heinrich: Die Publicistik des Prager Friedens (1635). Halle a/S. 1879: Karras. 30 S. 8°
Halle-Wittenberg, Phil. Diss. v. 23. Dez. 1879
Geb. Zinten (Kr. Heiligenbeil; Ostpr.) 10. 4. 1855. V.
Ersch. vollst. im Buchhandel Halle: Niemeyer 1880. 134 S. 8° (Hallesche Abhandlungen zur neueren Geschichte. H. 9.)

Hitzigrath, *Heinrich* Rede zur Feier des Geburtstages Sr. Maj. des Kaisers und Königs. 4 (S. 23—29). G. *Wittenberg* 1887 (241).
Progr.

Hitzinger, Hans Ritter v., Leben, Wirken u. Stipendienstiftung d. Jochim Grafen v. u. zu Windhag, Münzbach, Pragthal u. Saxenegg etc., Sr. kaiserl. Maj. Rathes u. Regenten der niederösterr. Lande etc., mit Benützung amtlicher Quellen verf. u. hrsg. gr. 8. (V, 79 S.) Wien 882. Konegen. n. 2. —

Hitzinger, Carl Bernhard Edler v. Statistik der Militär-Grenze des österreichischen Kaiserthums. 1. Buch. Das Land und das Volk. 2. Buch. Volkswirtschaft. 3. Buch. Die Verfassung und Verwaltung. (3 Bde.) 8. Wien 1817—1823.

Hitzinger, Pet., das Quecksilber-Bergwerk Idria, von seinem Beginne bis zur Gegenwart. Geschichtlich dargestellt. Nach Schriften des Bergwerks-Archives u. andern Quellen. Mit 1 (lith.) Plane des Bergwerkes (in Fol.). Laibach 860. v. Kleinmayr & Bamberg. 8. (86 S.) n. 12 ngr.

Hitzker, Ludwig, stud. jur. a. Heilbronn: Das Kassenschrankfachgeschäft. Leipzig: O. Wigand 1908. (80 S.) 8°
Leipzig, Jur. Fak., Diss. v. 13. März 1908
[Geb. 14. Mai 83 Heilbronn a. N.; Wohnort: Heilbronn; Staatsangeh.: Württemberg; Vorbildung: Gymn. Schwäb. Hall Reife Juli 03; Studium: München 4, Tübingen 2, Leipzig 3 S.; Rig. 26. Febr. 08.]

Hitzkirchertbaler: Der Hitzkirchertbaler
① Anzeiger für das Hochdorferamt und Nachbarschaft ⑤ 25. 10. 1884—27. 6. 1885 ⑥ 4° ⑦ Wochenblatt ⑧ Luzern: J. Schill ⑪ J. Winkler, Fürsprech, Richensee ⑫ konservativ ⑬ BGSZ: 1028, 1032 ⑭ Lu: Z.

HITZLER, Adam (Augsburg): De statu morborum nosocomii Augustani sectionis medicae anno 1835/36.- Augustae Vindelicorum: Geiger 1836. 20 S.
27.3.1835 - Urk; F 62
Diss. Ingolst.-Landsh.-Mchn.

Hitzschold, Aug., über die Bestrafung des Selbstmordes nach sächsischen Gesetzen. gr. 8. (29 S.) Leipzig 868, Lissner. *

HITZSCHOLD, August, Die Prostitution u. die Emancipation der Weiblichkeit. Leipzig, Rob. Friese, 1847. Gr. 8°. (In Dresden: Med. forens. 507 m; auch in Berlin, Magistratsbibl.) (30 xr. Scheible; jetzt theurer!)
VI—46 S., 1 Bl. Inh., 1 Bl. Druckanz. — Vorwort. 1. Einleitung. 2. Die Quellen d. Prostitution. 3. Die Stellung d. Prostitution. 4. Die Emancipation.

Hitzwedell, Joachim Friedrich (Potsdam), Explicationem loci difficilioris Joh. X. 33—38 et vindicias divinitatis Christi ex eodem exhibens. Diss. theol. Präs. Sigismund Jac. Baumgarten. Halle (Jo. Christian Hendel) 15. VIII. 1735. 40 Seiten. (7.—) 15301
Widm. v.: Präs., M. Alexander Gottlieb Baumgarten (Berlin), Otto Eberhard Olse (dtsch.), Anton Philipp Hoyer (dtsch.), Joachim Leonhard Hermes (dtsch.).

— — Dasselbe. Halle (Hendel) 1760. 32 S. mit Widm. v. Präs. (6.80) 15302

– Dass., s. a. Baumgarten, Siegmund Jakob

Hiul, C. P., Fibel. 8. Schleswig 824. (Aue in Altona). 2 ggl

Hiver. L'hiver en Suisse. [Prospectus illustré.] Édité par le Bureau de publicité des Chemins de fer fédéraux, à Berne. 1906. IV + 64 p. 8-obl. (Berne, Neukomm & Zimmermann.) [fr. 1.—]

Hiver, Jos., Anleit. zur vollständ. Pferdekunde. Mit 1 Kpft. gr. 8. Kempten 787. Dannheimer. 20 ggl

— engl. Zucht u. Behandlung der Pferde. Angewandt auf die k. k. Erblande. 8. Wien 783. Beck. 6 ggl

Hix, Vater, und sein Sohn. Eine religiöse Kinderschrift. 16. Zürich 842, Hanke. 3 ngl

Hizig, A. A., d. Augsb. Confession in Frag. 8. E. u. Kehl, Muller. 784. Rthlr.

— Analyse der Mineralquelle „del Franco" zu Recoaro. S. 33. 80 . . . . . . — 20
Separatabdruck

Hladik Jaroslav, Dr.: Über die Darstellung des Crotonaldazins und dessen Umlagerung in das 5-Methylpyrazolin. S. 112. Hft. 389 . . . . ngr
Separatabdruck

Hladny, Ernst, das hohe Amt. Novellen. (170 S.) 8. Leipzig 909. Modernes Verlagsbureau. 3. —

Das hohe Amt. Novellen von Ernst Hladny. Berlin-Leipzig: C. Wigand 1909. 170 S. 8° [illegible]

Hladny Ernst: Hugo von Hofmannsthals Elektra. 1906 PN 2035 **Diss. Wien, Univ.** 179

Hladny, Ernst: Hugo von Hofmannsthal's Griechenstücke I. S. 3—29. 8. **Progr.** K. k. Staatsgymn. *Leoben* 1910.

Hladufka, Adf., s.: Adressenbuch der Papier-, Halbstoff- u. Pappenfabriken Oesterreich-Ungarns.

Hlas jednoty katolické. (Die Stimme der katholischen Eintracht.) Franz Poimon, Redakteur. Brünn in der Druckerei der Rud. Rohrer'schen Erben. 4. 2spaltig, erscheint alle Freitage. 36 kr. halbjährig, 1 fl. 12 kr. ganzjährig, für Brünn. 54 kr. halbjährig, 1 fl. 48 kr. mit Postvers. 1853

Hlas z Olomúce. Olmütz 861. Halauska. 8. (42 S.) n. 6 ngr.

Hlasek, Steph., üb. die Bodentemperatur in St. Petersburg. [Aus: „Repertorium f. Meteorologie".] gr. 4. (III, 121 S. m. 1 Curven-Taf.) St. Petersburg 891. (Leipzig, Voss' Sort.) n. 4. 40

Hlasek, Vladisl., Disquisitiones de structura et textura lienis. Dissertatio inauguralis anatomico-physiologica. 4maj. (50 S. mit 1 Stnt.) Dorpati Liv. 852. (Mitaviae, Reyher.)

Hlasiewitz, H., s. Hlasiwetz, Heinrich

Hlasiwetz, Heinrich

Hlasiwetz, H., Analyse der Mineralquelle „del Franco" zu Recoaro. (Aus den Sitzungsberichten der k. Akad. der Wissensch.) Wien 858. Gerold in Comm. gr. 8. (11 S.) n. 2 ngr.

Hlasiwetz, Dr. — Analyse des Sauerbrunnens und der Schwefelquelle zu Obladis in Tirol. Von — —. (Aus dem Novemberhefte des Jahrganges 1855 der Sitzungsberichte der mathematisch-naturwissenschaftlichen Klasse der kaiserl. Akademie der Wissenschaften. (18. Band. S. 133) besonders abgedruckt.) Innsbruck, 1856. Gedruckt bei Felician Rauch. (12 S. 8.)

Hlasiwetz, H., Analyse des Sauerbrunnens und der Schwefelquelle zu Obladis in Tirol. (Aus den Sitzungsberichten d. k. Akad. d. Wiss.) Wien 856. (Gerold.) gr. 8. (12 S.) n. 4 ngr.

Hlasiwetz, H., Anleitung zur qualitativen chemischen Analyse. Zum Gebrauch bei den prakt. Uebungen im Laboratorium. 4. verm. Aufl. 1872, und 5. Aufl. gr. 8. (38 S.) Wien 874, Czermak. *

Hlasiwetz, H., Anleitung zur qualitativen chemischen Analyse. Zum Gebrauche bei den prakt. Uebungen im Laboratorium. 6. Aufl. gr. 8. (38 S.) Wien 877, [Czermak.] Toeplitz und Deuticke.

Hlasiwetz, H., Anleitung zur qualitativen chemischen Analyse. Zum Gebrauche bei den prakt. Uebungen im Laboratorium. 7. Aufl., durchges. und ergänzt von P. Weselsky. (IV, 48 S.) 1881; 8. Aufl. gr. 8. (54 S.) Wien 883, Toeplitz und Deuticke. cart. *

Hlasiwetz, H. Anleitung zur qualitativen chemischen Analyse. Leipzig, 1888.

Hlasiwetz, H., Anleitung zur qualitativen chemischen Analyse. Zum Gebrauche bei den prakt. Uebgn. im Laboratorium. 9. Aufl., durchgesehen u. ergänzt v. P. Weselsky. gr. 8. (48 S.) Wien 888. Deuticke. cart. n. 1. —

Hlasiwetz, H. Anleitung zur qualitativen chemischen Analyse. Zum Gebrauche bei den prakt. Uebgn. im Laboratorium. 10. Aufl., durchgesehen u. ergänzt v. Benedikt. gr. 8. (57 S.) Wien 892, Deuticke. cart. * 1 —

Hlasiwetz, H., Anleitg. z. qualitativen Analyse. Zum Gebrauche bei den prakt. Uebgn. im Laboratorium. 11. Aufl., durchges. u. ergänzt v. R. Benedikt. gr. 8. (55 S. m. 1 Fig.) Wien 895. F. Deuticke. n. 1. —

Hlasiwetz, H., Anleitung zur qualitativen chemischen Analyse. Zum Gebrauche bei den prakt. Uebgn. im Laboratorium. 12. Aufl. durchgesehen u. ergänzt v. G. Vortmann. gr. 8. (III, 51 S.) Wien 899. F. Deuticke. n. 1. —

Hlasiwetz, H., Anleitung zur qualitativen chemischen Analyse. Zum Gebrauche bei den prakt. Uebungen im Laboratorium. 13. Aufl., durchgesehen u. ergänzt v. G. Vortmann. (V, 51 S.) gr. 8. Wien 904. F. Deuticke. n. 1. —

Hlasiwetz, H., Anleitung zur qualitativen chemischen Analyse. Zum Gebrauche bei den prakt. Übgn. im Laboratorium. 14. Aufl., durchgesehen u. ergänzt v. G. Vortmann. (V, 51 S.) gr. 8. Wien 909. F. Deuticke. 1. —

— Über das Arbutin. S. 71. II. 80 . . . . —.20
Separatabdruck

— u. J. **Habermann,** üb. das Arbutin. [Aus: „Sitzungsber. d. k. Akad. d. Wiss."] Lex.-8. (10 S.) Wien 875. (Gerold's Sohn.) n. — 20

— und Gilm Hugo von, Dr.: Über das Berberin. S. 49. II. 97 . . . . —.10
Separatabdruck

— und Weselsky P.: Über das Bijodphenol. Vorläufige Mitteilung. S. 60. II. 20 . . —.10
Separatabdruck

— u. P. **Weselsky,** über das Bijodphenol. [Vorläufige Mittheilg.] [Aus den Sitzungsber. der k. Akad. der Wiss.] Ebend. 860. Lex.-8. (5 S.) 1⅓ ngr.

— Über Buchenteer-Kreosot und die Destillationsprodukte des Guajakharzes. S. 30. 81 . . —.06
Separatabdruck

Hlasiwetz, H., über Buchentheer-Kreosot und die Destillationsproducte des Guajakharzes. (Aus den Sitzungsberichten d. k. Akad. d. Wiss.) Wien 858. Gerold in Comm. gr. 8. (48 S.) n. 7 ngr.

— über das Chinovin. (Aus den Sitzungsber. der k. Akad. der Wissensch.) Ebend. 859. gr. 8. (10 S.) n. 2 ngr.

Hlasiwetz Heinrich, Dr.: Über das Cinchonin. 1. Abhandlung. S. 4. 9 . . . . vgr.
— — 2. Abhandlung. S. 4. 267 . . . . vgr.
Separatabdruck

— über die Einwirkung des Oxaläthers auf den Harnstoff. (Zur Synthese der Parabansäure.) [Aus den Sitzungsber. der k. Akad. der Wiss.] Ebend. 865. Lex.-8. (3 S.) 1⅓ ngr.

— und Grabowski A.: Über die Eugensäure. S. 53. II. 64 . . . . vgr.
Separatabdruck

— Über das Galbanum. S. 43. II. 477 . . . . vgr.
Separatabdruck

— Über das Gentisin. 1. Abhandlung. S. 70. II. 211 . . . . —.20
Separatabdruck

— Über das Gentisin. 2. Abhandlung. S. 72. II. 267 . . . . —.20
Separatabdruck

—— und J. **Habermann,** über das Gentisin. 1. und 2. Abhandlung. Lex.-8. (10; 7 S.) Wien 874,75, (Gerold's Sohn.) à Abhandlung * 20 Pf. *

— Über die Guajakharzsäure und das Pyroguajacin. S. 43. II. 463 . . . . vgr.
Separatabdruck

— Über einige Harze. Vorläufige Notiz. S. 49. II. 85 . . . . vgr.
Separatabdruck

– und Ludwig Barth von Barthenau

— -- Über einige Harze. S. 51. II. 100 . . . . vgr.
— — — 1. Fortsetzung: *Asa foetida*, Ferulasäure, Gummigutt. S. 53. II. 19 . . . —.30
— — — 2. Fortsetzung: 1. Zersetzungsprodukte derselben durch schmelzendes Kali.
2. Künstliche Harzbildung. S. 53. II. 479 . . . . —.40
Separatabdruck

—— und L. Barth, über einige Harze. I. Zersetzungsproducte derselben durch schmelzendes Kali. Lex.-8. (22 S.) Wien 865, (Gerold's Sohn.) *

—— —— dass. — I. (2. Fortsetzung.) — II. Künstliche Harzbildung. — III. Ueber die Eugensäure von H. Hlasiwetz und A. Grabowski. — IV. Ueber das Umbelliferon. Von denselben. Lex.-8. (24 S.) (Ebendas.) 866. *

Hlasiwetz Heinrich, Dr.: Über die Hydrokaffeesäure und Hydroparacumarsäure. S. 55. II. 56 . . . . K —.10
Separatabdruck

— über die Hydrokaffeesäure u. die Hydroparacumarsäure. [Aus den Sitzungsber. der k. Akad. der Wiss.] Ebend. 867. Lex.-8. (5 S.) n. 2 ngr.

—— Introdusione alla analisi chimica qualitativa ad uso degli esercizi pratici nei laboratori. Versione autorizzata sulla IVa ediz. tedesca con note ed aggiunte per Paolo Matcovich. gr. 8. (46 S.) Wien 879, Hölder. *

– und A. Grabowski

— — Über die Carminsäure. S. 51. II. 579 . . . . vgr.
Separatabdruck

— u. A. Grabowski, über die Carminsäure. [Aus den Sitzungsber. der k. Akad. der Wiss.] Ebend. 867. Lex.-8. (14 S.) n. 2 ngr.

Hlasiwetz, H., über das Catechu u. das Catechin. Kino. [Aus den Sitzungsber. der k. Akad. der Wiss.] Wien 864. (Gerold's Sohn.) Lex.-8. (4 S.) 1½ ngr.

— und Habermann J.: Zur Kenntnis einiger Zuckerarten: Glucose, Rohrzucker, Levulose, Sorbin, Phloroglucin. S. 62. II. 125 . . . . vgr.
Separatabdruck

— — zur Kenntniss einiger Zuckerarten, [Glucose, Rohrzucker, Levulose Sorbin, Phloroglucin.] [Aus den Sitzungsber. d. k. Akad. d. Wiss.] Lex.-8. (22 S.) Ebend. 870. n. — 40

— Über Kohlensäurebestimmungen der atmosphärischen Luft (mit 1 Taf.). S. 20. 189 . vgr.
Separatabdruck

– und Ludwig Barth von Barthenau

— — Über einen neuen, dem Orcin homologen Körper. S. 49. II. 861 . . . . —.10
Separatabdruck

— Kleinere Mitteilungen aus dessen chemischem Laboratorium: 1. Über die Sulfophloretinsäure, von Dr. K. Nachbaur. 2. Über das Verhalten des Amylalkohols unter jenen Bedingungen, unter welchen der Äthylalkohol Knallsäure liefert, von Dr. Hugo von Gilm. 3. Versuch, ein Substitutionsprodukt des Jodstickstoffes zu erzeugen, von Dr. Hugo von Gilm. S. 30. 180 . . . . vgr.
Separatabdruck

— Mitteilungen aus dem chemischen Laboratorium zu Innsbruck: 1. Über die Einwirkung des Oxaläthers auf den Harnstoff. 2. Über das Catechu und das Catechin. S. 50. II. 520 . . . . vgr.
Separatabdruck

— Mitteilungen aus dem chemischen Laboratorium in Innsbruck: 1. Über einige Gerbsäuren von H. Hlasiwetz. 2. Über die Bestandteile des Thees von H. Hlasiwetz und G. Malin. 3. Über die Basizität der Gallussäure von H. Hlasiwetz. 4. Über die Protocatechusäure von L. Barth. 5. Über die Bromderivate der Gallussäure, Pyrogallussäure und Oxyphensäure von H. Hlasiwetz. S. 55. II. 7 vgr.
Separatabdruck

— Mitteilungen aus dem chemischen Laboratorium in Innsbruck: Über einige Gerbsäuren. S. 55. II. 59 . . . . vgr.
Separatabdruck

– und Leopold von Pfaundler

— Über das Morin, Maclurin und Quercitrin (mit 1 Taf.). S. 50. II. 6 . . . . . vgr.
Separatabdruck

— u. L. Pfaundler, über das Morin, Maclurin u. Quercitrin. (Abdr. aus den Sitzungsber. der k. Akad. der Wiss.) Ebend. 864. gr. 8. (54 S. u. 1 lith. Taf.) n. 10 ngr.

— und Pfaundler Leopold von, Dr.: Über das Morin und die Moringerbsäure. S. 48. II. 10 . . . . 1.—
Separatabdruck

— Notiz über die Achilleasäure. S. 24. 268 01
Separatabdruck

— Notiz über die Mesitylschwefelsäure. S. 21. 225 . . . . —.33
Separatabdruck

— — Notiz über die Mesityl-Schwefelsäure. Lex.-8. (13 S.) Wien 856, (Gerold's Sohn.) *
Beide Schriften des Verf. wurden aus: Sitzungsberichte der k. Akademie der Wissenschaften, besonders abgedruckt.

— Notiz über die Schwefelcyanverbindungen des Acetons und Metacetons. S. 4. 271 . vgr.
Separatabdruck

— Über das Phloretin. S. 17. 382 . . . . vgr.
Separatabdruck

— Über die Phloretinsäure. S. 21. 427 . . . . —.50
Separatabdruck

– – über die Phloretinsäure. Lex.-8. (88 S.) Wien 857, (Gerold's Sohn.) * *

— Über das Phloroglucin. S. 43. II. 451 . . . . vgr.
Separatabdruck

— Über das Phloroglucin. S. 52. II. 84 . . . . vgr.
Separatabdruck

– u. J. Habermann

— — Über die Proteïnstoffe. 1. Abhandlung (mit 1 Holzschnitt). S. 64. II. 289 . . vgr.
— — — 2. Abhandlung (mit 2 Holzschnitten). S. 67. II. 470 . . . . vgr.
Separatabdruck

— — über die Proteïnstoffe. [Mit 3 (eingedr.) Holzschn.] 1. u. 2. Abhandlg. [Aus „Sitzungsber. d. k. Akad. d. Wiss."] Lex.-8. (24 S.) Ebend. 872. n. — 70

— Über das Quercitrin. S. 36. 401 . . . . —.30
Separatabdruck

— über das Quercitrin. (Aus den Sitzungsber. der k. Akad. der Wissensch.) Ebend. 859. gr. 8. (20 S.) 3 ngr.

– und Leopold von Pfaundler

— -- Über den Quercitrinzucker. S. 48. II. 10 . . . . vgr.
Separatabdruck

— Über die [illegible] der Chinanova. S 6. 56 . . . . —.34
Separatabdruck

— Über die Robinsäure. S. 13. 55 . . . . —.10
Separatabdruck

Über Rutinsäure und Quercitrin. S 17. 55 . . . . — 20
Separatabdruck

Über einige Salze des Harnstoffes mit organischen Säuren. S 20. 56 . . . . . . —.20
Separatabdruck

Über eine neue Säure aus dem Guajakharz. S. 18. H. 28 . . . . vgr.
Separatabdruck

— Über eine neue, der Cumarsäure isomere Säure. S 52. H. 79 . . . . —.20
Separatabdruck

—— über eine neue, der Cumarsäure isomere Säure. Lex.-8. (8 S.) Wien 865, (Gerold's Sohn.) *

— Über eine neue Säure aus dem Milchzucker. S. 43. H. 475 . . . . vgr
Separatabdruck

— Über die chemische Synthese. F. S. 1865 . . . . vgr.
Separatabdruck

— über die chemische Synthese. Ein Vortrag gehalten in der feierl. Sitzung der k. Akademie der Wissenschaften am 30. Mai 1865. [Aus den Sitzungsber. der k. Akademie der Wiss.] Ebend. 865. 8. (40 S.) n.n. 6 ngr.

— und A. Grabowski

— — Über das Umbelliferon. S. 53. H. 197 . . . . vgr.
Separatabdruck

— Über einige Verbindungen der [illegible] S. 5. 171 . . . . —.50
Separatabdruck

Hlasiwetz, und F. Rochleder, über die Wurzel der Chiococca racemosa, s. Rochleder.

— Über die Wurzel der *Ononis spinosa*. S. 15. 112 . . . . —.50
Separatabdruck

— Über einige Xanthinsäureverbindungen. S. 45. H. 30 . . . . vgr.
Separatabdruck

– und A. Grabowski

— — Zersetzung der Kampfersäure durch Ätzkali. (Mitteilungen aus dem chemischen Laboratorium in Innsbruck Nr. 13.) S. 56. H. 102 . . . . vgr.
Separatabdruck

— und Barth Ludwig Ritter von Barthenau: Über zwei neue Zersetzungsprodukte aus dem Guajakharz. S. 49. H. 105 . . . . —.10
Separatabdruck

— Über eine neue Zersetzungsweise der Trinitrophenylsäure. S. 35. 136 . . . . . . —.20
Separatabdruck

—— über eine neue Zersetzungsweise der Trinitrophenylsäure. Lex.-8. (14 S.) Wien 859, (Gerold's Sohn.) *

Über die Zusammensetzung des Ursons. S. 16. 20 . . . . —.04
Separatabdruck

Hlasiwetz, Heinrich Hermann, s. Hlasiwetz, Heinrich

Hlasko, Bernhard

Hlasko, B., Beiträge zur Beziehung d. Gehirns zum Magen. Inaug.-Diss. gr. 8. (46 S. m. 1 Taf.) Dorpat 887. (Karow.) n. 1. —

Hlasko, Mieczyslaw. Die Mazur (Polnischer Nationaltanz). Gründlich und für Jedermann leicht fasslich beschrieben, mit Abbildung der Figuren und einer Nationalmusik versehen. Wien, Verlag der Jasper'schen Buchhandlung 1846
31 S. m. 12 Fig. auf 4 Taf., 1 Musikbeilage. 8°

HLASKO, Mieczyslaw, Mazur (Polnischer Nationaltanz). Gründlich und für Jedermann leicht fasslich beschrieben, mit Abbildung der Figuren und einer Nationalmusik. Wien 1857. Sallmayer und Comp.
Bartholomäus p. 12 (ohne Formatsangabe).

Hlasowé o potřebě jednoty spisovného Jazyka pro Cechy, Morawany a Slowáky. Spisů Musejních Císlo XXII. gr. 8. Praze 846, Kronbergra a Riwnáče. n. 1/3 ℳ

HLATKI, JOSEPH: Kritik über das Betragen der Bischöfe in den k.k. Staaten, in Rücksicht der landesherrlichen Verfügungen in geistlichen Sachen: von Rautenstrauch. Ofen 1782. Gedr. mit kön. Univ.-schriften. 32 S. - 8°

Hlatky, A., das Gemeinnützigste aus d. Naturlehre. Ein Leitfaden beim Unterr., f. d. Schülerinnen d. 3. Mädchenklasse d. evang. Gemeinde zu Preßburg. 8. (2½ B.) Preßburg 827, Landes. Thlr. .

—— Gesundheitsregeln, z. Gebr. f. Schulen, u. zur Beherzigung f. Jedermann. 8. (11 B. u. 1 Taf. mit ill. Abbild. d. tollen Hundes u. d. Giftpflanzen.) Preßburg 826, Landes.

Eduard Hlatky. Auf der Erde: Das erste Opfer. Freiburg im Br.: Herder 1897. (132 S.) 8° [F.]
— Hlatky: Weltenmorgen. 3. [07. 6391]

Hlatky, Eduard, Gedichte. (211 S.) 8. Münster 905. Alphonsus-Buchh. Geb. in Leinw. n. 3. —

Eduard Hlatky. Im Himmel: Der Sturz der Engel. Freiburg im Br.: Herder 1896. (68 S.) 8° [F.]
— Hlatky: Weltenmorgen. 1. [07. 6389]

Eduard Hlatky. Im Paradiese: Der Sündenfall. Freiburg im Br.: Herder 1896. (122 S.) 8° [F.]
— Hlatky: Weltenmorgen. 2. [07. 6390]

Hlatky, Ed., an der Schwelle des Gerichtes. Ein Streitgedicht ohne Ende. I. 12. (83 S.) Brixen 902. Buchh. d. kath. polit. Preßvereines. n. 1. —; geb. n. 1. 80

(F) Hlatky, E., An der Schwelle des Gerichtes. Ein Streitgedicht ohne Ende. I. 8°. (83 S.) K 1.—, geb. K 1.80
Wien: Konegen 1902.

Hlatky, Ed., Weltenmorgen. Dramatisches Gedicht in 3 Handlgn. I.—III. 12. Freiburg i/B., Herder. Kplt. in 1 Bd. n, 4. 20; geb. in Leinw. m. Goldschn. n. 5. 40
I. Im Himmel: D. Sturz d. Engel. (IX, 68 S.) 896. n. 1. —
II. Im Paradiese: Der Sündenfall. (VII, 122 S.) 896. n. 1. 60
III. Auf d. Erde: D. erste Opfer. (VII, 132 S.) 897. n. 1. 60

— Weltenmorgen. Dramatisches Gedicht in 3 Handlgn. 2. u. 3. umgearb. Aufl. (V, 426 S.) 8. Freiburg i/B. 903. Herder. n. 4. 40; geb. in Halbleinw. n. 5. 60

Hlatky, Eduard, Weltenmorgen. Dramatisches Gedicht in 3 Handlgn. 4. u. 5. Aufl. (V, 433 S.) 8. Freiburg i/B. (907). Herder. 4.40; geb. in Halbleinw. 5. 60

Hlatky, **Jos.**, Liber de impedimentis, incitamentis et adjumentis literarum. 8. Ofen 774. Typogr. Soc. 9 *k*

Hlava, Stanislav: B e i t r ä g e zur Kenntnis der Rädertiere. I. Über die Anatomie von Conochiloides natans (Seligo). Prag, Diss. von 1906/07.

Hlava, Stanislav, Böhmens Rädertiere. Monographie d. Familie Melicertidae, s. a **A r c h i v** f. die naturwissenschaftliche Landesdurchforschung v. Böhmen. XIII, 2.

Böhmens Rädertiere. Monographie d. Familie Melicertidae. Von Dr. Stanislav **Hlava.** Prag: F. Řivnáč 1908. (83 S.) 4°(8°) = **Archiv** f. d. naturwiss. Landesdurchforschung von Böhmen. Bd 13, No 2. (08, 17417

Hlavac, Edler v. Rechtwall. E. Rückblick n. Bosnien. m. Rücks. auf d. auf d. Gebiete d. Mil.-Sanitätsw. gem. Wahrnehm. 1880.

Hlavaček, Ant., die Donau m. ihr. Burgen u. Schlössern. Passau-(Wachau)-Wien. 20 farb. Bilder. Text v. Emil Hofmann. (48 S.) 21×35 cm. Wien (910). M. Perles. 5.40; Luxusausg. auf Bütten, geb. in Ldr. n 45.

Hlaváček, Ed., s. H l a w á č e k , Ed.

Hlavacsek, Wenzel, Tabellen üb. Dimensionsberechngn. v. Stab- u. Materialeisen. (In deutscher u. ungar. Sprache.) schmal 8. (55 S.) Budapest (901). (Wien, G. Szelinski.) n. 1 40

HLAVACSEK, Wenzel
Tabellen über Dimensionsberechnungen von Stab- und Materialeisen. Zusammengestellt von Wenzel Hlavacsek. [Wien. 1901. Szelinski.] 8°. 55 S. K 1.50

Hlavatý, Jan, obecní zákony s krátkým vysvětlením. Prag 865. Kober. 8. (2 Bl., 76 S.) n. 6 *ngr.*

Hlávka, Josef: Denkschrift über den Bau der gr. or. bischöflichen Residenzgebäude in Czernowitz. Wien: Selbstverl. 1872.

Hlávka, Jos., s.: **Topographie** der historischen u. Kunst-Denkmale im Königr. Böhmen.

Hlavnička [illegible] Separatabdruck

Hlawa, Karl, *gräfl. von Kaunitz'scher Bräu-Verwalter, wirkl. Mitgl. der k. k. patr.-ökonom. Gesellsch. im Königreiche Böhmen u. s. w.* Geschäfts-Bericht über die Wirksamkeit des Böhmisch-Leipaer landw. Filialvereins zur General-Versammlung am 11. Oktober 1858 in der Bade-Stadt Teplitz erstattet. *Böhm. Leipa* 1858. Gedruckt bei *Philipp Gerzabek.* 18 S. 8°.

HLAWA, Vinzenz: Darstellung einer einfachen Abschätzung und Eintheilung der Hoch- und Niederwälder. Zur erprobt nützlichen Anwendung bei Privatforst-Verwaltungen und k. k. landrechtlichen Forstabschätzungen. - Wien 1837. 104 S., 9 Tab., 2 Kt. Neue verm. u. verb. Aufl.

H l a w a , V.: „Darstellung einer einfachen Abschätzung und Eintheilung der Hoch- und Niederwälder, zur erprobt nützlichen Anwendung der Privatforstverwaltungen und k. k. landrechtlichen Forstabschätzung", neue verm. und verb. Auflage mit 9 Tabellen und 2 Forstkarten, Wien 1837 (Heubner).

Hlawáček, Ed, Abriss einer medicinischen Geschichte von Carlsbad. Prag 863. Dominicus. Lex.-8. (42 S.) 8 *ngr.*

H l a w a c z e k, Ed., Geschichte v. Karlsbad, in medicin., topograph. u. gesell. Beziehung. gr. 8. (12¼ B.) Prag 839, [Kronberger u. Rziwnatz.] *

Hlawaček, Ed., Goethe in Karlsbad. gr. 8. (95 S.) Karlsbad 877. Feller. n. 2. —

H l a w a č e k, Ed., Goethe in Karlsbad. 2. verm. und verb. Aufl. von Vikt. Ruß. gr. 8. (VII, 122 S.) Karlsbad 883, Feller. *

— G u i d e through Carlsbad and its environs. 3d edit. Mit 1 lithogr. und color. Plan. 8. (63 S.) Ebendas. 884. geb.

Hlawaček, Edw., a g u i d e to the mineral waters of Karlsbad its walks and drives. Translated from the second german ed. 8. (35 S. m. 1 lith. Plan in Fol.) Karlsbad 873. Feller. n. 2. —

— — a G u i d e to the mineral Waters of Karlsbad, its walks and drives. 2d edit. Mit 1 chromolithogr. Situationsplan von Karlsbad in Fol. 16. (53 S.) Ebendas. 880.

—— K a r l s b a d in medizin., pitoresker u. gesell. Beziehung. Für Kurgäste. gr. 12. (5⅔ B.) Prag 838, [Kronberger u. Rziwnatz.]

H l a w a z e k, Ed., Karlsbad. Beschrieben. 2., umgearb. u. verm. Ausg. mit e. skizzirten Situationsplänchen von Karlsbad u. seinen Promenaden. gr. 12. (10 B.) Prag 842. [Kronberger.] *

H l a w a č e k, Ed., Karlsbad. Beschrieben. 3., verm. und verb. Aufl. 12. (318 S. mit 1 Situationsplan von Karlsbad und 1 geognost-topograph. Karte der Umgegend von Karlsbad, Marienbad und Franzensbad.) Karlsbad 847, Franieck. *

H l a w a č e k, Ed., Karlsbad, seine Mineral-Quellen, Umgebungen und geselligen Verhältnisse. 4., durchaus verb. und verm. Aufl. gr. 8. (VIII und 252 S. mit einem lithogr. Situationsplane von Karlsbad und seiner Umgebung in qu. Fol.) Magdeburg [und Leipzig] 854, Gebr. Baensch. *

H l a w a c e k, Ed., Carlsbad, seine Mineralquellen, Umgebungen und geselligen Verhältnisse. 6., durchaus verb. Aufl. 8. (VIII und 262 S. mit 1 lithogr. Situationsplane von Carlsbad und seiner Umgebung in qu. gr. 4.) Prag 859, Dominicus. *

H l a w á č e k, Ed., Karlsbad, seine Mineralquellen, Umgebungen und geselligen Verhältnisse. 7. Aufl. 1864. 1 Thlr. 6 Ngr. und 8., durchaus verb. und verm. Aufl. 8. (VIII und 314 S. mit 1 lithogr. und ill. Situationsplane von Karlsbad und seiner Umgebung in qu. Fol.) Prag 864, Dominicus.

Hlawaček, Ed., K a r l s b a d in geschichtlicher medicinischer u. topographischer Beziehung. 8. u. 9. verb. Aufl. Mit 1 (lith. u. color.) Situationsplane von Karlsbad u. seiner Umgebung. Prag 868, 71. Dominicus. 8. (VIII, 312 S.) 1 *ß* 10 *ngr.*

— Karlsbad in geschichtlicher, medicinischer u. topographischer Beziehung. 10. verb. Aufl. Mit e. (chromolith.) Situationsplan (in gr. qu. Fol.) v. Karlsbad u. seiner Umgebg. gr. 8. (IX, 326 S.) Prag 872. Dominicus. 4. —

—— dass. — 11. verm. und verb. Aufl. Mit einem (lithogr.) Situationsplan von Karlsbad und seiner Umgebung (in qu. Fol.). gr. 16. (VIII, 335 S.) Karlsbad 874, Feller. geb.

— dasselbe. 12. verm. u. verb. Aufl. Mit e. (lith.) Situationsplan v. Karlsbad u. seiner Umgebg. (in qu. Fol.) gr. 16. (VIII, 351 S.) Karlsbad 876. Feller. n. 4. 80; geb. n. 6. —

—— dass. — 13. verm. und verb. Aufl. Mit 1 (chromolithogr.) Situationsplane von Karlsbad und seinen Umgebungen (in Fol.) und 2 (photolithogr.) Ansichten. gr. 16. (XIV, 466 S. mit 1 lithogr. Karte von Mittel-Europa in gr. Fol.) Ebendas. 879. geb. *

—— Karlsbad in geschichtlicher, medicinischer und topographischer Beziehung. 14. Aufl. Hrsg. von Jul. Hofmann. Mit 1 lithogr. und color. Situationsplane von Karlsbad und seiner Umgebung. 8. (XII, 355 S.) Ebendas. 881. † geb. †

—— konstitutioneller politischer Katechismus. gr. 12. (45 S.) Karlsbad 849, Gebr. Franieck. *

— systematische Ortsgeschichte v. Karlsbad. gr. 16. (79 S.) Ebend. 874. n. 1. 20

—— über die Versendung des Mineralwassers von Karlsbad. 12. (1 B.) Karlsbad 814, Gebr. Franieck.

—— die Wasserheilkunde, od. wissenschaftl. Darstell. d. Wirkungs- u. Gebrauchsweise d. gem. kalten u. erwärmten Wassers u. d. vorzüglichsten Mineralwässer; mit besond. Berücksichtig. d. Heilquellen Karlbad's. 1. Aufl. Wien 835, Wenedikt. 1 Thlr.; neue Ausg. 8. (à 14½ B. u. 2 Tab.) Prag 837, Kronberger u. Rziwnatz.]

—— der Wegweiser zu den Heilquellen von Karlsbad und dessen Spazier- und Fahrpartien. Mit einem (chromolithogr.) Situationsplane (in qu. Fol.). gr. 16. (III, 39 S.) Prag 870, Dominicus. *

—— dass. — 2. Aufl. Mit einem (lithogr.) Situationsplan (in qu. Fol.). gr. 16. (64 S.) Karlsbad 874, Feller. * geb. *

Hlawaček, Ed., der Wegweiser für Karlsbad und Umgebung. 3. Aufl. (LXVI, 64 S. mit 1 chromolithogr. Situationsplane in qu. Fol.) 1876. cart. * M. 1,80.; 4. Aufl. 16. (96 S.) Karlsbad 879, Feller. geb. *

— dasselbe. 5. Aufl. Bearb. von Jul. Hofmann. 16. (VII, 107 S. mit 1 lith. u. color. Plan.) Ebend. 882. n. 1. 20; geb. n. 2. —

— der Wegweiser f. Karlsbad u. Umgebung. 6. Aufl. Bearb. v. Jul. Hofmann. 8. (101 S. m. 1 lith. u. color. Plane.) Ebend. 884. n. 1. 60; geb. n. 2. —

Hlawaj, Jak., Predigt beim Antritte des Seelsorgeramtes. 8. Prag 802. Widtmann. 2 K

Hlawak, s. Hlawatsch

Hlawati, F., über die Schnur. Lustspiel f. Mädchen in 3 Akten. (III, 100 S.) kl. 8. Wien 909. H. Kirsch. 1. 50

Hlawati, Franz

HLAWATI, F.

Eine experimentelle Prüfung der Clausius-Mosotti'schen Formel von F. Hlawati. (Mit 3 Textfiguren.) (Aus den Sitzungsberichten der kaiserl. Akademie der Wissenschaften in Wien. Mathem.-naturw. Classe; Bd. CX, Abth. IIa, Mai 1901.) Wien. 1901. In Comm. Gerold's Sohn. Gr.-8°. 31 S. K —.70

Hlawati, Franz: Die Begriffspaare Ursache und Kraft, Substanz und Masse. 32 S. 8. Gymn. der K. k. Theresianischen Akademie *Wien* 1908. Progr.

Hlawatsch, Adf., Sagen aus Oesterreich. Gesammelt u. hrsg. 8. (68 S.) Dux 890. Scheithauer. n. 1. 20

Hlawatsch, Adf., Schutz den Bäumen. 8. (48 S.) Reichenberg 871. Schöpfer in Comm. n. — 50

Hlawatsch, Adf., das Synagogenjahr. Handbüchlein der jüdischen Liturgie für Schule u. Haus. Mit Zugaben von Dav. Ehrmann. Prag 862. (Bensinger.) gr. 8. (30 S.) n. 4 ngr.

Hlawatsch, Adf., das Synagogenjahr. Leitfaden für den Unterricht in der jüd. Liturgik. 2. verm. und verb. Aufl. gr. 8. (V, 65 S.) Reichenberg 887, Fritsche. * — 80

Hlawatsch, Adf., aus Böhmens Vergangenheit u. Gegenwart. Geschichte u. Sage. 8. (VII, 162 S.) Prag 881. Hynek. n. 1. 20

Hlawatsch, Carl, s. Hlawatsch, Karl

Hlawatsch, J. N., Unterhaltungen, geschrieben in berufsfreien Stunden. Prag ... Enders. 16 K

Hlawatsch Karl: Über eine neue Kupfer-Antimonverbindung aus der k. k. Hütte zu Brixlegg (mit 1 Taf. und 12 Textfiguren). S. 104 [illegible] 1.—
Separatabdruck

Hlawatsch, Carl, üb. e. neue Kupfer — Antimon-Verbindung aus d. k. k. Hütte zu Brixlegg. [Aus: „Sitzungsber. d. k. Akad. d. Wiss.] Lex.-8. (22 S. m. 12 Fig. u. 1 Taf.) Wien 895. (C. Gerold's Sohn.) n. 1. —

— üb. d. Stolzit u. e. neues Mineral „Raspit" v. Brokenhill. [Aus: „Annalen d. k. k. naturhistor. Hofmuseums".] Lex.-8. (9 S. m. 2 Abb. u. 1 Taf.) Wien 897. A. Hölder. n. 1. 60

Hlawatschek, F. Hochenburger und Zelinka. Drei Vorträge gehalten im polytechnischen Club in Graz. Graz 1875. 4.

Hlawatschek, R: Vortrag über Wesen und Zweck des allgemeinen Beamten-Wohlfahrts-Fonds. Wien 1902

Die zahme Fasanerie. Leitfaden f. den angehenden Fasanenzüchter u. Freunde d. Fasanensports. Von Johann Hlawensky, weil. Prinzl. Byron'scher Fasanenmeister, bearb. u. erweit. von dessen Sohn Berthold Hlawensky, Gräfl. v. Wedel'scher Fasanenmeister. Mit vielen Abb. im Texte. *Neudamm: J. Neumann 1899.* (84 S.) 8° [A.]
(J. Neumanns Forst- u. Jagdwissenschaftl. Büchersammlung.) 8083

(F) Hlawitschka, A., Das Wesen und die schädliche Wirkung des Zuckerkartells und der Rübenkartelle in Oesterreich-Ungarn. Gr.-8°. erscheint in 6 Heften compl. K 2.80
Selbstverlag 1902.

Hlawna, Frz. Jos., der siegreiche Einzug des deutschen Feuerwehrwesens von Bayern nach Salzburg. Geschichte des Salzburger Landesfeuerwehrverbandes von 1864—1904, als Denkschrift zum 40jährig. Bestande der ersten freiwill. Feuerwehr im Lande u. zum IX. Salzburger Landesfeuerwehrtag in Oberndorf (14. u. 15. VIII. 1904) verf. (137 S.) 8. Salzburg (904). (E. Höllrigl.) n. 1. 75

Hleb-Koszańska, Marie v[on]. Perithelioma der Luschka'schen Steissdrüse im Kindesalter. Diss. Med. Univ. Zürich [Mit 2 Tafeln. Sep.-Abdr. aus: Beiträge zur pathologischen Anatomie und zur allgemeinen Pathologie. Band 35.] *Kopftitel:* Aus dem pathologischen Institut der Universität Zürich. ⟨Direktor: Prof. Dr. P[aul] Ernst.⟩ 44 S. 8. Jena, Gustav Fischer, 1904.

Erstes Deutsches Sprachbuch für ruthenische Volksschulen. Nach Julius Roth bearbeitet von J. A. Hlibowicki. Wien, k. k. Schulbücherverlag. 1895. (Min.-Erl. vom 6. Mai 1895. Z. 7638.) Steif gebunden —.30

Hlibowicki, Joh., Benennungen der in der Bukowina vorkommenden Pflanzen in lateinischer, deutscher, romänischer u. ruthenischer Sprache. 12. (13 S.) Czernowitz 890. (Pardini.) n. — 50

Hlibowicki, J., Entgegnung auf das von St. Smal-Stocki und Th. Gartner in Angelegenheit der ruthenischen Orthographie verfasste „Minoritätsvotum", s. Bilinkiewicz, S.

Hlibowicki, Joh., ruthenisches Sprachbuch. 1. Stufe. gr. 8. (62 S.) Czernowitz 884, (Pardini.) *

Hlista, Matth., der Hundefreund par excellence oder: Gründliches u. prakt. Vademecum zur Wartg. u. Ausbildg. v. Hunden aller Racen f. Jagd-, Dienst-, Kunst- u. andere Zwecke. Außer der tüchtigsten Anleitg. zur rationellsten Dressur auch e. verläßl. Führer zum Erkennen u. zur Behandlg. vorkomm. Hundekrankheiten, nebst e. speziellen Sachregister. gr. 16. (73 S.) Wien 876. Wenedikt. — 90

Hloch: Einleitung in die Aesthetik. 21 S. – Lemberg ak. G., Progr. 1851.

Prüfungs-Antworten für Kesselheizer. Maschinenwärter, Locomotivführer u. Maschinisten. Klgft., Leon, 1860. 24 S. (Verf.: Anton Hlubek.)

Hlubek, Ant., Verhaltungs-Regeln beim Dampf-Betrieb, für Fachmänner, nebst Erörterung der Prüfungsfragen für Heizer, Wärter, Führer u. Maschinisten. Wien 860. (Gerold. 8. (VII, 104 S.) n. 20 *ngr.*

Hlubek, Ant., Verhaltungsregeln bei Dampfbetrieben für Fachmänner u. Fabrikanten, nebst Erörterung der Prüfungsfragen f. Heizer, Wärter, Führer u. Maschinisten. 2., verb. Aufl. 8. (III, 112 S. m. 1 Tab.) Wien 879. Gerold's Sohn. n. 2. 40

Hlubek, A., Verhaltungsregeln bei Dampfbetrieben f. Fachmänner u. Fabrikanten, nebst Erörterg. der Prüfungsfragen f. Heizer, Wärter, Führer u. Maschinisten. 3. Aufl. 8. (IV, 153 S. m. e. Instructions-Plakat.) Wien 888. Gerold's Sohn. n. 2. 40

Hlubeck, s. Hlubek

Hlubek, Eugen (Tost/Oberschles.), Tabes dorsalis beim weiblichen Geschlecht. Diss. med.-chir. Bln. (H. S. Hermann) 19. III. 1886. 32 S. mit Biogr. (4.80) 15303
Oppon.: Schneyder, Fischer, Schott.

Hlubeck, Eugen, tabes dorsalis beim weiblichen Geschlecht. Diss. Berlin 1886, Mayer & Müller. 8⁰. 32 S.

Hlubek, Franz Xaver

Hlubek, Frz. Xaver, Beantwortung der wichtigsten Fragen des Ackerbaues, als Nachtrag zu meiner Beleuchtung der organ. Chemie des Hrn. Just. Liebig. gr. 8. (9½ B.) Grätz 842, Damian u. Sorge. *

Hlubek, F. X., *Dr.* Beitrag zur Kellerwirthschaft. Separat-Abdruck aus dem landwirthsch. Wochenbl., VII. Jahrgang der k. k. steiermärkischen Landwirthschafts-Gesellschaft. *Gratz* 1859. Druck und Papier von *Jos. A. Kienreich.* 40 S. 8⁰.

— Beleuchtung der organ. Chemie des Hrn. J. Liebig, in ihrer Anwendung auf Agricultur u. Physiologie. gr. 8. (1½ B. u. 1 Tab.) Graetz 842. (Damian u. Sorge.) * -

Hlubeck, Frz. Xaver, Bericht üb. d. Excursion d. Mitglieder d. 4. Versamml. deutscher Land- u. Forst-Wirthe zu Brünn auf die, Sr. kaiserl. Hoheit, d. durchl. Erzherzog Carl, gehör. Herrschaft Selowitz, nebst e. Parallele zwischen d. Levigations- u. Preßverfahren. gr. 8. (5⅓ B. u. 3 Stnt.) Grätz 841, (Damian u. Sorge.) *

Hlubek, Fr(anz) X(aver), Bericht über die englische Landwirthschaft und die zu London 1851 ausgestellten landwirthschaftl. Geräthe und Maschinen. gr. 8. (VI und 56 S. mit 1 Stnt. in gr. 4.) Gratz 852, (Ferstl'sche Buchh.) *

HLUBEK, Franz Xaver: Betrachtungen über die Bewirthschaftung der Hochwälder in ihrer Anwendung auf die Obersteiermark. - Graz 1844

Hlubek, F. X. Ritter v., Betrachtungen, Vergleichungen u. Erläuterungen üb. die Conscription in Steiermark 1869, die Völkerstämme in Oesterreich-Ungarn u. die Staats-Subventionen zur Hebg. der Landescultur. Imp.-4. (60 S.) Graz 871. Verlag „Leykam-Josefsthal." n. 5. —

Hlubek, F. X., *Dr.* Die Bewaldung des Karstes. *Gratz* 1857. Druck u. Verl. v. *Jos. A. Kienreich.* 31 S. 8⁰.

Hlubek, F. X., ein treues Bild des Herzogth. Steiermark, s. a. Bild.

Hlubek, Dr. F. X., Prof. und kais. Rath, etc. Ein treues Bild des Herzogthumes Steiermark als Denkmal dankbarer Erinnerung an Weiland Se. kaiserliche Hoheit den durchlauchtigsten Erzherzog Johann, herausgegeben von der k. k. steiermärkischen Landwirthschafts Gesellschaft. (Mit 1 Portrait und 1 Karte.) Fol. Graz 1860.

—— die Ernährung d. Pflanzen u. d. Statik d. Landbaues. Eine von d. 3. Versamml. deutscher Land- u. Forstwirthe zu Potsdam 1839 gekr. Preisschr. gr. 8. (32 B. u. 10 Tab.) Prag 841, Calve'sche Buchh. *

—— die errungene Freiheit Deutschland's fordert die Freiheit des Bauernstandes, sie fordert die Ablösung sämmtl. Urbarial-Giebigkeiten, als: Robot, Zehent, Schüttungen, Berg- und Kleinrechte, Laudemien rc. und die Aufhebung der Patrimonial-Gerichtsbarkeit. Wie diese Fesseln des Landbaues abgelöst werden sollen, ist die Aufgabe der vorliegenden Schrift. gr. 8. (56 S.) Gratz 848, Damian und Sorge. *

Hlubek, Frz. Xav., der Führer für Weingartenbesitzer. Ein Auszug aus dem Werke: Guide du Propriétaire de Vigne par du Puits de Maconex. Mit Erläuterungen und Anmerkungen. Herausg. von dem Präsidium der k. k. st. Landwirthschafts-Gesellschaft. Gratz 856. (Ferstl.) gr. 8. (IV, 100 S.) 12 *ngr.*

Hlubek, F[ranz] X[aver]: Der Führer für Weingartenbesitzer. Ein Auszug aus dem Werke: Guide du propriétaire de vigne par M. du Puits de Maconex. Mit Erl. und Anm. Grätz: Kienreich 1856. IV, 98 S. -- Frei 100°. UB Brünn. UB Wien°

Hlubek, Dr. F. X. — Die Hauptbedürfnisse der Landeskultur in Oesterreich. Von — — Grätz, 1857. Druck und Papier von Josef A. Kienreich. (24 S. 8.)

HLUBEK, Franz Xaver: Die Landwirthschaft des Herzogthums Steiermark als Festgabe für die Mitglieder der X. Versammlung deutscher Land- und Forstwirthe nach den Eingaben der Filiale der k. k. Steiermärkischen Landwirthschafts-Gesellschaft. - Gratz 1846. 144 S., m. Tab. u. Kupf.

— — die Landwirthschaftslehre in ihrem ganzen Umfange nach den Erfahrungen u. Erkenntnissen der letztverfloss. 100 Jahre; mit wissenschaftl. Strenge dargest. 2 Bde. gr. 8. (93¼ B., 40 Stnt. u. 11 Tab.) Wien 846, Braumüller u. Seidel.

— die Landwirthschaftslehre in ihrem ganzen Umfange nach den Erfahrungen und Erkenntnissen der letztverflossenen 100 Jahre; mit wissenschaftl. Strenge dargestellt. 2., verb. Aufl. 1—7. Heft. 2 Bde. gr. 8. Wien, Seidel. [1. Bd. (XXXVIII und 714 S. mit 8 Stnt. in gr. Fol. und 1 Tab. in qu. gr. 4.) 2. Bd. (S. 1—320 mit 17 Stnt. in gr. Fol. und gr. 4.) 851—52. à Heft * 20 Ngr.] *

— die Landwirthschaftslehre in ihrem ganzen Umfange nach den Erfahrungen und Erkenntnissen der letztverflossenen 100 Jahre; mit wissenschaftl. Strenge dargestellt. 2., verb. Aufl. 8—12. (letztes) Heft. gr. 8. (2. Bd. VIII und S. 321—607 und 3. Bd. X und 270 S. mit 15 Stnt. und 8 Tab. in qu. gr. 4. und qu. Fol.) Wien 852.53, Seidel. * 1—7. Heft. Ebendas. 1851—52. * 4 Thlr. 20 Ngr.

Hlubek, F. X., die wichtigsten Lehren der Landwirthschaft, leichtfaßlich dargestellt. gr. 8. (76 S.) Graz 867, (Leuschner und Lubensky.) *
Sonderabdruck aus: Wochenblatt der k. k. Steiermärk. Landwirtschaftsgesellschaft.

Hlubek, F. X. (Hrsg.), s. Neuigkeiten, Ökonomische, und Verhandlungen.

— Resultate d. Wirksamkeit d. k. k. Landwirthschafts-Gesellschaft in Steyermark, v. J. 1829—1839. Im Auftrage zusammengest. u. mit Anmerkn. begleitet. Hrsg. v. d. k. k. Landwirthschafts-Gesellschaft. gr. 8. (11 B. u. 2 lith. Tab., Fol.) Grätz 840, (Damian u. Sorge.) *

— die Runkelrübe, ihr Anbau u. d. Gewinnung d. Zuckers aus ders., nebst e. Anh. gr. 8. (11½ B. incl. 1 B. Tab.) Laibach 839, Edler v. Kleinmayr.

Hlubek, F(ranz) X(aver), Europa's Staaten ihre Grundkräfte, Schulden und Civillisten. gr. 8. (27 S.) Prag 849, Calve'sche Brlgsb.

— Unterricht in der Maulbeerbaum- und Seidenzucht für das Landvolk. Hrsg. von dem steiermärk. Seidenbau-Vereine. 8. (VIII und 72 S. mit 4 Stnt. in 4.) Grätz 850, (Kienreich's Verlags-Comptoir.) *

Hlubek, F[ranz] X[aver]: Untersuchungen und Betrachtungen über den Weinbau auf einer 1841 vorgenommenen Reise durch Untersteiermark. Mit 3 Taf. Grätz: Ferstl 1843. VIII, 128 S. -- 12°. Gei 1. UB Brünn
Bibliotheca oenologica: Hlubeck, F.X.

— der Verkehr zwischen Triest u. d. Monarchie, u. d. Wien-Triester Eisenbahn. gr. 4. (12 B., 1 Zeichn. u. Tblgn.) Wien 841, [Gerold's Vrlsb.]

— Versuch e. neuen Charakteristik u. Classification d. Rebensorten, mit besond. Rücksicht auf die im Hrzgth. Steiermark vorkomm. Hrsg. v. d. k. k. Landwirthschafts-Gesellschaft. gr. 8. (4¾ B.) Grätz 841, (Damian u. Sorge.) *

Hlubek, F[ranz] X[aver]: Versuch einer neuen Charakteristik und Classification der Rebensorten, mit besonderer Rücksicht auf die im Herzogthume Steiermark vorkommenden. Grätz: Leykam 1841. 73 S. -- 100°. Frei 100°. Gei 1°. UB Brünn
Bibliotheca oenologica: Hlubeck, F.X. -- Dochnahl: Hlubeck, Frz. Xav. -- Heinsius: Hlubeck, Frz. Xaver.

--- Ders.: Der Weinbau in Oesterreich. Graz: Selbstverl. 1864. 46 S. Aus: Wochenblatt der k.k. steierm. Landwirtschaftsges. Jg. 13. -- 12°
Bibliotheca oenologica: Hlubeck, F.X.

— der Weinbau in Oesterreich. gr. 8. (46 S.) Graz 864, (Leuschner und Lubensky.) *
aus: Wochenblatt der k. k. steiermärk. Landwirthschaftsgesellschaft, besonders abgedruckt.

— die Wirthschafts-Systeme in national-ökonomischer, statistischer u. pecuniärer Beziehung. Nebst dem Verfahren, eine gesunkene Wirthschaft m. den gewöhnl. Hilfsmitteln zu heben. [Aus den „Oekonomischen Neuigkeiten u. Verhandlungen" abgedr.] 8. (126 S. m. 1 Tab. in qu. 4.) Prag 851, Calve. n. 7/12 Thlr

– (Red.), s. Wochenblatt der k. k. Steiermärkischen Landwirtschafts-Gesellschaft.

Hluscik: Ueber die Veranlassung, den Plan und Zusammenhang der horazischen Ode: Justum et tenacem propositi virum. Lib. III. 3–8 S.–Cilli, Progr. 1857

Hlyns Thale, in Erzählungen u. Bildern aus der wirkl. u. romant. Welt, v. C. Bernstein. 8. Hanau, Edler. (Leipzig, Hinrichs.) 821.

HNATEK, Adolf
Definitive Bahnbestimmung des Kometen 1898 V. (Giacobini) von Adolf Hnatek. (Aus den Sitzungsberichten der kaiserl. Akademie der Wissenschaften in Wien. Mathem.-naturw. Classe. Bd. CX. Abth. II. a. April 1901.) Wien. 1901. In Comm. Gerold's Sohn. Gr.-8°. 58 S. K 1.—

— Definitive Bahnbestimmung des Kometen 1823. D 87. [illegible] . . . . 6.—
Separatabdruck

— Definitive Bahnbestimmung des Kometen 1826 V und Berechnung seines Vorüberganges vor der Sonnenscheibe. D 77. 20 . . . . 2.70
Separatabdruck

Hnatek, Adf., definitive Bahnbestimmg. des Kometen 1826 V u. Berechnung seines Vorüberganges vor der Sonnenscheibe. (42 S.) 4. Wien 904. (A. Hölder). n. 2. 70
Sonderabdruck aus: „Denkschr. d. k. Akad. d. Wiss."

HNATEK, Adolf
Die Meteore des 20. bis 30. November mit besonderer Berücksichtigung der Bieliden von Adolf Hnatek. Aus den Sitzungsberichten der kaiserl. Akademie der Wissenschaften in Wien. Mathem.-naturw. Classe; Bd. CVII. Abth. II. a. December. 1898. Wien. 1898. In Comm. Gerold's Sohn. Gr.-8°. 42 S. fl. —.40

Hnatjuk, Volodymyr, d. Geschlechtsleben d. ukrainischen Bauernvolkes, s.: Tarasevškyi, Pavlo.

Hnegka, W. A., Katechismus o swatých obrádech cjrkwe katolické. Prag 846, Credner. n. 5/6 Thlr

— Nebe a země klíč, čili: wšesrozumitelnj začat kowe učenj o nebi a zemi. Ebend. 843. n. 1/3 Thlr

Hnewkowského, Sebest, Doktor Faust. Starozitná powest w dewjti zpewjch. 12. (8½ B.) W Praze 841. (Kronberger.) *

Programm der Oberrealschule zu Rakonitz für das Schuljahr 1857. Veröffentlicht am 31. Juli 1857 durch den Direktor P. Michael Martinowsky. Prag, 1857. Druck von Friedr. Rohlicek im fürsterzbischöfl. Seminar.
Inhalt: 1. Bedeutung der Naturlehre in den Realschulen, von Dr. R. J. Hnilicka. — 2. Bodenverbesserung und Lederbereitung, von Karl M. Hackenberger. — 3. Die naturhistorischen Verhältnisse von Rakonitz, von Johann Wallinger.

Programm der Oberrealschule zu Rakonitz für das Schuljahr 1856. Veröffentlicht am 30. Juli 1856 durch den Direktor P. Michael Martinowsky. Prag, 1856. Druck von Friedrich Rohlicek in der fürsterzbischöflichen Buchdruckerei. (55 S. 8.)
Inhalt: Eine Welt im Kleinen. Von P. Michael Martinowsky. — Eine Meinung. Von Dr. R. J. Hnilicka. — Bergmann und Landwirth. Von Karl Hackenberger. — Schulnachrichten.

Hnizdill, dreifache Meßandacht. 4. Aufl. 16. (44 S.) Dülmann 894. A. Laumann. — 15

Dreifache Meßandacht. Von Hnizdill, Pfarrer. 6. Aufl. Dülmen: A. Laumann 1907. (44 S.) 8° [F.] 105. 5150

Hnogek, Ant. Adalb., christ-kathol. Liturgik, zunächst z. Ausübung f. Pfarrer u. Kapläne d. Weltpriesterstandes in d. abendländ. Kirche, mit Berücksichtigung der in d. österreich. Staaten, d. Provinz Böhmen u. d. leitmeritzer Diözese insbesond. üb. d. kathol. Liturgie besteh. Verordnn. 5 Thle. gr. 8. Prag, (Kronberger u. Rziwnatz.) [1. (59½ B.) 835., 2. (51½ B.) 837. à * 2 Thlr., 3. (64⅜ B.) 839. * 3 Thlr., 4. (36 B.) 841., 5 (32¾ B.) 842. à * 2 Thlr.] *

Hnogk, Ant. Wogtěch, přjběhy Wogtěchowy. Obraz ze žiwota nynějssjch pracownjků řemesel. 12. (47 S.) Prag 851, (Credner und Kleinbub.) *

Hnojek, Ant. Vojt., reči a epištoly na všecky neděle a svátky, pak několik jiných znamenitějšich dní církevního roku, všesrozumitelně vyložené dle katolického učení víry a mravů, z dějů svatých i světských, ze zeměpisu, ze starožitností. K Evangelíím taktéž r. 1854 vyloženým. Prag 861. Kober. gr. 8. (VIII, 285 S.) n. 1 ℛ 10 ngr.

Hnup, Jos., neueste Methode der Wochentagsberechng. oder Anleitg., den Wochentag jedes belieb. Datums, sowohl der gregorian. als auch der julian. Zeitrechng. bis zum 1. Jänner 5 nach Christi Geburt schnell im Kopfe berechnen zu können. Mit vielen ausgerechneten Uebungsbeispielen. (III, 28 S.) gr. 8. Wien (XII/2, Bendlgasse 11) 904. Selbstverlag. n. — 60

Ho! — ho! — oder rechtliche Verwunderung üb. einige Stellen einer Druckschrift der Uebergabe der Festung Manheim ꝛc. 8. Frankf. a. M. 796. (Schäfer). 4 ℊ

Hoadly, Benjamin

— d. rechte Art u. Beschaff. d. Reichs Christi. 4. Hannov. Helwing, 717.

Hoadley, Benj. J., Beschreibung eines Instruments, Winkel zu messen. 8. Augsb. 764. Lotter. 3 ℊ

Benjamin Hoadly
1706–1757

Der [Benjamin] Hoadly und [Benjamin] Wilson [1721–1788][Observations on a series of electrical experiments. Deutsch:]Betrachtungen über eine Reihe elektrischer Versuche. Nach der 2., vom Herrn Wilson verb.u.verm.Ausg. aus d.Engl.übers. Leipzig: Weidmann 1763. 110 S. 8°

Hoadly, der argwöhn. Ehemann, s. F. W. Gotter.

Hoadley, Benj. Der argwöhnische Ehemann. [»The suspicious Husband«. 1747.] Lustspiel. Neueste Proben der engl. Schaubühne im Deutschen dargestellt. Hamburg 1754. Ü: *Bode, Joh. Joa. Chn. Bode*. Vgl. Theatergesch. Forschungen 20, 54 f. In den »Proben« auch Moores »Spieler«, (DARP)

Hoadly, Benj., das beste Mittel, Gott unt. d. Evangelio zu gefallen. 12. Hamb. 721.

— zwei Reden üb. die Spaltungen u. Grausamkeiten, wozu von d. christl. Religion Gelegenheit genommen ward; aus d. Engl. v. J. B. Lüderwald. gr. 8. Helmst. 793. Fleckeisen. 6 ℊ

Hoadley, Benj., Unterricht von d. Natur in dem Zweck des heil. Nachtmahls; aus d. Engl. von Jh. Pt. Bamberger. 8. Berl. 758. Voß. 8 ℊ

— der sicherste Weg, Gott zu gefallen u. selig zu werden; aus d. Engl. von K. D. Küster. 8. Magdeb. u. Leipz. 762.

Aus dá Hoamát. Eine Sammlung ausgewählt. oberösterr. Dialektdichtungen. Mit einem musikal. Anhange. gr. 8 (XIX u. 370 S., musikal. Anhang 68 S.) Linz, Vincenz Fink. Geb. 2 fl. 80 kr. 2470 1885

Aus der Hoamát. Volks-Ausgabe ausgewählter oberösterreichischer Dialect-Dichtungen. Herausgegeben von Dr. H. Zötl, Dr. A. Matosch und H. Commenda. II. Band. Inhalt: Norbert Purschka, Bilder aus dem oberösterreichischen Dorfleben. I. Band. 2. Auflage. Mit Porträt. Gr.-8. (XIV, 242 S.) In Lnwd. geb. 2.—
Linz: Mareis 1894.

Aus dá Hoamát. Volks-Ausgabe ausgewählter oberösterreichischer Dialect-Dichtungen. Herausgegeben von Dr. H. Zötl, Dr. A. Matosch und H. Commenda. Der ganzen Reihe VI. Band. Inh.: Norbert Hanrieder, Bilder aus dem Volksleben des Mühlviertels. Gr.-8. (XV, 280 S.) In Lnwd. geb. In Comm. * 2.20
Linz: Fink 1895.

Aus dá Hoamát. Volks-Ausgabe ausgewählter oberösterreichischer Dialect-Dichtungen. Herausgegeben von Dr. H. Zötl, Dr. A. Matosch und H. Commenda. Der ganzen Reihe VI. Band. Inh.: Norbert Hanrieder, Bilder aus dem Volksleben des Mühlviertels. Gr.-8. (XV, 280 S.) In Lnwd. geb. In Comm. * 2.20
Linz: Marei 1895.

Aus da Hoamát. Volksausgabe ausgewählter oberösterreichischer Dialectdichtungen. Herausgegeben von Dr. H. Zötl, Dr. A. Matosch und H. Commenda. Der ganzen Reihe VII. Band. Mit Porträt und Abbildungen. Gr.-8. (325 S.) In Lnwdbd. geb. 2.--
Linz: Wimmer 1897.

Hoamátgsang. 1. Jahrbuch d. Bundes oberösterreich. Mundartdichter. (204 S.) kl. 8. Linz 910. F. Steurer.
Geb. in Leinw. 2.50

[illegible]

Hoar, Rob. H., Englisch per Dampf! Ganz neue Conversations-Methode, um in wenigen Tagen ohne alle Vorkenntnisse geläufig englisch sprechen zu lernen. 16. (94 S.) Berlin 884, Friedberg und Mode. cart. [illegible]
geb. in Leinw. [illegible]

Hoar, Rob. H., Englisch per Dampf! Ganz neue Conversations-Methode, um in wenigen Tagen ohne alle Vorkenntnisse geläufig englisch sprechen zu lernen. 2.—6. Aufl. 16. (94 S.) Berlin 884—87, Friedberg und Mode. cart. * 1 —
geb. * 1 25

— englisch per Dampf! Ganz neue Conversations-Methode, um in wen. Tagen ohne alle Vorkenntnisse geläuf. engl. sprechen zu lernen. 9. Aufl. gr. 16. (94 S.) Ebd. 897. Kart. n. 1. —; geb. in Leinw. n. 1.25

Hoar, Rob. H., Englisch per Dampf! Ganz neue Conversations-Methode, um in wenigen Tagen ohne alle Vorkenntnisse geläufig englisch sprechen zu lernen. 11. Aufl. (94 S.) gr. 16. Berlin (903). Friedberg & Mode.
Kart. n. 1. —; geb. in Leinw. n. 1.25

Hoar, Rob. H., Englisch per Dampf! Ganz neue Konversations-Methode, um in wenigen Tagen ohne alle Vorkenntnisse geläufig englisch sprechen zu lernen. 13. Aufl. (94 S.) 16. Berlin (907). Friedberg & Mode. Kart. 1.—;
geb. in Leinw. 1.25

— Französisch per Dampf! Ganz neue Conversations-Methode, um in wenigen Tagen ohne alle Vorkenntnisse geläufig französisch sprechen zu lernen. 16. (104 S.) Ebendas. 884. cart. [illegible]
geb. in Leinw. [illegible]

Hoar, Rob. H., Französisch per Dampf! Ganz neue Conversations-Methode, um in wenigen Tagen ohne alle Vorkenntnisse geläufig französisch sprechen zu lernen. 5. Aufl. 16. (104 S.) Berlin 893. Friedberg & Mode. Kart. n. 1. —; geb. in Leinw. n. 1.25

Hoar, Rob. H., französisch per Dampf. Ganz neue Conversations-Methode, um in wen. Tagen ohne alle Vorkenntnisse geläufig französisch sprechen zu lernen. 7. Aufl. gr. 16. (104 S.) Berlin 896. Friedberg & Mode. Kart. n. 1. —; geb. in Leinw. n. 1.25

Hoar, Rob. H., französisch per Dampf. Ganz neue Conversations-Methode, um in wenigen Tagen ohne alle Vorkenntnisse geläufig französisch sprechen zu lernen. 8. Aufl gr. 16. (104 S.) Berlin (901). Friedberg & Mode.
Kart. n. 1. —; geb. in Leinw. n. 1.25

— Französisch per Dampf. Ganz neue Conversations-Methode, um in wenigen Tagen ohne alle Vorkenntnisse geläufig französisch sprechen zu lernen. 10. Aufl. (104 S.) 16. Ebd (905). Kart. n. 1. —; geb. in Leinw. n. 1.25

—— Italienisch per Dampf! Ganz neue Conversations-Methode, um in wenigen Tagen ohne alle Vorkenntnisse geläufig italienisch sprechen zu lernen. 16. (100 S.) Ebendas. 886. cart. * 1 —
geb. * 1 25

— italienisch per Dampf! Ganz neue Conversations-Methode, um in wen. Tagen ohne alle Vorkenntnisse geläuf. italien. sprechen zu lernen. 6. Aufl. gr. 16. (100 S.) Ebd. 897. Kart. n. 1. —; geb. in Leinw. n. 1.25

— Italienisch per Dampf! Ganz neue Conversations-Methode, um in wenigen Tagen ohne alle Vorkenntnisse geläufig italienisch sprechen zu lernen. 8. Aufl. (100 S.) gr. 16. Ebd. (903). Kart. n. 1. —; geb. in Leinw. n. 1.25

— Italienisch per Dampf! Ganz neue Konversations-Methode, um in wenigen Tagen ohne alle Vorkenntnisse geläufig italienisch sprechen zu lernen. 10. Aufl. (100 S.) 16. Ebd. (907). Kart. 1.—; geb. in Leinw. 1.25

Hoare, Cl., d. Traubenkultur an freistehenden Mauern. Eine prakt. Anleit. f. Alle, welche sich d. Genuss, e. reiche Lese d. vortreffl. Trauben an d. dazu passend gelegenen Mauern ihrer Wohnung od. Gartens etc. verschaffen wollen. Aus d. Engl. v. H. Gauss. Mit Abb. gr. 8. Weimar, 1843. Voigt. (— 22½) — 5

Höarmeckan, F., s. Storck, Friedr.

Höarmeckan, F., „je länger je lewer". Stöckskes on Vertellsches en wopperdhaler Mongkaat. gr. 8. (111 S.) Elberfeld 876. Loewenstein & Co. n. 1. —

Höarmeckan, F. [Frdr. Storck], „Ömmergrön". Plattdeutsche Gedichte in Bergisch-Wupperthaler Mundart. gr. 8. (III, 111 S.) Elberfeld 887. Loewenstein's Verl. n. 1.—

Hoas, Ildef., s. Alph. Rodriquez, Entwurf d. christl. Vollkommenheit.

Hobald, Hans v., od. Gesch. e. Weltbürgers. 2 Thle. s. neue Originalromane d. Deutschen 23r. 24r.

Hobald, Hans von, oder Geschichte eines Weltbürgers, 2 Theile, 8. Leipzig, 786-87. Lincke. 1 Rthl. 10 sgl.

Hobart, G. G., le parfait teneur de livres. Moyen simple et sûr d'apprendre la tenue de livres en partie double sans maître. 8. (39 S.) Bern 878. Jenni's Buchh. n. — 80

Hobart, Henry M.

Hobart, H. M., Elektrizität. Autoris. dtsch. Übersetzg. v. C. Kinzbrunner. (VII, 166 S. m. Abbildgn. u. 4 Taf.) gr. 8. Stuttgart (911). Deutsche Verl.-Anstalt Geb. in Leinw. 4.—

— Der Entw. d. Gleichstrommaschine. Deutsche Bearbeitg. v. A. v. Königslöw. (VI, 160 S. m. 104 Fig. [im Text u. auf Taf.] u. 6 Taf.) gr. 8. Mittweida 908. Polytechn. Buchh. Geb. in Leinw. 8. —

Hobart, Henry M., die Isolierung elektr. Maschinen, s.: Turner, H. W.

— Motoren f. Gleich- u. Drehstrom. Deutsche Bearbeitung. Uebers. v. Franklin Punga. (VIII, 414 S. m. 425 Fig.) gr. 8. Berlin 905. J. Springer. Geb. in Leinw. n. 10. —

Hobart Pasha, sketches from my life, s. Collection of British Authors.

Hobarttown od. Sommerfrische in den Antipoden. (Von Erzherzog Ludwig Salvator.) gr. 4. (XVII, 284 S. m. 6 eingedr. Holzschn., 23 Holzschntaf. u. 1. chromolith. Karte.) Prag 886. (Wien, Hölzel.) cart. n. 18. —

Hobbeling, Joh., Beschreib. d. ganzen Stifts Münster rc. 8. Dortm. (Meyer in Lemgo). 742.

Hobbema, Meindert. 1638—1709. 20 Orig.-Abbildgn. seiner besten Schöpfungen. 5 Lfgn. (20 Lichtdr.-Taf.) Fol. Haarlem (903. 904.) H. Kleinmann & Co. à 5. —

Hobbema, Meindert

Hobbema, die Allee v. Middelharnis, s.: Meisterbilder fürs deutsche Haus.

— das Haarlemer Holz, s.: Meisterbilder f. deutsche Haus.

Hobbema, Meindert, die Wassermühle, s.: Blätter, bunte, aus aller Welt.

Hobbes, John Oliver (Mrs. Craigie, geb. Richards), The dream and the business, s. Collection of British authors.

The Dream and the business. By John Oliver Hobbes [d. i. Mrs. Pearl Mary Teresa Craigie]. Copyright ed. In 2 vol. Vol. 1. 2. Leipzig: Tauchnitz 1906. 8°
(Collection of British authors. Tauchnitz Ed. Vol. 3913/4.) [11. 868s

— The flut of Pan, s.: Unwin's library. 35.

Hobbes, John Oliver, the gods, some mortals and Lord Wickenham, s. a. Collection of British authors.

The Gods, some mortals, and Lord Wickenham. By John Oliver Hobbes [d. i. Mrs. Pearl Mary Teresa Craigie]. Copyright ed. Leipzig: Tauchnitz 1895. 287 S. 8°
(Collection of British authors. Tauchnitz Ed. Vol. 3069.) [11. 6073

— Love, and the soul hunters. (345 S.) 8. London u. Leipzig 903. T. F. Unwin. 1. 50

— The Vineyard, s.: Unwin's Library. 24.

Hobbes, John Oliver, the serious wooing, s. a. Collection of British authors.

The serious Wooing. A heart's history. By John Oliver Hobbes [d. i. Mrs. Pearl Mary Teresa Craigie]. Copyrighted. Leipzig: Tauchnitz 1901. 269 S. 8°
(Collection of British authors. Tauchnitz Ed. Vol. 3517.) [11. 8390

Hobbes', Thom., Abhandlung üb. den Bürger. Aus dem Latein. übers. u. m. sachl. u. krit. Erläutergn. versehen von Jul. Herm. v. Kirchmann. gr. 8. (XXIV, 388 S.) Leipzig 873. Brockhaus. n. 7. —

Hobbes, Th., Behemoth or the long parliament. Ed. for the first time from the original ms. by F. Tönnies. gr. 8. (XIII, 204 S.) London 889. (Kiel, v. Maack.) geb. n. 8. —

Hobbes, Thom., elem. philos. de cive. 12. Amst. 742.

— — id. lib. 12. maj. Bas. Flick. 782.

Hobbes, Thom., elementa philosophiae de cive. 12 maj. Basel 782. (Neukirch). 20 gl

— the elements of law natural and politic. Ed. with a preface and critical notes by F. Tönnies. To which are subjoined selected extracts from unprinted Mss. of Th. Hobbes. gr. 8. (XVI, 226 S.) Ebd. 889. geb. n. 8. —

Hobbes, Thomas: „Leviathan, or the matter, forme and power of a common-wealth ecclesiastical and civil . . . . .", London, printed for Andrew Ckooke [sic! statt Crooke] 1651. — Vorh.: StB Nürnberg. — Derselbe: „Leviathan, s. de materia forma et postestate civitatis", Amsterdam 1668. — Derselbe: „Leviathan, oder der kirchliche und bürgerliche Staat", 2 Teile, Halle 1794, 1795.

— Leviathan, od. der kirchl. u. bürgerl. Staat. 2 Bde. gr. 8. Halle 794. Hendel. 1 ℛ 12 gl

Verulamius (d. i. *Joh. Wilh. Hobbhan*). — Die besondern AVANTUREN Ludwigs (sol), Grafens von Gleichen, wie derselbe in einem Creutz-Zuge nach dem gelobten Lande unter die Saracenen als ein Gefangener gerathen, durch eine Saracenerin aus der Gefangenschafft errettet, und bey seiner ersten Gemahlin wieder in Teutschland ankommen, auch mit beyden in Ehestand biß ans Ende blieben. In einer anmuthigen u. Lehrreichen Geschichte beschrieben, von *Verulamio.* Mit Titelkupfer (unsign.). Schneeberg, bey Carl Wilhelm Fulden, 1730. 8°. (In Dresden: Hist. Sax. D. 731, schönes Expl.; in München: P. o. germ. 57, 2; auch in Gotha, Herzogl. Bibl.) (2 Mk. Otto, Erfurt, Cat. 269; jetzt viel theurer!)

Titel (roth u. schwarz), 4 Bll. Vorr., 322 S. Weller, Lex. Ps. p. 591. — Angeblich zuerst mit dem Titel „Der Thüringische Robinson . . . . von Amindor" 1725 erschienen. (Vgl. Serapeum 1864, S. 132, 7.)

* — — Dasselbe. Zweyte Auflage. Mit Titelkpf. Ebd., 1744. 8°. (In Berlin: Yv 3661.)

Titel, 4 Bll., Vorr., 322 S.

§ ROUGE, Innoc. de (d. i. *J. W. Hobbhan*). — Die angetastete Jungfer-Ehr Der Luthrischen Kirchen Von Einer schimpflichen Zulag, quasi solche, die in heiliger Offenbahrung Johannis vermeinte Große Hur wär, In etlichen Sendschreiben an einen Römisch-Catholischen Regiliösen, Bescheidentlich gerettet, durch *Innocentium de Rouge.* Anno 1720. 8. (In München. Polem 2405; auch in Breslau, Stadtbibl.: 8° S 1656.)

12 Bll. Vorst. u. 200 S. Darin Scandalosa aus der Geschichte liederlicher und verbrecherischer Päpste, Beispiele laxer Jesuiten-Moral, pikante Citate aus Thom. Sanchez etc. Höchst selten und sehr begehrt! — Bei Rassmann p. 153 die Jahrzahl „1714" (?).

Hobbhan, Wlh. Edw., († d. 8. Juli 1798.) Kinderkatechismus in Frag u. Antworten über d. Lehre d. heil. Schrift A. u. N. Test. 8. Tübing. 778.

Hobbing's Aufklärungsschriften f. d. schulentlassene Jugend. I. u. II. 8. Darmstadt (909). P. Hobbing. — 35

I. Winke, einige, f. die Berufswahl unserer Knaben beim Verlassen der Volksschule. Neuer Abdr. (30.—35. Taus.) (24 S.) — 15

II. „Unters Militär!" Das Wichtigste, was jeder junge Mann vom Soldatsein wissen muß. (32 S.) — 20

Hobbing Zur Beurtheilung des 30 jährigen Krieges. 15 S. – Emden, Progr. 1872.

Hobbing's deutscher Kalender f. d. J. 1907. (88 u. 8 S. m. Abbildgn., 1 Taf. u. Wandkalender.) Lex.-8. Berlin, R. Hobbing. — 50

Hobbing's deutscher Kalender f. d. J. 1911. (62 S. m. Abb. u. 1 Farbdr.) gr. 8. Berlin, R. Hobbing. — 50

— Kursbuch f. den deutschen u. den internationalen Verkehr. Hrsg. v. Ruckdeschel u. Eidlitz. Fahrpläne sämtl. Schnell- u. Eilzugslinien Europas u. d. Mittelmeerländer unter gleichzeit. Berücksicht. wicht. Personenzugsverbindgn., sowie der Dampfschifflinien im Mittelmeer, in der Nord- u. Ostsee etc. Winter-Ausg. 1910/11. (460 u. 80 S. m. 1 Karte u. eingedr. Plänen.) gr. 8. Berlin, Hobbing & Co. 1. 20

Hobbing, Gela, hauswirtschaftl. Nachschlagebuch f. Lehrende u. Lernende. Unter Mitwirkg. anderer hrsg. (243 S.) 8. Darmstadt 910. P. Hobbing. 2.—; geb. 2. 60

Hobbing, J., die Laute der Mundart von Greetsiel in Ostfriesland. Mit Einleitung: Zur Charakteristik der Mundart. 4. (26 S.) Emden 879, Haynel. *

Hobbing, J. Über die Mundart von Greetsiel in Ostfriesland. Ein lautphysiologischer Versuch. I. Einleitung. — Die einzelnen Sprachlaute. 26 S. Progr. *Nienburg* 1879.

Hobbing, J., zur Reform der Stellung der akademisch gebildeten Lehrer insbesondere in Preußen. gr. 8. (65 S.) Leipzig 886, T. O. Weigel Nachf. * — 80

Hobbing, Pet., Berufskde. f. Buchhändler. Nachschlagebuch üb. Verkehrs-, Rechts- u. Fachschulen. 2 Tle. (III, 339 S.) 8. Ebd. 908. 4.75; in 1 Bd. geb. 5. 50

Hobbing, P., Bezugsquellen-Buch f. Buchhändler. Verzeichnis v. Bedarfsmaterialien nicht-literar. Art für Verleger u. Sortimenter d. Buchhandels u. verwandter Geschäftszweige in alphabet. Anordng., nebst Lieferanten-Adressbuch m. besond. Angabe der Spezialitäten. 8. (II, 55 S.) Leipzig 890. Hobbing. geb. n. 1. —

Hobbing, Pet. Bezugsquellen-Buch f. Buchhändler. Verzeichnis v. Bedarfsmaterialien nicht-literar. Art f. Verleger u. Sortimenter etc. gr. 8. (55 S.) Lpz. 891, Hobbing. geb. * 1 —

Hobbing, Pet., s.: Stimmungsbilder aus dem Buchhandel.

Hobbing, Ubbo Gerhard

— ist unsere Seelenpflege praktisch? Ein Blick auf d. kirchl. Arbeitsfeld d. Gegenwart. 12. (100 S.) Kassel 896. E. Röttger. Kart. n. 1. —

Hobbing, U. G., Kirche u. Erziehung. Ein Baustein für die psycholog. Pädagogik in Christus. (IV, 128 S.) gr. 8. Leipzig 904. H. G. Wallmann. n. 1. 80

Hobbing, U., im Lichte des Herrn. Seit meiner Konfirmation. Ein Mithelfer zur Lebensführg. u. Lebens-Buchführg. 8. (108 S. m. Abbildgn.) Bielefeld (901). Ev. Vereinsbuchh. O. Rotthaus. Geb. in Leinw. n. 2. —

— im Lichte des Herrn. Seit meiner Konfirmation. Ein Mithelfer zur Lebensführung u. Lebens-Buchführung. (108 S. m. Abbildgn.) kl. 8. Bielefeld (903). (Lemgo, O. Mai.) Geb. in Leinw. n. 2. —

Hobbing, U. G., im Lichte des Herrn. Ein Mithelfer zur Lebensführung u. Lebensbuchführg. Mit Buchschmuck v. Ludw. Koch-Hanau. 2. Taus. (159 S.) 8. Neukirchen (909). Buchh. d. Erziehungsvereins. Geb. in Leinw. 2. —

— zur Praxis der Seelenpflege. Gedanken aus dem Dienst am Wort. 2. Aufl. gr. 8. (VI, 244 S.) Lemgo 899. O. Mai. n. 2. 25

— das Ringen der Gemeinschafts-Bewegg. m. den Strömungen der Gegenwart u. seiner Bedeutung f. die evang. Kirche. Ein Wort zur Klärung (IV, 67 S.) kl. 8. Neumünster (905.) Vereinsbuchh. G. Ihloff & Co. n. 1. —

— seit dem Tage der Konfirmation. Lebensnotizbüchlein. (62 S. m. Abbildgn.) 8. Halle (904). [Buchh. der ev. Stadtmission]. Neukirchen, Buchh. d. Erziehungsvereins. — 40; geb. — 75

— Seit d. Tage der Konfirmation. Lebensnotizbüchlein. Mit Buchschmuck v. Ludw. Koch-Hanau. 4. Taus. (64 S.) 8. Ebd. (909). In Leinw. kart. — 75

Hobbing, wie erklärt sich d. Erfolg d. Jugendbundes f. entschied. Christentum? od.: Für uns. Jugend Jesus selbst. Referat, geh. auf d. Hamburger Oster-Konferenz (21.—23. IV. 1897). gr. 8. (16 S.) Hamburg 897. Schriften-Niederlage d. christl. Vereins junger Männer n.n. — 15

Hobbs, Perry L. [aus Cleveland. O., V. S. A.]: Ueber einige Abkömmlinge des Orthotolidins. . . . Berlin, Buchdr. v. C. F. Schmidt (1889). 38 S. ; 1 Bl. 8°

Berlin, Phil. Fak., Inaug.-Diss. v. 12. Aug. 1889

Hobbs, W. R. P., Berechnung elektrischer Messungen, an zahlreichen Beispielen dargestellt. Aus dem Engl. übers. v. P. Kietzer. 12. (V, 97 S.) Halle a/S. 890. Knapp. n. 2. —

Hobbs, William Herb., Erdbeben. Eine Einführg. in d. Erdbebenkde. Erweit. Ausg. in dtschr. Übers. v. Jul. Ruska. (XXIII, 274 S. m. Abb. u. 30 Taf.) 8. Leipzig 910. Quelle & Meyer. 6.60; geb. in Leinw. 7. 20

v. Hobe, Charlotte, Nordische Blüthen. (Gedichte.) 8. Berl. 818. Albanus. 18 gr

v. Hobe, (Charlotte,) dramat. Dichtungen. Enthalt.: Proserpina; Trauerspiel. — Der Gondelfahrer, Drama. 8. Neubrandenburg 827, Dümmler.

Hobe Gust., Politik und Affekten, der. s. alles Frauenz. im Lieben bedient. m. K. 8. Leipz. 708.

HOBE, Johann Wilhelm Frhr. v.: Anweisung zu einer bessern Holzkultur, besonders in der Grafschaft Mark und ähnlichen Ländern. - Münster i. W. 1791. 15 Bog., 1 Abb.

— Anweis. zu e. bessern Holzkultur. Mit 1 Kpf. 8. Münster 791. Coppenrath. 16 gr

— Etwas von Anbau, Erhaltung u. Benutzung der Weiden. 8. Greifsw. 786. (Knobloch in Leipz.) 4 gr

v. Hobe, Frhr. J. W., der Forst- u. Jagdliebhaber, od. Archiv zur Verbreitung alles Nützlichen u. Wissenswürdigsten aus d. Forst- u. Jagdfache ꝛc. 1r Bd., 1s Heft. 8. Hamm 819. Wundermann. 1 ₰ 8 gr. Hbg. Pr. 10 gr.

Hobe, v., patriot. Gedanken üb. versch. Fehler bey der Forsthaushalt. 8. Th. Ehrenbreitst. Gibra. 805.

— patriot. Gedanken üb. verschied. Fehler bei der Forsthaushalt., insbesondere über die Viehhude (sic) in Holzungen. 8. Thal Ehrenbreitst. 805. (Wagner in Insbruck). 1 ₰

Hobe, Marie v. [wirkl. Name], s. Kerimée, Hamoum [Pseud.]

Hobe, Therese, s. a. Rotschütz, Th.

[F.] Befiehl dem Herrn deine Wege. Von Th. Rothschütz [d. i. Therese v. Hobe]. *Berlin: Christl. Zeitschriftenver. 1897.* (88 S., 3 Taf.) 1 Bd 8. [97. 6610]

Friedel. Erzählung von Th. Rothschütz [d. i. Therese v. Hobe]. Berlin: Vereins-Buchh. 1895. (16 S.) 8° [F.]
— Kleinkindergarten. No 5. [95. 6055]

Die roten Nelken. Erzählung von Th. Rothschütz [d. i. Therese v. Hobe]. Berlin: Christl. Zeitschriftenver. 1895. (15 S.) 8° [F.]
— Kleinkindergarten. No 10. [95. 6060]

Der Sohn des Deichwärters. Erzählung von Th. Rothschütz [d. i. Therese v. Hobe]. Berlin: Christl. Zeitschriftenver. 1895. (15 S.) 8° [F.]
— Kleinkindergarten. No 9. [95. 6059]

Hobe-Gelting, Siegfried von, Referendar a. D.: Die Rechtsfähigkeit der Mitglieder religiöser Orden und ordensähnlicher Kongregationen nach kanonischem und deutschem Recht. *Breslau 1903: Schles. Volkszeitungs-Buchdr.* (62 S.) 8°
Breslau, Jur. Diss. v. [3. März] 1903

Hobe-Gelting, Siegfr. v., die Rechtsfähigkeit der Mitglieder religiöser Orden u. ordensähnlicher Kongregationen nach kanonischem u. deutschem Recht. (60 S.) gr. 8. Breslau 903. Goerlich & Coch. n. — 80

Hobein, Ed., Blömings un Blomen ut frömden Gor'n. 861. (XIII, 189 S.) — 2. verm. Aufl. Berlin 862. Schotte & Co. 16. (XI, 199 S. u. 1 Stahlst.) 25 ngr.

— Buch der Hymnen. Aeltere Kirchenlieder, aus dem Lateinischen ins Deutsche übertragen. Schwerin 864. Stiller. 8. (XXIII, 248 S.) 1 ₰

Hobein, Ed., Buch der Hymnen. Aeltere Kirchenlieder aus dem Latein. ins Deutsche übertragen. 2. verb. und verm. Aufl. 8. (XXIV, 335 S.) Halle a. S. 870, Schwabe. *
geb. *

Hobein, Ed., Buch der Hymnen. Neue Sammlung alter Kirchenlieder mit den lateinischen Originalen. 12. (XVI, 200 S.) Gütersloh 881. Bertelsmann. n. 2. 25

— Byron-Anthologie. Auserwähltes aus Lord Byron's Dichtungen. Schwerin 866. Stiller'sche Hofbuchh. br. 8. (191 S.) n. 20 ngr.; cart. mit Goldschn. n. 25 ngr.; geb. n. 1 ₰

Hobein, Ed., Feldflüchters. Plattdütsch Leeder un Läuschen in Meckelnbörger Mundort. gr. 16. (160 S.) Berlin 875. Stilke. n. 2. —

Hobein, Ed., Gedichte. Hamburg 863. Mauke. 8. (230 S.) n. 1 ₰

— über Klaus Groth und seine Dichtungen, zum Theil aus ungedr. Quellen. 8. (60 S.) Hamburg 865, Mauke Söhne. *

Hobein, Ed., Ulrich von Hutten. Trauerspiel in 5 Aufzügen. 8. (101 S.) Schwerin 847, [Hildebrand.]

Hobein, Fritz, über Benzanhydroisodiamidotoluol und zwei gebromte Derivate. Inaugural-Dissertation. gr. 8. (41 S.) Göttingen 885, (Vandenhoeck und Ruprecht.) * 1 —

Hobein, Hermann: Zur Psychologie des Schreibens. Stendal 1910: Gewert & Sluyter. 22 S. 8°
Stendal, G. OP 1910 (348) [S 10. 182

Hobein, *Henricus Constantinus* Hermannus [Hannoveranus]: De Maximo Tyrio quaestiones philologae selectae ... Gottingae, *Frommannsche Buchdr. in Jena,* 1895; 3 Bl., 99 S. 8.
Göttingen, Phil. Fak., Inaug.-Diss. v. [24. Dez.] 1895

Hobein, Herm., de Maximo Tyrio quaestiones philologae selectae. gr. 8. (III, 99 S.) Jena 895. H. Pohle. n. 2. —

Hobein, Richard, a. Schwerin i. M.: Verhalten der Organomagnesiumverbindungen gegen Kohlenstoff-Stickstoff-Doppelbindung. Erlangen 1907: Junge & Sohn. (54 S.) 8°
Erlangen, Phil. Fak., Ref. Fischer, Diss. v. 27. Mai 1907
[Geb. 14. April 79 Schwerin (Mecklenburg); Wohnort: Erlangen; Staatsangeh.: Mecklenburg-Schwerin; Vorbildung: Gymn. Fridericianum Schwerin Reife M. 00; Studium: München 4, Erlangen 7 S.; Rig. 6. Mai 07.]

Hobein, Theodor Ludwig August

— Gedichte. 1r Bd. 8. Schwerin 806. (Perthes u. B. in Hamb.) 12 gr.

Hobein, Thdr. Ldw. Aug., († d. 30. Dec. 1831.) d. Magiker; ein allegor.-episches Gedicht in 3 Gesängen. 8. ... 804.

Hobein, Theod. Ludw. Aug., Schutzschriften f. des Hochverraths u. d. Demagogie, d. Gift-Mordes, Diebstahls, fälscht. Banquerouts u. a. Fälschungen Angeschuldigte, nebst beigefügten Urtheils-Sprüchen. Hrsg. nach d. Tode d. Verf. gr. 8. (26¼ B.) Schwerin 833. (Berlin, Plahn.)

Hobein's, Thdr. Ldw. Aug., (weil. Advokaten zu Schwerin,) Schutzschriften für des Hochverraths und der Demagogie, des Gift-Mordes, Diebstahls ꝛc. Angeschuldigte, nebst beigefügten Urtheils-Sprüchen. Herausgeg. nach dem Tode des Verf. Neue Ausg. gr. 8. Schwerin 844, Kürschner'sche Buchh. (Berlin, Plahn'sche Buchh.) n. ⅔ ₰

Hoebel, Ernst, üb. die Darstellung doppelt-periodischer Funktionen durch unendliche Producte. Inaugural-Dissertation. gr. 8. (50 S.) Göttingen 876. (Vandenhoeck & Ruprecht.) n. 1. —

Höbel, Ernst [Oberl. Dr.]: Zur Reform des planimetrischen Unterrichts mit besonderer Rucksicht auf Realschulen. Cassel, Druck v. L. Doll, 1880; S. 1–10; 4°
Cassel, neue R, P 1880 (352)

Hoebel, Ernst, aus Deutschlands großer Zeit. Festspiel f. 4stimm. Schülerchor m. Orchester (od. Klavier) u. Harmonium, Deklamation u. leb. Bildern, zur Erinnerg. an die Kaiser-Proklamation am 18. I. 1871 nach vaterländ. Dichtgn. v. Gust. Weck, J. Wolff, Geibel, u. a. zusammengest. u. kompon. v. H. op. 8. (Textbuch) 8. (21 S.) Quedlinburg (900) Gr. Lichterfelde, Ch. F. Vieweg. n. — 60

Hoebel, Ferd., Berechnungstafeln für Walz- und Werkmeister. Gewichts-Tabellen über Blech- und Stabeisen-Fabrikation. Ausg. für Deutschland. hoch 4. (IV und 44 S. mit lithogr. Tableau sämmtl. 10- und 12theiligen Werkmaßstäbe von Europa in natürl. Größe in gr. Fol.) Leipzig 851, Spamer. Thlr. *

Hoebel, Georg [cand. med. aus Sulzberg]: Ein Fall von autochthoner Trombose[!] des Sinus longitudinalis superior ... München, Buchdr. Kastner & Lossen, 1896; 41 S. 8.
München, Med. Fak., Inaug.-Diss. v. 1896

Hoebel, Otto: Über Alkylderivate des Methyluracils. 1906. 34 S. 8⁰ ¶ Vgl. J. Liebig's Annalen d. Chemie. Bd 353. '1907. Hannover, Dr.-Ing.-Diss. v. 19. 10. 1905

Hoebel (Paul), Karte von China. 1 : 4 500 000. M. Begleitw.

HOBEL-BANCK, Allamodische, auf welcher die Sitten der heutigen Menschen ziemlich überhobelt werden. Mit Titelholzschnitt. Wienn, o. J. 8⁰. 58 S. Rar!

Renovirte Und mercklich vermehrte Alamodische **Hobel-Bank** / Oder Lustig und Sinnreicher Discurs zweyer gereister Adels-Personen: Worinnen sie die groben Sitten / Ehr-Sucht / falsch-gemeynte Complementen / eingerissene Mißbräuch ... so heutiges Tages bei vielen ungewanderten Frantzösischen Teutschen in vollem Schwang gehen / zimlich überhobeln. Deme noch beygefügt ein kurtz verfasster Grobianus . Durch Expertum Waarmund. o. O. Gedruckt in diesem 1710. Jahr.
Tit., 1 Bl., 184 S. m. 1 Holzschn. 8⁰

An der **Hobel- und Drehbank.** Hrsg. von d. Red. d. Guten Kameraden. Mit 121 Abb. *Stuttgart, Berlin, Leipzig: Union [1900].* (128 S.) 8⁰ [F.]
— **Taschenbücher,** Illustrierte, f. d. Jugend. 8. [illegible]

Hobelmann, August. Aus seinen Kinderjahren. Hamburg 1849. V: *Wichern, Joh. Hnr.* (Ky)

Hobelmann, August. Aus seinen Kinderjahren. (Von J. H. Wichern.) 18. (36 S.) Hamburg 849, Agentur des Rauhen Hauses

Hobelmann, Frdr. Aug., erster Unterricht im Spanischen nach Ahn's Methode. 1. Abth. Gotha 859. Opetz. gr. 8. (2 Bl., 194 S.) 15 ngr.

Hobelmann, Friedr. Aug., erster Unterricht im Spanischen nach Ahn's Methode. 1. Abth. 2. Aufl. Gotha 866. (Windaus' Verlag.) gr. 8. (VI, 225 S.) 15 ngr.

Hobelmann, Friedr. Aug., erster Unterricht im Spanischen nach Ahn's Methode. 1. Abthlg. 2. Aufl. gr. 8. (VI, 225 S.) Gotha 868, Windaus. [Leipzig, Hirt und Sohn.]

Hobelmann, Friedr. Aug., erster Unterricht in der spanischen Sprache. 3. Aufl. von Grund aus revid. und zeitgemäß umgarb. von T. W. Hermann. gr. 8. (221 S.) Leipzig 877, Hirt und Sohn. *

Hobelmann, T. A., erster Unterricht in der spanischen Sprache. 3. Aufl. v. Grund aus rev. u. zeitgemäß umgearb. v. T. W. Hermann. gr. 8. (221 S.) Leipzig 877. Hirt & Sohn. n. 2. 40

Hobelspäne, socialdemokratische, eines philosophischen Tischlergesellen. Von Girolamo Spauracchini. 1. Bdchn. gr. 16. (VIII, 139 S.) Bern 878, [Magron.] Haller. *

Hobelspäne (Sozialdemokratische). 2. Aufl. 8⁰. Bern, E. Magron, 1878.

Hober, H. J. H., Predigt bei Gelegenheit d. Dankfestes wegen d. glückl. Befreiung d. Stadt Mainz vom Reichsfeind. gr. 8. Wien 795. Trattner. 2 K

Hoeber, E. W., üb. die erste Entwickelung der Krebs-Elemente. [Mit 2 (lith.) Taf. (in gr. 8. u. qu. gr. 4.)] [Sitzungsber. d. k. k. Akad. d. Wiss.] Lex.-8. Wien 875. (Gerold's Sohn.) n. — 80

Höber, Eduard [aus Stettin]: Eichendorffs Jugenddichtungen. '(tl 1.)' ... [Erschien vollst. 1894 im gl. Verl.] Berlin, C. Vogt's Buchdr., *1893*; 47 S. 8.
Rostock, Phil. Fak., Inaug.-Diss. v. [2. Dez.] 1893

Hoeber, Franz

Hoeber, Frz., Gesundheitslehre f. d. Familie. (256 S.) Wien 1891. Fromme.

Hoeber, Frz., Gesundheitslehre f. die Familie. In 20 Briefen. Vom Vereine der Aerzte Niederösterreichs gekrönte Preisschrift. 2., verm. Aufl. 8. (VIII, 256 S.) Wien 891. C. Fromme. n. 2. 40; auf geschöpftem Pap., geb. in Leinw. n. 3. 60

Hoeber, Frz., Gesundheitslehre für das Volk. In 19 Briefen. Aus Anlaß der Jubelhochzeit Ihrer Majestäten vom Vereine der Aerzte Niederösterreichs gekrönte Preisschrift. 8. (VII, 192 S.) Wien 880. Faesy. n. 2. —; geb. n. 2. 80

Hoeber, Hombourg, ses eaux minérales et les maladies qu'elles guérissent. Ed. enrichie d'un petit guide des environs par le traducteur M. F. Koouno. 8. (IV, 86 S. mit einer chromolith. Karte.) Homburg 882. Schick. n. 1. 70

Hoeber, Fr., Bad Homburg und sein Heilapparat. Dem heut. Standpunkt entsprechend dargestellt. gr. 8. (VIII, 59 S. mit 1 genauen chromolithogr. Stadtplan.) Homburg 885, Schick. * 1 80

Hoeber, Fr., Bad Homburg u. sein Heilapparat. Dem neuesten Standpunkt entsprechend dargestellt, nebst Plan des Kaiser Wilhelms-Bades. 3. verb. Aufl. 8. (VIII, 74 S.) Homburg 901. F. Schick. n. 1. 20

Hoeber. Bad Homburg a. its resources, for the use of english visitors especially. gr. 8. (VII, 67 S.) Homburg 875. Schick. n. 1. 50

—— Homburg and its resources for the use of English visitors especially. 1st—3d edit., revised and enlarged. gr. 8. (VII, 72 S. mit 1 chromolithogr. Karte.) Ebendas. 876—82. *

Hoeber, Fr., Homburg and its resources for the use of English visitors especially. 4. ed., revised and containing an accurate map of the town. gr. 8. (VIII, 72 S.) Homburg 886. Schick. n. 1. 80

— **Homburg** and its resources for the use of the English visitors especially. 6. ed. revised and containing an accurate map of the town as well as the plan of the new „Kaiser Wilhelmsbad". gr. 8. (VIII, 76 S.) Homburg 893. F. Schick. n. 1. 80

— Homburg and its resources. For the use of English visitors especially. 7. ed. Revised and containing the plan of the new „Kaiser Wilhelmsbad". 8. (VIII, 79 S.) Ebd. 901. n. 1. 80

Hoeber, Frz. Pflege u. Erziehung der Kinder in den ersten Lebensjahren. 8. (72 S.) Homb. v. d. H. 892, Schick. * 1 —

— dasselbe. 2. Aufl. 8. (IV, 72 S.) Homburg 894. G. Sauerbrei. n. 1. —

Hoeber, Fritz, griech. Vasen, s. Illustratoren, klassische.

Griechische Vasen von Dr. Fritz **Hoeber**. Mit 78 Abb., darunter 4 Farbentaf. München & Leipzig: Piper 1909. 140 S. 4°(8°) (Klassische Illustratoren. 5.) [09. 17991

Hoeber, Fritz, a. Frankfurt a. M.: Orientierende Vorstudien zur Systematik der Architekturproportionen auf historischer Grundlage. Ein kunstwissenschaftlicher Versuch nebst einer Zusammenstellung von zehn Thesen über architektonische Proportionskunst. Frankfurt a. M. 1906: Kunz & Gabel. (X, 176 S.) 8°

Straßburg, Phil. Fak., Ref. Dehio-Baeumker, Diss. v. 1. Aug. 1906

[Geb. 30. Jan. 85 Frankfurt a. M.; Wohnort: Frankfurt; Staatsangeh.: Preußen; Vorbildung: Goethe-Gymn. Frankfurt Reife O. 03; Studium: Karlsruhe 1, Berlin 2, Straßburg 3, Berlin 1 S.]

— Orientierende Vorstudien zur Systematik der Architekturproportionen auf historischer Grundlage. Ein kunstwissenschaftl. Versuch nebst e. Zusammenstellg. v. zehn Thesen üb. architekton. Proportionskunst. (X, 176 S.) 8. Frankfurt a/M. 906. (C. Koenitzer.) 2. —

HÖBER, Joseph (Haag): De typho. (Titel nach der Urkunde) 5.8.1854 - Urk; P 68

Diss.Ingolst.-Landsh.-Mchn.

Höber, Josephine. Über Keratitis parenchymatosa nach Verletzung. Diss. Med. Univ. Zürich ... von J' H' geb. Marx.... (Sonderabdruck aus Beiträge zur Augenheilkunde, Heft 73.) 38 S. 8. Hamburg und Leipzig, Leopold Voss, 1909.

Hoeber, Karl, Beiträge zur Kenntnis des Sprachgebrauchs im Volksliede des 14. u. 15. Jahrh., s. Acta germanica.

Hoeber, Karl: Beiträge zur Kenntnis des Sprachgebrauchs im Volksliede vornehmlich des XIV. und XV. Jahrhunderts. Berlin 1908: Mayer & Müller. (106 S.) 8° ¶ (Erscheint vollst. in: Acta Germanica Bd 7.)

Straßburg, Phil. Fak., Ref. Martin-Henning, Diss. v. 1. Aug. 1907

[Geb. 8. Febr. 67 Diez a. d. Lahn; Wohnort: Metz; Staatsangeh.: Preußen u. Elsaß-Lothringen; Vorbildung: Gymn. Wiesbaden Reife O. 87; Studium: Freiburg i. B. 3, Heidelberg 1, Straßburg 4 S.]

Handbuch für die Mitglieder des Verbandes der kath. Studentenvereine Deutschlands. Hrsg. im Auftr. d. Verbandes von Karl Hoeber. *Köln: J. P. Bachem [1899].* (171 S.) 8° [—. 04) · 5

Hoeber, Karl, Handbuch für die Mitglieder des Verbandes der kathol. Studentenvereine Deutschlands. Bearb. u. hrsg. i. A. des Verbandes. 2. Aufl. (231 S. m. 11 Abbildgn.) kl. 8. Köln (905). J. P. Bachem. Geb. in Leinw. n. 2. —

— Edmund Hardy. Ein Lebensbild. (17 S. m. 1 Bildnis.) gr. 8. Ebd. 905. n. — 60
Sonderabdruck aus: „Akadem. Monatsblätter".

— Katholischer Literatur-Kalender, s.: Keiter.

Cornelius Nepos. Auswahl der wichtigsten Lebensbeschreibungen. F. d. Schulgebr. hrsg. v. Karl Hoeber, Oberl. in Strassburg i. Els. [Th.] 1. *Münster i. W.: Aschendorff 1896.* 8. (Aschendorffs Sammlung lat. u. griech. Klassiker). [97. 8101

Hoeber, Karl, Friedrich Wilhelm Weber. Sein Leben u. seine Dichtgn. Mit e. Portr. u. Fcsm. gr. 8. (108 S.) Paderborn 894. F. Schöningh. n. 1. —

— Friedrich Wilhelm Weber. Sein Leben u. seine Dichtgn. Mit 1 Portr. u. Fcsm. 2., erweiterte Aufl. gr. 8. (112 S.) Paderborn 899. F. Schöningh. n. 1. —

— Friedrich Wilhelm Weber. Sein Leben u. seine Dichtgn. 3. Aufl. (112 S. m. 1 Bildnis.) 8. Paderborn 908. F. Schöningh. 1.20; geb. 1.80

Hoeber, *Leopold* [aus Rheinböllen]: Über die Lebensdauer der Cholera- und Milzbrandbacillen in Aquarien ... Würzburg, J. M. Richter's Buch- u. Kunstdr., 1895; 35 S. 8.
Würzburg, Med. Fak., Inaug.-Diss. v. 1895

Hoeber, R., u. Storck, A., Festschrift zum 50jähr. Jubiläum des Männerturnvereins zu Goslar, 16.—17. 9. 1899, Goslar 1899, 35 S., 8°.

Hoeber, Richard Wilhelm Josef: Entwurf einer Denkschrift an den Bundesrath, s. Mayer, Wilhelm

Höber, Rud., physikalische Chemie der Zelle u. der Gewebe. gr. 8. (XII, 344 S. m. 21 Abbildgn.) Leipzig 902. W. Engelmann. n. 9. —; geb. in Leinw. n. 10.

Höber, Rud., physikalische Chemie der Zelle u. der Gewebe. 2., neubearb. Aufl. (VIII, 460 S. m. 88 Fig.) gr. 8. Leipzig 906. W. Engelmann. Geb. in Leinw. n. 14. —

Höber, Rud. [aus Stettin]: Über Konzentrationsänderungen bei der Diffusion zweier gelöster Stoffe gegen einander. Altenburg 1899. 21 S. 8°.
Zürich. Med. Habil.-Schr. 1898/99.

Höber, Rudolf: Ueber experimentellen Shock durch Reizung der serösen Häute. *Leipzig 1897: J. B. Hirschfeld.* (34 S.) 8°
Erlangen, Med. Diss. v. Jan. 1897

Hoeber, Wilhelm, approb. Arzt aus Homburg v. d. H.: Ein **Beitrag** zur Casuistik der multiplen Exostosen. *München 1901: M. Ernst.* (25 S.) 8°
München, Med. Diss. v. 1901

Hoeber, Wilhelm Richard [aus Straubing]: Zur Kenntnis der globuliciden Wirkung des Blutserum ... Würzburg, Druck d. Stahel'schen k. Hofbuchdr., 1893; 32 S. 8.
Würzburg, Med. Fak., Inaug.-Diss. v. 1893

Hoeber-Schwarz, Helene, Verse. (69 S.) 8. Berlin (907). Dr. F. Ledermann. Kart. 2.50

Hoberg, Gottfr., Babel u. Bibel. Ein populärer Vortrag. (VII, 35 S.) gr. 8. Freiburg i/B. 904. Herder. n. — 80

Hoberg, Gottfr., Bibel od. Babel?, s.: Glaube u. Wissen.

Hoberg, Gottfr., d. Fortschritte d. biblischen Wissenschaften in sprachlicher u. geschichtlicher Hinsicht. Rede, geh. bei der öffentl. Feier der Uebernahme des Protektorats in der Aula der Universität Freiburg i/B. am 7. V. 1902. 2. verm. Ausg. Lex.-8. (V, 30 S.) Freiburg i/B. 902. Herder. n. 1 —

— die Genesis nach dem Literalsinn erklärt. gr. 8. (XLIX, 415 S.) Ebd. (899). n. 9. —; geb. in Halbfrz. n. 11. —

— Exegetisches Handbuch z. Pentateuch m. hebräischem u. lateinischem Text. 1. Bd.: Die Genesis, nach dem Literalsinn erklärt. 2., verm. u. verb. Aufl. (LXII, 459 S.) gr. 8. Freiburg i/B. 908. Herder. 10.—; geb. in Leinw. 11.50

s.: Jesus Christus.

Hoberg, Godofredvs ⟨geb. am 19 Nov. 1857 in Heringhausen im Sauerl.⟩: Ibn G'inni de flexione libellvs Arabice nvnc primvm editvs in Latinvm sermonem translatvs. Pars prior ... Bonnae, typ. C. Georgi 1885. 1 Bl., 32 S. 8. ¶ Erschien vollständig in dems. J. in Komm. v. Brockhaus Sort. u. Ant. in Leipzig.
Bonn, Phil. Fak., Diss. v. 28 Febr. 1885

s.: Liber Geneseos.

— Moses u. der Pentateuch. s.a. Studien, biblische. X. 4.

Moses und der Pentateuch. Von Gottfried Hoberg. Prof., Freiburg. Freiburg im Br.: Herder 1905. (XIV, 124 S.) 8°
— Studien, Biblische. Bd 10, H. 4.

— Über die Pentateuchfrage. Mit bes. Berücksicht. der Entscheidg. der Bibel-Kommissionen „De mosaica authentia Pentateuchi" vom J. 1906. 2 Vorträge, geh. am 11. u. 12. X. 1906 auf dem Hochschulkurs f. kathol. Priester zu Freiburg i. Br. (VII, 39 S.) gr. 8. Freiburg i. B. 907. Herder. 1. —

Hoberg, Gfr. Die Psalmen der Vulgata, übers. u. nach dem Literalsinn erkläut. gr. 8. (XXXII, 389 S.) Freib. i. Br. 892, Herder. * 8 —

— die Psalmen der Vulgata. Übers. u. nach dem Literalsinn erklärt. 2., verm. u. verb. Aufl. (XXXV, 484 S.) gr. 8. Freiburg i/B. 906. Herder. n. 10. —; geb. in Leinw. n. 11. 50

Hoberg, Godofredus [mag. lib. art., philos. doctor, presbyter Paderbornensis]: De Sancti Hieronymi ratione interpretandi. Bonnae, typ. Caroli Georgi 1886; 4 + 39 S. 8°.
Münster, Kath. Fak., Doctor-Diss. v. 20. Jul. 1886.

Hoberg, Gfr., de Sancti Hieronymi ratione interpretandi. gr. 8. (39 S.) Bonnae 886. (Freiburg i. Br., Herder'sche Verlagsh.) * 1 —

— s.: Rundschau, literarische, f. das katholische Deutschland.

— s.: Studien, Freiburger theologische.

— s.: Taschenbuch, akademisches, f. katholische Theologen.

Hoberg, Gottfried, gegenw. Prorector Dr.: Die älteste lateinische Übersetzung des Buches Baruch herausgegeben. *(Wien [1902]: A. Holzhausen.)* (104 S.) 4°
Freiburg i. B., Progr. zum Geburtstag d. Großherzogs 1902

— die älteste lateinische Übersetzung des Buches Baruch. Zum ersten Male hrsg. 2. Ausg. Lex.-8. (VII, 91 S.) Freiburg i/B. 902. Herder. n. 3. —

Hoberg, Josef: Beitrag zur Casuistik des angeborenen Riesenwuchses. *Greifswald 1898: J. Abel.* (26 S.) 8°
Greifswald, Med. Diss. v. 15. März 1898

Hoberg, Joseph, Referendar: Ist die sachgemäße Ausgestaltung der Geldstrafe als Ersatz anderer Strafarten und zur Vermeidung kurzzeitiger Freiheitsstrafen für ein neues Strafgesetz zu empfehlen? Borna-Leipzig 1910: Noske. IX, 73 S. 8°
Heidelberg, Jur. Diss. v. 5. Mai 1910, Ref. v. Lilienthal
[Geb. 11. Aug. 84 Liesborn; Wohnort: Essen a. R.; Staatsangeh.: Preußen; Vorbildung: Gymn. Warendorf Reife O. 04; Studium Freiburg i. B. 1, Münster 3, Kiel 1, München 1 S.; Rig. 5. März 10.] [U 10. 1896

Hoberg, Th., Schwangerschaft und Geburt. Der ärztliche Rathgeber für Schwangere und Gebärende. Enthltd.: Rationelle Verhaltungsmaßregeln zur Erzielung einer gesunden u. kräftigen Leibesfrucht, wie zur Verhütung u. Abwehr aller die Schwangerschaft u. den Geburtsact so leicht begleitenden Uebel u. Krankheiten. Durch Abbildungen erläutert. Hamburg 853. Berendsohn. 8. 15 ngr.

Hobert, Johann Ph.

— Grundriß des mathematischen u. chemischen mineralog. Theils der Naturlehre. 8. Berl. 789. Reimer. 18 gr.

Hobert, Jh. Ph., († d. 6. Febr. 1826.) Lehrb. d. Naturgeschichte, s. Lehrbuch.

— u. L. Ideler, neue trigonometrische Tafeln, f. die Decimaleintheilung d. Quadranten. gr. 8. Berl. 799. Reimer. 2 rf 12 gr. Französ. Ebd. 2 rf 12 gr.

— trigonometrische Tafeln, s. Tafeln.

Die Zustände in den südafrikanischen Konzentrationslagern. Bericht von Miss E(mily) Hobhouse. Hrsg. vom Deutschen Burenhilfsbund. *Berlin: Deutscher Burenhilfsb. [1902].* (32 S.) 8°

Hobirk, Elisab., der Tigerfürst. Erlebnisse u. Abenteuer, Natur- u. Sittenschilderungen aus den Wildnissen Abessiniens. Nach dem Englischen des Will. Dalton. Mit 60 Text-Abbildgn., 4 Tonbildern u. einem bunten Titelbilde. gr. 8. (X, 268 S.) Leipzig 878. Spamer. n. 5. —; cart. n. 6. —

Hobirk, Elis., der Tigerfürst. Erlebnisse und Abenteuer, Natur- und Sittenschilderungen aus den Wildnissen Abessiniens. Nach dem Engl. des Will. Dalton. 2. wohlf. (Titel-)Ausg. gr. 8. (X, 268 S. mit 60 Text-Abbild., 4 Tonbildern und 1 bunten Titelbilde.) Leipzig 881, Spamer. cart. *

Hobirk, Elisabeth, Margaret Woodward, oder das Haus Summerleigh. Eine Erzählung f. die heranwachsende Jugend nach dem engl. Orig. gr. 8. (III, 388 S.) Berlin 870. deutsch. Verlags-Institut. geb. n. 4. —

Hobirk, Friedrich

Hobirk, Fr., aus fernen Landen. Neue Land- u. Seebilder. Mit 8 color. Bildern v. Th. Hosemann. br. 8. (IV, 340 S.) Berlin 871. Winckelmann & Söhne. geb. 4. —

Hobirk, F., deutsches Lesebuch, s. a. Deus, F. D.

Hobirk, Fr., deutsches Lesebuch für Schulen. 1. Theil. Rheydt. Düsseldorf 860. Schaub. gr. 8. (XI, 112 S.) n. 4½ ngr.

— Neues Museum interessanter Scenen, Schilderungen u. Erzählungen aus der Literatur aller Nationen Europa's. Für die reifere Jugend zur belehr. u. unterhalt. Lectüre. Mit Illustr. von Th. Hosemann (in 4 Chromolith.). Ebend. 870. gr. 8. (XVII, 624 S.) geb. 1 rf 25 ngr; in engl. Einb. 2 rf

Hobirk, Friedr., Museum interessanter Scenen, Schilderungen und Erzählungen aus der Literatur aller Nationen Europa's. Für die reifere Jugend zur belehrenden und unterhaltenden Lectüre. 2. Aufl. Mit Illustr. von Th. Hosemann (in 4 Chromolithogr.). gr. 8. (XII, 624 S.) Berlin 870, Winckelmann und Söhne. cart. M 5,50.; geb.

Hobirk, Friedr., Museum der interessantesten und schönsten Scenen, Schilderungen und Erzählungen aus der Literatur aller Nationen Europa's. Der reiferen Jugend zur belehrenden und unterhaltenden Lectüre gewidmet. Rheydt 854. (Düsseldorf, Schaub'sche Buchhdlg.) 12. (XV, 836 S.) 1 rf. 15 ngr.

— deutsches Sprachbuch für Schulen. 1. Theil. Ebend. 860. gr. 8. (79 S.) n. 5½ ngr.

Hobirk, F., Wanderungen auf dem Gebiete der Länder- und Völkerkunde. Ein Hausbuch für Jedermann. Nach den neuesten Reisewerken und anderen Hülfsmitteln gesammelt und bearb. für Schule und Haus. 25 Bde. 8. Detmold, Meyer'sche Hofbuchh. à Bd. M 1.

Inhalt:
Bd. 1. Nord- und Mittel-Deutschland. (VIII, 208 S. mit 3 Holzschntaf. in qu. gr. 4.) 875.
" 2. Süd- und West-Deutschland. (190 S. mit 3 Holzschntaf. in 8. und 4.) 875.
" 3. Die Schweiz. 1. Aufl. (IV, 175 S. mit 3 Holzschntaf.) 1875; 2. Aufl. (VIII, 175 S. mit 4 Holzschntaf.) 877.
" 4. Die österreichischen Staaten. (VIII, 198 S. mit 3 Holzschntaf. in 8. und 4.) 875.
" 5. Die Niederlande. (VIII, 169 S. mit 3 Holzschntaf. in 8. und 4.) 875.
" 6. Frankreich. (VI, 182 S. mit 2 Holzschntaf. in 8. und 4.) 876.

— Wanderungen auf dem Gebiete der Länder- u. Völkerkunde. Ein Hausbuch f. Jedermann. Nach den neuesten Reisewerken u. anderen Hülfsmitteln gesammelt u. bearb. f. Schule u. Haus. (In 25 Bdn.) 1—17. Bd. 8. Detmold 875. 76. Meyer. Subscr.-Pr. à 1. —; Einzelpr. à n. 1. 50

1. Nord- u. Mittel-Deutschland. (VIII, 208 S. m. 3 Holzschntaf. in qu. gr. 4.)
2. Süd- u. West-Deutschland. (190 S. m. 3 Holzschntaf. in 8. u. 4.)
3. Die Schweiz. (IV, 175 S. m. 3 Holzschntaf.)
4. Die österreichischen Staaten. (VIII, 198 S. m. 3 Holzschntaf. in 8. u. 4.)
5. Die Niederlande. (VIII, 169 S. m. 3 Holzschntaf. in 8. u. 4.)
6. Frankreich. (VI, 182 S. m. 2 Holzschntaf. in 8. u. 4.)
7. Italien. (VIII, 192 S. m. 3 Holzschntaf.)
8. Spanien u. Portugal. (VIII, 186 S. m. 3 Holzschntaf. in 8. u. qu. 4.)
9. Großbritannien u. Irland. (VIII, 200 S. m. 4 Holzschntaf.)
10. Skandinavien. (198 S. m. 3 Holzschntaf. in 8. u. qu. 4.)
11. Rußland. (VIII, 202 S. m. 3 Holzschntaf.)
12. Die Hämus-Halbinsel. (183 S. m. 2 Holzschntaf. in qu. 4.)
13. Vorder-Asien. (VIII, 188 S. m. 3 Holzschntaf. in 8. u. 4.)
14. Iran u. Turan. (184 S. m. 4 Holzschntaf. in 8. u. 4.)
15. Indien. (203 S. m. 3 Holzschntaf. in 8. u. 4.)
16. China u. Japan. (196 S. m. 3 Holzschntaf. in 8. u. 4.)
17. Die Nilländer. (195 S. m. 3 Holzschntaf.)

Hobirk, F., Wanderungen auf dem Gebiete der Länder- u. Völkerkunde. Ein Hausbuch für Jedermann. Nach den neuesten Reisewerken u. anderen Hülfsmitteln gesammelt u. bearb. für Schule u. Haus. 18—25. (Schluß-)Bdchn. 8. Detmold 877. Meyer. Subscr.-Pr. à 1. —; Einzel-Pr. à n. 1. 50

18. Süd-Afrika. (VII, 200 S. m. 3 Holzschntaf. in 8. u. 4.)
19. Sahara u. Sudan. (VIII, 180 S.)
20. Nord-Afrika. (VIII, 183 S.)
21. Die Vereinigten Staaten von Nordamerika. (VIII, 199 S. m. 4 Holzschntaf.)
22. Mexiko u. Centro-Amerika. (VIII, 175 S. m. 2 Holzschntaf. in 8. u. qu. 4.)
23. Süd-Amerika. (192 S. m. 4 Holzschntaf.)
24. Australien. (IV, 168 S. m. 3 Holzschntaf.)
25. Die Polarwelt. (204 S. m. 3 Holzschntaf.)

Hobirk, F., Wanderungen auf dem Gebiete der Länder- u. Völkerkunde. Ein Hausbuch für Jedermann. Nach den neuesten Reisewerken u. anderen Hülfsmitteln gesammelt u. bearb. für Schule u. Haus. 3. 6. u. 8. Bd. 2. Aufl. 8. Detmold 877—81. Meyer. à 1. —

3. Die Schweiz. (VIII, 175 S. m. 4 Holzschntaf.)
6. Frankreich. (VIII, 184 S. m. 2 Holzschntaf.)
8. Spanien u. Portugal. (VIII, 187 S. m. 3 Holzschntaf.)

— dasselbe. Neue Folge. 1. u. 2. Bdchn. Europa I. u. II. 8. (VI, 165 u. VIII, 189 S. mit 2 u. 3 Holzschntaf.) Ebend. 882. à n. 1. —; geb. à n. 1. 25

Hobirk, F., Wanderungen auf dem Gebiete der Länder- u. Völkerkunde. Ein Hausbuch f. Jedermann. Nach den neuesten Reisewerken u. anderen Hülfsmitteln gesammelt u. bearb. f. Schule u. Haus. Neue Folge. 3—5. Bdchn. Des ganzen Werkes 28—30. [Schluß-] Bd. 8. Detmold, Meyer. à n. 1. —; geb. à n.n. 1. 25

3. Landes- u. Kulturbilder aus Asien u. Afrika. Nach neueren Reisewerken bearb. (VIII, 184 S.) 882.
4. Landes- u. Kulturbilder aus Amerika u. Australien. Nach neueren Reisewerken bearb. (VIII, 192 S.) 883.
5. Das Weltmeer. Seine physikal. Eigenschaften, seine Organismen, Küsten u. Inseln, sowie eine gedrängte Geschichte der Entdeckgn. zur See. (XII, 196 S.) 885.

Hobirk, F., Wanderungen auf dem Gebiete der Länder- und Völkerkunde. Ein Hausbuch für Jedermann. Nach den neuesten Reisewerken und anderen Hülfsmitteln gesammelt und bearb. für Schule und Haus. 6. und 8. Bdchn. 2. Aufl. 8. Detmold 881, Meyer'sche Hofbuchh. à Bdchn. * geb. à Bdchn. *

Inhalt:
Bdchn. 6. Frankreich. (VIII, 184 S. mit 2 Holzschntaf.)
" 8. Spanien und Portugal. (VIII, 187 S. mit 3 Holzschntaf.)

—— dass. — Neue Folge. 1. und 2. Bdchn. Europa I und II. 8. (VI, 165; VIII, 189 S. mit 2 und 3 Holzschntaf.) Ebendas. 882. à Bdchn. * geb. à Bdchn. *

Hobirk, F., Wanderungen auf dem Gebiete der Länder- und Völkerkunde. Ein Hausbuch für Jedermann. Nach den neuesten Reisewerken und anderen Hülfsmitteln gesammelt und bearb. für Schule und Haus. Neue Folge. 3.—5. Bdchn. Des ganzen Werkes 28.—30. (Schluß-)Bd. 8. Detmold, Meyer'sche Hofbuchh. à Bd. * 1 — geb. à Bd. ** 1 25

Inhalt:
Bd. 3. Landes- und Kulturbilder aus Asien und Afrika. Nach neueren Reisewerken bearb. (VIII, 184 S.) 882.
" 4. Landes- und Kulturbilder aus Amerika und Australien. Nach neueren Reisewerken bearb. (VIII, 192 S.) 883.
" 5. Das Weltmeer. Seine physikal. Eigenschaften, seine Organismen, Küsten und Inseln, sowie eine gedrängte Geschichte der Entdeckungen zur See. (XII, 196 S.) 885.
1. und 2. Bdchn. Ebendas. 1882.

Hobirk, F., Wanderungen auf dem Gebiete der Länder- und Völkerkunde rc.

Bd. 7. Italien. (VIII, 192 S. mit 3 Holzschntaf.) 876.
" 8. Spanien und Portugal. (VIII, 186 S. mit 3 Holzschntaf. in 8. und qu. 4.) 876.
" 9. Großbritannien und Irland. (VIII, 200 S. mit 4 Holzschntaf.) 876.
" 10. Skandinavien. (198 S. mit 3 Holzschntaf. in 8. und qu. 4.) 876.
" 11. Rußland. (VIII, 202 S. mit 3 Holzschntaf.) 876.
" 12. Die Hämus-Halbinsel. (183 S. mit 2 Holzschntaf. in qu. 4.) 876.
" 13. Vorder-Asien. (VIII, 188 S. mit 3 Holzschntaf. in 8. und 4.) 876.
" 14. Iran und Turan. (184 S. mit 4 Holzschntaf. in 8. und 4.) 876.
" 15. Indien. (203 S. mit 3 Holzschntaf. in 8. und 4.) 876.
" 16. China und Japan. (196 S. mit 3 Holzschntaf. in 8. und 4.) 876.
" 17. Die Nilländer. (195 S. mit 3 Holzschntaf.) 876.
" 18. Süd-Afrika. (VII, 200 S. mit 3 Holzschntaf. in 8. und 4.) 877.
" 19. Sahara und Sudan. (VIII, 180 S.) 877.
" 20. Nord-Afrika. (VIII, 183 S.) 877.
" 21. Die Vereinigten Staaten von Nordamerika. (VIII, 199 S. mit 4 Holzschntaf.) 877.
" 22. Mexiko und Centro-Amerika. (VIII, 175 S. mit 2 Holzschntaf. in 8. und qu. 4.) 877.
" 23. Süd-Amerika. (192 S. mit 4 Holzschntaf.) 877.
" 24. Australien. (IV, 168 S. mit 3 Holzschntaf.) 877.
" 25. Die Polarwelt. (204 S. mit 3 Holzschntaf.) 877.

Hobirk, F.: Das Weltmeer. Seine physikalischen Eigenschaften, seine Organismen, Küsten und Inseln, sowie eine gedrängte Geschichte der Entdeckungen zur See. Nach den besten Quellen bearbeitet. (Wanderungen auf dem Gebiete der Länder- und Völkerkunde. N. F. Bd. 5.) Detmold 1885. III, 196 S. 8°.

Hobl Ant.: Hradilík Dr. Jos. Just. u. Procházka Dr. Joh. †. 5 (b.) Jungbunzlan 89. Progr.

Hobl Karl: Schiller und die Brüder Schlegel. H. 1910 PN 2896 Diss. Wien. Univ. 346

Hobmann, Wlh., Bruderschaftsbüchlein zur Ehre Jesu Christi u. seiner Mutter. 8. München 811.

— s. Nachrr. v. Deutschlands Schulwesen in d. bair. Staaten

Hobohm, zur Kasuistik der Echolalie, s.: Mitteilungen aus den hamburgischen Staatskrankenanstalten. IX, 8.

Hobohm, Emil, Prof.: Zur Geschichte der Halberstädter Schützengesellschaft. Halberstadt 1907: M. Arnold. (66 S.) 4°
Halberstadt, RG OP 1907 (316)

Hobohm, Emil Über die Quellen des Plutarch in der Lebensbeschreibung des Camillus. 16 S. Progr. Rg. *Halberstadt* 1885.

Hobohm, Heinrich

— Exposé üb. das in Oesterreich projectirte Schifffahrts-Canalnetz. gr. 4. (16 S.) Ebd. 887. n. 1. —

Hobohm, Heinr., Grundzüge für die Beseitigung der Ueberschwemmungen, mit gleichzeitiger Durchführung der künstlichen Bewässerungen nach einem neuen Systeme, nebst Beiträgen f. das Ent- u. Bewässerungs-Project der March- u. Thaya-Gebiete. Mit 1 (chromolith.) Flusskarte (in Imp.-Fol.) u. 8 (chromolith.) Karten-Beilagen. Auf Anregung Sr. Exc. des Hrn. k. k. Ackerbau-Ministers Grafen zu Mansfeld bearb. gr. 4. (VIII, 248 u. 159 S.) Wien 877. (Helf's Sort.) n. 16. —; m. Flusskarte auf Leinw. n. 20. —

Hobohm, H., die Canalisirung d. Alföld [der ungar. Tiefebene], nebst Verbindungs-Canal Budapest—Szentes u. Zweig-Canal Kecskemét—Hatvan, generelles Project m. 1 Uebersichtskarte. gr. 4. (67 S.) Wien 888. (Spielhagen & Schurich.) n. 3. —

Hobohm, Heinr., Project der Canalisirung, Ent- u. Bewässerung d. „Alföld" (der ungar. Tiefebene) u. der Anlage v. Eisenbahnen u. Landstrassen, nebst Kostenanschlägen u. Ertrags-Berechngn. dieser Anlagen, u. die Berechngn. der Verzinsg. u. Amortisation d. Capitals durch jährl Beiträge nach den Bonitäten der Grundstücke. (Ungarisch u. deutsch.) Fol. (192 S.) Wien 873. (Lehmann & Wentzel.) n. 10. —

Hobohm, Johannes, a. Klosterhäseler (Prov. Sachsen): Beiträge zum Studium der Hautreflexe. Kiel 1904: Schmidt & Klaunig. (47 S.) 8°
Kiel, Med. Fak., Ref. Siemerling, Diss. v. 17. Sept. 1904
[Geb. 16. Juli 81 Klosterhäseler b. Naumburg a. S.; Wohnort: Klosterhäseler; Staatsangeh.: Preußen; Vorbildung: Victoria-Gymn. Potsdam Reife O. 99; Studium: Halle 4, Berlin 3, Kiel 3 S.; Coll. 29. Juli 04; Approb. 14. Juli 04.]

Hobohm, Karl [aus Cochstedt bei Ascherl.]: Ueber die Einwirkung von Aldehyden auf Ketone ... Halle a. S., Buchdr. O. Thiele, 1897; 2 Bl., 38 S., 1 Bl. 8.
Halle, Phil. Fak., Inaug.-Diss. v. [13. Apr.] 1897

Hobohm, Mart., Gedankenwelt Fichtes, s. a. Bücherei, burschenschaftliche. II. 7.

Gedankenwelt Fichtes. Von Mart. **Hobohm**. Berlin: C. Heymann 1904. (52 S.) 8° [F.
— Bücherei, Burschenschaftliche. Bd 2, H. 7. (07. 784)

Hobohm, Maximilian, aus Nimritz: Das **Verhältnis** von Susannah Centlivre's 'Love at a Venture' zu Thomas Corneille's 'Le Galant Doublé'. *Halle a. S. 1900: H. John.* (51 S.) 8°
Halle, Phil Diss. v. 1900

Hobohm, Rudolf

—— Frühlingsgabe f. artige Kinder. Eine Samml. Fabeln, Erzählungen u. Lieder. 8. (4 B.) Hettstädt 843. (Aschersleben, Laue.)

Hobohm, Rud., Konfirmationsreden. 1. Hft. 12. (2¼ B.) Hettstädt 844. (Aschersleben, Laue.) *

Hoboken Abendpost : März 1895—1896?
Democratic weekly. Circulation: 1896, 2500. Edited by Julius Auspitz, & published by Reform Publishing Co.
Hoboken, NJ

Hoboken Academy

--Jahresb d Akademischen Vereins in Hoboken, NJ. NY, 1862-89.

--Fair souvenir im Deutschen Club. März 15-22, 1897. NY, 1897.

Hoboken Freie Presse : Sept. 8, 1902 -? Hoboken, NJ
Weekly.

Hoeborn, Rob. Ein Beitrag zur Steuer-Reform und zur Abhülfe der wirthschaftlichen Nothlage (in Gesprächform behandelt). 1. u. 2. Aufl. gr. 8°. Hagen, Risel u. Co., 1881.

Hoeborn, Rob., ein Beitrag zur Steuer-Reform und zur Abhülfe der wirthschaftlichen Nothlage [in Gesprächsform behandelt]. 2. Aufl. gr. 8. (46 S.) Hagen 881, Risel und Comp. *

Hobrecht, Arth., Fritz Kannacher. Histor. Roman. 2 Bde. 8. (XII, 385; 490 S.) Berlin 885, Besser'sche Buchh. (W. Hertz). *M 9.—; geb. * 11 —

Hobrecht, Arth., Fritz Kannacher. Historischer Roman. 2 Bde. (308 u. 376 S.) 8. Berlin 910. G. Stilke. 3.—; geb. in Leinw. 4. —

Hobrecht, Arth.: Die Kompetenz der Verwaltungsbehörden neben der Verfassung in Preußen. Berlin 1859.

Hobrecht, F., d. preußische Ausführungsgesetz zum bürgerlichen Gesetzbuch, s.: Crusen, G.

Hobrecht, F., preuss. Ausf.-Ges. s. Kommentar z. B. G. B.

Hobrecht, James. Die modernen Aufgaben d. grossstädtischen Strassenbaues m. Rücksicht auf die Unterbringung der Versorgungsnetze. Vortrag. gr. 8. (22 S. m. 1 Taf.) Berl. 890, Ernst u. Sohn. * 1 20

Hobrecht, James, Beiträge zur Beurtheilung des gegenwärtigen Standes der Kanalisations- und Berieselungs-Frage. Hierzu 1 (lithogr.) Situationsplan von Berlin und Umgegend. Lex.-8. (III, 83 S.) Berlin 883, Ernst und Korn. *

Hobrecht, James, Entwickelung der Verkehrs-Verhältnisse in Berlin. Vortrag, geh. am Schinkelfest 13. März 1893. gr. 8. (41 S.) Berlin 893. W. Ernst & Sohn. n. 1. —

Hobrecht, J., über öffentliche Gesundheitspflege u. die Bildung eines Central-Amts für öffentliche Gesundheitspflege im Staate. Stettin 868. v. der Nahmer. gr. 8. (IV, 47 S.) n. 10 ngr

— Kanalisation der Stadt Berlin. Ebend. 868. gr. 8. (XXIV, 115 S. mit 6 Steintaff., wovon 3 in Buntdr., u. 1 Tab. in qu. 4. u. gr. Fol.) n. 2 ℳ

—— die Canalisation von Berlin. Im Auftrage des Magistrats der königl. Haupt- und Residenzstadt Berlin entworfen und ausgeführt. gr. 8. (VI, 330 S. mit eingedr. Fig. nebst 1 Atlas in gr. Fol. mit 57 Kpfr.- und Stnt.) Ebendas. 884. * 1

Hobrecht, James, die Canalisation von Berlin. Im Auftrage des Magistrats der königl. Haupt- und Residenzstadt Berlin entworfen und ausgeführt. 2. Ausg. Lex.-8. (VI, 330 S. nebst einem Atlas in gr. Fol., enth. 30 Taf. in Mappe.) Berlin 887, Ernst und Korn. * 75 —

Hobrecht, James, Kanalisation der Stadt Stettin. gr. 8. (XXIV und 115 S. mit 6 Stnt., wovon 3 in Buntdr., und 1 Tab. in qu. 4. und gr. Fol.) Stettin 868, v. der Nahmer. *

Hobrecht, Stadt-Erweiterung v. Mainz. Gutachten. 8. (19 S.) Mainz 873. (Diemer.) n. — 30

Hobrecht, J., Vortrag, gehalten im Architekten-Verein zu Berlin am 7. Octbr. 1878. [Als Mscr. gedr.] gr. 8. (15 S.) Berlin 878, Ernst und Korn. * — 40

— Vortrag, gehalten im Architekten-Verein zu Berlin am 17. Febr. 1879. [Als Mscr. gedr.] gr. 8. (19 S.) (Ebendas.) 879. — 50

– (Hrsg.), s. Vierteljahrsschrift, Deutsche, für öffentliche Gesundheitspflege.

Hobrecht, Max, Hutten in Rostock. 8. (63 S.) Rathenow 886, Babenzien. cart. * 2 —

—— zwischen Judica und Palmarum. Vier Novellen. 8. (212 S.) Rathenow 885, [Haase.] Babenzien. * 3 —
geb. * 4 —

Hobrecht, M., Luther auf der Koburg 1530. gr. 8. (54 S.) Frankfurt a/M. 892. Mahlau & Waldschmidt. n. 1. 75; geb. in Leinw. n. 2. 50

Hobrecht, M., neue Novellen. 8. (III, 250 S.) Rathenow 890. Babenzien. n. 3. —; geb. n. 4. —

—— von der Ostgrenze. Drei Novellen. [Feiertage. — Marienburg. — Vis major.] 8. (320 S.) Berlin 885, Hertz. * 5 —
geb. * 6 20

Hobson, J. T., über eine neue Reihe organischer schwefelhaltiger Säuren. Inaug.-Dissert. Marburg 857. (Göttingen, Vandenhoeck u. Ruprecht.) gr. 8. (19 S.) n. 4 ngr.

Hobstetter, K., Sprachschule. Orthographische, grammat. und stilist. Übungen im engsten Anschlusse an das pfälz. Lesebuch für die II. Klasse. 8. (45 S.) Neustadt a. d. H. 886, Otto. * — 60

Hobstetter, Karl

Hobstetter, der roßärztliche Heilgehilfe (Veterinärgehilfe). Anleitung zur ersten Hilfe bei plötzl. Unfällen, sowie zur Erkenng. u. vorläuf. Behandlg. äußerer u. innerer Krankheiten der Pferde, nebst Beschreibg. der dabei sachgemäß anzuwend. Zwangs-, Untersuchungs- u. Heilmethoden. (VIII, 83 S. m. 66 Abbildgn.) gr. 8. Leipzig 904. Berlin, R. C. Schmidt & Co. Geb. n. 1.50

Hobstetter, der roßärztliche Heilgehilfe (Veterinärgehilfe). Anleitung zur ersten Hilfe bei plötzl. Unfällen, sowie zur Erkenng. u. vorläuf. Behandlg. äußerer u. innerer Krankheiten der Pferde, nebst Beschreibg. der dabei sachgemäß anzuwend. Zwangs-, Untersuchungs- u. Heilmethoden. 2. Aufl. (VIII, 83 S. m. 66 Abbildgn.) 8. Berlin 907. [R. C. Schmidt & Co.] Hannover, M. & H. Schaper. Geb. in Leinw. 1.50

Hobstetter, Karl, aus Lambrecht (Rheinpfalz), Unterrossarzt im Kombinirten Jäger-Reg. zu Pferde in Posen: Aus d. Poliklinik d. Kgl. thierärztl. Hochschule zu Berlin. Die Hufknorpelfistel des Pferdes und ihre Behandlung. Mit 4 Textfig. u. 5 Fig. auf Taf. 1. *Berlin 1901: L. Schumacher.* (42 S.) 8° ¶(Aus: Archiv f. wissensch. u. prakt. Thierheilkunde, Bd 28, H. 1 u. 2. 1902.)
Giessen, Veterinär-med. Diss. v. 1901

Einige Bilder und Personificationen aus Shakspere [!] v. [August Adolf Ernst Heinrich Robert] Hoburg. Husum. 1872. 4°. Gymn.-Progr.

Hoburg, Ch., verwirrter deutscher Krieg. 12. Frankfurt, Renger. 710.

— Postilla Evangeliorum mystica. 2 Thle. Fol. Frankfurt, Andreä.

— Theologia mystica, deutsch. m. K. 12. Halle, Renger. 700.

Hoburg, K.

Hoburg, C., die Belagerung der Stadt Danzig im J. 1784. gr. 8. (69 S. mit 1 lithogr. Plan in qu. Imp.-Fol.) Danzig 858, Bertling. *
Aus: Provinz.-Blätter. 3. Folge. 2. Bd., besonders abgedruckt.

Hoburg, K., die Belagerungen der Stadt u. Festung Thorn seit dem 17. Jahrh. 8. (5¾ B. m. 3 Plänen u. 2 Zeichn.) Thorn 844, Lambeck. *

Hoburg, K., die Belagerungen der Stadt u. Festung Thorn seit d. 17. Jahrh. Mit 3 (lith.) Plänen (in Fol.) u. 2 (lith.) Zeichnungen (in 8. u. Fol.) 2. (Titel-) Abdruck. 8. (IV u. 88 S.) Thorn (843) 850, Lambeck. 1 ℛ

— Geschichte und Beschreibung des Rathhauses der Rechtstadt Danzig. Nach archival. Quellen. Mit 1 (lith.) Grundrisse des Rathhauses (in Fol.). Danzig (857.) Bertling. Lex.-8. (70 S.) 25 ngr.

Hoburg, K., Geschichte der Festungswerke Danzigs. Mit 23 (lith.) Zeichnungen. Danzig 852. (Homann.) gr. 8. (4 Bl., 185 S. u. 19 lith. Taf. in gr. 8. u. Fol.) nn. 3 ℛ.

— geschichtlich-militairische Nachrichten über die Festung Pillau. Zum Theil nach handschriftlichen Nachrichten. Königsberg 859. (Danzig, Bertling.) gr. 8. (18 S.) n. 5 ngr.

Hoburg, Karl Gustav Ferdinand

Hoburg, Carl Gust. Ferd. (Königsberg/Pr.), De struma. Diss. med.-chir. Bln. (Gebr. Schlesinger) 29. VIII. 1850. 34 S. mit Biogr. (M.: W. Hendewerk.) (6.50) 15304
Oppon.: E. Stephani, C. Scheidt, H. Kulp.

[Hoburg, Philipp]. Lebens-Lauff Des seeligen Christian Hoburgs, Wie er Von dessen Sohne auffgesetzet Und Hiermit zum Druck befodert worden Zum fünfftenmahl. [O. O. u. Dr.] Im Jahr 1711. Kl.8°. Frontispiz (gestoch. Porträt) u. 27 S. Br.
Über den mystischen Theologen und Mennoniten Chr. Hoburg (1607—1675) vgl. FdF. S. 187, wo zwei seiner Werke, jedoch nicht die vorliegende wichtige Biographie verzeichnet sind. Ferner NDB. IX, 282/83. Diese Biographie erschien erstmals als Anhang zu H's „Der unbekannte Christ".

Hoburg, R. Einige Bilder und Personificationen aus Shakspere. Husum, G., 1872. 26 S. 4. Progr.

Hoburg, R., neuester Führer in den königlichen Museen Berlins. 2. Aufl. Berlin 861. (Adolf & Co.) gr. 8. (96 S.) 7½ ngr.

Hoburg, R. Die Präpositionen der englischen Sprache. Frankfurt a M., Handels- und Wöhlerschule. 1877. 25 S. 4. Progr.

[Hoburg, Robertus]: * De mensura curvaturae superficierum curvatarum [!]. 43 S. 4° (2°)
Halle-Wittenberg, Phil. Diss. v. 8. Okt. 1862
Geb. [Losendorf (Kr. Stuhm) 29. 8. 1835]
Im letzten Wort ist ta mit Rotstift ausgestrichen. Im Diplom lauten die letzten 2 Worte: in superficiebus curvis.

Hobza, Peter Übersicht der geologischen Verhältnisse von Nikolsburg und Umgebung. 34 S. 8. Progr. *Nikolsburg* 1876.

Hoccleve, Thomas, s. Aster, Friedrich.

Hočevar, Frz., Arithmetik u. Algebra nebst e. Sammlung v. Übungsaufgaben f. Obergymnasien. gr. 8. (III, 261 S. m. 2 Fig.) Wien 902. F. Tempsky. Geb n. 3 60

Hočevar, Fr., Bemerkungen zur Simpson'schen Methode der mechanischen Quadratur. [Aus: „Sitzungsber. d. k. Akad. d. Wiss."] Lex.-8. (15 S.) Wien 884. (Gerold's Sohn) n.n. — 30

Hočevar, Frz., über die Bestimmung der quadratischen Teiler algebraischer Formen. (13 S.) gr. 8. Wien 907. (A. Hölder.) — 50
Sonderabdruck aus: „Sitzungsber. d. k. Akad. d. Wiss."

Hočevar, Frz., über eine partielle Differentialgleichung erster Ordnung. [Aus: „Sitzungsber. d. k. Akad. d. Wiss."] Lex.-8. (7 S.) Wien 877. (Gerold's Sohn.) n. — 20

— über die Ermittlung des Werthes einiger bestimmter Integrale. [Aus: „Sitzungsber. d. k. Akad. d. Wiss."] Lex.-8. (16 S.) Ebend. 876. n.n. — 30

— zur Integration der Jacobi'schen Differentialgleichung Ldx + Mdy + N (xdy—ydx)—0. [Aus: „Sitzungsber. d. k. Akad. d. Wiss."] Lex.-8. (17 S.) Ebend. 882. n. — 40

— über die Integration eines Systems simultaner Differentialgleichungen. Lex.-8. (12 S.) (Ebendas.) 878. ** — 30

— über die Integration eines Systems simultaner Differentialgleichungen. [Aus: „Sitzungsber. d. k. Akad. d. Wiss."] Lex.-8. (12 S.) Ebend. 879. n.n. — 30

Hočevar, Frz. Über das Kombinieren zu einer bestimmten Summe. Zur Lehre von der Teilbarkeit der ganzen Zahlen. 25, 5 SS. Progr. G. *Innsbruck* 1881.

Hočevar, Frz., Lehrbuch d. Arithmetik u. Algebra nebst e. Sammlung v. Übungsaufgaben f. Oberrealschulen. gr. 8. (II, 274 S. m. 2 Fig.) Leipzig 902. G. Freytag. Geb. in Leinw. n. 3.60

— Lehrbuch der Geometrie für die oberen Classen der Realschulen und verwandten Lehranstalten. gr. 8. (V, 228 S. m. 234 Fig.) Ebd. 889. n. 2.60; geb. n.n. 3.—

Hočevar, F., Lehrbuch der Geometrie f. Obergymnasien. Mit 213 Fig. gr. 8. (IV, 200 S.) Wien u. Prag 888. Tempsky. — Leipzig, Freytag. n. 1.70; geb. n.n. 2.10

Hočevar, Frz. Lehrbuch der Geometrie f. Obergymnasien. 2. Aufl. Unveränd. Abdr. der 1. Aufl. gr. 8. (IV, 200 S. m. 213 Fig.) Prag 891, Tempsky. — Lpz., Freytag. * 1 70; geb. in Leinw. ** 2 10

Hočevar, Dr. Franz, Lehrbuch der Geometrie für Obergymnasien. 3. durchgesehene Auflage. Prag, Wien, Leipzig 1896. F. Tempsky. (Min.-Erl. v. 27. Februar 1896, Z. 4038.) Geh. —.85 Gebunden 1.10

— Lehrbuch der Geometrie f. Obergymnasien. 4. Aufl. Unveränd. Abdr. der 3. Aufl. gr. 8. (222 S. m. 213 Fig.) Wien 897. F. Tempsky. — Leipzig, G. Freytag. Geb. in Leinw. n. 2.50

Hočevar, Dr. Franz, Lehrbuch der Geometrie nebst einer Sammlung von Übungsaufgaben für Obergymnasien. Mit 201 Figuren. 5., verbesserte Auflage. Wien 1902. F. Tempsky. Preis, geheftet 2 K 20 h, in Ganzleinwand gebunden 3 K 70 h.

Hočevar, Dr. Franz, Lehrbuch der Geometrie nebst einer Sammlung von Übungsaufgaben für Obergymnasien. (6., unveränderte, allgemein zulässige Auflage.) Wien 1905. F. Tempsky. Geh. K 3.20, geb. K 3.70.

Hočevar, Frz., Lehrbuch der Geometrie nebst e. Sammlung v. Übungsaufgaben f. Oberrealschulen. 2., verb. Aufl. (330 S. m. 215 Fig.) gr. 8. Wien 906. F. Tempsky. Geb. n. 4.—

Hočevar, Dr. Franz, Lehr- und Uebungsbuch der Arithmetik für die unteren Classen der Gymnasien und verwandten Lehranstalten. Prag, Wien und Leipzig 1892. F. Tempsky.

Hočevar, Dr. Franz, Lehr- und Uebungsbuch der Arithmetik für die unteren Classen der Gymnasien und verwandten Lehranstalten. 2. geänderte Auflage. Prag, Wien und Leipzig 1893. F. Tempsky. (Min.-Erl. v. 15. Mai 1893, Z. 8925.) Geheftet —.75, gebunden 1.—

Hočevar, Dr. Franz, Lehr- und Uebungsbuch der Arithmetik für die unteren Classen der Gymnasien und verwandten Lehranstalten. 3. Auflage. Prag, Wien und Leipzig 1895. F. Tempsky. (Min.-Erl. v. 3. October 1894, Z. 22613.) Geheftet 1 K 50 h, gebunden 2 K

Hočevar, Dr. Franz, Lehr- und Übungsbuch der Arithmetik für die unteren Klassen der Gymnasien und verwandten Lehranstalten. 5., verbesserte Auflage. Wien 1903. F. Tempsky. Preis, geheftet 1 K 60 h, gebunden 2 K 10 h.

Hočevar, Dr. Franz, Lehr- und Übungsbuch der Arithmetik für die unteren Klassen des Gymnasiums und verwandter Lehranstalten. 6., unveränderte, sonach gemäß Min.-Erl. vom 4. August 1903, Z. 25894, allgemein zulässige Auflage. Wien 1906. F. Tempsky. Geh. K 1.60, geb. K 2.10.

Hočevar, Dr. Franz, Lehr- und Übungsbuch der Arithmetik für Gymnasien, Realgymnasien und Realschulen. Unterstufe. (I., II. und III. Klasse.) 7., nach den neuen Lehrplänen umgearbeitete Auflage. Wien 1909. F. Tempsky. Geh. K 1.60, geb. K 2.10.

— Lehr- u. Übungsbuch der Arithmetik f. Gymnasien u. Realgymnasien. Mittelstufe (IV. u. V. Klasse). (170 S. m. 20 Fig.) 8. Wien 910. F. Tempsky. Geb. in Leinw. 2.50

— dasselbe f. Mittelschulen. Unterstufe (I., II. u. III. Klasse). 7., nach den neuen Lehrplänen umgearb. Aufl. (131 S. m. 15 Fig.) 8. Ebd. 910. Geb. in Leinw. 2.10

— dasselbe f. Realschulen. Mittelstufe (IV. u. V. Klasse). 2. Aufl. (185 S. m. 21 Fig.) 8. Ebd. 910. Geb. in Leinw. 2.90

— Lehr- u. Übungsbuch der Geometrie f. Untergymnasien. Mit 195 Fig. gr. 8. (V, 126 S.) Prag 886. Tempsky. — Leipzig, Freytag. n. 1.20; Einbd. n n. — 30

Lehr- und Uebungsbuch der Geometrie für Untergymnasien. Mit 173 Figuren. 4. umgearbeitete Auflage. Wien und Prag 1893. F. Tempsky. (Min.-Erl v. 12. Mai 1893, Z. 9700.) Gebunden —.80

— Lehr- u. Übungsbuch der Geometrie f. Untergymnasien. 6., umgearb. Aufl. gr. 8. (II, 122 S. m. 184 Fig.) Leipzig 902. G. Freytag. Geb. in Leinw. n. 1.50

— Lehr- u. Übungsbuch der Geometrie f. Untergymnasien. 7. Aufl. Unveränd. Abdr. der 6. Aufl. (II, 122 S. m. 184 Fig.) 8. Ebd. 905. Geb. n. 1.70

Hočevar, Dr. Franz, Lehr- und Übungsbuch der Geometrie für Untergymnasien. 8., im wesentlichen unveränderte, sonach gemäß Min.-Erl. vom 15. Juli 1905, Z. 26043, allgemein zulässige Auflage. Wien 1907. F. Tempsky. Geh. K 1.30, geb. K 1.80.

Hočevar, Frz., Lehr- u. Übungsbuch der Geometrie f. Gymnasien, Realgymnasien u. Realschulen. Unterstufe (I., II. u. III. Klasse). 9., umgearb. Aufl. (105 S. m. 177 Fig.) 8. Wien 910. F. Tempsky. Geb. in Leinw. 1.80

— dasselbe f. Gymnasien u. Realgymnasien. Mittelstufe (IV. u. V. Klasse). 7. Aufl. (176 S. m. 222 Fig.) 8. Leipzig 911. G. Freytag. Geb. in Leinw. 2.60

Hočevar, F.: Zur Lehre von der Theilbarkeit der ganzen Zahlen. 5 S. – Innsbruck, P 1881

— über die Lösung von dynamischen Problemen mittelst der Hamilton'schen partiellen Differentialgleichung. [Aus: „Sitzungsber. d. k. Akad. d. Wiss."] Lex.-8. (28 S.) Ebend. 879. n.n. — 50

Hočevar, Dr. Fr., Manuale di geometria per ginnasio inferiore, nach der zweiten Auflage des deutschen Originales übersetzt von F. Postet. Wien und Prag 1891. F. Tempsky. (Min.-Erl. 10. September 1891. Z. 18014.) Geheftet —.75, gebunden —.90

Hočevar, Dr. Fr., Manuale di geometria per ginnasio inferiore. 2. Auflage. Übersetzt nach der 6. Auflage des deutschen Originales von F. Postet. Wien 1902. F. Tempsky. Preis, geheftet 1 K 50 h, gebunden 2 K.

— geometrische Uebungsaufgaben f. die oberen Classen der Realschulen und verwandten Lehranstalten. gr. 8. (V, 105 S.) Ebd. 889. n. 1. 10; geb. n.n. 1. 50

— geometrische Uebungsaufgaben f. d. Obergymnasium. 1. Hft.: Planimetrie u. Stereometrie. gr. 8. (III, 51 S.) Ebd. 888. n. — 50; geb. n.n. — 80

Geometrische Uebungsaufgaben für das Obergymnasium. I. Heft (Planimetrie und Stereometrie). 2. revidirte Auflage Wien 1893. F. Tempsky. (Min.-Erl. v. 16 Mai 1893, Z 10074.) Geheftet 50 h, gebunden 80 h

Hočevar, Frz., geometrische Übungsaufgaben f. d. Obergymnasium. 1. Hft.: Planimetrie u. Stereometrie. 3., rev. Aufl. gr. 8. (51 S.) Wien u. Prag 896. F. Tempsky. — Leipzig, G. Freytag. Geb. in Leinw. n. — 80

Hočevar, Dr. Franz, Geometrische Uebungsaufgaben für das Obergymnasium. II. Heft: Trigonometrie und analytische Geometrie. Zweite revidirte Auflage. Wien 1895. F. Tempsky. (Min.-Erl. v. 31. Jan. 1895, Z. 1351.) Geheftet —.25, geb. —.40

— geometrische Übungsaufgaben f. das Obergymnasium. 2. Hft.: Trigonometrie u. analyt. Geometrie. 3. Aufl. gr. 8. (46 S.) Wien 900. F. Tempsky. — Leipzig, G. Freytag. Geb. in Leinw. n. — 80

Hočevar, Dr. Franz, Geometrische Übungsaufgaben für das Obergymnasium. 5., revidierte Auflage. Wien und Prag 1902. F. Tempsky. Preis, geheftet 1 K, gebunden 1 K 50 h.

—— Übungsbuch der Geometrie für Untergymnasien. 2. Aufl. gr. 8. (IV, 123 S. mit 195 Fig.) Ebendas. 888. * 1 20 geb. * 1 50

— über einige Versuche mit einer Holtz'schen Influenzmaschine. [Mit 2 (eingedr.) Holzschn.] [Aus: „Sitzungsber. d. k. Akad. d. Wiss."] Lex.-8. (7 S.) Ebend. 881. n. — 20

— über die Zerlegbarkeit algebraischer Formen in lineare Faktoren. (22 S.) gr. 8. Wien 904. (A. Hölder.) n. — 50
Sonderabdruck aus: „Sitzungsber. d. k. Akad. d. Wiss."

Hoch Bismarck! Preislieder d. deutschen Studentenschaft z. 80. Geburtstagsfeier d. Fürsten Otto v. Bismarck. Nebst Umschlag-Zeichng. v. Frz. Jak. Sigl. u. 2 Gedichten v. F. A. Ackermann. gr. 4. (12 S.) München 895. F. A. Ackermann. n. 1. —

Hoch Colonia von C. M. 2. Aufl. Cöln 1901. V: *Müllenbach, Carl.* (Berl)

Hoch das Bockbier! Sammlung der originellsten Bockbierlieder. (48 S. m. Abbildgn.) kl. 8. Dresden (910). E. Neumann & Co. — 75

— d. Kadettenkorps! Von ***. gr. 8. (IV, 53 S.) Magdeburg 896 Heinrichshofen's Sort. n. 1. —

Ein Hoch den Damen! *Mühlhausen i. Th.: G. Danner [1901].* (90 S.) 8° [F.]
— Buch d. Reden. Bd 11.

Ein Hoch den 42 Steuerverweigerern. Am 21. Februar. (Heil Euch, Ihr Männer ohne Furcht und Tadel.) Verlag von S. Löwenherz. 1 Bl. Fol.
Flugblatt. Berlin. 1848/49.

Hoch Deutschland! Hurrah Preußen. Hrsg. von H. Goeosche und Hesekiel. Redact.: H. Goedsche. 1870. Nr. 1—10. (à 8 S. mit eingedr. Holzschn.) 4. Berlin, Goedsche.

Hoch die Arbeiter-Solidarität! Wien, Verlag von Kleedorfer, Druck von Kamus u. Strezek, s. a.

Hoch die Damen! Toaste auf d. Damen. *Berlin: E. Bloch [1900].* (80 S.) 8° [F.]
— Sammlung. Ludw. Blochs, neuer Ansprachen u. Tischreden in Prosa. Bdch. 27.

Hoch gelobt sei ohne End' Jesus Christus im allerheiligsten Altarssakrament. Katholisches Gebetbuch f. Verehrer d. hl. Altarssakramentes m. Altarsbesuchgn. f. alle Tage e. Monats u. 8 Besuchgn. f. alle Tage e. Woche, vom hl. Alphons v. Liguori. Nebst den gewöhnl. Andachtsübgn. 16. (448 S. m. 3 Steintaf.) Einsiedeln 875. Eberle, Kälin & Co. — 75

„Hoch lebe der Rhein!" Taschencommersbuch f. Rheinländer in Heimath u. Fremde. 16. (VI, 101 S.) Bonn 887. Schulbuchhandlung. geb. — 75

Hoch Oesterreich! Von einem Nicht-Oesterreicher. gr. 8. (9 S.) Karlsbad 867, Bohlenz. *

Hoch Oesterreich! Declamatorium für die vaterländische Jugend, zugleich Handbuch für alle Schulfestlichkeiten und Hausschatz für das deutsch-österreichische Volk, unter Mitwirkung von Heinrich Leo Weber herausgegeben von Anton Kutschera. 8. (VIII, 168 S.) —.60, cart. .80
Wien: Daberkow 1893.
Prag: Huth 1892.

Hoch preise den Herrn meine Seele! Ein Gebetbuch für Katholiken zur Belebung und Erhöhung der Andacht. 12. (Mit 1 Stahlst.) München 844, Jaquet. 1 ƒ

Hoch preise den Herrn meine Seele! Ein Gebet- u. Andachtsbuch zur Belebung u. Erhöhung der Andacht. Festgeschenk für gebildete kathol. Christen. 2. Aufl. Mit 2 Stahlst. gr. 12. (VI u. 366 S.) Augsburg 849, Jaquet. 24 ngr; geb. m. Goldschnitt u. in Futteral 1 ƒ 18 ngr.

Hoch preiset meine Seele den Herrn! Kath. Gebet- u. Erbauungsbuch f. Kirche u. Haus. *Einsiedeln, Köln: Benziger & Co. [um 1902].* (448 S.) 8° [F.]

Hoch u. Niedrig oder die Sünde ist der Leute Verderben. Drei Erzählungen aus dem Leben. Für Jung u. Alt, für Vornehm u. Gering. Berlin 861. Beck. 16. (IV, 75 S.) n. 5 ngr.

Hoch, über die richtige Darstellungsart der Rechnungen im Allgemeinen ꝛc. Tübingen, Fues.

Hoch, Oberst a. D. Ueber Heilstätten für Trunksüchtige. Dresden 1888.

Hoch, der St. Petersburger Seecanal, vom commerciellen Standpunct. 1. u. 2. Hft. St. Petersburg 883 u. 84.

Höch, A., Apotheker. Liederbuch für Mässigkeitsvereine des Blauen Kreuzes. Nordstrand 1897. 16 S. 8°. Mk. —.20.

Hoch, Albert, aus Hagenau: Über **Inversio** Uteri nebst Mitteilung eines Falles von Inversio uteri completa, complizirt mit Prolapsus uteri totalis, geheilt durch Totalextirpation per vaginam. *Hagenau i. E. 1899: L. G. Ulrich-Gilardone.* (60 S.) 8°
Strassburg, Med. Diss. v. 1899

Hoch, Alex., s.: Geiler's v. Kaysersberg Ars moriendi.

Hoch, Alex., die idealen Grundlagen unseres Vereinslebens. Rede, geh. auf der Festversammlg. des Verbandes der kathol. kaufmänn. Vereiniggn. Deutschlands am 22. VIII. zu Straßburg i. Elsaß. Hrsg. v. dem kath. kaufm. Verein Argentina. (16 S.) gr. 8. Mainz 905. Kirchheim & Co. n. —40

— Maria Immaculata. Predigt auf das Fest der unbefleckten Empfängnis, geh. zu Wasselnheim i. E. im Dezbr. 1899. gr. 8. (23 S.) Mainz 900. F. Kirchheim. n. —40

Hoch, Alex., s.: Kirche u. Zeitgeist.

Hoch, Alexander [Dr.]: Lehre des Johannes Cassianus von Natur und Gnade. E. Beitr. z. Geschichte d. Gnadenstreits im 5. Jh. ... Freiburg i. Br., Herder, 1895; 4 Bl., 116 S. 8.
Würzburg, Theol. Fak., Inaug.-Diss. v. 1895

— Papsttum u. Kultur m. besond. Berücksicht. der Einwendungen des Grafen v. Hoensbroech gegen die „Göttlichkeit" des Papsttums. (32 S.) gr. 8. Strassburg 907. F. X. Le Roux & Co. —60

— **Papst Pius X. Ein Bild kirchl. Reformtätigkeit. (IX, 250 S.) gr. 8. Leipzig 907. G. Müller-Mann. n. 3.50; geb. n.n. 4.50**

— Papst Pius X. Ein Bild kirchl. Reformtätigkeit. Mit dem Bildnis des Papstes nach dessen Monumentalbüste v. F. Seeboeck. Billige Volksausg. Mit e. Anh. der jüngsten amtl. Dokumente üb. den Modernismus: Syllabus „Lamentabili"; Enzyklika: „Pascendi Dominici"; Motu proprio: „Praestantia Scripturae". (VII, 292 S.) gr. 8. Leipzig (908). [G. Müller-Mann.] München, Süddeutsche Verlagsbuchh. 2.50; geb. 3.50

Hoch, Alfred. Zur Behandlung der akut-eitrigen Bauchfellentzündung mit Spülung und rektalen Kochsalzeinläufen. Aus der chirurgischen Klinik Basel (Vorsteher: Prof. Dr. Max Wilms). Diss. Med. Basel. 34 S. 8. Basel, Friedrich Reinhardt, 1908.

Hoch, Alois, Veterinär-Normalien, betreffend die Organisation des österreichischen und ungarischen Veterinär-Wesens, einschliesslich Bosniens und der Herzegowina. Sammlung von Veterinär-Gesetzen und Verordnungen, unter Mitwirkung der Herren W. Czech, Franz Grundt etc. herausgegeben. I. Bd. Das Civil-Veterinär-Wesen. 1. Abtheilung. 8. (420 S.) 1.80
Wien: Perles 1889.

Hoch, August

Hoch, A., Anleitung f. diejenigen, welche sich mit Verfass. von Memorialien u. Vorstellungen beschäftigen. 8. Tübing. Osiander. (in Comm.) 815.

— **Anleit. für diejenigen, welche sich mit Verfassung von Memorialien u. Vorstellungen beschäftigen. 8. Tüb. ohne Jahrz. (815). N. Aufl. 8. Rotenb. 820. Typograph. Compt. (Drechsler in Heilbr.) 12 K**

Hoch, Aug.: Anleit. f. diej., welche sich mit Verfass. v. Memorialen u. Vorstell. beschäftigen. (*Tübing.* 815.) N. verb. A. *Rothenb.*, typogr. Cpt. 821. 8. (12 Gr.)

— kurze Anweis. zu verschiedenen Ausmessungen u. Berechnungen, welche bei dem Bauwesen vorzukommen pflegen. 8. Gmünd 817. Ritter. 5 K

— **Archiv gemeinnützige Aufsätze über interessante Gegenstände d. Oberamts- u. Oberamtsgerichtspraxis. 3 Hft. 8. Tübing. 181.. (Drechsler in Heilbr.) 14 K**

— **kleine Aufsätze zu Beförderung höherer Ausbildung würtemb. Cameralisten. 8. Gmünd 818. Ritter. 1 K**

— **Bemerkungen über den rechtlichen Begriff u. Unterschied von Dotal- u. Paraphernal-Vermögen. 8 Gmünd 817. Ritter. 4 K**

— einige Bemerkk. zur Beantwort. der Frage: Was versteht man unter Vermögen, Activ- u. Passiv-Vermögen etc. (Aus d. kleinen Aufsätzen besond. abgedr.) 8. Gmünd 818. Ritter. 2 K

— **rechtliche Bemerkk. üb. die von der Güter-Abtretung ausgenommenen Gegenstände. 8. Rotenburg 816. 2e Aufl. 821. Typograph. Cpt. (Drechsler in Heilbr.) 16 K**

— Entwickelung der Lehre von der accessorischen Appellations-Adhäsion in Civil- u. Criminalprocessen. 8. Rotenb. 821. Typograph. Cpt. (Drechsler in Heibr.) 9 K

— **Etwas üb. die richtige Berechnungsart der Falcidischen Quarte bei solchen Legaten, welche erst nach dem Tode der Erben zahlbar sind. (Aus den kl. Aufsätzen besond. abgedr.) 8. Gmünd 818. Ritter. 2 K**

— **Napoleon Bonaparte's Fall u. Deutschlands Erlösung. 8. Gmünd 820. (Drechsler in Heilbr.) 1 K**

Hoch, Aug., üb. Finanz-Cassen etwas. 8. Stuttg. Heerbrand. 810.

— **üb. Finanz-Kassen-Etats. 8. Stutg. 809. 2e Aufl. 8. Bartenstein 814. 3e Aufl. 8. Rotenburg 820. Typograph. Cpt. (Drechsler in Heilbr.) 10 K**

— **Gant-Lokations-Tabellen. Rotenb. (Drechsler in Heilbr.) Das Buch 16 K**

Hoch, Aug. 1., Gedanken üb. die richtige Darstellungsart d. Rechnungen im Allgemeinen, so wie d. Pfleg-Rechnungen insonderheit etc. 8. Tübing. 808. Fues. 6 K

— **Journal f. würtemberg. Schreiber. 4 Hfte. 8. Rotenb. 809, 10. Typograph. Cpt. (Drechsler in Heilbr.) 1 fl 15 K**

Hoch, Aug. H., der Kirchhof, ein moral. Gedicht. 8. Landsh. 809. 2e Aufl. 810. Weber in München. 8 gr

— der Kirchhof, ein moral. Gedicht, neue verb. Aufl. 8. Ebend. 815.

— — der Kirchhof, ein moral. Gedicht. Neue Aufl. 8. Landshut, Weber. 820.

— können exemplarisch substituirende Eltern den Gatten ihres Kindes v. dem schon gesetzlicher Weise gebührenden Pflichttheil ausschließen? rc. 8. Gmünd 817. Ritter. 6 gr

— über die Lehre von Revision der Inventuren u. Theilungen. 3 Thle. Auch u. d. T.: Ueber die Lehre von Revision des privativeigenthüml. Vermögens zweier Eheleute rc. 8. Rotenb. 808—10. Typograph. Cpt. (Drechsler in Heilbr.) 1 ℔ 15 gr

— Magazin gemeinnütziger Beobachtt. u. interessanter Rechtsfälle in Concurssachen. 1s Hft. 8 Gmünd 818. Ritter. 16 gr

— neues Magazin gemeinnütz. Beobachtt. u. interessanter Rechtsfälle in Concurssachen. 1s, 2 Hft. 8. Rotenb. 820. (Drechsler in Heilbr.) 1 ℔ 4 gr

— Minos. Eine polit., geschichtl. u. literar. Zeitschrift. 1r Bd., 1s, 2s Hft. 8. Rotenb. 821. Typograph. Cpt. (Drechsler in Heilbronn). 1 ℔ 4 gr

— der würtemberg. Schreiber u. seine Vorbereitung zum Examen. 8. Tübing. 810. (Drechsler in Heilbr.) 16 gr

— Schillers Todtenfeier, ein dramat. Gedicht. 8. Tübing. 808. Osiander. 3 gr

• — Schillers Todtenfeier, ein dramat. Gedicht. 8. Ebend. 810.

Hoch, Aug. I., Unterricht f. Gant-Güterpfleger, nach allgemeinen Grundsätzen bearb. 8. Tüb. 814. (Drechsler in Heilbr.) 7 gr

Hoch, A.: Ueber d. Verbindlichkeit d. Kinder zur Herausgabe ihres Heirathsgutes, bei einem üb. d. Vermögen ihrer Eltern entstandenen Concurse d. Gläubiger. *Tübingen*, (*Heilbronn*, Drechsler.) 810. 8. (4½ Gr.)

— üb. die Zahlungen, welche mit Geldrollen geschehen. 8. Landsh. 820. (Drechsler in Heilbr.) 7 gr

— Zeitschrift f. Gesetzgebung Würtembergs. 1s Hft. 8. Gmünd 818. Ritter. 21 gr

Hoch, Benno

Hoch: Der Brief St. Pauli an die Epheser. 32 S. – Halle R., Progr. 1868.

Hoch, Benno, die Briefe Pauli ausgelegt für Bibellehrer. I. Der Brief Pauli an die Epheser. gr. 8. (XII, 262 S.) Halle 869, Schwabe.

Hoch, Benno, Bröckchen. Schlichte Verse. 1. Aufl. (111 S.) 1879. *M 1,50.; geb. *M 2; 2. Aufl. 16. (111 S.) Gleiwitz 882, Jaeger. geb. *

Hoch, Benno, Bröckchen. Schlichte Verse. 2. Aufl. 16. (111 S.) Gleiwitz 882. Jaeger. geb. n. 2. 25

—— zum Gedächtniß des am 27. Jan. im Herrn entschlafenen Prof. Chr. Ziemann. Worte am Grabe gesprochen. gr. 8. (8 S.) Halle 869, Schwabe. *

—— Frommes Leben. Dichtungen der Neuzeit, ausgewählt. Eingeführt durch Fr. Ahlfeld. gr. 16. (XXIV, 451 S.) Leipzig 868, Teubner. M 3.; geb.

Hoch, Benno, die Unsterblichkeit Zeitpredigt üb. Evang. Lucä 16, 19—31. gr. 16. (14 S.) Neuhaldensleben 876. Eyraud. — 30

Hoch, Carl ..., s. Hoch, Karl ...

Ein geschichtlicher Abriss über die Loge zur Hoffnung in Bern. Von Charles Hoch. (Aus d. Franz.) [T. 1.] 2. Bern 1888 [recte: 1889]: Haller. 8°

[1.] 52 S.; 2. 143 S.

Aus: Al. 14 (1888) S. 3—11, 17—24, 33—38, 49—55, 65—70, 81—85, 97—103, 113—118, 129 bis 134, 212—219, 225—230, 241—245, 257—262, 273—278, 289—295, 305—312, 321—324, 337 bis 343, 353—362; 15 (1889) S. 20—23, 37—41, 49—54, 65—69, 81—85, 97—102, 113—118, 129 bis 134, 145—149, 177—182, 193—195, 209—215, 225—229, 241—243, 257—261, 273—277, 289 bis 300, 305—310, 321—329.

In Annalenform. Schliesst mit dem J. 1876. Nebst Überblick üb. den Zustand der Schweizer Logen vor Gründung der Loge z. Hoffnung.

Hoch, Karl, Anhang zum schweizerischen Handbuch für den Post-, Telegraphen-, Eisenbahn- und Zoll-Verkehr. 8. (30 S.) Bern 880, Haller. *

Hoch, Charles, guide commercial pour les postes, les télégraphes, les chemins de fer et les péages. 8. (144 S.) Bern 878. Haller. n. 1. 60; cart. n. 2. —; Supplément (29 S.) 880. n. — 50

Hoch, Charles, (Fonctionnaire des postes suisses). Guide commercial pour les postes, les télégraphes, les chemins de fer et les péages. In-16°, 144 p. Berne, Magron. 1878

Hoch, Charles, schweizerisches Handbuch für den Post-, Telegraphen-, Eisenbahn- und Zoll-Verkehr. 8. (157 S. mit 2 Tab.) Bern 878, [Magron.] Haller. (*M 1,60.) — 80
cart. (*M 2.) 1 —

— et de Mandrot, Morat et Charles le Téméraire. Illustrée de cartes et gravures. 8. Basel, B. Schwabe. br. 1876 3. —

Hoch, Karl, Murten u. Karl der Kühne. Unter Mitwirkg. von Oberst A. v. Mandrot. Deutsch v. Steph. Born. Mit e. (chromolith.) Karte d. Schlachtfeldes v. Murten (in gr. Fol.) u. zahlreichen Illustr. (Holzschntaf.) 8. (VII, 179 S.) Basel 876. Schwabe. n. 2. 40

— · Supplément au guide commercial pour les postes, les télégraphes, les chemins de fer et les péages. 8. (29 S.) Ebendas. 880.

Hoch, Charles. Un territoire oublié au centre de l'Europe (Moresnet). E. 8. Berne 1881.

Hoch, Chr. J., 12 vierstimm. Gesänge f. kirchl. Sängerchöre. 4. Jena 830. Cröker. 8 gGr.

Hoch, Christe, dich segnen meine Lieder! (IV, 86 S. m. Bildnis.) kl. 8. Arnstadt-Holzhausen 907. [Verlag des Merker.] Berlin-Karlshorst, H. Friedrich. n. 1. —

Hoch, Constanze, s. Hoch, Konstanze

Die Lösung der Schulbankfrage. Von Daniel August Hoch, Hauptlehrer. Schloppe: Selbstverl. 1904. (37 S.) 8° [Umschlagt.] 05. 8360 9

Hoch, Ferd., der Geschäftsgeist, sein Ursprung, Wesen u. Ziel. Vortrag geh. im Gewerbeverein zu Tübingen. 8. (30 S.) Tübingen 876. Fues. n. — 60

Hoch, Fr., zur Frage d. Zufuhrwege in Russland. Nationalökonom. Studie. gr. 8. (III, 142 S.) Berlin 896. E. S. Mittler & Sohn. n. 3. —

Hoch, Fr., der St. Petersburger Seecanal. Ein Beitrag vom commerciellen u. allgemein-öconom. Standpunct auf Grund pract. Erfahrgn. 1. u. 2. Hft. gr. 4. (VI, 33 u. VI, 51 S.) St. Petersburg 883 u. 84. (Schmitzdorff.) à n. 2. —

Hoch, Fr., erster Versuch einer Lösung der Eisenbahn-Tariffrage in Russland, nach den Verhandlungen und Beschlüssen der unter dem Vorsitz des Staatssecr. von Hübbenet am 3. Juni 1883 Allerhöchst eingesetzten Tarifcommission, mit Ergänzungen und Erläuterungen. gr. 8. (XIII, 167 S.) St. Petersburg 885, (Ricker.) * 5 —

Hoch, Fr., einige Worte Wahrheiten zu Russlands vergangenen u. gegenwärtigen Verhältnissen. Populärer handelspolit. u. nationalökonom. Vortrag, geh. am 24. IX. 1910 in der „Union", Verein junger Kaufleute in Rostock i. M. (49 u. LX S.) 30×23,5 cm. Rostock (910). C. Hinstorff. 5.

Hoch, Friedrich August [aus Waldkirch]: Vergleichende Untersuchungen über die Behaarung unserer Labiaten, Scrophularineen und Solaneen .... Freiburg i. B., Buchdr. v. J. Dilger, 1886; 64 S. 8°. Freiburg i. B., Phil. Fak., Inaug.-Diss. v. 1886.

Hoch, Friedrich Augustin

Hoch, Fr. A., zur Geschichte des Weinbaus in Mittelbaden. Mit besond. Berücksicht. der Ortenau u. Bühler Gegend. Anläßlich des 25jähr. Bestehens des Handels- u. Gewerbe-Vereins Bühl u. der aus diesem Anlaß stattfind. Bez.-Gewerbe- u. Industrie-Ausstellg., verbunden m. Weinausstellg. u. Kostprobetag, hrsg. (62 S. m. Abbildgn. u. 1 Taf.) gr. 8. Bühl 905. (Konkordia.) n. 1. 50

Hoch, F. A., amerikanische Saat-Reben. Naturgemäßes Mittel zur Erhaltg. unseres Weinbaues trotz Reblaus. gr. 8. (VIII, 20 S.) Waldkirch i/Br. 889. (Karlsruhe, Braun.) n. — 60

Hoch, Friedrich Augustin: Amerikanische Saat-Reben. Naturgemäßes Mittel zur Erhaltung unseres Weinbaues trotz Reblaus. Waldkirch i. Br.: Seeger in Comm. 1889. VIII, 20 S. -- 31. F 1*
Heinsius: Hoch, Augustin.

Hoch, Friedrich Wilhelm

Hoch, Fridericus Guilelmus: De Babrii fabulis, quae in codice Athoo leguntur corruptis atque interpolatis. Halis Saxonum 1870: Ploetz. 37 S. 8°
Halle-Wittenberg, Phil. Diss. v. 7. [vielmehr: 10.] Jan. 1871
Geb. Suhl [5. 4.] 1845. V.

Hoch, Gustav

— Die Krankenversicherungsordnung nach den Beschlüssen der Reichstagskommission. Ein Ueberblick über die wichtigsten Beschlüsse. 8⁰. Frankfurt a/M., E. Schapper, 1911. (Krankenkassen-Bibliothek, Heft 9.)

Hoch, Gust., Worte u. Thaten des arbeiterfreundlichen Zentrums. Ein Kapitel zum Nachdenken für die Arbeiter. gr. 8. (32 S.) Berlin 900. Buchh. Vorwärts. n. — 10

Hoch, Prof. Dr. Gustav Adolf. Die Abgrenzung und Gliederung der Selvretta-Gruppe. Ein vollständiger Beitrag zur allgem. Orographie der nordrhätischen Alpen zwischen Rheinthal, Arlbergbahn und Engadin. gr. 8. (43 S. mit einer Karte und einer Zinkotypie.) Wien, Alfred Hölder. Geh. 80 kr.
1884

Hoch, J., s. a. Rolf, A.

Hoch, J.: Geschichte des Gymnasiums 1807 - 1850. Fortsetzung. 42 S. 4°.– Schässburg, Progr. 1872.

Hoch, J. H., der fromme Christ in d. Erhebung seines Herzens. Ein Gebetb. f. Katholiken. 2. Aufl. 12. (10½ B., Titkpfr. u. gest. Titl.) Köln 838, Heinrigs u. Gatti. -

Hoch, J. H., vollständiger Theetisch, oder die Kunst, einen vornehmen Zirkel auf das Eleganteste zu serviren. Ein Rathgeber für angehende Mundköche, Wirthe, Hausfrauen etc. Auf mehrjähr. eigene Erfahrung gegründet u. hrsg. Dresden 865. (Tittel's Verlag.) 8. (III, 72 S.) n. 10 ngr.

—— Weihe d. Glaubens, d. Hoffnung u. d. Liebe. Ein vollständ. Gebet- u. Erbauungsbuch f. kathol. Christen. 2. Aufl. gr. 12. (24 B.) Köln 838, Heinrigs u. Gatti. Ausg. I. 19 Gr., II. 17 Gr., III. —

Hoch, J. H., Weihe des Glaubens, d. Hoffnung u. d. Liebe. Ein vollständ. Gebet- u. Erbauungsbuch f. kathol. Christen. 16. (36 B. u. 1 Titkpfr.) Cöln 846, Greven. 15 Ngr., Velinp. 25 Ngr., m. 12 Stahlst. u. 1 Kpfr. 22½ Ngr., Velinp.

Hoch, J. P. H., Diss. inaug. jur. de differentia inter cambii cession. et indossationem. 8 maj. Götting. 800. Dieterich. 2 gGr.

Hoch, Jakob, a. Engelstadt, Großh. Hessen: Zur Frage der Konkurrenzfähigkeit von Groß-, Mittel- und Kleinbetrieb in der Landwirtschaft. (T. 2, Kap. 2 bis 4.) (Berlin: 1906: W. Pilz.) (V, 50 S.) 8° ¶ (Erscheint voraussichtl. vollst. in den „Landwirtschaftlichen Jahrbüchern".)
Berlin, Phil. Fak., Ref. Sering, Diss. v. 30. Juni 1906
[Geb. 17. Dez. 75 Engelstadt; Wohnort: Engelstadt; Staatsangeh.: Hessen; Vorbildung: Oberrealsch. Offenbach a. M. Reife M. 02; Studium: Berlin Univ. 2, Berlin Landw. Hochsch. 3, Berlin Univ. 2 S.; Rig. 5. März 06.]

Hoch, Imman.

— s. N. Frischlin, die Religionsschwärmer oder Mucker.

Hoch, Imman., Geschichte d. würtemberg. Veste Hohenasperg u. ihrer merkwürd. politischen u. a. Gefangenen. gr. 8. (6 B.) Stuttgart 838, [Gärtner.]

Hoch, J. M. Geschichte der würtembergischen Veste Hohen-Asperg. (6 B.) 8. Stuttgart 1839. 1,20.

—— Geschichte d. würtemberg. Vesten Hohenurach u. Hohenneuffen u. ihrer merkwürd. Staatsgefangenen. gr. 8. (6 B.) Stuttgart 838, [Gärtner.]

Hoch, Imman., die neukathol. Kirche im Ei, od.: Die Vereinigung d. christl. Hauptparteien. Eine Epistel an Paulus üb. dess. Bibelschrift f. d. ganze Christenheit. Mit Glossen, nebst angehängten histor. Vorbildern zu d. Portrait d. Köln. Erzbischofs Droste in d. Schrift: Entweder — Oder. gr. 8. (3¼ B.) Stuttgart 838, [Gärtner.] Thlr.

—— der deutsche Salomo, metr., od. Geist d. salomon. Poesie in möglichst wortgetreuen größtenth. gereimten deutschen Nachbildungen. gr. 8. (8 B.) Carlsruhe 837, Müller'sche Hofbuchh.

—— letztes Schicksal d. würtemberg. Veste Hohentwiel. Nebst d. Leben ihres Vicekommand. Oberst Frhrn. v. Wolf, u. der Gesch. ihrer merkwürd. Staatsgefangenen. gr. 8. (4½ B.) Stuttgart 837, (Neff.)

Hoch, Imman, Christi Versuchung. Ein Gedicht. 8. Stuttgart 830. Brodhag. 1/12 ℛ

Hoch, Josef, aus München: Unterhaltspflicht und -anspruch der Ehegatten untereinander. *Rostock 1904: C. Hinstorff.* (123 S.) 8°
Rostock, Jur. Diss. v. [27. Febr.] 1904

Hoch, Jul., Aufgaben aus der Flächen- u. Körperberechnung, der praktisch. Berufsthätigkeit der Handwerker entnommen. Für Gewerbe-, Handwerker- u. gewerbl. Fortbildungsschulen hrsg. 1.—5. Hft. 8. Leipzig 889. 890. E. A. Seemann. à — 30
1. Für Klempner, bearb. v. J. Hoch. (26 S. m. 1 Taf.)
2. Für Zimmerer, bearb. v. J. Hoch. (27 S. m. 1 Taf.)
3. Für Maurer, bearb. v. J. Hoch. (30 S. m. 1 Taf.)
4. Für Tischler, bearb. v. O. Winkelmüller. (29 S. m. 1 Taf.)
5. Für Schlosser, bearb. v. K. A. Mayer. (32 S. m. 1 Taf.)

Hoch, Jul., Aufgaben aus der Flächen- u. Körperberechnung, der praktischen Berufstätigkeit der Handwerker entnommen. Für Gewerbe-, Handwerker- u. gewerbl. Fortbildungsschulen hrsg. 3. u. 5. Hft. kl. 8. Leipzig, Seemann & Co. à n. — 30
3. Für Maurer, bearb. v. Jul. Hoch. 2. Aufl. (30 S. m. 1 Taf.) 906.
5. Für Schlosser, bearb. v. K. A. Mayer. 2. Aufl. (32 S. m. Fig.) 904.

— Aufgabensammlung aus dem Steinschnitt. Für den Unterricht an Baugewerk- u. Tiefbauschulen, Gewerbe- u. Handwerkerschulen, gewerbl. Fortbildungsschulen entworfen u. gezeichnet. Enth. 100 Bl. Zeichngn. in Mappe. (IV S. Text.) gr. 8. Hannover 905. [C. Meyer.] Leipzig, H. A. L. Degener. n. 4. —

— neue ausgeführte Eisenkonstruktionen. Sammlung v. Eisenbauausführgn. erster Firmen. Zusammengestellt u. gezeichnet. I. Abtlg., enth. 25 Blatt. (IV S. Text.) Fol. Berlin 904. W. Ernst & Sohn. In Mappe n. 12. —

— dasselbe. II. Abtlg., enth. 25 Blatt. (IV S. Text.) Fol. Ebd. 905. In Mappe n. 12. —; f. Abnehmer der 1. Abtlg. n. 8. —

Hoch, Jul., Elemente der Eisenkonstruktionen. Vorlage-Blätter, für Baugewerks- u. Werkmeisterschulen, gewerbl. Fach- u. Fortbildungsschulen, sowie f. Handwerkerschulen entworfen u. gezeichnet. 15 Blatt u. erklär. Text. Mit Gutachten v. Knothe-Seeck u. Osk. Pache. Fol. (12 S. Text.) Leipzig 900, O. Spamer. n. 6.

Hoch, Jul., Elemente d. kunstgewerbl. Zeichnens f. Schlosser. Vorlagen f. d. Zeichenunterr. an Gewerbe-, Handwerker- u. Fachschulen. Fol. (40 farb. Taf.) Zittau 898. A. Graun. In Mappe n. 7. —

Hoch, Jul., die Entwicklung der Ferienkolonien. gr. 8. (33 S.) Lübeck 883. Quitzow. n. — 50

Hoch, Jul., Feuerschutztüren, s. a. Hartleben's, A., mechanisch-technische Bibliothek. 15. Bd.

Hoch, J., Feuerschutztüren. Ein Handbuch für Architekten, Ingenieure, Baumeister und Baugewerksmeister, sowie für die Beamten der Baupolizeibehörden, der Berufsfeuerwehr und der Feuerversicherungsgesellschaften. Wien, 1906. 127 S. mit 111 Abb.

Hoch, Jul., der Geldschrankbau. Die Konstruktion v. Geldkassetten u. Geldschränken, durch Querschnitte dargestellt f. Geldschrankfabrikanten, Schlossermeister, Banken u. s. w., sowie als Vorlageblätter zum Gebrauche an Fach- u. Werkmeister-, Handwerker- u. Gewerbeschulen, sowie an gewerbl. Fortbildungsschulen. 23 Taf. in mehrfachem Farbendr. m. (eingedr.) erklär. Text. Mit e. Vorworte des Vorstandes des Verbandes deutscher Schlosser-Inngn. Fol. (1 Bl. Text.) Dresden 893. G. Kühtmann. In Mappe. n. 16. —

— 1000 eingekleidete Gleichungen. Eine Ergänzg. der algebraischen Aufgabensammlgn. f. höh. Schulen sowie insbesonders f. techn. Fachschulen u. Baugewerkschulen. (125 S.) 8. Essen 909. G. D. Baedeker. 2. —

— das Holz u. seine Bearbeitung, s.: Miniatur-Bibliothek.

— s.: Kalender f. Gewerbeschullehrer.

— Katechismus d. Projektionslehre m. e. Anh., enth. Die Elemente d. Perspektive, s. a. Weber's illustrierte Katechismen.

— Katechismus der Projektionslehre. Mit e. Anh., enth. die Elemente der Perspektive. 12. (VIII, 131 S. m. 100 Abbildgn.) Leipzig 891. J. J. Weber. Geb. n. 2. —

— der Klempner, s.: Beruf, mein künftiger.

— der Kunst-, Bau- u. Maschinenschlosser, s.: Beruf, mein künftiger.

Hoch, Jul. (II.), Lehrbuch der ebenen Geometrie. 1. Tl.: Linien, Winkel, Kongruenz und Gleichheit der Figuren. gr. 8. (XV, 164 S. mit 126 in den Text eingedr. Holzschn.) Halle 884, Schmidt's Verlagsh. *

Hoch, Jul., Lehrbuch der ebenen Geometrie. 2. Tl.: Die Proportionslehre, Ähnlichkeit der Figuren. Die berechnende Geometrie. gr. 8. (XII, 168 S. mit 91 in den Text eingedr. Holzschn. und 1 Fig.-Taf.) Halle 885, Schmidt. * 1 75
1. Tl. Ebendas. 1884. * ℳ 1.75.

— s.: Lehrhefte f. den Einzelunterricht an Gewerbe- u. Handwerkerschulen.

Leitfaden f. den Eisenbahnhochbau, s.: Degener, Herm. A. L., Leitfäden f. Baugewerkschulen.

Leitfaden der Projektionslehre einschliesslich der Elemente der Perspektive u. schiefen Projektion. 3., verm. u. verb. Aufl. m. 155 in den Text gedr. Abbildgn. (VII, 189 S.) 8. Leipzig 907. J. J. Weber.
Geb. in Leinw. 2.50

Hoch J. Masszeichnen nach Modellen für Mechaniker. (Lachner II, 5) 4° Leipzig 1889

— Materialiensammlung f. den Steinschnitt. Enth. 100 Bl. Zeichngn. f. Architekten, Ingenieure, Baumeister, Maurermeister u. Bautechniker u. f. den Unterricht an Baugewerk- u. Tiefbau-, Handwerker-, Gewerbe- u. gewerbl. Fortbildungsschulen, besonders auch als Anwendg. der darstell. Geometrie in der Baupraxis. Neue [Titel-]Ausg. der Aufgabensammlg. aus dem Steinschnitt. (IV S. Text.) gr. 8. Leipzig [905]. 907. H. A. L. Degener. In Mappe 4. —

—— Projektionslehre, s. Weber's, J. J., illustr. Katechismen Nr. 130.

Hoch J. Projektionslehre. (Weber's illustrierte Katechismen 130) Leipzig 1891

— der praktische Schlosser. Ein Handbuch f. Schlosser, Bauhandwerker u. Fachschüler. Mit 861 in den Text gedr. Fig. inkl. 83 Taf. gr. 8. (VIII, 525 S.) Leipzig 901. J. J. Arnd. Geb. in Leinw. n. 18.

— Schloß-Konstruktionen. Ausgeführt m. Zugrundelegung v. Verhältniszahlen. Vorlageblätter zum Gebrauche an gewerbl. Fortbildungsschulen, Handwerker-, Gewerbe-, Fach- u. Werkmeisterschulen. 1. Tl. Schloßteile und einfache Schlösser. qu. gr. Fol. (16 Taf. in Farbendr.) Mit erklär. Text. Fol. (8 S.) Leipzig 890. Gebhardt. In Mappe. n. 8.

— **Schloß-Konstruktionen. Ausgeführt m. Zugrundelegg. v. Verhältniszahlen. Vorlageblätter zum Gebrauche an gewerbl. Fortbildungsschulen, Handwerker-, Gewerbe-, Fach- u. Werkmeisterschulen. 2. Tl. Besondere Schloßarten, Kombinations- u. Sicherheitsschlösser. qu. gr. Fol. (20 Taf. in Farbendr.) Mit erklär. Text. Fol. (8 S.) Leipzig 891.** Gebhardt. In Mappe. n. 10. —
(kplt. in 1 Mappe: n. 18. —)

Hoch, Jul., die neueren Sicherheitsschlösser, s. a. Fach-Bibliothek f. Bau-, Kunst- u. Maschinen-Schlosser ꝛc.

Die neueren Sicherheitsschlösser. Bearb. von Julius Hoch, Ing. in Lübeck. M. 39 Textfig. u. 4 Taf. *Berlin: A. Seydel 1891.* (83 S.) 8° [Fl] = Fach-Bibliothek f. Bau-, Kunst- u. Maschinen-Schlosser. Bd 5. [... 85.

— Technologie d. Schlosserei, s. a. Weber's illustr. Katechismen.

— Technologie der Schlosserei. 1 u 2. (Weber's Katechismen 177. 178) Leipzig 1899

Hoch J. Technologie der Schlosserei 3. (Webers Katechismen 179) Leipzig 1901

— Tiefbauzeichnen. Vorschule f. das Fachzeichnen im Tiefbauwesen. 32 Vorlageblätter f. den Unterricht an Baugewerk- u. Tiefbauschulen, gewerbl. Fortbildungs-, Fach- u. Handwerkerschulen. Fol. (IV S. Text.) Hannover 900. Gebr. Jänecke. In Mappe n. 13.50

— eiserne Thüren u. Thore. Vollständige Konstruktions-Zeichngn., m. Angabe der Schnitte u. Maasse. Dargestellt f. Baumeister, Architekten, Ingenieure u. Schlossermeister, sowie zum Gebrauche in gewerbl. Fachschulen. 1. u. 2. Hft. Fol. (16 Taf. m. II S. Text.) Leipzig 899. O. Spamer. In Mappe à n. 3.50

— Vorlagen f. Bauschlosser. 16 (farb.) Vorlageblätter m. Zugrundelegg. v. Verhältniszahlen f. den Gebrauch an gewerbl. Fortbildungsschulen, Handwerker-, Gewerbe-, Fach- u. Werkmeisterschulen. gr. Fol. Dresden 892. G. Kühtmann. n. 12. —

— das Wichtigste aus der Geometrie. I u. II. Mit Rücksicht auf die prakt. Anwendg. im gewerbl. u. techn. Leben bearb. (Dr. Ludw. Huberti's prakt. gewerbl. Bibliothek.) gr. 8. Leipzig 902. H. Klasing. Geb. in Leinw. n. 3.80
I. Leitfaden der ebenen Geometrie f. Gewerbetreibende u. gewerbl. Schulen. (VIII, 80 S. m. 108 Abbildgn.) n. 2. —
II. Leitfaden der räumlichen Geometrie f. Gewerbetreibende u. gewerbliche Schulen. (VII, 54 S. m. 41 Abb.) n. 1.80

Hoch, Karl, s. a. Hoch, Charles

Hoch Karl: Josef Albl. †. 2 Wien IV. R. 00.
Progr.

– (Bearb.), s. a. Breslau, Regierungsbezirk.

(Prov. Schlesien.) Regierungsbezirk Breslau. Bearb. von C[arl] Hoch. Maßst. 1:300,000. *Glogau: C. Flemming [1903].* (1 Kartenbl. 55×67 cm.) 8° [kol.]
[Umschlagt.:] Karte vom Reg. Bez. Breslau u. d. angrenzenden Gebieten. [03.

Hoch K.: Die Chinaalkaloide u. deren Derivate. 55. Wien R. IV. 83.
Progr.

Hoch, Carl, Elemente d. Chemie, s.: Kauer, Ant.

Hoch, Karl, approb. Arzt aus Güglingen (Württ.): **Grundsätze** der Syphilisbehandlung. *Kiel 1901: Schmidt & Klaunig.* (20 S.) 8°
Kiel, Med. Diss. v. [7. Mai] 1901

– (Bearb.), s. Liegnitz, Regierungsbezirk.

(C[arl] Hoch.) Nördliche Mandschurei und Ostsibirien. Nördl. Anschlußblatt zu C. Flemmings Generalkarte von Ostasien. Maßst. 1:4,500,000. *Glogau: C. Flemming [1904].* (1 Kartenbl. 79×24 cm.) 8° [kol.]
(Carl Flemmings General-Karten.) [04. 379

Hoch K.: Die chemischen Wirkungen des galvanischen Stromes. 15. Bielitz R. 78. **Progr.**

Hoch, Karl Adolph Philipp

Hoch, Carl Adolph Philipp (Neustadt a. Saale), Artem conciliandi leges in systema redactam. Diss. jur. Präs. Joseph Maria Schneidt. Würzburg (Franz Ernst Nitribitt) 10. II. 1776. 82 S. (7.50)
15305

Hoch, Karl Wilhelm Ludwig

— **Carl Wilhelm Ludwig** (Dresden), De mutua ratione, quae venam portae atque cor, una cum arteriis, intercedit. Diss. physiol.-pathol. Präs. Christian Friedrich Ludwig. Leipzig 6. X. 1820. Dresden (Carl Gottl. Gaertner). 40 S. (6.50) 15306
Gew.: Friedrich Ludwig Kreysig (Dresden).

Hoch, Konstanze

Hoch, Constanze, Maria u. Magdalena. Erzählg. gr. 8. (173 S.) Leipzig 895. E. Ungleich. n. 2. —; geb. n. 2.80

Hoch, L., Umrisse f. Freunde d. Gartenkunst. Mit 1 Vign. gr. 12. Dessau, 1828. Fritsche. — 20

Hoch, M. Lexikalische Bemerkungen über den Homerischen Sprachgebrauch. 17 S.
Münstereifel, Progr. 1859

Hoch: Lexikalische Bemerkungen über den homerischen Sprachgebrauch. Zs. 45 S.–Münstereifel, Progr. 1859,1865

Hoch, M., Quaestiones lexilogicae ad Homerum pertinentes. Pr. 1874. 26 S. 4°. 2.50

Hoch, M. Quaestionum Orthographicarum Specimen. De praepositionibus praefixis. Partic. I. 32 S.
Münstereifel, Progr. 1848

Hoch, M. Quaestiones Orthographicae. De praep. P. II. 24 S.
Münstereifel, Progr. 1853

Hoch, M., Sonette. gr. 12. Prag 825. Kronberger u. W. 7 gr

Hoch, Marie Const., s.: Heisterbergk, Constanze.

Hoch, Markus

Hoch, M., die Aufgaben der Missionspredigt in Indien, s. a. Missions-Studien, Basler. 8. Hft.

Hoch, M[arcus]. Die Aufgaben der Missionspredigt in Indien. 27 S. 8. Basel, Missionsbuchhandlung, 1901. (fr. —. 50)
Basler Missions-Studien. Heft 8.

Hoch, M., Brief e. Chinesenmädchens an die Kinder jenseits des Meeres. Nach dem Engl. bearb. (16 S. m. Abb.) 8. Basel (909). Basler Missionsbuchh. — 10

— die Taufbewerber in der indischen Mission, s. a. Missions-Studien, Basler. 4. Hft.

Hoch, M[arcus]. Die Taufbewerber in der indischen Mission, ihre Beweggründe und ihre Behandlung. 46 S. 8. Basel, Missionsbuchhandlung, 1901. (fr. —. 50)
Basler Missions-Studien. Heft 4.

— Wie aus e. Tiger e. Lamm wurde. Ein Bild aus der Mission auf der Insel Nias. Neu erzählt v. H. (16 S. m. Abbildgn.) 8. Ebd. (909). — 10

Hoch, Matthias (geb. 1814 in Eggersheim bei Düren): De Ennianorum Annalium fragmentis a P. Merula auctis ... Bonnae ad Rh., typ. C. Georgii 1839. 2 Bl., 95 S. 8. ¶ Erschien zugleich selbständig bei Marcus in Bonn.
Bonn, Phil. Fak., Diss. v. [22 Juni] 1839

Hoch, Matth., de Ennianorum annalium fragmentis A. P. Merula auctis. 8maj. (6¼ B.) Bonnae 839, Marcus. *

Hoch, Matthias (geb. 1814 in Eggersheim bei Düren): Theses controversae quas una cum dissertatione sua De Ennianorum Annalium fragmentis a P. Merula auctis ... defendet. Bonnae, typ. C. Georgii 1839. 2 Bl. 8.
Bonn, Phil. Fak., Thes. v. 22 Juni 1839

Max HOCH Textkritische und sprachwissenschaftliche Studien über das Buch Ruth
Prag, Phil. Diss. 1899/1900.

Hoch, Peter [aus Düren]: Ueber hysterische Blasenlähmungen. Würzburg, Druck v. A. Göb & C., 1895; 29 S. 8.
Würzburg, Med. Fak., Inaug.-Diss. v. 1895

Hoch, Pt., s. Reden bei Taufen, Trauungen rc.

Hoch, Rudolf. Die Einwirkung von Phosphorpentachlorid auf Phtalsäure-Anhydrid. (Freiburg im Breisgau) Freiburg in Baden, 1884.

Hoch Th, Elektrizität und Magnetismus als kosmotellurische Kräfte. (Bibliothek, Elektrotechnische 37) Wien 1887

Hoch De Long, Irwin: Die hebräische Präposition מן. Leipzig 1905: W. Drugulin. (36 S.) 8°
Straßburg, Phil. Fak., Ref. Nöldeke, Diss. v. 4. Nov. 1905
[Geb. 11. Mai 73 New Jerusalem, Pa., U. S. A.; Wohnort: New-Jerusalem; Staatsangeh.: Vereinigte Staaten; Vorbildung: Keystone State Normal School, Muhlenberg-Academy, Muhlenberg-College, Franklin and Marshall College in Lancaster, Pa., Theological Seminary of the Reformed Church in the United States in Lancaster, Pa.; Studium: Chicago 4, Berlin 3, Straßburg 2 S.]

Hoch-Müller, Jos. Ant., Anweisung, Kinder auf eine angenehme, leichte und geistanregende Art durch die Buchstabir- oder Lautir-Methode lesen zu lehren. Dargestellt nach den besten Hilfs-Quellen und den Ergebnissen eigener Erfahrung. 12. (39 S.) Salzburg 850, [Oberer's sel. Witwe.]

Hoch-Müller, (Lehrer) J. A., d. kleine Kopfrechner. Samml. prakt. Kopfrechnungsbeispiele. 3e, verb. u. sehr verm. Aufl. gr. 8. Salzb. 831. Mayr. 3 gr

Hoch-Müller, J. A., der kleine Kopfrechner. Samml. prakt. Kopfrechnungs-Beispiele. 4., verb. u. verm. Aufl. 8. (6½ B.) Salzburg 840, Mayr'sche Buchh.

Hoch-Müller, J. A., der kleine Kopfrechner. Sammlung prakt. Kopfrechnungs-Beyspiele. 5., verb. u. verm. Aufl. 8. (6 B.) Salzburg 841, Mayr'sche Buchh.

Hoch-Müller's, J. A., Lebensbild, s. Engl, J. E.

—— Vorübungen zu schriftl. Aufsätzen u. Aufgaben f. d. Schuljugend, in gehör. Stufenordnung z. Ausbild. ihres Denk-, Sprech-, u. Schreibvermögens, nebst Fragen üb. d. gewöhnl. Lehrgegenstände d. deutschen Schulunterrichtes. 8. Salzburg 835, Mayr'sche Buchh.

Höch, Chrph., die ersten Lebensjahre des Kindes, oder: Was haben vielbeschäftigte Eltern mit ihren noch nicht schulpflichtigen Kindern zu thun, um sie vor Leibes- und Seelenschaden möglichst zu bewahren? Zur Beherzigung für Väter und Mütter, Prediger, Lehrer und Ortsvorstände in Stadt und Land herausg. 2. Aufl. Nordhausen 858. Büchting. 8. (20 S.) n. 3 ngr

Hoech, G. Th., das Ferris-Rad in Chicago 1893, sowie Bauart u. Berechng. v. Fahrrädern, aufgehängten Wasserrädern, Schaukelrädern, Zeltdächern, Gasbehälter-Führungen u. Kuppeldruckringen. [Aus: „Zeitschrift f. Bauwesen".] gr. 4. (8 S. m. 1 Abbildg. u. 2 Taf.) Berlin 894. W. Ernst & Sohn. n. 3. —

— Trogschleusen in senkrechten Hebungen u. auf quergeneigten Ebenen, ihre Parallelführgn., Gegengewichte u. Bewegungsvorrichtgn., nebst Einrichtgn. zur Kraft- u. Zeitersparniss. [Aus: „Centralbl. d. Bauverwaltg."] Imp.-4. (III, 20 S. m. 36 Holzschn.) Ebd. 891. n. 3. —

Hochachtung, Die ehrerbietige, der Christen gegen ihre geheiligten Gottes-Häuser ... Glogau 1750. V: *Döbell, Johann Michael.* (Kat. d. Druckschr. üb. Breslau. Breslau 1903. S. 254.)

Hochachtung, Die, der Arndtischen Schriften. [Giessen 17??] V: *Lessing, Johann Gottfried.* (ML)

Hochalpen-Spitze [Schlagwort]

Hochalpen-Spitze, s.: Alpen. Freytag, Gust.

Hochaltar, himmlischer. Ein vollständiges Bet- u. Erbauungsbuch für kathol. Christen. Nach Nacateni bearbeitet. 12. Münster 834. Wunderlich'sche Buchh. 1 ℳ

Hochamt, das, oder die heilige Messe, wie sie d. Priester am Altare betet. 8. Wien, Gerold.

Hochapfel, G., Zeichen-Vorlagen f. die städtischen Schulen in Straßburg im Elsaß. 100 Blätter. 4. Straßburg i/E. 889. Straßburger Druckerei u. Verlagsanstalt. In Mappe. n. 6. —

Der Kasseler Weinberg. Eine Plauderei über s. früheren Zustand u. s. Besiedelung von H. Reinhard **Hochapfel**. Geschrieben im Winter 1891/92. Mit Anm. von Dr. Philipp Losch. Kassel: F. Scheel 1906. (12 S.) 4° [Umschlagt. F.]
Aus: Hessenland. 1906, No 8–12.

Hochauf, (Augustus) Maximil. (Hugo) (geb. Guben 29. 11. 1818): De metrorrhagiarum pathologia. Berolini (1840). (31 S.) 8°
Berlin, Med. Diss. v. 28. Aug. 1840

Hochbau. Amtsblatt der bayer. Baugewerks-Berufsgenossenschaft. Wochenschrift u. Anzeigeblatt f. das gesamte Baugewerbe. Hrsg. vom Vorstand der bayer. Baugewerks-Berufsgenossenschaft. Offizielles Publikationsorgan des deutschen Arbeitgeberbundes f. das Baugewerbe in Berlin usw. Schriftleiter: Eug. Rentsch. 1.–3. Jahrg. April 1908—März 1911. à 52 Nrn. (à Jahrg. 448 S. m. Abbildgn.) 32,5×23,5 cm. München, C. A. Seyfried & Co. à Jahrg. 8. —

Hochbau-Ausführungen, die, des preußischen Staates. Denkschrift der Vereinigung zur Vertretung baukünstler. Interessen in Berlin. gr. 8. (20 S.) Berlin 880, Toeche. *

Hochbau-Entwürfe v. Studierenden der königl. technischen Hochschule zu Aachen. Ausgefertigt unter Leitg. v. Fritz Klingholz. 2 Halbbde. 32,5×23,5 cm. Berlin 908. E. Wasmuth. à 10. —
1. Öffentliche Bauten. Eisenbahnhochbauten. (50 Taf. m. III S. Text.)
2. Städtische Wohn- u. Geschäftshäuser, ländliche u. landwirtschaftliche Bauten. (50 Taf.)

Allgemeine **Hochbaukunde**. 3. Aufl. Bd 1, H. 1. Stuttgart: A. Kröner 1905. 4°(8°)
= Handbuch d. Architektur. T. 1, Bd 1, H. 1.

Hochbaukunst, die gesammte, in Lehr- und Handbüchern für Architekten und Bauhandwerker. 1. und 2. Bd. in 22 Heften. gr. 8. (à 4—6 Bog. mit eingedr. Holzschn.) Halle 869,70, Knapp's Verlag. à Heft *ℳ 1. *

Hochbaukunst, die gesammte in Lehr- u. Handbüchern f. Architecten u. Bauhandwerker. Mit 4000 Holzschn. 1—4. Bd. gr. 8. Leipzig 871—74. Knapp's Verl. n. 37. —
1. Der Steinbau. Ein Hand- u. Hülfsbuch f. Architekten, Bau-, Maurer- u. Zimmermeister. 6. gänzlich umgearb. Aufl. d. Handbuches f. prakt. Maurer. Hrsg. v. C. A. Menzel u. C. Schwatlo. Mit 1000 (eingedr.) Holzschn. (XII, 716 S.) n. 12. —
2. Der Holzbau. Ein Hand- u. Hülfsbuch f. Architekten, Bau-, Zimmer- u. Maurermeister. Hrsg. v. J. Promnitz. 2. Aufl. f. Metermaß bearb. v. G. Wanderley. Mit 1000 (eingedr.) Holzschn. (XII, 571 S.) n. 10. 50
3. Handbuch zur Beurtheilung u. Anfertigung v. Bauanschlägen. Ausg. nach dem neuen Meter-Maß u. Gewicht. Ein Hülfsbuch f. Baumeister, Cameralisten, Gutsbesitzer sc. v. C. Schwatlo. Mit 2 (lith.) Taf. (in gr. Fol.) u. eingedr. Holzschn. 6. Aufl. (XVI, 369 S.) n. 7. —
4. Der Metallbau. Ein Hand- u. Hülfsbuch f. Architecten, Bau-, Maurer-, Zimmermeister u. Ingenieure üb. Materialien, Eisenbahnverbände, Klammern sc. v. W. Georg u. G. Wanderley. Mit 800 (eingedr.) Holzschn. 2 Thle. (VIII, 324 S.) n. 7. 50

Hochbaukunst, die gesamte. Lehr- und Handbuch für Architekten, Bauschüler und Bauhandwerker, hrsg. unter sorgfältigster Berücksicht. des heutigen Standes der Technik von C. A. Menzel, E. Nowák, J. Promnitz, C. Schwatlo, Heinzerling und Selin. 4000 Textfig. 2. wohlf. Lieferungsausg. 59 Hefte oder 4 Bde. gr. 8. [Leipzig 883—85, Knapp's Verlag.] Karlsruhe, J. Bielefeld's Verlag. à Heft. *50 Pf. *
Inhalt:
Bd. 1. Promnitz, J., der Holzbau. 3. Aufl. (X, 400 S.)
» 2. Menzel, C. A., der Steinbau. 8. Aufl. bearb. von F. Heinzerling. (544 S.)
» 3. Nowák, E., der Metallbau. 3. Aufl. (III, 344 S.)
» 4. Schwatlo, C., Handbuch zur Beurtheilung und Anfertigung von Bauanschlägen. 8. Aufl. (XVI, 543 S.)

Hochbau-Muster-Hefte, architektonische. Ausgewählte Vorlagen f. Architekten-, Bau-, Maurer- u. Zimmer-Meister, techn. Schulen, Studierende der Architektur. Kleinere, mittlere u. grössere Villen u. Wohngebäude in verschiedenen Stilarten m. den dazu gehör. Grundrissen u. Details. Hrsg. v. Hans Issel u. Bernh. Mildo. 1.–10. Hft. gr. 4. Leipzig 890. Scholtze. à n. 1. 20
Häuser im sogen. Schweizerstil. 1.—10. Lfg. (48 photolith. Taf. m. 8 S. Text.) (1. Sammlg. 6 Hfte. cplt.: n. 9.—)

Hochbau-Muster-Hefte, architektonische. Ausgewählte Vorlagen f. Architekten, Bau-, Maurer- u. Zimmer-Meister, techn. Schulen, Studierende der Architektur. Kleinere, mittlere u. grössere Villen u. Wohngebäude in verschiedenen Stilarten m. den dazu gehör. Grundrissen u. Details. Hrsg. v. Hans Issel u. Bernh. Mildo. 1.—48. Hft. = 1.—8. Sammlg. à 6 Hfte. gr. 4. Leipzig, K. Scholtze. à Sammlg. n. 9. —
1–12. = 1. u. 2. Sammlg. Häuser im sogenannten Schweizerstil. 12 Hfte. (72 photolith. Taf. m. 16 S. Text.) 890. 891.
13—24. = 3. u. 4. Sammlg. Häuser im Rohbau [Ziegelstein-Architektur]. 12 Hfte. (72 photolith. Taf. m. 7 S. Text.) 891. 892.
25—36. = 5. u. 6. Sammlg. Häuser im Stein- u. Putzbau. 12 Hfte. (72 photolith. Taf. m. 12 S. Text.) 891. 892.
37—48. = 7. u. 8. Sammlg. Häuser in Holzarchitektur. 12 Hfte. (72 photolith. Taf. m. 7 S. Text.) 892—894.

Hochbau-Muster-Hefte, architektonische. Ausgew. Vorlagen f. Architekten, Bau-, Maurer- u. Zimmer-Meister, techn. Schulen, Studierende der Architektur. Kleinere, mittl. u. grössere Villen u. Wohngebäude in verschied. Stilarten m. d. dazu gehör. Grundrissen u. Details. Hrsg. v. Hans Issel. 49.—54. Hft. 9. Sammlg. gr. 4. Leipzig 895. K. Scholtze. Subskr.-Pr. n. 9. —
Häuser f. e. Familie. (Landhäuser u. Villen.) (36 lith. Taf. m. 6 S. Text.)

— dasselbe. 55.—60. Hft. gr. 4. Ebd. 893. n. 9. —
10. Sammlg. Arbeiter-Wohnhäuser f. 1, 2, 4, 5, 6, 8, 12, 24 bis 48 Familien. 6 Hfte. (36 photolith. Taf.)

Hochbau-Muster-Hefte, architektonische. Ausgewählte Vorlagen f. Architekten, Bau-, Maurer- u. Zimmermeister, techn. Schulen, Studierende der Architektur. Kleinere, mittlere u. grössere Villen u. Wohngebäude in verschiedenen Stilarten m. den dazu gehör. Grundrissen u. Details. Hrsg. v. Hans Issel u. Bernh. Mildo. II., III, V., VIII. Sammlg. u. XI. Sammlg. 1. u. 2. Tl. gr. 4. Leipzig, C. Scholtze. n. 31. —; (1—XI, 2 ermäss. Pr. n. 67. —)
II. Häuser im Schweizer Stil. 36 lith. Taf. nebst Text. (7 S.) Neue Aufl. (902.) n. 6. —
III. Häuser im Rohbau (Ziegelstein-Architektur). 36 lith. Taf. nebst Text. (7 S.) Neue Aufl. (902.) n. 6. —
V. Häuser im Stein- u. Putzbau. 36 lith. Taf. nebst Text. (8 S.) Neue Aufl. (902.) n. 6. —
VIII. Häuser in Holzarchitektur. (Neue Ausg.) (36 lith. Taf. m. VIII S. Text.) (902.) n. 6. —
XI, 1. Moderne Einfamilienhäuser u. Villen. 16 lith. Taf. nebst Text. (5 S.) (902.) n. 3. 50
2. Dasselbe. 16 lith. Taf. nebst Text. (7 S.) (902.) n. 3. 50

Hochbau-Muster-Hefte, architektonische. Ausgewählte Vorlagen f. Architekten, Bau-, Maurer- u. Zimmermeister, techn. Schulen u. Studierende der Architektur. Hrsg. v. Hans Issel. VI., X. u. XII. Sammlung. gr. 4. Leipzig, C. Scholtze. à n. 6. —
VI. Häuser in Stein u. Putzbau. Kleine, mittlere u. grössere Villen u. Wohngebäude in moderner Formengebg., nebst Grundrissen u. Einzelheiten. Neue gänzlich umgestalt. Aufl. (32 lith. Taf. m. 7 S. Text.) (903.)
X. Arbeiter- u. Unterbeamten-Wohnhäuser. Neue gänzlich umgestalt. Aufl. (32 lith. Taf. m. 8 S. Text.) (903.)
XII. Schlachthöfe, Viehmärkte, Markthallen. Ausgewählte Vorlagen f. Architekten, Bau-, Maurer- u. Zimmermeister, städt. Verwaltgn. u. Studierende der Architektur. (32 Bl. m. 10 S. Text.) (904.)

Hochbauten der Stadt Frankfurt a/M. I. Mittelschulen. Bearb. im Hochbauamt zu Frankfurt a/M. (IV, 38 S. m. Abbildgn. u. Grundrissen.) 31,5×23,5 cm. Frankfurt a/M. 910. H. Keller. Geb. nn 3. 50

Hochbauthalle, entworfen von den Schülern der Bau- u. Ingenieurschule zu München. 1. Heft zu 6 Blatt, 2. Heft zu 6 Blatt, wovon die Blätter 2, 3 u. 6 fehlen. Enthält: Entwürfe zu einer Industriehalle, einem herrschaftlichen Wohngebäude, einem Landhause u. einem Rathhause. München 1862. Fol.

Hochberg, Carl v., Strauß: Trauersp. v. J. F. Bauer. 8. Rostock, Stiller. 797.

Hochberg, Graf, als Erzieher. Berlin 1891. V: *Simchowitz, Sascha.* (KÜ 28)

Hochberg, Graf, als Erzieher. Despektirliche Betrachtgn. aus dem Zuschauerraume der königl. Oper zu Berlin. Von e. Musikfreunde. gr. 8. (35 S.) Berlin 891. C. Malcomes. n. — 60

Hochberg, die Grafen v., vom Fürstenstein. Ein Beitrag zur vaterländ. Culturgeschichte. (Von Carl Weigelt.) Lex.-8. (VII, 368 S. m 6 Taf. u. 3 Stammtaf.) Breslau 896. (W. G. Korn.) n. 8. —

Hochberg, v., statistische Darstellung des Kreises Habelschwerdt, Reg.-Bez. Breslau, Prov. Schlesien. Aus alten Urkunden und amtl. Quellen zusammengestellt. gr. 4. (IV, 231 S.) Habelschwerdt 869. (Glatz, Hirschberg.) *

Hochberg's, Graf, Parade- u. Festvorstellungen im neuen kgl. Operntheater. Sommersaison 1898. Kroll. gr. 8. (16 S.) Berlin 898. Deutscher Autoren-Verlag. — 25

Hochberg, E. v., die Geheimnisse der Schloßruine od. die Macht der Liebe. Roman aus der Gegenwart. 50 Hfte. gr. 8. (1194 S. m. 50 color. Bildern.) Dresden 886. 887. Ad. Wolf. à Hft. — 10

Hochberg, Max

Hochberg, M. v., Märchen. Mit 20 Illustr. v. W. Wellner. 8. (III, 129 S.) Berlin 887. F. Luckhardt. cart. n. 2. —

Hochberg, Max. Märchen. 2. verm. u. verb. Aufl. 8. (III, 276 S. m. Titelbild.) Berl. 890, F. Luckhardt. geb. * 3 —

Hochbichler, J. Ev., († d. 26. Juni 1817.) s. Beda Mayr, Vertheidigung.

Hochbrand, Philipp Jakob

— der schnelle u. richtige Getreide- u. Bier-Rechner, oder die geeigneten Resolvirungen hierüber. Für Oekonomen, Getreidehändler, Bierbrauer, Wirthe, Bäcker, Mehlber, Privaten rc. 4. München 831. (Landsh., Krüll). 5 $\mathcal{K}$

Hochbrand, Phil. Jak., der schnelle u. richt. Getreide- u. Bier-Rechner, od. d. geeigneten Resolvirungen hierüber. Für Oekonomen, Getreidehändler, Bierbrauer rc. rc. 4. (7½ B.) München 831. (Regensburg, Manz.)

Hochbrand, Ph. Jak., Handbuch üb. den fragenden Rechner, welchem jedesmal e. belehrende Antwort u. nöthigenfalls auch die geeignete Erklärung zum Selbst-Unterrichte gegeben worden ist. Oder: Arithmet. Rechenbuch f. alle Stände d. bürgerl. Lebens. (2 Thle.) gr. 8. Augsb. 829, 30. (Landsh., Krüll). 1 β 8 $\mathcal{K}$

—— Handbuch üb. d. fragenden Rechner, welchem jedesmal eine belehr. Antwort, u. nöthigenfalls auch d. geeignete Erläuterung z. Selbst-Unterr. gegeben worden ist. Od.: Arithmet. Rechenbuch f. alle Stände d. bürgerl. Lebens. (2 Thle.) gr. 8. (26¼ B.) Augsburg 829, 30. (Regensburg, Manz.)

— Handbuch f. sichere u. bequeme Zinsenberechnung auf alle mögliche Fälle eingerichtet. Fol. München 815. Fleischmann. 1 β 14 $\mathcal{K}$

Hochbrand, P. J. Tagebuch eines Bürgers aus Kempten während d. Aufenthaltes d. französ. Truppen. 8. München 1804.

Hochbühler, Jb. Er., Ist Bouler's Lehre von der Sünde wahrhaft und ächt? 8. Augsburg... M. Rieger. ¼ β

Hochburger, Lokalfahrplan Linz-Urfahr für Eisenbahn, Schiffahrt und Tramway. 16°. (16 S.) K —.10
Linz: Oberösterr. Buchdruckerei- u. Verlagsges. 1906

Hochdanz, Franz [Oberl. Dr.]: Bemerkungen zur Topographie des alten Rom. Cöslin, gedr. bei C. G. Hendess, 1892; 1—22 S. 4.
Cöslin, k. G, OP 1892 (130)

Hochdanz, Frz. Quaestiones criticae in Timaeum Ciceronis e Platone transcriptum. 14 S. Progr. G. *Nordhausen* 1880.

Hochdorf, Max, Dunkelheiten. Novellen. (V, 243 S.) 8. Berlin 908. E. Fleischel & Co. 3.—; geb. 4.—

— Das Herz des Little Pu. Roman. (337 S.) 8. Stuttgart (909). Charlottenburg, A. Juncker. 4.

Hochdörfer, A., Reden an die Volksschullehrer des Rheinkreises über ihren Beruf als Lehrer d. christl. Religion für die Schuljugend. 8. Kaiserslautern 831. Tascher. 8 $\mathcal{K}$

Hochdorferamts-Anzeiger
① Publikations-Organ (24. 12. 1884—10. 4. 1885). Billiges Volksorgan (27. 6. 1885—6. 9. 1885) ② Luzerner Wochenblatt (27. 6. 1885) ⑤ 24. 12. 1884 (1 Probe-Nummer)—6. 9. 1885 ⑥ 2° ⑦ wöchentlich 2× (bis 14. 3. 1885), dann Wochenblatt ⑧ Hochdorf-Baldegg: Carl Jos. Huwiler; Luzern: Carl Jos. Huwiler ⑩ Carl Josef Huwiler ⑫ neutral ⑬ BGSZ: 1028, 1032 ⑭ Lu. Z ⑮ Nr. 24 erschien am 10. 4. 1885 noch in Hochdorf-Baldegg. Nr. 25 erst am 27. 6. 1885 in Luzern. Die letzte Nummer (Nr. 33) vom 6. 9. 1885 trägt die Bezeichnung »Zweiter Jahrgang«.

Hoche, General, Scenen aus seinem Leben u. seiner Zeit. Ein Revolutionsgemälde. 8. (13¼ B.) Leipzig 835, [Klinkhardt.]

Hoche: Bewegung der Kugel in einer unendlichen Flüssigkeit. 21 S.– Soest, Progr. 1863.

Hoche Die Gironde und ihre Gegner. Erste Abtheilung von Eröffnung der gesetzgebenden Versammlung bis zur Gefangennahme der Girondisten, 1ten October 1791 bis 2ten Juni 1793. 24 S.
Zeitz, Progr. 1846

Hoche. Die Gironde und ihre Gegner, 2. Abtheil. vom 2. Juni 1793 — 5. April 1794. 14 S.
Zeitz, Progr. 1853

Hoche: Oratio Julii Pflugii de ecclesiae concordia ac salute ad Germanos, p.I. 24 S.– Zeitz, Progr. 1865.

Hoche: Problemata arithmetica e cod. Cizensi et eiusd. cod. scholia ad Nicomachi institutionem arithmeticam, lib. II. c. 26.27 – 6 S.–Wetzlar, Progr. 1863

Hoche, Notwendige Reformen der Unfallversicherungsgesetze. 8°. Halle a. S., C. Marhold, 1907.

Hoche, welche Curve muss die Bahn eines materiellen schweren Punktes bilden, wenn dieser mit constanter Geschwindigkeit fortrückt, während jene sich um eine verticale Achse mit constanter Winkelgeschwindigkeit dreht? Halle. 4. 21 p. 1867
Schul-/Univ.-Schrift

Hoche: Welche Curve muss die Bahn eines materiellen schweren Punktes bilden, wenn dieser mit constanter Geschwindigkeit fortrückt, während jene sich um eine vertikale Achse mit constanter Winkelgeschwindigkeit dreht? 21 S. – Rossleben, Progr. 1867.

Hoche, Zeugnisfähigkeit, s. Grenzfragen, jurist.-psych.

Hoche, A. Der Feldzug gegen Thomas Münzer (April und Mai 1525). 18 S. **Progr.** *Norden* 1877.

Hoche, Alfred

Hoche, A., moderne **Analyse** psychischer Erscheinungen. Vortrag, geh. auf der Versammlg. deutscher Naturforscher u. Ärzte zu Dresden am 16. IX. 1907. (17 S.) gr. 8. Jena 907. G. Fischer. — 50

Hoche, A., die **Aufgaben** d. Arztes bei d. Einweisung Geisteskranker in die Irrenanstalt, s. a. **Sammlung** zwangl. Abhandlungen aus d. Gebiete d. Nerven- u. Geisteskrankheiten. III. 4.

Die Aufgaben des Arztes bei der Einweisung Geisteskranker in die Irrenanstalt. Von A[lfred] **Hoche**. *Halle a. S.: C. Marhold 1900.* (32 S.) 8°
= **Sammlung zwangloser Abhandlungen** aus d. Geb. d. Nerven- u. Geisteskrankh. Bd 3, Heft 4.

Hoche, Alfred [Dr. med.]: Beiträge zur Kenntniss des anatomischen Verhaltens der menschlichen Rückenmarkswurzeln im normalen und krankhaft veränderten Zustande (bei der Dementia paralytica) ... Heidelberg, Univ. Buchdr. v. J. Hörning. 1891. 46 S. 8°
Strassburg, Med. Fak., Hab.-Schr. v. 1891
(Nicht im den Austausch)

Hoche, A., Beiträge zur Kenntniss d. anatomischen Verhaltens der menschlichen Rückenmarkswurzeln im normalen u. im krankhaft veränderten Zustande [bei der Dementia paralytica]. gr. 8. (53 S. m. 1 lith. Taf.) Heidelberg 891. J. Hörning. n. 1. 80

– die **Differentialdiagnose** zwischen Epilepsie u. Hysterie. gr. 8. (36 S.) Berlin 902. A. Hirschwald. n. 1. —

Hoche, A., Eintheilung u. Benennung der Psychosen m. Rücksicht auf die Anforderungen der ärztlichen Prüfung. Referat, erstattet in der Jahressitzg. des deutschen Vereines f. Psychiatrie zu Göttingen am 25. IV. 1904 (18 S.) gr. 8. Berlin 904. A. Hirschwald. n.n. — 60
Sonderabdruck aus: „Archiv f. Psychiatrie u. Nervenkrankh."

Hoche, A., e. **Fall** v. **Malaria** m. unregelmäss. Fieber, intermittir. Vagus-Neuralgie u. Pulsverlangsamung. [Aus: „Allg. med. Central-Zeitg."] gr. 8. (4 S. m. 1 graph. Darstellg.) Berlin (895). O. Coblentz. n. 1. —

– üb. d. leichteren **Formen** d. period. Irreseins, s. a. **Sammlung** zwangloser Abhandlgn. aus d. Gebiete d. Nerven- u. Geisteskrankheiten.

Über die leichteren Formen des periodischen Irreseins v. Dr. A[lfred] Hoche, Privatd. ... zu Strassburg i. E. ... *Halle a. S.: C. Marhold 1897.* (39 S.) 8
= **Sammlung zwangl. Abhandlungen** a. d. Gebiete d. Nerven- u. Geisteskrankht. Bd 1. H. 8.

— zur Frage der Zeugnisfähigkeit geistig abnormer Personen, s.a. Grenzfragen, juristisch-psychiatrische. I. 8.

Zur Frage der Zeugnisfähigkeit geistig abnormer Personen. Von Prof. A[lfred] **Hoche** in Freiburg i. Br. Mit einigen Bemerkungen dazu von Prof. A[ugust] Finger in Halle a. S. *Halle a. S.: C. Marhold 1904.* (25 S.) 8°
= **Grenzfragen, Juristisch-psychiatrische.** Bd 1, H. 8, 1.

die **Freiheit** des Willens v. Standpunkte der Psychopathologie, s.a. **Grenzfragen** des Nerven- u. Seelenlebens. 14. Hft.

Die Freiheit des Willens vom Standpunkte der Psychopathologie. Von Prof. Dr. A[lfred] Hoche in Strassburg. *Wiesbaden: J. F. Bergmann 1902.* (40 S.) 8°
= **Grenzfragen** d. Nerven- u. Seelenlebens. H. 14.

– d. **Frühdiagnose** d. progressiven Paralyse, s. a. **Sammlung** zwangloser Abhandlgn. aus d. Gebiete d. Nerven- u. Geisteskrankheiten.

Die Frühdiagnose der progressiven Paralyse v. Dr. A[lfred] **Hoche**, Privatdoc. ... zu Strassburg i. E. ... *Halle a. S.: K. Marhold 1896.* (44 S.) 8.
= **Sammlung** zwangl. **Abhandlungen** a. d. Gebiete d. Nerven- u. Geisteskrankhtn. Bd 1. H. 1.

— die **Frühdiagnose der progressiven Paralyse. 2. erweit. Aufl. (Sammlung zwangloser Abhandlungen aus dem Gebiete der Nerven- u. Geisteskrankheiten. Hrsg. v. Konr. Alt.) gr. 8. (63 S.) Halle 900. C. Marhold. n. 1. 80**

Hoche, Alfred, Prorektor Geh. Hofr. Prof. Dr.: Geisteskrankheit und Kultur. Freiburg i. B. 1910: Günther. S. 25–62. 4°
in: Reden b. d. Übergabe d. Prorektorats d. Univ. Freiburg i. B. 1910

— die **Grenzen** der geistigen Gesundheit, s.a. **Sammlung** zwangl. Abhandlungen a. d. Gebiete d. Nerven- u. Geisteskrankheiten. IV. 2.

Die Grenzen der geistigen Gesundheit. Von A[lfred] **Hoche**. *Halle a. S.: C. Marhold 1903.* (22 S.) 8°
— **Sammlung** zwangloser **Abhandlungen** aus d. Geb. d. Nerven- u. Geisteskrankh. Bd 4, H. 2.

s.: **Grenzfragen**, juristisch-psychiatrische.

– (Hrsg.), s. a. **Handbuch** der gerichtlichen Psychiatrie.

— **Handbuch** der gerichtlichen Psychiatrie, unter Mitwirkg. v. Aschaffenburg, E. Schultze, Wollenberg hrsg. 4. (XV, 732 S.) Berlin 901. A. Hirschwald. n. 20. —

— Handbuch der gerichtlichen Psychiatrie, unter Mitwirkg. v. Aschaffenburg, E. Schultze, Wollenberg hrsg. 2. Aufl. (XV, 787 S.) Lex. 8. Berlin 909. A. Hirschwald. 20. —

— s.: **Lehrbuch der Psychiatrie.**

Hoche, Alfred [aus Wildenhain]: Zur Lehre von der Tuberculose des Centralnervensystems . . . . (Aus d. Arch. f. Psychiatrie u. Nervenkrankh. Bd. XIX.) Berlin, gedr. bei L. Schumacher, 1888; 1 Bl. + 29 S. 8°
Heidelberg, Med. Fak., Inaug.-Diss. v. [27. Jan.] 1888

— Die Melancholiefrage. Referat, erstattet auf der 40. Versammlg. d. südwestdeutschen Irrenärzte in Heilbronn am 6. XI. 1909. (14 S.) gr. 8. Leipzig 910. J. A. Barth. — 60
Sonderabdr. a.: „Zentralbl. f. Nervenheilkde. u. Psychiatrie".

— die **Neuronenlehre** u. ihre Gegner. gr. 8. (III, 52 S.) Ebd. 899. n. 1. 50

— Notwendige Reformen der Unfallversicherungsgesetze, s.a. **Sammlung** zwangloser Abhandlungen aus dem Gebiete der Nerven- u. Geisteskrankheiten. VII, 8.

Notwendige Reformen der Unfallversicherungsgesetze. Nach einem in Baden-Baden 1907 erstatteten Referate. Von Prof. Dr. A[lfred] **Hoche**, Freiburg i. B. Halle: C. Marhold 1907. (27 S.) 8°
— **Sammlung** zwangloser Abhandlungen aus d. Geb. d. Frauenheilkunde u. Geburtshilfe. Bd. 7, H. 8. (07. 1917) 3

— s.: **Sammlung zwangloser Abhandlungen aus dem Gebiete der Nerven- u. Geisteskrankheiten.**

— welche **Gesichtspunkte hat der prakt. Arzt als psychiatr. Sachverständiger in strafrechtl. Fragen besonders zu beachten?**, s.a. **Sammlung** zwangl. Abhandlungen aus d. Gebiete der Nerven- u. Geisteskrankheiten. III. 6.

Welche Gesichtspunkte hat der praktische Arzt als psychiatrischer Sachverständiger in strafrechtlichen Fragen besonders zu beachten? Von Prof. Dr. A[lfred] **Hoche** zu Strassburg i. E. *Halle a. S.: K. Marhold 1902.* (40 S.) 8°
— **Sammlung** zwangloser Abhandlungen aus d. Geb. d. Nerven- u. Geisteskrankheiten. Bd 3, H. 6. [illegible]

Hoche, (D.,) kurze Geschichte d. päpstl. Jubeljahrs, f. mancherlei Leser. 8. Halberst. 825, Vogler.

Hoche, E. Beitrag zur Chorographie Thessaliens. 14 S. . . . . .
Progr. Zeitz 1838

Hoche, E., Gedächtniß-Rede zur Erinnerung an den hochseligen König Friedrich Wilhelm IV., bei dem Trauergottesdienst der Militär-Gemeinde in Neisse gehalten. Neisse 861. Hennings. 8. (16 S.) n. 6 ngr.

Hoche, E., Versuch einer Darstellung der Irren der Io. Pr. 1885. 28 S. 4°.

Hoche, Ed., s. **Dumas, A.**, histoire de Napoléon.

Hoche, Ed., s. **Florian, Fables.** — **Dess.** Numa Pompilius. — **Dess.** Guillaume Tell.

Hoche, Gymnasial-Lehrer, Dr. Ed., Lehrbuch der Geographie, f. Gymnasien u. andere höhere Unterrichtsanstalten bearbeitet. 8. Halle 832. Ed. Anton. 18 ggr

– s. Sleidan: historia reformationis. – Voltaire: la Henriade.

Hoche, Eduardus Gust[avus] Adolph[us]: • Dissertatio qualiscunque de quibusdam Promethei Vincti locis. 89 [vielmehr: 87] S. 4°
Halle-Wittenberg, Phil. Diss. v. 7. März 1828
Geb. [Gröningen (Kr. Oschersleben) 10. 2. 1807]

Hoche, Edward (Wetzlar), Ueber Infectionskrankheiten auf Schiffen und ihre Verhütung. Diss. med.-chir. Bln. (H. S. Hermann) 5. VIII. 1885. 32 S. mit Biographie. (6.—) 15308
Oppon.: Boetticher, Seemann, Schuster.

Hoche, Hans [aus Freienwalde a[/] O.]: Die Servitutenconfusion … Freienwalde a. O., E. Pilger's Buchdr., 1895; 48 S. 8.
Erlangen, Jur. Fak., Inaug.-Diss. v. 1895

Hoche, J. C. L., Anfangsgründe u. Uebungen der Schönschreibekunst zu eigner Bildung. qu. Fol. Dresd. 812. Beger. 18 ggr

— methodische Anweis. zur Schönschreiberei. qu. Fol. Ebd. 812. 1 Rthlr 12 ggr

— 50 Vorlegeblätter z. Uebung im Schönschreiben. Ebd. 814. 9 ggr

Hoche, Joh. De L. Cornelio Balbo. (Pars prior.) 16 S. *Rossleben* 1882.
Progr.

Hoche, Johann Gottfried

— Biographie, s. J. K. C. Nachtigall.

— s. a. Briefe üb. Lesesucht.

BRIEFE, Vertraute, über die jetzige abentheuerliche Lesesucht und über den Einfluß derselben auf die Verminderung des häuslichen und öffentlichen Glücks. (Vf.: *Johann Gottfr. Hoche*, geb. d. 24. Aug. 1763 in Harzungen [Grafschaft Hohnstein], † 2. Mai 1836 als ehemal. Konsistorialrath). Hannover 1794. 8°.
Vgl. Carl Müller-Fraureuth, Die Ritter- und Räuberromane, S. 95. (Goedeke VI, 422, 11, 1.)

Hoche, J. Gf., Geschichte der Grafschaft Hohenstein rc. 8. Görlitz, Anton. 799.

— kurze Geschichte d. pävstl. Juveljahrs, f. mancherlei Leser. 8. Halberst. 825. Vogler. 10 ggr

— Geschichte d. Statthalterschaft in den vereinigten Niederlanden. 8. Brem. 796. Müller. 1 Rthlr 4 ggr Schrbp. 1 Rthlr 8 ggr Velinp. 1 Rthlr 16 ggr (Heyse). 8 ggr

Hoche, J. G., Geschichte der Statthalterschaft in den vereinigten Niederlanden rc. 8. Bremen. 796. Ist jetzt Verlag von Heyse.

Hoche, Jb. Gf., vollständ. Geschichte d. Grafschaft Hohenstein, d. Herrschaft Lohre u. Klettenberg rc. 8. Halle 790. Anton. 1 Rthlr

– s. Jak. P. Gundling.

Hoche, Jh. Gf., s. die Amtmannstochter Lüde.

— Nachricht von Semmler's Tod u. Leichenbegängniß. 8. Halle 790. (Anton). 4 ggr

— -- dasselbe. 8. Görlitz, Anton. 781.

– s. a. Pfarrers-Tochter v. Hoheneig.

PFARRERS, Des, Tochter von Hoheneich oder die Natur besiegt das Vorurtheil. (Zahmer Roman von *Joh. Gottfr. Hoche.*) Halberstadt, bei J. H. Groß dem Jüngeren. 1798. 8°. Titel u. 232 S.

— Predigt, gehalt. am 4ten Juli, am Tage d. allgem. Todtenfeier. 4. Halberst. 816. Vogler in Potsd. 4 ggr

— Predigt am Siegesfeste d. 14. Nov. 1813. 8. Halberst. Vogler in Potsdam. 2 ggr

— Reise nach Osnabrück u. Niedermünster, in das Saterland rc. Mit 1 Kpf. 8. Brem. 800. Fr. Wilmanns in Frankf. am M. 1 Rthlr 16 ggr

Hoche, Johann Gottfried [Hrsg.]
Ruhestunden für Frohsinn und häusliches Glück.
s. **Nachtigal, Johann Karl Christoph**

Hoche, Joh. Gfrd, Historische Untersuchung über die Niederländischen Colonien in Nieder-Deutschland, besonders der Holländer und Fläminger, wie auch derselben Rechte und Gebräuche. Halle 1791. 8. . . . . [illegible]

Hoche, J. G.: „Historische Untersuchungen über die niederländischen Kolonien in Niederdeutschland", Halle 1791 (Francke).

— histor. Untersuchung üb. die niederländ. Kolonien in Niederdeutschland. 8. Halle 791. (Laue in Berl.) 8 ggr

– s. a. Adelhaid v. Wildenstein.

WILDENSTEIN, Adelheid von, oder die Folgen der mütterlichen Eitelkeit. Vom Verf. der Amtmanns-Tochter zu Lüde (d. i. *J. G. Hoche*). Mit Titelkpfr. u. gestoch. Tit. mit Vignette. Bremen bey Friedr. Wilmans 1798. 8°. 4 Bll. u. 288 S. Zahm.
Fehlt im Anon.-Lex.

Hoche, Ludwig

Hoche, L., Arzt u. Hebamme. (28 S.) gr. 8. Hamburg 903. Gebr. Lüdeking. n. 1. —

Hoche, Ludwig [approb. Arzt aus Hamburg]: Aus d. Mutterhaus-Hospital zu Kiel. Ein Beitrag zu der Lehre von der Radicaloperation von Hernien, speciell bei Kindern . . . . Kiel, Druck v. A. F. Jensen, 1888; 13 + 1 S. + 1 Bl. 8°
Kiel, Med. Fak., Inaug.-Diss. v. 10. Aug. 1888

Hoche, L., ein Beitrag zu der Lehre v. der Radicaloperation v. Hernien, speciell bei Kindern. Inaug.-Diss. gr. 8. (13 S.) Kiel 888. (Lipsius & Tischer.) n. — 60

— u. R. Hoche, ärztliches Rechtsbuch. (VIII, 1102 S.) gr. 8. Ebd. 904—906. n. 15. —; geb. in Leinw. n. 16. —
Erschien auch in 10 Lfgn. à n. 1. 50.

Hoche, L., u. R. Hoche, ärztliches Rechtsbuch. Ergänzungsbd.: (I) f. Norddeutschland. Hrsg. v. L. Hoche. (XIII, 532 S.) gr. 8. Hamburg 909. Gebr. Lüdeking. 12. —
Hauptwerk. Ebd. 904—06. 15.—; geb. 16.—.

Hoche, die Schutzpockenimpfung. s.a. Veröffentlichungen des deutschen Vereins f. Volks-Hygiene. 15. Heft.

Die Schutzpockenimpfung. Von Kreisarzt Dr. [Ludwig] **Hoche**, Potsdam. 1. Aufl. München & Berlin: R. Oldenbourg 1908. (80 S.) 8° [F.]
=Veröffentlichungen d. Deutschen Vereins f. Volks-Hygiene. H. 15. [08.17,5]

– u. R. Hoche

— — das Studium des Arztes u. Zahnarztes. Zusammenstellung der gült. Bestimmgn. üb. das ärztl. u. zahnärztl. Studium sowie üb. die medizin. Doktorpromotion. Für Studierende bestimmter Sonderdr. aus dem „Aerztl. Rechtsbuch" v. denselben Verff. (III, 51 S.) gr. 8. Ebd. 904. n. 1. —

Hoche, Max die Metra des Tragikers Seneca. Ein Beitrag zur lateinischen Metrik. Halle 862. Buchhdlg. des Waisenhauses. gr. 8. (VIII, 88 S.) 15 ngr.

Hoche, Paul, die Selbstbildung. Eine Sammlg. von Aufsätzen f. Jedermann. 8. (III, 123 S.) Dresden 902. E. Pierson. n. 1. 80; geb. n. 2. 80

Hoche, R.

Hoche: 'Ιωάννου γραμματικοῦ Αλεξανδρέως τοῦ Φιλοπόνου ἐξήγησις εἰς τὸ πρῶτον καὶ εἰς τὸ δεύτερον τῆς Νικομάχου ἀριθμητικῆς εἰσαγωγῆς I.–III. Praef. u. gr. Text zs. 113 S.–Wesel, Progr. 1864, 1865, 1867

Hoche, Rich., Beiträge zur Geschichte der St. Johannis-Schule in Hamburg. 3 Thle. gr. 4. Hamburg, (Nolte.) ** 9 40
Ausg. auf Velinpap. ** 14 10

Inhalt:
Thl. 1. Die milden Stiftungen des Johanneums. (48 S.) 877. **M. 2.; Ausg. auf Velinpap. **M. 3.
» 2. Die Reform-Verhandlungen und die Direction Johannes Gurlitt's. (IV, 80 S. mit Portr. Gurlitt's.) 878. *M. 2,40.; Ausg. auf Velinpap. **M. 3,60.
» 3. Die Ordnungen der St. Johannis-Schule im 16., 17. und 18. Jahrh. (IV, 168 S.) 879. **M. 5.; Ausg. auf Velinpap. **M. 7,50.

Hoche, Rich., Beiträge zur Geschichte der St. Johannis-Schule in Hamburg. Ergänzungen und Nachträge zu I. Die milden Stiftungen des Johanneums. gr. 4. (17 S.) Hamburg 884, (Nolte.) **

Hoche, R. Fr. A. Wolfs Briefe an Joh. Gurlitt. 10 S.
Progr. Joh. Gel. *Hamburg* 1881.

— **Festbericht**, s.: Bugenhagen-Feier, die, des hamburgischen Johanneums.

Hoche, Rich., deutsches Lesebuch f. die Oberklassen höh. Schulen, s.: Schauenburg, Ed.

— lateinisches Lesebuch. 1. Abth. Für die Quarta der Gymnasien u. die mittleren Klassen der Realschulen. gr. 8. (VII, 192 S.) Leipzig 871. Teubner. 1. 50

Hoche, Rich., lateinisches Lesebuch. 2. Abthl. Für die oberen Klassen von Realschulen. Leipzig 870. Teubner. gr. 8. (IV, 447 S.) 1 ℛ
Die 1. Abthl. erscheint später.

— — lateinisches Lesebuch. 2. Abtl.: Für die oberen Klassen von Realschulen. 2. verb. Aufl. gr. 8. (IV, 484 S.) Leipzig 882, Teubner.
1. Abtl. Ebendas. 1871. *M 1,50.

Hoche, Rich.: Soterichi ad Nikomachi Geraseni introductionem arithmeticam de Platonis psychogonia scholia. E. cod. mss. Hamburgensi primum edit. 6 S. 4° – Elberfeld G., Progr. 1871.

Hoche, Rich., ein Schulheft Christoph Martin Wieland's. Nach dem Orig. hrsg. 4. (XII und 24 S. mit 1 lithogr. Facs.) Leipzig 865, Teubner. *

— Wörterbuch zu der 1. Abth. d. lateinischen Lesebuchs. gr. 8. (III, 115 S.) Ebend. 871. n. 1. —

Hoeche. (Julius) Guil. (geb. Quedlinburg 15. 7. 1835): De calculis animalis causis nonnulla. Berolini (1857). (32 S.) 8°
Berlin, Med. Diss. v. 19. Aug. 1857

Hocheck [Schlagwort]

Hocheck, s.: Wiener Ausflugskarten.

Hocheder, Ferdinand, a. München: Über die Einwirkung von Säuren und Alkalien auf Chlorophyll. Leipzig [1907]: J. Klinkhardt. (70 S.) 8°
München, Phil. Fak., Ref. v. Baeyer, Diss. v. 3. Juli 1907
[Geb. 24. Nov. 81 München; Wohnort: Gmain b. Reichenhall; Staatsangeh.: Bayern; Vorbildung: Maximilians-Gymn. München Reife Juli 00; Studium: München 9 S.; Rig. 3. Juli 07.]

Hocheder, Franz v. Paula

Hocheder, F. v. Paula, Horazens Brief an den Vinius Asella. Pr. 1827. 18 S. 4°. 1.—

Des Quintus Horatius Flaccus dreyzehnter Brief des ersten Buches. — Von Dr. Franz v. P. Hocheder, St. R. — 1827. München, Central-Schulbücher-Verlag. — S. 3—18.
Progr. München.

v. **Hocheder,** Frz. de Paula, s. a. Horatius Buch von d. Dichtkunst.

v. Hocheder, (Frz.,) Horatius Buch v. d. Dichtkunst, od. Brief an d. Pisonen erklärt. gr. 8. Passau 824, Pustet.

– s. Horatius, Episteln.

Ueber die Lehre von der Attraction in der griechischen Sprache. Von Dr. Hocheder, P. u. R. — 1833. Ebend. — S. 3—12.
Progr. München.

– s. Emm. Norus.

– s.a. Sophokles, Oedip auf Colonos erklärt.

— Sophocles Oedip auf Colonos erklärt. gr. 8. Passau 826, Pustet.

Hocheder, Karl, Baukunst u. Bildwirkung. (39 S. m. Abbildgn.) gr. 8. München 903. Süddeutsche Verlags-Anstalt. n. 1. —
Sonderabdruck aus: „Süddeut. Bauzeitg."

Hocheder, Karl, Baukunst u. Bildwirkung. Vortrag, geh. zu München am 17. II. 1903 im Liebig'schen Hörsaal. (Neudr.) (39 S. m. 35 Abbildgn.) gr. 8. München 906. Verlag der süddeutschen Bauzeitg. 1. 50
Sonderabdruck aus: „Süddeut. Bauzeitg.".

Hocheder, Carl, das Strafgesetzbuch für das Königr. Bayern. 1. Bd. Allgemeiner Theil. 7 Lfgn. gr. 8. (VIII und 541 S.) München 862, Literarisch-artistische Anstalt. à Lfg. * 10 Ngr. *

Hocheder, Carl, das Strafgesetzbuch für das Königreich Bayern. 1. Bd. Allgemeiner Theil. München 863. Literar.-artist. Anstalt. gr. 8. (VIII, 541 S.) n. 2 ₰ 10 ngr.

— das städtische Volksbad in München (Karl Müller-sches Volksbad). Erläuternder Text v. S. Langenberger. (9 Taf. u. 4 S. Text m. 14 Abbildgn.) Fol. Berlin (903). B. Hessling. n. 3. —
Sonderabdruck aus: „Der Baumeister".

Hocheder, Wolfgang

Zur Feyer der Allerhöchsten Ankunft Ihrer Majestäten des Königs und der Königin von Bayern in allertiefster Ehrfurcht dargebracht von dem k. Gymnasium zu Aschaffenburg den 4. August 1826. — Ohne Druckort. — Inhalt: a) Deutsche Ode in 13 alk. Strophen von L. M. Eisenschmid, P. — S. 3—5. b) Bavaria, eine dramatische Dichtung v. W. Hocheder, P. — S. 6—18. c) Lat. Ode in 14 alk. Strophen von Dr. Troll, P. — S. 19—21.
Progr. Aschaffenburg

— Begründung des Platon über die Achsendrehung der Erde. Pr. 1860. 22 S. 4°. 1.20

Ueber die humane Bildung auf den gelehrten Schulen, von W. Hocheder. — 1828. Ebend. — S. 1—12.
Progr. Aschaffenburg

Hocheder, Wolfg., über das kosmische System des Platon mit Bezug auf die neuesten Auffassungen desselben. Aschaffenburg 854. (Krebs.) 4. (19 S.) n. 5 ngr.

Hocheder, Wolfg., über das kosmische System des Platon mit Bezug auf die neuesten Auffassungen desselben. Programm. gr. 4. (19 S.) Aschaffenburg 855, (Krebs.) *

Hochedlinger, Joh., Militär-Geschäftsstil m. Beispielen u. Musterblättern, dann Directiven zur richtigen Führung des Wirtschaftspauschales u. Fragen-Programm (Beispiele v. Aufgaben). Zusammengestellt nach dem Dienstbuche A—5a u. den prakt. Erfahrgn. f. den Unterricht in den Einjährig-Freiwilligen u. Manipulations-Schulen. 2., verm. Aufl. gr. 8. (50 S.) Wien 902. (L. W. Seidel & Sohn.) n. 1. 20

Hochedlinger, Joh., Militärgeschäftsstil m. Beispielen u. Musterblättern, dann Anleitung zur richtigen Führung des Wirtschaftspauschales u. Fragen-Programm (Beispiele v. Aufgaben). Zusammengestellt nach dem Dienstbuche A—5a u. den prakt. Erfahrgn. f. den Unterricht in den Einjährig-Freiwilligen- u. Manipulations-Schulen. 3., verm., nach der neuen Rechtschreibg. verb. Aufl. (55 S.) gr. 8. Wien 903. (L. W. Seidel & Sohn.) n. 1. 50

Hochedlinger, J., Muster und Beispiele aus Militärgeschäftsstil und administrativem Dienst als Behelf für den theoretischen Unterricht etc. 8°. (40 S.) † K 1.20
Wien: Seidel 1909

Hochedlinger, Joh., Muster u. Beispiele aus Militärgeschäftsstil u. administrativen Dienst als Behelf f. den theoretischen Unterricht, sowie auch f. d. spätere Dienstleistung der Einjährig-Freiwilligen, Reserve-Leutnants (Fähnriche u. Kadetten). Zusammengestellt nach dem Dienstbuche E.—12, § 19 u. erläutert nach den einschläg. Vorschriften. 2., verm. u. verb. Aufl. (45 S.) 8. Wien 910. L. W. Seidel & Sohn. 1. 20

— Unterrichts-Behelfe f. d. Einjährig-Freiwilligen- u. Manipulations-Schulen aus a) dem ökonomisch-administrat. Dienst, b) der Monturs-, Armaturs- u. Munitionswirtschaft, c) der Transportführung, d) d. Standesführung, e) der zeitlichen Beurlaubung d. Mannschaft, f) Vorgang bei Verlusten, Passierungen u. Ersätzen, g) dem inneren Dienst bei der Unterabtheilung nebst e. Auszug aus der Vorschrift f. das Legitimationsblatt, Verzeichnis der in das Feld mitzunehmenden Dienstbücher, Kanzlei- u. Schreibrequisiten, Protokolle u. Vormerkungen, welche bei e. Unterabtheilung zu führen sind, h) Obliegenheiten des Truppen-Commandanten u. sonstiger Organe gelegentlich der Inspicierungen der Magazine u. Kanzleien, i I) Fragen-Programm f. die Einjährig-Freiwilligen-, Unterofficiers-Bildungs- u. Manipulations-Schulen, i II) Ausarbeitung e. Monatsactes e. im Friedensverhältnisse stehenden Compagnie, welche sich im unmittelbaren ökonomisch-administrat. Verbande des Rechnungskörpers befindet, j) Recepte u. Gebrauchsanweisungen z. Reinigen der im Gebrauche stehenden, beschmutzten Monturen. 2., verm. Aufl. gr. 8. (71 S.) Brünn 900. Ebd. n. 1. 40

— Unterrichts-Behelfe f. die Einjährig-Freiwilligen- u. Manipulations-Schulen aus a) dem ökonomisch-administrativen Dienst der Unterabteilungen, b) der Montur-, Armatur- u. Munitionswirtschaft, c) der Transportführung, d) der Standesführung, e) der zeitlichen Beurlaubung der Mannschaft, f) Vorgang bei Verlusten, Passierungen u. Ersätzen, g) dem inneren Dienst bei der Unterabteilung nebst e. Auszug aus der Vorschrift f. das Legitimationsblatt, Verzeichnis der in das Feld mitzunehmenden Dienstbücher, Kanzlei- u. Schreibrequisiten, Protokolle u. Vormerkungen, welche bei e. Unterabteilung zu führen sind, h) Obliegenheiten des Truppenkommandanten u. sonstiger Organe gelegentlich der Inspizierungen der Magazine u. Kanzleien, i) Fragen-Programm f. die Einjährig-Freiwilligen-, Unteroffiziersbildungs- u. Manipulations-Schulen samt Antworten, j) Ausarbeitung e. Monatsaktes e. im Friedensverhältnisse stehenden Kompagnie, welche sich im unmittelbaren ökonomisch-administrativen Verbande des Rechnungskörpers befindet, k) Rezepte u. Gebrauchsanweisungen zum Reinigen der im Gebrauche stehenden, beschmutzten Monturen. Nach der neuen Rechtschreibg. umgearb. 3. verb. Aufl. (82 S.) gr. 8. Ebd. 903. n. 1. 80

Hochegger, A. (Red.), s. Jahrbuch d. k. k. Landwirtschafts-Gesellschaft in Wien.

Hochegger, Adf., s.: Buch, das goldene, der Land- u. Forstwirthschaft in Oesterreich-Ungarn.

Hochegger, Ant., Gemeinde-Ordnung u. Gemeinde-Wahl-Ordnung der Kronländer Görz-Gradisca u. Istrien, m. histor. Einleitg., Entscheidgn. der höheren Verwaltungsbehörden, vergleich. Tabelle, Specialgesetzen, Index der Landtags-Verhandlgn., alphabet. Sachindex. 1. u. 2. Bd. (In deutscher u. italien. Sprache.) Lex.-8. (XLV, 273; 313 S.) Triest 893. (F. H. Schimpff.) à n. 5. —

— Register 1851—1891, s.: Gesetz- u. Verordnungsblatt d. Küstenlandes.

Hochegger, Franz

Hochegger, F., die Fortschritte des Unterrichtswesens in Europa, s. Beer, A.

– Hrsg.), s. Homerus: Epitome Iliadis.

Hochegger, F., das System der Bifurcation (Zweitheilung des mittleren Unterrichtes) in seiner geschichtlichen Entwickelung. gr. 8. (56 S.) Wien 863, Gerold's Sohn. *
Aus: Zeitschrift für die österreichischen Gymnasien, besonders abgedruckt.

Programm, drittes — des k. k. kathol. Gymnasiums zu Preßburg am Schlusse des Schuljahrs 1853. Veröffentlicht am 30. Juli durch den Direktor des Gymnasiums A. Th. Wolf. 8. (44 S.) Preßburg. Druck von C. F. Wigand 1853.
Inhalt: De orationum in veterum historiis origine et vi brevis comentatio. Dr. Fr. Hochegger. — Zur Ableitung der Neper'schen Analogien und der Gauß'schen Formeln in der sphärischen Trigonometrie. Von A. W. Schopf. — Schulnachrichten.

Jahres-Bericht über das Gymnasium an der k. k. theresianischen Akademie, während des Schul-Jahres 18⁵³/₅₄. 4. (24 S.) Wien. Druck von Ant. Schweiger. 1854.
Inhalt: De origine satirae Horatianae et natura brevis commentatio, von Franz Hochegger.

Hochegger, Fr., über die Wahl von Themen zu Aufsätzen in der Muttersprache am Obergymnasium. gr. 8. (30 S.) Wien 852, Gerold's Sohn.
Aus: Zeitschrif für die österreich. Gymnasien, besonders abgedruckt.

Hochegger, Rud., die Bedeutung der Philosophie der Gegenwart f. die Pädagogik, s.a. Zeit- u. Streitfragen, pädagogische.

Hochegger, R., Die Bedeutung d. Philosophie der Gegenwart f. d. Pädagogik. (132 S.) Wiesbaden 1893. E. Behrend.

— üb. die Entstehung u. Bedeutung der Blockbücher, m. besond. Rücksicht auf den liber regum seu historia Davidis, s.: Centralblatt f. Bibliothekswesen, Beihefte.

Hochegger, Rud., die geschichtliche Entwickelung des Farbensinnes. Eine psychologische Studie zur Entwickelungsgeschichte des Menschen. gr. 8. (X, 134 S.) Innsbruck 884, Wagner'sche Universitäts-Buchh.

— Erinnern u. Vergessen, s.: Sammlung pädagogischer Vorträge.

— üb. Individual- u. Sozialpädagogik, s.: Zeit- u. Streitfragen, pädagogische.

— üb. die Kulturaufgabe d. Lehrers u. die Notwendigkeit e. freien Lehrerstandes, s.: Sammlung pädagogischer Vorträge.

—— s. Liber regum.

Hochegger, Rud., über die Platonische Liebe. gr. 8. (22 S.) Berlin 887, Eckstein Nachf. *

Hocheimer, Lorenz, S. J., De sanctitate templi ritibus catholicis consecrati ad tit. XL. libri III. decretalium. Diss. jur. Präs. Peter Gallade, S. J. Heidelberg (Johann Jacob Haener) 4. IX. 1761. 22 S. (6.50) 15309

Hocheisel, J.: Theoret.-prakt. Anleitung zu schriftl. Aufsätzen mit Hins. auf die österreich. Gesetze. 2 Bde. *Wien.* 816. 8.

Hocheisen, Paul *Karl Friedrich* [aus Beilstein (Württemb.)]: Der Muskelsinn Blinder ... Berlin, Buchdr. v. G. Schade, *1892;* 38 S., 1 Bl. 8.
Berlin, Med. Fak., Inaug.-Diss. v. 30. Juli 1892

(Höchel, C. H.,) die Heroen der Kunst ꝛc., s. Heroen.

Höchel, Jakob David

Höchel, J. D., grammatisches Lesebuch f. latein. u. deutsche Schulen z. Erleichterung d. deutschen Sprachunterrichts. 8. Stuttg. Steinkopf. 812.

Höchel, J. D., grammatisches Lesebuch für lateinische und deutsche Schulen. 2te Aufl. 8. Stuttgart, Steinkopf. 819.

Höchel, Jak. Dav., grammat. Lesebuch f. deutsche u. latein. Schulen. Zur Erleichterung d. deutschen Sprachunterr. u. z. Vorbereit. auf d. latein. Sprache. 3., verb. u. verm. Aufl. 8. (15 B.) Stuttgart 832, Steinkopf.

——, C. L. Holzer, J. A. Walker, Uebungsstücke z. Uebers. aus d. Deutschen in d. Latein., f. d. mittl. Classen d. Gelehrten-Schulen in 3 Cursen, mit Anmerkn. 1. Aufl. (22¼ B.) 828., 2., verm. u. verb. A. (24¼ B.) gr. 8. Stuttgart 833. [Beck u. Fränkel.]
1. Aufl. hat hinter dem Worte „Cursen" den Zusatz: nebst einem abgesonderten Commentar.

Höchel, Karl Herm., s. Heroen, die, der Kunst.

Hochenadl, s. Hohenadl.

Hochenadl, Anton

— üb. d. Rechtliche u. Nützliche der Landeskultur u. deren Folgen u. Hindern. 8. Ebend. 796.

Hochenadl, Ant., Vers. üb. d. anwendbarsten Grundsätze d. Kultursprocessen ꝛc. 8. München, Lentner. 794.

Hochenadl, W., Forst- u. Jagdkalender. gr. 4. Ulm, Stettin. 808.

Hochenadl, W., Forst- u. Jagdkalender. 2te verb. Aufl. gr. 8. Ulm, Stettin. 812.

Hochenburger, Frz. Ritter v., Darstellg. d. in d. Periode 1874–1891 durchgeführten Arbeiten d. Mur-Regulirung in Steiermark. Bearb. üb. Auftrag d. k. k. Ministeriums des Innern. Mit 20 Beilagen, darunter 11 Taf. Fol. (119 S.) Wien 894. (Hof- u. Staatsdruckerei.) Kart. n. 10.—

Hochenburger, Frz. Ritter v., über Geschiebsbewegung und Eintiefung fliessender Gewässer, nebst Darstellung der Mur-Regulierung und anderer grösserer Flusskorrektionen in Steiermark. Lex.-8. (IV, 172 S. mit 8 Tab. und 9 lithogr. Taf.) Leipzig 886, Engelmann. *

Hocheneger, Laurenz, Festpredigten. Handschriftlicher Nachlaß. 2 Bde. Wien (853.) (Mechitharisten-Congreg.-Buchhdlg.) gr. 8. (663 S. mit lith. Bildniß.) 1 rthl. 5 ngr.

Hochenegg, Adf., Singen u. Ringen. Lieder u. andere. (XV, 254 S.) kl. 8. Leipzig 906. W. Altmann. n. 2. —; geb. n. 3. —

Hochenegg, Adf. W. K., deutsche u. österreichisch-ungarische Radfahr-Meisterschaften u. Records [letztere soweit auf Rennbahnen gefahren] von 1882 bis 1891. Merkbuch f. den Radfahrsport, nach authent. Quellen ausgearb. Mit den Bildnissen der Sieger in den grossen Meisterschafts-Fahrten. gr. 8. (IV, 48 S. m. 12 Lichtdr.-Portr.) München 891. Administration d. Radfahr-Humor. Geb. n. 3. —

Hochenegg, Adf. W. K., Radfahrstouer od. nicht? gr. 8. (53 S.) Leipzig 898. W. Werner. n. 1. —

Hochenegg, Adf. W. K. Die ethische Seite d. Radfahrens. 8. (30 S.) Lpz. 889, [L. Weber Sport-Verlag]. * — 70; geb. * 1 —

Hochenegg, Carl, s. H o c h e n e g g , Karl

Hochenegg, Fr.

Hochenegg, F., Rundreise-Führer f. d. J. 1875 auf der Kaiserin Elisabeth-, Salzburg-Tiroler-, Kronprinz Rudolf- u. Südbahn m. Rücksichtnahme auf die Anschlüsse nach e. Theile v. Süddeutschland u. nach Oberitalien. Nach eigener Anschaug. u. nach den besten Quellen. Mit e. (chromolith.) Rundreise-Karte (in qu. gr. 4.) Vorschläge zur Zeiteinthlg. u. e. Wiener Fremdenführer. 1. Jahrg. gr. 16. (VIII, 164 S.) Linz 875. (Fink.) n. 2. 40

— dasselbe. 2. Jahrg. 1876. gr. 16. (IV, 182 S.) Ebend. n. 2. 60

—— dass. — 3. verb. und verm. Ausg. Mit 1 (lithogr.) Rundreise-Karte, Vorschlägen zur Zeiteintheilung und einem Wiener Fremdenführer. gr. 16. (XIV, 210 S.) Teschen 878, Prochaska. cart. * 2 60

Hochenegg, Fr., 1879er Rundreise-Führer auf der Kaiserin Elisabeth-, Erzherzogin Gisela-, Kronprinz Rudolf-, Salzkammergut- u. Südbahn mit Rücksichtnahme auf die Anschlüsse ins Ausland. Nach eigener Anschauung u. den besten Quellen verf. 4., m. dem Programme der combinirbaren Rundreisebillets verm. Ausg. Mit einer (lith.) Rundreise-Karte, Vorschlägen zur Zeiteintheilung u. einem Wiener Fremdenführer. gr. 16. (XIV, 216 S.) Teschen 879. Prochaska. cart. n. 2. 60

Hochenegg, Graf Fr., Theorie zur allgemeinen Auflösung der bestimmten algebraischen Gleichungen; nebst kritisch-analytischer Untersuchung der bis jetzt bekannten, und Aufstellung neuer, wissenschaftlich begründeter Auflösungen. Mit e. Anhange üb. reine Potenzgleichungen, Normal-Potenzen und unbestimmte Analytik. Mit 2 Tabell. gr. 8. Wien 835. (Heubner.) n. 3 1/3 rthl.

Hochenegg, Jul., über symmetrische Gangrän und locale Asphyxie. gr. 8. (90 S. mit 1 lithogr. Taf.) Wien 886, Braumüller. *
Aus: Wiener medicinische Jahrbücher, besonders abgedruckt.

Hochenegg, Jul., s.: Jahresbericht u. Arbeiten der II. chirurgischen Klinik zu Wien.

Hochenegg, J., Jahresbericht der 1. chirurgischen Klinik d. Hofr. Prof. Albert in Wien. Schulj. 1887. Mit 47 Holzschn. u. 1 Taf. in Farbendr. gr. 8. (XXII, 252 S.) Wien 889. Urban & Schwarzenberg. n. 8.—; geb. n. 10.

Hochenegg, Jul., s.a. Jahresbericht der II. chirurgischen Klinik zu Wien.

Hochenegg, J., Jahresbericht und Arbeiten der II. chirurgischen Klinik zu Wien. 1. April 1904 bis 31. Dezember 1905. Gr.-8°. (ill. VI, 572 S.) K 24.—, geb. K 26.40
Wien: Urban & Schwarzenberg 1906.

— s.a. Lehrbuch der speziellen Chirurgie.

Hochenegg, J., Lehrbuch der speziellen Chirurgie für Studierende und Ärzte. 1. Bd. 1. Teil. Gr.-8°. (ill. 648 S.) kompl. K 24.—
Wien: Urban & Schwarzenberg 1906

Hochenegg, J., Lehrbuch der speziellen Chirurgie für Studierende und Ärzte. I. Bd. Gr.-8°. (ill. VIII, 1075 S.)
Wien: Urban & Schwarzenberg 1907. K 24.—, geb. K 27.—

Hochenegg, J., Lehrbuch der speziellen Chirurgie für Studierende und Ärzte. 2. Bd. 1. Teil. Chirurgie des Unterleibes. Gr.-8°. (ill. 922 S.) K 18.—
Wien: Urban & Schwarzenberg 1908.

Hochenegg, J., Lehrbuch der speziellen Chirurgie. II. Bd. 2. Teil. Gr. 8°. (ill. X, 924—1453 S. und 14 Tafeln) K 12.—
Wien: Urban & Schwarzenberg 1909.

Hochenegg, Karl

Hochenegg, C., Anordnung u. Bemessung elektrischer Leitungen. gr. 8. (VI, 182 S. m. 38 Fig.) Berlin 893. J. Springer. — München, R. Oldenbourg. Geb. in Leinw. n. 6. —

Hochenegg, C., Anordng. u. Bemessg. elektrischer Leitungen. 2., verm. Aufl. gr. 8. (VIII, 214 S. m. 42 Fig.) Berlin 897. J. Springer. — München, R. Oldenbourg. Geb. in Leinw. n. 6. —

Hochenegg, Karl, über elektrische Arbeitsübertragung, s.a. Vorträge des Vereines zur Verbreitung naturwissenschaftlicher Kenntnisse in Wien. 45. Jhrg. 17. Heft.

Hochenegg, K., Über elektrische Arbeitsübertragung. [Vorträge des Vereines zur Verbreitung naturwissenschaftlicher Kenntnisse in Wien. 45. Jahrg. Heft 17.] 8°. (ill. 38 S.) † K 1.—
Wien: Braumüller 1905.

Hochenegg, C.: Ueber elektrische Eisenbahnen und deren Bedeutung als Verkehrsmittel großer Städte. Wien 1891

— das elektrotechnische Institut der k. k. technischen Hochschule in Wien. Erbaut u. eingerichtet nach den v. dem Architekten Prof. Christian Ulrich u. dem Instituts-Vorstande Prof. Karl Hochenegg gemeinsam ausgearb. Entwürfen u. Plänen. Beschreibung des Baues u. der inneren Einrichtg. Mit 1 Gesamtansicht in Kpfrdr. u. 34 Textbildern. (86 S.) gr. 4. Wien 904. (Berlin, J. Springer.) n.n. 10. —

Hochenegg, Karl, Projekt betr. elektrische Untergrundbahnen durch die innere Stadt Wien. (24 S. m. Abbildgn. u. 1 Plan.) gr. 8. Wien 909. Spielhagen & Schurich. 1. —
Sonderabdruck aus: „Ztschr. d. öst. Ingenieur- u. Architekten-Ver."

Hochenegg, Carl, s.: Sicherheitsvorschriften für elektrische Starkstrom-Anlagen.

— — Sondervorschriften f. die Ausführung u. den Betrieb v. elektrischen Anlagen in Theatern usw.

Hochenegg, C. und **Wunderer**, F., Sondervorschriften für die Ausführung und den Betrieb von elektrischen Anlagen in Theatern und diesen gleichzustellenden Versammlungsräumen. 8°. (12 S.) * K 1.60
Wien: Spielhagen & Schurich 1908.

Hochenegger Laurenz. Festpredigten. Handschriftlicher Nachlaß. I. Bd. (661 S.) Wien. Mechitaristen. 1852.

Hochenpeissenberg — Prospects Charte von — Geometrisch entworfen von Albin Schwaiger C. R. in Rothenbuch, der Kurfürst. meteorologischen Gesellsch. Mitglid. und gestochen von Jos. Ant. Zimmermann Kurfurstl. Landschafts u. Academis. Kupferstecher in München. 1 : 175,000. 1 Bl.

v. **Hochenwart**, Graf Frz., s. Beiträge zur Naturgeschichte, Landwirthschaft ꝛc.

Hochfärber, Friedrich, Recept. Praktische Anweisung zur „Schaffung neuer Paradiese". Hrsg. und mit Vorwort, biographischen Mittheilungen und dem Gutachten eines Grossgrundbesitzers versehen von der Actiengesellschaft Pionier zu Berlin. 8°. s. l. s. a. (Druck von Hesse u. Becker in Leipzig, ca. 1887).

Hochfärber, Frdr., Recept. Praktische Anweisg. zur „Schaffg. neuer Paradiese". Hrsg. u. m. Vorwort, biograph. Mittheilgn. u. dem Gutachten e. Großgrundbesitzers versehen v. der Aktiengesellschaft Pionier zu Berlin. 8. (237 S.) Berlin 888. A.-G. Pionier. n. 3.—; Pracht-Ausg. n. 4. —

Hochfeld, Luise, Trauersp. in 5 Aufz. v. K. A. F. Fuchs. Leipz. Gräff. 816.

Hochfeld, Fritz vom (Kolamp), in fremden Landen! Afrikan. Briefe. II. Thl. Durban. 8. (V, 224 S.) Cassel 897. (Kaiserslautern, A. Gotthold.) n. 2. —
Der I. Thl. erscheint später.

Weihnachtstage in Afrika. Aus d. Werke Multatuli der Wanderer. Von Fritz vom **Hochfeld**. Zum Besten d. in Süd-Afrika notleidenden Buren. *o. O.: Selbstverl. [1901].* (16 S.) 8° [F.] [01. 1134]

Hochfeld, Hans, Anleitung, aus d. Handschrift Charakter u. Gemüth zu bestimmen. gr. 8. (13 S.) Berlin (900). [Verlag d. litterar. Agentur.] Steglitz, H. Priebe & Co. — 50

— Anleitung zum Kartenlegen f. Alt u. Jung. Nebst e. Anh.: Die Kartensprache. 12. (48 S.) Berlin (891). Erfurt, F. Bartholomäus. — 30

Hochfeld, Hans, mollige u. drollige Geschichten, s.: Lektüre, interessante.

— Jedermann sofort Spiritist! Anleitung spiritist. Experimente ohne Medium. gr. 8. (16 S.) Berlin (901). Verlag der litterar. Agentur. n. — 50

Hochfeld, Leopold [pract. Arzt aus Lemgo in Lippe]: Die medicamentöse Behandlung des Keuchhustens . . . . *Freiburg* (1887); 38 S. 8°
Freiburg i. B., Med. Fak., Inaug.-Diss. v. 1887

Hochfeld, L., die medicamentöse Behandlung d. Keuchhustens. Inaug.-Diss. 8. (38 S.) Lemgo 888. (Ohle.) n. 1. 50

Hochfeld, Margarethe v., Grüße deutscher Dichter. Sammlung der schönsten Dichtgn. 8. (XIX, 240 S.) Berlin 899. Leipzig, W. Vobach & Co. Geb. in Leinw. 3. —; f. Abonnenten d. „Sonntagszeitg." n. 1. 75

Hochfeld, Margarethe v., Grüße deutscher Dichter. Sammlung der schönsten Dichtgn. 2. Aufl. (11—20. Taus.) (XIX, 240 S. m. 4 Vollbildern.) 8. Berlin (904.) W. Vobach & Co. Geb. in Leinw. m. Goldschn. 3. —; erm. Pr. n. 2. —

— Sonntagsgedanken. 3. Aufl. (246 S.) 8. Ebd. (904). n. 1. 50; geb. n. 2. 20

Hochfeld, M. v., 52 Sonntagsgedanken. 8. (239 S.) Berlin (901). W. Vobach & Co. Geb. in Leinw. m. Goldschn. 4. —

Hochfeld, Samson [aus Höxter]: Beiträge zur syrischen Fabelliteratur . . . Halle a. S., *Druck v. W. Drugulin in Leipzig,* 1893; 50 S., 1 Bl. 8.
Halle, Phil. Fak., Inaug.-Diss. v. 13. März 1893

Kinderpredigten von Dr. [Samson] **Hochfeld**, Rabbiner in Frankfurt a. O. *Berlin: M. Poppelauer 1901.* (IX, 123 S.) 8° [F.] [01. 1063]

Hochfeld, Sophus: Fechner als Religionsphilosoph. Potsdam 1908: Hayn. 101 S. 8° ¶(Ersch. auch b. Bonneß & Hachfeld, Potsdam.)
Erlangen, Phil. Diss. v. 21. Dez. 1908, Ref. Falckenberg
[Geb. 14. Mai 73 Rendsburg; Wohnort: Potsdam; Staatsangeh.: Preußen; Vorbildung: Gymn. Neustettin Reife O. 02; Studium: Halle 1, Berlin 10 S.; Rig. 20. Okt. 08.] [U 09. 847

Hochfeld, Thekla v., Beitrag zur Geschichte der Leipziger Schlacht. 8. Halle, Ruff. 815.

v. **Hochfelden**, die Veste Habsburg. s. Mittheilungen d. antiquar. Gesellschaft in Zürich.

Hochfelden, Brigitta, die Bändchenspitze, Point lace od. dentelle de Luxeuil genannt. 2. Aufl. gr. 8 (16 S. m. Abb. u. 1 Taf.) Berlin (900). F. Ebhardt & Co. n. n. — 75

— u. Marie **Riedner**, das Buch der Selbst-Schneiderei. Praktische Anleitg. zum Gebrauch f. Jedermann. (IV, (46 S. m. Abbildgn.) gr. 4. Ebd. (903). n. 2. —

— u. Marie **Riedner**, das Buch der Selbst-Schneiderei. Praktische Anleitg. zum Gebrauch f. Jedermann. 4. Aufl. (III, 52 S. m. Abbildgn. u. 1 Schnittbog.) 35×27,5 cm. Ebd. (908). Geb. 3. —

Hochfelden, Brigitta, d. Buch d. Wäsche. Ein Leitfaden zur zeit- u. sachgem. Herstellg. v. Haus-, Bett- u. Leibwäsche, sow. zu deren gründl. Behandlg. u. Pflege, unt. Beigabe d. erforderl. naturgroßen Schnitte. Zusammengestellt unt. Beihilfe v. Marie Riedner u. andern Mitarbeiterinnen. 6. Taus. gr. 4. (III, 59 S. m. Abb. u. 4 Schnittbog.) Leipzig 896. Verlag d. „Deutschen Moden-Zeitung". In Leinw.-Mappe n. 3. —

Hochfelden, Brigitta. Das Buch der Wäsche . . Zusammengestellt von Brigitta Hochfelden, unter Beihilfe von Marie Niedner und erfahrenen Mitarbeiterinnen. (2. Auflage) Verlag der „Deutschen Moden-Zeitung" Leipzig (1896). Tit., 1 Bl., 52 S. m. 450 Abb., 4 Schnittmuster-Beilagen. 4°.

Hochfelden, Brigitta, das Buch der Wäsche. Ein Leitfaden zur zeit- u. sachgemäßen Herstellg. v. Haus-, Bett- u. Leibwäsche, sowie zu deren gründl. Behandlg. u. Pflege, unter Beigabe der erforderl. naturgroßen Schnitte. Zusammengestellt unter Beihilfe von Marie Niedner u. erfahrenen Mitarbeiterinnen. (16.—25. Taus.) gr. 4. (III, 72 S. m. Abbildgn. u. 4 Schnittbog.) Leipzig (901). Verlag der „Deutschen Moden-Zeitung". In Leinw.-Mappe 3. —

— — Das Buch der Wäsche. Ein Leitfaden zur zeit- u. sachgemäßen Herstellg. v. Haus-, Bett- u. Leibwäsche, sowie zu deren gründl. Behandlg. u. Pflege unter Beigabe der erforderl. naturgroßen Schnitte. (6. Aufl.) (III, 76 S. m. Abbildgn. u. 5 Schnittbog.) 35×27,5 cm. Ebd. (909). Geb. 3. 50

— Decken u. Vorhänge. Aufnäharbeit v. Bändchen auf Tüll. Lex.-8. (8 S. m. Abbildgn. u. 9 Taf.) Berlin (901). F. Ebhardt & Co. n. — 80

Hochfelden, Brigitta, s.: Ebhardt's Handarbeiten.

— s.: Ebhardt's Moden-Album.

— Filet u. Filet-Guipure. (16 S. m. 135 Abbildgn. im Text u. auf 1 Taf.) Lex.-8. Berlin (904). F. Ebhardt & Co. n.n. — 75

Hochfelden, Brigitta, das Filet u. das Filetstopfen. Mit 161 Abbildgn. gr. 4. (16 S. m. 1 Taf.) Berlin 888. Ebhardt & Co. n. — 75

Hochfelden, Brigitta. Das Filet u. das Filetstopfen. Mit 161 Abbildgn. gr. 4. (16 S. m. 1 Taf.) Berl. 889. Ebhardt u. Comp. — 75

— Filet-Durchzug. (16 S. m. 103 Abbildgn. im Text u. auf 1 Taf.) Lex.-8. Ebd. (904). n.n. — 75

Hochfelden, Brigitta, die Gabelhäkelei. Anleitung zur Anfertigg. zahlreicher, hübscher und leichter Muster. Mit 66 Abbildgn. qu. 8. (47 S.) Berlin 885. Ebhardt. n. — 60

— moderne Häkel-Arbeiten. Irische Guipure. Motivhäkelei u. a. (IV, 32 S. m. Abbildgn. u. 1 Musterbog.) 4. Ebd. (906). n. 1. 60

Hochfelden, Brigitta, moderne Häkel-Arbeiten. Irische Guipure, Motivhäkelei u. a. 2. Aufl. (IV, 32 S. m. Abbildgn. u. 1 Musterbog.) 31,5×24 cm. Berlin (907). F. Ebhardt & Co. 1. 60

— das Häkeln. Mit zahlr. Abbildgn. v. Mustern jegl. Art, wie Spitzen, Einsätze, Rosetten, Vierecke, Deckchen, Jacken, Kinderschuhe 2c. 6 Lfgn. gr. 4. (1. Lfg. 16 S.) Ebd. 889. n. 3. —

— das Häkeln. Ausführliche Anleitg. zur Erlerng. der Häkelarbeit u. Handbuch der gesammten Häkelkunst. Mit zahlreichen Abbildgn. v. Mustern jegl. Art, wie Spitzen, Einsätze, Rosetten, Vierecke, Deckchen, Jacken, Kinderschuhe 2c. gr. 4. (103 S. m. 1 Taf.) Berlin 892. F. Ebhardt & Co. n. 5. —

— Künstlerische Handarbeiten im modernen Geschmack. (VII, 39 S. m. Abbildgn. u. 3 Musterbog.) 35×27,5 cm. Leipzig (908). Verlag der Deutschen Moden-Zeitg. Geb. in Leinw. 4. —

Brigitta Hochfelden. Hardanger-Arbeit (Leinendurchbruch). *Berlin: F. Ebhardt & Co. [1899].* (26 S.) 8° [F.] 1. 9194

— Hardanger-Arbeit. (Leinendurchbruch.) 2. Aufl. gr. 8. (28 S. m. Abbildgn.) Berlin (901.) F. Ebhardt & Co. n.n. — 75

— Hardanger-Arbeit (Leinendurchbruch). 4. Aufl. (28 S. m. Abbildgn.) gr. 8. Ebd. (905.) n. — 80

— Hardanger-Arbeit (Leinendurchbruch). 15.—18. Taus. (7. Aufl.) (34 S. m. Abbildgn.) gr. 8. Berlin (907). F. Ebhardt & Co. — 80

— Moderne Leinen-Stickereien. Hedebo-Arbeit, Brabanter u. Ausschnittstickerei. (IV, 32 S. m. Abb. u. 1 Musterbog.) 31,5×24 cm. Ebd. (907). 1. 60

— Maßbuch f. d. Familiengebrauch u. f. Schneiderinnen. 12. (56 Bl.) Ebd. 887. geb. n. 1. 20

— u. Hedw. **Wahl,** Muster im Secessions- u. Jugendstil f. Kreuz- u. Gobelinstich. gr. 8. (6 Taf. m. IV S. Text.) Berlin (900). F. Ebhardt & Co. n. — 80

— Muster im Secessions- u. Jugendstil. 2. Folge. Für Platt- u. Stielstich, sowie Application. Lex.-8. (5 S. m. 9 Taf.) Ebd. (901). n. — 80

— u. Hedw. **Wahl,** Muster in Sezessions- u. Jugendstil f. Kreuz- u. Gobelinstich. 2. Aufl. u. Neue Folge. (Je 6 Taf. m. IV S. Text.) Lex.-8. Berlin (905). F. Ebhardt & Co. à n. — 80

— u. Marie **Niedner,** zur Reform-Mode. gr. 8. (32 S. m. Abbildgn.) Leipzig (902). Verlag der deutschen Moden-Zeitg. — 75

— u. Helene **Weber,** zur Reform-Mode. 2. Heft. (36 S. m. Abbildgn.) gr. 8. Leipzig (903). Verlag der „Deutschen Moden-Zeitg." n. 1. —

— Smocksnäherei. Eine Anleitg. zum zierl. Benähen v. Kränseln od. Falten. (III, 25 S. m. Abbild.) 8. Ebd. (910). — 80

Hochfelden, Brigitta, das Spitzenklöppeln, s.: Ebhardt's Handarbeit.

— das Sticken m. der Nähmaschine. (Umschlag: 2. Aufl.) (43 S. m. 119 Abbildgn. u. 1 Mustervorlage.) Lex.-8. Leipzig (905). Verlag der „Deutschen Moden-Zeitung". n. 1. 50

— Das Sticken m. der Nähmaschine. 3. Aufl. (44 S. m. 122 Abbildgn. u. 1 Musterbog.) Lex. 8. Leipzig (909). Verlag der Deutschen Moden-Zeitg. 1. 50

— kopierbare Zeichnungen. 1. u. 2. Hft. qu. gr. 4. (à 8 Taf.) Leipzig 895. Verlag der Deutschen Moden-Zeitung. 1. 80

Hochfelden, Edith B[in] Krieg v.
s. **Krieg** v. Hochfelden [Edith Gräfin Salburg]. [11. 1. 131]

Hochfelden, Flod. Frhr. v., Glück bei Damen od. die Kunst das weibliche Herz zu erobern. Praktischer Leitfaden f. junge Männer. (VII, 104 S.) 8. Erfurt (903). F. Bartholomäus. n. 1. 25

Hochfeldt, Hans [Pseud.]
= Georgi, Karl [Wirkl. Name]

Hochfeldt, Hans, La Bohême. Schauspiel in 4 Akten. Unter teilweiser freier Benutzg. d. gleichnam. Scenen aus d. Pariser Künstlerleben v. H. Murger. 16. (116 S.) München (898). Rubinverlag. n. 2. —

— der Fluch der bösen That. Lustspiel in 3 Akten. 16. (80 S.) Ebd. (898). n. 2. —

— Gewehr in Ruh'. Lustsp. in 3 Akten. 16. (104 S.) Ebd. (898). n. 2. —

— der Kampf d. [illegible] Schauspiel in 4 Akten u. einem Vorspiel . . (1[illegible] S.) Zürich 896. Verlags-Magazin. n. 2. [illegible]

Hochfeldt, Hans (Karl Georgi), Kesseltreiben, s.: Weber's moderne Bibliothek. Nr. 79.

— friedlicher Krieg, s.: Kaufmann's moderne Zehnpfennig-Bibliothek.

— dasselbe, s.: Kiembt's Bücherschatz. 1. Bd.

— Narren, s.: Kürschner's, Jos., Bücherschatz.

— Meta. Drama in 4 Akten. 16. (104 S.) München (898). Rubinverlag. n. 1. —

Hochfeldt, Hans, Psychologisches u. Physiologisches aus d. deutschen Schweiz. gr. 8. (V, 135 S.) Leipzig 898. O. Wigand. n. 2. —

— Trilby. Schauspiel in 4 Akten (nach dem gleichnam. engl. Roman). 16. (88 S.) Ebd. (898). n. 2. —

Ypsilon-Strahlen. Schwank in 3 Akten von Hans Hochfeldt. *München: Rubinverl [1898].* (109 S.) 8° [3.]
(Rubin-Bibliothek.) [62. 994

Hochfellner Od.: Beugung des Lichtes. (24.) Melk 77.
Progr.

Hochflut. Socialistische Zeitgedichte. Eine Gabe zum 1. Mai 1891. 1.—3. Aufl. 8°. Leipzig, Leipziger Volksbuchhdl.. 1891.

Hochflut. Sozialistische Zeitgedichte. Eine Gabe zum 1. Mai 1891. 3. Aufl. 8. (40 S.) Leipzig 891. Leipziger Volksbuchh. — 20

Hochflut, Die sozialdemokratische, und ihre Eindämmung. Ein Wort an Nationalgesinnte. Breslau 1903. V: *Nitschke, Kurt.* (Berl 1904, S. 680)

Hochflut, die sozialdemokratische, u. ihre Eindämmung. Ein Wort an Nationalgesinnte v. C. S. (86 S.) 8. Breslau (903). Schles. Druckerei-Genossenschaft. n. — 50

Hochfluten. Die furchtbaren H' und Wolkenbrüche in Schlesien im Monat Juli 1903.... Mit ... Abbildungen nach photographischen Aufnahmen.... 16 S. 8. Chemnitz, C. A. Hager; Zürich, Comm. Fr. Wiegmann-Halter, [1903]. fr. —. 20

Das Hochgebirge der Republik Ecuador. Petrogr. Untersuchungen. Bearb. im mineral.-petrogr. Inst. d. Univ. Berlin. Mit Taf. 1. 2. *Berlin: A. Asher & Co. 1892–1902.* 2 Bde 4°
1. West-Cordillere. (In 3 Lfgen.) 1892–98.
2. Ost-Cordillere. (In 2 Lfgen.) 1896–1902.
= Reiss, Wilhelm: Reisen in Süd-Amerika. [3.] [04. 1967

Hochgebirge. Das H' von Grindelwald. Naturbilder aus der schweizerischen Alpenwelt von Dr. Christoph Aeby ... und Edm[und] v[on] Fellenberg ... und Pfarrer (Rud[olf]) Gerwer.... Mit einem Panorama in Farbendruck, neun Ansichten in Holzschnitt [wovon 3 Tafeln, illustriertem Umschlag] und einer Karte in Farbendruck ... von R[udolf] Leuzinger. 8. Coblenz 1865.

Hochgebirge, das, der Schweiz. Prachtwerk mit 48 der interessantesten Ansichten aus dem Alpen-, Gletscher- u. Felsengebiete. Nach Phot. u. getreu nach der Natur bearb. u. in Stahl gest. von J. L. Rüdisühli, C. Huber u. A. m. Mit topograph. Text von Ed. Osenbrüggen. 13 Lfgn. Basel 868. Krüsi. hoch 4. (21 Stahlst. u. Text VIII S. u. 304 Sp.) Jede Lfg. n. 13 ng

Hochgebirge, das, der Schweiz. Prachtwerk mit 64 Ansichen aus d. Alpen, Felsen- u. Gletscher-Gebiete. Originalzeichnungen in Stahl radiert von Huber. Mit topogr. Text von Osenbrüggen. 2. Aufl. 4. Basel, Krüsi, gbdn. 1875 30.

Hochgebirgsführer durch die Berner Alpen. (Autoris. Uebersetzg. aus der Climbers' guides series.) II. u. III. Bd. kl. 8. Bern, A. Francke. Geb. in Leinw. 8. —
II. (Von der Gemmi bis zum Mönchsjoch.) Verf. v. W. A. B. Coolidge. Uebers. u. im Auftrag der Sektion Bern S. A. C. hrsg. v. H. Dübi. (XX, 259 S.) 910. Geb. 4. 50
III. (Vom Mönchsjoch bis zur Grimsel.) Verf. v. W. A. B. Coolidge. Uebers. u. im Auftrag der Sektion Bern S. A. C. hrsg. v. H. Dübi. (199 S.) 909. Geb. 3. 50

Hochgeladen, (Car. Ferd.) Armin. (geb. Gross-Strehlitz in Schles. 5. 2. 1833): De chirurgia conservativa quead pertinet ad fracturas complicatas. Berolini (1855). (30 S.) 8°
Berlin, Med. Diss. v. 14. Aug. 1855

Eduard Hochgeladen

De caloris animalis Origine. Berolini (1819:) Starck. 17 S. 4°
Berlin, Med. Diss. v. 14. Aug. 1819

Hochgelobt sey d. allerheil. Dreyeinigkeit! Kathol. Lehr- u. Gebethbuch, von e. kathol. Geistlichen. gr. 12. (9½ B. u. 1 Stndr.) München 832, [Jaquet.]

Hochgelobt sei ohne End' Jesus Christus im allerheiligsten Altarsakrament! Ein kathol. Gebetbuch für alle frommen Verehrer des allerheiligsten Altarsakramentes. Mit 31 Altarsbesuchungen für alle Tage eines Monats, und 8 Besuchungen für alle Tage einer Woche, vom heil. Alph. v. Liguori. Nebst den gewöhnl. Andachtsübungen. 32. (320 S. mit 8 Stnt.) Einsiedeln 855, Gebr. Benziger.
mit Anhang (128 S.)

Hochgelobt sei ohne End' Jesus Christus im allerheiligsten Altarsakrament! Ein katholisches Gebetbuch für alle frommen Verehrer des allerheiligsten Altarsakramentes. Nebst den gewöhnlichen Andachtsübungen. 6. Aufl. Mit (6 lith.) Bildern. Einsiedeln 862. Gebr. Benziger. 32. (448 S.) 8 ngr.

Hochgelobt sei ohne End' Jesus Christus im heiligen Altarssakrament! Gebetbuch mit Altarsbesuchungen. Mit Anhang von latein. und deutschen Kirchengebeten und Gesängen. 15. Aufl. 24. (448 S. mit 4 Chromo-Bildern.) Einsiedeln 872, Gebr. Benziger.
Feine Ausg. Mit 3 Stahlst.

Hochgelobt und gebenedeiet sey die allerheiligste Dreifaltigkeit! Kurzer Vorbericht nebst Andachtsübungen der engl. Erzbrüderschaft der allerheil. Dreifaltigkeit von Erlösung der gefangenen Christen. 2e verb. Aufl. Mit 1 lithogr. Abbild. 8. Landshut 838. Attenkofer. (Thomann.) 3/8 ꝛc.

Hochgelobt u. gebenedeiet sey d. allerheil. Dreifaltigkeit! Kurzer Vorbericht nebst Andachtsübn. d. engl. Erzbrüderschaft d. allerheil. Dreifaltigkeit v. Erlös. d. gefang. Christen; aufgerichtet in d. ehrwürd. Gotteshause d. wunderthät. Jungfrau u. Gnadenmutter Maria beim Stifte u. Kloster Seligenthal zu Landshut. 2., verb. Aufl. 8. (9 B. u. 1 Stnt.) Landshut 838, Thomann'sche Buchh.

Hochgemuth, Ewald, kurze Biographien aus der Geschichte f. Schule u. Haus. 8. (IV, 115 S.) Altenburg 873. Pierer. n. 1. 10

Hochgericht, Das, oder der Delinquent nebst andern Erzählungen. Vom Verf. der natürlichen Tochter. Braunschweig 1818. V: *Mursinna, Friedrich Samuel.* (BGE III³, 288)

Hochgericht, das, oder der Delinquent nebst andern Erzählungen, vom Verf. der natürl. Tochter. 8. Braunschweig, Meyer. 818.

Hochgericht, Das, oder der Delinquent, nebst andern Erzählungen. Vom Verfasser der natürlichen Tochter ... Braunschweig 1825. V: *Mursinna, Friedrich Samuel.* (EB)

Hochgerichtsform. Hoch ‹Mallifitz› Gerichtß Formb der Graffschafft werdenberg. Hrg. von Lehrer Nikolaus Senn .... 8. Buchs 1874.

Hochgesand, Julius: Beitrag zur Frage der Knochenbildungen der Lunge, ihr Vorkommen und ihre Entstehung. Heidelberg 1908: Dörr. 29 S. 8°
Heidelberg, Med. Diss. v. 15. Sept. 1909, Ref. Ernst
[Geb. 29. Okt. 82 Worms; Wohnort: Worms; Staatsangeh.: Hessen; Vorbildung: Gymn. Worms Reife O. 03; Studium: Freiburg i. B. 1, Heidelberg 1, München 2, Heidelberg 3 S.; Coll. 17. Nov. 08; Approb. 11. Aug. 09.] [U 10. 2063

Hochgesand, Ludwig [cand. med. aus Mainz]: Die Kropfoperationen an der chirurgischen Klinik zu Heidelberg in den Jahren 1878–88. ... (Aus: Beitr. z. klin. Chirurgie. VI. Bd. 3. H.) Tübingen, Verl. d. H. Laupp'schen Buchh., 1890; 36 S. 8°
Heidelberg, Med. Fak., Inaug.-Diss. v. [23. März] 1889

Hochgesang, Ungarns, an dem feyerlichen Namenstage Ihro ... Hoheit Alexandra Pawlowna ... Ödenburg 1800. V: *Hödel, Joachim.* (Jes)

Hochgesang, siehe Celander (und Hochgesang).

Hochgesang, Geo. Edw., histor. Nachricht von Verfertigung d. Glases. Mit Kpf. 8. Gotha 780. Ettinger. 6 gl

* **HOCHGESANGS,** Heinrich, Poetischer Lust-Garten Von Unterschiedenen (zahmen) Gedichten, Nebst einigen aus des Herrn *De La Serre* Pensées de l'Eternité in Deutsche Reime gebrachten Moralien. Mit Titelkpf. Hamburg, Bey C. Liebezeit. 1717. 8°. 190 S. (In Berlin: Yk 2406; auch in Carlsruhe: Qb 623.) Sehr selten!

— — *Henrich* (!) *Hochgesangs* Sinn-Bilder und Gedichte. Lauenburg 1719. 8°. Höchst selten!
Auctio libror. Hamb. 1. Aug. 1740. P. II. p. 103.

Hochgeschurz, Wilhelm, Assistenzarzt: Aus d. psychiatr. Abteilung d. Akad. f. prakt. Med. zu Köln. Die epileptische Amnesie in klinischer und forensischer Bedeutung. Bonn 1909: Ludwig. 50 S. 8°
Bonn, Med. Diss. v. 20. Nov. 1909, Ref. Westphal
[Geb. 6. Mai 82 Cöln; Wohnort: Cöln-Deutz; Staatsangeh.: Preußen; Vorbildung: Kaiser-Wilhelm-Gymn. Cöln Reife O. 01; Studium: Bonn 10 S.; Coll. 20. Nov. 09; Approb. 1. Mai 09.] [U 10. 313

Hochgrade, Amerikanische. Oct. 1904. Ms. f. Bbdr. [Budapest 1904.] V: *Mandello, Karl.* (wolfstieg II, 633)

Hochgreve, W.: Vom grünen Harz. Braunschweig. 73 S. m. Abb.

Hochgürtel, Jean (geb. am 29 Aug. 1853 in Köln): Beiträge zur geschichtlichen Entwicklung der kirchlichen Zehnten im fränkischen Reiche ... Bonn, Druck v. F. Krüger 1879. 3 Bl., 67 S., 1 Bl. 8.
Bonn, Jur. Fak., Diss. v. 28 Jan. 1879

Hochgürtel, Johannes, Gerichtsass.: Die Klage gegen den Ehemann, die Zwangsvollstreckung in das eingebrachte Gut der Ehefrau zu dulden. Ein Beitr. z. Auslegung d. § 739 d. Zivilprozeßordnung. Borna-Leipzig 1910: Noske. IX, 52 S. 8°
Erlangen, Jur. Diss. v. 6. Juni 1910, Ref. Siber
[Geb. 15. Jan. 82 Mülheim a. Rh.; Wohnort: M.-Gladbach; Staatsangeh.: Preußen; Vorbildung: Gymn. Mülheim Reife M. 01; Studium: Bonn 4, Berlin 1, München 1 S.; Rig. 25. Nov. 10.] [U 11. 816

Hochgürtel, Paul, Referendar zu Düsseldorf: Das Fixgeschäft. Bonn 1907: S. Foppen. (68 S.) 8°
Bonn, Jur. Fak., Ref. Zitelmann, Diss. v. 15. Juni 1907
[Geb. 25. Dez. 83 Waxweiler; Wohnort: Düsseldorf; Staatsangeh.: Preußen; Vorbildung: Gymn. Euskirchen, Düsseldorf Reife O. 02; Studium: Bonn 5, München 1 S.; Rig. 3. Mai 07.]

Hochhaus, Heinrich [Dr., Assistenzarzt d. med. Klinik]. Ein Beitrag zur Kenntniss der Meningitis spinalis chronica. ... Kiel u. Leipzig, Verl. v. Lipsius & Tischer, 1889. 23 + 1 S. u. 1 Taf. 8°
Kiel, Med. Fak., Hab.-Schr. v. 17. Jan. 1889

Hochhauser, Dr., s. Welche Lebensweise hat der Hämorrhoidalkranke zu führen?

Hochhauser, C., s. Adressen-Buch der sämmtlichen Industriellen, Handel- und Gewerbetreibenden des Erzherzogthums Oesterreich ob der Enns.

Hochheim [sachl. OW]

v. Hochheim, Emma. 8. Gera 795. Haller. 10 gl

HOCHHEIM, Emma von. Ein Gemählde unsrer Tage. Gera, Rothe, 1795. 8°. 5 Bll., 182 S. (2 Mk. 50 Pfg. Paul Neubner, Cöln, 1890.)
Einiges etwas frei.

Hochheim [Schlagwort]

Hochheim. s.: Preussen. Messtischblätter.

Hochheim [Verf.]

Hochheim, A., De Platonis Politiae libris primis quattuor. Diss. 1878. 86 S.

Hochheim, Adf., Aufgaben aus der analytischen Geometrie der Ebene. 1. Hft. Die gerade Linie, der Punkt, der Kreis. A. Aufgaben. gr. 8. (III, 79 S.) Leipzig 881. Teubner. n. 1. 50;
B. Auflösungen. (102 S.) n. 1. 50

Hochheim, Adf., Aufgaben aus der analytischen Geometrie der Ebene. 2. u. 3. Hft. Die Kegelschnitte. 1. u. 2. Abtlg. A. u. B. gr. 8. Leipzig, Teubner. n. 5. 60 (I–III.: n. 8. 60)
II. A. Aufgaben. (III, 76 S.) 883. n. 1. 20. — B. Auflösungen. Mit in den Text gedr. Fig. (93 S.) 883. n. 1. 60
III. A. Aufgaben. (67 S.) 886. n. 1. 20. — B. Auflösungen. (94 S.) 886. n. 1. 60.

Hochheim, Adf., Aufgaben aus der analytischen Geometrie der Ebene. 1. Hft. Die gerade Linie, der Punkt, der Kreis. A u. B. 2., verb. Aufl. gr. 8. Leipzig 891. B. G. Teubner. à n. 1. 60
A. Aufgaben. (86 S.) — B. Auflösungen. (106 S.)

Hochheim, Adf., Aufgaben aus der analytischen Geometrie der Ebene. 2. Hft. Die Kegelschnitte. Abtlg. I. 2., vom Verf. selbst noch bearb. Aufl. A. u. B. gr. 8. Leipzig. B. G. Teubner. n. 3. —
A. Aufgaben. (IV, 84 S.) 899. n. 1. 40
B. Auflösungen. (96 S. m. Fig.) 899. n. 1. 60

Hochheim, Adf., Aufgaben aus der analytischen Geometrie der Ebene. 1. Heft. Die gerade Linie, der Punkt, der Kreis A. Aufgaben. 3., verm. Aufl., bearb. v. Frz. Hochheim. (VI, 98 S.) gr. 8. Leipzig 904. B. G. Teubner. Geb. in Leinw. n. 2. 40

Hochheim, Adf., Aufgaben aus der analytischen Geometrie der Ebene. 2. Heft. Die Kegelschnitte. Abtlg. I B. Auflösungen. 3., verm. Aufl., bearb. v. Osw. Jahn u. Frz. Hochheim. (106 S. m. Fig.) 8. Leipzig 908. B. G. Teubner. 1.80; geb. 2. 20

[F.] **Hochheim,** *Adolf* [Dir. Prof. Dr.]: Berechtigungen des Realgymnasiums. Brandenburg a. d. H., J. Wiesike's Buchdr., 1893; S. 20. 4.
Brandenburg a. d. H., v. Saldernsches RG, OP 1893 (100)

Hochheim, *Adolf* [Prof. Dr., Dir.]: Bericht über die dritte Säkularfeier der Saldernschen Schule . . . Brandenburg a. d. H., J. Wiesikes Buchdr., 1890; 1 Bl., 35 S., 1 Bl. 8°
Brandenburg a. d. H., v. Saldernsches RG, OP 1890 (102)

Hochheim, Adf., üb. die Differentialcurven der Kegelschnitte. Mit 14 in den Text eingedr. Holzschn. gr. 8. (106 S.) Halle 874. Nebert. n. 3. —

Hochheim, Adolfus: De genere quodam curvarum orthogonalium. Halis Saxonum (1864): Schmidt. 18 S. 4°
Halle-Wittenberg, Phil. Diss. v. 25. Mai 1864
Geb. Kirchheilingen (Kr. Langensalza) 16. 1. 1840. V.

Hochheim, Adf., de genere quodam curvarum orthogonalium. Dissertatio inauguralis mathematica. Halle 864. (Schmidt's Verlag.) 4. (20 S.) n. 10 *ngr.*

Hochheim, Adolf: al Kâfi fîl Hisâb (Genügendes über Arithmetik) des Abu Bekr Muhammed Ben Alhusein Alkarkhî nach der auf der herzoglich-gothaischen Schlofsbibliothek befindlichen Handschrift. 3 Teile. 24, 29, 28 SS. Guer *Magdeburg* 1878. 1879. 1880
Progr.

Hochheim, Adf., Kâfi fîl Hisâb [Genügendes über Arithmetik] des Abu Bekr Muhammed Ben Alhusein Alkarkhî, nach der in der herzoglich-Gothaischen Schlossbibliothek befindl. Handschrift bearb. 2 Thle. gr. 4. Halle, Nebert. [1. Thl. (24 S.) 878. *ℳ 1,20.; 2. Thl. (29 S.) 879. *ℳ 1,50.] * 2 70

— Kâfi fîl Hisâb [Genügendes über Arithmetik] des Abu Bekr Muhammed Ben Alhusein Alkarkhî, nach der in der herzoglich-Gothaischen Schlossbibliothek befindl. Handschrift bearb. 3. (Schluss-)Thl. gr. 4. (28 S.) Halle 880, Nebert.
1. und 2. Thl. Ebendas. 1878,79. *ℳ 2,70.

— Leitfaden f. den Unterricht in der Arithmetik u. Algebra in höheren Lehranstalten. 1. u. 2. Hft. gr. 8. (V, 125 u. III, 128 S.) Berlin 871. 72. Mittler & Sohn. à n. 1. 50

— Leitfaden für den Unterricht in der Arithmetik und Algebra an höheren Lehranstalten. 1. Heft. 2. Aufl. (V, 122 S.) 1876. *ℳ 1,50.; 3. verm. Aufl. gr. 8. (VIII, 220 S.) Berlin 882, Mittler und Sohn.
— dass. — 2. Heft. 2. verm. Aufl. Pensum für die Prima des Realgymnasiums und der Ober-Realschule [entworfen nach den Lehrplänen für die höheren Schulen vom 31. März 1882]. gr. 8. (V, 170 S.) Ebendas. 884.

Hochheim, A., Leitfaden f. den Unterricht in d. Arithmetik u. Algebra an höheren Lehranstalten. 1. Hft. 4., umgearb. Aufl. gr. 8. (VIII, 237 S.) Berlin 889. Mittler & Sohn. n. 2. 80

— Leitfaden f. den Unterricht in der Arithmetik u. Algebra an höheren Lehranstalten. 1. Hft. 5., umgearb. Aufl. gr. 8. (VI, 255 S.) Berlin 894. E. S. Mittler & Sohn. n. 3. —

— Leitfaden f. den Unterricht in der Arithmetik u. Algebra an höh. Lehranstalten. 1. Hft. 6., ergänzte Aufl., bearb. v. Frz. Hochheim. gr. 8. (VI, 258 S.) Berlin 900. E. S. Mittler & Sohn. n. 3. —; geb. in Leinw. n.n. 3.30

Hochheim, Adf., über Pole u. Polaren der parobolischen Curven 3. Ordnung. gr. 4. (16 S.) Halle 875. Nebert. n. 1. —

Hochheim, Augustus: De ovariotomia. Halis Saxonum (1866): Ploetz. 31 S. 8°
Halle-Wittenberg, Med. Diss., nachgeliefert von dem am 23. Juni 1866 auf Thesen promovierten Verf.
Geb. Kirchheilingen (Kr. Langensalza) 9. [Prom.-Buch: 10.] 6. 1835. V.

Hochheim, Augustus: Theses, loco dissertationis de ovariotomia mox edendae. Halis Saxonum (1866): Ploetz. 2 Bl. 8°
Halle-Wittenberg, Med. Thesen v. 23. Juni 1866

Hochheim, Ernst: Bestimmung der Dielektricitätskonstante von Helium. Mit 1 Doppeltaf. Marburg 1909: Friedrich. 42 S. 8°
Marburg, Phil. Diss. v. 18. Sept. 1909, Ref. Richarz
[Geb. 13. Sept. 76 Koblenz; Wohnort: Marburg; Staatsangeh.: Preußen; Vorbildung: Realgymn. Wiesbaden Reife O. 96; Studium: München 4, Berlin 3, Marburg 6 S.; Rig. 14. Juli 09.] [U 10. 3364

Hochheim, Franz, Oberl. an d. Realsch. zu Kiel: Über eine Art der Erzeugung der Kurven 3. Klasse mit einer Doppeltangente. *Halle a. S. 1899: (B. G. Teubner in Leipzig).* (50 S.) 8°
Halle, Phil. Diss. v. 11. Juli 1899

Hochheim, Franz: Elementare Theorie der Wechselströme, e. Beitrag z. Behandlung d. Wechselströme in d. Oberstufe d. Realanstalten. T. 1. Weissenfels 1908: Kell. 56 S. 8°
Weißenfels, OR P 1908 (350) [S 08. 191

Hochheim, Hans, approb. Arzt aus Halle a. S.: **Zur Casuistik der doppelseitigen congenitalen Choanalatresien.** *Greifswald 1903: H. Adler.* (32 S.) 8°
Greifswald, Med. Diss. v. 16. Nov. 1903

Hochheim, Karl Jos., s. **Magazin f. Polizei-, Justiz- u. Staatswirthschaft. — Säkularisationsprojekt. — *Veridicus* über d. Europ. Republik.**

Hochheim, Kurd, approb. Arzt: **Refraktion** und Sehschärfe in den verschiedenen Lebensaltern. Auf Grund d. Krankenmaterials d. Göttinger Universitäts-Augenklinik behandelt. *Göttingen 1900: Dieterich.* (38 S.) 8°
Göttingen, Med. Diss. v. [7. Jan.] 1901

Hochheim, Kurd, Refraktion u. Sehschärfe in den verschiedenen Lebensaltern. Auf Grund des Krankenmaterials der Göttinger Universitäts-Augenklinik behandelt. Diss. gr. 8. (38 S. m. 5 Tab.) Göttingen 900. (Vandenhoeck & Ruprecht.) n. 1. 20

Hochheim, Paul [aus Schafstädt (Prov. Sachsen)]: **Beitrag zur Kenntnis der Amidoxime. . . . Berlin, Druck v. M. Driesner (1890); 48 S. 8°**
Berlin, Phil. Fak., Inaug.-Diss. v. 15. März 1890

Hochheim, *Arnold Heinrich* Wilhelm [aus Halle a. S.]: Über die temperaturerniedrigende Wirkung krampferregender Gifte . . . Halle a. S., Hofbuchdr. v. C. A. Kaemmerer & C., 1893; 61 S., 1 Bl., 3 Taf. 8.
Halle, Med. Fak., Inaug.-Diss. v. 1. Aug. 1893

Hochheimer, Arthur, Medizinalprakt.: Multiple cholangitische Leberabscesse durch Operation geheilt. Zwei Fälle aus d. chirurg. Abt. d. Krankenh. d. jüd. Gemeinde zu Berlin (Prof. James Israel). Berlin 1909: Pöllner. 34 S. 8°
Berlin, Med. Diss. v. 13. Aug. 1909, Ref. Hildebrand
[Geb. 24. Dez. 83 Bocholt Westf.; Wohnort: Bocholt; Staatsangeh.: Preußen; Vorbildung: Gymn. Bocholt Reife O. 03; Studium: Berlin 10 S.; Coll. 7. Mai 09; Approb. 5. Aug. 09.] [U 09. 56

Hochheimer, Carl Friedrich August, s. Hochheimer, Karl Friedrich August

Hochheimer, Conrad, s. Hochheimer, Konrad

Hochheimer, *Hans Ludwig* Georg [aus Zeitz, Unterarzt]: Der gegenwärtige Stand der Peritonitisfrage ... Berlin, C. Vogts Buchdr., *1895;* 45 S., 1 Bl. 8.
Berlin, Med. Fak., Inaug.-Diss. v. 22. Febr. 1895

Hochheimer, Johann Ph.

Höchheimer, J. P., Lebensgeschichte des königl. preuß. Hofraths J. J. Schmidlin. 8. Mannheim, Löffler. 780.

Hochheimer, Jh. Ph., († d. 28. Nov. 1781.) Lebensgeschichte des Königl. Preuß. Hofraths Jh. Jos. Schmidlin. 8. Manh. 781. Löffler. 18 gr

Hochheimer, Joseph Gustav, aus Steinheim i. Westf.: Aus d. pathol. Institut zu München. Ein Fall von Acardius acephalus-bipus. Mit 1 Doppeltaf. *München 1904: Kastner & Callwey.* (32 S.) 8°
München, Med. Diss. v. 1904

Hochheimer, K., die geschichtliche Entwickelung des Sanitätsdienstes im Kriege. Ein kurzer Ueberblick. (23 S.) 8. München. Heidelberg, J. Hörning. — 50

Hochheimer, Karl Friedrich August

– s. M. A. Andrä, Dintenfabrikant.

Hochheimer, Karl Fr. Aug., Anweis., Dinten aller Art zuzubereiten. 8. Hamb. 790. 2e Aufl. 8. Leipz. 804. 3e Aufl. 814. (W. Nauck). 8 gr

— Anweisung, Tinten aller Art u. zwar nicht nur schwarze u. bunte, sond. auch sympathetische zu verfertigen. 3te Aufl. 8. Leipz. Sommer. 815.

– s. Belustigungen, chemische.

– s. Briefe, chemische.

— chemische Farbenlehre, oder ausführl. Unterricht von Bereitung der Farben zu allen Arten von Malerei. 4 Thle. 8. Leipz. 792, 97. 2e, von J. C. Hoffmann besorgte Aufl. 803—9. Neue unveränd. Aufl. 4 Thle. 8. Ebd. 819. Wienbrack. 3 ₰ 10 gr

Hochheimer, Karl Fr. Aug., chemische Farbenlehre, od. ausführlicher Unterricht von Bereitung der Farben zu allen Arten der Mahlerey. 4 Thle. 8. Leipz. Gräff. (1r herausgegeben von J. C. Hoffmann. 803. 1 Rthlr. 2r 809. 14 gr. 3r fortges. von Hoffmann 797. 20 gr. 4r 809. 1 Rthlr.)

— neueste chemische Farbenlehre ꝛc. 2 Thle. 8. Leipz. 808. (W. Nauck). 3 ₰

Hochheimer, K. F. A., entdeckte Geheimnisse und Vortheile f. Fabriken, Manufakturen u. f. d. Hausbedarf. 2te Aufl. 8. Leipz. Joachim. 815.

– s. a. Göttingen nach seiner Beschaffenheit.

Göttingen
* — — Nach seiner eigentl. Beschaffenheit zum Nutzen derer, die daselbst studieren wollen, dargestellt von einem Unparteyischen (d. i. *Carl Friedr. Aug. Hochheimer*). Lausanne (Leipzig, Gräff), MDCCXCI. (1791.) 8°. (9 Mk. 50 Pfg., sehr schönes unbeschn. Expl. in gleichzeit. Ppb., Friedr. Klüber, München, 1898.)
Titel, 3 Bll. Vorr. des „Herausgebers", 159 S. (8 Briefe). Anon.-Lex. II. p. 231 (nach Meusel, Kayser u. Weller).

— prakt. Hand- u. Hausbedarf für Bürger, Landleute, Oekonomen, Handwerker, Künstler ꝛc. Herausgeg. von J. Gf. Grohmann. 8. Leipz. 806. 2r Abdruck 808. 3r A. 815. Joachim. 16 gr

Hochheimer, C. F. A. Handbuch der Chemie . . . Leipzig 1797—98. V (Bogen 11 ff.): *Hoffmann, Joh. Chn.* (Ky)

— Handbuch der Chemie, zum Selbstunterricht f. Liebhaber derselben, besonders f. Künstler u. Fabrikanten. 2 Bde. (Vom 11ten Bogen an v. J. C. Hoffmann.) gr. 8. Leipz. 797, 98. (Brockhaus). 3 ₰

— Handbuch der Chemie, zum Selbstunterricht für Liebhaber derselben besonders, für Künstler und Fabrikanten. 2 Bde. gr. 8. Leipz. Gleditsch. 798–803. (I. 1 Rthlr. 12 gr. II. fortgesetzt von Hoffman 1 Rthlr. 12 gr.)

— Handbuch der chemischen Praxis für Apotheker, Mineralogen und Scheidekünstler, worin zugleich ein vollständiger Unterricht von der chemischen Untersuchung der Mineralien und mineralischen Wasser gegeben wird. m. 2 K. 8. Leipzig, Barth. 792.

— — allgem. prakt. Handwörterbuch für Hausväter, Oekonomen, Künstler, Fabrikanten und Handwerker ꝛc. 3te verb. Aufl. 8. Leipzig, Gleditsch. 819.

Hochheimer, Carl Friedrich August. Allgemeines ökonom.-chem.-technologisches Haus- und Kunstbuch . . . Leipzig 1794—97. H (3. 4. Aufl.): *Poppe, Joh. Hnr. Moritz.* (Engoec) Verm. Aufl. 1799—1806. H: *Hoffmann, Joh. Chn.* (Ky)

— allgem. ökonom.-chem.-technolog. Haus- u. Kunstbuch, oder Samml. ausgesuchter Vorschriften zum Gebrauch für Haus- u. Landwirthe, Professionisten ꝛc. 2 Thle. gr. 8. Leipz. 794—97. 2e Aufl. Mit 9 Kpf. 4 Thle. (v. J. C. Hoffmann) verm. Aufl. 799—806. 1r u. 2r Thl. 4e Aufl., von J. H. M. Poppe. 818, 19. 5e Aufl. 826. 3 ₰ 18 gr 3r Thl., 3e Aufl. (v. J. H. M. Poppe) u. 4r Thl., 3e Aufl. 820. 4 ₰ 18 gr Voß. Preis aller 4 Thle. 8 ₰ 12 gr

HOCHHEIMER, CARL FRIEDRICH AUGUST.
Allgemeine ökonomisch- und chemisch-technologisches Haus- und Kunstbuch. Leipzig, 1794–1810. 6 vols. Vols. III to VI by J. C. Hoffmann.

— allgemeines ökonomisch-chemisch-technologisches Haus- und Kunstbuch, oder Sammlung ausgesuchter Vorschriften zum Gebrauch für Haus- und Landwirthe, Professionisten, Künstler u. Kunstliebhaber. 4 Bde. gr. 8. Leipzig, Voß. 803–7. (I. u. III. à 2 Rthlr. 6 gr. II. 2 Rthlr. IV. 2 Rthlr. 12 gr.)

Hochheimer, K. F. A.: „Allgemeines ökonomisch-chemisch-technologisches Haus- und Kunstbuch, oder Sammlung ausgesuchter Vorschriften zum Gebrauch für Haus- und Landwirthe . . . .", Leipzig 1808 (Baumgärtner). Neue Auflage, 6 Bände, ebenda 1818—1820. „Nöthige Zusätze, Berichtigungen und Anmerkungen, nebst einer beträchtlichen Menge neuer Kunststücke", Leipzig o. J. (Joachim). 4. von J. H. M. Poppe verb. Auflage, Leipzig 1831 (Voss).

— — desselben Werks 5r u. 6r Bd. (hat a. d. Tit.: neuestes allgem. ökonomisch-chemisch-technologisches Haus- und Kunstbuch ꝛc. 2 Bde.) gr. 8. Leipzig, Sommer. 810. (à 1 Rthlr. 14 gr.).

-- — 3r Bd. 4te Aufl. Mit 4 Kupf. gr. 8. Ebend. 819.

Hochheimer, Carl Friedr. Aug., allgem. ökonom.-chem.-technolog. Haus- u. Kunstbuch, od. Samml. ausgesuchter Vorschriften z. Gebr. f. Haus- u. Landwirthe, Professionisten, Künstler u. Kunstliebhaber. 3. Thl. 4., sehr verb. u. verm. Aufl. v. J. H. M. Poppe. M. 3 Holzschn. gr. 8. (33 B.) Leipzig 831, Voß.
1. u. 2. Thl. 5. Aufl. 1826., 4. Thl. 3. Aufl. 1820. Ebendas. 6 Thlr. 6 Gr.

– s. Jh. Dn. Hock.

– s. Samml. auserlesener Abhandl. über Gegenstände d. Chemie.

– s. Thiery, ..., Despotism.

— nöthige Zusätze, Bestimmungen u. Anmerkk. hierzu, nebst einer beträchtl. Menge neuer Kunststücke. gr. 8. Leipz. 806. Joachim. 20 Gr.

— allgem. ökonom. Haus- u. Wirthschaftsbuch, oder 600 ausgewählte Vorschriften zur Verbess. d. häusl. Oekonomie d. Landwirthschaft, d. Haushaltungskunst, v. J. Molitor. gr. 8. Pesth 80.. 2e Aufl. 808. 3e A. 816. Hartleben. 1 Rthlr. 12 Gr.

— allgem. prakt. Haus- u. Handbuch für Hausväter, Oekonomen, Künstler u. Handwerker aller Art. 2 Bde. 8. Leipz. 805. 2e Aufl. 815. 3e Aufl., auch u. dem T.: allgem. prakt. Haus- u. Handwörterbuch ꝛc. 819. (Brockhaus). 1 Rthlr. 8 Gr.

— Allgem. pract. Haus- u. Hand-Wörterbuch für Hausväter, Oekonomen, Künstler u. Handwerker aller Art ꝛc. 2 Bde. gr. 8. Leipz. Gleditsch. 808.

— neues ökonomisch-chem.-technologisches Haus- u. Kunstbuch ꝛc. 8. Leipz. 808. Baumgärtner. 1 Rthlr. 12 Gr. (A. u. d. T.: Allgem. ökon. Haus u. Kunstbuch. 6r Thl.)

— neuestes allgem. ökonomisch-chemisch-technologisches Haus- u. Kunstbuch u. s. w. Eine Fortsetz. (oder 5r u. 6r Bd.) d. allgem. ökon.-technol. Haus- u. Kunstbuchs. 2 Bde. gr. 8. Leipz. 808. 10. N. A. 818. (Rauck). 3 Rthlr. 4 Gr. (A. u. d. T.: Gemeinnütziger Rathgeber für den Bürger u. Landmann.)

— — neuestes allgem. ökonomisch-chemisch-technologisches Haus- und Kunstbuch u. s. w. Eine Fortsetzung (oder 5r u. 6r Bd. des allgem. ökon. technol. Haus- u. Kunstbuchs. Neue Ausgabe. 2 Bde. gr. 8. Leipzig, Sommer. 818.

Auch unter dem Titel:

Gemeinnütziger Rathgeber für den Bürger und Landmann.

Karl Friedrich August Hochheimer

Von der Kenntniß [Kenntnis] und den vorzüglichsten Heilungsmitteln aller Arten venerischer Zufälle. Hrsg. von Johann Daniel Hock [d.i. Karl Friedrich August Hochheimer]. Leipzig: Barth 1792. 124 S. 8°

— geprüfte u. bewährt gefundene Künste u. Geheimnisse für Künstler, Fabrikanten, Professionisten ꝛc. gr. 8. Leipz. 809. (W. Rauck). 14 Gr. 2e A. 8. Ebd. 815. Joachim. 12 Gr.

— geprüfte u. bewährt gefundene Künste u. Geheimnisse für Künstler ꝛc. gr. 8. Leipz. Sommer. 809.

— chemische Mineralogie, oder vollständ. Geschichte d. analytischen Untersuch. d. Fossilien in systemat. Ordn. aufgestellt u. mit Anmerkk. begleitet. 2 Bde. gr. 8. Leipz. 792. 93. Barth. 2 Rthlr. 4 Gr.

— kleine physikal.-ökonom.-chem.-technische Schriften. 1s u. 2s Heft. 8. Leipz. 819. (Joachim). à 6 Gr. 12 Gr.

— System der griechischen Pädagogik. 2 Bde. 8. Götting. Vandenhök u. R. 788.

Hochheimer, C[arl] August F[riedrich]: Neues Taschenbüchlein für Weinhändler und Weintrinker. Eine Anweisung, Weine zu behandeln und zu veredeln, Verfälschungen und Brauereien der Weine zu entdecken, kranke Weine wieder herzustellen, künstliche, der Gesundheit nicht nachtheilige, Weine zu bereiten nebst vielen andern Weinkünsten. Ingleichen eine Anleitung, Essig zu bereiten, Essig zu probiren und verdorbenen Essig wieder herzustellen. Bdch. 1. 2 [: fortgeführt von Heilmann]. Leipzig: Literarisches Centralcomptoir in Comm. o.J. [um 1825]. -- 35*(Bdch. 1.) [Bdch. 2 zit. nach dem Realkatalog der DSB]
Bdch. 1 erschien auch u.d. T.: Neues Taschenbüchlein für Weinkäufer und Weintrinker, ... um 1825.

— Tintenbuch; oder: Anweisung, alle schwarze, bunte und sympathetische Tinten zu verfertigen ꝛc. 8. Leipz. Sommer. 804.

Hochheimer, Karl Fr. Aug., Versuch einer neuen mineralog. Nomenclatur, nebst e. neuen systemat. Ordnung d. Fossilien. 8. Leipz. 794. Voß. 8 Gr.

— Versuch eines Systems d. Erziehung d. Griechen, aus d. Geschichte derselben entwickelt. 2 Bde. gr. 8. Dessau 785. 86. Vandenhöck u. R. in Götting. 1 Rthlr. 20 Gr.

Hochheimer, Karl Fr. Aug., s. D. G. Wahrmann.

Hochheimer, [Carl August Friedrich]: Hochheimer's erfahrner Weinkenner und Weinkünstler. Leipzig: Lit. Centralcomptoir in Comm. o.J. [um1825]. VIII, 147 S. -- 121*

Hochheimer, Konrad

Hochheimer, Conradus Rudolfus: De novationis Romanae indole ac natura. Zizae 1858: Webel. 48 S. 8°
Halle-Wittenberg, Jur. Diss. v. [4. Dez.] 1858
Geb. [Zeitz 20. 7. 1834]
Umgearb. Hall. jur. Preisschrift v. 1856.

Höchheimer [Auszug: Hochheimer], **Alice**: Der Tiefe[!] Querstand bei Kopflage. [In Maschinenschrift.] 76 S., 2 Tab. 4° [Lag nicht vor.] — Auszug in: Jahrbuch d. Med. Fak. Heidelberg. 1920/21. S. 23.
Heidelberg, Med. Diss. v. 1921, Ref. Menge
[Geb. 23. Dez. 96 Mannheim; Wohnort: Mannheim; Staatsangeh.: Baden; Vorbildung: OR. Mannheim Reife 15; Studium: Heidelberg 5, München 2, Heidelberg 3 S.; Coll. 21. Jan. 21.] [U 21. 4016

Höchheimer, E. H., neue Methode, alle kaufmännische Rechnungen auf eine sehr kurze u. leichte Art zu rechnen. gr. 8. Frankf. 812. (Hermann). 2 Rthlr. 4 Gr.

— Samml. algebraischer Aufgaben, mit deren Auflösung. Ein Leitfaden f. Lehrer u. Lernende. 8. Frkf. a. M. 817. Hermann. 18 Gr.

Höchheimer, Sim., systemat. theoret.-prakt. Abhandlung über Krankheiten aus Schwäche u. deren Behandlung ꝛc. gr. 8. Frkf. a. M. 803. Guilhaumann. 3 Rthlr.

— bestimmte Bedeutung d. Wörter Fanatismus, Enthusiasmus u. Schwärmerei. gr. 8. Wien 786. (Würzb.), Stahel. 3 Gr.

— Empfindungen üb. Mendelsohns Tod. gr. 8. Würzb. Stahel. 786.

— der Spiegel f. Israeliten, ein Gegenstück zu unserm Verkehr. 8. Nürnb. 817. Campe. 12 Gr.

Höchheimer, S., der Spiegel für Israeliten. 8. Nürnb. 819. Campe. 12 Gr.

— Tabellen üb. chemische Verwandtschaften, s. P. Gergens.

— üb. Moses Mendelssohns Tod. gr. 8. Wien 787. (Stahel in Würzb.) 6 Gr.

— Unterweis., wie man d. Jugend unterrichten, Erwachsene belehren, Menschen glücklich machen kann, in 4 Abtheill. 8. Fürth 827. Korn. 16 gGr.

Hochheiser, Franz

— Allweg Hohenzollern! 228 vaterländ. Gedichte. Für Schulen u. Vereine gesammelt u. hrsg. (XVI, 252 S. m. 1 Bildnis.) 8. Breslau (905). F. Goerlich. n. 2. —; geb. in Leinw. n. 2. 50

Hochheiser, Frz., aus tiefer Not. (Vandamme vor Neisse.) Ein Schauspiel. (161 S.) 8. Strassburg 905. J. Singer. n. 2. 50

Hochheiser, Frz., Festreden u. Schulfeiern verschiedener Art, s.: Hübner, Max.

— Handbuch der brandenburgisch-preuß. Geschichte, s.: Hübner, Max.

— theoretisch-praktisches Handbuch f. den Geschichtsunterricht, s.: Hübner, Max.

Hochheiser, F., Lehr- u. Übungsbuch f. den Rechenunterricht an Lehrerbildungsanstalten, s.: Heinze, L.

— Maiglöckchen, s.: Hübner, Max.

— Methodik des Rechnens, s.: Heinze, Leop. u. M. Hübner.

— Raumlehre s.: Heinze, Leop.

— Rechenbuch f. Stadt- u. Landschulen, s.: Heinze, Leop. u. Hübner.

— Kaiser Wilhelm II. u. Kaiserin Auguste Viktoria, s.: Hübner, Max.

Hockherz, L., de quibusdam remediis cortici Peruviano in febribus intermittentibus substituentis. 4. Götting. 808. Brose. 3 gGr.

Hochholzer, Ed., Rede bei d. Fahnenweihe zu Moosburg. 8. Landsh. 814. Thomann. 1 gGr.

Hochholzer, M., d. gleiche Erbtheilung e. Grundvermögens ist ungerecht, u. d. zeitgemäßen Aenderungen unserer Kultur hinderlich. 8. Kempten 826. Dannheimer. 3 gGr.

Hochholzer, M.: „Die gleiche Erbtheilung des Grundvermögens ist ungerecht und der Anordnung unserer Cultur hinderlich", Kempten 1827 (Mannheim, Löffler in Komm.).

HOCHHUBER, Martin: De inspiratione s. s. librorum V. Foederis. — (1858) 58 S. 8° (Handschr.) Diss. 186

Diss. Wien, Univ.

Hochhut, D[aniel]. Reisebegleiter durch die Schweiz. (Wie reist man genussreich und billig?) II + 32 S. 8. Frankfurt a. M., W. Kramer & Co., 1910. (M. —. 50)

Hochhut, Julius, a. Frankfurt a. M.: Über Oxy- und Sulfophosphazoverbindungen der aliphatischen Reihe. Rostock 1905: Adler. (68 S.) 8°

Rostock, Phil. Fak., Ref. Michaelis, Diss. v. 10. März 1905

[Geb. 17. Juni 79 Frankfurt a. M.; Wohnort: Hannover; Staatsangeh.: Preußen; Vorbildung: Klingersch. Frankfurt Prima-Reife O. 96; Studium: Darmstadt T.H. 3, Hannover T.H. 3, Rostock 4 S.; Rig. 4. März 05.]

Hochhuth, C. W. H., die Bedeutung der Marburger Kirchenordnung von 1527. 8. (35 S.) Kassel 879, Hühn. * 1 —

Hochhuth, C. W. H., Denkschrift betr. die Dotation der Pfarreien u. die Erhöhung der Einkünfte der evangelischen Geistlichen im Reg.-Bez. Kassel. gr. 8. (18 S.) Kassel 872. Kay. n. — 40

— Heinrich Horche u. die philadelphischen Gemeinden in Hessen. Ein Beitrag zur Geschichte d. christl. Lebens in der evangel. Kirche. Nach ungedr. und gedr. Quellen. gr. 8. (VII, 240 S.) Gütersloh 876. Bertelsmann. n. 4. —

Hochhuth, H., Geschichte der hessischen Diöcesan-Synoden von 1569 bis 1634. Nach den Synodal-Akten bearb. Die Diöcesan-Synoden der Diöcese Rotenburg (Allendorf, Eschwege). gr. 8. (VII, 143 S.) Kassel 893. Th. G. Fisher & Co. n. 2. 40

Hochhuth, J. Ch., Erinnerungen an d. Vorzeit u. Gegenwart d. Stadt Eschwege in Thüringen. Geschichtlich-statist. Inhalts. Mit 6 Abbildd. in Steindr. u. e. geograph. Anhange. 8. Leipz. 826. (Weygand). 1 Thlr.

— patriot. Geständnisse u. Hoffnungen biederer Hessen. 8. Eschwege 814. (Krieger in Cassel). 3 gGr.

— Predigten. 8. Marburg 818. Krieger. 10 gGr.

Hochhuth, J. Ch., s. Vorlegeblätter, neue, zum Unterricht im Schönschreiben.

Hochhuth, Joh. Heinr.. Beiträge zur näheren Kenntnis der Rüsselkäfer Russlands, enth. Beschreibung neuer Genera u. Arten, nebst Erläuterungen noch nicht hinlänglich bekannter Curculionen d. Russ. Reichs. gr. 8. (102 S.) (Riga 851, Kymmel. – Leipzig, Fr. Fleischer.)
(siehe auch: Bulletin de la société Imp. des naturalistes de Moscou, tome XXIV, 1. partie.)

— Beiträge zur näheren Kenntniss der Staphylinen Russlands. Enthaltend Beschreibung neuer Genera und Arten, nebst Erläuterungen noch nicht hinlänglich bekannter Staphylinen des russ. Reichs. gr. 8. (58 S.) Riga 852, Kymmel. (Leipzig, C. Fr. Fleischer.) **

— Nachricht üb. die Käfersammlung des Grafen Georg Mniszek, siehe: Bulletin de la société Imp. des naturalistes de Moscou, tome XXII, 2. partie.

— die Staphylinen-Fauna des Kaukasus, siehe: Bulletin de la société Imp. des naturalistes de Moscou, tome XXII, 1. partie.

Hochhuth, Ludw., Elemente der Volkswirtschaftslehre u. Bürgerkunde im deutschen Unterricht. Im Anschluß an Chr. Muffs Neubearbeitg. v. Hopf u. Paulsieks Lesebüchern f. die Klassen Sexta bis Quarta. gr. 8. (VII, 66 S.) Berlin 894. G. Grote. n. — 80

Hochhuth, *Ludwig:* Die sozialen Fragen der Gegenwart im evangelischen Religionsunterricht höherer Schulen. Wiesbaden, Buchdr. v. C. Ritter, 1893; 47 S. 8.
Wiesbaden, k. RG, P 1893 (412)

Hochhuth, kurze Geschichte d. kgl. Realgymnasiums zu Wiesbaden, s.a. Festschrift zur Gedenkfeier des 50jähr. Bestehens d. kgl. Realgymnasiums zu Wiesbaden.

Hochhuth, *Ludwig:* Kurze Geschichte des Königlichen Realgymnasiums. Wiesbaden, Buchdr. v. C. Ritter, 1895; S. 8.
Wiesbaden, k. RG, Festschr. 1895 (422)

Hochkalter [Schlagwort]

Hochkalter, s.: Bayern. Positionskarte.

Hochkar [Schlagwort]

Hochkar, s.: Alpen. Freytag.

Hochkärpf, Der, in den Freibergen. Glarus 1862. V: *Simler, Rud. Theodor.* (Cat. d. Stadtbibl. Zürich. Zürich 1864—97.)

Hochkirch [Schlagwort]

Hochkirch, s.: Sachsen. Karte.

Hochkirch, s.: Sachsen. Messtischblätter.

Hochkirch [Verf.]

Hochkirch (Hrsg.), s. Wein-Preiß-Berechnung.

Hochkirch, Fr., Capet, oder der Tod Ludwigs XVI. 8. Augsb. 795. Bürglen. 3 ℳ

Hochkirch J., im Lande Kubanze, s. Botts Bibliothek, christl.

Hochkirchen, A., Ambrosius d. Kirchenlehrer. Ein Religionshandbuch aus den Werken des heil. Vaters u. m. dessen eigenen Worten hrsg. gr. 8. (12⅔ B.) Aachen 846, Hensen u. Comp. Thlr.

—— Andachtsbuch f. Kirche u. Haus. Nach dem römischen Missale u. Brevier. 12. (11 B. u. 1 Stahlst.) Neuß 846, Schwann.

Hochkirchen, A., Andachtsbuch für Kirche und Haus. Nach dem römischen Missale und Brevier. 3. Aufl. 32. (XI, 485 S.) Düsseldorf 878, Schwann. 1 —

Hochklemmer, Reinh. Wilhelm (Wesel/Cleve), Differentias juris Romani & Germanici in maternis tutelis. Diss. jur. Präs. Johann Peter Ludewig. Halle (Christian Henckel) 2. XI. 1712. 54 S. (7.50) 15311

Hochkohr [Schlagwort]

Hochkohr, s.: Oesterreich-Ungarn. Froytag, G.

Hochland

— das. Bäder- u. Hotel-Zeitung. Organ f. d. Fremdenverkehr im bayer. Hochland, Salzkammergut, in Tirol u. Vorarlberg. 13. Jahrg. Mai–Oktbr. 1898. 12 Nrn. (à ca. 4 S.) hoch 4. Ebd. 1. 80

Hochland, das. Bäder- u. Hotel-Zeitg. Organ für den Fremdenverkehr im bayer. Hochland, Salzkammergut, in Tirol u. Vorarlberg. 14. u. 15. Jahrg. Mai-Oktbr. 1899 u. 1900 à 12 Nrn. hoch 4. (à ca. 8 S. m. Abbildgn.) München, Ph. L. Jung. à Jahrg. 1. 80

Hochland. Blätter f. Höhenkunst u. Geisteskultur. Hrsg. Paul Friedrich u. Curt L. Walter. 1903. 10 Hefte. (311 S.) gr. 8. Dresden, E. Pierson. n. 3. —; geb. in Leinw. (u. d. Titel: Hochland-Jahrbuch) n. 4. —
Erscheint nicht mehr.

Hochland
① Monatsschrift begründet von Carl Muth ⑤ 1903—1941, 1946 (cont.) ⑥ 8° ⑦ Zweimonatsschrift (1946 cont.) ⑧ Kempten (deutsche Ausgabe). Schweizer Ausgabe: Laupen Polygraphische Anstalt Laupen-Bern (?—Dezember 1947); Olten: Otto Walter AG (Februar 1948—Juni 1950) ⑬ Schweizer Ausgabe: Summa-Verlag, Olten ⑪ Franz Joseph Schöningh. München (1946 cont.) ⑫ führendes kulturelles Organ des katholischen Deutschland ⑭ Be: L (Dezember 1947—1952) ⑮ Die Schweizer Ausgabe (1947—Juni 1950) war zugleich für alle Länder außerhalb Deutschlands bestimmt.

— Monatsschrift f. alle Gebiete des Wissens, der Literatur u. Kunst. Hrsg. v. Karl Muth. 1.—4. Jahrg. Oktbr. 1903—Septbr. 1907. à 12 Hefte. (1. u. 2. Jahrg. XI, 776, 768 u. XII, 776, 784 u. 21 S. m. 33 bezw. 45 Beil.) Lex.-8. Kempten, J. Kösel. à Jhrg. n. 16. —

Hochland. Monatsschrift f. alle Gebiete des Wissens, der Literatur u. Kunst. Hrsg. u. Chefred.: Karl Muth. Mitred.: Max Ettlinger, Konr. Weiß u. Eug. Schmitz. 5.—8. Jahrg. Oktbr. 1907 - Septbr. 1911. à 12 Hefte. (5.—7. Jahrg. XIX, 1524; XVIII, 1548 u. XVII, 1560 S. m. 75, 58 u. 70 Taf. u. Musikbeilagen.) Lex. 8. Kempten, J. Kösel. à Jahrg. 16. —

Hochland, das bayerische. 30 Ansichten in Stahlst. — Les alpes bavaroises. 30 vues gravés sur acier. qu. 4. München 851, Franz. n. 3 ℳ

Hochland, das bayerische. Red.: J. Roth. 1. Jahrg. Juli 1886—Juni 1887. 24 Nrn. (³/₄ B.) gr. 4. München, Franz' Verl. n. 3. 60

Hochland, das bayerische. Red.: J. Roth. 2.—5. Jahrg. [je Mai—Oktbr.] 1887—1890. à 12 Nrn. (à ½—1 B.) gr. 4. München, Franz' Verl. à Jahrg. n. 1. 80

Hochland, das bayerische. 6.—9. Jahrg. je 1. Mai—15. Oktbr. 1891—1894. à 12 Nrn. (à ca. 1 Bog.) gr. 4 München, Ph. L. Jung. à Jahrg. n. 1. 80

Hochland, d. bayerische. 10. Jahrg. 1. Mai–15. Oktbr. 1895. 12 Nrn. (à ca. 1 Bog. m. Abb.) gr. 4. München, Ph. L. Jung. 1. 80

Hochland, d. bayerische. 11. Jahrg. 1. Mai—15. Oktbr. 1896. 12 Nrn. (à ca. 1 Bog. m. Abb.) gr. 4. München, Ph. L. Jung. 1. 80

— dasselbe. 12. Jahrg. 1. Mai—15. Oktbr. 1897. 12 Nrn. (Bog. m. Abb.) gr. 4. Ebd. 1. 80
Seit Nr. 2 unt. d. T.: Hochland, Das.

Hochland. Das siebenbürgische H. Nach Skizzen von F. A. Bell, F[erdinand] Kraus, C. J. Römer, E[mil] Sigerus und C. Weingärtner. Mit 32 Illustrationen von J[ohann] Weber [wovon 4 Tafeln] und einer Karte. (Europäische Wanderbilder. № 175. 176.) 8. Zürich ([18]89–90).
Nach und durch Ungarn. Bändchen 8.

Die mittleren **Hochländer** des nördlichen Deutsch-Ost-Afrika. Wissenschaftliche Ergebnisse der Irangi-Expedition 1896 - 1897 nebst kurzer Reisebeschreibung. Im Auftrage der Irangi-Gesellschaft herausgegeben von dem Führer der Expedition C. Waldemar Werther. Unter Mitwirkung der Herren: Bruno Hassenstein, F. Karsch, H. J. Kolbe, F. von Luschan, P. Matschie, A. Reichenow, A. Seidel, L. von Tippelskirch, G. Tornier, E. Wagner und G. Witt. Mit 5 Vollbildern und 126 Text-Illustrationen, sowie 2 Original-Karten von B. Hassenstein und Werther. Berlin 1898. 8. 497 S. 8°.

Hochländer, J., Sammlung ausgewählter philosophischer u. poetischer Gedanken ernsten u. heiteren Inhalts aus Werken deutscher, französischer u. englischer Schriftsteller (24 S.) gr. 8. Görz (903). (München, M. Beckstein.) n. — 30

Hochlandgeschichten, bayerische. I, II, IV u. V. 8. München 894. Münchner Handelsdruckerei u. Verlagsanstalt M. Poeßl. à 1. —
I. Der Klammgeist. Von Otto v. Schaching. (120 S.)
II. D'Marei vom Brandstätterhof. Von Otto v. Schaching. (S. 121—248.)
IV. Nur e. Lautenmacher. Von Frz. Jos. Bronner. (79 S. m. 1 Abb.)
V. Der Georgiritt in Traunstein. Das feine G'spiel. Der Fluch, e. Sage. D. Schneeröslein. Beim Katzenmutterl. Von Frz. Jos. Bronner. (S. 81—181.)

Hochlands, des bayerischen, schönste Punkte. (30 S. Abbildgn. m. Titelbl.) 22,5×28 cm. München (907). W. Zimmermann. Kart. 1. 30

Hochlands-Erzählungen. (Dyherrn, Gg.: Auf der Schwaige. Stasi. Am Alpsee. — Rosegger, Pet.: Steirische Geschichten.) [Aus: „Volksbücherei".] (107, 79, 96 u. 78 S. m. 25 Abb.) 8. Graz 907. Styria. Geb. in Leinw. 2. —

Hochlandskarte [sachl. OW]

Hochlandskarte. Gebirgs-, Post- und Reise-Karte von Süd-Bayern und Deutsch-Tyrol, nebst den angrenzenden Ländertheilen, der Schweiz, Salzburg, Kärnthen, Illyrien und des Venetianischen. Nach den österr. u. bayer. Generalstabskarten bearb. von O. Messerer, G. Glas u. E. Martini. 1:600000. München, Franz' Verlag, 1889. gr. qu.-Fol. Gest. u. kolor. (M. 1.)

Hochlandskarte [Schlagwort]

Hochlandskarte, s.: Alpen.

Hochlands-Schmuggler, Die, ... Aus dem Englischen frei übersetzt von L. v. Alvensleben. Leipzig 1834. V: *Fraser, James Baillie.* (GGr X, 421) (Zeitschr. f. Buchh. 1923, S. 88)

Hochlands-Schmuggler, die, von d. Verf. der „Abenteuer e. Kuzzilbasch," des „Pers. Abenteurers" rc. A. d. Engl. frei übers. v. L. v. Alvensleben. 2 Bde. 8. (28½ B.) Leipzig 834, Kayser.

Höchle, Johann: Darstellung der k. k. österr. Armee ..., s. Stubenrand, Philipp

[Höchle, [Joh. Nepomuk]. Hauptmomente aus dem Leben Sr. Majestät Franz I. Kaisers von Oesterreich. apostol. Königs. Höchle del. Wolf lith. Wien 1835—1836.]
2 Bl. Text; 30 Taf. in Lithogr. gr 2°.
Text von Alexius Jordánsky und Xaver Seidemann.

Höchle, Josef Ivo. Geschichte der Reformation und Gegenreformation in der Stadt und Grafschaft Baden bis 1535. 8. Zürich, J. F. Kobold-Lüdi, 1907.
Ausg. A: Diss. Phil. I. Univ. Zürich. [Mit Vita.] 210 S.
Ausg. B: Von Dr. Jos' Ivo H'. [Mit illustriertem Umschlag.] 207 S. [fr. 3.—]

Höchle, (Josef Ivo). Katechismus der Schweizer-Geschichte. Von Dr. phil. Höchli (*d. i.* Höchle). 41 S. 8. Grüningen, Druck J. Wirz (*Aufdruck:* E. Speidel, Buchh., Zurich-Oberstrass), 1910. [fr. —. 80]

— **Repetitions-Fragen** u. Antworten aus dem schweizerischen Verfassungsleben m. e. kurzen geschichtlichen Einleitung üb. Staat- u. Staatsformen f. junge Schweizer, speziell Rekruten. (27 S. m. 3 Tab.) 8. Zürich 910. E. Speidel. — 50

HOCHLEITNER, Joh., Ein gutes Wort für Dienstmädchen und alle dienende Personen. Wien 1848. 8°. (In Wien, Stadtbibl.)

Höchli, Hieronymus. Die Entwicklung des Betrugsbegriffs im deutschschweiz. Strafrecht. Diss. Jur. Univ. Zürich. 122 S. 8. Zürich, Gebr. Leemann & Co., 1910.

[Hebr. u. Ant.] Ein Hundert Jahr Kalender. Almanac 50 Jahr Vergangenheit 50 Jahr Zukunft 1860–1959. By Prof. A(braham) **Hochman.** New York 1910. 8° [11. 1430 4

[Hebr.] Die geheime Kraft oder der Schüssel zu der nebû'a [Prophetie] Verf. u. hrsg. von dem ... Gedanken-Leser A(braham) **Hochman.** New-York: Hochman 1909. 80 S. 8° [09. 1111

Hochman, Joseph: Jerusalem temple festivities. (Frome [1908]: Butler & Tanner.) III, 123 S. 8°
Heidelberg, Phil. Diss. v. 17. Aug. 1908, Ref. Bezold
[Geb. 13. Jan. 83 Memel; Wohnort: London; Staatsangeh.: Großbritannien; Vorbildung: University u. Jews' Colleges B. A. Okt. 05; Studium: London 6, Berlin 3, Heidelberg 1 S.; Rig. 5. Aug. 07.] [U 09. 1997

Hochmann, August [pr. Arzt]: Aus d. psychiatr. Universitätsklinik zu Königsberg. Statistik der in den Jahren 1874–1892 in die städt. Krankenanstalt zu Königsberg aufgenommenen Geisteskranken und Deliranten, m. bes. Berücks. des prozentualen Verhältn. d. Heilbaren u. Unheilbaren ... Königsberg i. Pr., Druck v. M. Liedtke, 1894; 1 Bl., 31 S., 2 Bl. 8.
Königsberg, Med. Fak., Inaug.-Diss. v. 24. März 1894

Hochmann, Emil, über Krankenstände im Felde u. ihre vorherige Abschätzung, s.: Cron, Karl.

Hochmann von **Hochenau,** Ernst Christoph

Ernst Christoph Hochmanns von Hochenau Glaubens-Bekänntnüs, Geschrieben aus seinem Arrest, Auff dem Hoch-Gräfl. Lippisch. Schlosz Detmold, Sammt einer an die Juden gehaltenen Rede. Auff gnädige Verordnung Seiner Hoch-Gräfl. Excell. Des Regierenden Herrn Grafen zu der Lippe, Vor einigen Jahren in Druck gegeben. Und nun wieder auffgeleget, Anno 1707.

E.C.H.v.H. Send-Schreiben, Von dem Falschen Anti-Christischen in blosser äusserlicher Kinder-Tauffe, Abendmahl und Kirchen-gehen bestehenden so genannten Gottesdienste, und Ausgang aus demselben, Zur Beforderung der Wahrheit dem Druck übergeben Anno 1707.

Hochmeister, der letzte, in Preußen od. die Rache e. Frau. Geschichtliche Begebenheiten aus dem 16. Jahrh. 16. (40 S.) Chemnitz 871. Hager. — 15

Hochmeister, ***Martin Edler v.:*** Leben und Wirken des [Br.] Martin Edlen v. Hochmeister, 1767–1837. Dargest. von dessen älterem Sohne, Adolf v. Hochmeister. Hermannstadt: Selbstverl. 1873. 207 S. 8°
[Vortit.:] Martin v. Hochmeister. Lebensbild und Zeit-Skizzen aus der zweiten Hälfte des 18. und der ersten Hälfte des 19. Jahrhunderts.
Enth. S. 26—31 Nachrichten üb. die Loge St. Andreas zu den drei Seeblättern in Hermannstadt u. üb. die Zugehörigkeit v. Hochmeisters zum Bunde, desgleichen S. 41—48, wo aber der Logenmitgliedschaft Hochmeisters des Jüng. gedacht wird.

Hochmeister, Adf. v., Leben u. Wirken d. königl. Rath, Senator u. Proconsul Martin Edlen v. Hochmeister 1767—1837. gr. 8. (IV, 207 S.) Hermannstadt 874. (Michaelis.) n. 1. 40

HOCHMEISTER Martin. Versuch eines allgemeinen Handlungs Gewerbs und Reisekalenders von Hermannstadt auf das Jahr 1790 ... von -. Hochmeister. Hermannstadt 1790. 1 vol. 16 Bl. + 180 S.

Hochmeyer, Jos., alphabet. Real-Repertorium d. Magazins f. kathol. Geistliche, hrsg. v. Köberle, s. Magazin f. kathol. Geistliche.

Hochmeyer, Pt., Wahrnehmungen über d. Heilkraft d. Sternberger Säuerlings. 18 Heft. 8. Wien 798. (Schaumburg u. Co.) 5 gl.

— — dasselbe 18 Hft. 8. Wien, Kaulfuß. 798.

Hochmut, römischer, auch im Reformkatholizismus (Ehrhardts „Der Katholizismus" usw.), s. o. Flugschriften des Evangelischen Bundes. 207.

Römischer Hochmut auch im Reformkatholizismus. Krit. Bemerkungen über Ehrhard, Der Katholizismus u. d. 20. Jahrh. im Lichte d. kirchl. Entwicklung d. Neuzeit. *Leipzig: C. Braun 1903.* (24 S.) 8° [F.]
— Flugschriften d. Evangel. Bundes. 207. (Reihe 18, 3.)

Hochmuth, vom, s. la Placette.

Hochmuth, der bestrafte, u. Bürgschaft u. Freundschaft od.: Liebe deinen Nächsten wie dich selbst! Ein Geschenk f. Jünglinge u. Jungfrauen. 8. (8⅞ B.) Bamberg 845, Züberlein.

Hochmuth, bestrafter. 8. (8 Holzschntaf. in Buntdr. m. Text.) Stuttgart 872. Weise. — 20

Hochmuth kommt vor dem Fall; oder: Moses Mendelsohn und Pylades; (Der Ordensnamen eines verstorbenen Illuminaten.) Ein Gespräch im Reiche der Todten über das Illuminaten-System, Freymåurerey und geheime Gesellschaften. München: [Frankfurt a. M.: Esslinger] 1787. 116 S., 1 Kpfr. 8°
cf. D. neuest. Religionsbegebenheiten. 11 (1788) S. 48—53.
Kl. 3254 erwähnt auch eine Ausg. von 1788.

— kommt vor den Fall, od. Moses Mendelsohn im Pylades. 8. München. (Eßlinger, in Frankf.) 788.

Hochmuth (Hrsg.), s. Kirchenordnung, Marburger.

Hochmuth, A., de rite impositionis nominum. Viteb. 1725. 4.

Hochmuth, Abraham, Gotteserkenntniss und Gottesverehrung. Auf Grundlage der heil. Schrift und späterer Quellen bearb. als Lehr- und Handbuch zum Religionsunterrichte in Lehrer-Präparandien und in den oberen Klassen der Mittelschulen. gr. 8. (207 S.) Budapest 882. (Leipzig, Haessel.)

Hochmuth, Abrah., Leopold Löw als Theologe, Historiker u. Publicist gewürdigt. gr. 8. (XII, 248 S.) Leipzig 871. Brockhaus. n. 3. —

Hochmuth, Aeg., 426 Aphorismen od. kurze Lehrsätze a. allen Evangelien rc. 8. Dresden, Gerlach. 719. Rthlr.

— Aphorismi evangel. theologici. 8. ibid. 719.

— von Auflegung u. Änderung der Taufnamen. 8. Wittenberg. 725.

— getödteter Fürst des Lebens in s. Leibes- u. Seelenleiden. 4. Wittenberg. 713.

— Manual der vornehmsten Sektirer, Ketzer u. Ketzereyen all. Zeit. 8. Dresd. Gerlach. 710.

HOCHMUTH, Aeg. (Diac. zu Torgau). Manuale der fürnehmsten Sectirer, Ketzer und Ketzereyen, deren Urheber und Errores usw. Dresden 1712. 20 Bl., 553 S. u. 75 Bl. Pgt.
Viel Interessantes über Weiber, Ehe, Teufel usw. bei den Sektierern.

— Unterricht f. rechtsch. Christen. 8. Leipz. 704.

Hochmuth, Carl Theodor, s. Hochmuth, Karl Theodor

Hochmuth, Ch. Th. De causis quibusd., quibus juvenes in literar. studiis retardentur. 12 S. . . . .
Cleve, P 1831

Hochmuth, François-Joseph-Ferdinand: Gedichte. Leipzig, Luxemburg: Schamburger 1865. IV, 154, 1 S. 8°

Hochmuth, Fr. Jos. Ferd., Gedichte. gr. 16. (IV, 155 S.) Luxemburg 869, Brück.

Hochmuth, François-Joseph-Ferdinand, u. Charles Müllendorff: Luxemburger Heiligen-Legende, herausgegeben von einem Priester der Diözese Luxemburg. Luxemburg: J. Hary 1882. 462, 2 S. 16°

Hochmuth, François-Joseph-Ferdinand: Die Kreuzfahrer. Ein historisches Schauspiel in fünf Aufzügen. Luxemburg: Brück [1879]. 4 S. 4°

Hochmuth, François-Joseph-Ferdinand: Die Kreuzfahrer. Historisches Schauspiel in fünf Aufzügen. Zunächst für den Luxemburger Gesellen-Verein bearbeitet und von demselben zu verschiedenen Malen aufgeführt. Luxemburg: Brück 1886. 85 S. 8°

Hochmuth, François-Joseph-Ferdinand (Red.), s. Raphael. 5. Jg. 1883.

Hochmuth, Fr. Jos. Ferd., Sebastian, s. a. Dilettantenbühne, katholische.

Hochmuth, François-Joseph-Ferdinand: Sebastian. Trauerspiel in fünf Aufzügen, nach Wiseman's Fabiola bearbeitet und dem Luxemburger Gesellenverein gewidmet. Kempten 1879. 76 S. 8° (= Katholische Dilettantenbühne. H. 4.)

Hochmuth, François-Joseph-Ferdinand: Dem innigstgeliebten Seelenhirten, Herrn Domkapitular Bech wünschen Glück zu seinem fünfzigjährigen Priesterjubiläum und seinem fünfzigjährigen Hirtenamte in Mertert seine dankbaren Pfarrkinder. Luxemburg: Brück [1875]. 4 S. 8°

Hochmuth, J. P., s. Burat, A., angew. Geognosie.

— Joh. Gotthelf, De Maximiliano I. imp. Caroli nepotis in regem Romanorum electionem anno 1518 agitante. Lpz. (Langenheim's Erb. & Klauberth) Nov. 1779. 32 S. (6.20) 15314
Widm.: Viris Carolo Gottlob et Johanni Christiano Kuehnils summos in philosophia honores consecutis hunc libellum communis congratulat. interpret. esse voluerunt M. Enke, M. Haubold, M. Hochmuth, Kuhl, M. Lunze, Oelsel, Starcke.

Hochmuth, Jh. Jak., Darstell. d. Pflichten d. Meßners. gr. 12. Salzb. 823. Mayr. 6 gl.

Hochmuth, Joh. Jak., Geschichte des Salzburg. Schulwesens, s. **Rumpler, Matth.**

—— das Leben u. Wirken d. Johann Sebastian Streitberger, Fürsterzbischöfl. geistl. Rathes, Districts-Schulen-Inspector's, Dechant's u. Pfarrers zu Zell am Ziller im Erzbisth. Salzburg. Anh.: Schullehrer, Jakob Adler. 8. (5 B.) Salzburg 831, (Mayr.)

Hochmuth, Joh. Jak., latein.-deutsch. Ministrir-Büchlein, od. Anweis., dem Priester bey d. heil. Messe zu dienen, u. mit ihm zu bethen. 16. (2 B.) Salzburg 837, Oberer'sche Buchh.

— s. M. Rumpler, Gesch. d. Salzburg. Schulwesens.

Hochmuth, Karl August

Hochmuth, Br., maurerische Grundsätze, ausgesprochen in der Loge Minerva z. d. 3 Palmen im Orient, Leipzig, am 3. März 5846. gr. 8. Leipzig 846. (O. Klemm.) n. 8 n*gl*

Maurerische **Grundsaetze**, ausgesprochen in der Loge Minerva zu den drei Palmen im Or. Leipzig, am 3. März 5846, vom Br [Karl Aug.] **Hochmuth.** Leipzig 1846: Leiner. 16 S. 8⁰
In Versen.

Hochmuth, Karl Theodor

— **Carl Theodor** (Tautenhain), De morbillis haemorrhagicis. Diss. med. Präs. Gustav Biedermann Guenther. Lpz. (A. Edelmann) 12. I. 1860. 42 S. mit Biogr. (M.: J. C. Leonhardt.) (6.20) 15313
Oppon.: Loebner, Uhle, Korb.

Hochmuths-Greuel, Pietistischer. Erfurt 1728. V: *Witschelius, Johann Jacob.* (Myl)

HOCHNEL (F. von). Kork und verkorkte Gewebe . . . Wien, 1878. 8°.

HOCHNEL (F. von). Xylophilin und das Coniferin. Wien, 1878. 8°.

Hochofenzement u. seine Verwendung im Salzbergbau. (7 S.) 8. Leipzig 908. Baumaterialien-Markt. — 30
Sonderabdruck aus: „Baumaterialien-Markt".

Hochrainer, Ign., das J. 1809 zu meiner Erinnerung, hrsg. v. Jos. Egger, 2. Aufl. v. Karl Klaar, s.a. Anno Neun. Bd. 16.

Ignaz **Hochrainer**: Das Jahr 1809 zu meiner Erinnerung. Aufzeichnungen. Hrsg. von Dr. Josef Egger. 2. Aufl. besorgt von Dr. Karl Klaar. Innsbruck: Vereinsbuchh. 1909. 83 S. 8°
(Anno Neun. Bdch. 16.) fol. 14295

***Hochreiner*, Ed., de eo, utrum Kantiana categoriarum tabula sit omnibus numeris absoluta. Exercitatio acad. 8maj. Salzb. 795. Duyle. 3 K**

Hochreiter E.: Die Ansicht Herod. über die geographische Verbreitung der Pelasger und über ihr Verhältnis zu den Hellenen. 17. Elbogen. 75.
Progr.

Teplitz: Das erste Decennium des T. Realg. v. E. Hochreiter. 12. 1885.
Progr.

Hochreiter E.: Thomae Mitis (geb. 20/12 1523) idyllion de Thermis Teplicensibus. 20. Teplitz 85.
Progr.

Hochreiter, Jos., Leitfaden der bayerischen Geschichte für Volksschulen. Den durch autogr. Entschließung der K. Regierung von Niederbayern vom 12. April 1887 Nr. 6271 erlassenen Vorschriften gemäß eingerichtet und mit einem Anhang über die hauptsächlichsten Einrichtungen der Verwaltung, des Gemeindelebens und der Rechtspflege des Königr. Bayern ꝛc. versehen. 8. (36 S.) Straubing 888, Hirmer. *

Hochreiter, J., Leitfaden der bayerischen [u. deutschen] Geschichte f. Volksschulen in Bildern m. 20 Holzschn. Den durch autogr. Entschließgn. d. k. Regierung v. Niederbayern vom 12. April 1887 Nr. 6271 erlassenen Vorschriften gemäß eingerichtet. 2., verb. Aufl. 8. (48 S.) Straubing 890. Hirmer. n.n. — 25

Hochreiter, Jos. Leitfaden der bayerischen [u. deutschen] Geschichte f. Volksschulen in Bildern m. 20 Holzschn. 4. verb. Aufl. 12. (48 S.) Straubing 892, Hirmer. ** — 25

Hochreiter, Jos., Leitfaden der bayerischen (u. deutschen) Geschichte f. Volksschulen in Bildern m. 20 Holzschn. 5. Aufl. 24.—28. Tauf. 12. (48 S.) Straubing 894. M. Hirmer. n.n. — 25

Hochreiter, Jos., Leitfaden der bayerischen (u. deutschen) Geschichte f. Volksschulen in Bildern m. 20 Holzschn., den durch Entschließg. der k. Regierg. v. Niederbayern vom 12. IV. 1887 Nr. 6271 (Schulanzeiger, III. B. S. 73) erlassenen Vorschriften gemäß eingerichtet. 12., der neuen Rechtschreibg. angepaßte Aufl., bearb. v. Ign. Griebl. (48 S.) 8. Straubing (903). H. Appel. n.n. — 25

Hochreiter, Jos., Leitfaden der bayerischen (u. deutschen) Geschichte f. Volksschulen in Bildern m. 20 Holzschn. den durch Entschließg. der k. Regierg. v. Niederbayern vom 12. IV. 1887 Nr. 6271 (Schulanzeiger, III. Bd. S. 73) erlassenen Vorschriften gemäß eingerichtet. 15., der neuen Rechtschreibg. angepaßte Aufl. (unveränd. Abdr. der 11. Aufl.) (48 S.) kl. 8. Straubing (910). F. Klüber. nn — 25

Hochreutiner, B[énédict] B(P[ierre]) G[eorges]. Malvaceæ et Bombacaceæ novæ vel minus cognitæ. (Extrait de l'Annuaire du Conservatoire et du Jardin botaniques de Genève, 10, année 1906.) II p. + p. 15—25 ⟨11 p.⟩. 8. Genève et Bâle *et* Lyon, Georg & Cⁱᵉ, 8 juillet 1906. [fr. 1.50]

Hochreutiner, Jacob. Jakob Hochreutiners Gesandtschaftsbericht. 1663 September 30. — 1664 März 27. ([Mit] Einleitung, Anmerkungen, Beilagen [und] Namenverzeichnis) Hrg. von Dr. Hermann Wartmann. Ein Beitrag zur Schweizerischen Handelsgeschichte aus dem Archiv des Kaufmännischen Directoriums in St. Gallen. 8.
Ausg. A: IV + 156 S. — Städtische Handelsakademie St. Gallen. 6. und 7. Jahresbericht 1904/1905 und 1905/1906. St. Gallen, Honegger, 1906. ... Beilage....
Ausg. B: (Wissenschaftliche Beilage zum 6. und 7. J' 1904/05 und 1905/06 der Handelsak' St. Gallen.) II + IV + 156 S. St. Gallen, Honegger, 1906.

Hochrothherd [Schlagwort]

Hochrothherd, s.: **Wiener Ausflugskarten.**

Hochscheldt, H, d. Berufsliebe d. Lehrers im Spiegel d. Gegenwart, s.a. Sammlung pädagog. Vorträge.

Die Berufsliebe des Lehrers im Spiegel der Gegenwart. Von H. Hochschoirdt, Oberl. ... zu Bitburg. *Bielefeld: A. Helmich [1896].* (14 S.) 8. = Sammlung pädagogischer Vorträge. Bd VIII. H. 12. [97. 1460

.. E. **Ruomacher,** Sonderlehrplan f. die Schulen des Landkreises Trier, ..: Lehrplan f. die preußischen Volksschulen.

Hochscheitt, (H.), Winke f. das Verhalten des Lehrers außerhalb der Schule. (IV, 140 S.) 8. Trier (909). F. Lintz. 2.—; geb. 2.40

Hochschild, Ernst, Referendar a. Metz: Die Hypothek am Anteil eines Miteigentümers nach B.G.B. Metz 1905: Buchdr. d. Lothringer Zeitung. (93 S.) 8°

Freiburg i. B., Rechts- u. staatsw. Fak., Ref. Merkel, Diss. v. 1905

[Geb. 28. Okt. 81 Metz; Wohnort: Metz; Staatsangeh.: Elsaß-Lothringen; Vorbildung: Lyceum Metz; Studium: Freiburg i. B. 2, Berlin 1, München 1, Straßburg 3 S.; Rig. 20. Sept. 04.]

Hochschild, Heinrich: Versuche über die Strömungsvorgänge in erweiterten und verengten Kanälen. 1910. 58 S. 4° ¶ Auch als: Mitteilungen über Forschungsarbeiten auf d. Gebiete d. Ingenieurwesens. H. 114. 1912; Ausz. in: Zeitschrift d. Vereines deutscher Ingenieure. Bd 57. 1913, Halbj. 1.

Berlin, Dr.-Ing.-Diss. v. 17. 12. 1909

Hochschild, Philipp, a. Frankfurt a. M.: Studien an Zinkblende. Stuttgart 1908: E. Schweizerbart. (63 S., 7 Taf.) 8° ¶ (Aus: Neues Jahrbuch für Mineralogie Beil.-Bd 26.)

Erlangen, Phil. Fak., Ref. Lenk, Diss. v. 15. Juni 1908

[Geb. 29. Dez. 83 Frankfurt a. M.; Wohnort: Frankfurt a. M.; Staatsangeh.: Preußen; Vorbildung: Realgymn. (Musterschule) Frankfurt Reife O. 02; Studium: München 2, Bergakad. Freiberg i. S. 4, Univ. Heidelberg 3 S.; Rig. 2. Nov. 06.]

Allgemeiner deutscher Hochschul-Almanach. [Hrsg.: Richard Kukula.] Jg. 1 (mehr nicht erschienen).
Wien: Toepitz u. Deuticke 1888. 8°

Hochschul-Correspondenz, deutsche. Wochenschrift f. die Hochschulen Deutschlands, Oesterreichs u. der Schweiz. Hrsg. v. Gust. Zieler. 1. Jahrg. April—Septbr. 1903. 21 Nrn. (à ca. 8 S.) gr. 4. Berlin. [Jena, H. Costenoble.] Leipzig, K. G. Th. Scheffer. n. 7.20
Erscheint nicht mehr.

Hochschule, die. Wöchentliche Berichte aus dem Gebiete des Hochschulwesens. Hrsg. v. E. Ebering. Red.: Erich Ebering. Novbr. 1904—Oktbr. 1905. 40 Nrn. (à ca. 12 S.) Lex.-8. Berlin, E. Ebering. n. 5.—

Hochschule, deutsche. Organ der deutschen Studentenschaft. Hrsg.: Max Anton. Red.: Emil Kuh. 1. Jahrg. 1882. 52 Nrn. (à 1—1½ B.) Imp.-4. Prag, Dominicus in Comm. n. 12.—

Hochschule, deutsche. Organ der deutschen Studentenschaft. Hrsg.: Max Anton. Red.: E. Singer. 2. Jahrg. 1883. 52 Nrn. (à 1—1½ B.) Imp.-4. Prag, (Dominicus). n. 12.—

— dasselbe. Red.: Emil u. Osk. Kuh. 3. u. 4. Jahrg. 1884 u. 1885. à 24 Nrn. (à 1—1½ B.) Imp.-4. Ebend. à Jahrg. n. 8.—

Deutsche Hochschule. Organ d. deutschen Studentenschaft. Red. E. Kuh. 3. Jahrg. 1884 2. Aufl. 24 Nrn. (à 1—1½ B.) Imp. 4. Nr. 103. Prag, *H. Dominicus. Pro IV. Quartal 1 fl. 3090

Hochschule, deutsche. Organ der deutschen Studentenschaft. Redact. i. V.: Osk. Kuh. 5. Jahrg. Jan.—Juni 1886. 12 Nrn. (à Nr. 1—1½ Bog.) Imp.-4. Prag, (Dominicus.) *
Nicht weiter erschienen.

— dasselbe. 6. Jahrg. 1886. Jan.—Juni. 12 Nrn. 4. Ebend. n. 4.—

— die deutsche. Zeitschrift des Verbandes deutscher Hochschulen. Hrsg.: Wilh. Heile. 1. Jahrg. April 1906—März 1907. 24 Nrn. (IV, 380 S.) 4. Berlin, A. Duncker. n. 8.—

Hochschule, Die deutsche. Zeitschrift d. Verbandes Deutscher Hochschulen. Hrsg. von Wilh. *Heile.* Jg 1—2. Berlin (1907)—1908. 4°. *[Eingegangen.]*
1, 1906—1907. 2, 1907—1908.

— deutsche. Blätter f. deutschnationale u. freisinn. Farbenstudenten in Österreich. Hrsg.: Osk. Scheuer. Schriftleiter u. Rd.: Otto Umlauft. 1. Jahrg. Oktbr. 1910—Septbr. 1911. 12 Hefte. (à ca. 12 S.) 31×23,5 cm. Wien, C. Beyer's Nachf. 8.—

— die k. k. deutsche technische, in Prag 1806—1906. Festschrift zur Hundertjahrfeier. Im Auftrage des Professorenkollegiums red. v. Frz. Stark unter Mitwirkg. v. Wilh. Gintl u. Ant. Grünwald. (IX, 518 S. m. Abb. u. 5 Taf.) Lex.-8. Prag 906. (A. Haase.) n.n. 13.—

Hochschule, Die Eidgenössische, für Staatswissenschaft. Zürich [188?]. V: *Wolf, Julius.* (BSCHWL V, 10c, S. 360)

Hochschule, Eine Eidgenössische, für Staatswissenschaft. Zürich [188?]. V: *Wolf, Julius.* (BSCHWLK V, 10c)

In Gottes Hochschule. Von M. v. O. 2. Aufl. *Berlin: Deutsche Ev. Buch- u. Tract.-Ges. 1901.* (128 S.) 8° [J.] [01. 7084

— die grossherzogl. technische, Karlsruhe. Festschrift zur Einweihg. der Neubauten im Mai 1899. hoch 4. (III, 88 S. m. Abbildgn. u. 7 Taf.) Stuttgart 899. K. Wittwer. n. 3.—

Die Hamburger Hochschule für das weibliche Geschlecht.

—— [Photographie.]
Das Blatt, unterzeichnet im Namen des Verwaltungsausschusses von Emilie Wüstenfeld u. a., datiert vom Juli 1851, unterrichtet über die in Hamburg zu Neujahr 1850 gegründete Anstalt

Herzogliche Technische **Hochschule** Carolo-Wilhelmina zu Braunschweig. 1907. [Ill. Beschreibung.] 24 S., 1 Taf. 8° *Br*

Hochschule, e. jüdische. gr. 8. (86 S.) Berlin (902). Jüd. Verlag. 1.—

Eine jüdische Hochschule. 2. Aufl. *Berlin: Jüd. Verl. (1902).* (37 S.) 8°
[02. 4710

Eine jüdische Hochschule. 2. Aufl. Berlin: Jüd. Verl. [1908]. (37 S.) 8° [08.11171

Hochschule, Die kk. Technische, in Brünn. Geschichtlich-statistische Skizze. [Brünn] 1875. V: *Rohrer, Rudolph Maria Alois Franz.* (Kat. d. Bibl. d. Techn. Hochsch. Berlin 1900.)

Hochschule, Die Königliche Landwirthschaftliche, zu Berlin: Ihre Begründung und Einrichtung. Berlin 1891

Die Königliche Landwirtschaftliche **Hochschule** in Berlin. Festschrift z. Feier d. 25jähr. Bestehens. Hrsg. v. Lehrerkollegium unter Red. von Prof. Dr. L[udwig] Wittmack. Mit 65 Abb. Berlin: P. Parey 1906. (XI, 315 S.) 8°
[06. 9490

Königl. Technische Hochschule. Architektur-Sammlung. Verzeichniss einer Auswahl von Original-Abgüssen nach Architekturtheilen aus der Zeit der Renaissance in Toscana, welche zur Vervielfältigung durch Gipsabgüsse bestimmt sind. 8

Hochschule, Königlich Technische, zu Aachen. Denkschrift aus Anlass der Industrie- und Gewerbeausstellung etc. Düsseldorf 1902. (89 S) 4° Aachen 1902

Technische Hochschule (königl.) zu Berlin (-Charlottenburg). Die Beschreibung der Bauanlage nebst 32 Bl. Inventarienzeichnungen (Lithographien). 4 u. gr. Fol. (In Mappe.)

— die königl. technische, zu Berlin. 89 photograph. Aufnahmen nebst erläut. Text, 1 Lageplan u. 7 Grundrissen. (81 S. Text.) qu. 4. Berlin 903. R. Mückenberger. n. 2. —

—— **die landwirthschaftliche, zu Berlin.** Ihre Begründung und Einrichtung, nebst einem Verzeichniss der Vorlesungen für das Sommer-Semester 1881. Lex.-8. (38 S.) Berlin 881, Parey.

Hochschule, die neue, der schweizer. Eidgenossenschaft und die alte Universität Basel. Ein Neujahrwunsch für 1851. gr. 8. (16 S.) Basel 851, Schweighauser'sche Vrlgsb.

Die neue Königliche thierärztliche Hochschule in Hannover, ihr Bau und ihre Einrichtungen. Festschrift. Berlin 1899.

Hochschule, die technische, in Bayern und ihr zukünftiger Sitz. München 1862.

—— **die technische, zu Berlin. Fol. (6 S. mit Illustr. und 7 Kpfrt.) Berlin 886, Ernst und Korn.** cart. *
Au : Zeitschrift für Bauwesen, besonders abgedruckt.

— technische, in Danzig. Festschrift zur Eröffng. 6. X. 1904. (48 S. m. Abbildgn. u. 24 Lichtdr.-Taf.) 4. Danzig (904). A. W. Kafemann. n. 5. —

Hochschule, die technische, in Breslau. Zu ihrer Einweihg. in Anwesenheit Sr. Maj. Kaiser Wilhelms II. am 29. XI. 1910, hrsg. vom Verlage der Schles. Zeitg. (24 S. m. Abbildgn.) Lex. 8. Breslau (910). W. G. Korn. — 50

Hochschule. Die Zürcherische H' nach den Ansichten der an ihr studirenden Zürcherischen Kantonsbürger. 8. Zürich 1839

Von deutschen Hochschulen. Allerlei, was da ist und was da sein sollte von einem deutschen Professor. Berlin 1869. 8.

Hochschulen, die deutschen. Illustrierte Monographien, hrsg. v. Thdr. Kappstein. I. u. II. Bd. Lex. 8. Berlin, Verlag Dr. Wedekind & Co. à 4.
Baumgarten, Fritz, Freiburg im Breisgau. (VII, 190 S.) 907. (Bd. I.) 4.
Stier, Adf., Jena. (VII, 212 S. m. Abb.) 908. (Bd. II.) 4. —

Die **Hochschulen** für besondere **Fachgebiete** im Deutschen Reich. Unter Mitw. zahlr. Fachmänner hrsg. von W[ilhelm] Lexis. *Berlin: A. Asher & Co. 1904.* (VIII, 245 S.) 8°
— **Unterrichtswesen**, Das, im Deutschen Reich. Bd 4, T. 2. [04. 803

Hoch- u. Mittelschulen, die, der im Reichsrathe vertret. Königr. u. Länder, s.: Mittheilungen aus dem Gebiete der Statistik.

Die **Technischen Hochschulen** im Deutschen Reich. Unter Mitw. zahlr. Hochschullehrer hrsg. von W[ilhelm] Lexis. *Berlin: A. Asher & Co. 1904.* (VI, 303 S.) 8°
— **Unterrichtswesen**, Das, im Deutschen Reich. Bd 4, T. 1. [04. 830

Hochschulen-Kalender, s.: Kalender, akadem., f. d. deutschen Hochschulen Oesterreichs.

Hochschulen-Kalender, Fromme's österreichischer, für Professoren und Studirende für das Studienj. 1884/85. 21. Jahrg. Auf Grund amtl. Quellen hrsg. von Geo. Mann. 16. (195; 111 S.) Wien, Fromme. geb.
Früher u. d. T.: Studenten-Kalender, österreichischer.

Hochschulen-Kalender, Fromme's österreichischer, f. Professoren u. Studirende f. das Studienj. 1885/86. 22. Jahrg. Auf Grund amtl. Quellen hrsg. v. Geo. Mann. 16. (205 u. 111 S.) Wien, Fromme. geb. 2. 80

Hochschulen-Kalender, Stuttgarter. Winter-Sem. 1894/95. 12. (98 S. m. Bildnis, Plan u. Karte.) Stuttgart 894. C. Malcomes. n. 1.

Hochschul-Ferialkurse, Die Salzburger. Wien 1905. V: *Bilger, Ferdinand.* (EB)

Die Salzburger **Hochschul-Ferialkurse**. Wien: Ver. f. wiss. Ferialkurse 1905. (14 S.) 8° [F.]
[07. 7016 2

Hochschulfragen, hamburgische. (26 S.) gr. 8. Hamburg 903. Herold. n. — 60
Sonderabdruck aus: „Hambg. Nachrichten".

Hochschul-Kalender

— allgemeiner deutscher, e. akadem. Jahrbuch f. d. J. 1905, hrsg. v. Otto Schröder. (274 S.) kl. 8. Rostock (G. B. Leopold.) n. 1. —
Fortsetzg., s.: Universitäts- u. Hochschul-Kalender, allgem. deutscher.

Hochschul-Kalender, Braunschweiger. VI. Jahrg. Studienj. 1902/1903. 12. (73 S.) Braunschweig, Schulbuchh. Kart. n.n. — 60

Hochschul-Kalender, Braunschweiger. 9. Jahrg. Studienj. 1905/1906. (95 S.) kl. 8. Braunschweig, Schulbuchh. n.n. — 60

Hochschul-Kalender, Braunschweiger. 11. Jahrg. Studienj. 1907/1908. (94 S.) kl. 8. Braunschweig, Schulbuchh. nn — 50

Hochschul-Kalender, Deutscher.

— dasselbe, s. a. Kalender f. die technischen Hochschulen u. Bergakademien des deutschen Reiches.

Hochschul-Kalender, deutscher, f. das Sommersem. 1891. 2 Tle. in 1 Bde. 1. Tl. Agenda. 2. Tl. Die techn. Hochschulen u. Berg-Akademien d. Deutschen Reiches. 12. (VI, 144 S.) Lpz., Felix. geb. in Leinw. * 2 50

—— desgl. — f. das Wintersem. 1891/92. 2 Tle. in 1 Bde. 1. Tl. Tagebuch m. geschichtl. Daten. 2. Tl. Die techn. Hochschulen u. Berg-Akademien d. Deutschen Reiches, der österr.-ung. Monarchie, der Schweiz u. Russlands. 12. (VII, 279 S.) Ebd. geb. in Leinw. * 3 —

—— desgl. — f. das Sommersem. 1892. 2 Tle. in 1 Bde. 1. Tl. Tagebuch m. geschichtl. Daten. 2. Tl. Die techn. Hochschulen u. Berg-Akademien m. deutscher Vortragssprache im Deutschen Reich, in Österreich-Ungarn, der Schweiz u. Russland. 12. (VII, 264 S.) Ebd. geb. in Leinw. * 3 —

—— desgl. — f. das Wintersem. 1892/93. 2 Tle. in 1 Bde. Ausg. A. Für das deutsche Reich u. Zürich. 1. Tl. Tagebuch m. geschichtl. Daten. 2. Tl. Die techn. Hochschulen u. Berg-Akademien m. deutscher Vortragssprache im deutschen Reich u. in der Schweiz. 12. (VIII, 202 S.) Ebd. geb. in Leinw. * 2 —

—— desgl. — f. das Wintersem. 1892/93. 2 Tle. in 1 Bde. Ausg. B. Für Österreich-Ungarn u. Riga. 12. (Schreib-Kalender u. 95 S.) Ebd. geb. * 1 50

Hochschul-Kalender, deutscher. 5. Ausg. Sommersem. 1893. 2 Tle. in 1 Bde. Ausg. A. Für das deutsche Reich u. Zürich. 1. Tl. Tagebuch m. geschichtl. Daten, 2. Tl. Die techn. Hochschulen u. Berg-Akademien m. deutscher Vortragssprache im deutschen Reich u. in der Schweiz. Nach handschriftl. u. gedruckten amtl. Quellen bearb. v. Wilh. Scheffler. 12. (Schreibkalender u. VIII, 220 S.) Leipzig, A. Felix. Geb. in Leinw. n. 2. —

— dasselbe. Ausg. B. Für Oesterreich-Ungarn u. Riga. 12. (V, 106 S.) Ebd. Geb. in Leinw. n. 1. 50

Hochschul-Kalender für die Technischen Hochschulen Deutschlands, Oesterreichs und der Schweiz, unter Mitwirkung von Dr.-Ing. Alwin Nachtweh, Professor ... zu Hannover, mit amtlicher Unterstützung hrg. von Dr. E[mil] Ebering. [1. Ausgabe.] Winter-Semester 1905/06. [Mit Figuren und 12 Porträts.] 276 S. 8. Berlin-Charlottenburg, Akademischer Verlag Ebering, 1905. [M. 2.—]

— f. die technischen Hochschulen Deutschlands, Oesterreichs u. der Schweiz unter Mitwirkg. v. Alwin Nachtweh m. amtl. Unterstützg. hrsg. v. E. Ebering. Sommer-Sem. 1906. (292 S. m. 16 Bildnissen.) 16. Berlin, E. Ebering. n. 1. 50

Hochschulkalender. Schweizerischer H'-K', hrg. vom Verlag der «Academia», Gebr. Leemann & Co. mit Unterstützung der h. Rektorate der Schweiz. Universitäten und der Direktion des eidgen. Polytechnikums. 1. Ausgabe: Winter-Semester 1907/08. II + VI + 88 (+ *zus.* 24) S. 8. Zürich, Gebr. Leemann & Co., 1907. fr. 1.—

Hochschulkalender. Schweizerischer H'-K', hrg. vom Verlag der «Academia», Gebr. Leemann & Co., mit Unterstützung der h. Rektorate der Schweiz. Universitäten und der Direktion des eidgen. Polytechnikums. 2. Ausgabe: Sommer-Semester 1908. [Mit 1 Tafel und illustriertem Umschlag.] VIII + 88 (+ *zus.* 9) S. 8. Zürich, Gebr. Leemann & Co., 1908. fr. —. 50
(*Seite 1—72:* Sonderabdruck aus dem Deutschen Universitäts-Kalender, begr. v. Prof [Paul] Ascherson....)

Hochschulkalender. Schweizerischer H'-K' = Almanach universitaire suisse. Hrg. vom = Publié par Verlag der «Academia», Gebr. Leemann & Co., mit gefl. Unterstützung der h. Rektorate der Schweizerischen Universitäten u. der Direktion des eidg. Polytechnikums = avec le concours de M. M. les Recteurs des Universités.... 3. Ausg. = 3e éd.: Winter-Semester 1908/09 Semestre d'hiver. [Mit 2 Tafeln und illustriertem Umschlag.] XXXII + 160 (+ *zus.* 36) S. 8. Zürich, Gebr. Leemann & Co., 1908. fr. —. 50 V

Hochschulkalender. Schweizerischer H'-K' = Almanach universitaire suisse. Hrg. vom = Publié par Verlag der «Academia», Gebr. Leemann & Co., mit gefl. Unterstützung der h. Rektorate der Schweizerischen Universitäten u. der Direktion des eidg. Polytechnikums = avec le concours de MM. les Recteurs des Universités.... 4. Ausg. = 4e éd.: Sommer-Semester 1909 Semestre d'été. [Mit 1 Porträt-Tafel und illustriertem Umschlag.] XVI + 168 (+ *zus.* 83) S. 8. Zürich, Gebr. Leemann & Co., 1909. fr. —. 50 V

Hochschulkalender. Schweizerischer H'-K' = Almanach universitaire suisse. Hrg. vom = Publié par Verlag der «Academia», Gebr. Leemann & Co., mit gefl. Unterstützung der h. Rektorate der Schweizerischen Universitäten u. der Direktion des eidg. Polytechnikums = avec le concours de M. M. les Recteurs des Universités.... 5. Ausg. = 5e éd.: Winter-Semester 1909/10 Semestre d'hiver. [Mit 1 Porträt-Tafel und illustriertem Umschlag.] XVI + 184 (+ *zus.* 116) S. 8. Zürich, Gebr. Leemann & Co., 1909. fr. —. 50 V

Hochschulkalender. Schweizerischer H'-K' = Almanach universitaire suisse. Hrg. vom = Publié par Verlag der «Academia», Gebr. Leemann & Co., mit gefl. Unterstützung der h. Rektorate der Schweizerischen Universitäten u. der Direktion des eidg. Polytechnikums = avec le concours de M. M. les Recteurs des Universités.... 6. Ausg. = 6e éd.: Sommer-Semester 1910 Semestre d'été. [Mit 1 Porträt-Tafel und illustriertem Umschlag.] XVI + 184 S. + *Anzeigen.* 8. Zürich, Gebr. Leemann & Co., 1910. fr. 1. —

Hochschulkalender. Schweizerischer H'-K' = Almanach universitaire suisse. Hrg. vom = Publié par Verlag der «Academia», Gebr. Leemann & Co., mit gefl. Unterstützung der h. Rektorate der Schweizerischen Universitäten u. der Direktion des eidg. Polytechnikums = avec le concours de M. M. les Recteurs des Universités suisses.... 7. Ausg. = 7e éd. Winter-Semester 1910/11 Semestre d'hiver. [Mit 1 Tafel und illustriertem Umschlag.] XVI + 194 S. + *Anzeigen.* 8. Zürich, Gebr. Leemann & Co., 1910. fr. 1.—

— **Stuttgarter.** Führer u. Handbuch für die H. H. Dozenten u. Studierenden der kgl. techn. Hochschule u. der kgl. tierärztl. Hochschule. 3. Ausg. Winter-Sem. 1902/3. An der Hand amtl. Materials hrsg. gr. 16. (66 S. m. farb. Plan.) Stuttgart, H. Lindemann. n. — 30

— **Stuttgarter.** Führer u. Handbuch f. die H. H. Dozenten u. Studierenden der kgl. techn. u. der kgl. tierärztl. Hochschule. 10. Ausg. Sommer-Sem. 1906. An der Hand amtl. Materials hrsg. (81 S.) 16. Stuttgart, H. Lindemann. n. — 30
Erscheint nicht mehr.

Der österreichische **Hochschulkampf** im Sommer 1908. Hrsg. v. Vertrauensmännerkomitee d. freiheitl. Studentenschaft Wiens. Inh.: 1. Der Klerikalismus u. d. Universitäten. Von Univ.-Prof. Dr. Friedrich Jodl ⟨Wien⟩. 2. Die Geschichte d. Studentenstreiks im Sommer 1908. Von phil. st. 3. Taktik u. Organisation ⟨Programm⟩ d. freiheitl. Studentenschaft. Von jur. kl. Innsbruck: A. Edlinger 1908. (104 S.) 8° [F.] 108.17

Der **Hochschulkursus** für praktische Landwirte in Königsberg i. Pr. ⟨23. bis 27. Febr. 1903⟩. Berichte d. 'Ostpreuß. Zeitung'. *Königsberg i. Pr.: Ostpr. Dr. u. Verlagsanst. 1903.* (103 S.) 8° [F.]
Aus: Landwirtschaftl. Rundschau, Beil. d. Ostpr. Zeitung 10

Hochschul-Nachrichten. Monats-Uebersicht üb. das gesammte Hochschulwesen d. In- u. Auslandes. Hrsg. von Paul v. Salvisberg. 1. Jahrg. Oktbr. 1890—Aug. 1891. 11 Nrn. gr. 4. (Nr. 1. 28 S.) München, Verlag der Akadem. Monatshefte. n. 4. —

Hochschul-Nachrichten. Monats-Uebersicht üb. das gesammte Hochschulwesen d. In- u. Auslandes. Hrsg. von Paul v. Salvisberg. 2.—5. Jahrg. Oktbr. 1891—Aug. 1895. à 11 Nrn. (à ca. 3 Bog.) gr. 4. München, Akadem. Verl. à Jahrg. n.n. 4. —

Hochschul-Nachrichten. Monats-Uebersicht über das ges. Hochschulwesen des In- u. Auslandes. [Aus: „Akadem. Revue".] Hrsg. von Paul v. Salvisberg. 6. u. 7. Jahrg. Oktbr. 1895—Aug. 1897. à 11 Nrn. (à ca. 2 Bog.) gr. 4. München, Academ. Verlag. à Jahrg. n.n. 4. —

— dasselbe. Hrsg. von Paul v. Salvisberg. 8. u. 9. Jahrg. Oktbr. 1897—Aug. 1899. à 11 Nrn. (à ca. 2 Bog.) gr. 4. Ebd. à Jahrg. 6. — ; einz. Nrn. — 60
Bildet zugleich Fortsetzg. d. „Academ. Revue".

Hochschul-Nachrichten. Hrsg. von Paul v. Salvisberg. 10.—13. Jahrg. Oktbr. 1899—Aug. 1903. à 11 Nrn. gr. 4. (à ca. 32 S.) München, Academ. Verlag München. à Jahrg. n. 6. —

Hochschul-Nachrichten. Hrsg. von Paul v. Salvisberg. 14.—17. Jahrg. Oktbr. 1903—Aug. 1907. à 11 Nrn. (304, 292, 292 u. 324 S.) gr. 4. München, Academ. Verlag München. à Jhrg. n. 6.—

Hochschul-Nachrichten. Hrsg. von Paul v. Salvisberg. 18.—21. Jahrg. Oktbr. 1907—Aug. 1911. à 11 Nrn. (18.—20. Jahrg. 380, 408 u. 488 S.) Lex. 8. München, Academ. Verlag München. à Jahrg. 4.—

Deutsche **Hochschul-Stimmen** aus der Ostmark. Jg. 1. Wien 1909: (Holzwarth & Berger). 4° 3

Hochschulstreit, der, üb. akademische Freiheit u. konfessionelle Verbindungen. Darstellung u. Kritik. Anh.: Urkunden, Verfüggn. u. Resolutionen. Von e. 70. Semester (Johs. Penzler.) (IV, 199 S.) 8. Leipzig 905. H. A. L. Degener. n. 2.—

— dasselbe, s. Aufl., a.: Hinter den Kulissen des Hochschulstreits.

Hochschul-Taschenbuch, allgemeines. Verantwortlich: W. Finsterbusch. W.-S. 1910/11. (88 S.) kl. 8. Breslau (II, Teichstr. 15a), Breslauer Akadem. Verlag W. Finsterbusch. —25

Hochschul-Vorträge für Jedermann. 1.—12. Hft. gr. 8. Leipzig. Dr. Seele & Co. à n. —30
1. D. Wandergn. d. Tiere. Von Wilh. Marshall. (24 S.) 897.
2. Die soziale Bedeutg. d. ästhet. Bildg. Von v. Schubert-Soldern. (14 S.) 897.
3. Aus d. Gebirgsländern d. Balkan-Halbinsel: Das Fürstent. Montenegro. Von Kurt Hassert. (20 S.) 898.
4. D. Anfänge d. deutschen Theaters. Von Geo. Wittowski. (16 S.) 898.
5. Die Beziehgn. der chines. Kultur zur abendländischen. Von Aug. Conrady. (17 S.) 898.
6. Der Kampf um die Gewissensfreiheit. Von Alb. Hauck. (20 S.) 898.
7. Nordwestafrika. Von H. Stumm. (22 S.) 898.
8. Charles Dickens u. s. Werke. Von Rich. Wülker. (21 S.) 898.
9. Die nationalen Bestrebungen der Balkanländer. Von Gust. Weigand. (24 S.) 898.
10. Die wirtschaftl. Aufgaben d. modernen Stadtgemeinde. Von Karl Bücher. (30 S.) 898.
11. Der Einheitsgedanke in d. deutschen Rechtsentwicklg. Von Kurt Burchard. (17 S.) 898.
12. Das Kunstgewerbe im alten Ägypten. Von Geo. Steindorff. (20 S.) 898.

— dasselbe. 1. Kurs. 9 Lfgn. gr. 8. Ebd. à n. —60
Deutschlands Kolonien. Erwerbungs- u. Entwickelungsgeschichte, Landes- u. Volkskunde u. wirtschaftl. Bedeutg. uns. Schutzgebiete. Von Kurt Hassert. M. 8 Taf., 31 Abb. im Text u. 6 Karten. (VIII, 331 S.) 1899. n. 4.50; geb. n. 5.50

Hochschul-Vorträge f. Jedermann. 13.—18. u. 23.—28. Hft. Leipzig, Dr. Seele & Co. à n. —30
13. Die Entstehung des Neuen Testamentes. Von G. Heinrici. (25 S.) 899.
14. Werden u. Vergehen der Steinkohle. Von Jul. Wagner. (23 S.) 899.
15. Welche Beweggründe giebt es zum sittlichen Handeln? Vortrag. Von Paul Barth. (19 S.) 899.
16. Wein u. Bier. Von E. Beckmann. (27 S. m. 4 Fig.) 899.
17. Die Entstehung der konstitutionellen Monarchie. Von Heinr. Triepel. (24 S.) 899.
18. Gesundheit u. Krankheit. Vortrag. Von Wilh. His. (18 S.) 901.
23. 24. Gesellige Tiere. Von William Marshall. Nr. 1. Allgemeines. Tiergesellschaften ohne Arbeitsteilg. 1. u. 2. Vortrag. (47 S.) 901.
25. Dasselbe. Nr. 2. Die Arbeitsteilg., ihr Wesen u. ihr Wirken. 3. Vortrag. (27 S.) 901.
26. Dasselbe. Nr. 3. Allgemeines üb. den Insektenstaat. Die Papierwespen. 4. Vortrag. (30 S.) 902.
27. 28. Dasselbe. Nr. 4. Allgemeines üb. den Insektenstaat. Hummeln u. Meliponen. 5. u. 6. Vortrag. (42 S.) 902.
Heft 19—22 erscheinen später.

Hochschul-Vorträge f. Jedermann. 19.—22. u. 29.—38. Hft. gr. 8. Leipzig, Dr. Seele & Co. à n. —30
19—22, 29, 30. Chinas Kultur u. Literatur. 6 Vorträge. Von A. Conrady. (32, 39 u. 40 S.) 903.
31. Tripolitanien u. der Karawanenhandel nach dem Sudan. Von L. H. Grothe. (28 S.) 903.
32. Ueber die deutsche Gaunersprache u. andere Geheimsprachen. Vortrag. Von Hans Stumme. (26 S.) 903.
33. Wie wurde Sachsen e. Königreich? Von Konr. Sturmhoefel. (32 S.) 904.
34. 35. Die Chronik v. Morea als e. Quelle zum Faust. Vortrag. Von John Schmitt. (11, 28 S.) 904.
36—38. Deutsches Nationalgefühl u. Einheitsstreben im XIX. Jahrh. 3 Vorträge Von Konr. Sturmhoefel. (99 S.) 904.

Hochschul-Vorträge f. Jedermann. 39. u. 40. Heft. gr. 8. Leipzig 907. Dr. Seele & Co. à Heft —30
Deutschtum u. Weltpolitik. Ein Vortrag. Von Theo Sommerlad. (48 S.)

Prager **Hochschulvorträge.** 2. Aufl. Bd 1. Leipzig: Teubner 1909. 8° (Aus Natur u. Geisteswelt. Bdch. 53.)

Hochschul-Vorträge, Würzburger. 1. Bd. 8. Würzburg, Ballhorn & Cramer Nachf. n. 2.—; geb. in Leinw. n. 2.50
Vorträge üb. Goethes „Faust", geh. im Ferienkurs f. Lehrer 1902. Von Rob. Petsch. (V, 198 S.) 903.

Hochschulzeitung, deutsche. Organ f. die studier. u. studierte Welt deutscher Zunge 4.—6. Jahrg. Mai 1899—April 1902. à 52 Nrn. gr. 4. (à ca. 8 S.) Leipzig, Bernh. Meyer. à Jahrg. 4.—
Fortsetzung, s.: Rundschau, Leipziger.

— Hallesche. Organ f. die Interessen der Hallenser Finkenschaft u. der freien Studentenschaft. 1. Jahrg. Mai—Dezbr. 1901. 22 Nrn. gr. 4. (100 S.) Halle Kreibohm & Co. 3.—

— dasselbe. 2. Jahrg. 1902. 36 Nrn. gr. 4. (à ca. 6 S.) Ebd. 6.—

Hochschulzeitung, Hallesche. Organ f. die Interessen des student. Lebens. Hrsg. v. der freien Studentenschaft. Verantwortlich: Rob. Corwegh. 3. Jahrg. 1903. 52 Nrn. (à ca. 6 S.) gr. 4. Halle, Paalzow & Co. 6.—
Fortsetzg., s.: Wochenschrift, akademische.

Hochschulzeitung, Jenaer. Organ der Jenaer freien Studentenschaft. Hrsg.: Der Ausschuß der Jenaer freien Studentensch. Red.: Erich Nippold. W.-Sem. 1909/1910. ca. 10 Nrn. (à ca. 6 S.) Lex. 8. Jena, B. Vopelius. 1.—

— Jenaische. Organ f. die Interessen des student. Lebens. Hrsg. v. der freien Studentenschaft. Dezbr. 1902—Novbr. 1903. 52 Nrn. (à ca. 4 S.) Fol. Ebd. 6.—
Anfänglich u. d. T.: Hochschulzeitung, Jenaer.

Hochsinger, Karl, die Beziehungen der hereditären Lues zur Rachitis u. Hydrokephalie, s.: Klinik, Wiener. 1904. Hft. 6.

Hochschulzeitung, Leipziger, früher Akademische Rundschau. Schriftleiter: F. E. Köhler-Haußen u. H. G. Thenau. 3. Jahrg. Juni 1898—Mai 1899. 52 Nrn. (Bog.) gr. 4. Leipzig, Grübel & Sommerlatte. n. 4.—
Kann auch vierteljährlich bezogen werden. — Der Titel änderte sich mit Nr. 21 in Deutsche Hochschulzeitg.

— Münchner. Schriftleiter: H. Kneher. Sommersem. 1909. 9 Hefte. (à ca. 16 S.) 30,5×24 cm. München, Bavaria-Verlag. 1.20

Hochschwab [sachl. OW]

Der Hochschwab und sein Gebiet. 1:100.000. [G. Freytags Ausflugskarten. XIII. Blatt.] K —.40
Wien: Freytag & Berndt 1908

Hochschwab [Schlagwort]

Hochschwab, s.: Alpen.

Hochschwab, der, s.: Ausflugskarten.

Hochschwab, s.: Oesterreich-Ungarn. Freytag, G. — Schneeberg.

- s. Touristenkarten. Freytag.

Hochschwab-Gebiet [Schlagwort]

Hochschwab-Gebiet, s.: Wiener Ausflugskarten.

Hochschwender, Friedrich, Rechtsprakt.: Das außerordentliche Kündigungsrecht des Mieters bei der Wohnungsmiete nach dem Bürgerlichen Gesetzbuch. Heidelberg 1910: Geisendörfer. 77 S. 8°
Heidelberg, Jur. Diss. v. 21. Juli 1910, Ref. Heinsheimer
[Geb. 4. März 84 Heidelberg; Wohnort: Heidelberg; Staatsangeh.: Baden; Vorbildung: Gymn. Heidelberg Reife 02; Studium: Heidelberg 5, München 1, Berlin 1 S.; Rig. 22. Juli 09.] [U 10. 1897

Hochschwender, Karl: Über Hydrazide und Azide der Oxalsäure. Heidelberg 1909: Rößler & Herbert. 47 S. 8°
Heidelberg, Naturw.-math. Diss. v. 12. Aug. 1909, Ref. Curtius
[Geb. 20. Febr. 83 Heidelberg; Wohnort: Heidelberg; Staatsangeh.: Baden; Vorbildung: Oberrealsch. Heidelberg Reife Juli 01; Studium: Heidelberg 3, München 2, Heidelberg 8 S.; Rig. 8. Juni 09.] [U 09. 2044

Hochsee-Flotte, die deutsche. (4 S. m. 20 farb. Abb.) 8. Berlin (909). Borussia. — 20

Hochsinger, Jul., vollständiger Lehrgang der Stenographie. Leichtfassliches Lehrbuch zum Selbstunterricht, sowie f. Unterrichts-Curse. Concurrenz-Arbeit nach Faulmann's System. Volks-Ausg. gr. 8. (20 S.) Graz 891. P. Cieslar. n. 1. —

— Stenographie nach System Faulmann f. die serbische Sprache. (In serb. Sprache.) Autogr. Tableau. 50×76 cm. Wien 893. Bermann & Altmann. n. 1. —

Hochsinger, Karl

Hochsinger, Carl, geg. d. Anwendg. d. Karbolsäure u. d. Jodoform b. Neugeborenen. [Aus: „Kinder-Arzt".] gr. 8. (8 S.) Leipzig 896. Verlag des Reichs-Med.-Anzeigers, B. Konegen. n. 1. —

Hochsinger, C., die Auscultation des kindlichen Herzens, s. a. Beiträge zur Kinderheilkunde aus dem 1. öffentlichen Kinderkrankeninstitute in Wien.

Hochsinger, Dr. Carl, ordinirender Arzt am I. öffentlichen Kinder-Kranken-Institute in Wien, Die Auscultation des kindlichen Herzens. Ein Beitrag zur physikalischen Diagnostik der Kinderkrankheiten. Gr.-8. (X, 194 S.) 3.—
Wien: Perles 1890

Die Beziehungen der hereditären Lues zur Rachitis und Hydrokephalie. 2 Vorträge, geh. in Wien 1904 von Dr. Karl Hochsinger in Wien. *Berlin: Urban & Schwarzenberg 1904.* (S. 184–222.) 8°
= Klinik, Wiener. 1904. H. 6. [04. 514

Hochsinger, Karl, zur Diagnose der Persistenz des Botta-lischen Ganges u. der Erweiterung der Lungenarterie, s. a. Klinik, Wiener. 1907. XII.

Zur Diagnose der Persistenz des Botallischen Ganges und der Erweiterung der Lungenarterie. Von Privatd. Dr. Karl Hochsinger. Mit 11 Textfig. Berlin, Wien: Urban & Schwarzenberg 1907. (S. 311–348.) 8°
— Klinik, Wiener. 1907, H. 12. [08. 476

Hochsinger, Carl, üb. Diagnostik angeborener Herzfehler bei Kindern nebst Bemerkgn. üb. Transposition der arteriellen Herzostien, s.: Klinik, Wiener.

— Gesundheitspflege des Kindes im Elternhause. gr. 8. (XII, 228 S. m. 12 Abb.) Wien 896. F. Deuticke. n. 3. 60

Hochsinger, Carl, Gesundheitspflege des Kindes im Elternhause. 2., gänzlich umgearb. Aufl. (4., 5. u. 6. Taus.) gr. 8. (XII, 248 S. m. 18 Abbildgn.) Wien 903. F. Deuticke. n. 3. 60; geb. n. 4. 60

— Angeborene Herzfehler bei Kindern. — Stirnfontanelle, s. Klinik, Wiener.

— die Myotonie der Säuglinge u. deren Beziehungen zur Tetanie. gr. 8. (III, 64 S. m. 2 Taf.) Wien 900. M. Perles. n. 1. 50

— üb. Säuglingsernährung m. Kuhmilch u. Präparaten derselben. s. a. Volksschriften der östorr. Gesellschaft f. Gesundheitspflege. Nr. 12.

HOCHSINGER, Carl
Ueber Säuglingsernährung mit Kuhmilch und Präparaten derselben. Vortrag, gehalten in der Oesterreichischen Gesellschaft für Gesundheitspflege am 20. December 1899 von Dr. Carl Hochsinger. Separatabdruck aus der Monatschrift für Gesundheitspflege. [Volksschriften der österreichischen Gesellschaft für Gesundheitspflege. Nr. 12.] Wien. 1900. In Comm. Perles. 8°. 68 S. K — 20

— üb. Säuglingsernährung mit sterilisirter Milch und e. Milchsterilisirungsanstalt nach Soxhlet'schem Principe. [Aus: „Centralbl. f. d. ges. Therapie".] gr. 8. (18 S.) Wien 889. Perles. n. — 80

— Stridor thymicus infantum. Eine pädiatrisch-radiolog. Studie. Aus dem 1. öffentl. Kinder-Krankeninstitute u. Dr. Kienböcks Röntgen-Laboratorium in Wien. (38 S. m. 18 Abbildgn.) gr. 8. Wien 904. M. Perles. n. 1. 20

— Studien üb. d. hereditäre Syphilis, s. a. Beiträge z. Kinderheilkunde.

Studien über die hereditäre Syphilis v. Dr. Carl Hochsinger ... in Wien. Th. 1. *Leipzig & Wien: F. Deuticke 1898.* 4.(8.)
= Beiträge z. Kinderheilkunde a. d. 1. Öffentl. Kinder-Kranken-institute in Wien. N. F. [Bd] V. [98. 7478

— Studien üb. die hereditäre Syphilis. 2. Tl. Knochenerkrankungen u. Bewegungsstörgn. bei der angeborenen Frühsyphilis. (XV, 567 S. m. 69 Abbildgn. u. 9 chromolith. Taf.) gr. 8. Wien 904. F. Deuticke. n. 25. —
1. Tl. u. d. T.: Beiträge zur Kinderheilkunde. N. F. V. Ebd. 898. n. 12. —.

– Studien üb. die klinischen Verhältnisse der Stirnfontanelle u. deren Bedeutung f. die Kinderheilkunde, s.: Klinik, Wiener.

Höchsmann, Ign. L., sollen d. Mitglieder d. Mähr. Witwen- u. Waisenversorgungs-Instituts arrosiren? 8. Ollmüs 811.

— Vorschlag zur Wahl e. außerordentlichen Ausschusses d. Mähr. Witwen- u. Waisenversorgungs-Instituts für d. k. k. Erbländer. 8. Ollmüs 871.

[F.] Johannes Honter, der Reformator Siebenbürgens u. d. sächs. Volkes. E. Lebensb. aus d. ersten Hälfte d. 16. Jhs v. Johannes Höchsmann, ev. Pfarrer in Martinsdorf. *Wien: C. Graeser 1896.* (2 Bl., 124 S., 1 Portr.) 1 Bd 8. [96. 7180

Höchsmann, Johs., Johannes Honter, d. Reformator Siebenbürgens u. d. sächs. Volkes. E. Lebensbild aus d. 1. Hälfte d. 16. Jahrh. gr. 8. (III, 124 S. m. Bildn.) Wien 896. Hermannstadt, W. Krafft. n. 2. —

v. Höchsmann, Jos. Ritter. Fasten-Reden im J. 1851, gehalt. in Brünn. gr. 8. (VI u. 120 S.) Brünn 851. (Nitsch & Grosse.) n. 12 Ngr.

Höchsmann, Vikt., methodisch-praktische Anleitung f. den Anfangsunterricht im Deutschen bei fremdsprachlichen Schülern u. zum Gebrauche d. „deutschen Fibel in Lateinschrift". (94 S.) 8. Wien 909. F. Tempsky. Geb. 1. —

— Deutsche Fibel in Lateinschrift (Kursiv u. Antiqua). Mit besond. Berücksicht. fremdsprach. Schüler. (96 S. m. Abbildgn.) 8. Ebd. 908. Geb. 1. —

— Deutsches Lesebuch f. das 2. Schulj. Im Anschluß an die „Deutsche Fibel in Lateinschrift" bearb. (176 S. m. Abbildgn.) gr. 8. Breslau 910. F. Hirt. Geb. 1.35

Siemens-Schuckert Werke. Hochspannungs-Kraftübertragungen. (Hannover) 1900: (Göhmann). 48 S. 4°(8°) (09. 9101

Unsere *Hoch-Spessart-Eichen.* 10 Kunstblätter nach photogr. Naturaufnahmen m. e. Vorw. v. J. Sinner. Aschaffenb. U. A. P.

Höchst [sachl. OW]

Höchst interessant. 12. (12 S. m. z. Th. farb. [illegible] ...) Konstanz 895. E. Hirsch. [illegible]

Remedia 'Hoechst'. Pharmazeut. Produkte, serotherapeutische u. Bakterien Präparate d. Farbwerke vorm. Meister, Lucius & Brüning, Hoechst a. M. o. O. u. J. [1910]. VII, 794 S. 8° (10. 10930 7

Höchst [Schlagwort]

Höchst. s. a. Preussen. Messtischblätter.

Höchst. Gaebler, Ed., Karte vom Kreise Höchst a/M., sowie der Umgegend v. Frankfurt a/M. 1 : 125,000. 18 × 24 cm. Farbendr. Höchst 896. Th. Hoeser. n. — 10

Höchst [Verf.]

Höchst, Ferdinand [aus Wetzlar]: Ein Beitrag zur Lehre vom Atherom.... Bonn, Univ.-Buchdr. v. Carl Georgi, 1890; 48 S. + 1 Bl. 8°
Bonn, Med. Fak., Inaug.-Diss. v. [30. Jul.] 1890

Höchstädt, Max

Hochstädt, M., Buch der Liebe. 2. Aufl. 8. (133 S.) Dresden 890. Pierson's Verl. n. 2. —; geb. n. 3. —

Hochstädt, Max, Buch der Liebe. 2. Aufl. 8. (133 S.) Dresden 891. E. Pierson. n. 2. —; geb. m. Goldschn. n. 3. —

Hochstädt, Max, s.: Kempner-Hochstädt, Max.

— die Sünden unserer Gesellschaft, s.: Sünden, moderne.

Höchstädt im Jahre 1826. Gemessen 1824. vom K-Steuer Kataster. 1 : 2,500. 1 Bl.

Hochstädter, Benj., religionsphilosophische Erläuterungen zur biblisch reinen Glaubens- u. Pflichtenlehre, gegenüber dem Un- u. Aberglauben. [Als 2. Heft.] Bad-Ems 864. (Leipzig, Leiner.) gr. 8. (80 S.) n. 12 Ngr.

— קול אמר קרא Hebräische Lese-Fibel nach der Lautir- und Schreib-Lese-Methode bearbeitet. 16. Wiesbaden 843. (Mannheim, Bensheimer.) 1/8 Thlr

Hochstätter, Benj., Predigt, gehalten zur Einweihung der Synagoge in Rüdesheim am 1. April 1843. 8. Wiesbaden 844. (Kreidel.) n. 1/6 Thlr

Hochstätter, Benj., Predigt, geh. z. Einweihung d. Synagoge in Rüdesheim am 1. April 1843. 8. Mannheim 846, Bensheimer. n. 1/12 Thlr

Hochstaedter, Ernst [Gerichts-Ref. aus Frankfurt a. M.]: Die rechtliche Natur der Disziplinarstrafe, insbes. der Disziplinarstrafe gegen Beamte ... Göttingen, Druck d. Dieterichschen Univ.-Buchdr., 1896; 62 S. 8.
Göttingen, Jur. Fak., Inaug.-Diss. v. [25. Febr.] 1896

Höchstädter, Emil, a. Kitzingen, Rechtsprakt. am kgl. Amtsgericht Kitzingen: Der auf eine Geschäftsbesorgung gerichtete Dienst- und Werkvertrag (B.G.B. § 675). Kitzingen a. M. 1905: Meschett & Hissiger. (VII, 75 S.) 8°
Erlangen, Jur. Fak., Ref. Örtmann, Diss. v. 2. Aug. 1905
[Geb. 31. Jan. 81 Kitzingen; Wohnort: Kitzingen; Staatsangeh.: Bayern; Vorbildung: Gymn. Schweinfurt Reife Juli 99; Studium: Erlangen 4, München 2, Erlangen 2 S.; Rig. 9. Mai 05.]

Höchstädter, Emil, der auf e. Geschäftsbesorgung gerichtete Dienst- u. Werkvertrag (B.G.B. § 675). Diss. (VIII, 75 S.) 8. Kitzingen 905. (A. Wirth Nachf.) n. 1.50

Höchstädter, J. G. Beschreibung d. königl. Bezirksamtes u. der unmittelbaren Stadt Kitzingen f. Schule u. Haus. Mit 1 (farb.) Karte v. Fr. Stäblein. gr. 8. (50 S.) Kitzingen 892, Bedacht. * — 50

HOCHSTAPLER, Ein. (187*.) 12°. Zahm. (1/3 Rthl. Fischhaber u. A.)

Hochstedt, Just., ein neuer Sommerhut, s.: Universal-Bibliothek.

Hochstein, A., Abriß der Kirchengeschichte. Zum Gebrauch für den altkathol. Religionsunterricht an höheren Lehranstalten. 8. (222 S.) Dortmund 888, Meyer. **
geb. **

Hochstein, A., Arithmetik u. Algebra. I. Hft.: Lehrsätze u. Übungsstoff f. d. Untertertia. Zun. f. Rektoratschulen bearb. gr. 8. (56 S.) Lippstadt 897. O. Harlinghausen. n. — 60

Hochstein A. Ueber die Bewegung eines materiellen, der Schwerkraft unterworfenen Punktes auf eine mit constanter Winkelgeschw. um eine verticale Axe rotirenden Geraden. 1875. 8.
Diss. Rostock

Hochstein, A., s.: Geschichten, biblische, Erzählungen aus dem alten u. neuen Testamente.

Hochstein, H., Singet e. neues Lied! Predigt, geh. in Herrnhut am Sonntag Cantate, den 24. IV. 1910. (14 S.) 8. Herrnhut 910. Missionsbuchh. — 15

Hochstein, J.: Spielplatz- und Spielgerätekunde. Handbuch über notwendige Einrichtungen von Volks- und Jugendspielen. Hagen 1909. 72 S.

Hochstein, Martin, die Herstellung u. Einrichtung des Kasperle-Theaters, s.: Bloch's, Ludw., Kinder-Theater. Nr. 100.

Höchsten, E., deutsches Lesebuch für d. untern Klassen d. Gymnasien und höhern Stadtschulen. gr. 8. Coblenz 828. Hölscher 14 Gr

Höchsten, Erneste, la langue française sonsidérée comme partie d'enseignement de nos collèges. Progr. des Gymn. Coblenz 1845.

Höchsten, Const. La langue française considerée comme partie d' enseignement de nos colléges. 31 S.
Coblenz, Progr. 1845

Höchsten, Ernst, Uebungen z. Uebersetzen aus d. Deutschen in's Französische. Anh. zu Knebels Schulgrammatik. 3. verb. u. umgearb. Aufl. gr. 8. (6 B.) Koblenz 839, Bädeker.
Vgl. Knebel.

Höchsten, Ernst, Uebungen zum Uebersetzen aus d. Deutschen in's Französische. Anhang zu Knebel's Schulgrammatik. 4., verb. u. umgearb. Aufl. gr. 8. (6½ B.) Koblenz 845, Bädeker.

Höchsten, Ernst, Uebungen zum Uebersetzen aus dem Deutschen in's Französische. Anhang zu Knebels Schulgrammatik. 5., verb. und umgearb. Aufl. gr. 8. (IV und 96 S.) Koblenz 849, Bädeker.

Höchsten, Ernst, Uebungen zum Uebersetzen aus dem Deutschen in's Französische. Anhang zu Knebel's Schulgrammatik. 6. verb. u. umgearb. Aufl. 853. — 7. verb. Aufl. Koblenz 855. Bädeker. gr. 8. (2 Bl., 96 S.) 7½ ngr.

Höchsten, Ernst, Uebungen zum Uebersetzen aus dem Deutschen in's Französische. Anhang zu Knebel's Schulgrammatik. 8. verb. u. umgearb. Aufl. Koblenz 850. Bädeker. gr. 8. (2 Bl., 96 S.) 7½ ngr.

Höchsten, Ernst, Uebungen zum Uebersetzen aus dem Deutschen ins Französische. Anhang zu Knebel's Schulgrammatik. 9. Aufl. 8. (III, 96 S.) Koblenz [Leipzig] 868, Baedeker.

—— Uebungsbuch zum Uebersetzen in's Französ., s. Knebel, Heinr.

Höchsten, Er., Uebungsbuch zum Uebersetzen aus d. Deutschen ins Französische. 3e verb. Aufl. 8. Koblenz 839. Bädeker. ¼ ℛ
s. auch Knebel, franz. Grammatik.

Hoechstenbach, Josef [aus Mainz]: Ueber Metritis dissecans. . . . Leipzig, Druck v. A. Th. Engelhardt, 1890; 1 Bl. + 24 S. u. 1 Taf. 8°
Heidelberg, Med. Fak., Inaug.-Diss. v. [24. Jul.] 1889

Höchster, Emil, Referendar: Die Behandlung der Interessenkollision im Notwegrechte des BGB. Borna-Leipzig 1909: Noske. VIII, 44 S. 8°
Leipzig, Jur. Diss. v. 2. Juli 1909
[Geb. 27. Juni 84 Bonn; Wohnort: Bonn; Staatsangeh.: Preußen; Vorbildung: Kgl. Gymn. Bonn Reife O. 03; Studium: Bonn 6 S.; Rig. 24. Juli 06.] [U 09. 2549

Höchster, Ernst Herm., Lehrbuch des französischen Strafprozesses unter Berücksicht. des berner Gesetzes vom 2. März 1850 über das Verfahren in Strafsachen, und des würtembergischen Gesetzes vom 14. Aug. 1849 über das Verfahren in Strafsachen, welche vor die Schwurgerichtshöfe gehören. (2 Lfgn.) gr. 8. (XXX und 576 S.) Bern 850, Jent und Reinert. (à Lfg. 3 Thlr.)

v. Hochstett, Ign., s. Liezemayer.

Hochstett, Ign. Liecmeyer, Versuch eines neuen Lehrgebäudes der franz. Sprache. 8. Wien, Schrämbl(sch).

Hochstett, J. L. v., Versuch einer Sokrat. Lehrmethode in der franz. Sprache. gr. 8. Wien, Wimmer. 818. Rthlr.

HOCHSTETTEN, Guido v. (ps.), Das Geheimnis der Unwiderstehlichkeit im Damenverkehr. Unterweisung in den feineren Künsten der Liebes-Strategie und Anleitung, die Herzen der Frauen im Sturm zu erobern, nebst Mustern siegreicher Gespräche und witziger Anknüpfungs- und Konversations-Phrasen. (1 Mk. 20 Pfg. M. Luck, Berlin, c. 1902.)

Hochstetten, Guido v., d. Geheimniß d. Unwiderstehlichkeit im Damenverkehr. Unterweisg. in d. feineren Künsten d. Liebes-Strategie u. Anleitg, d. Herzen d. Frauen im Sturm zu erobern, nebst Mustern siegr. Gespräche u. vielen witz. Anknüpfungs- u. Conversations-Phrasen. 2. Aufl. 8. (85 S.) Leipzig 897. A. F. Schlöffel. n. 1. 20

Hochstetten, Guido v., das Geheimniß der Unwiderstehlichkeit im Damenverkehr. Unterweisung in den feineren Künsten der Liebes-Strategie u. Anleitg. die Herzen der Frauen im Sturm zu erobern, nebst Mustern siegreicher Gespräche u. vielen witz. Anknüpfungs- u. Conversations-Phrasen. 4. Aufl. (15.—20. Taus.) 8. (80 S.) Leipzig (901). A. F. Schlöffel. n. 1. 20

Hochstetten, Guido v., das Geheimniß der Unwiderstehlichkeit im Damenverkehr. Unterweisung in den feineren Künsten der Liebes-Strategie u. Anleitg. zur Eroberg. der Frauenherzen. Nebst Mustern einschläg. Salon-Gespräche u. witz. Anknüpfungs- u. Conversations-Phrasen. 5. u. 6. Aufl. (à 76 S.) 8. Leipzig (904. 906.) A. F. Schlöffel. n. 1. 20

Hochstetten, Guido v., das Geheimnis der Unwiderstehlichkeit im Damenverkehr. Unterweisg. in d. feineren Künsten der Liebes-Strategie u. Anleitg. zur Eroberg. d. Frauen-knüpfungs- u. Konversations-Phrasen. 7. Aufl. (76 S.) 8. Leipzig (910). A. F. Schlöffel. 1. 20

— der Salon-Löwe. Neue Ausg. Für Herren. Muster-Beispiele e. Reihe der interessantesten Salon-Gespräche voll geistr. Pointen, im Ballsaal, Concert, Theater, auf Landpartien, Promenaden, siegr. Controversen u. Plänkeleien m. unzugängl. Schönen u. rett. Einfällen in d. verzwicktesten Situationen des Liebeslebens u. s. w. 8. (112 S.) Ebd. 897. n. 1. 60

— der Salon-Löwe. Muster-Beispiele e. Reihe der interessantesten Salon-Gespräche, Kontroversen, Plänkeleien im Ballsaal, Konzert, Theater, auf Landpartien, Promenaden, m. rett. Einfällen in allerlei verzwickten Situationen des Liebeslebens usw. 4. Aufl. (96 S.) 8. Ebd. (904). n. 1. 60

Hochstetter

— s. a. **Höchstetter.**

Hochstetter, ..., (Dr. d. Med.) († 1811.) über d. Sinn d. Gesichts. 8. Bern 809.

Hochstetter, s. Vierteljahresschrift über die Fortschritte auf dem Gebiete der Chemie ...

Hochstetter, warum ist d. Invalidenversicherungsgesetz unbeliebt? E. Beitrag z. Ehrenrettg. d. Gesetzes. Vortrag, geh. im evang. Arbeiterverein in Reutlingen am 9. II. 1897. 8. (24 S.) Stuttgart 897. Strecker & Moser. n. —20

Hochstetter, A., s.: Angeworben.

Hochstetter, Adf.: Beleuchtung des von der Organisations-Commission bearbeiteten Entwurfs einer Gemeinde-Ordnung für Württemberg. Ludwigsburg: Nast 1848.

Hochstetter, Andreas Adam

– Andreae Adam Hochstetters, Der H. Schrifft Doctoris und Profess. Ordinarii CHRISTLICHE ANTRITTS-PREDICT, Vom Fürbilde Der Heilsamen Worte, Als Derselbe Nach GOttes Heiligem Willen, Und Auf ergangenen Gnädigsten Beruff und Hohen Befehl Sr. Hoch-Fürstl. Durchlauchtigkeit deß Regierenden Herrn Herzogs zu Würtemberg etc. Das Amt eines Consistorial-Raths und Ober-Hof-Predigers Zu Stuttgart angetretten; Aus dem Evangelio am XIII. Sonnt. nach Trinit. Luc. X. 23–37. In Hochfürstl. Hof-Capelle gehalten, Und auf Christliches Verlangen Der Gemeinde GOttes übergeben. – Stuttgart: Metzler 1711. 54 S.

– DAS AUFFRICHTIGE CHRISTEN-HERTZ stellete bey sehr trauriger Leichen-Bestattung des Johann Ulrich Frommanns vor Andreas Adam Hochstetter. – Tübingen 1715.

– DER WOHLGEFÄLLIGE UND IMMER VÖLLIGERE CHRISTEN-WANDEL. ... Aus dem Siebenzehenden Psalm Davids Durch Sieben Stuffen gezeiget, Und in einem Außzug Der gehaltenen Predigt zum Druck überlassen Von Andreas Adam Hochstetter, D. Pfarrern zu Tübingen. – Tübingen: Franck 1717. 60 S.

– COLLEGIUM PUFFENDORFFIANUM super libris duobus de officio hominis et civis, anno 1700 in acad. Tubing. 12 diss. institutum. – Tubingae 1710.
– – Tubingae 1712.
– – rev. et auct. – Stuttgart: Erhard 1726.

Hochstetter, Andr. Adam., Collegium Pufendorfian. super Pufendorfii lib. de officio hominis et civis etc. 4. Stuttg. Metzler. 726.

– DE CONRADINO, ULTIMO SUEVIAE DUCE. – Stuttgart 1726.

Hochstetter, A. A. De Conradino ultimo in Suevia duce. Tubingae 1727.

– ELI PATER NIMIUM INDULGENS. Resp.: Georg Philipp Gorr. – Tubingae 1700: Reis. 12 S.

Hochstetter, Andr. Adam (Präs.), s. Ensslin, Joh. Kaspar: De officio erga defunctos, . . .

– DE FESTO EXPIATIONIS s. commentatio in Lev. 16. – Tubingae 1704.
– – Tubingae 1706.
– – Tubingae: Stoll 1707.
– – Exercitatio theologica de hirco Azazel in festo expiationis, ad Levitic. XVI. 9, 10. Resp.: Franciscus Jacobus Simonius. – Tubingae 1707: Reis. 36 S.

– Exercitatio theologica DE INGRESSU PONTIFICI IN SANCTUM SANCTORUM. Resp.: Georgius Nicolaus Nieremberger. – Tübingen 1700.

– DE JURAMENTIS et quorundam circa ea solemnium moralitate. Resp.: Johannes Andreas Hochstetter. – Tubingae 1702. 20 S.
– – Tractatio moralis synoptica de iure poenarum. – Tubingae: Reis 1702.
– – Tubingae 1703: Osiander.
– – De jure poenarum liber singularis. – Tubingae: Stoll 1710.
– – Stuttgart 1726.

– DIE GÖTTLICHE LÄUTERUNG DER AUSSERWEHLTEN ... Als der Magdalena Sibylla verw. Herzogin zu Würtemberg ... Leichnam ... beygesetzet worden. – Stuttgart [1712].

– LEICH-BESTATTUNG DES CHRISTOPHORI REUCHLINI. – Tübingen 1707.

– LEICHENREDE ÜBER JOH. ULRICH PREGITZER. – Tübingen: Reis 1708.

– Andreae Adam Hochstetters der H. Schrifft Doct. and Professoris Ordinarii TÜBINGEN'SCHES LIEBES- UND SEGENS-DENCKMAL: Als Derselbe Sein bißhero getragenes Statt-Pfarramt abgeleget und nunmehro nach Gottes Heiligem Willen und auff ergangenen Gnädigsten Beruff und Hohen Befehl Sr. Hochfürstl. Durchl. deß Regierenden H. Hertzogs zu Württemberg etc. Das Amt eines Consistorial-Raths und Ober-Hof-Predigers zu Stuttgart antretten solte; in einer Christlichen Abschieds-Predigt über das Evangelium am X. Sonntage nach Trinit. Anno 1711. der Gemeinde Gottes zu Tübingen hinterlassen. – Tübingen: Cotta 1711. 43 S.

– COLLEGII BIBLICI LOCUS DE S.S. TRINITATE. – Tubingae 1716.

– Ex materia de officio hominis erga Deum speciatim de potentia Dei SELECTA quaedam MORALIA. – Tubingae 1702.

– Dissertatio theologica DE NOMINIBUS ET NATURA DEI. Resp.: Wolfgang Friedrich Blifers. – Tubingae: Reis 1711. 18 S.

– DE OFFICIO ERGA DEFUNCTOS secundum legem naturae. Resp.: Johann Kaspar Ensslin. – Tubingae 1701. 18 S.

– DE OFFICIO HOMINIS ERGA DEUM, speciatim de potentia dei. Resp.: Herbert Christian Knöbel. – Tubingae 1702. 10 S.

– POSITIONES INAUGURALES. – Tubingae 1700.

– POSITIONES INAUGURALES EX PHILOSOPHIA PRACTICA. – Tubingae 1702.

[–] DE RECTA CONCIONANDI Textumque Sacrum cum exponendi tum applicandi RATIONE Commentariolus. – o.O. 1701. 28 S.
– – D. Andr. Ad. Hochstetteri. Theologi Tubingensis De recta concionandi textumque sacrum cum exponendi tum applicandi ratione Commentariolus. 3. ed. cur. Christoph. Friderico Sartorio, S. Theol. Doct. et Prof. Publ. Ord. – Tubingae: Fues 1767. 40 S.
– – Neuer Abdruck. 1866.
– – Gütersloh 1876.

– RELIGIO NATURALIS dissertatione academica exhibita. Resp.: Eberhard Sigismund Benedict Bock. – Tubingae 1701. 28 S.

Hochstetter, Andreas Adam (Hrsg.), s. Scriver, Christian: Geistlicher Seelenschatz.

– DE SCRIPTURA SACRA qua principes articulati demonstrantur. Resp.: Joh. Ern Schützeler. – Tubingae 1708.

– DE STATU HOMINIS NATURALI, variaque eius apud scriptores delineatione. Resp.: Eberhard Friedrich Hiemer. – Tubingae 1700. 14 S.
– – De statu hominis naturali. Resp.: Christianus Kauffenb... – Tubingae 1706. 10 S.

Auf Adlerflügeln. Briefe von e. Reise nach Marasch ⟨Kleinasien⟩. Von A[nna] v. Hochstetter, geb. v. Bredow. Frankfurt a. M.: Orient [1907]. (29 S.) 8° [F.] [07. 1907

Hochstetter, Armin

— und Kohn M.: Über die Einwirkung von Methylamin und von Dimethylamin auf das Mesityloxyd. S. 112. IIb. 614 . . . . vgr.
Separatabdruck

Hochstetter Armin, Dr.: Über die Einwirkung von Wasser auf das Pentamethylenbromid. S. 111. IIb. 362 . . . . vgr.
Separatabdruck

Hochstetter, C. F. U., u. F. S. Stromsky, acht Predigten, vor d. Brünner evangel. Gemeinde gehalten. gr. 8. Brünn 821. (Prag, Calve). 1 fl 3 kr

Hochstetter, C. L., praes. M. Alberti, De remediis morborum superstitiosis. Hal. 4°. 1737

Hochstetter, Ch. F., Beiträge z. Beförderung christl. Erkenntniß u. christl. Lebens, in 30 Predigten, nebst Vorr. u. Anh., Gedanken üb. Repräsentation d. protestant. Kirche, besond. in Würtemberg, u. Vorschläge z. Verbesserung d. Luther'schen Bibel-Uebersetzung enthalt. gr. 8. (22¼ B.) Stuttgart 833, Löflund u. Sohn.

Hochstetter, Chr., die Geschichte der evangelisch-lutherischen Missouri-Synode in Nord-Amerika und ihrer Lehrkämpfe von der sächsischen Auswanderung im J. 1838 an bis zum J. 1884. gr. 8. (XVI, 480 S.) Dresden 885, H. J. Naumann. *
geb. *

Hochstetter, Chr., ob Gottes Wort oder Menschen-Meinung gelten soll in der Lehre vom heiligen Abendmahle. Zur Prüfung und Befestigung im wahren Glauben allen Christen vorgestellt. 8. (58 S.) New-York 856(57). (Philadelphia, Schäfer und Koradi.) *

Hochstetter, Chr., alphabetisches Verzeichniß sämmtlicher in Württemberg und Hohenzollern gelegenen Ortschaften mit Angabe der Eisenbahnabstoßstationen. Nach Anleitung des Postortsverzeichnisses unter Benützung der großen Generalstabskarte bearb. 4. (VIII, 259 S.) Stuttgart 884, Kohlhammer. *

Hochstetter, Chr., „werdet nicht der Menschen Knechte!" Eine Zuschrift an die Christgläubigen der heutigen evangelischen Staatskirche in Württemberg. gr. 8. (76 S.) Dresden 879. H. J. Naumann. n. — 80

— **Christ. Heinr.** (Leonberg), Observationes quasdam, veritatem methodi revulsoriae spectantes. Diss. med. Präs. J. H. F. Autenrieth. Tübing. (Reis & Schmid) Juli 1802. 20 S. (6.—) 15317

Hochstetter, Christian

– CLASSICUM PAULINUM ad pugnam spiritualem adversus rectores tenebrarum hujus seculi wider Balth. Bekker. o.O. u.J.

– LEICHENREDE ÜBER GEORG HERTTLER. – Tübingen: Reiss 1708.

– DIE GROSSE WASSERS-NOTH, Welche In der Heil. Christ-Nacht Anno 1717. Nach GOttes Heil. Rath sehr viele Länder betroffen, In einer den 20. Jan. 1718 als am ersten Monathlichen Buß- und Bet-Tag gehaltenen Predigt aus 90. Psalm v.8. vorgestellet. Und auf Verlangen Christlicher Hertzen zum Druck überlassen, Von M. Christian Hochstetter, Predigern und Praecept. des Hochfürstl. Würtembergischen Alumnorum in dem hohen Closter Bebenhausen. Cum Permissione & Aprobatione Illustr. Consist. Würtemb. Tübingen: Cotta [1718]. 96 S.

Hochstetter, Christian Friedrich

—— Anleitung zum Selbstbestimmen der Pflanzen. Ein Handbuch für Exkursionen. (Schlüssel der Gattungen und Blütenkalender zur „Populären Botanik".) 4. vielseitig verb. und verm. Aufl. Neu bearb. von Wilh. Hochstetter. gr. 8. (VIII, 199 S.) Ebendas. 877. *

—— populäre Botanik, od. faßl. Anleitung z. Kenntniß d. Gewächse, besond. der in Deutschland u. in d. Schweiz am häufigsten wildwachs. Arten, wie auch d. deutschen Culturpflanzen u. d. merkwürd. Gewächse d. wärmern Länder. Zum Gebr. u. Selbstunterr. d. Erwachsenen u. d. Jugend 2c. 2 Thle. M. 328, unt. Leitung d. Verf. gezeichn., Abbild. auf 3 schw. u. 25 (lith.) ill. Taf. gr. 8. (62 B.) Stuttgart 831, [Beck u. Fränkel.]

Hochstetter, Ch. F. I., populäre Botanik, oder faßl. Anweisung zur Kenntniß d. Gewächse, besonders d. in Deutschland u. in der Schweiz am häufigsten wildwachsenden Arten, wie auch d. deutschen Kulturpflanzen u. der merkwürdigsten Gewächse d. wärmern Länder. 2 Thle. Mit 28 schwarzen u. ill. Steintaf. gr. 8. Sttuttg. 831. Loflund. 4 ℛℳ 12 ggl

— populäre Botanik, oder faßliche Anleitung zur Kenntniß der Gewächse, besonders der in Deutschland und in der Schweiz am häufigsten wildwachsenden Arten, wie auch der deutschen Culturpflanzen und der merkwürdigsten Gewächse der wärmeren Länder. 2 Thle. Mit 205, unter Leitung des Verfassers gezeichneten, Abbildd. auf 3 schwarzen u. 19 gemalten Tafeln. 2e, mit besond. Rücksicht auf Norddeutschland u. die Schweiz verm. u. verb. Ausg. Mit Linné's Bildniß. gr. 8. Reutlingen 837, Mäcken jun. 4 ℛℳ

Hochstetter, Ch. F., populäre Botanik od. faßl. Anleitung zur Kenntniß der Gewächse 2c. 3. verb. Aufl. 10 Lfgn. gr. 8. (XIV, 832 S. u. 84 S. Register m. 1 Stahlst., 3 schw. u. 19 color. lith. Taf.) Reutlingen 847–49, Mäcken Sohn. à 9 ngl cplt. Ladenpr. 3 ℛℳ 21 ngl; geb. 4 ℛℳ

Hochstetter, Ch. F., populäre Botanik od. faßl. Anleitg. zur Kenntniß der Pflanzen f. Schule u. Haus. 4., vielseitig verm. u. verb. Aufl., neu bearb. v. Wilh. Hochstetter. 1. u. 2. Bd. gr. 8. Stuttgart 876. Schickhardt & Ebner. n. 18. —

1. Allgemeine Botanik od. Beschreibg. d. Lebens, Bau's u. der systemat. Eintheilg. der Pflanzen. Mit 343 Abbildgn. auf 12 (lith. u. chromolith.) Taf. (VIII, 239 u. 42 S.) n. 6. —
2. Specielle Botanik od. Beschreibg. der in Deutschland, Oesterreich u. der Schweiz wildwachs. phanerogam. u. einiger am häufigsten vorkomm. cryptogam. Pflanzen. Mit 126 Abbildgn. auf 7 (6 lith. u. 1 chromolith.) Taf. (XXXII, 686 S.) n. 12. —

— populäre Botanik oder faßliche Anleitung zur Kenntniß der Pflanzen für Schule u. Haus. 4., vielseitig verm. u. verb. Aufl., neu bearb. von Wilh. Hochstetter. 3. Bd. gr. 8. Ebend. 877. n. 6. — (1—3.: n. 24. —)
Angewandte Botanik od. Beschreibung der in Deutschland, Oesterreich u. der Schweiz am häufigsten kultivirten u. der merkwürdigsten Nutz- u. Zierpflanzen der kälteren Länder u. heißen Erdstriche mit Einschluß der nutzbaren Farne u. mit Ausschluß aller anderen kryptogam. Pflanzen. Mit 84 Abbildungen auf 7 (lith.) Taf. (XVI, 525 S.)

— enumeratio plantarum etc., s. E. *Steudel.*

Hochstetter, Ch. F., die Giftgewächse Deutschlands u. d. Schweiz in lith. u. col. Abbildungen, mit erläut. Text. Zum Gebrauch in Volksschulen, Realanstalten u. Gymnasien u. z. Selbstunterr. kl. Fol. (24 Taf. u. 4 B. Text.) Eßlingen 844, Schreiber. *

Hochstetter, Ch. F., die Kuhpocken-Impfung vor dem aufgeklärten Theil von Europa unter Beleuchtung des dem englischen Parlament in dieser Angelegenheit übergebenen Blaubuchs, zugleich mit Statistik belegt. Stuttgart 858. Quack. Lex.-8. (VIII, 56 S.) 10 ngl

Hochstetter, Ch. F., populäre Mineralogie, od. d. Fossilien- u. Gebirgskunde f. alle Stände, insbesond. f. d. Jugend u. f. Lehrer an Real-, Gewerbs- u. Volksschulen 2c. gr. 8. (31 B. u. 12 Stnt.) Reutlingen 836, [Mäcken, Sohn.]

Hochstetter, Chr. F., Naturgeschichte des Pflanzenreichs in Bildern, s. a. Naturgeschichte.

— Naturgeschichte des Pflanzenreichs in Bildern. Nach der Anordnung des allgemein bekannten u. beliebten Lehrbuchs der Naturgeschichte von G. H. v. Schubert. 2. Aufl. Eßlingen 865. Schreiber. Fol. (VII, 88 S. mit 52 color. Steintaff. in qu. Fol.) cart. 5 ℛℳ

Hochstetter, Chr. F., Naturgeschichte des Pflanzenreiches in Bildern. Nach der Anordnung des allgemein bekannten und beliebten Lehrbuchs der Naturgeschichte von G. H. v. Schubert. 2. Aufl. Fol. (VII und 88 S. mit 52 ill. Stnt. in qu. Fol.) Eßlingen 865, Schreiber. cart.

HOCHSTETTER (C. F.). Naturgeschichte des Pflanzenreichs . . . Ed. 2. Erlangen, 1865. fol. Ed. 3. (by M. Wilkomm), 1869.

— s. H. Rebau, Naturgeschichte.

Hochstetter, (Ch. F.), das Schleimfieber unserer Zeit: seine Entstehung, seine verschiedenen Formen u. seine Behandlung. Reutlingen 860. (Enslin & Laiblin's Verlag.) 8. (VIII, 52 S.) 8 ngl

— **Christoph Fried.** (Oswilensis), Problema philosophicum, an dentur spiritus sine corpore organico. Präs. Gottfried Ploucquet. Tübing. (Bauhof & Franck) 10. X. 1766. 20 S. (6.50) 15318

Hochstetter, Conrad, s. H o c h s t e t t e r , Konrad

Hochstetter, E., zwölf Gleichnisse aus dem Propheten Jeremia mit kurzer Erklärung. Kirchheim u. T. 865. Riethmüller. gr. 8. (19 S.) n. 2 ngr.

Hochstetter, Ed., der Mensch im Angesicht des Todes u. der Ewigkeit. Zwölf wichtige Ereignisse des Jahres 1857. Mit 4 (lith. u. color.) Abbildungen nach Original-Zeichnungen u. mit einem Anhange: Zusammenstellung der bedeutenderen Unglücksfälle u. verderblichen Naturereignisse des Jahres 1857. Reutlingen 858. (Palm.) gr. 8. (VIII, 72 S.) n. 8 ngr.

Hochstetter, Ed., Zweige eines Stammes. Lebensbilder treuer Glaubensmänner von der Reformation bis zur Gegenwart, gesammelt. 3 Bdchn. 8. (III, 126; III, 135; III, 110 S.) Basel 883, Spittler. cart. à Bdchn. *ℳ 1. *
cart. in 1 Bd. *ℳ 2,60.; geb. *

Hochstetter, Ed. Fr., durch Glauben zur Gottseligkeit. Kurze Erklärung des Brenzischen Katechismus und der württemberg. Kinderlehre. 8. (XII, 60 S.) Ludwigsburg 886, Neubert. **

Hochstetter, C. Fr., allgem. mathemat. u. physik. Erdbeschreibung zur Belehrung über d. merkwürd. Eigenschaften unserer Planeten, u. zur Beförderung eines lebendigen Sinnes für d. Natur überhaupt. 1r Thl. gr. 8. Stuttg. 820. Metzler. 16 ℊ
2r—4r Thl. A. u. d. T.: Allgemeine physikal. Erdbeschreibung. 3 Thle. Mit Sachregister. gr. 8. Ebd. 821—24. (à 1 ℛ 6 ℊ) 3 ℛ 18 ℊ

Hochstetter, Ed. Fr., und Adlph. Friedr. Schmidt, Gotteswort in Gebetsworten, s. Gotteswort.

Hochstetter, Ed. Fr., die württembergische Schwarzwaldbahn von Stuttgart bis Nagold. Mit besond. Rücksicht auf Calw unter Mitwirkg. v. E. Schüz bearb. Mit e. (lith.) Längenprofil (in qu. Imp.-Fol.), e. Karte der Bahn u. e. Grundriß der Hirsauer Klosterkirche (in eingedr. Holzschn. 8. (III, 51 S.) Stuttgart 872. Levy & Müller in Comm. n. — 90; cart. n. 1. —; geb. n. 1. 60

Hochstetter, Ed. Fr., die Teck. Einst u. jetzt. Mit genauer Aussicht. [Aus: „Blätter des schwäb. Albvereins".] 12. (24 S. m. Abbildgn.) Kirchheim u/T. 898. (C. Riethmüller.) n. — 20

Hochstetter, E. F., die Teck u. ihre Umgebung. Kurze Beschreibung u. Geschichte der Stadt Kirchheim, der Teck, des Lenninger u. Neidlinger Thales u. des Breitenstein; mit 1 (lith.) Aussichtskarte für Teck u. Breitenstein (in 4.). Kirchheim u. Teck. 864. Riethmüller. 8. (IV, 124 S.) 12 ngr.

Hochstetter, Ernst [aus Isny '(Würtemb.)']: Ein Fall von Morphinismus mit Chorea in der Abstinenzperiode ... Berlin, Buchdr. v. G. Schade, *1894;* 32 S., 1 Bl. 8.
Berlin, Med. Fak., Inaug.-Diss. v. 18. Dez. 1894

Hochstetter, Ferd. v., prähistorische Ansiedelungen u. Begräbnisstätten in Krain, s.a. Deschmann, C.

— prähistorische Ansiedelungen u. Begräbnisstätten in Niederösterreich u. in Krain. 3. Bericht der prähistorischen Commission der mathematisch-naturwissenschaftlichen Classe der kaiserlichen Akademie der Wissenschaften. [Aus: „Sitzungsber. d. k. Akad. d. Wiss."] Lex.-8. (15 S.) Wien 879. (Gerold's Sohn.) n.n. — 30

Hochstetter, Ferd. v., Asien, seine Zukunftsbahnen u. seine Kohlenschätze. Eine geograph. Studie. [Mit e. lith. Karte in Imq.-Fol.] gr. 8. (IX, 188 S.) Wien 876. Hölder. n. 6. —

—— und A. Petermann, geologisch-topographischer Atlas von Neu-Seeland. 6 (chromolithogr.) Karten (in gr. 4. und gr. Fol.) hauptsächlich Gebiete der Provinzen Auckland und Nelson umfassend mit kurzen Erläuterungen. Aus den wissenschaftl. Publicationen der Novara-Expedition. gr. 4. (20 S. Text.) Gotha 863, J. Perthes. cart. *

—— über einen neuen geologischen Aufschluss im Gebiete der Karlsbader Thermen. Imp.-4. (17 S. mit 2 lithogr. und 1 chromolithogr. Taf. in qu. Fol. und 1 Holzschn.) Wien 878, (Gerold's Sohn.) *
Aus: Denkschriften der k. Akademie der Wissenschaften, besonders abgedruckt.

— über den inneren Bau der Vulkane u. üb. Miniatur-Vulkane aus Schwefel; e. Versuch, vulkan. Eruptionen u. vulkan. Kegelbildg. im Kleinen nachzuahmen. [Mit 3 (eingedr.) Holzschn.] [Aus d. Sitzungsber. d. k. Akad. d. Wiss.] Lex.-8. (9 S.) Wien 871. (Gerold's Sohn.) — 30

Hochstetter, F., Beiträge zur Anatomie u. Entwickelungsgeschichte des Blutgefässsystemes der Krokodile. — Über die Entwickelung der Scheidewandbildungen in der Leibeshöhle der Krokodile, s.: Reise in Ostafrika, ausgeführt v. Alfred Voeltzkow.

Hochstetter, F., Beiträge z. Anatomie u. Entwickelungsgeschichte d. Blutgefässsystems d. Monotremen, s.: Denkschriften d. medicin.-naturwissenschaftl. Gesellschaft z. Jena.

— Beiträge zur Entwickelungsgeschichte d. Gehirns, s.a. Bibliotheca medica.

Beiträge zur Entwickelungsgeschichte des Gehirns. Von Dr. F[erd.] Hochstetter. *Stuttgart: E. Nägele 1898.* (3 Bl., 24 S., 1 Bl., 4 Taf.) 1 Bd 4.
— Bibliotheca medica. Abth. A. H. 2. [98. 1000]

Hochstetter, F., Beiträge z. Entwicklungsgeschichte der europäischen Sumpfschildkröte (Emys lutaria Marsili). Untersuchungen, ausgeführt m. Unterstützg. d. kaiserl. Akademie d. Wissenschaften in Wien, aus dem Legate Wedl. 1 u. 2. 32×24,5 cm. Wien, (A. Hölder). 8. 85

1. Über die Art u. Weise, wie die Embryonen d. Sumpfschildkröte ihre Hüllen abstreifen u. wie die Jungen dieses Tieres das Ei verlassen. (20 S. m. 4 Fig., 2 Taf. u. 2 Bl. Erklärgn.) 907. 2. 85
2. Die ersten Entwicklungsstadien der Lungen u. die Bildg. der sogenannten Nebengekröse. (51 S. m. 28 Fig., 4 Taf. u. 4 Bl. Erklärgn.) 908. 6.

Sonderabdruck aus: „Denkschr. d. k. Akad. d. Wiss."

Hochstetter, Ferd. v., geologische Beobachtungen, s.a. Reise der oesterreich. Fregatte Novara.

von Hochstetter, Ferdinand: Geologische Beobachtungen während der Reise der österreichischen Fregatte Novara um die Erde in den Jahren 1857, 1858, 1859. Mit 5 Tafeln und 33 Holzschnitten. (Wien 1866.) XIV, 161 S.
— Reise der österreichischen Fregatte Novara um die Erde. Geologischer Theil. Bd. 2. Abth. 1. 4°.

—— 2. Bericht der prähistorischen Commission der mathematisch-naturwissenschaftlichen Classe der kaiserl. Akademie der Wissenschaften: Ergebnisse der Höhlenforschungen im J. 1879. Lex.-8. (16 S. mit 1 lithogr. Taf. und 1 eingedr. Holzschn.) (Ebendas.) 879. *

—— 3. Bericht der prähistorischen Commission der mathematisch-naturwissenschaftlichen Classe der kaiserl. Akademie der Wissenschaften: Prähistorische Ansiedelungen und Begräbnissstätten in Niederösterreich und in Krain. Lex.-8. (15 S.) (Ebendas.) 879. *
Vorstehende zwei Schriften sind aus: Sitzungsberichte der k. Akademie der Wissenschaften, besonders abgedruckt.
1. Bericht. Vgl.: Deschmann, Carl.

— 4. Bericht der prähistorischen Commission der mathematisch-naturwissenschaftlichen Classe der kaiserlichen Akademie der Wissenschaften über die Arbeiten im Jahre 1880. [Mit 3 (lith.) Taf. u. 4 Holzschn. im Text.] [Aus: „Sitzungsber. d. k. Akad d. Wiss."] Lex.-8. (46 S.) Ebend. 880. n. 1. 80

— 5. Bericht der prähistorischen Kommission der mathematisch-naturwissenschaftlichen Klasse der Kaiserlichen Akademie der Wissenschaften über die Arbeiten im Jahre 1881.
1.) Die Lettenmaierhöhle bei Kremsmünster (mit 1 Taf.). Von Ferdinand von Hochstetter. S. 85. I. 84 . . . . . . —.40
2.) Über Ausgrabungen in den mährischen Höhlen im Jahre 1881 (mit 1 Taf. und 2 Textfiguren). Von J. Szombathy. S. 85. I. 90 . . . . . . —.60
3.) Ausgrabungen auf dem Urnenfelde von Neudorf bei Chotzen in Böhmen (mit 4 Taf. und 1 Textfigur). Von F. Heger. S. 85. I. 418 . . . . . . 1.20
4.) Gräberfunde auf dem Dürrenberge bei Hallein (mit 1 Taf. und 1 Textfigur). Von F. Heger. S. 85. I. 433 . . . . . . —.50
Siehe I. Abt.: Mitt. der prähist. Komm.
Wien: Gerold 1882.

Hochstetter, Ferd. v., 6. Bericht der prähistorischen Commission der mathematisch-naturwissenschaftlichen Classe der kaiserl. Akademie der Wissenschaften üb. die Arbeiten im J. 1882. [Aus: „Sitzungsber. d. k. Akad. d. Wiss."] Lex.-8. (7 S.) Wien 883. (Gerold's Sohn.) n. — 20

— — 7. Bericht. Über die Arbeiten im Jahre 1883 (mit 8 Taf. und 16 Holzschnitten). S. 89. I. 320 . . . . . . 3.—
Enthaltend:
1.) Bericht über die Ausgrabungen in der Höhle „Berlova jama" nächst Nußdorf in Krain (mit 2 Holzschnitten). Von Karl Moser. S. 89. I. 321.
2.) Bericht über die Nekropole von Vermo nächst Mitterburg-Pisino in Istrien (mit 5 Taf. und 5 Holzschnitten). Von Karl Moser. S. 89. I. 329.
3.) Ausgrabungen in den mährischen Höhlen im Jahre 1883 (mit 2 Holzschnitten). Von J. Szombathy. S. 89. I. 353.
4.) Urnenfunde nächst Kožušan bei Olmütz (mit 1 Taf.). Von Willibald Müller. S. 89. I. 359.
5.) Über die Hügelgräber von Frög bei Rosegg in Kärnten und die in denselben gefundenen Bleifiguren (mit 1 Taf. und 4 Holzschnitten). Von Ferdinand Ritter von Hochstetter. S. 89. I. 364.
6.) Die Hügelgräber von Rovišče in der Pfarre Brundl (Studenec) im Gerichtsbezirke Gurkfeld in Unterkrain (mit 1 Taf. und 3 Holzschn.). Von Karl Deschmann. S. 89. I. 378.
Anhang. Von Ferdinand Ritter von Hochstetter. S. 89. I. 386.
Siehe I. Abt.: Mitt. der prähist. Komm.
Separatabdruck

— Bericht über Nachforschungen nach Pfahlbauten in den Seen von Kärnthen u. Krain. [Aus den Sitzungsber. der k. Akad. der Wiss.] Wien 865. (Gerold's Sohn.) Lex.-8. (22 S.) n. 4 ngr.

Bericht über geol. Untersuchungen in der Provinz Auckland (Neuseeland). (Aus d. Sitzungsb. d. k. Akad. d. Wissensch.) Wien. 1859. 8.

—— 30 geologische Bilder der Vorwelt und der Jetztwelt, s. Bilder zum Anschauungs-Unterricht für die Jugend.

— geologische Bilder der Vorwelt u. der Jetztwelt. Zum Anschauungs-Unterricht u. zur Belehrg. in Schule u. Familie. 24 (chromolith.) Bilder in Doppelfolio nebst erläut. Text. 4 Lfgn. Fol. (37 S. m. 24 Chromolith.) Eßlingen 873. 74. Schreiber. à 2. 25; cplt. cart. 9. 50

— Bilder der äusseren Körperform einiger menschl. Embryonen aus den beiden ersten Monaten der Entwicklung. Nach Orig.-Aufnahmen vergrössert u. in Heliograv. ausgeführt v. der Verlagsanstalt F. Bruckmann in München. (21 Taf. m. 8 S. Text.) 42×30 cm. München 907. F. Bruckmann. In Mappe 50. —

— Covellin als Ueberzugspseudomorphose einer am Salzberg bei Hallstatt gefundenen keltischen Axt aus Bronze. [Mit 2 (lith. u. chromolith.) Taf.] [Aus: „Sitzungsber. d. k. Akad. d. Wiss."] Lex.-8. (8 S.) Wien 879. (Gerold's Sohn.) n. — 80

— — und A. Bisching, Elementi di mineralogia e geologia per le classi superiori delle scuole medie. Con 146 incisioni originali in legno intercalate nel testo. Prima versione italiana sulla 4a ediz. tedesca di E. Girardi ed E. Giacometti. gr. 8. (VI, 192 S.) Wien 882, Hölder. *

— über das Erdbeben in Peru am 13. Aug. 1868 u. die dadurch veranlassten Fluthwellen im pacifischen Ocean, namentlich an den Küsten von Chili u. von Neu-Seeland. (1. Mittheilung.) — Die Erdbebenfluth im pacifischen Ocean vom 13. bis 16. Aug. 1868 u. die mittleren Tiefen dieses Oceans. (2. Mittheilung.) [Aus den Sitzungsber. der k. Akad. der Wiss.] Ebend. 869. Lex.-8. (48 S.) n. 6 ngr.

— die Erdbebenfluth im Pazifischen Ocean vom 13. bis 18. Aug. 1868, nach Beobachtungen an der Küste von Australien. [3. Mittheilung.] Lex.-8. (6 S. mit 1 lithogr. Taf. in qu. 4.) (Ebendas.) 869. *
Vorstehende Schrift aus: Sitzungsberichte der k. Akademie der Wissenschaften, besonders abgedruckt.

— die Erde nach ihrer Zusammensetzung, ihrem Bau u. ihrer Bildung. Ein kurzer Leitfaden der Geologie. Mit 124 in den Text gedr. Holzschn. u. e. geolog. Uebersichtskarte v. Oesterreich-Ungarn in Farbendr. gr. 8. (VIII, 195 S.) Prag 875. Tempsky. n. 3. 60

Hochstetter, F. v., allgemeine Erdkunde, s. Hann, J.

Hochstetter, F., die feste Erdrinde, s. a. Wissen, unser, von d. Erde.

—— die feste Erdrinde nach ihrer Zusammensetzung, ihrem Bau und ihrer Bildung. Ein Leitfaden der Geologie für Studirende. Mit 145 in den Text gedr. Holzschn., 2 (lithogr.) Taf. und 1 geolog. Uebersichtskarte von Central-Europa in Farbendr. 3. verm. und verb. Aufl. gr. 8. (VIII, 312 S.) Prag 880, Tempsky. *
Aus: Hann, J., F. v. Hochstetter und A. Pokorny, Allgemeine Erdkunde, besonders abgedruckt.

— Ergebnisse der Höhlenforschungen im Jahre 1879. 2. Bericht der prähistorischen Commission der mathematisch-naturwissenschaftlichen Classe der kaiserlichen Akademie der Wissenschaften. [Mit 1 (lith.) Taf. u. 1 (eingedr.) Holzschn.] [Aus: „Sitzungsber. d. k. Akad. d. Wiss."] Lex.-8. (16 S.) Wien 879. Gerold's Sohn. n. — 60

— die Fortschritte der Geologie. Vortrag geh. bei der feierl. Sitzg. der kaiserl. Akad. der Wissenschaften, am 30. Mai 1874. 8. (32 S.) Wien 874. Gerold's Sohn in Comm. n. — 50

von Hochstetter, Ferdinand: Geologie von Neu-Seeland. Beiträge zur Geologie der Provinzen Auckland und Nelson. Mit 6 geologischen Karten in Farbendruck, 6 Lithographien, 1 Kupferstich, 1 Photographie und 66 Holzschnitten. Wien 1864. XLVII, 274 S.
= Reise der österreichischen Fregatte Novara um die Erde. Geologischer Theil. Bd. I. Abth. 1. 4°.

— — die neuesten Gräberfunde von Watsch und St. Margarethen in Krain und der Culturkreis der Hallstätter-Periode. Imp.-4. (50 S. mit 2 lithogr. Taf. und 18 eingedr. Holzschn.) Wien 883, (Gerold's Sohn.) *

Hochstetter, F. Ueber Grünsteine aus der Umgegend von Teschen. (Aus d. Jahrb. d. k. k. geol. Reichsanst.) Wien. 1853. 4.

Die Höhenverhältnisse des Böhmerwaldes. (Aus d. Jahrb. d. k. k. geol. Reichsanst.) Wien. 1856. 4.

Hochstetter Ferdinand Ritter von. Dr.: Das Kalkspatsystem, seine Deduktion, Projektion und Vergleichung mit der Entwicklung des Tesseralsystems in rhomboedrischer Stellung. (Auszug.) S.B. 50 . . . . . . vgr.
Separatabdruck

Hochstetter, Ferd., Karlsbad, seine geognostischen Verhältnisse und seine Quellen. Mit 1 grossen geognost. (lith.) Karte in Farbendr. (in Roy.-Fol.) u. 1 (lith. u.) illum. Taf. (in qu. Fol.) Karlsbad 856. Franieck. 8. (6 Bl., 104 S.) 1 ℛ. 15 ngr.

von Hochstetter, Ferdinand: Der Zweite Internationale Geographische Congress, abgehalten zu Paris vom 1. bis 11. August 1875. (S.-A.) Mittheilungen der k. k. Geographischen Gesellschaft in Wien. Bd. 18. 1875.) (Wien 1875.) 22 S. 8°.

– (Hrsg.), s. a. Kräuterbuch, Großes illustriertes.

Höchstetter, Ferd, Martin u. a., großes, illustr. Kräuterbuch. E. ausführl. Beschreibg. all. f. Arzneikunde, Handel u. Industrie wicht. Pflanzen u. Mineralien, deren Fundort, Verwendg. u. Verwertg. der daraus gewonn. Produkte, nebst e. Anh. treffl., bewährter Hausmittel, Kräutersäfte. M. mehreren 100 naturgetr. Abb. in feinstem Farbendr. u. ausführl. Registern sämtl. Pflanzen u. Mineralien, ebenso d. erprobtesten allopath. u. homöopath. Mittel d. Haus- u. Tierheilkunde, u. e. Erklärg. vorkomm. fremdart. Ausdrücke. N. d. neuesten Quellen hrsg. 2., vollständ. aufs neue durchgesch., verb. u. verm. Ster.-Ausg. gr. 8. (XVI, 464 S. m. 40 Taf.) Reutlingen (885). Enßlin & Laiblin. 6.--

—— die Kreuzberghöhle bei Laas in Krain und der Höhlenbär. Imp.-4. (18 S. mit 3 chromolithogr. Taf. und 6 Holzschn. im Text.) (Ebendas.) 881. *
Vorstehende Schrift aus: Denkschriften der k. Akademie der Wissenschaften, besonders abgedruckt.

— Das Kristallsystem des rhomboedrischen Kalkhaloides, seine Deduktion und Projektion nebst einer Vergleichung mit der Entwicklung des Tesseralsystems in rhomboedrischer Stellung (mit 2 Taf.) D 6. H. 80 . . . . K 3.60
Separatabdruck

Hochstetter, Ferd., über die Lage der Karlsbader Thermen in 2 parallelen Quellenzügen auf 2 parallelen Gebirgsspalten. Mit 1 (lith.) Taf. Aus den Sitzungsberichten der k. Akad. d. Wiss. Wien 856. (Gerold.) gr. 8. (26 S.) n. $7\frac{1}{2}$ ngr.

— u. Aut. **Bisching**, Leitfaden der beschreibenden Krystallographie. Zum Gebrauche bei dem Studium der Mineralogie. Mit 213 (eingedr.) Holzschn. Wien 868. Braumüller. gr. 8. (85 S.) n. 24 ngr.

—— und A. Bisching, Leitfaden der Mineralogie und Geologie für die oberen Klassen an Mittelschulen. Mit 146 im Texte eingedr. Orig.-Holzschn. 1. Aufl. (VIII, 172 S.) 1876. *ℳ 2,20.; 2. Aufl. gr. 8. (VI, 172 S.) Wien 877, Hölder. *

—— —— Leitfaden der Mineralogie und Geologie für die oberen Classen der Mittelschulen. 3.—5. Aufl. gr. 8. (VI, 202 S. mit 147 im Texte eingedr. Orig.-Holzschn.) Ebendas. 879—83. *
Ausg. für das Deutsche Reich mit neuer Orthogr. *

—— und A. Bisching, Leitfaden der Mineralogie und Geologie für die oberen Classen der Mittelschulen. 6. und 7. Aufl. gr. 8. (VI, 202 S. mit 168 eingedr. Holzschn.) Wien 886,87, Hölder. *

Hochstetter Dr. Fr. von & Dr. A. Bisching Leitfaden der Mineralogie u. Geologie für die oberen Classen der Mittelschulen. 8. unveränderte Auflage. Mit 168 im Texte eingedruckten Abbildungen. 8. (VI, 202 S.) 1.—, geb. 1.16
Wien: Hölder 1889.

— u. A. **Bisching**, Leitfaden der Mineralogie u. Geologie f. die oberen Klassen der Mittelschulen. 9., unveränd. Aufl. 8. (IV, 202 S. m. 168 im Texte eingedr. Abbildgn.) Wien 890. Hölder. n. 2.—

Hochstetter, F. v., u. A. Bisching, Leitfaden der Mineralogie u. Geologie f. die oberen Classen der Mittelschulen. 10. unveränd. Aufl. gr. 8. (IV, 202 S. m. 168 Abbildgn.) Wien 893. A. Hölder. n. 2.—

Hochstetter, F. v., u. A. Bisching's, Leitfaden der Mineralogie u. Geologie f. d. ob. Classen d. Mittelschulen. 11., neubearb. Aufl. v. Frz. Toula u. Ant. Bisching. Mit 202 Abb., 3 Fig.-Taf. im Texte u. e. analyt. Bestimmungs-Tabelle. gr. 8. (VI, 210 u. 16 S.) Wien 895. A. Hölder. n. 2. 20

Hochstetter, Dr. F. v., u. Dr. A. Bisching's, Leitfaden der Mineralogie und Geologie. 12. Auflage. Für die oberen Classen der österr. Gymnasien. Neu bearbeitet von Dr. Franz Toula und Dr. Anton Bisching. Mit 198 Abbildungen. Gr.-8. (V, 180 S.) In Lnwd. geb. 1.10
Wien: Hölder 1896.

Hochstetter, Dr. F. v., und Bisching, Dr. A., Leitfaden der Mineralogie und Geologie für die oberen Classen der österreichischen Realschulen. 13. im wesentlichen unveränderte Auflage nach der im Jahre 1895 erschienenen neubearbeiteten Ausgabe von Dr. Franz Toula und Dr. Anton Bisching. Wien 1898. A. Hölder.

Hochstetter, Dr. F. v., und Bisching, Dr. A., Leitfaden der Mineralogie und Geologie für die oberen Classen der Gymnasien von Dr. Franz Toula und Dr. Anton Bisching. 14., im wesentlichen unveränderte Auflage. Wien 1898. A. Hölder —.90, geb. 1.10

Hochstetter, F. v. u. A. **Bisching's** Leitfaden der Mineralogie u. Geologie f. die oberen Classen d. Mittelschulen. 15., verb. im wesentl. unveränd. Aufl. nach der im J. 1895 erschienenen Neubearbeitung v. Frz. Toula u. Ant. Bisching. Mit 319 Bildern u. Fig. im Texte u. auf 5 Taf., 1 Titelbilde u. 1 analyt. Bestimmungstab. gr. 8. (VI, 236 u. 16 S.) Wien 901. A. Hölder. n. 2. 50

Dr. F. v. Hochstetter und Dr. A. Bisching's Leitfaden der Mineralogie und Geologie für die oberen Classen der österreichischen Gymnasien. 16., verbesserte, im wesentlichen unveränderte Auflage. Nach der im Jahre 1895 erschienenen Neubearbeitung von Dr. Franz Toula und Dr. Anton Bisching. Mit 201 Bildern und Figuren, 1 Bildertafel, 1 Titelbilde und 1 geologischen Karte von Oesterreich-Ungarn. Wien. 1901. Hölder. Gr.-8°. V, 184 S. Geb. K 2.80

Hochstetter, Dr. F. von und **Bisching, Dr. A.**, Leitfaden der Mineralogie und Geologie für die oberen Klassen der Realschulen. Von Dr. Franz Toula und Dr. Anton Bisching. Mit 319 Bildern und Figuren im Texte und 5 Tafeln, einem Titelbilde, einer geologischen Karte von Österreich-Ungarn und einer analytischen Bestimmungstabelle. Wien 1903. A. Hölder. Preis, geheftet 2 K 50 h, gebunden 3 K.
(Min.-Erl. vom 26. August 1903, Z. 27472.)

Hochstetter, Dr. F. v. und **Bisching, Dr. A.**, Leitfaden der Mineralogie und Geologie für die oberen Klassen der österreichischen Gymnasien. Nach der im Jahre 1895 erschienenen Neubearbeitung von Dr. Franz Toula und Dr. Anton Bisching. Mit 208 Bildern und Figuren im Text und auf einer Bildertafel, einem Titelbilde und einer geologischen Karte von Österreich-Ungarn. Wien 1904. Alfred Hölder. Preis, geheftet 2 K 30 h, gebunden 2 K 80 h.

Hochstetter, F. v. und Bischings, A., Leitfaden der Mineralogie und Geologie für die oberen Klassen der österr. Realschulen. 17. Aufl. Gr.-8°. (ill. VI, 286 S. mit 5 Tafeln)
Wien: Hölder 1904. K 2.60, geb. K 3.—

Hochstetter, F. v. und **Bisching, A.**, Leitfaden der Mineralogie und Geologie für die oberen Klassen der österr. Gymnasien. 18. Aufl. Gr.-8°. (ill. V, 184 S. mit 1 Karte) K 2.30, geb. K 2.80

Wien: Hölder 1904.

Hochstetter, Dr. F. v. und **Bisching, Dr. A.**, Leitfaden der Mineralogie und Geologie. 19. Auflage. Für die oberen Klassen der Realschulen bearbeitet von D. F. Toula und D. A. Bisching. Wien 1906. A. Hölder. Geh. K 2.30, geb. K 2.80. (Min.-Erl. vom 14. Mai 1906, Z. 18488.)

Hochstetter, Dr. F. von und **Bisching, Dr. A.**, Leitfaden der Mineralogie und Geologie für die oberen Klassen der österreichischen Gymnasien. Nach der im Jahre 1895 erschienenen Neubearbeitung von Dr. Franz Toula. Mit 225 Bildern und Figuren im Texte und auf einer Bildertafel, einem Titelbilde und einer geologischen Karte von Österreich-Ungarn. 20., im wesentlichen unveränderte, somit nach Min.-Erl. vom 19. April 1904, Z. 12813, allgemein zulässige Auflage. Wien 1908. A. Hölder. Geh. K 2.30, geb. K 2.80.

— u. A. **Bisching**, Leitfaden der Mineralogie u. Geologie f. die oberen Klassen der Mittelschulen. 21. Aufl. v. Frz. Toula. Mit 113 Bildern u. 135 kristallograph. Fig. im Texte, ferner 2 Bilder-Taf., 1 Titelbilde, 1 (farb.) geolog. Karte des Deutschen Reiches u. e. analyt. Bestimmungs-Tabelle. (VI, 208 u. 16 S.) 8. Wien 909. A. Hölder. Geb. in Leinw. u. geh. 3.

— die Lettenmaierhöhle bei Kremsmünster. [Aus: Fünfter Bericht der prähistor. Commission der mathematisch-naturwissenschaftl. Classe der k. Akademie der Wissenschaften über die Arbeiten im J. 1881. 1.] Lex.-8. (6 S. mit 1 lithogr. Taf.) (Ebendas.) 882. k

Aus: Sitzungsberichte der k. Akademie der Wissenschaften, besonders abgedruckt.

Hochstetter, Ferd. v., Madeira. Ein Vortrag gehalten am k. k. polytechn. Institute den 22. Dec. 1860. Lex.-8. (III und 79 S. mit 1 lithogr. Ansicht des Pico do Gato in Farbendr.) Wien 861, Braumüller's Verlags-Conto. *

— Neu-Seeland. Mit 2 (lith. u. color.) Karten (in Fol.), 6 Farbenstahlst., 9 großen Holzschn. u. 89 in den Text gedr. Holzschn. Stuttgart 863. Cotta. Lex.-8. (XX, 556 S.) n. 7 *ℛ*

—— New Zealand, its physical geography, geology and natural history with special reference to the results of government expeditions in the provinces of Auckland and Nelson. Translated from the German original published in 1863 by Edw. Sauter, with additions up to 1866 by the author. hoch 4. (XVI und 515 S. mit eingedr. Holzschn., 7 Stahlst. in Buntdr., 9 Holzschntaf., 2 lithogr. und ill. Karten und 1 Tab. in 4. und Fol.) Stuttgart 867, Cotta'sche Buchh. geb.*

Hochstetter, Ferd. v., Notizen über einige fossile Thierreste u. deren Lagerstätten in Neuholland, gesammelt daselbst während des Aufenthaltes Sr. Majestät Fregatte Novara im Monate Decbr. 1858. (Aus den Sitzungsber. der k. Akademie der Wiss.) Wien 859. Gerold in Comm. gr. 8. (12 S.) n. 2 *ngr.*

Hochstetter Dr. Ferd. Plan von Karlsbad und dessen Umgebung. Gez. von Josef Micoletzky, geognostisch aufgenommen von — —1855. Druck u. Verlag der Geb. Franieck. (Karlsbad.) Farbendr. 1 Bl. 19'' hoch, 27'' breit. Im linken oberen Ecke befindet sich eine kleine Karte von Böhmen. Maßstab: 160 Klftr. = 1 Wr. Zoll. Mit einer Zeichen- und einer geognostischen Zeichen- und Farbenerklärung, ferner mit einem Verzeichnisse mehrerer um Karlsbad gelegenen Anhöhen; ein Netz theilt die Karte in kleine Quadrate, welche im oberen und unteren Rande durch Buchstaben, im rechten und linken Rande durch arab. Ziffern ihre Bezeichnung bekommen zum Auffinden von Brunnen, Brücken, Kirchen und öffentlichen Gebäuden, Gassen, Promenaden und Denkplätzen, die ein nebenstehendes Verzeichniß enthält. (Der Plan gehört zu dem Werke: Hochstetter Dr. Ferd. Karlsbad und seine geognost. Verhältnisse. Karlsbad, 1856.)

—— Reise der Fregatte Novara etc., s. Reise.

Hochstetter, Ferd. v., gesammelte Reise-Berichte v. der Erdumsegelung der Fregatte Novara 1857—1859. Mit e. Vorwort von V. v. Haardt, e. Portr. Ferd. v. Hochstetter's in Heliograv. u. e. (chromolith.) Uebersichtskarte der Reise-Route. gr. 8. (VIII, 340 S.) Wien 885. Hölzel. n. 5. —

— über mexikanische Reliquien aus der Zeit Montezuma's in der k. k. Ambraser Sammlung. gr. 4. (24 S. mit 5 lithogr. und chromolithogr. Taf. und 1 Abbild. im Texte.) (Ebendas.) 884. k

Aus: Denkschriften der k. Akademie der Wissenschaften, besonders abgedruckt.

—— Schreiben an Alexander v. Humboldt. Lex.-8. (24 S. mit 1 chromolithogr. Karte.) Wien 859, (Gerold's Sohn.) *

Letztere Schrift des Verf. wurde aus: Sitzungsberichte der k. Akademie der Wissenschaften, Jahrg. 1858, besonders abgedruckt.

— Aus einem Schreiben desselben an Professor A. Schrötter, betreffend die Gewitter, den Sturm und Hagelschlag zu Postelberg in Böhmen am 4. und 5. Juni 1856. S 21. 155 . —.04

Separatabdruck

Hochstetter, Dr. Ferd. — Geognostische Studien aus dem Böhmerwalde von — —. Aus dem Jahrbuche der k. k. geologischen Reichsanstalt. Jahrgang 1854. Heft 1. u. 2. Jahrg. 1855. Heft 1. u. 4. Jahrg. 1856. Heft 1. Wien, 1856. Aus der k. k. Hof- und Staatsdr. (66, 19, 30, 62, 17 S. 8.)

— über den Ural, s.a. Sammlung gemeinverständl. wissenschaftl. Vorträge.

von **Hochstetter**, Ferdinand: Ueber den Ural. Vortrag, gehalten am 28 April 1873 im Naturwissenschaftlichen Verein zu Wien. Berlin 1873. 58 S. 8°.

Hochstetter, Prof. Dr. Ferdinand v. Die geographischen Verhältnisse des östlichen Theiles der europäischen Türkei. 1. Abtheilung. Nebst 1 geologischen Uebersichtskarte des östlichen Theiles der europäischen Türkei und 20 Holzschnitten. 2. Abtheilung. Mit 1 geologischen Karte der Central-Türkei in Farbendruck, 1 Tafel und 4 Holzschnitten. (Separat-Abdruck aus dem „Jahrbuche der k. k. geologischen Reichsanstalt". Jahrgang 1870. XX. Band. Jahrgang 1872. XXII. Band.) (In 1 Bde.)
gr. 4. Wien 1870—1872.

Hochstetter, F. Ueber die Versuche des Hrn. Apoth. Göttl die Sinterniederschläge der Karlsbader Quellen zur Darstellung sogenannter Sinterbilder zu benützen. (Aus d. Sitzungsb. d. kais. Akad.) Wien. 1854. 8.

—— über das Vorkommen und die verschiedenen Abarten von neuseeländischem Nephrit (Puuamu der Maoris.) Lex.-8. (15 S.) Wien 864, (Gerold's Sohn.) *

— über das Vorkommen von Eozoon im krystallinischen Kalke von Krumman im südlichen Böhmen. [Aus den Sitzungsber. der k. Akad. der Wiss.] Wien 866, (Gerold's Sohn.) Lex.-8. (12 S.) n. 2 *ngr.*

Ueber das Vorkommen von Erdöl (Petroleum) und Erdwachs im Sandecer Kreise in West-Galizien. Von Ferdinand v. Hochstetter. 8° Aus: Jahrb. d. K. K. Geolog. Reichsanstalt. Jg. 1865, Bd. 2.

Hochstetter, Fr. Ludwig

Hochstetter, F. L.: Anleit. zu Inventur- u. Theilungsgeschäften — besond. nach d. herzogl. Würtemb. Gesetzen. entw. *Stuttgart*, Metzler. (789.) 782. 8. (9 Gr.)

Hochstetter, Fr. Ldw., († 1785.) Anleit. für angehende Würtemberg. Stadt- u. Amtsschreibereiscribenten zu Inventur- u. Theilungs- auch Steuergeschäften. 8. Stuttg. 780. N. Aufl. 805. Metzler. 18 Kr

— Beitrr. zur Erlernung d. Würtemberg. Rechnungswesens. 8. Stuttg. 784. Metzler. 6 Kr

Hochstetter, Frz., die wirtschaftlichen u. politischen Motive f. die Abschaffung des britischen Sklavenhandels, s. Forschungen, staats- u. sozialwissenschaftliche. XXV. 1.

Hochstetter, Franz, a. Potsdam: Die wirtschaftlichen und politischen Motive für die Abschaffung des britischen Sklavenhandels im Jahre 1806/1807. ⟨T. 1 bis 4.⟩ (Leipzig: Duncker & Humblot 1905.) (40 S.) 8° ¶(Der Rest, umfassend die Zeit von 1783 bis 1806/07, ersch. später in: Staats- und sozialwissensch. Forschungen.)

Berlin, Phil. Fak., Ref. Sering, Schmoller, Diss. v. 12. Aug. 1905 [Geb. 14. Okt. 80 Berlin; Heimatsort: Potsdam; Staatsangeh.: Preußen; Vorbildung: Realgymn. Potsdam Reife O. 00; Studium: Charlottenburg, T.H. 4, Berlin 5 S.; Rig. 22. Juni 05.]

HOECHSTETTER, Friedrich (Germersheim): Ein Fall von Lysolvergiftung.- München: Wolf 1909. 25 S. 14.2.1910 - Chr 1909/10,25; U 10.3517

Diss. Ingolst.-Landsh.-Mchn.

Hochstetter, Frdr., die Formen des Uebertritts, s.: Bus. R.

— die rechtliche Stellung der Evangelischen in Oesterreich, s. Flugschriften des Evangelischen Bundes. 238.

Die rechtliche Stellung der Evangelischen in Oesterreich. Vortrag auf d. 2. Hauptversammlung d. Deutsch-Evang. Bundes f. d. Ostmark zu Eger 1905. Von Friedrich Hochstetter, Pfarrer. Leipzig: C. Braun in Komm. 1905. (24 S.) 8° [F.]
— Flugschriften d. Evang. Bundes. 238.

Hochstetter, G., Festbüchlein. Ein Geschenk f. d. christl. Jugend. gr. 12. (2⅓ B.) Stuttgart 836, Balz'sche Buchh.

Hochstetter, G., Festbüchlein. Ein Geschenk für die christliche Jugend. 2. Aufl. 16. Stuttgart 846, Becher. ⅙ ₰

Hochstetter, G., siehe: Handbüchlein biblischer Alterthümer.

Hochstetter, Gust., das Viribi. (VII, 215 S.) 8. Berlin 907. A. Hofmann & Co. 2. 75

Hochstetter, Gust., illustr. Führer durch d. schwäbische Alb v. d. Teck bis z. Hohenzollern. 12. (XIII, 127 S. m. 1 Karte.) Stuttgart 896. Strecker & Moser. n. 1. 20

Hochstetter, Gust., Führer durch Reutlingen u. Umgebung. 12. (96 S. m. Abbildgn., Plan u. Karte.) Reutlingen 894. C. F. Palm. n. — 80

Hochstetter, Gust., Führer durch Reutlingen u. Umgebung (nebst Uracher, Reutlinger u. Tübinger Alb.) (2. [Umschlag-]Aufl.) 12. (100 S. m. Abbildgn., 1 Plan u. 1 farb. Karte.) Reutlingen 901. C. F. Palm. n. — 80

— Gaudeamus! Feucht-fröhl. Bilder aus d. Studentenleben. (99 S. m. Abbildgn.) 8. Berlin 907. Verlag der „Lust. Blätter". 1. —

— Die Guillotine. Schneidige Humoresken. (131 S.) 8. Berlin (910). Harmonie. 2.—; geb. 3.

Mit Höhrrohr und Spritze. Ein lustiges Buch f. Ärzte u. Patienten. Karikaturen aus alter u. neuer Zeit. Gesammelt von Gustav Hochstetter u. Georg Zehden. Berlin: Eysler 1910. 208 S. 8° [11.163] 1 1

— u. Geo. Zehden, mit Höhrrohr u. Spritze. Ein lust. Buch f. Aerzte u. Patienten. Karikaturen aus alter u. neuer Zeit. Gesammelt. (208 S.) 8. Berlin 910. Verlag der Lustigen Blätter. 3.—; geb. 1.

Hochstetter, Gust., Knigge im Rasiersalon u. andere heitere Kleinigkeiten. (144 S.) 8. Berlin 904. Concordia. n. 1. 50

Hochstetter, Gust., s.: Kukuk, der.

— Reutlingen, s.: Beckmann-Führer.

— Prinz Romeo. Illustriert v. Finetti. (68 S.) gr. 8. Berlin (906). Harmonie. n. 2. —; geb. n. 3. —

(B) — Prinz Romeo. 906. (KBB 83.) Ladenpr. aufgehoben.

Gustav **Hochstetter.** Galante Stunden. Berlin: Eysler (1909). 125 S. 8° [10. 835]

— Galante Stunden. (125 S. m. Abbildgn.) 8. Berlin (909). Verlag der Lust. Blätter. 2. —

— Die Tafeln im Walde u. andere Feld-, Wald- u. Wiesengeschichten, s.: Universal-Bibliothek.

Hochstetter, H. v. Brauchen wir jetzt in Berlin nothwendig Militair? Und weßhalb können wir keinen Polizei-Präsidenten als Führer der Bürgerwehr brauchen? — Druck von A. Obst 1 Bl. Fol.
Flugblatt. Berlin, 31. März 1848.

Hochstetter, Heinrich [aus Mannheim]: Ueber die Melilotsäure und das Melilotsäure-Anhydrid. Strassburg, Karl J. Trübner, 1884. 8. 24 S.

Hochstetter, J., Schweizerische Architektur. 1. Abth.: Holzbauten des Berner Oberlandes, aufgenommen von E. Weinbrenner und J. Durm. 1—4. Heft. Karlsruhe (858.) Veith. gr. Fol. Jede Liefg. von 6 lith. Taf. n. 1 ₰. 15 ngr.

Hochstetter, J., schweizerische Architektur. 1. Abth.: Holzbauten des Berner Oberlandes aufgenommen von E. Weinbrenner u. J. Durm. 5. Heft. Carlsruhe 859. Veith. gr. Fol. (6 lith. Taf.) n. 1 ₰ 15 ngr.

Hochstetter, J., architectonische Ausführungen. 1. und 2. Heft. gr. Fol. (10 Stnt. wovon 6 in Tondr. und 1 Bl. Text.) Carlsruhe 851, Veith. à Heft 2 Thlr.

Hochstetter, J., architectonische Ausführungen. 3—5. Heft. gr. Fol. (17 Stnt., wovon 6 in Tondr.) Carlsruhe 853 —56, Veith. à Heft *
1. und 2. Heft. Ebendas. 1851. * 4 Thlr.

—— architectonische Ausführungen. 6. Heft. gr. Fol. (5 Stnt. in Ton- und Farbendr.) Carlsruhe 857, Veith.
1—5. Heft. Ebendas. 1851—56. 10 Thlr.

Hochstetter, J., architektonische Ausführungen. 7. Heft. Carlsruhe 866. Veith. gr. Fol. (6 Steintaff., wovon 1 in Farben- u. 2 in Tondr.) n. 2 ₰

— Bauverzierungen in Stein. Aus des Verfassers architectonischen Ausführungen besonders zusammengestellt. Ebend. 862. gr. Fol. (8 lith. Taf.) 2 ₰

— **mittelalterliche Bauwerke im südwestlichen Deutschland und am Rhein. Nach der Natur aufgenommen und gez. von den Eleven der grossherzogl. Bauschule in Carlsruhe. (1. Heft:) St. Michaels Kapelle zu Kiederich. Imp.-Fol. (9 Stnt., wovon 1 chromolithogr. und 1 in Tondr., und 1 Bl. Text) Carlsruhe 857, Veith.** *

Hochstetter, J., und Fr. Eisenlohr, Grab-Denkmale, s. Eisenlohr, Fr.

Hochstetter, J., Sammlung v. Plänen ausgeführter u. zur Ausführung entworfener militärischer Gebäude im Grossherzogth. Baden. 1. Hft. Lazareth-Baracken. [Mit Text u. Kostenüberschlägen.] [Aus „Architekton. Ausführgn." d. Verf.] gr. Fol. (6 Steintaf., wovon 1 in Buntdr. u. 6 S. Text.) Carlsruhe 871. Veith. n. 6. —

— dunkles Spiel. Eine Geschichte aus der großen u. kleinen Welt. 3 Bde. Ebend. 863. 8. (780 S.) 3 ₰

Hochstetter, J. A., de jure jubilaeorum. Tub. 1731. 4.

Hochstetter, J. H., Anleitung zu Inventur-, Theilungs- u. Steuergeschäften. 8. Stuttg. Metzler. 805.

Hochstetter, J. H.: Annotationes ad jus provinc. Würtembergicum etc. *Stuttgart.* (Steinkopf.) [735.] **748. 8. (16 Gr.)**

—. Beytr. zu Erlern. des Wirtemberg. Rechnungswesens. 8. Stuttg. Metzler. 784.

(*Ders.*:) Einleit. in d. Herz. würtemberg. Landrecht, mit Anmerkk. *Stuttgart.* **760. 8.**

Jo. Philipp. Hoechstetter (Hochstetter) diss. de sectis medicorum Hd. 1706. 4.

Hochstetter, Johann Andreas

[–] KURTZE ANWEISUNG Die gewohnliche Catechismus-Lehr, Nutzlich und erbaulich zu treiben. In vier unterschiedlichen Projecten gezeiget, Und auf gnädigsten Befehl samt dem Hoch-Fürstl. Rescript zum Truck befördert. – Stuttgart 1701: Treu. 166 S. *(Das Exemplar ist am Ende unvollständig. Hochstetter ist Verfasser laut Fritz, Friedrich: Altwürtt. Pietisten, Stuttgart 1950. S. 8.)*

Hochstetter, Johann Friedrich

Hochstetter, J. F., evangel. Denkmaal üb. die Sonn- Fest- u. Feyertags-Evangel. 4. Ebend. 709.

— Einleit. zu der Universalhistorie. 8. Tübing. 740.

– WAHRER CHRISTEN HOHES GLÜCK in ihrem Leben und Sterben als Johann Reinhard Hedinger bestattet worden, gezeiget von Johann Friderich Hochstättern. – Stuttgart 1704.

– CHRISTLICHE PASSIONS-GEDANCKEN, Oder Sieben und dreyssig Predigten Nach Anleitung der hochtröstlichen Passions-Histori, Vormahls In der Hoch-Fürstl. Hof-Capell zu Stuttgart abgelegt, Nunmehr auff vielfältiges Verlangen Samt einer in Anno 1707. den 2. Januarij gehaltenen Valet-Predigt *(S. 340–353)* In Truck gegeben Von D. Joh. Friderich Hochstettern, vieljährigen Ober-Hof-Predigern, anjetzo Consistorial-Rath auch General-Superattendenten und Propsten zu Denckendorff. – Stuttgart: Metzler 1713. 353 S.

Hochstetter, Jh. Hnr., († d. 31. Oct. 1796.) Fragmente über d. Frage: Welches sind d. besten Mittel, d. Kindermorde Einhalt zu thun? 8. ... 782.

— über d. Errichtung einer Capitalien-, Gülten-, Wein- u. Viehsteuer im Würtembergischen. (Nach seinem Tode herausg.) 8. Stuttg. 797.

— Versuch e. natürlichen Erklärung des Sayn-Hachenburgischen Erbfolgegesetzes v. J. 1629. 4. Stuttg. 786.

— Versuch über die Natur d. Erstgeburtsfolge, mit Erklärung d. Sayn-Hachenberg.-Erbvertrags v. J. 1675. 3 Stück. 4. Stuttg. 786, 87. (Aue in Cöthen). (Varrentrapp in Frankf. a. M.) 1 ₰ 12 gr

Hochstetter, Jul., s.: Monita secreta.

Hochstetter, Karl, Einfluß d. Protestantismus u. Katholizismus auf Staaten u. Völker. gr. 8. (160 S.) Gütersloh 892. C. Bertelsmann. n. 2. —

Hochstetter, Karl, über verschiedene Erscheinungen bei der Darstellung des Zuckers. Aus dem Journale f. prakt. Chemie, Bd. XXIX. abgedruckt. gr. 8. Leipzig 843, Barth. ¼ ₰

v. Hochstetter, Karl, (†...), s. der Spiegelsextant.

Hochstetter, Konrad von

v. Hochstetter, (Conr.) theoret.-prakt. Handbuch d. Pferdekenntniß u. Pferdewartung 2 Thle. Mit 33 Kupf. gr. 8. Bern 821 u. 823. (Leipz., Leich.) 4 4 Rthl. Rthlr.

Hochstetter, Conr. v., theoret.-prakt. Handbuch d. Pferdekenntniß u. Pferdewartung. Neue, wohlf. Ausgabe in 3 Thln. M. 16 Kpfr.- u. 18 Stnt. gr. 8. (48½ B. u. 1 Tab. Fol.) Bern 829. (Leipzig, Leich.) Thlr.

Hochstetter, C. v. Militair- und Civil-Reiter-Schule neuerer Zeit zur gründlichen Anleitung in der einzig wahren Reiter-Praxis ... Berlin 1839 ... bey F. Bergemann. Tit., 2 Bl., XVI + 229 S., 13 Taf. in Lithogr. 8°.

Hochstetter, C. v., Militair- u. Civil-Reiter-Schule neuerer Zeit. Zur gründl. Anleit. in d. einzig wahren Reiter-Praxis. gr. 8. (15¾ B. u. 14 Stnt.) Berlin 839, (Mittler.) *

Hochstetter, C. v., Militair- und Civil-Reiter-Schule neuerer Zeit. Zur gründl. Anleitung in der einzig wahren Reiter-Praxis. gr. 8. (XXIII und 229 S. mit 7 Stnt.) Berlin 850, Mittler's Sortimentsb. *

— Monatschrift für Gestütte u. Reitbahnen, s. Monatschrift ꝛc.

v. Hochstetter, ..., s. Pferdezeitung.

— Nachträge zu d. Neuesten Stimmen aus England üb. d. jetz. Zustand d. Zucht edler Pferde daselbst. gr. 8. (8¼ B.) Berlin 838, (Vereins-Buchh.) *
Vgl. Stimmen.

– (Hrsg.), s. Zeitschrift für Gestüte und Reitbahnen, ...

(Hochstetter C. v.): Neuester Zustand d. Pferdezucht, Reitkunst u. Thierarzneykunde. Beobachtet auf einer Reise durch Teutschland, Preussen, Dännemark u. England 1804 u. 1805. Stuttg. 1807. 174 S. 1 Tvl.

— neuester Zustand d. Pferde, Reitkunst u. Thierarzneikunde. Beobachtet auf einer Reise durch Deutschland, Preußen, Dänemark u. England. in d. J. 1804 u. 5. Mit 8 Kpft. 8. Bern ..., N. A. 822. (Leipz., Leich). 16 gK

Hochstetter, Conr. v., Neuester Zustand der Pferdezucht, Reitkunst und Tierarzneikunde. Beobachtet auf einer Reise durch Deutschland, Preussen, Dänemark und England, in den Jahren 1804 und 1805. Mit 2 Kpfrtaf. Neue unveränderte Ausgabe. 8. Bern 22. (Leipzig, Melzer.) M. 2.—

Hochstetter, M. E. F. und Stromsky, F. S. Wittwen- und Waisen-Institut betreffend. *Brünn.* 1821

Hochstetter, Max (Friedr. Ludw.) (geb. Stuttgart 18. 4. 1858): Ueber die Fracturen des Processus coronoideus ulnae. Berlin (1881). (31 S.) 8°
Berlin, Med. Diss. v. 21. Juli 1881

Hochstetter, P., ein Schwabenzug nach Wien, s. Bucher, J.

Hochstetter, Th. König Karl v. Württemberg. Seine Lebensgeschichte u. Regierg. 1.—20. Tausend. gr. 8. (58 S. m. Abbildgn.) Stuttg. 891, Rupfer. * — 50

Hochstetter, Theodor, approb. Arzt aus Tübingen: **Aus d. med. Klinik in Tübingen.** Ueber die **Behandlung** des cystösen Echinococcus. *Tübingen: F. Pietzcker 1899.* (38 S.) 8°
Tübingen, Med. Diss. v. 1899

Hochstetter, W.: D. Entwicklungsgeschichte d. Norddeutschen Lloyd. Bremen 1904. 8°

Hochstetter W v, Grund-, Gebäude- u Gewerbesteuerges. f. Württemb. Stuttgart 1873

Hochstetter, Wilh., das Kaninchen, dessen Beschreibung, rationelle Behandlung und Züchtung. 1.—3. Aufl. (48 S.) 1872,73. * 80 Pf.; 4. verb. Aufl. 1874, und 5. Aufl. 8. (VIII, 55 S. mit eingedr. Holzschn.) Stuttgart 874. Schickhardt und Ebner. *

Hochstetter, Wilh., **die Coniferen oder Nadelhölzer, welche in Mittel-Europa winterhart sind. Für Landschaftsgärtner, Gartenfreunde, Forstbeamte etc. gr. 8. (VII, 114 S. mit 4 Taf. lithogr. Abbild.) Stuttgart 882, Ulmer.** *

Hochstetter, W., Mittelmeerfahrten u. Orientreisen, s.: Grieben's Reiseführer.

Hochstetter, W., Synopsis der Nadelhölzer, s. Henkel, J. B.

Hochstetter (W.). Kritisches Verzeichniss der Coniferen-Herbariums Zusammengestellt. Tueb. 1869. 8°.

— d. Victoria regia, ihre Geschichte, Natur, Benennung u. Cultur. Mit e. col. Taf. gr. 8. Tübingen, 1855. (Buchh. z. Guttenberg.) — 18

Hochstetter, Wilh., Wegweiser durch den botanischen Garten der Königl. Universität Tübingen. Mit 1 (lith. u. color.) Situationsplan (in Fol.). Tübingen 860. Riecker. 16. (112 S.) 9 ngr

Höchstetter

— s. a. **Hochstaetter, Hochstetter.**

Höchstetter, Friedrich [aus Windsheim '(Mittelfranken)']: „Einwirkung der Bewegung auf die Temperatur des fieberfreien Lungentuberkulosen" ... München, Druck v. Knorr & Hirth, 1895; 29 S. 8.
Erlangen, Med. Fak., Inaug.-Diss. v. 18. Dez. 1894

Hoechstetter, Friedrich, Medizinalprakt.: Ein Fall von Lysolvergiftung. München 1909: Wolf. 25 S. 8°
München, Med. Diss. v. 14. Febr. 1910, Ref. v. Bauer
[Geb. 5. Dez. 81 Germersheim; Wohnort: München; Staatsangeh.: Bayern; Vorbildung: Luitpold-Gymn. München Reife Juli 01; Studium: München 14 S.; Coll. 14. Febr. 10; Approb. 31. Jan. 10.] [U 10. 3517

Höchstetter, Gotthold Die sphärischen Kegelschnitte in vorwiegend synthetischer Behandlung. 18 S. **Progr.** Rg. *Ulm* 1880.

Höchstetter, Jh. Fr., († 1828.) bibl. Spruch- u. Lesebüchlein. 8. Nürnb. 805. (v. Seidel in Sulzb.) 3 gK

— **Johann Georg Wilh.** (Windsheim/Frk.), Chemiae pneumaticae relationem ad scientiam medicam. Diss. med. Jena (Goepferdt) 21. IV. 1802. 31 S. (6.50) 15324

Höchstetter, Karl Friedrich

Höchstetter, Carl Friedrich (Rotenburg/Frk.), De lapide fulminari, quem multi aliàs crepant, hic verò negatum eunt. Präs. M. Johann Esaias Höchstetter (Weissenburg). Altdorf (Heinrich Meyer) 31. X. 1701. 20 S. (7.—) 15323
Widm. v.: D. Christoph Wegleiter, Joh. Christoph Sturm.

Karl Friedrich Hoechstetter

De Spina bifida (Altdorf 1703:) H. Meyer. 24 S. 8°

Altdorf, Med. Diss. v. 15. Mai 1703

Hoechstetter, Ch. Fr., Diss. de spina bifida. 24 pp. Altd. 4°.
Haller, Coll. Diss. pr. VII n. 252. *Haller,* Bibl. chir. I, 564.
1703

Höchstetter, Sophie

— bis die Hand sinkt. Roman. gr. 8. (264 S.) Dresden 900. C. Reißner. n. 3. —; geb. n. 4. —

Hoechstetter, Sophie, Frieda Freiin v. Bülow. Ein Lebensbild. (V, 230 S. m. 1 Bildn.) 8. Dresden 910. C. Reißner. 4.—; geb. 5. —

Hoechstetter, Sophie, der Dichter. Roman 8. (245 S.) Berlin 899. Schuster & Loeffler. 3.—; geb. 4.

Hoechstetter, Sophie, er versprach ihr einst das Paradies. Eine Novelle. (176 S.) 8. Berlin 904. Gebr. Paetel. n. 3. —; geb. in Leinw. n. 4. —

Hoechstetter, Sophie, Geduld. Die Geschichte e. Sehnsucht. Roman. (278 S.) 8. Berlin 904. P. Letto. n. 4. —; geb. n. 5.—

— Kapellendorf. Roman. (234 S.) 8. München 908. G. Müller. 3.50; geb. 4.50

— **Dietrich Lanken. Aus e. stillen Leben. Roman. 8. (206 S.) Berlin 902. Gebr. Paetel. n. 4. —; geb. in Leinw. n. 5. —**

— **eine „fromme" Lüge, s. Kürschner's, Jos., Bücherschatz.**

Eine 'fromme' Lüge. Erzählung von Sophie **Hoechstetter.** Mit Ill. von Rud. Braun. Berlin, Eisenach, Leipzig: H. Hillger [1905]. (106 S.) 8° [F.]
— **Bücherschatz,** Kürschners. No 484. [07. 15308

Hochstetter, G., Max Mühlen. Die Geschichte e. Liebe. Roman. 8. (148 S.) Berlin 897. S. Fischer, Verl. n. 2. —; geb. n. 3. —

— der Pfeifer. Roman. (406 S.) 8. Berlin 903. F. Fontane & Co. n 5. —; geb. n. 6. —

— Sehnsucht — Schönheit — Dämmerung. Die Geschichte e. Jugend. Roman. 8. (384 S.) Berlin 898. Schuster & Loeffler. 4. —; geb. 5. 50

Sehnsucht, Schönheit u. Dämmerung. Die Geschichte e. Jugend. Roman. 2., veränd. Aufl. (281 S.) 8. Ebd. 909. 3.50; geb. 5. —

— Sechs Sonette. Städte u. Menschen. (6 S.) 8. Berlin (-Wilmersdorf) 907. A. R. Meyer. — 30

— d. Verstoßenen. Sozialer Roman. 8. (128 S.) Dresden 896. E. Pierson. 2. —

— vielleicht auch Träumen. Verse. (60 S. m. Bildnis.) 8. München 906. G. Müller. n. 2. —

Höchstetter, W., s.: Vorbereitungen u. Entwürfe aus dem gesammten Unterrichtsgebiete der deutschen Volksschule.

Höchstetter, W. Chr., die Feuertaufe, s.: Volks-Bibliothek, christliche.

— sociale Frage u. Kirche, e. v. der Haager Gesellschaft zur Vertheidigg. der christl. Religion gekrönte Preisschrift. gr. 8. (91 S.) Leiden 874. Brill. n.n. 1. 50

— Ulrich Zwingli, s.: Bilder aus der Geschichte d. Christenthums.

Höchstetter, Wilh., die Stadt Lörrach. Ihre Entstehung, Gegenwart und 200jähr. Jubelfeier. Urkundenbuch und Chronik. Nebst (lithogr.) Situations-Plan der Stadt und Gemarkung. gr. 8. (IX, 192 S.) Lörrach 882, Gutsch. geb. *

WILHELM HÖCHSTETTER, Das Verhältniss der Lehre Jesu zu den apostolischen Lehrbegriffen. Ein Vortrag, gehalten auf der 7. Versammlung des badischen Prediger-Vereins, am 8. Juni 1870. Elberfeld. Gedruckt bei R. L. Friderichs u. Comp. 8°.

Höchstetter, Wilh. Chr. A., biblische Geschichte für den evangelisch-protestantischen Religionsunterricht in Schule u. Haus. Mit Erläuterungen. Mit 56 (eingedr. Holzschn.-) Bildern nach Rafael, Leonardo da Vinci, Fra Bartolomeo 2c. 8. (XII, 520 S.) Lahr 879. Schauenburg. 6. —

Höchstetter, Wilh. Chr. A., der Religionsunterricht in der Schule, s. Wendt.

Höchst-Gaben-Verzeichniss. Tabelle. 31,5 × 58 cm. Berlin 891. J. Springer. n.n. — 30

Höchstgaben-Verzeichnis. Enth.: 1. Höchstgaben der offizinellen Arzneimittel f. Erwachsene u. Kinder nach Pharm. germ. IV u. Medizinalkalender 1900; 2. der nichtoffizinellen Arzneimittel f. erwachsene Menschen nach dem Ergänzungsbuche d. deutschen Apotheker-Vereins. Zusammengestellt v. L. Lewin; 3. der starken od. gift. Arzneimittel f. Tiere. Nach Fröhner u. Vogel. qu. gr. Fol. (1 Bl.) Berlin (900). Selbstverlag des deutschen Apotheker-Vereins. n. — 30

Hochstimm Felix: Franz Horn.
H. 1910 PN 2881 Diss. Wien. Univ. 344

Höchstkamp, R. v., Ehre, Zweikampf u. Gesetzgebung. Ein Mahnruf an das deutsche Volk. gr. 8. (27 S.) Leipzig (900). S. Schnurpfeil. n. — 50

Hochstrasser, P. Bernard — Kloster u. Kirche zu Mehrerau. Anrede, gehalten in der Plenar-Versammlung des Central-Severinus-Vereines zu Wien am 9. März 1857 von — — Wien, 1857. Dr. von K. Ueberreuter. (7 S. 8.)

Hochstrasser, J., s.: Festreden an der Schlachtfeier in Sempach.

Hochström, Pet., Beschr. v. Lappland. 8. Stockh. (Weidmann in Leipz.) 748.

Höcht, Frz., systematische Darstellung des im rechtsrheinischen Bayern geltenden Jagdrechts. gr. 8. (III, 42 S.) München 893. J. Schweitzer, Verl. n. 1. —

Höchtl, Alois, e. Frühjahrsreise nach Italien im J. 1892. Skizzen. 8. (106 S.) Wien 893. (Krems, F. Oesterreicher.) n. 1. 50

Höchtl, Alois, eine Sommerwanderfahrt nach dem abendländischen Morgenlande. Ueber die Alpen n. Dalmatien, Montenegro, Hercegovina u. Bosnien. 8. (69 S. m. Bildnis.) Linz 901. E. Mareis. n. 1. —

Hoechtl, Johann Georg, pr. Arzt in Biberbach: Ueber einen Fall von ausgedehnter Venen-Thrombose und Lungenembolie bei Chlorose. *München 1899: J. Gotteswinter.* (17 S.) 8°
München, Med. Diss. v. 1899

Höchtl, Otto, Rechtsprakt.: Das Reichsgesetz vom 1. Juni 1909 über die Sicherung der Bauforderungen im Verhältnis zu § 648 B.G.B. Straubing [1911]: Meyer & Zeitler. 78 S. 8°
Erlangen, Jur. Diss. v. 15. Nov. 1910, Ref. Oertmann
[Geb. 20. Juli 87 Sulzbach, O.-Pfalz; Wohnort: Straubing; Staatsangeh.: Bayern; Vorbildung: Gymn. Neuburg Reife 06; Studium: München 8 S.; Rig. 13. Dez. 10.] [U 11. 817

Höchtlen, C. „Verzeichniss der Ichneumiden der Umgebung von Dinkelsbühl". pg. 7—10. 4°. C. Fritz.
Dinkelsbühl, Progr. 1873/74

Höchtlen, Friedrich, aus Dinkelsbühl (Bayern): Ueber kristallisierte Polysulfide und Thiokarbonate von Schwermetallen. Abnorme Verbindungen d. Nickels als Anhang. *München 1901: F. Straub.* (47 S.) 8°
München, Phil. Diss. v. 1901

Höchtlen, Wilhelm [cand. med. aus Dinkelsbühl]: Ueber Fremdkörper, speciell Nadeln im Halse ... München, kgl. Hofbuchdr. Kastner & Lossen, 1897; 44 S. 8.
München, Med. Fak., Inaug.-Diss. v. 1897

Hochtour, Eine, in der Bernina-gruppe, Piz Palü . . . O. O. u. J. V: *Veesenmeyer.* (Bücherverz. d. Zentrabibl. d. D. u. Ö. A.-V. München 1906.)

Der Hochtourist in den Ostalpen. Von L. Purtscheller und H. Hess. 2. Auflage. 3 Bände. I. Bayrische und Nordtiroler Kalkalpen, Nord-Rhätische Alpen, Ötzthaler Alpen, Ortler- und Adamello-Alpen. II. Salzburger und Berchtesgadener Kalkalpen, Oberösterreichische und Steirische Alpen, Zillerthaler Alpen, Hohe und Niedere Tauern. III. Dolomit-Alpen, Karnische Alpen, Südöstliche Kalkalpen. (Meyers Reisebücher.) Leipzig und Wien. 1899. Bibliographisches Institut. 8°. X, 384 S. mit 16 Karten; VIII, 262 S. mit 14 Karten; VIII, 238 S. mit 19 Karten.
Geb. I. Bd. fl. 3.—, II. und III. Bd. à fl. 2.40

Hochverrath, Der, Oder: Die Familienankunft aus dem Walde. Trauerspiel in drei Aufz. Leipzig 1780. V: *Erdmann, Ldw.* (Haydinger) »1782« (GGr)

Hochverrath; od. d. Emigrant. Schausp. in 5 A. v. Fr. Rambach. 8. Lpz. Dyk. 798.

Hochverrath, der. Mit besond. Bezugnahme auf den gegenwärt. anhängigen sogenannten Polenprozeß. Eine jurist. Abhandlung. gr. 12. (68 S.) Berlin 848, Schneider und Comp. *

Hochverrath u. Buhlerey; e. fürstliches Familiengemälde, in Briefen. 8. Frkft. Gebhardt u. K. 803.

—— der Camarilla und Gegenbestrebungen der demokrat. Partei in der preuß. constituirenden Versammlung. gr. 8. (123 S.) Berlin 848, [Stargardt.]

Hochverrathsprocess, Der Berliner, gegen den kgl. hann. Staatsminister Grafen Platen zu Hallermund. München 1868. V: *Klopp, Onno.* (SWKl)

Hochverrathsprocess (Der erste) vor dem deutschen Reichsgericht. Bericht über die Verhandlungen des vereinigten 2. und 3. Strafsenats des Reichsgerichtes in Anklagesachen wider den Schuhmacher Jos. Brender aus Frankfurt a. M., den Litteraten Victor Dave aus London und 13 Genossen wegen Vorbereitung zum Hochverrat und wegen anderer Verbrechen, verhandelt zu Leipzig vom 10.—21. Oct. 1881. Auf Grund stenogr. Niederschrift hrsg. von E. Künzel. 8°. Leipzig, Max Hesse, 1881. 118 S.

Hochverrathsproceß, Leipziger. Ausführlicher Bericht üb. die Verhandlgn. d. Schwurgerichts zu Leipzig in dem Prozeß gegen Liebknecht, Bebel u. Hepner wegen Vorbereitg. zum Hochverrath vom 11—26. März 1872. Bearb. v. den Angeklagten. 8. (600 S.) Leipzig 874. Genossenschaftsbuchdr. 6. —

Hochverraths-Process (Der) und die Affaire Marstallinger gegen Engel. Pfleger. Berndt, Sommer, Schmidt, Gröbner. Spiegel. Krondorfer, Winter, Masur. Motz. Komposs, Würges, Wagner. Weich, Spahl. Wetz, Buelacher. Treibenreif. Peukert, Kotidek, Stiassny, Führer. Gams. Kreps, Schenk, Wordak, Heitzer und Hotze. Verhandelt vor dem k. k. Schwurgericht Wien, vom 8.—21. März 1883. Nach den stenogr. Berichten bearbeitet und wahrheitsgetreu wiedergegeben. Hrsg. von Jos. Müller. 18°. Wien, Selbstverl. d. Hrsg.. 1883.

Hochverrathsproceß d. Minister Karl's X. v. Frankreich, s. Haupt, Th. v.

Hochverrathsproceß der Minister Karl X. von Frankreich. Mit histor. Einleitung herausg. v. Th. v. Haupt. 9 Bdchn. Mit 4 Portr. 16. Frankf. a. M. 831. Sauerländer. 3 ₰

Hochverraths-Process, der, gegen *Oberwinder, Andr. Scheu, Most, Pabst, Hecker, Perrin, Schönfelder, Berka, Schäftner, Pfeiffer, Dorsch, Eichinger, Gehrke u. Baudisch.* Verhandelt vor d. k. k. Landesgericht in *Wien,* begonnen am 4. Juli 1870. Nach stenogr. Berichten bearb. u. hrsg. von *Heinr. Scheu.* Wien, Selbstverlag d. Herausgebers, 1870. Kl. 8°. Roth. Hsrsb., gebr.
442 S., 1 Bl. Err. Mit Titelbild (Lichtdruck), worauf die Portr. von 13 Angeklagten (dabei auch Most)

Hochverrathproceß, der Rostocker, vor dem Forum des Hamburgischen Niedergerichts. Hamburg 861. Vereinsbuchhandlung. gr. 8. (47 S.) n. 6 ngr.

Hochverrathsprozeß, der, gegen Dr. Joh. Jacoby, wegen seiner Betheiligung an den Sitzungen der deutschen Reichsversammlung in Stuttgart. Verhandelt am 8. Decbr. 1849 vor dem königsberger Schwurgericht. gr. 8. (87 S.) Königsberg 849, Samter.

Hochverrathsprozess, der, wider *Ferdinand Lassalle* vor dem Staatsgerichts-Hof zu Berlin, am 12. März 1864. 2. Aufl. Leipzig 1868. 8°. 78 S. Beibd.

Hochverraths-Prozeß, der, wider Ferdinand Lassalle vor dem Staats-Gerichts-Hofe zu Berlin am 12. März 1864. Nach dem stenograph. Bericht. gr. 8. (88 S.) Berlin 892. Buchhdlg. d. „Vorwärts". n. — 40

Hochverrathsprozeß, Leipziger. 8. Leipzig 872, Genossenschaftsbuchdruckerei.
vgl.: Hochverrathsproceß, Leipziger.

—— der, gegen den Abgeordneten der deutschen National-Versammlung Dr. Wilh. Levysohn wegen Betheiligung an den in Stuttgart gefaßten Beschlüssen, verhandelt vor dem Schwurgericht zu Grünberg am 16. Febr. 1850. 8. (56 S.) Grünberg 850, Levysohn. *

— der, wider Liebknecht, Bebel, Hepner vor dem Schwurgericht zu Leipzig vom 11. bis 26. März 1872. Mit e. Einleitg. v. W. Liebknecht. 1.—16. Lfg. gr. 8. (S. 1—768.) Ebd. 894. à — 20

Hochverraths-Prozeß, der, wider Liebknecht, Bebel, Hepner vor dem Schwurgericht zu Leipzig vom 11. bis 26. März 1872. M. e. Einleitg. v. W. Liebknecht. 18.—20. Lfg. gr. 8. (S. 817—944.) Berlin 894. Buchh. d. Vorwärts. à — 20 (kplt. geb. in Leinw. n. 5. —; in Halbfrz. n. 5. 50)

Hochverraths-Prozess (Der) gegen die Mannheimer „Volksstimme". Eine Anklage gegen Dressbach etc., verhandelt vor dem Schwurgericht zu Mannheim am 20. Okt 1894. 8°. Mannheim, Aktienbuchdr., 1894.

Hochverraths-Prozeß, der, gegen Dr. Heinkelmann, prakt. Arzt zu Bamberg, vor dem Schwurgerichtshofe zu Augsburg am 9. u. 10. IX. 1850. (Umschlag: 2. Aufl.) (56 S.) gr. 8. Bamberg (904). Handels-Druckerei u. Verlagsh. n. — 60

Hochverratsprozeß, der, gegen Liebknecht vor dem Reichsgericht. Verhandlungsbericht nebst e. Nachwort. (87 S.) gr. 8. Berlin 907. Buchh. Vorwärts. 1. —

Hochwacht
v. Der Arbeiter (Sh—Zh). Berner Hochwacht.

Hochwacht Ausgabe Arbeiterin
v. Die Arbeiterin.

Die Hochwacht 1857?
Weekly. Editors, August Becker; Otto von Reventlow; Wilhelm Rothacker
Cincinnati, OH

Die **Hochwacht**. Monatsschrift z. Bekämpfung d. Schundes u. Schmutzes in Wort u. Bild. Hrsg. in Verbindung mit d. Verein z. Verbreitung guter volkstümlicher Schriften von Prof. Dr. Karl Brunner. Jg 1, H. 1. Berlin: U. Meyer 1910. 8° [11. 1668

Berner Hochwacht
① Organ der vereinigten sozialdemokratischen Opposition. Organ der Unabhängigen sozialdemokratischen Partei der Stadt Bern (ab Nr. 9, Dezember 1903) ⑤ 11. 5. 1903—Dezember 1904 ⑥ 4° ⑦ unregelmäßig (zirka 1 Nr. pro Monat) ⑧ Bern: Ott & Bolliger ⑩ eine Gruppe Männer der sozialdemokratischen Partei ⑪ Fr. Künzli ⑫ Oppositionsblatt innerhalb der Sozialdemokratie ⑬ BGSZ 973; Berner Tagwacht Nr. 1, 3. 1. 1918 ⑭ Be L. St ⑮ Lt. »Avis« in Nr. 2, Mai 1903 erklärt die Zeitung, daß sie kein regelmäßiges Nachrichtenblatt sei, sondern sich lediglich in den Dienst der Bekämpfung Moors stelle (Karl Moor: Redaktor der Berner Tagwacht). — Nr. 9, Dezember 1903 orientiert über die Bildung der »unabhängigen sozialdemokratischen Partei der Stadt Bern«.

Hochwacht, deutsche, vormals: „Deutsche Reform". Bundesblatt des Deutschen Volks-Bundes (D. V. B.) Red.: H. v. Mosch. 8. u. 9. Jahrg. 1901 u. 1902. à 52 Nrn. Fol. (à ca. 8 S.) Berlin, Deutsche Hochwacht. à Jahrg. n. 4. 80

Hochwacht-Bucht [Schlagwort]

Hochwacht-bucht, s.: Seekarten.

Hochwächter
v. Sarganser Hochwächter.

HOCHWÄCHTER, Der. Volksblatt für Stuttgart und Württemberg. 104 Nummern. Von 1830—31. Mit 1 col. Kupfer. (Uniformbild, Bürgergarde in Stuttgart), 1 schwarz. Kupfer (das Crucifix bey der St. Leonhards-Kirche in Stuttgart, der Oelberg gen., R. Lohbauer del. u. lith.) u. 1 Notenbeilage (Soldaten-Abschied von Schubart). — 606 S. (18 Mk. E. Frensdorff, 1907.) Selten!
Enth. auch einen Aufsatz über die Ehelosigkeit der katholischen Geistlichen.

Hochwächter, Der. –
Stuttgart. – 1. XII. 1830 – 31. ? XII. 1832.
Fortges. u. d. T.: Der Beobachter.

Der Hochwächter: July 3, 1845—May? 1849.
Weekly. Place of publication varies: Cincinnati, 1846; Louisville, Ky., 1847; Cincinnati, 1848—1849. Edited & published by Johann Georg Walker.
Cincinnati, OH

Hochwächter, Der. –
Sigmaringen. – 2. I. 1850 – 7. ? XII. 1850.
Vorh. u. d. T.: Der Sigmaringer Erzähler.

Der Hochwächter: Jahrgang 1—9, Sept. 27, 1850—1859?
Weekly. Sub-title: 1) Ein Organ für religiöse Aufklärung und sociale Reform, June 30, 1852—June 28, 1853; 2) Ein Organ des Gesammt-Fortschritts, July 6, 1853—1855? Organ of the Freimänner-Verein. Motto: „Wenn Aristokraten und Pfaffen sich vereinigen, ein Volk zu unterjochen, so machen sie es erst dumm und lasterhaft, denn der Freie und Denkende und Tugendhafte ist nicht zu unterjochen." Seume. Also as "Ganze Nummer 1—?" Small folio, each issue 4 pages. Edited by Friedrich Hassaurek, Sept. 27, 1850—Jan. 12, 1853; by Friedrich August Hobelmann; by August Becker.
Published by Wilhelm Wachsmuth, Sept. 27, 1850—Jan. 7, 1852; by Friedrich Hassaurek, Jan. 15, 1852—?
Cincinnati, OH

Hochwächter, Der [weekly]. Sept 27, 1850 - Sept 12, 1885. Cincinnati, 1850-85.

Hochwachter 1851 ? Cincinnati, OH

Hochwächter, literarischer, Literatur- u. Conversations-Zeitung für die Gebildeten im Deutschen Volke. Redakteur: Fd. Philippi. 1r Jahrg. 1833. Juli — Dec. gr. 4. Leipzig, Wigand. 2 rℓ — 2r—4r Jahrg. 1834—36. gr. 4. Grimma, Verlags-Comptoir. (à Jahrg. 4 rℓ) 12 rℓ

Hochwächter: Der Hochwächter am Säntis
④ Neue Appenzeller Zeitung (I) ⑤ 5. 1. 1833—18. 6. 1836 ⑥ 4° ⑦ Wochenblatt ⑨ St. Gallen: Zollikofer & Züblin (1833—1834); Heiden (1835—1836) ⑩ J. J. Hohl, Arzt, Wolfhalden (an der Wolfshalde) ⑪ J. J. Hohl ⑫ Oppositionsblatt gegen die Appenzeller Zeitung ⑬ BGSZ. 942—944 ⑭ Tr: K; SG: V ⑮ Titelvignette: Wachtturm mit Wächter; im Hintergrund Säntis. — Wegen Angriffen gegen den Großen Rat des Kantons Appenzell A.-Rh. wurde Hohl gebüßt (Hochwächter Nr. 27 vom 6. 7. 1833).

Sarganser Hochwächter
② Der Oberländer Wächter (6. 1. 1846—29. 9. 1846) ③ St. Gallischer Kourier ④ Der Bote am Rhein ⑤ 10. 12. 1844 (Probe-Nr.)—29. 9. 1846 ⑥ 4°, dann 2° (ab 24. 6. 1845) ⑦ Wochenblatt ⑨ St. Gallen: Rudolf Unteregger (10. 12. 1844—10. 6. 1845); Ragaz: Rudolf Unteregger (17. 6. 1845—29. 9. 1846) ⑩ der Drucker ⑫ freisinnig ⑬ BGSZ: 1046, 1047 ⑭ Zh: Z ⑮ Am 8. 10. 1846 wurden der »Rheintaler Bote« und »Der Oberländer Wächter« unter dem Titel »Der Bote am Rhein« vereinigt.

Hochwächter, Ulr. v., Stallhaltung u. Stallpflege. Nach dem Engl. Berlin 866. Wagner. gr. 8. (VIII, 285 S.) n. 2 rℓ

— Trainiren u. Vorbereiten der Pferde für rasche Arbeit. Praktischer Leitfaden für angehende Sportsmen. Nach dem Engl. bearb. Neuwied 865. Heuser. gr. 8. (88 S.) n. 20 sgr

—— Vorbereitung zur Arbeit oder die Kunst seine Pferde leistungsfähiger zu machen und länger bei vollkommener Kraft zu erhalten. 3. (Titel-)Aufl. gr. 8. (88 S.) Neuwied (865)67, Heuser. *

Hochwald [sachl. OW]

Hochwald, Die Olmützer Fürsterzbischöfliche Herrschaft. Brünn 1868. V: *Kinter*, *Maurus*. (Scriptores Ord. S. Benedicti. Vindob. 1881. S. 236.)

Hochwald [Schlagwort]

Hochwald, s.: Moselgebiet.

Hochwald [Verf.]

Hochwald, Friedrich vom, s.a. Vom Hochwald, Friedrich

Hochwald, Frdr. vom, die katholische Kirche, die Kirche Christi, e. Fels in der Brandung unserer Zeit. Wichtige Glaubenswahrheiten u. Zeitfragen aus den Fastenhirtenbriefen des deutschen Episkopats f. d. J. 1906. Mit 2 Gruppenbildern der deutschen Bischöfe. (104 S.) 8. Merzig 906. W. Haffner. n. — 80

Hochwald, Wilh., praktische Anleitung zur Ausbildg. in der italienischen Sprache. Zum Schul- u. Privatunterricht. 8. (367 S.) Gr.-Kanizsa 890. Fischel. cart. n. 3. 40

– (Bearb.), s. Wotitz, Karl: Erster Unterricht in der italienischen Sprache.

Hochwalde, Peter vom, s. Vom Hochwalde, Peter

Hochwald- u. Hunsrückführer. Zugleich umfassend die Thäler der Mosel, Nahe u. Saar. Hrsg. vom Verein f. Mosel, Hochwald u. Hunsrück. Mit 10 Karten, 3 Rundsichten u. 22 Textbildern. gr. 16. (VIII, 288 S.) Kreuzn. 892, Voigtländer. geb. in Leinw. 2 —
Vgl.: Back, Fr.

Hochwald- u. Hunsrückführer. Zugleich umfassend die Thäler der Mosel, Nahe u. Saar. Hrsg. vom Verein f. Mosel, Hochwald u. Hunsrück. Mit 1 Haupt-, 1 Übersichts- u. 9 Sonderkarten, 5 Rundsichten u. 22 Textbildern. 2., verm. Aufl. 12. (XVI, 296 S.) Kreuznach 893. R. Voigtländer's Buchdr. Geb. in Leinw. n. 2. —

Hochwald- u. Hunsrückführer. Zugl. umfass. d. Thäler der Mosel, Nahe u. Saar. Hrsg. v. Verein f. Mosel, Hochwald u. Hunsrück. M. 1 Haupt-, 1 Übersichts- u. 12 Sonderkarten u. 5 Rundsichten. 3. u. 4., gänzl. umgearb. Aufl. 12. (X, 267 S.) Kreuznach 899. Buchdr. R. Voigtländer. Geb. in Leinw. n. 2. —

Hochwald- u. Hunsrückführer. Zugleich umfassend die Täler der Mosel, Nahe u. Saar. Hrsg. vom Verein f. Mosel, Hochwald u. Hunsrück. Mit 15 Karten u. Plänen. 5. gänzlich umgearb. Aufl. (X, 277 S.) kl. 8. Kreuznach 904. R. Voigtländer Nachf.
Geb. in Leinw. n. 2. —

Hochwallner P. Rafael: P. Siegfried Hörmann. Nekrolog. 6. Seitenstetten 04.
Progr.

Hochwallner Raphael: Über Schülerausflüge. 26. 22. Seitenstetten 99. 00.
Progr.

Hochwart, die. Archiv f. vergleich. Forschg. auf den Gebieten der Anthropologie, Biologie, Psycho-Physiognomik, Menschenwerthg., Gesundheitspflege, Erziehg., Heilkunde, Gesetzgebg., Rechtspraxis, Religionsgeschichte, Ethik, Politik, Wehrkraft u. Staatskunst der Völker u. die sich daraus ergeb. positive Reformarbeit der geist. Aristokratie der Gegenwart. Hrsg. u. Schriftleiter: Carl Huter. 1. Jahrg. Oktbr. 1899—Septbr. 1900. 12 Nrn gr. 8. (à ca. 24 S. m. Abbildgn.) Detmold, C. Huter 6.

– dasselbe. Götterdämmerung im modernen Völkerleben u. Deutschlands neue Ideale. Hrsg.: Carl Huter. 2. Jahrg. Oktbr. 1900—Septbr. 1901. 12 Nrn. gr. 8. (à ca. 36 S.) Ebd. 6. –

Hochwasser in Luzern, 15.—18. Juni 1910. [Ansichten-Album, hrg. von] E. Synnberg & R. v. Pfyffer, Phot. & Kunstverlag, Luzern. [II S. + 24 Tafeln.] quer-8. (Zürich, Brunner & Cie., [1910].) [fr. 3. 50]

Hochwasser-Ansichten in Sachsen am 30. u. 31. VII. 1897. D. Weisseritzthal von Cotta bis Deuben. qu. 12. (24 Lichdr.) Dresden (Altstadt, Rodlichhaus) 897. Fuhrmann's Kaiser-Panorama. Kart. n.n. 2. —

Der **Hochwasserdienst** im Bereich der Oder. (Bearb. in d. Oderstrom-Bauverwaltung.) Breslau 1904: (W. G. Korn). (29 S.) 8° [J.] [04. 4972

Hochwassergefahren, die, u. ihre Bekämpfung durch Sammelbecken in den Quellgebieten, e. Sammlung v. Vorschlägen u. Denkschriften. Mit Genehmigg. der Verf. veröffentlicht durch die deutsche Thalsperren- u. Wasserkraft-Verwerthungs-Gesellschaft m. beschränkter Haftg. zu Hannover. Fol. (100 S.) Hannover (897). (Gebr Jänecke). n. 4. —

Die **Hochwasserkatastrophe** des Jahres 1897 in Österreich. *Wien: In Comm. b. W. Braumüller; Dr. d. Kaiserl.-Kgl. Hof- u. Staatsdr. 1898.* (170 S., 13 Taf., 2 Kt.) 1 Bd 2.(4.)
= Beiträge z. Hydrographie Österreichs. H. 2.
(Hydrogr. Dienst in Österr.) [98. 5963

Die **Hochwasserkatastrophe** des Jahres 1899 im österreichischen Donaugebiete. *Wien: W. Braumüller in Comm. 1900.* (162 S.) 2°(4°)
— Beiträge z. Hydrographie Österreichs. H. 4. [00. 1394

Hochwasser-Katastrophe, die, vom J. 1899 u. die Verheerungen in Schärding. gr. 8. (18 S. m. Abbildgn.) Schärding (900). (J. Heindl). n.n. — 60

Hochwasser-Katastrophe am 10. u. 11. VI. 1903 im politischen Bez. Freiwaldau. Neue verb. u. verm. Aufl. (56 S. m. Titelbild.) 8. Freiwaldau (903). A. Blažek. n. — 30

Hochwasser-Katastrophe, Die, im Riesengebirge am 29. bis 30. Juli 1797. [Hirschberg 1897.] V: *Grabow, Hnr.* (Berl)

Hochwasser-Katastrophe, die, im Riesengebirge am 29. bis 30. VII. 1897. Mit 15 Illustr. nach photograph. Aufnahmen. gr. 8. (51 S.) Hirschberg 897. (Th. Peschke.) n. — 50

Hochwasser-Melde-Ordnung f. d. Oder u. ihre Nebenflüsse. gr. 8. (180 S. m. 2 graph. Taf. u. 1 Karte.) Breslau 896. W. G. Korn. Geb. in Leinw. n.n. 3. 40

Hochwasser-Meldeordnung f. die Oder u. ihre Nebenflüsse. 2. vollst. umgearb. Ausg. gr. 8. (XX, 327 S. m. 3 Taf.) Breslau 900. W. G. Korn. Geb. in Leinw. n. 6.50; Nachtrag (33 S.) 901. geb. n. — 75

Hochwasser-Meldeordnung f. die Oder u. ihre Nebenflüsse. 2. vollständ. umgearb. Ausg. II. u. III. Nachtrag. gr. 8. Breslau, W. G. Korn. n. — 85
II. (19 S.) 903. Geb. — 60. — III. (19 S.) 905. — 25.
Hauptwerk u. 1 Nachtr. Ebd. 900. 901. Geb. 7. 25.

Hochwasser-Meldeordnung f. die Oder u. ihre Nebenflüsse. 2. vollst. umgearb. Ausg. IV.—VI. Nachtrag. (16 S.) 8. Breslau, W. G. Korn. 3. 10
IV. (138 S.) 907. Geb. 2. 60. — V. (16 S.) 908. — 25. – VI. (16 S.) 909. — 25.
Hauptwerk u. 1.—3. Nachtr. Ebd. 900—05. Geb. 8. 10

Hochwasserschäden, die, in Tirol im Herbst 1882. Betrachtungen über ihre Ursachen und Rathschläge zur Abhilfe für die Zukunft. Von einem Tiroler. 8. (12 S.) München 883, L. Finsterlin.

Hochwasserschutzgesetz f. Schlesien, s.: Gesetz betr. Maßnahmen zur Verhütung v Hochwassergefahren.

Das schlesische **Hochwasserschutzgesetz** vom 3. Juli 1900 nebst den dazu gehörigen amtlichen Materialien zsgest. u. erl. von G[ünther] Frh. v. Scherr-Thoss. *Breslau: W. G. Korn 1900.* (V, 292 S.) 8° [J.] [00. 9353 S

Hochwasserzeiten der Unter- u. Aussen-Weser f. 1895. 8. (25 S.) Bremen, M. Heinsius Nachf. n. — 80

Hochwasserzeiten d. Unter- u. Aussen-Weser f. 1896 u. 1897. [Aus: „Von See nach Bremen".] 12 (à 25 S.) Bremen 896. Leipzig, M. Heinsius Nachf. à n. — 20

— dasselbe f. 1898. 12. (25 S.) Ebd. 897. n. 1. —

Hochweis, August., die Kuhpocke in Steuermark; vorzügl. zum Behufe für d. Landchirurgen in Steyermark. 8. Grätz 806.

Hochweiss, Aq.: Anleitung zur Abfass. gerichtl. Untersuchungs-Berr. *Grätz*, 814. 8.

Hochweitzschner Wald [Schlagwort]

Hochweitzschuer Wald, s.: **Forstkarten**.

Hochwichtiges der Gegenwart in 7 Bildern, betreff. die gegenwärtig gedrückten Verhältnisse des Mittelstandes, nämlich: der Handwerker u. Arbeiter, sowie des Handels u. aller Gewerbe in Deutschland, u. wie diesem wichtigen Stand des deutschen Volks geholfen werden kann. Zusammengestellt u. vorgetragen von einem Mitglied des Gewerbe-Vereins zu Dresden. gr. 8. (IV u. 1.. S.) Leipzig 848, Arnold in Comm. n. 8 ngr

Hochwimmer Jos., Predigt bei der Primizfeier des hochw. Herrn Martin Holzer in Pinzgau, 24. Aug. 1852. Salzburg, J. Oberer 1852.

Hochwind, J. C., mittelalterliche Verzierungen, s. Verzierungen.

Hochwind, J. C., mittelalterliche Verzierungen Englands und Frankreichs. 8 Hefte in 4. München. 1847. à Heft einzeln 12½ Sgr. Compl. 2⅔ Thlr.

Hochzeit, die. Deutsches Gedicht des XII. Jahrhunderts, s. Löbner, Heinrich.

Hochzeit! Eine Reihe leb. Bilder m. verbind. Text f. Hochzeit od Polterabend. 12. (4 S.) Berlin (895). M. Böhm. 1. —

— —, Die, Adams und Evams (sol) ganz züchtiglich in Reimen erzählt von einem Urenkel des Hans Sachsens weyland berühmten Dichters und Schuhmachermeisters in Nürnberg. Mit Titelkpfrn. Anno 1796. 4°. 4 unpagin. Bll. (2 Mk. 50 Pfg. B. Seligsberg, Bayreuth, 1906.)

„Hochinteressantes Kuriosum in drolligen Knittelversen. Sehr originell ist die Titelvignette: Adam, nur mit einem Frack u. e. Lendenschurz aus Zweigen bekleidet, tanzt mit Eva, die in ein weites Gewand gehüllt ist, Menuett. Rechts daneben sitzen an gedeckter Tafel die Hochzeitsgäste: Löwe, Bär, Eule, Katze, Schaf etc.; ein Pudel serviert — Der Anfang lautet: Herr Adam in den Paradies — War, denn man hält es für gewiss, — Allein auf d'Welt gekommen. — Er hatte weder Weib noch Kind — Da fehlt's ihm vornen, fehlt's ihm hint', — Das hat sein Herz beklommen . . . Nirgends zitiert und höchst selten!" (Max Perl's Berliner Febr.-Auction 1907, no. 674a, wo aber kein Titelkpfr. erwähnt wird.)

Hochzeit, die beschleunigte. Oper v. Berger. 8. Lpz. Schneider. 777.

Hochzeit, e., m. Fieber u. e. Hochzeitsreise m. Todesgefahr, s. Missions-Traktate, kleine. Nr. 34.

Hochzeit, Eine, mit Fieber und eine Hochzeitsreise mit Todesgefahr. Bremen 1901. V: *Lett, August.* (Berl)

Hochzeit, die, des Figaro, s. Figaro, auch Beaumarchais.

Hochzeit, die, des Figaro. Oper in drei Aufzügen. Musik von W. A. Mozart. Für das k. k. Hof-Operntheater in Wien eingerichtet. (Textbuch.) 8. (93 S.) Wien, Kilnast. **

Hochzeit, Figaros, oder der lustige Tag, a. d. Franz. Kopenhagen 1785. V: *Beaumarchais, Pierre Augustin Caron de.* Ü: *Unger, Friederike Helene geb. von Rothenburg.* (Schl) (MGT) (Ky)

Hochzeit, Die, des Figaro. Ein Schauspiel in Musik in 4 Aufzügen aus dem Französischen herausgezogen. Aufgeführt in dem kk. Nazionalhoftheater im Jahre 1786. Wien. V: *Da Ponte, Lorenzo.* (BiblPort)

Hochzeit, Figaro's. Operette; a. d. Ital. Leipzig 1794. V: *Beaumarchais, Pierre Augustin Caron de.* Ü: *Vulpius, Christian August.* (GGr) (Ky)

Hochzeit, Die, des Figaro oder Der tolle Tag. Operette in 4 Aufzügen nach dem Französischen für das kgl. sächsische Theater. Dresden 1815. V: *Da Ponte, Lorenzo.* (BiblPort)

Hochzeit, Die, des Figaro. Oper in 2 Aufz. A. d. Ital. 2. Aufl. Wien 1843. 4. Aufl. 1865. V: *Ponte, Lorenzo da.* (EB)

Hochzeit, die, des Figaro. Oper in 2 Aufz. Aus dem Italien. übers. für das k. k. Hoftheater. Musik von Mozart. 2. Aufl. 12. Wien 843, Wallishausser. ⅓ ß

— des Gemacho, od. Don Quixott, Ballet in 2 Abth. 8. Wien 807. Wallishausser. 2 gr

Hochzeit. Zur goldnen H. des Herrn H[an]s Conrad Stockar und und Frau R[egula] Henriette geb. von Orelli. 22. Juni 1879. [Gedicht.] 8. [Zürich.]

— —, Die, in der Hölle. Ein Bazenstück. Nach dem neuesten französischen Geschmacke. O. O. 1782. 8°. (1 Mk. 20 Pfg. H. Hugendubel, München, 1905.) Karl

Hochzeit, die, zu Cana, s. Familien-Bibliothek, kleine, f. christliche Leser.

— auf dem Lande. 8 gr ist Hans Klachl, 3r Thl

Hochzeit auf den Lande. Ein Gesellschaftsspiel für 2—13 Personen. Mit 26 ill. Kpfblätt. Deutsch u. Französ. Wien, Müller. 1 ℔ 4 ℊ

* — —, Die lustige, Und dabey angestellte Bauren-Masquerade. (Zwischenspiel in Hamburger Mundart.) (Hamburg) 1708. 4°. (In Berlin: Yp 5224, no. 32a.)

* — — Dasselbe. Hamburg 1728. 4°. (Ebd.: Yp 5226, no. 42.) Beide Drucke sehr rar!

Hochzeit nach d. Mode, (v. H. Müller VI.) 8. Magdeb. ... Bauer. ...

Hochzeit nach der Mode. Magdeburg 18?? V: *Müller, Heinrich Aug.* (Ky)

— u. Niederkunft im Himmel oder: Der Muttergottesschwindel in Kaufbeuren. Eine Gerichtsverhandlung am kgl. bayer. Landgerichte Kempten, Allgäu. 2. Aufl. gr. 8. (16 S.) München 900. O. Th. Scholl. n. —40

— — dasselbe. Die Arche Noah in Kempten u. die goldene Eisenbahn im Himmel. Zwei Gerichtsverhandlungen am kgl. bayer. Landgerichte Kempten, Allgäu. 4. Aufl. gr. 8. (22 S.) Ebd. 900. —50

Hochzeit, Pickelhärings, Oder: Der lustig-singende Harlequin ... Frölichshaussen 1752. V: *Reuter, Chn.* (EB)

— die silberne,. Schausp. in 5 A. 8. Leipz. Kummer. 799.

Hochzeit, Die silberne, des Königspaares von Hannover am 18. Februar 1868. München 1868. V: *Klopp, Onno.* (SWKl)

DER SILBERNEN HOCHZEIT des um unsere Stadt sehr verdienten Herrn Commercien- und Stadtraths Liedert widmete in der Königlichen deutschen Gesellschaft als ihrem würdigen Ehrengliede die Freude und Liebe ein redlich wünschendes Herz. 1753. am Tage Henrici. fol.

— die, vor der Trommel. Lustspiel mit Gesängen und Chören in 3 Aufzügen. Frei nach dem Französ. von L. B. G. gr. 8. Karlsruhe 843, Macklot. 5/12 ℔

Hochzeit, d. unerwartete, in Briefen, ist der Landbibliothek z. angen. u. lehrr. Zeitvertr. 15r.

Hochzeitbüchlein für den Professor Dr J. F. Eisenhart. Helmst. 1760. V: *Schrader, Paul August.* (ML)

Hochzeitfeier, Adams. Wesel 1788. V: *Kortum, Conrad Arnold.* (MGT)

Hochzeitfeier Karls, Erzherzogs von Oesterreich, mit Maria, Prinzessin von Baiern vom Jahre 1571. gr. 8. Nürnb. 816. (Riegel u. W.) 2 ℊ

Hochzeitfest, Das beglückte Gottschedische und Scipionische, besungen ... Cassel 1748. V: *Reifstein, Johann Friedrich.* (ML) (Stri)

Hochzeitfeste, Die laendlichen, In fünf Aufz. ... Wien 1773. V: *Moll, Christian Hieronymus.* (GGr) (Ky) V: *Pauersbach, Jos. v.* (Anz. f. d. Alt. 25, 335.)

Hochzeitfeyer

— die; od. ist's ein Mann od. ein Mädchen? Lustsp. v. Brandes. 8. Leipz. Dyk. 790.

Hochzeitfeyer, die traurige; od. was kann Leidenschaft nicht. Lustsp. in 3 Aufz. 8. Prag, Schönfeld. 786.

Hochzeitgebräuche der Letten. [Mitau 1806.] V: *Zimmermann, Ulrich Ernst.* (R-N)

§ HOCHZEITGEBRÄUCHE aller Nazionen der Welt. Aus d. Französ. übers. (Französ. Motto; hübsches typogr. Ornament.) Schwabach, bey Johann Gottlieb Mizler 1783. 8°. 135 S. (incl. Titel). Kulturgeschichtlich interess. Mitteilungen.

— — Dasselbe. Ebd. 1788. 8°. (3 Mk. A. Bielefeld. vor 1885.)

Hochzeit-, Begräbnis- und Ehren-Gedichte, Auserlesener Poetischer. Allen Liebhabern der Edlen Teutschen Poesie zur Gemüths-Belustigung, insonderheit aber der Studierenden Jugend zum möglichsten Besten zusammengetragen und ausgefertigt von S. K. Jena [ca. 1710]. H: *Krantz, S.* (?). (BGE III³, 290)

Hochzeitgeschenk, das,. Lustsp. in 5 A. v. Fr. Laun (Fr. A. Schulz). 8. Dresden, Arnold. 806.

— das, ein ernstes Wort des Oheims an seine Nichte u. Mündel bei ihrer Verheurathung, oder einiges über Glück u. Unglück in d. Ehe u. Kindererziehung, für alle Freundinnen u. Freunde d. höhern Lebensansichten, vom Verfass. d. „Spiegels für eheschene, ehelustige u. neuverehelichte Männer ꝛc." 12. Freiberg 832. Engelhardt. 6 ℊ Velinp. 8 ℊ

Hochzeitgeschenk, das, e. ernstes Wort d. Oheims an seine Nichte u. Mündel bei ihrer Verheirathung, od. Einiges üb. Glück u. Unglück in d. Ehe u. Kindererziehung; f. alle Freundinnen u. Freunde d. höh. Lebensansichten v. Verf. d. „Spiegels f. eheschene ꝛc. Männer." breit 12. (3½ B.) Freiberg 833, Engelhardt.

Hochzeitgeschenk, medic. diätet., f. Neuverheyrathete. 8. Bremen. (Willmanns in Frankf.) 795.

Hochzeitgeschenk, medizin. diätet., für Neuverheirathete. 8. Bremen 796. (Fr. Wilmans in Frankf. a. M.) 6 ℊ

§ HOCHZEITGRUSS, Ein. O. O. u. J. 8⁰. 12 Bll.

Hochzeitlader, Der, oder Einladungen zu Hochzeit und Danksagung nach derselben ... Augsburg 1808. V: *Schmid. Joh. Nep.* (Ky)

Hochzeitlader, der, od. Einladungen z. Hochzeit u. Danksag. nach derselben rc. 8. Augsb. Dalsenberger. 808.

Hochzeitlader, der, oder Einladung zu Hochzeiten rc. 2e Aufl. 8. Regensb. 825, Dalsenberger.

Hochzeitlader, der, oder Einladungen zu Hochzeit- u. Danksagung nach derselben rc. (von J. N. Schmid). 8. Augsb. 808. 3e A. 830. Dalsenberger. 8 gr.

Hochzeitlader, der höfliche, oder Einladungen zur Hochzeit, sowie Danksagungen und Lieder nach derselben. Zum Gebrauche für den Bürgerstand und für das Landvolk. Neue umgearb. u. verb. Aufl. Regensburg 858. Manz. 8. (110 S.) 12 ngr.

Hochzeitlied an meinen l. Schwager und Schwester den 14. Oktober 1777. Zürich. V: *Hottinger. Jac.* (Cat. d. Stadtbibl. Zürich. Zürich 1864—97.)

Hochzeit-Lieder, neue, nach beliebten Melodieen. Mit heiteren Trinksprüchen zum fröhlichen Tischgebrauch allen glücklichen Paaren rc. gewidmet. gr. 8. (8 S.) Radeberg 850, am Ende. * *

Hochzeitnacht, meine erste, 2 Bde. 8. Hamb. 802. (Herold jun.) 1 ₰ 8 gr.

Hochzeitnacht, meine erste, ein kom. Roman in 2 Bdn. in Althings Manier. 8. Hambg. Vollmer. 802.

Hochzeit-Ordnung, Revidirte, der Stadt Regenspurg. 18 Bll. — Taxa so neben a. Sätzen ... bey d. Stadt R. zu beobachten. 4 Bll. Reg. 1712. 4⁰. (4 Mk. 50 Pfg. J. Halle, München, c. 1905.)

Hochzeit-Predigt für Herrn M. Römer und Jungfrau A. B. Weyermann, 25. April 1786. O. O. 1786. V: *Lavater, Johann Kaspar.* (schstr S. 122)

Hochzeitrede auf die eheliche Verbindung zweyer Brüder ... Reuss. Nebst einigen Gedichten. O. O. 1780. V: *Eitel, Johann Jakob.* (zuwzür 16, 1912, I, S. 54)

Hochzeits-Album. Lex.-8. (112 S.) Wittenberg 882. Herrosé Verl. geb. m. Goldschn. n. 6. —

Hochzeits-Album. (Neue Aufl.) Lex.-8. (111 S. m. Illustr.) Wittenberg 884. Herrosé. geb. m. Goldschn. n. 7. —

Hochzeits-Album. 3. Aufl. Wittenberg 1889. H: *Gerok, Gust.* (Ky)

Hochzeits-Album. (Neu hrsg. v. G. Gerok. 3. Aufl.) 4. (144 S. m. 8 Chromolith.) Wittenberg 889. R. Herrosé Verl., Sep.-Cto. geb. m. Goldschn. n. 12. —

Hochzeits-Album. gr. 4. (73 Bl. m. 14 farbig illustr. Kartons.) Darmstadt 894. A. Koch. Geb. in Leinw. m. Goldschn. n. 15. —

Hochzeits-Album. Familien-Chronik. E. Buch z. Eintragen aller Ereignisse vom ersten Kuss d. heiml. Verlobg. b. zur Rückkehr ins eig. Heim nach d. Freuden d. Hochzeits-Reise. (Prachtausg.) Illustrirt v. Osk. Bluhm, Lina Burger, Aug. Gagel, nebst Gedichten v. *.*, sow. Kalender-Gedichten v. Frieda Schanz. gr. 4. (110 Bl.) Darmstadt 898. A. Koch. Geb. in Leinw. m. Goldschn. n. 25. —

Hochzeits-Album. 1—17. Heft. 8. Mühlhausen i/Th., G. Danner. à — 75
Benth, Eddy, der Streit der Weine. Hochzeits-Aufführung in Versen. (18 S.) (906.) (Hft. 17.)
Bourset, A., die drei Liebchen. Polterabend-Schwank f. 3 Damen. (8 S.) (905.) (Hft. 14.)
— der erste Zwist. Dramatischer Polterabend-Scherz. (15 S.) (905.) (Hft. 10.)
Ely, Leop., seine erste u. einzige Liebe! Schwank in 1 Akt. (20 S.) (905.) (Hft. 8.)
Grün, Gerda, Flitterwochenleid. Zwiegespräch f. 1 Herrn u. 1 Dame. (16 S.) (906.) (Hft. 16.)
Hertwig, Rob., ein Skat-Spiel. — Wettstreit zwischen Kaffeekanne, Bierglas u. Sektflasche. 2 Polterabendscherze f. 3 bis 4 Herren. (15 S.) (905.) (Hft. 13.)
Lehnhard, Paul R., der Gummitopf. Lustspiel in 1 Aufzuge. (18 S.) (905.) (Hft. 9.)
— ein Kaffeeklatsch. Hochzeits-Scherz. (8 S.) (905.) (Hft. 11.)
— der erste Tag in der Ehe. Schwank in 1 Akt. (16 S.) (904.) (Hft. 1.)
Makowski, Ludw., Adolar Eisenbart, Spezial-Reisender f. Ehestands-Artikel. Herren-Solo-Scene. (12 S.) (904.) (Hft. 6.)
— die Hausgeister. Polterabend-Spiel in 1 Aufzuge (f. 6 Damen od. 5 Damen, 1 Herrn). (16 S.) (904.) (Hft. 7.)
Roland, Herb., der Markttag zu Klatschenhausen. Humoristische Hochzeits-Scene f. 8 Damen. (14 S.) (905.) (Hft. 12.)
Steiner, Olga, trauernde Hinterbliebene. Hochzeitsscherz f. 3 Damen. (14 S.) (904.) (Hft. 5.)
— ich soll heiraten. — Hochzeitskuchen. 2 Soloscenen f. 1 Dame. (11 S.) (904.) (Hft. 4.)
— eine Küchenscene. Hochzeitsscherz f. 2 Damen. (11 S.) (904.) (Hft. 3.)
— eine Theaterschmiere. Hochzeits-Aufführung. (15 S.) (904.) (Hft. 2.)
Treller, H., der Myrte Ehrentag. Festspiel zur grünen, Silber- od. Gold-Hochzeit (od. zum Polter-Abend), darzustellen v. 5 Damen (od. nach Belieben v. 4 Damen u. 1 Herrn). (16 S.) (905.) (Hft. 15.)

Hochzeits-Album. 18.—21. Heft. 8. Mühlhausen i/Th., G. Danner. à Heft — 75
Bliß, Paul, Sturm in der Ehe. Dramatischer Scherz f. 2 Damen u. 2 Herren. (16 S.) (907.) (Heft 19.)
Gebhardt, F., in der Spinnstube. Dramatischer Scherz zur Aufführg. am Polterabend. (15 S.) (907.) (Heft 18.)
Lehnhard, Paul R., Eheglück. Eine Reihenfolge leb. Bilder m. erläut. Text. (8 S.) (907.) (Heft 20.)
Marx, Siegfr., Adam u. Eva. Eine Bagatelle. (12 S.) (910.) (Heft 21.)

Hochzeits-Aufführungen und Komödien für mehrere Personen. Berlin: E. Bloch (1898). (96 S.) 8° [Fr.]
= Polterabend und Hochzeit. Bd 22.

Hochzeitsbrauch, Ein alter. Zürich 1898. V: *Tobler, Gust.* (Zuwachsverz. d. Bibliotheken in Zürich 1898 ff.)

Hochzeits-Buch. 4. (43 S. ohne Text m. farb. Abbildgn.) Nürnberg (902). Th. Stroefer. Geb. in Leinw. m. Goldschn. 4. —

Hochzeitschmaus, Des Harlequins, in einem Singe-Spiele vorgestellet. [Frankfurt? 1750?] V: *Reuter, Chn.* (BrMm)

Des **Harlequins Hochzeit**- und **Kindtauffen-Schmausz** In einem Singe-Spiele vorgestellet. Freywald. 1730. 8o.
Fehlt bei Gottsched.

Hochzeits-[illegible]. gr. 4. (54 S. m. Abb., 4 [illegible] u. 2 Bilderrahmen.) Wien 898. Gesellschaft [illegible] Industrie. Geb. in Leinw. m. Goldschn. n.n. [illegible], in Celluloid m. Goldschn. n.n. [illegible]

Hochzeitsdichter, der. Eine Sammlung neuer Gedichte und Tafellieder zu Hochzeiten und Familienfesten. Mit Angabe der Melodien. Breslau (854.) Kern. 8. (2 Bl., 100 S.) 10 ngr.

—— der allezeit fertige, in Scherz und Ernst. Enthaltend 204 Gedichte rc. für gewöhnl., silberne, goldene und diamantne Hochzeiten, sowie auch für Polterabende, sowohl zu mündl. als schriftl. Vorträgen, ferner Hochzeitslieder und Toaste. Hrsg. von J. Reiner. 32. (176 S.) Crefeld 855, Klein. •

Zur goldenen **Hochzeits-Feier** unseres Ehrenbürgers Herrn Moritz Manheimer u. seiner Gemahlin Bertha geb. Lehweß am 2. Dez. 1905. Ein Erinnerungs-Blatt d. 'Zeitung f. Gommern'. (Gommern 1905.) (1 Bl.) 2° [Kopft.] 05. 13443 S

Hochzeits-Festschriften. 3. Bd. gr. 8. Berlin 898. E. Bloch. n. 2. —
Entwürfe u. Vorlagen f. eigenartig ausgestatt. Drucksachen zu Ueberraschgn. b. d. Hochzeitstafel. Von Julie Thiel u. Olga Steiner. 898. (55 S. m. Abb.)

Hochzeitsgast, der fidele. Eine Sammlg. ausgewählter lust. Einzelvorträge f. Polterabend, Hochzeit u. Kindtaufe. (48 S.) 8. Leipzig (909). R. Gleißenberg. 1. —

Hochzeitsgedicht, Sächsisches, auf Lassel Julie und Giesel Fritz ... Kronstadt 1862. V: *Lassel, Franz.* (SzMJ)

Hochzeitsgedichte, deutsche, hrsg. v. Hans W. Fischer, s.: Liebhaberbibliothek, kulturhistorische. 35. Bd.

HOCHZEITSGEDICHTE, Deutsche, hrsg. v. H. W. Fischer. Leipzig 1907. 8°. (Mk. 5—.) (3 Mk. 50 Pfg., Origldrbd., Ottmar Schonhuth, München, 1911.)

Hochzeits-Gedichte u. -Lieder. 1. Bdchn, v. Ottilie Schwahn u. Gedanus, u. 2. u. 3. Bdchn. (à 48 S.) kl. 8. Mülheim a/R. (904). J. Bagel. à — 20

Hochzeits-Gedichte ernsten u. heit. Inhalts, nebst Beiträgen zu Hochzeits-Zeitungen, s.: Bibliothek f. Scherz u. Ernst.

— s.: Lausch, E.

Hochzeitsgedichte, neueste. Eine Sammlg. der besten Glückwünsche, Toaste rc. f. alle nur mögl. Fälle. Ster.-Ausg. 16. (32 S.) Reutlingen 892. Enßlin & Laiblin. — 10

Hochzeits-Gedichte, neueste, Vorträge, Lieder u. Aufführungen, auch f. silberne u. goldene Hochzeiten in reicher Auswahl. gr. 16. (80 S.) Reutlingen (900). R. Bardtenschlager. — 25; auf stärk. Papier m. farb. Umschlag — 50

— neueste. Eine Sammlg. der besten Glückwünsche, Toaste usw. f. alle nur mögl. Fälle. 12. Aufl. (32 S.) 16. Reutlingen (909). Enßlin & Laiblin. — 10

Plattdeutsche mecklenburgische Hochzeitsgedichte aus dem 17 und 18. Jahrh hrgg. v. Gustav **Kohfeldt.** Rostock. 1908. 4°

Hochzeitsgeschenk, Medic.-diätet., für Neuverheyratete, s. Hochzeitgeschenk

Hochzeits-Glocken: 1883 - 1884? New York, NY
Monthly. Consists of matrimonial advertising. Large quarto, each issue 4 pages.

HOCHZEITSGRÜSSE (Frankf. a. O. 1868.) Als Manuscript gedruckt. (2 Mk. 75 Pfg. Max Harrwitz, 1894.)
Anon.-Lex. II p. 295 (nach Kayser).

Hochzeitsjubiläen Vorträge u Aufführungen zu silbernen, zinnernen, kupfernen, dreissigj., vierzigj. u. goldenen Hochzeiten. *Berlin: E. Bloch [1901].* (88 S.) 8° [A]
- Polterabend u. Hochzeit. Bd 23

Hochzeits-Kladderadatsch, s. Wallner, Edm.

Hochzeits-Kladderadatsch. 1. Jahrg. Nr. 4—6. (½ B.) Imp.-4. Erfurt 877. Bartholomäus. à n. — 50

Hochzeits-Komiker, der. Orig.-Vorträge f. Polterabende u. Hochzeiten. (32 S.) 8. Neuweißensee (905). E. Bartels. — 25

Hochzeits- u. Polterabend-Komödien, kleine, Aufzüge, lebende Bilder u. Gesellschafts-Scherze. 16. (64 S.) Mülheim 884. Bagel. n. — 50

Hochzeits- u. Ehestands-Kränzlein. Berlin 862. (Beck.) 16. (16 S.) 1½ ngr.

Hochzeits- u. Ehestands Kränzlein. 2. Aufl. Berlin 868. (C. Beck.) 16. (16 S.) n. 1 ngr.

Hochzeits-Lieder. 18 ausgew. Lieder ... Hamm i. W.: Breer & Thiemann [1900]. (12 S.) 8° [Umschlagt. F.] 08. 1661 6

Hochzeits-Lieder. (Neue Aufl.) (8 S.) gr. 8. Essen (910). Fredebeul & Koenen. p — 20

Hochzeits-Lieder u. Wünsche zu Verlobungs- u. Hochzeitsfesten. 16. (48 S.) Stuttgart 891. W. Ebner (?) [illegible] — 20

Hochzeits- u. Kleiderordnungen, die Hamburgischen, v. 1583 u. 1585. (Hrsg. v. Joh. Friedr. Voigt.) gr. 8. (IX, 56 S.) Hamb. 889, Mauke Söhne. 1 —

Hochzeits-Predigt, gehalten bei der Trauung von Herrn Johann Jacob Schuster, von Basel, und Jgfr. Anna Elisabeth von Speyr, den 28ten Mai 1863 zu St Jakob. 8. *Lithographiert. o. O*

HOCHZEITSREDEN, Drei fidele, / Bieten sich hier fur Jedweden, / (noch weitere 12 Verszeilen mit Absetzung derselben). Mit Titelholzschnitt (Storch mit Kind im Schnabel). Druck und Verlag von A. Ludwig in Oels (c. 1860). 8°.
Bereits seltenes Jahrmarktsschriftchen.

Hochzeitsreise, e. Von E. v. H. (63 S.) kl. 4. Dresden 903. E. Pierson. n. 1. 50; geb. n. 2. 50

Hochzeitsreise. Eine H' ins Weltall. Mit Genehmigung der Verlagshandlung F. Zahn in Neuenburg in Vereinfachter Stenographie hrg. von Hermann Bobie. 87 S. 8. Wetzikon bei Zürich, Hermann Bobie, 1904. (fr. 1. 35)
Erzählungen aus dem Schweizerischen Unterhaltungsblatt (*Umschlag:* aus dem U' für Stenographen). No. 13.

Hochzeitsreisen. Künstler-Album der Lust. Blätter. (16 farb. S.) 34,5×26 cm. Berlin (910). Verlag der „Lustigen Blätter". — 50

Hochzeitsschmaus. Beym H'-Sch' Jungfrau Margreth Schnell und Herrn Peter Burkhardt, den 23. Octob. 1780. aufgesetzt von ***. [Gedicht.] 8 o. O.

Hochzeitstag, Der, oder das Ärgste kommt zuletzt; ein Trauerspiel. Breslau 1779. V: *Bürde, Samuel Glieb.* (JL) (MGT)

Hochzeitswünsche u. Gedichte, neueste. Eine Sammlg. der besten Glückwünsche, Toaste rc. ernsten u. laun. Inhalts zu grünen, silbernen, goldenen u. diamantenen Hochzeitsfeiern. Mit e. Anh. v. Tafelliedern. Ster.-Ausg. 16. (64 S.) Reutlingen 892. Enßlin & Laiblin. — 60

Hochzeitswünsche u. Gedichte, neueste. Eine Sammlg. der besten Glückwünsche, Toaste usw., ernsten u. laun. Inhalts zu grünen, silbernen, goldenen, diamantenen Hochzeitsfeiern. Mit e. Anh. v. Tafelliedern. 25.—33. Taus. (64 S.) 16. Reutlingen (909). Enßlin & Laiblin. — 20

Hochzeittag, der; Origin.-Lstspl. in 5 A. (von Ant. Ad. v. Crenzin). 8. Münch. 777. Lentner. 3 gl

— der, od. das ärgste kommt zuletzt. Trspl. E. Bresl. 779. Löwe. 6 gl

— der; Lstspl. 8. Halle 789. Curt. (Laue in Berl.) 3 gl

Hochzeittag, Der, eine Idylle. Leipzig 1804. V: *Seckendorf, Chn. Adolf Frh. v.* (?). Vgl. Engelmann 1, 156, 391. (DARP)

Hochzeittag, der, e. Idylle. 8. Leipz. 804. Compt. f. Litt. 2 ßß

— der, und Eyridice. Nachspiele; aus d. Engl. 8. Kopenh. 759. Proft. 4 gl

Hochzeit-Vertrag, Kurzweiliger, nach der natürlichen ob der Ennserisch-Bäurischen Mund- und Denkungsart, in gebundener Rede zur Unterhaltung Ihro Königl. Hoheit der ... Maria Antonia Erz herzoginn von Oesterreich Dauphine von Frankreich. Steyr [1770]. V: *Lindemayr, Maurus.* (Scriptores ordinis S. Benedicti, S. 278) (BIBLPORT)

Hock, Gesetz, betr. die Ausstellung gerichtlicher Erbbescheinigungen und die Zuständigkeit der Amtsgerichte vom 10. Mai 1886. gr. 8. (59 S.) Mannheim 886, Bensheimer's Verlag. *

Hock, das Verfahren bei Erteilung v. Erbscheinen, mit bes. Berücksicht. elsaß-lothringischer Bestimmungen, z. prakt. Gebrauche dargestellt. (IX, 164 S.) 8. Gebweiler 909. J. Boltze. Geb. 3.50

—— das Verfahren bei Siegelungen nach Elsass-Lothringischer Gesetzgebung, für Richter, Gerichtsschreiber, Gerichtsvollzieher, Notare und Rechtsanwälte zum prakt. Gebrauche dargestellt. gr. 8. (V, 159 S.) Ebendas. 886. *

Hock, Aug. u. Herm. Schlesinger. Hämatologische Studien, s. Beiträge zur Kinderheilkunde.

Hock, C. F., Cartesius u. seine Gegner, e. Beitr. z. Charakteristik d. philosoph. Bestrebungen uns. Zeit. gr. 8. (7½ B.) Wien 835, Beck'sche Univ.-Buchh.

Hock, C. F., Cholerodea, Zeitgemälde. gr. 8. (13½ B.) Wien 832, Mechitaristen-Congreg.-Buchh.

—— Gerbert od. Papst Sylvester II. u. sein Jahrhundert. gr. 8. (15¼ B.) Wien 837, Beck's Univ.-Buchh.

— s. Jugendfreund, der.

—— Novellen u. Erzählungen. 8. (12½ B. u. Titvign.) Wien 835, Grund. (Leipzig, Fr. Fleischer.)

Hock, Carl, s. Hock, Karl

Hock, Conrad, s. Hock, Konrad

Hock, F., statistische Mittheilungen über die forstwirthschaftlichen Verhältnisse im Herzogthum Coburg, nebst Maaßreductionstafeln zur leichten und schnellen Vergleichung verschiedener Maaße und Gewichte. Coburg 854. (Riemann'sche Hofbuchhdlg.) gr. 8. (V, 108 S. u. 6 Tab. in 4. u. Fol.) n. 1 ₰. 8 ngr.

Hock, Franz. Die Kastanie der Equiden. Ihre Entwicklung, ihre Struktur, ihr Wert zur Rasse- und Exterieurbeurteilung und die wahrscheinliche Ursache ihres Vorhandenseins. Aus dem zootechnischen Institut der Universität Bern .... Diss. Vet.-Med. Bern. [Mit 1 Tafel.] 52 S. 8. Bad Kissingen, Carl H. Rath, 1910.

Hock, G., statistisches Handbuch für Kärnten. Nach amtl. Daten zusammengestellt. 1. Jahrg. 1886. Beilage d. kärtner. Gemeindeblattes. gr. 8. (68 S.) Klagenfurt 886. (v. Kleinmayr.) n.n. — 80

Hock, Georg: Griechische Weihegebräuche. München 1905: (H. Stürtz, Würzburg.) (134 S.) 8°
München, Phil. Fak., Ref. Furtwängler, Diss. v. 21. Juli 1904
[Geb. 24. Mai 75 Großostheim b. Aschaffenburg; Wohnort: Würzburg; Staatsangeh.: Bayern; Vorbildung: Gymn. Aschaffenburg Reife M. 95; Studium: Lyzeum Eichstätt 2, Würzburg 2, München 4 S.; Rig. 21. Juli 04.]

Hock, Gust., statistisches Handbuch für Kärnten. Nach amtl. Daten zusammengestellt. 1. Jahrg. 1886. Beilage des kärntner. Gemeindeblattes. gr. 8. (68 S.) Klagenfurt 886, (v. Kleinmayr.) **
Nicht weiter erschienen.

Hock, J., die syphilitischen Augenkrankheiten, s.: Klinik, Wiener, 1876.

Hock, J., üb. seitliche Beleuchtung d. Auges, üb. Loupen u. deren Beziehungen zum Auge, } s.: Klinik, Wiener.

—— Bericht der Privat-Augen-Heilanstalt des Dr. J. Hock. Vom März 1882 bis März 1883. Nebst Beiträgen zur Lehre von der Neuritis retrobulbaris. gr. 8. (68 S. mit 4 in den Text gedr. zinkogr. Fig.) Wien 883, (Seidel und Sohn.)
Aus: Wiener medizinische Blätter, besonders abgedruckt.

Hock, J., die Brillenbestimmung f. pract. Aerzte. Verm. u. verb. Abdr. aus Dr. Holzer's ärztl. Taschen-Kalender 1876. 8. (IV, 33 S.) Wien 876. Seidel & Sohn. n. 1. 20

— die kleinen ch[illegible] Handgriffe in der Augenheilkunde, s.: Klinik, Wiener, 1881.

Hock, J., Propädeutik f. das Studium der Augenheilkunde. Mit 61 in den Text gedr. Abbildgn. gr. 8. (X, 254 S.) Stuttgart 887. Enke. n. 7. —

Hock, J., der gegenwärtige Stand der Lehre vom Glaukom, s.: Klinik, Wiener, 1878.

Hock, Jak., Handbuch der gesammten Finanzverwaltung im Königr. Bayern, nach dem dermal. Stande der Reichs- u. Landesgesetzgebung bearb. Hrsg. als 3. Aufl. des gleichnam. Handbuches von Karl Stokar v. Neuforn. 1—10. Lfg. gr. 8. (1. Bd. XVI, 607 S., u. 2. Bd. S. 1—416.) Bamberg 881. 82. Buchner. à n. 2. —; Velinpap. à n. 3. —

Hock, Jak., Handbuch der gesammten Finanzverwaltung im Königr. Bayern, nach dem dermal. Stand der Reichs- u. Landesgesetzgebg. bearb. Hrsg. als 3. Aufl. d. gleichnam. Handbuches von Carl Stokar v. Neuforn. 11—20. (Schluß-)Lfg. gr. 8. (2. Bd. XI u S. 417—749 u. 3. Bd. X, 571 S.) Bamberg 883—85. Buchner. à n. 2. —; Velinpap. à n. 3. —

Hock, J., Handbuch der gesammten Finanzverwaltung im Königr. Bayern, nach dem dermal. Stand der Reichs- u. Landesgesetzgebg. bearb. Hrsg. als 3. Aufl. d. gleichnam. Handbuches von Carl Stokar v. Neuforn. 21.—24. (Schluß-) Lfg. gr. 8. (4. Bd. 442 S.) Bamberg 887. 888. Buchner. à Lfg. n. 2. —; Velinpapier à n. 3. — (4 Bde. cplt.: n. 48. —)

Hock, Jh. Dn. (Karl Fr. Aug. Hochheimer) von d. Kenntnissen u. den Heilmitteln aller Arten venerischer Zufälle. 8. Leipz. 792. Barth. 7 gr.

Hock, Jh. Jk., Abhandl. von Flur-, Lager-, Fand-, Bann- oder Markungsbüchern u. Schätzungs- oder Steuerkatastris. 8. Frankf. a. M. 790. Andreä: 9 gr.

HOCK, Johann Jacob: Abhandlung von Versteinigungen, Beschreibungen, Verzeichnungen und Beziehungen der Gränzen, zum Gebrauch eines Beamten und Geometers, nach angewandten rechtlichen und mathematischen Grundsätzen. - Mainz 1789. 91 S.

— Abhandl. von Versteinerungen, Beschreibb., Verzeichnungen u. Beziehungen d. Grenzen, zum Gebrauch e. Beamten u. Geometers ꝛc. 8. Mainz 790. Andreä in Frankf. a. M. 5 gr.

Hock, Johann Karl, s. Höck

Hock, Josef [aus Miltenberg a. M. in Unterfranken]: Weiteres Schicksal der in den letzten Jahren zu Erlangen operierten tuberkulösen Lymphdrüsen. . . . Würzburg, Buchdr. J. Seelmeyr, 1891; 48 S. 8°

Erlangen, Med. Fak., Inaug. Diss. v. 15. Jul. 1890

Hock, J[oseph], aus Konstanz: Aus d. anatom. Institut d. Tierärztl. Hochschule in Berlin. Untersuchungen über den Übergang der Magen- in die Darmschleimhaut mit besonderer Berücksichtigung der Lieberkühn'schen Krypten und Brunner'schen Drüsen bei den Haus-Säugetieren. *Giessen 1899: v. Münchow.* (80 S.) 8°

Giessen, Veterinär-med. Diss. v. 1899

HOCK, Julius

Ueber Abhängigkeit der Capillaritäts-Constanten homologer Reihen von der Temperatur und der chemischen Zusammensetzung und über die Oberflächenspannungen unterkühlter Flüssigkeiten von Julius Hock. Aus dem physikalisch-chemischen Institute der k. k. Universität in Wien. (Mit 1 Tafel.) (Aus den Sitzungsberichten der kaiserl. Akademie der Wissenschaften in Wien. Mathem.-naturw. Classe; Bd. CVIII, Abth. II a. December 1899.) Wien. 1899. In Comm. Gerold's Sohn. Gr.-8°. 18 S. K —.60

Hock, Karl

Hock, Carl v., die öffentlichen Abgaben u. Schulden. Stuttgart 863. Cotta. gr. 8. (XI, 380 S.) 2 ₰

—— die Finanzen und die Finanzgeschichte der Vereinigten Staaten von Amerika. gr. 8. (XIV und 812 S.) Stuttgart 867, Cotta'sche Buchh. *

Hock, Carl Ritter v., die Finanzverwaltung Frankreichs. gr. 8. (XII und 699 S.) Stuttgart 857, Cotta'sche Buchh. *

— der österreichische Staatsrath. Eine geschichtl. Studie. (In 6 Liefgn.) 1. Liefg. Der Staatsrath unter Maria Theresia. Wien 868. Braumüller. gr. 8. (99 S.) n. 16 ngr.

Hock, Carl Frhr. v., der österreichische Staatsrath. Eine geschichtl. Studie. II. u. III. Der Staatsrath unter Joseph II. gr. 8. (IV, 334 S.) Wien 871—75. Braumüller. à n. 2. — (1—3.: n. 5. 60)

Hock, Carl Frhr. v., der österreichische Staatsrath. Eine geschichtl. Studie. 4. Lfg.: Der Staatsrath unter Kaiser Joseph II. [Fortsetzung.] gr. 8. (V, S. 335—518.) Wien 878, Braumüller. *

—— dass. — Eine geschichtl. Studie, aus dessen literar. Nachlasse fortgesetzt und vollendet von Herm. Ign. Biedermann. 5. (Schluß-)Lfg.: Der Staatsrath unter Kaiser Josef II., Kaiser Leopold II. und Kaiser Franz I. gr. 8. (VIII, S. 519—737.) Ebendas. 879. *

1.—3. Lfg. Ebendas. 1868—73. *ℳ 5,60.

Hock, Carl Frhr. v., der österreichische Staatsrath [1760—1848]. Eine geschichtliche Studie, aus dessen literarischem Nachlasse fortgesetzt u. vollendet von Herm. Ign. Biedermann. 4. u. 5. [Schluß-]Lfg. gr. 8. (VIII u. S. 335—737.) Wien 879. Braumüller. n. 7. 40 (cplt.: n. 13. —)

Hock, Karl. Ueber den Werth des Spectroscopes bei Ausmittelung organischer Gifte. Bern, 1882.

Hock, Konrad

Hock, Conr., Düsseldorfer Carneval 1886—93, s.: Rueben, Heinr.

Hock, Paul v., s.a. Landesgesetze, Niederösterr.

Hock, Frhr. v., Niederösterr. Landes-Gesetze. 1.—5. Bdchn. 2. Aufl. 12. Wien 897. Manz. n. 12. —

1. Landesverfassungsgesetze. Gemeindegesetze. (X, 271 S.) n. 2.—
2. Gemeindestatut f. Wien. (III, 140 S.) n. 2. —
3. Wasserrecht, Flußregulirungs- u. Flußpolizei-Vorschriften. (IV, 320 S.) n. 3. —
4. Straßen- u. Eisenbahnvorschriften. Verkehrsanlagen in Wien. (IV, 196 S.) n. 2. —
5. Bau- u. Feuerpolizei. (VIII, 328 S.) n. 3. —

Hock, Paul Frhr. v., niederösterreichische Landes-Gesetze, 6. Bdchn. Landeskultur-Gesetze, s.: Gesetz-Ausgabe, Manzsche. Nr. 19.

Hock, Frhr. v., niederösterr. Landesgesetze. Schul-Gesetze, s. a. Gesetz-Ausgabe, Manz'sche. Nr. 19.

Hock, Statthalt.-R. Frhr. v., Niederösterreichische Landesgesetze. 7. Bdchn.: „Schulgesetze." »Gesetz-Ausgabe, Manzsche.« (380 S.) Ebd. 1901. Manz.

Hock, Richard, Unter-Veter. an d. Mil.-Veter.-Akad.: Aus d. Labor. d. Mil.-Veter.-Akad. Berlin. Vorst.: Tröster. Ueber die Reaktion der Leukocyten auf gewisse chemische Reize in der Haut und im Blute der weissen Maus. Jena: Fischer 1910. 16 S. 8° ¶(Aus: Centralblatt f. Bakteriol. Abt. 1. Bd 54, H. 3.)
Gießen, Veterinär-Med. Diss. v. 1. Dez. 1910, Ref. Bostroem
[Geb. 28. Nov. 84 Achern; Wohnort: Berlin; Staatsangeh.: Baden; Vorbildung Gymn. Tauberbischofsheim Reife M. 05; Studium: Berlin Tierärztl. Hochsch. 7 S.; Rig. 4. Nov. 10.] [U 11. 1290

Babel. Schwank in 1 Akt von Rudolf **Hock.** Mühlhausen i. Th.: G. Danner [1905]. (24 S.) 8° [F.]
— Theater f. Herrenabende. No 7. [05. 15084 8

Hock, Rud., Lach-Serum. 150 der besten Witze u. Anekdoten. 2. Aufl. 3.—10. Taus. (70 S.) 8. Breslau 907. G. C. Bürkner. 1. —

Hock, Simon. Die Familien Prags. Nach den Epitaphien d. alten jüd. Friedhofs in Prag zusammengestellt. Aus dem Nachlasse hrsg. u. biogr. eingel. v. Dav. Kaufmann. (In hebr. Sprache.) gr. 8. (36; 402 S. m. Bildnis.) Pressb. 892. (Frankf. a. M., Kauffmann. — Prag, Pascheles. — Wien, Lippe.) * 6 —

(F) **Hock,** St., Erinnerungen von Ludwig August Frankl. [Bibliothek deutscher Schriftsteller aus Böhmen. 29. Bd.] 8°. (XVI, 390 S.) K 5.—
Prag: Calve 1910.

Hock Stephan: Zur Geschichte des Vampyr-Motivs in der deutschen Literatur.
1899 PN 1255 Diss. Wien Univ. 95

Hock, Stefan (Hrsg.), s. G r ü n , Anast.: Polit. Reden u. Schriften.

Hock, Stef., deutsche Literaturgeschichte f. österreich. Mittelschulen. Ausg. f. Realschulen. I. Tl. Für die V. Klasse. (80 S. m. 4 Abb.) 8. Wien 910. F. Tempsky. Geb. 1. 20

Hock, Stef., der Traum, e. Leben. Eine literarhistor. Untersuchg. (VII, 214 S.) gr. 8. Stuttgart 904. J. G. Cotta Nachf. n. 5. —

Hock, Stef., die Vampyrsagen u. ihre Verwertung in der deutschen Litteratur, s.a. Forschungen zur neueren Litteraturgeschichte. XVII.

Die Vampyrsagen und ihre Verwertung in der deutschen Litteratur. Von Stefan Hock. *Berlin: A. Duncker 1900.* (IX, 133 S.) 8°
— Forschungen z. neueren Litteraturgeschichte. 17. [00. 11606 8

Hock, Theob., Schoenes Blumenfeld, s.a. Neudrucke deutscher Litteraturwerke des XVI. u. XVII. Jahrh.

Theobald **Hock,** Schoenes Blumenfeld. Abdr. d. Ausg. v. 1601. Hrsg. v. Max Koch. *Halle a. S.: M. Niemeyer 1899.* (LXII, 141 S.) 1 Bd 8.
— Neudrucke deutscher Litteraturwerke d. XVI. u. XVII. Jhs. No 157 159. [99. 5572 5

Hock, Tobias Friedrich (Wiernshemio-Maulbronn.), Chusajus ab intentato perfidiae crimine defensus. Präs. Joh. Eberhard Rösler. Tübing. (Jo. Conrad Reis) Mai 1712. 20 S. (6.80) 15319
Gew.: Präs., Matthäus Hiller, Joh. Conrad Creiling, Joh. Christian Neu, Gottfried Hoffmann. — Widm. v.: Präs., Jo. Christian Neu, M. Georg Christoph Böhm, M. Joh. Christian Klemm.

Hock, Valentin [aus Grossostheim]: Ueber syphilitische Trachealstenose ... Würzburg, Druck v. F. Fromme, 1895; 39 S. 8.
Erlangen, Med. Fak., Inaug.-Diss. v. [17.] Juli 1894

Hock, Wilh., Prinz Carneval. Parodistische Burleske mit Gesang und Tanz in 3 Akten. [Mscr.] gr. 8. (24 S.) Leipzig 869. (Leiner.) *

Hoeck (Hrsg.), s. A c c e s s i o n e n , Die, d. Univers.-Bibliothek in Göttingen.

Höck, ..., 16 Noth- u. Hülfstafeln für Buchbinder, Böttcher, Schlosser 2c. 8. Leipz. 801. Leo. (à 3 ℛ) 2 ℳ

Die Beziehungen Kerkyras zum zweiten athenischen Seebunde. Von Adelbert **Höck.** Husum. 1881. 4°. Husum, Gymn.-Progr.

Höck, Adb., Demosthenes, s.a. Gymnasial-Bibliothek.

[F.] Demosthenes. E. Lebensb. dargest. v. Dr. Adalbert **Höck** in Husum. M. 1 Titelb. *Gütersloh: C. Bertelsmann 1895.* (2 Bl., 88 S., 1 Portr.) 1 Bd 8.
— Gymnasial-Bibliothek. H. 22. [96. 3350

— u. Ludw. **Pertsch,** P. W., Forchhammer. Ein Gedenkblatt. Mit e. Anh.: Briefe von u. an Forchhammer. gr. 8. (290 S. m. 1 Abb. u. Bildnis.) Kiel 898. H. Eckardt. n. 5. —

Höck, Adelb., Herodot u. sein Geschichtswerk, s.a. Gymnasial-Bibliothek. 37. Hft.

Herodot und sein Geschichtswerk. Von Dr. Adelbert **Höck** in Husum. Mit e. Titelbild. *Gütersloh: C. Bertelsmann 1904.* (144 S.) 8° [F.]
— Gymnasial-Bibliothek. H. 37. [04. 4921

Hoeck, Adb., de Demosthenis adversus Pantaenetum oratione. Dissertation. gr. 8. (29 S.) Berlin 878. Mayer & Müller. n. 1. —

Hoeck, Adb., de rebus ab Atheniensibus in Thracia et in Ponto ab anno a. Chr. 378 ad annum 338 gestis. Dissertatio. 4. (85 S.) Kiel 876. (Haesler.) n. 3. -

Höck, C. F. C., s. H ö c k , Karl

Höck, Carl, s. H ö c k , Karl

Höck, Daniel Albert, s. H ö c k , Johann Daniel Albert

Höck, F. Verteilung der geographischen Lehrpensen auf die verschiedenen Klassenstufen der Gymnasien und Realgymnasien. 16 S. Progr. G. *Frankfurt a/O.* 1885.

Ankömmlinge in der Pflanzenwelt Mitteleuropas während des letzten halben Jahrhunderts von Fernando **Höck.** 1—4. Cassel. 1900—01. 8°.

Der Anschluss norddeutscher Laubwaldpflanzen an die Buche und Stieleiche v. [Fernando] **Höck.** Sonder-Abdruck aus Leimbach's Deutscher botan. Monatsschrift. Jg. 10. Nr. 3. [Arnstadt. 1892.] 8°.

Begleitpflanzen der Buche v. Fernando **Höck.** Separat-Abdruck aus: Botan. Centralblatt [Bd. 52] Nr. 50. Cassel. 1892. 8°.

Fernando **Höck:** Begleitpflanzen der Kiefer in Norddeutschland. Sonderabdruck aus den Berichten d. Deutschen Botan. Gesellschaft. Jg. 1893, Bd. 11, Heft 3. Berlin. 1893. 8°.

Höck, F. Beiträge zur Morphologie, Gruppirung und geographischen Verbreitung der Valerianaceen. Leipzig 1882.

Höck, F., die Brotpflanzen, ihr Ursprung u. ihre heutige Verbreitung. | s.a. Sammlg. gemeinverständl. wissenschaftlicher Vorträge.

Die Brotpflanzen, ihr Ursprung und ihre heutige Verbreitung. Von Dr. F[ernando] Höck, Oberl. in Luckenwalde. *Hamburg: Dr. A.-G. 1901.* (40 S.) 8°
= Sammlung gemeinverständl. wiss. Vorträge. N. F. Ser. 15. H. 356. [01.056

Brandenburger Buchenbegleiter v. Fernando Höck. Separat-Abdr. aus den Abhandlungen d. Botan. Ver. d. Prov. Brandenburg. 36. [Berlin 1894.] 8°.

Höck, F Calyceraceae, s.: Englor, A., u. K. Prantl, die natürlichen Pflanzenfamilien.

- Der veränderte Einfluß des Menschen auf die Pflanzenwelt Norddeutschlands, s.a. Sammlung gemeinverständl. wissenschaftlicher Vorträge.

[F.] Der verändernde Einfluss des Menschen auf die Pflanzenwelt Norddeutschlands. Von Dr. [Fernando] Höck, Oberl. in Luckenwalde. *Hamburg: Verlagsanst. u. Dr. A.-G. 1899.* (18 S.) 8.
= Sammlung gemeinverständl. wiss. Vorträge. N. F. Ser. 14. H. 314.
[99. 1670

Gelegenheits[illegible] über weit verbreitete Pflanzen im norddeutschen Tieflande v. Fernando Höck. Ausschnitt aus „Helios" Jg. 10 [1892/93] Nr. 10 [Berlin.] 8°.

Fernando Höck: Muthmassliche Gründe für die Verbreitung der Kiefer und ihrer Begleiter in Norddeutschland. Sonderabdruck aus den Berichten d. Deutschen Botan. Gesellschaft. Jg. 1893. Bd. 11 Heft 6. Berlin. 1893. 8°.

Höck, F., Grundzüge der Pflanzengeographie. Unt. Rücksichtnahme auf d. Unterricht an höh. Lehranst. verf. M. 60 Abb. u. 2 Karten in Farbendr. gr. 8. (189 S.) Breslau 897. F. Hirt. n. 3. —

Höck, F., einige Haupt-Ergebnisse der Pflanzen-Geographie in den letzten 20 Jahren, s. Sammlung naturwissenschaftlicher Vorträge.

Höck, F. Heimath der angebauten Gemüse, s. Sammlung naturwissenschaftlicher Vorträge.

— Laubwaldflora Norddeutschlands, s.a. Forschungen z. deutschen Landes- u. Volkskunde.

Laubwaldflora Norddeutschlands. E. pflanzengeogr. Studie. Von Dr F[ernando] Höck, Oberl. in Luckenwalde. *Stuttgart: J. Engelhorn 1896.* (2 Bl., 241–304 S.) 8.
= Forschungen z. deutschen Landes- u. Volkskunde. Bd 9. H. 4. [96. 43

Höck, F., Lehrbuch der Pflanzenkunde f. höh. Schulen u. zum Selbstunterricht. Mit besond. Rücksichtnahme auf die Lebensverhältnisse der Pflanzen vollkommen neu bearb. auf Grundlage der 4. Aufl. v. „Dalitzsch-Ross, Pflanzenbuch". 2 Tle. 8. Esslingen 908. J. F. Schreiber. Geb. 4. 80
1. Unterstufe. (112 u. IV S. m. Abb. u. 6 z. Tl. farb. Taf.) 1. 60
2. Oberstufe. (IV, 220 S. m. Abbildgn., 23 z. Tl. farb. Taf. u. 2 farb. Karten.) 3. 20

— Nadelwaldflora Norddeutschlands, s.a. Forschungen zur deutschen Landes- u. Volkskunde.

Höck F.: Nadelwaldflora Norddeutschlands. Eine pflanzengeographische Studie. Stuttg. 1893. (51) S. 1 Kt. P.
(Forschungen z. deutschen Landes- u. Volkskunde . . . herausg. v. A. Kirchhoff. 7. Bd. H. 4).

— Nährpflanzen Mitteleuropas, ihre Heimat, Einführung in das Gebiet u. Verbreitung innerhalb derselben, s.a. Forschungen zur deutschen Landes- u. Volkskunde.

Höck F.: Nährpflanzen Mitteleuropas, ihre Heimat, Einführung in das Gebiet u. Verbreitung innerhalb desselben. Stuttg. 1890. 67 S. P.
(Forschungen z. deutschen Landes- u. Volkskunde. V, 1.).

Höck, [Fernando]: Natur- und Erdkunde auf der Oberstufe der Realgymnasien. Perleberg 1908: Mancke. 22 S. 4°
Perleberg, k. RG P 1908 (131) [S 08. 193

— Pflanzen der Kunstbestände Norddeutschlands als Zeugen f. die Verkehrsgeschichte unserer Heimat, s.a. Forschungen z. deutsch. Landes- u. Volkskde. XIII. 2.

Pflanzen der Kunstbestände Norddeutschlands als Zeugen für die Verkehrsgeschichte unserer Heimat. Eine pflanzengeogr. Untersuchung von Dr. F[ernando] Höck, Oberl. in Luckenwalde. *Stuttgart: J. Engelhorn 1900.* (S. 91–152.) 8°
= Forschungen z. deutschen Landes- u. Volkskunde. Bd 13, H. 2.
[00. 9683

Höck, F., die nutzbaren Pflanzen u. Tiere Amerikas u. der alten Welt, verglichen in Bezug auf ihren Kultureinfluss. gr. 8. (68 S.) Leipzig 884. Engelmann. n. 1. 20

— Pflanzenkunde f. höh. Schulen u. z. Selbstunterricht. Mit besond. Rücksichtnahme auf die Lebensverhältnisse der Pflanzen vollkommen neu bearb. auf Grundlage der 4. Aufl. v. „Dalitzsch-Ross, Pflanzenbuch". 2 Tle. in 1 Bde. (IV, 112, IV, IV u. 220 S. m. Abbildgn., 29 z. Tl. farb. Taf. u. 2 farb. Karten.) 8. Ebd. (909). Geb. in Leinw. 6. --

Höck, F., deutsche Schulflora, s.: Cossmann, Heinr.

Höck, F., sind Tiere u. Pflanzen beseelt? s.a. Sammlung naturwissenschaftlich-pädagogischer Abhandlungen. II. 2.

Sind Tiere und Pflanzen beseelt? Lehrstoff f. d. Unterr. in Prima im Anschluß an d. philos. Propädeutik. Von Dr. F[ernando] Höck. Leipzig & Berlin: B. G. Teubner 1905. (25 S.) 4°(8°)
= Sammlung naturwissenschaftl.-pädag. Abhandlungen. Bd 2, H. 2. [05. 00

— der gegenwärtige Stand unserer Kenntnis von der ursprüngl. Verbreitung der angebauten Nutzpflanzen. gr. 8. (78 S.) Leipzig 900. (B. G. Teubner). n. 1. 60
Sonderabdruck aus: „Geographische Zeitschrift".

HÖCK, F.: Studien über die geographische Verbreitung der Waldpflanzen Brandenburgs. - Berlin 1896 u. 1897. 28, 60 u. 15 S.

— Valorianaceae, Dipsacaceae, s.: Englor, A., u. K. Prantl, die natürlichen Pflanzenfamilien.

Die Verbreitung der Kiefer v. Fernando Höck. Ausschnitt aus „Helios". Jg. 9. [1891/92. Berlin.] 8°.

Ueber einige seltenere Waldbäume Norddeutschlands v. Fernando Höck. Ausschnitt aus: Leimbach's Deutscher botan. Monatsschrift. Jg. 11. Arnstadt. 1893. 8°.

Hoeck, Franz [aus Güstrow]: Über periostale Riesenzellensarkome auf zumeist spindel-, aber auch rundzelliger Grundlage. . . . Wurzburg, P. Scheiner's Buchdr., 1891; 21 S. 8°
Würzburg, Med. Fak., Inaug.-Diss. v. 1891

Hoeck, Fritz, Geschichte des Pfarrdorfes Rußheim bei Karlsruhe mit Berücksichtigung der Umgegend. Ein kleiner Beitrag zur vaterländischen Geschichte. Karlsruhe 860. Braun. gr. 8. (VI, 94 S.) u. 12 ngr.

Hoeck, Hans Wilhelm, aus Wilster, Hamburgischer Referendar: Die Causa der vertragsmäßigen Pfandbestellung an einer beweglichen Sache. *Berlin 1904: W. Pilz.* (VI, 42 S.) 8°
Erlangen, Jur. Diss. v. 22. Jan. 1904

Höck, Heinrich

Höck, H., Beyträge z. richtig. Verst. einiger Schriftstell. 3 Thle. 8. Hamb. Hertel. 749.

[F.] Hoeck, Heinrich: Ernst v. Wildenbruchs dramatische Entwickelung. Tl 1. Holzminden, Druck v. J. H. Stocks Buchdr., 1897; 56 S. 4.
Holzminden, herz. G, OP 1897 (724)

Hoeck, Heinrich: Ernst v. Wildenbruchs dramatische Entwickelung. T. 2. *Holzminden 1898: J. H. Stock.* (58 S.) 4°
¶ [Fortsetzung d. P-Beilage 1897.] [F.]
Holzminden, herz. G, OP 1898 (735)

— Evangelium aus d. Evangel. od. evangel. Wahrheit. in Predigten ꝛc. 4 Thle. 8. Hamb. Hertel. 737–38.

Höck, Hnr., († d. 26. April 1779.) Etwas geistlicher Gaben, aus d. Sonn- u. Festtags-Evangelien u. Episteln. 2 Thle. 8. Hamb. 753. 54. Hertel. 26 gr.

— katechet. Licht u. Recht, od. Erklär. u. Anwend. d. Catechismi Lutheri. 1r Th. 4. Hamb. Brand. 737.

— Siegel f. Propheten in d. Leiden Jesu. 2 Thle. 8. Hamburg, Bohn. 739–41.

— Versuch f. alte geistl. Lieder nach dem jetzigen Sprachgebrauch einzurichten. 8. Hamb. 770.

— Warnung vor Abfall u. Irrthum. 8. Hamb. 765. Herold. 3 gr.

Hoeck, Herm., de fundamento regulae negantem non excipere iureiurando delato. Commentatio iuridica qua praelectionem de legum Romanarum politiam spectantium et hodiernae rei politicae comparata ratione pro venia legendi etc. publice habendam indicit. Lipsiae 853. (Friese.) gr. 8. (1 Bl., 34 S.) 6 ngr.

— — De fundamento regulae negantem non excipere jurejurando delato. Comment. jurid. Lpz. (Staritz) 30. VII. 1853. 34 S. (6.—) 15326

Hoeck, Hermann (Dresden), Observationes ad L. 8. cod. de testamentis (VI, 23.). Diss. jur. Lpz. (Robert Friese), Druck: Düben (Wilhelm Steinmüller) 22. I. 1852. 69 S. (7.—) 15325

Hoeck, Herm., Wegweiser durch den Gau 19 Rostock des deutschen Radfahrer-Bundes, sowie angrenzende Theile der Gaue 19a Schwerin u. 27 Stettin. 12. (92 S.) Greifswald 901. (Rostock, E. Westphal). n.n. 1.—

Höck, J. H., f.: Religionsunterricht, der, in den Schulen.

Höck, J. H., der Ritual- u. Agendenschatz der lutherischen Kirche in Schleswig-Holstein. 8. (162 S.) Kropp 888. Buchh. „Eben Ezer". n. 1.50

Höck, J. Jacob, s. Höck, Johann Jakob

Höck, Johann Daniel Albrecht

Höck, Jh. Dn. Albr., Abhandll. aus d. Gebiete d. Staatsrechtes, der Polizei- u. Staatenkunde. 8. Sulzb. 804. v. Seidel. 1 rß 8 gr.

— Abriß d. Polizeiverfassung d. Fürstenthums Ansbach. 8. Sulzb. 804. v. Seidel. 18 gr.

Höck, Dr. J. D. A. Statistisch-topographischer Abriss von Frankreich. 8. Nürnberg 1808.

— statist.-topograph. Abriß von Frankreich. gr. 8. Nürnb. 810. Stein. 15 gr.

–(Hrsg.), s. Archiv für Geschichte, Staatsrecht und Topographie der Reichsritterschaft.

Höck, Jh. Dn. Albr. Kameralistisch-statistische Aufsätze. 8°. Frankfurt a. M., Kressler, 1788.

— Beiträge zur Staatswirthschaft u. Staatenkunde. 8. Nürnb. 824. (v. Ebner). 16 gr.

— Beiträge z. Staatswirthschaft u. Staatenkunde. 8. Nürnb. 824. Haubenstricker.

— ausführl. Beschreib. der bei d. Nadler-, Drahtzieher-, Kardätschenmacher-, Roth- u. Gelbgießergewerken vorkommenden Arbeiten ꝛc. Mit lithogr. Abbildd. 8. Ilm. 827. Voigt. 12 gr. (A. u. d. T.: Schauplatz d. Künste. 3r Bd.)

Hoeck, Joh. Dan. Albr.: „Historisch-statistische Darstellung der Staatskräfte Europa's in 5 Tabellen", Leipzig 1811.

— historisch-statistische Darstellung d. Staatskräfte Europa's u. des nordamerikan. Freistaats, in 6 Tabellen. gr. Fol. Leipz. Hartknoch. 812.

— statist. Darstell. d. deutschen Fabrik- u. Handlswesens, nach seinem ehemal. u. jetzigen Zustande. gr. 8. Schmalkald. 822. (Keyßner in Meining.) 20 gr.

— statist. Darstell. des deutsch. Fabrik- u. Handelswesens, nach seinem ehemal. u. jetzigen Zustande. gr. 8. Schmalk. 822, Varnhagen.

— statist. Darstell. d. Landwirthsch. in d. deutschen Bundesstaaten. Nebst e. Grundriß d. Landwirthschaftspolizei u. den Statuten mehrerer land- u. forstwirthschaftl. Vereine u. Bildungs-Anstalten. gr. 8. Ulm 824, Stettin.

— statist. Darstellung der Königl. Baierschen Staaten. gr. 4. Nürnb. 807. Campe. 10 gr.

Höck, Jh. Dn. Albr., statist. Darstell. d. Europäischen Staaten nach ihrem neuesten Zustande. 2 Thle. gr. Fol. Amberg 804, 6. Uhlmann. 1 rß 20 gr.

— statist. Darstellung d. Königr. Würtemberg nach seinem neuesten Zustande. Eine Tab. in Roy.-Fol. Gmünd. 820. Ritter. 4 gr.

— statist.-topogr. Darstell. d. Königr. Baiern in 9 Tabellen. gr. Fol. Nürnb. 822. Eichhorn. 1 rß 20 gr.

Höck, J. D. A., statist.-topograph. Darstellung d. Königr. Sachsen nach seinem neuesten Zustande. 1 Tab. Roy.-Fol. Neustadt a. d. O. 838, Wagner.

Höck, Dr. J. D., A., grossherzogl. würzburg Landes-Direct.-Rath etc. Tabellarische Darstellung der Staatskräfte der europäischen Staaten und des nordamerikanischen Freistaates. Fol. Leipzig 1811.

— über Erziehung des Lerchenbaums. 8. Nürnb. 797. Schneider u. Weigel. 2 gr

— üb. d. Fabriken-, Handels- u. Gewerbszustand in Baiern. 8. Nürnb. Stein. 810.

Höck, Joh. Dan. Albr., Geschichte u. Beschreib. der in d. kgl. baier. Rezatkreise lieg. Stadt Baiersdorf u. d. Ruine Scharfeneck. Nebst e. Autobiographie d. Verf. gr. 8. (5¼ B. u. 1 Ans. v. Baiersdorf.) Nürnberg 834, Riegel u. Wießner.

— über Größe u. Volksmenge des Oesterreich. Staats. gr. 8. Offenb. 794. Brede. 5 gr

— Grundlinien d. Finanzwissenschaft. gr. 8. Ebend. 810.

— Grundlinien der Kameral-Praxis mit vorzügl. Rücksicht auf d. Finanzverfassung d. k. Baiern, k. Würtemb., Großh. Badischen, Herzogl. Nassauischen u. andern deutschen Staaten. gr. 8. Tübing. 820. Osiander. 20 gr

Höck, Johann Daniel Albrecht: „Grundlinien der Polizeywissenschaft, mit besonderer Rücksicht auf das Königreich Bayern" (auch u. d. T.: „Lehrbuch der Polizeywissenschaft"). Nürnberg 1809.

— Grundsätze d. Polizei des Bierbrauens rc. 8. Nördling 810. Beck. 8 gr

Höck, Dr. J. D. A., k. preuss. Justizrath etc. Handbuch der neuesten Erdbeschreibung und Statistik. (2 Bde.) 8. Schweinfurt 1802—1803.

— — dasselbe. 2 Thle. gr. 8. Insbruck, Wagner. 800.

— Handbuch d. neuesten Erdbeschreibung u. Statistik. 2 Bde. gr. 8. Zwickau 804. Schumann. 1 rthl 12 gr Dass. gr. 8. Innsbr. 803. Wagner. 3 rthl

—— Handbuch d. Finanz-Praxis, mit besond. Rücksicht auf d. Königr. Bayern u. and. teutsche Bundes-Staaten. gr. 8. (22 B.) Landshut 828, Storno.

— Handbuch einer Statistik d. deutschen Bundesstaaten. gr. 8. Leipz. 821. Cnobloch. 1 rthl 12 gr

— über Kammerverordnung. 8. Hildburgh. 797. (Er. Fleischer in Leipz.) 2 gr

— üb. Cammerverordnung. 8. Hildburghaus. Hanisch. 797.

— Leben u. lit.-Nachr. v. berühmt. Cameralisten, Fabrikanten rc. 1r Bd., 1s St. gr. 8. Nürnb. Monath. 794.

— Lebensbeschreibb. u. liter. Nachrr. von berühmten Kameralisten, Fabrikanten, Kaufleuten rc. 1r Bd, 1s Stck. gr. 8. Nürnb. 794. Monath u. K. 10 gr

— Lehrbuch d. Polizeiwissenschaft. (A. u. d. T.: Grundlinien d. Polizeiwissenschaft.) 8. Nürnb. 809. Stein. 2 rthl 4 gr

—

–(Hrsg.), s. Magazin für Geschichte, Statistik, Literatur und Topographie der sämmtlichen Deutschen geistlichen Staaten.

— Magazin d. Staatswirthschaft u. Statistik. 12 Stcke. gr. 8. Weimar 797. Ind.-Compt. 3 rthl

— Materialien zu e. Finanzstatistik d. deutschen Bundesstaaten. 8. Schmalkald. 822. (Keyßner in Meining.) 18 gr

— Materialien zu e. Finanzstatistik d. deutschen Bundesstaaten. 8. Schmalk. 822, Varnhagen.

(——) Materialien zu der Geschichte, Statistik und Topographie der deutschen Reichsgrafschaften. H. 1—4. Frankfurt a. M. 8.

– Materialien f. d. Handwerksrecht u. d. Handwerks-Polizey, s. Roth, J. Theodor

— biograph.-literarische Nachrr. v. Oekonomen u. Kameralisten. 8. Gießen 781. Krieger. 6 gr

Johann Daniel Albrecht Hoeck

Historische Nachrichten und Bemerkungen über die merkwürdigsten Irren-Anstalten. Nebst Ideen und Planen zu Verbesserung derselben. Von J[ohann] D[aniel] A[lbrecht] Hoeck. Regensburg: Kayser 1804. 95 S. 8°

— histor. Nachrr. u. Bemerkk. über d. merkwürd. Irren-Anstalten. 8. Regensb. 805. Daisenberger. 8 gr

—— der Ober-Donau-Kreis d. Königr. Bayern historisch-statist. beschrieben. M. 1 ill. Karte. 8. (8½ B.) Augsburg 829, Kranzfelder'sche Buchh.

— ökonom.-botan. Pflanzengeschichte d. Weiden- u. Pappelbäume. 8. Hanau u. Offenb. 781.

—— Repertorium d. Geschichte, Statistik u. Topographie d. Königr. Bayern, nebst e. statist. Umrisse dess. gr. 8. (5½ B.) Augsburg 831, Volkhart.

— Repertorium der Geschichte, Statistik u. Topographie des Königr. Bayern, nebst e. statist. Umrisse desselben. 8. Augsburg 834. Schlosser. ⅙ rthl

— Repert. d. deutsch. Staatenkunde, s. Repertorium.

— Repertorium d. deutschen Staatenkunde. 8. Hildburgh. 795. (Er. Fleischer in Leipz.) (a. Taubert das.) 14 gr (Vergl. Repertorium.)

— Statistik u. Topographie d. Kurfürstenthums Hessen, nach d. neuesten Eintheil. Mit 1 Karte. gr. 8. Frankf. 822. Jäger. 1 rthl 4 gr

— geograph.-statist. Tabelle von Europa. gr. Fol. Nürnb. 819. Monath u. K. 9 gr

— polit. statist. u. geogr. Tabellen. 1s Heft. gr. Fol. Amberg, Uhlmann. 805.

— statist. Tableau d. dem Kurhause Würtemberg im J. 1802 zugefallenen Entschädigungsländer. Fol. Regensb. (803.)

— histor.-statist. Topographie d. Grafschaft Ober-Isenburg. 8. Frankf. a. M. 790. Jäger. 9 gr

— histor.-statist. Uebersicht v. Griechenland u. d. europ. Türkey. Mit 1 Charte. gr. Fol. Nürnb. 823, Zeh.

— statist. Uebersicht d. Königreichs Baiern. 830. (Heidelb., Oßwald). Schrbp. 14 kr Velinp. 20 kr

— statistische Uebersicht des Königr. Bayern. 3 B. in Roy.-Fol. Heidelberg 830. jetzt Bensheimer in Manheim. 7/12 Rthl.

— statist. Uebersicht d. Großherzogth. u. d. Kurfürstenth. Hessen nach ihrem neuesten Zustande. 2 Tabellen in Roy.-Fol. Nürnb. 829. Riegel u. W. à 6 kr

— statist. Uebersicht d. im Jahre 1810 d. Krone Baiern zugefallenen Länder, nach den neuesten Quellen entworfen. Ein Bogen in Fol. Nürnb. 811. Schrag. 6 kr

— statist. Uebersicht d. deutschen Staaten. 1r—4r Hft. 15 Tabell. Fol. Basel 800. Levrault in Straßb. 6 Rthl. Velinp. 12 Rthl. Züsätze u. Verbesserungen dazu, 9 Tabellen. Fol. Ebd. 804. 2 Rthl. 20 kr

— statist. Uebersicht d. deutschen Staaten. Fol. Strasb. Levrault. (a. Turneysen in Cassel.) 804. Velinp.

— statist. Uebers. d. deutschen Staaten. gr. Fol. Strasb. Levrault. 805.

— statist. Uebersicht d. deutschen Staaten. Fol. Straßb. 811. Levrault. 8 kr

— — Zusätze und Verbesserungen zu der statistischen Uebersicht der deutschen Staaten. Fol. Basel und Darmstadt 1803.

— — Zus. u. Verbesser. dazu. Fol. Ebend. 804.

— statist. Uebersicht d. Königl. Preuß. Staaten. 1 Bog. in Fol. Erlang. 797.

—— topograph.-statist. Uebersicht d. Kgl. Bayer. Ober-Main-Kreises. 1 Tab. Roy.-Fol. Baireuth 830, Grau.

— Verfass. d. vereinigten Niederlande. 8. Frankf. Hermann. (a. Gräff, Lpz.) 785.

— Verfassung d. vereinigten Niederlande. 8. Frankf. a. M. 785. Hermannsche B. (a. Wienbrack in Leipz.) 4 kr

— über den gegenwärtigen Zustand d. Landwirthschaft in d. rhein. Bundesstaaten. gr. 8. Nürnb. 813. Stein. 20 kr

Höck, Joh. Heinr., Bilder aus der Geschichte der hamburgischen Kirche seit der Reformation. Hrsg. von der niedersächs. Gesellschaft zur Verbreitg. christl. Schriften. gr. 8. (452 S. m. Abbildgn.) Hamburg 900. Evangel. Buchh. 4.50; geb. 6.—; erm. Pr. n. 3.—; geb. n. 4.—

— das kirchliche Leben in Hamburg vor u. nach d. Freiheitskriegen. Festschrift zum 75jährl. Jubiläum der St. Georger Sonntagsschule am 6. I. 1900. 8. (64 S. m. 1 Bildnis.) Ebd. 900. n. —50

— über die Liturgie. Ein Vortrag, im kirchl. Verein zu Hamburg am 28. II. 1899 geh. gr. 8. (24 S.) Schwerin 899. F. Bahn. n. —60

Höck, Johann Karl

Hock, Johann Carl. Gedichte. Wetzlar 1784. H: *Zangen, Carl Georg.* (MGT) »Hoeck« (Ky)

Höck, Jh. Karl, Gedichte. (Ohne Vorwissen d. Verfassers mit e. Vorr. v. G. C. v. Zangen herausg.) 8. Wetzl. (785.) Winkler. 3 kr

Höck, J. K., neue Gedichte. 8. Wetzlar, Winkler. 785.

— s. M. A. Jüllien. Memorandenbuch.

– s. Llorente : Gesch. d. Span. Inquisition.

— Miscellen. 8. Gmünd. 815. Ritter. 1 Rthl. 8 kr

– s. Sallust : Catilina u. Jugurtha.

Hoeck, Johannes Jakob (Rothenburg, Hessen)
Disputatio inauguralis juridica continens duas decades, positionum controversarum.
Giessae Dez. 1707: Joh. Reinh. Vulpius. 36 S. 4°
pro licentia summos in utroque jure honores et privilegia doctoralia obtinendi.

– De subsidio charitativo liberorum et immediatorum imperii nobilium, s. Mollenbeck, Bernhard Ludwig [Praes.]

Hoeck, Jul., meine Erlebnisse als Kriegsfreiwilliger bei d. bad. schwarzen Dragonern im Feldzuge 1870/71, s. a. Badener im Feldzug 1870/71.

[F.] Meine Erlebnisse als Kriegsfreiwilliger bei den badischen schwarzen Dragonern im Feldzuge 1870/71. Von Julius Hoeck. *Karlsruhe; J. J. Reiff 1895.* (4 Bl., 180 S., 1 Bl., 1 Kt.) 1 Bd 8.
— Badener im Feldzug 1870/71. Bd 6.

Höck, Karl, († 1787.) Geschichte d. Menschwerdung Jesu Christi, für d. Adventszeit. 8. Augsb. 780. M. Rieger. 6 kr

Hoeck, Karl, römische Geschichte vom Verfall d. Republik bis z. Vollend. d. Monarchie unt. Constantin. Mit vorzügl. Rücksicht auf Verfass. u. Verwalt. d. Reichs. 1. Bd. 1. Abthl. gr. 8. (28 B.) Braunschweig 841, Westermann.

Hoeck, Karl, römische Geschichte vom Verfall der Republik bis zur Vollendung der Monarchie unter Constantin. Mit vorzügl. Rücksicht auf Verfassung u. Verwaltung des Reichs. 1. Bd. 2. Abthl. gr. 8. (27 B.) Braunschweig 843, Westermann.
1. Bd. 1. Abthl. Ebendas. 1841. 2 Thlr. 10 Ngr.

Hoeck, Karl, Römische Geschichte vom Verfall der Republik bis zur Vollendung der Monarchie unter Constantin. Mit vorzüglicher Rücksicht auf Verfassung u. Verwaltung des Reichs. 1. Bd. 3. Abth. gr. 8. (XIV u. 408 S.) Göttingen 850, Dieterich. 2 1/4 Rthl. (1. Bd. 1. u. 2. Abth. Braunschweig 841. 43, Westermann. 4 7/12 Rthl.)

—— Arnold Hermann Ludwig Heeren. Eine Gedächtnissrede, gehalten in der öffentl. Sitzung d. k. Societät d. Wissensch. am 12. Nov. 1842. gr. 4. (2 1/4 B.) Göttingen 843, Dieterich'sche Buchh.

Höck, (Carl,) Kreta: ein Versuch z. Aufhell. d. Mythologie u. Geschichte, der Religion u. Verfassung dieser Insel von den ältesten Zeiten bis a. d. Römerherrsch. 1r Bd. mit 1 Charte u. 2 Kpf. gr. 8. Göttingen 823, Lauffer in Leipzig.

Hoeck, Karl, Kreta. Ein Versuch zur Aufhellung d. Mythologie u. Gesch., d. Religion u. Verfass. dieser Insel, von d. ältesten Zeiten bis auf d. Römer-Herrschaft. 2. u. 3. Bd. gr. 8. Göttingen. (Leipzig, Lauffer.) [2. (30½ B.) 828. 2 Thlr. 8 Gr., 3. (34½ B.) 829. 2 Thlr. 12 Gr.]
1. Bd. Ebendas. 1823. 2 Thlr. 16 Gr.

— das Leben Christi, als ein beständiges Leiden, in Betrachtt. für jeden Tag in d. heil. Fastenzeit. 8. Augsb. 779. M. Riegersche B. 9 xr

— Leben Jesu, als ein beständig. Leiden, in Betr. f. die Fastenzeit. 8. Ebend. 779.

HOECK, CARL: Lobrede auf den Heiligen Franciscus von Assis, als das Fest desselben in der Kirche der WW. EE. PP. Capucinern feyerlich begangen wurde. Gehalten von Carl Hoeck, der Gottesgelehrtheit Baccalaureus. Preßburg 1776: Gedr. bey Franz Augustin Patzko. 27 S. - 4°

— veteris Mediae et Persiae monumenta descripsit et explicuit. Cum VIII tabb. aen. 4maj. Götting. 817. Vandenhöck u. R. 2 ₰ 8 gl

Höck, C. F. Chr., veteris Mediae et Persiae monumenta. Commentatio hist. philos. praemio ornata, cum VIII tab. aen. 4maj. Götting., Vandenhöck et Ruprecht. 818.

HOECK, CARL: Predigt über die heiligen Engel. Preßburg 1780: Gedr. bey Franz Augustin Patzko. - 4°

HOECK, CARL: Rede auf das Fest der Heimsuchung Mariä als dasselbe in der Kirche der W. W. E. E. barmherzigen Brüder zu Preßburg feyerlich begangen wurde. Gehalten von Carl Hoeck, der Gottesgelehrtheit Baccalaureus. Preßburg 1777. Gedr. bey Franz Augustin Patzko. 22 S. - 4°

HOECK, CARL: Rede auf das Fest der Himmelfahrt Mariä, als dasselbe in der Pfarrkirche zu Raab mit vieler Feyerlichkeit begangen wurde. Gehalten von Carl Hoeck, der Gottesgelehrtheit Baccalaureus. Preßburg 1777. Gedr. bey Franz Anton Patzko. 40 S. - 4°

HOECK, CARL: Rede auf das hohe Fest der Allerheiligsten Dreyfaltigkeit als der löbliche Orden der allerheiligsten Dreyfaltigkeit von Erlösung der gefangenen Christen und eine hochlöbliche englische Erzbruderschaft dieses Ordens ihr Titularfest feierlich begiengen in der Kirche der WW. EE. PP. Trinitarier zu Wien in der Alstervorstadt den 2. Brachmonat 1776. Gehalten von Carl Hoeck, der Gottesgelehrtheit Baccalaureus Wien 1776. Gedr. bey Jos. Gerold. 20 S. - 4°

HOECK, CARL: Rede auf das hohe Fest der Allerheiligsten Dreyfaltigkeit als der löbliche Orden der allerheiligsten Dreyfaltigkeit von Erlösung der gefangenen Christen und eine hochlöbliche englische Erzbruderschaft dieses Ordens ihr Titularfest feyerlich begiengen in der Kirche der Trinitarier zu Preßburg den 25. May 1777. Vorgetragen von Carl Hoeck, der Gottesgelehrtheit Baccalaureus. Preßburg 1777. Gedr. bey Franz Augustin Patzko. 20 S. - 4°

HOECK, CARL: Rede von der Verehrung der heiligen Anna in der Pfarrkirche zu Jarendorf den 26. Heumonats 1778 gehalten. Preßburg (1778). Gedr. bey Franz Augustin Patzko. 15 S. - 4°

HOECK, CARL: Rede, welche bey Gelegenheit des ersten heiligen Meßopfers das ein neugeweihter Priester dem Allerhöchsten entrichtete, gehalten worden von Carl Hoeck, der Gottesgelehrtheit Baccalaureus. Wien 1776. Gedr. und zu finden bey Joseph Gerold. 10 f. - 4°

HOECK, CARL: Rede, welche bey Gelegenheit des ersten heiligen Meßopfers, das ein neugeweihter Priester in dem hochlöbl. Gotteshause der wohlehrwürdigen Klosterfrauen aus der Gesellschaft der heiligen Ursula des 28. Brachmonats 1777. abgestattet hat. Gehalten worden von Carl Hoeck, der Gottesgelehrtheit Baccalaureus. Preßburg 1777. Gedr. bey Franz Augustin Patzko. 18 S. - 4°

— Samml. einiger Predigten. 2 Thle. gr. 8. Augsb. 781, 82. M. Rieger. 18 xr

Höck, Karl Fr. Chr., s. Höck, Karl

Hoeck, Max, Hamburg: Rechtsfolgen der Verletzung des Pflichtteils durch Schenkungen nach gemeinem Rechte und Bürgerlichem Gesetzbuche. *Berlin 1902: W. Pilz.* (VI, 69 S.) 8°
Rostock, Jur. Diss. v. [20. Dez.] 1902

Höck, W. v. d., d. unglückl. Seefahrer, von ihm selbst. 8. Grätz. 798.

Hoeck, Wilh., Anton Ulrich u. Elisabeth Christine von Braunschweig-Lüneburg-Wolfenbüttel. Eine durch archivalische Documente begründete Darstellung ihres Uebertritts zur römischen Kirche. gr. 8. (21 B.) Wolfenbüttel 845, Holle'sche Buchh. *

Hoeck, Wilh., zur Geschichte Heinrichs des Löwen und des Schutzheiligen seines Domes St. Thomas. gr. 8. (IV, 106 S.) Braunschweig 887, Wollermann. * 1 50

— s. Luther, Dr. M., ungedruckte Predigten.

Hockart, Gottfried (Querfurt), De obligatione ex testamento imperfecto. Diss. jur. Präs. Jo. Fridem. Schneider. Halle (Johann Gruner) März 1711. 38 S. (7.—) 15320
Gew.: Jo. Christian Oeltzen (Querfurt).

Hockarth, F., der Pelz als Kleidungsstück. (36 S.) gr. 8. Wittenberg (908). A. Ziemsen. n. 2. —
Sonderabdruck aus: „Deut. Kürschnerztg."

Hockauf, Anton, Lehrer Heimatskunde des politischen Bezirkes Rumburg. Im Auftrage des nordböhmischen Lehrervereines verfasst und herausgegeben. Mit 1 Bezirks Karte. 8 Rumburg 1885.

Hockauf, Ant., de Servitute, vulgo v. d. Leibeigensch. in Deutschl. 4. Lpz. Löwe. 757.

Hockdorf, Jon. Thom. v., Betr. üb. des Herrn v. Pufendorfs Verhältnisse d. christl. Religion. 8. Lpz. Reusner. (a. Ernst in Quedlb.) 744.

Hocke, J. W., Böhmens Hopfenbau m. besond. Würdigung d. Vorzüglichkeit seines Produktes. Nach eigenen Erfahrungen bearb. 2. Aufl. gr. 8. (6¾ B. u. 1 Stnt.) Wien 846, Gerold, Berl.

Hocke, J. W., Böhmens Hopfenbau m. besond. Würdigung der Vorzüglichkeit seines Produktes. Nach eigenen Erfahrgn. bearb. (16 S.) Lex.-8. Leitmeritz (906). Buchdruckerei Dr. Karl Pickert. (Nur direkt.) n. — 20
Sonderabdruck aus: „Landw. Beilage der Leitmeritzer Zeitg."

Hocke, Karl, Einführung in das Linearzeichnen. Ein Vorlagenwerk für gewerbliche Fortbildungsschulen, zusammengestellt und gezeichnet. Mit 34 Taf. gr. Fol. Nebst Text. gr. 8. (36 S.) Pilsen 887, Maasch. In Mappe * 12 40

Hocke, Karl, Einführung in das Linearzeichnen. Ein Vorlagenwerk für gewerbliche Fortbildungs-, allgemeine Handwerker- und Bürgerschulen. 26 Tafeln mit erläuterndem Texte. 2. verbesserte Auflage. Pilsen 1897. Verlag von Karl Maasch's Buchhandlung A. H. Bayer.

Hocke, Karl, Einführung in das Projektionszeichnen f. gewerbliche Fortbildungs-, allgemeine Handwerker- u. Bürgerschulen. (12 Taf.) 41×57 cm. Nebst Text. (17 S.) gr. 8. Pilsen 903. (C. Maasch). In Mappe n. 10. 50; 51 Holz- u. Blechmodelle dazu n. 60. —

— Projectionslehre auf Grundlage von Modellaufnahmen, f. gewerbl. Fortbildungsschulen, allgemeine Handwerker- u. Bürgerschulen hrsg. gr. Fol. (11 lith. Taf.) Mit Text. gr. 8. (18 S.) Pilsen 890. Steinhauser. In Mappe. n. 9. 20; 35 Blech- u. Holzmodelle dazu, letztere Eisen, Messing, Stein u. Mauerwerk imitierend, n. 32. —

Hocke, Karl, Schnitte u. Durchdringungen. Zum Gebrauche an gewerbl. Lehranstalten, Fortbildungs- u. Bürgerschulen. Sammlung prakt. Beispiele aus dem Bau- u. Maschinenfach, zusammengestellt auf Grund v. 49 Modellen. Fortsetzung v. „Projectionslehre auf Grundlage v. Modellaufnahmen". gr. Fol. (14 Taf.) Nebst Text. gr. 8. (IV, 19 S.) Pilsen 891. G. Faustus. n. 8. —

Hocke, Karl, Werkzeuge und Maschinen für Klempner. Atlas mit 75 Tafeln, 251 Abbildungen und Textbuch. Pilsen 1893. Im Verlage des Verfassers. (Min.-Erl. v. 3. Mai 1894, Z. 24612) 2.80 — — Dasselbe Werk mit böhmischem Texte unter dem Titel: Nástroje a stroje pro klempíře.

— Werkzeuge u. Maschinen f. Klempner. Atlas mit 75 Taf., 251 Abbildgn. u. Textbuch. (VIII, 62 S.) 8. Pilsen 893. Wien, A. Pichler's Wwe. & Sohn. n. 5. 60

— technisches Zeichnen f. Klempner. Vorlagenwerk für gewerbl. Lehranstalten u. Handwerker. 22 Taf. 56,5×40 cm. Nebst Text. (VIII, 38 S.) 8. Ebd. 893. n. 11. 60

Hocke, Nic., Beschr. v. Wien b. d. türkisch. Belager. 1683. 4. Wien, (Monath, Nrnb.) 740.

Höcke, Max. Beiträge zur vergleichenden Histologie des Pankreas der wichtigsten Haussäugetiere ‹Hund, Katze, Schwein, Schaf, Ziege, Rind, Pferd›, mit besonderer Berücksichtigung des «Ausführenden Apparates» und der «Pankreasinseln». Diss. Vet.-Med. Univ. Zürich. Mit 25 Abbildungen. *Kopftitel:* Aus dem physiolog. und histolog. Institut der Königl. Tierärztlichen Hochschule zu Dresden. Direktor: ... Prof. Dr. [Wilhelm] Ellenberger. 126 S. 8. Zürich (Buchdr. Arthur Schönfeld in Dresden) 1907.

Höcke, Pet. van, Ausleg. üb. d. Propheten Haggai, Zacharia, Malachia. 8. Frft. Andreä. 711.

— Ausleg. üb. d. Propheten Nahum, Habakuk, Zephania. 4. Frft. Cramer. 710.

— Ausleg. des Sendbr. an d. Hebräer. 4. Frft. Andreä. 707.

— Grundr. d. Erkenntniß d. Wahrheit a. d. Gesetz und Evangel. 8. Frft. Andreä. 706.

Höcke, Thdr., Lenzesblüthen. Berlin 863. Böttcher in Comm. 16. (XIII, 336 S.) 1 ₰ 15 ngr.

Hockelius, Gottlieb, Der freudige Dank eines rechtschaffenen Preussen für den von Gott seinem König verliehenen Sieg bey Torgau in Sachsen. Predigt zu Leipzig. Halle 1760. 8.

Hockelius, Gottlieb, zwei Zeugnisse von der Krone des Lebens, so den Streitern Jesu Christi beigelegt. 8. Bunzlau 830. (A. Wohlgemuth in Berlin.) ⅛ ₰

Hockelmann, Eduard (Elberfeld), De scirrhi et carcinomatis uteri pathologia. Diss. med. Bln. (Nietack) 12. VI. 1832. 30 S. mit Biogr. (M.: M. Flanhardt.) (6.50) 15321
Oppon.: C. Meyer, L. v. Wahl, F. Breunig. — Gew.: T. Hockelmann (Vater), F. Siepermann.

Hockelmann, R., u. Könen, d. Gottesdienst in d. christkath. Gemeinde zu Meurs, abgehalt. d. 5. Oct. 1845. Nebst dem Glaubensbekenntniß d. Gemeinde zu Meurs. 8. (1½ B.) Meurs 846. (Dolle.) *

Höckely, H., s. Blümel, D.: Gründliche Anweisung zur Lust-Feuerwerkerey. 2. Aufl.

Hocken, Eduard Octavius (Falmouth)
An essay on the influence of constitution in the production of diseases.
London 1840. 8°
[Zur Promotion eingesandt.]
Dr. med. Giessen 29.1.1841.

Hocken, Almeida. Militär. Skizze aus d. Befreiungskriege auf d. pyrenä. Halbinsel in d. J. 1807—1814. A. d. neuesten französ. Orig.-Werken zusammengetragen. gr. 12. (1 B.) Münster 841, [Hast'sche Brlsbuchh.]

Höcken, Hauptmann, zur Erinnerung an den 3. Febr. 1813. Bei Gelegenheit der Feier der 25jähr. Wiederkehr dieses Tages den versammelten Genossen des deutschen Freiheitskampfes in d. J. 1813—1815 gewidmet. gr. 8. Münster 838. Coppenrath. ¼ ₰

Hockenbeck, Heinr. Beiträge zur Geschichte des Klosters und der Stadt Wongrowitz. Nach den Urkunden zusammengestellt. 138 S. u. Karte. 8. Progr. *Wongrowitz* 1879. 1880. 1883.

Hockenbeck, *Heinrich* [Prof. Dr.]: Kosten einer Reise von Köln nach Breslau und zurück im Jahre 1562. Wongrowitz, Druck v. P. Schwarz, 1893: 1 13 S. 4.
Wongrowitz, K. G. P 1893 (1900)

Hockenbeck, *Heinrich* Kloster Lekno (Wongrowitz) und die Preufsenmission von 1206—1212. 8 (S. 69—90).
In: Festschrift z. Erinnerung a. d. 250j. Jubelfeier d. G. Laurentianum *Arnsberg* 1893.
Nicht im Tauschverkehr.
Progr.

Hockenbeck, Henr., de Saxonum origine et rebus ad Caroli Magni usque aetatem ab iis gestis. Dissertatio historica. gr. 8. (51 S.) Münster 868, Fahle. — Coppenrath'sche Buchh.

Höckendorf, Paul

Höckendorf, P., die nervösen Magenerkrankungen u. die allgemeine Nervenschwäche (Neurasthenie.) Ein allgemein verständl. Darstellg. ihrer Erkenng. u. Behandlg. gr. 8. (118 S.) Berlin 899. H. Steinitz. n. 2.—

Höckendorf, P., die nervösen Magenerkrankungen u. die allgemeine Nervenschwäche (Neurasthenie). Eine allgemeinverständl. Darstellg. ihrer Erkenng. u. Behandlg. 2. Aufl. (112 S.) 8. Berlin (908). H. Steinitz. 2. —

Höckendorf, P., s.: Ratgeber, ärztlicher.

— Sans-Souci zur Zeit Friedrichs des Großen u. heute, s. Quellen u. Untersuchungen zur Geschichte des Hauses Hohenzollern. VI.

Sans-Souci zur Zeit Friedrichs des Großen und heute. Betrachtungen u. Forschungen. Von Dr. P(aul) Höckendorf. *Berlin: A. Duncker 1903.* (VIII, 164 S.) 8° [F.]

— Quellen u. Untersuchungen z. Geschichte d. Hauses Hohenzollern. Bd 6.

(03. 7561) 6

Höckendorf, Paul [pr. Arzt aus Alt-Lietzegöricke]: Über die Wechselbeziehungen zwischen den Bakterien und den Zellen des tierischen Körpers bei Infektionskrankheiten ... Berlin, Buchdr. M. Stolzenwald, 1892; 1 Bl., 37 S., 2 Bl. 8.

Berlin, Med. Fak., Inaug.-Diss. v. 17. Aug. 1892

Hockenholz, O., stigmographische Vorlagen, s.: Klemm, H.

Hockenjos, Ernst [prakt. Arzt in Basel]: Beitrag zu den cerebralen Affectionen bei Keuchhusten. Leipzig 1900. 21 S. 8°. (S.-A. aus Jahrbuch für Kinderheilkunde, Bd. 51, S. 425—445.)

Basel. Med. Diss. 1899/1900.

Hockenmaier, Fruktuosus, O. S. F., der beichtende Christ. Moralisch-aszet. Anleitg. zur Lösg. der Zweifel im christl. Leben. Nebst e. Anh. der tägl. Gebete. (559 S.) 12. Steyl 903. Missionsdruckerei. Geb. in Leinw. n. 2. —

Hocker, J., der Pulverthurm in Prag. Hrsg. v. d. kgl. Hauptstadt Prag. Fol. (28 photolith. Taf. m. 9 Bl. Text in böhm., deutscher u. französ. Sprache.) Prag 889. (Bursik & Kohout.) In Mappe. n. 72. —

Hocker, Ludwig. Hailsbronnischer Antiquitäten-Schatz, Enthaltend Derer uralten Burggrafen von Nürnberg, Dann Derer ... Chur-Fürsten und Marggrafen von Brandenburg, Auch einiger Gräflich- und Adelichen Familien in der vormahligen Closter-Kirche zu Hailsbronn befindliche Grab-Stätte, Wappen und Gedächtnus-Schrifften / Guten Theils in Kupfer gestochen / Nebst Derer Aebbte, Predigere und Rectorum dieser Gemeinschafftl. Fürsten-Schul Namen und Geschichten, und einem Anhang Merck-würdiger Documenten. Ingleichen ... Die ... Uralte Closter-Bibliothec, Nebenst Der Lebens-Beschreibung derer namhafftesten Auctorum. Eröffnet von M. Johann Ludwig Hocker ... Onoltzbach, gedruckt bey Johann Valentin Lüders ... Und in Commission zu verkauffen in Nürnberg, bey Peter Conrad Monath 1731.

Tit., 3 Bl., 279+ 5 S.; 21 Taf. in Kupferst. 4°.

Graesse *III,* 312.

—. Supplementa Zu dem Haylßbronnischen Antiquitäten-Schatz In deren Ersterem Theil Von dieses Closters Nahmen: Der alten Laage ... Denen Siegeln. Dem Habit ... Anzeige gegeben: Im Andern Theil Die von denen Pābsten und Kaysern ertheilte Bullen und Diplomata Nebst denen Reformations-Actis Aus denen Originalien ... nachgeschrieben Und ... erläutert worden von M. Johann Ludwig Hocker ... Nürnberg, Bey Peter Conrad Monath 1739.

Tit., 5 Bl., 306 S., 2 Bl. m. 1 Schrifttaf. in Kupferst. u. 25 Holzschn.; 4 Taf. in Kupferst. 4°.

— bibliotheca Heilbrunnens., s. catal. libr. monast. Heilsbrunn. fol. Nrnb. Monath. 731.

— Einleit. z. Erkenntn. u. Gebr. d. Erd- u. Himmelskugel. m. K. 4. Ebend. 734.

Hocker, J. Ludw., ethica equestris, d. i. christadel. Sittenlehre. 8. Weissenb. Koblés. 721. Rthlr.

— merkw. Lebensbeschr. v. ihm selbst. Schwabach. 780.

— progymnasmata pastorali, od. Anweisung f. studior. theol. 8. Lpz. (Monath, Nrnb.) 731.

Hocker, Nik.

Hocker, N., das Buch vom Kaiser Wilhelm u. seinem Reichskanzler. Ein Denkmal großer Thaten in Krieg u. Frieden. 12 Lfgn. Lex.-8. (600 S. m. 8 Stahlst.) Darmstadt 871. 72. literar.-artist. Anstalt. à — 50 Pracht-Ausg. à — 80

Hocker, N., das Buch vom Kaiser Wilhelm und seinem Reichskanzler. Ein Denkmal großer Thaten in Krieg und Frieden. 12 Lfgn. gr. 8. (600 S. mit 12 Stahlst.) Darmstadt 872, Literarisch-artistische Anstalt. [Gera, Köhler's Verlag. — Hamburg, Rudolphi.] (à Lfg. 50 Pf.) Prachtausg. [Gera, Griesbach's Verlag.] (à Lfg. 80 Pf.) geb.

Hocker, Nik., die Chronik der Stadt Cöln. Mit (3 lith.) Illustr. Düsseldorf 857. Arnz u. Co. (Elkan u. Bäumer.) gr. 4. (40 S. u. lith. Titel in Farbendr.) n. 1 ₰.

Hocker, Nik., die Chronik der Stadt Köln. gr. 4. (40 S. mit chromolithogr. Titel und 8 lithogr. Illustr. in Tondr. Chroniken deutscher Städte Nr. 1.) Düsseldorf 858, [Elkan und Comp.] *

— u. Carl Arenz, Dom-Album. Der Dom zu Köln im Kranze deutscher Dichtung. Mit einem Anh.: Geschichte u. Beschreibung d. Kölner Domes. 16. (IV, 123 S.) Köln 880. Püttmann. cart. n. 1. —

Hocker, Nic., und Carl Arenz, Dom-Album. Der Dom zu Köln im Kranze deutscher Dichtung. Mit einem Anhang: Geschichte und Beschreibung des Kölner Domes. 16. (IV, 123 S.) Köln 881, Püttmann. cart. *

—— eine Eisenbahnfahrt von Köln nach Brüssel. 8. (IV und 156 S.) Leipzig 859, Brockhaus. *

Bildet ein Bändchen von: Brockhaus' Reise-Bibliothek.

—— zur Eisenzollfrage, s. Zur Eisenzollfrage.

— Engelhart und Engeltrut. Ein Gedicht. Trier 855. Braun. 32. (1 Bl., 87 S.) n. 15 ngr.

—— Frauenbilder, s. Frauenbilder.

Frauenbilder im Kranze der Dichtung. 854. 1 ₰. 20 ngr. Wohlf. (Titel-)Ausg. Göttingen 858. Dieterich. 16. (X, 430 S.) n. 1 ₰.

Hocker, N., Gedichte. 8. (169 S.) Köln 847, Lengfeld in Comm. n. 1/2 ₰

—— vom deutschen Geiste, s. Vom deutschen Geiste.

Vom deutschen Geiste. Eine Kulturgeschichte in Liedern u. Sagen deutscher Dichter. Köln 858. W. Greven. gr. 8. (4 Bl., 463 S.) 2 ₰.

Hocker, Nik., Geschichte des deutschen Krieges im J. 1866. Populäre Darstellung der Ereignisse auf dem Kriegsschauplatze in Deutschland u. Italien. 12 Liefgn. Cöln 866, 67. Ahn's Verlagsh. gr. 8. (IV, 414 S. mit vielen Illustr. u. 10 Holzschntaff.) 1 ₰ 6 ngr.

— Geschichte des Krieges Deutschlands gegen Frankreich i. J. 1870—71. Dem deutschen Volke erzählt. gr. 8. (311 S. m. 1 lith. Porträt u. 1 lith. Karte in Fol.) Köln 871. Bädeker. n. 2. —

— des Mosellandes Geschichten, Sagen u. Legenden, aus dem Munde deutscher Dichter. Als Anh.: Hagen v. Throneck u. die Nibelungen, u. e. A. 16. (XVI u. 440 S. m. lith. Titel.) Trier 852, Troschel. 1 ₰ 6 ngr.

Hocker, N. Die Grossindustrie Deutschlands. Bd. 1. Rheinland und Westphalen. Leipzig 1867.

—— die Großindustrie Rheinlands und Westfalens, ihre Geographie, Geschichte, Production und Statistik. 6 Lfgn. gr. 8. (VIII und 466 S.) Leipzig 866,67, Quandt und Händel. à Lfg. * 12 1/2 Ngr. *

— (Red.), s. Industrie — und Handels Zeitung, Norddeutsche.

— das Kaiserthum der Hohenzollern. br. 8. (IV, 54 S.) Ebend. 871. — 75

— dasselbe. 2. sehr verm. Aufl. gr. 8. (V, 83 S.) Ebend. 871. 1. 50

— das Moselthal von Nancy bis Koblenz. Landschaft, Geschichte, Sage. Leipzig 855. Brockhaus. 8. (VI, 172 S.) n. 10 ngr.

— der Rhein, s. Weber's illustrirte Reisebibliothek.

— der Rhein von Mainz bis Köln. 8. (IV und 200 S.) Leipzig 856(57,) Brockhaus. *
Aus: Brockhaus' Reise-Bibliothek.

— die ethischen deutschen Sagen, s. a. Sagen, die ethischen deutschen.

— die ethischen deutschen Sagen. Aus dem Munde des Volkes und der Dichtung herausg. Trier 857. Gall. 16. (XII, 236 S.) 24 ngr.

— die ethischen deutschen Sagen. Aus dem Munde des Volks und der Dichter. 2. (Titel-)Ausg. 16. (XII und 236 S.) Trier (857)62, Gall's Verlag.

— die ethischen deutschen Sagen. Aus dem Munde des Volks u. der Dichter. 2. Ausg. Trier 862. Gall. 16. (XII, 236 S.) 15 ngr.

— Sammlung der Statuten aller Actien- und Commanditgesellschaften, s. a. Sammlung.

— Sammlung der Statuten aller Actien- und Commanditgesellschaften Deutschlands mit statist. Nachweisen u. Tabellen für Finanzmänner, Kaufleute, Industrielle, Juristen, Verwaltungsbehörden ꝛc. 1. Bd. A. u. d. T.: Sammlung der Statuten aller Actien-Banken Deutschlands. Köln 858. M. Greven. Lex.-8. (5 Bl., 732 S.) n. 3 ₰.

Hocker, N., Carl Simrock. Sein Leben u. seine Werke. Mit Simrock's Portr. in Stahlst. gr. 8. (159 S.) Leipzig 877. Siegismund & Volkening. n. 1. 50

— die Stammsagen der Hohenzollern und Welfen. Ein Beitrag zur deutschen Mythologie und Heldensage. gr. 8. (IX und 152 S.) Düsseldorf 857, Kaulen und Comp. *

— das deutsche Vaterland. Patriotische Dichtgn. zum Vortrage bei Krieger-, Schützen-, Sänger-, Turner-, Künstler- u. anderen Festen. 8. (XVI, 352 S.) Weimar 875. B. F. Voigt. 4. —

— das deutsche Vaterland. Patriotische Dichtungen zum Vortrage bei Krieger-, Schützen-, Sänger-, Turner-, Künstler- u. anderen Festen. 2., unveränd. (Titel-)Aufl. 8. (XVI, 352 S.) Weimar (1875) 878. B. F. Voigt. 2. —

— deutscher Volksglaube in Sang und Sage herausg. Gottingen 853. Dieterich. 4. (XIV, 238 S.) n. 1 ₰. 10 ngr.

— Kaiser Wilhelm und Fürst Bismarck. Eine Geschichte ihres Lebens und ihrer Politik. 2. umgearb. und erweit. Aufl. Ausg. A. 15 Lfgn. gr. 8. (722 S.) Berlin 879, Grieben. à Lfg. * 60 Pf.; compl. * ℳ 9.; geb. *

— dass. — Ausg. B. Pracht-Ausg. 15 Lfgn. oder 2 Bde. Lex.-8. (862; 862 S.) Ebendas. 879. à Lfg. * 80 Pf. à Bd. * ℳ 6. * geb. à Bd. * ℳ 7,50. *

Hocker, Nik., unser heimgegangener geliebter Kaiser Wilhelm I. Blätter zur Erinnerung an den großen Trauertag All-Deutschlands. 1., und 2. verm. Aufl. 8. (64 S.) Köln 888, Püttmann. * — 50

Hocker's, Wilh., peinliche Anklage vor dem Niedergerichte in Hamburg, seine Vertheidigung u. endliche Freisprechung. In Sachen d. Gedichts: „Das verhängnißvolle Haus." (Zum erstenmale vollständig u. zwar buchstäblich nach den Original-Acten abgedruckt.) gr. 8. (1½ B.) Kiel 843. [Naeck.]

— peinliche Anklage vor dem Niedergerichte in Hamburg, seine Vertheidigung und endliche Freisprechung. In Sachen des Gedichts: „Das verhängnißvolle Haus." (Zum erstenmale vollständig und zwar buchstäblich nach den Original-Acten abgedr.) gr. 8. Ebend. 844. ⅓ ₰

Hocker's, Wlh., Gedichte in Anklagestand vor dem Forum des K. Preuß. Ober-Censur-Gerichts in Berlin. Meine Vertheidigung derselben, von Chr. Bünsow, und das End-Urtheil des K. Preuß. Ober-Censur-Gerichts. 12. Kiel 844, Bünsow. n. $\frac{1}{12}$ ₰

Hocker, Wlh., poetische Schriften. Mit dem Portrait des Verfassers. 8. Kiel 844. Bünsow. 1½ ₰ — 2. Aufl. ... 3. verm. u. verb. Aufl. 8. Ebend. 844. 1½ ₰

Hocker, Wilh., poetische Schriften politischen u. unpolit. Inhalts. 1. Aufl. (21½ B.) u. 3., verm. u. verb. Aufl. 8. (22½ B. u. H's Portr.) Kiel 844. [Naeck.]

Hoecker, (praes. Stolle, Jen. 1736. 4.) Jachmann, O. R., (Regiom. 1834. 8.) de exorcismi in baptismo origine.

Höcker, A., zur Erklärung der Zeiten u. Feste im Kirchenjahre und einiger Ceremonien und Gebräuche. kl. 8. Breslau (846) 847, Leuckart. n. 8 ngr

Höcker, A., Leitfaden in der Erziehungs- u. Unterrichts-Lehre. (VI u. 108 S.) Ober-Glogau 848, Handel. n. ⅓ ₰

Hoecker, Aug., die innern Hals- und Brustkrankheiten der Kinder. Fol. Weimar 842, Hoffmann. n. 1⅔ ₰

Höcker, Aug., Versuch e. Darstell. d. Geschäfts-Führung d. Staats-Arznei-Wissenschaft; für Physiker, Impfärzte etc. bearb. gr. 8. (12½ B.) Weimar 837, Hoffmann. *

Höcker, Geo., d. Waldhofbauern Einziger, s. a. Bibliothek interessanter Romane.

Des Waldhofbauern Einziger. Roman von Georg Höcker. *Erfurt: F. Bartholomäus [1899].* (145 S.) 8° [F.]
— Bibliothek interessanter Romane. 4. [ca. 4000]

Höcker, Geo., des Waldhofbauern Einziger. Roman. (Neue Aufl.) (220 S.) 8. Gotha (905). Verlagsanstalt u. Druckerei (H. Bartholomäus.) n. 1. —

Höcker, Geo., aus gold. Jugendzeit. Novellenstrauß f. uns. Töchter. gr. 8. (264 S. m. 5 Farbdr.) Berlin 897. A. Weichert. Geb. in Leinw. 3. 50

— der neue Koch, s. a. Weichert's Wochen-Bibliothek.

[F.] Der neue Koch. Humorist. Erzählg v. Georg Höcker. M. 3 Vollb. *Berlin: A. Weichert [1897].* (96 S., 3 Taf.) 1 Bd 8.
= Wochen-Bibliothek, Weichert's. Bd 5. [97. 5459

– Kreuziget ihn! s.a. Weichert's Wochen-Bibliothek.

[F.] Kreuziget ihn! Kriminalroman aus unseren Tagen v. Georg Höcker. M. 3 Vollbild. *Berlin: A. Weichert [1898].* (96 S., 3 Taf.) 1 Bd 8.
= Wochen-Bibliothek, Weichert's. Bd 45. [99. 405

Weichert's Illustrirter Familienschatz. Band 45. Inhalt: Georg Höcker, Kreuziget ihn! Criminal-Roman aus unseren Tagen. Mit 3 Vollbildern. 8. (96 S.) In Comm. —.15
Wien: Derflinger & Fischer 1898.

— s.: Leonhardt, Emin.

Höcker, Geo., Mutterliebe. Erzählg. f. d. reifere Jugend. — Brentano, Anna, Frz. u. Friedel. Erzählg. — Höcker, Geo, das Dorfschulmeisterlein. Erzählg. gr. 8. (128 u. 32 S. m. 4 Farbdr.) Berlin (899). A. Weichert. Geb. 2. —

— Pfeilgift, s.a. Weichert's Wochen-Bibliothek.

Pfeilgift. Roman von Georg Höcker. Mit 3 Vollbild. *Berlin: A. Weichert [1899].* (96 S.) 8° [F.]
= Wochen-Bibliothek. Weichert's. Bd 60. [00. 764

— d. Richter v. Hintersberg. Erzählg. f. d. reif. Jugend. gr. 8. (160 S. m. 4 Farbendr.-Bild.) Berlin 896. A. Weichert. Geb. in Halbleinw. 2. —; in Leinw. 2. 20

— der Tannhäuser, s.a. Weichert's Wochen-Bibliothek.

Der Tannhäuser. Roman von Georg Hoecker. Mit 3 Vollbild. *Berlin: A. Weichert [1899].* (96 S.) 8° [F.]
= Wochen-Bibliothek. Weichert's. Bd 30. [00. 755

– Und vergieb uns unsre Schuld, s.a. Weichert's Wochen-Bibliothek.

Und vergieb uns unsre Schuld! Roman. Von Georg Höcker. Mit 3 Vollbild. *Berlin: A. Weichert [1899].* (96 S.) 8° [F.]
= Wochen-Bibliothek. Weichert's. Bd 54. [00. 727

HOECKER, Georg

(F) Und vergieb uns unsre Schuld! Roman von Georg Höcker. Mit 3 Vollbildern. (Weichert's Illustrirter Familienschatz.) Wien. [1899.] In Comm. Derflinger & Fischer. 8°. 96 S. fl. —.15

Höcker, Georg, a. Wittstock ⟨Dosse⟩: Die Varianten des cod. Vaticanus der Samuelbücher und ihre Bedeutung für die Textkritik. Kirchhain N.-L. 1905: M. Schmersow. (73 S.) 8° ¶ (Nur ein Teil der Arbeit.)
Rostock, Phil. Fak., Ref. Köberle, Diss. v. 30. Jan. 1905
[Geb. 22. Juni 82 Wittstock; Wohnort: Wittstock; Staatsangeh.: Preußen; Vorbildung: Gymn. Wittstock Reife O. 00; Studium: Berlin 3, Greifswald 1, Marburg 2, Rostock 3 S.; Rig. 26. Jan. 05.]

— der Waldhüter. — Das Dorfschulmeisterlein. 2 Erzählgn. f. die reifere Jugend. gr. 8. (144 u. 32 S. m. 4 Farbdr.) Berlin (899). A. Weichert. Geb. 2. —

— der Zuchthausgefangene Albert Ziethen in Werden a. d. Ruhr od. Wer ist der Mörder? Criminal-Roman n. Acten, Aufzeichngn. u. eig. Mitteilgn. d. z. Tode verurteilten jetz. Zuchthausgefangenen Alb. Ziethen. 103 Hfte. gr. 8. (2471 S. m. Bild.) Berlin (896—896). A. Weichert. à Hft. 10

Höcker, Gust., die Abenteuer Robinson Krusoes, s.: Campe, Joach. Heinr.

Höcker, Gust., 1870 u. 1871. Zwei Jahre deutschen Heldenthums. Mit 114 Illustr. nach Originalzeichngn. v. W. Camphausen, C. Horn, Chr. Sell u. A. u. 12 Karten u. Plänen. 12 Lfgn. br. 8. (IV, 392 S. m. eingedr. Holzschn. u. 9 Steintaf.) Glogau 871. 72. Flemming. à — 40; cplt. geb. 5. 25

Höcker, Gust., 1870 und 1871. Zwei Jahre deutschen Heldentums. 2. Aufl. 8. (VIII, 338 S. mit 112 Bildern von W. Camphausen, C. Horn, Chr. Sell u. a. und 4 Karten.) Glogau 888, Flemming. 4 50

Höcker, Gust., 1870 u. 1871. Zwei Jahre deutschen Heldentums. Mit 152 Illustr. v. W. Camphausen, C. Horn, Rich. Knötel u. a., nebst 4 Karten. 3. Aufl. 8. (VIII, 408 S.) Glogau 891. C. Flemming. Geb. in Leinw. 4. 50

1870 und 1871. Zwei Jahre deutschen Heldentums. Von Gustav Höcker. 4. Aufl. M. 152 Ill. ... nebst 4 Kt. Jubiläums-Ausg. *Glogau: C. Flemming [1895].* (VIII, 304 S., 1 Taf., 4 Kt.) 1 Bd 8. [96. 1113

— 1870 u. 1871. Zwei Jahre deutschen Heldentums. 4. Aufl. M. 152 Illustr. v. W. Camphausen, C. Horn, Rich. Knötel rc., nebst 4 Karten. Jubiläums-Ausg. gr. 8. (VIII, 364 S.) Glogau 897. C. Flemming. Geb. in Leinw. n. 5. —

Höcker, Gust., 1870 u. 1871. Zwei Jahre deutschen Heldentums. Mit 152 schwarzen Textbildern v. W. Camphausen, C. Horn, Rich. Knötel u. a., nebst 4 Karten. 6. Aufl. (VIII, 364 S.) gr. 8. Berlin (906). Schreiter. Geb. in Leinw. 5. —

Auf verwegener Bahn, s.a. Zehnpfennig-Bibliothek, moderne.

Auf verwegener Bahn. Kriminal-Roman von Gustav Höcker. Neurode, Hamm, Speyer: W. W. E. Klambt [1907]. (151 S.) 8° [F.]
= **Zehnpfennig-Bibliothek,** Moderne. Jg. 6. Bd 2. [08. 7092 2

— Im Banne alter Schuld, s.: Enßlin's interessante Bibliothek.

Höcker, Gust., Ludwig van Beethoven, d. König d. Töne, s.a. Flemming's, Carl, vaterländ. Jugendschriften

[F.] Ludwig van Beethoven der König der Töne. E. Erzählg f. d. deutsche Jugend v. Gustav Höcker. M. 2 Abb. *Glogau: C. Flemming [1898].* (4 Bl., 162 S., 1 Portr., 1 Taf.) 1 Bd 8.
= Jugendschriften, C. Flemmings Vaterländische. Bd 61. [99. 2226

— vom Fremdjoch befreit, s.a. Trewendt's Jugendbibliothek.

Vom Fremdjoch befreit. Eine Erzählung aus d. Tagen d. Leipziger Völkerschlacht von Gustav Höcker. Mit Titelbild. Berlin: E. Trewendt [1906]. (123 S.) 8° [F.]
(Trewendt's Jugendbibliothek. [N. F. 64.] 133.) [07. 5449

— die Belagerung von Breslau. Ein Volksbuch zur 100jähr. Wiederkehr der Tage vom Novbr. u. Dezbr. 1806 u. Januar 1807. Mit Karten u. Illustr. aus der Zeit der Belagerg. (78 S.) 8. Kattowitz 907. C. Siwinna. Kart. n. 1. 50

— e. Belagerung in d. Prärie od. D. Raubzug d. Apachen. Erzählg. v. d. Indianergrenze Mexikos. 12. (63 S.) Reutlingen (892). R. Bardtenschlager. n. — 25

die Bienenjäger od. d. Gelhenlnhlgn. nach Cooper, s.: Universal-Bibliothek f. d. Jugend.

—— der weiße Blitz, s. Volks- und Jugend-Erzählungen.

- Das Blockhaus (nach J. F. Cooper's Wyandotte), s.a. Universal-Bibliothek f. d. Jugend.

[F.] Das Blockhaus. Erzählg a. d. nordamerikan. Befreiungskriege. Nach J. F. Cooper's Roman 'Wyandotté' frei f. d. Jugend bearb. v. Gustav Höcker. M. 4 Abb. v. W. Zweigle. *Stuttgart, Berlin, Leipzig: Union [1896].* (128 S.) 1 Bd 8.
= Universal-Bibliothek f. d. Jugend. No 343.344. (97. 802

Höcker, Gust., Conanchet, der Häuptling der Naragansetts, s. Universal-Bibliothek für die Jugend.

—— ein schöner Dämon. Roman. 4 Bde. 8. (686 S.) Leipzig 868, E. J. Günther.

-- des Komanchen-Häuptlings Dank u. Hilfe, s.: Volks- u. Jugend-Erzählungen.

— Ludwig Devrient, s.a. Flemming's, Carl, vaterländ. Jugendschriften.

Ludwig Devrient der geniale Meister der Schauspielkunst. Biogr. Erzählung f. d. deutsche Jugend von Gustav Höcker. Mit 2 Abb. *Glogau: C. Flemming [1899].* (164 S.) 8° [F.]
= Jugendschriften, C. Flemmings Vaterländische. Bd 66. (99. 1448

— das große Dreigestirn. Haydn, Mozart, Beethoven. In biograph. Erzählgn. 8. (VIII, 378 S. m. 4 Abb.) Glogau 898. C. Flemming. n. 2.40; geb. in Leinw. n. 3.—

· Er soll dein Herr sein, s.: Enßlin's Roman- u. Novellenschatz.

Höcker, Gustav s. Familienbibliothek, Schweizer. Nr. 126.

—— s. Flemming's, C., vaterländ. Jugendschriften.

-- Eines Andern Frau, s.a. Zehnpfennig-Bibliothek, moderne.

—— Eines Andern Frau. Eine Erzählung. 8. (256 S.) Elberfeld 868, Lucas.

— Freiheitshelden, s.: Nover, Jak.

— die Fürstin v. Dschansi, s.: Volks- u. Jugend-Erzählungen.

— Galeere u. Circus, s.a. Weichert's Wochen-Bibliothek.

[F.] Galeere und Circus. Erzählg frei nach d. Amerikan. v. Gustav Höcker. M. 3 Vollb. *Berlin: A. Weichert [1897].* (94 S., 1 Bl., 3 Taf.) 1 Bd 8.
— Wochen-Bibliothek, Weichert's. Bd 20. (97. 5439

-- Das Geheimnis der Dächer, s.: Enßlin's interessante Bibliothek.

— der Geistersee, s.a. Aus Vergangenheit u. Gegenwart. 35. Bdchn.

Der Geistersee. Novelle von Gustav Höcker. Kevelaer: Butzon & Bercker [1903]. (90 S.) 8° [F.]
= Vergangenheit, Aus, u. Gegenwart. Bdch. 35. (03. 9488 S

—— Geld und Frauen. Erzählungen. 3 Bde. 8. (728 S.) Jena 867, Costenoble.

-- Geschichte der Deutschen b. z. Gegenwart, s.: Volksbibliothek, wissenschaftliche.

-- das Gesellschaftsfräulein, Der eingeschriebene Brief u. 2 andere Kriminalerzählungen, s.: Enßlin's Roman- u. Novellenschatz.

Höcker, G., Neithardt von Gneisenau, s.: Flemming's, C., vaterländische Jugendschriften.

—— der letzte Häuptling der Seminolen, s.a. Volksbücher, Reutlinger.

Der | letzte Häuptling | der | Seminolen. | Eine Erzählung | aus den | Kämpfen der Nordamerikaner | gegen die | Indianer Florida's. | von | Gustav Höcker. (= *Nr.* 246).
Kol.: Druck und Verlag von Rob. Bardtenschlager in Reutlingen.
o. J. (1884), 64 S., 162 × 110, U.-Fig.: »*Mit kräftigem Arm hielt er den Todesstoß auf* . . .«, 73 × 87.
LBS d. D. oct K 3373.

— Joseph Haydn, der Humorist in Tönen. s.a. Flemming's, Carl, vaterländ. Jugendschriften.

[F.] Joseph Haydn der Humorist in Tönen. E. Lebens- u. Zeitbild f. d. deutsche Jugend v. Gustav Höcker. M. 2 Abb. *Glogau: C. Flemming [1898].* (4 Bl., 176 S., 1 Portr., 1 Taf.) 1 Bd 8.
= Jugendschriften, C. Flemmings Vaterländische. Bd 59. (99. 1314

— Andreas Hofer u. der Tirolerkrieg v. 1809, s.a. Flemming's, Carl, vaterländ. Jugendschriften.

— Andreas Hofer u. der Tirolerkrieg v. 1809, s.a. Jugendschriften, vaterländische.

Andreas Hofer und der Tirolerkrieg von 1809. Der deutschen Jugend erzählt von Gustav Höcker. Mit 4 Abb. *Glogau: C. Flemming [1899].* (VI, 167 S.) 8° [F.]
= Jugendschriften, C. Flemmings Vaterländische. Bd 72. (00. 1434

— Hoffart u. Demut, s.: Universal-Bibliothek f. d. Jugend.

— unter blendend. Hülle, s.a. Weichert's Wochen-Biblioth.

Unter blendender Hülle. Kriminalnovelle von Gustav Höcker. Mit Vollbildern. *Berlin: A. Weichert [1902].* (56 S.) 8° [F.]
— Wochen-Bibliothek, Weichert's. Bd 136, [1.] (03. 8549

—— Jagdabenteuer in der Wildnis und Geschichten und Schilderungen aus dem Leben wilder und zahmer Tiere. Für die Jugend bearb. gr. 8. (III, 191 S. mit 3 Chromolithogr.) Kattowitz 888, Siwinna. geb. * 3 —

—— Japhet, der seinen Vater sucht, s. Universal-Bibliothek für die Jugend.

— Jena u. Auerstädt. Ein geschichtl. Rückblick auf Preußens Unglückstage. Mit 2 Karten u. 5 Abbildgn. (96 S.) 8. Kattowitz 907. C. Siwinna. Kart. n. 1.50

— Aug. Wilh. Iffland, s.a. Flemming's, Carl, vaterl. Jugendschriften.

August Wilhelm Iffland, der Menschendarsteller, Dichter u. Bühnenleiter. Von Gustav Höcker. Mit 3 Abb. *Glogau: C. Flemming [1899].* (159 S.) 8° [F.]
= Jugendschriften, C. Flemmings Vaterländische. Bd 65. (00. 1447

— die Irre v. Sankt Rochus, s.: Weber's moderne Bibliothek.

Höcker, Gust., kaufmännische Carrieren. Wahrheit u. Dichtung aus dem Geschäftsleben. 2 Bde. Dresden 862. Kuntze. 8. (464 S.) 2 ℳ

— Theodor Körner, s.: Flemming's, C., vaterländische Jugendschriften.

— Theodor Körner, der Sänger u. Held v. Lützows wilder Jagd, s. Jugendschriften, vaterländische.

—— ein Kriegsabenteuer in Persien, s. Volks- u. Jugend-Erzählungen.

— auf der Kriegsfährte der Komanchen, s.: Volks- u. Jugend-Erzählungen.

– Lederstrumpf-Geschichten, nach Cooper, s. Universal-Bibliothek für die Jugend.

— Malipuko, der Sohn der Wälder. II. 8. (61 S.) Reutl. 892, Bardtenschlager. - 25

— Mammon u. Marmor, s.a. Zehnpfennig-Bibliothek, moderne

Höcker, Gust., Mammon und Marmor. Roman. 2 Bde. 8. (VII, 213; VII, 211 S.) Nürnberg 870, Richter und Kappler.

— Mammon u. Marmor. Roman. 2 Bde. 8. (VII, 213 u. VII, 211 S.) Nürnberg 871. Richter & Kappler. 8. 25

—— die schönsten Märchen aus 1001 Nacht. Neu bearb. 8. (191 S. mit 4 feinen Farbendr.-Bildern.) Reutlingen 887, Bardtenschlager. geb. 2 40

Höcker, Gust. Die schönsten Märchen aus 1001 Nacht. Neu bearb. 2. verm. Aufl. 4. (119 S. m. 5 Farbendr.-Bildern.) [Reutl. 891.] Stuttg., Bardtenschlager. geb. [3 —] 3 20

— die Mongolenschlacht bei Olmütz. Geschichtliche Erzählung aus dem 13. Jahrh. Nach Sofie Podlipska's Roman frei f. die Jugend bearb. Mit e. Deckelbilde in Farben u. 4 ganzseit. Text-Illustr. 8. (III, 163 S.) Teschen 889. Prochaska. geb. n. 3. —

– Wolfgang Amadeus Mozart, s.a. Flemming's, Carl, vaterländ. Jugendschriften.

[F.] Wolfgang Amadeus Mozart. Lorbeer u. Dornen e. Künstlerlebens. E. Erzählg f. d. deutsche Jugend v. Gustav Höcker. M. 4 Abb. *Glogau: C. Flemming [1898].* (1 Bl., 176 S., 4 Portr.) 1 Bd 8.
— Jugendschriften, C. Flemmings Vaterländische Bd 60.

Höcker, Gustav s. Noyer, Jacob, und Höcker, Gustav.

—— Steuermann Ready, s. Universal-Bibliothek für die Jugend.

—— Regulatoren und Pferdediebe, s. Volks- und Jugend-Erzählungen.

— Rußland u. Japan im Kampf um die Macht in Ostasien. Ein Volksbuch. Mit zahlreichen Bildern u. Karten. (VIII, 343 S.) gr. 8. Kattowitz (904). C. Siwinna. n. 5. 50; geb. in Leinw. n. 6. 50

— dasselbe. 2. (Schluß-)Bd. (VII, 324 S.) gr. 8. Ebd. (905). n. 5. 50; geb. in Leinw. n. 6. 50

Der Scharlatan, s.: Enßlin's Roman- u. Novellenschatz.

Höcker, Gust., der beseelte Schatten, s.: Album. Bibliothek deutscher Originalromane.

—— der beseelte Schatten, s.: Hausbibliothek deutscher Novellen.

HÖCKER, Gust., Der beseelte Schatten. Roman. 2 Bde Prag, Kober u. Markgraf, 1859. 8°. 214 u. 215 S. Zahm.
Auch u. d. Titel: Album. Biblioth. deutscher Originalromane. 14. Jahrg. Bd. 7 u. 8.

— Schmuggler u. Rothäute, s.a Weichert's Wochen-Bibliothek.

[F.] Schmuggler und Rothäute. Roman v. Gustav Höcker. M. 3 Vollbild. *Berlin: A. Weichert [1898].* (95 S., 3 Taf.) 1 Bd 8.
— Wochen-Bibliothek, Weichert's. Bd 33.

Friedrich Ludwig Schröder, s.a. Flemming's, Carl, vaterl. Jugendschriften.

Friedrich Ludwig Schröder. Lehr- u. Meisterjahre eines grossen Bühnenkünstlers. Ein Lebens- u. Zeitbild von Gustav Höcker. Mit 1 Portr. *Glogau: C. Flemming [1899].* (160 S.) 8° [F.]
— Jugendschriften, C. Flemmings Vaterländische. Bd 64.

— Die Schule des Lebens, s.: Enßlin's Roman- u. Novellenschatz.

– Dass., s. Höcker, Oskar

— die Seelöwen od. Die verlorenen Robbenjäger, s.a. Universal-Bibliothek f. die Jugend. 378—380.

Die Seelöwen oder Die verlorenen Robbenjäger. Nach d. Erzählung von Cooper frei f. d. Jugend bearb. von Gustav Höcker. Mit 6 Abb. von W. Zweigle. *Berlin, Leipzig: Union 1900.* (180 S.) 8° [F.]
— Universal-Bibliothek f. d. Jugend. 378/80.

Sein od. Nichtsein, s.a. Zehnpfennig-Bibliothek, moderne.

—— Sein und Nichtsein. Eine Erzählung. 2. (Titel-)Ausg. 8. (224 S.) Jena (867)69, Costenoble.

—— dunkles Spiel. Eine Geschichte aus der großen und kleinen Welt. 3 Bde. 8. (780 S.) Dresden 863, Kuntze.

— drei große Tondichter. Karl Maria v. Weber. Franz Schubert. Felix Mendelssohn-Bartholdy. In biograph. Erzählgn. Mit 3 Portr. (318 S.) 8. Glogau (903). Berlin, C. Flemming. Geb. in Leinw. n. 3. —

— Tokeah, s.: Sealsfield, Charles

—— die Trapper am Kanadian, s. Volks- und Jugend-Erzählungen.

— Treuherz, der Trapper, s.: Volks- u. Jugend-Erzählungen.

Der Vampir, s.: Enßlin's interessante Bibliothek.

— deutsche Volksbibliothek. 1.—3. Bdchn. Mit je 1 Titelbild (Holzschntaf.). 8. Karlsruhe 880, [Reuther.] Reiff. cart. à Bdchn. (*M 1.)

Inhalt:

Bdchn. 1. Höcker, Osk., hohe Gönner. Zwei Erzählungen für das Volk. [Der alte Dessauer und der kluge Bäckermeister. — Aus der Chronik der Matthiasgasse.] (119 S.)

" 2. — wer Wind säet, wird Sturm ernten. Eine Erzählung aus den Tagen unserer Großväter. (130 S.)

" 3. — ein jedes Dach hat sein Ungemach. Drei Erzählungen aus zwei Jahrhunderten. [Eine neue Residenz. — Glück im Unglück. — Kreuz und Halbmond.] (130 S.)

Nicht weiter erschienen.

– s. Volks- u. Jugend-Erzählungen.

— die Vorbilder der deutschen Schauspielkunst. Schröder, Iffland u. Ludwig Devrient. In biograph. Erzählgn. gr. 8. (VIII, 359 S. m. 6 Abbildgn.) Glogau (899). C. Flemming. n. 2.40; geb. in Leinw. n. 3.—

— der Waldteufel, s. Universal-Bibliothek für die Jugend.

– Arnold v. Winkelried, der Held v. Sempach, s. a. Jugendschriften, vaterländische.

— Arnold von Winkelried, der Held von Sempach, s. a. Flemming's, Carl, vaterl. Jugendschriften. 78. Bd.

Arnold von Winkelried, der Held von Sempach. Ein Geschichts- u. Kulturbild aus d. XIV. Jh. von Gustav Höcker. Mit 3 Abb. *Glogau: C. Flemming [1900].* (VI, 155 S.) 8° [F.]
= Jugendschriften, C. Flemmings Vaterländische. Bd 73. (01. 423)

Höcker, Gustav. Arnold von Winkelried, der Held von Sempach. Ein Geschichts- und Kulturbild aus dem XIV. Jahrhundert. Mit drei Abbildungen. VIII + 156 [+ 4] S. 8. Glogau, Carl Flemming, [1901]. (geb. M. 1. —)
Carl Flemmings Vaterländische Jugendschriften. Bd. 73.

Höcker, Gustav. Arnold von Winkelried, der Held von Sempach. Ein Geschichts- und Kulturbild aus dem XIV. Jahrhundert. (Mit drei Bildern.) VIII + 135 S. 8. Berlin, Verlag Jugendhort, [1910]. [geb. M. 1. —]
(Vaterländische Jugendschriften. Band 22.)

– Die Würger Indiens, s. Volks- und Jugend-Erzählungen.

Höcker, Hugo

Höcker, H., auf der Fährte der Apachen, s.: Volks- u. Jugend-Erzählungen.

— das Gesetz der Prärie,
— Kriegsadler, der Pawnee-Häuptling,
s. Jugend-Bibliothek, neue.

— Rache u. List im Urwald, s.: Volks- u. Jugend-Erzählungen.

Höcker, Hugo, v. Feinden umringt, s.: Volks- u. Jugend-Erzählungen.

Höcker, Hugo, s. Volks- u. Jugend-Erzählungen.

Höcker, K., Noth- und Hülfsbüchlein für Brust-Leidende, besonders für Solche, welche an häufigen und chron. Brustkatarrhen, so wie an auszehrenden Brustübeln überhaupt leiden und sich des berühmten Dr. Kerry'schen Brustsyrups und Brustthees zu ihrer Heilung oder Erleichterung bedienen wollen. 16. (30 S.) Weimar 851, Jansen und Comp.

Hoecker, N., Gedichte. 8. (189 S.) Köln 847, (Lengfeld.) *

— des Mosellandes Geschichten, Sagen und Legenden, aus dem Munde deutscher Dichter. Als Anhang: Hagen v. Throneck und die Nibelungen, u. e. A. 16. (XV und 440 S. mit lithogr. Titel.) Trier 851(52,) Troschel.

Höcker, Osk., der Afrika-Jäger, s. Volks- und Jugend-Erzählungen.

Höcker, Osk., das Ahnenschloß. Kulturgeschichtliche Erzählungen für die reifere Jugend in 4 selbstständ. Bdn. 1. und 2. Bd. Mit vielen Illustr. (Holzschntaf.) von Carl Römer. gr. 8. Leipzig 879, Hirt und Sohn. à Bd. M 3,50. geb. à Bd. M 5.

Inhalt:

Bd. 1. Der Erbe des Pfeiferkönigs. Kulturgeschichtliche Erzählung aus dem Zeitalter der Reformation. (176 S.)

" 2. In heimlichem Bunde. Kulturgeschichtliche Erzählung aus dem Jahrh. des großen Krieges. (160 S.)

— das Ahnenschloß. Kulturgeschichtliche Erzählungen für die reifere Jugend in 4 selbstständ. Bdn. 3. und 4. Bd. gr. 8. (à Bd. 160 S.) Leipzig, Hirt und Sohn. à Bd. geb. à Bd.

Inhalt:

Bd. 3. Zwei Riesen von der Garde. Kulturgeschichtl. Erzählung aus der Zeit des Zopfes und der Wachtparade Mit vielen (Holzschn.-) Illustr. von Carl Römer. 880.

4. Deutsche Treue, welsche Tücke. Kulturgeschichtl. Erzählung aus der Zeit der großen Revolution, der Knechtschaft und der Befreiung. Für die reifere Jugend. Mit vielen Illustr. (Holzschntaf.) von Carl Römer. 881.

1. und 2. Bd. Ebendas. 1879. à M 3,50.; geb. M 5.

Höcker, Osk., das Ahnenschloß. Kulturgeschichtl. Erzählgn. f. die reifere Jugend. 4 Bde. gr. 8. Leipzig, F. Hirt & Sohn. à 3.50; geb. in Leinw. à 5.—; ermäß. Preis: à 2.25; geb. à 3.—

1. Der Erbe d. Pfeiferkönigs. Kulturgeschichtliche Erzählg. aus dem Zeitalter der Reformation. Mit vielen Bildern v. Carl Römer. 3. Aufl. (160 S.) 892.
2. In heimlichem Bunde. Kulturgeschichtliche Erzählg. aus dem Jahrhundert des großen Kriegs. Mit vielen Illustr. v. Carl Römer. (160 S.) 894.
3. Zwei Riesen v. der Garde. Kulturgeschichtliche Erzählg. aus der Zeit des Zopfes u. der Wachtparade. Mit vielen Abbildgn. v. Carl Römer. (160 S.) 894.
4. Deutsche Treue, welsche Tücke. Kulturgeschichtliche Erzählg. aus der Zeit der großen Revolution, der Knechtschaft u. der Befreig. Mit vielen Abbildgn. v. Carl Römer. 3. Aufl. (160 S.) 895.

Höcker, Osk., das Ahnenschloß. Kulturgeschichtl. Erzählgn. f. d. reif. Jugend in 4 selbständ. Bdn. Mit vielen Abb. v. Carl Römer. gr. 8. (à 160 S.) Leipzig 898. F. Hirt & Sohn. à 2.25; geb. in Leinw. à 3.—

1. D. Erbe d. Pfeiferkönigs. Kulturgeschichtl. Erzählg. aus d. Zeitalter d. Reformation. 7. Aufl.
2. In heiml. Bunde. Kulturgeschichtl. Erzählg. aus d. Jahrhundert d. großen Krieges. 6. Aufl.
3. Zwei Riesen v. d. Garde. Kulturgeschichtl. Erzählg. aus d. Zeit d. Zopfes u. d. Wachtparade. 6. Aufl.
4. Deutsche Treue, welsche Tücke. Kulturgeschichtl. Erzählg. aus d. Zeit d. großen Revolution, d. Knechtschaft u. d. Befreig. 6. Aufl.

Höcker, Osk., das Ahnenschloß. Kulturgeschichtliche Erzählgn. f. die reifere Jugend in 4 selbständ. Bdn. Mit vielen Abbildgn. v. Carl Römer. gr. 8. (à 160 S.) Leipzig, F. Hirt & Sohn. à 2.25; geb. in Leinw. à 3.—

1. Der Erbe des Pfeiferkönigs. Kulturgeschichtl. Erzählg. aus dem Zeitalter der Reformation. 8.—11. Aufl. 899—903.
2. In heimlichem Bunde. Kulturgeschichtliche Erzählg. aus dem Jahrhundert des großen Kriegs. 7.—9. Aufl. 899—903.
3. Zwei Riesen v. der Garde. Kulturgeschichtliche Erzählg. aus d. Zeit des Zopfes u. d. Wachtparade. 7.—9. Aufl. 899—902.
4. Deutsche Treue, welsche Tücke. Kulturgeschichtliche Erzählg. aus der Zeit der großen Revolution, der Knechtschaft u. der Befreiung. 7.—9. Aufl. 899—902.

Höcker, Osk., das Ahnenschloß. Kulturgeschichtl. Erzählgn. f. die reifere Jugend in 4 selbständ. Bdn. (à 160 S.) gr. 8. Leipzig, F. Hirt & Sohn. à 2. 25; geb. in Leinw. à 3. —

1. Der Erbe des Pfeiferkönigs. Kulturgeschichtliche Erzählg. aus dem Zeitalter der Reformation. Mit 8 Bildern nach Zeichngn. v. Johs. Gehrts. 12. u. 13. Aufl. (160 S.) (904. 905.)
2. In heimlichem Bunde. Kulturgeschichtliche Erzählg. aus dem Jahrhundert des großen Kriegs. Mit 8 Bildern nach Zeichnungen v. Johs. Gehrts. (Umschlag: Mit vielen Abbildgn. v. Carl Römer.) 10.—12. Aufl. 903. 904.
3. Zwei Riesen von der Garde. Kulturgeschichtliche Erzählg. aus der Zeit des Zopfes u. der Wachtparade. Mit 8 Bildern nach Zeichngn. v. Johs. Gehrts. 10.—12. Aufl. 903. 904.
4. Deutsche Treue, welsche Tücke. Kulturgeschichtliche Erzählg. aus der Zeit der großen Revolution, der Knechtschaft u. der Befreig. Mit 8 Bildern nach Zeichngn. von Johs. Gehrts. 10.—12. Aufl. (160 S.) 903. 904.

Höcker, Osk., das Ahnenschloß. 4 kulturgeschichtl. Erzählgn. gr. 8. Leipzig, F. Hirt & Sohn. à Bd. 2.25; geb. in Leinw. 3. —

1. Der Erbe des Pfeiferkönigs. Kulturgeschichtliche Erzählg. aus dem Zeitalter der Reformation. Mit 8 Bildern nach Zeichngn. v. Johs. Gehrts. 15. Aufl. (160 S.) 908.
2. In heimlichem Bunde. Kulturgeschichtliche Erzählg. aus dem Jahrhundert des großen Kriegs. Mit 8 Bildern nach Zeichngn. v. Johs. Gehrts. 14. Aufl. (158 S.) 910.
3. Zwei Riesen v. der Garde. Kulturgeschichtliche Erzählg. aus der Zeit des Zopfes u. der Wachtparade. Mit 8 Bildern nach Zeichngn. v. Johs. Gehrts. 15. Aufl. (160 S.) 910.
4. Deutsche Treue, welsche Tücke. Kulturgeschichtliche Erzählg. aus der Zeit der großen Revolution, der Knechtschaft u. der Befreiung. Mit 8 Bildern nach Zeichngn. v. Johs. Gehrts. 14. Aufl. (158 S.) 908.

—— Armuth schändet nicht und Reichthum macht nicht glücklich. Eine elsäss. Dorfgeschichte für Jung und Alt. gr. 16. (106 S. mit 4 Stahlst.) Stuttgart 879, Schmidt und Spring. cart.

Höcker, Osk., Auswahl Boz-Dickens'scher Erzählungen. Für die Jugend beiderlei Geschlechts bearb. 1—5. Bd. Mit je 1 Titelbilde (Holzschntaf.) v. Löffler. 8. Breslau 874—76. Trewendt. geb. à 1. 50

1. Leben u. Schicksale e. armen Waisenknaben. Nach Ch. Dickens' Erzählg. „Oliver Twist." (VIII, 148 S.)
2. Der Wucherer u. sein Neffe. Nach Ch. Dickens' Erzählg. „Nicolaus Nickleby." (VIII, 174 S.)
3. Die kleine Nell. Nach Ch. Dickens' Erzählg. „Der Raritätenladen." (VIII, 202 S.)
4. Eine dunkle That. Historisches Gemälde aus dem letzten Drittel d. 18. Jahrh. Nach Ch. Dickens' Erzählg. „Barnaby Rudge" bearb. (VI, 184 S.)
5. In der Schule d. Schicksals. Nach Ch. Dickens' Erzählg. „Martin Chuzzlewit" bearb. (198 S.)

Höcker, Osk., der Auswanderer und seine Familie, s. Volks- und Jugend-Erzählungen.

— im Banne der Tuaregs, s.: Volks- u. Jugend-Erzählungen.

—— der Bauernbaron. Eine Dorfgeschichte aus dem Schwarzwald. Für Jugend und Volk. 12. (96 S. mit 1 Chromolithogr.) Düsseldorf 883, F. Bagel. cart.

—— Bilder aus dem Städteleben Augsburgs und Nürnbergs. Der Jugend gewidmet. 8. (VI, 249 S.) Leipzig 884, G. Wigand. geb.

Höcker, Osk. Fürst Bismarck, der eiserne Kanzler. Ein Vorbild deutscher Treue u. Vaterlandsliebe. Der Jugend und dem Volk erzählt. Mit (5) Farbendr.-Bildern. gr. 8. (IV, 228 S.) Berl. 888, (Neufeld u. Henius). cart. 1 50

Höcker, Fürst Bismarck, der eiserne Kanzler. Der Jugend erzählt. Berlin 891.

— bleibe im Lande u. nähre Dich redlich: Eine v. jenen Geschichten, welche der Jugend zu Nutz u. Frommen dienen. Mit 4 Stahlst. 16. (118 S.) Ebend. 877. cart. — 75

— Märkisch Blut, s. a. Geschichts- u. Unterhaltungs-Bibliothek, vaterländische.

[F.] Märkisch Blut. Vaterländ. Erzählg aus d. Regiergszeit Kurfürst Friedrichs I. v. Brandenburg, d. Ahnherrn d. preuss. Königshauses. Der deutschen Jugend gewidm. v. **Oskar Höcker**, 3. Aufl. *Breslau: M. Woywod 1896.* (2 Bl., 217 S.) 1 Bd 8.
— **Geschichts-** u. Unterhaltungs-**Bibliothek.** Bd 13.

—— das Bollwerk am Strande. Histor. Erzählung aus dem 13. Jahrh. Der Jugend gewidmet. 12. (78 S. mit 4 Stahlst.) Stuttgart 886, Schmidt und Spring. cart. — 75

— Robinson Crusoe. Nach der Defoe'schen Erzählg. f. die Jugend bearb. Mit 100 farb. Bildern v. Max Schaefer. 5. Aufl. (9. bis 13. Taus.) gr. 8. (VII, 232 S.) Berlin (899). H. J. Meidinger. Geb. in Leinw. n. 5.—

Höcker, Osk., Robinson Crusoe. Nach der Defoeschen Erzählg. f. die Jugend bearb. Mit 100 farb. Bildern v. Max Schaefer. 14.—16. Taus. (240 S.) gr. 8. Berlin (910). Meidinger's Jugendschriften Verl. Geb. in Leinw. 3. —

— Dämonen im Bauernhof. Eine Schwarzwälder Dorfgeschichte. Der reiferen Jugend u. dem Volke erzählt. 8. (94 S. m. 1 Steintaf.) Düsseldorf 882. F. Bagel. cart. — 75

—— Denksteine. Biographien berühmter Männer, für die Jugend bearb. 1.—3. Bd. Mit je 3 Portr. in Holzschn. 8. Leipzig 884, G. Wigand. geb. à Bd.

Inhalt:

Bd. 1. Fürst Leopold von Anhalt-Dessau. — Carl August, Großherzog zu Sachsen-Weimar. — Heinr. Friedr. Carl, Frhr. vom und zum Stein. (118 S.)
" 2. Ulrich v. Hutten. — E. M. Arndt. — Theodor Körner. (121 S.)
" 3. Gotthold Ephr. Lessing. — Joh. Wolfg. Goethe. — Joh. Chrph. Friedr. Schiller. (124 S.)

— der alte Derfflinger. Eine histor. Erzählung für meine jungen Freunde. Mit 4 Stahlst. 12. (89 S.) Stuttgart 882. Schmidt & Spring. — 75

— vom alten Dessauer, s.: Hoffmann's, Franz, Volks- u. Jugendbibliothek.

— der alte Dessauer u. [illegible], s.: Familien-Bibliothek [illegible]

— ein treuer Diener seines Herrn. Aus den Notizen e. Tagebuchs. Mit 4 Stahlst. 16. (96 S.) Stuttgart 876. Schmidt & Spring. — 75

—— Dietrich von Bern und seine Schildgesellen, s. Ebhardt's Jugendbibliothek.

— Unter Dornen erblüht od. „Befiehl dem Herrn Deine Wege!" Eine Erzählg. f. die reifere Jugend. 2. Aufl. gr. 8. (III, 211 S. m. 1 Photograv.) Berl. 892, Meidinger. geb. in Leinw. * 3 —

— bei den Dragonern, s.: Hoffmann's, Frz., Volks- u. Jugendbibliothek.

— du sollst deinen Bruder nicht hassen in deinem Herzen, s. Hoffmann's, Frz., Volks- u. Jugendbibliothek. Nr. 156.

—— Du sollst Deinen Bruder nicht hassen in Deinem Herzen! [3. Mos. 19, 17.] Eine schwedische Dorfgeschichte, der reiferen Jugend erzählt. gr. 16. (92 S. mit 4 Stahlst.) Stuttgart 874, Schmidt und Spring. cart.

— Du sollst Niemand verachten um seines geringen Ansehens willen. Eine moralische Erzählung. Mit 4 Stahlst. 16. (83 S.) Stuttgart 878. Schmidt & Spring. cart. — 75

—— Durch Güte und Treue wird die Missethat versöhnt. [Sprw. 16, 6.] Eine Familiengeschichte aus unsern Tagen. Den Alten und Jungen erzählt. gr. 16. (107 S. mit 4 Stahlst.) Ebendas. 879. cart. — 75

—— durch Nacht zum Licht! Erzählung aus einem Mädchenleben. Nach Cummins' „Der Lampenputzer" für die weibl. Jugend bearb. 8. (176 S. mit 4 Farbendr.-Bildern.) Reutlingen 885, Enßlin und Laiblin. cart. 2 —

— Durch Nacht zum Licht! Eine Erzählg. aus e. Mädchenleben. Nach Cummins' „Der Lampenputzer" f. die weibl. Jugend bearb. (160 S. m. 4 farb. Vollbildern.) 8. Reutlingen (910). Enßlin & Laiblin. Geb. 1. 20

— des Hauses Ehre. Familiengemälde für die reifere Jugend beiderlei Geschlechts. Mit 4 Stahlst. 16. (78 S.) Ebend. 877. cart. — 75

—— vaterländisches Ehrenbuch, s. Otto, F.

— ehrlich u. gerade durch, s.a. Volksbücher, neue.

Ehrlich und gerade durch. Eine Erzählung für Volk und Jugend / von O. Höcker. Stereotyp-Ausgabe. Reutlingen. Druck und Verlag von Enßlin und Laiblin. (= *Neue Volksbücher*, 195).
o. J., 63 S., 164 × 110.
LBS d. D. oct K 3250.

— ehrlich und gerade durch. Eine Erzählung für Volk und Jugend. Ster. Ausg. 8. (63 S.) Reutlingen 884, Enßlin und Laiblin's Verlagsh.

—— Ehrlich und gerade durch! Eine Erzählung für Volk und Jugend. 8. (63 S.) Reutlingen 885, Enßlin und Laiblin. — 20

— Elternlos s. Universal-Bibliothek für die Jugend.

—— die Erfindung der Buchdruckerkunst. Kulturgeschichtl. Erzählung aus dem Mainzer Stadtleben im 15. Jahrh. gr. 8. (III, 147 S. mit 4 Farbdr.-Bildern nach Aquarellen von Gust. Bartsch.) Stuttgart 888, Süddeutsches Verlags-Institut. cart. * 3 —

— die Eroberung Straßburgs, s.: Volks- u. Jugend-Erzählungen

Höcker, Osk., ausgewählte Erzählungen f. die Jugend. 5 Bde. kl. 8. Leipzig (909). Schmidt & Spring. Geb. in Leinw. à 2. —

1. Das Bollwerk am Strande. Historische Erzählg. aus dem 13. Jahrh. — Leibeigen. Eine Erzählg. aus der Regierungszeit Alexander I. v. Rußland. — Der Storchenbauer. Eine Dorfgeschichte aus dem bad. Schwarzwald. — Tugend besteht. Eine Erzählg. (78, 116, 88 u. 81 S. m. à 4 Vollbildern.)
2. Vom alten Dessauer. Eine histor. Erzählg. — Die Schule des Lebens. Eine Erzählg. — Auf hohem Throne u. in der Dachkammer. Eine Erzählg. aus den Zeiten Maria Theresias. 2. Aufl. — Du sollst deinen Bruder nicht hassen in deinem Herzen! (3. Mos. 19, 17.) Eine Erzählg. 14.—16. Tauf. (96, 85, 84 u. 90 S. m. à 4 Vollbildern.)
3. Aus Goethe's Studentenzeit od. Das Vermächtnis des alten Magisters. Eine Erzählg. — Ein treuer Diener seines Herrn. Aus den Notizen e. Tagebuchs. Erzählung. 2. Aufl. — Der arme Hilfslehrer. Eine Erzählg. 3. Aufl. — Ein frohes Herz, gesundes Blut ist besser, als viel Geld u. Gut. Erzählung aus dem deutschen Befreiungskriege. (81, 96, 90 u. 94 S. m. à 4 Vollbildern.)
4. Bei den Dragonern. Eine Soldatengeschichte. — Wer Geld lieb hat, der bleibt nicht ohne Sünde. (Sir. 31,5.) Eine Geschichte aus dem tägl. Leben. 2. Aufl. — Lebendig begraben. (Ps. 85, 10.) Eine wahre Geschichte aus dem J. 1867. 2. Aufl. — Der Schlemihl. Eine Erzählg. 2. Aufl. (91, 85, 96 u. 101 S. m. à 4 Vollbildern.)
5. Armut schändet nicht u. Reichtum macht nicht glücklich. Eine elsäss. Dorfgeschichte. 2. Aufl. Unter fremdem Joch. Eine Erzählg. aus den Freiheitskriegen. — Gott verläßt die Seinen nicht. Eine Erzählg. (13.–15. Tauf.) (104, 154 u. 110 S. m. à 4 Vollbildern.)

Höcker, Osk., Es giebt kein Häuslein, es hat sein Kreuzlein! Eine Erzählung für Knaben und Mädchen. 12. (103 S. mit 4 Stahlst.) Stuttgart 880, Schmidt und Spring. cart.

— es ist nichts so fein gesponnen, es kommt endlich an die Sonnen! Eine histor. Erzählg. f. die reifere Jugend. Mit 4 Stahlst. gr. 16. (76 S.) Ebend. 872. — 75

— Robinson Crusoe's Fahrten und Erlebnisse zu Wasser u. zu Lande. Nach der Defoe'schen Erzählg. zu Lust u. Lehr der Jugend frei bearb. Mit 100 farb. Text-Illustr. nach Aquarellen v. Max. Schaefer. gr. 8. (VII, 200 S.) Berlin 886. H. J. Meidinger. geb. n. 5. —

— der Fährtensucher. Eine Erzählung aus dem Leben der wilden Völkerschaften des westlichen Amerika. Nach G. Aimard's gleichnamiger Schilderung f. die Jugend bearb. Ster.-Ausg. gr. 8. (208 S. m. 4 Farbendr.) Reutlingen 889. Enßlin & Laiblin. geb. 3. —

—— s. Familienbibliothek für's deutsche Volk.

— die Fee des Erzgebirges. Erzählung aus dem 16. Jahrh. für Jugend u. Volk. 12. (96 S. m. 2 Illustr.) Düsseldorf 881. F. Bagel. cart. — 75

— Im Felsengebirge oder in Indianerländern, s.a. Volksbücher, Neue.

—— im Felsengebirge oder in Indianerhänden. Eine Geschichte aus dem Kriege der Apachen und Pah-Utahs. Neue Ster.-Ausg. 8. (61 S.) Reutlingen 887, Enßlin und Laiblin. — 25

—— s. Ferry, Gabr., der Waldläufer.

— durch Feuer und Schwert, s. Volks- und Jugend-Erzählungen.

— eine alte Firma, s.a. Volksbücher, neue.

— eine alte Firma oder die dunkle That. Eine Erzählung aus der Gegenwart. Ster.-Ausg. 8. (61 S.) Reutlingen 884, Enßlin und Laiblin's Verlagsh.

—— eine alte Firma oder die dunkle That. Eine Erzählung aus der Gegenwart. 8. (61 S.) Ebendas. 885. — 20

— Fitzpatrick, der Trapper. Erzählung aus dem Felsengebirge u. den Prairien Nordamerika's. Für die reifere Jugend. Mit 8 Bildern in Farbendr. gr. 8. (IV, 272 S.) Stuttgart 878. Schmidt & Spring. cart. 6. —

— unsere deutsche Flotte von der Flagge d. großen Brandenburgers bis zur schwarz-weiß-roten. Kriegs- u. kulturgeschichtl. Bilder, im Anschluß an die Jugendschriften-Sammlung: „Preußens Heer — Preußens Ehr'", f. die reifere Jugend bestimmt. 1. Bd. 1. u. 2. Aufl. gr. 8. Leipzig 890. Hirt & Sohn. 3. 50; geb. 5. —
Der Schiffsjunge d. Großen Kurfürsten. Eine Erzählg. aus dem 17. Jahrh. (V, 176 S. m. Illustr. von A. v. Rößler.)

Höcker, Osk., unsere deutsche Flotte von der Flagge d. großen Brandenburgers bis zur schwarz weiß-roten. Kriegs- u. kulturgeschichtl. Bilder, im Anschluß an die Jugendschriften-Sammlg.: „Preußens Heer -- Preußens Ehr'", f. die reifere Jugend bestimmt. 2. Bd. gr. 8. Leipzig 892. F. Hirt & Sohn. 3. 50; geb. in Leinw. 5. --
Der Seekadett v. Helgoland. Eine Erzählg. aus unsern Tagen. Mit vielen Abbildgn. von A. v. Rößler. 1. u. 2. Aufl. (168 S.)

— Unsere deutsche Flotte v. d. Flagge d. großen Brandenburgers b. z. schwarz-weiß-roten. Kriegs- u. kulturgeschichtl. Bilder, im Anschl. an d. Jugendschriften-Sammlung: „Preußens Heer — Preußens Ehr'", f. d. reif. Jugend bestimmt. 2. Bd. gr. 8. Leipzig, F. Hirt & Sohn. 3. 50; geb. in Leinw. 5. --
Der Seekadett v. Helgoland. E. Erzählg. aus uns. Tagen. M. vielen Abb. von A. v. Rößler. 3. Aufl. (168 S.) 1899.

— unsere deutsche Flotte von der Flagge des großen Brandenburgers bis zur schwarz-weiß-roten. Kriegs- u. kulturgeschichtl. Bilder, im Anschluß an die Jugendschriften-Sammlg.: „Preußens Heer — Preußens Ehr'", f. die reifere Jugend bestimmt. 1. u. 2. Bd. gr. 8. Leipzig, F. Hirt & Sohn. à 3. —; geb. in Leinw. à 4. —
1. Der Schiffsjunge des Großen Kurfürsten. Eine Erzählg. aus dem 17. Jahrh. Mit vielen Abbildgn. von A. v. Rößler. 3. u. 4. Aufl. (à 176 S.) (901. 902.)
2. Der Seekadett v. Helgoland. Eine Erzählg. aus unsern Tagen. Der reiferen deutschen Jugend gewidmet. Mit vielen Abb. von A. v. Roeßler. 4. u. 5. Aufl. (160 S.) 903.

— unsere deutsche Flotte von der Flagge des großen Brandenburgers bis zur schwarz-weiß-roten. Kriegs- u. kulturgeschichtliche Bilder, im Anschluß an die Jugendschriften-Sammlg.: „Preußens Heer — Preußens Ehr'" f. die reifere Jugend bestimmt. 1. u. 2. Bd. gr. 8. Leipzig, F. Hirt & Sohn. à 3. —; geb. in Leinw. à 4. —
1. Der Schiffsjunge des Großen Kurfürsten. Eine Erzählg. aus dem 17. Jahrh. Mit vielen Abbildgn. von A. v. Roeßler. 5. u. 6. Aufl. (175 S.) 904. 905.
2. Der Seekadett von Helgoland. Eine Erzählung aus unsern Tagen. Mit vielen Abbildgn. von A. v. Roeßler. 6. u. 7. Aufl. (160 S.) (904. 905.)

— Unsere deutsche Flotte von der Flagge des großen Brandenburgers bis zur schwarz-weiß-roten. Kriegs- u. kulturgeschichtl. Bilder, im Anschluß an die Jugendschriften-Sammlg.: Preußens Heer — Preußens Ehr' f. die reifere Jugend bestimmt. 1. u. 2. Bd. gr. 8. Leipzig, F. Hirt & Sohn. à Bd. 3.—; geb. in Leinw. 4. —
1. Der Schiffsjunge des Großen Kurfürsten. Eine Erzählg. aus dem 17. Jahrh. Der reiferen deutschen Jugend gewidmet. Mit vielen Abbildgn. von A. v. Roeßler. 8. Aufl. (175 S.) (910.)
2. Der Seekadett v. Helgoland. Eine Erzählg. aus unsern Tagen. Mit vielen Bildern nach Zeichngn. von A. v. Roeßler. 8. Aufl. (160 S.) (908.)

Höcker, O., Friedrich der Grosse als Feldherr und Herrscher. Leipzig 1885.

—— Friedrich der Große als Feldherr und Herrscher. Ein Lebensbild des Heldenkönigs, dem Vaterland und der deutschen Jugend geweiht zum 100jähr. Todestage des unvergeßl. Monarchen. gr. 8. (176 S. mit Illustr. von A. v. Rößler.) Leipzig 886, Hirt und Sohn. ℳ 3.50.; geb. 5 —

— Friedrich der Große als Feldherr u. Herrscher. E. Lebensbild d. Heldenkönigs, d. Vaterland u. d. deutschen Jugend geweiht. M. vielen Abb. v. A. v. Rößler. 3. Aufl., ergänzt durch 2 Anhänge: Das Heer u. die Generale Friedrichs d. Großen. gr. 8. (207 S.) Leipzig 896. F. Hirt & Sohn. 3. 50; geb. in Leinw. 5. —

Höcker, Osk., Friedrich der Große als Feldherr u. Herrscher. Ein Lebensbild des Heldenkönigs, dem Vaterland u. der deutschen Jugend geweiht. Mit vielen Abbildgn. von A. v. Rößler. 4. Aufl., ergänzt durch 2 Anh.: Das Heer u. die Generale Friedrichs des Großen. gr. 8. (207 S.) Leipzig (900). F. Hirt & Sohn. 3. —; geb. in Leinw. 4. —

Höcker, Osk., Friedrich der Große als Feldherr u. Herrscher. Ein Lebensbild des Heldenkönigs, dem Vaterland u. der deutschen Jugend geweiht. Mit vielen Abbildgn. von A. v. Rößler, R. Knötel u. a. 5. u. 6. Aufl., ergänzt durch 2 Anhänge: Das Heer u. die Generale Friedrichs des Großen. (207 S.) gr. 8. Leipzig (903. 906). F. Hirt & Sohn. 3. —; geb. in Leinw. 4. —

—— die Furcht vor der Arbeit. Eine alte, und doch stets neue Geschichte. Seinen jungen Freunden zu Nutz und Frommen erzählt. gr. 16. (114 S. mit 4 Stahlst.) Ebendas. 875. cart. — 75

—— das Geheimniß der alten Zigeunerin. Nach Walter Scott's Roman „Guy Mannering" für die Jugend beiderlei Geschlechts bearb. 8. (133 S. mit 1 Titelbilde in Holzschn.) Breslau 878, Trewendt. cart. 1 50

—— um Gold und Ehre. Nach dem Bulwer'schen Roman „Nacht und Morgen" für die reifere Jugend bearb. 8. (224 S. mit 4 Farbendr.-Bildern.) Leipzig 883, Zieger. geb. *

—— Gold macht nicht reich, es sei denn reich das Herz zugleich. Erzählung aus der Mitte des 18. Jahrh. für Jugend und Volk. 12. (93 S. mit 2 Illustr.) Düsseldorf 881, F. Bagel. cart.

— Onkel Neumanns Goldpüppchen. Eine Erzählg. f. die Jugend Mit 4 Farbendr.-Bildern nach Zeichngn. v. C. Schweitzer. 8. (VII, 198 S.) Berlin 883. C. Zieger Nachf. geb. n. 3. —

—— der kleine Goethe. Eine Erzählung aus des großen Dichters Jugendzeit. Seinen jungen und alten Freunden gewidmet. 8. (94 S. mit 1 Stnt.) Düsseldorf 882, F. Bagel. cart.

—— Gott hilft tragen. Eine Dorf- und Stadtgeschichte. Den Jungen und den Alten erzählt. 12. (86 S. mit 4 Stahlst.) Stuttgart 880, Schmidt und Spring. cart.

— Gott ist ein Schild Allen, die ihm vertrauen. [Ps. 18, 31.] Eine Erzählung für Knaben u. Mädchen. Mit 4 Stahlst. 12. (103 S.) Ebend. 880. cart. — 75

— Gott verläßt die Seinen nicht, s. Schmidt & Spring's Volks- u. Jugendbibliotheken.

— Gott verläßt die Seinen nicht! Eine Erzählg. Seinen kleinen u. großen Freunden gewidmet. Mit 4 Stahlst. 16. (114 S.) Ebend. 876. — 75

– Ein Granatsplitter, s. Schmidt & Spring's Volks- u. Jugendbibliotheken.

— Preußens Heer — Preußens Ehr'! Militär- u. kulturgeschichtl. Bilder aus 3 Jahrhunderten der reiferen deutschen Jugend gewidmet. 1. Bd. Kadett u. Feldmarschall. Der große Kurfürst u. seine Paladine. gr. 8. (174 S.) Leipzig 888. Hirt & Sohn. 3. 50; geb. 5. —

— Preußens Heer — Preußens Ehr'! Militär- u. kulturgeschichtl. Bilder aus drei Jahrhunderten. Der reiferen deutschen Jugend gewidmet. 2. u. 3. Bd. gr. 8. Leipzig, Hirt & Sohn. à 3. 50; geb. à 5. —
2. Husarenkönig u. Kürassiergeneral. Aus dem Feld- u. Lagerleben der Soldaten d. alten Fritz. Mit vielen (Holzschn.-) Illustr. v. Karl Römer. (176 S.) 884.
3. Mit Gott für König u. Vaterland. Aus den Tagen der Unterdrückg. u. der Befreig. Mit vielen Illustr. v. Karl Römer. (184 S.) 885.

— Preußens Heer — Preußens Ehr'! Militär- und kulturgeschichtl. Bilder aus drei Jahrhunderten. 1., 2. u. 4. Bd. gr. 8. Leipzig, Hirt & Sohn. à 3. 50; geb. 5. —
1. Kadett u. Feldmarschall. Der große Kurfürst u. seine Paladine, der reifern deutschen Jugend geschildert. 3., durchgeseh. Aufl., vermehrt durch e. militärgeschichtl. Anh. (V, 160 u. kriegsgeschichtlicher Anh. 16 S. m. Bildern von Carl Römer und R. Knötel.) 889.
2. Husarenkönig u. Kürassiergeneral. Aus dem Feld- u. Lagerleben der Soldaten d. alten Fritz. Mit vielen Bildern von Karl Römer u. R. Knötel. 3., durchgeseh. Aufl., mit einem militärgeschichtl. Anh. (160 u. 16 S.)
4. Im Rock d. Königs. Eine Erzählg. aus den J. 1861 1871. Mit vielen Abbildgn. von A. v. Roßler. 1. u. 2. Aufl. (V, 176 S.)

Preußens Heer — Preußens Ehr'! Militär- u. kulturgeschichtl. Bilder aus 3 Jahrhunderten. Der reiferen deutschen Jugend gewidmet. 3. Bd. gr. 8. Leipzig 893. F. Hirt & Sohn. 3. 50; geb. 5. —
Mit Gott für König u. Vaterland! Aus den Tagen der Unterdrückg. Mit vielen Bildern nach Zeichngn. v. Karl Römer u. R. Knötel. 3., durchgeseh. Aufl., verm. durch e. militärgeschichtl. Anh. (176 u. 16 S.)

— Preußens Heer — Preußens Ehr'! Militär- und kulturgeschichtl. Bilder aus 3 Jahrhunderten. Der reif. deutschen Jugend gewidmet. 3. u. 4. Bd. gr. 8. Leipzig, F. Hirt & Sohn à 3. 50; geb. in Leinw. à 5. —
3. Mit Gott f. König u. Vaterland! Aus d. Tagen d. Unterdrückg. u. d. Befreig. M. vielen Bild. nach Zeichngn. v. Karl Römer u. R. Knötel. 4., durchgeseh. Aufl., verm. durch e. militärgeschichtl. Anh. (176 u. 16 S.) 896.
4. Im Rock d. Königs. E. Erzählg. aus d. J. 1861 bis 1871. M. vielen Abb. v. A. v. Roßler. 3. Aufl. (176 S.) 897.

— Preußens Heer — Preußens Ehr'! Militär- u. kulturgeschichtl. Bilder aus 3 Jahrhunderten. Der reiferen deutschen Jugend gewidmet. 1.—3. Bd. gr. 8. Leipzig, F. Hirt & Sohn. à 3. —; geb. in Leinw. à 4. —
1. Kadett u. Feldmarschall. Der Große Kurfürst u. seine Paladine. Mit vielen Bildern v. Karl Römer u. R. Knötel. 5. Aufl., verm. durch e. militärgeschichtl. Anh. (176 S.) 902.
2. Husarenkönig u. Kürassiergeneral. Aus dem Feld- u. Lagerleben der Soldaten des Alten Fritz. Der reiferen deutschen Jugend erzählt. Mit vielen Bildern v. Karl Römer u. R. Knötel. 6. Aufl., verm. durch e. militärgeschichtl. Anh. (Vogt, H.: Die Friedericianische Armee.) (160 u. 32 S.) 903.
3. Mit Gott f. König u. Vaterland! Aus den Tagen der Unterdrückg. u. der Befreiung. Mit vielen Bildern v. Karl Römer u. R. Knötel. 5. Aufl., vermehrt durch e. militärgeschichtl. Anh. (176 u. 16 S.) 901.

— Preußens Heer — Preußens Ehr'! Militär- u. kulturgeschichtliche Bilder aus 3 Jahrhunderten. Der reiferen deutschen Jugend gewidmet. 1.—4. Bd. gr. 8. Ebd. à 3. —; geb. in Leinw. à 4. —
1. Kadett u. Feldmarschall. Der große Kurfürst u. seine Paladine. Mit vielen Bildern v. Carl Römer u. R. Knötel. 6. u. 7. Aufl., vermehrt durch e. militärgeschichtl. Anh. (Vogt, H., das Heer des Großen Kurfürsten.) (176 S.) (904, 905.)
2. Husarenkönig u. Kürassiergeneral. Aus dem Feld- u. Lagerleben der Soldaten des Alten Fritz. Mit vielen Bildern v. Karl Römer u. R. Knötel. 6. Aufl., vermehrt durch einen militärgeschichtl. Anh. (Vogt, H., die Friedericianische Armee.) (176 S.) (906.)
3. Mit Gott f. König u. Vaterland! Aus den Tagen der Unterdrückg. u. der Befreig. Mit vielen Bildern v. Karl Römer u. R. Knötel. 6.—8. Aufl. (192 S.) 903—906.
4. Im Rock des Königs. Eine Erzahlg. aus den J. 1864—1871. Mit vielen Abbildgn. von A. v. Rößler. 5. u. 6. Aufl. (174 S.) (904. 905.)

— Preußens Heer — Preußens Ehr'! Militär- u. kulturgeschichtl. Bilder aus 3 Jahrhunderten. 1.—4. Bd. gr. 8. Leipzig, F. Hirt & Sohn. à Bd. 3.—; geb. in Leinw. 4. —
1. Kadett u. Feldmarschall. (Der große Kurfürst u. seine Paladine.) Mit vielen Bildern v. Hans W. Schmidt u. R. Knötel. 8. Aufl. (Nebst Anh.: Vogt, H., das Heer des Großen Kurfürsten.) (176 S.) 908.
2. Husarenkönig u. Kürassiergeneral. (Aus dem Feld- u. Lagerleben der Soldaten des Alten Fritz.) Mit vielen Bildern v. Hans W. Schmidt u. R. Knötel. 8. Aufl. (Nebst Anh.: Vogt, H., die Friderizianische Armee.) (176 S.) 909.
3. Mit Gott f. König u. Vaterland. (Aus den Tagen der Unterdrückg. u. der Befreig.) Mit vielen Bildern v. Hans W. Schmidt u. R. Knötel. 11. Aufl. (192 S.) 911.
4. Im Rock des Königs. (Eine Erzählg. aus den J. 1864—1871.) Mit vielen Bildern von M. v. Rößler. 8. Aufl. (173 S.) 910.

— Heidelberg. Historische Erzählung aus der Zeit des 30jähr. Krieges. Nach Rainsford James für die reifere Jugend bearb. Mit 5 Bildern in Farbendr. nach Aquarellen v. C. Offterdinger. gr. 8. (VII, 224 S.) Stuttgart 881. Nitzschke. geb. 4. 50

Höcker, Osk., deutsche Heldensagen. Der Jugend erzählt. 8. (176 S. mit 4 Farbendr.-Bildern.) Reutlingen 885, Enßlin und Laiblin. cart. 2 —

—— der Herr prüfet die Herzen. [Sprichw. 17, 3.] Eine Erzählung aus dem Alltagsleben für Jung und Alt. 12. (90 S. mit 4 Stahlst.) Stuttgart 881, Schmidt und Spring. cart.

— Herren u. Diener, s. Schmidt & Spring's Volks- u. Jugendbibliotheken.

—— ein frohes Herz, gesundes Blut rc., s. Hoffmann's Jugendbibliothek.

— e. frohes Herz, gesundes Blut ist besser, als viel Geld u. Gut. Erzählung aus dem deutschen Befreiungskriege. Für Jugend u. Volk. Mit 4 Stahlst. 12. (94 S.) Stuttgart 888. Schmidt & Spring. cart. — 75

—— ein verkanntes Herz. Eine Erzählung für die Jugend. gr. 16. (73 S. mit 4 Stahlst.) Ebendas. 875. cart. — 75

— ein verwaistes Herz. Nach Charles Dickens' Erzählg. „Dombey u. Sohn" f. die Jugend beiderlei Geschlechts bearb. Mit e. Titelbilde v. Ludw. Löffler (in Holzschn.) 8. (152 S.) Breslau 877. Trewendt. 1. 50

— – im Herzen von London. Drei Erzählungen, nach Boz-Dickens für die Jugend bearb. 8. (148, 174, 202 S. mit 3 Holzschn.) Breslau 880, Trewendt. geb.

—— Die Hexe d. Schneebergs, e. Dorfgeschichte f. die Jugend u. das Volk. 12. (101 S. m. 4 Stahlst.) Stuttg. 889, Schmidt u. Spring. cart. — 75

— der arme Hilfslehrer. Eine Erzählg. f. die Jugend. Mit 4 Stahlst. gr. 16. (90 S.) Stuttgart 872. Schmidt & Spring. — 75

—— am Hofe der Medici. Eine Erzählung aus der Blütezeit des italien. Städtelebens. Der reiferen Jugend und der Familie gewidmet. 8. (162 S. mit 4 Vollbildern nach Orig.-Zeichnungen von Otto E. Lau.) Berlin 888, Mehring. geb. * 4 50

— am Hofe der Medici. Eine Erzählung aus der Blüthezeit d. italien. Städtelebens. 4. Aufl. (III, 147 S. m. farb. Titelbild.) Breslau 890. Freund's Verl. geb. n. 4. —

— am Hofe der Medici. Eine Erzählg. aus der Blüthezeit d. italien. Städtelebens. Der reiferen Jugend u. der Familie gewidmet. 4. Aufl. Mit e. bunten Titelbilde nach e. Orig.-Zeichng. v. Otto E. Lau. gr. 8. (III, 147 S.) Breslau 891. Leipzig, [L. Freund] H. Paul. Geb. n. 4. —

—— bei den Husaren. Eine komische Geschichte aus der Garnison. Der lieben Jugend erzählt. 12. (96 S. mit 2 Illustr.) Düsseldorf 881, F. Bagel. cart.

Höcker, Osk., u. Frz. Otto, das große Jahr 1870. Neues vaterländ. Ehrenbuch rc., s. a. Jugend- u. Hausbibliothek, neue.

—— das große Jahr 1870, s. a. Otto, Frz.

—— und Frz. Otto, das große Jahr 1870. Neues vaterländ. Ehrenbuch. Große Tage aus Deutschlands neuester Geschichte. Ein Gedenkbuch an die wichtigsten Ereignisse des nationalen Krieges im Jahre der deutschen Einigung. 2 Hälften. gr. 8. Leipzig 871, Spamer. [1. Hälfte. (VIII, S. 1—272 mit zahlreichen Text-Illustr., 6 Tonbildern und 1 bunten Titelbilde in Holzschn.) *ℳ 3., cart. *ℳ 4.; 2. Hälfte. (X, S. 273—464 mit zahlreichen Text-Illustr. und 3 Tonbildern.) *ℳ 1.] (*ℳ 4.) * geb. (*ℳ 4,50.) *

Höcker, Osk., u. Arnold **Ludwig**, jederzeit kampfbereit! Geschichtliche u. militär. Bilder v. der Entwickelg. der deutschen Wehrkraft. Der deutschen Jugend, dem deutschen Volke u. dem deutschen Heere gewidmet u. unter Mitwirkg militär. Fachmänner geschildert. Mit vielen Abbildgn. u. Schlachtplänen, sowie e. Anh. v. Armeemärschen. 1. u. 2. unveränd. Aufl. gr. 8. (470 S.) Leipzig 893. F. Hirt & Sohn. 6. —; geb. in Leinw. 8. —

—— Jesus, meine Zuversicht! Erzählung aus der Zeit des großen Kurfürsten. Für Jugend und Volk. 12. (95 S. mit 1 Chromolithogr.) Düsseldorf 883, F. Bagel. cart.

—— „Zu allen meinen Thaten laß ich den Höchsten rathen." Biograph. Erzählung aus dem Leben des frommen Sängers Paul Flemming. Der Jugend und dem Volke gewidmet. 12. (96 S. mit 4 Stahlst.) Ebendas. 880. cart.

— unter fremdem Joch. Eine Erzählg. aus den Freiheitskriegen. 12. (154 S. m. 4 Stahlst.) Stuttgart 890. Schmidt & Spring. cart. — 75

— der Kampf um Thron u. Ehre. Eine Heidelberger Erzählg. aus der Zeit d. 30jähr. Kriegs. Nach Rainsford James f. die reifere Jugend bearb. v. O. Höcker. 2. Aufl. der histor. Erzählung „Heidelberg". Mit 5 Bildern in Farbendr. nach Aquarellen von C. Offterdinger. gr. 8. (224 S.) Stuttgart 888. Nitzschke. geb. 4. 50

— der Kampf um Thron u. Ehre. Erzählung aus der Zeit des 30jähr. Krieges. Nach Rainsford James f. die reifere Jugend bearb. 3. Aufl. Mit farb. Abbildgn. nach Originalen v. C. Offterdinger. gr. 8. (VI, 224 S.) Leipzig (899). O. Drewitz Nachf. Geb. in Leinw. 3. —

— närrische Käuze, s.: Mehring's Unterhaltungsbibliothek.

— Keiner wird zu schanden, der des Herrn harret. Eine Erzählung aus dem chinesischen Familienleben. Der Jugend u. dem Volke erzählt. 8. (93 S. m. 1 Steintaf.) Düsseldorf 882. F. Bagel. cart. — 75

—— das geraubte Kind, s. Volks- und Jugend-Erzählungen.

— das Kind des Seiltänzers, s.: Hoffmann's, Frz., Jugendbibliothek.

— komm, Herr Jesus, sei unser Gast, s.a. Schmidt & Spring's Volks- u. Jugendbibliotheken. 170.

— „Komm, Herr Jesus, sei unser Gast!" Eine Erzählung für die reifere Jugend. 16. (73 S. mit 4 Stahlst.) Stuttgart 877, Schmidt und Spring. cart. — 75

—— harte Köpfe. Eine Schwarzwälder Dorfgeschichte für die reifere Jugend. 12. (88 S. mit 4 Stahlst.) Stuttgart 881, Schmidt und Spring. cart.

Höcker, Osk., der schwarze Corsar. Eine Seegeschichte. Nach Capt. Marryat's „Der Pirat" f. die Jugend beiderlei Geschlechts bearb. Mit 1 Titelbilde (in Holzschn.) 8. (126 S.) Breslau 877. Trewendt. 1. 50

— aus eigener Kraft. Eine Erzählg. f. Alt u. Jung. Mit 4 Stahlst. gr. 16. (80 S.) Ebend. 874. — 75

—— das eiserne Kreuz und seine Wiedergeburt. Ein vaterländ. Erinnerungsblatt für das deutsche Volk an die ruhmreichen Jahre 1813 und 1870. 8. (60 S. mit eingedr. Holzschn.) Leipzig 878, Hirt und Sohn. cart. — 75

Höcker, Die Kreuzfahrer. gr. 8. (208 S. mit 4 Farbendruckbildern.) Wien, *Garay & Comp. Geb. 75 kr. netto.

1884

—— die Kreuzfahrer oder Ritter Kenneth vom schlafenden Leoparden. Historische Erzählung nach Walter Scott's „Der Talisman". Für die Jugend bearb. gr. 8. (221 S. mit 4 Farbendr.-Bildern.) Reutlingen 884, Enßlin und Laiblin's Verlagsh. cart.

— Leben u. Abenteuer des Robinson Crusoe. Nach der Defoe'schen Erzählg. f. die Jugend bearb. Mit 100 farb. Text-Bildern nach Aquarellen v. Max. Schaefer. 4., verb. Aufl. gr. 8. (VIII, 232 S.) Berlin 890. Meidinger. geb. n. 5.

— aus Moltke's Leben, s.a. Jugend- u. Hausbibliothek, illustr.

Höcker, O., aus H. v. Moltke's Leben. Leipzig 1872. 8.

—— aus Moltkes Leben. Unterm Halbmonde. Historische Erzählung aus der Zeit der Wanderjahre eines deutschen Kriegshelden während seines Aufenthaltes im Osmanischen Reiche. Der vaterländ. Jugend und dem deutschen Volke erzählt. In 2. vielfach verm. Aufl. hrsg. von Frz. Otto. Mit 118 Text-Illustr. (Holzschn.) und 1 Buntbilde. Nach Zeichnungen von A. Kretschmer u. A. gr. 8. (XIV, 343 S.) Leipzig 883, Spamer. geb.

— aus Moltkes Leben. Unterm Halbmonde. Historische Erzählg. aus der Zeit der Wanderjahre e. deutschen Kriegshelden während seines Aufenthaltes im osman. Reiche. Der vaterländ. Jugend u. dem deutschen Volke erzählt. 3. (Titel-)Aufl. Mit 118 Text-Illustr. nach Zeichngn. v. A. Kretschmer u. a. gr. 8. (XIV, 342 S.) Leipzig 892. O. Spamer. n. 4. —; geb. in Leinw. n 5. —

— Lebendig begraben. [Ps. 85, 10.] Eine wahre Geschichte aus dem J. 1857. Der Jugend und dem Volke erzählt. 16. (96 S. mit 4 Stahlst.) Stuttgart 877, Schmidt und Spring. cart. — 75

— lebendig begraben. [Ps. 85, 10.] Eine wahre Geschichte aus dem Jahre 1857. Der Jugend u. dem Volke erzählt. Mit 4 Stahlst. 16. (96 S.) Stuttgart 878. Schmidt & Spring. cart. — 75

—— Lederstrumpf. Fünf Erzählungen, nach J. F. Cooper für die liebe Jugend frei bearb. 1.—3. Aufl. 4. (III, 124 S. mit 7 Farbdr.-Bildern nach Orig.-Aquarellen von C. Offterdinger.) Stuttgart 885—88, F. Loewe. geb. 3 —

— dasselbe. 4., unveränd. Aufl. 4. (IV, 124 S. m. 6 Farbdr.-Bildern nach Orig.-Aquarellen v. C. Offterdinger.) Ebd. 889. geb. 3. —

— Lederstrumpf. Fünf Erzählgn., nach J. F. Cooper f. die liebe Jugend frei bearb. 5. u. 6. Aufl. Mit 6 Farbendr.-Bildern nach Orig.-Aquarellen v. C. Offterdinger. 4. (IV, 124 S.) Stuttgart 891. 894. F. Loewe. Kart. 3. —

— Lederstrumpf. 5 Erzählgn. n. J. F. Cooper, f. d. Jugend frei bearb. 7. Aufl. M. 6 Farbdr.-Bildn. v. C. Offterdinger, sow. 25 Textillustr. v. W. Zweigle. 8. (III, 292 S.) Stuttgart 896. F. Loewe. Geb. in Leinw. 3. —

— Lederstrumpf. 5 Erzählgn. nach J. F. Cooper, f. die Jugend frei bearb. 9. Aufl. Mit 6 Farbdr.-Bildern v. C. Offterdinger, sowie 25 Textillustr. v. W. Zweigle. 8. (III, 292 S.) Loewe. Geb. in Leinw. 3. —

— Lederstrumpf. 5 Erzählgn. nach J. F. Cooper, f. die Jugend frei bearb. 10. Aufl. Mit 6 Buntbildern v. C. Offterdinger, sowie 25 Textillustr. v. W. Zweigle. (III, 292 S.) gr. 8. Stuttgart (903). Loewe. Geb. in Leinw. 3. —

— Lederstrumpf. 5 Erzählgn., nach J. F. Cooper f. die liebe Jugend frei bearb. Mit 6 Bunt- u. 25 Textbildern v. C. Offterdinger u. W. Zweigle. 12. Aufl. (III, 292 S.) 8. Stuttgart (908). Loewe. Geb. in Leinw. 3. —

— 5 Lederstrumpf-Erzählungen, nach J. F. Cooper f. die Jugend frei bearb. Mit 25 Textbildern. Volksausg. (III, 292 S.) 8. Ebd. (909.) Geb. 1. 80

— Leibeigen. Eine Erzählung aus der Regierungszeit Alexander I. von Rußland. Der Jugend und ihren Freunden gewidmet. 12. (116 S. mit 4 Stahlst.) Stuttgart 884, Schmidt und Spring. cart.

— Mohrenkranz [illegible] Eine Erzählg. aus [illegible] Mit zahlreichen Textillustr. u. [illegible] gr. 8. (V, 2[illegible] S.) Berlin 891. H. J. Meidinger. Geb. in Leinw. n 3

— die Lüge ist ein häßlicher Schandfleck. Eine lehrreiche Erzählung für Knaben u. Mädchen. Mit 4 Stahlst. 16. (83 S.) Ebend. 878. cart. — 75

— aus der Malerakademie. Eine Erzählung für Knaben und Mädchen. 16. (79 S. mit 4 Stahlst.) Ebendas. 878. cart. — 75

— Merksteine deutschen Bürgertums. Kulturgeschichtliche Bilder aus dem Mittelalter. Der reiferen deutschen Jugend gewidmet. 1. Bd. gr. 8. Leipzig 886. Hirt & Sohn. 4. 50; geb. 6. —
Die Brüder der Hansa. Historische Erzählg. aus der Blütezeit d. norddeutschen Kaufmannsbundes. Mit vielen Illustr. v. Johs. Gehrts. (210 S.)

— Merksteine deutschen Bürgertums. Kulturgeschichtliche Bilder aus dem Mittelalter. Der reifern deutschen Jugend gewidmet. 2. Bd. gr. 8. Leipzig 891. Hirt & Sohn. 4 50; geb. 6. —
Auf der Wacht im Osten. Eine geschichtl. Erzählung aus den Zeiten der Kämpfe mit den Polen im 14. Jahrh. Mit vielen Abbildgn. v. Johs. Gehrts. 1. u. 2. Aufl. (220 S.)

— Merksteine deutschen Bürgertums. Kulturgeschichtliche Bilder aus dem Mittelalter. Der reiferen deutschen Jugend gewidmet. 3. u. 4. Bd. gr. 8. Leipzig 894. F. Hirt & Sohn. à 4. 50; geb. in Leinw. 6. —
3. Stegreif u. Städtebund. Kulturgeschichtliche Erzählg. aus der Zeit der Gründg. des großen rhein. Städtebundes. Mit vielen Abbildgn. v. Johs. Gehrts. 1. u. 2. Aufl. (239 S.) 894.
4. Im goldenen Augsburg. Kulturgeschichtliche Erzählg. aus der Blütezeit des süddeutschen Handels u. Gewerbes im Mittelalter. Mit vielen Abbildgn. v. Johs. Gehrts. 1. u. 2. unveränd. Aufl. (210 S.) 895.

— Merksteine deutschen Bürgertums. Kulturgeschichtliche Bilder aus d. Mittelalter. Der reif. deutschen Jugend gewidmet. 1. u. 5. (Schluß-)Bd. gr. 8. Leipzig 896. F. Hirt & Sohn. à 4. 50; geb. in Leinw. à 6. —
1. D. Brüder d. Hansa. Histor. Erzählg. aus d. Blütezeit des norddeutschen Kaufmannsbundes. M. vielen Abb. v. Johs. Gehrts. 3. Aufl. (254 S.)
5. Im Zeichen d. Bären. Kulturgeschichtl. Erzählgn. a. Berlins Vergangenheit. M. vielen Abb. von Adb. v. Roeßler. 1. u. 2., unveränd. Aufl. (262 S.)

— Merksteine deutschen Bürgertums. Kulturgeschichtliche Bilder aus d. Mittelalter. Der reiferen deutschen Jugend gewidmet. 1. Bd. gr. 8. Leipzig 902. F. Hirt & Sohn. 3. —; geb. in Leinw. 4. —
Die Brüder der Hansa. Historische Erzählg. aus der Blütezeit des norddeutschen Kaufmannsbundes. Mit vielen Abbildgn. v. Johs. Gehrts. 5. Aufl. (255 S.)

— Merksteine deutschen Bürgertums. Kulturgeschichtliche Bilder aus dem Mittelalter. Der reiferen Jugend gewidmet. 1. u. 4. Bd. gr. 8. Leipzig, F. Hirt & Sohn. à 3. —; geb. in Leinw. à 4. —
1. Die Brüder der Hansa. Historische Erzählung aus der Blütezeit des norddeutschen Kaufmannsbundes. Mit vielen Abbildgn. v. Johs. Gehrts. 6. u. 7. Aufl. (256 S.) (904. 905.)
4. Im goldenen Augsburg. Kulturgeschichtliche Erzählg. aus der Blütezeit des süddeutschen Handels u. Gewerbes im Mittelalter. Der reiferen Jugend zugeeignet. Mit vielen Abbildgn. v. Johs. Gehrts. 3. Aufl. (239 S.) 907.

— Merksteine deutschen Bürgertums. Kulturgeschichtliche Bilder aus dem Mittelalter. 1.—5. Bd. gr. 8. Leipzig, F. Hirt & Sohn. à Bd. 3.—; geb. in Leinw. 4. —
1. Die Brüder der Hansa. Histor. Erzählg. aus der Blütezeit des norddeutschen Kaufmannsbundes. Mit 12 Bildern nach Zeichnungen v. Johs. Gehrts. 9. Aufl. (247 S.) 910.
2. Auf der Wacht im Osten. Eine geschichtl. Erzählg. aus den Zeiten der Kämpfe m. den Polen u. aus Breslaus Vergangenheit. Mit 12 Bildern nach Zeichngn. v. Johs. Gehrts. 4. Aufl. (205 S.) 911.
3. Stegreif u. Städtebund. Kulturgeschichtl. Erzählg. aus der Zeit der Gründg. des großen rhein. Städtebundes. Mit 8 Bildern nach Zeichngn. v. Johs. Gehrts. 3. Aufl. (223 S.) 910.
4. Im goldenen Augsburg. Kulturgeschichtliche Erzählg. aus der Blütezeit des süddeutschen Handels u. Gewerbes im Mittelalter. Der reiferen Jugend zugeeignet. Mit vielen Abbildgn. v. Johs. Gehrts. 4. Aufl. (239 S.) 910.
5. Im Zeichen des Bären. Kulturgeschichtliche Erzählgn. aus Berlins Vergangenheit. Mit 8 Bildern nach Zeichngn. von Adalb. v. Roeßler. 3. Aufl. (231 S.) 910.

— Mit Gott f. König u. Vaterland, s. Hoffmann's, Franz, Volks- und Jugendbibliothek.

— die Mohrenapotheke, s.: Schmidt & Spring's Volks- u. Jugendbibliotheken. 289.

— d. rote Montenegriner, s.: Hoffmann's, Frz., Volks- u. Jugendbibliothek.

— Onkel Moses. Eine Erzählung aus dem Leben Moses Mendelssohns für die reifere Jugend u. das Volk. Mit 4 Stahlst. gr. 16. (79 S.) Stuttgart 879. Schmidt & Spring. cart. — 75

— deutscher Mut und welsche Tücke, s. Volksbibliothek des Lahrer Hinkenden Boten.

— Nacht u. Morgen. Nach E. L. Bulwer's gleichnam. Roman für die Jugend beiderlei Geschlechts bearb. Mit einem Titelbilde (Holzschntaf.). 8. (168 S.) Breslau 878. Trewendt. cart. 1. 50

— der Nationalkrieg gegen Frankreich in den J. 1870 u. 1871, s. a. Ehrenbuch, vaterländisches. III.

Höcker, Osk., d. Nationalkrieg gegen Frankreich i. d. J. 1870 u. 1871. Ehrentage a. Deutschlands neuester Geschichte. 6., verb. Aufl. M. 136 Text-Abb. u. 8 Extrabild. nach Zeichngn. v. Rich. Knötel. gr. 8. (X, 445 S.) Leipzig 895. O. Spamer. n. 4. 50; geb. in Leinw. n. 6. —
Früher u. d. Titel: Otto, Frz., u. Osk. Höcker, das große Jahr 1870.

— Nebel und Sonnenschein. Drei Erzählungen, nach Boz-Dickens für die Jugend bearb. 8. (184, 198, 152 S. mit 3 Holzschn.) Breslau 881, Trewendt. geb.

— nun danket Alle Gott. Eine Erzählg. aus der Zeit d. 30jähr. Krieges. Der Jugend mitgetheilt. Mit 4 Stahlst. gr. 16. (76 S.) Ebend. 874. — 75

— nur ein Kutscher. Erzählung aus dem Alltagsleben für jung und alt. 12. (95 S. mit 2 Illustr.) Düsseldorf 881, F. Bagel. cart.

— auf dem Ozean des Lebens. Eine moderne Geschichte. Für die Jugend u. deren Freunde. 8. (93 S. m. 1 Steintaf.) Düsseldorf 882. F. Bagel. cart. — 75

— der Page d. Sultans, s.: Volks- u. Jugend-Erzählungen.

— die Pulververschwörung, s.: Schmidt & Spring's Volks- u. Jugendbibliotheken. 286.

Höcker, Osk., „Die Rache ist mein!" [5. Mos. 32, 35.] Eine Geschichte aus unserer Zeit. Den Jungen und den Alten erzählt. gr. 16. (79 S. mit 4 Stahlst.) Stuttgart 875, Schmidt und Spring. cart. — 75

– Till Eulenspiegels Ränke u. Schwänke. Für die Jugend ausgewählt u. bearb. Mit (8) Illustr. in Farbendr. gr. 8. (119 S.) Berlin (902). Globus-Verlag. Geb. — 60

— im Reiche der Mitte. Eine Chinesen-Geschichte. Für die reifere Jugend. Mit 4 Farbendr.-Bildern nach Aquarellen v. Osk. Woite. gr. 8. (172 S.) Posen o. J. Leipzig, O. Drewitz Nachf. Kart. 3. —

— Im Reiche der Mitte. Eine Chinesen-Geschichte. Für die reifere Jugend erzählt. Mit 4 Farbendr.-Bildern. gr. 8. (172 S.) Posen 880. (Lpz., Fock.) cart. [1 80] 2 —

Höcker, Oskar. *Im Reiche der Mitte.* Eine Chinesen-Geschichte. Für die reifere Jugend ... Leipzig, Albrecht, 1881. 2 Bl. 155 S. und 4 farb. Taf. nach O. Woitz. 8°. Orhlwd. 8.—

— der Schlehmil. Eine Erzählung aus dem jüd. Gemeindeleben. Für Jugend und Volk. 16. (101 S. mit 4 Stahlst.) Ebendas. 876. cart. — 75

— Schloß u. Mühle, s.: Hoffmann's, Frz., Volks- u. Jugendbibliothek.

Höcker, Osk., die Schule des Lebens. Eine Erzählung für die Jugend. 12. (85 S. mit 4 Stahlst.) Stuttgart 883, Schmidt und Spring. cart.

– Dass., s.a. Höcker, Gustav

— Schulstube und Schlachtfeld. Eine Erzählung für die Jugend. 12. (94 S. mit 1 Chromolithogr.) Düsseldorf 883, F. Bagel. cart.

Der Seekadett von Helgoland. Eine Erzählung aus unsern Tagen v. Oskar Höcker. 7. Aufl. Leipzig. o. J. 8°

— William Shakespeare und Altengland, s. Ebhardt's Jugendbibliothek.

— William Shakespeare u. Altengland. Kulturhistorische Erzählg. f. die reifere Jugend. (V, 232 S. m. 5 Farbdr.) gr. 8. Berlin (906). Globus Verlag. Geb. in Leinw. n.n.n. 1. 10

— der Sieg d. Kreuzes. Kultur- u. religionsgeschichtl. Bilder v. der Entwickelg. d. Christentums. Der reiferen deutschen Jugend gewidmet. 1—4. Bd. gr. 8. Leipzig, Hirt & Sohn. à n. 3. 50; geb. à n. 5. —
1. Unter dem Joche der Cäsaren. Kulturgeschichtliche Erzählg. aus der Zeit d. Kaisers Hadrian u. den Tagen d. Verfalls Judäa's. Mit vielen Illustr. v. A. Baur. (176 S.) 884.
2. Durch Kampf zum Frieden. Kulturgeschichtliche Erzählg. aus den Zeiten der Christenverfolgg. unter Diokletian u. d. Sieges der Kirche unter Konstantin. Mit vielen Illustr. v. A. Baur u. Joh. Gehrts. (176 S.) 885.
3. Zwei Streiter d. Herrn. Kulturgeschichtliche Erzählg. aus der Zeit der Merowinger. Mit vielen Illustr. v. A. Baur. (176 S.) 886.
4. Ein deutscher Apostel. Kulturgeschichtliche Erzählg. aus der Zeit d. heil. Bonifacius. Mit vielen Illustr. v. A. Baur. (176 S.) 887.

— der Sieg des Kreuzes. Kultur- u. religionsgeschichtl. Bilder v. der Entwickelg. d. Christentums. Der reifern deutschen Jugend gewidmet. 5. (Schluß-)Bd. gr. 8. Leipzig 888. Hirt & Sohn. 3. 50; geb. 5. — (cplt.: 17 50; geb. 25. —)
Wotan's Ende. Kulturgeschichtliche Erzählg. aus der Zeit der Kämpfe Karl's d. Großen u. Widukind's. Der reifern Jugend mitgeteilt. Mit vielen Illustr. v. Joh. Gehrts. (176 S.)

— der Sieg d. Kreuzes. Kultur- u. religionsgeschichtl. Bilder v. d. Entwickelg. d. Christentums. Der reiferen deutschen Jugend gewidmet. 1. Bd. gr. 8. Ebd. 898 2. 25; geb. in Leinw. 3. —
Unt. d. Joche d. Cäsaren. Kulturgeschichtl. Erzählg. aus d. Zeit des Kaisers Hadrian u. den Tagen d. Verfalls Judäas. 4. Aufl., durchges. v. P. Helms. M. vielen Abb. v. A. Baur. (176 S.)

— der Sieg des Kreuzes. Kultur- u. religionsgeschichtl. Bilder v. der Entwickelg. d. Christentums. Der reiferen deutschen Jugend gewidmet. 1.—5. Bd. gr. 8. Leipzig, F. Hirt u. Sohn. à 2. 25; geb. in Leinw. à 3. —
1. Unter dem Joche der Cäsaren. Kulturgeschichtliche Erzählg. aus der Zeit des Kaisers Hadrian u. den Tagen des Verfalls Judäas. 5. Aufl., durchgesehen v. P. G. Helms. Mit vielen Abbildgn. v. A. Baur. (176 S.) 901.
2. Durch Kampf zum Frieden. Kulturgeschichtliche Erzählg. aus den Zeiten der Christenverfolgg. unter Diokletian u. des Sieges der Kirche unter Konstantin. 3. u. 4. Aufl., durchgesehen v. P. G. Helms. Mit vielen Abbildgn. v. A. Baur u. Joh. Gehrts. (à 176 S.) (899. 902.)
3. Zwei Streiter des Herrn. Kulturgeschichtliche Erzählg. aus der Zeit der Merowinger. 3. Aufl., durchgesehen v. P. G. Helms. Mit vielen Abbildgn. v. A. Baur. (176 S.) 902.
4. Ein deutscher Apostel. Kulturgeschichtliche Erzählg. aus der Zeit des hl. Bonifacius. Der reiferen Jugend mitgeteilt. 3. Aufl., durchgesehen v. P. G. Helms. Mit vielen Abbildgn. v. A. Baur. (176 S.) 903.
5. Wodans Ende. Kulturgeschichtliche Erzählg. aus der Zeit der Kämpfe Karls des Großen u. Widukinds. Der reiferen Jugend mitgeteilt. 3. Aufl., durchgesehen v. P. G. Helms. Mit vielen Abbildgn. v. Joh. Gehrts. (176 S.) 903.

— Der Sieg des Kreuzes. Kultur- u. religionsgeschichtl. Bilder v. der Entwickelg. des Christentums. Der reiferen deutschen Jugend gewidmet. 1.—5. Bd. gr. 8. Leipzig, F. Hirt & Sohn. à 2. 25; geb. in Leinw. à 3. —
1. Unter dem Joche der Cäsaren. Kulturgeschichtliche Erzählg. aus der Zeit des Kaisers Hadrian u. den Tagen des Verfalls Judäas. 6. u. 7. Aufl., durchgesehen v. P. G. Helms. Mit vielen Abbildgn. v. A. Baur. (176 S.) (905.)
2. Durch Kampf zum Frieden. Kulturgeschichtliche Erzählg. aus den Zeiten der Christenverfolgg. unter Diokletian u. des Sieges der Kirche unter Konstantin. 5. Aufl., durchgesehen v. P. G. Helms. Mit vielen Abbildgn. v. A. Baur u. Joh. Gehrts. (184 S.) 904.
3. Zwei Streiter des Herrn. Kulturgeschichtliche Erzählg. aus der Zeit der Merowinger. 4. Aufl., durchgesehen v. P. G. Helms. Mit vielen Abbildgn. v. A. Baur. (176 S.) (905.)
4. Ein deutscher Apostel. Kulturgeschichtliche Erzählg. aus der Zeit des hl. Bonifacius. 4. Aufl., durchgesehen von P. G. Helms. Mit vielen Abbildgn. v. A. Baur. (176 S.) (905.)
5. Wodans Ende. Kulturgeschichtliche Erzählg. aus der Zeit der Kämpfe Karls des Großen u. Widukinds. 4. Aufl., durchgesehen von P. G. Helms. Mit vielen Abbildgn. von Joh. Gehrts. (176 S.) (905.)

-- Der Sieg des Kreuzes. Kultur- u. religionsgeschichtl. Bilder v. der Entwicklg. d. Christentums. Der reiferen deutschen Jugend gewidmet. 1.—3. u. 5. Bd. gr. 8. Leipzig, F. Hirt & Sohn. à Bd. 2.25; geb. in Leinw. 3.—

1. Unter dem Joche der Cäsaren. Kulturgeschichtl. Erzählg. aus der Zeit des Kaisers Hadrian u. den Tagen des Verfalls Judäas. 8. Aufl., durchgesehen v. P. G. Heims. Mit vielen Abbildgn. v. J. Baur. (176 S.) 908.
2. Durch Kampf zum Frieden. Kulturgeschichtliche Erzählg. aus den Zeiten der Christenverfolgg. unter Diokletian u. des Sieges der Kirche unter Konstantin. 6. Aufl., durchgesehen v. P. G. Heims. Mit vielen Abbildgn. v. J. Baur u. Joh. Gehrts. (184 S.) (907.)
3. Zwei Streiter des Herrn. Kulturgeschichtliche Erzählg. aus der Zeit der Merowinger. Der reiferen Jugend mitgeteilt. 5. Aufl., durchgesehen v. P. G. Heims. Mit vielen Abbildgn. v. A. Baur. (176 S.) (910.)
5. Wodans Ende. Kulturgeschichtliche Erzählg. aus der Zeit der Kämpfe Karls des Großen u. Widukinds. Der reiferen Jugend mitgeteilt. 5. Aufl., durchgesehen v. P. G. Heims. Mit vielen Abbildgn. v. Joh. Gehrts. (176 S.) (909.)

—— Soldatenleben im Kriege. Eine Erzählung aus Deutschlands jüngster Vergangenheit. Der reiferen Jugend gewidmet. gr. 8. (VIII, 238 S. mit 4 Bildern in Farbendr.) Stuttgart 871, Schmidt und Spring. cart.

-- Sommernachtstraum. Erzählg. a. d. Jugendtagen Felix Mendelssohn Bartholdys. M. zahlr. Textillustr. u. 1 Titelbild. gr. 8. (V, 206 S.) Berlin 895. H. J. Meidinger. Geb. in Leinw. n. 3.—

— spare in der Zeit, so hast Du in der Not, s. a. Woywod's Volks- u. Jugend Bibliothek.

Spare in der Zeit, so hast Du in der Not. Eine Erzählung aus d. oberschles. Volksleben von Oskar Höcker. 2. umgearb. Aufl. *Breslau: M. Woywod 1900.* (106 S.) 8° [F.]
— Volks- u. Jugend-Bibliothek, Woywods. Bd 1.

Spare in der Zeit, so hast du in der Not. Eine Erzählung aus d. oberschles. Volksleben von Oskar Höcker. 3. verb. Aufl. Breslau: M. Woywod 1907. (103 S.) 8° [F.]
— Volks- u. Jugendbibliothek, Woywods. Bd 1.

—— die böse Stiefmutter. Eine Erzählung aus unsern Tagen für die reifere Jugend beiderlei Geschlechts. 12. (90 S. mit 4 Stahlst.) Stuttgart 880, Schmidt und Spring. cart.

— der Storchenbauer. Eine Dorfgeschichte aus dem bad. Schwarzwald f. die Jugend. Mit 4 Stahlst. 12. (88 S.) Stuttgart 884. Schmidt & Spring. cart. — 75

—— der Storchenbauer. Eine Dorfgeschichte aus dem bad. Schwarzwald für die Jugend. 12. (88 S. mit 4 Stahlst.) Stuttgart 886, Schmidt und Spring. cart. — 75

— 's Studentle. Eine Erzählg. zu Nutz u. Frommen der Jugend. 12. (100 S. m. 4 Stahlst.) Stuttgart 889. Schmidt & Spring. cart. — 75

— aus Goethe's Studienzeit od. das Vermächtnis d. alten Magisters. s.: Hoffmann's, Frz., Volks- und Jugendbibliothek.

—— die Sünde ist geschrieben mit eisernen Griffeln. [Jer. 17, 1.] Eine Erzählung zu Nutz und Frommen unserer genußsüchtigen Jugend. gr. 16. (91 S. mit 4 Stahlst.) Ebendas. 879. cart. — 75

—— der Sündenbock. Nach James Payn's Novelle „Tollkopf Dickie" für die Jugend beiderlei Geschlechts bearb. Mit 1 Titelbilde von Ludw. Löffler (in Holzschn.) 8. (166 S.) Breslau 877, Trewendt. cart. 1 50

— die letzten Tage v. Pompeji. Kulturhistorische Erzählg. aus dem J. 79 nach Christo. Nach Bulwer's gleichnam. Roman f. d. Jugend bearb. Mit 6 Farbendr.-Bildern nach Aquarellen v. O. Woite. 3. Aufl. gr. 8. (202 S.) Berlin 889. Warschauer. 4. 50

-- Die letzten Tage v. Pompeji. Erzählung aus d. J. 79 n. Chr. Nach Bulwer f. d. Jugend bearb. u. m. Berücksicht. d. neuen Rechtschreibg. durchgesehen. Mit 6 ganzseit. Textbildern sowie 6 farb. Bildern v. Eug. Hanetzog. (222 S.) 8. Berlin (907). Verlag Jugendhort. Geb. in Halbleinw. 3.—; gr. 8, geb. in Leinw. 4. 50

— der Talisman, s.: Schmidt & Spring's Volks- u. Jugendbibliotheken. Nr. 284.

—— auf hohem Throne und in der Dachkammer. Eine Erzählung aus den Zeiten Maria Theresia's. Für Knaben und Mädchen. 16. (84 S. mit 4 Stahlst.) Stuttgart 878, Schmidt und Spring. cart. — 75

— thue Recht u. scheue Niemand. Eine Geschichte aus der Gegenwart. Seinen jungen Freunden zu Nutz u. Frommen erzählt. Mit 4 Stahlst. 16. (80 S.) Ebend. 873. — 75

- Zettelträgers Töchterlein. Erzählung aus der Gegenwart. Für Jugend u. Volk. 8. (95 S. m. 1 Steintaf.) Düsseldorf 882. F. Bagel. cart. — 75

Das Zeller Trautl. Erzählung von Oskar Höcker. In vereinfachter deutscher Stenogr. (Einigungssystem Stolze-Schrey). Berlin: F. Schulze 1906. (96 S.) 8° [Text stenogr.]

– Dass., s.a. Höcker, Paul Oskar

— ein treuer Freund ist e. starke Stütze. [Sirach 6, 14.] Eine Erzählg. f. die Jugend. Mit 4 Stahlst. 16. (84 S.) Ebend. 873. — 75

—— Tugend besteht. Eine Erzählung für die Jugend. 12. (87 S. mit 4 Stahlst.) Ebendas. 885. cart. — 75

Höcker, Osk., die Turmkäte von Köln. Erzählung aus dem rhein. Kaufmannsleben im 16. Jahrh. Der reiferen Jugend und der Familie gewidmet. 8. (162 S. mit 4 Vollbildern nach Orig.-Zeichnungen von berühmter Künstlerhand.) Berlin 888, Mehring. geb. *

— die Thurmkäthe v. Köln. Erzählung aus dem rhein. Kaufmannsleben im 16. Jahrh. 4. Aufl. (III, 140 S. m. 4 Vollbildern.) Breslau 890. Freund's Verl. geb. n. 4.—

— die Thurmkäte v. Köln. Erzählung aus dem rhein. Kaufmannsleben im 16. Jahrh. Der reiferen Jugend u. der Familie gewidmet. 4. Aufl. Mit 4 Vollbildern nach Orig.-Zeichngn. v. berühmter Künstlerhand. gr. 8. (III, 140 S.) Breslau 891. Leipzig, [L. Freund] H. Paul. Geb. n. 4.—

—— der Tyrann der Goldküste, s. Universal-Bibliothek für die Jugend..

— und führe uns nicht in Versuchung. Eine Erzählg. f. unsere Jugend. Mit 4 Stahlst. 16. (95 S.) Ebend. 873. — 75

— ohne Vater u. Mutter. Aus e. Mädchenleben. Erzählung f. alt u. jung. 12. (96 S. m. 1 Chromolith.) Düsseldorf 883. F. Bagel. cart. — 75

—— für's Vaterland, s. a. Hoffmann's Jugendbibliothek.

— fürs Vaterland! Eine Geschichte aus Deutschlands größten Tagen. Mit 4 Stahlst. 12. (96 S.) Stuttgart 888. Schmidt & Spring. cart. — 75

— die zärtlichen Verwandten. Erzählung aus der Zeit des siebenjährigen Krieges. Für Jugend u. Volk. 8. (96 S. mit 1 Steintaf.) Düsseldorf 882. F. Bagel. cart. — 75

— deutsche Volksbibliothek. 1—3. Bdchn. Mit je 1 Titelbild (Holzschntaf.). 8. Karlsruhe 880. Reuther. cart. à n. 1. —
1. Hohe Gönner. 2 Erzählungen für das Volk. [Der alte Dessauer u. der kluge Bäckermeister. Aus der Chronik der Matthiasgasse.] (119 S.)
2. Wer Wind säet, wird Sturm ernten. Eine Erzählung aus den Tagen unserer Großväter. (120 S.)
3. Ein jedes Dach hat sein Ungemach. 3 Erzählungen aus zwei Jahrhunderten. [Eine neue Residenz. Glück im Unglück. Kreuz u. Halbmond.] (130 S.)

– s. Volksbücher, Neue.

— Volkserzählungen. 1.–3. Bdchn. 2. [Titel-]Aufl. 12. Karlsruhe (880), 886. J. J. Reiff. Kart. à n [illegible]
1. Hohe Gönner. Zwei Erzählgn. (Der alte Dessauer u. der kluge Bäckermeister. — Aus der Chronik der Matthiasgasse.) (119 S.)
2. Wer Wind sät, wird Sturm ernten. E. Erzählg. aus den Tagen unserer Großväter. (120 S.)
3. Ein jedes Dach hat s. Ungemach. Drei Erzähign. a. 2 Jahrhunderten. (Eine neue Residenz. Glück im Unglück. Kreuz u. Halbmond.) (130 S.)

– s. Volks- u. Jugend-Erzählungen.

—— Der Marschall Vorwärts u. sein getreuer Piepenmeister. Histor. Erzählg. Dem Volke u. dem Heere, insbes. der vaterländ. Jugend gewidmet. 3. (Titel-)Aufl. Mit 130 Text-Abbildgn. u. 1 Titelbilde. gr. 8. (X, 570 S.) Lpz. 892, O. Spamer. * 5 —; geb. in Leinw. * 6 —
Die 1. u. 2. Aufl. erschienen u. d. Namen Frz. Otto.

Höcker, Osk., der Marschall Vorwärts u. sein getreuer Piepenmeister. Histor. Erzählg. aus der Zeit der deutschen Befreiungskriege. 4. verb. Aufl. Mit 8 Farbendr.-Bildern nach Aquarellen v. R. Knötel. gr. 8. (VI, 350 S.) Leipzig 902. O. Spamer. n. 4. 50; geb. in Leinw. n. 6. —

— der Marschall Vorwärts u. sein getreuer Piepenmeister. Historische Erzählg. aus der Zeit der deutschen Befreiungskriege. 5. [Titel-]Aufl. Mit 8 Farbendr.-Bildern nach Aquarellen v. R. Knötel. (VI, 350 S.) gr. 8. Leipzig [902] 906. O. Spamer. n 4. 50; geb. in Leinw. n. 6. —

— Der Marschall Vorwärts u. sein getreuer Piepenmeister. Historische Erzählg. aus d. Zeit d. deutsch. Befreiungskriege. 6. [Titel-]Aufl. Mit 8 Farbendr.-Bildern nach Aquarellen v. R. Knötel. (VI, 350 S.) gr. 8. Leipzig [906] (910). O. Spamer. 4.50; geb. in Leinw. 6. —

— der Waldläufer, s.: Ferry, Gabr.

— Waldläufer- u. Lederstrumpf-Erzählgn, s.: Moritz, P.

— wenn's nötig ist, hilft Gott. Eine Erzählg. 12. (90 S. m. 4 Stahlst.) Stuttgart 890. Schmidt & Spring. cart. — 75

— wer Geld lieb hat, der bleibet nicht ohne Sünde. [Sir. 31, 5.] Eine Geschichte aus dem tägl. Leben. Der reiferen Jugend erzählt. Mit 4 Stahlst. gr. 16. (85 S.) Ebend. 875. — 75

— „Wer Gutes mit Bösem vergilt, von deß Hause wird Böses nicht lassen!" [Sprw. 17, 13.] Eine Erzählung für Jung und Alt. 12. (95 S. mit 4 Stahlst.) Stuttgart 881, Schmidt und Spring. cart.

— General v. Werder, der Vertheidiger Süddeutschlands. Aus seinem Leben. Deutschlands Volk u. Jugend erzählt. Mit 8 Tonbildern. 8. (IV, 211 S.) Bielefeld 874. Velhagen & Klasing. n. 3. —

— wie groß ist d. Allmächt'gen Güte! Eine Erzählg. aus dem 7jähr. Kriege. Dem Leben Christian Fürchtegott Gellert's entlehnt u. der Jugend mitgetheilt. Mit 4 Stahlst. 16. (108 S.) Stuttgart 876. Schmidt & Spring. — 75

— Wieland, der wackere Schmied. Aus den „deutschen Heldensagen". 8. (46 S.) Reutlingen 884, Enßlin und Laiblin's Verlagsb.

— inmitten der Wildnis, s. a. Volksbücher, neue.

—— inmitten der Wildnis, oder Daniel Boone, der erste Ansiedler Kentucky's. Nach Henry C. Watson erzählt. 8. (63 S.) Ebendas. 885.

— der Wille ist des Werkes Seele. Eine Erzählung für Knaben u. Mädchen. 12. (95 S. m. 2 Illustr.) Düsseldorf 881. F. Bagel. cart. — 75

— wohl dem, der den Herrn fürchtet u. auf seinen Wegen gehet! Eine Geschichte aus Nürnbergs Vorzeit. Den Jungen u. Alten erzählt. 12. (96 S. m. 2 Illustr.) Ebend. 881. cart. — 75

— womit man sündigt, damit wird man gestraft. Eine Erzählung für die Jugend u. das Volk. Mit 4 Stahlst. gr. 16. (94 S.) Stuttgart 879. Schmidt & Spring. cart. — 75

– s. Woywod's Volks- u. Jugend-Bibliothek.

— stumme Zeugen, s.: Braun's Novellen- u. Roman-Sammlung. 27.

— aus fernen Zonen. Erzählungen zur Unterhaltung u. Belehrung für die reifere Jugend. 1. u. 2. Bd. gr. 8. Leipzig 880. 81. Albrecht. geb. à 3. —
1. Der Spion von Afghanistan. Eine Erzählung aus den Jahren 1870—1879. Mit 3 Farbendr.-Bildern u. einer (chromolith.) Karte. (164 S.)
2. Im Reiche der Mitte. Eine Chinesen-Geschichte. Mit 4 Farbendr.-Bildern nach Aquarellen von Osk. Wolte. (156 S.)

Höcker, Otto, der Fall Francke. Um Liebe u. Leben, s.: Viktoria-Bibliothek.

Hoecker, Otto, der „dritte Mann", s.: Sunlicht-Roman-Bibliothek. 1. Bd.

Höcker, Paul Osk., Argusaugen, s. a. Kürschner's, Jos., Bücherschatz.

Argusaugen. Roman von Paul Oskar Höcker. Mit Ill. von W. Roegge. *Berlin, Eisenach, Leipzig: H. Hillger [1899].* (127 S.) 8° [3.]
== Bücherschatz, Kürschners. No 124. [illegible]

— König Attila. Kulturgeschichtl. Erzählg. a. d. Völkerwanderg. D. reif. Jugend gewidmet. M. 6 Illustr. v. A. Deußer. gr. 8. (IV, 244 S.) Leipzig 896. Geibel & Brockhaus. Geb. in Leinw. n. 5. —

— Götz v. Berlichingen. Kulturgeschichtliche Erzählg. aus den letzten Tagen sehdelust. Rittertums u. aus der Zeit d. großen Bauernkriegs. Der deutschen Jugend gewidmet. Illustr. v. Ed. Klingebeil. gr. 8. (III, 180 S.) Berlin 892. H. Krüger. Geb. in Leinw. n. 4. 80

's Burgele. Erzählung aus d. Alpen von Paul Oskar **Höcker**. Ill. von Fritz Reiß. Stuttgart: Krabbe [1890]. 99 S. 8° [90. 10147

Höcker, Paul Osk., 's Burgele. Erzählg. aus d. Alpen. Illustr. v. Fritz Reiß. gr. 8. (99 S.) Stuttgart 897. C. Krabbe. n. 1.—; geb. in Ldr. n. 2. 50

Höcker, Paul Osk., Dodi. Roman. (387 S.) 8. Berlin 906. Gebr. Paetel. n. 5.—; geb. in Leinw. n. 6. —

Fräulein Doktor. Humoristischer Roman von Paul Oskar **Höcker**. Leipzig: List [1897]. 309 S. 8° [90. 10145

— Fräulein Doktor. Humorist. Roman. 8. (369 S.) Ebd. 898. n. 3. —; geb. 4.

— Fräulein Doktor. Humoristischer Roman. 2. Aufl. 8. (348 S.) Leipzig (899). P. List. n. 3. —

Höcker, Paul Osk., Fräulein Doktor. Humorist. Roman. 3. Aufl. (289 S.) 8. Leipzig (908). P. List. 3.—; geb. in Leinw. 4. —

— auf fremder Erde. Zwei Erzählgn. f. die Jugend. I. Die schwarze Majestät. Eine Erzählg. aus Abessiniens jüngster Vergangenheit. II. In den Jagdgründen der Apachen. Ein Abenteuer aus dem Trapperleben Nordamerikas. Mit 5 feinen Farbendr.-Bildern nach Aquarellen v. W. Schäfer. 12. (128 S.) Wesel 892. W. Düms. Kart. — 75

— auf fremder Erde. 2 Erzählgn. f. d. Jugend. I. D. schwarze Majestät. E. Erzählg. aus Abessiniens jüngster Vergangenheit. — II. In d. Jagdgründen d. Apachen. E. Abenteuer aus d. Trapperleben Nordamerikas. Mit 5 feinen Farbendr.-Bild. n. Aquarellen v. W. Schäfer. 11.—16. Taus. 12. (128 S.) Wesel 898. W. Düms. Geb. — 75

— auf fremder Erde. Zwei Erzählgn. f. die Jugend. 1. Die schwarze Majestät. Eine Erzählg. aus Abessiniens jüngster Vergangenheit. 2. In den Jagdgründen der Apachen. Ein Abenteuer aus dem Trapperleben Nordamerikas. Mit 5 feinen Farbdr.-Bildern nach Aquarellen v. W. Schäfer. 19. Taus. 12. (128 S.) Wesel (902). W. Düms. Geb. — 75

Höcker, Paul Osk. auf fremder Erde. Zwei Erzählgn. f. die Jugend. I. Die schwarze Majestät. Eine Erzählg. aus Abessiniens jüngster Vergangenheit. II. In den Jagdgründen der Apachen. Ein Abenteuer aus dem Trapperleben Nordamerikas. Mit 4 feinen Farbendr.-Bildern nach Aquarellen v. W. Schäfer. 20.—30. Taus. (128 S.) 8. Wesel (905). W. Düms. Geb. n. — 60

— es blasen die Trompeten! Eine Reitergeschichte. 8. (224 S.) Leipzig (902). P. List. n. 3. —; geb. 4. —

— der Fährtensucher, s. a. Aimard, Gust.

— der Fährtensucher. Frei nach Gustave Aimard f. die Jugend neu bearb. Mit 5 feinen Farbendr.-Bildern nach Aquarellen v. Wilh. Schäfer. gr. 8. (192 S.) Ebd. 894. Geb. in Halbleinw. 2. —; in Leinw. 2. 50

— der Fährtensucher. Frei n. Gust. Aimard für die Jugend neu bearb. Mit 5 feinen Farbendr.-Bild. nach Aquarellen v. Wilh. Claudius. 4.—6. Taus. gr. 8. (192 S.) Ebd. 898. Geb. 2. 50

— Prinzessin Fee, s. a. Vobach's illustrierte Roman-Bibliothek.

Prinzessin Fee. Roman in 2 Bden von Paul Oskar **Höcker**. Ill. von Adolf Hering. Bd 1. 2. Berlin-Leipzig: W. Vobach & Co. [1904]. 2 Bde 8° [F.] = **Roman-Bibliothek**, Vobachs illustrierte. Ser. 2. Bd 1. 2. [05. 13950 II

— Feenhände. Roman. 2 Tle. in 1 Bde. 8. (191 u. 200 S.) Berlin 898. O. Janke. n. 6. —

— letzter Flirt. Eine Wintergeschichte. 8. (267 S.) Leipzig (901). P. List. n. 3. —; geb. in Leinw. 4. —

— Letzter Flirt. Eine Wintergeschichte. (271 S.) 8. (908.) 3.—; geb. 4. —

— Don Juans Frau, s.: Engelhorn's allgemeine Roman-Bibliothek.

— der rote Freibeuter. Nach Coopers gleichnam. Seeroman f. die reifere Jugend bearb. Mit 6 Farbdr.-Bildern v. W. Zweigle. gr. 8. (III, 111 S.) Stuttgart 894. F. Loewe. Kart. n. 2. —

— d. rote Freibeuter. N. Coopers gleichnam. Seeroman f. d. reifere Jugend bearb. Mit 5 Farbdr.-Bildern v. W. Zweigle. 2. Aufl. 8. (III, 111 S.) Stuttgart 896. F. Loewe. Geb. in Leinw. n. 2. —

— der rote Freibeuter. Nach Coopers gleichnam. Seeroman f. die reifere Jugend bearb. Mit 5 Farbdr.-Bildern v. W. Zweigle. 3. Aufl. gr. 8. (III, 111 S.) Stuttgart (901). Loewe. Geb. in Leinw. n. 2. —

— Der rote Freibeuter. Nach Coopers gleichnam. Seeroman f. die reifere Jugend bearb. Mit 6 Farbdr.-Bildern v. W. Zweigle. 4. Aufl. (III, 111 S.) 8. Stuttgart (907). Loewe. Geb. in Leinw. 2. —

— zur Freiheit. Roman. (263 S.) 8. Berlin (905). W. Vobach & Co. n. 3. —

— Die verbotene Frucht. Roman. (Buchschmuck u. Umschlagzeichng. v. Kurt Tuch.) 1.—3. Aufl. (282 S.) 8. Berlin 908. E. Fleischel & Co. 3.50; geb. 5. —

— Frühlingsstürme, s.: Engelhorn's allgemeine Roman-Bibliothek.

— Geldheiraten, s. a. Kürschner's Bücherschatz.

[F.] Geldheiraten. Roman v. Paul Oskar **Höcker**. M. 25 Ill. v. W. Werner. *Berlin, Eisenach, Leipzig: A. Hillger [1897]*. (128 S.) 1 Bd 8. = **Bücherschatz**, Kürschners. No 14. [97. 6099

Höcker, Paul Osk., Cäsars Glück u. Ende. Kulturgeschichtliche Erzählg. aus den letzten Tagen der röm. Republik. Der reiferen Jugend gewidmet. Mit 6 Vollbildern v. W. Zweigle. gr. 8. (VII, 248 S.) Leipzig 895. Geibel & Brockhaus. Geb. in Leinw. n. 5. —

— dem Glücke nach, s. a. Eckstein's Reise-Bibliothek.

— dem Glücke nach. Berliner Roman. 8. (202 S.) Berlin 893. R. Eckstein Nachf. n. 3. —; geb. n. n. 4. —

— „Ich grolle nicht!" Roman. (293 S.) 8. Leipzig (907). Grethlein & Co. 4.—; geb. in Leinw. 5.—

— „Wir Junggesellen!" u. andere Humoresken. 8. (172 S.) Berlin 898. H. Steinitz. n. 2.—

— närrische Käuze, s.: Deba-Roman-Sammlung. 39. Bd.

— vor dem Kriegsgericht, s.a. Kürschner's, Jos., Bücherschatz.

Vor dem Kriegsgericht. Kriminalroman von Paul Oskar Höcker. Mit Ill. von W. Roegge. *Berlin, Eisenach, Leipzig: H. Hillger [1900].* (112 S.) 8° [F.]
= Bücherschatz, Kürschner's. No 179.

— von mir, v. Durchlaucht u. Anderen. Humoresken. 8. (III, 187 S.) Berlin 901. A. Hofmann & Co. n. 1. 60

— Musikstudenten. Roman. 1.—4. Aufl. (298 S.) kl. 8. Stuttgart 910. 11. J. Engelhorn's Nachf. 4.—; geb. in Leinw. 5.—

— der Olympier. Kulturgeschichtliche Erzählg. aus dem Zeitalter des Perikles. Der reiferen Jugend gewidmet. Mit 10 Illustr. v. Felix Schmidt. gr. 8. (V, 217 S.) Leipzig 894. Geibel & Brockhaus. Geb. in Leinw. n. 5.—

— Paradiesvogel, s.: Engelhorn's allgem. Roman-Bibliothek.

— Prinzgemahl, s.: Engelhorn's allgem. Roman-Bibliothek.

— die Frau Rat. Roman. 8. (406 S.) Leipzig 898. P. List. n. 4.—; geb. n. 5.—

— Adam Riese u. s. Zeit, s.a. Flemming's Carl, vaterländ. Jugendschriften.

[F.] Adam Riese und seine Zeit. E. Erzählg aus d. Erzgebirge. Von P[aul] Oskar Höcker. M. 4 Ill. *Glogau: C. Flemming [1895].* (166 S., 4 Taf.) 1 Bd 8.
= Jugendschriften, C. Flemmings Vaterländische. Bd 42.

— d. Ritter m. d. eisernen Hand. Kulturgeschichtl. Erzählg. aus d. letzten Tagen d. Fehdelust. Rittertums u. aus d. Zeit d. großen Bauernkrieges. Für d. Jugend hrsg. M. 5 Farbdr.-Bild. v. Wilh. Zweigle. 8. (128 S.) Stuttgart 898. F. Loewe. Geb. in Leinw. n. 2.—

— zersprungene Saiten. Novellen u. Erzählgn. 8. (III, 171 S.) Leipzig (900). P. List. n. 2.—; geb. 3.—

— Das goldene Schiff, s.: Engelhorn's allgem. Roman-Bibliothek.

— Schwanengesang, s.: Erzähler, deutsche. 1. Bd.

— weiße Seele. Roman. 8. (285 S.) Ebd. (901). n. 3.—; geb. in Leinw. n. 4.—

— Sekt! Eine lust. Geschichte. 8. (197 S.) Berlin 898. H. Steinitz. n. 2.—

— Sekt! Lustspiel in 4 Akten. 12. (111 S.) Stuttgart (900). P. Unterborn. n. 2.—; geb. 3.—

— Die Sonne v. St. Moritz, s.a. Ullstein-Bücher.

Höcker, Paul Oscar. Die Sonne von St. Moritz. Roman von P' Oskar H'. [Umschlag illustriert.] IV + 306 S. 8. Berlin-Wien, Ullstein & Co., (1910). ([geb.] M. 1.—)
Ullstein-Bücher. Eine Sammlung zeitgenössischer Romane. (No. 6.)

— Seekadett Tielemann. Erzählg. aus dem chinesisch-japan. Kriege. Der reiferen Jugend gewidmet. Mit 4 Bildern in Farbendr. gr. 8. (189 S.) Stuttgart (900). G. Weise. Geb. in Leinw. 3.—

— Seekadett Tielemann. Erzählung aus dem chinesisch-japan. Kriege. Der reiferen Jugend gewidmet. Mit 4 Bildern in Farbendr. 3. Aufl. (189 S.) 8. Stuttgart (905.) G. Weise. Geb. in Leinw. n. 3.—

— Seekadett Tielemann. Erzählung aus d. chinesisch-japan. Kriege. Der reiferen Jugend gewidmet. 4. Aufl. (189 S. m. 4 Farbdr.) 8. Stuttgart (909). G. Weise. Geb. in Leinw. 3.—

— 's Zeller Trautl, s.a. Kürschner's, Jos., Bücherschatz.

– Dass., s.a. Höcker, Oskar

's Zeller Trautl. Erzählung von Paul Oskar Höcker. Mit Ill. von W. Roegge. *Berlin, Eisenach, Leipzig: H. Hillger [1903].* (109 S.) 8° [F.]
= Bücherschatz, Kürschner's. No 340.

— das Zeller Trautl. Erzählung. In vereinfachter deutscher Stenographie (Einigungssystem Stolze-Schrey). (96 S.) 8. Berlin 906. Frz. Schulze. Kart. n. 1. 50

— Väterchen. Roman. 8. (324 S.) Stuttgart 900. J. G. Cotta Nachf. n. 3.—; geb. n. 4.—

— Leichtsinniges Volk, s.: Reclam's Novellen-Bibliothek.

— leichtsinniges Volk, s.: Universal-Bibliothek.

— Was die Leute sagen. Novelle. 8. (196 S.) Berlin 898. Vita. n. 2. 50; geb. n. 3. 50

— Was die Leute sagen. Novelle. Illustriert v. A. Mandlick. (157 S.) 8. Stuttgart (907). C. Krabbe. 2.—; geb. in Leinw. 3.—

Höcker, Paul Osk., die Weihnachts-Ronde, s.a. Bloch's Ed., Theater-Korrespondenz.

Die Weihnachts-Ronde. Schwank in einem Akt von Paul Oskar Höcker. *Berlin: E. Bloch (1898).* (34 S.) 8° [F.]
= Theater-Korrespondenz, Eduard Blochs. No 303.

— polnische Wirtschaft. Roman. 8. (411 S.) Berlin 896. Deutsches Verlagshaus Bong & Co. n. 5.—; geb. 6. 50

— der Wüstenprinz. Kulturgeschichtliche Erzählg. aus der Blütezeit Altägyptens. Der reiferen Jugend gewidmet. Illustriert v. Aug. Dressel. gr. 8. (IV, 153 S.) Berlin 892. H. Krüger. Geb. in Leinw. n. 4. 80

— der Wüstenprinz. Kulturgeschichtliche Erzählg. aus der Blütezeit Altägyptens. Der reiferen Jugend gewidmet. (179 S. m. 4 Bildern.) gr. 8. Berlin (898). R. Gahl. Geb. 4. 50

Hocking, J. P., Bericht von d. Reisen nach d. Pelewschen-Inseln, s. a. Bibliothek d. Reisebeschreibb. 23r Bd.

Hockin, J. P.: Bericht von den neuesten Reisen nach den Pelew-Inseln, besonders des Wilsons und seiner Gefährten. Als Nachtrag zu Keate's Nachricht von den Pelew-Inseln. Aus dem Englischen. Mit einer Einleitung und Anmerkungen herausgegeben von T. F. Ehrmann.
(= Bibliothek der neuesten und wichtigsten Reisebeschreibungen. Bd. 23. Weimar 1805. LIV, 110 S., 1 Tf. 8°.

Hocking, Silas K., im Kampfe m. dem Schicksal, s. Universal-Bibliothek.

— Meadowsweet and rue, s.: Unwin's library. Vol. 28.

PANDURANG Hari, oder Denkwürdigkeiten eines Hindu. Aus d. Englischen (des *William Browne Hockley*). Mit einem Vorwort von C. A. Böttiger. 3 Thle. Berlin 1826. 8°. (Im British Museum.) Selten! (8 Mk. Theod. Ackermann, München, 1905.)

(Hockley, William Browne)

Das indische Serail oder Mußestunden eines Nuwab. Vom Verf. des Pandurang Hari, oder Denkwürdigkeiten eines Hindu. Aus dem Engl. Bd 1-3.
Stuttgart: Franckh 1828. 8°

Höckner's Universal-Lexikon. Ein kurzgefaßtes Wörterbuch d. Wissenswertesten aus allen Gebieten zum Handgebrauch f. Jedermann. (Titel-Ausg. v. Wilhelmi's Nachschlagebuch.) (In 21 Hftn.) 1–6. Hft. gr. 8. (S. 1—384.) Dresden 886. Höckner's Sep.-Cto. à — 35

Höckner's Universal-Lexikon. Ein kurzgefaßtes Wörterbuch d. Wissenswertesten aus allen Gebieten zum Handgebrauch f. jedermann. (Titel-Ausg. v. Wilhelmi's Nachschlagebuch.) 7.—21. (Schluß-)Hft. gr. 8. (S. 385—1346.) Dresden 887. [Höckner's Sep.-Cto.] Kühtmann. à Hft. n. — 35; cplt.: n. 7. 35

— dasselbe. 2., vervollständ. Aufl. gr. 8. (III, 1349 S.) Dresden 888. Kühtmann. n. 5. 25; geb. n. 6. 50; auch in 21 Hftn. à n. — 25

Höckner, Bernh., die Militärpensionsgesetze, s. Handbibliothek, juristische.

Hoeckner, Bernh., Die Militärpensionsgesetze vom 31. Mai 1906 nebst d. Militär-Hinterbliebenengesetzen vom 17. Juni 1887 u. 13. Juni 1895 u. Auszügen a. d. Reichsbeamtengesetz vom 31. März 1873 u. d. Kriegsinvalidengesetz vom 31. Mai 1901 usw. Handausg. m. Anmerk. u. alphabet. Sachreg. Leipzig 1906. 8°.
(Jurist. Handbibliothek hrsg. von Max Hallbauer u. W. Schaeuer. Bd 165.)

Höckner, Ferd., die Parochie Treben im altenburg. Kreisamtsbezirke des Herzogth. Sachsen-Altenburg. Geschichtl. Darstellung der Denkwürdigkeiten sämmtl. zu dieser Parochie gehörender Dörfer, Kirchen, geistl. u. Schulstellen, Rittergüter, Förstereien, Mühlen rc. aus Urkunden, Akten u. andern glaubwürd. Nachrichten verfaßt. gr. 8. (13¼ B.) Altenburg 811. (Schnuphase'sche Buchh.) *

**Logophilus* (Höckner, G.). Der Streit über die Zillmersche Methode in der Lebensversicherung. Berlin 1902.

Höckner, Geo., Änderung der Rechnungsgrundlagen sowie Aufstellung e. Sterblichkeitstafel, e. Prämien- u. Dividendensystems f. d. Lebensversicherungs-Gesellschaft zu Leipzig. Im Auftrage d. Gesellschaft verf. (136 u. 19 S. m. 30 Tab.) gr. 8. Leipzig 907. (J. B. Hirschfeld.) 10. —

— Das Deckungskapital im Lebensversicherungsvertrag u. die Abfindungswerte bei vorzeitiger Vertragslösung, s. a. Veröffentlichungen d. deut. Vereins f. Versicher.-Wiss. 16.

Das Deckungskapital im Lebensversicherungsvertrag und die Abfindungswerte bei vorzeitiger Vertragslösung, mit Berücks. d. modernen Gesetzgebung. Von Dr. phil. Georg **Höckner**. Berlin: Mittler 1909. 71 S. 8°
(Veröffentlichungen d. Dtsch. Vereins f. Versicherungs-Wissensch. H. 16.) (09. 9297

Hoeckner, Johann Friedrich

— — (Leipzig), Commercia Belgii Austriaci cum Indis adversus Belgas foederatos ex legibus naturae et gentium. (Ad orationem inaug. de alimentis aliisque officiis uxori adulterae usque ad divortii sententiam a marito ex aequitate naturali praestandis.) Lpz. (Immanuel Titius) 30. VIII. 1724. 12 Bl. (6.50) 15330

— — (Stolberg/Misnicus), De literarum cambialium indossamento, vom Indossiren der Wechsel=Briefe. Disp. jur. Lpz. (Immanuel Titius) 30. IX. 1707. 52 S., tlws. dtsch. (7.—) 15329
Gew.: Adolph Magnus v. Hoymb.

Hoeckner, Joh. Friedrich: „Vom Indossiren der Wechselbriefe" (lateinisch), Leipzig 1707.

— — De libello in actione hypothecaria rite formando. Disp. jur. Präs. Joh. Florens Rivinus. Lpz. (Andreas Zeidler) 17. VI. 1706. 22 Blatt. (7.—) 15328

— — Solemnia inauguralia candidati Andreas Polycarp Leyser (Merseburg). Lpz. (Langenheim) 18. V. 1741. 16 S. mit Biogr. L.'s. (M.: A. D. Bastineller.) (6.—) 15331

— — Solemnia inauguralia candidati Jacob Gottlieb Martini (Leipzig). Lpz. (Langenheim) 7. III. 1743. 20 S. mit Biogr. M.'s. (M.: M. R. Fiedler.) (6.—) 15332

Hoeckner, M. Joh. Friedrich, De usu fructu legitimae patri non adimendo. Präs. Mich. Heinr. Gribner. Lpz. (Joh. Andr. Zschau) 2. III. 1706. 15 Bl. (6.80) 15327

Höckner, Karl Friedr., Geschichte der Freimaurerei i. O. von Plauen, s. Heubner, Gust. Heinr. Leonh., Blätter der Erinnerung für die Brüder der Loge Pyramide.

Höckner, *Woldemar* Georg: Einschaltung von Punkten in ein durch Koordinaten gegebenes, trigonometrisches Netz mit ausgiebiger Verwendung einer Rechenmaschine. ... Leipzig, Verl. v. G. Fock, 1891; 2 Bl., 48 S. 4°
Leipzig, Phil. Fak., Inaug.-Diss. v. [29. Apr.] 1891

Hocks, Heinrich [aus Aachen]: Ist das Fruchtwasser für die Ernährung des Embryo von Bedeutung oder nicht? '(Bestehende Ansichten u. einschlägige Fälle aus d. Litteratur.)' ... Bonn, Univ.-Buchdr. v. C. Georgi, 1895; 37 S., 1 Bl. 8.
Bonn, Med. Fak., Inaug.-Diss. v. [2. Aug.] 1895

HOCOSUS, Hillarius (ps.), Der Komiker und Couplet-sänger. 1881.
Weller, Lex. Ps. p. 258.

Hocquart, petit Dictionnaire de la langue franç. suivant l'orthographe de l'Académie. 16. édit. Revue, corrigée et augm. d'environ 3000 mots, et enrichie d'un Traité des Participes, par V.-A. Vanier. 16. (36¼ B.) Paris 843. (Leipzig, Michelsen.) *

Tableau de l'histoire Romaine depuis les tems les plus reculés jusqu'à la division de l'Empire. Rédigé par **E. Hocquart.** s. l. et a. Kupferstich, kol. 1 Bl. Imp.-Fol., 82.5 57.5 cm (beschn.), zusammengefaltet in Buchdeckel. 4°.

HODÁCS, AUGUST: Katholisches Gebet- und Gesangbuch. Den Gläubigen der katholischen Kirchengemeinden Stájerlak (Steierdorf)-Anina gewidmet. Temesvár (Temeswar) 1904. Csanáder (Tschanader) Diözesan-Buchdruckerei. 263 S. - 140 mm

Hodani, L. F., Adminicula sapientiae et eloquentiae. 8. Hannov. Helwing. 713.

Hodann, J., Friedrich der Grosse und der breslauer Arzt Dr. Tralles. (1868.) 8.

Hodann, J., u. S. **Meyer**, der Traum des Mediziners. Fastnachtsspiel zum ersten Stiftungs-Feste des Vereins Breslauer Aerzte. Breslau 862. Trewendt. 8. (52 S.) n. 8 ngr.

Hodann, Jul., der Harnsäure-Infarkt in den Nieren neugeborener Kinder in seiner physiolog., patholog. und forens. Bedeutung. (Abdr. aus den Verhandlungen der Schles. Gesellschaft für vaterland. Kultur.) Nebst 1 (lith. u.) kolor. Taf. Breslau 855. Grass, Barth u. Co. gr. 4. (1 Bl., 33 S.) n. 12½ ngr.

Hodann, Valerie

– Durch Nacht z. Licht, s.a. Dietrich's Bibliothek f. d. reif. Jugend.

Hodann, Valerie, Genie u. Liebe. Ein Künstler-Roman. (215 S.) 8. Thale (909). H. Wendt. 3. 50

Hodann, Valerie, Heldenkämpfe, s.a. Jugendbücherschatz, der.

Heldenkämpfe. Erzählungen aus d. nord. Altertum von Valerie **Hodann**. Langensalza: J. Beltz [1907]. (VI, 128 S.) 8° [F.] 108. 2060

— Heldenkämpfe. Erzählungen aus d. nord. Altert. (VII, 128 S.) 8. Langensalza (908). J. Beltz. Geb. in Leinw. 2. —

— Auf rauhen Pfaden, s.: Dietrich's Bibliothek f. d. reif. Jugend.

Hodburg: Einige Bilder und Personificationen aus Shakspeare. 26 S. – Husum, Progr. 1872.

de la **Hodde**, Lucien, Geschichte der geheimen Gesellschaften u. der republikan. Partei in Frankreich. Vom Regierungsantritt Louis Philipps bis zur Februarrevolution. 1830 – 1848. Schilderungen, Verschwörungsscenen u. unbekannte Thatsachen. Aus d. Franz. gr. 8. (XVIII u. 451 S.) Basel 851, Schneider. 1 rf 27 ngr (siehe auch: Lese-Cabinet, historisches, 35—38. Lfg.)

—— dass. — s. Lesecabinet, historisches. 18. und 19. Bd.

Hoddes, Chaja. Ueber die periodisch ascendirende Pyelitis. Diss. Med. Bern. [Mit 1 graphischen Tafel.] 26 S. 8. Bern, Unionsdruckerei, 1908.

Hoddos, Joseph [pr. Zahnarzt]: Über Bromäthernarkosen Leipzig, Druck v. A. Th. Engelhardt, 1892; 4 Bl., 25 S. 8.
Freiburg i. B., Med. Fak., Inaug.-Diss. v. 1892

Hoddes, Paja. Die Schwerhörigkeit der Kinder in den Primarschulen der Länggasse in Bern. Diss. Med. Bern. 11 S. 8. Bern, Unionsdruckerei, 1908.

Hoddick, Ernst, Referendar in Bonn: Verfügung über künftige Rechte nach dem Bürgerlichen Gesetzbuch für das Deutsche Reich. Borna-Leipzig 1907: R. Noske. (VII, 55 S.) 8°
Leipzig, Jur. Fak., Diss. v. 8. Okt. 1907
[Geb. 16. Sept. 83 Weißenfels a. S.; Wohnort: Bonn; Staatsangeh.: Preußen; Vorbildung: Stadt. Gymn. Bonn Reife O. 02; Studium: Lausanne 1, Berlin 1, München 1, Bonn 3 S.; Rig. 3. Juni 05.]

Hoddick, Fritz, Aphorismen-Schatz der Welt-Litteratur. Weltliche Texte f. Rede u. Schrift. 4. Aufl. 8. (VIII, 730 S.) Berlin (901). Haude & Spener. Geb. in Leinw. n. 6. —

Hoddick, Fritz, weltliche Texte. Gedanken-Motive f. Rede u. Schrift, der Weltlitteratur entnommen. 8. (XII, 498 S.) Berlin 891. Haude & Spener. geb. n. 6. –

Hoddick, Fritz, weltliche Texte. Aphorismen-Schatz der Welt-Litteratur. 2., verm. Aufl. 8. (XII, 546 S.) Berlin 894. Haude & Spener. Geb. in Leinw. n. 5. –

Hoddick, Fritz, Weltliche Texte. Aphorismen-Schatz d. Welt-Litteratur. 3., verm. Aufl. 8. (XII, 730 S.) Berlin 898. Haude & Spener. Geb. in Leinw. n. 6. –

Hoddick, Hans, approb. Arzt aus Bonn a. Rh.: Aus d. pathol.-anat. Institut zu Bonn. Beitrag zur pathologischen Anatomie der Bleivergiftung des Meerschweinchens. *Bonn 1902: J. Trapp.* (52 S.) 8°
Bonn, Med. Diss. v. [28. Apr.] 1902

Hoddick, Henr. (geb. Langenberg im Rheinl. 23. 2. 1810): De morbis oculi arthriticis. Berolini (1830). (28 S.) 8°
Berlin, Med. Diss. v. 2. Sept. 1830

Hode, de la, Histoire de la Vie et du Règne de Louis XIV. 6 Vol. avec 330 Médailles. 4. Frft. Varrentrapp. 743.

— — VI Tom. av. Medailles. 4. Basel, Flick.

Hoede, Karl

Hoede, Carl, Bilder aus dem Kinderleben. gr. 8. (12 Blatt mit 12 lithogr. Illustr.) Zerbst 866, Zeibler. cart. *

Hoede, Karl, das Rätsel d. Rolande. Festschr. z. Jubiläum d. Rolands v. Belgern 1610—1910. (VI, 204 S. m. 41 Abb. im Text u. auf 6 Taf.) gr. 8. Gotha 911. F. A. Perthes. 3. —

Hoede, Karl, die sächsischen Rolande. Beiträge aus Zerbster Quellen zur Erkenntnis der Gerichtswahrzeichen. (VIII, 105 S. m. Abbildgn. u. 1 Heliograv.) gr. 8. Zerbst 906. E. Luppe. n. 5. —

— was bedeutet die Zerbster Butterjungfer? Zur Lösg. des Rätsels e. Beitrag. Nach den Quellen des Zerbster Stadtarchivs. (24 S.) gr. 8. Ebd. 903. n. — 50

Hodegos, Ho, εἰς τὸν εὐδαίμονα βίον . . . Ἐν Βιέννῃ 1845. V: *Reiche, Franz.* (EB)

Hodek v. Zelevic, Gustav von

Hodek, Gust., die Fortschritte der Rüben- u. Rübensamenkultur. 2., verm. Aufl. gr. 8. (65 S. m. 1 Taf.) Prag 890. (Řivnáč.) n. 1.60

Fünfundzwanzig Jahre (1876–1901) des Vereines der Zuckerindustrie in Böhmen. Verf. u. seinen Fachgenossen gewidmet von d. Vereinspräs. Gustav R' **Hodek** v. Želevic. Prag: Selbstverl. 1901. 240 S. 4°(8°) 111. 7735 2

Hodek, G., Landwirth und Zuckerfabrikant, Zur Zuckersteuerfrage anno 1896. Br.-8. (31 S.) Prag: Prager Zuckermarkt 1896. * .30

Hodek, G., z. Zuckersteuerfrage anno 1896. gr. 8. (31 S.) Prag 896. (F. Řivnáč.) n.n. — 60

Hodel, Hans. Beitrag zur Frage der Geburtsprognose nach Prolapsoperationen, Amputation des Cervix und der Vaginalportion. Diss. Med. Bern. *Kopftitel:* Aus der geburtshilflich-gynäkologischen Klinik der Universität Bern. 48 S. 8. Luzern, H. Keller, 1904.

Hodel, Robert Julian. Mittelmeer und Adria. Aufzeichnungen von zwei Reisen. [Mit illustriertem Umschlag.] VI + 221 S. 8. Aarau, Emil Wirz, 1906. [fr. 4.—]

Hodel, Robert Julian, und Weibel, Walther. Junge Tannen. Gedichte. ([Umschlagszeichnung] von A Amiet-Engel.) IV + 96 S. 8. Aarau, H. R. Sauerländer & Co., 1901. [fr. 1.80]

Hödel, Franz

Hödel, Frz., s.: Ecksteine d. neueren Literatur.

— Zur Geschichte u. Theorie d. stenograph. Typendrucks. 2. Abhandlg. (13 S.) gr. 8. Berlin (909). Gerdes & Hödel. — 50
Sonderabdr. aus: „Archiv f. Stenogr."
Von d. 1. Abhandlung erschien ein Sonderabdr. nicht.

— Die stenograph. Gesellschaft v. 1885 Stolze-Schrey zu Leipzig. Festschrift zum 25jähr. Bestehen 1885—1910. (39 S. m. Abb.) 8. Leipzig 910. (Berlin, Gerdes & Hödel.) — 50

Hödel, F. Die stenographische Litteratur Deutschlands seit dem Auftreten der Buchdruckerkunst. In ihren Grundzügen dargestellt. (Separatabdruck, an mehreren Stellen ergänzt, [aus dem] «Archiv für Stenographie» Jahrg. 1900.) 50 S. 8. Berlin, Thormann & Goetsch, (1901). [M. 1.20]

Hödel, F., die Literatur des Stenographiesystems Stolze-Schrey. Ein literarhistor. Rückblick m. e. vollständ. Literatur-Verzeichnis (1897 bis Anfang 1903). (IV, 48 S.) gr. 8. Berlin 903. Buchh. des Stenographenverbandes Stolze-Schrey. n. — 75; geb. u. durchsch. n. 1.50

Hödel, F., s.: Verzeichniss der stenographischen Literatur.

Hoedemaker, Ph. J.

Der Mosaische Ursprung der Gesetze in den Büchern Exodus, Leviticus und Numeri. Vorlesgn üb. d. moderne Schriftkritik d. Alten Testaments v. Dr. Ph. J. **Hoedemaker**, Pred. in Amsterdam. Ins Deutsche übtr. v. A. F. Schulte-Bunert. *Gütersloh: C. Bertelsmann 1897.* (XIV S., 1 Bl., 368 S.) 1 Bd 8. [97. 6917]

(Höden, J. v. d.), Handbuch zur kurzen Erläuterung der Frage: Wie viel Pfunde und Lothe der gewöhnlichen Waarenartikel von der Eingangs-Abgabe frei sind, nach dem alphabetischen Waaren-Verzeichnisse der Ein- und Ausgangs-Abgaben und dem Vereins-Zoll-Tarif, vom 1. Jan. 1854 an; sowie eine Nachweisung der bewilligten Erleichterungen in der Zollcontrole im Grenzbezirke, auszugsweise bearb., nebst Reduction des Hannoverschen Gewichts auf Zollgewicht und Tabellen zum Vereinszolltarif zur Berechnung der Eingangsabgaben über die verschiedenen Tariffätze. Bremen 854. Heyse's Verlag in Comm. gr. 8. (47 S.) n. 10 ngr.

Hodenberg, Frhr. v., s.: Antwort an Herrn Pastor H. Steinmetz in Celle.

(Hodenberg, v.) Hannovers Besetzung durch die Preußen. Braunschweig 1866. 8°. — Angeb.: (Hartmann, J.) Hannovers Besetzung durch die Preußen 1866 und die hannov. Armee. Hannover 1866.

Hodenberg, Frhr. v., Breslau u. Vilmar. Zur Beleuchtg. der vom Breslauer Ober-Kirchen-Colleg erlassenen Grundzüge u. Gesichtspunkte f. e. beabsichtigte Bildungs-Anstalt f. Theologie Studierende der evangelisch-lutherischen Kirche in Preußen u. anderen Staaten. Als Mscr. gedr. 1. u. 2. Hft. gr. 8. Hudemühlen 884. (Hannover, Wolff & Hohorst.) n. 3. —
1. (III, 130 S.) 883. n. 1. —. — 2. (IV, 334 S.) n. 2. —

Hodenberg, Frhr. v., die Dogmatik der Zukunft. Zum Verständniss der Vilmar'schen Theologie. Ein offener Brief an einen holländ. Reformirten in Anlass der Zahn'schen Schrift über die Ursachen des Niederganges der reformirten Kirche in Deutschland. gr. 8. (IV, 278 S.) Leipzig 882, Bidder. *

Hodenberg, Frhr. v., die Stellung der Deutschen Rechtspartei zum Antisemitismus. Vortrag, geh. am 3. Oktbr. 1894 zu Frankfurt a/M. auf dem 2. Congreß der Deutschen Rechtspartei. gr. 8. (37 S.) Leipzig 894. Verl. d. akadem. Buchh. (W. Faber). n. — 40

— die Umtriebe der Welfen. [Aus: „Deutsche Volkszeitg."] gr. 8. (32 S.) Ebd. 887. n.n. — 30

Hodenberg, Frhr. v., was lehrt ihr uns v. Gottes Gesetz? Können luther. Christen sich nach der Liturgie d. neuen hannov. Synodalgesetzes trauen lassen? Anfrage e. Laien an das Lehramt der luther. Kirche. 1. Hft. gr. 8. Hannover 875. (Schulbuchhandlung.) 1. 50 (1. u. 2.: 3. —)
Kann der Staat Ehen schließen? 1. Die neue Liturgie. 2. Die Wirklichkeit der Staatsehe. 3. Die kirchliche Trauung. (63 S.)

— das Werk der Heiden-Mission [insbesondere der Hermannsburger] u. seine Bedeutung für die heutigen Aufgaben der Kirche in Rücksicht auf die Warnung Beck's [„Gedanken aus u. nach der Schrift" S. 131]. gr. 8. (72 S.) Leipzig 882. Bidder. n. — 75

— ein Wort der Erwiderung auf Max Frommel's Kampf der deutschen Freikirche. Was lehrt ihr uns von Gottes Gesetz? 2. Heft: Kann der Staat die Kirche Jesu regieren? gr. 8. (99 S.) (Ebendas.) 877.

Hodenberg, B. Frhr. v., sechs Briefe über die Gewissens- u. Begriffs-Verwirrung in Politik, Kirche u. Wissenschaft der Gegenwart. 4 Hefte. Erlangen 867. Deichert. gr. 8. 2 ₰ 12 ngr.
1. Heft. Humoristisch ernste Briefe. (V, 199 S.) 20 ngr.
2. „ Historisch politische Briefe. (V, 250 S.) 25 ngr.
3. „ Christlich politische Briefe. (V, 131 S.) 12 ngr.
4. „ Christlich politische Briefe. A. u. d. T.: Christenthum, Union u. Antichristenthum. 1. u. 2. Aufl. (V, 206 S.) 15 ngr.

— — 1. Heft. A. u. d. T.: Die alternde Menschheit u. der Kampf des Lebens mit dem Tode, mit einem Schlußwort gegen Prof. Scheele's der kirchl. Beruf Preußens. 2. Aufl. Ebend. 869. gr. 8. (VIII, 326 S.) 1 ₰ 6 ngr.

— das Gastmahl des Socrates, ein Gemälde von Feuerbach, als Spiegelbild für die Theologie der Rhetorik in der kirchl. Bewegung unserer Zeit. gr. 8. (158 S.) Altona [Hannover] 873, Bauer.

— Voltaire und Friedrich II. DuBois-Reymond und Droysen. Kein Widerspruch sondern Fortschritt. gr. 8. (45 S.) Ebendas. 871.

— dass. — 2. verb. Aufl. gr. 8. (47 S.) Ebendas. 871.

— die beiden Zeugen [Off. Joh. 11.] und der Lügenprophet [Off. Joh. 13, 11—17]. Ein Sendschreiben über das Verhalten der christl. Kirche in Hessen zu den separirten Lutheranern und sonst. Bekennern der Augsburger Confession. gr. 8. (52 S.) Cassel 874, Württenberger. *

Hodenberg, Bodo von

Erlanger Theologie. Frank u. Seeberg. Von Theophilos [d. i. Bodo Frh. v. **Hodenberg**]. *Hannover: Wolff & Hohorst Nachf. 1899.* (19 S.) 8° [F.] [...]

Hodenberg, Gottlob von

Hodenberg, Oberst G. Frhr. v., das königl. sächsische 1. [Leib-] Grenadier-Regiment Nr. 100 in seinen hervorstechenden Erlebnissen und Thaten. Auf Befehl und für das Regiment bearb. 1. und 2. Aufl. gr. 8. (IV, 111 S.) Dresden 883, Heinrich. *

Hodenberg, G. Frhr. v., d. kgl. sächs. 1. (Leib-) Grenadier-Regiment Nr. 100 in s. hervorsteck. Erlebnissen u. Thaten. Auf Befehl u. f. d. Regiment bearb. 3. Aufl., m. Zusätzen u. Ergänzgn. vers. v. H. v. Gehe. gr. 8. (IV, 112 S.) Dresden 897. (E. Heinrich.) n.n. 2.—

Hodenberg, G. Frhr. v., das königl. sächsische 1. (Leib-) Grenadier-Regiment Nr. 100 in seinen hervorstechenden Erlebnissen u. Thaten. Auf Befehl u. f. das Regiment bearb. 4. Aufl. m. Zusätzen u. Ergänzgn. von H. v. Gehe u. H. v. Wittern. gr. 8. (IV, 119 S.) Dresden 902. C. Heinrich. n.n. 2.—

Hodenberg, Herm. Frhr. v., der Toleranzantrag. Vortrag, geh. in Hannover am 5. XI. 1906. (27 S.) 8. Hannover 907. H. Feesche. — 10

Hodenberg, Hodo Frh. v., Referendar: Die Differenzgeschäfte und Börsentermingeschäfte in der Rechtsprechung. Gifhorn 1909: Vereinsdr. Gifhorn. 56 S. 8°

Heidelberg, Jur. Diss. v. 6. Aug. 1909, Ref. Schröder

[Geb. 13. April 87 Leipzig; Wohnort: Hannover; Staatsangeh.: Sachsen; Vorbildung: Lyz. I Hannover Reife O. 05; Studium: Heidelberg 3, München 1, Göttingen 2 S.; Rig. 19. Dez. 08.] [U 09. 1808

Hodenberg, L. Frhr. v., Wer ist der Irrlehrer? Pastor Harms in Hermannsburg oder sein Superintendent? Antwort auf die im Hannover. Sonntagsblatt mitgetheilte Predigt des Superint. Münchmeyer in Bergen. 1. Aufl. * 50 Pf.; 2.—4. Aufl. gr. 8. (24 S.) Hannover 878, (Schulbuchh.) **

Hodenberg, Wilh. v., Abhandlungen aus d. Erfahrung, üb. Staats- u. Gemeinde-Verwaltung. 1. Bd. (3 Abthln.) gr. 4. Hannover, Hahn.

Abthl. 1., 2. Die Elemente d. Verwaltung. Land- u. Höfe-Cataster. (45 B. u. 3 Tab. qu. gr. Fol. incl. 1 lith.) 832. 3 Thlr.
- 3. Neben-Anlagen u. Gemeinde-Lasten. (25 1/4 B.) 834. 1 Thlr. 6 Gr.

Hodenberg, Wilh. v., die Diöcese Bremen und deren Gaue in Sachsen und Friesland. 3 Thle. 4. Celle, Capaun-Karlowa'sche Buchh. *

Inhalt:
Thl. 1. Die Diöcese Bremen. (XXXIX und 246 S. mit 1 lithogr. und ill. Diöcesan- und Gaukarte in gr. Fol.) 858. * 4 Thlr. 20 Ngr.
- 2. Die bremer Gaue in Sachsen und Friesland. (XI und 139 S. nebst 1 lithogr. und ill. Karte in gr. Fol.) 858. * 2 Thlr. 10 Ngr.
- 3. Beilagen. (V und 104 S.) 859. * 1 Thlr. 5 Ngr.

v. **Hodenberg**, Wlh., s. Diepholzer Urkundenbuch.

v. **Hodenberg**, Wilh., bescheidene Gedanken, in Anlaß der Hannoverschen Organisationspläne zur öffentlichen Prüfung empfohlen. I. (Hft.) A. u. d. T.: Die Vertretung nach der Steuerlast. Zuruf an die Hannov. Landschaften, in Anlaß der vorgeschlagenen Zusammensetzung der Provinzialstände. gr. 8. (33 S.) Lüneburg 850, Herold & Wahlstab. — II. (Hft.): Die Landgemeinden u. Landgerichte. gr. 8. (14 S.) Ebd. 850. (à n. 1/8 ₰) u. 1/4 ₰

Hodenberg, W. v., bremer Geschichtsquellen, s. Geschichtsquellen, bremer.

—— verdener Geschichtsquellen, s. Geschichtsquellen, verdener.

Hodenberg, W. v., u. E. F. Mooyer, Regesta nobilium dominorum de Monte seu de Scalkesberge. Mit Stamm- u. Wappentfl. Minden 1839. 8.

Stammtafeln der Freiherrn von Hodenberg. Aus d. Nachlaß d. Landschaftsdir. Wilhelm v. **Hodenberg**, erg. u. bearb. von Bodo u. Gottlob v. Hodenberg. Vermehrt u. hrsg. von Wilhelm v. Hodenberg, (Major z. D.). Hannover 1905: F. Culemann. (11 Taf.) quer-4° [F.] [...]

Hodenberg, Wilh. v., Stammtafeln der Freiherrn v. Hodenberg. Aus dem Nachlaß ergänzt u. bearb. von Bodo u. Glob. v. Hodenberg. Vermehrt u. hrsg. von Wilh. v. Hodenberg. 1. I. 1906. (12 Taf.) qu. 4. Hannover 905. (Hahn.) n. 6.50

Hodenberg, Wilh. v., Diepholzer Urkundenbuch. (2 Abthlgn.: Diepholzer Hausarchiv. — Archiv d. Klosters Burlage.) gr. 4. (21 3/4 B. u. 4 Stnt.) Hannover 842, Hahn'sche Hofbuchh. *

Hodenberger Urkundenbuch, hrsg. v. W. v. Hodenberg. 2 Bde. Mit Stammtfl. u. Siegelabbildgn. Hannover 1858. 4. Nicht im Handel.

—— hoyer Urkundenbuch, s. Urkundenbuch, hoyer.

—— calenberger Urkundenbuch, s. Urkundenbuch, calenberger.

—— lüneburger Urkundenbuch, s. Urkundenbuch, lüneburger.

—— marienroder Urkundenbuch, s. Urkundenbuch des historischen Vereins für Niedersachsen.

Hodenberg, Drost. Wilh. von, Welche Gründe verlangen die Aufhebung des Zehent- und Meier-Nexus, und welche Mittel entsprechen den gegenseitigen Interessen? gr. 8°. Hannover, Hahn, 1831.

Hoederath, Peter ⟨geb. am 1 Nov. 1849 in Overath Rgbz. Köln⟩: Ueber Monophthalmus congenitus ... Bonn, Druck v. J. Trapp 1871. 24 S., 1 Bl. 8.

Bonn, Med. Fak., Diss. v. 4 Aug. 1871

Hoderlein, A. Anleitung zum Krokieren und Kartenlesen. Mit Zeichenschule. 2. Aufl. Mit Taf. u. Abb. Würzburg 1900. 50 S.

Hoderlein, Ant., Anleitung zum Krokieren u. Kartenlesen. Mit e. Zeichenschule. 3. verb. Aufl. 8. (64 S. m. Fig. u. 26 Taf.) Würzburg 902. E. Bauer. n. 1.60; kart. n. 1.80

Hoderlein, Ant., Anleitung zum Krokieren u. Kartenlesen. Mit 27 Taf. u. e. Zeichenschule. 4. verb. Aufl. (76 S.) 8. Würzburg 906. E. Bauer. Kart. n. 2.—

Hoderlein, Ant., Anleitung z. Krokieren, Kartenlesen u. f. Geländeerkundung. Mit 37 Taf. einschließlich e. Zeichenschule u. vielen Zeichngn. im Text. 5., nach d. neuen Felddienstordnung umgearb. u. verm. Aufl. (96 S.) 8. Würzburg 909. E. Bauer. Kart. 2.50

Hoderlein, Ant., kurze Anleitg. z. Krotieren, Skizzieren u. Kartenlesen f. Einjährig-Freiwill., Unteroffiziere u. Unteroffiziersaspiranten. 12. (31 S. m. 32 Taf.) Würzburg 896. E. Bauer. Kart. n. 1. 50

Hoderlein, (Hauptmann) Max, Handbuch d. Schwimmlehre in kurzen, faßlichen Abtheilungen für Schwimmlehrer u. zum Selbstunterricht geeignet. Mit 38 lithogr. Abbildd. gr. 12. Würzb. 832. (Stahel). 1 ꝑ

Hodermann, Georg Heinrich

— vollständ. Anleitung zur gründl. Abfassung d. Vertheidigungs-Schriften für peinl. Angeklagte oder Beschuldigte rc. 2 Thle. gr. 8. Lpz. 802. Joachim. 4 ꝑ 8 ℊ

Hodermann, Geo. Hnr., doctrina pract. de actionibus et exceptionibus non solum in Saxonicis elector. et communibus etc. IV Vol. 8maj. Lemgo 787—92. Meyer. 5 ꝑ 12 ℊ

Hodermann, Geo. Heinr.: Lehrbuch d. deutsch. peinl. Rechts, mit Formularien verfasset, u. mit der peinl. Gerichtsordnung Kaiser Karls V. u. des heil. Röm. Reichs bestärket. 2 Bde. *Leipz.*, Andrä. 800. gr. 8. (4 Thlr.)

— principia jurisprudentiae eccles. evangel. ad fora protest. accomm. etc. 8maj. Lips. 794. Hertel. 1 ꝑ 16 ℊ

Hodermann, Max, unsere Armeesprache im Dienste d. Caesar Übersetzg. gr. 8. (44 S.) Leipzig 898. Dürr'sche Buchh. n. — 75

Hodermann, Max, unsere Armeesprache im Dienste der Caesar-Uebersetzung. 2., umgearb. u. verm. Aufl. (53 S.) gr. 8. Leipzig 903. Dürr'sche Buchh. n. 1. —

Hodermann, Max, Dispositionen zu deutschen Aufsätzen f. obere Klassen höh. Lehranstalten. gr. 8. (87 S.) Leipzig 901. Dürr'sche Buchh. n. 1. 40

Hodermann, Max Findet die den älteren griechischen Dramatikern auferlegte Beschränkung hinsichtlich der Schauspielerzahl Anwendung auf die Komödien des Terenz? 4 (16 S.). In: Festschrift. z. Begrüßung der XL. Philolog.-Versammlung Progr. G. u. Rg. *Görlitz* 1889.

Hodermann, Max: Livius in deutscher Heeressprache. Uebersetzungs-Vorschläge. Wernigerode 1908: Angerstein. 80 S. 8°
Wernigerode, Fürstl. Stolbergsches G P 1908 (328) [S 08. 102

— **Vorschläge zur Xenophon-Übersetzung im Anschluss an die deutsche Armeesprache**, s.a. Festschrift des fürstl. Stolberg'schen Gymnasiums in Wernigerode.

Hodermann, Max, Dr.: Vorschläge zur Xenophon-Übersetzung im Anschluss an die deutsche Armeesprache. *Wernigerode 1900: B. Angerstein.* (S. 105—129.) 8°
Wernigerode, Fürstlich Stolberg'sches G, Festschr. 1900**

Hodermann, Max, Dr.: Xenophons Wirtschaftslehre unter dem Gesichtspunkte socialer Tagesfragen betrachtet. *Wernigerode 1899: B. Angerstein.* (36 S.) 8°
Wernigerode, fürstlich Stolberg'sches G, P 1899 (267)

Hodermann, Maximilianus

— quaestionum oeconomicarum specimen, s.a. Studien, Berliner, f. klass. Philologie u. Archäologie.

Quaestionum oeconomicarum specimen. Scripsit Maximilianus Hodermann. *Berolini: S. Calvary & C. 1896.* (1 Bl., 51 S.) 8.
= Studien, Berliner, f. class. Philologie u. Archäol. Bd 16. H. 4. (96. 6930

Hodermann, Maximilianus, Waltershusanus: Quaestionum oeconomicarum specimen. *Berolini: S. Calvary & Co. 1898.* (51 S.) 8°
Erlangen, Phil. Diss. v. 22. Juli 1898

Hodermann, Otto: Das beneficium separationis der Nachlassgläubiger und Legatare nach gemeinem und heutigem Reichsrecht. . . . Gotha, Druck v. Friedrich Andreas Perthes, 1889; 2 Bl. + 47 S. 8°
Freiburg i. B., Jur. Fak., Inaug.-Diss. v. 1889

Hodermann, R., Bilder aus dem deutschen Leben des 17. Jahrh. I. 8. Paderborn 890. F. Schöningh. n. 1. 20
Eine vornehme Gesellschaft. [Nach Harsdörffer's Gesprächspielen.] Mit e. Neudr. der Schutzschrift f. die Teutsche Spracharbeit. (80 S.)

Hodermann, Rich., Georg Benda. E. Gelegenheitsschrift. M. Benutzg. d. Oberhofmarschallamtsarchives zu Gotha. Im Anh.: Seylers Contrakt u. Benda's Verzeichn. f. Gothaer Werke. gr. 8 (20 S.) Coburg 895. H. Wechsung & Co. 1. —

Hodermann, Rich., theatergeschichtliche Erinnerungen. 12. (15 S.) Gotha 893. (A. Goetsch.) n. — 50

— Schloss Friedenstein 1643—1893. 16. (32 S.) Ebd. 893. n. 1. — ; ermässigt auf — 60

— Geschichte des Gothaischen Hoftheaters 1775—1779, s.a. Forschungen, theatergeschichtliche.

Hodermann, Rich. Geschichte des Gothaischen Hoftheaters 1775–1779. (Theatergeschichtliche Forschungen: IX.) Hamburg 1894.

— goldener Hochzeitszauber. Ein Epilog zur goldenen Hochzeit d. Weimar. Fürstenpaares. 12. (16 S.) Gotha 892. (C. F. Windaus.) — 75

— Universitäts-Vorlesungen in deutscher Sprache um die Wende d. 17. Jahrh. Diss. gr. 8. (39 S.) Friedrichroda 891. (Rudolstadt, H. Dabis.) n. — 60

Hodermann, Richard [aus Gotha]: Universitätsvorlesungen in deutscher Sprache um die Wende des 17. Jahrhunderts ... Friedrichroda, Druck v. J. Schmidt & C., 1891; 39 S., 1 kl. Bl. 8.
Jena, Phil. Fak., Inaug.-Diss. v. 1891

— s.: Wanderungen durch Thüringen.

Hodes, Franz *Joseph* [aus Fulda]: Beiträge zur Kenntnis von Derivaten des o-Diamidopseudocumols ... Marburg, Univ.-Buchdr. '(R. Friedrich)', 1894; 43 S., 1 Bl. 8.
Marburg. Phil. Fak., Inaug.-Diss. v. [12. Nov.] 1894

Hodesmann, Benjamin, appr. Arzt a. Schönsee: Der gegenwärtige Stand der Tuberkulosebehandlung unter besonderer Berücksichtigung des Tuberkulins, Hetols und des Marmorekschen Serums. Leipzig 1906: B. Georgi. (33 S.) 8°
Leipzig, Med. Fak., Ref. Curschmann, Diss. v. 18. Juli 1906
[Geb. 1. Aug. 79 Schönsee; Wohnort: Nauen; Staatsangeh.: Preußen; Vorbildung: Gymn. Strasburg W.-Pr. Reife O. 98; Studium: Berlin 8, Würzburg 2 S.; Coll. 18. Juli 06; Approb. 3. Marz 03.]

Hodge, Wilhelm, s. Hodge, William

Hodge, William. Monumente Indischer Geschichte und Kunst; a. d. Engl. . . . Berlin 1789. Ü: *Brunn, Friedrich Leopold.* (Ky) (MGT) (EngG) (Hitzig)

Hodges, Wlh., Monumente Indischer Geschichte u. Kunst. 1s Hft. Aus d. Engl. (v. Fr. L. Brunn). Herausg. v. A. Riem. Fol. Mit 2 Kpf. Berl. 789. Akadem. B. 2 ℛ 8 ℊ (Nauck). 1 ℛ

Hodge, W. Reisen durch Ostindien . . . a. d. Engl. Hamburg 1793. V: *Meyer, Friedrich Ludwig Wilhelm.* (Ky) (MGT)

— Reisen durch Ostindien während d. J. 1780—83. Aus d. Engl. (v. F. L. W. Meyer.) 1e Abtheil. gr. 8. Hamb. 793. Campe. 1 ℛ s. auch Geschichte der Seereisen. 6r Thl.

Hodges, Charles

— Original-Poems. Translations of Demetrius, part of the Bride of Messina, and three scenes from Faust. gr. 12. München 836. Bayer. (Webers Buchh.) 1 ℛ

Hodges, Charles, Translated and Original-Poems. II Vol. gr. 12. (11 B.) Coblenz 834, Hergt.

Hodges, John Frederick (Downpatrick)
Observations on the pharmaceutical and chemical characters of the Peruvian Matico.
[In: Memoirs and Proceedings of the Chemical Society of London. Vol. 2 (1843-45), S. 123-128.]
Dr. phil. Giessen 12.9.1843.

Hodges, Wilhelm, s. Hodge, William.

Hodgkin, Thom., die Krankheiten der serösen u. mukösen Häute, s.a. Bibliothek v. Vorlesgn. üb. Medizin XXXIII. Bd.

Hodgkin, Th., die Krankheiten der serösen und mukösen Häute mit Rücksicht der neuesten Erfahrungen u. Ansichten anatom.-pathologisch dargestellt in e. Reihe von Vorlesungen, gehalt. am Guys Hospital in London. Ins Deutsche übertragen von Dr. Levin. 2 Thle. gr. 8. Leipzig 843, 44, Kollmann. 3 5/6 ℛ

Hodgkins, E., kaufmänn. Briefe deutsch mit engl. Noten, s. Flügel, Joh. Gtfr., prakt. Handbuch, 1. Abthl.

Hodgkins, E., a series of commercial letters, s.a. Flügel, J. G.

Hodgkins, E., a series of commercial letters, s.a. Schor, L.

Hodgkins, E., a series of commercial letters. Revised and improved with explanatory German notes, additional forms of various commercial documents and a full list of the usual abbreviations for the use of Germans by J. G. Flügel. 4. Edit. 8. (IV und 274 S.) Leipsic 848, Klinkhardt.

Hodgkins, E., a series of commercial letters originally. Revised and improved with explanatory german notes, additional forms of various commercial documents and a full list of the usual abbreviations for the use of Germans by J. G. Flügel. 5. edit. Leipsic 855. Klinkhardt. 8. (2 Bl., 274 S.) 25 ngr

— a series of commercial letters originally with explanatory italian notes for the use of Italians by Lud. Schor. Trieste 858. Coen. 8. (IV, 311 S.) n. 27 ngr

Hodgkins, E., a Series of Mercantile Letters, intended to give a general Knowledge of Business to those young Persons whose Views are directed to commerce, and for the use of schools. 2d edit. 8. London. (Leipzig. Fr. Fleischer.) 815.

Hodgkins, E., a Series of mercantile letters. Carefully revised and corrected after the latest english edition with explanatory german notes for the use of Germans by J. G. Flügel. 8. Leipz. 822. 2e A. 833. (832.) (Klinkhardt.) 20 ℊ

Hodgkinson, J. F., Lehr- u. Lesebuch der englischen Sprache, s.: Bünjer, J.

Hodgkinson, William R. Ueber die Einwirkung von Natrium auf Isobuttersäure-Benzylester. (Würzburg) Tübingen, 1878.

Hodgskin, James B. Die Iden in Amerika; zwei kurze Ansprachen. NY. 1871.

Hodgskin, Th. Nachrichten von den Hannöverschen Zuchthäusern. *Edinburg.* 1820

Hodgskin, Thom., Verteidigung der Arbeit gegen d. Ansprüche des Kapitals. Mit e. einleit. Abhandlg.: Der engl. Sozialismus zu Anfang d. 19. Jahrh. v. Geo. Adler, s.: Hauptwerke, d. Sozialismus u. d. Sozialpolitik. 10. Heft.

Hodgson, ..., Abhandl. über d. Krankheiten d. Arterien u. Venen, mit besond. Rücksicht auf Entwickelung u. Heilung d. Aneurysmen u. d. Arterien-Wunden. Aus d. Engl. übers. u. mit M. Kreysigs sowohl als eigenen Anmerkk. herausg. v. F. A. Koberwein. Mit Kpf. gr. 8. Hannov. 817. Hahn. 2 ℛ 16 ℊ

Hodgson, B. H., allgem. Bemerkungen über die physische Geographie des Himalaya, siehe: Jahrbuch, geograph., III.

Hodgson, B. H., essays on the languages, literature a. religion of Nepál a. Tibet: together with further papers on the geography, ethnology a. commerce of those countries. gr. 8. (XI, 269 S. m. 3 Tab. in qu. gr. 4.) London 874. (Strassburg, Trübner.) n.n. 14. —

Hodgson, C[harles] E[dward], M. A. a. Dewsbury: Jung Heinrich, König von England, Sohn König Heinrichs II. 1155—1183. Jena 1906: A. Kämpfe. (XIII, 84 S.) 8°
Jena, Phil. Fak., Ref. Cartellieri, Diss. v. 15. Nov. 1906
[Geb. 14. Jan. 77 Dewsbury (England); Wohnort: Jena; Staatsangeh.: England; Vorbildung: Hochsch. Ackworth Reife O. 03; Studium: Manchester 3, Jena 4 S.; Rig. 29. Okt. 06.]

Hodgson, Herbert Henry, M. A. ⟨Cambridge⟩, B. Sc. ⟨London⟩, a. Bradford ⟨England⟩: Untersuchungen über Derivate des Triphenylmethans u. Tritolylmethans. Borna-Leipzig 1908: R. Noske. (VIII, 88 S.) 8°
Heidelberg, Naturw.-math. Fak., Ref. Curtius, Diss. v. 13. Juli 1908
[Geb. 7. März 83 Bradford; Wohnort: Bradford; Staatsangeh.: England; Vorbildung: Trinity College Cambridge B. A. 04, Univ. London B. Sc. 06; Studium: Cambridge 9, Zürich 2, Heidelberg 1 S.; Rig. 27. Mai 08.]

Hodgson, Joseph: Von den Krankheiten der Arterien und Venen mit besonderer Rücksicht auf Entwicklung und Behandlung der Aneurysmen und Arterienwunden. (A Treatise on the diseases of arteries and veins containing the pathology and treatment of aneurisms and wounded arteries, Dt.) Übers.von (Friedrich Ludwig) Kreysig und hrsg.von Franz Adolph Koberwein. 610 S., gbd., Abb.

Hannover: Hahn 1817

JB 3.374

Hodgson, T. V., Pantopoda v. westl. u. zentralen Südafrika, s.: Denkschriften d. medicinisch- naturwissenschaftl. Gesellschaft zu Jena. XVI, 1.

Pycnogoniden, s.: Ergebnisse der Hamburger Magalhaensischen Sammelreise. 8. Lfg.

Hodiesne, F. R.

Hodiesne, Brief eines ehemal. Westphalen an Jérome Napoléon, s. Brief.

Hodiesne, Briefe zu Uebungen im vertrauten u. Conversationsstyl. Als Anh. z. geschichtl. Darstell. d. alten u. neuen franz. Literatur, mit französ. Noten versehen. gr. 8. (5 B.) Cassel 833, Krieger.

Hodiesne, ..., kurze geschichtl. Darstellung d. alten u. neuen französ. Literat., nach d. Schriften d. ausgezeichn. Literatoren, wie Voltaire's, Laharpe's, Chenier's, Mottys. Auszug für Uebungen im französ. Styl bearbeitet. gr. 8. Cassel u. Marb. 830. Krieger. 1 ℳ

—— Grundregeln d. franz. Sprache. — A. u. d. T.: Principes généraux et elementaires de la langue française. Dédiés à ses Concitoyens de Hesse-Cassel. gr. in-8. (11¼ B.) Cassel 834, Krieger.

— Temps primitifs et dérivés des verbes français, réguliers. Stammzeiten und abgeleitete Zeiten der franz. regelmäßigen Zeitwörter. 4e Aufl. 2 Tabellen in Fol. Cassel 838. Krieger'sche Buchh. (Th. Fischer.) n. $^1/_6$ ℳ

Hodiesne, Gustav, appr. Arzt a. Cassel: Aus d. Psychiatrischen u. Nervenklinik zu Kiel. Ein Fall von Tabes cervicalis mit Beteiligung einiger Gehirnnerven. Kiel 1907: Schmidt & Klaunig. (15 S.) 8°

Kiel, Med. Fak., Ref. Siemerling, Diss. v. 14. Febr. 1907

[Geb. 1. Mai 80 Cassel; Wohnort: Cassel; Staatsangeh.: Preußen; Vorbildung: Wilhelms-Gymn. Cassel Reife O. 00; Studium: München 5, Gießen 1, Kiel 4 S.; Coll. 1 Febr. 07; Approb. 1. Dez. 05.]

HODIKA, Aebtissin von Mecklenburg. (Roman.) Neustrelitz, Albanus, 1797. 8°. (¼ Rthl.) (In Rostock, Universitäts-Bibl.)

Vgl. Müller-Fraureuth, S. 33—34.

HODITSCH, HEINRICH: Predigt bey Gelegenheit der feyerlichen Einweihung der ehemaligen Pauliner-Kirche in Wandorf. Oedenburg 1827· Wigand. 17 S. - 220 mm

Hodkinson, J., Unterricht für Landleute, oder verbess. Methode d. Behandlung d. Ackerlandes, mit einigen Bemerkk. über Wasserleitungen, Umzäunungen u. Verbesser. d. Landstraßen u. Feldwege. Aus d. Engl. v. F. S. g. M. 8. Halle 796. Renger. 3 ℳ

Hödl B. E., ausführliche Darstellung einer nicht nur sehr wohlfeilen, sondern überhaupt mehrseitig ungemein vortheilhaften, und einzeln bereits durch mehrere Jahre erprobten Ziegelbedachung zu neu eingedeckt werdenden Dächern, mit Dachziegeln besonderer Formen, Helfensrieder- oder Siebenecks-Ziegel genannt. Mit 6 lithogr. Taf. gr. 8. Grätz 834. Kienreich. $^5/_{12}$ ℳ

Hoedl, Gerichtsorganisations-Gesetz, s. Schauer.

Hödl, E. J., die praktische Anwendung der Theerfarben in der Industrie. Prakt. Anleitung zur rationellen Anwendung der Anilin-, Phenyl-, Naphtalin- und Anthracen-Farben in der Färberei, Druckerei, Buntpapier-, Tinten-, Zündwaaren-Fabrikation 2c. Mit einem Anhang: Die chem. Technologie der Rohstoffe, welche durch die Theerfarben veredelt werden, und die zur Veredlung nothwend. Materialien. Handbuch für Färber, Zeugdrucker, Fabrikanten chem. Producte und zum Gebrauche für Fachschulen. Dargestellt auf Grundlage prakt. Erfahrungen und unter Benützung der bewährtesten Fachliteratur. 8. (VIII, 157 S. mit 20 Abbild.) Wien 885, Hartleben. *

Hödl, J. G.: Kurtzer Weeg zur Richtigkeit. d.i. Hand-Rechen-Büchlein Samt accurat ausgerechn. Tabellen u. Unterricht v. d. Wein-Ellen u. Frucht-Maas. Wien 1746. -- [Zit. nach BJ]

Hoedl, Rich., die Gerichtsorganisations-Gesetze, s.: Schauer, Hugo.

Hödl Roman: Die auf den Kirchenstaat bezüglichen Eide und Versprechungen Ottos IV. und deren Entwicklung bis auf Rudolf von Habsburg.
1892 PN 731 Diss.Wien, Univ. 740

Hödl, Roman. Lehrb. d. Geographie, s.: Seibert, A. E.

Hödl, Roman: Das untere Pielachthal, ein Beispiel eines epigenetischen Durchbruchthales. S. 71—92. 8.
In: Festschrift zur Feier des zweihundertjährigen Bestandes des Progr. K. k. Staatsgymn. im VIII. Bezirke *Wien* 1901.

Hödl Roman und **Amon Wilhelm**, Österreichische Schulgeographie für Bürgerschulen. Nach dem Lehrplane vom 15. Juli 1907, Z. 2368, bearbeitet. I. Teil. Mit 36 Textfiguren und 3 farbigen Tafeln. Wien 1908. F. Tempsky. Geb. K 1.80. (Min.-Erl. vom 22. Juni 1908, Z. 25275.)

Hödl Roman und **Amon Wilhelm**, Oesterreichische Schulgeographie für Bürgerschulen. Nach dem Lehrplane vom 15. Juli 1907, Z. 2368, bearbeitet. II. Teil. Mit 65 Textabbildungen und 3 farbigen Tafeln. Wien 1909. Geb. K 1.80.

—: Die epigenetischen Täler im Unterlaufe der Flüsse Ybbs, Erlauf, Melk und Mank. S. 11—39, 2 Abb. 8.
Progr. K. k. Staatsgymn. im VIII. Bezirke *Wien* 1904.

Hödl, Roman: Vogelschauplan von Wien, s. Pendl, Erwin

Hodler, Adf., preuß. Ausführungsgesetz zum bürgerl. Gesetzbuche. Vom 20. IX. 1899. Mit Erläutergn. gr. 8. (VIII, 440 S.) Berlin 900. H. W. Müller. Kart. n. 8.—

Hodler, Adf., das particuläre Civilrecht der Hohenzollernschen Lande. gr. 8. (VIII, 101 S.) Frankfurt a/M. 893. Reitz & Koehler. n. 8 —

Hodler, das particuläre Civilrecht der Hohenzollernschen Lande. Frankfurt a/M. 894.

Hodler, Emil (Ingenieur). Karte von Interlaken u. Umgebung. Nach der Dufourkarte u. d. Kataster bearbeitet. Massstab 1 : 50,000. Imp. Fol. Bern, Huber & Cie.
Roh : 3 —, aufgezog. in Taschenformat 5 —

Hodler, Emma, dramatische Aufführungen f. die reifere Jugend. 1.—5. Hft. gr. 16. Bern 892. (Leipzig, K. F. Koehler's Sort.) n. 2. 50

1. Hänsel u. Gretel. Singspiel in 3 Aufzügen. Frei nach Grimm. [Aus: „Kinderfreund".] (41 S.) n. — 40
2. Das ist Freundschaft. Dramatisches Lebensbild in 2 Aufzügen. (52 S.) n. — 50
3. Ein Lebenszweck. Trauerspiel in 3 Aufzügen. (57 S.) n. — 50
4. Charade-Aufführungen f. die reifere Jugend. (34 S.) n. — 40
5. Der Schutzgeist. Dramatisches Märchen m. Gesang in 3 Aufzügen. — Klein-Schlingel. Lustspiel in 2 Aufzügen. (70 S.) n. — 70

Hodler, Emma, Der od. Keiner. Schwank in e. Aufzug. 2. Aufl. 8. (51 S.) Aarau 901. H. R. Sauerländer & Co. n. — 70

Hodler, Emma, unter dem Franzosenjoch. Dramatisches Zeitbild aus der Geschichte Berns in 4 Akten (92 S.) 8. Bern 906. A. Francke. n. 1. 50

— das Glück od. nur e. Schulmeister. Vaterländisches Schauspiel in 4 Akten. gr. 16. (94 S.) Ebd. 892. n. 1.—; geb. n. 1. 60

— das Glück od. Nur e. Schulmeister. Vaterländisches Schauspiel. 3. [Titel-]Aufl. (95 S.) kl. 8. Aarau [893] (904). H. R. Sauerländer & Co. n. 1. 20

Hodler, Emma. Das Glück oder Nur ein Schulmeister. Vaterländisches Schauspiel in vier Akten. 4. Aufl. 96 S. 8. Aarau, H. R. Sauerländer & Co., 1905. [fr. 1. 40]

Hodler, Emma. Das Glück oder Nur ein Schulmeister. Vaterländisches Schauspiel in vier Akten. 5. [unveränderte] Aufl. 96 S. 8. Aarau, H. R. Sauerländer & Co., 1909. [fr. 1. 50]

Die drei Glücksjäger. Schwank von Emma Hodler. Für 3 Herren. *Aarau: H. R. Sauerländer & Co. 1904.* (18 S.) 8° [F.] (03. 15638)

Hodler, Emma, am Grauholz. Histor. Zeitbild v. 1798. Volksstück in 4 Akten. 8. (V, 126 S.) Aarau 897. H. R. Sauerländer & Co. n. 1. 40

— dasselbe, s.: Bibliothek vaterländ. Schauspiele.

— Mitfreud. Mitleid. Erzählungen u. dramat. Spiele f. d. reifere Jugend. (199 S.) 8. Bern (901). Haller'sche Buchdr. 2.—; geb. in Leinw. 2. 50

Hodler, Emma. Mitfreud — Mitleid. Erzählungen und dramatische Spiele für die reifere Jugend. [Mit Noten.] 199 S. 8. Bern, Haller, [1902]. [fr. 3. —]
Dramatisches z. T. berndeutsch. — (Vorwort: November 1901.)

— des Weibes Patriotismus. Eine Landsturmscene v Anno 1798. 8. (8 S.) Bern 894. A. Siebert. — 30

Hodler, Emma. Des Weibes Patriotismus. Eine Landsturmszene von anno 1798. 2. Aufl. 8 S. 8. Aarau, H. R. Sauerländer & Co., 1911. [fr. —. 30]

— a Radikalkur. Berndeutsche Bauernscene. 8. (15 S) Aarau 896. H. R. Sauerländer & Co. n. — 40

Hodler, Emma. A Radikalkur. Berndeutsche Bauernscene. 2. Aufl. 15 S. 8. Aarau, H. R. Sauerländer & Co., 1902. [fr. —. 40]

Hodler, Emma. A Radikalkur. Berndeutsche Bauernszene. 3. Aufl. 15 S. 8. Aarau, H. R. Sauerländer & Co., 1905. [fr. —. 40]

Hodler, Emma. A' Radikalkur. Berndeutsche Bauernszene. 4. Aufl. 14 S. 8. Aarau, H. R. Sauerländer & Co., 1910. [fr. —. 40]

— die Samariterinnen. Schwank in 1 Aufz. 2. Aufl. 8. (35 S.) Ebd. 898. n. — 60

— Onkel Sebastians Testament. Schwank in [illegible] 8. (95 S.) Ebd. 897. n. 1. —

Hodler, Ernst, der Widerruf nach schweizer. Obligationenrecht, verglichen m. d. deutschen Recht, s.a. Abhandlungen z. schweizer. Recht. 33. Heft

Hodler, Ernst. Der Widerruf nach schweizerischem Obligationenrecht, verglichen mit dem deutschen Recht. VIII + 175 S. 8. Bern, Stämpfli & Cie., 1909.
Ausg. A: Diss. Jur. Bern.
Ausg. B: Von Dr. E' H', Fürsprecher.... [fr. 3. 60.] — Abhandlungen zum schweizerischen Recht, hrg. von Dr. Max Gmür, Professor.... Heft 33.

Hodler, Emma. Der Widerspenstigen Zähmung. Humoristische Szene für 1 Herrn und 1 Dame oder zwei Damen. 16 S. 8. Aarau, H. R. Sauerländer & Co., 1908. [fr. —. 40]

Hodler, Ferdinand. Über das Kunstwerk. (Mitgeteilt aus dem französischen Manuskript, übersetzt von Ewald Bender.) kl.-4. N 7050²
In: Morgen. Wochenschrift für deutsche Kultur. Vereinigt mit der Wochenschr' Neue Revue. Nummer 1. 1. Januar 1909. Charlottenburg. Verlag: Neue Revue. M. —.50. S. 23—26.

Hodler, Fritz. Notizen über die Organisation der bernischen Behörden von 1798 bis 1831, mit besonderer Berücksichtigung des Polizeiwesens. Zusammengestellt von F' H'.... (Separat-Abdruck aus dem Polizei-Blatt, Monatsschrift für Polizeiangestellte. Jahrg. 10. No. 5 und 6 — Mai, Juni 1910.) [Mit 1 Vignette.] 47 S. 8. Bern, Büchler & Co., 1910. [fr. —. 80]

Hodler, Fritz, das schweizerische Zentralpolizeibureau. Mit Benützg. der amtl. Berichte, Kreisschreiben u. Korrespondenzen. (29 S.) 8. Zürich 905. Art. Institut Orell Füssli. n. — 50
Sonderabdruck aus: „Schweiz. Zentralbl. f. Staats- u. Gemeinde-Verwaltg."

Hodler, Jacob

Hodler, J., Geschichte des Bernervolkes. Mit Berücksicht. der Geschichte der übrigen Schweizerkantone. Neuere Zeit. 2. Periode. Die Restaurationszeit [von Ende Dezbr. 1813—1830]. 1. und 2. Thl.: Die Periode der Rekonstituirung [vom 29. Dezbr. 1813 bis 7. Aug. 1815]. gr. 8. Bern, Fiala. [1. Thl. (VIII, S. 1—304.) 869. *M 2.; 2. Thl. (S. 305—674, Schluß, mit 3 Holzschntaf.) 870. *M 3.] *
1. Bd. Ebendas. 1865. *M 8.

Hodler, J., Geschichte des Bernervolkes. Mit Berücksicht. der Geschichte der übrigen Schweizerkantone. Neuere Zeit. Die Restaurationszeit. Die Periode der Rekonstituirung [vom 29. Dez. 1813 bis 7. Aug. 1815]. Neue (Titel-)Ausg. 4 Hefte. gr. 8. (VIII, 674 S. mit 3 Holzschntaf.) Bern (870)78, Jenni's Buchh. *

Hodler, J[acob]. Geschichte des Schweizervolkes. Neuere Zeit. [2 Bände.] 8. Bern 1865–1869.
[Band 1] Erste Periode: Untergang des helvetischen Einheitsstaates und die Zeit der Mediationsverfassung. 1865.
[Band 2] Zweite Periode: Die Restaurationszeit ⟨von Ende Dez. 1813 –1830⟩. Theil 1 (u. 2): Die Periode der Rekonstituirung ⟨vom 29. Dez. 1813 bis 7. Aug. 1815⟩. [Mit 3 Portrat-Tafeln.] 1869. — *A. u. d. T.:* Geschichte des Bernervolkes. Neuere Zeit. Zweite Periode....
Nicht mehr erschienen. — Ausg. u. a. T. s. A 3706.

Hodler, J., allgemeine Grundsätze des natürlichen Staatsrechts mit vergleichender Berücksichtigung der schweizerischen Bundesverfassung u. der berner Kantonsverfassung. Bern 863. (Blom.) gr. 8. (XV, 328 S.) n. 1 ₰ 15 ngr.

Hodler, J., Leitfaden f. den Unterricht üb. Verfassungskunde u. bäuerliches Güterrecht. Ein nützl. Lehrbuch f. jeden Bürger, besonders aber f. vorgerücktere Schüler in Sekundarschulen u. in den Oberklassen der Primarschulen. gr. 8. (XIV, 290 S.) Bern 871. Jenni. n. 2. 40

Hodler, J., s. Snell, Wilhelm: Naturrecht nach den Vorlesungen.

Hodler J[acob]: Urkundensammlung aus der neuern Schweizergeschichte. 1. [einziger] Band. 8. Bern 1866.

Hoedler, Christian Heinrich (Dresden), De jure recipiendi hostes alienos. Präs. Josia Ludwig Ernst Püttmann. Lpz. (Langenheim) 28. VII. 1777. 23 Seiten. (6.20) 15333

— — De publicatione bonorum ob desertionem a militia. Lpz. (Jacobaeer) 10. XII. 1789. 32 S. (6.20) 15334

Hoedler, Christian Henricius: De publicatione bonorum ob desertionem a militia disputabit. Lipsiae 1809. 4°

Hödlmoser, das Rückfallfieber, s.: Abhandlungen, Würzburger, aus dem Gesamtgebiet der praktischen Medizin. VI. 5.

Hödlmoser, Carl, s. Hödlmoser, Karl

Hödlmoser, K.: Über den Franzensbader Mineralmoor, s. Ludwig, E.

Hödlmoser, Karl

Hödlmoser, Carl, die Militär-Kartographie auf der Weltausstellung in Paris 1900, s.: Heimbach, Wilh.

Hödlmoser, Carl, über Terrain-Darstellung in Karten. [Aus: „Mitteilgn. d. k. u. k. militärgeogr. Institutes", 17. Bd.] gr. 8. (24 S. m. 1 farb. Taf.) Wien 898. (R. Lechner's Sort.) n.n. 1. —

Hodoeporicon S. Willibaldi od. die Pilgerfahrt d. h. Willibald nach Rom u. Jerusalem. Neue Ausg. 4. (27 S.) Eichstätt 857. (Krüll.) n. 1. 50

Hodoeporicum, Memorabile, novenne . . . Oder: Merckwürdige Neunjährige Raiß-Geschichte, Wie auch Lebens-Lauff . . . [Herborn ca 1731.] V: *Krafft, Johs.* (Linde, Nassauer Drucke. Wiesbaden 1882.)

Hodoly, Ludw. Studien über die Descendenztheorie. 42 S. 8. **Progr.** II. G. *Lemberg* 1885.

Hodoly, Ludw., Studien üb. die Descendenz-Theorie gr. 8. (43 S.) Lemberg 885. (Wien, Pichler's Wwe. & Sohn) n. — 90

Hodoly, Ludwig: Studien über die Descendenz-Theorie. gr. 8°. (43 S.) Wien: Pichler 1886.

Hódosi, Ludwig [cand. med. aus Budapest]: Experimentelle Untersuchungen über die Bewegungen der Trachea . . . Erlangen, Druck d. Univ.-Buchdr. v. F. Th. Jacob, 1893; 16 S. 8.
Erlangen, Med. Fak., Inaug.-Diss. v. Mai 1893

HODR, Jacobus: Mysterii catholici notio et existentia contra adversarios exponatur ac probetur. — (1879) 188 S. 8° (Handschr.) Diss. 332
Diss. Wien, Univ.

Ho dsiën fu [Schlagwort]

'Ho dsiën fu. s.: Tschili.

Hodskin, T., s. Hauptwerke des Sozialismus.

Hodskinson J.: Einfacher u. nützlicher Unterricht f. Landleute od. verbesserte Methode d. Behandlung d. Ackerlandes . . . Aus d. Engl. m. Anmerk. Halle 1796. 46 S. P.

Hodskinson, J., Unterr. für Landleute über Behandl. des Ackers. 8. Halle, Renger. 796.

Hodson, Fred, aus London, Engl.: **Resonanzversuche** über das Verhalten eines einfachen Kohärers. *Gießen 1904: v. Münchow.* (39 S.) 8°
Gießen, Phil. Diss. v. 1904

Hodson, J. H. u. Matth., Engl. Stallmeister u. bewährter Rossarzt, welcher von den Eigenschaften, Ursachen u. Kuren aller u. jeder Krankheiten, die bei Pferden vorfallen, Unterricht giebt. Aus dem Engl. (VI.) Mit 1 Kpfr. 8. Leipzig 705. W. Vogel. M. —.75

Hodson J. H. u. M.: Der englische Stall-Meister u. bewährte Ross-Arzt . . . v. —, ingleichen Holled (etc.) . . . Aus d. Engl. übers. Leipz. 1732. 341 S. 1 Tvl.
— 2. Aufl. Sst. 1749. 341 S. 1 Tvl.
— 4. Aufl. Sst. 1765. 341 S. 1 Tvl.

Hodson, J. H., u. Matth., Engl. Stallmeister u. bewährter Roßarzt rc. 4e Aufl. mit 1 Kpf. 8. Leipz. 765. F. Ch. W. Vogel. 6 gr.

Hodson, Margaret [Frauenname]
s. Holford, Margaret [Mädchenname]

Hodson, W. S. R., zwölf Jahre Soldatenleben in Indien. Zusammengestellt aus den Briefen des Verstorbenen u. hrsg. von seinem Bruder George H. Hodson. Autorisirte Uebersetzung von B. v. Witzleben. Leipzig 870 Kormann. gr. 8. (VIII, 278 S.) n. 1 *ℛ* 10 *ngr.*

Hoedt, Georgivs (geb. am 1 Nov. 1839 in Köln): De lenta svlphvris oxydatione . . . Bonnae, typ. C. Georgi (1863). 2 Bl., 23 S., 1 Bl. 8.
Bonn, Phil. Fak., Diss. v. 14 Febr. 1863

Hoedt, Walther, aus Krefeld: **Beiträge** zur Kenntnis der fettaromatischen Ketone. *Heidelberg 1901: Moriell.* (47 S.) 8°
Heidelberg, Naturw.-math. Diss. v. 1901

Hödtke, Otto, Bergpredigt u. moderne Sittlichkeit. Vortr., geh. auf d. 33. pommersch. Prov.-Lehrerversammlg. in Köslin am 3. X. 1906. 2. Taus. (28 S.) 8. Köslin 907. (A. Hoffmann.) — 40

Hödtke, Otto (Primaner): [Lied zur Feier der Silberhochzeit des Kaiserpaares.] S. 17 der Schuln. 4. Kgl. Gymn. *Köslin* 1906 (175).
Progr.

Hödur, R.: Das Branntweinmonopol, ein soziales Rettungsmittel. 8°. Glauchau. 1890.

Hödur, R., das Monopol, e. sociales Rettungsmittel, insbesondere f. die gering bemittelten Klassen d. Volkes. Ein Wort zum Nachdenken. gr. 8. (34 S.) Glauchau 888. Peschke. n. — 60

Hodurek, Otto: **Aus d. chem. Institut d. Univ. Breslau. Über die Constitution eines Brom-Phenacetins** . . . Breslau, Dr. R. Galle's Buchdr., 1897; 38 S., 1 Bl. 8.
Breslau, Phil. Fak., Inaug.-Diss. v. 31. Juli 1897

Hodurek, Otto, über die Constitution e. Brom-Phenacetins. Diss. gr. 8. (38 S.) Breslau 897. (Schlotter.) n. — 80

Hody, Marcel de: Wann ist ein verbotswidriges Geschäft nach § 134 B.G.B. nichtig? Strassburg 1909: Goeller. 56 S. 8°
Würzburg, Jur. Diss. v. 7. Juni 1909, Ref. v. Burckhard
[Geb. 22. Aug. 85 Saargemünd; Wohnort: Straßburg; Staatsangeh.: Elsaß-Lothringen; Vorbildung: Gymn. Saargemünd Reife Juli 05; Studium: Straßburg 4, Berlin 1, Würzburg 2, Grenoble 1 S.; Rig. 24. Febr. 09.] [U 09. 4054

Hoë, Joh. Caspar (Magdeburg), De modis probandi innocentiam apud veteres. Diss. histor.-moralis. Präs. M. Wilhelm Juch (Erfurt). Jena (Nis) 2. IX. 1709. 30 S. (7.—) 15322

Hoë, W[alter]. Die babylonischen Altertümer und der Religionsunterricht. S. 17—20. 4.
In Festschrift zur Einweihung des neuen Realgymn. *Eilenburg* 1906 (314).
Progr.

Hoë von Hoënegg, Matth.

Hoë von Hoënegg (weil. churfürstl. sächs. Oberhofprediger), evangelisches Handbüchlein wider das Papstthum. Nach der zwölften Originalausg. mit den nöthigen Zusätzen herausg. und bis auf unsere Zeiten fortgeführt von Superintend. Fr. Teuscher. gr. 8. Weimar 846, Voigt. 1/2 ₰

Hoë v. Hoënegg, Matth., evangelisches Handbüchlein darinnen unwiderleglich aus einiger heiliger Schrift erwiesen wird, wie der genannten Lutherischen Glaube recht katholisch, der Päpstler Lehre aber im Grunde irrig u. wider das helle Wort Gottes sei. Zur Rettg. der himml. Wahrheit, zum Unterricht der Einfältigen u. im Papstthum schwebenden Christen verfertiget. Mit e. Vorrede der ehrwürd. theolog. Facultät zu Leipzig. Gedruckt zu Leipzig Im M. DC. III. Jahr. 2. Aufl. br. 8. (157 S.) Dresden 871. Naumann. n. 1. 20

Hoe von Hoenegg, Matthias. Evangelisches Jubelfestbüchlein, welches er auf das erste heilige Jubelfest . . . herausgegeben hat. Leipzig 1729. 2. A. 1730. H: *Kapp, Johann Erhard.* (ML) (Fiker)

Hoe von Hoenegg, M. Unterschied der Evangelischen und Päbstischen Lehre . . . Freyb. u. Leipzig 1754. H: *Kapp, Johann Erhard.* (ML) (Fiker)

Hoechheimer, s. Höchheimer.

Hoeck, s. Höck.

Hoegg, Frz. Xav., s. Ho(e)gg.

HÖEGH, C[HR.] F[RIEDR.] v., Autobiographie, geschrieben im Jahre 1824 und nachher mit chronologischen Noticen vermehrt bis Anfang 1837. U. St. o. A. 4. P.

Vertraute Mittheilungen über die Märsche und Gefechte des Dänischen Armee-Contingents im Jahre 1813, gesam. v. C. F. von **Höegh**. Gedruckt als Manuscript für nähere Bekannte. Glückstadt, Anfangs 1837. Hamburg. (1837.) 8°

Höegh, E. v.: Bemerkungen zu dem Werke „Theorie und Geschichte des photographischen Objectivs von M. v. Rohr". Halle a. S. 1900.
– Nachtrag. Halle a. S. 1900.

Höegh, Emil v., Elementarer Beweis d. Fermat'schen Satzes. (8 S.) Lex. 8. Rostock 909. C. Boldt. 1. 50

Höegh, K. v., Reductions-Tabellen für die in den Herzogth. Schleswig, Holstein und Lauenburg bisher gebräuchlichsten Landmaaße und preußisches Maaß. gr. 4. (VII und 33 S.) Heide 867, Pauly.

Höegh, Karl v

Über Materie, Masse, Trägheit, Gravitation und über die Möglichkeit einer mechanischen Erklärung der Naturvorgänge. Von Karl v **Höegh**. Leipzig: Teubner 1907. 18 S. 8° (11. 1737 11

Høegh-Guldberg, Frederik: Patriotiske Digte af blandet Indhold for Aar 1807. Kiel. 1807. 8°

— Dänisches Lesebuch für Schleswig-Holsteiner, welche d. Sprache Dänemarks zu lernen gesonnen sind, mit Anmerkk. u. einem dänisch-deutschen Wörterverzeichnisse. 8. Kiel 809. (Hammerich in Altona). 1 ₰ 8 g

— s. G. H. Müller II., deutsch-dänisches Wörterbuch.

Der Patriot. Rede veranlasst durch den Geburtstag des Königs und gehalten den 29. Jan. 1809 v. Friedrich **Hoegh-Guldberg** vor einer Gesellschaft in Kiel. A. d. Dän. übersetzt. Kiel. o. J. 8°

Hoegh-Guldberg, F., Rede, gehalten am Geburtstage des Kronprinzen, am 28. Jan. 1806. Aus d. Dänischen übers. vom Etats-Rath Heinzelmann. 8. Kiel 806. (Hesse). 4 g

— dieselbe am 28. Jan. 1807. aus d. Dänischen übers. von F. M. Schulz. 8. Kiel 807. (Hesse). 4 g

— s. Zeitung f. Litter. u. Kunst in d. Dänischen Staaten.

Höegh-Guldberg, O. C., Commentatio de delirio tremente. 8maj (18¾ B. u. 1 Tab., Fol.) Hauniae 830, (Reitzel.) •

Hoeglauer, J. B., s. Ho(e)glauer.

Hoeken, ..., s. Höcken.

Hoekstra, J. A. S., sieben Passions-Predigten. Gehalten in der Kirche der Hamburg-Altonaischen Mennonitengemeinde. Aus dem Holländischen von J. van der Smissen. gr. 8. Bremen 842. (Heyse.) n. 1/2 ₰

Hoëll, Rud., was ist Spiritismus oder Spiritualismus? Aufruf aus wohlwoll., uneigennütz. u. wahrheitsgetreuer Feder, an die gesammte Menschheit, zu deren Aufklärung u. Förderung ihres geist. u. leibl. Wohles. 8. (27 S.) Leipzig 881. Mutze in Comm. — 20

Hoëll, Rud., was ist Spiritismus od. Spiritualismus? Aufruf aus wohlwoll., uneigennütz. u. wahrheitsgetreuer Feder an d. ges. Menschheit, zu deren Aufklärg. u. Förderung ihres geist. u. leibl. Wohles. 6. Taus. 8. (27 S.) Leipzig 896. O. Mutze. n. — 20

Hoëll, Rud., was ist Spiritismus od. Spiritualismus? Aufruf aus wohlwoll., uneigennütz. u. wahrheitsgetreuer Feder an die gesammte Menschheit, zu deren Aufklärg. u. Förderg. ihres geist. u. leibl. Wohles. 7.—8. Taus. 8. (27 S.) Leipzig (900). O. Mutze. n. — 20

Hoëll, Rud., was ist Spiritismus od. Spiritualismus? Aufruf aus wohlwoll., uneigennütz. u. wahrheitsgetreuer Feder an die gesammte Menschheit, zu deren Aufklärg. u. Förderg. ihres geist. u. leibl. Wohles. 9.—11. Taus. (29 S.) gr. 8. Leipzig (906). O. Mutze. n. — 20

Hoelzl, Heinr., s. Ho(e)lzl.

Hoeninghaus, s. Höninghaus.

Höer, Auftakt. (96 S. m. Bildnis.) 8. Heidelberg 910. L. M. Waibel & Co. 1.50; geb. n 2. 50

— Kompott. (71 S. m. Titelb.) 8. Ebd. (910.) 1.50; geb 2.50

Hoerdt, S. v., s. Ho(e)rdt.

Hoere, s. Höre.

Hoest, s. Höst.

Van der Hoeve, Jan [Assistent der Universitäts-Augenklinik in Leiden, geboren zu Sandpoort]: Beiträge zur Lehre vom Schielen. (Mit zwei Tafeln.) Wiesbaden 1902. 67 S. 8°.
Bern. Med. Diss. 1901 1902.

Hoevell, v., und Brumund, über Alterthümer des ostindischen Archipels, s. Brumund.

Hoëvell, G. W. W. C. Baron van: Einige weitere Notizen über die Formen der Götterverehrung auf den Süd-Wester und Süd-Oster Inseln. ([S.-A.] Internationales Archiv für Ethnographie. Bd. 8. 1895. S. 133–137.) (Leiden 1895.) 5 S., 1 Tf. 4°

Hoëvell, Jac. Did. van, Disquisitio inaug. de Xenophontis philosophia. Ps. I et II. 8maj. (17 1/2 B.) Groningae 840, Wolters. (Lipsiae, Friese.) *

Hoëvell, W. R. van, aus dem indischen Leben, s. Bibliothek, indische.

Hoeven, s. a. *Hüven*.

Hoeven, Abr. des Amorie van der

Hoeven's, A., des Amorie van der, Briefe geschrieben auf einer Reise nach deutschen Universitäten, aus dem Holländ. übersetzt von L. T. Moseler. 8. (272 S.) Dortmund 848, Krüger.

Hoeven, Abr. des Amorie van der, de Joanne Clerico et Philippo a Limborch dissertationes II. Adhibitis epistolis aliisque scriptis ineditis scripsit, atque eruditorum virorum epistolis nunc primum editis auxit. 8maj. (30 1/4 B.) Amstelodami 843, Mueller. * 2

Hoeven, Corn. Pruys van der

– de arte medica, libro duo ad Tirones. Liber I. Pars 1 et 2, et Liber II. Pars 1. 8maj. Leyden 838, 39. Luchtmans. (Leipzig, Weidmann; F. O. Weigel.) n. 9 1/3 ℛ

– de arte medica, libri duo ad tirones. Liber II. De morbis chronicis. Lib. II. Pars II. 8maj. Lugduni Batav. 840, Luchtmans. n. 3 1/6 ℛ (I. u. II.: n. 12 3/4 ℛ)

van der Hoeven, C. Pruys, de historia medicamentorum liber unus, in usum juventutis academicae. gr. 8. (XVI u. 496 S.) Lugduni Batavor. 847. (Brill.) n. 2 2/3 ℛ

Hoeven, C. Pruys van der, de historia medicamentorum liber unus, in usum juventutis academicae. 8maj. (XVI und 496 S.) Lugduni Batavor. 847, S. et J. Luchtmans. *

—— de historia medicinae, liber singularis, auditorum in usum editus. 8maj. (20 3/4 B.) Lugduni Batavorum 842, S. et J. Luchtmans. ** 1

—— de historia morborum liber unus, auditorum in usum editus. gr. 8. (23 3/4 B.) Lugduni-Batav. 846, S. et J. Luchtmans. **

– Dass., s.a. Hoeven, J. van der

van der Hoeven, Corn. Pruys., Alexander v. Humboldt, interpres naturae. Auditoribus suis proposuit etc. gr. 8. Rotterdam 845, Baedeker. n. 1/4 ℛ

Hoeven, Corn. Pruys van der, Initia disciplinae Pathologicae auditor. in us. edita. 8maj. (47 halbe B.) Lugd. Bat. 854, Luchtmans. (Lipsiae, Weidmann; Weigel.)

– Oratio de institutione acad. Habita die VIII. mensis Febr. anni 1840, quum magistratum academ. deponeret. 8maj. Leyden 840. Luchtmans, (Leipzig, Weidmann; T. O. Weigel.) n. 1/2 ℛ

Hoeven, J. van der, Annotationes de Dromade Ardeola Payk. Cum tabula unica (lithogr. in qu. gr. 4.). gr. 4. (16 S.) Dresdae 867. (Jena, F. Frommann.) *

— annotationes de quibusdam mammalium generibus, s. Acta nova phys.-med. Acad. Caes. Leop. Carol. XIX.

Hoeven d. J., J. van der, Beschreibung zweier, in Folge vorzeitiger Synostose der Schädelnähte verunstalteter menschlicher Schädel. gr. 4. (14 S. mit 6 Stnt.) Jena 861, Frommann. *
Aus: Verhandlungen der k. L.-C. d. A., besonders abgedruckt.

Hoeven, J. van der, Catalogus craniorum diversarum gentium. gr. 8. (66 S.) Leiden 860, Brill. *

Hoeven, J. van der, Ergebnisse der Naturforschung für das Leben. Vorträge und Abhandlungen. Aus dem Niederdeutschen. gr. 8. (VI und 121 S.) Berlin 848, G. Reimer.

— Handbuch der Zoologie. Nach der 2. verb. u. verm. holländ. Aufl. ins Deutsche übers. v. Jac. Moleschott. (In 10 Lfgn.) 1. Bd. 1 u. 2. Lfg. gr. 8. (S. 1—208 m. 1 lith. Taf.) Düsseldorf 847, Bötticher. (à n. 2/3 ℛ) n. 1 1/3 ℛ

—— Handbuch der Zoologie. Nach der 2. holländ. Ausg. 1. Bd. A. u. d. T.: Naturgeschichte der wirbellosen Thiere. gr. 8. (XIV und 823 S. mit 15 Kpfrt.) Leipzig 850, Voss. *

—— dass. — 2. Bd.: Wirbelthiere. 1. Hälfte. gr. 8. (S. 1—360 und 3 Kpfrt.) Ebds. 852. *

Hoeven, J. van der, Handbuch der Zoologie. Nach der 2. holländ. Ausg. 2. Bd. 2. Hälfte. A. u. d. T.: Naturgeschichte der Wirbelthiere. (Mit Nachträgen und Berichtigungen des Verf. und Uebersetzers, Rud. Leuckart.) gr. 8. (X und S. 361—819 mit 6 Kpfrt. und Nachträge VI und 148 S.) Leipzig 853—56, Voss. *
1. Bd. und 2. Bd. 1. Hälfte. Ebendas. 1850—52. * 7 Thlr.

van der Hoeven, J., de historia morborum liber unus, auditorum in usum editus. gr. 8. Lugduni Batav. 846, Luchtmans. baar 2 ℛ

– Dass., s.a. Hoeven, Corn. Pruys van der

Hoeven, J. van der, Icones ad illustrandas coloris mutationes in Chamaeleonte. 4maj. (5 ill. Stnt. u. 2 3/4 B. Text.) Lugduni Batav. 831, Cyfveer. (Lipsiae, Weidmann.)

Hoeven, J. van der, oratio de aucta et emend. Zoologia post Linnaei tempora. 8maj. (3 1/2 B.) Leiden 843, S. et Luchtmans. *

v. d. Hoeven, (J.,) Disquisitio anatomico-physiologica de organo auditus in homine. Trajecti ad Rhen. 822, v. Paddenberg.

—— Philosophia zoologica. gr. 8. (IV und 402 S.) Leiden 864, Brill. **

van der Hoeven, J., Recherches sur l'histoire naturelle et l'anatomie des Limules. Avec VII planches, gr. in-Fol. Leyden 834. Luchtmans. (Leipzig, Weidmann.: T. O. Weigel.) n. 6 ℳ

—— Tabula regnis animalis, auditis classium ordinumque characteribus; quam edid. in us. auditor. Imp.-Fol. (3 Bl.) Lugd. Bat. 828. Cyfveer. (Hagae, Hartmann. (1 Thlr. 8 Gr.); Lipsiae, Weigel.)

—— Tabuli regni animalis, quam secundum alteram enchiridii sui zoologici editionem in auditorum usum scripsit. (3 Fol.-Taf.) Lugd.-Bat. 856, Brill.

Hoeven, Martini des Amorie v. d., Epistola ad virum Doctissimum W. H. D. Suringar de Donati commentario in Virgilii Aeneida. 8 maj. (4¼ B.) Leovardiae 846. (Lipsiae, Barth.) *

Hoeven, M. des Amorie v. d., De nonnullis locis veterum scriptorum, cum append. de Arusiani Messii exemplis elocutionum. Diss. 1845. 48 S.

Hoeven, P. C. T. van der, die Asthenie u. die Lage-Anomalien der weibl. Genitalien. (100 S. m. 62 Abb.) gr. 8. Haarlem 909. Jena, G. Fischer. 3. —

Hoeven, Willem van der [app. Arzt, geb. zu Bergen op-Zoom '(Niederlände[!])'] : Über die Wirkung des Koch'schen Heilmittels, Beobachtgn im Krankenhause am Coolsingel zu Rotterdam . . . Rotterdam, Buchdr. J. de Jong, 1891; 3 Bl., 82 S., 1 Bl. 8°
Freiburg i. B., Med. Fak., Inaug.-Diss. v. 1892.

Hoey, Mrs. C., Out of Court, } s. Collection of British
—— a golden Sorrow, } Authors.

Hoey, Cashel, die Blüte e. Aloe, s.: Roman- u. Novellen-Schatz.

Hof [Sachliches OW]

Hof, Der, von Askaia, oder die Geschichte eines vernünftigen Narren. Leipzig 1796. V: *Kerndörffer, Heinrich August.* (BGE III[8], 313)

Hof, der, v. Askaja, od. Gesch. e. vernünft. Narren. 8. Lpz. (Graffé in Weißenf.) 796.

Hof, der, von Askaia, oder die Geschichte eines vernünftigen Narren, 8. Leipzig, 796. Müllers. 1 Rthl.

Hof, der, v. Askaja, od. Geschichte vernünft. Narren. 8. Weißenf. 798. (Graffé). 1 ℛ

Hof, der Berliner, u. seine Politik. Von Baron St . . . . . r. 3. Aufl. 8. (337 S.) Berlin 888. Steinitz' Verl. n. 5. —

Hof, Der, in Fabeln. Leipzig 1761. V: *Moser, Friedrich Carl Freih. von.* (Ky) (ML) (stri)

Hof, der, in Fabeln, 12. Lpz. (Vandenhök, Gött.) 762.

Hof, der, in 50 Fabeln (v. F. K. v. Moser.) 12. Leipz. 761. (Vandenhöck in Götting.) 4 gr.

— d. galante, od. tausend u. eine Gefälligk. freywilliger Liebe. 8. Frkft. u. Lpz. 741.

HOF und Gesellschaft in Frankreich am Anfang des 18. Jahrhunderts. Stuttgart, Franckh (189* ?). Büttenpap. (Br. Mk. 2—, gebd. 3,50.)
Bildet einen Bd. der Serie: „Bibliothek des 17. u. 18. Jahrhunderts.

u. Gesellschaft in deutschen Residenzen. Von Baron St . . . . . r. 8. (VII, 392 S.) Berlin 890. Steinitz' Verl. n. 5. —; geb. n. 6. 50

Hof u. Gesellschaft in deutschen Residenzen. Von Baron St . . . . r. 3. (Titel-)Aufl. gr. 8. (392 S.) Berlin 891. H. Steinitz' Verl. n. 3. —

§ **HOF,** Der königliche, in Franckreich. O. O. 1672. 8°. (In München: Gall. g. 476.) Rar!

Hof, Der, Ludwigs des Vierzehnten, von Augenzeugen geschildert; a. d. Franz. Göttingen 1796. Ü: *Rönnberg, Georg Siegmund Conrad.* (Ky) (MGT)

Hof, Der, Ludwigs des Vierzehnten, von Augenzeugen geschildert; aus d. Französ. (übers. von Georg Sigm. Conr. Rönnberg). 1. (einz.?) Theil. Göttingen, Dieterich, 1796. 8°.
Anon.-Lex. II. p. 296 (nach Kayser u. Meusel), ohne Theilesangabe.

Hof, der, Marien's oder Bruderschaft zum immerwährenden Dienste der allerseligsten Jungfrau. 20. Aufl. 64. (18 S.) Münster 878, Mitsdörffer. *

Hof, der, Mariens od. Bruderschaft z. immerwähr. Dienste der allerseligsten Jungfrau. 31. Aufl. 32. (16 S.) Dülmen 896. A. Laumann. n. — 10

— dasselbe. (Grobdr.) 6. Aufl. gr. 16. (32 S.) Ebd. 897. — 15

Der Hof Mariens oder Bruderschaft z. immerwährenden Dienste d. allerseligsten Jungfrau. 33. Aufl. Dülmen: A. Laumann (1901). (16 S.) 8°

Hof-Nürnberg. Führer für Reisende auf der Eisenbahn von Hof nach Nürnberg und Baireuth, s.a. **Brockhaus' Reise-Atlas.**

Hof—Nürnberg. Führer für Reisende auf der Eisenbahn von Hof nach Nürnberg und Baireuth. (4 S. Text in 8. mit 6 eingedr. Abbild. in Stahlst., 1 chromolithogr. Karte in 4.) Leipzig 856, Brockhaus. *
Bildet ein Kärtchen aus Brockhaus' Reise-Atlas.

— von St. James, der, in Anekdoten u. Charakterzügen, u. als Skizze zur neuesten Geschichte Großbritanniens dargestellt, nach Percy's Anecdotes aus dem Engl. v. F. L. von Bibra. 8. Hamb. 821. Herold. 12 gr. (A. u. d. T.: Percy Anecdotes, im Auszuge übersetzt.)

„Hof und Staat", eine Zeitschrift in zwanglosen Heften, herausgegeben von Th. von Kretschmann. Band 1 in 4 Heften, Band 2, Heft 1, Bamberg und Würzburg 1809/1810.

Hof, Der Wiener, und die Lage der europäischen Mächte. O. O. u. J. V: *Weiss, J. B.* (Biblport)

Hof [Schlagwort]

– s. a.: Deutschland. Grundkarte.

— s. a.: Deutschland. Karte (Abt. Sachsen.)

Hof, s.a. Woerl's Reisehandbücher.

Hof-Leipzig, s.: Automobilkarten. Mittelbach.

Hof-München. s.: Automobilkarten. Mittelbach.

Hof-Würzburg, s.: Automobilkarten. Mittelbach.

Hof. Klotz, Carl, Übersichts-Karte des Amtsgerichts Hof. 1 : 200,000. 16×18,5 cm. Farbdr. Hof (899). R. Lion. n. — 40

Hof. Pharus-Plan Hof a/S. 1 : 10,000. 38,5×51,5 cm. Farbdr. Hof (909). W. Kleinschmidt. — 50

Hof. Plan der Stadt Hof. Hrsg. unter Mitwirkg. des städt. Bauamts. 1 : 5000. Farbendr. 48×61,5 cm. Mit Erklärg. auf dem Umschlag. Hof 898. R. Lion. n. 1.60

— Plan der Stadt Hof. Hrsg. unter Mitwirkg. des städt. Bauamts. 1 : 5000. 44×32,5 cm. Farbdr. Ebd. (899). n. 1. 20

Hof. Plan der Stadt Hof. Hrsg. unter Mitwirkg. des städt. Bauamtes nach den Aufnahmen des kgl. bayer. Kataster-Bureaus. 1 : 5000. 81,5×66 cm. Farbdr. Hof 905. G. A. Grau & Co. n. 1. 20

— Übersichtskarte v. Hof u. der weiteren Umgebg., umfassend Fichtelgebirge, Frankenwald, oberes Saaletal u. südliches Vogtland. 1 : 200,000. 52×38 cm. Hof (910). R. Lion. — 80; auf Leinw. n 1. 25

Hof [Verfasser]

Hof, Volkslieder, s.: **Merz.**

Hof, [Adolf], Prof. Dr.: **Preßstücke** aus Metallklein als neue physikalische Lehrmittel. Mit 1 Taf. *Leipzig 1902: B. G. Teubner.* (8 S.) 8° ¶ [Aus: Zeitschr. f. mathem. u. naturw. Unterr., Jg. 32, H. 7—8.]
Witten, RG m. R, P 1902 (419)

Hof, A(dolf) C(arl): Histologische **Studien an Vegetationspunkten.** *Bonn 1898: C. Georgi.* (2 Bl.) 8° ¶ [Nur Titelblatt, Vita und Thesen.]
Bonn, Phil Diss v. 4 Aug 1898
(Nicht für den Austausch)

Hof, A(dolf) C(arl), aus Frankfurt a. M.: Histologische Studien an Vegetationspunkten. Mit 2 Taf. Cassel 1898: Gebr. Gotthelft. (22 S.) 8°
Aus: Botan. Centralblatt, Bd 76. – [Vgl. 1897/98 Bonn No 108.]
Bonn, Phil. Diss. v 4. Aug. 1898.

Hof, Carl, s. Hof, Karl

Hof, H., Gleisberechnung f. Strassenbahnen, s.: Stephany, G.

Hof, Hans

Hof, *Karl Ernst Heinrich* Hans [aus Ziegenrück a/S.]: Beiträge zur Beurtheilung von Moleculargewichts-Bestimmungen in Lösungen ... Erlangen, k. b. Hof- u. Univ.-Buchdr. v. F. Junge, 1895; 33 S. 8.
Erlangen, Phil. Fak., Inaug.-Diss. v. [6. März] 1895

Hof, Josef *Thomas* [aus Wien]: Mikroscopische Untersuchung einiger Eruptivgesteine von den canarischen Inseln ... M. e. Taf. Giessen, grossh. Hof- u. Univ.-Dr. C. v. Münchow, 1894; 32 S. 8.
Giessen, Phil. Fak., Inaug.-Diss. v. 1894

Hof, Karl

Hof, Carl [aus Worms a Rh.]: Beiträge zur Kenntniss des Tritolylbenzol. ... Freiburg i. B., Buchdr. v. Chr. Ströcker, 1888; 35 S. + 1 Bl. 8°
Freiburg i. B., Phil. Fak., Inaug.-Diss. v. 1888

Hof, Carl, approb. Arzt aus Frankfurt a. M.: Aus d. Kgl. pathol. Institute zu Kiel. Über primäre **Darmtuberkulose** nach r. 15000 Sektionen. *Kiel 1903: Schmidt & Klaunig.* (43 S.) 8°
Kiel, Med Diss. v. [22. Dez.] 1903

Hof, Karl Ernst Heinrich Hans, s. Hof, Hans

Hof, Ludwig Eduard [aus Köln a. Rh.]: Ueber Dibrompseudocumenolbromid, -chlorid und -jodid ... Heidelberg, Univ.-Buchdr. v. J. Hörning, 1897; 42 S., 1 Bl. 8.
Heidelberg, Naturw.-math. Fak., Inaug.-Diss. v. [23. Jan.] 1897

Hof, R. vom, Krone u. Kerker. Erzählung aus dem 16. Jahrh. 8. (VIII, 403 S.) Gotha 887. F. A. Perthes. n. 5. —

Hof, P. v 1909 [Pseud.]
s.a. Godin, Pauline Freifrau v. [illegible]

Hof, P. v. (Pauline Freifr. v. Godin), der Böbel u. and. heitere Geschichten. (174 S.) 8. Leipzig 909. Modernes Verlagsbureau. 3. —

Hof, Wilh., Volkslieder für Schule und Leben, s. **Nostiz, Chrn.**

Hof-Richter, Adf., was man im Himmel von uns spricht. Aus dem Leben erzählt f. Jung u. Alt. (74 S.) gr. 8. Diessen 903. J. C. Huber. n. 2. —

Hofacker, A.

Rheinisch-westfälischer Geometer-Verein. — Bericht über die V. Haupt-Versammlung des Deutschen Geometer-Vereins zu Köln vom 12. — 15. August 1876 (von A. HOFACKER). Düsseldorf 1876. H. Kronenberg'sche Buchdruckerei. 8°.

Hofacker, A., s.: Braselmann's, J. E., Bibel-Atlas z. Schul- u. Privatgebrauche.

Hofacker, A., Führer durch Düsseldorf u. Umgebung, nebst einem (chromolith.) Orientirungsplane der Stadt (in qu. gr. Fol.). gr. 16. (23 S. m. 1 Stahlst.) Düsseldorf 877. Michels. 1. 20

Neuer illustrierter **Führer** durch Düsseldorf und Umgebung für Einheimische und Fremde nebst Stadtplan von **August Hofacker**, Landmesser. 11. Aufl. *Düsseldorf: H. Michels' Nachf. 1900.* (74 S.) 8° [illegible]

Hofacker, A., neuer illustr. Führer durch Düsseldorf u. Umgebung, nebst (farb.) Stadtplan. 12. Aufl. Mit Anh.: Die Industrie-, Gewerbe- u. Kunst-Ausstellg. 1902. 12. (62 u. 18 S. m. 1 Plan.) Düsseldorf 902. H. Michels' Nachf. n. 1. —; m. kleinem Stadtplan — 60

Karte von Düsseldorf und Umgebung. Bearb. von A[ugust] **Hofacker**, Geometer in Düsseldorf. Massst. 1:10,000. [Nebst] Strassen-Verzeichnis. *Düsseldorf: H. Michel's Nachfolger [1902]; Lith. C. Welzbacher, Darmstadt.* (1 Kartenbl. 51 × 43 cm.) 8° [kol.] 03. 5055

Hofacker, A.: K a r t e des Kreises Gelsenkirchen. 1:10 000. Gelsenkirchen 1889. 4 Bl. c. L.

Hofacker, A., Karte vom Kriegsschauplatz in Europa und Asien. Nebst einer Specialkarte der untern Donauländer. Chromolithogr. und color. Imp.-Fol. Düsseldorf 877, Michels.

Hofacker, A.: Topographische K a r t e des Regierungs-Bezirks Düsseldorf, s. W e r n e r , W.

Hofacker, A., Topographische Karte der Kreise Ruhrort, Duisburg, Mülheim a. d. Ruhr Stadt- und Landkreis, Oberhausen. 2. Aufl. 1:25 000. Duisburg, 1901.

Hofacker, A. Im Auftrage der Kreisstände nach den Generalstabs-Karten, den Kastasterkarten und anderem Material bearbeitete Karten:
1. des Kreises Neuss. 1:50 000. Berlin 1870. 1 Bl. c. L.,
2. des Kreises Lennep. 1:50 000. Düsseldorf 1872 und 1888. Je 1 Bl. c. L. Sch.,
3. des Kreises Grevenbroich. Gezeichnet durch A. Spangemacher. 1:25 000. Berlin 1876. 2 Bl. c. L. Ff.,
4. des Kreises Geldern. 1:25 000. Berlin 1877. 6 Bl. c. L. Ff.,
5. des Stadt- und Landkreises Essen. 1:25 000. Berlin 1877. 2 Bl. c. L. Ff.,
6. des Stadt- und Landkreises Düsseldorf. 1:25 000. Berlin 1879. 2 Bl. c. L. Ff.,
7. der Kreise Duisburg und Mülheim a. d. Ruhr. 1:25 000. Berlin 1883. 6 Bl. c. L. Ff.,
8. des Kreises Kempen. 1:25 000. Berlin 1883. 6 Bl. c. L. Ff.,
9. des Kreises Mettmann und der Stadtkreise Elberfeld und Barmen. 1:25 000. Berlin 1883. 4 Bl. c. L. Ff.,
10. des Kreises Mörs. 1:25 000. Berlin 1883. 6 Bl. c. L. Ff.,
11. des Stadt- und Landkreises Crefeld. 1:25 000. Berlin 1886. 4 Bl. c. L. Ff.,
12. des Kreises Gladbach. 1:25 000. Berlin 1887. 4 Bl. c. L. Ff.,

Plan von Düsseldorf. Gez. von (A[ugust]) **Hofacker**, (Landmesser). [Nebst] Strassen-Verzeichnis. (12. Aufl.) *Düsseldorf: H. Michel's Nachf. [1902].* (1 Kartenbl. 26×30 cm, 5 S.) 8° [kol.]
[Umschlagt.:] Kleiner Stadtplan ... von Düsseldorf von A. Hofacker. 03. 5398

[Umschlagt.:] A. Hofacker's Neuester P l a n v. Düsseldorf nebst e. vollst. Strassen-Verz. (Maasst. 1:10.000.) [Grosse Ausg.] Düsseldorf: H. Michel [1898]. (4 S., 1 Ktnbl.) 1 Bd 8°

[Umschlagt.:] A. Hofacker's Neuester P l a n von Düsseldorf nebst e. vollst. Strassen-Verz. [Maasst. 1:10.000] [Kleine Ausg.] Düsseldorf: H. Michel [1898]. (4 S., 1 Ktnbl.) 1 Bd 8°.

Hofacker, C., Blätter aus dem Tagebuch eines Landwirths. Gesammelt auf einer Reise durch England u. Frankreich. Stuttgart 865. Metzler's Verlag. gr. 8. (IV, 198 S.) n. 28 ngr.

Hofacker, C., De clausulis C. Caecili Plini Secundi. Diss. 1903. 60 S. 1.50

Hofacker, Carl, s. H o f a c k e r , Karl

Hofacker, Carl Christoph, s.a. H o f a c k e r , Karl Christoph.

Hofacker, Cäs. von, s. H a u p t g e s t ü t . – Das Kgl. Württemberg. Haupt- und Landgestüt.

Hofacker, Erwin [aus Stuttgart]: Über die normale Dilävulinsäure '(4—7—Dekandiondisäure)' ... Tübingen, Druck v. W. Armbruster & O. Riecker, 1896; 42 S. 8.
Tübingen, Naturw. Fak., Inaug.-Diss. v. 1896

Hofacker G, das Münzgesetz im Zusammenhang mit einer Fusion der Notenbank in eine Reichsbank mit Check- und Clearing-House. Frankfurt a. M. 1872

Hofacker, Gust., ein Beitrag zur Lehre vom Isomorphismus. Inaug.-Dissert. Göttingen 858. (Vandenhoeck u. Ruprecht.) gr. 8. (32 S.) n. 6 ngr.

Hofacker, J. Dn.

— Anleit. zur Beurtheilung d. Hauptmängel d. Hausthiere. gr. 8. Tübing. 822. 2e verm. Aufl. 825. Osiander. 14 gr.

— Anleit. zum Studium d. Medicin, oder äußere Encyklopädie u. Methodologie derselben. 8. Tübing. 826. Fues. (Leipz., Kummer). 16 gr.

Hofacker, J. D. [Präs.], s. B a u z e n b e r g e r , Wilh. Friedr.: Animadversiones in ligaturam arteriarum ...

Hofacker, J. D., über d. Eigenschaften, welche sich bei Menschen u. Thieren von d. Eltern auf d. Nachkommen vererben, mit besond. Rücksicht auf d. Pferdezucht. Mit Beitrn. v. Fr. Notter. gr. 8. (10½ B.) Tübingen 828, Osiander.

— Jahrbücher, s. J a h r b ü c h e r.

Hofacker, J. Dn., Lehrbuch über d. gewöhnl. allgemein. Krankheiten des Pferdes, Rindviehes, Schafes, Schweines, Hundes u. über d. Heilung u. Verhütung derselben, nebst einem Anhange v. Recepten. gr. 8. Tübing. 823. Osiander. 1 Thlr 4 gr.

— s. F. M a g e n d i e , Physiologie.

— s. P a s t o r a l - Medicin, über, u. setze hinzu: (v. J. D. Hofacker).

— — De qualitatibus parentum in sobolem transeuntibus praesertim ratione rei equariae. Diss. Ebd. 8. auch Notter. M. 1.75

— über d. Stethoskop, ein treffliches Mittel zur Erkenntniß d. Krankheiten d. Herzens u. d. Lungen, hauptsächlich d. Lungenschwindsucht. Mit 1 Abbild. gr. 8. Tübing. 826. Osiander. 6 gr.

Hofacker, J. F., s. H o f a c k e r , J. Dn.

Hofacker, K. W. L., Jahrbücher d. Gesetzgebung 2c., s. Jahrbücher 2c.

Hofacker, K. W. L. (D. d. Rechte), systemat. Uebersicht d. deutschen gemeinen u. d. Würtemberg. Strafprocesses. gr. 8. Tübingen 820. Osiander. 20 gr.

Hofacker, Karl

Hofacker, Carolus, Rhenanus: De clausulis C. Caecili Plini Secundi. *Bonnae 1903: C. Georgi.* (VI, 60 S.) 8°
Bonn, Phil. Diss. v. 10. März 1903

Hofacker, Carl, das Floßregal besonders in Württemberg beleuchtet in rechtl. Hinsicht aus Gelegenheit eines Rechtsstreits zwischen der württemberg. Finanzverwaltung u. den Wasserwerksbesitzern am Kocherflusse. gr. 8. (7⅞ B.) Stuttgart 844. [Becher's Verl.] –

Gerichtsentscheidungen und Verordnungen über das Fortbildungsschulwesen. Für Gemeindebehörden, Schulvorstände, Leiter u. Lehrer von Fortbildungsschulen sowie f. Ortspolizeibehörden u. Richter. Zsgest. von Karl **Hofacker**, Frankfurt a. M. Frankfurt a. M.: F. B. Auffarth 1907. (198 S.) 8° [F.] 07. 187

Hofacker, Carl, das württembergische Konkordat, besonderer Abdruck der im Schwäbischen Merkur vom 10. Sept. bis 26. Okt. 1859 erschienenen Artikel mit Berichtigungen u. Zusätzen. Nebst dem Texte des württembergischen u. badischen Konkordats u. den abgesonderten gegenseitigen Zugeständnissen. Stuttgart 860. J. F. Steinkopf. gr. 8. (76 S.) n. 5 ngr.

HOFACKER, Carl (Dusseldorf): Ueber die Wirkung des Kairins.- Düsseldorf: Jockwer 1884. 45 S. 4.2.1884 - Erk (Titel: De kairini vi et effectu.); Chr 1883/84,13
Diss. Ingolst.-Landsh.-Mchn.

— letztes Wort über das württembergische Konkordat mit besonderer Rücksicht auf die bevorstehende ständische Berathung. Ebend. 860. gr. 8. (62 S.) 6 ngr.

Hofacker, Karl Christoph

— rechtl. Ausführung des d. Grafen Ph. Fr. Karl v. Pückler u. Limpurg auf die Limpurg. Allodial-Verlassenschaft ꝛc. zustehenden Erbrechts. Fol. Tübing. 789. v. Cotta 1 ₰

Hofacker, Carl Christ. [Präs.], s. Boger, Johann Jacob: De fundamento successionis ab intestato.

— elementa juris civil. rom. 8. maj. Götting. Vandenhök. 784.

— nähere Entwickel. u. Vertheidigung seiner Methode im Vortrage d. Römisch. Rechts. gr. 8. Götting. 774. Vandenhöck u. R. 2 ℊ

— Entwurf e. systemat. Methode im Vortrage des ungemischten Röm. Rechts. gr. 8. Götting. 771. Dieterich. 1 ℊ

A. F. Pistorii (K. Cp. Hofacker): D. ad fragment., quae ex Alfeni Vari libris XL. digest. supersunt. Tüb. 775. 4.

Hofacker, Karl Cph., († d. 20. April 1793.) Grundsätze d. Röm.-Deutschen Civilrechts. 1r Bd. gr. 8. Leipz. 805. (Krieger in Marb.) 1 ₰ 8 ℊ

— institutiones juris romani methodo systematica adornatae. 8. Götting. 773. Ed. II. sub titulo: elementa juris civilis rom. 8maj. Götting. 784. Vandenhoeck u. R. 1 ₰ 4 ℊ

Hofacker, C. Chr.: De jure consuet. Tub. 774.

— opuscula juridica. T. 1. 8maj. Stuttg. 804. Metzler. 1 ₰

— — (Württemberg), De originibus et fatis successionis ex jure primogeniturae in familiis illustribus Germaniae. Diss. jur. Götting. (Jo. Christ. Dieterich) 16. III. 1771. 108 S. (9.50) 15469

— — Dasselbe. Ed. II. Erfurt (Joh. Mich. Hagen) 1774. 78 S. (9.50) 15470

Hofacker, Carl Christoph.
Principia Juris Civilis romano-germanici. Tubingae 1788—98. H (Bd. 2. 3): ***Gmelin, Christian Gottlieb.*** **(BrMm)**

Hofacker, K. Cph.: Principia juris civ. rom. germ. Tüb., Cotta. (T. I. et II. sect. I. 788 u. 89. sect. II. cur. Ch. Gmelin. 794.) Ed. 2a. cur. Ch. Gmelin; c. indice rerum et verb., quae in tribus tomis princ. j. c. r. g. K. Cp. Hofackeri continentur, juxta ser. tom. et paragr. ord. alph. conscr. (a Ge. Ph. Faulhaber.) 800—803. gr. 8. (8 Thl. 21 Gr.) (Index allein 10 Gr.) Uebersetzt in: Bibl. jur. selecta, od. Samml. class. u. jurist. Schrr. 1r Bd. enth. Hofacker's Grundss. u. s. w. mit Zusätzz. vermehrt; 1r Bd. Cassel, Cramer. 805. gr. 8. (2 Thl.)

Hofacker, Carl Christoph, De remediis adversus sententias revisorum cameralium. Disp. jur. Präs. Johann Daniel Hoffmann. Tübing. (Fues) 24. IV. 1767. 54 S. (7.—) 15468

— Tabulae synopticae juris romani. 8. Götting. 772.

— Vertheidigung d. rechtl. Ausführung ꝛc. Ebd. 792.

Hofa(c)ker, Ludw. (II.), Analyse d. Athanasischen Symbols, d. bibl. Wahrheit gegenüber. Nach E. Swedenborg. gr. 8. (2 B.) Tübingen 840, Vrlsh. Zu-Guttenberg.

Hofacker, Ludw. (I.), christl. Betrachtungen, Gebete u. Lieder f. Sträflinge in Zucht- u. Arbeits-Häusern. 2. Aufl. 8. (9½ B.) Tübingen 840, Fues.

Hofacker, L., Johannes Brenz u. Herzog Ulrich v. Württemberg, s.: Jugend- u. Volksbibliothek, deutsche.

—— Christus u. Bretschneider, od.: Der Abfall v. Herrn erklärt. Dawider Leuchtung aus neuem Lichte: Der Herr ist unser Einiger Gott. Ein Musiv-Bild. (Als geschichtl. Anh.: Analyse d. Athanasischen Symbols; nach E. Swedenborg.) gr. 8. (10½ B.) Tübingen 840, Vrlsh. Zu-Guttenberg.

—— Christus-Bote, s. Christus-Bote.

—— la Nouvelle Eglise du Seigneur. Petit aperçu d'un grand avenir, adressé aux Philosophes et aux Savans de la France. gr. in-8. (2 B.) Tubingue 835, Libr. Zu-Guttenberg.

Hofa(c)ker, Ludw. (II.), Elliptha. Oder Halle d. Gottgelehrten. Ein Sammelwerk in Bezug auf Entsprechungskunde u. geistigen Schriftsinn, Weissagung u. Herniederkunft d. Neuen Jerusalems, ächte Christenlehre nach dess. Aufschlüssen, Leben mit Gott hier auf Erden u. lichten Einblick in die Ewigkeit. 1—7. Gabe. gr. 8. Tübingen, Vrlsh. Zu-Guttenberg. Thlr.
A. u. d. Ttln.:
Gabe. 1. Degger, Wilh., stille Wege zwischen Menschenwelt u. Engelwelt; od.: Mein Uebertritt v. römisch-kathol. Glauben zu d. Neuen Kirche d. Herrn, in Begleitung übersinnl. Erscheinungen. A. d. Franz. m. erläut. Schlüssel übertragen v. L. Hofaker. gr. 8. (18 B. u. 2 Zeichn.) 835. 1 Thlr., f. Pap. 1 Thlr. 10 Gr.
„ 2. Tennhardt, Johs., Schriften aus Gott. 2 Bde. (od. 4 Lfg.) [1. (20 B.) 837. 20 Gr., 2. (12½ B.) 14 Gr., 3., 4. (28¼ B.) 838. 1 Thlr.] 2 Thlr. 10 Gr. Besondere Tractate hieraus, vgl. Tennhardt.
„ 3. Revision d. Christenwesens unt. d. dreifachen Leuchte d. göttl. Worts, d. urreinen Kirchenlehre, welches ist die d. Neuen Jerusalems, u. einzelner Veroffenbarung. 1. u. 2. Abthl.
Abthl. 1. Das Geheimniß Gottes od. Jehova Jesus. Ein Panorama d. Wahrheit aller Wahrheiten aus Gottes Wort u. seinen Einzelveroffenbarungen; unt. Hinzugabe d. bezeugenden Schlüssels d. himml. Vorbildersprache. Zugleich als Blumenlese f. Dasein u. Wesen dies. Himmelsrede. 2 Lfgn. [1. (18½ B.) 837. 1 Thlr., 2. (23¾ B.) 841. 21 Gr.] 1 Thlr. 21 Gr.
„ 2. Neue Sterne üb. d. jetzigen Dogmendunkel. — Was dem Christen nach Christus Glaube besagt. Unter Dolmetschung d. Entsprechungsbilder aus Em. Swedenborg gezogen. (6¾ B.) 838. 6 Gr.
„ 4. Maran Atha. Oder vorbezeugte Geschichte d. Kirche d. Herrn. 4 Abthln.
Abthl. 1. Die Weissagungen Daniel's, erstmals aufgeschlossen; nehmlich m. d. Schlüssel d. Herrn. Wornach sie enthalten e. göttl. Vorriß v. d. Kirche d. Herrn auf Erden. Zusammengetr. aus Neukirchlichen Hülfsquellen. (9 B.) 839. 12 Gr.

- 2. Matthäi 24 u. 25; erstmals aufgeschlossen, mit d. Schlüssel d. Herrn. (5 B.) 839. 7 Gr.
  Vgl. Swedenborg.
- 3. Die Johanneische Offenbarung nach ihrem Buchstabensinn u. geistigen Sinn. (6¾ B.) 839. 10 Gr.
  Vgl. Swedenborg.
- 4. Die Auflösung d. christl. Kirche nach ihren Urständen; od.: Das letzte Gericht. (10½ B.) 841. 15 Gr.
  Vgl. Swedenborg.
- 5. Er bei uns. Wunder um d. Wiege; in Verkündung gestellt von den Thatzeugen. — Er bei uns. Durch Annchen Lineweg. 1. u. 2. Lfg. [1. (13½ B.) 16 Gr., 2. (10 B.) 839. 12 Gr.] 1 Thlr. 4 Gr.
- 6. Jubel-Gesänge durch Neu-Jerusalem, od. d. Neuen Kirche Glaubensgrund. Zugleich Erweis, daß d. heutige Natur-, Mensch- u. Gottes-Kunde Wissenschaften ohne Grundlage sind. Ein Musiv-Bild. 1. Lfg. (10 B.) 840. 12 Gr.
- 7. Die Neün Welsen. Ein Stufengemälde christl. Vollkommenheit. Vor 5 Jahrhund. aus d. Himmel geschenkt; und nun unt. Beglaubigung dies. Abkunft wieder im Urtext ausgegeben. (5¾ B.) 841. 9 Gr.

—— **Elilytha**, ou le portique des amis de Dieu. Recueil scientifique et religieux à l'usage des Néosolymes des deux sexes. 2. Part. — A. s. l. t.: Rapports entre la Nouvelle Jérusalem céleste et la Nouv. Jérusalem terrestre; ou le Seigneur avec nous, par l'intermédiaire de Anna et Gaspard Lineweg. Trad. de l'Allemand p. l'auteur des rapports entre les deux mondes. (1. Livr.) gr. in-8. (19½ B.) Paris 840. Tubingue, Libr. Zu-Guttenberg.

Hofacker, Ludw., Erbauungs- und Gebetbuch für alle Tage, nebst einem Anh. von besondern Gebeten. Aus den hinterlassenen Handschriften und aus den Predigten des sel. Verf. hrsg. von G. Klett. 1. Abdr. 1869, und 2. Abdr. 8. (588 S.) Stuttgart 870, J. F. Steinkopf. *

Hofacker, Ludw., Erbauungs- und Gebetbuch für alle Tage, nebst einem Anhang von besonderen Gebeten. Aus den hinterlassenen Handschriften und aus den Predigten des sel. Verf. hrsg. von G. Klett. 3. Abdr. 8. (588 S.) Stuttgart 879, J. F. Steinkopf. * ℳ 1,40.; geb. *

Hofacker, Ludw., Erbauungs- und Gebetbuch für alle Tage, nebst einem Anhang von besonderen Gebeten. Aus den hinterlassenen Handschriften und aus den Predigten des sel. Verf. hrsg. von G. Klett. 4. Abdr. 8. (588 S.) Stuttgart 885, J. F. Steinkopf. * ℳ 1.40.; geb. *

Hofacker, Ludw., Erbauungs- u. Gebetbuch f. alle Tage, nebst e. Anh. v. besondern Gebeten. Aus den hinterlassenen Handschriften u. aus den Predigten des sel. Verf. hrsg. v. G. Klett. 5. Abdr. 8. (588 S.) Stuttgart 893. J. F. Steinkopf. n. 1. 25; geb. in Leinw. n. 2. —; m. Goldschn. n. 2. 60

Hofacker, Ludw., Erbauungs- u. Gebetbuch f. alle Tage, nebst e. Anh. v. besondern Gebeten. Aus den hinterlassenen Handschriften u. aus den Predigten des sel. Verf. hrsg. v. G. Klett. 6. Abdr. 12. (588 S.) Stuttgart 898. J. F. Steinkopf. n. 1. 25; geb. in Leinw. n. 2. —; m. Goldschn. n. 2. 60

Hofacker (auch Hofaker), Ludw., die Frühe. Schriften der Neuen Kirche, s. Frühe.

— das Geheimniß Gottes. Ein Panorama d. Wahrheit aller Wahrheiten, aus Gottes Wort und Seinen Einzeloffenbarungen unter Hinzugabe des Schlüssels der vollzeugenden Vorbildersprache zusammengestellt. 1e Hälfte. gr. 8. Tübingen 837. Zu-Guttenberg. 1 ℛ — 2e Hälfte. 8. Ebd. 841. ⅞ ℛ

Die Gemsjäger, s. Immergrün.

—— von der freien Gnade Gottes in Christo. 8. (16 S.) Gernsbach 882, Christl. Colportage-Verein. *

—— die christl. Heiden; u. Gottes Reich aus Afrika. Ein Ruf gewisser Hoffnung an die Neusalemiten beider Erdhälften. gr. 8. (2 B.) Tübingen 841, Vrlsh. Zu-Guttenberg.

Hofacker, L., der Himmel mit seinen Wundererscheinungen und die Hölle. Tüb. 830. 8.

Hofacker, Ludw., Wilhelm Hofacker. Ein Predigerleben aus der 1. Hälfte dieses Jahrh. Aus seinen hinterlass. Papieren zusammengestellt v. seinem Sohne. gr. 8. (295 S.) Stuttgart 872. J. F. Steinkopf. n. 2. 50

— das große Jenseits, nun erschaulich gewiß. Eine freudige Botschaft. gr. 12. Tübing. 832. Zu-Guttenberg. Weiß Pap. 6 ℛ

Hofacker, Ludw., das große Jenseits, nun erschaulich gewiß. Eine freud. Botschaft. Neu hrsg. v. Gottfr. Buchner. (47 S.) kl. 8. Lorch 906. K. Rohm. — 40

– In der Höhle verborgen, s. Immergrün.

— Jubelgänge durch Neu-Jerusalem; od. d. Neuen Kirche Glaubensgrund, zugleich Erweis, wie die heutige Natur-, Mensch- u. Gotteskunde Wissenschaften ohne Grundlage sind. Ein Musiv-Bild. 8. Tübingen 840. Zu-Guttenberg. ½ ℛ

—— ein güldenes Jubiläum, oder Geschichte der 50jähr. Wirksamkeit der evangel. Gesellschaft in Stuttgart. Festschrift. 8. (VI, 255 S.) Stuttgart 880, Buchh. der evangel. Gesellschaft. *

Hofacker, Ludw., des Försters Kind, s. Immergrün.

– Dem Kloster entronnen, s. Immergrün.

– Die Königin im Raubschloß, s. Immergrün.

— der barmherzige Kosak u. der noble Studentenstreich, s.: Immergrün.

Hofacker's, Ludw., Leben, s.: Knapp, A.

— Messias nimmer fern: Sein Volk Israel ruft Jehovah-Jesus in Sein neues Jerusalem. 8. Tübingen 840. Zu-Guttenberg. ¼ ℛ

Verbindung der Freimaurerei mit phil. Systemen: Neusalemiten und Freimaurer; ein Bruder-Ruf. Veröff. von **Ludw. Hofaker.** Tübingen u. Leipzig: Zu Guttenberg 1840. 23 S. 8°
Kl. 678. Enth. Hinweise auf die Identität der frmrischen Lehre und der neusalemitischen Lehre, die von Swedenborg begründet wurde.

—— acht Predigten aus (seinem) Nachlasse. gr. 8. (IV und 76 S.) Stuttgart 854, J. F. Steinkopf. **

— ausgewählte Predigten, s.: Predigt, die, der Kirche.

—— Predigten f. alle Sonn-, Fest- u. Feiertage, s. dess. „Pred. üb. evangel. Texte," 2. u. 3. Abdr.

Hofacker, Ldw., († ...) Predigten für alle Sonn-, Fest- u. Feiertage. Neue bericht. u. verm. Aufl. 3r Abdruck. Lex.-8. Stuttgart 835. Steinkopf. $1\frac{1}{2}$ ℛ — 4r Abdruck. Lex.-8. Ebd. 836. $1\frac{1}{2}$ ℛ — 7r Abdruck. Mit Bildnisse. Lex.-8. Ebd. 839. n. $1\frac{7}{12}$ ℛ

—— Predigten f. alle Sonn-, Fest- u. Feiertage. Neue bericht. u. verm. Aufl. 4—8. Abdr. 836—39. à $1\frac{3}{4}$ Thlr., u. 9. Abdr. Lex.-8. (à 62 B. u. Bildn.) Stuttgart 842, J. F. Steinkopf. **

Hofacker, Ldw., †. Predigten für alle Sonn-, Fest- u. Feiertage, nebst einigen Bußtags- u. Grabreden. Neue Ausg. auf feinem Papier. (Mit dem Bildniß des sel. Verfassers. In 6 Heften.) gr. 8. Stuttgart 844, 45, J. F. Steinkopf. (à) n. $\frac{1}{3}$ ℛ — 10. verb. Aufl. 1. Stereotypabdruck. Mit Lebensskizze u. Bildniß. Lex.-8. Ebend. 845. n. $1\frac{1}{2}$ ℛ — 11. verb. Aufl. Lex.-8. Ebend. 846. n. $1\frac{1}{2}$ ℛ

Hofacker, Ludwig Gustav. Predigten für alle Sonn-, Fest- und Feiertage ... Eilfte Aufl. ... Stuttgart 1846. H: *Hofacker, Wilhelm.* (BrMm)

Hofacker, Ludw., († d. 18. Nov. 1828), Predigten über alle Sonn-, Fest- u. Feiertage nebst einigen Bußtags-Predigten u. Grabreden. 12. Aufl. [3. Stereotypdr.] Mit d. Bildniß des Verf. (in Stahlst.) u. erweiterten Mittheilungen aus seinem äußeren u. inneren Lebensgange. gr. 8. (LXIV u. 927 S.) Stuttgart 847, J. F. Steinkopf. n. $1\frac{1}{2}$ ℛ Velinp. n. 2 ℛ — 13. Aufl. [4. Stereotypabdr.] gr. 8. (LXIV u. 927 S.) Ebd. 849. n. $1\frac{1}{2}$ ℛ Fein Pap. n. 2 ℛ — 14. Aufl. [5. Stereotypabdr.] gr. 8. (LXIV u. 927 S.) Ebd. 850. n. $1\frac{1}{2}$ ℛ

Hofacker, Ludwig, Predigten für alle Sonn-, Fest- und Feiertage nebst einigen Bußtags-Predigten, Grabreden und einem Anhange. 17—22. Aufl. (8—13. Stereotypdruck.) Vermehrt mit einem Anhange von 8 Predigten aus dem Nachlasse des sel. Verf. Mit dem (in Stahl gest.) Bildnisse des sel. Verf. und erweiterten Mittheilungen aus seinem äußeren und inneren Lebensgange. Stuttgart 854—58. J. F. Steinkopf. Lex. 8. (LX, 1010 S.) n. 1 ℛ 15 ngr; der Anhang allein nn. $2\frac{1}{2}$ ngr

Hofacker, Ludw., Predigten für alle Sonn-, Fest- u. Feiertage nebst einigen Buß- u. Bettagspredigten u. Grabreden. Mit dem Bildnisse des seligen Verf. (in Stahlst.) u. erweiterten Mittheilungen aus seinem äußeren u. inneren Lebensgange. 23—25. neu verm. Aufl. Ausgabe letzter Hand. [Stereot. Druck.] Stuttgart 859—62. J. F. Steinkopf. Lex. 8. (LX, 1010 S.) n. 1 ℛ 15 ngr

Hofacker, Ludw., Predigten für alle Sonn-, Fest- und Feiertage nebst einigen Buß- und Bettagspredigten und Grabreden. Mit dem Bildnisse des sel. Verf. (in Stahlst.) und erweit. Mittheilungen aus seinem Lebensgange. 27. Aufl. Ausg. letzter Hand. (5. Ster.-Abdr.) gr. 8. (LX und 1010 S.) Stuttgart 866, J. F. Steinkopf. *

—— Predigten für alle Sonn-, Fest- und Feiertage nebst einigen Bußtags-Predigten und Grabreden. Mit dem Bildnisse des sel. Verf. (in Holzschn.) und Mittheilungen aus seinem äußeren und inneren Lebenswege. gr. 8. (X, 856 S.) Berlin 869, C. Müller. [Gera, F. C. Köhler.] *

—— Predigten für alle Sonn-, Fest- und Feiertage. Nebst einigen Bußtagspredigten und Grabreden und einem Anhange. Mit Lebensskizze. Ster.-Dr. 8. (1012 S. mit Bildnis.) Ebendas. 887. *ℳ 2.80.; geb. **

Hofacker, Ludw., Predigten f. alle Sonn-, Fest- u. Feiertage, nebst einigen Buß- u. Bettags-Predigten u. Grabreden. Mit dem Bildnisse d. sel. Verf. u. erweiterten Mittheilgn. aus seinem Lebensgange. 41. Aufl. Ausg. letzter Hand. [19. Ster.-Druck.] gr. 8. (LX, 1010 S.) Stuttgart 890. J. F. Steinkopf. n. 2. 80; geb. in Halbfrz. n n. 4. 10

— Predigten f. alle Sonn-, Fest- u. Feiertage, nebst einigen Buß- u. Bettags-Predigten u. Grabreden. Mit dem Bildnisse des sel. Verf. u. erweiterten Mittheilgn. aus seinem Lebensgange. 42. Aufl. Ausg. letzter Hand. (20. Ster.-Dr.) gr. 8. (LX, 1010 S.) Ebd. 892. n. 2. 80 geb. in Halbfrz. n. 4. 20

— Predigten f. alle Sonn-, Fest- u. Feiertage, nebst einigen Buß- und Bettags-Predigten und Grabreden. Mit dem Bildnisse des sel. Verf. u. erweiterten Mittheilgn. aus seinem Lebensgange. 44. Aufl. Ausg. letzter Hand. (22. Ster.-Dr.) gr. 8. (LX, 1010 S.) Ebd. 898. n. 2. 80; geb. in Halbfrz. n. 4. 20

Hofacker, Ludw., Predigten f. alle Sonn-, Fest- u. Feiertage, nebst einigen Buß- u. Bettags-Predigten u. Grabreden. Mit dem Bildnisse des sel. Verf. u. erweiterten Mittheilgn. aus seinem Lebensgange. 46. Aufl. Ausg. letzter Hand. (24. Ster.-Dr.) (LX, 1010 S.) gr. 8. Stuttgart 906. J. F. Steinkopf. n. 2. 80; geb. n. 4. —; in Halbfrz. n. 4. 40; m. Goldschn. n. 5. 40

—— Predigten üb. evangel. Texte. 7 Hfte. Mit e. Bildn. d. Verf. gr. 8. (96 B.) Stuttgart 828—30, (Steinkopf.) à 8 Gr. 2 Thlr. 6 Gr., hrbgs. Pr. zus. genomm.
Das 3—7. Hft. wurde nach d. Tode d. Verf. v. W. Hofacker u. Albe. Knapp herausgegeben.

—— dies. neue, bericht. u. verm. Aufl. 2. u. 3. Abdruck unt. d. T.: Predigten f. alle Sonn-, Fest- u. Feiertage. Mit d. Bildn. d. Verf. Lex.-8. (62 B.) Ebds. 831, 35. 1 Thlr. 12 Gr., Vlnp.

Hofacker, L. G. Zehn Predigten über evangelische Texte ... Stuttgart 1828—31. H: *Hofacker, Wilhelm.* (Ky)

Hofacker, Ldw., († ...) Zehn Predigten über evangel. Texte. 7 Hefte. Nach seinem Tode herausg. u. mit dessen Lebensumständen versehen (v. W. Hofacker). gr. 8. Stuttgart 828—31. (Steinkopf). 3 ℛ (Alle 7 Hfte. jetzt u. d. Tit.: Predigten für alle Sonn-, Fest- u. Feiertage. 2 Bde. gr. 8. Ebd. 831.)

—— neues Räthselbüchlein für die Jugend. 16. (80 S.) Stuttgart 879, Buchh. der Evangel. Gesellschaft. cart. *

—— deutscher Rätselschatz, s. Jugend- und Volksbibliothek, deutsche.

—— Silberblike d. Himmelsrede; des Allschlüßels f. d. Ganze d. Schöpfung, f. d. große Jenseits u. f. d. göttl. Wort. gr. 8. ($12\frac{1}{4}$ B.) Tübingen 841, Vrlsh. Zu-Guttenberg.

— s. Swedenborg, Delitiae sapientiae. — dess. Erdkörper in uns. Sonnensysteme. — dess. das letzte Gericht.

— s. E. Swedenborg, Jerusalem Heilig.

Em. Swedenborg, scripta nova Domini ecclesiae. — dess. Grundlehren d. neuen Kirche. — dess. Matthäi XXIV. et XXV. — dess. Johanneische Offenbarung. — dess. Was d. Christen nach Christus Liebe d. Nächsten ꝛc. u. dess. Was den Christen nach Christus freier Wille bedeutet.

—— für Theologen, Philosophen u. Naturforscher. Was bringt d. Neue Kirche? Einweisung in Stoff u. Plan d. Zeitschrift: „Die Frühe rc." gr. 8. (1 B.) Tübingen 834, Zu-Guttenberg.

Hofacker, Edw., Waldarich. Vaterländ. Trspl. gr. 8. Tübing. 821. Laupp. 20 ℋ Ausg. 2ter Hand. gr. 8. Ebd. 831. Zu Guttenberg. 20 ℋ Velinp. 1 ℛ 3 ℋ

— Was den Christen nach Christus freier Wille bedeutet; nebst einer Genetik der Freiheit überhaupt. Ebd. 1/4 ℛ

— Was den Christen nach Christus Glauben besagt. Unter Dolmetschung der Entsprechungsbilder aus Eman. Swedenborg gezogen. Ebd. 1/4 ℛ

— Was den Christen nach Christus Liebe des Nächsten und Gute Werke sind. Ebd. 1/4 ℛ

— der Weg zur Vergebung u. zum Frieden. 15 ausgewählte Predigten. gr. 8. (245 S. m. Titelbild.) Basel 897. (Missionsbuchh.) n. — 80; geb. in Leinw. n. 1. 60; m. Goldschn. n. 2. —; in Halbfrz. n. 2. —; in Ldr. m. Goldschn. n. 4. —

— der Weihnachts-Abend im Bahnwärterhäuschen; der blonde Wilhelm, s.: Immergrün.

Hofacker, Ludw., wie die Religion im täglichen Leben zu üben sey. Predigt. Neue Aufl. 8. (2½ B.) Basel 843, (Bahnmaier's Buchh.)

—— Wochenblatt zu Wiedergründung von Kirche, Wissenschaft u. Leben, s. Christus-Bote.

Hofacker, Ludwig Gustav, s. Hofacker, Ludwig

Hofacker, M. Ludw., v. der freien Gnade Gottes in Christo. 8. (16 S.) Gernsbach 882. Christl. Colportage-Verein. n. — 4

Hofacker, Wilh., Bekenntniß u. Vertheidigung. Erstes u. zweites Wort geg. Chr. Märklins Schriften: „Darstellung u. Kritik d. modernen Pietismus" u. „das Ketzergericht des Christenboten." gr. 8. (4½ B.) Stuttgart 839, J. F. Steinkopf.

— Bremer Geschichtsquellen, } s. Geschichtsquellen
— Verdener Geschichtsquellen, }

Hofacker, Wilhelm, s. Hofacker, Ludwig: Predigten.

— s. Morgen- u. Abendgebete, kurze.

Hofacker, Wlh., Predigt, s. Predigten, vier, gehalten zu Stuttgart.

Hofacker, Wilh., Predigten für alle Sonn- und Festtage. Mit Mittheilungen über seinen Lebensgang von Kapff. gr. 8. (XLIV und 800 S. mit H.'s Bildn. in Stahlst.) Stuttgart 853, J. F. Steinkopf. *

Hofacker, Wilh., Predigten für alle Sonn- und Festtage. Mit dem Bildniß des sel. Verf. und Mittheilungen über seinen Lebensgang von Kapff. 2. Aufl. gr. 8. (XLIV und 783 S.) Stuttgart 857, J. F. Steinkopf. *

Hofacker, Wilh., Predigten für alle Sonn- u. Festtage. Mit dem Bildniß des sel. Verf. in Stahlst. u. kurzen Mittheilungen über seinen Lebensgang. 3. Aufl. gr. 8. (XVI, 732 S.) Stuttgart 880. Buchh. der Evangel. Gesellschaft. n. 2. 80

Lüneburger Urkundenbuch, s. Urkundenbuch, Lüneburger.

— Marienroder Urkundenbuch, s. Urkundenbuch d. historischen Vereins für Niedersachsen.

Hofacker, W[ilhelm], Oberamtmann in Stuttgart: Verhältnis der Exekutiv- zu den Kriminalstrafen. Berlin 1906: (J. Sittenfeld.) (50 S.) 8° [J.]

Tübingen, Staatsw. Fak., Ref. Fleiner, Diss. v. 23. Okt. 1906

[Geb. 7. Juni 71 Stuttgart; Wohnort: Stuttgart; Staatsangeh.: Württemberg; Vorbildung: Realgymn. Stuttgart Reife M. 89; Studium: Tübingen 5, Berlin 1 S.; Rig. 31. Juli 06.]

—— Zeugnisse evangel. Wahrheit rc., s. Zeugnisse.

Hof- und Offizier-Adreßbuch

— — großherzogl., s. Hessen (XVIII. Armeecorps). Hrsg. nach amtl. Quellen u. dem Stande vom 1. IV. 1899. Ausg. 1899. 1. Jahrg. 8. (III, 62 S.) Stuttgart [C. Dieterich]. Ebd. n. 2. —
Fortsetzung s.: Hof- u. Militärhandbuch.

Hof- u. Offizier-Adressbuch, kgl., f. Württemberg (XIII. k. w. Armee-Corps) m. Einschluss d. Reserve u. Landwehr, sow. d. kaiserl. Gouvernement zu Ulm. Hrsg. v. C. Dieterich n. amtl. Quellen u. d. Stande v. 1. VI. 1898. Frühjahrs-Ausg. 1898. V. Jahrg. 8. (107 S.) Stuttgart, C. Dieterich. n. 6. —

— — königl., f. Württemberg XIII. (k. w.) Armeekorps m. Einschluß der Reserve u. Landwehr, sowie des kaiserl. Gouvernements zu Ulm. Hrsg. v. C. Dieterich nach amtl. Quellen u. dem Stande vom 15. XI. 1900. Spätjahr-Ausg. 1900. VII. Jahrg. 12. Ausg. 8. (II, 160 S.) Ebd. n. 2. —

Hof- u. Militär-Adreßbuch f. Sachsen, XII. u. XIX. Armeekorps (1. u. 2. k. s.). Adreßbuch d. königl. sächs. Hofes u. d. Offiziere u. Beamten, Geschäftszimmer rc. u. Kasinos d. königl. sächs. Armee. 8. Ausg. nach amtl. Quellen u. d. Stande Dezbr. 1909. (98 S.) 8. Stuttgart (Augustenstr. 44), Verlag d. deutsch. Hof- u. Militär-Adreßbücher C. Dieterich. 3. —
Nicht mehr im Buchhandel.

Hof- u. Offizier-Adreßbuch des XI. Armeecorps. Hrsg. nach amtl. Quellen u. dem Stande vom 1. VII. 1899. Red. v. Otto Battiany. Ausg. 1899. 12. (II, 68 S.) Stuttgart [Deutsche Adreßbücher-Gesellschaft]. Wimpfen b. Heilbronn, Verl. d. deutsch. Hof- u. Militär-Adreßbücher. n. 2. —; geb. n. 3. —

— — f. Hessen, Sachsen-Weimar-Eisenach, Sachsen-Meiningen, Sachsen-Coburg und Gotha, Waldeck, Schwarzburg-Rudolstadt, Schwarzburg-Sondershausen, Reuss j. L., Reuss ä. L. u. Hessen-Nassau (Bereich XI. u. XVIII. Armeecorps). Frühj.-Ausg. 1899, nach amtl. Quellen hrsg. u. dem Stande v. Mitte April 1899. 8. (138 S.) Stuttgart. Wimpfen b/Heilbronn, Verlag der deutschen Hof- u. Militär-Adressbücher. Geb. in Leinw. n. 2. —

— — für Sachsen, XII. (1. kgl. sächs.) u. XIX. (2. kgl. sächs.) Armeekorps. Hrsg. v. C. Dieterich nach amtl. Quellen u. dem Stande vom 1. bezw. 15. VIII. 1899. Zusammengestellt v. O. Battiany. Ausg. 1899. 12. (II, 104 S.) Ebd. n. 2. —; geb. n. 3. —
Fortsetzung s.: Hof- u. Militär-Handbuch.

Hofaker, Ludwig, s. Hofacker.

Hof- und Staats-Almanach, neuer, für die J. 1883—1885. 1.—3. Jahrg. Mit Benützung amtl. Quellen redig. von L. Fischhof. gr. 8. (à Jahrg. IV, 160 S.) Wien, (Schmid.) geb. à Jahrg. *

Neuer Hof- u. Staats-Almanach f. d. Jahr 1883. Mit Benützung amtl. Quellen zusammengestellt. gr. 8. (192 S.) Wien, IV., Verlag d. Neuen Hof- u. Staats-Almanach. geb. 1 fl. 50 kr.

Neuer Hof- und Staats-Almanach für das Jahr 1884. Mit Benützung amtl. Quellen. gr. 8 (198 S.) Wien, L. Steckler. Eleg. Lwdbd. mit Goldpressung 1 fl. 50 kr.

Hof- u. Staats-Almanach, neuer, f. d. J. 1885. Mit Benützg. amtl. Quellen red. v. L. Fischhof. gr. 8. (IV, 160 S.) Wien, (Edm. Schmid). geb n. 3. —

Hof- u. Staats-Almanach f. d. J. 1885. Mit Benützung amtlicher Quellen redigirt von L. Fischhof. gr. 8. (160 S.) Wien, L. Steckler's Selbstverlag. In eleg. Leinwdbd. 1 fl. 50 kr. 25

Hof- und Staats-Almanach, neuer, für die J. 1886—1888. Verf. nach amtl. Quellen. gr. 8. (VI, 166; VI, 181; VIII, 222 S. mit Portr.) Wien, (Steckler.) geb. à Jahrg. *

Hof- u. Staats-Almanach, neuer, f. d. J. 1889 u. 1890. Verf. nach amtl. Quellen. gr. 8. (VIII, 223 S. m. 1 Bild; VIII, 226 S. m. Portr.) Wien, (Steckler). geb. 1889 * 3 —; 1890 * 2.50

Hof- und Behörden-Almanach, Fürstl. Schwarzburg-Rudolstädtischer. (Enthltd.: 1) Die Genealogie des Fürstl. Hauses. 2) Verzeichniß der Fürstl. Behörden u. Diener, sowie der Gemeinde-Behörden. 1. Jahrg. 1859. Rudolstadt, Fröbel. (Leipzig, Wagner.) 8. (46 S.) 5 ngr.

Hof- u. Behörden-Almanach, Fürstl. Schwarzburg-Rudolstädtischer. 2. Ausg. 1863/4. Rudolstadt 863. Fröbel. 8. (62 S.) n. 8 ngr.

Hof- u. Behörden-Almanach, Fürstl. Schwarzburg-Rudolstädtischer. 1865/66. Rudolstadt 866. Fröbel. gr. 8. (73 S.) n. 10 ngr.

Wiener **Hofalmanach** und Theateralmanach, s. Almanach, Wiener Hof- und Theater-

Hofbauer, Clemens Maria, s.: Haringer, M.

Hofbauer, Clemens M. Ein Lebensbild, s. Bauchinger, Matth.

Hofbauer, s.a. Hoffbauer.

Hofbauer, Carl, s. Hofbauer, Karl

Hofbauer, Ernst, Anweisung der k. b. Generaldirektion der Zölle u. indirekten Steuern üb. die Erhebung u. Controlirung der Uebergangsabgaben, sowie die Ausfertigung u. Erledigung der Uebergangsscheine, sogen. Uebergangssteuer-Regulativ f. das Königr. Bayern m. dem Zollcartell vom 11. Mai 1833, 11 Rechnungstaf. u. e. Anh., nebst Nachtrag. Für den prakt. Gebrauch nach amtl. Quellen zusammengestellt, bearb. u. erläutert. gr. 8. (V, 228 S.) Würzburg 894. J. Staudinger. Geb. in Leinw. n. 3.25

— **Vorschriften** üb. die Zollbehandlung fremdländ. Weine, Weinbeeren u. Branntweine. Zusammengestellt u. m. zahlreichen Erläutergn. versehen. gr. 8. (VIII, 214 S. m. 8 Abbildgn. u. 1 Formular.) Ebd. 895. Kart. n. 4. —

Hofbauer, E., Zollerleichterungen u. -Befreiungen nach Massgabe der §§ 111—118 des Vereinszollgesetzes von 1869. 8. (409 u. 11 S. m. Formul.) Ludwigshafen a/Rh. 1898, Eigener Verlag d. Herausgebers [K. bayer. Steueroberkontroleurs E. Hofbauer]. (Buchdruckerei J. G. Biller). 4. —

Hofbauer, Ernst, Zollerleichterungen u. Befreiungen n. Maßgabe d. §§ 111—118 d. Vereinszollgesetzes v. 1869. 2., unveränd. Aufl. 8. (IV, 409 u. 11 S. m. 1 Formular.) Ludwigshafen a/Rh. 898. (Leipzig, J. Werner.) n. 3.90

Hofbauer, Ferdinand, Dr., Unsere Erde als einheitlich denkender Organismus. New-York 1860.

Hofbauer, Georg, aus Bamberg, appr. Arzt: Ein Fall von Tumorbildung im 4. Ventrikel mit dem Symptomenkomplex eines Tumors in der Vierhügelgegend. *Bamberg (1902): Handels-Druckerei.* (20 S.) 8°
Erlangen, Med. Diss. v. 5. Juli 1902

Hofbauer, Geo., über d. Vorkommen d. seltenen Erden auf d. Sonne. (47 S.) gr. 8. Wien 907. (A. Hölder.) 1.30
Sonderabdr. aus: „Sitzungsber. d. k. Akad. d. Wiss."

Hofbauer, Gottfried v., s. Hofbauer v. Hohenwall, Gottfried v.

Hofbauer, Heinr., die Grabesbraut, od. Auf den Schneefeldern v. Sibirien. Historischer Roman aus dem Ende des 18. Jahrh. 4 Thle. in 1 Bde. 3.—100. (Schluß-) Hft. gr. 8. (à ca. 16 S. m. je 1 Vollbild.) Dresden 898. 899. A. Wolf. à — 10
Hft. 1 u. 2. unter d. Titel: „Die Grabesbraut". Ebd. 898.

Hofbauer, Herm., C. Ss. R., Königin Sonne u. ihr Hofstaat, s.: Jugend- u. Volksbibliothek, naturwissenschaftl. 21. Bdchn.

Hofbauer, Hier., Primizpredigt, gehalten am siebenten Sonntage nach Pfingsten. gr. 8. Augsburg 836. Kollmann. 1/12 ß

Hofbauer, J., neue verbess. Anleitung für Bäcker u. Müller, alle Wägen Mehl von einem Strich bis zehn Muth u. jeden Muth von 15 — 186 Fl. auf eine kurze u. leichte Art zu berechnen. 8. Wien 803. Gerold. 8 xr

Hofbauer, J., die Fettresorption der Chorionzotte. Ein Beitrag zur normalen Anatomie u. Physiologie der menschlichen Placenta. (26 S.) gr. 8. Wien 903. (A. Hölder.) n. — 50
Sonderabdruck aus: „Sitzungsber. d. k. Akad. d. Wiss."

Hofbauer, J., Die Fettresorption der Chorionzotte. Ein Beitrag zur normalen Anatomie und Physiologie der menschlichen Placenta. (Aus: Sitzungsber. d. k. Akad. d. Wiss.) Gr.-8°. (26 S.) 1 Wien: Gerold 1904. K —.60

Hofbauer, J., Versuch ein. allgem. Staatspolizey. 8. Grätz, Ferstl. (Leipz. Kummer.) 815.

Hofbauer, J. Ch.: Gedanken üb. d. Verkürzung des österr. Civil-Rechts-Verfahrens. 1. Hft. *Grätz.* Ferstl, 820. gr. 8. (4 Gr.) — 2. Aufl. unt. d. Tit.:

Ders.: Gedanken auf Verkürzung des österr. Verfahrens in bürgerl. Rechtssachen, u. zur Beschleunigung desselben durch die Advokaten. *Grätz*, Kienreich. 836. 8. (10 Gr.)

Hofbauer, Jean Michael

Les leçons de la vertu, ou réflexions morales et historiques sur les maximes de la sagesse. Par Jean Mich. Hofbauer. P. — 1851. Ebend. — S. I—XIX.
Progr. Straubing.

Hofbauer, Isfried

Hofbauer, J., die Graviditätsveränderungen d. Organe in klinischer Beleuchtung, s.a. Sammlung klin. Vorträge.

Hofbauer, Isfried: Die Graviditätsveränderungen der Organe in klinischer Beleuchtung. Von Privatd. Dr. I[sfried] Hofbauer. Leipzig: J. A. Barth 1910. 26 S. 8° [Umschlagt.]
(Sammlung Klinischer Vorträge. N. F. Nr 586.)

Grundzüge einer Biologie der menschlichen Plazenta, mit besond. Berücks. d. Fragen d. fötalen Ernährung von Dr. I(sidor) **Hofbauer**. Mit 5 Taf. u. 2 Textfig. Wien & Leipzig: W. Braumüller 1905. (XII, 175 S.) 8° [illegible]

– Die menschl. Placenta als Assimilationsorgan. s.a. Sammlung klinischer Vorträge.

Die menschliche Placenta als Assimilationsorgan. Von I[sidor] **Hofbauer**, Königsberg. Leipzig: Breitkopf & Härtel 1907. (16 S.) 8° [Umschlagt.]
= **Sammlung** Klinischer Vorträge. No 454. 07. 10033

Hofbauer, Jul. Thdr., (Dr. Fickel) homöopath. Heilverfahren in chirurg. Krankheitsfällen. Nebst den reinen Arzneiwirkungen eines neuen wichtigen Antipsoricum. 8. Leipzig 835. Ballmann; jetzt Melzer. 1½ ₰ — 2r Thl. A. u. d. T.: Das Molybdaen und die Verbena in ihren reinen Arzneiwirkungen dargestellt. Nebst prakt. Bemerkungen über Bismuthum, Pulsatilla und Strontiana. Als ein Beitrag zur homöopath. Therapie. 8. Ebd. 835. jetzt Ebd. ¾ ₰ (Ist bereits Erlöschung.)

Hofbauer, Karl

Hofbauer, Karl, Die Alservorstadt mit den ursprünglichen Besitzungen der Benedictinerabtei Michaelbeuern am Wildbache Als. Historisch-topographische Skizzen zur Schilderung der alten Vorstädte Wiens. gr. 8. (174 S.) Wien, F. Klemm. 1861. 1 fl.

Hofbauer, Carl, die Alservorstadt mit den ursprünglichen Besitzungen der Benediktinerabtei Michelbeuern am Wildbache Als. Historisch topographische Skizze zur Schilderung der alten Vorstädte Wiens. Wien 861. Sommer. (F. Klemm.) gr. 8. (2 Bl., 176 S.) n. 20 ngr.

Hofbauer, Karl: Der Aufenthalt des Königs von Polen Johann III. Sobieski in Oberhollabrunn. S. 27–44. 8.
K.k. Staats-Gymn. u. gewerbl. Fortbildungsschule *Oberhollabrunn* 1907
Progr.

Hofbauer, Karl: Die „erste" Christenverfolgung. Beiträge zur Kritik der Tacitusstelle. S. 3–47. 8.
K. k. Staats-Gymn. u. gewerbl. Fortbildungsschule *Oberhollabrunn* 1903.
Progr.

-- die Roßau u. das Fischerdörfchen am oberen Werd. Historisch topographische Skizzen zur Schilderung der alten Vorstädte Wiens. Wien 859. Dirnböck. gr. 8. (2 Bl., 171 S. u. 2 lith. Taf.) 20 ngr.

Hofbauer, Carl, die Roßau u. das Fischerdörfchen am oberen Werd. Historisch-topographische Skizzen zur Schilderung der alten Vorstädte Wien's. 2., verb. Aufl. Wien 866. Dirnböck's Buchh. 8. (158 S. mit Abbildungen.) n. 16 ngr.

Hofbauer Carl: Die Rückkehr Gregor XI. von Avignon nach Rom.
II. 1898 PN 1120 **Diss.** Wien, Univ. 812

– die Wieden mit den Edelsitzen Conradswerd, Mühlfeld, Schaumburgerhof u. dem Freigrunde Hungerbrunn. Historisch topographische Skizzen zur Schilderung der Vorstädte Wiens. Wien 864. Gorischek. gr. 8. (2 Bl., 121 S.) 1 ₰

Hofbauer, Karl: Wurde das untere Ufernorikum im Jahre 488 vollständig geräumt? S. 17–39. 8.
K. k. Staats-Gymn. u. gewerbl. Fortbildungsschule *Oberhollabrunn* 1906.
Progr

Hofbauer, Leop., Leitfaden f. den k. u. k. Offizier in seinen dienstlichen Personal-Angelegenheiten. 8. (VIII, 136 S.) Wien 892. L. W. Seidel & Sohn. n. 2. —

Hofbauer, Ludw., zur Frage der Prophylaxe v. Tuberculose u. Nervosität, s.a. **Volksschriften der österreich. Gesellschaft f. Gesundheitspflege. Nr. 14.**

HOFBAUER, Ludwig
Zur Frage der Prophylaxe von Tuberculose und Nervosität. Vortrag, gehalten in der österreichischen Gesellschaft für Gesundheitspflege am 17. April 1901, von Dr. Ludwig Hofbauer. Separatabdruck aus der Monatsschrift für Gesundheitspflege. [Volksschriften der österreichischen Gesellschaft für Gesundheitspflege. Nr. 14.] Wien. 1901. In Comm. Perles. 8°. 39 S. K —.20

Semiologie und Differentialdiagnostik der verschiedenen Arten von Kurzatmigkeit auf Grund der Atemkurve. Von Dr. Ludwig **Hofbauer**, Assist. im Wiener allgem. Krankenhause. Mit 165 Kurven im Texte. *Jena: G. Fischer 1904.* (VI, 150 S.) 8° [illegible]

Hofbauer, Michael [app. Arzt aus Regensburg]: Ueber maligne Tumoren der Niere ... Regensburg, Buchdr. Baumgarten & C., 1895; 45 S. 8.
München, Med. Fak., Inaug.-Diss. v. 1895

Hofbauer, R. Aus der Lebensversicherungspraxis. (S. A.) 1868.

Hofbauer, Raim., Lesebuch f. österreichische allgemeine Volksschulen, s.: Kummer, Karl.

Hofbauer, Wenzel, Bergwerks-Geographie des Kaiserth. Oesterreich. gr. 8. (VI, 69 S.) Klagenfurt 888, v. Kleinmayr. *

Hofbauer, Wenzel. Tabellen zur Umrechnung des Wiener Dezimalmaßes in Millimeter. Klgft., Bertschinger, 1874. 35 S.

Hofbauer, W., Tabellen zur Umrechnung d. Wiener Dezimalmasses in Millimeter. Für Markscheider. 4. (34 S.) **Wien 874. Manz.** n. 2. —

Hofbauer v. Hohenwall, Gottfried von

Hofbauer, Gottfried, Edlen v. Hohenwall, Hauptmann im k. k. Bombardier-Corps. Auszug aus dem Abrichtungs- und Exercir-Reglement der k. k. Infanterie, in Bezug auf dasjenige vorzüglich, was daraus für die subalternen Chargen der Feld-Artillerie, von der ersten Abrichtung des Recruten bis zur Ausführung der Evolutionen mit einer Compagnie und einer Division in Anwendung kommt, nebst einem Anhange über vorgeschriebene Ehrenbezeigungen und sonstige Belehrungen. Mit 11 lithographirten Tafeln. (Donation Liechtenstein.) 8. Wien 1839.

Hofbauer, Edler v. Hohenwall, Gottfried, k. k. Hauptm. Lehre der Terrain-Darstellung. (Mit 1 Taf.) 8. Wien 1839.

Hofbauer, G. v., k. u. k. Hauptmann. Musterblätter für die Darstellung des Terrains in militärischen Aufnahms-Plänen. (Mit 22 Tafeln.) (Donation Liechtenstein.)
qu. Fol. (ohne Druckort zirka 1840).

(— — und **Mayern.**) Musterblätter für die Darstellung des Terrains in militärischen Aufnahms-Plänen. (2 Bde.) 4. Wien 1844.

Hofbauer Edl. von Hohenwall, G. Kurzgefaßter Reitunterricht mit dem darauf Bezüglichen nebst Anh. über die bei der k. k. Kav. eingeführten Säbelhand- u. Gefechtsgriffe. Mit Taf. Pest 1843. 277 S.

Hofbauer, G. Zeichnungs-Muster zur Darstellung des Terrains in ökonomischen u. milit. Plänen. Atlas (13 Taf.). Wien 1826. 2°

Hofberg: Der Hofberg
v. Wiler Zeitung.

Hofberg, Herm., kurze Uebersicht von den Alterthümern der åländischen Inselgruppen. Inaugural-Dissertation. gr. 8. (35 S.) Jena 877. (Neuenhahn.) n. 1. —

Hofbibliothek, Die. [Baden 1786.] V: *Molitor, Friedrich Valentin.* (MGT)

Hof- u. Staats-Bibliothek, über d. Königl., für Besucher [illegible]. 8. München 843, [illegible]. 1/4 ß

— dass. mit dem Anhange: Précis du texte allemand sur la bibliothèque royale à Munich. 8. Ebend. 843. 9 1/2 ngl

Hof-Bibliothek, die, in Wien. 20 Taf. in Lichtdr. Erläut. Text v. Camillo List. Imp.-4. (25 S. m. 1 Abb u. 1 Grundriss.) Wien 897. J. Löwy. Kart. n. 20. —

Hofbräuhaus, Das königl., in München. Entworfen u. ausgeführt von Heilmann u. Littmann. Mit Ansichten. München 1897. 8°. (60 Pfg. der Vorige.)

— — — wie es war, und wie es ist. Mit Abbldgn. Ebd., ca. 1900. 8°. (30 Pfg. der Vorige.)

Hofbrückl, Hans [pr. Arzt in Vilshofen]: Über Coloboma palpebrae congenitum . . . München, kgl. Hof- u. Univ.-Buchdr. v. Dr. C. Wolf & Sohn, 1892; 32 S. 8.
München, Med. Fak., Inaug.-Diss. v. 1892

Hofburgtheater, das k. k., in Wien. Erbaut von Carl Frhrn. v. Hasenauer. (In ca. 10 Lfgn.) 1. — 7. Lfg. qu. Fol. (à Lfg. 5 Lichtdr.-Taf.) Wien 888, Heck. à Lfg. *M 5.—. *

Hofburgtheater, das k. k., in Wien. Erbaut von Frhrn. v. Hasenauer. 12 Lfgn. qu.-Fol. (à 5 Lichtdr.-Taf. m. 8 S. Text.) Wien 889. Heck. à n. 5. —

Hofburgtheater, das k. k., in Wien. Erbaut von Carl Frhrn. v. Hasenauer. Photogr. u. Lichtdr. v. J. Löwy. (2. Aufl.) 2.—12. (Schluss-)Lfg. qu. Fol. (à 5 Lichtdr.-Taf. m. 9 S. Text.) Wien 890. V. A. Heck. à n. 5. — (kplt. kart.: n. 62. —)

dasselbe. 2. Aufl. (In 12 Lfgn.) 1. Lfg. qu. Fol. (5 Lichtdr.-Taf.) Ebd. 891. n. 5.

Hofcabale. Trauersp. von Mengershausen. 8. Braunschw. Schröder. 794.

Hof- und Adress-Calender, Des Hochstifts Münster, für die Jahre 1797. 1798. Münster 1797—98. H: *Hemmerling, J. G.* (MGT)

Hof-Calender, Chur-Bayrischer, u. Schematismus a. d. J. . . . .
1735. M. 1 Portr.
1756.
1766.
München.

Hof-Calender, Chur-Bayrischer, auf 1748, 50, 52, 54—64. (14 Bde.) Mit Titelkpfrn. München. J. J. Vötter. 8°.
— Forts. m. d. Tit.: Churbayerischer Hof- und Staats-Calender, f. d. J. 1765—75, 77—78, 80—85, 87—88, 90—95, 99. Mit Titelkpfrn.
— Forts. m. d. Tit.: Churfürstl. Pfalzbaier. Hof- u. Staats-Kalender auf d. J. 1802. M. Titelvignetten. Ibid., Franz. Gr. 8° Zusammen 48 Bde.

Königl. Dänischer **Hof-** und **Staats-Calender.**
Auf das . . . Jahr Christi. Darinn nebst den Verbesserten auch der neue Gregorianische, alte Julianische etc. Calender völlig enthalten etc. etc. Insonderheit aber der ganze Königliche Hof-Etat etc. etc. zusammen getragen v. Nicolaus Rohlfs. Altona. o. J. 4° k.
1747; 1768; 1788.
——— auf das Jahr 1802 . . . v. P. H. C. Brodhagen. Altona. o. J. 4° k.
——— auf (später für) das Jahr . . . Nebst einem genealogischen Verzeichnisse aller itztlebenden Durchlauchtigsten Höchst- und Hohen Häuser in Europa. Von F. P. Nuppnau. später v. Boy Ketelsen, Ferdinand Stiller, dann ohne Herausgeber. Altona. o. J. 4° k.
1807—1810; 1812; 1818—48.

Königlich dänischer **Hof-** und **Staats-Calender** auf das Jahr . . . Altona. 8°
1774. 1776. 1784. 1789. 1793—98. 1803. 1804. 1806. 1811. 1813. 1817. 1854. 1863.

Königlich Dänischer **Hof- und Staats-Calender.** Nebst einem genealogischen Verzeichnisse für 1829, 1832, 1837, 1843–48. Altona. (1829), (1832), (1837), (1843–48). 4° k.
Fortges. u. d. T.:
Königlich Dänischer **Hof- und Staatscalender.** Staatshandbuch der dänischen Monarchie. (Hrgg. v. Jens Peter Trap. Red. v. H. C. Erichsen.) Für die Jahre 1852–53, 1855–62. ebd. (1851–52), (1854–62).

Hof-Calender, Gothaischer, zum Nutzen und Vergnügen auf das Jahr 1801 . . . H: *Hoff, Carl Ernst Adolph von.* (MGT)

Hof- und Ehren-Calender, Kaiser-Königl. auf das Jahr Christi . . . .
1756. M. 12 Kpf.
Wien.

Hof-Calender, Churfürstlich-Cöllnischer a. d. J. . . . . durch J. P. N. M. V.
1763.
1777.
Köln u. Bonn.

Hofcalender, Kurkölnischer, für das Schaltjahr 1788 durch J. P. N. M. V. Bonn. H: *Vogel.* (Mitth. Dr. A. Goldmann.)] (Kat. de Jonghe.)

Herzogl. Sachsen-Coburg-Saalfeldischer Hof=Calender für . . .
([Mit Kupf. v.] P[aul] W[olfgang] Schwarz [u.] A[mbrosius] Gabler.)
Nürnberg: P. W. Schwarz [1790—1792]. 16°
[Kupfert.]
1790: 11 Bl., 106 S., 1 Titelkupf., 10 Kupfertaf. davon 1 kol.
1792: 9 Bl., 88, 108 S., 8 Kupfertaf., 1 Tab.

Herzoglich=Sachsen=Gotha- und Altenburgischer Hof= und Adreß=Calender auf das Jahr . . .
Gotha: Joh. Paul Mevius, Joh. Chr. Dietrich in Komm. (1781 ff.: Ettinger) [1763—1825]. 8°
1763 [u. d. T.]: Hochfürstl. Sachsen=Gothaisch= und Altenburgischer Hof= und Adress-Calender . . .
1763: 46 S.
1781: 10 Bl., 108 S.
1810: 10 Bl., 183 S.
1814: 10 Bl., 163 S.
1820: 10 Bl., 208 S., 2 Bl., 1 Titelkupf.
1821: 12 Bl., 208 S., 1 Titelkupf.
1825: 10 Bl., 214 S., 3 Bl.

Hochfürstl. S. Weimar= und Eisenachischer Hof= und Addreß=Calender, auf das Jahr . . .
Weimar: C. J. L. Glüsing (1802—1813: Jena: J. C. G. Göpferdt) [1781—1813]. 8°
1807—1813 [u. d. T.]: Herzoglich S. Weimar= und Eisenachischer Hof= und Adreß=Calender.

1781: 96 S.
1782: 96 S.
1783: 96 S.
1784: 96 S.
1813: 236 S.

Hof-, Staats- u. Stands-Calender des Erzstifts u. Churfürstenthums Trier a. d. J. . . . .
1774.
1782.
1783.
Trier.

Hof- u. Schreib-Calender, Verbesserter u. Neuer Europäischer, a. d. J. . . . . eingerichtet v. J. M. Ahler.
MDCCXCVI (1796).
Frankfurt/M.

Hof- und Staatscalender, Königl. Würtembergischer. Stuttgart 1811. H: *Lehr, F. von.* (Ky) (MGT)

Hof-Calender, Würtembergischer, worinnen allerhand nützl. u. angenehme Kenntnisse enth. sind, a. d. J. . . . .
1779. M. gest. Tit., Titelk. u. 12 Monatsk.
1785. M. gest. Tit., Titelk. u. 12 Monatsk.
1786. M. gest. Tit., Titelk. u. 12 Monatsk.
Stuttgart.

Hof- und Staatscalender, Würzburger, für das Jahr 1801. Würzburg 1800. H: *Scharold, Carl Gfr.* (MGT)

Hofcapellane und Grossalmosengeber, Die obersten, In Baiern . . . Ulm 1792. V: *Wiedenmann, Benedict.* (Ky) (MGT)

Höfchen, Carl: Zur Kenntnis der Cyaninfarbstoffe. Jena 1908: Neuenhahn. 40 S. 8°
Jena, Phil. Diss. v. 15. Sept. 1908, Ref. Vongerichten
[Geb. 15. Juli 80 Berlin; Wohnort: Berlin; Staatsangeh.: Preußen; Vorbildung: Gymn. Kottbus Einj.-Freiw. Zeugn. Okt. 02; Studium: Leipzig 4, Jena 5 S.; Rig. 23. Juli 08.] [U 09. 2183

Hofdamenbriefe. Sammlung von Briefen an und von Hofdamen aus dem 19. Jhdt. ... Zürich 1903. H: *Scharnhorst, Sophie Baronin.* (Mitth. M. Grolig.)

Hofdamen-Briefe. Sammlung von Briefen an und von Wiener Hofdamen a. d. 19. Jahrhundert. Gesammelt von B von S . [Mit Schrift-Facsimiles.] VIII + 287 S. 8. Zürich, Caesar Schmidt, 1903. [fr. 5.—]

Kayserl. Allergnädigstes Hof-Decret, an eine Hochlöbl. allgemeine Reichs-Versammlung zu Regenspurg de dato 14. September 1756 den gewaltsamen Einfall in die Chur-Sächsische Lande von denen Chur-Brandenburgischen Völkern betreffend. Nebst Beylagen von Nro. I bis III und Species Facti Ihro Majestät von Pohlen und Durchl. zu Sachsen, wie auch Pro Memoria Sr. Königl. Majestät von Preussen auf dieses Wienerische Commissions-Decret. Regenspurg 1756. (32 S.)

Hofdienste, Die, der Unterthanen auf dem Lande und deren Abschaffung . . . Berlin 1799. V: *Nicolai, Joh. Dav.* (Stam)

Hofdienste (Die) der Unterthanen auf dem Lande und deren Abschaffung. Hauptsächlich in Beziehung auf die preussischen Staaten. (Von J. D. Nicolai.) 8° Berlin 1799.

Hof- und Staatsdruckerei, K. K. in Wien. 1804-1904. Zur Feier des einhundertjährigen Bestandes. (112 S 10 T) fol Wien 1905

Verlagskatalog der k. k. Hof- und Staatsdruckerei in Wien ... Wien: K. k. Hof- u. Staatsdr. 1904. (214 S.) 8° [illegible]

Verzeichnis der Bücher betreffend Finanzverwaltung aus d. Verlage d. k. k. Hof- und Staatsdruckerei Wien. Wien: K. k. Hof- u. Staatsdr. 1905. (31 S.) 8° [illegible]

„Am Hofe des Kaisers." Berlin, Walter & Apolant, 1886. 8°. Eleg. braun. Hlbgrb. [illegible] m. Fileten.
[illegible] 1. Der Hof [illegible] 2. Fürst Pleß. 3. Die Hohenlohe. 4. Der Herzog v. Sagan [illegible] 5. Fürst Pathor. 6. Der frondierende Adel [illegible] Das Herrenhaus [illegible] Häuser am Hofe. 10. Aus den Beiträgen der Höfe [illegible] 11. Wilhelmstrasse [illegible] 12. Bismarck zu Hause. 13. Die Minister. 14. Die Prinzen von Geblüt.
Bei derselben Firma erschien 1885 in 2 Auflagen „Aus der Berliner Gesellschaft."

Am Hofe von Neapel. Historischer Roman aus der Gegenwart, von *A. v. L.*, 3 Bde. Celle 1861. 8°. (Br. 3 Rthl.) (2 Mk. Mindestgebot R. Zinke's Dresdner Mai-Auct. 1909. no. 1717.)
— —. Dasselbe. 3 Bde. Ebd. 1865. 8°. (2 Mk. 50 Pfg. Mindestgebot R. Zinke's März-Auct. 1806. no. 1467.)

Am Hofe Kaiser Wilhelm II. Unter Mitwirkung von . . . hrsg. von Arthur Brehmer. Berlin: Neuer Verl. 18|97 -|98. (X, 702 S.) 4°
= Höfe Europas. Bd 1.

Hofe, f.: Kalau v. Hofe.

von Hofe, Christian [aus Segeberg i. Holst.]: Über Phenacyl- und Acetonyleugenole ... München, Druck v. V. Höfling, 1894; 50 S. 8.
München, Phil. Fak., Inaug.-Diss. v. 1894

Hofe, Christian von, aus Hollingstedt (Schleswig): Über die von planparallelen Schichten elektrolytischer Substanz durchgelassene und reflektierte Intensität Hertz'scher Wellen. *Berlin 1898: J. Sittenfeld.* (36 S.) 8°
Berlin, Phil. Diss. v. 7. Dez. 1898

Hofe, Ernst v., Moschus. Schauspiel in 8 Akten (122 S.) 8. Stuttgart 905. J. G. Cotta Nachf. n. 1. 50; geb. in Leinw. n. 2 50

Hofe, Ernst von. Sehnsucht. Roman. 312 S. 8. Stuttgart und Berlin, J. G. Cotta Nachfolger, 1905. (M. 3. —, geb. 4. —)
Schauplatz der Erzählung ist Zürich *etc.*

— die Wesendorfer. Schauspiel in 4 Akten. (120 S.) 8. Ebd. 905. n. 1. 50; geb. in Leinw. n. 2. 50

Hofe, Joh. v., J. G. Fichte's religiöse Mystik nach ihren Ursprüngen untersucht, s. a. **Studien, Berner, zur Philosophie u. ihrer Geschichte. 35. Bd.**

Hofe, Joh(an) von, Predigtamtskand. aus Segeberg (Holst.):
J. G. Fichtes religiöse Mystik nach ihren Ursprüngen untersucht. Bern 1904: Scheitlin Spring & Co. (63 S.) 8⁰ (Erscheint gleichzeitig als: Berner Studien zur Philos. u. ihrer Gesch., Bd 35.)
Kiel, Theol. Diss. v. 18. Juni 1904.

von **Hofe**, Joh., Lic. theol. aus Tondern: Umriß eines Systems der späteren Fichteschen Philosophie. Segeberg 1904: C. H. Wäser. (54 S.) 8°
Erlangen Phil. Fak., Ref. Falckenberg, Diss. v. 2. Nov. 1904
[Geb. 27. Febr. 76 Tondern; Staatsangeh.: Preußen. Vorbildung: Realprogymn. Segeberg u. Gymn. Altona Reife O. 95; Studium: Kiel 3, Halle 6 S.; Rig. 2. Nov. 04.]

Hofe, L. vom, die städtische Besteuerung u. Belastung d. Grundeigenthums in Deutschland, s.: Schriften d. Centralverbandes der Haus- u. städtischen Grundbesitzer in Deutschland.

Hofe, L. vom, s. Vom Hofe.

Höfe, Die beiden, und die Nächte von St. Cloud. Sitten, Ausschweifungen und Verbrechen der Familie Bonaparte. [A. d. Franz.] Hamburg 1853. V: *Magen, Hippolyte.* (BGE)

Höfe, die beiden, und die Nächte von St. Cloud. Sitten, Ausschweifungen und Verbrechen der Familie Bonaparte. Von einem Kammerherrn, der ausruht. Aus dem Französ. Hamburg 853. Heller. 8. (41 S.) 7½ ngr.

HÖFE, Die durchlauchtigsten, in Europa, nach ihrer gegenwärtigen Beschaffenheit und Verfassung entworfen. 10 Theile (soviel ersch.). Leipzig 1735—37. 8⁰. (Th. 1 — 8 u. 10 in Rostock, Landesbibl.)
Cat. unv. d. Buchh. d. Waisenh. in Züllichau (174*), ohne Jahrsangabe. — Cplt. rar!

Höfe, d. durchlaucht., in Europa rc. 10 Thle. 8. Lpz. Löwe. 735—37.

Höfe, die, Europas. Hrsg. v. Arth. Brohmer. 1. Bd. Am Hofe Kaiser Wilhelm II. Unt. Mitwirkg. v. F. Bornhak, geb. Kleist, Carl Braun-Rodorn, Heinr. Dornberg u. a. gr. 4. (XVI, 702 S. m. Abb., m. 18 Taf. u. 1 Farbdr.) Berlin 897—898. Neuer Verlag.
Geb. n. 35. —
Erschien auch in 30 Lfgn. à n. 1. —.

Höfe, Die, die Höfe! haben Staaten zum Besten . . . Deutschland [Bamberg] 1817. V: *Paulsen, Nicolaus.* (Wr) (Ky)

Höfe, die, die Höfe! haben Staaten zum Besten: mich auf die Seele! Europa. (Von Dr. Paulsen.) 8. Deutschl. 817. (Bamb. Kunz). 16 gr.

Höfe, die kleinen deutschen, und das deutsche Volk zur Zeit Friedrichs des Großen. 8. (14 S.) Celle 869, Schulze'sche Buchh.

Höfegesetz, Das. Besprochen von einem Amtsrichter der Provinz Hannover. 2. Aufl. Hannover 1881. V: *Münchmeyer, C. F.* (Stadtbibl. Frankf. a. M. Kat. der Neueren Bestände.)

Höfegesetz, das. Für die Landwirthe, deren Rathgeber und Freunde, zumal in den Gebieten des gemeinen röm. Rechts und des allgemeinen preuß. Landrechts in seiner Hauptbedeutung und Nothwendigkeit besprochen von einem Amtsrichter der Prov. Hannover. 1. und 2. Aufl. gr. 8. (47 S.) Hannover 881, Meyer.

Höfegesetz für die Provinz Hannover in d. Fassung d. Gesetzes v. 28. Juli 1909 erl. von Justizrat Dr. [Karl] Linckelmann zu Hannover. Hannover: Helwing 1909. 75 S. 8⁰

Das **Höfegesetz** für die Provinz Hannover in der Fassung vom 28. Juli 1909 mit e. Einl. u. mit kurzen gemeinverständl. Erl. auf Grund d. Gesetzesmaterialien vers. von Dr. jur. [Werner] Reineke. Hannover: Schaper 1909. 50 S. 8° (10. 9.09) 7

Höfegesetz f. die Prov. Hannover. Vom 9. VIII. 1909. (12 S.) 8. Osnabrück 909. H. Meinders. — 30

Höfel, Blas., Ritter von Bohr und Aloys Reihe, Oesterreichs Ehrenspiegel. National-Prachtwerk. Die Modelle zu den Portraiten besorgt Dn. Böhm; die Biographien Frz. Tschischka. 12 Hefte compl. Mit 48 Portraits u. 1 Titelkpfr. 4. Wien 835, 36. J. Klang. 2⅔ ₰

Hofele, Engelbert

Hofele, Engelb., gemeinnütziges Allerlei od. sehr zeitgemäßes u. heilsames Quodlibet aus allen u. f. alle in Poesie u. Prosa m. viel Ernst u. Humor. Zunächst 101 kräft. u. saft. Portionen nach eigener naturwüchs. Art à la Abraham a Sankta Klara, Alban Stolz, Seb. Kneipp u. andern Kraftmännern präpariert. 8. (III, 146 S.) Waldsee 899. (C. Liebel.) n. — 50

Hofele, Engelbert, Bilder aus Schwaben. Land u. Leute, geschildert. 12. (XVIII, 545 S.) Würzburg 881. Woerl. n. 4. 50; geb. n. 5. —

Hofele, Engelbert, Blätter für Zeit und Ewigkeit, in abgerundeten, je ein Ganzes bildenden Orig.-Artikeln. 1. Serie: Pilgerreise-Bilder. 1.—4. Lfg. 8. Stuttgart 886, („Deutsches Volksblatt".) à Lfg. * 20 Pf. *
Inhalt:
Lfg. 1. Der Berg Carmel. (36 S.)
" 2. Alexandrien. (36 S.)
" 3. Lichtbilder von Bethlehem und Umgebung, getreu nach der Natur, heil. Schrift und Geschichte. (53 S.)
" 4. Das glorreiche heil. Grab Christi. (36 S.)

Hofele, E., Blätter f. Zeit u. Ewigkeit in abgerundeten, je e. Ganzes bildenden Orig.-Artikeln. 1. Serie: Pilgerreise-Bilder. 4. Lfg. 8. Stuttgart 887. („Deutsches Volksblatt.") n. — 20 (1—4.: n. 80)
Das glorreiche heil. Grab Christi. (36 S.)

—— Unsere Liebe Frau von Lourdes. Ein Betrachtungs- und Gebetbuch zur Verehrung der unbefleckten Empfängnis Mariä, besonders u. d. T.: Unsere Liebe Frau von Lourdes. Mit farb. Titel und 1 Farbendr. (V, 589 S.) 1887; 2. revid. und verb. Aufl. 16. (V, 565 S.) Leutkirch 888, Roth. — Schwäb. Gmünd, Roth.
geb. von * ℳ 2.—. bis *

—— dass. — Ausg. II mit großem Druck. 2. Aufl. 16. (V, 520 S. mit farb. Titel und 1 Farbendr.) Ebendas. 888.
geb. von * ℳ 2.—. bis *

—— dass. — Großdruck. 4. Aufl. 16. (XIV, 411 S. m. farb. Titel u. 1 Farbendr.) Ebd. 890. * 1 50; geb. * 2 — bis * 5 50

— Unsere Liebe Frau v. Lourdes. Betrachtungs- und Gebetbuch zur Verehrung der unbefleckten Empfängnis Mariä, besonders unter dem Titel Unsere Liebe Frau v. Lourdes. 5. Aufl. 16. (XIV, 576 S. m. farb. Titel u. 1 Farbendr.) Leutkirch 890. Roth. n. 1. 50; geb. n. 2. 20

— Unsere Liebe Frau v. Lourdes. Betrachtungs- u. Gebetbuch zur Verehrung der Unbefleckten Empfängnis Mariä, besonders unter dem Titel Unsere Liebe Frau v. Lourdes. Ausg. I m. Kleindr. 7. Aufl. (70. Tauf.) 16. (XIV, 576 S.) Leutkirch 894. R. Roth. Geb. in Leinw. n. 1. 80; in Ldr. n. 2. 50; m. Goldschn. n. 2. 80; Ausg. II m. Grobdr. 5. Aufl. (25. Tauf.) (XIII, 511 S.) Geb. in Leinw. n. 1. 80; in Ldr. n. 2. 50; m. Goldschn. n. 2. 80

— unsere Liebe Frau v. Lourdes. Betrachtungs- u. Gebetbuch zur Verehrg. der unbefleckten Empfängnis Mariä, besonders unter dem Titel Unsere Liebe Frau v. Lourdes. (Ausg. I mit feinem Druck.) 9. Aufl. gr. 16. (XIV, 576 S. m. farb. Titel u. 1 Farbdr.) Leutkirch (898). Kevelaer, Butzon & Bercker. Geb. in Ldr. m. Goldschn. 3. 75

— dasselbe. Ausg. II m. großem Druck. 7. Aufl. gr. 16 (XIII, 511 S. m. farb. Titel u. 1 Farbdr.) Ebd. 899. Geb. 2. 40

Hofele, Engelbert: Jubiläumsbüchlein für das goldene Jahr 1900 wie für jedes Jubiläum. Von Dr. Engelbert Hofele, Priester d. Diözese Rottenburg. Kevelaer: J. Thum 1899. (V, 147 S.) 8°

Jubiläumsbüchlein für das goldene Jahr 1900 wie für jedes Jubiläum, auch f. alle Ablässe, wo nach d. Meinung des h. Vaters zu beten. Von Dr. Engelbert Hofele, päpstl. Hausprälat. 2., nach d. Jubiläumsbulle rev. Aufl. *Kevelaer: J. Thum 1900.* (V, 147 S.) 8° [F.] 1— 30 8

Hofele, Engelbert: Jubiläumsbüchlein für das goldene Jahr 1900–1901 wie für jedes Jubiläum, auch für alle Ablässe, wo nach der Meinung des hl. Vaters zu beten. Von Dr. Engelbert Hofele, Priester d. Diözese Rottenburg. 3. nach d. Uebers. d. Jubiläumsbulle rev. Aufl. Kevelaer: J. Thum 1901. (VIII, 152 S.) 8°

Hofele, Engelb., das Kolumbus-Ei od. die Quintessenz der Kneippkur. Eine Naturgesundheits- u. Naturheillehre f. die heut. Welt. 1.—24. Tauf. 16. (XVII, 120 S. m. 1 Ansicht u. 2 Bildnissen.) Stuttgart 898. Süddeutsche Verlagsbuchh. Kart. n. 1. —

Hofele, Engelbert. Das Leben unseres Heilandes Jesus Christus u. seiner jungfräul. Mutter Maria. In kurzgefaßten tägl. Betrachtgn. u. geistl. Lesgn. nach dem hl. Wort Gottes 2c. 18 Lfgn. gr. 8. (909, XII S. m. Familien-Chronik u. farb. Titel.) Stuttg. 891—93, Süddeutsche Verlagsbuchh. (D. Ochs). à Lfg. — 40; 7 20; geb. * 9 50 geb. m. Goldschn. * 11 —

— das Leben unseres Heilandes Jesus Christus u. seiner jungfräulichen Mutter Maria. In kurzgefaßten tägl. Betrachtgn. u. geistl. Lesgn. nach dem hl. Wort Gottes u. den besten kirchl. Werken, besonders auch nach Catharina Emmerich, Kochem u. a. verf. Mit Illustr. der besten Meister der christl. Kunst. 1. u. 2. (Titel-)Aufl. 18 Hfte. Lex.-8. (XII, 900 S. m. farb. Titel.) Ebd. 892. 894. à — 40 (kplt. geb. in Halbfrz.: n. 9. 50; m. Goldschn. n. 11. —)

Hofele, Engelb., d. Leben unf. Heilandes Jesus Christus u. f. jungfräul. Mutter Maria. In kurzgef. tägl. Betrachtgn. u. geistl. Lesgn. n. d. hl. Wort Gottes u. den besten kirchl. Werken, bes. auch n. Catharina Emmerich, P. Kochem u. a. verf. M. Illustr. d. besten Meister d. christl. Kunst. 3. Aufl. Lex.-8. (900 u. XII S. m. farb. Titel.) Stuttgart 895. Süddeutsche Verlagsbuchh. Geb. in Halbfrz. n. 9. 50; m. Goldschn. n. 11. —

— Lourdes-Büchlein. Wirkliche u. geist. Wallfahrt n. Lourdes, nebst Besuch d. berühmten Gnadenorte des sel. Petrus Kanisius in Freiburg, U. L. Frau v. Fourvières in Lyon, d. hl. Thomas v. Aquin in Toulouse, U. L. Frau v. Siege u. Montmartre in Paris, d. hl. Martinus in Tours, U. L. Frau v. hl. Herzen in Issoudun, d. sel. Pfarrers Vianney in Ars u. d. göttl. Herzens Jesu in Paray-le-Monial. Abschied in Maria-Einsiedeln. Dazu Gebete u. Andachten u. d. Lourdes-Lied. 16. (229 S. m. 1 Farbendr.) M.-Gladbach 896. A. Riffarth. Geb. in Leinw. n. — 50

— Missions-Büchlein, enth.: Betrachtgn. u. Gebete f. kathol. Christen z. Erinnerg. an d. hl. Mission. Aus d. Predigten d. hochw. PP. Roder, Schlosser u. Werdenberg zusammengest. 16. (160 S.) Kevelaer 896. J. Thum. Geb. in Leinw. n.n. — 50

— Missions-Büchlein f. Unverheiratete. Enth. Betrachtgn. u. Gebete zur Erinnerg. an die hl. Mission. 3. Aufl. gr. 16. (256 S. m. Titelbild.) Kevelaer (900). J. Thum. Geb. in Leinw. — 75

— Missions-Büchlein f. Verheiratete. Enth. Betrachtgn. u. Gebete zur Erinnerg. an die hl. Mission. 3. Aufl. gr. 16. (256 S. m. Titelbild.) Ebd. (900). Geb. in Leinw. — 75

Hofele, Engelbert, Pilgerreisebilder für die Gegenwart — aus meiner großen Pilgerfahrt durch viele herrl. Landschaften, berühmte Städte 2c. der Schweiz und Frankreichs zu den heiligsten Gnadenorten neuerer und neuester Zeit — nach der Natur und dem Leben mit gutem Reisehumor, aber stellenweise zeitgemäßem spitzigem Stifte entworfen. 8. (X, 187 S.) Waldsee 879, (Liebel.) *

Hofele, Engelb., die Religionsübung in Deutschland auf der Basis des westfälischen Friedens. Eine gekrönte Preisschrift, unter Benützung der einschlägigen neuesten Literatur umgearb. u. herausg. Wiesensteig 861. Schmid. 8. (111 S.) 15 ngr.

— seraphischer Sternenhimmel, s.: Born, Herm.

— die heilige Theresia v. Jesus, die Lehrerin der Kirche, der Ruhm der spanischen Nation. Ein Lebens- u. Charakterbild für unsere Zeit. Zum frischen u. frommen Andenken an das 300jähr. Jubiläum des Todesjahres der heil. Theresia [† 15. eigentlich 4. Oktbr. 1582]. Nach den Quellen neu bearb. gr. 8. (IV, 194 S.) Regensburg 882. Manz. 2. 70

Hofele-Knöpfler. Conciliengeschichte. Ergänzgn., s. Finke, Heinr. Konzilienstudien.

* Analytische Betrachtungen über die Theorie der gläsernen sphärischen Spiegel, von *Joh. Fr. Höfeler*, Hochf. B. L. Abt des kl. Amelunxborn, ernannten Generalsup. des Weserdistricts und ersten Prediger zu Holzminden, d. K. G. d. Wiss. zu Göttingen Corresp. Wolfenbüttel. 32 S. 1 Kupf. 4. Auch Münster bey Philipp Heinrich Perrenon. 1775.

Hofelin, M. Jo. Georg Frid. (Steinheim), Thesis de processione spiritus sancti a patre et filio ex sacris literis asserta et vindicata. Präs. Christoph Matthäus Pfaff. Tübing. (Löffler) 17. VI. 1749. 12 S. (6.80) 15471

K. Hoefelmayr, Kurze Zusammenstellung meiner Forschungen auf milchindustriellem Gebiet in Frankreich. Aich bei Kempten 1891
Verf. Begründer der Camembert-Herstellung im Allgäu.

Hofeman

— s. a. Hoffman(n), Hofmann, Hoofman.

Hofeman, Michael (Rügenw./Pom.), De vicariis Romano-Germanici Imperii. Disput. ex c. V. Aureae Bullae. Präs. Joachim Nerger (Greifenberg / Schles.). Wittbg. (Johann Hake) 4. VII. 1657. 10 Bl. (7.—) 15472
Widm. v.: Christian Adolph Balduin (dtsch.), Adam Immanuel König (Cöslin/Pomm.).

— — Dasselbe. o. O. 1741. 24 S. (7.—) 15473

Hofen, v., Lieder für Volksschulen, s. **Harland**.

Hofen, L. J. v., s.: Hülfsbuch bei dem geograph., geschichtl., naturgeschichtl., physikal. u. deutschen Unterrichte in Volksschulen.

Hofen, Frz., wer einmal ... d. Liebesgeschichte e. Schauspielerin u. Anis... R. e. Einleitg. v. Max Ring. 8. (IV, 163 S.) Berlin 857. R. Jacobsthal. 1.60

Hofen, Heinrich, Turnbüchlein für Mädchen, Magdeburg 1846, XXIV u. 112 S., 16°.

v. Hofen, J. Glans, s. Feuerfarben.

Hofen, Kar., der Weihnachtsstern, s.: Theater Bibliothek.

Hofen, Th. Ern., Turnbüchlein für Mädchen oder Leitfaden bei den gymnast. Uebungen der weibl. Jugend. Mit Benutzung der besten vorhandenen Werke. kl. 16. Magdeburg 846, Heinrichshofen. 1/4 ℛ

An den Höfen Europas in den letzten drei Jahrhunderten. [1.] *Berlin: H. Steinitz 1900.* 8° [illegible]

Hoefen, A. van, zur Erinnerung an den heimgegangenen Lehrer Ernst Heinr. Wilh. Mester. Grabrede, geh. am 25. Novbr. 1889 auf dem Friedhofe zu Heren. 12. (8 S.) Witten 889. Roetold & Co. n. — 20

Hoefen, Alex. van, zur Erinnerung an den heimgegangenen Pfarrer Heinr. Wilh. Kienecker in Herbede. Grabrede, geh. am 18. Oktbr. 1893 auf dem Friedhofe zu Herbede. 12. (8 S) Witten 893. V. Roetold & Co. n. — 20

* Kurze Nachricht von der Beschaffenheit und Wirkung derer parobolischen Brennspiegel, so von Herrn *Peter Hoesen* Mechanico, und Königl. Hoftischler zu Dresden verfertiget werden, abgefaſst von J. P. Hoesen. Dresden, bey Friedr. Hekel, gr. 4. 15 S. 1755.

HOEFEN, Samuel van (Benjarmasin): De tetano traumatico. (Titel nach der Urkunde)
3.12.1873 - Urk: Ehr 1873/74,14
Diss.Ingolst.-Landsh.-Mchn.

Höfener, J., Versuch, den Volksschullehrer nützlich zu unterhalten. 8. (99 S.) Schwerin 847. (Hildebrand.) n. 1/3 ℛ

Hofer, Andreas, s. Stampfer, Cölest.

Hofer, Andreas, Anführer der Tyroler. Vaterländisches Gemälde. Frankfurt a. M. 1816. V: *Wigand, Paul.* (GGr) (Ky)

Hofer, Andreas, Anführer der Tyroler. Vaterl. Gemälde. 8. Frankf. a. M., Schäfer. 816.

Hofer, Andreas, und der Tiroler Aufstand 1809, u. a. Sammlung von 60 Originalschriftstücken und 19 gedruckten Proklamationen. 1200.—

Außergewöhnlich reichhaltige und interessante Sammlung. Sie enthält:
Eigenhändig geschriebener und unterzeichneter Befehl Andreas Hofers, 6 Zeilen, O. D.: „Untterzeichnet Belihlt dass so gleich sollen 4 starckhe commenien hie hero khommen vom allen iahlss öthass fohr fahlen solle so werden mir gleich Berichten Andree Hofer Ober Commendant von Passeyer."
3 **von Andreas Hofer eigenhändig unterzeichnete Quittungen** über Fouragen etc., empfangen von Elias Domanig, Wirt zu Schönberg bei Innsbruck. 1. Schönberg 28. Mai 1809. „Andere Hofer Ober Commendant von Passeyer." 2. Steinach 28. Okt. „Andere Hofer." 3. Schönberg 2. Nov. „Andere Hofer ober Commendant in Diroll ist Beder gemeinde Ein zu stöllen."
Ein von Andreas Hofer eigenhändig unterzeichnetes Schriftstück an Elias Domanig. Stainach 24. okt. 1809 „Andere Hofer".
14 **von Andreas Hofer** als „Ober-Commandant in Tyrol" erlassene gedruckte Aufrufe und Verordnungen. Innsbruck vom 18. August bis zum 2. Oktober 1809. In Folio.
3 eigenhändig geschriebene und unterzeichnete Quittungen von Hofers Waffengefährten „Aschbacher Oberkommandant" (1 mit dem Siegel der Tiroler Landes Defension) u. „Joseph Danej bevollmächtigter Oberfeld Caplan." Oktober 1809.
33 Quittungen von Kampfgenossen Hofers, oesterreich. Offizieren u. a. über Verpflegung im Gasthaus des Elias Domanig zu Schönberg, vom 6. März bis zum 9. November 1809. 3 Rechnungen Domanigs über Menage, Fourage, Militärlasten etc., 6 verschiedene Schriftstücke an Domanig 1800—1809.
5 gedruckte Mandate: 2 von Innsbruck 1805 u. 1809. Bayrisches Stempel-Mandat für Tirol 1807. Extrablatt über die Ereignisse im Juni 1809.
8 Quittungen des Richters und Marsch-Kommissars von Samer über Vorspann etc., Matrey 10. bis 21. März 1797.

Hofer, Andreas, und der Freiheitskampf in Tyrol ... Leipzig 1841—42. V: *Becker, Wilhelm Gottfried.* (BrMm) (Pr)

Hofer, Andreas, und der Freiheitskampf in Tyrol 1809. Von Dr. 13 Liefg. 16. (Mit 24 Stahlstichen u. 2 Facsimiles.) Leipzig 841, 42, Teubner. (à 1/8 ℛ) compl. in 3 Einbänden 2 ℛ

Hofer, Andreas, und die Tiroler Insurrection im Jahre 1809. Ein historisch-biographisches Gemälde aus ächten Quellen. München 1810. V: *Bergk, Johann Adam.* (Margr)

Andreas Hofer und die Tyroler Insurrection des Jahres 1809. 8. München 1811. Fleischmann.

Hofer, Andreas, in seinem Leben und Wirken. Eine Skizze zur Säkular-Feier 1867. 8. (45 S. mit dem Portr. Andr. Hofer's in Holzschn.) Wien 867, Hartleben's Verlag.

Hofer, Andreas, der berühmte Sandwirth, aus Passeyr in Tyrol, u. der Tyroler Freiheitskampf im Jahre 1809. 8. (61 S.) Altötting 878. Lutzenberger. — 25

Hofer, das A-B-C der Armenpflege. Zugleich 3. Jahresbericht des St. Johannis-Zweig-Vereines im Kantone Dürkheim. Dürkheim 858. (Neustadt, Gottschick.) gr. 8. (64 S. u. 1 Tab. in Fol.) nn. 7 1/2 ngr

Hofer, das Jordan-Bad bei Biberich. 12. (56 S. mit 1 lithogr. Ansicht.) Biberach (Ravensburg) 852, Dorn'sche Buchh.

—— der neueste Kampf der Symbol-Gläubigen gegen das gute Recht der verein. Kirche der Pfalz. gr. 8. (95 S.) Neustadt a. d. H. 847, Gottschick's Buchh.

—— Katechismus der christl. Religions-Lehre. Versuch einer Umgestaltung und Abkürzung des in der verein. Kirche der Pfalz eingeführten Katechismus. 8. (64 S. Neustadt a. d. H. 849, Gottschick's Buchh.
*

(Hofer) die lustige Melancholie, oder der mit sich selbst allein redende, uber die vorgebende Sympathiekraft speculirende und nichts umschneidende Delträger. Gott und seiner Kirche zu lieb ausgearbeitet. Mit Beyfall und Verlangen hochfrommweiser Herzen ösentlich an das Licht gegeben werden, 1775. Amberg. gedruckt von Caspar Herenglauber. 8.

— das gute Recht der vereinigten Kirche der Pfalz. Ein Wort der Verständigung an ihre Freunde, hervorgerufen durch die offenen Briefe der Herren Dalläus u. Schiller. gr. 8. Landau 846, Kaußler. 1/6 ₰

Hofer, A., der Gefangene im rothen Thurm. Erzählung aus der Geschichte der Pfalzverwüstg. gr. 8. (35 S.) Aachen 887. (Cremer.) n. — 90

Hofer, Alexander. Anweisung zu Sattler- Arbeiten, sammt deren Zeichnung zergliedert und im Ganzen. Als Handbuch fur Sattler verfasst von Alexander Hofer Mühlhausen gedruckt u zu haben bey Joh Rissler und bey G Engelmann 1818.
4 S. 20 Taf in Lithogr 19 S 4°.

Hofer, Alois — Passiflora. Gedichte von — —. Wien, 1857. Druck von M. Auer. (308 S. 8.)

Hofer, Andreas

Extract aus der Thaler Güeter Beschreibung de ao. 1750. Mit den Namen der Bauern und dem Wert der Güter im Rainer Stab. Neder. Unterberg. Oberberg. Milders. Manuskript. 11 Bll. — Eine Schuldcession v. J. 1771.

HOFER, Andreas Jacob (Regensburg): De cosmetice et cosmeticis.- Landishuti: Storno 1826. 15 S. 7.8.1826 - Pe 424; F 59
Diss. Ingolst.-Landsh.-Mchn.

Hofer, August, s.a. Hofer, August Albert

Hofer, A[ugust]: Beobachtungen über Englands Colleges und das Erziehungswesen in Oesterreich. S. 3—39, 4 Taf. 8.
Progr. K. k. Staatsgymn. im XXI. Gemeindebezirke *Wien* (*Floridsdorf*) 1908.

Hofer August: De M. Cornelii Frontonis et M. Aurelii imperatoris elocutione.
II. 1890 PN 647 Diss Wien Univ. 1497

Hofer, Aug., leichtfassliches, ausführl. Lehrbuch der Stenographie (System Gabelsberger) mit zahlr. Lese- u. Schreibübungen. 1. Tl. Verkehrsschrift. 3. umgearb. Aufl. (X, 172 S.) gr. 8. Wien 908 A. Hölder. 2. —

Hofer, Aug., Lehrbuch d. deutschen Stenographie, s.a. Markovits, Ivan.

Hofer, Aug., Lehrbuch der deutschen Stenographie (System Gabelsberger), nach J. Markovits' leichtfassl. Lehrgange f. den Schul-, Curs- u. Selbstunterricht neu bearb. Correspondenzschrift. VI. verm. u. verb. Aufl. gr. 8. (XVI, 156 S.) Wien 901. A. Hölder. n. 2. 30

Hofer, Aug., Lehrbuch der deutschen Stenographie (System Gabelsberger), nach J. Markovits' leichtfassl. Lehrgange f. den Schul-, Kurs- u. Selbstunterricht bearb. 1. Tl.: Korrespondenzschrift. 7., im wesentlichen unveränd. Aufl. (XI, IV, 156 S.) gr. 8. Wien 905. A. Hölder. n. 2.—

Hofer A.: Unsere Thier- und Pflanzennamen mit Rücksicht auf altdeutsche und mundartliche Formen. 85. Wiener-Neustadt L.-B.-A. 80.
Progr.

Hofer, August Albert, s.a. Hofer, August

HOFER, August Albert
Die Jugendspiele. Dr. Aug. Alb. Hofer. Auszug aus dem Jahresberichte der deutschen Staats - Oberrealschule 1898—99. Triest. 1899. In Comm. Schimpff. Gr.-8°. 32 S. fl. —.50

Hofer, August: Katalog der Lehrerbibliothek. Triest St. R., Progr. 1901. 1902. 21. 14. S.

Hofer, A[ugust]: Die Mittelschule und die neue Zeit. XXXIX S. 8. XXX S. 8. Progr. K. k. Staats-Gymn. *Triest* 1904. 1905.
Fortsetzung einer größeren Arbeit, deren erste beiden Teile in den Programmen der Staats-Oberrealschule in Triest 1902 und 1903 erschienen.

Hofer August: Weihnachtslieder aus Niederösterreich 56. Wiener Neustadt Lehr. Sem. 90.
Progr.

— Weihnachtsspiele. 49. ibd. 92.
Progr.

Hofer, B. J. B., die ganze Jägersprache in der Westentasche. Waidmännische Ausdrücke für alle Körpertheile des bei uns vorkommenden Wildes u. der dem Jäger unentbehrlichen Jagdhunde, deren Zeugung, Entstehung, Eigenthümlichkeiten, Gewohnheiten rc. Cassel 863. Trömner & Dietrich. 32. (18 S.) 5 ngr.

Hofer, B. M., Sammlung von Kopfrechnungsaufgaben meist dem Geschäftsleben entnommen für Schulen u. Schullehrerbildungs-Anstalten. 8. (VIII u. 93 S.) Stuttgart 852, Mäcken. 1/3 ₰

Hofer, Bruno: Anleitung zur Besetzung von Krebsgewässern. Kaufbeuren 1901.
Festschrift landw. Ausstellung Kaufbeuren 1901.

Hofer, Bruno: Über die Aetiologie u. Verbreitungsweise der Krebspest. Aus einem baltischen Sonderdruck im Besitz d. Bayer. Biol. Versuchsanstalt.

Hofer, Bruno, s.a. Berichte aus der kgl. bayerischen biologischen Versuchsstation in München.

Hofer, Bruno: Berichte aus der Kgl. Bayer. Biologischen Versuchsstation in München. 1. Band 1908, 2. Band 1909, 1914 aufgegangen in Z.f.F., Berlin. Stuttgart ab 1908.

— Das bayer. Fischereirecht, s.: Malsen-Waldkirch, Conr. Frh. v.

(Aus d. Kgl. Bayer. Versuchsstation f. Fischerei.) Handbuch der Fischkrankheiten von Dr. Bruno Hofer, Prof. in München. Mit 18 Taf. u. 222 Text-Abb. *München: Allg. Fischerei-Zeitung* 1904. (XV, 359 S.) 8° 10.-33...

Hofer, Bruno, Handbuch der Fischkrankheiten. 2. unveränd. [Titel-]Aufl. Mit 18 Farbendr.-Taf. u. 222 Textabbildgn. (XV, 359 S.) gr. 8. Stuttgart [904] 906. E. Schweizerbart. n. 12. 50; geb. n. 13. 75

Hofer, Bruno, Kanalisation u. Entwässerung von Ortschaften an Binnenseen, s.: Pettenkofer, Max v.

Hofer, Bruno: Über die Pockenkrankheit des Karpfens. Dresden und München 1901.
Schr. Sächs. Fisch. Ver. u. A. F.Z., 26.

-- Die Süsswasserfische v. Mittel-Europa, s.: Vogt, Carl.

Hofer, Bruno [aus Rastenburg]: Untersuchungen über den Bau der Speicheldrüsen und des dazu gehörenden Nervenapparats von Blatta .... (Sep.-Abdr. aus Nova Acta d. Kais. Leop.-Carol. Deutsch. Akad. d. Naturforscher. Bd. LI.) Halle, Druck v. E. Blochmann & Sohn in Dresden, 1887; 1 Bl. + 46 S. + 1 Bl. 4°.
Königsberg, Phil. Fak., Inaug.-Diss. v. 10. Mai 1887.

Hofer, Bruno, Untersuchungen über den Bau der Speicheldrüsen und des dazu gehörenden Nervenapparats von Blatta. gr. 4. (51 S. mit 3 Taf.) Halle 887, (Leipzig, Engelmann.) *
Aus: Acta, nova, der kaiserl. Leop.-Carol. deutschen Akademie der Naturforscher, besonders abgedruckt.

Hofer, Bruno: Über die Ursachen und das Wesen der Krebspest. Berlin 1902.
Mitt. Fisch.-Ver. Provinz Brandenburg.

Die Verbreitung der Tierwelt im Bodensee nebst vergleichenden Untersuchungen in einigen andern Süsswasserbecken von Dr. Bruno **Hofer** in München. Lindau i. B.: J. Th. Stettner in Komm. 1896. (64 S.) 4°(8°)
— Bodensee-Forschungen. Abschn. 10.
— **Schriften** d. Vereins f. Geschichte d. Bodensees u. s. Umgebung. H. 28, [Beil.] [97. 15470

— s.: Zeitschrift f. Fischerei.

Hofer, C. P., Ueber die Verwandtschaft d. herodot. Stils mit d. homerischen. Pr. 1878. 39. S. 3.—

Hofer, Cassian: Über die Verwandtschaft des herodotischen Stiles mit dem homerischen. 39 S. 8. Meran 1878.

Hofer, Ch., von d. Gerichtsbarkeit in Geschäften außer Streitsachen u. d. Zuständigkeit d. Gerichte f. bücherliche Eintraggn. im Executionsverfahren. C. krit. Darstellg. d. in Hinkunft geh. jurisdiction Vorschriften. gr. 8. (60 S.) Wiener-Neustadt 898. M. Folk. n. 1.—

Hofer, Chrn., Gebühren v. Vermögensübertragungen sammt Durchführungsverordnung der Minister der Finanzen u. der Justiz vom 2. IX. 1899, Nr. 171 R.-G.Bl. Kaiserl. Verordng. v. 16. VIII. 1899, Nr. 158 R.-G.Bl. Besprochen v. H. gr. 8. (47 S.) Wien 900. M. Perles. n. 1.60
Sonderabdruck aus: „Zeitschr. f. Notariat u. freiwill. Gerichtsbarkeit in Oesterreich".

Hofer, Christian, Realapotheken. (III, 95 S.) gr. 8. Wien 903. Manz. n. 2.40

— das Realgewerbe. gr. 8. (63 S.) Wien 896. Manz. n. 1.20

Hofer, Cuno, s. Hofer, Kuno

Hofer, Dominik

Hofer, D., spezielle Naturgeschichte der Hausthiere. Ein prakt. Handbuch für Thierärzte, Landwirthe u. alle Freunde der Hausthiere. gr. 8. (VIII u. 184 S.) Regensburg 852, Manz. 5/6 ₰

HOFER, Dominik Martin (Oberstdorf): De contraindicationibus versionis foetus.- Monachii: Hübschmann 1845. 25 S.
3.1.1844 - Urk; P 66
Diss. Ingolst.-Landsh.-Mchn.

Hofer, Emil: Elf Tage verirrt in der Wüste. Ein Erlebnis aus der franz. Fremdenlegion in Afrika. 8. Bern 1897.

Hofer, Ewald: Über die Bilder von Heinrich Vogeler Worpswede zu Gerhart Hauptmanns „Versunkener Glocke". S. 3—34. 8.
Progr. K. k. Staatsgymn. *Mähr.-Weißkirchen* 1910.

Hofer Ewald: Sir Walter Scotts Einfluß auf Ph. J. v. Rehfues Roman „Scipio Cicala".
1905 PN 1899 **Diss.** Wien, Univ. 159

Hofer, Ewald: Sir Walter Scotts Einfluß auf Ph. J. v. Rehfues' Roman „Scipio Cicala" S. 3—42. 8.
Progr. K. k. Staatsgymn. *Mähr.-Weißkirchen* 1909.

Hofer, Frz., Pater Georg Freund, C. SS. R. Eine kurze Darstellg. seines Lebens u. Wirkens. (22 S. m. 3 Bildnissen.) 8. Wien 906. Buchh. „Reichspost". n. — 10

Hofer, Franz: Der Weibermagnet, s. Lehner, Fritz [Komp.].

Hofer, Franz Joseph

— **Abh. v. Koffee ꝛc. 8. Frft. Stettin. 780.**

— Abhandlung vom Kaffee, worin v. dessen Ursprung, Geschichte, Zubereitung, Verfälschung ꝛc. gehandelt wird. 8. Frankf. 781. Stettin in Ulm. 8 ₰

— philos.-medicin. Gedanken von dem so seltenen als merkwürd. Zustande der Mutschlerie in Duningen. 8. Ulm 774. Wohler. 3 ₰

Hofer, Fr. Jos., Vom Kaffé, dessen Ursprung ꝛc. Frkf. u. Lpz. 8°.
A. D. B. XLVI, 706. 1781.

Hofer, Franz Joseph: Lehrsätze der praktischen Geburtshilfe, die Manualoperationen betreffend, zum Gebrauche der Vorlesungen bey dem Chirurgischen- und Hebammen-Institut. Nebst einem Anhange (über die Nothtaufe). 336 S., gbd.

Augsburg: Rieger 1788

JB 3.917

Hofer, Franz Joseph: Lehrsätze des chirurgischen Verbandes. Th.1 - 3 (nebst) Bildband, gbd.

Erlangen: Palm 1790 - 1792

JB 3.481

Hofer, Franz Joseph: Unterricht die Nothtaufe zu verrichten. 13 S.(S.323 - 335). Augsburg: 1788

s.: **Hofer, F.J.:** Lehrsätze der praktischen Geburtshilfe, die Manualoperationen betreffend... Anhang.

JB 3.917

Hofer, Fridolin, Stimmen aus der Stille. Gedichte. (82 S. m. 1 Heliogr.) 8. Einsiedeln 907. Verlagsanstalt Benziger & Co. 2.—; geb. in Leinw. 3.—

Hofer, G., s. Hofer, Georg Hieron.

Hofer, Georg: Kondensation von Phenylanilidoacetonitril und Zimtaldehyd. 1905. 23 S. 8°
München, Dr.-Ing.-Diss. v. 4. 4. 1905

Hofer, (Georg Hieron.), siehe: Bericht, stenogr., über die General-Synode der verein. Kirche der Pfalz.

Hofer, G. H., vergleichende Beurtheilung der in den vereinigten Kirchen des bayerischen Pfalzkreises u. des Großherzogthums Baden eingeführten Katechismen ꝛc. Ein Wort der Verständigung an die protest.-evangel. Christen der Pfalz, insbesondere an die Mitglieder der Diöcesan-Synoden. gr. 8. Landau 845. (Kaußler.) n. 1/3 ₰

Hofer, (Georg Hieron.), der neueste Kampf der Symbol-Gläubigen gegen das gute Recht der verein. Kirche der Pfalz. gr. 8 (95 S.) Neustadt a. d. H. 847, Gottschick. 1/4 Rthlr.

— Katechismus der christl. Religionslehre. Versuch einer Umgestaltung u. Abkürzung des in der vereinigten Kirche der Pfalz eingeführten Katechismus. 8. (61 S.) Ebd. 849. n. 7 Ngr.

Hofer, Hans, Gedichte u. Lieder eines Achtundvierzigers. 8. (VII, 172 S.) Offenburg 880. Hambrecht. n. 2. —

Hofer, Hans. Handbuch über Teil 1: Die Betriebsausgaben & Teil 2: Das Preis-Berechnen in der Lithographie. Unter gefl. Mitwirkung und empfohlen von der Spezial-Kommission des Vereins Schweiz. Lithographie Besitzer, bestehend aus den Herren: A[lbert] Fries, Winterthur, A[lbert] Klausfelder, Vevey, C[arl] Lips, Bern, A[ugust] Trüb, sen., Aarau. 72 S. 8. Zürich, Hofer & Co., 1905. [geb. fr. 6. —]

Hofer, Hans (Red.), s. Z e i t s c h r i f t , Österreichische, für Berg- und Hüttenwesen.

Hofer, Hnr., kurze Anleitung zur prakt. Ausmessung u. Berechnung von Flächen u. Körpern, oder: Die Arbeiten der Zimmerleute, Maurer, Schreiner, Gypser, Tapezierer, Flachmaler ꝛc., wie auch Steinmassen, Kellerräume, Kanäle, Haustöcke ꝛc., in Quadrat u. Kubik auszumessen ꝛc. Mit 1 Steintaf. 8. Aarau 831. Christen. 1/3 Rthlr.

Hofer, J., kurzes Lehrbuch der chemischen Technologie, s. Schultz, Gust.

H o f e r , I., manuale pharmacevticum in μs. minor. urbium. 8. Bas. Schweighäuser. 780.

H o f e r . J. Plan und Zweck der Realschule. Bozen, R., 1876. 11 S. Progr.

H o f e r , J., Sammlung der Erkenntnisse über Competenz-Conflikte zwischen Gerichten und Verwaltungsbehörden und der oberstrichterlichen Plenar-Beschlüsse in bürgerl. Rechtsstreitigkeiten, systemat. geordnet. gr. 8. (XI und 190 S.) Nördlingen 868, Beck'sche Buchh.

H o f e r , J. A., Kunstgriffe frommer Aeltern z. Erziel. gutgesitteter Kinder ꝛc. 8. Insbruck, Fischer. 794.

Hofer, J. J. Panorama der Stockhornkette, des Niesen u. der Blümlisalp vom Hotel und Pension Baumgarten in Thun. Lithographie. Zürich, J. J. Hofer. 1879.

Hofer, Ida, gesühnt. Roman in 2 Bdn. gr. 8. (391 u. 351 S.) Breslau 900. Schles. Buchdruckerei ꝛc. n. 10. —; geb. n. 12. —

Hofer, Jo.

—, De nostalgia, vulgo: Heimwehe oder Heimsehnsucht. 20 pp. Bas. 1745. 4°. *Haller*, Disp. ad morbos. 4°. Laus. 1757, I, p. 181 —190.

1710

Hofer, Jo., praes. Jo. Jac. Harden, De nostalgia, vulgo: Heimwehe od. Heimsehnsucht. 20 pp. Bas. 4°. *Haller*, Disp. ad morb. 4°. Laus. 1757, I, 181—190. (1. ed. 1681.) 1745

Hofer, J., De pothopatridalgia. Vom Heim-Wehe. In: Fasc. diss. med. sel. (Zwingerus) 12°. Bas. 1710 p. 87—111.

1710

HOFER, JOH. Ueber Anlagerungen an Anhydroformaldehylanilin. (Bern) München, 1895.

Hofer, Joh., Der Elbestrom, pittoresk-topographisch geschildert. Mit einem Anhang über die Lage u. Umgebung von Prag, mit einer Wasserreise von da bis Melnik, einer Vergleichung der Elbegegenden mit den Rheingegenden u. einer Skizze über die Schiffahrt u. Tragfähigkeit der Elbe. Prag 1841. gr. 8.

Hofer, Jh., († d. 30. Nov. 1781.) manuale pharmaceuticum in us. minor. urbium. 8. Basel 790. Schweighäuser. 16 gr.

Hofer, Joh., Mülhausen: Dissertatio inauguralis medica de religiosorum morbis. 1716.
Basel; med. Diss.

Hofer, Joh., Mülhausen: Dissertatio inauguralis medica de terrore praeternaturali orto a nimia nervorum acusticorum sensibilitate subsequentibus miris singularibusque symptomatibus. 1739.
Basel; med. Diss.

Hofer, Johann Baptist, s.a. H ö f e r

—s.a. I d e e n zu e. ausführl. Steuerperäquation.

Ideen zu einer leicht ausführbaren Steuerperäquation in einem Staate, wie das Grossherzogthum Baden (von J. B. H o f e r). 8°. Karlsruhe, Müller, 1808 (a. Mohr in Heidelberg).

Hofer, Jh. Bapt. S. J. Imago Crucifixi, († ...) prodigiosis eventibus illustrata 8. Augsb. 752 Wolff. 6 gr.

v. Hofer, J. B., über die Mißhandlung u. Vertreibung d. kathol. Raths Thadd. A. Dereser als katholischer Pfarrer in Karlsruhe. Eine kurze, jedoch gründl. Widerlegung e. Aufsatzes in d. Athanasia. 8. Rotweil 828. Herder. 5 gr.

— sibi imperare maximum imperium et Salvator mundi in crucem actus. Tragoedia. II Ptes. 8. Augsb. 752. Wolf. 6 gr.

Hofer, Jh. Bapt., Unterr. über d. Verfass. d. Reichsstadt Rotweil. 8. Ulm 796. Stettin. 8 gr.

— s. U n t e r s u c h u n g d. Fr.: Sind die Kreise d. deutschen Reichs ...

Hofer, Jh. Evangel., († d. 24. Febr. 1817.) de Kantiana interpretationis lege. Appendice ad Greg. Mayer institutionem interpretis sacri. 8maj. Sulzb. 800. Seidel. 2 gr.

— s. Er. R o t e r d a m i Paraphrasis in Paulli Epistolas.

Hofer, Joh. Ev., Über den Umfang der orientalisch-biblischen Litteratur. Ein Wort der Freundschaft an seine katholischen Glaubensgenossen. Salzburg, 1789, 8°, 15 S.

— über den Umfang d. oriental. bibl. Litterat., e. Wort an seine kathol. Glaubensgenossen. 8. Sulzb. 789. Seidel. 1 gr.

Hofer, Johann Michael: Die Stellung des Desiderius Erasmus und des Johann Ludwig Vives zur Pädagogik des Quintilian. Erlangen 1910: Junge. IV, 220 S. 8°
Erlangen, Phil. Diss. v. 23. Nov. 1910, Ref. Römer
[Geb. 28. Juli 87 Nürnberg; Wohnort: Nürnberg; Staatsangeh.: Bayern; Vorbildung: Altes Gymn. Nürnberg Reife 07; Studium: Erlangen 6 S.; Rig. 25. Juli 10.] [U 11. 951

Hofer, Jh. Nep., Lobrede auf d. heil. Johannes von Nepomuk ꝛc. 8. Konstanz 804.

— Triumph der Religion u. ihrer Bekenner. Eine Rede. 8. Konstanz 801.

Hofer, Jos., Anfangsgründe der Stereometrie für Schulen u. zum Selbstunterrichte. Mit in den Text gedr. Holzschn. Wien 879. Sallmayer & Co. 8. (IV, 71 S.) n. 10 ngr

Hofer, Joseph, *techn. Lehrer a. d. k. k. Realschule zu St. Leopold etc.* Geographische Darstellung des Kaiserthumes Oesterreich, nebst einer Einleitung zur allgemeinen Geographie u. einem Anhange von geographischen Uebersichtstabellen. Nach den neuesten Quellen bearb. und zum Gebrauche in Schulen eingerichtet. *Wien* 1858. *Ant. Schweiger.* VI, 176 S. kl. 8°. 1 fl. 12 kr.

Hofer, Josef, Prof., Grundriß der Naturlehre in 3 Stufen. I. Stufe (für die 6. Classe achtclassiger Volks- und Bürgerschulen oder die 1. Classe dreiclassiger Bürgerschulen). 9. verbesserte Aufl. Mit 75 in der Text gedruckten Holzschnitten. 8. (96 S.) cart. 32 kr.
— — II. Stufe (für die 7. Classe achtclassiger Volks- und Bürgerschulen oder die 2. Classe dreiclassiger Bürgerschulen). 8. verbesserte Aufl. Mit 84 in den Text gedruckten Holzschnitten. 8. (88 S.) cart. 32 kr.
— — III. Stufe (für die 8. Classe achtclassiger Volks- und Bürgerschulen oder die 3. Classe dreiclassiger Bürgerschulen. 7. verbesserte Aufl. Mit 72 in den Text gedruckten Holzschnitten. 8. (94 S.) cart. 32 kr.
Wien: Graeser 1882.

Hofer, Jos., Grundriß der Naturlehre für Bürgerschulen. In 3 Stufen. Auf Grund der Lehrpläne vom 1. April 1884 bearb. 8. Wien, Graeser. [1. Stufe. 13.—16. Aufl. (84 S. mit 69 Holzschn.) 886—88. cart. * 64 Pf.; 2. Stufe. 11.—14. Aufl. (135 S. mit 104 Holzschn.) 886—88. cart. * 80 Pf.; 3. Stufe. 9. umgearb. und 10. Aufl. (104 S. mit 66 eingedr. Holzschn.) 885. cart. * 60 Pf.] *

Hofer, J., Grundriß der Naturlehre f. Bürgerschulen. In 3 Stufen. 8. Wien 889. Manz. cart. n. 2. 8
1. 17. Aufl. (83 S. m. 69 Holzschn.) n. 64
2. 14. Aufl. (135 S. m. 104 Holzschn.) n. 80
3. 11. Aufl. (104 S. m. 66 Holzschn.) n. 64

Hofer, Jos., Grundriſs der Naturlehre f. Bürgerschulen. In 3 Stufen. Auf Grund der Lehrpläne vom 1. Apr. 1884 bearb. gr. 8. Wien 891. Manz. Kart. n. 2. 80
1. 18. Aufl. [Unveränd. Abdr. d. 13., umgearb. Aufl.] (84 S. m. 69 Holzschn.) n. — 64
2. 15. Aufl. [Unveränd. Abdr. der 10., umgearb. Aufl.] (135 S. m. 101 Holzschn.) n. — 80
3. 12. Aufl. [Unveränd. Abdr. der 9., umgearb. Aufl.] (101 S. m. 66 Holzschn.) n. — 64

Hofer, Jos., Grundriſs d. Naturlehre f. Bürgerschulen. In 3 Stufen. Auf Grund der Lehrpläne v. 1884 bearb. gr. 8. Ebd. 896. Kart. n. 2. 36
1. 19., verb. Aufl. (81 S. m. 71 Holzschn.) n. — 72
2. 16., verb. Aufl. (132 S. m. 100 Holzschn.) n. — 84
3. 13., verb. Aufl. (108 S. m. 72 Holzschn.) n. — 80

Hofer, Jos., Grundriſs der Naturlehre f. Bürgerschulen. In 3 Stufen. Auf Grund der Lehrpläne v. 1884 bearb. u. nach dem hohen Erlaſſe vom 21. IV. 1896, Z. 9199 abgeändert. gr. 8. Wien 900. Manz. Kart. n. 2. 36
1. 20. Aufl. (87 S. m. 79 Holzschn.) n. — 72
2. 17. Aufl. (115 S. m. 97 Holzschn.) n. — 84
3. 14. Aufl. (118 S. m. 79 Holzschn.) n. — 80

Hofer, Jos, Grundriß der Naturlehre f. Volks- u. Bürgerschulen. Mit 150 in den Text gedr. Holzschn. 3. verb. Aufl. gr. 8. (160 S.) Wien 875. Graeser. n. 1. 20

Hofer, Jos., Grundriß der Naturlehre für Volks- u. Bürgerschulen. Mit 153 in den Text gedr. Holzschn. 5., verb. Aufl. gr. 8. (160 S.) Wien 877. Graeser. n. 1. 20

— dasselbe. In 3 Stufen. gr. 8. Ebend. 882. cart. à n. n. — 64
1. 9., rev. Aufl. (96 S. m. 75 eingedr. Holzschn.)
2. 8., verb. Aufl. (88 S. m. 84 eingedr. Holzschn.)
3. 7., verb. Aufl. (94 S. m. 72 eingedr. Holzschn.)

Hofer, Jos., Grundriß der Naturlehre f. Bürgerschulen. [In 3 Stufen.] Auf Grund der Lehrpläne vom 1. Apr. 1884 bearb. 1. u. 2. Stufe. 8. Wien 886. Graeser. cart. n. 1. 44
1. 14. Aufl. Mit 69 Holzschn. (84 S.) n. — 64. — 2. 11. Aufl. Mit 104 Holzschn. (135 S.) n. — 80

(F) Grundriss der Naturlehre für Bürgerschulen. In 3 Stufen. Auf Grund der Lehrpläne vom 1. April 1884 bearbeitet und nach dem hohen Erlasse vom 21. April 1896, Z. 9199 abgeändert von Josef Hofer. I. Stufe. 20. Auflage. Mit 79 in den Text gedruckten Holzschnitten. Approbiert mit Erlass des hohen k. k. Ministeriums für Cultus und Unterricht vom 20. April 1900, Z 8965. Wien. 1900. Manz. Gr.-8°. 86 S. K —.72

(F) Grundriss der Naturlehre für Bürgerschulen. In 3 Stufen. Auf Grund der Lehrpläne vom 1. April 1884 bearbeitet und nach dem hohen Erlasse vom 21. April 1896, Z. 9199, abgeändert von Josef Hofer, III. Stufe. 14. Auflage. Mit 79 in den Text gedruckten Holzschnitten. Approbiert mit Erlass des hohen k. k. Ministerium für Cultus und Unterricht vom 20. April 1900, Z. 8965. Wien. 1900. Manz. Gr.-8°. 118 S. K —.80

Hofer, Jos., Grundriſs der Naturlehre für Volks- und Bürgerschulen. In 3 Stufen. gr. 8. Wien, Graeser. [1. Stufe. 7.—10. revid. Aufl. (96 S. mit 76 eingedr. Holzschn.) 881,82; 11. Aufl. (96 S. mit 76 eingedr. Holzschn.) 884. — 2. Stufe. 6.—8. verb. Aufl. (88 S. mit 84 eingedr. Holzschn.) 881,82; 9. revid. Aufl. (90 S. mit 85 eingedr. Holzschn.) 884. — 3. Stufe. 6. und 7. verb. Aufl. (94 S. mit 72 eingedr. Holzschn.) 881,82; 8. revid. Aufl. (94 S. mit 74 eingedr. Holzschn.) 884.] cart. à Stufe ** 64 Pf. **

— dasselbe f. Volks- u. Bürgerschulen. 3 Stufen. 8. Ebend. 886. cart. à n. — 64
1. 11., rev. Aufl. (96 S. m. 76 eingedr. Holzschn.) — 2. 9., rev. Aufl. (90 S. m. 85 eingedr. Holzschn.) — 3. 8., rev. Aufl. (94 S. m. 74 in den Text eingedr. Holzschn.)

— s.: Handbuch d. spec. Methodik.

Hofer Jos.: Der Kreis als Directrix der Kegelschnitte u. einiges über die allgemeine Directrix der Kegelschnitte. 19. Bozen R. 87. Progr.

Lehrbuch der Experimental-Physik mit besonderer Rücksicht auf Chemie u. die neuesten Entdeckungen für Mittel-, Gewerbs- u. Handelsschulen, so wie zum Selbstunterrichte. 1. Bd. 2., durchaus umgearb. Aufl. Mit zahlreichen in den Text gedr. Holzschn. Ebend. 863. 8. (IV, 182 S.) n. 20 ngr

Hofer, Jos., Lehrbuch der Experimental-Physik mit besond. Rücksicht auf Chemie u. die neuesten Entdeckungen für Mittel-, Gewerbs- u. Handelsschulen, sowie zum Selbstunterrichte. 2. Bd. 2., durchaus umgearb. Aufl. Mit 281 in den Text gedr. Holzschn. Wien 867. (Sallmayer & Co.) 8. (309 S.) n. 1 ₰ 4 ngr

— — 1. Bd. 3., durchaus umgearb. Aufl. Mit zahlreichen in den Text gedr. Holzschn. Ebend. 869. 8. (IV, 167 S.) n. 20 ngr

— Lieder für die österreichische Jugend (in 4 Heften), herausgegeben vom Lehrervereine „Volksschule". Heft 1., 2., 4. verbesserte Auflage. Wien. Karl Gräser. Preis eines Heftes 10 kr.

Hofer, Josef und Karl Schubert: Materialien für die Schulpraxis und Lehrerfortbildung. 1. Bd. 1. Heft. 8. (VI u. 180 S.) Wien, Dirnböck's Buchh. (Georg Draudt.) pr. 1/6. 1869.
– Dasselbe. 2. Bd. 1.–3. Heft. 8. (S. 1–238.) Ebds. pr. 1/3.

Hofer, Josef und Karl Schubert: Materialien für die Schulpraxis und Lehrerfortbildung. 2 Bde. 8. (VI, 238 u. 238 S.) Wien, Dirnböck's B. (Georg Draudt.) 1870.
– – Dasselbe. 3. Bd. 8. (286 S.) 4. Bd. 1.–4. Heft. (S. 1–192.) Ebds. per 1–12.

— u. Karl Schubert, Materialien f. die Schulpraxis u. Lehrerfortbildung. Neue Folge. 1. u. 2. Bd. gr. 8. (IV, 236 u. 238 S.) Ebend. 875. à n. 3. —

— u. Karl Schubert, Materialien für die Schulpraxis u. Lehrerfortbildung. Neue Folge. 3. Bd. 3 Hfte. gr. 8. (144 S.) Ebend. 876 u. 77. à Hft. n. — 50

—— Methodik des Rechenunterrichts, s. a. Handbuch der speciellen Methodik.

Hofer, Josef, Methodik des Rechenunterrichts. 2. Auflage. 8. (268 S.) Wien: Pichler 1890. 1.70

Hofer's Naturlehre f. Bürgerschulen. In 3 konzentr. Lehrstufen. Neu bearb. v. Hans Barbisch. 1. u. 2. Stufe. gr. 8. Wien, Manz. Geb. n. 1.95
1. Für die I. Klasse. 21., umgearb. Aufl. (IV, 68 S. m. 109 Abbildgn.) 905. n. — 85
2. Für die II. Klasse. 18., umgearb. Aufl. Mit 143 in den Text gedr., z. Tle. farbig ausgeführten Fig. (IV, 68 S.) 906. n. 1.10

Hofer's Naturlehre f. Bürgerschulen. In 3 konzentr. Lehrstufen. Neu bearb. v. Hans Barbisch. 3. Stufe f. die 3. Klasse. 15., umgearb. Aufl. Mit 84 in den Text gedr., zum Tl. farbig ausgeführten Fig. u. 1 farb. Taf. (IV, 77 S.) gr. 8. Wien 907. Manz. Geb. 1.30

Hofer, Jos., populäre Physik. Zunächst für Real- und Gymnasialschüler, und auch zum Selbststudium für Jedermann. 1. Bd. gr. 8. (IV und 202 S. mit 95 Abbild. in Holzschn.) Wien 850, Braumüller. *

Hofer. Jos., s.: Rectus-Briefe.

Hofer, Jos.: Theorie der Reflexionsprismen. 26 S. 8° – Czernowitz, OR., Progr. 1871.

Hofer, Jos., Wegweiser durch die Jugendschriften-Literatur. Eine Beurteilg. v. mehr als 5000 Jugendschriften. Hrsg. vom kathol. Lehrerbund für Oesterreich. Verf. im Auftrage des kathol. Lehrerbundes v. H., m. e. Geleitsworte versehen v. Joh. Langthaler. (359 S.) 8. Wien (906.) (H. Kirsch.) n. 3. —

Hofer, Jos. Ant., († 1820.) Anleit. zur Geographie d. ältern u. neuern Zeiten. 8. Brixen 774.

Hofer, Josua: De usu practico servitutis poenae. 36 S.– Basel, Jur.Diss.v. 5.Mai 1744.

Hofer, [Isidor]: Beitrag zur Mollusken-Fauna des Kantons Aargau. SA. 8. [Aarau 1898.]

(Hofer, I[sidor].): Der Hallwyler-See. [3 Teile. A. Progr.] 8. (Muri 1896–1898.)

Hofer, J[sidor]. Die Schleie ⟨la tanche, tinca⟩. Separat-Abdruck aus der «Schweizerischen Fischerei-Zeitung» [Jahrg. 9, 1901. N° 6, April 4. — Mit 1 Illustration]. 7 S. 8. Pfäffikon, E. Zwingli, 1901.

(Hofer, [Isidor].) Vom Wels ⟨Silut⟩. [Mit 1 Abbildung. Sep.-Abdr. aus der «Schweizer. Fischerei-Zeitung», Jahrg. 14, 1906, № 3.] 7 S. 8. [Pfäffikon/Zürich, E. Zwingli.]

HOFER, Julius (Weissenheim): Ueber acute Osteomyelitis.- München: Wolf 1883. 30 S. 1.12.1883 - Urk (Titel: De osteomyelitide acuta.); Chr 1883/84,13
Diss. Ingolst.-Landsh.-Mchn.

Hofer, Jul., J., Conservierung der Lehrmittel. Handbuch für Custoden der Lehrmittel-Sammlungen. gr. 8. (IV, 46 S.) Wien 887, Pichler's Wwe. und Sohn. *

Hofer, K. G., siehe: *Halder, A.*

Hofer, Karl, Rumpumpel. s.: Dehmel, Paula.

Die Stellung des attributiven Adjektivs im Französischen in ihrer geschichtlichen Entwicklung dargestellt. — Von Karl Hofer, G.-L. — 1899, Zweibrücken, Aug. Kranzbühler. — P. 3–42.
Progr. Zweibrücken, K. Gymn.

Hofer, Kuno

Hofer, Cuno. Der Schadenersatz im Landkriegsrecht. Diss. Staatsw. Univ. Zürich. XIV + 136 S. 8. [Zürich,] Buchdr. Züricher Post, (1910).

Hofer, Lisa, und Hilfiker, Helene. Neujahrsgruss aus Southend-on-Sea an die am 1. Januar 1902 in Oftringen versammelten Angehörigen der Familie Hilfiker. 8 S. 8. Bern, Ott & Bolliger.

Hofer, M., u. A. Mühlebach, Buchführung für einfache bäuerliche Gutsbetriebe. (Zum Gebrauche f. prakt. Landwirte u. Landwirtschaftsschüler.) Im Auftrage des „Milchwirtschaftl. Vereins im Allgäu" verf. (Mit e. prakt. Beispiel.) (VIII, 40 u. 29 S.) 8. Stuttgart 905. E. Ulmer. Kart. n. — 80; Inventar u. Schlußrechnung dazu. (32 S). gr. 4. n. — 50; Kassenbuch dazu. (40 S.) gr. 4. n. — 50

Hofer, Mich., alphabet. Nachschlage-Register zu den österr. Reichsgesetzen, Landesgesetzen u. Verordnungen, s.: Merfort, Karl.

Hofer, O. Der syntaktische Gebrauch des Dativs und Instrumentalis in den Caedmon beigelegten Dichtungen. Diss. Leipzig 1884. 52 S.

Hofer, Paul. Die schweizerischen Zivilstandsregister. Ihre Entstehung und Entwicklung und ihr Verhältnis zur Statistik. [Mit 1 Facsimile-Doppeltafel.] Separatabdruck aus der «Zeitschrift für schweizerische Statistik», Jahrg. 1907 [*d. i.* 1908]. II+37 S. 4. Bern, Stämpfli & Cie., 1907.

Hofer, Philipp, die Methodik der Bergpredigt des Herrn. Ein Beitrag zur Theorie der Katechese. (VIII, 152 S.) gr. 8. Wien 903. H. Kirsch. n. 2.40

Hofer, Reinh[ard]. Lehrbuch für Kaufleute und Gewerbetreibende. Unentbehrliches Handbuch zum Selbststudium für Handelslernende ...; Ratgeber und Wegleiter für Kaufleute.... 4 Bände. (1. Aufl.) 4. Zürich, Selbstverlag des Verf.; Buchdr. Hans Fischer, Zürich-Oberstrass 1903. [*cpl.* fr. 10. —, geb. in 1 Bd. fr. 11. —]
Band 1. VIII + 104 S. [fr. 3. —] — Band 2. 163 S. [fr. 4. 50]
Band 3. 108 S. [fr. 3. —] — Band 4. 36 S. [fr. 1. 50]

Hofer, Sam., Pilgerharfe oder christlicher Glaube in Liedern für gemischten Chor. Nach dessen Tode herausg. von Freunden im Aargau. Basel 863. Spittler. 8. (IV, 251 S.) n. 12 ngr.

Hofer, Sam., Pilgerharfe oder christlicher Glaube in Liedern für gemischten Chor. Nach des Verf. Tode herSg. von Freunden im Aargau. 2. Aufl. Mit einem Anh. Basel 866. Spittler. 8. (IV, 316 S.) n. 14 ngr.
Anhang apart (77 S.) n. 4 ngr.

Hofer, Samuel, Pilgerharfe, oder christlicher Glaube in Liedern für gemischten Chor. Mit einem Anh. 4. Aufl. (IV, 382 S.) 1872, und 5. Aufl. 8. (XVI, 320 S.) Basel 874, Spittler. *

Hofer, Sam., Pilgerharfe oder christlicher Glaube in Liedern für gemischten Chor. Mit einem Anhang. 6. Aufl. 8. (XVI, 320 S.) Basel 879, Spittler.
geb. in Halbfrz. * *M* 2.; in Leinw. *

Hofer, Sam., Pilgerharfe oder christlicher Glaube in Liedern für gemischten Chor. Mit einem Anhang. 7. Aufl. 8. (XVI, 320 S.) Basel 880, Spittler. geb.

Hofer, Sam., Pilgerharfe od. christlicher Glaube in Liedern f. gemischten Chor. Mit e. Anh. 12. Aufl. 8. (XVI, 320 S.) Basel 892. Jaeger & Kober. n. 1. 20;
geb. in Halbfrz. n. 2. —; in Leinw. n. 2. 20

Hofer, Sam., Pilgerharfe od. christl. Glaube in Liedern f. gemischten Chor. M. e. Anh. 13. Aufl. 8. (XVI, 320 S.) Basel 897. Kober. n. 1. 20;
geb. in Halbfrz. n. 2. —; in Leinw. n. 2. 20

Hofer, Sam., Pilgerharfe od. Christlicher Glaube in Liedern f. gemischten Chor. Mit e. Anh. 14. Aufl. (XVI, 320 S.) 8. Basel 903. Kober n. 1. —;
geb. in Halbldr. n. 2. —; in Leinw. n. 2. 20

Hofer, Sam., Pilgerharfe od. Christlicher Glaube in Liedern f. gemischten Chor. Mit e. Anh. 15. Aufl. (XVI, 320 S.) 8. Basel 909. Kober. 1.20; geb. in Halbldr. 2.—;
in Leinw. 2. 20

Hofer von Lobenstein, H. Frhr.

gebet Gott, was Gottes ist! Ein deutsches Laienbrevier. Dichtung. 12. (80 S.) Ebd. 888. n. 1. —; cart. n. 1. 25

Hofer v. Lobenstein, H. Frhr., Kaiser Friedrich's Leiden. Eine ernste Frage an das deutsche Volk. Dichtung. 12. (80 S.) Berlin 888. Dobberke & Schleiermacher. cart.
n. 1. —

Hofer-Schneeberger, (Emma). Erinnerungsblumen. [Mit Melodien und Illustrationen.] (2 Hefte.) 8. Bollodingen bei Herzogenbuchsee, G. Hofer-Schneeberger, [1902—1905].
(Heft 1:) 22 Originallieder für Schulen und Töchterchöre. IV + 18 S. (Bern, Buchdr. Lack Aeschlimann & Jost, [1902].) (fr. 1. —)
(Heft 2:) 6 neue Originallieder für Töchterchöre. IV + 20 S. (Bern, Buchdr. Gustav Grunau, [1905].) (fr. — .50)

Hofer-Sternischa, Franz

— u. Bernh. Kohnstein, durch Kaisers Huld. Volksstück in 3 Aufzüg. (64 S.) kl. 8. Iglau 908. (Th. Neßl.) nn 1. —

Hofer-Sternischa, Frz., Wetterleuchten. Volksstück in 4 Aufzügen. (172 S.) 8. Olmütz 907. Erste Olmützer Vereinsdruckerei. (Nur direkt.) 2. 50

Höfer, ... (Buchhändler in Leipz.), († ...) prakt. Anweisung zum Flachsbau 2c. 8. Pirna, s. Anweisung, u. setze hinzu: (v. ... Höfer.)

Hoefer, Geschichte des Schleswig-Holsteinschen Pionier-Bataillons Nr. 9. Auf Befehl des Königl. Bataillons bearb. (Mit 1 Uebersichtskarte und 1 Plane.) [Berlin 888, Mittler und Sohn.]

—— dass. — Für die Unteroffiziere und Mannschaften des Bataillons auszüglich zusammengestellt von Pohlmann. [Ebendas. 888.]
Vorstehende zwei Schriften sind nur vom Bataillon zu beziehen.

Höfer, das württembergische Gesetz betr. die Besteuerungsrechte der Gemeinden u. Amtskörperschaften, s.: Schneider.

Hoefer's illustr. Harz-Kalender 1911. (Abreißkalender.) (183 Bl.) 8. Blankenburg, F. Hoefer. 1. 50

Höfer, Hilfs-Tafel zur Berechnung der Reichsstempelabgabe v. Grundstücksübertragungen. 5. Aufl. (3 S.) 8. Stuttgart 909. J. Hess. — 60

Karte des Kreises Ober-Barnim. Massst. 1 : 75000. Nach den neuesten Aufn. z. Gebr. f. Behörden ... m. Kilometereintheilg ... entw. u. gez. durch die Kgl. Preuss.-Oberfeuerwerker Höfer u. Böttcher unt. Leitg d. Feuerw.-Hauptm. v. Kornatzki. *Eberswalde: E. v. Kornatzki [1898?].*
1 Ktnbl. quer-gr. 2. (2) [98. 3196

Höfer, ..., s. Litaney bei d. angeordn. Andacht.

Höfer, s. Schneider u. H., Besteuerungsrechte.

Wehner, Rob.: Trauergesang zur Gedächtnissfeier des am 17. April 1882 i. d. e. O. e. Br. Wehner, gewidmet von **Hoefer.** Reichenbach [1882]: Pape. 2 Bl. 4⁰ [Umschlagtit.]
Ohne Noten: „Feierlich und gramgebeugt, 2.

Höfer, ..., Vorschriften. gr. Fol. Nürnb., Riegel u. W. 10 Xr.

Höfer, M. Adam Christoph (Brüla/Mecklenburg), De Stratone Lampsaceno cognomento physico et atheismo hylozoico vulgo ipsi tributo. Spicilegium histor.-philosoph. Präs. Friedrich Philipp Schlosser. Wittbg. (August Koberstein) 1728. 42 Seiten. (7.50) 15336

Höfer, Adf., deutsches Sprachbuch, s.: Stahl, Heinr.

Hoefer, Alb., Altvile im Sachsenspiegel. Ein Erklärungsversuch. gr. 8. (VII, 40 S.) Halle 870, Buchh. des Waisenhauses. *

Hoefer, Alb., Ernst Moritz Arndt u. die Universität Greifswald zu Anfang unseres Jahrhunderts. Ein Stück aus seinem u. ihrem Leben. Mit einem Anhange aus Arndts Briefen. Berlin 863. Weidmann. gr. 8. (VIII, 144 S.) n. 16 ngr.

— s. Coleridge, der alte Matrose.

•

Hoefer, Albert, Beiträge z. Etymologie u. vergleich. Grammatik d. Hauptsprachen d. indogermanischen Stammes. 1. Bd. — A. u. d. T.: Zur Lautlehre. Sprachwissenschaftl. Untersuchungen. gr. 8. (30¾ B.) Berlin 839, Vossische Bh. *

Hoefer, Albert, Denkmäler niederdeutscher Sprache und Literatur. s. Denkmäler.

Hoefer, Albert, indische Gedichte, s. Bibliothek d. Classiker d. Ausl. 34. u. 35. Bd.

—— vom Infinitif besond. im Sanskrit. Eine etymolog.-syntact. Abhandl. als Probe e. Sanskritsyntax. gr. 8. (8 B.) Berlin 840, Vossische Buchh. •

— s. Kalidasa, Urvasi der Preis d. Tapferkeit.

Höfer, Albt, Die deutsche Philologie, insbesondere als Mythologie und als Sprachforschung. Rede. Greifswald 1857. 8.

Höfer, Alb., de Prakrita dialecto libri duo. 8maj. Berlin 836. Finke. 1¾ ℛ

—— de Prakrita dialecto lib. II. 8maj. (14 B.) Berolini 836, [Röse.] •

—— Sanskrit-Lesebuch mit Benutzung handschriftlicher Quellen hrsg. (1. Abthl.) gr. 8. (97 S.) Berlin 849. (Hamburg, Besser.) Thlr. *

— s. Zeitschrift für Wissenschaft der Sprache.

Höfer, Albrecht

Höfer, Albr., Dank-Predigt für die Aerndte des Jahres 1847. gr. 8. (14 S.) Schweinfurt 848, Wetzstein.

Höfer, Albrecht [aus Emskirchen]: Über Dermoidcysten des Beckenbindegewebes … Halle a. S., Druck v. Wischan & Wettengel, 1890; 31 S., 1 Bl., 1 Tab. 8.
Halle, Med. Fak., Inaug.-Diss. v. 1. Aug. 1890

Höfer, Albr., Ehrengedächtniß des sel. Dr. M. Luther. Predigt z. Feier seines 300jähr. Todestages gehalten. gr. 8. Schweinfurt 846, Wetzstein. 1/12 ℛ

Höfer, Albrecht, Festpredigten. In 2 Hälften. gr. 8. Schweinfurt 838. Wetzstein. 1 ℛ

—— indische Gedichte, s.a. Gedichte.

— Indische Gedichte. In Deutschen Nachbildungen, s. Bibliothek, ausgewählte, der Classiker des Auslandes, 34. u. 35. Bd.

— Christi Geist, der Geist der evangel. Kirche. Predigt am Pfingstfeste gehalten u. als ein Wort wider das Verdammen auf Verlangen dem Drucke überlassen. gr. 8. Schweinfurt 841, Wetzstein. 1/12 ℛ

— Gott sprach: Es werde Licht! Und es ward Licht. Früh-Predigt am 29. Mai 1842 als dem 300jähr. Jubelfeste der Kirchenreformation zu Schweinfurt u. Mahnungen des scheidenden Jubeljahres. Predigt am 6. Nov. dieses Jahres. gr. 8. Ebend. 843. 1/8 ℛ

— halte, was du hast! od. die gesegnete Treue im evangel. Glauben. Reformations-Predigt am 3. Nov. 1841 gehalten. gr. 8. (1 B.) Schweinfurt 841, Wetzstein.

Höfer, Albr., die Kreuzesworte unseres Herrn Jesu Christi. 7 Predigten in den Tagen der heil. Passion gehalten u. der häusl. Andacht gewidmet. gr. 8. (6⅝ B. u. 1 Stahlst.) Schweinfurt 845, Kleinknecht. Thlr. *

Höfer, Alb., Predigt bei der Primiz-Feier des hochw. Herrn Valentin Riedel (als Bischof von Regensburg gestorben den 6. Novbr. 1857), gehalten zu Lamerdingen am 4. S. nach Pfingsten, d. 19. Juni 1825. (Abgedr. aus dem „Prediger u. Katechet, ꝛc.") Regensburg 857. Manz. 8. (22 S.) 3 ngr

— Predigten über sonntagliche und freie Abschnitte der heiligen Schrift. 3e Samml. Sonntags-Predigten. gr. 8. Schweinfurt 840. Wetzstein. n. ½ ℛ (1—3. n. 1½ ℛ)

— Predigten über sonntägliche u. freie Abschnitte der heil. Schrift. 4. Samml. Sonntags-Predigten. gr. 8. Schweinfurt 841, Wetzstein. n. ½ ℛ — 5. Samml. gr. 8. Ebend. 842. n. ½ ℛ (1—5: n. 2½ ℛ)

— Predigten über sonntägl u. freie Abschnitte der heil. Schrift. 6. Sammlung. Sonntags-Predigten. gr. 8. (VI u. 190 S.) Ebd. 847. n. ½ ℛ (1—6: n. 3 ℛ)

Höfer, Albr., letzte Predigten. Schweinfurt 851. Giegler. 8. (VI, 57 S.) n. 10 ngr

—— das gute Recht d. vereinigten Kirche d. Pfalz. Ein Wort d. Verständigung an ihre Freunde, hervorgerufen durch die offenen Briefe der Herren Dalläus u. Schiller. gr. 8. (4⅛ B.) Landau 846, Kaußler.

Höfer, Alfred, Gerichtsass.: 'Welchen Rechtsschutz geniessen die sogenannten Automaten?' Coburg 1908: Rossteutscher. 54 S. 8°
Erlangen, Jur. Diss. v. 14. Dez. 1908, Ref. Allfeld
[Geb. 21. Jan 80 Coburg; Wohnort: Neustadt b. Coburg; Staatsangeh.: Sachsen-Coburg-Gotha; Vorbildung: Gymn. Coburg Reife O. 01; Studium: Berlin 1, München 1, Jena 4 S.; Rig. 21. Nov. 08.] [U 09. 694

Höfer, Aug., Frankfurt a/M.—Mainz—Bingerbrück—Metz—Nancy, s.: Hendschel's Luginsland.

Höfer, Aug., s.: Lesebuch, deutsches, f. höh. Lehranstalten.

— August (Falkenstein/Vogtl.), De catameniorum physiologia. Diss. med. Präs. Johann Carl Friedrich Leun. Lpz. (Staritz) 16. VI. 1820. 32 S. (6.30) 15337
Gew.: Christian Friedrich Hoefer (Vater).

Höfer, *Jacob* August [aus Miehlen in Nassau]: Die Reiserechnungen des Bischofs Wolfger von Passau … (Erscheint vollst. in: Beitr. z. Gesch. d. deutschen Sprache u. Lit., Bd 17.) Halle a. S., Druck v. E. Karras, 1893; 40 S., 1 Kt. 8.
Leipzig, Phil. Fak., Inaug.-Diss. v. [11. Apr.] 1893

Höfer, August: Eine Studienreise nach den Vereinigten Staaten. 28 S. 8.
Progr. Musterschule (Realgymn.) *Frankfurt a. M.* 1906 (500).
I. Bericht über den allgemeinen Verlauf der Reise. II. Die Schulausstellung in St. Louis (1904).

Höfer, August, Dr.: Eine Studienreise nach den Vereinigten Staaten. Frankfurt a. M. 1906: H. Limpert. (28 S.) 8°
Frankfurt a. M., RG „Musterschule" P 1906 (500)

Hoefer, C., neuestes Liederbuch. Eine Sammlg. der beliebtesten u. bekanntesten Lieder u. Couplets. 16. (VIII, 154 S.) Leipzig 875. Dietz. — 60

Höfer, Carl Andreas, s. Höfer, Karl Andreas

Hoefer, Charles, das Geheimnis der Lenormand, der berühmtesten Kartenlegerin der Welt od. Die Kunst, aus den Karten das zukünft. Schicksal vorauszusagen. Nach alten Familienpapieren pietätvoll aufgezeichnet. (96 S. m. 1 eingedr.-Fksm.) kl. 8. Leipzig (910). M. Spohr. 1. 20

Höfer, Chr. Fr. Albr., Eins ist noth! Predigt über Evangel. Luc. 10, 41. 42. am letzten Abend des Jahres 1833. gr. 8. Schweinfurt 834. (Wetzstein.) 1/12 ℛ︀

Hoefer, Christfried (Adam) (geb. Ellrich 25. 12. 1824): De sophotiide. Berolini (1850). (30 S.) 8°
Berlin, Med. Diss. v. 11. Febr. 1850

Höfer, Conrad, s. Höfer, Konrad

— Daniel (Bernsbach/Misnicus), Modum donationes ob agnationem liberorum ex lege. VIII. codicis de revoc. donat. retractandi ad solas largitiones patroni in libertum collatas pertinere. Diss. jur. Präs. Jo. Balthas. Wernher. Wittbg. (Wwe. Gerdes) Mai 1724. 116 S. mit Widm. v. Präs. (10.—) 15340

Höfer, Dan., Unterr. v. versch. Gattung. d. Allodialgüter. 4. Waldenb. 727.

Hoefer, Edmund

Hoefer, Edm., die Alten von Ruhneck. Eine Erzählung aus älterer Zeit. Stuttgart 862. Krabbe. 8. (VII, 259 S.) 24 ngr.

Hoefer, Edm., der große Baron, s.a. Album. Bibliothek deutscher Originalromane.

Hoefer, Edmund
Der große Baron. Eine Geschichte. Th. 1. 2.
Wien: Kober & Markgraf 1861. 8°
(Album. Bibl. dt. Originalromane. Jg. 16. Bd. 8. 9.)

Hoefer, Edm., die Bettelprinzeß. Eine Geschichte. 8. (169 S.) Bremen 876. nordwestdeutscher Volksschriften-Verl. n. 2. 50

— die Bettelprinzeß. Eine Geschichte. Mit einem (Holzschn.-)Bild von W. Friedrich. 8. (136 S.) Bremen 877. Nordwestdeutscher Volksschriften-Verl. cart. n. 1. —

Hoefer, Edmund
Das Burgfräulein. Erzählung. Stuttgart 1859.
In: Hausblätter. Bd 1.

— C'est fini! s.: Reiselectüre.

— der Demagoge. Ein Zeitroman. 3 Bde. in 6 Thln. 8. (III, 218; III, 273; III, 190; III, 214; III, 217 u. III, 295 S.) Jena 872. Costenoble. 24. —

— der Demagoge. Roman. 2. (Titel-)Aufl. 5 Bde. 8. (218, 273, 190, 214 u. 217 S.) Jena 878. Costenoble. 18. —

— in doloribus. Tagebuchblätter eines Verschollenen. Wien 869. Literar.-artist. Anstalt. 8. (182 S. mit eingedr. Holzschn. u. 1 Holzschntaf. in Tondr.) 20 ngr

Hoefer, Edmund
Fräulein Else. Geschichte. Stuttgart 1857.
In: Hausblätter. Bd 2.

— auf deutscher Erde. Erzählungen. 2 Bde. 8. (XIV und 564 S.) Stuttgart 860, Krabbe.

Hoefer, Edmund
Die alte Erlaucht. Erzählung. Stuttgart 1858.
In: Hausblätter. Bd 1.

— Erzählungen aus der Heimat. 2 Bde. 8. (317 u. 311 S.) Ebend. 874. 9. —

— Erzählungen aus der Heimat. 2. (Titel-)Aufl. 2 Bde. 8. (317; 311 S.) Ebendas. (874)79.

— Erzählungen eines alten Tambours. Stuttgart 855. Krabbe. 16. (4 Bl., 174 S.) n. 12 ngr

Hoefer, Edm., Erzählungen eines alten Tambours. Illustr. von Emil Rumpf. 8. (III, 268 S.) Stuttgart 886, Krabbe. * geb. *

Hoefer, Edm., unter fliegenden Fahnen. Roman. 2 Bde. gr. 8. (274 u. 316 S.) Breslau 872. Trewendt. 9. —

— zwei Familien. Eine Erzählung in 2 Bdn. 8. (240; 252 S.) Ebendas. 869.

— zur Feier des Polterabends. Stuttgart 858. Krabbe. 16. (XV, 190 S.) 24 ngr

— dunkle Fenster. Eine Erzählung. 16. (126 S.) Herzberg a/H. 878. Simon. 2. 40; geb. m. Goldschn. n. 3. —

Hoefer, Edmund
Die hellen Fenster. Alte Geschichte. Stuttgart 1855.
In: Hausblätter. Bd 1.

— ein Findling. Roman in 4 Büchern. 4 Bde. 8. (906 S.) Schwerin 868, Hilbebrand.

Hoefer, Edmund
Das alte Fräulein. Eine stille Geschichte. Berlin 1865.
In: Roman-Zeitung, Deutsche. Bd 4.

— das alte Fräulein. Eine stille Geschichte. Berlin 866. Janke. 8. (290 S.) 1 ℛ︀ 15 ngr

— unter der Fremdherrschaft. Eine Geschichte von 1812 und 1813. 3 Bde. in 12 Lfgn. gr. 8. (VII und 316 S., VII und 310 S., V und 326 S.) Stuttgart 863, Krabbe. à Lfg. 6 Ngr.

— Gedichte. 853. — 2. Aufl. Leipzig 856. Voigt u. Günther. 16. (VIII, 289 S.) n. 1 ℛ︀ 10 ngr; geb. n. 1 ℛ︀ 20 ngr

— allerhand Geister. Geschichten. 8. (588 S) Stuttgart 876. Cotta. n. 6. —

— eine Geschichte von damals, s.a. Album. Bibliothek deutscher Originalromane.

—— eine Geschichte von damals, s.a. Album v. Kober.

Hoefer, Edmund

Eine Geschichte von damals.
Prag: Kober & Markgraf 1860. 278 S. 8°

(Album. Bibl. dt. Originalromane. Jg.15. Bd.7.)

— fünf neue Geschichten. [Ohne Ruh' u. Rast. — Unerklärt. — Christian Gottlob Meier. — Die Liebenden auf Tamsel. — In doloribus. Tagebuchblätter e. Verschollenen.] 8. (448 S.) Stuttgart 877. Cotta. n. 6. —

— neue Geschichten. 2 Bde. Breslau 867. Trewendt. gr. 8. (783 S.) 3 ℛ

—— stille Geschichten. 3 Bde. 8. (III, 308; III, 303; III, 304 S.) Jena 872, Costenoble.

— stille Geschichten. 2. (Titel-)Aufl. 3 Bde. 8. (303, 303 u. 304 S.) Jena (1874) 880. Costenoble. 9. —

—— ausgewählte Gesellschaft. Geschichten und Erinnerungen. gr. 16. (III und 312 S.) Stuttgart 863, Krabbe.

—— Goethe und Charlotte v. Stein. gr. 8. (78 S.) Stuttgart 878, Krabbe. * ℳ 2,40.; geb. *

Hoefer, Edmund

Zur linken Hand. Eine Erzählung.
Leipzig: Günther. New-York: Schmidt 1872. 259 S. 8°

—— Hat sie ihn dennoch geliebt? s. Reiselectüre.

—— Haus an Haus. Eine Familiengeschichte. 1. Aufl. (167 S.) * ℳ 2,50.; 2. Aufl. 8. (181 S. mit 1 Holzschntaf.) Bremen 877, Nordwestdeutscher Volksschriften-Verlag. cart. *

— dasselbe. Feine Ausg. 8. (167 S.) Ebend. 877. n. 2. 50

Hoefer, Edm., Haus an Haus. E. Familiengeschichte. Neue Ster.-Ausg. 12. (128 S. m. 1 Bild.) Reutlingen 895. Enßlin & Laiblin. Kart. in farb. Umschlag — 60; in 1 farb. Umschlag — 60

Hoefer, Edmund

Das Haus van der Roos. Novelle. Stuttgart 1857.

In: Hausblätter, Bd 1.

Hoefer, Edmund [Hrsg.]

s. Hausblätter. 1855-

Hoefer, Edmund

Der wilde Heide. Erzählung. Stuttgart 1855.

In: Hausblätter Bd 3.

— deutsche Herzen. Skizzen, Studien u. Geschichten. Prag 860. Kober & Markgraf. (Hamburg, Richter.) 8. (2 Bl., 356 S.) n. 1 ℛ 15 ngr

—— die Honoratiorentochter. Eine Erzählung. 8. (VII und 358 S.) Stuttgart 861, Krabbe.

—— Von ihr und mir. Eine Geschichte. gr. 16. (163 S.) [Stuttgart 876.] Herzberg a. H., Simon. *

—— in der Welt verloren. Eine Erzählung. 1. Aufl. 1869. ℳ 12., und 2. (Titel-)Aufl. 4 Bde. 8. (280; 229; 220; 251 S.) Leipzig 871, C. J. Günther.

— —s.a. Album. Bibliothek deutscher Originalromane.

—— in der Irre. Roman. 4 Bde. 8. (1080 S.) Berlin 867, Janke.

—— der Junker. Eine Geschichte aus der neuesten Zeit. 3 Bde. 8. (372; 358; 411 S.) Stuttgart 878, Hallberger. * geb. *

— der Junker. Eine Geschichte aus der neuesten Zeit. 2. (Titel-)Aufl. 3 Bde. 8. (372, 358 u. 411 S.) Stuttgart 880. Deutsche Verlags-Anstalt. n. 12. —

—— der Junker. Eine Geschichte aus der neuesten Zeit. 2. (Titel-)Aufl. 3 Bde. 8. (372; 358; 411 S.) Stuttgart 881, [Hallberger.] Deutsche Verlagsanstalt. *

—— Confessionen eines plattdeutschen Autors. An Friedr. Latendorf. gr. 8. (16 S.) Stuttgart 879, Krabbe. *

Hoefer, Edmund

Aus Kriegs- und Friedenszeiten. Neue Geschichten.
Bd 1.2.
Breslau: Trewendt 1869. 8°

—— Pap Kuhn. 'ne Geschicht' ut de oll plattdütsch Tid. 8. (VIII, 342 S.) Stuttgart 878, Cotta'sche Buchh. * geb. *

— Küstenfahrten an der Nord- und Ostsee, s.a. Vaterland, unser, in Wort und Bild.

Hoefer, Edmund & Gustav, Schönleber. Kustenfahrten an der Nord- und Ostsee. Geschildert von Edmund Hoefer. Illustrirt von Gustav Schönleber. Stuttgart. Druck und Verlag von Gebr. Kröner [1881]
260 S. m. zahlr. Abb. in Holzstich. 2°

(Unser Vaterland. Bd. 4.) Kustenfahrten an der Nord- und Ostsee. Geschildert v. Edmund Hoefer u. a. Illustriert v. Gustav Schönleber u. a. Neue Ausg. Stuttgart. [1887]. Fol.

— Land u. See. Novellen. 2 Bde. 8. (297 u. V, 320 S.) Breslau 871. Trewendt. 9. —

— bewegtes Leben. Geschichten. Stuttgart 856. Krabbe. 16. (3 Bl., 303 S.) 1 ℛ.

— kleines Leben. Erzählungen. 3 Bde. 8. (288, 288 u. 280 S.) Jena 873. Costenoble. 12. —

— deutsche Literaturgeschichte f. Frauen u. Jungfrauen. Mit e. Titelstahlst.: „Die Poesie" nach Rafael gest. v. B. Froer. gr. 8. (VIII, 402 S.) Stuttgart 876. Kröner. n. 7. —; geb. m. Goldschn. n. 9. —

Hoefer, Edmund

Lorelei. Schloß- und Wald-Geschichte. Stuttgart 1860.

In: Hausblätter. Bd 1.

—— Lorelei. Eine Schloß- und Waldgeschichte. 8. (243 S.) Stuttgart 862, Krabbe.

Hoefer, Edmund

Madonna Luna. Aus den Erinnerungen eines Fünfzigjährigen. Stuttgart 1862.

In: Hausblätter. Bd 1.

Hoefer, Edmund

Memoiren eines alten Gastwirths. Stuttgart 1864.

In: Hausblätter. Bd 1.

—— Mitten in den Bergen, s. Reiselectüre.

Norien. Erinnerungen einer alten Frau. 2 Bde. Stuttgart 858. Krabbe. 16. (2 Bl., 224; 2 Bl., 258 S.) 2 ₰.

— Novellen, s.: Volksbibliothek, deutsche.

—— das Pfarrhaus zu Wudnik, s. Bibliothek für unsere Frauen.

Hoefer, Edmund, Rolof der Rekrut, s.: Volksbücher, Wiesbadener.

Hoefer, Edmund

Altermann Ryke. Geschichte aus dem Jahre 1806. Berlin 1865.

In: Roman-Zeitung, Deutsche. Bd 5.

— Altermann Ryke. Eine Geschichte aus dem J. 1806. 4 Bde. 8. (1168 S.). Berlin 865, Janke.

Hoefer, Edmund

Der Schäfer von Rodeck. Alte Geschichte. Stuttgart 1859.

In: Hausblätter. Bd 2.

Hoefer, Edmund

Das schwarze Schiff. Seegeschichte. Stuttgart 1859.

In: Hausblätter. Bd 4.

Hoefer, Edmund

Das Wyler Schlößchen. Geschichte. Stuttgart 1863.

In: Hausblätter. Bd 4.

Hoefer's, Edm., ausgewählte Schriften. 14 Bde. 8. Jena, Costenoble. à Bd. * M 1. *

Inhalt:
Bd. 1—3. Kleines Leben. Erzählungen. 2. (Titel-)Aufl. 3 Bde. (288; 288; 280 S.) 882.
: 4. 5. Erzählungen aus der Heimat. 3. (Titel-)Aufl. 2 Bde. (317; 311 S.) 882.
: 6—8. Stille Geschichten. 3. (Titel-)Aufl. 3 Bde. (303; 303; 304 S.) 882,83.
: 9—14. Der Demagoge. Roman. 3. (Titel-)Aufl. 6 Bde. (218; 273; 190; 214; 217; 295 S.) 883.

Hoefer's, Edm., erzählende Schriften. 12 Bde. in 36 Lfgn. gr. 16. (XXXVII und 2847 S.) Stuttgart 865, Krabbe. à Lfg. 4½ Ngr.

Schwanwiek. Skizzenbuch aus Norddeutschland. Stuttgart 856. Krabbe. 8. (3 Bl., 253 S.) 1 ₰.

—— der verlorene Sohn. Eine Geschichte. 1. Aufl. 1869, und 2. Aufl. gr. 8. (III, 264 S.) Stuttgart 871, Hallberger.

Hoefer, Edmund

Eine Soldatengeschichte. Stuttgart 1858.

In: Hausblätter. Bd 2.

Hoefer, Edmund

Eine Spiegelgeschichte. Stuttgart 1857.

In: Hausblätter. Bd 4.

— Goethe's Stellung zu Weimar's Fürstenhause. Eine Vorlesg. gr. 8. (30 S.) Stuttgart 872. Kröner. n. — 75

—— in der letzten Stunde und andere Erzählungen. 2 Bde. 8. (376; 352 S.) Jena 881, Costenoble.

Hoefer, Edm., in Sünden, s.a. Album. Bibliothek deutscher Originalromane.

Hoefer, Edmund

In Sünden. Eine Familiengeschichte. Th. 1. 2.
Wien: Markgraf 1863. 8°

(Album. Bibl. dt. Originalromane. Jg. 18. Bd. 3. 4.)

—— vergangene Tage, s.a. Album. Bibliothek deutscher Originalromane.

—— vergangene Tage. Geschichten (Fräulein Elfe. Im Waldschloß. Ein Schrei), s.a. Hausbibliothek deutscher Novellen.

Hoefer, Edmund

Vergangene Tage. Geschichten.
Prag: Kober & Markgraf 1859. [268 S.] 8°

[Album. Bibl. dt. Originalromane. Jg. 14. Bd. 24.]
Expl. unvollständig.

—— Tolleneck, s.a. Album. Bibliothek deutscher Originalromane.

—— Tolleneck, s.a. Günther's deutsche Romanbibliothek.

Hoefer, Edmund

Tolleneck. Eine Erzählung aus der Napoleonischen Zeit. Th. 1 - 3.
Wien: Markgraf 1864. 8°

(Album. Bibl. dt. Originalromane. Jg. 19. Bd. 14 - 16.)

— Treue siegt. Eine Geschichte v. der See. gr. 16. (212 S.) Stuttgart 874. Kröner. n. 2. 40

Hoefer, Edmund

Frau Venus. Aus den "Confessionen einer sentimentalen Frau". Stuttgart 1860.

In: Hausblätter. Bd 4.

Hoefer, Edm., Aus dem Volk. Geschichten. 8. (IV u. 315 S.) Stuttgart 852, A. Krabbe. 1⅓ ₰

—— aus der weiten Welt. Geschichten. 2 Bde. gr. 16. (XIV und 679 S.) Stuttgart 861, Krabbe.

—— Wie das Volk spricht, s.a. Wie.

WIE das Volk spricht. Sprichwörtliche Redensarten (gesammelt v. Edm. Höfer). Stuttgart 1855. 8°.
Stellenw. derb u. frei. Seltene 1. Ausgabe. (2 Mk. Kühl, Berlin, vor 1885.)
— — Dasselbe. 2. Aufl. Ebd. 1856. 8°.
— — Dasselbe. 3 Aufl. Ebd. 1858. 8°.
— — Dasselbe. 4. vermehrte Aufl. Ebd., Ad. Krabbe. 1862. 8°. XVI—128 S.
— — Dasselbe. 5. Aufl. Ebd. 1866. 12°. 176 S. (1 Mk. 50 Pfg. Kühl, Berlin, c. 1882.)
— — Dasselbe. 6. Aufl. Ebd. 1870. 12°.
— — Dasselbe. 7. vermehrte Aufl. Ebd. 1873. 12°. 220 S. (2 Mk. 50 Pfg., Origcart., Frdr. Klüber, München, 1904.)
— — Dasselbe. 8. vermehrte Aufl. Ebd. 1876. 12°.
— — Dasselbe. 10. Aufl. (1898.) 8°.
Anon.-Lex. V. p. 330 (nach Grisebach, Weltlitteraturkatalog. Berlin 1898—1900. I. 181, etc.).

Wie das Volk spricht. Sprichwörtliche Redensarten. 855. n. 8 ngr. — 2. verm. Aufl. 855. (VIII, 78 S.) 12 ngr. — 3. verm. Aufl. Stuttgart 858. Krabbe. 16. (VIII, 112 S.) 15 ngr.

Wie das Volk spricht. Sprichwörtl. Redensarten. (Verf.: Edmund Hoefer.) 10. Aufl. — Stuttgart. Berlin. Leipzig: Dt. Verl.-Ges. [1898]. 227 S. 8°

Hoefer, Edm., Aus alter u. neuer Zeit. Geschichten. Stuttgart 854. Krabbe. 16. (4 Bl., 384 S.) 1 ℛ. 24 ngr.

—— die gute alte Zeit. Erzählungen und Geschichten. 3 Bde. 8. (IX und 957 S.) Breslau 867, Trewendt.

— zu Olim's Zeiten, s.: Unterhaltungs-Bibliothek.

Hoefer, Edmund

Zerbrochen. Eine Geschichte. Stuttgart 1867.

In: Hausblätter. Bd 1.

Hoefer, Ernestine, Briefsteller für junge Damen und Herren, } s. Miniatur-Bibliothek.
—— der feine Ton im gesellschaftlichen Leben, }

Höfer, F., in 74 Stunden von der Donau bis zur Spree. Schilderung meines Rittes als Theilnehmer an dem im Oktbr. 1892 stattgefundenen großen Distanzritte „Wien—Berlin". Lex.-8. (132 S. m. 6 Illustr. u. 3 Skizzen.) Innsbruck 893. (Wagner.) n. 5. —

Hoefer, Ferdinand Der Bau des Goetheschen Torquato Tasso. 4 (20 S.). Progr. G. *Seehausen i. d. A.* 1888 (237).

Hoefer, F., der Bau d. Goethe'schen Torquato Tasso. 4. (20 S.) Colberg 888. Warnke. n. 1. —

Heliotrop. Gedichte von **Ferdinand Hoefer**. *Berlin: Concordia 1900.* (158, II S.) 8° [F.]

Höfer, Ferd.: Zur Lehre von den Sinneswahrnehmung im 4. Buche des Lucrez. 24 S. – Seehausen, Progr. 1872.

Höfer, Frz., Nachträge zu den Dialectnamen der in Niederösterreich vorkommenden Pflanzen. 8. (4 S.) Wien 894. F. Matzner. n. — 20
(Hauptwerk u. Nachtrag: n. 4. 20)
s. in Bd. XXV: Höfer, F., u. M. Kronfeld, die Volksnamen der niederösterreichischen Pflanzen.

Höfer, F., u. M. **Kronfeld**, die Volksnamen der niederösterreichischen Pflanzen. Gesammelt u. erläutert. [Aus: „Blätter d. Ver. f. Landeskunde v. Niederösterreich".] gr. 8. (195 S.) Wien 889. (Seidel & Sohn.) n. 4. —

Höfer, Frz., d. Volksnamen d. Vögel in Niederösterreich. gr. 8. (23 S.) Wien 894. (F. Matzner.) n. — 50

Höfer, Friederike, neues praktisches Kochbuch für bürgerliche Haushaltungen. Auf Grund einer mehr als zwanzigjährigen praktischen Thätigkeit u. Erfahrung in der französischen, deutschen u. englischen Küche bearb. u. hrsg. 2. Aufl. Dresden 861. Klemm. 8. (XX, 251 S.) 15 ngr.

Hoefer, Friedrich Christian Georg

De Colica arthritica. Helmstadii (1786:) Schnorr. XXIV S. 8°

Helmstedt, Med. Diss. v. 30. Nov. 1786

Hoefer, Georg: Bauchdeckenabscesse nach Laparatomien. *Berlin (1898): E. Ebering.* (34 S.) 8°
Berlin, Med. Diss. v. 21. Juni 1898

Hoefer, Georg „Brems- und Indikatorversuche an einem einpferdigen Gasmotor". pg. 3–43. 8°. Mit einer Tafel. Thein (Stürtz).
Würzburg, Progr. 1884/85

Höfer, Georg *Heinrich* [aus Geilnau a. d. Lahn]: Die londoner vulgärsprache ... (Aus: D. Neueren Sprachen, Bd IV.) Marburg, Univ.-Buchdr. (R. Friedrich), 1896; 2 Bl., 72 S., 1 Bl. 8.
Marburg, Phil. Fak., Inaug.-Diss. v. [9. Sept.] 1896

Höfer, [Georg], Dr.: Wesen und Wert des Reform-Realgymnasiums. Düsseldorf 1904: A. Bagel. (Sp. 9–28 u. S. 45–51.) 4°
Düsseldorf, st. Reform-RG P 1904 (500)

Höfer, Geo., Wesen u. Wert des Reform-Realgymnasiums, nebst e. Uebersicht üb. 1. Die Lehrpläne der Reformschulen, 2. den Bestand der Reformschulen am 1. IV. 1903, 3. die Berechtiggn. der höheren Lehranstalten in Preussen. Progr. (27 S.) gr. 4. Düsseldorf 904. (Schmitz & Olbertz.) n. — 50

Höfer, Gregor, s. Höfer, P. Gregor

Höfer, H. T., s. Höfer, Hermann Theodor Cph.

Hoefer, Hans

Hoefer, H., Beiträge zur Spreng- oder Minen-Theorie. [Aus: „Oesterr. Ztschr. f. Berg- u. Hüttenwesen".] 8. (59 S. m. 1 Steintaf.) Wien 880. (Manz.) n. 2. —

Höfer, H.: Die Eiszeit in Mittelkärnten. 1873.

— das Erdbeben v. Belluno am 29. Juni 1873. [Mit 1 (lith.) Karte (in gr. Fol.).] [Aus: „Sitzungsber. d. k. Akad. d. Wiss."] Lex.-8. (38 S.) Wien 877. (Gerold's Sohn.) n.n. 1. 30

—— die Erdbeben Kärntens und deren Stosslinien. Imp.-4. (90 S. mit 3 lithogr. Kartenskizzen.) Wien 880, (Gerold's Sohn.)
Aus: Denkschriften der k. Akademie der Wissenschaften, besonders abgedruckt.

s.a. Erdöl, das.

Höfer, Hans, das Erdöl [Petroleum] und seine Verwandten, s.a. Handbuch der chemischen Technologie.

Höfer H, das Erdöl (Petroleum) und seine Verwandten. (Handbuch der chemischen Technologie von Bolley I, 2. II. 1. I.) Braunschweig 1888

Das Erdöl und seine Verwandten. Geschichte, physikal. u. chem. Beschaffenheit, Vorkommen, Ursprung, Auffindung u. Gewinnung d. Erdöles von Hans **Höfer**, Prof. Mit 18 Abb. im Text u. auf 1 Taf. 2. Aufl. Braunschweig: F. Vieweg & Sohn 1906. (XVII, 279 S.) 8°
— Handbuch d. chemischen Technologie. N. F. Lfg 14.

Höfer, Hans, u. Alex. Veith, die Erdöl-Industrie, s.: Handbuch der chemischen Technologie.

— **Erdöl-Studien**. (31 S. m. 1 Tab.) gr. 8. Wien 902. (A. Hölder.) n. — 60

Höfer, H.: Die Felsentöpfe (Riesenkessel) bei Pörtschach in Kärnten. Stuttgart 1878.

— Das polynesische alteozäne Festland. (6 S.) gr. 8. Wien 908. A. Hölder. — 30
Sonderabdruck aus: „Sitzungsber. d. k. Akad. d. Wiss."

— **Gipskriställchen akzessorisch im dolomitischen Kalk v. Wietze (Hannover).** (5 S.) gr. 8. Ebd. 904. n. — 20
Sonderabdruck aus: „Sitzungsber. d. k. Akad. d. Wiss."

— Gletscher- und Eiszeit-Studien. Lex.-8. (37 S. mit 1 lithogr. Taf.) (Ebendas.) 879.
Vorstehende zwei Schriften sind aus: Sitzungsberichte der k. Akademie der Wissenschaften, besonders abgedruckt.

Hoefer, H.: Häuerleistung bei der Bohrarbeit. Abdruck. Wien 1884.

Höfer, Hans, s.: Jahrbuch, berg- u. hüttenmännisches, etc.

Höfer, H., die Kohlen- u. Eisenerz-Lagerstätten Nordamerikas, s.a.: Bericht über die Weltausstellung in Philadelphia 1876.

Hoefer, H. Die Kohlen- und Eisenerz-Lagerstätten Nordamerikas. Wien, 1878.

Höfer, Hanns, die Mineralien Kärntens. gr. 8. (84 S.) Klagenfurt 870. (Bertschinger.) n. 1. 60

Höfer, H.: Graf Wilcek's Nordpolfahrt im Jahre 1872. 1874. 4⁰

— die Petroleum-Industrie Nordamerikas, s.a. Bericht über die Weltausstellung in Philadelphia 1876

Höfer, H.: Die Petroleum-Industrie Nordamerikas. Wien 1877.

— der Sandstein der Salesiushöhe bei Ossegg (Böhmen). (11 S. m. 1 Fig. u. 1 Kartenskizze.) gr. 8. Wien 904. (A. Hölder.) n. — 50
Sonderabdruck aus: „Sitzungsber. d. k. Akad. d. Wiss.“

Höfer, Lichenen Spitzbergens u. Novaja-Semlja's, auf der Graf Wilczek'schen Expedition 1872 gesammelt. Untersucht u. beschrieben v. Körber. [Aus: „Sitzungsber. der k. Akad. d. Wiss.“] Lex.-8. (7 S.) Wien 875. (Gerold's Sohn.) n. — 20

Höfer, Hans, dynamogeologische Studien. (8 S.) gr. 8. Wien 910. A. Hölder. — 30
Sonderabdruck aus: „Sitzungs-ber. d. k. Akad. d. Wiss.“

Höfer, Hans, Taschenbuch f. Bergmänner. Unt. Mitwirkg. v. C. Bilharz, Jul. Ritter v. Hauer, H. Lobe, V. Waltl, W. Wendelin. 8. (XIV, 672 S. m. Fig.) Leoben 897. L. Nüssler. Geb. in Leinw. n. 12. 50

– Taschenbuch f. Bergmänner. Unter Mitwirkg. mehrerer Fachgenossen hrsg. 2. verb. u. verm. Aufl. (XII, 829 S. m. 317 Abbildgn.) 8. Leoben 904. L. Nüssler. Geb. in Leinw. n. 14. —

Höfer, H., die geologischen Verhältnisse der St. Pauler Berge in Kärnten. [Aus: „Sitzungsber. d. k. Akad. d. Wiss.“] Lex.-8. (21 S. m. 3 Fig.) Wien 894. (F. Tempsky.) n. — 60

– (Red.), s. Zeitschrift, Österreichische, für Berg- und Hüttenwesen.

Höfer, Hermann Theodor Christoph

Höfer, H. T., Anleitung zur gründlichen Erlernung des etymologischen Theils der latein. Sprachlehre auf Vorlegeblättern für Schulen. Greifsw. 819. 8.

Hoefer, Heinrich: Offizier-Stammliste des 1. Lothringischen Infanterie-Regiments Nr. 130. Bearb. von (Heinrich) Hoefer, Oberlt. Zum 25jähr. Stiftungsfest d. Regts, 24. März 1906. Berlin, Oldenburg, Leipzig: G. Stalling 1906. (100 S.) 8⁰

— Heinrich Julius (Reichenbach/Vogtl.), De peritonitide. Diss. med. Lpz. (J. Ch. Ackermann) 12. IV. 1850. 22 S. mit Biogr. (M.: W. Schuster.) (6.50) 15341
Gew.: Heinr. Aug. u. Christ. Friedr. Hoefer.

Hoefer, Hermannvs (geb. am 28 Juli 1861 in Stettin): De particvlis Platonicis capita selecta ... Bonnae, ex C. Georgi off. (1882). 41 S., 1 Bl. 8.
Bonn, Phil. Fak., Diss. v. 15 März 1882

Höfer, Herm. Thdr. Chph., Materialien zur schriftl. Wiederholung des etymol. Theils der latein. Sprachlehre. Auf Vorlegeblättern, zum Schul- u. Privatgebrauche. gr. 8. Greifsw. 819. (Stralf.) Löffler. 1 ₰

Höfer, Horst, aus Plauen-Dresden: Einfluss einer fettarmen und einer durch Kokosfett-Emulsion fettreich gemachten Nahrung auf die Zusammensetzung der Milch und die Beschaffenheit des Milchfettes beim Rinde. Beitrag zur Lösung d. Frage nach d. Quelle d. Milchfettes. *Plauen-Dresden 1902: E. Kasten.* (63 S.) 8° [J.]
Leipzig, Phil. Diss. v. [18. Apr.] 1902

Höfer, Hubert Franz.
Nachricht von dem in Toskana entdeckten natürlichen Sedativsalze und von dem Boraxe welche daraus bereitet wird. Aus dem italienischen übersetzt von B. S. Hermann. Wien, 1781. 8vo.

Höfer, J., einfache Anleitung zur Pferde-Wartung für Offizierbursche und angehende Pferdewärter. 8. (30 S.) Koburg 884, Riemann'sche Hofbuchh. *

Höfer, J., Anleitung z. Pferde-Wartung f. Officiersburschen u. angeh. Pferdewärter. 2. u. 3., verb. Aufl. 8. (à 29 S.) Coburg 895. E. Riemann'sche Hofbuchhdlg. à n. — 60

Höfer, (J. A.,) tabellarische Uebersicht d. Städte u. Flecken d. preuß. Monarchie in alphabet. Ordnung. 8. Greifswald 824, Koch.

Höfer, J. C.

— poet. Beschreib. d. Leidens u. Sterbens Jesu Christi. 8. Lübeck. 724.

— Fragebibel. 8. Nrnb. Monath. 728.

Höfer, J. F., de morbo ex navigatione oriundo, 4. Götting. 809. Brose. 4 gr.

Höfer, J. G. (Bossirlehrer) „Einige Worte über das Bossiren, dessen Unterricht und Nutzen“. pg. 3—8. 4°. Jul. Volkhart.
Fürth, Progr. 1838/39

Höfer, Johann Baptist, s.a. Hofer

Höfer, J. Bapt., Bild Jesu des Gekreuzigten. 4. Augsb. 733.

— nützl. Gesch. u. annehml. Erzähl. d. Thiere. 8. Ebend. 739.

— S. l. Imago Crucifixi etc. 8. Augsb. Wolf. 752.

— promptuarium philosophicum. III ptes. 4. Ingolstadt, Krüll. 741.

— sibi imperare maximum imperium et salvator mundi in crucem. II Parts. 8. ibid. 752.

Höfer, Jh. Chr., kurzer u. richtiger Himmelsweg, in 738 Fragen u. Antworten. 12. Leipz., Dürr. 1 ℳ

Höfer, Jh. Cph., († 1793.) vier Fastenpredigten. 8. Chemn. 769. Rossel. 4 ℳ

Höfer, J. C., vier Fastenpredigten. 8. Chemn. Stößel. 769.

Hoefer, Joan. Frid. (geb. Berlin 29. 1. 1827) De glottidis oedemate. Berolini (1854). (31 S.) 8°

Berlin, Med. Diss. v. 12. Okt. 1854

Höfer, Johs., die Fabrikation künstlicher plastischer Massen, sowie der künstlichen Steine, Kunststeine, Stein- und Cementgüsse. Eine ausführl. Anleitung zur Herstellung aller Arten künstl. plast. Massen aus Papier, Papier- und Holzstoff, Cellulose, Holzabfällen, Gyps, Kreide, Leim, Schwefel, Chlorzink und vielen anderen, bis nun wenig verwendeten Stoffen, sowie des Stein- und Cementgusses unter Berücksichtigung der Fortschritte bis auf die neueste Zeit. Für Galanterie- und Spielwaaren, Puppen, Büsten, Figuren, Statuetten, Vasen, Bilderrahmen, Knöpfe, Schnitzerei-Nachahmungen, Haut- und Basreliefs, Tabaksdosen, Papiermachéwaaren, Kisten, Fässer, Kunstholz rc. 8. (VIII, 279 S. mit 44 Abbild.) Wien 887, Hartleben. *ℳ 4.—; geb. *

Höfer, Johs., d. Fabrikation künstl. plastischer Massen, sowie d. künstl. Steine, Kunststeine, Stein- u. Cementgüsse. E. ausführl. Anleitg. z. Herstellung aller Arten künstl. plast. Massen aus Papier, Papier- u. Holzstoff, Cellulose, Holzabfällen, Gips, Kreide, Leim, Schwefel, Chlorzink u. vielen and., bis nun wenig verwend. Stoffen, sow. d. Stein- u. Cementgusses unt. Berücksicht. d. Fortschritte bis auf d. jüngste Zeit. M. 54 Abb. 2., vollst. umgearb. u. verm. Aufl. 8. (XIII, 304 S.) Wien 898. A. Hartleben. n. 4.—; geb. n. 4.80

Höfer, Johs., die Fabrikation künstlicher plastischer Massen, sowie der künstlichen Steine, Kunststeine, Stein- u. Zementgüsse. Eine ausführl. Anleitg. zur Herstellg. aller Arten künstl. plast. Massen aus Papier, Papier- u. Holzstoff, Zellulose, Holzabfällen, Gips, Kreide, Leim, Schwefel, Chlorzink u. vielen anderen bis nun wenig verwendeten Stoffen, sowie des Stein- u. Zementgusses unter Berücksicht. der Fortschritte bis auf die jüngste Zeit. 3., vollst. umgearb. u. verm. Aufl. (VIII, 280 S. m. 33 Abbildgn.) 8. Wien 908. A. Hartleben. 4.—; geb. 4.80

Hoefer, Johannes [aus Pollnitz (Westpr.)]: Über den Gebrauch der Apposition im Altfranzösischen. . . . Halle a. S., Hofbuchdr. v. C. A. Kaemmerer & Co., 1890; 49 S. 8°

Halle, Phil. Fak., Inaug.-Diss. v. [3. Jan.] 1891

HÖFER, JOHANNES CYRIACUS: Himmels-Weg. Das ist: Wie ein Kind in 24. Stunden lernen kan, wie es soll der Höllen entgehen, und selig werden. Anfänglich in 735. Fragen und Antwort abgefasset, darinnen alle Artickel der Christlichen Lehre kürtzlich zusammen gezogen sind, anitzo aber Bey der neuen Auflage mercklich vermehret, und mit den allernöthigsten Zeugnissen der H. Schrifft bewehret. Sammt einem deutlichen Vorbericht in der Vorrede, wie diß Büchlein recht zu gebrauchen sey. Kaysersmarck, bey Matth: Vitriari, 1705. 134, (10) S. - 12°

Höfer, Jos., der Aufsatz als Grundlage der Sprachlehre, der Rechtschreibung u. des Schönschreibens. Für die Unter- u. Mittelstufe allgemeiner Volksschulen. (VI, 68 S.) 8. Wien 909. A. Pichler's Wwe. & Sohn. 1.25

— dasselbe. Für die Oberstufe allgemeiner Volksschulen. (VI, 71 S.) 8. Ebd. 910. 1.25

Höfer, Jos., meine Gesundheitslehre u. meine Trockenkur. Ueberlegenheit meiner Trockenkur üb. die alleinige Wasserkur. Gleiche Naturheilmittel für alle Krankheiten. Ein Gesundheits-Panorama f. Gesunde u. Kranke. (222 S.) 8. Straubing 904. Wien, J. Eichenberg. n. 2.—

— meine Trockenkur. Eine Gesundheitslehre. (VI u. S. 19–222.) 8. Leipzig 906. W. Strübig. n. 2.—; geb. n. 3.—

— Das elementare Zeichnen nach dem Gange des Anschauungs- u. Sachunterrichtes. (III, 7 S. m. 380 Fig. auf 51 Taf.) gr. 8. Ebd. 910. 2.—

Höfer, Irma v., Frühlingssturm. Roman aus dem österreich. Offiziersleben. (202 S.) 8. Wien 908, P. Knepler. 3.—

Höfer, Irma v., in der engen Gasse. Ein Roman aus der Biedermeierzeit. (IV, 290 S.) 8. Dresden 910. C. Reißner. 3.—; geb. n 4.—

— Jugend. Ein Liebes-Roman aus dem österr. Offiziersleben. (160 S.) 8. Wien 907. P. Knepler. 2.50

— Am Lido. Eine Ehegeschichte. (131 S.) 8. Ebd. 909. 2.50

— Schuld. Die Geschichte e. Liebe. (292 S.) kl. 8. Leipzig 908. Verlag f. Literatur, Kunst u. Musik. 5.—; geb. n 6.—

— „Im Taumel". Die Geschichte e. Offiziers. (212 S.) 8. Wien 910. P. Knepler. 3.—

Höfer, K., Heinrich Schaumberger, s.a. Abhandlungen pädagogische. IV. 4

Höfer, K.: Heinrich Schaumberger. Von K. Höfer, Seminarl. in Koburg. Bielefeld: A. Helmich [1898]. (25 S.) 8°

= Abhandlungen, Pädagogische. N.F. Bd 4, H. 4.

Höfer, Karl Andreas

— Carl Andreas (Hamburg), De figmento fictionis unitatis personae inter patrem et filium. Diss. jur. Präs. Andreas Florens Rivinus. Wittbg. (Ephraim Gottlob Eichsfeld) 28. XI. 1760. 7 Bl., 48 u. 32 Seiten. (8.—) 15338

Gew.: Joachim Samuel Weickhmann, Präs. — Widm. v.: Joach. Sam. Weickhmann, Präs., Daniel Wilhelm Triller, Jo. Georg Walther.

— — De jure retentionis in concursu creditorum. Diss. jur. Präs. Amandus Christian Dorn. Kiel (Gottfr. Bartsch) 3. XI. 1764. 42 S. (6.80) 15339

Höfer, Konrad

Beiträge zu einer Geschichte des Coburger Buchdrucks im 16. Jahrhundert. Ein bibliogr. Versuch von Conrad Höfer Coburg F. Riemann jr. 1906. (44 S.) 8° [J.] Druck v. A. Roßteutscher.
Beilage zum Programm d. Herzogl Alexandrinenschule (höhere Mädchenschule u Lehrerinnenseminar) zu Coburg

Höfer, Conr., Beiträge zu e. Geschichte des Coburger Buchdrucks im 16. Jahrh. Ein bibliograph. Versuch. (IV, 44 S. m 2 Taf.) gr. 8. Coburg 906. E. Riemann. n. 2. —

Höfer, Conrad, aus Coburg Der Dichter der Rudolstädter Festspiele aus den Jahren 1665 1667. *Leipzig: R. Voigtländer 1904.* (80 S.) 8° [J.] ¶ (Erscheint vollst. u. d. T.: 'Die Rudolstädter Festspiele aus den Jahren 1665—67 und ihr Dichter', als 'Probefahrten', Bd 1.)
Leipzig, Phil. Diss. v. 1904

— die Rudolstädter Festspiele aus den J. 1665—67 u. ihr Dichter, s.a. Probefahrten. 1. Bd.

Höfer, Konrad Die Rudolstädter Festspiele aus den Jahren 1665 67 und ihr Dichter. Eine literarhist Studie von Conrad Höfer Leipzig: R Voigtländer 1904 (XI, 215 S.) 8°
= Probefahrten Bd 1

Höfer, Conr., s.: Gedichte in Coburger Mundart.

Höfer, Conr., wie ist d. Forderung e. „pragmatischen Lebens Jesu" zu beurteilen, beziehungsweise prakt. zu gestalten? gr. 8 (55 S.) Dresden 897. Bleyl & Kaemmerer n. 1. 20

Höfer, Leonh., Predigt über die vorzüglichsten Heiligungsmittel der kathol. Kirche, oder über die heil. Sakramente, gehalten zu Amberg am 27. Febr. 1812. Mit einigen Anmerkungen. gr. 8. Regensburg 812, Manz. 1/12 ℛ

Höfer, Edw. Frz. Auswahl d. ältesten Urkunden deutscher Sprache im Königl. Geheimen Staats- u. Kabinets-Archiv zu Berlin. gr. 4. Hamburg 835. Fr. Perthes. 4 ℛ

— s. Zeitschrift für Archivkunde.

Hoefer, Mart., s.: Spezial-Katalog der Gesamtlitteratur üb. Krankenpflege.

Höfer, Matth., der blaue Montag, oder Anweisung z. e. vernünftigen u. glücklichen häuslichen Leben. 8. Linz 808. Haslinger. 10 ℛ

— Scherze u. Erzählungen. 8. Linz 808. Haslinger.

— die Volkssprache in Oesterreich, vorzüglich ob d. Ens, nach ihrer innerlichen Verfassung ꝛc. 8. Wien 800. Schaumburg u. Co. 12 ℛ (Eurich in Linz). 6 ℛ

Hoefer, Matth., Etymologisches Wörterbuch der in Oberdeutschland vorzüglich aber in Oesterreich üblichen Mundart. Th. 1—3. Linz 1815. 8. (0.)

Höfer, Otto, latein. Grammatik, s.: Ploetz, Karl.

Höfer, (Otto) [Lied zur Gedächtnisfeier der Schule für den Fürsten Bismarck. *Dresden 1899: Ramming.* (S. 51.) 4
Dresden, Wettiner G, GP 1899 (566)

Höfer, Otto: Mythologisch-Epigraphisches. Dresden 1910: Teubner. 37 S. 4°
Dresden, Wettiner-G P 1910 (744) [S 10. 183 2°

Hoefer, Otto [Hannoveranus]: De Prudentii poëtae Psychomachia et carminum chronologia ... Marpurgi Catt., *typ. fec. Jaenecke fratres,* 1895; 60 S., 1 Bl. 8.
Marburg, Phil. Fak., Inaug.-Diss. v. [6. Nov.] 1895

Höfer, Ottomar, zwei Väter, s.a. Goldschmidt's Bibliothek f. Haus u. Reise.

Hoefer, Ottomar, zwei Väter. Australisch-deutscher Roman. 8. (204 S.) Berlin 878, Brigl. *

Höfer, Ottomar, zwei Väter. Australisch-deutscher Roman. 2. Aufl. 8. (204 S.) Berlin 884, A. Goldschmidt. 4

Höfer, Ottomar: Zwei Väter. Australisch-deutscher Roman von –. 3. Aufl. Berlin: A. Goldschmidt 1902. (204 S.) 8°
= Bibliothek, Goldschmidts, f Haus u. Reise Bd 104.

Höfer, P., s.: Jahrbuch d. Schule Gabelsbergers.

Höfer, P Gregor

Ueber Anmerkungen zu den Schulausgaben der alten Klassiker. Mit einer Beilage: Anmerkungen zu V. 1–171 des Sophokleischen Ajax enthaltend. Von P Gregor Höfer, O. B. — 1846 Ebend. — S. 3—21
Progr München.

Beiträge zur Kritik und Erklärung einiger Stellen im Agricola des Tacitus. Von P Gregor Höfer, O. S. B. — 1848 Ebend. — S. 3—17.
Progr München.

Einige Bemerkungen über die Benützung der heidnischen Klassiker zum gelehrten Jugendunterrichte. [Von P Gregor Höfer O. S. B., Stbl.] — 1844. Regensburg, Kußwurm. — S. 1—20.
Progr. Metten

Ueber einige corrupte Stellen in den Schriften des C. Cornelius Tacitus. Von P Gregor Höfer, O. S. B. — 1851 Ebend. — S 3—28.
Progr. München.

Höfer, Paul Alliteration bei Gower. . . . Leipzig-Reudnitz, Druck O. Schmidt, 1890; 2 Bl., 84 S. 8°
Leipzig, Phil. Fak., Inaug.-Diss. v [1. Okt.] 1890

Höfer, Paul, Armin. Ein nationales Drama. [Den Bühnen gegenüber Mscr.] gr. 8. (III, 156 S.) Leipzig 875. Mutze. n. 1. 50

Höfer, Paul, die Bedeutung der Philosophie für das Leben nach Plato dargestellt. 8. (60 S.) Göttingen 870, Vandenhoeck und Ruprecht's Verlag. *

Hoefer, Paul, appr. Arzt a. Halle a. S.: Aus dem physiolog. Institut der Universität Halle a. S. Beitrag zur Lehre vom Augenmass bei zweiäugigem und bei einäugigem Sehen. Halle a. S. 1906: C. A. Kaemmerer & Co. (33 S.) 8°
Halle, Med. Fak., Ref. Bernstein, Diss. v. 15. Aug. 1906
[Geb. 10. Febr. 81 Halle a. S.; Wohnort: Halle; Staatsangeh.: Preußen; Vorbildung: Latina Halle Reife M. 99; Studium: Halle 8, München 1, Halle 2, Leipzig 1 S.; Coll. 10. Aug. 06; Approb. 25. Apr. 06.]

Hoefer, Paul [aus Finsterwalde N.-L.]: Über die Erfolge der operativen Behandlung der Hoden- und Nebenhodentuberkulose ... Halle a. S., Hofbuchdr. v. C. A. Kaemmerer & C., 1896; 32 S., 2 Bl. 8.
Halle, Med. Fak., Inaug.-Diss. v. 24. Okt. 1896

Höfer, P., Der Feldzug des G. im J. 16 n. Chr. Pr. 1884. 108 S. u. 1 Karte. 1.—

Höfer, Paul, der Feldzug des Germanicus im J. 16 n. Chr. 2. Ausg. gr. 8. (IV, 104 S. mit 1 lithogr. Karte.) [Bernburg 885.] Eisenach, Bacmeister. *

Höfer, Paul, Harznovellen. 8. (III, 260 S.) Dessau (902). C. Dünnhaupt. n. 2. 50; geb. n. 3. —

Höfer, P., Archäologische Probleme in der Prov. Sachsen, s.a. Neujahrsblätter. Hrsg. v. der histor. Kommission für die Prov. Sachsen. 28.

Archäologische Probleme in der Provinz Sachsen. Von Prof. Dr. P[aul] Höfer. Der 47. Versammlung deutscher Philologen u. Schulmänner in Halle a. S. als Festgabe überreicht v. d. Histor. Kommission f. d. Prov. Sachsen u. d. Herzogt. Anhalt. *Halle a. S.: O. Hendel 1903.* (31 S.) 8° [F.] (03. 10901 B

Archäologische Probleme in der Provinz Sachsen. Von Prof. Dr. P[aul] Höfer. *Halle: O. Hendel 1903 (1904).* (31 S.) 8° [F.]
— Neujahrsblätter. Hrsg. von d. Histor. Kommission d. Prov. Sachsen. 28. (04. 1433

Hoefer, P[aulus]: • Quae ratio intercedat apud Platonem inter cognoscendum et agendum (θεωρεῖν et πράττειν). 38 S. 4° (2°)
Halle-Wittenberg, Phil. Diss. v. 7. Aug. 1869
Geb. [Kraja (Kr. Worbis) 11. 3. 1845]
Ersch. in deutscher Bearbeitung u. d. T.: Die Bedeutung der Philosophie für das Leben nach Plato dargestellt. Göttingen: Vandenhoeck & Ruprecht 1870. 60 S. 8° „Diss."

Höfer, P., die Varusschlacht, ihr Verlauf u. ihr Schauplatz. gr. 8. (XIII, 333 S. m. 1 Kartenskizze.) Leipzig 888. Duncker & Humblot. n. 7. 20

Hoefer, (R.): Kautschuk und Guttapercha. Wien, 1880. 8°

Höfer, Robert

— illustrierter Leitfaden f. das Reigen-Fahren beim Radfahrsport. 8. (160 S.) Leipzig 893. [C. Grumbach's Verl.] Willy Werner. Geb. in Leinw. n. 4. 50

Höfer, Rob., illustr. Leitfaden f. d. Reigen-Fahren b. Radfahrsport. 5. Aufl. 8. (169 S.) Leipzig 895. W. Werner. Geb. in Leinw. n. 4. 50

— Illustrierter Leitfaden f. das Reigen-Fahren beim Radfahrsport. 9. Aufl. (148 S.) 8. Leipzig (906). Rauh & Pohle. Geb. in Leinw. n. 4. 50

Höfer, Rob., Leitfaden f. das Kunstfahren beim Radfahrsport. gr. 8. (87 S. m. Textabbildgn. u. Taf.) Leipzig 891. Th. Weber. Geb. in Leinw. n. 4. —

— dasselbe. Mit Uebgn. auf dem Niederrad v. dem Meisterschaftsfahrer der Welt Gustav Marschner. 2. Aufl. gr. 8. (90 S. m. Abbildgn.) Ebd. 894. Geb. in Leinw. n. 4. —

Höfer, R., Leitfaden f. das Saal-Fahren beim Radfahrsport. 3., verm. Aufl. gr. 8. (158 S. m. eingedr. Fig.) Leipzig 889. L. Weber, Sport-Verl. n. 3. —

— Leitfaden f. das Saalfahren beim Radfahrsport (Reigen u. Gruppenfahren). 4. Aufl. gr. 8. (158 S. m. Abbildgn.) Leipzig 893. Th. Weber. Geb. in Leinw. n. 3. 50

— Leitfaden f. d. Saalfahren b. Radfahrsport. (Reigen- u. Gruppenfahren.) 5. Aufl. gr. 8. (158 S. m. Fig.) Leipzig 896. W. Malende. Geb. in Leinw. n. 4 —

Höfer, Rob., zwanzig Jahre deutscher Rad-Rennsport. Geschichte des deutschen Rennsports von 1881 bis 1901. Hrsg. vom Verlag der „Rad-Welt". (76 S.) gr. 8. Berlin (903). Buchdr. u. Verlagsanstalt „Strauß". n. 1. —

Zwanzig Jahre Deutscher Rad-Rennsport. Geschichte d. Deutschen Rennsports von 1881 bis 1901. Von Rob. Höfer. Hrsg. vom Verl. d. 'Rad-Welt'. *Berlin: 'Rad-Welt' [1903].* (76 S.) 8° [F.] (03. 756)

Hoefer, U., Konon. Text u. Quellenuntersuchg. gr. 8. (IV, 116 S.) Greifswald 890. Bamberg. n. 2. 80

Hoefer, Udalricus [dr.]: De Cimmeriis. Belgard. Druck v. G. Klemp, *1891;* 15 S. 4°
Belgard, st. G, P 1891 (127)

Hoefer, Ulrich, Dr.: Eine gemeinsame Quelle Strabons und des sog. Skymnos. *(Saarbrücken 1901: Gebr. Hofer.)* (29 S.) 4°
Saarbrücken, k. G u. VS, P 1901 (504)

Höfer, W.: „Tractat von verschiedenen Gattungen von Allodialgütern", Waldenburg 1727.

Höfer, Wilh., Cursus der topographischen Anatomie, s.: Rüdinger, N.

Höfer, Wilh., vergleichend-anatomische Studien üb. die Nerven d. Armes u. der Hand bei den Affen u. dem Menschen, s.a. Abhandlungen, Münchener medicinische.

Höfer, Wilhelm [cand. med. aus München, Assist. am anat. Inst.]: Vergleichend-anatomische Studien über die Nerven des Armes und der Hand bei den Affen und dem Menschen ... München, J. F. Lehmann, 1892; 2 Bl., 104 S. 8.
München, Med. Fak., Inaug.-Diss. v. [3. März] 1892

Hoferdt, Emma. Ursprung und Entwicklung der Chorkrypta. Diss. Phil. I. Univ. Zürich. [Mit Figuren.] 8. Breslau, Julius Hoferdt & Co., 1905.
Ausg. A: ([Mit] Vita.) IV + 96 S.
Ausg. B: IV + 95 S.

HOFERER, Franz Paul (Aidling): De cholera morbo nostrate deque eius aetiologia et diagnosi. (Titel nach der Urkunde)
10.11.1879 - Urk; Chr 1879/80,14
Diss.Ingolst.-Landsh.-Mchn.

Joannis Monachi Liber de Miraculis. Ein spätlateinisches Übersetzungswerk besprochen und teilweise ediert. — Von Max Hoferer, Stdl. — 1884, Würzburg, ibid. — S. 3—88*.
Progr. Aschaffenburg, K. Gymn.

Hoferer, M., die Organisation des höh. Unterrichts im Königr. Bayern. [Aus: „Baumeister's Handb. d. Erziehungs- u. Unterrichtslehre f. höhere Schulen".] gr. 8. (40 S.) München 896. C. H. Beck. n. 1. 20

Hoferer, Organisation des höheren Unterrichts im Königr. Bayern. München 897.

Hoferichter, Th. Vide: Nees von Esenbeck.

HOFERS, J.(oh.) C.(hristian) H.(enr.), Erste Blüthe reiferer Früchte. (Gedichte, nebst der Genealogie der Lübeckischen Familien.) Lübeck 1724. 8°. Höchst selten!
Bibl. Mencken, ed. II. Lips. 1727. p. 783.

Hofert, die Bibel od. das Wort d. lebend. Gottes. gr. 16. (20 S.) (Barmen 874. Klein.) — 25

Hofert, Theophil [cand. med. aus Welschneureuth]: Ueber Malignes Cervixadenom ... München, kgl. Hofbuchdr. Kastner & Lossen, 1897; 26 S. 8.
München, Med. Fak., Inaug.-Diss. v. 1897

Seiner Majestät F r e d e r i k des Sechsten, Königs zu Dännemark, Hof- Civil- und Militair-Etat und übrige Beamte, in Dero Königreich Dännemark, und den Herzogthümern Schleswig, Holstein und Lauenburg: u. s. w. (1829 u. 1832.) Altona. 1829 u. 1832. Siehe in: Hof- und Staats-Calender für 1829 u. 1832. 4° k.

Papier | Fördert gute Waldnutzung
FSC® C083411

Kolibri 360 GmbH
Ferdinand-Jühlke-Straße 7
99095 Erfurt, Deutschland
produktsicherheit@kolibri360.de